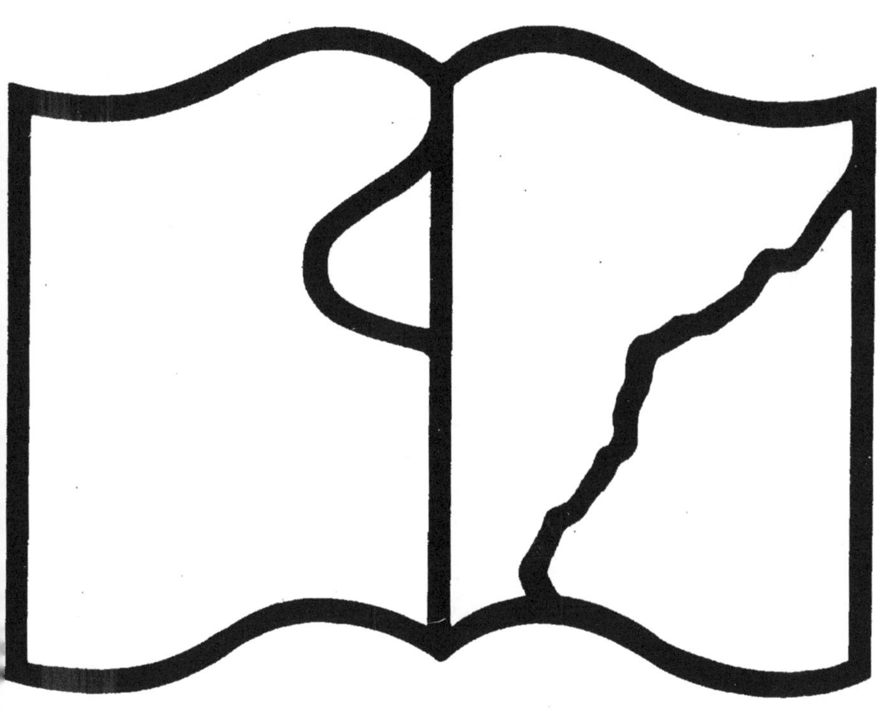

Texte détérioré — reliure défectueuse

NF Z 43-120-11

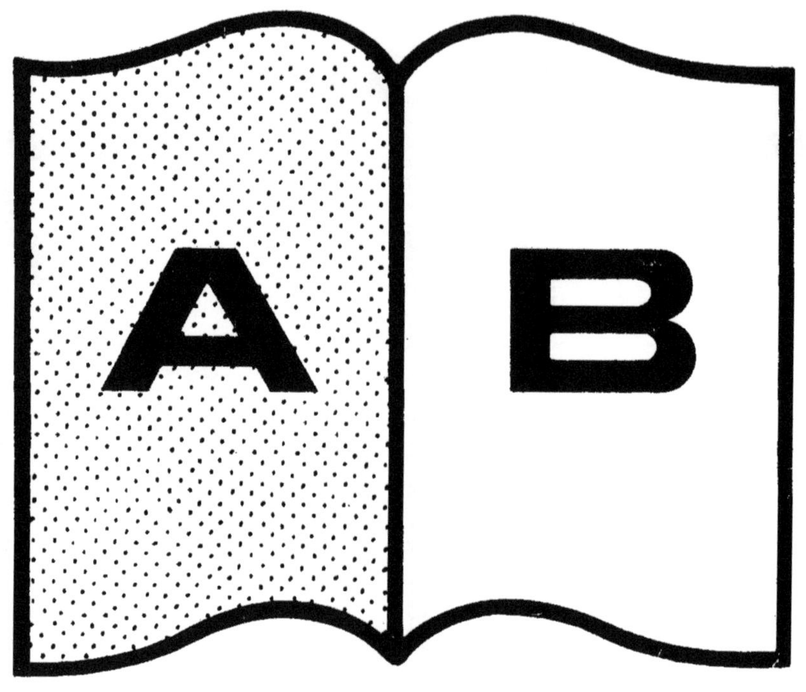

Contraste insuffisant

NF Z 43-120-14

PRINCIPES

SUR

LE MOUVEMENT

ET

L'EQUILIBRE,

POUR SERVIR D'INTRODUCTION
aux Mécaniques & à la Physique.

PREMIER TRAITÉ.

par Trabaud.

A PARIS,

Chez JEAN DESAINT & CHARLES SAILLANT, Libraires, rue Saint Jean-de-Beauvais, vis-à-vis le Collége.

M. DCC. XLI.

AVEC APPROBATION ET PRIVILEGE DU ROI.

AVIS

Pour les trois Figures de la planche 5ᵉ du quatriéme Livre.

POUR mettre ces trois Fig. dans la situation convenable lorsqu'on veut s'en servir, 1º. il faut élever la partie où le poids R est réprésenté perpendic. au plan de la planche & tenir la partie MONS qui est la plus grande & la plus apparente de toutes parallelement au même plan ; & afin de l'appuyer & lui donner un pied qui la soutienne dans cette situation horizontale, il faut relever ou plier trois parallelog. rectangles qui ne sont désignez par aucune lettre, & qui n'ont aucune diagonale, de maniere qu'ils soient perpendiculaires au plan de la planche. A l'égard des parallelogrammes rectangles qui sont marquez avec des lettres, & qui ont des diagonales, il faut les tenir aussi dans une situation perpendiculaire au plan de la planche, chacun selon le pli qu'il a reçu. 2º. Dans la Fig. 38, il faut concevoir que le parallelogramme BDSE est situé parallelement aux autres parallelogrammes, & que sa hauteur SD est au-dessous du plan MONS, l'extrêmité D étant la plus basse. 3º. Dans la même Fig. 38, il faut que la corde CH soit perpendiculaire au plan MONS ; & dans les Figures 37, 39, il faut concevoir que cette corde est aussi perpendiculaire à MONS. 4º. Aux Figures 37, 38, 39, le plan TZ est le même que le plan PGMQ. 5º. Pour quelques planches il faut suppléer dans la Fig. 38 les lettres f, F, & les les lettres X, Y dans la Fig. 39.

AVERTISSEMENT.

Près que l'impreſſion de cet Ouvrage fut commencée, des perſonnes qui ſe conſacrent à l'inſtruction de la jeuneſſe, exhorterent l'Auteur de la terminer promptement, parce qu'elles avoient deſſein, d'en faire uſage. Quelque ſoin qu'on ait pris de répondre à leurs vûes, il n'a pas été poſſible d'y ſatisfaire pleinement. Les mêmes perſonnes ont néanmoins ſouhaité avoir ces quatre premiers Livres, quoiqu'ils n'aient été achevés que tard. Les deux qui reſtent, & qui doivent les accompagner, ne tarderont pas d'être imprimés. On joindra au tout une Préface & un Diſcours ſur le Mouvement. Dans le Diſcours on ſe propoſe d'applanir certaines difficultez qui ſe préſentent à ceux qui commencent à étudier cette matiere, & ſur leſquelles les eſprits ſont partagez : on fera voirqu'elles peuvent bien arrêter la curioſité d'un Philoſophe qui veut approfondir la nature des choſes, mais qu'elles ne ſçauroient préjudicier à la vérité des faits, ni jetter de l'incertitude ſur les regles par leſquelles on détermine certains rapports, ni rendre douteuſes les conſéquences qu'on en tire.

Lorſqu'on ſe mit à compoſer cet Ouvrage, le premier deſſein étoit d'abord de ne travailler que pour les Ecoliers qui font leur phyſique dans les Colléges, & de compoſer un Livre qui ne contint que les matieres de mécanique que M M. les Profeſſeurs leur expliquent, ſoit de vive voix, ſoit dans les écrits qu'ils dictent ; mais on fit réflexion que la plûpart des jeunes gens qui ſortent de Philoſophie ne bornent pas l'étude des choſes naturelles à ce qu'ils en ont appris dans leur cours de Phyſique, attendu que la brieveté du tems oblige les Maîtres de reſſerrer les matieres, d'en traiter pluſieurs ſommairement, & de laiſſer à leurs diſciples le ſoin de les étendre par leurs méditations particulieres, ou en y joignant la lecture de quelque Livre. On crut donc qu'il étoit à propos de donner premierement à cet écrit une étendue proportionnée aux divers beſoins, & telle à peu près que des élémens doivent avoir, & qu'il y auroit enſuite plus de facilité de faire un abregé convenable, parce qu'on ſeroit plus à portée de profiter des avis des perſonnes intelligentes. Si les Maîtres prépoſés pour l'inſtruction de la jeuneſſe, jugent que cet abregé doive être utile, on eſt diſpoſé d'en entreprendre le travail.

Dans le premier & le ſecond Livre on a été aſſez exact à citer les endroits qui ſervent de preuve & de fondement à la démonſtration ; mais les citations ſont moins fréquentes dans le troiſiéme & le quatriéme Livre, parce qu'on a ſuppoſé que le lecteur ſe rendroit les matieres plus familieres à meſure qu'il en verroit davantage, & qu'il étoit inutile de multiplier les citations qui occupent une partie de l'attention, & qui rendent en quelque ſorte l'eſprit pareſſeux. Lorſqu'un nombre eſt ſeul entre deux crochets, il indique l'article cité du Livre courant. Ainſi ſi on trouve, par exemple, dans le ſecond Livre cette expreſſion (20) elle avertit qu'il faut conſulter le 20 article de ce Livre. Mais ſi on y trouve celle-ci (*Liv.* I. 4.) il faut voir le 4 article du premier Livre.

Pour faciliter la lecture de ce Livre à ceux qui ont les Elémens de Géométrie de M. RIVARD, on a mis à la fin une Table des Propoſitions d'Arithmétique & de Géométrie dont on a fait uſage, & l'on a cité à la fin de chacune l'endroit des élemens où elles ſe trouvent. On s'eſt ſervi de la troiſiéme édition imprimée à Paris chez DESAINT & SAILLANT, rue deS. Jean de Beauvias.

EXPLICAT. DES SIGNES DONT ON S'EST SERVI.

CE signe + signifie *plus*, & est la marque de l'addition, cet autre — signifie *moins*, & est la marque de la soustraction. Ainsi $a + b$. $3 + 4$, signifie qu'il faut ajouter 4 à 3, & la grandeur exprimée par la lettre b à la grandeur exprimée par la lettre a. De même $5 - 2$ signifie qu'il faut retrancher 2 de 5. Ce signe = placé entre deux grandeurs, signifie que la premiere est égale à la seconde.

Ce signe > placé entre deux grandeurs, signifie que la premiere est plus grande que la seconde. Mais ce signe < placé entre deux, signifie que la premiere est moindre que la seconde.

Ce signe × marque qu'il faut faire une multiplication : ainsi $4 × 3$ fait connoître qu'il faut multiplier 4 par 3.

Ce signe $\sqrt{}$ indique l'extraction d'une racine : ainsi $\sqrt{18}$, fait connoître qu'il faut extraire la racine quarrée de 18.

Changement & Addition pour la page 20.

Ligne 19, aprés DS, *il faut lire ce qui suit :* or si Fig. 8 & 10 on ajoute DS à AD, que Fig. 9 on l'en retranche, & que Fig. 11. on retranche AD de DS, on aura AS. Si Fig. 7, 8, 9 & 10, on retranche FS de AS, & que Fig. 11 on retranche AS de FS, le reste AF sera connu. Si Fig. 8, 10 & 11, on ajoute Sf à DS, ou que Fig. 9 on l'en retranche, la somme ou le reste Df sera connu. Cela fait, &c.

FAUTES A CORRIGER.

Page 36, ligne 21, donc $\frac{Ve}{T}$, *lisez* $\frac{Ve}{t}$.

Page 48, lig. premiere, variez, *lisez* arrivez.

Pag. 97, lig. 29, ne, *lisez* en.

Pag. 98, lig. 8 & 12, FGN, fgn, *lisez* FGR, fgr.

Pag. 118, lig. 27, nombre paire, *lisez* nombre pairement pair.

Pag. 160, lig. avant derniere AD, *lisez* BD.

Pag. 167, lig. 12, ou, *lisez* au.

Pag. 199, art. 208, à la marge Fig. 30, *lisez* Fig. 36.

Pag. 223, lig. 16, d'où il s'ensuit, *lisez* d'où ilsuit.

Pag. 257, lig. 12, des trois, *lisez* des trois cas.

Pag. 269, lig. 23, arées, *lisez* aretes.

Pag. 280, lig. 7 CF, *lisez* LF. Ibid. lig. 9, CF, *lisez* BF.

Pag. 321, lig. 14, 15 & 18, FN, *lisez* FH. Ibid. lig. 17, EFN, *lisez* EFH.

Pag. 324, à son centre F, *lisez* à son centre O.

Pag. 344, art. 131 à la marge Fig. 40, *lisez* Fig. 40, 41.

Pag. 356, lig. 17, NG, NE, *lisez* MG, ME.

Pag. 370, lig. 4, lc, *lisez* lC.

Pag. 384, lig. 10, LH, *lisez* SH.

PRINCIPES
SUR
LE MOUVEMENT
ET L'EQUILIBRE,
POUR SERVIR D'INTRODUCTION
aux Mécaniques & à la Physique.

PREMIER TRAITE'.

Où l'on considere le Mouvement en tant qu'il convient à tous les Corps, & par rapport à leurs qualitez les plus générales ; la Pesanteur, la Dureté, l'Elasticité, la Fluidité, &c.

On divise ce Traité en six Livres. Dans le premier, on considere le Mouvement en tant qu'il convient à tous les Corps ; dans le second on traite du Mouvement de Pesanteur ; dans le troisiéme, du Choc des Corps ; dans le quatriéme, de la Statique, ou de l'équilibre des Puissances & des Poids ; dans le cinquiéme, de l'Hydrostatique ou de l'équilibre des Liqueurs ; dans le sixiéme, de l'Hydraulique, ou du mouvement des Fluides.

LIVRE PREMIER.
Du Mouvement en tant qu'il convient à tous les Corps.

I. Dans le Mouvement il y a cinq choses à considérer, la Puissance qui meut le Corps, le Corps même ou sa masse, l'Espace qu'il parcourt, la Direction qu'il suit, & le Tems ou la durée du mouvement. Or on peut reduire ces cinq choses à trois considérations générales ;

*A

sçavoir, la Puissance qui meut le corps, la vitesse qu'elle lui donne, & la grandeur ou la quantité de mouvement ; car lorsqu'on parle de la vitesse d'un corps, il faut avoir égard au tems, & à l'espace parcouru ; la masse entre dans l'idée que l'on se forme de la quantité de mouvement, & une Puissance ne peut mouvoir un corps, qu'elle ne le meuve suivant une direction. Ceci conduit à diviser ce premier livre en deux Chapitres ; dans le premier on traite de la vitesse & de la quantité de mouvement ; dans le second des puissances ou forces qui meuvent les corps.

CHAPITRE PREMIER.

De la vitesse & de la quantité de mouvement.

2. LE mouvement est le passage d'un corps, d'un lieu en un autre, d'une partie de l'étendue ou de l'espace en une autre partie.

Lorsqu'un corps parcourt des longueurs ou des espaces égaux en tems égaux, qu'à chaque seconde, par exemple, il parcourt une toise ; son mouvement est appellé *égal* ou *uniforme* ; mais si en des tems égaux, il parcourt des espaces inégaux, son mouvement est appellé *inégal* ou *variable*. On ne parle dans ce chapitre, que du mouvement égal ou uniforme.

DE LA VITESSE.

3. Pour se former une idée de la Vitesse, il ne suffit pas de faire attention à l'espace parcouru, il faut encore y joindre la considération du tems ; qu'un corps parcoure 20 toises, on ne peut pas juger s'il est allé vîte ou lentement, si l'on ignore le tems qu'il a mis à les faire ; mais si l'espace & le tems sont connus, la vitesse l'est aussi. Supposons qu'un homme fasse deux lieües en une heure, on juge qu'il est allé vîte, parce qu'en comparant le chemin au tems, on trouve qu'il en a plus fait, qu'un homme n'a coutume d'en faire dans le même intervalle de tems. D'où l'on voit que pour concevoir la vitesse, il faut comparer l'espace au tems ; c'est pourquoi on définit ordinairement *la Vitesse, le rapport de l'espace au tems* ; c'est-à-dire que le rapport de l'espace au tems, fait connoître la vitesse, & est son expression naturelle. Cette définition sera encore éclaircie par ce qui suit.

4. Lorsque l'on compare deux vitesses,& que les tems des mouvemens sont égaux , elles sont entr'elles comme les espaces parcourus. Si deux hommes font en même tems , l'un une lieüe , & l'autre une demie-lieüe , la vitesse qui répond à une lieüe , est double de celle qui répond à une demie-lieüe.

5. Si les tems sont inégaux , pour avoir le rapport des vitesses , l'esprit a besoin de faire deux démarches ; il faut 1°. qu'il forme les rapports des espaces aux tems, 2°. qu'il compare ces mêmes rapports. Supposons que le corps A ait parcouru 600 toises en une heure ou 60 minutes , & que le corps B en ait parcouru 400 en 20 minutes ; les rapports dont il s'agit ici sont $\frac{600}{60}$ & $\frac{400}{20}$; ces rapports ainsi formez , l'on peut déterminer le rapport des vitesses ; car elles sont entr'elles comme ces mêmes rapports : c'est ce qu'on va faire voir dans la proposition qui suit.

PROPOSITION PREMIERE.

6. *Les Vitesses de deux mobiles A & B , sont entr'elles comme les rapports des espaces aux tems.*

DEMONSTRATION. Un rapport géométrique ne diffère pas d'une division indiquée, ni une division du quotient qui en résulte (1. *Arit.*) ; ainsi le rapport de l'espace au tems , est le quotient qui provient de la division de l'espace par le tems: or je dis que les vitesses des mobiles A , B , sont entr'elles comme les quotiens qui proviennent de la division des espaces par les tems. Que le corps A parcoure 60 toises en 6 minutes , que le corps B parcoure 120 toises en 4 minutes , il est évident que le corps A parcourra dans une minute , la sixiéme partie de 60 toises , puisqu'en six minutes il parcourt les 60 toises ; & que le corps B , dans le même tems d'une minute , parcourra la quatriéme partie de 120 toises ; or si l'on divise les espaces 60 & 120 par 6 & 4 , les quotiens 10 & 30 que l'on trouve , sont aussi l'un la sixiéme partie de 60 toises , & l'autre la quatriéme partie. de 120 (2. *Arit.*) ; ces quotiens expriment donc les espaces que les corps A & B parcourent en une minute ; c'est-à-dire les espaces qu'ils parcourent en même-tems. Or les vitesses des mobiles sont entr'elles comme les espaces qu'ils parcourent en même-tems ou en des tems egaux (4) ; donc les vitesses des mobiles A & B sont entr'elles comme les quotiens qui proviennent de la division des espaces par les tems. Donc elles sont entr'elles comme les rapports des espaces aux tems.

Aij

7. Remarques. 1°. L'espace & le tems font des quantitez de differente nature ; il ne faut pas néanmoins en conclure qu'il ne peut y avoir de rapport entre l'espace & le tems ; qu'ainsi la vitesse d'un corps n'est point le rapport de l'espace au tems , ou n'est pas exprimée par ce rapport ; car lorsqu'on compare l'espace au tems , ce n'est pas fous l'idée précise & déterminée d'espace & de tems, qu'on les conçoit, mais fous l'idée générale de quantitez ; or il y a un vrai rapport entre l'espace & le tems ainsi considerez.

2°. Lorsqu'on veut déterminer en nombres , le rapport qui est entre les vitesses de deux corps , il faut que les espaces soient exprimez en parties de même nom par exemple en pieds , en toises , &c. Il faut aussi observer la même chose à l'égard des tems ; sans cette précaution , on ne peut avoir le rapport qu'on cherche. Ainsi si le corps A avoit parcouru 300 toises en 17 minutes , & que le corps B eût parcouru une lieüe en $\frac{1}{4}$ d'heures , pour déterminer en nombres le rapport des vitesses , il faudroit auparavant réduire les espaces en toises ou en lieües , & les tems en minutes ou en heures.

8. Corollaires. 1°. Si les rapports des espaces aux tems font égaux , les vitesses font égales ; & réciproquement si les vitesses font égales , les rapports des espaces aux tems font égaux.

9. 2°. Si les rapports des espaces aux tems font inégaux , les vitesses font aussi inégales , & le plus grand rapport donne la plus grande vitesse. Et réciproquement si les vitesses font inégales , les rapports des espaces aux tems font inégaux , & la plus grande vitesse est exprimée par le plus grand rapport.

10. 3°. Si les espaces parcourus font égaux , les vitesses font entr'elles réciproquement comme les tems. Car deux rapports qui ont un même antécedent , font entr'eux réciproquement comme les conféquens (3. *Arit.*) ; or dans les rapports des espaces aux tems , ce font les espaces qui font les antécedens , & les tems , les conféquens ; d'ailleurs les vitesses font entr'elles comme ces rapports , donc elles font entr'elles réciproquement comme les tems.

11. 4°. Les vitesses de deux mobiles , font en raison compofée de la raison directe des espaces , & de la raison inverse des tems ; c'est-à-dire , que pour avoir le rapport de la vitesse du premier à celle du second , il faut multiplier l'espace du premier par le tems du second , & l'espace du second par le tems du premier (4. *Arit.*). Que le corps A parcoure 300 toises en 5 minutes , &

que le corps B en parcoure 100 en 10 minutes ; je dis que les vitesses des mobiles A & B sont entr'elles commes les produits 300×10 & 100×5.

Si les tems étoient égaux, que le corps A parcourût 300 toises en 10 minutes, les vitesses seroient entr'elles comme les espaces parcourus 300 & 100 (4) ; mais puisque le corps A emploie un tems deux fois moindre, sa vitesse est deux fois plus grande (10) ; donc le rapport des vitesses est deux fois plus grand que le rapport des espaces parcourus (18. *Arit.*) ; donc pour avoir le rapport des vitesses, il ne s'agit que de doubler le rapport des espaces ; or si on multiplie les espaces 300 & 100, le premier par le tems double du mobile B, & le second par le tems simple du mobile A, les rapports des produits 300×10 & 100×5 est double du rapport des espaces 300 & 100 (18. *Arit.*) ; donc le rapport des vitesses, qui dans l'hypothese présente est double du rapport des espaces parcourus, est égal au rapport des produits 300×10 & 100×5 ; ainsi les vitesses des mobiles A & B sont entr'elles comme ces produits. Donc elles sont , &c.

12. 5°. Si les vitesses des mobiles A , B sont égales , les espaces parcourus sont comme les tems. Car puisque le corps A a même vitesse que le corps B, en tems égal il parcourt un espace de même longueur ; donc dans un tems double ou triple , il parcourt une espace double ou triple. Donc les espaces parcourus sont comme les tems.

13. 6°. Si les espaces sont comme les tems auxquels ils sont parcourus , les vitesses sont égales. Car puisque le rapport des espaces est le même que le rapport des tems, il s'ensuit que si les tems sont égaux , les espaces parcourus sont aussi égaux ; donc dans l'hypothese présente les mobiles parcourent des espaces égaux en des tems égaux. Donc leurs vitesses sont égales.

14. 7°. Les espaces que deux corps parcourent sont en raison composée des vitesses & des tems. Si la vitesse du corps A est à celle du corps B comme 6 est à 2 , & le tems du corps A à celui du corps B comme 10 est à 5 ; la raison composée des vitesses & des tems sera égale à celle des produits 6×10 & 2×5 (4. *Arit.*) : or je dis que les espaces parcourus par les mobiles A & B sont entr'eux comme ces produits. Car si les tems des mouvemens étoient égaux , les espaces parcourus seroient entr'eux comme les vitesses 6 & 2 (4) ; mais puisque le tems du corps A est double de celui du corps B, il parcourra un espace double de celui qu'il eût parcouru dans l'hypothese des tems égaux ; d'où il suit que le rapport des espaces est double de celui des vitesses 6 & 2 (18. *Arit.*) ; or si on multiplie les vitesses 6 & 2 par les tems 10 & 5 , dont l'un est

double de l'autre, le rapport des produits 6×10 & 2×5 eſt double du rapport des viteſſes 6 & 2 (18. *Arit.*) ; donc le rapport des eſpaces, lequel eſt double de celui des viteſſes, eſt auſſi égal à celui des produits 6×10 & 2×5. Donc les eſpaces, &c.

15. Il ſuit de là que l'eſpace qu'un corps parcourt pendant le tems du mouvement, eſt exprimé par un parallelogramme rectangle, dont les côtez répréſenteroient, l'un le tems, & l'autre la viteſſe ; car un parrallelogramme rectangle eſt le produit de ſes deux côtez (1. *Géom.*) ; donc ſi ces côtez répréſentent, l'un le tems, & l'autre la viteſſe, le parallelogramme rectangle ſera égal ou proportionnel au produit du tems & de la viteſſe ; donc il exprimera auſſi l'eſpace parcouru, car cet eſpace eſt répréſenté par le produit du tems & de la viteſſe (14).

16. 8º. Les tems des mouvemens ſont en raiſon compoſée de la raiſon directe des eſpaces & de la raiſon inverſe des viteſſes. Suppoſons que l'eſpace parcouru par le corps A ſoit à l'eſpace parcouru par le corps B comme 10 eſt à 5, & la viteſſe du corps A à celle du corps B comme 6 eſt à 2 : ſi on multiplie l'eſpace 10 du corps A par la viteſſe 2 du du corps B, & l'eſpace 5 du corps B par la viteſſe 6 du corps A, les produits 10×2 & 5×6 ſont en raiſon compoſée de la raiſon directe des eſpaces 10 & 5, & de la raiſon réciproque des viteſſes 6 & 2 (4. *Arit.*) : or je dis que les tems des mouvemens ſont entr'eux comme ces produits. Car ſi les viteſſes étoient égales, les tems des mouvemens ſeroient entr'eux comme les eſpaces 10 & 5 (12) ; mais puiſque la viteſſe 6 du corps A eſt triple de la viteſſe 2 du corps B, le tems du corps A ſera trois fois moindre que ſi les viteſſes avoient été égales. D'où il ſuit que le rapport des tems eſt trois fois plus petit que le rapport des eſpaces parcourus 10 & 5 (18. *Arit.*) : or ſi on mnltiplie l'eſpace 10 du mobile A par la viteſſe 2 du mobile B, & l'eſpace 5 du mobile B par la viteſſe 6 du mobile A, le rapport des produits 10×2 & 5×6, ſera trois fois moindre que le rapport des eſpaces 10 & 5 (18. *Arit.*) ; donc le rapport des eſpaces 10 & 5 ſera égal au rapport des produits 10×2 & 5×6. Donc, &c.

17. 9º. Lorſqu'on connoît l'eſpace qu'un corps parcourt, & le tems, on connoît auſſi ſa viteſſe en diviſant l'eſpace par le tems ; car la viteſſe eſt exprimée par le rapport de l'eſpace au tems ; or on a la valeur d'un rapport en diviſant l'antécedent par le conſéquent (1. *Arit.*) ; donc ſi on diviſe l'eſpace qui eſt l'antécedent par le tems qui eſt le conſéquent, on connoîtra la viteſſe. Si on connoît la viteſſe & le tems, on connoîtra l'eſpace en multipliant la viteſſe par le tems. Car la viteſſe eſt le quotient de

l'efpace divifé par le tems (6.) ; or fi on multiplie le quotient par
le divifeur , l'on a le dividende (6. *Arit.*) ; donc fi on multiplie la
viteffe qui eft le quotient, par le tems qui eft le divifeur , on
aura l'efpace qui eft le dividende. Si on connoît l'efpace & la
viteffe , on aura le tems en divifant l'efpace par la viteffe ; car
l'efpace eft exprimé par le produit de la viteffe & du tems (14.) ,
donc fi on divife ce produit par la viteffe , le quotient fera connoître le tems , car lorfqu'on divife le produit de deux quantitez par l'une d'elles, le quotient fait trouver l'autre (7. *Arit.*) ,
d'où il fuit que de ces trois chofes , la viteffe , l'efpace , & le
tems ; deux étant connues , la troifiéme peut l'être auffi.

18. 10°. La viteffe d'un corps étant égale ou plutôt proportionnelle au rapport de l'efpace au tems , fi l'on divife ou que l'on
multiplie les deux termes du rapport , par un même divifeur ou
multiplicateur , le nouveau rapport exprimera encore la viteffe
du corps. Car l'on fçait que le rapport de deux grandeurs ne
change point , lorfqu'on les multiplie ou qu'on les divife par une
même troifiéme (8. *Arit.*) ; ainfi fi la viteffe du corps eft telle , qu'il
parcoure 100 toifes en 5 minutes , cette viteffe étant exprimée
par le rapport $\frac{100}{5}$, elle pourra l'être par celui-ci $\frac{1000}{50}$, ou encore
par celui-ci $\frac{20}{1}$ qui font deux rapports égaux au premier. En effet
il faut que le corps aille auffi vite pour parcourir 1000 toifes en
50 minutes , ou 20 toifes en une minute , que pour parcourir
100 toifes en 5 minutes ; car il ne fera jamais ni plus ni moins
de 100 toifes par 5 minutes.

D'où l'on voit que fi l'on partage par la penfée l'efpace &
le tems en un même nombre infini de parties , le rapport qui fera
entre l'infinitiéme partie de l'efpace , & l'infinitiéme partie du
tems exprimera encore la viteffe du corps. Car il faut qu'un
corps aille auffi vîte pour faire l'infinitiéme partie de 100
toifes dans l'infinitiéme partie de 5 minutes , que pour faire 100
toifes en 5 minutes : d'un côté l'efpace parcouru diminue jufqu'à
devenir infiniment petit , mais de l'autre le tems diminue auffi infiniment, & dans la même raifon que l'efpace. C'eft pourquoi il eft
indifferent d'exprimer la viteffe d'un corps par le rapport de deux
grandeurs finies , ou de deux grandeurs infiniment petites ; pourvu
que leur rapport foit le même que celui des grandeurs finies.

19. Si l'on nomme (V) la viteffe d'un mobile , (E) l'efpace ,
(T) le tems , l'on aura V $= \frac{E}{T}$ (6.) , ou en multipliant les deux termes de l'égalité par T, TV $=$ E (8. *Arit.*) ou E $=$ TV , & fi l'on
nomme (*v*) la viteffe d'un autre mobile , (*e*) l'efpace qu'il parcourt , (*t*) le tems on aura *v* $= \frac{e}{t}$ ou *e* $=$ *tv*. Ces expreffions

abregées font d'un grand ufage pour démontrer d'une maniere courte & facile tout ce qui vient d'être dit, & un grand nombre d'autres propofitions concernant la viteffe dans le mouvement uniforme. On en pourra voir des exemples dans la fuite.

20. La viteffe dont on vient de parler eft appellée propre, parce qu'elle n'appartient qu'au corps qui eft en mouvement; mais il y a une autre viteffe qu'on nomme rélative ou refpective, c'eft celle par laquelle deux corps s'approchent ou s'éloignent l'un de l'autre, quelles que foient d'ailleurs leurs viteffes propres; foit qu'il y ait un des corps en repos, où qu'ils foient tous deux en mouvement.

21. M. le Chevalier de Louville dans un Mémoire année 1724, pag. 63, fur la nouvelle Méthode pour calculer les Eclipfes de Lune géométriquement, & fans table des finus, parle des mouvemens relatifs en ces termes : *Il femble qu'on n'ait pas crû jufqu'à préfent pouvoir déterminer la diftance ni la fituation que gardent entr'eux deux corps en mouvement, fans en fuppofer un des deux fixe, il a fallu pour lors changer la direction & la viteffe de celui qu'on laiffoit en mouvement, & cependant on va faire voir qu'il eft fort facile de trouver en quel tems qu'on voudra leur fituation & leur diftance, fans faire cette fuppofition, puifque nous n'employons dans tout ce calcul que des équations du fecond degré, ni d'autres courbes que les fections coniques.*

Or on va montrer qu'il eft encore plus facile de trouver la fituation & la diftance de deux corps en mouvement ; puifque pour cela il fuffit de fe fervir de la regle & du compas, fans recourir aux fections coniques; & que fi l'on veut employer le calcul fans table de finus, on le peut auffi par la réfolution de quelques triangles.

De la Viteffe refpective de deux Corps.

22. L'on vient de dire que la viteffe refpective eft celle par laquelle des corps s'approchent, ou s'éloignent les uns des autres, quelles que foient d'ailleurs leurs viteffes propres. Il fuffira de confidérer deux corps.

23. La viteffe refpective eft fondée fur la viteffe propre ; car fi deux corps s'approchent ou s'éloignent l'un de l'autre, c'eft parce qu'ils font mus tous deux, ou que du moins il y en a un qui eft mu. Lorfque les corps font tous deux en mouvement, la viteffe refpective n'eft la viteffe propre ni de l'un, ni de l'autre corps, mais elle en réfulte. Si l'un des corps eft en repos, la viteffe refpective n'eft pas différente de la viteffe propre du corps qui eft mu.   24. Lorfque

24. Lorfque l'on compare la viteffe refpective avec la viteffe propre de l'un des mobiles, les tems des mouvemens étant égaux, il s'enfuit qu'elles font entr'elles comme les efpaces parcourus (4.). Il s'agit donc de définir quel eft l'efpace que deux mobiles parcourent, pour s'approcher ou pour s'éloigner l'un de l'autre. Si lorfque les corps commencent à être mus, ils fe touchent, l'efpace qu'ils auront parcouru pour s'éloigner, eft l'intervalle qui les fépare au moment que l'on compare la viteffe refpective à la viteffe propre. Ce qui eft évident. Ainfi fi deux corps fe touchent à l'inftant T, & qu'après un certain tems ils foient éloignez l'un de l'autre de 10 toifes, l'efpace qu'ils auront parcouru pour s'éloigner eft de 10 toifes, quels que foient les efpaces particuliers que chaque corps ait parcouru dans l'intervalle du tems qu'ils fe font éloignez l'un de l'autre de 10 toifes. Si lorfque le mouvement commence, les corps font éloignez l'un de l'autre, l'efpace qu'ils parcourent pour s'éloigner ou pour s'approcher, eft la différence qu'il y a entre l'intervalle qui les féparoit lorfqu'ils ont commencé à fe mouvoir, & celui qui les fepare au moment de la comparaifon que l'on fait des deux viteffes. Dans le cas où deux corps s'approchent l'un de l'autre, on fuppofe que l'inftant auquel on compare la viteffe refpective à la viteffe propre de l'un des corps n'eft pas après leur rencontre mutuelle, mais que cet inftant la précede, ou bien qu'il ne differe pas de l'inftant même auquel cette rencontre arrive. Cela étant, fi deux corps font éloignés de 10 toifes lors de leur départ, & qu'on trouve qu'en un certain moment ils ne font plus éloignez que de quatre toifes, ou bien qu'ils fe touchent, l'efpace qu'ils auront parcouru pour s'approcher fera de 6 ou de 10 toifes, différence de l'intervalle qui les féparoit lors du départ & de l'intervalle qui les fépare au moment propofé.

Si les corps vont en des fens oppofez, & qu'ils s'éloignent l'un de l'autre, qu'étant diftans, lors du départ, l'un de l'autre de 10 toifes, ils fe trouvent éloignez de 15 toifes, l'efpace qu'ils auront parcouru pour s'éloigner l'un de l'autre eft de 5 toifes, différence de 15 à 10 toifes.

25. L'on nomme direction d'un corps, la ligne droite fur laquelle il eft mu, ou tend à fe mouvoir, s'il eft empêché & qu'il ne puiffe la décrire.

26. Si deux corps font mus fur une même ligne droite, fuivant des directions oppofées, l'efpace qu'ils parcourent pour s'approcher, eft égal à la fomme des efpaces que chaque corps parcourt. On aura cet efpace fi l'on retranche la fomme des efpaces particuliers que les corps décrivent , de l'intervalle qui étoit entre eux lorfqu'ils ont commencé à fe mouvoir. On fuppofe encore, de même que dans les deux cas fuivans , que l'inftant de la comparaifon des viteffes précede ou tombe dans l'inftant de la rencontre mutuelle.

D'où l'on voit que dans l'hypothefe préfente la viteffe refpeétive eft égale à la fomme des viteffes propres ; car la viteffe refpeétive eft aux viteffes propres, comme l'efpace parcouru par la viteffe refpeétive eft aux efpaces parcourus par les viteffes propres (4) ; or l'efpace parcouru par la viteffe refpeétive eft la fomme des efpaces parcourus par les viteffes propres. Donc &c.

27. Si deux corps font mus fur une ligne droite fuivant la même direétion , foit que les corps s'approchent ou qu'ils s'éloignent , l'efpace parcouru par la viteffe refpeétive , eft égal à la différence des efpaces parcourus par les viteffes propres : de forte que fi de l'efpace que parcourt le corps qui va plus vîte , on retranche l'efpace parcouru par l'autre corps , le refte fera l'efpace parcouru par la viteffe refpeétive.

D'où l'on conclurra par un raifonnement femblable au précédent , que dans le cas préfent la viteffe refpeétive eft égale à la différence des viteffes propres.

28. Si enfin l'un des corps eft en repos, & qu'il foit fur la direétion de celui qui eft mu , l'efpace parcouru par la viteffe refpeétive eft égal à l'efpace que parcourt le corps qui eft en mouvement.

D'où il fuit que la viteffe refpeétive eft égale à la viteffe propre de ce corps.

29. Dans les mouvemens rélatifs il y a plufieurs circonftances à confidérer , les viteffes propres des mobiles , les efpaces parcourus , les tems de mouvemens , la diftance , la fituation & les lieux où chaque corps fe trouve pour quelque tems que ce foit.

Lorfque toutes ces circonftances font réelles , les mouvemens relatifs font réels & vraîment éxiftans ; mais fi quelques-unes font feulement apparentes , tout ce qui paroît dans les mouvemens n'eft pas réel , cette apparence, qui n'eft pas toujours conforme à la réalité , eft fondée fur la fituation de l'obfervateur , à l'égard des corps dont il remarque les différens mouvemens , & fur certaines regles d'Optique.

Comme les mouvemens relatifs , tant réels qu'apparens , font de grand ufage , les uns dans les Mécaniques & les autres dans l'Aftronomie ; on a pris foin de les expofer d'une maniere claire

& précise, & de les réduire à des regles qui ôtent tout tâtonnement, lorsqu'il s'agit de déterminer les circonstances que l'on vient d'articuler.

Deux corps peuvent être mus sur une même ligne ou sur des lignes différentes. Dans ce dernier cas les directions peuvent être inclinées ou paralleles, enfin deux routes paralleles peuvent être droites ou courbes ; entre les routes en lignes courbes que deux corps peuvent suivre, on ne considérera ici que la circulaire. On réduit donc tout ce que l'on a à dire sur les mouvemens rélatifs réels, à trois cas. Dans le premier on considérera deux corps en tant que mus sur une même ligne droite ; dans le second on les considérera sur deux routes paralleles ; dans le troisiéme on supposera qu'ils suivent des directions inclinées l'une à l'autre.

On suppose que les corps sont de figure sphérique ; ainsi la vitesse du centre fera connoître la vitesse du corps ; on suppose encore que leur rencontre mutuelle n'altere point leurs mouvemens, & qu'elle ne change point leurs directions, de même que s'ils étoient pénétrables.

3 o. *Premier cas, lorsque deux corps sont mus sur une même ligne droite.*

Si deux corps A, B, sont mus uniformement sur la ligne KZ ^Fig. 1. suivant la même direction ; je dis que la différence des vitesses est à l'une d'elles, comme la distance AB qui joint les centres lors de leur départ, est à l'une des distances AE, ou BE que les corps parcourent en même-tems pour se rencontrer.

Si l'on compare la différence des vitesses à la vitesse du corps A, l'on aura la distance AE ; mais ce sera la distance BE, si on fait entrer dans la proportion la vitesse du corps B.

On suppose que les vitesses sont entr'elles, comme les lignes M & N. Donc tandis que le corps A parcourroit la longueur M, le corps B parcourroit la longueur N ; mais l'on suppose aussi que si les corps partent en même-tems, leurs centres arriveront ensemble au point E ; donc les espaces AE & BE parcourus en même-tems, sont entr'eux comme les vitesses (4), c'està-dire, comme les longueurs M & N : donc M.N : AE. BE. *divid.* M——N M : : AE——BE ou AB. AE. (9. Arit.) On aura aussi M——N.N : : AE——BE ou AB. BE. (9. Arit.) c'est-à-dire, la différence des vitesses, est à l'une d'elles, comme AB est à AE ou BE.

Lorsque deux corps sont mus suivant la même direction, la

B ij

vitesse respective est égale à la différence des vitesses propres : donc M——N exprime la vitesse respective ; d'ailleurs AB, différence des espaces parcourus AE , BE, est l'espace parcouru par la vitesse respective. Donc, selon les proportions précédentes, l'on aura la vitesse respective est à l'une des vitesses propres, comme l'espace parcouru par la vitesse respective est à l'espace que parcourt le corps dont la vitesse entre dans la proportion ; à l'espace, dis-je, que ce corps parcourt jusqu'au point de leur rencontre.

31. L'on voit donc que si les vitesses des corps sont connues, on peut déterminer d'une maniere aisée l'endroit de leur rencontre par l'une des proportions précédentes dans lesquelles on connoît les trois premiers termes (10. Arit.) ; car par-là les espaces AE ou BE seront connus, & par conséquent les tems des mouvemens, le lieu de chaque corps, & leur situation feront aussi connus.

32 Si les vitesses M & N sont connuës, ensemble les tems des mouvemens, l'on trouvera de même les espaces parcourus, la distance des corps à la fin de ces tems, leur lieu & leur situation ; car puisque les vitesses sont connuës, l'on sçait la longueur ou l'espace que chaque corps peut parcourir dans un tems donné, & par conséquent la distance qui est entre les corps. On suppose toujours que la distance AB lors du départ est connuë.

33. Si les vitesses & la distance des corps sont connuës, pour déterminer les espaces parcourus, les tems des mouvemens, & le lieu de chaque mobile, il faut connoître de plus leur situation, c'est-à-dire, si c'est le corps B qui précede encore le corps A, ou si c'est le corps A qui a passé le corps B : car il est visible que de part & d'autre du point E où les centres arrivent en même-tems, les corps A & B peuvent se trouver à une distance l'un de l'autre, égale à la distance donnée.

Fig. 2.   Supposons donc que l'on veuille sçavoir le lieu de chaque corps, lorsqu'ils sont éloignez l'un de l'autre de l'intervalle D, il faut prendre de part & d'autre du point A, AF & Af = D & faire M——N . M :: FB. FL. ou M——N. M :: ƒB. ƒl ; prendre ensuite AG=FL ou Ag=ƒl, & les points G, L, ou g, l, sont ceux ou les centres arrivent en même-tems, lorsqu'ils sont éloignez de l'intervalle D, les points cherchez feront G & L si le corps B precede encore le corps A ; mais l'on aura les points g, l, si le corps A a devancé le corps B.

Car si le corps A partoit du point F ou du point ƒ, les centres

arriveroient en même-tems au point L ou *l* (30) ; ainsi le corps A
parcourroit FL ou *fl*, tandis que le corps B parcourt BL ou B*l* ;
or puisque AG=FL & A*g*=*fl*, il s'ensuit que le corps A
parcourra réellement AG, ou A*g* tandis que le corps B parcourra BL, ou B*l*. Donc les centres se trouveront en même-tems aux
points G, L, ou *g*, *l* ; il reste donc que GL, ou *gl* soit égale à
l'intervalle D, ce qui est évident, car AG=FL ; donc si on
ôte la partie commune FG, on a GL=AF=D, l'on a aussi
A*g*=*fl* ; donc si on retranche la partie commune A*l*, le reste
lg=A*f*=D.

Après avoir ainsi déterminé les points où les centres arrivent
en même-tems, étant éloignez l'un de l'autre de l'intervalle D,
l'on connoît les espaces AG, BL, ou A*g*, B*l* que les corps parcourent en même-tems, donc l'on connoîtra aussi les tems des
mouvemens.

34. L'on voit donc que si deux corps vont d'un même côté
sur une même ligne, on peut connoître les circonstances de leurs
mouvemens. Ces circonstances sont la vitesse de chaque mobile,
l'espace qu'ils parcourent, le tems du mouvement, la distance
à laquelle ils sont l'un de l'autre. Or si les vitesses particulieres
sont connues, & que l'une des trois autres circonstances soit
donnée, on trouvera les deux autres. Mais si c'est la distance
qui est donnée avec les vitesses, pour connoître les espaces
parcourus & le tems, il faut de plus connoître la situation des
mobiles, comme il a été déja remarqué.

35. Si les corps vont dans des sens opposez, on trouvera le Fig. 3.
point E où les centres doivent se rencontrer en faisant M + N
. M :: AB . AE, ou M + N . N :: AB . BE, car il est visible
que tandis que par la somme des vitesses M + N les deux mobiles
parcourront AB, le corps A, par sa vitesse propre, parcourra
AE, & le corps B, BE.

36. S'il s'agit de trouver les points G, L, ou bien *g*, *l* où les Fig. 4.
centres arrivent en même-tems, étant éloignez l'un de l'autre de
l'intervalle D ; il faut prendre de part & d'autre du point A, AF
& A*f*=D, & faire la proportion M + N . M :: FB . FL, ou
M + N . M :: *f*B . *fl*. prendre AG=FL ou A*g*=*fl* ; & les
centres des corps A & B seront en même-tems aux point G, L,
ou *g*, *l*. Ce sera les points G, L, si les corps ne se sont pas encore rencontrez ; mais l'on aura les points *g*, *l*, si les corps se sont
déja rencontrez lorsqu'ils sont éloignez l'un de l'autre de l'intervalle D.

Car si le corps A partoit du point F ou *f*, les centres se trouveroient en même-tems aux points L ou *l* (35) ; mais puisque le corps A part du point A , il s'enfuit que lorsque le corps B arrivera en L, le corps A arrivera en G, car AG=FL , & lorsque le corps B arrivera en *l* , le corps A arrivera en *g* , puisque A*g*=*fl* : donc les centres des mobiles se trouveront en même-tems en G , & L , ou *g* & *l*. Il reste donc que GL soit égale à AF , ce qui est évident , car FL=AG , si on retranche la partie commune FG l'on aura GL=AF=D . de même A*g*=*fl*. Si on retranche la partie commune A*l* on aura *gl*=A*f*=D.

On ne s'arrête pas au cas particulier où l'un des corps seroit en repos , car il n'y a aucune difficulté.

37. *Second cas , lorsque les corps* A , B *font mus fur des lignes paralleles droites ou circulaires.*

On nomme vitesse angulaire celle par laquelle un corps ou son centre décrit sur une circonférence des arcs d'un certain nombre de degrez , quelle que soit la grandeur absoluë de ces arcs.

38. D'où il suit que si deux corps décrivent en même-tems sur des circonférences inégales des arcs semblables ou d'un même nombre de degrez, leurs vitesses angulaires font égales ; de même s'ils achevent leurs circonférences en des tems égaux , on dit que leurs vitesses angulaires font les mêmes , quoique les circonférences décrites soient fort inégales. S'ils décrivent leurs circonférences en des tems inégaux , on dira que leurs vitesses font inégales & que la plus grande vitesse est celle du mobile qui acheve son tour plutôt, quoique la circonférence décrite soit peut-être la moindre des deux : ainsi dans la vitesse angulaire l'on a seulement égard au nombre de degrez que contient l'arc décrit , lorsque les arcs décrits font semblables & contiennent le même nombre de degrez , on regarde ces arcs comme des espaces égaux par rapport à la vitesse angulaire ; de même toutes les circonférences font des espaces égaux à cet égard. D'où l'on voit que les vitesses angulaires de deux corps qui décrivent deux circonférences font entr'elles réciproquement comme les tems qu'ils emploient à les décrire (40).

39. On nomme tems *periodique* celui qu'un corps emploie à faire une révolution.

40. D'où il suit que les vitesses angulaires de deux mobiles font entr'elles réciproquement comme les tems periodiques.

41. Donc si les tems periodiques font connus , les vitesses angulaires font aussi connuës, puisque dans la vitesse angulaire, on a seulement égard au nombre de degrez que contient l'arc décrit :

on peut fuppofer que deux mobiles qui décrivent des circonférence inégales , font mus fur la même circonférence , pourvu
qu'ils y confervent la même viteffe angulaire , c'eft-à-dire,
qu'ils y décrivent des arcs d'un même nombre de degrez que
fur leur circonférence propre.

42. Dans les cas préfens , les centres des corps ne peuvent fe
rencontrer ; il peut même fe faire que les maffes paffent l'une devant l'autre fans fe toucher , fi les lignes parallèles font trop diftantes l'une de l'autre. On nommera comme dans le premier cas
les viteffes des corps A & B fur les lignes droites parallèles ,
fçavoir la grande qui eft celle du corps A , (M) & celle du corps
B qui eft la moindre (N).

43. Dans ce fecond cas fi le tems des mouvemens eft connu , on trouvera facilement le lieu de chaque corps , leur diftance & leur fituation , en cherchant d'abord par les tems connus,
& les viteffes auffi connuës, les efpaces parcourus.

44. Si l'efpace parcouru par l'un des corps eft connu , les autres
circonftances feront auffi connues , le tems des mouvemens , le
lieu , la diftance , & la fituation des corps.

45. Le feul point qui puiffe faire de la peine , eft lorfque la diftance qui eft entre les corps , eft donnée , & qu'il s'agit de déterminer les autres circonftances. Pour y parvenir il faut encore fçavoir comme dans le cas précédent , la fituation des corps, c'eft-à-
dire, fçavoir fi le corps A qui va plus vîte eft encore précédé par le
corps B , ou bien s'il l'a paffé & le devance.

46. Il s'agit donc de trouver les lieux G , L , ou g, l des corps Fig. 5.
A, B lorfqu'ils feront à une diftance donnée D. Du point A il faut
mener AF & Af égale à D qui rencontre XY aux points F, f:
faire enfuite la proportion M——N. M :: FB . FL , ou M——N.
M :: fB . $f l$. du point L ou l mener LG ou $l g$ parallèle à AF
ou Af qui rencontre KZ au point G ou g qui fera le lieu où le
centre du corps A arrivera en même-tems que celui du corps B
arrivera en L ou l ; car fi les corps partoient en même-tems des
points F ou f & B , leurs centres arriveroient enfemble au point
L ou l (30) , ainfi le corps A parcourroit FL ou $f l$, tandis que le
corps B décriroit BL ou Bl ; mais AG=FL (2. Géom.) , &
Ag=$f l$ (2. Géom.) ; donc tandis que le corps B ira de B en L
ou l , le corps A ira de A en G ou g , & ces centres feront éloignez de l'intervalle GL ou $g l$=AF ou Af=D.

47. Si l'on veut avoir les lieux Q , R où les centres arrivent en
même-tems lorfqu'ils font les moins diftans qu'il eft poffible ; il

faut du point A abbaisser la perpendiculaire AS, & faire M——N.
M :: BS . QS, du point Q élever la perpendiculaire QR , & les
centres des corps arriveront en même-tems aux points R , Q , où
ils feront éloignez l'un de l'autre de la perpendiculaire QR qui
est la moindre des distances qui puisse être entre les centres des
corps.

48. Si la distance D qu'on propose devoir être entre les centres des corps étoit moindre que la perpendiculaire AS ou QR ,
il n'y auroit point de lieux sur les paralleles , où ces centres puf-
fent être éloignez de cette distance ; il feroit donc impossible de
déterminer la situation de la ligne qui la mesure , & celle des
corps sur cette ligne.

Comme la perpendiculaire AS est la seule qu'on puisse mener
du point A fur XY , elle ne peut avoir qu'une position ; il n'est
donc pas nécessaire pour trouver les vrais lieux des corps que l'on
spécifie quelle est leur situation avant qu'ils se trouvent ensemble fur cette perpendiculaire , car on voit bien qu'il faut que le
corps A qui va plus vîte soit encore précedé par le corps B.

49. Si la somme des demi-diametres des corps AB , est égale à
la perpendiculaire QR , les corps se toucheront, lorsque leurs centres y feront arrivez. Si la somme des demi-diametres est moindre que la perpendiculaire QR , le corps A passera le corps B
sans le toucher. Si cette somme est plus grande que la perpendiculaire QR , on pourra déterminer les lieux où les centres arriveront, lorsqu'ils feront éloignez l'un de l'autre de la somme
des demi-diametres , ou lorsque les corps se toucheront.

50. Si on nomme les vitesses angulaires des corps A , B , qui décrivent d'une vitesse uniforme , les circonférences KZ , XY , sçavoir la vitesse du corps A qui va plus vîte (M) , & celle du corps
B , (N) l'on déterminera avec la même facilité l'endroit où le corps
A doit rencontrer le corps B, c'est-à-dire, se trouver avec lui fur une
même ligne qui passe par le centre commun des circonférences
décrites ; & si l'on assigne la distance qui doit être entre leurs
centres , on pourra trouver les lieux des corps , lorsqu'ils feront à
cette distance l'un de l'autre.

Fig. 6.   Si on prolonge le rayon CA jusqu'au point S de l'autre circonférence, l'arc BS est l'intervalle qui est entre les deux corps ,
c'est pourquoi si on fait. M——N . M :: SB . SQ , le rayon CRQ
est celui où les centres se trouvent en même-tems (30. 38).

51. Si l'on demande les lieux des centres lorsqu'ils feront éloignez l'un de l'autre d'un arc donné D ; il faut prendre de part &
d'autre

d'autre du point S , des arcs SF , S*f* égaux à l'arc donné D, & faire M——N . M :: FB. FL. ou M——N . M :: *f*B . *fl* . prendre l'arc FL ou *fl* , & le porter de S en G ou *g* , & le centre du corps A arrivera sur le rayon CG ou C*g* , dans le tems que le centre du corps B arrivera en L ou *l* , ce qui est évident par tout ce qui précede. Car si le corps A partoit du point F ou *f* , il rencontreroit le corps B au point L ou *l* : mais puisqu'on suppose qu'il part du point S , il s'ensuit qu'il sera éloigné du corps B , de tout l'arc GL ou *gl*=D.

52. *Troisiéme cas lorsque les corps sont mûs sur des directions inclinées l'une à l'autre.*

Si les corps A , B , se meuvent sur deux lignes droites KZ , XY inclinées l'une à l'autre , & qui prolongées ou non se coupent en un point C , on déterminera encore les circonstances de leurs mouvemens. Sur la direction du corps B , il faut prendre DC qui soit à AC comme N est à M ; du point A mener AD , & du point B à la ligne AD prolongée ou non , mener tant d'autres lignes qu'on voudra telles que BF , BS , &c. Si des points F , S , &c. on mene FG SR paralleles à XY qui rencontrent KZ aux points G , R , &c. tandis que le corps A parcourra sur sa direction les parties AG , AR , &c. le corps B parcourra sur la sienne des parties égales à GF , SR (4).

Car à cause des triangles semblables ADC , AFG , l'on a (8. *Géom.*) AC . CD :: AG . GF : c'est-à-dire que les lignes AG , GF sont dans la même raison que les vitesses ; donc elles seront parcourues en même-tems par ces vitesses (4). Donc tandis que le corps A parcourt AG sur sa direction , le corps B parcourt sur la sienne un chemin égal à GF.

53. Corollaires. Si l'on mene GE parallele à BF, BE sera égale à GF (2. *Géom.*) ; donc on détermine par-là , l'endroit où le centre du corps B doit arriver, tandis que celui du corps A , parcourt AG.

54. On peut déterminer de cette maniere tous les endroits où les mobiles se trouvent en même-tems , pourvu que le tems soit connu , ou l'espace que l'un des corps a parcouru. On détermine aussi leur distance & leur situation ; car GE qui est la distance des corps lorsqu'ils sont en G & E est égale à BF (2.*Géom.*) ; de sorte que si du point B l'on mene à la ligne KZ , tant de lignes que l'on voudra , telles que BF , BS , B*f* &c. elles sont égales aux distances qui sont entre les centres des corps , lorsqu'ils sont aux points de leurs directions que l'on détermine par le moyen de ces

*C

lignes. Ainsi BS est la distance des corps lorsqu'ils sont aux points R, Q, qu'on détermine par le moyen de cette ligne.

55. 3°. L'on peut par conséquent trouver les lieux des corps, lorsque leurs centres seront à la moindre distance possible l'un de l'autre. Du point B il faut mener BS perpendiculaire à AD, du point S, SR parallele à XY, du point R mener RQ parallele à BS, & les points R, Q, sont ceux où les mobiles se trouveront lorsqu'ils seront à la moindre distance possible l'un de l'autre. Car toutes les distances qu'il peut y avoir entre les mobiles pendant tout le tems des mouvemens, sont égales chacune à quelqu'une des lignes menées du point B à la ligne AD : or la plus courte des lignes menées du point B à la ligne AD est la perpendiculaire BS (3. *Géom.*) ; donc la plus courte distance qui puisse être entre les corps, ne peut être moindre que BS ou QR son égale (2. *Géom.*) ; donc lorsque les mobiles sont aux points R, Q, ils sont à la moindre distance possible.

56. 4°. Puisque BS est perpendiculaire à AD, QR parallele à BS, est aussi perpendiculaire à AD (4. *Géom.*), & par conséquent oblique à AC ; donc lorsque les centres des mobiles sont à la plus courte distance l'un de l'autre, ils sont sur une ligne oblique à la direction de celui qui va plus vîte.

57. 5°. Les centres des mobiles se trouvent ensemble sur une
Fig. 9. perpendiculaire à la direction du corps A qui va plus vîte, avant d'arriver à la ligne de la moindre distance qui est QR ; car si l'on prolonge BS en V où elle rencontre KZ, l'angle BVC étant extérieur, est plus grand que l'angle intérieur ASV qui est droit (5. *Géom.*) ; donc BVC est obtus, donc si du point B on mene une ligne à AD, qui prolongée soit perpendiculaire à KZ, elle tombera plus près du point A que BV (5. *Geom.*) ; donc si à cette perpendiculaire on mene une parallele qui détermine les lieux des mobiles sur leurs directions (52), elle sera plus proche de A que QR qui est parallele à BS, & qui détermine les lieux Q, R où les mobiles se trouvent lorsque la distance des centres est la moindre qu'il est possible ; donc les mêmes centres se trouvent sur une perpendiculaire à la route du corps A qui va plus vîte avant que d'arriver à la ligne de leur plus courte distance. C'est-là une proposition que M. le Chevalier de Louville démontre d'une maniere differente, tant par le calcul, que géometriquement, contre ce qu'ont pensé des célebres astronomes.

58. 6°. Si on veut trouver les lieux des mobiles lorsqu'ils sont à une distance donnée telle qu'on voudra, on le peut avec la même

facilité que pour la plus courte diſtance. Il faut du point B mener à AD deux lignes telles que BF & Bƒ égales à la diſtance donnée, des points F, ƒ mener deux paralleles à XY qui rencontrent KZ aux points G, g, deſquels il faut mener GE, g e paralleles à BF, Bƒ & les points G, E ou g, e ſont ceux où les centres ſe trouvent en même-tems lorſqu'ils ſont éloignez l'un de l'autre, de la longueur BF ou Bƒ (52).

59. 7°. Il eſt évident que les mobiles parcourent autant de chemin depuis le moment que leurs centres ſe trouvent à une diſtance donnée, juſqu'au moment de leur plus courte diſtance, que depuis ce moment juſqu'à ce qu'ils ſe retrouvent à la même diſtance donnée, car SF $=$ Sƒ (6. *Géom.*), donc à cauſe des paralleles FG, SR, ƒg, les eſpaces GR, R g ſont égaux (7. *Géom.*). Donc le tems qui s'écoule depuis le moment où les centres ſont à une diſtance donnée, juſqu'au moment où ils ſe retrouvent à la même diſtance l'un de l'autre, eſt partagé également par l'inſtant de la plus courte diſtance.

60. Il eſt évident que ſi en tirant la ligne AD elle paſſoit par le point B, les viteſſes ſeroient entr'elles comme AC & BC; par conſéquent les centres arriveroient en même-tems au point de concours C (4).

61. 8. On peut remarquer que lorſque les mobiles tendent au point C, & que leur plus courte diſtance doit être avant de paſſer le point de concours C, pour lors ils ſe trouvent premierement ſur une perpendiculaire à la route du corps B, enſuite ſur une perpendiculaire à la route du corps A, enfin ſur la ligne de leur plus courte diſtance; mais ſi leurs mouvemens ſont tels qu'ils ſe trouvent d'abord ſur la ligne de leur plus courte diſtance, ils arriveront enſuite ſur la perpendiculaire à la route du corps A, & enfin ſur la perpendiculaire à la route du corps B, c'eſt-à-dire, que ces circonſtances arriveront dans un ordre renverſé.

L'on peut auſſi remarquer que la propoſition eſt générale, & qu'elle s'étend à tous les cas où deux corps ſont mus d'une viteſſe uniforme ſur des lignes droites.

62. Il reſte à faire voir que l'on peut déterminer les circonſtances des mouvemens relatifs, ſans recourir à l'uſage des tables.

Dans ce calcul on peut ſuppoſer que les diſtances des mobiles ſont données, ou que l'eſpace parcouru par l'un d'eux eſt connu.

On ſuppoſe d'abord que les diſtances ſont connues excepté la moindre de toutes, qui étant déterminée en elle-même n'eſt point arbitraire, & que d'ailleurs il n'y a rien qui la faſſe connoître immédiatement. Puifque l'angle KCX eft conftant , c'eft-à-dire , toujours le même , fi de quelque point de l'une des directions , on abbaiffe une perpendiculaire fur l'autre, l'on formera un triangle rectangle dont les côtez ont un rapport conftant , & par conféquent on peut le fuppofer connu. Dans le triangle rectangle ACX l'on connoît le rapport des côtez AC, CX, & le côté AC qui eft la diftance du corps A au point de concours des directions , donc le côté CX eft connu par-là , de même que le côté AX. (8. *Géom.*) Dans le triangle rectangle ADX , l'on connoît les côtez AX & DX, car CX eft connu , de même que CD par la proportion M . N :: AC. CD ; donc le côté AD fera connu (9. *Géom.*) Dans le triangle rectangle ABX , l'on connoît AX & AB ; donc BX fera connu, & par conféquent BD. Les triangles femblables ADX, BDS , feront connoître la plus courte diftance BS (8. *Géom.*) Cette plus courte diftance étant connue, les autres BF &c. étant arbitraires , l'on aura tout autant de triangles rectangles BFS dans lefquels on connoît deux côtez, donc les troifiémes tels que FS feront connus (9. *Géom.*) Par le moyen du triangle BDS on peut connoître DS, qui étant ajoutée ou retranchée de AD, donne pour fomme ou pour refte AS ; AF eft auffi connu en retranchant FS de AS , de même que D*f*, après avoir ajouté DS à S*f*, ou l'en avoir retranché. Cela fait il fera aifé de connoître les efpaces AG , GR , R*g* parcourus par le corps A ; enfemble les efpaces FG, SR , *gf*. L'efpace FG étant connu, on aura celui qui répond à GR en retranchant FG de SR &c. les efpaces que les corps parcourent en même-tems fur leurs directions étant ainfi déterminez en nombres , l'on pourra trouver la diftance où ils font chacun du lieu de départ & du point de concours C : & fi l'on convertit en tems les efpaces parcourus, l'on aura celui qui s'eft écoulé en les parcourant.

63. 2°. Si l'efpace que l'un des corps a parcouru eft donné , on peut trouver la diftance qui eft entre leurs centres : ainfi fi l'on connoît l'efpace AG que le corps A a parcouru , il fera aifé de connoître celui que le corps B a parcouru en même-tems : les parties AG , GR , R*g* étant connues, on pourra connoître les parties de la ligne AD qui leur répondent ; il faut enfuite trouver la perpendiculaire BS, laquelle étant connue l'on aura des triangles rectangles dans lefquels on connoîtra les deux côtez de l'angle droit , les hypothenufes, favoir les diftances des mobiles feront connues par là.

64 Si on veut fe fervir des tables de finus , on peut abreger le calcul en commençant par le triangle ACD dans lequel on con-

noît deux côtez & l'angle compris ; donc le côté AD fera connu
(10. *Géom.*) Dans le triangle ADB l'on connoît les côtez AD,
AB , & l'angle ADB ; donc le côté DB fera connu (11. *Géom.*)
Dans le triangle BDS l'on connoît tous les angles & le côté BD ;
donc BS fera connu. On acheve enfuite le refte comme dans la premiere des deux fuppofitions qu'on a faites , fi l'on fuppofe que les
diftances font connues ; mais il faut continuer comme dans la feconde méthode , fi les efpaces étant fuppofez connus , l'on cherche les diftances.

DES MOUVÉMENS APPARENS.

65. L'on vient de confiderer les mouvemens relatifs en eux-mêmes & en tant que réels; mais il arrive affez fouvent qu'ils paroiffent
tous autres qu'il ne font en effet. L'éloignement des corps , leur
fituation entr'eux & à l'égard de l'obfervateur , les figures qu'ils
décrivent font autant de fources d'erreur pour la vue , & qui font
qu'elle ne peut pas difcerner toujours la réalité d'avec la fimple
apparence. Certains corps paroiffent être en mouvement lorfqu'ils font en repos : il y en a au contraire qui paroiffent être en
repos lorfqu'ils font en mouvement ; les uns femblent s'arrêter
tout court , les autres retourner en arriere, quoique les uns & les
autres continuent de pourfuivre leur route. Cette diverfité d'af-
pects d'une même chofe , fait voir que le rapport des yeux n'eft
pas un témoignage infaillible , & que la vue ne fait pas toujours
connoître ce qui fe paffe entre des corps qui font mus. Il eft bien
vrai que lorfque nous voyons certains corps fe mouvoir , il exifte
du mouvement quelque part , mais la vûe feule ne nous apprend
pas toujours à quels corps le mouvement appartient. Pour découvrir la raifon de cet effet , il faut favoir que lorfque nous ouvrons
les yeux pour regarder les objets qui nous environnent , ils pei-
gnent leur image au fond de l'œil fur la retine ; & c'eft en conféquence de l'impreffion que l'organe de la vûe en reçoit que
nous fommes avertis qu'il y a des corps autour de nous , & que
nous les voyons. Si les corps qui font au dehors changent de
place , leurs images en changent auffi fur la retine ; or toutes les
fois que l'image parcourt une certaine étendue fur la retine , l'objet paroît avoir un mouvement femblable en fens contraire : fi
l'image va du côté droit de l'œil vers le côté gauche , l'objet
paroîtra aller de gauche à droite , conformément à la loi établie
par l'auteur de la nature ; enforte que le mouvement foit réel , foit
apparent d'un objet eft toujours lié avec le déplacement de fon

image sur la rétine ; mais ce changement de place de l'image est
un témoignage équivoque de ce qui se passe hors de nous ; car
cette image peut changer de place ou bien parce que l'objet même en change , ou parce que l'œil seul se remue. C'est-là ce qui
arrive lorsqu'on est au bord d'un vaisseau qui va vîte , car on
voit que les terres & les villes s'éloignent. Une personne qui pi-
rouette & tourne fort vîte sur ses talons , éprouve la même chose ;
tous les objets qui l'environnent lui paroissent aller en rond , parce
que chacun peint à son tour son image sur la rétine , & qu'en y
parcourant une certaine étendue , elle affecte l'œil de la même
maniere que si les objets étoient mus réellement. On ne peut donc
pas conclure qu'un corps est mu de cela seul qu'il paroît se mouvoir , car cette apparence est uniquement fondée sur le mouvement de l'image sur la rétine : or ce mouvement de l'image n'est
pas toujours l'effet du mouvement de l'objet auquel elle se rapporte. L'ors donc que certains corps paroissent se mouvoir , on
peut bien croire que cette apparence est causée par un mouvement
réel , mais on risqueroit de se tromper , si sans autre preuve , on
la réalisoit dans l'objet auquel elle se rapporte. Les mouvemens
apparens sont fort fréquens dans la nature ; mais la théorie en est
sur-tout nécessaire dans l'astronomie. C'est en faveur de cette
partie de la physique , qu'on va exposer les principales circonstances de ces mouvemens ; & parce que les astres se meuvent en
rond ou qu'ils paroissent s'y mouvoir , on va déterminer de
quelle maniere ces apparences doivent se faire remarquer dans
le cercle.

66. Dans les mouvemens apparens on juge de l'espace qu'un
corps parcourt , en le rapportant à certains points fixes qui sont à
côté ou au-de-là du corps. On observe d'abord auquel des points il
répond ; si à quelque tems de là on trouve qu'il répond à de nouveaux points , on juge qu'il est en mouvement , & on estime sa
vitesse en comparant l'espace apparent au tems qui s'est écoulé
entre les deux observations.

Il peut se faire qu'un mobile sans discontinuer sa course , pa-
roisse néanmoins s'arrêter.

Imaginons une allée d'une longueur qui soit à perte de vûe ,
fermée des deux côtez par deux rangées d'arbres paralleles : on
sçait que l'œil placé à l'un des bouts de l'allée , & regardant vers
l'extrêmité opposée , verra les deux rangées d'arbres s'approcher
l'une de l'autre , comme si on les avoit inclinées pour les faire
rencontrer ; & si elles sont assez prolongées elles paroîtront con-

courir à un point vers l'autre bout. Qu'on se réprésente aussi deux
observateurs qui étant aux deux bouts de l'allée en traversent la
largeur, il est certain qu'ils paroîtront l'un à l'autre être immobiles, & rester à la même place, puisque de l'un des bouts les deux
rangées d'arbres paroissent se joindre & fermer l'allée vers l'autre bout : or les deux observateurs se voient l'un l'autre suivant
des rayons visuels paralleles entr'eux, & aux deux rangées
d'arbres.

67. D'où l'on voit que si un corps en mouvement, est à une
fort grande distance, & qu'un observateur qui le suit des yeux,
le voie suivant des rayons visuels paralleles, il doit paroître en
repos, & demeurer au même endroit.

68. Si la route du mobile est tellement dirigée à l'égard de l'observateur, que les mêmes points fixes auxquels il avoit été rapporté auparavant, reparoissent de nouveau à côté ou au-delà du mobile, l'observateur le verra retrograder ou retourner en arriere,
car il lui semblera qu'il refait le même chemin. L'on va voir que
si deux observateurs sont mus sur deux circonférences de cercle
concentriques, les trois apparences dont on vient de parler, peuvent avoir lieu, c'est-à-dire, qu'en certains endroits de leur route, l'un paroîtra à l'autre, aller vers le même côté que cet autre & dans le même sens; qu'en d'autres endroits l'un verra
l'autre s'arrêter quoiqu'ils ne discontinuent point de marcher ;
qu'enfin en certains autres, il semblera à l'un que l'autre rebrousse
chemin, & qu'il retourne en arriere.

69. On suppose deux circonférences concentriques KZ, XY, ^{Fig. 12.}
& trois observateurs l'un placé au centre C, & les deux autres
A, B qui se meuvent sur les circonférences sans jamais s'arrêter.
L'un des observateurs peut voir sans interruption les deux autres. Cela posé,

1°. Celui qui est au centre verra les deux autres avancer sans
cesse dans le même ordre sur leurs circonférences, & aller de
suite quelles que soient leurs vitesses : ainsi les mouvemens apparens des mobiles A, B, à l'égard de l'observateur C, ne different point des mouvemens réels, quant à la direction.

70. 2°. Si l'un des observateurs A, B porte ses regards vers
le centre C, il verra le corps qui y est placé, se mouvoir & décrire la même circonférence qu'il décrit ; car il rapportera le
corps C successivement à des points fixes qui étant à la suite les
uns des autres, sont diamétralement opposez aux endroits par où
l'observateur passe. Le corps C paroîtra donc décrire les mêmes

arcs que l'obſervateur décrit réellement , & faire ſon tour dans le
même tems que l'obſervateur acheve le ſien. C'eſt pourquoi ſi les
mobiles A , B tournent en des tems differens , le mouvement
apparent du corps C , ſera auſſi différent pour les deux obſervateurs.

71. 3°. Si l'un des obſervateurs , par exemple, celui qui eſt en
A tourne ſur lui-même comme une roue autour de ſon eſſieu ,
il verra les corps B , C tourner autour de lui , en ſens contraire ,
& dans le même intervalle de tems ; c'eſt-à-dire , que ſi l'obſervateur A tourne de droite à gauche , les corps C , B , paroîtront
tourner de gauche à droite , ce qui eſt conforme à l'expérience &
aux principes qu'on vient détablir. Ainſi le corps C paroîtra à
l'obſervateur A avoir deux mouvemens , l'un par lequel il décrit
la circonférence KZ , l'autre par lequel il paroît tourner autour
de l'obſervateur dans le même-tems que l'obſervateur tourne ſur
lui-même.

72. 4°. Si ſur les circonférences KZ , XY on prend les arcs
AH , BD qui ſoient dans la même raiſon que les viteſſes des mobiles , & qui ſoient tellement inclinez ou obliques l'un par rapport à l'autre que les lignes AB , HD menées par leurs extrêmitez , ſoient paralleles, pendant le tems que les obſervateurs décriront ces arcs , ils feront ſtationaires l'un à l'égard de l'autre ,
ou l'un paroîtra à l'autre s'arrêter pendant tout ce tems-là. Car
puiſque les arcs AH BD ſont comme les viteſſes , ils feront décrits en même-tems , d'ailleurs puiſque les lignes AB , HD qui
paſſent par les extrêmitez de ces arcs ſont paralleles , les obſervateurs ſe trouvant en même-tems aux points A , B & enſuite aux
points H , D , il s'enſuit que l'un verra l'autre ſuivant des rayons
viſuels paralleles & cela pendant tout le tems que les arcs AH, BD
feront parcourus ; car comme l'on ſuppoſe que ces arcs ſont fort
petits , on peut les regarder comme des lignes droites ; c'eſt pourquoi ſi on mene d'autres paralleles à AB , HD qui rencontrent
ces arcs , elles les diviſeront en parties proportionnelles aux mêmes arcs (7.*Géom.*) , c'eſt-à-dire , en parties qui feront entr'elles
comme les viteſſes des mobiles,& qui feront par conſéquent parcourues en même-tems. Donc les lignes droites qui paſſeront par
les endroits des mobiles pendant le tems que les arcs AH , BD
feront parcourus , ſont paralleles aux lignes AB , HD , donc
pendant le même-tems un obſervateur verra l'autre ſuivant des
rayons viſuels paralleles ; par conſéquent l'un ſera ſtationaire à
l'égard de l'autre (65.)

II

Il est manifeste que la même apparence a lieu pour l'un & l'autre observateur en même-tems , & qu'elle commence ou finit au même instant pour tous deux.

Si l'on divise les arcs AH , BD en deux parties égales aux points E,F, qu'on mene les tangentes EL , FL , jusqu'au point L où elles se rencontrent , elles sont dans la même raison que les vitesses des mobiles A , B. Car si on mene EF , elle sera parallele à HD ou GI (7. *Géom.*) , & l'on aura EL . FL :: EG . FI ; mais parce que les arcs EH , FD étant fort petits, on peut les regarder comme égaux aux parties EG , FI des tangentes , l'on aura EL . FL :: EH . FD , c'est-à-dire , que ces tangentes sont entr'elles comme les vitesses des mobiles A , B. *Fig. 12.*

Il suit de-là que si les mobiles A , B sont situez l'un par rapport à l'autre , de maniere que les tangentes que l'on menera de l'endroit où ils se trouvent , jusqu'au point de leur rencontre , soient entr'elles comme leurs vitesses , ils seront stationnaires à ces endroits-là même : car ils parcourront pendant quelque tems des arcs qui sont comme ces tangentes ; & de plus ces arcs seront inclinez l'un à l'autre , de maniere que les lignes menées par leurs extrêmitez , seront paralleles comme il paroît par la construction précedente.

Si le point F s'approche de la tangente EL , en s'éloignant du rayon CP, le rapport des vitesses étant encore exprimé par celui des tangentes , il faudra que la vitesse du mobile B diminue, & elle pourra diminuer jusqu'à ce que le point F étant infiniment proche de EL l'observateur B l'ait toute perdue , & se trouve en repos sur la tangente EL ; auquel cas non-seulement il paroîtra stationnaire, mais il le sera effectivement; cependant l'observateur A conservant toute sa vitesse , paroîtra à l'observateur B placé sur EL, s'arrêter pendant tout le tems qu'il décrira l'arc AH, car cet arc paroît être un prolongement de la tangente EL ; ainsi lorsque le mobile A le parcourra , il causera dans l'observateur B , la même apparence que s'il se mouvoit sur la tangente EL , & que l'observateur B le vît pendant tout ce tems suivant le rayon visuel LE.

La même apparence peut donc avoir lieu soit que les deux observateurs se meuvent, soit que l'un d'eux soit en repos, & l'endroit où la station doit se faire n'est pas un lieu fixe ; car il peut changer selon que la vitesse de l'observateur le plus éloigné est grande ou petite.

*D

73. Si le point F s'approche du rayon CP, & que le rapport des vitesses soit toujours exprimé par celui des tangentes, il faudra que la vitesse du mobile B augmente, & elle augmentera jusqu'à ce que la tangente FL devienne égale à la tangente EL; ce qui arrivera lorsque le point de concours L sera à une distance infinie, & que le point F tombera sur le point P : pour lors les tangentes EL, FL étant perpendiculaires à CP (14. *Géom.*), elles seront paralleles (28. *Géom.*); or il est évident que pour lors, les paralleles menées d'une circonférence à l'autre étant paralleles à CP ne pourront pas retrancher des arcs égaux ou qui soient dans la raison des vitesses; c'est pourquoi il n'y aura point de station, ou elle sera la plus courte qu'il est possible.

74. Il n'y a donc de stations que lorsque le mobile A qui est plus proche du centre C va plus vîte que le mobile B.

75. Puisque dans le cas où il peut y avoir station, le mobile A doit aller plus vîte que le mobile B, & que d'ailleurs lors de la station, le mobile B peut préceder le mobile A, ainsi qu'il paroît par la figure, il s'ensuit que le mobile A devancera après le mobile B, & qu'il se trouvera à son égard dans une situation toute semblable à la précédente, à cela près qu'il précedera le mobile B, au lieu qu'ici il en est précedé; c'est pourquoi après la premiere station, il ne tardera pas d'y en avoir une seconde. Lorsque les vitesses des mobiles sont égales, les deux stations (si on peut dire qu'il y en ait) arrivent au même endroit, sçavoir sur la ligne CP, & se réunissent en une.

76. Entre deux stations il y a nécessairement une rétrogradation. Car il est visible que dans la premiere station, le mobile B qui va moins vîte, précede, & que dans la seconde il est précedé par le mobile A; que dans la premiere station, les rayons visuels suivant lesquels un observateur voit l'autre, sont dirigez de la droite vers la gauche, & que dans la seconde station ils sont dirigez de la gauche vers la droite. Donc depuis la premiere station jusqu'à la seconde, les rayons visuels se termineront à des points fixes qui ont servi de guide avant la premiere station. Donc les mobiles paroîtront refaire le même chemin; ils seront donc rétrogrades.

77. Si les vitesses des mobiles sont égales, on vient de voir que les deux stations se réunissent en une, par conséquent il ne peut y avoir de rétrogradation. Car la rétrogradation arrive entre deux stations.

78. On peut encore démontrer cette proposition d'une ma- Fig.11. niere sensible. Suppofons que la grande circonférence foit double de la petite. Si l'on divife la petite en 6 parties égales , & la grande en 12 , les vitefſes étant égales , tandis que le mobile A parcourra une partie fur fa circonférence , le mobile B en parcourra une fur la fienne , puifque les parties font égales des deux côtez (13. *Géom.*). Suppofons que les mobiles partent enfemble des points A, B. Les rayons vifuels fuivant lefquels un obfervateur verra l'autre , font BA , CO , DP , EQ , FR , GS , HA , IO , KP , LQ , MR , NS , BA , après quoi les deux mobiles fe retrouveront aux mêmes points d'où ils font partis ; or fi l'on y prend garde , les rayons vifuels pendant tout le tems du mouvement fe terminent , ou font dirigez vers des points qui fe fuivent tous dans le même ordre. Donc fi les mobiles ont des vitefſes égales , il ne peut y avoir de rétrogradation.

Il fuit de-là que fi les mobiles achevent leur tour , en des tems qui foient comme les diftances au centre , il n'y aura point de rétrogradation ; car pour lors les vitefſes font égales , ce qui fe prouve ainfi. Les circonférences font comme les rayons ou les diftances au centre , donc elles font auffi entr'elles comme les tems : donc les efpaces parcourus font comme les tems , donc les vitefſes font égales (13) ; & par conféquent il ne peut y avoir de rétrogradation (77.)

79. Si le mobile qui eſt le plus éloigné du centre , avoit une vitefſe plus grande que celui qui en eſt plus proche , il n'y auroit pas non plus de rétrogradation.

80. Donc fi les vitefſes angulaires étoient égales , il n'y auroit pas de rétrogradation. Car pour lors les deux mobiles feroient toujours à égale diftance l'un de l'autre , & leur afpeſt feroit le même par tout. L'on voit donc que les ſtations & les rétrogradations apparentes ont pour fondement l'inégalité des vitefſes ; il faut cependant que ce foit le mobile qui eſt plus près du centre qui aille plus vîte. Parlà il pourra tantôt preceder , tantôt fuivre le mobile qui en eſt plus éloigné , & fe trouver dans les fituations favorables à ces fortes d'apparences.

81. Par les principes qu'on a établi on peut déterminer tous les endroits de fuite où les mobiles doivent être ſtationnaires & rétrogrades , & les marquer fur les circonférences qu'ils décrivent. Il faut d'abord trouver l'endroit de la premiere ſtation.

On fuppofe que le mobile qui eſt plus près du centre eſt en **A.** Il s'agit de trouver fur la circonférence de l'autre mobile le point

B dont la situation soit telle que les deux observateurs placés
sur ces corps, soient stationnaires, l'un à l'égard de l'autre.

Fig. 14.   Par le point A il faut mener la tangente GAL indéfiniment
prolongée, & qui coupe la grande circonférence aux points
G, L; du point A comme centre, & de l'intervalle AG ou AL,
décrire une demi-circonférenc GEL; du point A, & par le centre C mener ACD sur laquelle il faut prendre AD qui soit à AG
comme la vitesse du mobile A est à la vitesse du mobile B; du point
D mener DEF qui touche la demi-circonférence décrite au
point E, & qui prolongée rencontre GAL au point F; il faut
prendre EF & la porter de F en B, où elle rencontre la circonférence du mobile B. Cela fait, si les deux mobiles arrivent en
même-tems en A & B, ils y seront stationnaires.

Pour le démontrer il faut mener AE au point E où DEF touche la demi-circonférence GEL, & l'on aura deux triangles rectangles semblables DAF, AEF; l'angle F est commun, les angles
DAF, AEF sont droits (14. Géom.); donc l'angle D est égal à l'angle EAF (15. Géom.); donc l'on a AD. AE ou AG :: AF. FE
ou FB (8. Géom.). C'est-à-dire que les vitesses exprimées par AD.
AG, sont entr'elles comme les tangentes FA & FB : car FB est
elle-même tangente. Puisque EF touche la demi-circonférence
GEL, on a FL. FE :: FE. FG (16. Géom.), Si dans cette proportion on met FB au lieu de FE, on aura encore FL. FB::
FB. FG; donc FB touche la circonférence du mobile B (16.
Géom.); donc les vitesses exprimées par AD, AG, sont comme
les tangentes AF, FB. Donc les mobiles étant en même-tems aux
points A, B seront stationnaires l'un par rapport à l'autre (72).

82. Si l'on prend de l'autre côté de CAP, le point S, qui soit
éloigné de D autant que B, il sera situé à l'égard de A de même
que B; donc deux mobiles qui seroient en même-tems, l'un en B
& l'autre en S, seroient stationnaires tous deux à la fois, à l'é-
gard de l'observateur en A. Et réciproquement un mobile qui arriveroit au point A, seroit stationnaire à l'égard des observateurs
en B & S.

83. Les points A & B de la premiere station étant trouvez,
on peut déterminer ceux de la seconde. Il faut trouver la situa-
Fig. 15. tion du rayon ou demi-diametre CK sur lequel les mobiles arrivent en même-tems. Puisque les vitesses des mobiles sont connues,
les tems périodiques, c'est-à-dire, les tems des révolutions, sont aussi
connus, de même que les vitesses angulaires, car elles sont entr'elles réciproquement comme les tems des révolutions; & puisque

l'on connoît la situation des mobiles, l'on connoît aussi l'arc BD dont le mobile B précede le mobile A : c'est pourquoi après avoir nommé, comme ci-devant, (M,N,) les vitesses angulaires des mobiles , si l'on fait M——N . M :: DB . DK , l'on aura le point K où le mobile B arrive en même-tems que le mobile A parvient au point X (50) ; car AX est d'autant de degrez que DK. Cela fait , si l'on prend KS═BK & XG═AX , l'on aura la situation des mobiles lors de la seconde station , car il est visible que cette seconde situation est semblable à la précédente.

84. La rétrogradation arrivera donc pendant le tems que les mobiles parcourront les arcs BS , AG.

1°. Si les lignes ou rayons visuels AB, GS sont inclinez l'un à l'autre , il est évident qu'entre les deux stations il doit y avoir une rétrogradation. Car depuis la premiere station en AB jusqu'à ce que les observateurs arrivent en même-tems sur CK , l'observateur inférieur rapporte toujours l'observateur supérieur à la gauche de CK ; mais depuis qu'ils ont passé eux-mêmes à la gauche de cette ligne , jusqu'à la seconde station en GS , l'observatur inférieur ne cesse de rapporter l'observateur supérieur à la droite de la ligne CK , comme la figure le montre : or cela ne peut être ainsi à moins que l'observateur supérieur n'ait paru à l'observateur inférieur retourner de la gauche vers la droite de CK. Donc il doit y avoir une rétrogradation entre les deux stations en AB & GS , lorsque ces lignes sont inclinées l'une à l'autre. Or 2°. il est nécessaire que cela soit. Car si les lignes ou rayons visuels AB, GS étoient paralleles entr'eux , ils seroient aussi paralleles à CK qui divise les arcs AB, GS chacun en deux parties égales : mais puisque OP & MN sont parcourus en même-tems, il faut que PK & NX soient aussi parcourus en même-tems, puisque les observateurs arrivent sur CK l'un & l'autre au même instant ; il faudroit donc que la parallele PN divisât les arcs OK , MX compris entre les paralleles MO , CK dans la raison des vitesses , c'est-à-dire , dans la même raison : or il est certain que la raison de MN à OP est plus grande que la raison de NX à PK , en supposant que les lignes MO , NP, CK sont paralleles , à cause que l'arc NM étant plus oblique à l'égard des paralleles MO, NP, que n'est l'arc NX , à légard des paralleles NP, CK, doit occuper une plus grande étendue à proportion que l'arc NX. Il ne doit donc pas arriver que les rayons visuels AB, GS soient paralleles. Entre les deux stations il y a donc une rétrogradation.

85. On peut déterminer de la même maniere les lieux des

autres ſtations & rétrogradations. Sur quoi il faut remarquer qu'a-près la ſeconde ſtation en G, S, il ne peut y en avoir une troi-ſiéme, que lorſque le mobile A aura achevé un tour, & qu'il ſera retourné vers X, G. Si on veut avoir le lieu de la troiſiéme ſtation, & déterminer par conſéquent l'endroit de la ſeconde rétrogradation, les viteſſes angulaires étant encore nommées M, N, il faut conſidérer que les deux obſervateurs partent, ſça-voir l'inférieur de E, & le ſupérieur de S. Cela poſé, il faut faire la proportion M——N eſt à M comme l'arc ELDS eſt à un quatriéme terme qui déterminera l'eſpace parcouru par le mobile inférieur depuis le départ de G ou E juſqu'à ce qu'il attrappe l'obſervateur ſupérieur ; c'eſt-à-dire, juſqu'à ce qu'il ſe trouve ſur le même rayon que lui. Car puiſque l'obſervateur inférieur précede le ſupérieur, il faut qu'il faſſe le tour ELDS avant que de l'attraper ; donc ELDS eſt l'eſpace parcouru par la viteſſe reſpective M——N ; par conſéquent le quatriéme terme de la pro-portion, eſt l'eſpace parcouru par la viteſſe propre de l'obſerva-teur inférieur juſqu'au lieu de leur rencontre. Si après avoir dé-terminé la ſituation du rayon ſur lequel les obſervateurs ſe trou-vent en même-tems, on prend de part & d'autre des arcs égaux aux arcs AX, BK, on déterminera les lieux des deux ſtations & la ſituation de l'arc de rétrogradation. Il eſt évident que pen-dant tout ce tems les mobiles ſeront *directs*, c'eſt-à-dire, que l'un verra l'autre aller dans le ſens qu'il va réellement ; car il eſt aiſé de voir que depuis que les mobiles ſont arrivez en G, S & qu'ils continuent de tourner, les rayons viſuels ſont tous dirigez vers des points qui ſont tous dans le même ordre & dans le même ſens que les mobiles vont.

Cela ſe prouve encore, parce que la rétrogradation ne peut avoir lieu qu'après que les obſervateurs ſe ſeront trouvez une ſe-conde fois dans une ſituation ſemblable à celle qu'ils avoient en AB, & qui eſt la même que celle qu'on vient de déterminer.

86. Il eſt enfin aiſé d'appercevoir que les mobiles ſont plus long-tems directs que rétrogrades, & plus long-tems rétrogra-des que ſtationnaires. Puiſque l'arc décrit pendant que les mo-biles ſon directs, eſt plus grand que l'arc ELDS, que d'ailleurs l'arc ELDS eſt plus grand que l'arc de rétrogradation BS, il s'enſuit que les obſervateurs ſont plus long-tems directs que rétrogrades. Ils ſont auſſi plus long-tems rétrogrades que ſtation-naires ; car les petits arcs qu'ils décrivent à chaque inſtant pen-dant la ſtation doivent être compris entre des rayons viſuels pa-

ralleles ; ils doivent auffi être dans la raifon des viteffes : or des paralleles ne peuvent couper fur deux cercles concentriques, des portions d'arcs qui foient dans la même raifon, ce n'eft que fen- fiblement, au cas qu'ils foient très petits, & encore dans une cer- taine fituation.

Avant de finir la matiere des mouvemens relatifs, on va pro- pofer deux Problêmes qui fe préfentent naturellement, & qui font du fujet que l'on traite.

PROBLÊME I.

87. Une horloge à deux aiguilles, l'une qui marque les heu- res & l'autre les minutes : celle des minutes va 12 fois plus vîte que celle des heures. Trouver les endroits du cadran où l'aiguille des minutes rencontrera celle des heures.

La marche des aiguilles eft réglée de maniere qu'à quelque en- droit du cadran qu'on les fuppofe, elles fe rencontrent à midi point de 12 heures. On peut donc fuppofer qu'elles partent en- femble de ce point. Cela pofé puifque l'aiguille des minutes va 12 fois plus vîte que celle des heures elle aura fait le tour du ca- dran dans le tems que celle des heures fera allée du point de 12 heures à celui d'une heure, ainfi le point de rencontre fera né- ceffairement entre les points d'une heure & de deux heures. Puif- que la viteffe de l'aiguille des heures eft 12 fois moindre que celle des minutes, fi l'on exprime cette derniere viteffe par 1 celle de l'aiguille des heures fera $\frac{1}{12}$, & fi on la retranche de 1 ou de $\frac{12}{12}$ pour avoir la différence des viteffes, l'on aura $\frac{11}{12}$ pour cette différence. La diftance qui eft entre les deux aiguilles lorfque celle des minutes eft au point de midi, & celles des heures au point d'une heure, étant d'une heure, l'on aura (50) la viteffe refpective qui eft la différence des viteffes, eft à la viteffe de l'ai- guille des minutes, comme l'intervalle qui eft entre les deux ai- guilles lorfqu'elles font l'une au point de midi, & l'autre au point d'une heure, eft à un quatriéme terme qui exprimera l'efpace que l'aiguille des minutes parcourt pour attraper l'aiguille des heures. En nombres $\frac{11}{12}$. 1 :: 1h. X $= \frac{1 \times 1 \times 12}{11} = \frac{12}{11}$ h, c'eft-à- dire, que l'aiguille des minutes attrapera l'aiguille dès heures, lorfqu'elle fe fera éloignée du point de midi, de $\frac{12}{11}$ d'heure ou de $1 + \frac{1}{11}$ d'heure. Ce qui eft d'ailleurs évident, car l'aiguille des minutes va 12 fois plus vîte que celle des heures. Or $\frac{12}{11}$ eft douze fois plus grand que $\frac{1}{11}$, lequel onziéme l'aiguille des heures fait tandis que l'aiguille des minutes fait les $\frac{12}{11}$ de l'arc compris entre le point de midi & celui d'une heure.

Si on suppose que chaque tour de l'aiguille des minutes commence à l'endroit où elle a attrapé celle des heures, l'on aura tous les autres points de rencontre. Ainsi de même qu'après le premier tour elle a rencontré l'aiguille des heures à une heure un onziéme, après le second tour elle la rencontrera à deux heures deux onziémes, après le troisiéme tour elle l'attrapera à 3 heures $\frac{3}{11}$ ensuite à 4 heures $\frac{4}{11}$. 5 heures $\frac{5}{11}$. 6 heures $\frac{6}{11}$. 7 heures $\frac{7}{11}$. 8 heures $\frac{8}{11}$. 9 heures $\frac{9}{11}$. 10 heures $\frac{10}{11}$. 11 heures $\frac{11}{11}$ ou point de midi. des 12 points qui marquent les heures sur le cadran, celui de midi est le seul où les deux aiguilles se rencontrent.

PROBLÊME II.

88. Deux voyageurs marchent dans un même chemin, & vont d'un même côté, le premier à une lieüe d'avance & va dix fois plus lentement que celui qui le suit. On demande à quel endroit de la route celui qui va devant sera attrapé par celui qui va après.

La plus grande vitesse étant 1 ou $\frac{10}{10}$, & la moindre $\frac{1}{10}$ leur différence sera $\frac{9}{10}$. L'on aura donc $\frac{9}{10}$. 1 :: 1 lieüe. X . $= \frac{1 \times 1 \times 10}{9}$ $= \frac{10}{9}$ lieüe ; c'est-à-dire, que le dernier voyageur fera $1 + \frac{1}{9}$ de lieüe pour attraper le premier. Car comme il va dix fois plus vîte, il doit faire en même-tems dix fois plus de chemin. Or $\frac{10}{9}$ est dix fois plus grand que $\frac{1}{9}$ que le premier voyageur parcourt tandis que le second fait les $\frac{10}{9}$.

Ce Problême est célebre dans l'antiquité sous le nom d'Achille & de la Tortue. Achille n'attrapera jamais la Tortue, disoit Zenon. Car tandis qu'Achille fera la premiere lieüe, la Tortue fera la dixiéme de la seconde lieüe ; & tandis qu'Achille fera la dixiéme de la seconde lieüe, la Tortue fera la dixiéme de cette dixiéme, & ainsi à l'infini.

On vient de voir néanmoins qu'Achille doit rencontrer la tortue au moment qu'elle aura fait $\frac{1}{9}$ de lieüe. Le raisonnement de Zenon péche en ce qu'il suppose que l'espace qu'Achille doit parcourir pour attraper la tortue est infini, car puisqu'Achille marche d'une vitesse finie & déterminée, si suivant Zenon, il n'avoit qu'un espace fini à parcourir pour attraper la Tortue, il l'attraperoit après un tems fini quel qu'il soit (ce qui est évident) ; mais puisque suivant le raisonnement de Zenon, Achille ne

doit

doit jamais attraper la Tortue, il faut qu'il suppose un espace infini. Or on vient de voir que cet espace est très-fini. Donc le sophisme de Zenon consiste en ce qu'il le supppose infini.

Zenon avoit raison de dire que tant qu'Achille & la Tortue parcourroient de dixiémes de dixiémes de la seconde lieüe, l'un n'attraperoit jamais l'autre ; mais comme ces dixiémes de dixiémes font un espace fort court, quoiqu'infinis en nombre de parties, il s'ensuit qu'il y a un instant auquel ils seront tous parcourus ; & c'est à cet instant qu'Achille attrappera la Tortue.

De la quantité de mouvement.

89. Dans un même corps la vitesse & la quantité de mouvement font la même chose, ou plutôt la quantité de mouvement est proportionnelle à la vitesse ; mais lorsqu'on compare les mouvemens de deux corps, on est obligé de distinguer entre la vitesse & la quantité de mouvement. Supposons que deux balés, l'une de plomb & l'autre de liege de même grosseur, soient mues avec la même vitesse, on apperçoit aisément qu'il y a plus de mouvement dans la bale de plomb que dans celle de liege, quoique les vitesses soient les mêmes, & qu'il faut plus de mouvement pour mouvoir une grosse masse que pour en mouvoir une moindre lorsqu'on leur donne la même vitesse.

90. Si l'on a deux corps de même matiere dont l'un soit six fois plus grand que l'autre, & qu'ils soient mus avec des vitesses égales, le corps sextuple aura six fois plus de mouvement. Car que l'on conçoive la masse sextuple divisée en six parties égales, chacune sera égale au moindre corps, & sera mue avec la même vitesse ; donc chaque sixiéme partie aura autant de mouvement que le petit corps. Donc les six parties ensemble auront six fois plus de mouvement que le petit corps.

91. D'où il suit que si deux corps inégaux en masses font mus avec des vitesses égales, leurs quantitez de mouvement font dans la raison des masses.

92. *La masse* d'un corps est la quantité de matiere qu'il contient. *Le volume* est la grandeur du corps en tant qu'il est long, large & profond.

93. Si deux corps ont des masses égales & des vitesses inégales, leurs quantitez de mouvement font comme les vitesses. Il suffit de faire attention à l'idée que l'on a du mouvement, pour concevoir que si deux bales égales en tout font poussées avec des vitesses inégales, que l'une reçoive par exemple une vitesse triple

de l'autre, elle aura à raison de la viteſſe triple, une quantité de mouvement triple.

PROPOSITION SECONDE.

94. *Si deux corps* A, B *ſont mus d'un mouvement uniforme, leurs quantitez de mouvement ſont en raiſon compoſée des maſſes & des viteſſes.* On ſuppoſe que toutes les parties des corps ſont mues en ligne droite ſans rouler ou tourner.

DEMONSTRATION. Suppoſons que le corps A ait une viteſſe triple, & une maſſe quadruple de celles du corps B, le produit de la viteſſe triple & de la maſſe quadruple eſt 12 & le produit de la petite maſſe & de la moindre viteſſe eſt 1 x 1 ou 1. Il faut faire voir que les quantitez de mouvement des corps A, B ſont comme 12 & 1 qui ſont en raiſon compoſée des maſles & des viteſſes (4. *Arit.*). Concevons que le corps A eſt diviſé en quatre parties égales entr'elles, & par conſéquent égales au corps B, elles auront donc chacune à raiſon de leur viteſſe triple une quantité de mouvement triple de celle du corps B (93); mais puiſque le corps A eſt quadruple de chaque partie, pour avoir la quantité entiere de ſon mouvement, il faut quadrupler celle d'une des parties (91), c'eſt-à-dire, qu'il faut multiplier par 4 une quantité déja triple: ce qui donne une quantité de mouvement douze fois plus grande que n'eſt celle du corps B. Donc les quantitez de mouvement des corps A & B ſont entr'elles comme les produits des maſſes & des viteſſes, ou en raiſon compoſée des maſſes & des viteſſes.

95. COROLLAIRES. 1º. Si les quantitez de mouvement des mobiles A, B ſont égales, les viteſſes ſont entr'elles réciproquement comme les maſles. Car pour lors les produits des maſſes & des viteſſes ſont égaux (94). Donc la viteſſe du mobile A eſt à la viteſſe du mobile B comme la maſſe du mobile B eſt à la maſſe du mobile A (11. *Arit.*): c'eſt-à-dire, que les viteſſes ſont entr'elles réciproquement comme les maſſes.

96. 2º. Si les viteſſes ſont dans la raiſon réciproque des maſſes, c'eſt-à-dire, ſi la viteſſe du corps A eſt à celle du corps B, comme la maſſe du corps B eſt à la maſſe du corps A, les quantitez de mouvement ſont égales; car la quantité de mouvement du corps A eſt le produit de ſa maſſe & de ſa viteſſe qui ſont les extrêmes de la proportion; & la quantité de mouvement du corps B eſt auſſi le produit de ſa maſſe & de ſa viteſſe qui ſont les moyens de la proportion (94): or dans une proportion géométrique le produit des extrêmes eſt égal au produit des moyens (12. *Arit.*); donc les

quantitez de mouvement des corps A & B font égales. C'eſt l'inverſe de la précédente.

97. 3°. Si les quantitez de mouvement ſont comme les viteſſes, les maſſes ſont égales ; & ſi elles ſont comme les maſſes, ce ſont les viteſſes qui ſont égales. Car pour lors les produits des maſſes & des viteſſes ſont entr'eux ou comme les viteſſes ou comme les maſſes ; donc puiſqu'en multipliant les viteſſes par les maſſes ou les maſſes par les viteſſes, le rapport ne change point, il faut que les maſſes ſoient égales ou bien les viteſſes (8. *Arit.*).

98. 4°. Si les tems des mouvemens ſont égaux, les quantitez de mouvement ſont comme les produits des maſſes & des eſpaces parcourus. Car lorſque les tems ſont égaux les viteſſes ſont entr'elles comme les eſpaces parcourus (4) ; c'eſt donc la même choſe de multiplier les maſſes par les eſpaces parcourus, ou de les multiplier par les viteſſes ; or ſuivant la propoſition (94), les mouvemens ſont comme les produits des maſſes & des viteſſes; donc ils ſont auſſi entr'eux comme les produits des maſſes & des eſpaces parcourus.

99. 5°. Si les eſpaces parcourus par deux mobiles ſont égaux, les quantitez de mouvement ſont en raiſon compoſée de la raiſon directe des maſſes, & de la raiſon réciproque des tems.

Car les quantitez de mouvement de deux mobiles A & B ſont entr'elles comme les produits des maſſes & des viteſſes, ou en raiſon compoſée des maſſes & des viteſſes (94) ; or lorſque les eſpaces parcourus ſont égaux, comme on le ſuppoſe ici, les viteſſes ſont en raiſon réciproque des tems *(10)* ; donc dans la raiſon compoſée des maſſes & des viteſſes, on peut mettre la raiſon inverſe des tems (14. *Arit.*) ; donc au lieu de multiplier les maſſes par les viteſſes, on peut les multiplier par les tems, pourvu qu'on change l'ordre qu'ils ont, & qu'on multiplie la maſſe du corps A par le tems du corps B, & la maſſe du corps B par le tems du corps A ; cela étant les produits qui viendront ſeront entr'eux comme les produits des maſſes & des viteſſes ; donc les quantitez de mouvement qui ſont entr'elles comme les produits des maſſes & des viteſſes (94) ſont auſſi entr'elles comme les produits des maſſes & des tems pris en raiſon inverſe. Donc elles ſont en raiſon compoſé, &c. (4. *Arit.*)

100. Lorſqu'une grandeur eſt produite de deux autres, l'on a trois choſes, ſçavoir, le produit & les deux produiſans ; or ſi l'on connoît deux de ces trois choſes, la troiſiéme peut être connue.

Le mouvement d'un corps eſt le produit de la maſſe & de la viteſſe (94) : l'on a donc trois choſes, le mouvement, la maſſe, & la viteſſe. Deux des trois étant connues, on peut trouver la troiſiéme. 1°. Si la maſſe & la viteſſe ſont données, on aura la quantité de mouvement en multipliant la maſſe par la viteſſe (94). 2°. Si la quantité de mouvement eſt connue avec la maſſe, on aura la viteſſe en diviſant le mouvement par la maſſe (7. *Arit.*). 3°. L'on aura la maſſe en diviſant la quantité de mouvement par la viteſſe (7. *Arit.*).

101. REMARQUE. Les propoſitions que l'on vient d'expoſer ſur la viteſſe & la quantité de mouvement fourniſſent des *formules* ou expreſſions abregées, avec leſquelles on peut démontrer non-ſeulement tout ce qui a été dit du rapport des viteſſes & des quantitez de mouvement, lorſqu'il eſt uniforme, mais encore pluſieurs autres propoſitions qu'on peut former ſur le même ſujet.

On nommera (M) la maſſe du corps A, (V) ſa viteſſe, (T) le tems ou la durée du mouvement, (E) l'eſpace qu'il parcourt, (F) ſa quantité de mouvement. On nommera auſſi *(m)* la maſſe du corps B, (v) ſa viteſſe, (t) le tems ou la durée du mouvement, (e) l'eſpace qu'il parcourt, (f) ſa quantité de mouvement.

L'on aura $V \cdot v :: \frac{E}{T} \cdot \frac{e}{t}$ (6.), donc $\frac{Ve}{T} = \frac{vE}{T}$ (12. *Arit.*), & après avoir ôté les fractions, $VeT = vEt$ (13. *Arit.*) qui eſt une premiere formule. On aura encore $F \cdot f :: MV \cdot mv$ (94), donc $Fmv = fMV$ qui eſt une ſeconde formule. Si au lieu des viteſſes $V \cdot v$. l'on ſe ſert de Et, eT qui ſont dans la même raiſon (11), l'on aura une troiſiéme formule $FmeT = fMEt$.

On va appliquer ces formules à quelques propoſitions, afin d'en faire voir l'uſage.

1°. Si les tems des mouvemens ſont entr'eux comme les viteſſes, les eſpaces parcourus ſont comme les quarrez des viteſſes.

Car l'hypotheſe donne $T \cdot t :: V \cdot v$. la premiere formule donne $T \cdot t :: vE \cdot Ve$ (11. *Arit.*) : donc $V \cdot v :: vE \cdot Ve$ (14. *Arit.*); donc $V^2 e = v^2 E$ (12. *Arit.*); donc $E \cdot e :: V^2 \cdot v^2$ (11. *Arit.*). On peut encore démontrer cela en cette maniere.

Suppoſons que le tems du mouvement du corps A ſoit triple de celui du corps B, donc ſelon l'hypotheſe, la viteſſe du corps A ſera triple de celle du corps B; or un mobile qui eſt mu avec une viteſſe triple, dans le même-tems doit parcourir un eſpace triple (4); mais ſi le tems au lieu d'être égal eſt auſſi triple, il faudra tripler l'eſpace qui eſt déja triple : ainſi l'eſpace parcouru ſera 9 fois plus grand, c'est-à-dire , que les espaces sont entr'eux comme 9 & 1 quarrez des vitesses.

2°. Si les vitesses sont comme les masses , les quantitez de mouvement sont comme les quarrez des vitesses.

La seconde formule donne $F . f :: MV . mv$ ($11. Arit.$). L'hypothese donne $V . v :: M . m$; si au lieu des masses on met dans la premiere proportion les vitesses $V . v$. ($14. Arit.$) qui sont dans la raison des masses , l'on aura $F . f :: V^2 . v^2$.

3°. Si les tems sont comme les espaces parcourus , les quantitez de mouvement sont comme les masses , car par l'hypothese $T . t :: E . e$, donc $Te = tE$ ($12. Arit.$). Si on divise les deux termes de la troisiéme formule $FTme = ft ME$ par Te & tE , les quotiens seront $Fm = fM$ ($15. Arit.$) , donc $F . f :: M . m$. ($11. Arit.$)

On peut encore démontrer la proposition en cette maniere : les tems sont entr'eux comme les espaces parcourus , donc en tems égaux les espaces parcourus sont égaux. Or lorsque les espaces & les tems sont égaux , les vitesses sont aussi égales ; mais lorsque les vitesses sont égales , les quantitez de mouvement sont comme les masses : donc si les tems sont comme les espaces , les quantitez de mouvement sont comme les masses.

On pourroit appliquer les formules à un plus grand nombre de propositions suivant les hypotheses différentes que l'on feroit , mais les propositions précédentes suffisent pour en montrer l'usage.

CHAPITRE SECOND.

Des forces qui meuvent les corps.

102. **D**ANS le Chapitre précedent on a consideré le mouvement comme produit & comme existant dans les corps qui sont mus ; dans celui-ci on le considerera comme étant l'effet d'une cause. On sçait qu'un corps qui est en repos y demeure , si une cause ne le met en mouvement. C'est des causes du mouvement qu'on se propose de traiter ici. On n'examinera point leur nature ni le lieu où elles résident ; mais on s'appliquera principalement à éxaminer leurs effets , à connoître leur caractere & la loi suivant laquelle elles agissent.

103. On nomme *cause* du mouvement tout ce qui le produit ou qui concourt à sa production , quelle que soit sa maniere d'agir.

104. *Puißance* eſt tout ce qui peut mouvoir un corps. Tout corps en mouvement eſt une puiſſance , parce qu'il peut mouvoir les corps qu'il rencontre. Le mot de *cauſe* a une ſignification plus générale que le mot de puiſſance.

105. *La force* d'une puiſſance eſt l'action qu'elle exerce ou l'effort qu'elle fait pour mouvoir, on la prend fort ſouvent pour la puiſſance même.

106. Le mouvement peut être produit par une ſeule puiſſance , & on peut l'appeller mouvement *ſimple* : ou pluſieurs puiſ- ſances concourent à ſa production , & il eſt appellé *compoſé* : le mouvement compoſé ſe fait en ligne droite ou en ligne courbe.

On va dabord parler du mouvement produit par une ſeule puiſ- ſance , enſuite du mouvement compoſé ſuivant la ligne droite , enfin du mouvement compoſé en ligne courbe.

Du mouvement produit par une ſeule puiſſance.

107. Un corps , ſuivant l'idée qu'on en a , eſt également ſuf- ceptible de repos & de mouvement , & l'expérience montre qu'il eſt indifferent pour l'un & l'autre de ces états ; s'il eſt en repos, il y demeure juſqu'à ce qu'une cauſe ou puiſſance l'en retire : s'il eſt en mouvement , il s'y conſerve juſqu'à ce qu'un obſtacle in- ſurmontable l'arrête & détruiſe ſa viteſſe. Ainſi lorſqu'on tire un canon , le boulet iroit toujours en ligne droite ; mais l'air qu'il fend lui ôte d'un côté une partie de ſa viteſſe , & de l'au- tre la péſanteur l'abbaiſſe continuellement & l'approche de la terre , tant quenfin il la touche , & conſume par ſa rencontre ce qui lui reſte de mouvement.

108. Une puiſſance qui s'applique à un corps , produit le mou- vement par une ſeule impulſion , un ſeul effort ; ou bien elle re- nouvelle ſon action , & pourſuit le corps pendant un tems fini. Dans le premier cas le mouvement eſt uniforme dans ſa durée , ſuppoſé qu'il ne ſe trouve point d'obſtacle : & la puiſſance eſt appellée *ſimplement motrice* ou *force inſtantanée*. Dans le ſecond cas le mouvement eſt acceleré , & la puiſſance eſt appellée force *accélératrice*.

Une force n'eſt accélératrice que parce qu'elle agit pendant pluſieurs inſtans ; mais ſi on la conſidere dans un ſeul inſtant , elle ſera force ſimplement motrice pour cet inſtant. Les forces dont on parlera dans la ſuite ſont forces ſimplement motrices ou inſtantanées , à moins qu'on n'avertiſſe du contraire ; car l'on re- gardera comme telles les forces accélératrices , en les conſidérant

seulement agiſſantes dans des inſtans particuliers & pris ſéparément, & non pas dans la totalité des inſtans ; car ce ſont les efforts particuliers qui font connoître le vrai caractere d'une force,
& les effets qu'elle peut produire.

109. Une force ſimplement motrice n'eſt ni *variable* ni *conſtante*, puiſqu'elle n'agit qu'un inſtant. Mais la force accélératrice
qui agit pendant pluſieurs inſtans, peut être ou *conſtante*, ou
variable ; *conſtante*, ſi ſon action eſt égale pendant des inſtans
égaux ; *variable*, ſi ſes efforts augmentent ou diminuent.

110. Une force conſtante produit pendant des inſtans égaux,
des degrez égaux de viteſſe. La force variable communique pendant des inſtans égaux des degrez inégaux des viteſſes : or quelle
que ſoit la loi qui regle l'action de la puiſſance, les degrez de
viteſſe ſont proportionnels à ſes efforts ; un effort double communique au corps une viteſſe double, un effort triple eſt ſuivi
d'une viteſſe triple. Suivant l'axiome univerſellement reçu, *Les
effets ſont proportionnels aux cauſes qui les produiſent.*

Lorſqu'on dit que les degrez de viteſſes ſont proportionnels
aux forces qui les produiſent, on ſuppoſe que la force agit pleinement ſur le corps, c'eſt-à-dire, qu'elle s'y applique de maniere
que toutes les parties ſoient déterminées à aller ſuivant la même
direction, & que l'action de la puiſſance n'eſt ni arrêtée ni modifiée par quoi que ce ſoit. Cela étant, puiſque le corps ne s'oppoſe point au mouvement, il doit recevoir des degrez de viteſſe
proportionnels aux forces motrices.

111. Un corps qui a reçu d'une force une certaine viteſſe,
eſt lui-même une puiſſance qui par ſon mouvement peut agir ſur
les autres corps & les mouvoir, ainſi qu'on a remarqué (104).

Outre les deux ſortes de forces ou puiſſances conſtantes & variables, on parle encore de *forces vives* & de *forces mortes*.

112. Voici la notion qu'en donne M. Bernouilli dans un diſcours ſur les loix de la communication du mouvement Chap. 3e.
*La force vive eſt celle qui réſide dans un corps lorſqu'il eſt dans
un mouvement uniforme.*

113. *La* force morte *eſt celle que reçoit un corps ſans mouvement
lorſqu'il eſt ſollicité & preſſé de ſe mouvoir, ou à ſe mouvoir plus ou
moins vite lorſque ce corps eſt déja en mouvement.*

Ces définitions ſeront éclaircies par les paroles mêmes de l'Auteur, lorſque dans la remarque qu'on fera à la fin de cet article,
on rapportera au long ce que M. Bernouilli dit de la force vive
& de la force morte au Chap. 5e de ſon diſcours.

114. Un corps en repos cede à la moindre force, à moins qu'il ne foit empêché, & la viteſſe qu'il reçoit eſt proportionnelle à la force qui le preſſe. Dans un corps qui eſt en repos, il n'y a rien par quoi il réſiſte à l'action qui le preſſe ou le follicite, c'eſt-à-dire, rien qui rende inutile cette action & en empêche l'effet, c'eſt pourquoi le corps doit obéir, & aller vers l'endroit où la force le porte : or on a remarqué plus haut (110), que la viteſſe qu'il reçoit eſt proportionnelle à la force qui le pouſſe ; qu'une force double ou triple lui donne une viteſſe double ou triple.

115. D'où il ſuit que ſi deux forces meuvent des corps égaux avec des viteſſes inégales, elles ſont entr'elles comme les viteſſes.

116. Si deux corps de maſſes inégales ſont mus avec des viteſſes égales, les forces motrices ſont entr'elles comme les maſſes.

Suppoſons que la grande maſſe eſt triple de la petite, & qu'elle eſt diviſée en trois parties égales entr'elles & à la petite maſſe, elles ſeront mues ſéparément avec une viteſſe égale à celle de la grande maſſe dont elles ſont les parties, & par conſéquent égale à celle de la petite maſſe ; donc la force motrice de chacune d'elles eſt égale à celle de la petite maſſe, donc ſi les trois parties demeurent unies, & qu'elles conſervent la même viteſſe, il faudra leur appliquer une force motrice triple de chaque force particuliere, & par conſéquent triple de celle qui meut la petite maſſe. Donc les forces qui meuvent des corps de maſſes inégales avec des viteſſes égales, ſont entr'elles comme les maſſes.

PROPOSITION TROISIE'ME.

117. *Si des forces meuvent des corps de maſſes inégales avec des viteſſes inégales, elles ſont en raiſon compoſée des maſſes & des viteſſes, ou comme le produits des maſſes & des viteſſes (4. Arit.).*

DÉMONSTRATION. Suppoſons que le corps A a une viteſſe triple & une maſſe quadruple de celles du corps B ; je dis que la force qui eſt appliquée au corps A eſt à celle du corps B, comme 12 produit de la maſſe & de la viteſſe du corps A eſt à 1 produit de la maſſe & de la viteſſe du corps B.

Il faut concevoir que le corps A eſt partagé en quatre parties égales entr'elles & au corps B, elles auront une viteſſe triple de celle du corps B ; donc la force motrice de chacune ſera triple de celle qui meut le corps B ; ainſi le rapport de cette force à celle du corps B eſt égal à celui de 3 à 1 (115) ; mais ſi la maſſe de cette quatriéme partie devient quadruple de la maſſe du corps B, la viteſſe demeurant la même, la force qui lui ſera

appliquée

appliquée sera quatre fois plus grande que si cette masse étoit re-
stée égale à la masse du corps B (116) ; donc le rapport de cette
force à celle du corps B sera quatre fois plus grand qu'il n'eût été,
c'est-à-dire, quatre fois plus grand que le rapport de 3 à 1 ,(puisque
l'antécedent devient quatre fois plus grand, le conséquent demeurant le même (19. *Arit.*) : il est évident que cette force devenue
quadruple ne differe pas de celle du corps A , puisque c'est même
masse & même vitesse de part & d'autre ; donc le rapport de la
force du corps A à celle du corps B est quatre fois plus grand que
celui de 3 à 1 qui est celui des vitesses : or si on multiplie la vitesse
3 du corps A par sa masse 4 & la vitesse 1 du corps B par sa
masse 1 , le rapport des produits sera quatre fois plus grand
que celui de 3 à 1 (20. *Arit.*) & par conséquent égal au rapport
de la force du corps A à celle de corps B. Donc ce rapport est
composé de celui des masses & de celui des vitesses (4. *Arit.*) ,
ou égal à celui de 12 à 1 qui sont les produits des masses &
des vitesses.

118. Les forces motrices de deux corps sont entr'elles comme
les quantitez de mouvement qu'elles produisent. Car ces quantitez sont entr'elles comme les produits des masses & des vitesses
(94). Or les forces motrices sont aussi entr'elles comme ces produits (117). Donc, &c.

119. Si les quantitez de mouvement sont égales , les forces
motrices sont égales.

120. Si les vitesses sont en raison réciproque des masses , les
forces sont encore égales , car pour lors les quantitez de mouvement sont égales (96).

Les Corollaires que l'on a déduits en parlant du rapport des
quantitez de mouvement , conviennent aux forces motrices des
corps ; il n'est donc pas nécessaire de les répeter ici.

121. Si un corps est mu par une force accélératrice constante,
il reçoit à chaque instant des degrez égaux de vitesse , car la force n'est constante que parce qu'à chaque instant elle fait des efforts égaux sur le mobile : les degrez de vitesse qu'il en reçoit
doivent donc être égaux.

122. Si un corps est mu par une force accélératrice constante,
le nombre des degrez de vitesse qu'il acquiert , est égal au nombre des instans qui s'écoulent pendant le tems de l'accélération.

Car le mobile reçoit à tous les instans des degrez de vitesse
qui sont égaux entr'eux ; d'ailleurs il les conserve tous, (on suppose ici qu'il ne les perd pas par la rencontre de quelque obstacle) ;

*F

donc le nombre des degrez de viteſſe eſt égal au nombre des inſtans qui s'écoulent pendant l'accélération.

Si l'on aſſemble par la penſée les inſtans à meſure qu'ils s'écoulent, leurs ſommes ſeront dans la progreſſion des nombres naturels 1. 2. 3. 4. 5. 6. &c. donc les degrez de la viteſſe acquiſe, qui ſont en même nombre, ſont auſſi dans la même progreſſion. Ainſi après le premier inſtant le mobile aura un degré de viteſſe : après deux inſtans il aura deux degrez de viteſſe : après trois inſtans il aura trois degrez de viteſſe, &c. D'où l'on voit que la viteſſe d'un mobile qui eſt mu par une force accélératrice conſtante augmente dans la même raiſon que le tems s'écoule.

123. Si la force accélératrice eſt infiniment petite, la viteſſe qu'elle donne au premier inſtant eſt auſſi infiniment petite : c'eſt pourquoi elle peut être conſiderée comme nulle par rapport à la viteſſe acquiſe après un tems fini.

124. Si l'on ſuppoſe que les cotez AB, BC de l'angle droit d'un triangle rectangle repréſentent l'un, ſçavoir AB le tems, & l'autre BC la viteſſe acquiſe après le tems AB, & que par quelque point D du côté AB l'on mene une parallele DE à la baſe BC, elle repréſentera la viteſſe acquiſe après le tems AD.

Les baſes BC, DE, ſont dans la même raiſon que les côtez AB, AD (8. *Géom.*), c'eſt-à-dire, dans la même raiſon que les tems exprimez par AB, AD : or les viteſſes acquiſes ſont dans la même raiſon que les tems (121), donc elles ſont auſſi dans la raiſon de BC à DE : mais par l'hypotheſe BC exprime la viteſſe acquiſe après le tems AB ; donc DE exprime la viteſſe acquiſe après le tems AD.

125. Si l'on conçoit le côté AB diviſé en une infinité de parties égales, ou en autant qu'il y a d'inſtans dans le tems AB, que par les points de diviſion l'on imagine des lignes telles que DE paralleles à la baſe, l'on aura toutes les differentes viteſſes que le mobile aura eu dans la totalité des inſtans du mouvement acceleré.

PROPOSITION QUATRIE'ME.

126. L'eſpace qu'une force accélératrice conſtante & infiniment petite fait parcourir à un corps, eſt exprimée par le triangle ABC.

DEMONSTRATION. Le tems AB étant diviſé en parties infiniment petites ou en inſtans, le degré de viteſſe que la force imprime au mobile dans chaque inſtant, eſt infiniment petit

(1 2 3) ; donc les vitesses avec lesquelles le corps est mu dans chaque instant de la durée de l'accélération ne se surpassent prises de suite que d'une partie infiniment petite ; donc les paralleles telles que BC, DE qui réprésentent ces vitesses (1 2 4), ne se surpassent aussi prises de suite que d'une partie infiniment petite ; elles sont donc infiniment proches les unes des autres & remplissent éxactement l'aire du triangle ; donc l'aire du triangle réprésente toutes les differentes vitesses avec lesquelles le corps a été mu dans chaque instant de la durée de l'accélération : de plus les parties du tems étant égales , les vitesses de tous les instans sont entr'elles comme les espaces parcourus. (4) , donc si l'espace parcouru dans un instant, par exemple, si l'espace parcouru dans l'instant B est réprésenté par BC qui réprésente aussi la vitesse de cet instant, les espaces parcourus aux autres instans seront réprésentez par les paralleles correspondantes qui réprésentent les vitesses de ces instans : or la vitesse BC peut réprésenter l'espace qu'elle fait parcourir dans l'instant B. Donc les autres vitesses telles que DE réprésenteront les espaces parcourus dans les instans correspondans tels que D. Donc l'aire du triangle , &c.   Fig. 16.

  REMARQUE. La parallele BC étant la plus grande de toutes , réprésente tous les degrez de vitesse que le mobile a reçu pendant l'accélération ; mais elle ne réprésente pas leur durée , ou toutes les différentes vitesses que le corps a eu dans la totalité des instans, car les degrez de vitesse une fois imprimez demeurent, & le corps les conserve aux instans suivans ; or lorsqu'il s'agit de déterminer l'espace parcouru, il ne suffit pas de faire attention à la vitesse (3) , il faut avoir encore égard à la durée du mouvement. Dans le mouvement uniforme pour avoir la durée de la vitesse ou la vitesse du mobile éxistante dans la totalité des instans , il faut multiplier cette vitesse par le tems du mouvement. Ainsi si la vitesse uniforme est réprésentée par BC , & que la durée du mouvement soit réprésentée par AB , le produit de BC par AB (1. *Géom.*), c'est-à-dire, le rectangle BF réprésentera la durée de la vitesse , ou la vitesse dans la totalité des instans , ce qui est évident ; car par là on pose la parallele BC qui réprésente la vitesse autant de fois qu'il y a de points dans AB ; c'est-à-dire, autant de fois qu'il y a d'instans dans le tems du mouvement ; mais dans le mouvement variable , les vitesses de tous les instans sont inégales , un seul rectangle ne peut donc pas réprésenter la durée de cette vitesse , on peut néanmoins la réprésenter par autant de rectangles qu'il y a d'instans dans la durée du mouvement, & la fomme de ces rectangles répréfentera la durée de la viteffe croiffante ou décroiffante. Dans l'hypothefe préfente les viteffes du mobile font en progreffion arithmétique (122); donc les rectangles qui répréfentent leur durée font auffi en progreffion arithmétique : d'ailleurs les paralleles telles que BE, BC peuvent être confiderées comme autant de rectangles qui ont pour hauteur une partie infiniment petite de la hauteur AB qui répréfente le tems, & ces paralleles prifes de fuite font en progreffion arithmétique (25. *Géom.*); leur fomme répréfentera donc la durée de la viteffe croiffante du mobile. Donc le triangle ABC qui eft égal à la fomme des petits rectangles, répréfente la durée de la viteffe croiffante du mobile, & par conféquent l'efpace parcouru, car l'efpace répond toujours éxactement à la viteffe & lui eft proportionnel (4) ; d'où l'on voit que la parallele BC qui répréfente feulement les degrez de viteffe acquife ne pouvant pas répréfenter leur durée, ne peut pas non plus répréfenter l'efpace parcouru durant l'accélération.

PROPOSITION CINQUIE'ME.

127. *Deux forces accélératrices conftantes font entr'elles comme les viteffes qu'elles produifent en même-tems dans deux mobiles égaux.*

DEMONSTRATION. Car puifque les mobiles font égaux , les forces font entr'elles comme les viteffes inftantanées qu'elles leur communiquent (110. 115.) : or les viteffes acquifes en tems égaux , font dans la même raifon que les viteffes inftantanées ; car les viteffes que les forces produifent pendant tous les inftans de l'accélération , font dans la même raifon que les viteffes du premier inftant (110) ; donc leurs fommes, c'eft-à-dire, les viteffes acquifes par les mobiles en tems égaux , font dans la même raifon que les viteffes du premier inftant (16. *Arit.*). Donc les forces qui les ont produites font auffi dans la raifon des viteffes, qu'elles produifent en même-tems dans deux mobiles égaux.

128. *Les mêmes forces font encore entr'elles comme les efpaces que les mobiles parcourent en tems égaux.*

Les efpaces que les mobiles parcourent font répréfentez par deux triangles rectangles dont les côtez de l'angle droit répréfentent, fçavoir les hauteurs, les tems , & les bafes les viteffes acquifes (126). Or par l'hypothefe les tems font égaux, donc les hauteurs font égales; donc les triangles , c'eft-à-dire , les efpaces parcourus font dans la raifon des bafes ou des viteffes ac-

quifes. Donc les forces accélératrices qui font comme les viteffes acquifes (127) , font dans la raifon des efpaces parcourus en
même-tems.

PROPOSITION SIXIE'ME.

129. *Deux forces accélératrices conftantes ou variables qui pendant le tems de l'accélération , font dans le rapport conftant des
maffes , & qui font parcourir des efpaces égaux , les font parcourir en même-tems.*

DEMONSTRATION. *Premier cas* , lorfque ces forces font conftantes. Puifque les forces dont il s'agit font conftantes , elles produifent l'une & l'autre la même quantité de mouvement à chaque
inftant (110);donc ces forces font entr'elles comme les quantitez
de mouvement inftantanées qu'elles produifent (118). Si l'on
nomme (F) la premiere force,(f) la feconde,(MV) la quantité de
mouvement produite par la premiere , (mv) la quantité de mouvement produite par la feconde, l'on aura $F . f :: MV . mv$;mais par
l'hypothefe les forces font auffi entr'elles comme les maffes M . &
m : donc (14. *Arit.*) $M . m :: MV . mv$. Donc fi on divife les deux
antécedens par M , & les deux conféquens par m , on aura
(17. *Arit.*) $1 . 1 :: V . v$, c'eft-à-dire , que les forces communiquent à chaque inftant des viteffes égales ; or par l'hypothefe
les efpaces parcourus font égaux ; donc les tems des mouvemens
font égaux , c'eft-à-dire , que ces efpaces égaux font parcourus
en même-tems avec des viteffes égales de part & d'autre.

Second cas ,lorfque les forces font variables. Quoiqu'elles foient
variables , elles font néanmoins dans le rapport conftant des maffes ; par conféquent les quantitez de mouvement inftantanées
qu'elles produifent font toutes entr'elles dans le rapport conftant
des maffes. D'où l'on conclura que les viteffes inftantanées qu'elles produifent font dans le rapport conftant de 1 à 1 , par conféquent la viteffe que la force F communique à la maffe M , eft
égale à la viteffe que la force f communique au même inftant à
la maffe m ; d'où l'on conclura comme dans le cas précedent que
les efpaces égaux font , &c.

130. Et réciproquement fi les tems des mouvemens font égaux,
les efpaces parcourus font égaux ; car les forces étant toujours
dans le rapport conftant des maffes , communiqueront à chaque
inftant des viteffes égales (97), les tems des mouvemens font fuppofez égaux. Donc les mobiles avec des viteffes égales parcourront des efpaces égaux en des tems égaux.

PROPOSITION SEPTIE'ME.

Fig.17. 131. *Si le corps* A *est pouſſé de* A *vers* C *par une force accélé-ratrice, de maniere que les viteſſes qu'il a aux différens points* D, I *de* AC *ſoient entr'elles comme les ordonnées* DO, IN, *du quart de cercle* AG *qui a pour rayon* AC; *je dis que ſi le corps eſt mu uniformément avec la viteſſe qu'il a acquiſe au point* C, *ſur le quart de cercle* AG, *il le parcourra en même-tems que* AC.

DEMONSTRATION. Il faut mener les ordonnées DO, IN infiniment proches l'une de l'autre (elles ſont perpendiculaires au rayon AC) & mener OM perpendiculaire ſur IN, le petit arc ON peut être pris pour une ligne droite : ce qui donne les deux triangles ſemblables OMN, DOC, en voici la preuve : les angles D & M ſont droits, l'angle DCO a pour meſure l'arc AO (17. *Géom.*), & l'angle ONM, l'arc AN ou AO (18. *Géom.*), car ces deux arcs ne different que de l'arc infiniment petit ON, d'ailleurs ON eſt une partie de la tangente tirée du point N ; donc les deux triangles ſont ſemblables (15. *Géom.*). Lorſque le corps A eſt arrivé au point C, ſa viteſſe par l'hypotheſe eſt exprimée par le rayon CG, donc la viteſſe qu'il aura à tous les points du quart de cercle ſera exprimée par le rayon. Lorſque le corps A eſt au point D, ſa viteſſe eſt exprimée par DO. Cela poſé les triangles ſemblables ONM, DOC donnent (8. *Géom.*) ON . OM ou DI :: OC . OD, c'eſt-à-dire que les eſpaces ON & DI ſont dans la raiſon des viteſſes exprimées par OC & OD lorſque le mobile eſt aux points O & D. Donc ces eſpaces ſeront parcourus en même-tems (4). On démontrera de la même maniere que tout autre petit arc HL ſera parcouru en même-tems que la partie EF correſpondante. Donc l'arc entier AG ſera parcouru en même-tems que le rayon AC du quart de cercle.

132. COROLLAIRES. Il ſuit de-là 1º. que ſi de quelque point de AC tel que D, on mene DO perpendiculaire à AC, qui rencontre le quart de cercle au point O, que la viteſſe du corps A ſur AC, ſoit exprimée depuis A juſqu'à D par les ordonnances telles que DO, & que ſa viteſſe ſur l'arc AG ſoit exprimée par le rayon AC ou CG, le tems par AO ſera égal au tems par AD.

133. 2º. *Les efforts que la force accélératrice fait ſur le mobile* A, *aux différens points de* AC *ſont entr'eux comme les diſtances où le mobile eſt du point* C : *ainſi l'effort de la force lorſque le mobile eſt au point* D, *eſt à l'effort lorſqu'il eſt en* E, *comme* DC *eſt à* EC.

DEMONSTRATION. Après avoir mené DO, EH, perpendiculaires à AC, il faut prendre les arcs égaux ON, HL, & mener NI, LF, paralleles à DO, EH, & par les points O, H abbaisser OM, HP perpendiculaires à NI, LF. Cela fait l'on aura
quatre triangles qui deux à deux sont semblables, OMN semblable à DOC & HPL semblable à EHC, comme il vient d'être
prouvé dans la propofi- $\begin{cases} MN.ON :: DC.OC. \\ HL.PL :: CH.EC. \end{cases}$
tion ; donc (8. *Géom.*)
Si l'on multiplie par ordre les termes des deux proportions,
que l'on divise les deux premiers produits par HL & ON
qui sont des grandeurs égales, & les deux derniers par les
rayons CH, CO, l'on aura MN. PL :: DC. EC (2 1.8. *Arit.*):
or MN & PL étant les différences des vitesses que le mobile
a lorsqu'il est aux points D, I, & aux points E, F, il s'ensuit
qu'il acquiert la vitesse MN, dans l'instant qu'il parcourt DI,
& qu'il acquiert la vitesse PL en parcourant le petit espace EF ;
mais les efforts que fait la force accélératrice pendant les deux instans que le mobile parcourt DI, EF sont comme les vitesses
instantanées qu'elle lui donne (1 1 o. 1 1 5). Car les instans ou
tems infiniment petits par DI, EF, sont égaux, puisqu'ils sont
égaux aux tems par les arcs ON, HL. Donc ces mêmes efforts
sont aussi entr'eux comme les distances DC, EC où il acquiert
ec vitesses.

1 3 4. 3°. La raison pour laquelle les forces qui poussent le
corps A aux differens points de AC, sont entr'elles comme les
distances où ce mobile est du point C, c'est parce que les vitesses
qu'il a aux différens points de AC, sont entr'elles comme les ordonnées du quart de cercle AG ; auquel cas avec la vitesse acquise au
point C le mobile parcourroit uniformément le quart de cercle
AG, dans le tems qu'il arrive de A en C par un mouvement accéléré. Donc réciproquement si les forces qui poussent le mobile
A lorsqu'il est aux différens points de AC, sont comme les distances où il est du point C, il aura à ces distances des vitesses
qui feront entr'elles comme les ordonnées qui correspondent à ces
points ; & par la vitesse qu'il aura acquise en C, il parcourroit
uniformément le quart de cercle AG dans le même-tems qu'il va
de A en C par un mouvement accéléré.

1 3 5. 4°. *Si les mobiles A, B font mus sur AC vers C, de* Fig. 18.
maniere que les forces qui poussent chaque mobile, soient entr'elles
comme les distances où ils sont du point C, ils arriveront en même-
tems à ce point.

Lorſque les mobiles ſeront variez en C ils auront par le nombre(1 3 4), des viteſſes qui ſont exprimées par les ordonnées CG, CK, ou comme les arcs AG, BK (1 3 . Géom.) ; donc avec ces viteſſes ces arcs ſeroient parcourus en des tems égaux (4) ; mais le tems par AG eſt égal au tems par AC (1 3 1), & le tems par BK égal au tems par BC ; donc les tems par AC & BC ſont égaux ; donc les mobiles arriveront en même-tems au point C.

1 3 6. 5°. *Le tems que le mobile* A *emploie à parcourir* AC *uniformément avec la viteſſe acquiſe en* C, *eſt au tems qu'il emploie à parcourir la même* AC *avec la viteſſe croiſſante , comme le rayon* AC *eſt au quart de la circonférence.*

DEMONSTRATION. Le tems par AC avec une viteſſe accélérée eſt égal au tems par l'arc AG parcouru uniformément avec la viteſſe acquiſe par AC (1 3 0) ; quant au tems c'eſt donc la même choſe que le mobile parcoure AC d'une viteſſe accélerée , ou qu'il parcoure le quart de la circonférence dont AC eſt le rayon avec la viteſſe toute acquiſe au point C. On ſuppoſe que le rayon AC eſt auſſi parcouru avec la même viteſſe acquiſe au point C ; donc AC & le quart de circonférence AG ſont des eſpaces parcourus uniformément avec la même viteſſe ; donc les tems ſont comme ces eſpaces (1 2) ; donc le tems par AC eſt au tems par AG comme AC eſt à AG : ſi au lieu du tems par AG on prend le tems par le rayon AC parcouru par une viteſſe accélérée, on aura la proportion , le tems par le rayon AC parcouru uniformément avec la viteſſe toute acquiſe au point C , eſt au tems par AC parcouru d'une viteſſe accélérée , comme AC eſt au quart de circonférence AG.

Remarque ſur les forces vives & les forces mortes.

On a vû que M. Jean Bernouilli Profeſſeur des Mathématiques à Baſle &c. dans un diſcours ſur les loix de la communication du mouvement Chap. III. définit ainſi la force vive & la force morte.

La *force vive* eſt celle *qui réſide dans un corps lorſqu'il eſt dans un mouvement uniforme* ; & la *force morte* celle que *reçoit un corps ſans mouvement lorſqu'il eſt ſollicité & preſſé de ſe mouvoir ou à ſe mouvoir plus ou moins vîte lorſque ce corps eſt déja en mouvement.*

Au Chap. Vᵉ il explique plus en détail ce qu'il entend par force vive & force morte. *Je parle,* dit-il, *de cette force des corps que* M. *de Leibnits appelloit* force vive , *pour la diſtinguer d'une autre force à qui il avoit donné le nom de* force morte.... *Nous avons vû*

au

au Chap. III. que la force morte confiſtoit dans un ſimple effort, & cet effort eſt tel qu'il peut ſubſiſter quoiqu'un obſtacle étranger l'empêche à tout moment de produire un mouvement local dans les corps ſur leſquels cet effort ſe déploie. Telle eſt, par exemple, la force de la peſanteur. Un corps peſans ſoutenu par une table horizontale fait un effort continuel pour deſcendre ; & il deſcendroit effectivement, ſi la table ne lui oppoſoit un obſtacle qui le retient ; ainſi la peſanteur produit une force morte dans les corps dont l'effet n'eſt que momentané. Chaque inſtant la peſanteur imprime aux corps ſur qui elle agit, un degré de viteſſe infiniment petit, lequel eſt auſſi-tôt abſorbé par la réſiſtance de l'obſtacle. Ces petits degrez de viteſſe périſſent en naiſſant & renaiſſent en périſſant, & c'eſt dans cette réciprocation conſtante, dans ce retour de production & de deſtruction, en quoi conſiſte l'effort de la peſanteur quand elle eſt retenue par un obſtacle invincible à qui nous avons donné le nom de force morte. Quant à l'obſtacle, il reçoit de cette preſſion, lorſqu'il réſiſte à l'effort de la peſanteur, une force toujours égale & réciproque à celle avec laquelle cette même peſanteur agit ſur lui ; la force morte a cela de particulier qu'elle ne produit aucun effet qui dure plus long-tems qu'elle : dès que cette force ceſſe, tout ceſſe avec elle, & ſon effet ne ſurvit jamais à ſon action. Si le corps peſant ſoutenu par une table perdoit tout à coup ſa peſanteur, la table ceſſeroit dans le même inſtant d'être preſſée.

Il n'en eſt pas de même de la force vive, ſa nature eſt toute differente, elle ne peut ni naître ni périr en un inſtant comme la force morte, il faut plus ou moins de tems pour produire une force vive dans un corps qui n'en avoit pas, il faut auſſi du tems pour la détruire dans un corps qui en a. La force vive ſe produit ſucceſſivement dans un corps lorſque ce corps, étant en repos, une preſſion quelconque appliquée à ce corps, lui imprime peu à peu & par degrez un mouvement local. On ſuppoſe qu'aucun obſtacle ne l'empêche de ſe mouvoir. Ce mouvement s'acquiert par des degrez infiniment petits & monte à une viteſſe finie & déterminée qui demeure uniforme dès que la cauſe qui a mis ce corps en mouvement ceſſe d'agir ſur lui ; ainſi la force vive produite dans un corps en un tems fini par une preſſion qu'aucun obſtacle n'a retenue, eſt quelque choſe de réel, elle eſt équivalente à cette partie de la cauſe qui s'eſt conſumée en la produiſant, puiſque toute cauſe efficiente doit être égale à ſon effet pleinement exécuté.

Le corps qui reçoit cette force n'étant retenu par aucun obſtacle, n'oppoſe de réſiſtance à cette force que celle qui dépend de ſon

*G

inertie toujours , roportionnelle à fa maße ; de forte que les petits degrez de mouvement que la preßion imprime succeßivement à ce corps, s'y conservent & s'accumulent jusqu'à produire enfin un mouvement local. On pourroit comparer la force vive effectuée par une preßion continuelle qu'aucun obstacle n'empêche à une surface décrite par le mouvement d'une ligne , ou à un solide décrit par le mouvement d'une surface ; il n'y a donc pas plus de comparaison à faire entre la simple preßion ou la force morte , & la force vive qu'entre une ligne & une surface ; qu'entre une surface & un solide ; ce sont des quantitez hétérogenes qui n'admetent point de comparaison.

Quelleque soit la cause d'une preßion qui par la durée de son action produit enfin du mouvement , si elle est d'une quantité déterminée telle qu'un reßort bandé , par exemple , qui par sa détente emploie sa force à produire une viteße actuelle dans un corps qui n'en avoit point auparavant ; je dis , & la choße est évidente , qu'à meßure que ce corps reçoit de nouveaux degrez de force , la cause qui les produit en doit perdre tout autant jusqu'à ce que toute la force du reßort soit épuißée & transferée au corps dans lequel elle est comme ramaßée par l'accumulation de tous les petits degrez qui y ont été produits succeßivement. C'est cette force entant qu'elle est dans le corps mis en mouvement par l'épuißement de la preßion du reßort qu'on doit appeller proprement force vive en vertu de laquelle le corps se transporte d'un lieu en un autre avec une certaine viteße plus ou moins grande selon l'énergie du reßort.

On a rapporté au long l'explication que M. Bernoulli donne de la force vive & de la force morte , afin qu'on puiße entrer plus facilement dans sa penßée , & pour donner plus de jour aux réflexions qu'on va faire sur ces deux sortes de forces.

On voit 1°. que selon M. Bernouilli la force morte consiste dans une simple preßion sans mouvement , car le mouvement une fois communiqué demeure, quoique la preßion ou la force externe ceße de s'appliquer au corps ; au lieu que *l'effet de la force morte ne survit jamais à son action, tout ceße dès que cette force ceße.* 2°. La force vive d'un corps est celle qu'il reçoit en recevant le mouvement. Un reßort par sa détente pouße un corps , sa force s'épuiße à meßure qu'il se débande , & elle est *transferée au corps dans lequel elle est comme ramaßée par l'accumulation de tous les petits degrez qui y ont été produits succeßivement , c'est cette force entant qu'elle est dans le corps mis en mouvement par l'épuiße-*

ment de la pression du ressort, qu'on doit appeller proprement force vive. Or cette force suivant M. Bernouilli n'eſt pas proportionnelle au mouvement que le corps a reçu, c'eſt-à-dire, au produit de ſa maſſe & de ſa viteſſe, mais proportionnelle au produit de la maſſe & du quarré de la viteſſe C'eſt la force morte qui eſt proportionnelle à la quantité de mouvement ou au produit de la maſſe & de la viteſſe *virtuelle*, c'eſt-à-dire, de la viteſſe que le corps reçoit dans un tems infiniment petit. Sur quoi on remarquera que M. Bernouilli conſidere cette force en elle-même, & entant qu'elle eſt reçue & qu'elle réſide dans un corps mis en mouvement.

M. Camus de l'Académie Royale des Sciences qui a traité le même ſujet dans un Mémoire 1728, trouve que les obſtacles que des corps en mouvement peuvent ſurmonter, ſont toujours comme les produits de leurs maſſes & des quarrez de leurs viteſſes ; mais ces mêmes forces conſiderées de toute autre maniere ne ſont pas toujours & généralement comme les produits des maſſes & des quarrez des viteſſes ; car ſi un corps en mouvement agit contre une réſiſtance invincible, ſa force eſt ſeulement proportionnelle au produit de la maſſe & de la viteſſe, ou à ſa quantité de mouvement ; en quoi il eſt d'accord avec M. Volſius qui détermine la force du choc contre un obſtacle invincible par le produit de la maſſe & de la viteſſe, c'eſt-à-dire, par la quantité de mouvement qu'il regarde comme équivalente à une force morte. M. Camus conclut donc qu'il n'y a que les forces des corps en mouvement conſidérées entant qu'elles peuvent ſurmonter des obſtacles qui puiſſent être appellées forces vives (ſuppoſant que les forces vives ſont entr'elles comme les produits des maſſes & des quarrez des viteſſes). D'où l'on voit que les auteurs, ceux mêmes qui ſoutiennent que les forces vives ſont entr'elles comme les produits des maſſes & des quarrez des viteſſes, ne conviennent point de l'idée qu'il en faut avoir.

Voici quelques réflexions qui pourront contribuer à fixer les idées ſur l'eſtimation des forces des corps en mouvement, & ſur la maniere de les comparer.

Réflexions ſur les forces des corps en mouvement, & ſur la maniere de les comparer.

137. 1°. Une force qui eſt appliquée à un corps, qui y eſt reçue, produit le mouvement, ſi elle n'eſt point empêchée ; mais elle ne produit qu'une ſimple preſſion ſans mouvement, ſi elle

G ij

eſt retenue par un obſtacle. 2°. Si elle produit le mouvement , ou c'eſt par un effort unique & dans un inſtant qu'on conſidere comme indiviſible , ou elle le produit ſucceſſivement & à differentes repriſes. 3°. Lorſqu'un corps a été une fois mis en mouvement , il le conſerve , & la force qu'il a reçue lui demeure appliquée (au moins ſelon notre maniere de concevoir,) & on peut conſidérer cette force comme préſente à chaque inſtant de la durée du mouvement & comme renouvellant ſon effort pour conſerver la viteſſe qu'elle a communiqué au corps. 4°. Lorſqu'un corps a été une fois mis en mouvement , qu'il a reçu toute ſa viteſſe & que ſa force ne reçoit plus d'accroiſſement , en un mot qu'il eſt dans un mouvement uniforme , on peut conſidérer cette force dans cet état comme ſi elle avoit été produite en un inſtant & par un ſeul effort , quoiqu'il puiſſe ſe faire qu'elle ait été produite ſucceſſivement ; car la force actuelle du corps n'en ſera ni plus ni moins grande , la viteſſe étant ſuppoſée la-même. 5°. Les forces inſtantanées dont on a parlé juſqu'ici , ſont proportionnelles aux produits des maſſes qu'elles meuvent , & des viteſſes qu'elles leur communiquent ; car au moment qu'une force s'applique à un corps , qu'elle lui imprime une certaine viteſſe , & avant qu'il y ait aucun eſpace parcouru , l'eſprit n'apperçoit dans ce corps qu'une maſſe qui commence à être mue avec une certaine viteſſe ; c'eſt à quoi ſe réduit tout l'effet de la force motrice ; le mouvement qu'elle produit , eſt donc la meſure exacte de cette force , & on apperçoit que ſi le mouvement augmente ou diminue , il faut que la force motrice augmente ou diminue dans la même raiſon , pour produire un plus grand ou un moindre mouvement. Les forces inſtantanées ſont donc entr'elles comme les produits des maſſes & des viteſſes. 6°. Si on conſidere la force motrice en tant que préſente aux differens inſtans de la durée du mouvement , & comme renouvellant à chaque inſtant la viteſſe du mobile , il eſt viſible que la force inſtantanée multipliée par le tems ou la durée du mouvement , exprimera la ſomme des efforts que l'on conçoit que cette force a fais pour la conſervation du mouvement : pour avoir donc le rapport de la ſomme des efforts d'une force , à la ſomme des efforts d'une autre force , il faudra multiplier leurs efforts inſtantanés ou les produits des maſſes & des viteſſes qui leur ſont proportionnels par les tems des mouvemens; or le rapport de ces produits n'eſt pas le même que le rapport des produits des maſſes & des quarrez des viteſſes : d'ailleurs lorſqu'on demande quel eſt le rapport de deux forces , on ne demande point quelle est leur durée ou quelle est la somme des efforts de l'une & de l'autre force ; mais on demande le rapport de leurs efforts instantanés , ou le rapport des efforts produits en même-tems ; car pour déterminer ce rapport , *il faut nécessairement supposer égaux ou les tems ou les espaces , &c.* comme M. de Mairan fait remarquer dans un Mémoire année 1728 , sur l'estimation & la mesure des forces motrices des corps. On voit donc que les forces des corps en mouvement entant qu'elles résident dans ces corps , ne sont point entr'elles comme les produits des masses & des quarrez des vitesses , soit qu'on les considere comme instantanées ou comme présentes à tous les instans du mouvement , & que leur vrai rapport est le même que celui qui est entre les produits des masses & des vitesses. On dira peut-être qu'il n'y a point de force simplement motrice , c'est-à-dire , qui produise le mouvement en un instant & par un seul effort ; qu'un corps n'acquiert la vitesse qu'il a , que par succession de tems , & que la naissance ou la production de sa force n'est pas l'effet d'un instant ; qu'ainsi il n'y a point de force simplement motrice.

138. On peut répondre 1°. qu'entre les forces qui peuvent s'appliquer à un corps , il y en a qui n'agissent dabord que par la seule pression ou impulsion sans mouvement , tel est l'effort d'un ressort lorsqu'il commence à se débander , la pesanteur agit à peu près de même. Il faut convenir que ces sortes de forces n'arrivent à un degré fini & assignable , que par des progrez insensibles , & ne produisent un mouvement d'une mesure déterminée qu'à plusieurs reprises : mais il est certain d'un autre côté que l'action de ces forces n'est pas la seule tendence au mouvement , mais un vrai mouvement ; car quelque petite que soit la vitesse qui répond à chaque effort particulier , elle n'en est pas moins réelle , puisqu'elle est l'élément d'une vitesse éxistente & déterminable. Ces forces peuvent donc être considérées comme forces instantanées & simplement motrices pour chaque degré particulier de vitesse qu'elles impriment de nouveau au mobile.

139. 2°. Il y a des forces dont toute l'action consiste dans le mouvement ; telle est la force d'un corps qui en choque un autre. Or si l'on suppose que le choc est entre des corps durs sans ressort , il n'y a pas de doute que la communication du mouvement se fait dans un instant , comme on verra dans la suite. Il est vrai qu'il n'est pas certain qu'il y ait des corps parfaitement durs , mais il n'est pas non plus démontré qu'il n'y en a pas ;

de grands Phyficiens prétendent au contraire que les élémens des corps , c'eft-à-dire , les parties de premiere compofition font d'une dureté abfolue. On peut donc fuppofer qu'il y a des forces qui produifent un vrai mouvement par un effort unique. D'où il fuit qu'elles font fimplement motrices & par conféquent entr'elles comme les produits des maffes & des viteffes.

140. La diftinction que les auteurs célébres dont on vient de parler , mettent entre les forces vives & les forces mortes , eft très-bien fondée. Autre eft l'action d'un corps qui preffe par fa feule pefanteur , & autre la force du même corps lorfqu'étant mu il choque avec une viteffe déterminée ; ces deux efforts ne peuvent pas être comparez entr'eux , parcequ'ils font de differente efpece : la fimple preffion fans mouvement n'eft pas de même efpece que lorfqu'elle eft jointe au mouvement, ce font deux quantitez *incomparables* , quoiqu'elles puiffent avoir des effets entierement égaux ou femblables. M. de la Hire dans fon Traité de Mécanique *pag.* 292 , dit que ce feroit la même chofe que fi on vouloit comparer une ligne à une fuperficie qu'on auroit formée en faifant mouvoir cette ligne par un efpace ; on vient de voir que M. Bernouilli a remarqué la même chofe. Lors donc qu'on compare les forces des corps , il faut qu'elles foient de même efpece , il faut comparer entr'elles les forces qui confiftent dans une fimple preffion , dans un fimple effort fans mouvement ; & entr'elles les forces des corps en mouvement : les forces mortes celles dont l'action confifte dans une fimple preffion , feront entr'elles comme les produits des maffes & des viteffes qu'elles tendent à communiquer , (ces viteffes peuvent être appellées *virtuelles*). Et les forces des corps en mouvement comme les produits des maffes & des viteffes réelles ou actuelles des mêmes corps auxquels elles font appliquées. En fuivant cette regle , on pourra eftimer les forces vives fans les confondre avec les forces mortes. On entend encore parler des forces inftantanées & confiderées dans le mouvement uniforme. Il faut voir maintenant fi les forces des corps dans les mouvemens accélerez & retardez , peuvent être eftimées par les produits des maffes & des quarrez des viteffes.

141. Dans le mouvement accéleré la viteffe du mobile eft accélerée à chaque inftant , & les efpaces parcourus aux inftans fuivans font d'autant plus grands que la viteffe s'eft accrue. Dans le mouvement retardé , c'eft le contraire.

142. Dans le mouvement uniformément accéleré l'efpace parcouru eft répréfenté par un triangle rectangle dont la hauteur ré-

préfente le tems , & la bafe la viteffe acquife après ce tems. Si l'on
fuppofe que deux corps **A** , **B** de maffes égales , font mus par deux
forces accélératrices conftantes & égales , elles imprimeront aux
mobiles des viteffes qui font comme les tems , c'eft-à-dire , des
viteffes égales en tems égaux ; mais la viteffe fera triple quadruple , fi le tems de l'une eft triple ou quadruple du tems de l'autre
(121). Suppofons que l'une d'elles ait agi pendant un tems triple , l'efpace que le mobile aura parcouru , eft exprimé par un
triangle rectangle dont la hauteur & la bafe font triples de la hauteur & de la bafe du triangle qui exprime l'efpace parcouru par
l'autre mobile qui n'a reçu qu'un degré de viteffe ; ces deux
triangles rectangles ont deux côtez proportionnels ; & l'angle
compris égal , ils font donc femblables (26. *Géom.*) , & par conféquent entr'eux comme les quarrez des bafes (19. *Géom.*) , c'eft-
à-dire , comme les quarrez des viteffes qui font répréfentées par
les bafes. Donc les efpaces parcourus dans le mouvement uniformément accéleré par des forces conftantes & égales , font entr'eux comme les quarrez des viteffes ; mais les forces des mobiles , les forces qu'ils ont acquifes dans l'accélération , font entr'elles
comme les efpaces qu'elles ont fait parcourir ; donc elles font entr'elles comme les quarrez des viteffes. Voilà un des raifonnemens
que l'on fait en faveur des forces vives , pour prouver qu'elles
font entr'elles comme les produits des maffes & des quarrez des viteffes , ou en fuppofant que les maffes font égales comme les quarrez
des viteffes. En voici un autre qui roule fur les mêmes principes.

143. On fera voir dans la fuite que fi les mobiles **A** , **B** font
mus contre leur premiere direction avec les viteffes qu'ils y ont
acquifes , en forte que les forces qui les avoient d'abord accélérez , réagiffent à préfent fur eux , & travaillent avec autant d'effort à les retarder , qu'elles avoient agi en premier lieu pour les
avancer & les accélérer ; on fera voir , dis-je , que les mobiles
perdront leurs viteffes dans un tems égal à celui de l'accélération , & que leurs viteffes finiffant , ils auront retracé les mêmes
efpaces qu'ils avoient parcouru dans l'accélération. Voilà donc
deux forces qui ont combatu contre deux autres forces , & qui
en furmontant leurs réfiftances , ont fait parcourir aux mobiles
A , **B** des efpaces qui font comme , l'on vient de voir , dans la raifon des quarrez des viteffes qu'ils ont perdues , & qui font les mêmes que celles qu'ils avoient acquifes ; or il eft évident que les
forces des mobiles font entr'elles comme les efpaces qu'elles ont
fait parcourir , & que ces mêmes efpaces en mefurent la vérita-

ble quantité , puifque ces forces fe font confumées en les faifant
parcourir aux mobiles. Donc ces forces font entr'elles comme les
quarrez des viteffes.

144. On remarquera 1°. à l'égard des deux raifonnemens
qu'on vient de faire , que quand il feroit vrai que les forces des
mobiles A , B accélérez ou retardez de la maniere qu'on vient
de fuppofer , font entr'elles comme les quarrez des viteffes acquifes & perdues , il ne faudroit pas pour cela conclure en général que dans toute forte de mouvemens accélérez & retardez les
forces des mobiles, c'eft-à-dire , leurs forces vives font dans la
raifon des quarrez des viteffes acquifes & perdues , car la propofition ne pourroit être vraie tout au plus que lorfque les efpaces parcourus par les mobiles font répréfentez par des figures
femblables , ce qui n'eft qu'un cas particulier.

145. 2°. Il eft aifé de faire voir que dans les mouvemens
même uniformément accélérez ou retardez, les forces que les mobiles y acquierent ou y perdent , ne font pas dans la raifon des
quarrez des viteffes. Suppofons que les mobiles A , B font pouffez par deux forces conftantes , mais inégales entr'elles : fi l'une
eft double de l'autre , dans le même-tems elle communiquera au
mobile une viteffe double , & dans un tems double une viteffe
quadruple ; l'efpace parcouru fera donc exprimé par un triangle
rectangle dont la hauteur fera double & la bafe quadruple de la
hauteur de la bafe d'un autre triangle qui répréfente l'efpace parcouru par l'autre mobile; or ces triangles font entr'eux comme les
produits des bafes & des hauteurs, c'eft-à-dire, comme 8 & 1 ;
donc les efpaces parcourus font auffi dans cette raifon ; mais
les forces acquifes par les mobiles , fuivant les raifonnemens précédens , font entr'elles comme les efpaces parcourus, c'eft-à-dire,
comme 8 & 1 , dont le rapport eft bien different de celui des
quarrez des viteffes , qui font entr'eux comme 16 & 1.

146. Si les mobiles A , B font mus en fens contraires de leurs
premieres directions , avec les viteffes qu'ils y ont acquifes, &
que les forces qui les ont accélerez les retardent, ils perdront
leurs viteffes en des tems égaux à ceux de l'accélération , & leur
viteffe finiffant ils auront retracé les mêmes efpaces qu'ils avoient
parcouru dans l'accélération , & l'on trouvera encore que les forces que les mobiles ont perdues, font entr'elles comme 8 & 1 , &
non pas comme 16 & 1 , qui font les quarrez des viteffes perdues.

147. D'où

147. D'où l'on voit que s'il est vrai que les forces vives lorsqu'elles naissent peu à peu ou par degrez, & qu'elles périssent
de même en s'éxerçant contre des obstacles, sont entr'elles comme les quarrez des vitesses; ce n'est au plus suivant les preuves
rapportées (*nombres* 142, 143), que dans le cas ou les mobiles
acquierent des vitesses égales en tems égaux, où que les obstacles qu'ils rencontrent leur ôtent pareillement des vitesses égales en tems égaux, & que de plus on estime les forces acquises
ou perdues par les espaces parcourus.

148. 3°. La vraie mesure ou quantité d'une force consiste
dans les accroissemens qu'elle a reçus & qui l'ont formée, ou dans
les pertes qu'elle a faites & qui l'ont détruite : or dans le cas des
mouvemens uniformément accélerez, la somme des accroissemens est égale à la somme des efforts produits par la force constante, la somme de ces efforts est proportionnelle au tems, la
vitesse acquise est aussi proportionnelle au tems; donc la somme
des efforts, & par conséquent la force du mobile est proportionnelle à la vitesse acquise. Le même raisonnement a lieu pour
les mouvemens retardez.

149. 4°. Lorsqu'on estime les forces acquises ou détruites des
mobiles par le seul rapport des espaces parcourus sans avoir égard
au tems, on fait nécessairement plusieurs emplois d'une même
force ; car comme l'espace ne détruit pas la force, une même
partie de cette force, par exemple, celle qui est produite au premier instant ou celle qui est détruite au dernier, éxiste dans le
mobile pendant tout le tems du mouvement : or il est évident
que s'il faut mesurer cette partie de la force par l'espace qu'elle a fait parcourir, ce sera la répeter tout autant de fois qu'il y
a d'instans dans la durée du mouvement ; qu'ainsi cette force partielle sans être plus grande que celle qui a été produite la derniere ou détruite la premiere, sera néanmoins estimée incomparablement davantage. L'espace, quelque grand qu'il soit, n'apporte aucun changement à la force, il la laisse telle qu'elle réside
dans un corps ; une petite force peut faire parcourir un fort grand
espace avec le tems, si elle ne rencontre aucun obstacle, & une grande force n'en faire parcourir qu'un fort petit, si elle est aussi-tôt
détruite ; l'espace seul ne suffit donc pas pour faire une juste estimation des forces, & pour employer la même force plusieurs fois, il
ne s'ensuit pas que l'on en ait une plusgrande. Un homme pour
compter plusieurs fois la même somme, n'en est pas pour cela
plus riche. Dans une force qui se détruit peu à peu & par degrez

*H

il faut diſtinguer deux parties , celle qui s’oppoſe à l’obſtacle &
qui en ſurmonte la réſiſtance,& celle qui fait parcourir l’eſpace:
ce ſont les parties de la force que la réſiſtance détruit ſucceſſivement , qui réunies en une ſomme , donnent enfin la force du
corps , & non pas celles qui ont fait parcourir l’eſpace, en tant
qu’elles l’ont fait parcourir , & dont les unes ont exiſté plus ou
moins de tems que les autres , & ont fait parcourir par conſéquent un eſpace plus ou moins grand ſuivant le tems de leur durée. Lorſqu’on veut déterminer le rapport des forces par le rapport des eſpaces parcourus, il faut néceſſairement avoir égard au
tems. *Voyez le Mémoire de M. de Mairan ann.* 1728.

150. On fait encore quelques raiſonnemens en faveur des forces vives ; les uns ſont tirez des mouvemens accélerez ou retardez par des reſſorts : ce que l’on vient de voir au ſujet du mouvement inégal pourra aider à les éxaminer. Les autres ſont fondez ſur la décompoſition des mouvemens. L’on verra dans l’article ſuivant ce qu’il en faut penſer.

Enfin pour prouver que les forces vives ſont entr’elles comme
les quarrez des viteſſes , on a recours à l’expérience.

151. Si deux boules égales de même matiere ſont accélerées
par une même force qui ſoit conſtante (on verra dans la ſuite que
telle eſt la péſanteur) , que l’une des boules parcoure un eſpace
quadruple de l’autre,les quarrez des viteſſes acquiſes,ſont dans le
rapport des eſpaces parcourus (142) : or ſi ces deux boules rencontrent directement avec les viteſſes acquiſes une matiere molle ,
comme de la cire & de la terre glaiſe , elles s’enfonceront à des
profondeurs qui ſont entr’elles comme 4 & 1 , c’eſt-à-dire , comme les quarrez des viteſſes ; mais les forces que les mobiles em-
ployent ſont comme les enfoncemens , il faut une force quadruple à la boule qui s’enfonce quatre fois davantage ; donc les forces de ces deux boules ſont entr’elles comme les quarrez des
viteſſes.

Voici la réponſe qu’on peut faire. Cette expérience eſt liée
avec pluſieurs circonſtances phyſiques qui affoibliſſent conſidéra-
blement la preuve qu’on en veut tirer.

1º. Les forces avec leſquelles les boules s’éxercent contre la
matiere molle pour s’y enfoncer , ne ſont pas ſeulement celles
qu’elles ont acquiſes dans l’accélération , mais elles ſont encore
aidées par leur propre poids : or dans l’eſtimation que l’on fait
des forces des boules , on ne tient pas compte de l’effet ou preſſion
cauſée par les poids des maſſes , lorſqu’elles commencent à toucher la ſurface de la glaiſe.

2º. On sçait que pour rompre les liens qui tiennent les parties unies , il faut une certaine vitesse ou promptitude dans le corps qui choque , sans quoi le mouvement se perd & n'a d'autre effet que d'ébranler les parties du corps choqué sans les diviser ; de-là vient que si l'on tire deux mousquets inégalement chargez contre un même mur , la bale qui va plus vîte percera le mur & y fera un trou profond , lorsque celle qui va moins vîte ne fera qu'une légere emprinte. La raison en est que le mouvement se perd en le communiquant aux differentes parties du mur avant que celles qui sont sous la force du choc ayent été rompues , ce qui n'arrive pas lorsque la vitesse du corps qui choque est assez grande pour diviser les parties auxquelles il s'applique avant que le mouvement ait pû se distribuer au reste de la masse. D'où il suit que les enfoncemens ne sont pas la juste mesure des forces , puisqu'elles ne se consument pas toutes entieres à les faire , & il est visible que c'est le corps qui va moins vîte , qui à cause de sa lenteur doit perdre à proportion une plus grande partie de sa force inutilement.

3º. Les boules rompent non-seulement les liens qui unissent les parties , mais elles communiquent de leur mouvement à la matiere qu'elles détachent , la rupture des liens ou les enfoncemens ne sont donc pas la vraie mesure des forces.

DU MOUVEMENT EN LIGNE DROITE
composé de plusieurs forces.

152. Le mouvement composé est produit par plusieurs forces ou puissances qui agissent conjointement ou en même-tems sur un corps. Un homme qui passe une riviere à la nâge fournit un exemple du mouvement composé : pendant qu'il s'efforce pour arriver à l'autre bord , par le chemin le plus court , l'eau qui le pousse continuellement , ne lui permet pas de le suivre ; ainsi de la double action du nâgeur & du courant , il résulte un mouvement composé suivant une direction moyenne qui est entre celle du nâgeur & le fil de l'eau. D'où l'on voit que si un corps est tiré ou poussé à la fois suivant deux directions differentes , il est nécessairement mis en mouvement. Mais si les directions sont sur une même ligne , & que le corps soit poussé ou tiré en des sens opposez , pour lors il pourra être en repos ou en mouvement : il sera en repos si les forces qu'on suppose lui être appliquées sont égales ; il sera mu si l'une d'elles est moindre que l'autre.

153. Des puissances peuvent s'appliquer à un corps de maniere qu'il tourne en même-tems qu'il suit une direction moyenne en-

tre les autres : mais si deux puissances s'appliquent immédiatement à un un globe, & que leurs directions passent par le cen-
Fig. 19. tre, il sera mu sans qu'il tourne, & toutes les parties du globe traceront des lignes paralleles entr'elles. Ainsi si le corps sphérique K est poussé en même-tems par les puissances M, N suivant les directions CA, CB, il n'ira que par un chemin, & toutes ses parties seront mues parallelement à CD que l'on suppose être la direction du centre C. En voici la raison.

Si le corps n'étoit poussé que par la puissance M, toutes les parties seroient mues parallelement à CA qui seroit le chemin du centre C. Ce qui est évident, puisque rien ne détermine le corps à tourner : de même si le corps n'étoit poussé que par la puissance N, toutes les parties seroient mues parallelement à CB qui seroit la direction du centre ; ainsi ni l'une ni l'autre des puissances M, N, agissant séparément sur le corps K, ne le détermine à tourner : d'ailleurs par la maniere dont elles s'appliquent au corps, leur effort porte directement au centre ; donc le centre suivra une direction CD moyenne entre CA & CB ; donc puisque les autres parties ne sont pas déterminées à tourner par aucune des puissances, il s'ensuit qu'elles seront mues parallelement à CD.

PROPOSITION HUITIE'ME.

Fig. 20.   *154. Suppofant encore que le corps K ou le centre C fuit la direction moyenne CD ; si de quelque point D de cette direction on mene DA, DB paralleles aux directions CA, CB pour former le parallelogramme AB ; je dis que les puiffances M, N, ou les efforts qu'elles font fur le corps K, font dans la raifon des côtez CA, CB.*

DEMONSTRATION. Suppofons que dans l'instant que les puissances font appliquées au corps, il parcoure la partie indéfiniment petite CP ; il faut du point P mener PG, PE paralleles aux côtez CA, CB.

Si la puissance M avoit agi seule tandis que par le concours des deux, le corps est allé de C en P, il seroit allé à quelque point de la direction CA ; donc puisqu'il est arrivé au point P, il faut que la puissance N l'ait éloigné de la direction CA ; mais la puissance N pour déterminer le corps à se trouver en P, a agi parallelement à sa direction CB, c'est-à-dire, que le centre du corps étant en P, la direction de cette puissance étoit EP ; donc elle a agi avec le même effort que si elle avoit fait venir le mobile de E en P, & qu'elle lui eût fait parcourir EP. De même si la puis-

fance N avoit agi feule tandis que le centre du mobile eſt allé
de C en P, il feroit allé à quelque point de la direction CB: donc
puiſqu'il eſt allé en P, il faut que la puiſſance M l'ait éloigné de
cette direction ; mais pour cet effet la puiſſance M a agi parallelement à CA, en forte que le corps étant en P ſa direction
étoit GP ; donc la puiſſance M a agi avec le même effort que ſi
elle avoit fait venir le mobile de G en P, & qu'elle lui eût fait
parcourir GP ; donc les efforts que les puiſſances M & N ont fait
dans l'inſtant que le mobile eſt allé de C en P, ſont exprimez par
GP, EP (115.4.), ou par CE, EP (2. Géom.). Or à cauſe des
triangles ſemblables CEP, CAD, l'on a CE.EP :: CA.AD
ou GB, (8. Géom.), c'eſt-à-dire, que les efforts des puiſſances
M, N ſont dans la raiſon des côtez du parallelogramme AB formé ſur leurs directions.

155. COROLLAIRE. Puiſque l'effort qui reſulte de l'action
conjointe des puiſſances, eſt exprimé par CP (115.4.), il s'enſuit que cet effort eſt à ceux des puiſſances M & N, comme la
diagonale CD eſt aux côtez CA, CB, ce qui eſt encore évident
par les triangles ſemblables CPE, CDA (8. Géom.). D'où il ſuit
que ſi le corps K étoit pouſſé ſéparément par chacune des trois
forces exprimées par CP, GP, EP, il parcourroit en des tems
égaux les côtez CD, CA, CB, du parallelogramme AB.

PROPOSITION NEUVIE'ME.

156. *Si les puiſſances* M, N *ſont entr'elles comme les côtez*
CA, CB *du parallelogramme* AB *formé ſur leurs directions, elles*
feront décrire par leur action conjointe au corps K *la diagonale*
CD *dans le tems que chacune lui feroit parcourir le côté qui eſt ſur*
ſa direction.

DEMONSTRATION. Si on prétend que cela ne doit point ar- Fig. 20.
river, on peut ſuppoſer deux puiſſances differentes de M &
N, qui agiſſant à la fois ſur le corps ſuivant les directions CA,
CB, lui faſſent décrire la diagonale CD dans le tems que les
puiſſances M & N lui feroient parcourir ſéparément les côtez CA,
CB, ce qui eſt toujours poſſible ; car il ne s'agit que d'augmenter ou de diminuer les forces ſuppoſées autant qu'il eſt néceſſaire
pour l'effet que l'on demande ; or ces puiſſances feroient parcourir
les côtez CA, CB ſéparément dans un tems égal à celui pendant
lequel par leur action conjointe, elles font parcourir la diagonale CD (155), c'eſt-à-dire, qu'elles feroient parcourir les
côtez CA, CB, dans le même-tems que les puiſſances M & N ;

donc les puissances supposées ne different point des puissances M
& N ; donc ces dernieres puissances doivent faire parcourir la
diagonale CD dans le même-tems que les puissances supposées,
c'est-à-dire, dans le tems qu'elles feroient décrire séparément les
côtez CA, CB.

157. On peut donner une preuve sensible de cette propofition, & faire voir que fi le corps K reçoit à la fois deux impulfions fuivant les côtez d'un parallelogramme, il en décrira la
diagonale en même-tems que les impulfions lui en feroient décrire les côtez, fi chacune avoit lieu féparément.

Fig. 21. Il faut concevoir le corps K pofé fur la régle CB, & que deux
puiffances pouffent, l'une le corps fuivant la régle CB, & l'autre
la régle CB, & que les impulfions font telles que le mobile parcoure la régle, tandis que la régle étant mue parallelement à elle-
même, parcourra le côté CA du parallelogramme AB. Il faut
faire voir que pendant le mouvement de la régle, le corps K fera
fur la diagonale CD fans jamais la quitter. Suppofons que la régle eft arrivée au point E du côté CA, elle coupera la diagonale CD au point P, & l'on aura les deux triangles femblables
CEP, CAD qui donnent CA . AD :: CE : EP (8. *Géom.*). Or
CA & AD font dans la raifon des vîteffes ; donc CE, EP font
auffi comme les vîteffes fuppofées ; donc tandis que la regle
aura parcouru CE, le mobile aura parcouru fur la régle EP, &
par conféquent il fera fur la diagonale CD. On démontrera de
même que quelque autre partie de CA que la régle décrive, le
mobile fera continuellement fur la diagonale. Donc l'impulfion
de la régle, & celle qui eft propre au corps K, lui font décrire
la diagonale CD dans le tems qu'elles lui feroient décrire féparément les côtez CA, CB.

158. Si les forces M & N font inftantanées ou fimplement
motrices, le mobile décrit la diagonale CD d'un mouvement
uniforme ; mais il la parcourt d'un mouvement accéléré, fi ces
forces font conftantes ou variables ; & dans ce dernier cas la diagonale CD fera encore droite fi pendant la durée du mouvement
les forces demeurent dans un rapport conftant ; car fi cela eft
leurs efforts inftantanés, feront dans le rapport de GP à EP, &
par conféquent ils poufferont le mobile fur la ligne droite CD.
Mais fi le rapport des forces eft variable, que l'une augmente,
par exemple, tandis que l'autre diminue ou qu'elle demeure la
même, le mobile fuivra encore une route moyenne mais cour-
bée dans toute fa longueur, car la force qui augmente attirera
le mobile de plus en plus & l'approchera de fa direction, & l'é-

cartant ainfi continuellement de celle qu'il tend à fuivre , la ligne qu'il décrira deviendra courbe. Cette courbe peut être conçue formée des diagonales d'une infinité de petits parallelogrammes qui ont leurs côtez infiniment petits fur les directions des puiffances.

159. COROLLAIRES. 1°. La force qui réfulte de celles qui Fig. 20. agiffent fuivant les côtez , eft exprimée par la diagonale CD , car cette force fait parcourir au corps la diagonale dans le tems que les forces M,N feroient parcourir les côtez (156). Donc elle eft aux forces M,N comme la diagonale eft aux côtez (115.4). Donc fi l'on applique au corps K une force qui foit exprimée par la diagonale CD , elle lui communiquera la même viteffe que les deux puiffances M , N agiffant à la fois fuivant les côtez CA, CB.

160. 2°. Si fur la même diagonale CD on conftruit plufieurs autres parallelogrammes tels que SO , que fur les côtez de chacun comme fur CO , CS, on place une paire de puiffances qui ayent le même rapport que ces côtez ; chaque paire de ces forces étant appliquée au corps K , lui fera décrire la diagonale CD dans le même-tems que les puiffances M , N. 1°. Chaque paire lui fera décrire la diagonale CD , puifque les deux forces font dans la raifon des côtez du parallelogramme qui a pour diagonale CD (156). 2°. Puifque ces forces feroient parcourir au corps K, les côtez qui leur font proportionnels, dans le même-tems que les puiffances M & N lui feroient parcourir les côtez CA , CB , il s'enfuit (156.) que le tems par la diagonale CD , fera pour chaque paire de forces égal au tems des forces M & N.

161.3°. D'où l'on voit que toutes ces paires de forces, quoique très-inégales aux puiffances M , N produiront cependant une même force moyenne, fçavoir celle qui eft exprimée par la diagonale CD. Donc fi le corps K eft pouffé fuivant CD par une feule force qui foit exprimée par cette ligne, on pourra toujours lui fubftituer une paire de forces qui agiffant à la fois fur le corps K , lui donneront la même viteffe que cette force unique. Pour cet effet il faudra décrire à volonté un parallelogramme qui ait pour diagonale la ligne CD , & placer fur les côtez deux puiffances qui foient dans la raifon de ces mêmes côtez.

162.4°. Si l'angle ACB des directions augmente ou diminue, les côtez demeurant les mêmes , la diagonale CD diminuera ou augmentera, c'eft pourquoi les puiffances M , N demeurant les mêmes , produiront des forces moyennes toutes inégales entr'elles ; ces forces augmenteront , fi l'angle ACB diminue ; car pour lors la diagonale qui exprime la force moyenne, augmente. Si cet angle vient à se fermer tout-à-fait, la diagonale CD sera égale aux deux côtez CA, CB; donc la force moyenne sera égale à la somme des forces M, N qui la produisent. Dans tous les autres cas où l'angle ACB a une ouverture déterminée, la force moyenne est moindre que la somme des forces M, N. Car la diagonale CD est moindre que la somme des côtez CA, CB. Si l'angle augmente, la diagonale diminuera; c'est pourquoi la force moyenne diminuera de même. Si cet angle devient tellement ouvert que les directions CA, CB soient sur une même ligne droite, il n'y aura plus de diagonale, & le corps K étant tiré en sens contraires, sera mu avec la différence des forces dans le sens de la plus grande.

163. 5°. Si la diagonale CD demeure la même, & que l'angle ACB augmente ou diminue, les côtez augmenteront ou diminueront; donc les forces qui poussent le corps K suivant ces côtez augmenteront ou diminueront dans la même raison; autrement le corps ne pourroit décrire la diagonale CD: si l'angle se ferme entierement la somme des forces sera seulement égale à la force moyenne; mais si l'angle ACB augmente, la somme des forces sera plus grande que la force moyenne, & d'autant plus grande que l'angle ACB augmentant, les côtez AC, CB deviendront plus grands. Si l'angle ACB devient infiniment grand, c'est-à-dire, qu'il ne differe de deux angles droits que d'un angle infiniment petit, les côtez CA, CB, ne rencontreront les côtez DA, DB, qu'à une distance infinie, auquel cas il faudra que les puissances M, N soient infiniment plus grandes que la force moyenne qui doit faire décrire au corps K la diagonale CD.

Fig. 22.   164. 6°. Si le corps K est tiré ou poussé à la fois par plus de deux puissances, par exemple, par trois suivant les directions CA, CB, CE, avec des forces M, N, R, qui soient dans la raison de ces lignes, on aura la route & la vitesse du corps. 1°. Si sur les directions CA, CB, on décrit le parallelogramme AB dont la diagonale est CD. 2°. Si sur cette diagonale & la troisiéme direction CE comme côtez, on décrit le parallelogramme DE dont la diagonale est CG; cette derniere diagonale montrera la route du corps, & elle exprimera sa vitesse.

Car si le corps K n'étoit poussé que par les puissances M, N, suivant les directions CA, CB, il décriroit la diagonale CD avec une force moyenne exprimée par la diagonale CD (156. 159); donc cette force moyenne fait autant que les deux puis-

sances

fances M , N ; ainfi le corps K eft pouffé par les trois enfemble
comme s'il ne l'étoit que par la force moyenne fuivant CD , &
par la force R ; mais s'il n'étoit pouffé que par les forces dirigées
fuivant CE & CD , il décriroit la diagonale CG avec une viteffe
exprimée par cette ligne ; donc il la décrira de même , s'il eft
pouffé à la fois par les trois forces M , N , R.

Si le corps K étoit pouffé à la fois par plus de trois puiffances ,
on trouveroit en continuant de même à former des nouveaux parallelogrammes , la route du corps & la force qui réfulteroit de l'a-
étion conjointe de toutes , car la diagonale du dernier parallelogramme exprimeroit cette force,& montreroit le chemin du corps.

DE LA DE'COMPOSITION DES FORCES
& des mouvemens.

165. L'expérience journaliere nous apprend que non-feulement les forces s'uniffent & concourent enfemble à la produétion
du mouvement ; mais elle nous montre encore qu'une force
fe décompofe & qu'elle agit à la fois fuivant des direétions differentes. Si l'on jette une bale contre un plancher fuivant une direétion oblique à l'inftant du choc elle preffe le plancher , & la
même force la détermine encore à fe mouvoir. De même fi l'on
appuie avec un bâton fur un plancher uni & que l'on ait foin de
l'incliner il gliffe & preffe en même-tems le plancher ; ce n'eft
pas en tant qu'il gliffe qu'il preffe ; ainfi la force qui pouffe le bâton eft décompofée en deux efforts.

166. On peut avoir remarqué que par la compofition une
partie des forces compofantes eft détruite , puifque le mouvement qui en réfulte eft moindre que la fomme des mouvemens
particuliers que les forces produiroient fi elles agiffoient féparément , mais la décompofition répare cette perte , & fait renaître
les forces qui s'étoient comme confondues en une.

167. La compofition & la décompofition des forces ne font
pas fi oppofées qu'elles ne puiffent fe trouver enfemble , & s'accorder jufqu'à un certain point , fi l'on y prend garde : dans tout
mouvement compofé , on peut découvrir des traces de la décompofition des forces compofantes : lorfque le corps K pouffé par
deux forces dirigées fuivant les côtez d'un parallélogramme en
décrit la diagonale , il eft aifé d'appercevoir que ces deux forces
s'accordent à le mouvoir fur cette même diagonale , ainfi leur
compofition eft évidente ; mais leur décompofition ne fe déclare
pas tant. Il faut confidérer que le corps fe trouve en même-tems

*I

fur trois directions qui font les deux côtez du parallelogramme & la diagonale , qu'il eft follicité à la fois de les fuivre toutes trois , mais qu'il ne fuit que la diagonale ; or dans l'inftant que le mobile eft déterminé à fe mouvoir fur la diagonale , les forces qui lui font appliquées , font d'un autre côté effort pour l'en éloigner , puifque chacune d'elles tend à l'attirer fur fa direction : ainfi chaque force éxerce en même-tems deux actions , l'une par laquelle le corps eft déterminé à fuivre la diagonale , l'autre par laquelle le mobile eft follicité de s'en éloigner. C'eft ce que l'on va voir plus en détail dans les propofitions fuivantes.

PROPOSITION DIXIE'ME.

168. *Si le corps* K *tiré ou poußé à la fois par les puißances* M ,N , *fuivant les côtez* CA , CB , *du parallelogramme* AB , *en décrit la diagonale* CD , *les forces qu'elles éxercent fur le corps* K , *font décompofées en deux efforts dont l'un eft fuivant la diagonale , & l'autre dirigé fuivant la perpendiculaire à la même diagonale.*

Fig. 23.

DEMONSTRATION. Pour mieux faire appercevoir cette décompofition , on fuppofera que le côté CB eft perpendiculaire à la diagonale. Puifque le corps K décrit la diagonale CD , les forces M , N font exprimées par les côtez CA , CB (154). Cela pofé la force N perpendiculaire à la route du corps ne contribue en rien à le faire avancer fuivant CD , car elle ne pouffe le mobile ni en avant ni en arriere , mais elle eft toute employée à le retenir fur cette ligne & à empêcher qu'il ne s'en éloigne ; donc tout ce que le mobile reçoit de force fuivant CD lui vient de la puiffance M ; or il eft évident que la force M meut non-feulement le corps fuivant CD , mais qu'elle réfifte encore à la force N, car cette force en retenant le mobile fur CD tend à l'en éloigner , & elle l'en éloigneroit infailliblement , fi la puiffance M ne lui réfiftoit. Donc outre que la puiffance M imprime au corps un mouvement fuivant la diagonale , elle produit encore un effort égal à la force N , & dirigé en fens contraire de cette force ; donc la force M eft décompofée en deux efforts dont l'un eft fuivant la diagonale , & l'autre perpendiculaire à la même diagonale.

169. Si les directions des puiffances M , N étoient toutes deux obliques à la diagonale , il fe feroit auffi une décompofition toute femblable , car comme ces forces ne s'accordent pas parfaitement , mais que leurs actions ont quelque oppofition entr'elles , par une partie elles fe réfiftent , & par l'autre elles meuvent le corps ; or

les efforts par lefquels les forces M , N fe réfiftent doivent être perpendiculaires à la diagonale ; car s'ils étoient obliques , ils concourroient de même que les forces M & N qui les produifent à mouvoir le corps fur la diagonale au lieu d'être uniquement employez à l'y retenir & à faire que les forces M , N fe réfiftent également. Donc fi un corps décrit la diagonale d'un parallelogramme , par l'action conjointe de deux forces , elles fe décompofent au moment de l'impulfion en deux efforts , dont l'un eft dirigé fuivant la diagonale , & l'autre fuivant la perpendiculaire à la même diagonale.

170. L'on voit que cette décompofition des forces eft fondée fur l'obliquité de leurs directions à la route du mobile , qu'ainfi dans le cas où l'une des puiffances a fa direction perpendiculaire à la diagonale , elle n'eft pas décompofée , mais elle fe confume toute entiere à réfifter à l'autre puiffance qui de fon côté doit lui oppofer un effort qui lui foit égal.

171. Puifque chaque force eft décompofée en deux efforts dont l'un eft dirigé fuivant la diagonale , & l'autre fuivant la perpendiculaire à la même diagonale , il s'enfuit que les directions de ces efforts font un angle droit.

Ces efforts , par exemple , ceux de la puiffance M doivent être Fig. 24. tels qu'ils puiffent conjointement mouvoir le corps K de même que la puiffance M dont ils tiennent la place : or la puiffance M feroit parcourir au mobile la ligne CA dans le tems que la puiffance N lui feroit parcourir CB. Donc les efforts produits par la puiffance M au moment qu'elle eft décompofée , doivent être tels qu'ils puiffent faire parcourir au mobile la ligne CA dans le même-tems.

Ces efforts pourront conjointement faire décrire le côté CA dans le même-tems que la force M , s'ils font exprimez par les côtez d'un parallelogramme rectangle qui a pour diagonale CA.

172. Lors donc qu'un corps eft mû fur la diagonale d'un parallelogramme dont les côtez expriment les forces motrices M , N qui font dirigées fuivant ces mêmes côtez , on détermine leurs efforts dérivés en formant deux parallelogrammes rectangles EL , GF qui aient pour diagonales les côtez CA , CB qui font les directions des puiffances M , N.

On peut démontrer géométriquement 1°. que les efforts par lefquels les puiffances M , N fe réfiftent font égaux. 2°. Que la fomme des efforts dirigez fuivant la diagonale eft exprimée par la diagonale même. Les deux triangles rectangles DEA , BGC

ont les côtez A D , C B égaux (2. *Géom.*) , les angles E & G font
droits , & les angles ADC , BCD auffi font égaux (29. *Geom.*) :
donc les deux triangles font femblables & égaux en tout *(* 1 5.2 2.
Géom.) ; donc CL & CF égaux aux côtez EA, GB font de même
égaux entr'eux ; or ces côtez expriment les efforts par lefquels les
puiffances fe réfiftent (169. 172.) , donc ces efforts font égaux.

2°. L'effort que la puiffance N fait fuivant la diagonale CD ,
eft exprimé par CG ou DE fon égale , & l'effort que la puiffance
M fait fuivant la même CD , eft exprimé par CE (171) ; donc les
deux efforts enfemble font exprimez par CE plus ED ou par la
diagonale CD. [Donc la fomme de ces efforts eft égale à la force
que les puiffances impriment au mobile fuivant la diagonale.

PROPOSITION ONZIE'ME.

Fig. 25.   *173. Si le corps K pofé fur le plan ZX , eft pouffé fuivant la di-*
rection CD oblique au plan , il fera mû , s'il ne rencontre d'autre
réfiftance que celle du plan. On fuppofe que le corps K eft fans pe-
fanteur, c'eft-à-dire, qu'il n'eft follicité à fe mouvoir que par la force
qui lui eft appliquée fuivant CD.

Si la direction CD étoit parallele au plan , le corps ne trouveroit aucune réfiftance de fa part ; c'eft pourquoi il feroit mû par
toute la force qui lui eft appliquée. Si au contraire la direction CD
étoit perpendiculaire au plan , toute la force du corps feroit employée à le preffer , ne pouvant fe faire que le corps foit mû vers
quelque endroit que ce foit , à moins que le plan ne cede à la
force de la preffion.   Or il eft vifible qu'entre ces deux cas extrêmes , il y en a une infinité d'autres , où le plan fera plus ou
moins preffé, que la preffion fera d'autant plus grande que la direction CD de la force fera proche de la perpendiculaire au plan ,
& qu'elle fera d'autant moindre qu'elle approchera plus de la
parallele au même plam. Donc dans tous les cas où la direction
CD eft oblique , toute la force du corps n'eft pas employée à le
preffer ; donc cette force n'étant pas totalement foutenue ou empêchée , le corps fera mû.

174. COROLLAIRES. 1°. Il fuit de-là que la force du corps
K eft décompofée en deux efforts, l'un qui preffe le plan & l'autre qui meut le corps.

175. 2°. Puifque la force du corps eft décompofée parce que
la direction CD eft oblique au plan , il s'enfuit que l'effort par
lequel le corps preffe le plan , eft perpendiculaire au même plan ,

autrement il ne mefureroit pas la preffion caufée fur le plan.

176. 3°. Il eft de même évident que l'effort qui meut le corps, eft parallele au plan. Car s'il étoit oblique, il ne feroit pas tout employé à mouvoir le corps ; donc les efforts dérivez de la force qui pouffe le corps K fuivant la direction oblique CD ont leurs directions perpendiculaires l'une à l'autre ; car l'un de ces efforts eft dirigé fuivant la perpendiculaire au plan, & l'autre fuivant la parallele au même plan.

177. 4°. Puifque ces efforts tiennent lieu de la force dirigée fuivant CD, il faut qu'étant appliquez fuivant leurs directions au corps K, ils puiffent reproduire la force fuivant CD qui les a fait naître ; or pour que les efforts qui naiffent de la force fuivant CD puiffent la reproduire, il faut (171.) qu'ils foient entr'eux dans la raifon des côtez d'un parallelogramme rectangle formé fur leurs directions, & qui auroit pour diagonale la ligne CD qui exprime la force oblique du corps K.

178. 5°. Puifque les efforts du corps K font exprimez par les côtez CA, CB du rectangle AB ; fi l'on prend pour rayon ou finus total la diagonale CD qui exprime la force oblique, les côtez CB, CA feront les finus des angles BDC, ADC (21. *Géom.*). L'angle BDC eft formé par la direction de la force oblique & le plan, donc l'effort qui preffe le plan eft à la force oblique, comme le finus de l'angle formé par la direction de la force oblique & le plan, eft au finus total. Et l'effort parallele eft à la même force oblique comme le finus du complément de l'angle BDC eft au finus total, c'eft-à-dire, comme CA eft à CD.

179. Corollaire général. L'on peut conclurre de tout ce qui vient d'être dit du mouvement d'un corps dont la route eft oblique à la direction de la force qui le pouffe, que cette force généralement parlant eft décompofée en deux efforts dont l'un eft perpendiculaire à la route du corps, & l'autre parallele à la même route ; l'effort perpendiculaire eft empêché ou détruit, le feul effort parallele eft libre pour mouvoir le corps.

DE LA MANIERE DONT L'EQUILIBRE SE FORME,
déduite de la compofition & décompofition des forces.

180. L'équilibre eft l'état de plufieurs forces qui agiffent les unes contre les autres, de maniere que tout demeure en repos. Dans l'équilibe les forces tendent à des effets oppofez : & parce qu'aucune d'elles ne prévaut, elles produifent le repos avec la tendence au mouvement. Pour l'équilibre il ne fuffit pas que des

forces foient oppofées en quelque chofe , il faut que l'oppofition
foit entiere & qu'il y ait égalité d'actions en fens contraires. Lorfque deux forces font appliquées à un corps fuivant les côtez d'un
parallelogramme, elles font oppofées, puifqu'elles tendent à faire
aller le corps fuivant des directions differentes;elles ne produifent
pas néanmoins le repos ou l'équilibre , parce que l'oppofition
qu'elles fe font eft imparfaite ; cependant leur réfiftance mutuelle
eft une efpece d'équilibre , les efforts contraires par lefquels elles
fe réfiftent étant égaux , & cet équilibre commencé les difpofe à
l'équilibre parfait avec une troifiéme force, en ce que par là elles
font contraintes de fe compofer en une feule force. A laquelle
cette troifiéme réfifte. C'eft-là le grand avantage de la compofition des forces , de faire enforte qu'on en gouverne plufieurs &
qu'on s'en rende maître avec la même facilité que d'une feule.
Lorfque les directions concourent en un point , on peut toujours
trouver une force compofée de toutes ; on le peut encore , quoique toutes les directions ne paffent pas par un même point,pourvu
que deux à deux prifes comme on voudra , elles concourent. Comme tous les équilibres où il y a plus de trois forces ont pour fondement l'équilibre qui réfulte de trois, on va s'appliquer à en
établir les conditions.

181. On a fuppofé dans les propofitions précédentes que le
corps auquel des puiffances s'appliquent pour le mouvoir , eft
fphérique, & que leurs directions concourent au centre , la grandeur de ce corps n'étant pas déterminée , on peut fuppofer qu'elle
eft réduite à un point qu'on peut regarder comme le centre des
forces,car chacune d'elles tend à le mouvoir fuivant fa direction;
lorfque ce point eft fixe & qu'il ne peut avancer fuivant aucune
des directions , les puiffances font retenues en équilibre au moyen
de ce point qui eft comme leur appui commun.

182. Si deux puiffances M , N font immédiatement appliquées
au point C fuivant les directions CA,CB qui font l'angle ACB,
elles peuvent être mifes en équilibre. Car elles tendent à mouvoir
le point C fuivant une direction moyenne entre CA,CB (152).
Donc fi au moment que ce point eft follicité de fe mouvoir fuivant
CD , on oppofe une force P égale à la force moyenne qui lui eft
imprimée par l'action conjointe des puiffances , le point C ne
pouvant avancer demeurera en repos, & les puiffances M,N trouvant un point fixe qui leur réfifte fuivant leurs directions CA,
CB feront auffi en repos, & par conféquent en équilibre.

183. Si les forces M , N font inftantanées ou fimplement mo-

trices, l'équilibre ne durera qu'un inftant ; car les forces M , N feront détruites par la réfiftance que la puiffance P leur oppofe. Si les forces M , N font conftantes, comme la péfanteur , la force d'un animal &c. l'équilibre fera durable.

184. Si au lieu d'oppofer à la force moyenne du point C une puiffance P qui réagiffe & le repouffe , on pofe un obftacle capable de l'arrêter , l'équilibre fe fera de même.

185. La direction de la puiffance réfiftante P , doit être dans le même plan que les directions CA , CB des puiffances M , N, car ces puiffances tendent à faire décrire au point C la diagonale d'un parallelogramme formé fur leur directions (156); donc la direction de la force moyenne du point C eft fur le même plan que les directions CA , CB ; mais la direction de la puiffance P doit être diamétralement oppofée à la direction moyenne du point C , c'eft-à-dire , que ces directions doivent être fur la même ligne en fens oppofez. Donc la direction de la puiffance P eft dans le même plan que les directions CA , CB.

186. La direction de la puiffance réfiftante P doit couper l'angle ACB ; car cette direction eft fur la diagonale d'un parallelogramme formé fur les directions CA, CB ; donc elle doit couper l'angle ACB de même que la diagonale.

187. La puiffance réfiftante P doit être exprimée par la diagonale du parallelogramme dont les côtez font proportionnels aux puiffances M , N, car la force moyenne du point C eft exprimée par cette diagonale (159) ; donc la force P qui lui eft égale doit être exprimée par la même diagonale. Les conditions que l'on vient d'expofer font néceffaires & fuffifent pour l'équilibre de deux puiffances M,N, lorfque leurs directions concourent en un point C.

188. Si deux puiffances M , N font retenues en équilibre par Fig. 27. une troifiéme P , elles ont néceffairement leurs directions en un même plan.

Si les directions des puiffances M , N ne font pas dans un même plan , elles ne peuvent concourir en un point , car fi elles concouroient en un point , elles formeroient un angle plan , elles feroient donc dans le plan de cet angle, ce qui eft contre la fuppofition ; puis donc que les directions des puiffances M , N qu'on fuppofe n'être pas dans un même plan , ne peuvent concourir en un point, il faut que le but commun contre lequel ces puiffances s'éxercent & la puiffance P avec elles foit un corps ou une verge roide telle que M , N : cela pofé , que la verge que l'on fuppofe

fans pefanteur , foit dans une fituation horizontale ou parallele à
l'horizon , & que la direction NB de la puiffance N foit parallele
au même horizon , enfin que la direction MA de la puiffance
M lui foit perpendiculaire : les directions feront fituées fur des
plans differens. Or je dis qu'en quelque point C que l'on applique la puiffance P , la verge MN ne peut être en équilibre ,
ni les puiffances qui lui font appliquées ; car foit que le point C
demeure fixe ou non , rien n'empêche que les extrêmitez de la
verge n'obéiffent aux impreffions des puiffances M , N , en tournant autour du point C fi ce point eft immobile , ou que la ligne
entiere ne foit mûe fi le point C n'eft pas fixement attaché. La
puiffance P ne pouvant donc arrêter à la fois les efforts des puiffances M , N , elles ne peuvent être en équilibre. Donc fi elles
y font retenues par la puiffance P , il faut que leur directions
foient en un même plan.

189. Lorfque les directions des puiffances M , N font en
ûn même plan , elles peuvent être retenues en équilibre par
une troifiéme puiffance P. Car ou les directions de ces puiffancs
concourent en un point ou elles font paralleles , fi les directions
font convergentes vers un point , on a fait voir (182.) que les
puiffances étant immédiatement appliquées au point de concours
peuvent être mifes en équilibre par une troifiéme puiffance P.
Si les directions font paralleles, on peut fuppofer qu'elles concourent à une diftance infinie , car l'inclinaifon des lignes qui concourent à une diftance infinie , eft fi petite qu'elle differe infiniment peu du parallelifme ; ainfi on peut prendre les deux cas pour
un , & ramener le cas du parallelifme au cas des directions concourantes.

En effet fi l'on peut fuppofer fans erreur fenfible , que les directions des corps pefans qui tendent au centre de la terre , font
paralleles lorfque que ces corps ne font pas à une grande diftance
l'une de l'autre , à plus forte raifon peut-on fuppofer que des lignes qui ne concourent qu'à une diftance infinie font paralleles ,
& que des lignes paralleles concourent infiniment loin. Donc
deux puiffances qui ont leurs directions couchées fur un même
plan peuvent être mifes en équilibre par une troifiéme puiffance P.

190. Les conditions néceffaires pour l'équilibre de trois puiffances font donc 1°. que leurs directions concourent en un même point quand ce ne feroit qu'à une diftance infinie. 2°. Que
ces directions foient en un même plan. 3°. Que les puiffances
foient entr'elles comme les trois côtez d'un parallelogramme
(nommant

(nommant de ce nom la diagonale) formé fur les directions.
4°. Que l'une d'elles tire ou pouffe en fens contraires des deux
autres. Ces quatre conditions fuffifent & font néceffaires pour
l'équilibre de trois puiffances que l'on fuppofe encore appliquées
immédiatement au point de concours tant qu'il s'agit de démontrer la poffibilité ou l'éxiftence de cet équilibre. Mais lorfque les
trois puiffances font actuellement en équilibre, il n'eft pas néceffaire de les appliquer au point de concours, il fuffit qu'au
moyen des cordons ou autrement, elles tranfmettent leur action
jufqu'à ce point qui eft leur point d'appui commun.

191. Soit la verge inflexible CFZ fans pefanteur dont les Fig. 28.
branches CF, FZ font l'angle CFZ à volonté, & deux cordons 29.
fituez fur la ligne droite CZ qui joint les extrêmitez de la verge;
on fuppofe que fi l'on applique aux cordons deux puiffances M,
m égales entr'elles, & qui tirent en fens contraires, elles feront en
équilibre, c'eft-à-dire, que la verge & les puiffances feront en
repos. Car à caufe de l'inflexibilité de la verge, les deux puiffances agiffent l'une fur l'autre de même que fi les deux cordons
n'en faifoient qu'un, & qui fût continu depuis le point d'application d'une puiffance jufqu'au point d'application de l'autre,
& qu'il fût étendu en ligne droite: or dans cette hypothefe les
puiffances M, m fuppofées égales feroient en équilibre, donc
elles y feront auffi fur la verge CFZ.

Cette fuppofition eft conforme à une expérience aifée à faire,
elle confifte à mettre la verge CFZ fur un plan horizontal afin
d'empêcher l'effet de la pefanteur : l'on trouvera que fi l'on tire
également les cordons attachez aux extrêmitez de la verge fuppofez étendus fur la même ligne droite, le tout demeurera en repos.

192. Trois puiffances M, N, P, dirigées fuivant CM, CN, Fig. 30.
CP étant en équilibre fur le point C, fi on prolonge les directions 31.
de part ou d'autre du point C en A en B & en F, qu'on les joi-
gne par la verge inflexible ZFX qui les rencontre aux points
A, B, F. Je dis que fi les puiffances M, N, P font appliquées
aux points A, B, F de la verge fuivant les mêmes directions, elles
feront encore en équilibre.

Suppofons que la direction FCP de la puiffance P eft une verge
inflexible fermement attachée à la verge ZFX au point F; que
Cm & Cn font deux cordons couchez fur les directions des puiffances M, N. Si on ôte la puiffance P & qu'on applique aux cordons Cm, Cn deux puiffances qui tirent fuivant ces mêmes cordons, & qui foient égales aux puiffances M, N; que de plus les

*K

puiſſances M, N ſoient appliquées aux cordons AM, BN qui partent de la verge inflexible ZFX, les quatre puiſſances ſeront en équilibre par la ſuppoſition précédente, car N fera équilibre avec *n*, & M avec *m*, puiſque ces puiſſances priſes deux à deux ſont égales, & que d'ailleurs leurs directions ſont diamétralement oppoſées ; ainſi l'équilibre qui ſe faiſoit auparavant ſur le point C ſe fera ſur la verge ZXFC. Cela poſé, ſi les puiſſances M, N étoient immédiatement appliquées au point C, elles produiroient ſur ce point un effort dirigé ſuivant CF, & auquel la puiſſance P réſiſteroit par une action égale & contraire (185. 186. 187); donc les puiſſances *m*, *n* étant égales aux puiſſances M, N, & ſemblablement dirigées, produiſent ſur le point C un effort égal à l'effort de la puiſſance P, & qui eſt dirigé de même ; donc ſi on ôte les puiſſances *m*, *n* & qu'on rétabliſſe la puiſſance P, le point C ſera tiré de même que s'il l'étoit par les puiſſances *m*, *n* ; donc les trois puiſſances M, N, P, ſeront en équilibre ſur la verge à trois branches ZXFC ; mais à quelque point de la verge CF que la puiſſance P ſoit appliquée, l'équilibre ſubſiſtera comme auparavant ; donc ſi elle eſt appliquée au point F, & les puiſſances M & N aux points A, B elles, y ſeront en équilibre ſur la verge ZFX. La verge ZFX eſt appellée *levier*, & il n'eſt pas néceſſaire qu'il ſoit droit ; l'équilibre ſubſiſteroit également quand même il ſeroit courbé ou tortu, pourvu qu'il pût joindre les trois directions.

193. Lorſque trois puiſſances ſont en équilibre ſur un point C on peut ſuppoſer qu'elles ſont en équilibre ſur un levier qui joint leurs directions, pourvû qu'elles continuent de tirer ſuivant ces mêmes directions.

194. Si trois puiſſances M, N, P, ſont en équilibre ſur le levier ZX, leurs directions MA, NB, FPL, concourront en un même point.

Fig. 32. 1°. Les directions des trois puiſſances ſont en un même plan (188). 2°. Il faut montrer qu'elles concourent en un même point. Il faut concevoir que ces trois directions ſont autant de cordons flexibles; à quelque point L du cordon FPL que la puiſſance réſiſtante P ſoit appliquée, l'équilibre ſubſiſtera. Que les cordons MA, NB ſoient prolongez, en ſorte qu'ils rencontrent le cordon FPL aux points D, C, les puiſſances M, N continuant de tirer ſuivant les mêmes directions, l'équilibre ſubſiſtera encore, quoique les cordons AMD, BNC ſoient attachez au cordon FPL; car ce cordon étant tiré ſuivant les mêmes directions & avec

la même force par les puissances M, N s'il y a équilibre sans les
cordons AMD, BNC, il ne sera point interrompu, quoiqu'on les
mette : or il est aisé de faire voir que si les trois cordons AMD,
BNC, FPL, ne concourent pas en un même point, il n'y a point
d'équilibre ; car le point D est tiré en même-tems par la puissance
M & par la puissance P placée en L. C'est-à-dire que ce point est
tiré suivant deux directions qui font un angle ; il est évident que
rien ne s'oppose au mouvement de ce point : ce n'est pas la puissance N qui s'y oppose, puisque c'est le point C qu'elle tire ; donc
le point D sera mu (152) : on fera voir de la même maniere que
le point C étant tiré à la fois par la puissance N & la puissance
P placée en L sera mu ; il n'y auroit donc point équilibre, ce qui
est contre l'hypothese. Donc s'il y a équilibre il est nécessaire
que les trois directions concourent en un même point : ce qui est
aussi conforme à l'expérience suivant laquelle trois puissances en
équilibre sur un levier, se disposent toujours de maniere que
leurs directions concourent, & selon laquelle il est impossible
de les mettre en équilibre à moins que leurs directions ne concourent en un point.

On peut dire encore que la puissance P doit résister en même-
tems aux efforts des puissances M, N ; il est donc nécessaire que
ces efforts se composent en un pour que la puissance P qui agit
suivant la seule direction FPL puisse résister à la fois & en même-
tems à l'un & à l'autre ; or il est manifeste que les directions des
puissances M, N n'ayant qu'un point qui leur soit commun,
c'est à ce point que leurs efforts doivent se composer en un ; la
direction de l'effort qui résulte de l'action conjointe des puissances M, N, passe donc par le point de concours de leurs directions. Donc la direction de la puissance P qui résiste à cet effort doit passer par le point de concours des directions des puissances M, N. Donc les trois directions concourent en un point.

195. Si trois puissances M, N, P, sont en équilibre sur un
levier ZX, elles seront encore en équilibre, si elles s'appliquent Fig. 33.
au point ou leurs directions concourent.

1°. Il est évident que les directions des trois puissances concourent en un point C par la proposition précédente. 2°. Au
moyen des cordons AMC, BNC, les efforts des puissances M, N,
s'étendront jusqu'au point C, la puissance P étant placée au-delà
de C vers L. 3°. A quelques points des cordons AMC, BNC que
les puissances M, N soient appliquées, ils seront également ten-
dus. Donc le point C sera tiré avec la même force, soit que les

puiſſances M , N ſoient appliquées au levier ZX , ſoit qu'elles tirent immédiatement ce point. Donc puiſque le point C eſt en équilibre lorſque les puiſſances tirent le levier ZX , ce point continuera d'y être s'il eſt tiré immédiatement ſuivant les mêmes directions.

Voilà pour l'équilibre de deux puiſſances M, N auxquelles une troiſiéme P réſiſte. Il y a auſſi des équilibres où il faut oppoſer deux puiſſances ou deux réſiſtances à une ſeule puiſſance ; il y en a d'autres où les réſiſtances qu'il faut oppoſer ſont déterminées , il y en a auſſi où elles ſont indéterminées. En voici des exemples.

Fig. 34. 196. Si le corps ſphérique K tiré ou pouſſé par la puiſſance P , dont l'action eſt exprimée par CD , preſſe les plans GH , GI , aux points M , N : 1º. dans le cas d'équilibre les preſſions exercées contre ces plans , ſont dirigées ſuivant les perpendiculaires CA , CB , qui paſſent par les points d'attouchement M , N. 2º. Ces preſſions ſont à la puiſſance P comme les côtez du parallelogramme AB formé ſur les trois directions , & qui a pour diagonale CD , ſont à la même diagonale.

1º. La force qui pouſſe le corps K étant oblique aux plans GH , GI , elle ne les preſſe que ſuivant la perpendiculaire aux mêmes plans (174) ; & par conſéquent ſuivant les lignes CA , CB qui paſſent par les points d'attouchement M . N.

2º. Le preſſions que le corps K exerce contre les plans GH , GI , ſont égales aux réſiſtances que ces mêmes plans font ; car les réſiſtances ſont directement oppoſées aux preſſions. Or les réſiſtances des plans ſont à la force P comme les côtez CA, CB ſont à la diagonale CD : car ſi au lieu des réſiſtances des plans on ſubſtitue des puiſſances M , N qui réagiſſent contre les preſſions , c'eſt-à-dire , ſuivant AC , BC , elles ſeront exprimées par ces côtez , puiſque la puiſſance P qui fait équilibre avec elles , eſt exprimée par la diagonale CD (187). Donc les réſiſtances des plans , & par conſéquent les preſſions qu'ils ſupportent ſont à la force P comme les côtez CA , CB ſont à la diagonale CD.

Si le corps ne rencontroit que l'un des plans ou GH ou GI , la force P ſeroit décompoſée en deux efforts l'un perpendiculaire , & l'autre parallele ; c'eſt donc la rencontre que le corps K fait des deux plans qui détermine la force P à ſe décompoſer en deux efforts perpendiculaires aux mêmes plans : d'où l'on voit qu'une même force peut ſe décompoſer differemment , & produire des efforts très-inégaux ſelon les obſtacles qu'on lui oppoſe.

197. Si le corps K eſt pouſſé par la puiſſance P contre les deux Fig. 35. appuis R, S que l'on ſuppoſe être deux points fixes ou les arêtes de deux corps fermes & inébranlables ; les efforts faits ſur les appuis par la puiſſance P dirigée ſuivant CD, ſont indéterminez, de même que leurs directions.

Le corps K étant retenu en équilibre par la réſiſtance des appuis, à quelque point C de la direction CD qu'on ſuppoſe la puiſſance P appliquée, l'équilibre ſubſiſtera, & elle agira ſur le corps K avec la même force, en ſuppoſant que CD eſt une ligne inflexible. Cela poſé, ſi ſur la direction de la puiſſance on prend des parties CD, CD qui expriment la force P, que l'on décrive tout autant de parallelogrammes BA, BA, &c. dont les côtez paſſent par les appuis R, S, & qui aient pour diagonale les lignes égales CD, CD, &c. Les efforts dans leſquels la puiſſance P ſe décompoſe, ou les réſiſtances que les appuis font à ces efforts peuvent être exprimez par les côtez de ces differens parallelogrammes : car ſi ſur les côtez d'un même parallelogramme l'on place deux puiſſances M, N qui réagiſſent dans le ſens des réſiſtances, dans le cas de l'équilibre elles ſeront à la puiſſance P comme les côtez CA, CB à la diagonale (187), & il y aura autant de paires de puiſſances qui pourront réſiſter à la puiſſance P, qu'il y a de parallelogrammes ; donc puiſque les puiſſances qui feroient équilibre avec la puiſſance P ſont indéterminées, les réſiſtances des appuis & les efforts de la puiſſance P contre ces appuis répreſentez par ces puiſſances, ſont auſſi indéterminez.

198. Cette indétermination eſt fondée ſur ce que les appuis R, S ne préſentent pas au corps K une ſurface mais une ſimple ligne ou un point, & qu'un point ou une ligne peuvent réſiſter en une infinité de ſens differens.

199. D'où l'on voit que toutes les fois qu'une puiſſance eſt décompoſée en des efforts dont les directions ne ſont pas determinées, les efforts ne le ſont pas non plus.

200. Lorſque trois puiſſances ſont en équilibre, l'on peut nommer puiſſance réſiſtante celle qui réſiſte au concours des deux autres ou dont la direction eſt ſur la diagonale du parallelogramme formé ſur les directions des deux autres, & dont les côtez ſont proportionnels à ces mêmes puiſſances.

201. Si trois puiſſances ſont en équilibre, elles peuvent être conſiderées tour à tour comme puiſſance réſiſtante.

Suppoſons d'abord que la puiſſance P eſt la réſiſtante, & que les puiſſances M, N dirigées ſuivant les côtez CA, CB du parallelo- Fig. 36.

gramme AB tendent à faire décrire au point C la diagonale CD ;
la puiſſance réſiſtante P ſera exprimée par la diagonale CD, & dirigée de C vers F, & les puiſſances M, N ſeront répreſentées par
les côtez CA, CB (187). Si par le point B on méne BE parallele à CD qui rencontre AC prolongée en E, & par le point E,
EF parallele à CB ; l'on formera le nouveau parallelogramme BF
dont le côté CF eſt égal à CD, car les triangles DCB, BCE
ſont ſemblables & égaux, les angles alternes DCB, CBE ſont
égaux (29. Géom.), de même les angles alternes DBC, BCE ſont
auſſi égaux, le côté BC eſt commun aux deux triangles, donc
ils ſont ſemblables & égaux (22. Géom.) ; donc CD═BE═FC
(2. Géom.) ; donc FC═CD. Pareillement CE═DB═AC
(2. Géom.) ; donc CE═AC. Or les puiſſances N, P tirent le
point C ſuivant CB & CF avec des efforts exprimez par ces lignes ;
donc elles produiſent un effort ſuivant la diagonale CE exprimé
par cette ligne ; mais cet effort eſt égal à la réſiſtance que la
puiſſance M fait ſuivant CA prolongément de CE ; donc la puiſſance M peut être conſiderée comme puiſſance réſiſtante, &c.

DES MOUVEMENS COMPOSEZ
en ligne courbe, & des forces centrales.

202. Un corps peut décrire la ligne courbe & la ligne droite.
Une force ſeule ſuffit pour le mouvoir en ligne droite ; mais il en
faut plus d'une pour le mouvoir en ligne courbe ; ainſi ce mouvement eſt compoſé. L'expérience & le raiſonnement concourent à prouver qu'il faut plus d'une force pour contraindre un
corps de parcourir la ligne courbe.

1°. Si on attache un corps de figure ſphérique à un bout d'un
cordon, & qu'on attache l'autre bout à un point fixe ſur un plan
horizontal ou de niveau, par exemple, ſur un plancher qu'on
faſſe décrire au corps une circonférence de cercle autour du point
fixe, on s'apperçoit qu'il bande le cordon & fait effort pour le
rompre, & cela d'autant plus qu'il va plus vîte ; ſi le cordon vient
à ſe rompre le corps diſcontinue de tourner & commence dès ce
moment à aller ſuivant la ligne droite. D'où l'on voit que pour
faire décrire à un corps la circonférence d'un cercle, il ne ſuffit
pas de lui avoir donné une premiere impulſion, & de l'abandonner enſuite à lui-même, comme lorſqu'il décrit la ligne droite ; il faut outre cela quelque choſe de different de cette impulſion, une force ou quelque choſe qui en faſſe l'office, comme un
obſtacle, une réſiſtance, &c. qui contraigne le corps de demeu-

rer fur cette circonférence ; car fi la force ou la réfiftance qui captive ainfi le corps , & l'affujettit à fe tenir fur la courbe , cede tant foit peu , il s'en éloigne auffi-tôt.

2°. Les Géometres conçoivent les lignes courbes comme des poligones d'une infinité de côtez , c'eft-à-dire , compofées d'une infinité de petites lignes droites. Cela pofé, lorfqu'un corps décrit une courbe ou qu'il en parcourt les differens côtez , il fe trouve fucceffivement fur differentes lignes droites : or lorfqu'un corps a commencé décrire une ligne droite, il continue de fe mouvoir fur cette ligne à moins qu'une caufe differente de fon mouvement actuel ne l'en détourne ; donc lorfqu'un corps décrit une ligne courbe , c'eft-à-dire qu'il s'éloigne à chaque inftant de la ligne droite qu'il a commencé à décrire , il faut une caufe differente de fon mouvement actuel , laquelle oblige le corps de s'en éloigner , par conféquent ce mouvement eft compofé , & il eft l'effet de plus d'une force.

203. Il fuit de-là qu'un corps qui eft mu , décrit la ligne droite ou qu'il tend à la décrire , car s'il décrit une ligne courbe il tend à s'en éloigner puifqu'il faut une force pour l'y retenir.

La ligne droite fur laquelle le mobile tend à continuer fa route eft la tangente de la courbe au point auquel le mobile fe trouve ; car le mobile tend à continuer fon mouvement fuivant le côté de la courbe fur lequel il fe trouve ; or la tangente eft le prolongement de ce côté-là même ; donc le mobile tend à s'échap-per par la tangente.

204. Un mobile qui décrit une ligne courbe tend à chaque point de la courbe à s'en écarter ; il faut donc que la caufe qui l'y retient agiffe fans difcontinuer , & qu'elle fe trouve par tout où eft le mobile.

205. Si la caufe qui retient un corps fur une courbe lorfqu'il la décrit , dirige fon action vers un même point , elle eft appellée *centripete* à caufe que le mobile tend vers ce point comme les corps pefans vers le centre de la terre. La réfiftance ou l'effort contraire que le mobile fait à cette force , eft appellée force *centrifuge*. Les deux forces enfemble font appellées forces *centrales* , c'eft-à-dire , forces qui follicitent fans ceffe un corps de s'approcher ou de s'éloigner d'un centre.

206. Ces deux forces font égales, & elles agiffent en des fens directement oppofés. Lorfque le corps dont on a parlé au commen-cement de cet article, tourne fur un plan horizontal autour d'un point fixe , la force qui retient le bout du cordon à ce point , fi

c'eſt , par exemple , une main qui l'y retienne , elle doit faire un effort égal à la tenſion du cordon , c'eſt-à-dire , à la force centrifuge du mobile. Ce ſont deux forces qui en tirant le cordon en ſens contraires , ſe contrebalancent , en ſorte que l'une ne prévaut jamais ſur l'autre. Si l'une de ces forces augmente , l'autre augmente auſſi-tôt ; ſi l'une diminue , il faut que l'autre ſe relâche de même. Les deux forces dont on parle ici ne different donc que dans la maniere de les concevoir ; en ce que l'une fait effort pour éloigner le mobile du centre , & qu'au contraire l'autre le repouſſe vers le même centre , mais leur meſure ou quantité eſt la même ; & en déterminant l'une , l'autre eſt auſſi déterminée. Lors donc que l'on parle de la force centrale d'un mobile , on peut entendre indifferemment la force centrifuge ou la force centripete.

207. L'utilité des forces centrales paroît ſur-tout dans l'aſtronome phyſique. Les aſtres ſe meuvent dans des cercles ou dans des figures qui en approchent fort comme l'ellipſe. Pour donner une idée des mouvemens compoſez qui ſe font en ligne courbe , & traiter en même-tems des forces centrales par rapport à un objet réel , on choiſit le cercle & l'ellipſe. On conçoit les lignes courbes ſous l'idée de polygones d'une infinité de côtez , ou dont les côtez ſont infiniment petits , le cercle comme un polygone régulier , & les autres courbes comme des polygones irréguliers ; afin donc de rendre le ſujet qu'on va traiter plus ſenſible,& en développer les principes le plus clairement qu'on pourra, on va éxaminer d'abord ce qui arrive à un corps qui décrit un polygone ſoit régulier ſoit irrégulier d'un nombre fini de côtez.

DU MOUVEMENT D'UN CORPS QUI DE'CRIT
un polygone régulier d'un nombre fini de côtez , & de la force centrale dans le cercle.

208. Pour faire décrire à un corps un polygone , il faut 1º. qu'il reçoive une certaine viteſſe ſuivant un des côtez. 2º. Lorſqu'il ſera arrivé à l'un des angles du polygone , qu'il y ait une cauſe qui le détourne & lui faſſe changer de direction en le ramenant ſur un nouveau côté. Cela étant ainſi à chaque nouvel angle du polygone , le mobile ſera placé entre deux déterminations , l'une qui le porte ſuivant le prolongement du côté qu'il vient de décrire , l'autre qui l'en détourne ; il décrira donc la diagonale d'un parallelogramme , qui dans l'hypotheſe préſente ſera un côté du polygone.

Suppoſons

Suppofons que le corps K commence à être mu fur le côté AD Fig. 37.
de quelque polygone régulier avec une viteffe qui foit exprimée 38.
par ce côté, lorfqu'il fera arrivé à l'angle D, il continueroit de
fe mouvoir fur le prolongement du côté AD ; mais fi au point D
il y a une force qui le détourne fur le côté DB, il décrira par
l'action conjointe de cette force & de celle que la viteffe initiale
lui donne (154. 152.), la diagonale d'un parallelogramme qui
fera fituée par l'hypothefe fur le côté DB. Lorfque le mobile fera
arrivé à l'angle B, il fera encore détourné comme il l'a été à l'angle
D, & décrira la diagonale d'un nouveau parallelogramme qui
fera fur le côté BI ; ces differentes reprifes feront décrire au mobile le polygone régulier.

PROPOSITION DOUZIE'ME.

209. Si la force qui retient un mobile fur un polygone régulier, Fig. 37.
dirige fon action au centre, tous les côtez feront décrits en des tems 38.
égaux.

DEMONSTRATION. Suppofons que le corps K décrive de la
maniere que l'on vient d'expofer, un polygone régulier, il faut
démontrer que fi la force qui le ramene lorfqu'à chaque angle il
fait effort pour continuer fon chemin fur le prolongement du
côté qu'il vient de décrire, il faut démontrer, dis-je, que fi
cette force dirige fon action vers le centre C du polygone, le
mobile K en décrira tous les côtez en des tems égaux. Suppofons que le mobile étant au point A reçoive une viteffe qui foit
exprimée par le côté AD du polygone, en forte qu'avec cette
viteffe il le parcoure dans un tems, donné, par exemple, dans
une feconde. Lorfqu'il fera arrivé au point D il aura toute la
force qu'il a reçue en A, & s'il étoit abandonné à lui-même, il
continueroit de fe mouvoir fuivant DF prolongement de AD
avec la même viteffe ; mais la force fuivant DC l'en empêche,
& le contraint de fe détourner fur le côté DB ; de forte que par
l'action conjointe de la force fuivant DC, & de la force fuivant
DF, le mobile décrit le côté DB qui eft la diagonale d'un parallelogramme dont les côtez pris fur les directions DC, DF expriment le rapport des forces qui font décrire cette diagonale
(155. 159.). Du point B il faut mener BF, BG paralleles aux
directions DC, DF ; par-là on formera le parallelogramme GF
dont la diagonale eft DB ; donc les forces qui la font décrire au
mobile K, & la force moyenne qui en réfulte fuivant DB, font
exprimées par les côtez DG, DF, DB du parallelogramme GF

L*

(1 5 4. 1 5 5.) ; donc le mobile décrit la diagonale DB dans le tems que les forces suivant DC, DF lui feroient parcourir les côtez DG, DF qui leur font proportionnels (1 5 6.) ; donc le tems par la diagonale DB eſt égal ou le même que le tems par DF : or je dis que le tems par DF eſt égal au tems par AD. La preuve eſt fondée ſur les triangles ſemblables BDF, BDC. L'angle BDA, plus l'angle BDF font égaux pris enſemble à deux angles droits (3 0. *Géom.*), l'angle BDA, plus l'angle C valent pris enſemble deux angles droits (3 1. *Géom.*) : ſi on retranche de part & d'autre l'angle BDA, il reſte l'angle BDF égal à l'angle C ; l'angle DBF eſt égal à l'angle BDC (2 9. *Géom.*) ; donc les triangles BDF, BDC ayant deux angles égaux, font ſemblables (1 5. *Géom.*) ; les côtez DC, BC qui comprennent l'angle C font égaux (3 2. *Géom.*) ; donc les côtez BD, DF qui comprennent l'angle BDF égal à l'angle C, font auſſi égaux, donc DF ＝ DA : or lorſque le mobile eſt parvenu du point A au point D, il a toute la force qu'il a reçue au point A ; donc le corps K tend à parcourir DF ＝ DA dans le tems qu'il a parcouru AD ; donc le tems par DB qui eſt égal au tems par DF, eſt égal au tems par AD. On démontrera de la même maniere que les au-tres côtez du polygone font parcourus en même-tems que AD. Donc, &c.

2 1 0. Il eſt évident 1°. que la viteſſe du mobile eſt uniforme, puiſqu'en des tems égaux il parcourt les côtez d'un même poly-gone qui font tous égaux. 2°. La force qui ramene le mobile eſt néceſſairement exprimée par DG ; car ſi cette force étoit plus gran-de ou plus petite, le mobile ceſſeroit de décrire le polygone qu'on ſuppoſe qu'il décrit ; car pour lors cette force feroit exprimée par une ligne plus grande ou plus petite que DG ; donc le côté DB du polygone n'étant pas la diagonale du parallelogramme formé ſur les directions des forces, ne feroit pas décrit par le mobile.

2 1 1. Le polygone décrit par le mobile étant toujours ſuppoſé régulier, & la force qui le ramene dirigée vers le centre ; cette force ſera d'autant moindre, (la viteſſe du corps demeurant la même) que le polygone aura plus de côtez ; ainſi ſi le mobile dé-crit deux polygones qui aient des côtez égaux avec la même vi-teſſe, par exemple, un exagone & un octogone, la force qui ra-mene le mobile ſur l'exagone ſera bien plus grande que celle qui le retient ſur l'octogone, car dans l'une & l'autre figure ces deux forces font exprimées par DG ou BF : or DG ou BF eſt certainement plus grande dans l'exagone que dans l'octogone (2 3. *Géom.*) ; donc, &c. En effet l'on voit que plus le polygone

aura de côtez, plus l'angle BDF fera petit. Ainfi le détour que le mobile fera, fera d'autant moindre, & par conféquent la force qui le lui fait faire.

212. Si l'angle BDF eft infiniment petit, la force qui retient le mobile fur le polygone eft infiniment petite. Pour le prouver il fuffiroit de dire que l'angle BDF étant infiniment petit, le côté DG ou BF qui exprime cette force eft infiniment petit par rapport à DB qui exprime la viteffe ou la force qui meut le corps fur le polygone. Mais il faut démontrer la propofition géométriquement.

L'on peut faire deux fuppofitions : 1°. Que le côté DB du polygone demeure le même, & pour lors le rayon DC du même polygone eft infiniment grand par rapport à DB ; car puifque l'angle BDF ou BDC eft infiniment petit, le périmetre du polygone contient le côté DB une infinité de fois ; ce périmetre eft donc infiniment grand par rapport au côté DB. Or ce périmetre ne peut être infiniment grand par rapport à DB, fi le centre C n'eft à une diftance infinie du même périmetre, puifque c'eft la grandeur du rayon qui détermine la grandeur du périmetre : fi le rayon eft d'une grandeur finie, le périmetre eft auffi d'une longueur finie. Donc le rayon DC eft infiniment grand par rapport au côté DB. 2°. L'on peut fuppofer que le rayon DC demeure le même, & pour lors il faut que l'angle BDF devenant infiniment petit, le côté BD foit auffi infiniment petit par rapport au rayon DC, puifque l'angle BDF ou BDC ne peut être infiniment petit, que la bafe BD de cet angle ne foit contenue une infinité de fois dans le périmetre, & que le périmetre, & par conféquent le rayon DC, ne foit infiniment grand par rapport à DB : or dans ces deux cas là la force qui retient le mobile fur le polygone eft infiniment petite par rapport à la force qui le meut fur le même polygone. Car les triangles BDC, BDF ou fon égal BDG ont été trouvez femblables ; donc DC . DB :: DB . DG : or DB eft infiniment petite par rapport à DC ; donc DG eft infiniment petite par rapport à DB, mais DG exprime la force qui retient le corps fur le polygone, & DB exprime la force qui le lui fait décrire (159). Donc l'une eft infiniment petite par rapport à l'autre.

213. Lorfque la viteffe du mobile eft connue, ou que l'on a fon expreffion, on peut avoir auffi l'expreffion de la force qui retient le mobile fur le polygone. Car la proportion précédente fait voir que DG qui exprime cette force, eft égal au quarré de

DB divisé par le rayon DC, c'est-à-dire, que cette force est exprimée par le quarré de la vitesse du mobile divisé par le rayon du polygone (10. *Arit.*). On suppose que la vitesse est exprimée par le côté du polygone.

Si l'on imagine que DC est une ligne inflexible qui joint le centre C avec le mobile, & qu'elle tourne par son extrêmité D autour du point C, l'autre bout demeurant fixement attaché au centre C, elle décrira l'aire du polygone : or il est évident qu'en tems égaux elle décrira des portions égales, c'est-à-dire, que si on divise le tems en autant de parties égales qu'il y a de côtez au polygone, tandis que le mobile décrira un côté, la ligne décrira le triangle qui a pour base ce côté : or tous les triangles sont égaux, & d'ailleurs le mobile décrit les côtez du polygone en tems égaux ; donc la ligne DC décrira tous les triangles qui composent l'aire du polygone en tems égaux.

PROPOSITION TREZIE'ME.

Fig. 39.
40.   214. *Si deux corps égaux* K, Z *décrivent deux polygones réguliers semblables, les forces qui les y retiennent font à chaque angle ou à chaque changement de côtez des efforts qui font entr'eux comme les vitesses des mobiles.*

Demonstration. Il faut prolonger les côtez fa, FA jusqu'en b & B, en sorte que les lignes ab & AB expriment les vitesses des mobiles, des points b & B mener bd & BD paralleles aux directions ac, AC des forces p & P qui ramenent les corps lorsqu'ils font aux angles a & A, en sorte que ces lignes rencontrent les côtez ag, AG prolongez en d & D, & achever les parallelogrammes bp, BP. Il est évident que les mobiles étant aux points a, A y reçoivent du concours d'action des forces dirigées suivant ac, AC, & des forces suivant ab, AB, des vitesses qui font exprimées par les diagonales ad, AD, ou bien par les côtez ab, AB ; car les triangles abd, ABD font isocelles, d'ailleurs il font femblables, comme il a été démontré dans la proposition précédente. Donc bd . BD :: ab . AB : or les lignes bd, BD ou leurs égales ap, AP expriment les efforts que les forces p & P font sur les mobiles aux points a & A (154.) ; les lignes ab & AB expriment par l'hypothese les vitesses ; donc les efforts que les forces p & P font aux angles a & A sur les mobiles pour les ramener sur les côtez ag & AG font entr'eux comme les vitesses des mobiles.

215. L'on nomme tems périodiques ceux que les mobiles emploient à faire un tour.

PROPOSITION QUATORZIE'ME.

216. Les tems périodiques des mobiles K , Z *font en raifon com-*
pofée de la raifon directe qui eft entre les diftances ac , AC *aux*
centres c & C & *de la raifon réciproque des viteffes , c'eft-à-dire,*
que (4. Arit.) pour avoir la raifon des tems périodiques , il faut
multiplier la diftance ac *du mobile* K *par la viteffe du mobile* Z ,
& la diftance AC *du mobile* Z *par la viteffe du mobile* K , *& les*
tems périodiques des mobiles K , Z *feront dans la même raifon*
que ces produits. On fuppofe que les polygones font réguliers &
femblables.

DEMONSTRATION. Si les viteffes des mobiles K , Z étoient
égales , les tems périodiques feroient entr'eux comme les efpaces parcourus (12) , c'eft-à-dire, comme les perimetres des polygones, ou comme les diftances ac , AC (24. *Geom.*) ; mais fi la
viteffe du corps K eft trois fois plus grande que la viteffe du corps
Z , le tems du corps K fera trois fois moindre par rapport au
tems du corps Z ; donc la raifon de ac à AC fera trois fois moins
grande que n'eft la raifon du tems périodique du corps K au tems
périodique du corps Z ; il s'agit donc de trouver une raifon trois
fois moindre que celle de ac à AC ; afin que cette nouvelle raifon foit égale à celle des tems périodiques ; or (20. *Arit.*) fi on
multiplie l'antécedent ac par un multiplicateur trois fois moindre que n'eft le multiplicateur du conféquent AC , la raifon des
produits fera trois fois moindre que la raifon de ac à AC : mais
par l'hypothefe la viteffe du corps Z eft trois fois moindre que la
viteffe du corps K. Donc fi on multiplie la diftance ac par la
viteffe du corps Z , & la diftance AC par la viteffe du corps K ,
la raifon des produits fera trois fois moindre que celle de ac à
AC , & par conféquent égale à celle des tems périodiques. Donc
les tems périodiques font en raifon compofée de la raifon directe des diftances ac , AC , & de la raifon réciproque des
viteffes.

Les propofitions précédentes conviennent aux polygones réguliers , quelque foit le nombre de leurs côtez ; elles font donc
vraies par rapport au cercle qui eft un polygone régulier d'un
nombre infini de côtez. Mais les propofitions fuivantes fuppofent que les polygones ont une infinité de côtez & qu'ils ne different pas du cercle.

217. Lorfque le nombre des côtez d'un polygone eft infini, fes
côtez font auffi infiniment petits ; c'eft pourquoi fi un mobile eft

mû fur un tel polygone, on peut fuppofer qu'à chaque inftant il change de côté, & que la force qui le retient fur le polygone agit fans relâche, en cela differente de la force qui ramene un mobile qui décrit un polygone d'un nombre fini de côtez, car cette force n'agit fur le mobile que lorfqu'il arrive à un nouvel angle du polygone : or comme les côtez font d'une longueur finie & déterminée, il faut un tems fini pour la décrire ; une telle force n'agit donc que par reprifes, & fon action eft interrompue par autant de repos que le polygone a de côtez.

218. La force qui ramene un mobile qui décrit un polygone d'un nombre fini de côtez, n'eft pas la force centrale qui retient un corps qui décrit un polygone d'un nombre infini de côtez ; ces deux forces different entr'elles comme la partie & le tout ; la premiere eft l'élément de la feconde, & la compofe. La force centrale n'eft pas fimplement celle qui ramene un mobile vers un centre, de plus elle agit fans interruption, & par confequent dans le même-tems elle peut agir plus ou moins de fois. On n'auroit donc point le vrai rapport de deux forces centrales, fi on déterminoit ces forces par les fimples efforts qu'elles font à chaque changement de côtez. Il faut de plus faire entrer dans ce rapport le nombre d'efforts qu'elles ont produits en même-tems.

PROPOSITION QUINZIE'ME.

219. *Si deux mobiles K, Z décrivent deux polygones réguliers d'un nombre infini de côtez, par conféquent femblables entr'eux, les forces centrales font entr'elles comme les produits des viteffes des mobiles, & des nombres des côtez qu'ils parcourent en même-tems fur les polygones qu'ils décrivent ; ou en raifon compofée des viteffes & des nombres des côtez décrits en même-tems.*

DEMONSTRATION. Si les mobiles K, Z parcouroient en même-tems le même nombre de côtez chacun fur le polygone qu'il décrit, les forces centrales feroient entr'elles comme les viteffes (214) ; mais fi le mobile K parcourt en même-tems un nombre de côtez double ou triplé, il faudra que la force centrale qui le ramene renouvelle fon action ou fon effort trois fois davantage, il faudra donc que cette force foit triple de ce qu'elle eût été fi les mobiles euffent parcouru le même nombre de côtez, puifqu'en même-tems elle produit un effort triple ; donc la raifon des viteffes fera trois fois moindre que n'eft la raifon des forces centrales : or pour avoir une raifon trois fois plus grande que la raifon des viteffes, & par conféquent égale à celle des

forces centrales , il faut multiplier la vitesse du mobile K par un
multiplicateur trois fois plus grand que n'est le multiplicateur de
la vitesse du mobile Z (20. *Arit.*) ; mais par l'hypothese le nombre de côtez que le mobile K parcourt , est triple du nombre de
côtez que le mobile Z parcourt en même-tems ; donc si on multiplie les vitesses des mobiles par les nombres des côtez qu'ils parcourent en même-tems , la raison des produits sera trois fois plus
grande que la raison des vitesses , & par conséquent égale à celle
des forces centrales. Donc les forces centrales sont entr'elles
comme les produits des vitesses & des nombres des côtez que les
mobiles parcourent en même-tems. Comme il n'y a que le cercle
qui soit un polygone régulier d'une infinité de côtez , il est visible , comme on en a averti un peu auparavant , que cette proposition n'est vraie que par rapport au cercle.

220. M. Neuton avertit dans le scholie de la proposition 4e de
ses principes , que si un corps est mû sur le périmetre d'un polygone inscrit dans le cercle , la force avec laquelle il presse à
chaque angle le nouveau côté du polygone , est exprimée par sa
vitesse , & que la somme des forces ou des pressions est exprimée
par le produit de sa vitesse & du nombre des pressions. L'idée
sous laquelle M. Neuton présente la force centrale est simple , &
elle a de plus cet avantage,qu'elle conduit l'esprit jusqu'à la source & qu'elle le fait entrer dans le fond même de la chose. On a
cru qu'il n'étoit pas hors de propos de la développer , comme on
vient de faire dans ces élémens , où l'on doit s'attacher autant
qu'il est possible à la simplicité. Cette idée est de plus fort féconde,
c'est pour montrer l'usage qu'elle peut avoir , qu'après avoir démontré la proposition suivante , on en déduira par maniere de
Corollaires, les principales propositions que l'on démontre sur la
force centrale dans le cercle , en considérant cette figure comme
un polygone régulier d'une infinité de côtez.

PROPOSITION SEZIE'ME.

221. *Les nombres de côtez que les mobiles* K, Z *parcourent* Fig. 39.
en même-tems sur deux polygones réguliers d'un nombre infini de cô- 40.
*tez , sont en raison composée de la raison directe des vitesses & de
la raison réciproque des rayons ou distances aux centres* ac , AC.

Demonstration. Si les côtez d'un polygone étoient égaux
aux côtez de l'autre , les mobiles en parcourroient à proportion
des vitesses ; une vitesse double en feroit parcourir un nombre
double en tems égal , une vitesse triple un nombre triple dans le

même-tems (4) ; mais fi l'un des polygones a fes côtez trois fois
moindres, le mobile qui le decrit confervant la même viteffe en
parcourra un nombre trois fois plus grand ; ainfi fi les côtez du
polygone décrit par le mobile K font trois fois moindres que
les côtez du polygone décrit par le mobile Z, le mobile K confervant la même viteffe parcourra en même-tems un nombre de
côtez triple ; la raifon du nombre de côtez décrits par le mobile
K au nombre de côtez décrits en même-tems par le mobile Z,
fera donc triple de la raifon des viteffes (18. *Arit.*). Pour avoir
donc le vrai rapport des nombres de côtez décrits en même-tems,
il faut trouver un rapport triple du rapport des viteffes ; or l'on
aura ce rapport fi on multiplie la viteffe du mobile K par un multiplicateur qui foit triple du multiplicateur de la viteffe du mobile Z (20. *Arit.*) ; mais par l'hypothefe les côtez que décrit le
mobile Z font trois fois plus grands que les côtez que décrit le
mobile K ; donc le rayon ou diftance AC eft trois fois plus grande
que le rayon ou diftance ac (24. *Géom.*) ; donc fi on multiplie la
viteffe du mobile K par la diftance AC & la viteffe du mobile
Z par la diftance ac, la raifon des produits fera trois fois plus
grande que la raifon des viteffes, & par conféquent égale à la
raifon des nombres de côtez décrits en même-tems. Donc, &c.

Fig. 39.
40. 222. *Les forces centrales des mobiles* K, Z *qui décrivent deux
cercles confiderez comme des polygones réguliers d'une infinité de
côtez, font entr'elles comme les quarrez des viteffes divifez par les
rayons.*

DEMONSTRATION. Si l'on nomme (f) la force centrale du
corps K, (v) fa viteffe, (n) le nombre de côtez qu'il décrit,
(F) la force centrale du corps Z, (V) fa viteffe, (N) le nombre
des côtez qu'il décrit en même-tems, l'on aura $f . F :: nv . NV$
(219). L'on aura d'un autre côté $n . N :: v \times AC . V \times ac$ (221).
Donc $f . F :: v^2 \times AC . V^2 \times ac$, en mettant dans la premiere por-
portion les deux termes du fecond rapport de la feconde au lieu
de n & N (14. *Arit.*) ; or fi on divife les deux derniers termes
de cette troifiéme proportion, d'abord par AC & enfuite par
ac, on aura $f . F :: \dfrac{v^2}{ac} . \dfrac{V^2}{AC}$; c'eft-à-dire, que les forces centrales font dans la raifon des quarrez des viteffes divifez par les
rayons Au lieu des rayons on pourroit mettre les diametres qui
font dans la même raifon.

En nombres. Suppofons que la viteffe du corps K foit triple
de celle du corps Z, & que la petite circonférence ou périmetre
foit

ſoit la moitié de la grande , les côtez *ag* de la petite ſeront la moitié des côtez *AG* de la grande. Cela étant ſi les côtez des deux circonférences étoient égaux, le corps *K* en décriroit trois avec une viteſſe triple , tandis que le corps *Z* en décriroit 1. Mais les côtez de la petite circonférence ne ſont que la moitié de ceux de la grande ; donc le corps *K* en décrira le double de ce qu'il en auroit décrit , c'eſt-à-dire , qu'il en parcourra ſix dans le tems que le mobile *Z* n'en parcourra qu'un. Si l'on multiplie les nombres 6 & 1 des côtez décrits par les viteſſes 3 & 1 , les forces centrales ſeront comme ces produits , c'eſt-à-dire, comme 18 & 1 , ou comme $\frac{9}{2}$ & $\frac{1}{2}$ en diviſant les deux nombres par 2 , & le quotient 9 par 1 , ce qui ne change point ſa valeur. Or les numérateurs de ces fractions ſont les quarrez des viteſſes , & les dénominateurs ſont les rayons *ac* , *AC* qui ſont entr'eux comme 1 & 2 , donc les forces centrales des mobiles *K* , *Z* , ſont entr'elles comme les quarrez des viteſſes diviſez par les rayons ou les diametres.

223. Si les rayons *ac* , *AC* ou les diametres ſont égaux , les forces centrales ſont comme les quarrez des viteſſes. On peut auſſi faire voir cette propoſition en nombres.

224. Voici la démonſtration ordinaire de la force centrale con-Fig. 41. ſiderée dans le cercle lorſque la direction de cette force tend au 42. centre.

Suppoſons que les viteſſes des mobiles ſoient exprimées par *ab* & *AB* qui ſont les tangentes menées des points *a* & *A* où les mobiles ſe trouvent en même-tems , ſi des points *b* & *B* l'on mene les lignes *bd* , *BD* paralleles aux rayons *ac* , *AC* qui paſſent par les points de contingence *a* & *A* , en ſorte que les arcs *ad* , *AD* ſoient décrits en même-tems par les mobiles , que par les points *d* , *D* , l'on mene *dp* , *DP* paralleles aux tangentes *ab* , *AB* , on formera les parallelogrammes *bp* , *BP* ; & parce qu'on ſuppoſe que les arcs *ad* , *AD* ſont très-petits ou indéfiniment petits , on pourra les regarder comme les diagonales des parallelogrammes *bp* , *BP* , ou encore comme étant égaux aux côtez *ab* , *AB* , ou *dp* , *DP*. Cela poſé puiſque le corps *K* , *Z* décrivent les diagonales *ad* , *AD* par l'action conjointe des forces centrales, & des forces quils ont ſuivant les tangentes *ab* , *AB* , & que d'ailleurs les tems par les arcs *ad* , *AD* ſont égaux , il s'enſuit que les efforts que les forces centrales produiſent en même-tems , ſont exprimez par les côtez *ap* , *AP* des parallelogrammes *pb* , *BP*. Or les deux triangles *ado* , *ADO* étant rectangles (33. *Géom.*), & les lignes *dp* ,

* M

DP étant perpendiculaires aux rayons ac, AC, l'on aura ao.

$$ad :: ad \,.\, ap = \frac{\overline{ad}^2}{ao} \quad \& \quad AO \,.\, AD :: AD \,.\, AP = \frac{\overline{AD}^2}{AO},$$

c'est-à-dire, que les lignes ap & AP qui expriment les forces centrales font entr'elles comme les quarrez des arcs décrits en même-tems divisez par les diametres ao, AO ; mais les arcs ad, AD suppo-fez égaux aux lignes ab, AB, expriment les vitesses ; donc les quarrez des arcs ad, AD expriment les qurrez des vitesses. Donc les forces centrales font entr'elles comme les quarrez des vitesses divisez par les diametres ao, AO, ou les rayons ac, AC.

225. *Si les vitesses sont égales, les forces centrales font entr'elles réciproquement comme les rayons ou diametres des circonférences.* Car puisque par l'hypothese les vitesses sont égales, les quarrez des vitesses sont égaux ; donc si on divise ces deux quarrez égaux par deux diviseurs tels que sont les diametres ao, AO, les quo-tiens seront entr'eux réciproquement comme les diviseurs ao, AO (23. *Arit.*) ; mais les forces centrales font entr'elles comme les quarrez des vitesses divisez par les diametres ao, AO (222). Donc les forces centrales font entr'elles réciproquement comme les diametres ao, AO ou comme les rayons ac, AC.

226. *Si les mobiles décrivent leurs circonférences en des tems égaux les forces centrales font entr'elles comme les diametres.*

Les forces centrales font comme les vitesses multipliées par les nombres de côtez que les mobiles décrivent en même-tems (219) ; or les côtez décrits de part & d'autre en même-tems, font en nombre égal, puisque les mobiles achevent leur tour en même-tems, & que d'ailleurs les circonférences ont l'une & l'au-tre le même nombre de côtez ; donc si on divise par la pensée les produits dont on vient de parler, qu'on les divise, dis-je, par le nombre des côtez, les forces centrales qui font entr'elles comme ces produits, font aussi entr'elles comme les vitesses des mobiles (8. *Arit.*) ; mais lorsque les tems des mouvemens font égaux, les vitesses font comme les espaces parcourus (4) ; donc les vitesses font entr'elles comme les circonférences ou comme les diametres ; donc les forces centrales qui font comme les vitesses font entr'elles comme diametres.

227. *Si les vitesses font entr'elles réciproquement comme les ra-cines quarrées des diametres ou des rayons, les forces centrales font entr'elles réciproquement comme les quarrez des diametres ou des rayons.*

Par l'hypothefe l'on a $v . V :: \sqrt{AC} . \sqrt{ac}$; donc $v^2 . V^2 ::$
$AC . ac$ (24. *Arit.*) : de plus les forces centrales font entr'elles
comme les viteffes multipliées par les nombres des côtez décrits
en même-tems , c'est-à-dire $f . F :: nv . NV$ (219) ; l'on a encore $n . N :: v \times AC . V \times ac$ (221) ; c'eft-à-dire, les nombres des
côtez décrits en même-tems font en raifon compofée des viteffes ,
& de la réciproque des rayons. Donc $f . F :: v^2 \times AC . V^2 ac$
(14. *Arit.*) , en mettant dans la premiere proportion au lieu du
rapport de n à N , le fecond rapport de la feconde proportion ;
mais on vient de voir que $v^2 . V^2 :: AC . ac$; donc fi dans la derniere proportion qu'on vient de former , au lieu du rapport de
v^2 à V^2, on met le rapport de AC à ac qui lui eft égal , on
aura $f . F :: \overline{AC}^2 . \overline{ac}^2$ (14. *Arit.*) ; c'eft-à-dire , que les forces
centrales font entr'elles réciproquement comme les quarrez des
diametres.

En nombres. Suppofons que la viteffe du mobile K foit double de la viteffe du mobile Z. Par l'hypothefe , la racine quarrée
du rayon AC , ou du diametre AO fera double de la racine
quarrée du rayon ac, ou du diametre ao ; c'eft-à-dire, comme
2 eft à 1 ; donc les diametres AO , ao feront entr'eux comme
4 & 1 , puifque leurs racines quarrées font entr'elles comme 2 & 1 ;
donc la circonférence décrite par le corps Z eft quadruple de la
circonférence décrite par le corps K (13. *Géom.*). Puifque le diametre AC eft quadruple du diametre ac , les côtez de la
grande circonférence feront auffi quadruples de ceux de la petite (24. *Géom.*). Donc fi la viteffe du corps K étoit égale à celle du corps Z , il parcourroit quatre côtez pendant le tems que
le mobile Z en parcourroit 1 ; donc avec une viteffe double il
en parcourra 8 , & le corps Z 1 ; or fi on multiplie les nombres
des côtez 8 & 1 , par les viteffes 2 & 1 , les forces centrales des
corps K , Z feront en même raifon que les produits 16 & 1 (219) :
mais les nombres 16 & 1 font les quarrez des diametres pris réciproquement. Donc les forces centrales font entr'elles réciprodu-
quement comme les quarrez des diametres ou des rayons. La
propofition inverfe eft auffi vraie , fçavoir, que fi les forces centrales font entr'elles réciproquement comme les quarrez des diametres , les viteffes font entr'elles réciproquement comme les racines quarrées des diametres ou des rayons.

228. *Si les viteffes des mobiles* K , Z *font entr'elles réciproque-*
ment comme les racines quarrées des diametres ou des rayons , les

quarrez des tems périodiques font comme les cubes des rayons ou des diametres des circonferences décrites.

On nommera (t) le tems périodique du corps K, (T) le tems périodique du corps Z.

Puifque par l'hipothefe $v \cdot V :: \sqrt{AC} \cdot \sqrt{ac}$; donc $v^2 \cdot V^2 :: AC \cdot ac$ (24. *Arit.*), on a fait voir ci-devant que $t \cdot T :: ac \times V \cdot AC \times v$ (216); donc $t^2 \cdot T^2 :: \overline{ac \times V}^2 \cdot \overline{AC \times v}^2$ (24. *Arit.*). Si dans cette proportion au lieu du rapport de v^2 à V^2, on met celui de ac à AC qui lui eft égal, comme on vient de voir, on aura $t^2 \cdot T^2 :: \overline{ac}^3 \cdot \overline{AC}^3$; c'eft-à-dire, que les quarrez des tems périodiques font entr'eux comme les cubes des rayons ou des diametres.

En nombres. Suppofons que le diametre AO, ou le rayon AC de la grande circonférence eft quadruple de celui de la petite, le corps K qui décrit la petite circonférence, aura une viteffe double, puifque par l'hypothefe les viteffes font entr'elles réciproquement comme les racines quarrées des diametres 1 & 4, c'eft-à-dire, comme 2 & 1, de plus les côtez de la grande circonférence feront quatre fois plus grands que ceux de la petite. Donc le corps K avec une viteffe double parcourra 8 côtez tandis que le mobile Z en parcourra 1 ; donc le corps K aura achevé fon tour 8 fois plutôt que le mobile Z, en forte que lorfque le corps K aura fait fa révolution, le corps Z n'aura parcouru que la 8ᵉ partie de fa circonférence. Donc les tems périodiques font entr'eux comme 1 & 8, & leurs quarrez comme 1 & 64 : or les diftances ac, AC étant entr'elles comme 1 & 4, leurs cubes font auffi 1 & 64 ; donc les quarrez des tems périodiques font comme les cubes des rayons ou des diametres.

229. D'où l'on voit que les tems périodiques font comme les racines quarrées des cubes des diftances ou des rayons.

L'obfervation a fait découvrir que les quarrez des tems périodiques des planetes qui tournent autour d'un centre commun qui eft le Soleil, font comme les cubes des diftances à ce centre. D'où il fuit que fi les planetes décrivent des cercles autour de ce centre commun, d'un mouvement uniforme, leurs viteffes font entr'elles réciproquement comme les racines quarrées des diftances au centre commun de leurs mouvemens.

On pourroit démontrer par la même méthode plufieurs autres propofitions touchant les forces centrales des mobiles qui décrivent des circonférences. Mais ce qui vient d'en être dit fuffit pour montrer de qu'elle maniere on peut l'appliquer dans l'occasion.

Après avoir consideré les corps en tant qu'ils sont mus sur des polygones réguliers & dans le cercle qui en est une espece, on va voir quelles sont les circonstances de leurs mouvemens lorsqu'ils décrivent des polygones irréguliers

DU MOUVEMENT D'UN CORPS QUI DE'CRIT un polygone irrégulier, & de la force centrale dans l'éllipse.

230. On vient de voir que si un mobile décrit un polygone régulier , & que la force qui l'y retient soit dirigée au centre du polygone , cette force est par tout égale à elle-même, & que le mobile est mû d'une vitesse uniforme ; mais si la force centrale rechasse le mobile vers tout autre point que le centre, ses efforts seront inégaux , & la vitesse du mobile tantôt plus grande , tantôt moindre , quand même le polygone décrit, seroit régulier ; si le polygone est irrégulier, il n'y a point de doute que la force qui contraint le mobile à le décrire ne varie à chaque moment , & que la vitesse ne soit tantôt accélerée , tantôt retardée ; le polygone régulier est donc la seule de toutes les figures qu'un mobile puisse décrire d'un mouvement uniforme, & où la force centrale soit par tout égale. Tout mouvement inégal en ligne courbe est néanmoins accompagné d'une sorte d'égalité qui en est comme inséparable , lorsque la force qui retient le mobile sur la courbe dirige constamment ou sans cesse , son action vers un même point. Voici en quoi consiste cette égalité. On a vû ci-devant que le rayon qui joint le mobile avec le centre du polygone , & qu'on peut appeller *rayon vecteur* , décrit des portions égales de l'aire du polygone en tems égaux, ou des aires qui sont proportionnelles aux tems ; en sorte que si l'on divise le tems en autant de parties que le polygone a de côtez , & le polygone pareillement en tout autant de triangles qui aient leurs sommets au centre , & leurs bases sur les côtez du polygone , les triangles décrits en tems égaux sont égaux , & leur somme augmente en même raison que les tems. Or cette propriété a lieu lors même que la force centrale fait décrire un polygone irrégulier. Ainsi qu'on va voir.

PROPOSITION DIX-SEPTIE'ME.

231. *Si un corps décrit le périmetre d'un polygone irrégulier par la vitesse une fois imprimée , & par l'action d'une force qui soit dirigée vers un même centre , le rayon vecteur décrira des aires proportionnelles aux tems.*

Fig. 43.   DEMONSTRATION. Suppofons que la viteffe initiale du corps K fuivant AB eft exprimée par cette ligne. Lorfqu'il fera arrivé au point B il continueroit de fe mouvoir vers G , & parcourroit BG égale à AB dans le tems qu'il eft allé de A en B ; mais la force centrale qui le trouve en B le détourne de fa direction ; & parce qu'on fuppofe que cette force le ramene vers le centre C , il s'enfuit que le corps K après ce premier effort fera mû fuivant une autre direction que l'on fuppofe être BD. Donc fi du point G on mene GD parallele à BC qui eft la direction de la force qui ramene le mobile , que l'on acheve le parallelogramme GH , BD diagonale du parallelogramme fera la viteffe du mobile , en forte qu'il la parcourra dans le même-tems que AB ou dans le même-tems qu'il parcourroit BG $=$ AB (156.) , le mobile étant au point D , continueroit fa route vers E , & parcourroit DE égale à BD dans le même tems ; mais la force centrale qui le rencontre en D le détourne & le ramene fur DF. Si du point E on mene EF parallele à la direction DC de cette force , qu'on acheve le parallelogramme EN , la diagonale DF exprimera la viteffe du mobile (156.) , qui étant arrivé au point F parcourroit FI égale à DF dans le même-tems ; mais la force centrale qui le trouve en F , le ramene fur FL ; fi du point I on mene IL parallele à la direction FC de la force centrale , qu'on acheve le parallelogramme IM , FL exprimera la viteffe du mobile , &c.

Il eft évident que le mobile a décrit en des tems égaux les diagonales BD , DF , FL , &c. Et que les triangles BCD, DCF, FCL , qui ont pour bafes ces mêmes diagonales , font les triangles ou les aires que le rayon vecteur a décrits en tems égaux. Il faut donc montrer que ces triangles font égaux. Il faut mener CE & CI. Le triangle BCD eft égal au triangle DCE ; car ces deux triangles ont leurs bafes BD , DE fur la même ligne , & égales par l'hypothefe : de plus ils ont même hauteur , puifqu'ils ont le même fommet C , donc ils font égaux (36. *Géom.*) ; mais le triangle DCF eft égal au triangle DCE (36. *Géom.*) ; car ils ont même bafe DC , & ils font compris entre mêmes paralleles CD , EF ; donc les triangles BCD , DCF font égaux. Les triangles DCF, FCI ont leurs fommets aux points C , & leurs bafes par l'hypothefe égales , font fituées fur la même ligne DI ; donc ils font égaux (36. *Géom.*). Or le triangle FCI eft égal au triangle FCL (36. *Géom*) , car ces deux triangles ont même bafe CF , & font compris entre mêmes paralleles ; donc le triangle FCL eſt égal au triangle DCF. Donc le rayon vecteur décrit en tems égaux des aires égales. Par conséquent les aires décrites ſont proportionnelles aux tems.

232. Si on ſuppoſe que les côtez BD , DF , FL du polygone qui ſont les baſes des triangles décrits ſont infiniment petits , ils compoſeront une courbe , & les aires décrites feront encore comme les tems , car la démonſtration eſt indépendante de la grandeur des triangles. Donc ſi un corps eſt mû ſur une courbe , & que la force centrale ſoit dirigée conſtamment vers un même point , par la viteſſe une fois imprimée , & par l'action non interrompue de cette force , il décrira des aires proportionnelles aux tems.

On ſuppoſe que la courbe eſt convexe en dehors, c'eſt-à-dire, du côté oppoſé au point vers lequel la force centrale repouſſe le mobile.

233. On a fait voir que ſi un corps décrit un polygone régulier , & que la force qui le retient dirige ſon action conſtamment au centre , il eſt mû avec une viteſſe uniforme ; & que le cercle étant un polygone régulier étoit compris dans la même loi ; or on peut encore déduire la même vérité de ce qui vient d'être dit. Car le rayon vecteur décrit en tems égaux des aires égales , ou ce qui revient au même , des ſecteurs égaux. Or ces ſecteurs ſont terminez par des arcs égaux ; donc le mobile décrit ſur la circonférence du cercle des arcs égaux en tems égaux ; donc il eſt mû d'une viteſſe uniforme.

234. Si la force centrale qui retient un corps ſur la circonférence d'un cercle , dirige ſon action vers un même point , mais different du centre , elle n'eſt pas la même par tout , & la viteſſe du mobile varie continuellement.

1°. La viteſſe du mobile change ſans ceſſe , ſoit en augmentant , ſoit en diminuant. Car comme le rayon vecteur décrit en tems égaux des ſecteurs ou des aires égales , que d'ailleurs ces ſecteurs ont leur ſommet commun en un point different du centre , il s'enſuit que les arcs qui les terminent ſont inégaux , le mobile décrit donc des arcs inégaux en tems égaux ; donc ſa viteſſe eſt inégale.

2°. La force centrale eſt auſſi inégale. Cette force doit varier ſelon que le mobile tourne plus ou moins vîte ; car toutes choſes étant d'ailleurs égales , plus la viteſſe eſt grande , plus il faut de force pour détourner le corps : il en faut encore davantage plus l'arc décrit contient de petits côtez , car à chaque nouveau

côté la force produit un nouvel effort. Donc si la force centrale
dirige son action vers un point different du centre du cercle,
elle est inégale à elle-même.

235. Comme il n'y a que le cercle qu'on puisse diviser en secteurs égaux qui soient terminez en même tems par des arcs
égaux, en menant des lignes du centre à la circonférence, ou
dont les secteurs soient dans la même raison que les arcs qui les
terminent, il s'ensuit que la ligne circulaire est la seule de toutes les courbes qu'un mobile puisse parcourir d'un mouvement
uniforme, lorsqu'après avoir reçu une certaine vitesse il est abandonné à lui-même & à l'action de la force centrale, encore ce
n'est qu'au cas que cette force dirige son action au centre du
cercle. Car pour que la vitesse du mobile soit uniforme, il faut
que le rayon vecteur en traçant des aires égales en des tems égaux,
décrive aussi par son extrêmité mobile des arcs égaux : or il est
visible que le cercle est la seule figure où ces deux conditions
se trouvent à la fois, encore faut-il que la direction de la force
centrale passe par le centre. Donc, &c.

236. *Le mobile doit accélerer sa vitesse, & sa force centrale
doit augmenter à mesure qu'il s'approche du centre vers lequel il
est repoussé :* Car comme les aires ou secteurs que le rayon vecteur
décrit en tems égaux sont égaux, & que d'ailleurs plus le mobile s'approche du centre, plus ces secteurs ont des hauteurs de
plus en plus petites, il faut qu'ils regagnent par une plus grande
base ce qui leur manque en hauteur, afin que l'égalité subsiste,
il faut donc que les arcs qui terminent ces secteurs soient plus
grands : or ces mêmes arcs expriment les differentes vitesses du
mobile ; donc cette vitesse doit augmenter à mesure que la portion de la courbe qui est actuellement décrite est plus proche du
centre. Une plus grande vitesse demande une plus grande force
centrale ; donc la force centrale augmente à mesure que l'aire
décrite est plus proche. Par une raison contraire plus le mobile
s'éloigne du centre vers lequel il est poussé, plus la vitesse doit
être retardée ; donc la force centrale doit diminuer, en sorte que
le mobile étant le plus éloigné de ce centre, sa vitesse doit être
plus petite que par tout ailleurs, & la force centrale être moindre qu'en tout autre point.

237. Pour déterminer le rapport de la force centrale dans
l'ellipse, il est nécessaire de connoître certaines proprietez de
cette courbe ; or parmi celles dont on a besoin ici, les unes sont
démontrées dans tous livres qui traitent de la nature de l'ellipse,

&

& qu'on fuppofera connues ; il y a d'autres proprietez qui ne s'y trouvent pas communément déduites , & on en infere ici les dé-monftrations , afin que le lecteur ne foit pas arrêté, fuppofé qu'il ne fçache pas où elles fe trouvent.

PROPOSITION DIX-HUITIE'ME.

238. *Si un corps décrit une ellipfe* ADBE, *& que la force cen-* Fig. 44. *trale le ramene vers le foyer* F *, les efforts qu'elle fait aux points* g , G, *pour le retenir fur la courbe , font entr'eux réciproquement comme les quarrez des diftances* g f , GF, *c'eft-à-dire , que la*

force centrale en g *eft à la force centrale en* G *comme* $\overline{GF}^2$ *eft à* $\overline{gf}^2$.

DEMONSTRATION. Suppofons que le mobile décrit en des tems égaux , les petits arcs GR , gr par les points R , r, il faut mener RK , rk paralleles aux tangentes GN , gn, qui ren-contrent GF & gf aux points K , k, & mener encore RS , rf perpendiculaires aux diftances FG , fg. Cela fait , il eft aifé de voir que les arcs GR , gr étant décrits en même-tems ou en des tems égaux , les portions GK , gk font les efpaces que la force centrale fait parcourir au mobile fuivant fa direction GF , gf, puifque pendant ces mêmes tems elle le rapproche du foyer F des quantitez GK , gk ; donc les efforts de la force centrale en G , g, font entr'eux comme GK & gk. Il faut donc faire voir que les petites portions GK & gk font entr'elles réciproque-ment comme les quarrez des diftances FG , fg. Les tems par les arcs GR , gr étant égaux , les aires FGR , fgr que les rayons vecteurs FG , fg décrivent font auffi égales (231). D'ailleurs on peut regarder ces arcs comme deux lignes droites qui fervent de bafes aux triangles FGR , fgr, parce que les tems que les mobiles emploient à les parcourir, font fuppofez fort courts. Cela étant , on aura une aire double de ces triangles ne multipliant les bafes FG , fg par les hauteurs RS , rf (34. Géom.). Donc $GF \times RS = gf \times rf$; donc $RS . rf :: gf . GF$

(11. Arit.) ; donc $\overline{RS}^2 . \overline{rf}^2 :: \overline{gf}^2 . \overline{GF}^2$ (24. Arit) ; mais par

le (6e article de l'ellipfe) $GK \times P = \overline{RS}^2$ & $gk \times P = \overline{rf}^2$;

donc $\overline{RS}^2 . \overline{rf}^2 :: GK \times P . gk \times P$, & après avoir divifé les deux termes du fecond rapport par le parametre P du grand axe

ED , $\overline{RS}^2 . \overline{rf}^2 :: GK . gk$ (8. Arit.). Or on vient de voir que

* N

$RS . rf :: gf . GF$; donc $\overline{GK} . \overline{gk} :: \overline{gf} . \overline{GF}$ (14. *Arit.*);
c'eſt-à-dire, que les efforts de la force centrale en G & g, ſont
entr'eux réciproquement, comme les quarrez des diſtances au
foyer F où le mobile eſt continuellement repouſſé.

Fig. 44. 239. *Les viteſſes avec leſquelles le mobile eſt mû aux diffé-*
rens points g , G *de l'ellipſe , ſont entr'elles réciproquement comme*
les perpendiculaires menées du foyer F *ſur les tangentes* gn , GN.
Car les aires FGN , fgn que le rayon vecteur décrit en même-
tems , ou en tems égaux , ſont égales ; d'ailleurs les arcs GR , gr
étant ſuppoſez indéfiniment petits , ſe confondent avec les tangentes GN , gn , en ſorte que les perpendiculaires aux tangentes meſurent les hauteurs des aires ou triangles FGN , fgn ,
qui ont pour baſes les arcs GR , gr ; ces aires étant égales , il
s'enſuit que les baſes , c'eſt-à-dire , les arcs GR , gr ſont entr'eux réciproquement comme les hauteurs ou perpendiculaires
menées du foyer F ſur les tangentes (35. *Géom.*) ; mais les viteſſes du mobile aux points G , g ſont entr'elles comme les arcs
GR , gr décrits en même-tems (4) ; donc elles ſont entr'elles
réciproquement comme les perpendiculaires aux tangentes GN ,
gn menées du foyer F.

240. Lorſque le mobile eſt aux points E , D de l'ellipſe qui
terminent le grand axe , les perpendiculaires aux tangentes ſont
les diſtances FE , FD ; donc les viteſſes que le mobile a à ces
points , ſont entr'elles réciproquement comme les diſtances au
foyer.

PROPOSITION DIX-NEUVIE'ME.

Fig. 45. 241. *Si deux corps décrivent deux ellipſes qui aient un même*
foyer F *vers lequel ils ſoient repouſſez par les forces centrales qui*
les leur font décrire , que ces mêmes forces ſoient entr'elles récipro-
quement comme les quarrez des diſtances au foyer F *, je dis que*
les aires que les rayons vecteurs décrivent en même-tems , ſont en-
tr'elles comme les racines quarrées des parametres des grands axes
des ellipſes décrites.

DOMONSTRATION. On ſuppoſe que les arcs GR , gr ſoient
décrits en même-tems , & par conſéquent les aires FGR , fgr
feront auſſi décrites en même-tems par les rayons vecteurs , &
les forces centrales entr'elles réciproquement comme les quar-
rez $\overline{FG}$, $\overline{fg}$, elles ſont encore entr'elles comme les petites
portions GK , gk qu'elles font parcourir en même-tems aux

mobiles en les approchant suivant leurs directions GF, gf, du foyer F. Donc $GK . gk :: \overline{fg}^2 . \overline{FG}^2$; si on nomme P le parametre du grand axe de la grande ellipse, p le parametre du grand axe de la moindre, on aura $RS = \overline{GK}^2 \times P$, & $rf = \overline{gk}^2 \times p$ (6e article de l'ellipse). Donc $RS . rf :: \overline{GK}^2 \times P . \overline{gk}^2 \times p$: On vient de voir que $GK . gk :: \overline{gf}^2 . \overline{GF}^2$. Donc si dans la proportion précedente au lieu du rapport de GK à gk, on met le rapport de $\overline{gf}^2$ à $\overline{GF}^2$ qui lui est égal, on aura $RS . rf :: \overline{gf}^2 \times P . \overline{GF}^2 \times p$ (14. *Arit.*). Donc $RS \times FG \times P = rf \times fg \times p$ (13. *Arit.*). Donc $\overline{RS \times FG}^2 . \overline{rf \times fg}^2 :: P . p$ (11. *Arit.*). Donc $RS \times FG . rf \times fg :: \sqrt{P} . \sqrt{p}$ (24. *Arit.*) ; mais les aires décrites sont les moitiez des rectangles exprimez par les produits $RS \times FG . rf \times fg$ (34. *Géom.*) ; donc les aires FGR, fgr décrites en même-tems par les rayons vecteurs des mobiles, sont entr'elles comme les racines quarrées des parametres des grands axes des ellipses sur lesquelles les corps sont mus.

PROPOSITION VINGTIE'ME.

242. *Si deux corps sont mus sur deux ellipses qui aient un même foyer* F, *que les forces centrales qui les ramenent vers ce foyer commun soient entr'elles réciproquement comme les quarrez de distances* gf, GF : *je dis que les quarrez des tems périodiques sont entr'eux comme les cubes des grands axes* ed, ED.

On nommera T le tems périodique du mobile qui est mû sur la grande ellipse, (t) le tems périodique du mobile qui est mû sur la moindre. Cela étant, si l'on multiplie les aires que les rayons vecteurs des mobiles décrivent en même-tems par les tems périodiques, on aura les aires décrites pendant les tems périodiques, c'est-à-dire, les aires des ellipses. Les aires décrites en même-tems sont entr'elles comme les racines quarrées des parametres P, p (241) ; donc $T \times \sqrt{P}$ & $t \times \sqrt{p}$ sont dans la même raison que les aires des ellipses. C'est une proposition très connue que ces mêmes aires sont entr'elles comme les rectangles faits sous leurs axes, c'est-à-dire comme $ED \times AB$ & $ed \times ab$ (7. de l'ellipse) ; donc $T \times \sqrt{P} . t \times \sqrt{p} :: ED \times AB . ed \times ab$. Si on eleve ces quatre termes au quarré, on aura $T^2 \times P . t^2 \times p$

$:: \overline{ED \times AB}^2 . \overline{ed \times ab}^2$ (24. *Arit.*) ; mais l'on a aussi par la propriété de l'ellipse $\overline{AB}^2 = ED \times P$ & $\overline{ab}^2 = ed \times p$ (8. de l'ellipse).

Si dans la proportion au lieu de $\overline{AB}^2$ & $\overline{ab}^2$ on met leurs valeurs, on aura $T^2 \times P . t^2 \times p :: \overline{ED}^3 \times P . \overline{ed}^3 \times p$, divisant le premier & le troisiéme terme par P, le second & le quatriéme par p, on aura $T^3 . t^3 :: \overline{ED}^3 . \overline{ed}^3$.

PROPOSITION VINGT-UNIE'ME.

243. *Les vitesses avec lesquelles les mobiles sont mus, sont entr'elles comme les racines quarrées des parametres p & P divisées par les perpendiculaires menées du foyer* F *sur les tangentes aux points où les mobiles se trouvent.*

DEMONSTRATION. Les aires que les rayons vecteurs décrivent en même-tems, sont entr'elles comme les produits $GR \times FL$ & $gr \times fl$; or ces produits sont entr'eux comme les racines quarrées des parametres P & p, en sorte que $GR \times FL . gr \times fl :: \sqrt{P} . \sqrt{p}$ (241). Si on divise le premier & le troisiéme terme par FL, qu'on divise le second & le quatriéme par fl, on aura encore la proportion $GR . gr :: \dfrac{\sqrt{P}}{FL} . \dfrac{\sqrt{p}}{fl}$, c'est-à-dire, que les vitesses exprimées par les arcs GR, gr, sont entr'elles comme les racines quarrées des parametres divisées par les perpendiculaires FL, fl.

Fin du premier Livre.

PRINCIPES

SUR

LE MOUVEMENT

ET L'EQUILIBRE,

POUR SERVIR D'INTRODUCTION
aux Mécaniques & à la Physique.

LIVRE SECOND.

DU MOUVEMENT DES CORPS PESANS.

DANS le livre précedent on a consideré le mouvement, & les caufes qui le communiquent aux corps, d'une maniere abftraite, car on n'a point eu égard à la nature, ou aux qualitez des corps, ni à la réalité ou exiftence des caufes qui les meuvent ; les principes qu'on y a établis, font tels que par leur généralité, ils font applicables à tous les mouvemens particuliers. On a fuppofé pour cela que les corps étoient dépouillez de toutes les qualitez qui peuvent modifier, changer ou altérer en quelque forte l'impreffion de la force motrice. Il eft néanmoins certain que les corps ont de telles qualitez, & qu'elles ont beaucoup de part aux effets. De ce nombre font la pefanteur, la dureté, la moleffe, la fluidité, l'élafticité, &c. Il s'agit d'éxaminer ce qu'elles peuvent dans le mouvement. Comme nous n'avons point en nous l'idée de la vraie ftructure de l'univers : fi nous voulons donner à nos connoiffances un objet réel, il faut auparavant confulter la nature ; notre raifon a befoin d'être conduite dans la recherche des chofes naturelles ; or les expériences & les faits bien obfervez

font comme le point fixe d'où il faut partir pour marcher avec
fureté. Avant de raifonner fur la nature, il faut fçavoir ce qui s'y
paffe, pour ne pas raifonner en l'air & fur un objet chimérique.
La fcience naturelle n'eft ni toute expérimentale ni toute fifté-
matique : les expériences préfentent à l'efprit un certain nombre
de faits, où pour l'ordinaire la circonftance principale, celle
qui eft l'objet de notre recherche, eft mêlée avec d'autres qui
la cachent ou même qui l'alterent & empêchent qu'on ne la re-
connoiffe ; ce n'eft que par le raifonnement qu'on vient à bout de
la difcerner en écartant les chofes étrangeres qui la défigurent.
D'un autre côté, fi faute d'avoir affez approfondi les faits, on fe
hâte de faire des conjectures & de former des hypothefes, on ne
peut pas fe promettre d'avoir trouvé le dénoument & la vraie explication que l'on fe propofe de donner. L'expérience & le raifonnement font donc deux guides qui doivent marcher l'un à
côté de l'autre, & que l'on doit fuivre dans l'étude des chofes
naturelles. Lorfque l'expérience vient après le raifonnement, elle
le raffure ; fi c'eft l'expérience qui devance le raifonnement, pour
lors le raifonnement en pefe toutes les circonftances, & empêche qu'on ne l'interprete à faux. Par-là l'expérience & le raifonnement concourent enfemble au progrez des connoiffances naturelles.

Dans l'examen qu'il s'agit de faire de ce que les qualitez des
corps peuvent dans le mouvement, on commence par la pefanteur
qui eft la plus générale de toutes, & qui influe en un plus grand
nombre de mouvemens. On fçait que les corps pefans tendent à
defcendre, & qu'ils tombent en effet lorfqu'ils ne font pas foutenus ; ainfi fi on jette un corps péfant en l'air fuivant quelque direction que ce foit, il ne tarde pas de defcendre & de s'approcher de la terre jufqu'à ce qu'il la touche ; fi on le met fur une
furface plane qui ne foit pas de niveau, il gliffe où il roule : ainfi
par tout où eft un corps pefant, il y a un principe de mouvement
qui le follicite à defcendre. Dans ce Livre on fe propofe de traiter des effets & du mouvement de pefanteur en quatre Chapitres ;
dans le premier on expliquera les propriétez les plus générales
des corps pefans ; dans le fecond on traitera du mouvement des
corps pefans jettez fuivant la direction verticale ou perpendiculaire à l'horizon ; dans le troifiéme, des corps jettez fuivant
toute autre direction differente de la verticale ; dans le quatriéme
de la defcente des corps pefans le long des plans inclinez.

CHAPITRE PREMIER.

DES PROPRIETEZ LES PLUS GE'NE'RALES
des corps pesans.

1. LE mot de pesanteur ou de gravité peut avoir trois sens differens. 1°. Il peut signifier l'effort ou la tendence que les
corps terrestres ont à descendre & à s'approcher du centre de la
terre. 2°. Il peut signifier la cause qui produit cet effort ou cette
tendence ; c'est dans ce sens que l'on dit que la pesanteur agit à
des distances dont les bornes nous sont inconnues, parce que si
on porte un corps pesant à differentes distances de la terre, on
éprouve qu'il est encore pesant. 3°. Le mot de pesanteur peut
signifier la mesure ou la quantité de l'effort que chaque corps
pesant fait pour s'approcher du centre où il tend. La pesanteur
dans ce dernier sens est appellée plus ordinairement poids ; ainsi
un pied cube de plomb pese plus qu'un demi-pied cube de même matiere, car il faut une force plus grande pour soutenir un
pied cube de plomb qu'il n'en faut pour soutenir seulement un
demi-pied cube de la même matiere.

2. Les Physiciens sont fort partagez sur la cause & la nature
de la pesanteur. Néanmoins nonobstant ce partage & cette difference de sentimens, on convient assez généralement des effets
de la pesanteur. Ce qui montre que pour connoître les effets d'u-
ne cause, leur enchainement & leur dépendance mutuelle, il n'est
pas nécessaire de connoître sa nature ni en quoi elle consiste ; il
suffit que l'on puisse observer la loi suivant laquelle elle agit.
Lorsque la loi est connue, les effets en découlent, & on les déduit avec la même facilité que si la cause même étoit connue.

3. Galilée est le premier qui ait raisonné juste sur la pesanteur
à l'aide des expériences qu'il fit. Il mit des corps très-polis sur des
plans differemment inclinez qu'il laissa glisser ou rouler ; &
après avoir répété l'expérience plus de cent fois pour chaque inclinaison, il trouva toujours qu'un corps parcouroit sur un même
plan des espaces qui étoient entr'eux comme les quarrez des tems;
en sorte que si dans la premiere partie du tems le mobile avoit
parcouru un pied, après qu'il s'étoit écoulé trois parties du tems,
il en avoit parcouru 9 ; or 1 & 9 sont les quarrez des tems 1 & 3.
Des expériences que Galilée fit toutes parfaitement d'accord entr'elles, il conclut que la pesanteur est une force constante. En ef-

fet fans être auffi grand Géometre que Galilée, par le feul expofé
de l'hypothefe qu'il fait , on peut fentir & appercevoir d'une maniere générale la juftefle de fon raifonnement. Si la pefanteur communique à un corps qui tombe, des degrez égaux de viteffe en tems
égaux, qu'après un tems double elle lui ait donné deux degrez de
viteffe , on peut concevoir qu'après ce tems double le mobile aura
parcouru un efpace quadruple. Car fi la viteffe qu'il a acquife fucceffivement dans la premiere partie du tems , lui a fait parcourir
dans ce même-tems un pied, étant toute acquife, lui fera parcourir
pendant la feconde partie un efpace double, c'eft-à-dire, 2 pieds ;
d'ailleurs le degré de viteffe qu'il reçoit dans la feconde partie
du tems étant égal au degré reçu dans le premier tems, lui fait
parcourir un pied ; le mobile parcourt donc dans le fecond tems
trois pieds en tout, fi à ces trois pieds on ajoute celui qui a été
parcouru dans le premier tems , tout l'efpace parcouru fera de
quatre pieds ; ainfi les efpaces parcourus après la premiere , &
après les deux premieres parties du tems , font comme 1 & 4 ,
c'eft à-dire , comme les quarrez des tems. Ce qu'il y a de douteux dans ce raifonnement peut être éclairci par ce qui a été dit
dans le livre précedent (122. 142.), & le fera encore davantage dans le cours de ce Livre.

4. L'hypothefe de Galilée qui confifte à dire que la pefanteur eft une force conftante , a été trouvée fi conforme aux phenomenes de la pefanteur, que tous les Auteurs qui après lui ont
traité la même matiere , l'ont adoptée & fuivie dans leurs écrits ;
elle doit fervir de modele dans des occafions femblables, lorfqu'il
s'agit de travailler fur un fujet tout nouveau. Galilée ne prend
pas pour hypothefe le fait que l'expérience lui fait découvrir ,
il eft trop compofé , & une hypothefe doit être fimple & aifée à
faifir ; mais il décompofe le réfultat de fon expérience , & fon
analyfe lui fait trouver que la pefanteur eft une force conftante
qui en des tems égaux donne aux corps pefans qui tombent , des
degrez égaux de viteffe. Cette notion qu'il donne de la pefanteur eft facile , & elle comprend tout , car on en peut déduire
tous les phenomenes obfervez.

5. Galilée s'étoit contenté de faire des expériences fur les corps
terreftres , elles l'avoient toutes porté à croire que la pefanteur
eft une force uniforme qui agit également par tout, il n'avoit pas
porté fes vues plus loin. Mais M. Neuton foupçonna dans la fuite
qu'il pourroit bien fe faire que la pefanteur diminuât en allant du
centre vers la circonférence, & que la force qui retient la Lune

fur

fur fon orbite ne fût pas differente de la pefanteur des corps terreſtres ou qu'elle fût de même eſpece ; il voulut vérifier ſa con-
jeſture par le calcul. La recherche qu'il avoit faite de la force
centrale , lui avoit fait trouver qu'un corps qui décrit une ellipſe
eſt retenu ſur cette courbe par une force qui eſt variable ; &
que cette force ramene conſtamment le mobile vers l'un des
foyers,elle fait des efforts qui ſont entr'eux réciproquement comme les quarrez des diſtances : en ſorte qu'à une diſtance triple ,
il ſuffit que ſon effort ſoit la neuviéme partie de l'effort qu'elle
fait à une diſtance ſimple : or on peut regarder la force qui ramene ainſi le mobile continuellement vers le foyer , comme ſa
pefanteur : d'où il ſuivroit que la pefanteur d'un tel corps augmenteroit ou diminueroit dans la raiſon réciproque des quarrez des diſtances. Cela poſé , ſi la force qui contraint la lune de
tourner autour de la terre , eſt de même eſpece que la pefanteur
des corps terreſtres , l'aſtion qu'elle exerce à la diſtance où eſt
la lune , eſt à l'aſtion qu'elle exerce ſur les corps terreſtres comme le quarré de la diſtance qu'il y a de la ſurface de la terre au
centre , eſt au quarré de la diſtance qu'il y a de l'orbite de la
lune au même centre : or M. Neuton trouve que cela eſt exaſte-
ment vrai. La diſtance moyenne de la lune au centre de la terre
eſt de 60 demi – diametres terreſtres , la diſtance de la ſurface de la terre au meme centre eſt de 1 demi-diametre , les quarrez de 1 & de 60 ſont 1 & 3600 : M. Neuton trouve donc que
l'aſtion de la force qui agit à la diſtance où eſt la lune & celle
qui pouſſe les corps terreſtres au centre , ſont entr'elles comme
1 & 3600 : d'où il conclut que la force qui oblige la lune de
tourner autour de la terre , eſt de même eſpece que la pefanteur
des corps terreſtres. Voici le fondement de ce calcul.

Suppoſons que l'arc LN repréſente celui que la lune décrit dans Fig. 1.
une minute en tournant ſur ſon orbite , l'arc LN , à cauſe de ſa
petiteſſe & de la grande diſtance au centre de la terre ,peut être
conſideré comme une ligne droite : cela poſé , la lune décrit l'arc
LN par l'aſtion conjointe de deux forces , dont l'une eſt dirigée
ſuivant la tangente LO , & l'autre vers le centre T de la terre ;
c'eſt pourquoi ſi du point N on mene les lignes NO , NM paralleles à LO & LT , la force centrale ou celle qui retient la lune ſur ſon orbite ſera exprimée par le côté LM du parallelogramme MO. Il faut donc évaluer la force exprimée par LM.
Le tems périodique de la lune eſt connu , auſſi-bien que la grandeur de la circonférence qu'elle décrit ; donc la viteſſe ou l'eſ-

pace LN qu'elle décrit dans une minute eſt auſſi connu ; donc la tangente LO & le ſinus verſe LM ſont pareillement connus. On peut donc trouver l'eſpace que la force centrale feroit décrire dans une minute à la lune ; or le calcul donne l'arc LM de 15 pieds. On verra dans la ſuite que la peſanteur fait parcourir aux corps peſans qui ſont ſur la terre dans une minute , un eſpace qui eſt exprimé par le produit de 3600 & de 15 , c'eſt-à-dire , par $60 \times 60 \times 15$ pieds ; donc la force centrale qui retient la lune ſur ſon orbite , eſt à la force de la peſanteur auprès de la terre , comme 15 eſt à $60 \times 60 \times 15$, ou comme 1 eſt à 60×60 , c'eſt-à-dire , réciproquement comme les quarrez des diſtances au centre. Donc ſuivant le raiſonnement précedent ces deux forces ſont de même eſpece , ou bien même elles ne different point quant à leur nature , puiſque c'eſt la même loi qui regle leur action , & qu'elles different ſeulement par le degré.

6. La peſanteur eſt donc variable , & elle diminue à meſure qu'on s'éloigne de la terre ; mais l'on voit bien que cette diminution ne peut être ſenſible à moins qu'on ne porte un corps à pluſieurs centaines de lieües loin de la terre ; ce qui n'arrivera pas certainement , puiſque les plus fortes machines à peine peuvent-elles élever un corps à quelques centaines de toiſes. On peut donc ſuppoſer que la peſanteur eſt la même à quelque hauteur que les corps peſans montent : ainſi l'hypotheſe de Galilée demeure dans ſon entier par rapport aux corps terreſtres. Dans la ſuite on ſuppoſera avec lui que la peſanteur eſt conſtante & qu'elle agit également ſur un corps peſant qui eſt en mouvement ou en repos. Lorſqu'on dit que la peſanteur eſt conſtante , on ne prétend pas dire qu'elle eſt égale par toute la terre ; car on ſçait , par exemple , que la peſanteur ſous l'équateur agit moins fortement ſur les corps que la peſanteur ſous le cercle polaire , ainſi qu'on aura occaſion de remarquer dans la ſuite ; mais on entend que ſi un corps monte ou deſcend en un même lieu de la terre , la peſanteur fait ſur ce corps le même effort à chaque inſtant de la montée & de la deſcente.

On réduit les propriétez générales des corps peſans à trois conſiderations : 1°. On parlera de leur direction. 2°. Du centre de gravité. 3°. Des rapports des peſanteurs.

DE LA DIRECTION DES CORPS PESANS.

7. On ſçait que les corps terreſtres tendent à deſcendre , & par conſéquent à s'approcher du centre de la terre. Mais on peut

douter s'ils tendent directement vers ce centre, ou seulement à côté, loin ou proche de ce centre : or plusieurs raisons prouvent qu'ils tendent au centre ou fort proche de ce point.

Si on tient un poids suspendu par un fil, il le bande & prend une situation verticale ou perpendiculaire à l'horizon, car le fil n'incline pas plus vers un côté que vers un autre : or si l'on suppose que la terre est un globe, comme on croit ordinairement, il faut dire que les corps pesans tendent au centre ; car toute ligne qui est perpendiculaire à la surface d'un globe, prolongée passeroit par le centre. Donc les corps pesans dont la direction est indiquée par le fil perpendiculaire à la surface de la terre, tendent au centre.

L'astronomie fournit encore une preuve du même sujet. Sup-^{Fig. 2.}posons que ADB représente un grand cercle de la terre, par exemple, un méridien ; qu'un voyageur parcoure sur ce cercle les arcs DE, EB chacun, par exemple, de 100 lieües ; l'observation fait voir que le voyageur change d'étoiles verticales, & que si le zenit M du lieu D est éloigné, par exemple, de 4 degrez du zenit du lieu E, le zenit du lieu E est pareillement éloigné du zenit du lieu B de 4 degrez, ou s'il y a quelque différence entre les deux arcs célestes MO, ON, elle est si petite, qu'on peut la regarder comme de nulle conséquence par rapport à ce qu'on se propose de prouver ici. Si l'on fait des observations semblables en des pays fort éloignez les uns des autres, comme au cercle polaire, en France, vers l'équateur, on trouve toujours que les parties d'un méridien sont à très-peu de chose près, proportionnelles aux arcs célestes auxquels elles répondent ; en sorte que si une partie du méridien est double, elle répond à un arc céleste double. Cela posé, il faut 1°. que les lignes DM, EO, BN que l'on suppose être en un même plan, c'est-à-dire, dans le plan d'un méridien, concourent ; car si les lignes DM, EO étoient paralleles, comme les arcs DE, EB, & même la terre étant regardée par un observateur placé à la distance où sont les étoiles, n'auroit aucune grandeur apparente, & ne seroit point vûe ; ainsi l'arc MO compris entre ces mêmes paralleles, n'ayant aucune grandeur apparente non plus que l'espace DE qui lui seroit égal, ne seroit pas apperçu de dessus le terre ; mais puisque l'arc MO est d'une étendue considérable, il faut que les lignes DM, EO soient inclinées l'une à l'autre & qu'elles aillent en s'écartant de la terre vers le ciel ; elles concourent donc en un point du plan du méridien terrestre. 2°. Si les arcs MO, ON qui répon-

O ij

dent aux parties égales DE , EB du méridien , étoient parfaitement égaux , il eſt évident que les lignes DM , EO , BN concourroient en un point qui ne ſeroit pas different du centre de la terre ; car deux circonférences qui ſont en un même plan , ne peuvent être diviſées en parties proportionnelles par des lignes qui concourent , ſi elles ne ſont concentriques , & ſi les lignes qui les diviſent ne ſont tirées du centre commun : mais puiſque l'obſervation fait connoître que les arcs MO , ON ſont ſenſiblement égaux , il s'enſuit que les lignes DM , EO , BN concourent en un point qui eſt le même que le centre de la terre , ou'bien en des points fort proches de ce centre ; donc les corps peſans dont les directions ſont indiquées par les lignes DM , EO , BN , tendent au centre ou vers des points fort proches du centre.

On peut conſulter les obſervations anciennes & nouvelles de Meſſieurs de l'Académie Royale des Sciences répandues en differens Mémoires , & la Relation du voyage du Nord que les Meſſieurs de la même Académie ont entrepris en dernier lieu , & dans lequel ils ont pénétré juſqu'au-delà du cercle polaire pour meſurer un degré du méridien : l'on verra que toutes ces obſervations prouvent que les directions des corps peſans ne s'éloignent pas beaucoup du centre de la terre , puiſque pour découvrir qu'ils ne tendent pas tous préciſément au centre , il a fallu faire des obſervations en des pays très-éloignez les uns des autres , & employer pour cela les opérations les plus exactes & les plus ſubtiles de l'Aſtronomie. Le point dont il s'agit ici eſt néceſſairement lié avec la figure de la terre. Si la terre eſt ſphérique , les corps peſans tendent au centre , comme il vient d'être dit. Si la terre a la figure d'un ſphéroide allongé de l'un à l'autre pole comme M. Caſſini l'expoſe dans ſon livre de la figure de la terre , ou ſi ſa figure eſt celle d'un ſphéroide applati comme l'ont conclu de leurs obſervations les Meſſieurs qui ont fait le voyage du Nord , on ne peut pas dire que les corps peſans tendent préciſément au centre , parce que les directions des corps peſans étant perpendiculaires à la ſurface de la terre , il eſt néceſſaire qu'elles rencontrent ſon axe en differens points. Il réſulte néanmoins des obſervations, que la figure de la terre ne s'éloigne pas beaucoup de la ſphérique ; ainſi lorſqu'il s'agit ſeulement de la tendence des corps peſans , on peut ſuppoſer ſans erreur ſenſible que leur peſanteur les porte directement vers le centre de la terre.

§. Si ſur la circonférence d'un grand cercle de la terre l'on imagine tout au tour des corps pesans , comme des hommes , des colomnes , des édifices , &c. Ils auront tous leurs directions dans le plan de ce grand cercle , car elles concourent toutes au centre de la terre qui est le même que celui d'un grand cercle ; donc elles concourent toutes au centre du grand cercle dont il s'agit,& font par conséquent toutes dans le plan de ce cercle. D'où il suit que les hommes qui font fur cette circonférence aux extrêmitez d'un même diametre font opposez par les pieds. De-là vient qu'on appelle *antipodes* les peuples qui habitent fur la terre des pays diamétralement opposez. Mais fi l'on conçoit que des hommes ou d'autres corps pesans entourent la circonférence d'un petit cercle , toutes les directions étant concourantes au centre de la terre , elles fe trouveront fur la furface d'un cone qui aura pour bafe ce petit cercle.

9. C'est la pefanteur qui fait que les liqueurs fe mettent de ni-veau , c'est-à-dire , que leurs parties fe difpofent de maniere que celles qui font à la furface font également élevées ou également diftantes du centre , en forte que cette furface imite parfaite-ment la courbure de la terre , comme il fera plus amplement ex-pliqué dans la fuite.

10. Si la terre tourne fur fon axe comme les Phylofophes pa-roiffent en convenir , les corps terreftres reçoivent du mouve-ment circulaire une force qui tend à les éloigner du centre ; il faut donc une force qui réprime cet effort , fans quoi les hom-mes & les autres corps feroient infenfiblement féparez de la furface de la terre : or c'est la pefanteur qui réfifte à l'effort de la force centrifuge & qui en empêche l'effet. Car la pefanteur est de beaucoup fupérieure à la force centrifuge des corps terreftres. Ce qu'on peut vérifier par un calcul femblable à celui dont M. Neuton s'est fervi pour comparer la pefanteur des corps terreftres à celle de la lune.

11. Sous l'équateur la force centrifuge est plus grande qu'en tout autre endroit de la terre. Suppofons que la circon-férence de l'équateur est double de la circonférence d'un paral-lele , les viteffes étant entr'elles comme les efpaces parcourus en tems égaux , c'est-à-dire , comme les circonférences décrites en même-tems (*Liv.* I.4.) , la viteffe fur l'équateur fera double de la viteffe fur le parallele , le diametre de l'équateur est auffi double du diametre du parallele (13.*Géom.*). Cela pofé , puifque la viteffe fur l'équateur est à la viteffe fur le parallele fuppofé comme 2 à 1 , les quarrez des viteffes feront entr'eux comme 4 & 1 ; mais les forces centrifuges font entr'elles comme les quarrez des viteffes

divifez par les diametres qui font 2 & 1 (*Liv.* I. 222.) ; donc les forces centrifuges feront entr'elles comme $\frac{4}{2}$ & $\frac{1}{1}$ ou comme 2 à 1 , c'eft-à-dire , que ces forces font entr'elles comme les circonférences (*Liv.* I. 226.) ; donc la force centrifuge fur l'équateur eft plus grande qu'en tout autre endroit de la terre. Il eft donc néceffaire que l'effet de la pefanteur foit plus diminué ou empêché fous l'équateur, qu'en tout autre endroit de la terre : 1°. parce que la force centrifuge eft plus grande fous l'équateur : 2°. parce que cette force agit directement contre la pefanteur.

Fig. 3.   En tout autre endroit de la terre la force centrifuge des corps terreftres agit fuivant une direction qui fait un angle avec celle de la pefanteur : la direction de la force centrifuge eft perpendiculaire à l'axe de la terre & le coupe en un point d'autant plus éloigné du centre , que le corps terreftre eft éloigné de l'équateur, & la direction de la pefanteur paffe par le centre ; donc les directions de ces deux forces font un angle. Que le cercle EDQI répréfente la terre ou plutôt un méridien , le diametre DI l'axe de la terre qui eft un diametre commun à tous les méridiens , EQ l'équateur , BA un cercle parallele ; il eft évident que la terre tournant autour de l'axe DI , tous les points de la furface font effort pour s'éloigner des centres des circonférences qu'ils décrivent ; ainfi le point Q tend à s'éloigner directement du centre C de l'équateur qui eft le même que le centre de la terre , & le point A tend à s'éloigner du centre O de la circonférence qu'il décrit : d'où l'on voit que les directions des forces centrifuges de ces points , font fituées fur CQ & OA , & que la force centrifuge fur l'équateur eft directement oppofée à la force de la pefanteur qui pouffe le point Q vers le centre C ; mais la force centrifuge du point A étant dirigée fuivant OAF & la pefanteur fuivant AC , il eft vifible que ces deux directions font un angle.

12 D'où il fuit que les corps terreftres éloignez de l'équateur font pouffez en même-tems par deux forces, l'une defquelles, fçavoir la pefanteur , les pouffe fuivant une direction perpendiculaire à la furface de la terre & les y applique ; & l'autre , qui eft la force centrifuge , tend à les en éloigner fuivant une direction oblique à la même furface. La pefanteur ne réfifte donc qu'en partie à la force centrifuge , il faut donc qu'il y ait une autre force ou du moins un obftacle qui furmonte ou rende inutile l'effort de la force centrifuge qui n'eft point empêché : car la preffion de la pefanteur étant perpendiculaire à la furface de la terre, ne peut réfifter que fuivant cette direction , & par conféquent

ne peut être décomposée. C'est donc la force centrifuge qui est décomposée en deux efforts dont l'un est perpendiculaire à la surface de la terre, & est directement opposé à la pesanteur, & l'autre est parallele à la même surface, la pesanteur detruit l'effort perpendiculaire, l'effort parallele feroit glisser les corps pesans sur la surface de la terre ; mais les inégalitez de cette surface sont plus que suffisantes pour en arrêter l'effet ; car si on cherche quel peut être l'effort de la force centrifuge, on trouve que sur l'équateur terrestre où elle est la plus grande, elle est néanmoins 300 fois ou environ plus petite que la pesanteur ; car dans une seconde de tems cette force à peine pourroit-elle faire parcourir 8 lignes à un corps, au lieu que la pesanteur dans le même-tems fait parcourit 15 pieds ou 2160 lignes. L'effort parallele de la force centrifuge ne peut pas non plus déterminer les fluides à couler vers l'équateur. Car il feroit nécessaire que les fluides fortissent du niveau, c'est-à-dire, que leur surface supérieure cessât d'imiter la courbure de la terre ; pour lors la direction de la pesanteur n'étant plus perpendiculaire à leur surface, cette force feroit elle-même décomposée en deux efforts, & l'effort parallele à la surface du fluide étant supérieur à l'effort parallele de la force centrifuge, obligeroit les particules des fluides de redescendre en leur lieu. On voit donc que l'effort parallele de la force centrifuge n'est pas assez grand pour déplacer les corps & les mettre en mouvement.

13. On vient de supposer que la terre tourne sur son axe. Or il semble que l'on puisse déduire cette supposition des phenomenes de la pesanteur. Si aucune cause ne diminue l'effet de la pesanteur, on ne voit pas pourquoi elle feroit moindre sous l'équateur qu'aux autres régions de la terre, par exemple, qu'en France ; mais si la terre tourne, l'effet de la pesanteur doit être moindre sous l'équateur & les corps y doivent descendre moins vîte qu'en France, parce que la force centrifuge qui naît du mouvement circulaire, est plus grande sous l'équateur qu'en France, & que d'ailleurs elle y agit directement contre l'effort de la pesanteur. De sorte que si effectivement les corps descendent moins vîte sous l'équateur qu'en France & que dans tous les autres pays de la terre, on a tout lieu de croire que cette diminution de pesanteur est un effet de la force centrifuge qui est elle-même un effet du mouvement circulaire. Or plusieurs expériences, & entr'autres celle de M. Richer, prouvent que les corps descendent moins vîte sous l'équateur & auprès de l'équateur que dans

les autres pays , par exemple , qu'en France ; d'où il fuivroit que la terre tourne. Voici l'expérience de M. Richer , qu'il fit dans l'ifle de Cayenne diftante de l'équateur de 5 degrez , lorfqu'il voulut faire un pendule qui fît.fes vibrations en une feconde , & lui donner la même longueur qu'il doit avoir à Paris pour les faire dans le même-tems d'une feconde , il trouva que les vibrations de ce pendule étoient plus tardives qu'à Paris , & qu'elles duroient plus d'une feconde , & il fut obligé de racourcir fon pendule de 1 $+ \frac{1}{4}$ de ligne pour lui faire battre les fecondes.

14. D'où l'on voit que deux pendules de même longueur font leurs vibrations & defcendent en des tems inégaux, & que c'eft à l'ifle de Cayenne qu'il eft plus long-tems à defcendre ; donc la pefanteur exerce fur les corps terreftres un effort moindre en l'ifle de Cayenne qu'à Paris:les obfervations faites en dernier lieu au cercle polaire , par les membres de l'Académie Royale des Sciences , prouvent auffi que les corps pefans defcendent plus vîte aux endroits qui font plus éloignez de l'équateur ; c'eft pourquoi fi la pefanteur eft une force par tout égale , il faut que fon action foit diminuée par la force centrifuge ; & parce que cette force diminue continuellement jufqu'au pole où elle eft nulle , il s'enfuit que l'action de la pefanteur doit être d'autant plus grande que les corps terreftres font plus proches du pole.

15. Puifque les directions des corps pefans concourent,il s'enfuit que les murs des édifices que l'on éleve à plomb , ou deux poids que l'on tient fufpendus avec des cordons , n'ont pas leurs directions paralleles,quoiquelles le paroiffent, & que le plancher d'une fale qu'on dreffe au niveau , n'eft pas une furface plane , mais courbe ; cependant ces différences font fi petites , qu'on peut fuppofer qu'un plancher qui eft de niveau , eft un vrai plan , & que les directions des corps qui ne font pas confidérablement éloignez les uns des autres ont leurs directions paralleles.

DU CENTRE DE GRAVITE'.

16. *On définit le centre de gravité un point par lequel une figure pefante étant librement fufpendue , toutes les parties fe contrebalancent également, & font en équilibre, quelque pofition qu'elles aient par rapport au centre de la terre.* Un tel point fuppofé qu'il exifte dans les corps ou les figures pefantes , eft appellé centre de gravité , parce que ce point étant foutenu , tout le poids du corps eft auffi foutenu , & eft comme concentré en ce point.

17. Dans

17. *Dans tous les corps il y a un point par lequel, si on les suspend,
leurs parties seront en équilibre dans une certaine situation* ; car
on peut toujours imaginer un plan vertical qui divise un corps
pesant suivant sa longueur , de maniere que la partie qui est à la
droite du plan , ne l'emporte pas sur celle qui est à la gauche ;
si l'on applique deux puissances dont les directions soient couchées sur ce plan , & qui tirent en sens contraire de la pesanteur ,
elles soutiendront le corps comme s'il étoit posé sur un levier , &
qu'elles fussent appliquées au même levier. Leurs directions concourront donc en un point (*Liv.* I. 194.) ; or deux puissances
dont les directions concourent , produisent au point de concours
ou tendent à produire un effort qui fait autant que les deux puissances ensemble (*Liv.* I. 152. 182.) ; donc si on met cet effort
à leur place , le corps pesant sera soutenu par une seule puissance ;
il y a donc un point dans ce corps , ou même plusieurs & une
infinité , sçavoir tous ceux qui sont sur la direction de cette puissance , par lesquels le poids étant suspendu , ses parties seront en
équilibre dans une situation.

18. Mais dans tous les corps y a-t-il un point autour duquel les
parties sont en équilibre , quelque situation qu'on leur donne à
l'égard de l'horizon ?

*On convient que si les directions des corps pesans ou des par-
ties d'un même corps , sont paralleles , ils ont un centre de gravité
au sens de la définition* : car les directions étant paralleles , les
parties pesantes qui tirent suivant ces directions , agissent de la
même maniere les unes contre les autres , quelque situation qu'elles prenent ; en effet dans le parallelisme on ne voit aucune difference dans la maniere d'agir ; c'est pourquoi dans les corps il
y a un centre de gravité , c'est-à-dire , un point autour duquel
toutes les parties du corps seront en équilibre quelque situation
qu'on leur donne. On éclaircira ceci davantage dans la statique.

19. *Si les directions de la pesanteur ne sont pas paralleles ,
on peut faire voir que dans les corps il n'y a point de centre de
gravité dans le sens de la définition* : ainsi dans le cylindre XY Fig. 4.
il n'y a point de centre de gravité. S'il y avoit un tel centre , il
seroit certainement au point P qui divise l'axe AB du cylindre
en deux parties égales : or on peut faire voir que toutes les parties du cylindre XY ne seront pas en équilibre autour du point
P milieu de l'axe AB quelque situation qu'on lui donne. Supposons que le cylindre est en équilibre étant suspendu par le point
P , lorsqu'il a une situation horizontale , je dis que s'il s'abbaisse :

* P.

par une de ses extrêmitez , & qu'il hausse par l'autre , il cessera
d'être en équilibre.

Puisque les deux parties qui sont de part & d'autre du point P
sont parfaitement égales & semblables , concevons qu'elles sont
divisées en un égal nombre de tranches égales & semblables. Si
le cylindre XY est en équilibre sur le point P , il faut que les
parties également distantes du point P , qui sont égales & semblables , deux à deux, soient en équilibre. Ainsi les parties extrêmes A & B doivent être en équilibre. Or il est aisé de faire voir
que les parties A & B ne sont pas en équilibre.

Sur les directions ACM , BCN qu on suppose concourir au
centre C , soit formé le parallelogramme LN dont la diagonale
CK soit sur la ligne PCK. Les tranches A , B peuvent être considerées comme deux puissances qui seroient appliquées aux extrêmitez du levier XY , & dont l'appui seroit en P. Puisqu'on
suppose que les tranches sont en équilibre sur le levier XY , leurs
efforts étant appliquez au point de concours C suivant les mêmes directions ACM , BCN y seroient aussi en équilibre par le
moyen de la résistance du point P , en concevant que la ligne
PCK est un cordon ou une verge roide qui s'étend depuis le
point P jusqu'au point K (*Liv.* I. 194. 195). Or si les efforts
des tranches A , B appliquez au point C suivant les directions
ACM , BCN étoient en équilibre par le moyen de la résistance
de la verge ou cordon PCK , ils seroient entr'eux comme les
côtez CL , CN du parallelogramme LN formé sur leurs directions (*Liv.* I. 187.) ; donc le côté CL étant moindre que le
côté CN , comme on peut le prouver , il faudroit que l'effort de
la tranche A fût moindre que l'effort de la tranche B ; on suppose néanmoins que les tranches A & B tirent également fort ;
donc les efforts des tranches A & B n'étant point dans la raison
des côtez CL , CN , ne sont point en équilibre sur PCK étant appliquez au point C suivant les directions ACL , BCN. Donc ils ne
sont point en équilibre sur le levier XY étant appliquez aux
points A & B suivant les mêmes directions , car si les tranches
étoient en équilibre sur le levier XY , leurs efforts étant appliquez au point C , y seroient en équilibre (*Liv.* I. 195). Donc
le cylindre n'est pas en équilibre sur le point P dans toutes les
situations. Le point P n'est donc pas le centre de gravité au sens
de la définition.

Pour avoir sur l'axe le point R par lequel cet axe étant soutenu dans l'inclinaison qu'on lui suppose , les tranches A , B se-

roient en équilibre ; il faut après avoir pris sur les directions
ACM , BCN les parties égales CM , CN, & avoir décrit le
parallelogramme MN , prolonger la diagonale CD jusqu'au
point R où elle rencontre l'axe du cylindre , & l'on aura le point
par lequel l'axe consideré comme une ligne inflexible étant soutenu , les tranches A , B seront en équilibre dans la situation
qu'on leur suppose. Car les efforts de ces tranches étant appliquez
au point de concours C suivant les directions ACM , BCN, seroient retenus en équilibre par une puissance ou résistance qui seroit exprimée par la diagonale CD (*Liv*. I. 182. 187.) ; mais
(*Liv*. I. 192.) si ces mêmes efforts sont appliquez aux points
A , B où leurs directions rencontrent l'axe , qu'on applique pareillement au point R suivant la ligne DCR une puissance ou
résistance qui soit exprimée par la diagonale DC , les tranches
A & B ou leurs effors seront en équilibre sur l'axe suspendu par
le point R ; donc l'opération fait trouver le point de l'axe sur
lequel les efforts des tranches A & B seroient en équilibre.

20. On voit par-là que dans la rigueur géométrique les corps
n'ont point de centre de gravité, puisque si les parties prennent
differentes situations à l'égard de l'horizon , elles cessent d'être
en équilibre , à moins qu'on ne suspende le corps par autant de
points differens qu'on lui donne de positions : il n'y a que la sphere qui à cause de sa parfaite uniformité , a un centre de gravité
proprement dit , qui est le centre même de la sphere. On peut
néanmoins supposer que dans les corps il y a un centre de gravité. Car comme on ne conclut le défaut d'équilibre que de ce
que la tranche A s'approche du centre C de la terre, & que la
tranche B s'en éloigne, ou de ce que les directions de ces tranches concourent au point C , il est visible que l'angle ACB formé par les directions des parties pesantes A , B d'un même corps ,
est si petit , & la quantité dont ces mêmes parties s'approchent ou
s'éloignent du centre C , si peu considérable , qu'on peut regarder ces directions comme paralleles , & les parties A , B comme
équidistantes du centre C.

21. *Plus un corps pesant s'approche du centre de la terre , plus
il devient leger , c'est-à-dire , que la force néceßaire pour le soutenir est d'autant moindre :* Ainsi plus le cylindre XY sera proche
du centre C , plus la force qui le soutient par le point P que l'on
suppose être le centre de gravité , sera petite. Ne faisons attention qu'aux tranches extrêmes A , B. Ces tranches ont leurs directions concourantes au centre C : cela étant , plus le cylindre

XY fera proche du centre C , plus l'angle formé par ces directions
fera grand ; donc plus la diagonale du parallelogramme formé
fur ces directions fera petite , les côtez demeurant les mêmes ;
mais la diagonale exprime la force qu'il faut oppofer à l'action
conjointe des parties pefantes A , B ; donc la force qui foutient
les deux tranches A , B eft d'autant moindre que le cylindre eft
proche du centre C. Lorfque le centre de gravité P fera arrivé
au centre C , l'angle ACB fera infiniment grand ; ou , ce qui revient au même , les côtez de cet angle feront fur une même ligne droite , & il n'y aura plus de diagonale ; ce qui montre que
lorfque le centre de gravité P eft au centre de la terre , la force
qui foutient les tranches A , B eft nulle , ou qu'elle n'eft plus néceffaire pour les foutenir. Ce qui eft dit des tranches A , B il
faut l'entendre des autres parties pefantes qui compofent le cylindre.

Lorfqu'on dit qu'un corps qui s'approche du centre de la
terre devient plus léger parce que la force néceffaire pour le
foutenir diminue , on ne prétend pas dire que la force qui lui
eft appliquée & qui le pouffe vers le centre , diminue à mefure
que le corps s'en approche ; car on fuppofe au contraire que chaque point phyfique du corps tend au centre C par un effort conftamment le même , en forte que cet effort follicite chaque partie à s'approcher du centre C , lorsmême que le corps ou le centre de gravité eft arrivé en C ; mais le fens de la propofition eft
que les parties pefantes du corps ou du cylindre XY tendent au
point C , & au centre de gravité P (lorfque ce point eft arrivé
en C) , fuivant des directions diametralement oppofées , ce qui
fait que ces mêmes parties fe contrebalancent & font en équilibre
entr'elles fans qu'il foit befoin d'appui ou de force pour les foutenir. Ce qui eft vrai , foit que l'on fuppofe avec Galilée que la
pefanteur eft conftante , foit qu'on dife avec M. Neuton que la
pefanteur augmente en allant de la circonférence vers la centre ;
car dans l'une & l'autre hypothefe les directions des points pefans , font des angles de plus en plus ouverts à mefure que le
corps s'approche du centre ; de maniere que les directions deviennent enfin diametralement oppofées ; auquel cas il ne faut plus de
force pour foutenir l'effort de la pefanteur : or il eft évident que
les efforts des parties pefantes d'un corps ne paffent pas tout d'un
coup à une oppofition entiere , mais que ce n'eft que par degrés
que cette oppofition augmente & à mefure que le corps s'approche du centre , par conféquent la force néceffaire pour le foutenir diminue de même.

22. Il y a des méthodes géométriques pour trouver le centre de gravité des corps. Cette matiere a été traitée amplement
par divers auteurs qu'on pourra confulter dans le befoin. Quoiqu'à proprement parler il n'y ait que les corps ou folides qui foient
pefans ; cependant dans les mécaniques on confidere fouvent les
lignes & les furfaces comme fi elles étoient pefantes, les centres
de gravité du triangle & de la pyramide y font d'un ufage fort
étendu, c'eft pourquoi on ne fera pas fâché de voir ici la maniere
de les trouver, ce qui donnera en même-tems une ouverture pour
trouver ces centres dans les autres figures.

23. Pour trouver le centre de gravité du triangle ABC, *il* Fig. 5.
faut divifer deux de fes côtez AB, AD *en deux parties égales*
aux points E, F, *par les extrèmitez* B, D, *du troifième côté* BD
mener BF, DE *qui fe couperont au point* C. *Ce point eft le centre*
de gravité du triangle ABD.

Si l'on conçoit que de tous les points du côté AB il y ait des
lignes tirées paralleles à AD qui rempliffent l'aire du triangle,
elles feront divifées en deux parties égales de même que AD,
ces lignes étant conçues pefantes, auront chacune leur centre
de gravité fur la ligne BF ; donc le centre de gravité de toutes,
c'eft-à-dire, celui du triangle, eft fur la ligne BF. Pareillement
fi de tous les points de la ligne AD, on conçoit qu'il y ait des
lignes tirées parallelement au côté AB qui couvrent le triangle,
elles feront divifées en deux parties égales par DE, de même
que le côté AB ; donc le centre de gravité de toutes ces lignes,
c'eft-à-dire, celui du triangle, fe trouve auffi fur DE : ce centre
eft donc tout à la fois fur BF & fur DE. Donc il eft au point C
qui eft le feul qui foit commun aux deux lignes BF, DE.

24. Si on mene FN parallele à AB, elle fera la moitié de AE
& de EB ; donc parce que les triangles CBE, CFN font femblables, comme FN eft la moitié de BE, ainfi CN eft la moitié
de CE ; donc CF eft auffi la moitié de CB. Si on divife DE en 6
parties égales, DN en contiendra 3, & NE les trois autres ; or CN
eft la moitié de CE ; de plus CN + CE prifes enfemble valent
3 parties, donc CE double de CN en vaut deux, & DC 4.
D'où il fuit que le centre de gravité C eft fur la ligne DE ou
fur la ligne BF aux deux tiers de ces deux lignes depuis les fommets D & B.

25. Si par le point C on mene la ligne MH parallele à AB,
AM fera le tiers de AB, & DH le tiers de DB, & le point C
divifera MH en deux parties égales. C'eft pourquoi, fi après

avoir pris sur les côtez AB , DB les parties AM , DH qui soient
chacune le tiers du côté sur lequel on la prend, que l'on mene MH,
le centre de gravité du triangle sera au milieu de la ligne MH.

Fig. 6.   26. *Si l'on a plusieurs triangles isofceles égaux & semblables*
qui aient un même sommet C *, tels que* ABC , BDC , DEC ,
EFC , &c. *qu'on prenne sur les côtez les parties* Aa,Bb,Dd,Ee,
Ff *qui soient chacune le tiers de l'un des côtez* AC , BC , &c.
que l'on mene les lignes ab , bd , de , ef , *les centres de gravité des*
triangles sont au milieu de ces lignes.

Fig. 7.   27. Un secteur de cercle peut être conçu compofé d'une infinité de triangles ifofceles qui ont pour côtez les rayons du secteur
& pour bafes les lignes infiniment petites qui forment l'arc du secteur. C'est pourquoi fi après avoir pris sur le rayon une partie
Aa qui en foit le tiers , on décrit avec *Ca* l'arc *a d f* compris
entre les rayons du secteur , les centres de gravité des triangles
feront sur l'arc *a d f* , & chaque côté de cet arc étant infiniment
petit , on peut concevoir que ces centres occupent toute la longueur de l'arc ; d'où il fuit que la pefanteur de tous les triangles
est répréfentée par l'arc *a f*. D'où il fuit encore qu'en trouvant le
centre de gravité de l'arc *A F* , l'on aura celui du secteur *AC F*.
Par une raifon femblable toute la pefanteur de la figure 6
ABDEFC est réunie sur la ligne *a b d e f*. Donc le centre de
gravité de la figure est le même que celui de cette ligne. On va
voir ce qu'il faut faire pour trouver le centre de gravité d'une
portion de perimetre d'un polygone régulier , ce qui donnera le
moyen d'avoir le centre de gravité de la portion *ABDEFC*. On
appelle ici nombre pair le nombre 2 ou les puiffances de 2 .

    28. *Trouver le centre de gravité d'une portion de perimetre*
d'un polygone régulier compofée d'un nombre de côtez pairement
Fig. 8.   *pair, c'est-à-dire de* 2 , *de* 4 , *de* 8 , *de* 16 , *&c.* On fuppofe que
la portion ANR contient 8 côtez. Par l'angle N qui divife la
portion ANR en deux parties égales , il faut mener le rayon
oblique NO qui divifera la corde AR en deux parties égales au
point V , & qui fera perpendiculaire à la même corde ; il y aura
quatre côtez de part & d'autre du rayon NO. Il faut divifer les
quatre côtez AD , DG , GL , LN en deux parties égales aux
points B , H , I , K , & joindre les points de divifions des deux
premiers par la ligne BH , joindre pareillement les points de divifions des deux autres par la ligne IK , & après avoir mené les
rayons obliques DO , LO qui couperont les lignes BH , IK en
deux parties égales aux points E , M & leur feront perpendicu-

laires, il faut mener EM & le rayon oblique GO qui divisera EM en deux parties égales au point F ; du point F il faut mener FCS perpendiculaire à NO qui aille rencontrer au point S le rayon oblique OP qui passe par le milieu P des quatre autres côtez qui sont de l'autre part de NO. Je dis que le point C où la ligne FS coupe le rayon oblique NO , est le centre de gravité de la portion de périmetre ANR.

Puisque le polygone est régulier , tous les côtez sont égaux & par conséquent également pesans ; donc le centre de gravité de chaque côté est au milieu de ce côté ; donc les points B , H , I , K sont les centres de gravité des côtez AD , DG , GL , LN. Les lignes BH , IK sont divisées en deux parties égales aux points E , M ; donc les points pesans B , H , I , K étant deux à deux d'égale pesanteur sont en équilibre sur les points E , M qui sont par conséquent les centres de gravité , sçavoir le point E des deux côtez AD , DG , & le point M des côtez GL , LN : or les points E , M sont également chargez ; donc le point F milieu de la ligne EM , est le centre de gravité des points pe- sans E,M,& par conséquent des quatre côtez AD,DG,GL,LN ; il est évident que la perpendiculaire FCS coupe semblablement ou dans les mêmes circonstances les rayons obliques GO , PO qui forment avec le rayon NO des angles égaux ; donc le point S est le centre de gravité des quatre autres côtez R,P,Z,N,de même que le point F est le centre de gravité des côtez AD,DG, GL , LN. Les deux points F , S étant également chargez , il est visible que leur centre de gravité est le point C milieu de la ligne FS ; donc le point C est le centre de gravité de la por- tion de perimetre ANR. S'il y avoit plus de 8 côtez , qu'il y en eût 16 ou 32 ou 64 , &c. on trouveroit de la même maniere le centre commun de gravité de tous ces côtez.

29. On peut trouver d'une maniere plus aisée le centre de gravité , par cette proportion, La somme des côtez est à la corde AR , comme le rayon droit OB , est à la distance OC du centre de gravité. Soit menée AN qui sera divisée en deux parties égales au point X par le rayon oblique GO : soit aussi menée la ligne AG qui sera quadruple de BE ou de HE, car la moitié de GA est double de BE, puisque AD est double de BD. Cela posé les triangles BDE , BOE sont semblables (37. *Géom.*); donc BD . BE :: BO . EO & multipliant les deux premiers termes par 8 , on aura 8 BD . 8 BE :: BO . EO , les deux triangles GAX , EOF sont aussi semblables, les angles X , F sont droits ; d'ail-

leurs les triangles rectangles GVO , EFO femblables ont l'angle aigu EOF commun ; donc l'angle OEF eft égal à l'angle AGX (15.*Géom*.). Donc AG ou 4BE.AX::EO.FO ; doublant les deux premiers termes on aura 8BE.2AX ou AN :: EO.FO. Les deux triangles AVN , FCO font femblables , les angles V & C font droits par l'hypothefe , l'angle NAR a pour mefure la moitié de l'arc RN , & l'angle FOC a pour mefure l'arc NG (38.*Géom*.) : or l'arc NG eft la moitié de l'arc RN ; donc AN.AV :: FO.OC. Voici de fuite les trois proprotions qu'on vient de former.

$$8DB . 8BE :: BO . EO$$
$$8BE . AN :: EO . FO$$
$$AN . AV :: FO . OC$$

Si on multiplie les termes de ces proportions , les antécédens par les antécédens,& les conféquens par les conféquens, il paroît à vue d'œil que les deux premiers produits ont pour produifant commun 8BE×AN,& les deux derniers EO×FO ; donc la proportion eft réduite à ces quatre termes 8BD.AV :: BO.OC ; & fi l'on double les deux premiers on aura 16BD . 2AV ou AR :: BO . OC: or 16BD eft la même chofe que les huit côtez de la portion ANR ; donc la fomme des côtez eft à la corde AR comme le rayon droit BO eft à la diftance OC du centre du polygone au centre de gravité de la portion ANR. Quelque foit le nombre des côtez pairement pair de la portion ANR , on aura toujours la même analogie.

Fig. 6.   30. Si la portion AFCA de l'aire d'un polygone régulier eft compofée d'un nombre de côtez pairement pair , on peut en avoir le centre de gravité ; car les centres de gravité de tous les triangles font fituez au milieu des lignes *a b* , *b d* , *d e* , *e f* qui forment une figure femblable à la figure ABDEF ; or par le problême on peut trouver le centre commun de gravité des poids fufpendus au milieu des côtez *a b* , *b d* , *d e* , *e f* , lequel ne differe point du centre de gravité de l'aire AFC ; donc le problême fait trouver le centre de gravité de l'aire AFC.

Fig. 7.   31. Puifque le problême fait trouver le centre de gravité d'une portion de périmetre d'un polygone régulier quelqu'en foit le nombre des côtez, pourvu qu'il foit pairement pair , il s'enfuit qu'on peut trouver le centre de gravité d'un arc *a f* par la proportion , l'arc *a d f* eft à la corde *a f* comme le rayon C*f* eft à la diftance C*o* : ce quatrième terme détermine fur le rayon C*d* qui divife l'arc en deux parties égales, le centre de gravité C de cet arc : car on peut regarder l'arc *a f* comme une portion de périmetre de polygone régulier d'un nombre de côtez pairement pair, & le rayon C*f* ou C*d* comme le rayon droit.

32.

32. L'orsque le centre de gravité de l'arc *a d f* est trouvé, on a le centre de gravité du secteur AFCA, car ces deux centres font au même point.

On ne pousse pas plus loin la considération du centre de gravité des lignes & des surfaces : voici la maniere de trouver ce centre dans la pyramide.

33. Soit la pyramide triangulaire ABDE dont la base ABD Fig. 9. est réprésentée en l'air, & les trois autres faces font les triangles AEB, BED, AED. Si du sommet B opposé à AD l'on mene BF qui divise AD en deux parties égales, le centre de gravité de la base ABD fera au point O distant de F du tiers de BF (24) ; en sorte que OF $= \frac{1}{3}$ BF. Que l'on conçoive la ligne OE menée du centre de gravité O de la base au sommet E, je dis que le centre de gravité de la pyramide est sur la ligne OE : car si l'on imagine que la pyramide est divisée en tranches infiniment minces paralleles à la base ABD elles feront semblables à cette base ABD ; & puisque la ligne OE est semblablement située à l'égard de ces tranches, c'est-à-dire, qu'elle fait avec elles les mêmes angles qu'avec la base ABD, elle les rencontre en des points semblablement situez, & par conséquent elle passe par les centres de gravité de toutes ces tranches. Donc toute la pesanteur de la pyramide est réunie sur la ligne OE. Donc le centre de gravité de la pyramide est sur la ligne OE.

Si par le point F milieu de AD on mene la ligne FE au sommet E de la pyramide, elle passera par le centre de gravité du triangle EAD ; & si l'on prend FG qui soit le tiers de FE, le point G sera ce centre (24). Si l'on conçoit à présent l'angle solide B comme le sommet de la pyramide, & le triangle AED comme sa base, le centre de gravité de la pyramide est aussi sur la ligne BG, ce qui est évident par ce qui vient d'être dit pour prouver que ce centre est sur la ligne OE ; or les deux lignes OE & BG font sur le même plan EBF ; donc ces deux lignes se coupent en un point C. Donc le centre de gravité de la pyramide qui se trouve & sur la ligne OE, & sur la ligne BG, est en C point d'intersection de ces deux lignes.

34. D'où il suit que le centre de gravité d'une pyramide est au point d'intersection de deux lignes menées de deux angles solides aux centres de gravité des bases ou faces opposées à ces angles.

35. Je dis que CO est le quart de EO. Il faut mener GH parallele à BF qui rencontre EQ au point H : de même que GF est

le tiers de FE (24) : ainsi OH est le tiers de OE (7. *Géom.*) ; &
parce que les triangles EOF, EHG sont semblables, de même
que EH est les deux tiers de OE, il faut que GH soit les deux
tiers de FO qui est elle-même le tiers de BF (24) ; donc si on
divise BF en 9 parties, OF en contiendra 3, GH 2, & BO 6 ;
donc les lignes GH, BO sont entr'elles comme 2 & 6, ou comme 1 & 3 ; donc à cause des triangles semblables GCH, BOC
de même que GH est le tiers de BO, ainsi CH est le tiers de CO;
or si l'on divise la ligne EO en 12 parties égales, EH en contiendra 8, & HO en contiendra 4; car on vient de dire que OH
est le tiers de OE, & EH les deux tiers ; & puisque CH est le
tiers de CO, il faut que CO contienne 3 parties, & CH une ;
donc comme 3 est le quart de 12, ainsi CO est le quart de EO.
Il est visible que CO est le tiers de CE, car si à EH qui contient 8 parties on ajoute CH qui en vaut une, CE contiendra 9
parties, & CO 3 ; donc CO est le tiers de CE. On fera voir de
la même maniere que GC est le quart de BG & le tiers de CB.

36. D'où il suit que pour avoir le centre de gravité d'une pyramide, il faut mener une ligne d'un angle solide au centre de
gravité de la base opposée à cet angle, diviser la ligne en quatre
parties égales, & le centre de gravité de la pyramide sera à la
premiere division en commençant vers la base, ou à la troisiéme
en commençant par l'angle solide.

37. On a quelquefois besoin dans la pratique de trouver le centre de gravité d'un solide. Voici une méthode mécanique. Il faut poser le corps sur une table & faire en sorte qu'il
en excede les bords jusqu'à ce qu'il soit sur le point de tomber
par l'effort de son poids : il faut tirer une ligne qui distingue la
partie qui déborde de celle qui est sur la table. Il faut ensuite
tourner le corps dans un autre sens & le faire pareillement dé-
border jusqu'à ce que la partie qui avance soit prête d'entraîner le corps par le seul effort de la pesanteur, tirer une ligne
qui sépare la partie qui est hors de la table d'avec celle qui porte
sur la table, en sorte que cette seconde ligne coupe la premiere,
le point d'intersection est un point de la direction du centre de
gravité.

PROPRIETEZ DU CENTRE DE GRAVITE'.

38. Puisque les parties d'un corps sont en équilibre sur le centre de gravité, quelque situation qu'on leur donne, il s'ensuit
que tant que ce centre sera soutenu, le corps sera en repos, s'il

n'eſt pouſſé que par l'effort de la peſanteur ; mais ſi ce centre n'eſt pas ſoutenu , il eſt néceſſaire que le corps ſoit mu juſqu'à ce que la ligne de direction de la puiſſance qui doit réſiſter , paſſe par le centre de gravité. (On ſuppoſe que le corps eſt libre comme ſeroit un poids ſuſpendu à une corde.)

39. Si la ligne de direction du centre de gravité d'un corps eſt perpendiculaire à ſa baſe , le corps ſera en repos. Car comme toute la peſanteur du ſolide eſt, pour ainſi dire , réunie au centre de gravité , le corps n'eſt ſollicité à ſe mouvoir que ſuivant la direction de ce centre ; or l'effort , ſuivant cette direction , étant perpendiculaire au plan qu'il preſſe , ſera totalement ſoutenu ; donc le corps ſera en repos ; mais ſi la ligne de direction eſt inclinée ou oblique à la baſe du corps , il eſt néceſſaire qu'il ſoit mu ſi le frotement ou quelqu'autre obſtacle ne l'en empêche : car pour lors la peſanteur eſt dans le cas d'une puiſſance qui pouſſe un corps ſuivant une direction oblique au plan ſur lequel le corps eſt poſé. On a prouvé qu'un tel corps ſeroit mu en gliſſant (*Liv.* I. 173) ; donc ſi le plan ſur lequel un corps peſant eſt poſé n'eſt pas horizontal , mais oblique à l'horizon , il ſera mu, quoique la ligne de direction du centre de gravité rencontre la baſe du corps.

40. Si une ſphere eſt poſée ſur un plan horizontal , elle ne ſera pas mue par la ſeule peſanteur ; car le centre de gravité de la ſphere eſt au centre même de la ſphere : d'ailleurs la direction de ce centre eſt perpendiculaire au plan horizontal ; donc elle paſſe par le point d'attouchement ; cette direction trouve donc un point fixe qui réſiſte pleinement à l'effort , par conſéquent la ſphere ſera en repos ; mais ſi la ſphere eſt poſée ſur un plan tant ſoit peu incliné , elle roulera ; car pour lors la ligne de direction ceſſant d'être perpendiculaire au plan horizontal , la peſanteur ſera comme une puiſſance dont la direction ſeroit oblique au plan : ſi cette direction rencontroit la baſe du corps , le corps gliſſeroit (*Liv.* I. 173) ; mais dans le cas préſent cette direction ſort de la baſe , c'eſt pourquoi la ſphere ſera mue ſuivant la direction même de la puiſſance ; par conſéquent elle le roulera.

Si les directions des corps peſans tendent à un centre ou qu'elles concourent , il n'y a ſur le plan horizontal qu'un point où la ſphere puiſſe être en repos ; ce point eſt celui ou le plan touche la terre ; & ſi l'on poſe la ſphere ſur tout autre point différent du point d'attouchement , elle roulera vers ce point ; car puiſque

les directions de la pesanteur concourent , elles sont nécessairement obliques au plan horizontal, excepté celle qui passe par le
point d'attouchement ; donc selon ce qui vient d'être dit , si la
sphere est posée sur un point different du point d'attouchement ,
elle sera comme sur un plan incliné ; elle roulera donc vers le
point d'attouchement qui est le point de repos.

41. Un édifice peut subsister , quoiqu'il soit incliné à l'horizon , & qu'il panche plus d'un côté que d'un autre ; car ou
la direction du centre de gravité du mur qui panche , est
hors de la base du mur , ou elle la rencontre : dans le second cas il n'est pas surprenant qu'un mur subsiste , puisqu'il est
appuyé , sur-tout si les pierres en sont bien cimentées : dans
lepremier cas l'édifice peut encore rester en cet état, pourvu que
ce mur soit assez bien lié avec le corps de l'édifice , pour qu'il
ne puisse pas s'en séparer par sa propre pente ; car alors pour
juger de la solidité de l'édifice , il ne faut pas tant avoir égard
au centre de gravité du mur qui panche qu'au centre de gravité de tout l'édifice,

On rapporte de la tour de Boulogne en *Italie*, que la ligne à
plomb abbaissée du haut de la tour , s'éloigne du pied du mur
de 9 pieds , & que la même ligne à plomb s'éloigne du pied
de la tour de Pise de sept coudées un tiers , ce qui ne doit pas
paroître surprenant, car on sçait que les anciens bâtimens sont
assez solides pour résister à cette pente ; & encore plus facilement, si le centre de gravité du mur qui est panché , n'a pas sa
direction hors de la base.

42. Lorsque les hommes marchent, ils balancent leurs corps
de la droite à la gauche & de la gauche à la droite , & suivent
en cela sans y penser les regles de la mécanique , sans quoi ils
ne pourroient pas mettre un pied devant l'autre ; car il faut que
le pied qui avance soit déchargé du poids du corps , qui l'applique contre terre ; ainsi si c'est le pied droit qu'on porte en
avant , il faut que tout le poids du corps tombe sur le pied gauche ; or c'est-là ce qu'on éxécute sans réflexion lorsqu'on panche
alternativement le corps de la droite vers la gauche , & de la
gauche vers la droite.

43. C'est encore pour donner un appui au centre de gravité
qu'on avance un peu le corps , lorsqu'étant assis on veut se lever , & que ceux qui portent des fardeaux sur leur dos se courbent. C'est aussi pour soutenir le centre de gravité que les bêtes
à quatre pieds marchent en croisant leurs pas, c'est-à-dire , que

ni les deux pieds gauches ni les deux pieds droits ne font jamais mus à la fois , mais elles remuent à la fois un pied droit & un pied gauche , fçavoir ceux de devant ou de derriere fi elles vont le galop , ou un pied de devant & l'autre de derriere fi elles vont le pas ordinaire.

44. On eſt plus fatigué à monter qu'à deſcendre ; car pour monter il faut élever le poids du corps , au lieu que pour deſcendre il ſuffit de ſuivre la pente naturelle. Mais on ſera peut-être étonné de ce qu'on ſe laſſe plus à deſcendre qu'à marcher dans une plaine , il n'y a pas cependant lieu d'en être ſurpris , car il faut que les muſcles agiſſent avec une force plus grande lorſqu'on deſcend ; dans la plaine il ſuffit en marchant de porter ſon corps alternativement de droite à gauche , & de gauche à droite ; mais lorſqu'on deſcend , outre qu'il faut donner au corps ce mouvement , il faut de plus modérer la trop grande viteſſe que la peſanteur tend à imprimer au corps ; c'eſt ce qu'on fait en ſe panchant un peu en arriere : or comme on ne ſe tient dans cette poſture qu'en roidiſſant les muſcles , on éprouve une plus grande laſſitude à deſcendre par un chemin un peu eſcarpé qu'à marcher ſur un terrein qui eſt de niveau.

45. C'eſt encore ſur la connoiſſance que l'on a de la propriété des centres de gravité , qu'on conſtruit pluſieurs machines comme les meules des moulins , toutes les roues horizontales & mêmes les verticales &c. qui ne ſont appuyées , pour ainſi dire , que par leurs centres de gravité , ce qui donne une extrême facilité pour les mouvoir. En un mot tous les corps qu'on veut mouvoir en rond , & qui par la lourdeur de leur maſſe réſiſteroient trop aux efforts ordinaires des hommes , comme les cloches , les portes des maiſons , &c. ſont bâtis ſur le même principe.

DES RAPPORTS DES POIDS
de differente matiere.

46. Il ne faut pas confondre le volume d'un corps avec ſa maſſe. Le volume eſt l'eſpace qu'il occupe en long en large & en profondeur , lequel ſe meſure par les regles de la Géométrie , la maſſe eſt la quantité de matiere que ſon volume contient. Si tous les corps n'étoient pas percez d'un nombre innombrable de pores , & que tout l'eſpace qu'ils occupent fût rempli de la matiere propre qui les compoſe , il ne ſeroit pas néceſſaire de diſtinguer le volume d'un corps d'avec ſa maſſe ; mais on ſçait que tous les corps ſont des vrais cribles , & qu'ils ſont percez d'u-

ne infinité de trous ; que par conféquent le volume ne mefure pas
la quantité de matiere ou le nombre de leurs parties folides. Il
n'eſt pas difficile de ſe perfuader qu'un pied cubique de plomb
contient plus de ſa matiere propre qu'un pied cube de liege n'en
contient de la ſienne à cauſe du grand nombre des pores ; car ſi
on met ce pied cube de liege ſous la preſſe , on le réduit à un
très-petit volume ; ce qui prouve que la matiere du liege occupe
un très-petit eſpace dans ce pied cube.

47. L'expérience montre que les corps de differente matiere
peſent inégalement en pareil volume ; ainſi un pied cube de
plomb peſe bien davantage qu'un pied cube de liege. D'où eſt-
ce que procede cette inégalité de poids ? comme les raiſonnemens qu'on feroit ſur ce ſujet pourroient s'éloigner de la vérité ,
s'ils n'étoient appuyez ſur l'expérience, on en va rapporter quelques unes qui ont été faites & qui ont rapport à la queſtion pro-
poſée.

48. Galilée a obſervé que tous les corps , ceux même qu'on
appelle légers , commençoient à deſcendre dans l'air avec la même viteſſe que les corps peſans. Par exemple , ſi on laiſſe tomber
deux bales l'une de plomb & l'autre de liege , elles vont enſemble preſque l'eſpace de deux pieds , après quoi la bale de plomb
devance de beaucoup celle de liege. M. Mariotte a fait des expériences ſemblables. On laiſſa tomber enſemble de la même hauteur qui étoit de 80 pieds une boule de mail & un boulet de
canon d'une même groſſeur , ils deſcendirent juſqu'à 25 pieds
également vîte ; le boulet étant à 50 pieds paſſa la boule de mail
d'environ deux pieds , & au bas de la chute de plus de quatre
pieds.

49. Ces deux expériences font voir que la peſanteur imprime
à tous les corps la même viteſſe , & que ſi les plus peſants deſcendent plus vîte vers la fin de la chute , & paſſent ceux qui peſent moins , la difference des viteſſes vient de ce qu'ils trouvent une moindre réſiſtance dans l'air à proportion de ce qu'ils
peſent davantage ; car l'air réſiſte aux corps en mouvement, &
leur ôte une partie de la viteſſe. Si deux corps ont la même groſſeur , la même figure & la même viteſſe , l'air leur réſiſte également, c'eſt-à-dire, qu'il leur ôte la même quantité de mouvement à l'un & à l'autre ; mais ſi la force qui eſt appliquée à l'un
d'eux eſt plus grande, ſi par exemple , la force du corps A eſt
quadruple de la force du corps B , la viteſſe que le corps A perdra ſera bien moindre que celle que perd le corps B ; car il pour-

roît ſe faire que la réſiſtance de l'air fût telle qu'elle détruiſît dans le corps A la quatriéme partie de ſa force, auquel cas le corps B perdroit toute celle qu'il a, & par conſéquent toute ſa viteſſe, dans le tems que le corps A conſerveroit encore les trois quarts de la ſienne: ainſi plus la force d'un corps eſt grande, moins il perd de ſa viteſſe, la figure, la groſſeur & la viteſſe étant ſuppoſées les mêmes: or plus un corps eſt peſant, plus la force qui lui eſt appliquée eſt grande; il doit donc trouver une moindre réſiſtance dans l'air, c'eſt-à-dire, perdre une moindre viteſſe.

On trouve dans les principes de M. Neuton, Propoſition 6, Liv 3, une expérience qui prouve que ſans la réſiſtance de l'air tous les corps recevroient de la peſanteur la même viteſſe. M. Neuton fit faire deux boëtes de bois, rondes & égales. Il mit dans l'une un morceau d'or & dans l'autre ſucceſſivement un poids égal de bois, d'eau, de froment, de ſable, &c. toutes matieres moins peſantes que l'or, il ſuſpendit ces boëtes à des fils d'égale longueur; ces boëtes ainſi ſuſpendues faiſoient des pendules de onze pieds de long. Après avoir éloigné les pendules également du repos, il trouva qu'ils alloient & revenoient enſemble pendant un tems conſidérable, faiſant leurs vibrations égales en tout, & quant à l'étendue, & quant à la durée. Cela poſé, ſi les deux boëtes euſſent été vuides, elles auroient fait leurs vibrations enſemble étant parfaitement égales en tout; les matieres que l'on met dedans ne troublent point non plus l'égalité des vibrations, quoique fort inégales en volumes, comme il paroît par l'expérience même; d'où il ſuit que ſi ces mêmes matieres étoient mues ſeules en pendule dans un milieu ſans réſiſtance, elles iroient & retourneroient enſemble, puiſqu'en écartant cette réſiſtance, ou du moins faiſant en ſorte qu'elle ſoit égale pour toutes, elles vont & retournent de même, leurs vibrations étant égales en tout.

D'où il faut conclure que la peſanteur imprime à tous les corps la même viteſſe, & que ſans la réſiſtance de l'air ils tomberoient tous également vîte.

PROPOSITION PREMIERE.

50. *Les peſanteurs de deux corps ſont entre'elles comme les maſſes.*

DEMONSTRATION. Suivant les expériences précedentes tous les corps, ceux qu'on nomme légers, comme ceux qu'on appelle

pefants , tomberoient également vîte fans la réfiftance de l'air, &
en tems égaux acquerroient des degrez égaux de viteffes: donc les
quantitez de mouvement feroient comme les maffes (*Liv.* I. 91):
or deux forces conftantes font entr'elles comme les quantitez de
mouvement qu'elles produifent en même-tems ; d'ailleurs dans
le cas préfent les pefanteurs font des forces conftantes , elles font
donc entr'elles comme les quantitez du mouvement qu'elles impriment aux corps en tems égaux. Donc elles font entr'elles comme
les maffes qu'elles meuvent.

5 1. *Si les corps font de même matiere, les poids font entr'eux comme les volumes.* Car les poids ou pefanteurs de deux corps font dans
la raifon des maffes ; mais dans le cas préfent les maffes font comme les volumes. Donc les pefanteurs font comme les volumes :
un pied cube de plomb pefe deux fois autant qu'un demi pied
cube de la même matiere , parce que fon volume étant double il
contient deux fois plus de matiere.

5 2. *La pefanteur fpécifique d'un corps eft la mefure ou la quantité de fon poids , comparée à celle d'un autre corps de même volume. Si un corps pefe deux fois , trois fois plus qu'un autre corps
de même volume , on dit que fa pefanteur fpécifique eft double ou
triple.*

*Les pefanteurs fpécifiques de deux corps qui ont des volumes
égaux , font entr'elles comme les maffes.* Car lorfque les volumes
font égaux , les pefanteurs fpécifiques ne different pas des pefanteur abfolues felon la définition ; or les pefanteurs abfolues font
entr'elles comme les maffes ; donc les pefanteurs fpécifiques qui
dans le cas préfent font comme les pefanteurs abfolues , font
auffi entr'elles comme les maffes.

5 3. *Si deux corps pefent également, les pefanteurs fpécifiques
font dans la raifon réciproque des volumes.* Voici le fens de la
propofition : Que l'on prenne deux maffes de même poids , par
exemple , deux livres de plomb & deux livres d'étain ; les pefanteurs fpécifiques du plomb & de l'étain , c'eft-à-dire , en égal
volume , font dans la raifon réciproque des volumes des deux
maffes ou poids égaux fuppofez chacune de deux livres.

Si le plomb pefe , par exemple , deux fois plus que l'étain en
pareil volume , la pefanteur fpécifique du plomb fera double de
la pefanteur fpécifique de l'étain ; donc fi on veut que le volume
d'étain pefe autant que le volume de plomb , il faudra doubler
fon volume. Donc fi une maffe d'étain pefe autant qu'une maffe
de plomb , il faudra que de même que la pefanteur fpécifique du
plomb

plomb eft double de la pefanteur fpécifique de l'étain, réciproquement la maffe d'étain ait un volume double de la maffe du plomb. Les pefanteurs fpécifiques de deux corps de differente matiere qui pefent également font donc entr'elles réciproquement comme les volumes.

54. *Les pefanteurs fpécifiques des deux corps* A, B *font en raifon compofée de leurs pefanteurs propres, & de la raifon réciproque des volumes.*

Si les poids des deux corps étoient égaux, les pefanteurs fpécifiques feroient dans la raifon réciproque des volumes; mais fi le poids du corps A eft plus grand que le poids du corps B, qu'il foit triple, la pefanteur fpécifique du corps A fera triple de ce qu'elle auroit été, fi les poids avoient été égaux; donc la raifon des pefanteurs fpécifiques fera triple de la raifon réciproque des volumes; donc pour avoir une raifon égale à celle des pefanteurs fpécifiques, il faut faire en forte que la raifon réciproque des volumes foit trois fois plus grande qu'on ne la fuppofe: or par l'hypothefe le poids du corps A eft triple du poids du corps B; donc en multipliant les termes de la raifon réciproque des volumes, fçavoir le volume du corps B par le poids triple du corps A, & le volume du corps A par le poids du corps B, la raifon des produits fera triple de la raifon réciproque des volumes (20. *Arit.*), & par conféquent égale à la raifon des pefanteurs fpécifiques. Donc, &c.

55. *Les pefanteurs propres de deux corps font en raifon compofée des pefanteurs fpécifiques, & des volumes.*

Si les volumes étoient égaux, les pefanteurs propres feroient comme les pefanteurs fpécifiques, puifqu'elle n'en differeroient pas; mais fi les volumes font inégaux, les pefanteurs propres augmenteront dans la raifon des volumes; un volume double donnera une pefanteur propre double de ce qu'elle auroit été, les volumes étant fuppofez égaux; donc pour avoir le rapport des pefanteurs propres, il faudra multiplier les pefanteurs fpécifiques par les volumes. Donc les pefanteurs propres font dans la raifon compofée des pefanteurs fpécifiques, & des volumes.

CHAPITRE SECOND.

DU MOUVEMENT DES CORPS
jettez suivant la direction verticale ou perpendiculaire
à l'horizon.

5 6. **L**'Obfervation montre que les corps tendent au centre fuivant des directions perpendiculaires à la furface du globe terreftre , & par conféquent perpendiculaires à l'horizon ,
car l'horizon n'eft que la continuation de la portion de la furface
de la terre , à laquelle la direction du corps pefant répond. On
nomme encore cette direction verticale , parce que fi l'obfervateur eft à l'endroit même où eft le corps pefant, elle paffe par
le point vertical , c'eft-à-dire , celui qui eft directement au-deffus
de fa tête.

57. Un corps pefant qui eft abandonné à lui-même , c'eft-à-
dire , qui n'eft point foutenu ou empêché, eft mis en mouvement ;
car il eft pouffé , & par l'hypothefe rien ne s'oppofe à fon mouvement ; de plus il eft mu d'un mouvement accéleré , puifqu'il
eft continuellement pouffé.

58. Si un corps eft pouffé verticalement de bas en haut, il
montera par un mouvement retardé fans s'écarter de fa premiere
direction.

1°. Le mouvement d'un corps qui eft pouffé verticalement de
bas en haut , eft continuellement retardé ; de même que la pefanteur accélere la viteffe d'un corps qui defcend , elle la retarde lorfque le corps monte , car pour lors l'effort de la pefanteur eft oppofé à la force du corps ; le corps doit donc perdre à chaque
inftant de fa force ou de fon mouvement. 2°. Le mobile ne s'é-
loignera pas de fa premiere direction , car la pefanteur étant directement oppofée au mouvement du mobile , elle en retardera
la viteffe fans le détourner de fa premiere direction.

59. Un corps qui eft pouffé de bas en haut ne peut pas toujours monter , puifqu'il perd de fon mouvement à chaque inftant.

Dans la fuite on fuppofera avec Galilée que la pefanteur eft
une force conftante, & qu'elle produit dans les corps pefans des
degrez égaux de viteffe en des tems égaux, lorfqu'ils font mus
fuivant fa direction , & qu'ils ne rencontrent aucun obftacle qui
les retarde ; mais fi les corps font mus contre la direction de la
pefanteur , on fuppofera qu'elle leur ôte des degrez de viteffe

égaux à ceux qu'elle leur auroit donné s'ils avoient *été mus suivant sa direction*. On supposera aussi que les corps se meuvent
dans l'air comme dans un milieu qui ne résiste point , c'est-à-
dire , qu'on fera abstraction de cette résistance.

60. *Un corps pesant qui descend librement est mu d'un mouvement uniformément accéléré* , c'est-à-dire , que si on divise le tems
du mouvement en parties égales , par exemple , en secondes , à
chaque seconde le corps acquiert un degré de vitesse ; en sorte
que les vitesses acquises après deux tems sont entr'elles comme les
nombres des secondes qui se sont écoulées pendant ces deux tems,
si le nombre de secondes qui se font écoulées pendant le premier
tems , est double du nombre de secondes qui se font écoulées
pendant le second tems , la vitesse acquise pendant le premier
tems sera double de la vitesse acquise pendant le second tems.

Le simple exposé de la proposition suffit pour en faire voir la
vérité. Car suivant l'hypothese la pesanteur est une force constante qui donne à chaque instant ou dans chaque seconde des
degrez égaux de vitesse à un corps qui tombe librement ; or ce
corps conserve tous les degrez de vitesse que la pesanteur lui a
donnés , puisqu'il n'y a aucune force , aucun obstacle qui les lui
ôte ou qui les diminue lorsqu'une fois il les a reçus ; donc le
nombre des degrez de vitesse qu'un corps acquiert pendant un
certain tems , est égal au nombre d'instans ou des secondes qui
se font écoulés ; donc les vitesses qu'un corps acquiert en tombant
librement pendant deux tems , font dans le rapport de ces tems ;
Donc le corps est mu d'un mouvement uniformément accéléré.

61. *Les degrez de vitesse qu'acquiert un corps qui tombe librement , augmentent comme les nombres naturels* 1. 2. 3. 4. *&c.*
Car le tems augmente comme les mêmes nombres naturels 1. 2.
3. 4. &c.

PROPOSITION SECONDE.

62. *L'espace parcouru par un corps qui tombe librement , est
réprésenté par l'aire d'un triangle rectangle dont la hauteur représente le tems , & la base la vitesse acquise à la fin de ce tems.*
Cette proposition a été démontrée ci-devant (*Liv.* I. 126.). On
va néanmoins proposer de nouveau la même preuve en la présen-
tant sous un point de vue un peu different.

DEMONSTRATION. Si l'on divise par la pensée la hauteur du
triangle en parties infiniment petites , elles réprésenteront les
parties infiniment petites du tems de l'accélération ou de la descente , & les parties de cette hauteur prises du sommet , les par_

ties du tems qui se sont écoulées depuis le premier instant de la descente ; & si par les points de division l'on conçoit des lignes paralleles à la base, elles répréfenteront les vitesses acquises dans les tems exprimez par les hauteurs correspondantes, car de même que les parties de la hauteur prises de suite sont dans la progression des nombres naturels 1. 2. 3. 4. &c. ainsi les paralleles prises aussi de suite sont dans la même progression ; & parce que les parties de la hauteur aussi prises de suite ne se surpassent que d'une partie infiniment petite, de même les paralleles prises de suite ne se surpassent que d'une partie infiniment petite : d'où l'on voit que les accroissemens de vitesse répréfentez par ces differences infiniment petites des paralleles sont eux-mêmes infiniment petits. Par conféquent l'on peut confidérer la vitesse d'un instant comme uniforme pendant cet instant. Cela pofé dans le mouvement uniforme l'espace parcouru dans un certain tems est exprimé par un rectangle dont la hauteur répréfente le tems, & la base la vitesse (*Liv.* I. 15). Donc dans le cas préfent les espaces parcourus dans deux instans font entr'eux comme les rectangles dont les hauteurs infiniment petites répréfentent les instans, & les bafes les vitesses acquises depuis le moment de la descente jusqu'à ces instans. Les hauteurs des rectangles font égales, donc ils font dans la raifon des bafes (40. *Géom*), c'est-à-dire, comme les vitesses ; donc les espaces parcourus dans deux instans font dans la raifon des vitesses acquises depuis le moment de la descente jusqu'à la fin de ces instans. D'où il fuit que les espaces parcourus pris de suite font dans la même raifon que les vitesses prifes aussi de suite ; donc les espaces parcourus pris de suite font dans la même raifon que les paralleles à la base du triangle prifes de suite ; donc la fomme des espaces parcourus est exprimée par la fomme des paralleles : or toutes les paralleles enfemble forment le triangle rectangle. Donc l'espace parcouru par un corps qui descend librement, est répréfenté par un triangle rectangle dont la hauteur exprime le tems, & la base la vitesse acquise à la fin de ce tems.

PROPOSITION TROISIE'ME.

63. *L'espace qu'un corps parcourt en tombant librement depuis le repos, est la moitié de l'espace qu'il parcourroit uniformément, pendant un tems égal à celui de l'accélération avec la vitesse acquise à la fin de ce tems.*

Demonstration. L'espace parcouru pendant le tems de

l'accélération est réprésenté par un triangle rectangle dont la hauteur exprime le tems, & la base la vitesse acquise (62). L'espace parcouru par le mouvement uniforme, est réprésenté par un rectangle dont la hauteur exprime le tems, & la base la vitesse (*Liv.* I. 15.) : or dans l'hypothese présente le tems du mouvement uniforme est égal au tems du mouvement accéleré ; donc les hauteurs du triangle & du rectangle sont égales : d'ailleurs la vitesse dans le mouvement uniforme est supposée égale à la vitesse acquise à la fin du tems de l'accélération ; donc le triangle & le rectangle ont encore leurs bases égales, donc le triangle ayant même hauteur & même base que le rectangle, en est la moitié (34. *Géom.*). Par conséquent l'espace parcouru pendant le tems de l'accélération est la moitié de l'espace que le corps parcourroit dans le même tems ou dans un tems égal, d'un mouvement uniforme avec la vitesse acquise à la fin de ce tems.

On peut encore donner une autre démonstration de la même proposition ; mais avant de la proposer il faut remarquer 1°. que dans une progression arithmétique, deux termes également éloignez du terme moyen, c'est-à-dire, du terme qui est au milieu de la progression, étant ajoutez, donnent des sommes égales, & que le terme moyen est la moitié de chacune de ces sommes (22.25.*Arit.*). 2°. Si un corps est mu dans l'instant A avec un degré de vitesse, & dans l'instant B avec deux degrez, il parcourra le même espace que s'il étoit mu pendant l'instant A ou l'instant B avec trois degrez de vitesse ; car dans l'un & l'autre cas il parcourra trois d'espace. 3°. Si le corps est mu pendant les instans A & B avec la moitié de trois degrez de vitesse, il parcourra le même espace que s'il étoit mu pendant l'instant A ou l'instant B avec trois degrez de vitesse. D'où l'on peut conclure en général que si un corps est mu pendant les instans A & B avec la moitié de la somme des vitesses qu'il a eues pendant chacun des deux instans, il parcourra le même espace qu'il parcourt étant mu pendant l'instant A avec la vitesse qu'il a dans cet instant & dans l'instant B avec la vitesse particuliere de cet instant. Cela posé,

Les vitesses que reçoit un corps qui tombe librement, croissent suivant la progression des nombres naturels 1. 2. 3. 4. 5. &c. Donc entre la plus petite qui est la vitesse initiale, & la plus grande qui est la vitesse acquise à la fin de la chute, il y a une vitesse moyenne qui est égale à la moitié de la somme des vitesses de deux instans de la chute, quels qu'ils soient, également éloignez de l'instant moyen auquel la vitesse moyenne corespond ; donc la viteſſe moyenne eſt égale à la moitié de la viteſſe initiale & de la viteſſe acquiſe priſes enſemble ; la viteſſe initiale étant infiniment petite peut être négligée ; donc la viteſſe moyenne eſt égale à la moitié de la viteſſe acquiſe. Cela poſé , dans un tems égal à deux inſtans de la chute également éloignez de l'inſtant moyen , la viteſſe moyenne feroit parcourir un eſpace égal aux eſpaces parcourus par les viteſſes propres & coreſpondantes à ces inſtans ; donc dans un tems égal à la totalité des inſtans de la chute , la viteſſe moyenne , c'eſt-à-dire , la moitié de la viteſſe acquiſe feroit parcourir un eſpace égal à la ſomme des eſpaces parcourus dans la totalité dès inſtans de la chute par les viteſſes propres & correſpondantes à chacun de ces inſtans ; lors donc qu'il ne s'agit que de l'eſpace parcouru , c'eſt la même choſe que le corps ſoit mu d'un mouvement accéleré ou d'un mouvement uniforme avec la moitié de la viteſſe acquiſe ; car dans le même-tems il parcourra le même eſpace dans l'une & l'autre ſuppoſition ; mais il eſt évident que l'eſpace parcouru uniformément avec la moitié de la viteſſe acquiſe , n'eſt que la moitié de l'eſpace parcouru dans le même-tems avec la viteſſe acquiſe toute entiere. Donc l'eſpace parcouru par un corps qui tombe librement n'eſt que la moitié de l'eſpace qu'il parcourroit par un mouvement uniforme avec la viteſſe acquiſe à la fin de la chute , s'il étoit mu pendant un tems égal au tems du mouvement accéleré.

64. Si un corps étoit mû uniformément avec la viteſſe acquiſe à la fin de la chute , il parcourroit dans un tems égal au tems de la deſcente , un eſpace double de l'eſpace qu'il a parcouru par un mouvement accéleré. (63) ; donc *dans un tems qui ſeroit égal à la moitié du tems de la deſcente il parcourroit le même eſpace qu'il a parcouru par le mouvement accéleré.*

PROPOSITION QUATRIE'ME.

65. *Si l'on diviſe le tems de la deſcente en parties égales , les eſpaces parcourus en des tems égaux , ſont entr'eux comme les nombres impairs* 1. 3. 5. *&c. de la ſuite des nombres naturels.*

Demonstration. Si l'on nomme 1 l'eſpace parcouru dans le premier tems, que ce ſoit, par éxemple, 1 toiſe, l'eſpace parcouru dans le ſecond tems ſera 3 toiſes. Car la viteſſe acquiſe à la fin du premier tems fera parcourir pendant le ſecond un eſpace double , c'eſt-à-dire 2 toiſes ; d'ailleurs la peſanteur qui eſt toujours appliquée au mobile & dont l'action eſt uniforme pour tous les tems , fera parcourir un eſpace égal à l'eſpace parcouru dans le premier ,

c'eſt-à-dire une toiſe ; donc tout l'eſpace parcouru dans le ſecond tems eſt 3 toiſes. A la fin du ſecond tems le mobile aura acquis deux degrés de viteſſe qui feront parcourir pendant le troiſiéme tems un eſpace quadruple de l'eſpace parcouru pendant le
premier tems,(car puiſque 1 degré de viteſſe acquiſe fait parcourir
un eſpace double ou 2 toiſes ,) deux degrez de viteſſe acquiſe feront parcourir 4 toiſes , & la peſanteur toujours appliquée au
corps fera parcourir une toiſe de même que dans le premier &
le ſecond tems ; donc l'eſpace parcouru dans la troiſiéme partie
du tems ſera 5 toiſes. 3 degrez de viteſſe acquiſe feront parcourir 6 toiſes dans le quatriéme tems,qui étant ajoutées à la toiſe
que la peſanteur fait parcourir pendant le quatriéme tems , donneront 7 toiſes pour l'eſpace parcouru , & ainſi de ſuite.

66. Si l'eſpace parcouru pendant le premier tems étoit différent de l'unité , pour lors les eſpaces parcourus en tems égaux ,
ſeroient les nombres 1. 3. 5. 7. &c. de la ſuite des nombres naturels multipliez chacun par le nombre qui exprimeroit l'eſpace
parcouru dans le premier tems. Si le tems eſt, par exemple, diviſé en ſecondes, & qu'un corps qui tombe librement parcoure
15 pieds dans la premiere ſeconde, ou 1×15 , il parcourra
3×15 pendant la deuxiéme ſeconde , il parcourra 5×15 dans
la troiſiéme ſeconde & ainſi des autres termes. Or tous les termes de la ſuite étant multipliez par un même nombre , ſeront
entr'eux comme les nombres impairs 1. 3. 5. 7. &c. Ainſi la propoſition eſt généralement vraie.

67. *On peut démontrer d'une maniere ſenſible que les eſpaces*
parcourus en tems égaux , ſont entr'eux comme les nombres impairs
1. 3. 5. *&c.* L'eſpace parcouru dans le mouvement uniformément accéleré , eſt répréſenté par un triangle rectangle dont la
hauteur exprime le tems , & la baſe la viteſſe acquiſe. Si l'on
diviſe la hauteur AB en autant de parties égales que le tems ; que
par les points de diviſion on mene des paralleles à la baſe BC telles
que GI , FL , EM , & que par les points I , L , M , où ces paralleles coupent le côté AC , on mene des paralleles au côté AB
telles que IK , LN , MO , qui coupent la baſe BC ; que par les
points K , N , O , & les points E , F , G , on mene d'autres paralleles au côté AC , le triangle ſera doublement diviſé , 1°. par
les paralleles GI , FL , EM , en autant de trapeſes de même hauteur qu'il y a de parties dans le tems (conſidérant le triangle AGI
comme un eſpece de trapeſe) & les ſecondes & les troiſiémes
paralleles diviſent les trapeſes en triangles égaux au triangle AGI.

Cela fait, il eſt aiſé d'appercevoir 1°. que ces trapeſes répréſentent
de ſuite les eſpaces parcourus dans les tems AG , GF , FE , EB.
2°. Qu'ils ſont entr'eux comme les nombres impairs 1. 3. 5. 7.
&c. ce qui montre ſenſiblement que les eſpaces parcourus en tems
égaux par un corps qui tombe librement ſont dans la raiſon
des nombres impairs 1. 3. 5. &c.

68. La différence qui regne dans la progreſſion des eſpaces
parcourus en tems égaux , eſt 2 qui eſt double de l'eſpace parcouru au premier tems ; ainſi le ſecond terme contient le premier
1 avec la différence 2 ; le troiſiéme contient le premier 1 avec
2 fois la différence 2 ; le quatriéme contient le premier 1 avec
trois fois la différence 2 , & ainſi de ſuite ; donc ſi l'on ajoute
le premier terme à quelque autre terme de la progreſſion, la ſomme ſera un nombre double du nombre qui exprime le tems qui
s'eſt écoulé depuis le premier moment de la deſcente juſqu'au
tems incluſivement qui répond à ce terme. Ainſi ſi l'on ajoute le
premier terme 1 au quatriéme qui eſt 7 , le nombre 8 qui eſt la
ſomme des deux eſt double du nombre 4 qui exprime le tems qui
s'eſt écoulé juſqu'au tems incluſivement qui répond au quatriéme
terme 7.

69. D'où l'on voit que ſi l'eſpace parcouru dans le premier
tems eſt exprimé par l'unité , & que l'on veuille connoître l'eſpace qu'un corps qui tombe parcourt dans une certaine partie du
tems de la deſcente , par exemple, dans la cinquiéme il faut
doubler 5 & du produit 10 retrancher l'unité ou le premier terme , & le reſte 9 ſera l'eſpace parcouru dans le cinquiéme tems.

Si l'eſpace parcouru dans le premier tems eſt different de
l'unité , les eſpaces parcourus dans les tems ſuivans ſeront encore
ceux de la progreſſion 1. 3. 5. 7. 9. &c. multipliez chacun par
l'eſpace parcouru dans le premier tems. Suppoſons , par exemple ,
que l'eſpace parcouru dans la premiere partie du tems ſoit 15 ,
les termes de la progreſſion ſeront 1×15. 3×15. 5×15. 7×15.
9×15 , & ainſi de ſuite : or ſi à un terme l'on ajoute le premier
15 , que l'on diviſe la ſomme par 15 , le quotient exprimera un
tems double du tems qui s'eſt écoulé ; ainſi ſi au troiſiéme terme
5×15 , on ajoute 15 & que l'on diviſe la ſomme par 15 , le quotient ſera 6 double du tems qui s'eſt écoulé , ce qui eſt évident :
car le produit 5×15 contient 15 , 5 fois ; donc ſi à ce produit on
ajoute 15 , la ſomme contiendra 15 , 6 fois , qui eſt un nombre
double du nombre 3 qui exprime le tems. D'où l'on voit que
dans ce ſecond cas pour avoir l'eſpace parcouru dans une partie

du

du tems de la defcente , par exemple , dans le quatriéme tems il
faut doubler le nombre 4, & multiplier le produit 8 par 15, &
du produit 8 × 15 retrancher le premier terme 15 , & le reftant
fera l'efpace parcouru dans le quatriéme tems , ou multiplier
8 — 1 , c'eft-à-dire 7 par 15 , & le produit fera l'efpace parcouru au quatriéme tems.

PROPOSITION CINQUIE'ME.

*70. Les efpaces qu'un corps a parcourus en tombant librement
depuis le repos , c'eft-à-dire , à compter du point d'où il commence à
defcendre , font comme les quarrez des tems employez à les parcourir.*

DEMONSTRATION. L'efpace qu'un corps parcourt dans le
premier tems étant exprimé par l'unité , les efpaces parcourus aux
tems fuivans font exprimez par les nombres impairs de la progreffion des nombres naturels , c'eft-à-dire , que ces efpaces
pris de fuite font 1. 3. 5. 7. 9. 11. &c. Cela pofé , fi l'on ajoute les efpaces parcourus dans le premier & le fecond tems ;
que l'on ajoute les efpaces parcourus dans le premier , le fecond
& le troifiéme tems ; que l'on ajoute les efpaces parcourus dans
les quatre premiers tems ; que l'on ajoute les efpaces parcourus
dans les cinq premiers tems , dans les fix premiers tems , & ainfi
de fuite , on formera les nombres 1. 4. 9. 16. 25. 36. &c. qui
expriment de fuite les efpaces parcourus depuis le repos après le
premier, les deux premiers, les trois premiers, les quatre, les cinq,
les fix premiers tems de la defcente ; or il eft vifible que ces nombres font les quarrez des tems qui fe font écoulez , par exemple,
1 & 9 font les quarrez du premier & des trois premiers tems ; 4
& 25 font les quarrez des deux & des 5 premiers tems , &c.
Donc les efpaces parcourus depuis le repos font comme les quarrez des tems employez à les parcourir.

On peut encore démontrer la propofition dont il s'agit en
cette maniere : L'efpace parcouru pendant tout le tems de l'accélération eft exprimé par un triangle rectangle ABC dont la hau- Fig. 10.
teur AB réprefente le tems , & la bafe BC la viteffe acquife à la
fin de ce tems (62). Si par quelque point E de la hauteur AB on
mene EM parallele à la bafe BC ; de même que le triangle ABC
exprime l'efpace parcouru dans le tems AB , le triangle AEM
réprefentera l'efpace parcouru pendant le tems AE , car la bafe
EM exprime la viteffe acquife dans le tems AE ; donc les efpaces parcourus dans les tems AB , AE font entr'eux comme les

*S

triangles ABC , AEM ; or ces triangles étant femblables font
entr'eux comme les quarrez des côtez homologues AB, AE, &
par conféquent entr'eux comme les quarrez des tems (19. *Géom.*).

71. *Les efpaces parcourus depuis le repos font encore entr'eux
comme les quarrez des viteffes acquifes à la fin des tems employez
à les parcourir* ; car les viteffes acquifes à la fin de deux tems à
compter depuis le repos (60), font comme ces tems, d'où il fuit que
les efpaces parcourus font comme les quarrez des viteffes , puifqu'ils font entr'eux comme les quarrez des tems. Les quarrez
des tems & des viteffes étant en raifon doublée des tems & des
viteffes , on dit auffi que les efpaces parcourus depuis le repos ,
font en raifon doublée des tems & des viteffes.

72. Si l'on connoît l'efpace que la pefanteur fait parcourir dans
un tems donné , par exemple , d'une feconde , on connoîtra l'efpace qu'elle feroit parcourir dans tout autre tems donné : or des
expériences faites avec foin ont fait connoître à M. Huygens
qu'un corps pefant qui tombe librement parcourt dans la premiere feconde de la defcente , 15 pieds. C'eft pourquoi fi on
fait la proportion 1 quarré d'une feconde eft au quarré d'un
autre nombre de fecondes , par exemple , eft au quarré de 5 qui
eft 25 , ainfi 15 eft à un quatriéme terme , l'on aura l'efpace
parcouru pendant le tems de 5 fecondes.

73. Puifque les efpaces parcourus font comme les quarrez des
tems & des viteffes acquifes depuis le repos , il s'enfuit que *les
tems & les viteffes acquifes depuis le repos font comme les racines
quarrées des efpaces parcourus , ou en raifon fou-doublée des mêmes efpaces.*

74. *Si les efpaces que deux corps parcourent d'un mouvement
uniforme avec les viteffes qu'ils ont acquifes par deux hauteurs
differentes en defcendant font comme les racines quarrées de ces
hauteurs , ces mêmes efpaces feront parcourus en tems égaux.* Car
puifque les efpaces parcourus par les mouvemens uniformes font
comme les racines quarrées des hauteurs d'où les mobiles font
tombez , & que d'ailleurs les viteffes dans le mouvement uniforme font auffi comme les racines quarrées de ces hauteurs ,
puifque les mobiles ont acquis ces viteffes en defcendant par ces
hauteurs (73) , il s'enfuit que les efpaces parcourus uniformément , font comme les viteffes avec lefquelles ils font parcourus.
Donc ils font parcourus en même-tems (*Liv.* I. 4).

75. *Si l'on connoît l'efpace qu'un mobile a parcouru à la derniere feconde de fa chute , on peut connoître la viteffe qu'il avoit*

acquife au commencement de cette derniere feconde, & tout l'efpace qu'il avoit parcouru pour l'acquérir. Suppofons que l'on ait ob-fervé que le mobile a parcouru dans la derniere feconde de fa chute 105 pieds, puifque la pefanteur fait parcourir 15 pieds en une feconde, il s'enfuit que fi de 105 on retranche 15 pieds, le reftant 90 pieds eft l'efpace que le mobile a parcouru pendant une feconde par un mouvement uniforme avec la viteffe toute acquife au commencement de cette derniere feconde ; d'un autre côté par la viteffe acquife à la fin de la premiere feconde de la def-cente le mobile parcourroit 30 pieds : les efpaces 90 & 30 étant parcourus en des tems égaux, il s'enfuit qu'ils font entr'eux com-me les viteffes, c'eft-à-dire, comme 3 & 1 ; donc le mobile avoit au commencement de la derniere feconde de fa chute, une viteffe de 3 degrez, à laquelle fi on ajoute le degré que la pe-fanteur a communiqué pendant cette derniere feconde, l'on fçau-ra que le mobile a acquis à la fin de fa chute 4 degrez de viteffe en quatre fecondes. La viteffe acquife étant connue ou le tems de la defcente, on pourra trouver par l'article (71. 72.) la hau-teur d'où le mobile eft tombé pour acquérir les quatre degrez de viteffe.

76. En général, fi de l'efpace parcouru pendant une partie du tems de la defcente, on retranche l'efpace que le corps a par-couru dans la premiere partie du tems, le refte étant comparé avec le double de l'efpace retranché, on connoîtra la viteffe que le mobile avoit acquife au commencement de cette partie pro-pofée du tems de la defcente, car par la viteffe que le mobile re-çoit pendant la partie propofée du tems de la defcente, il par-court un efpace égal à l'efpace qu'il parcourt dans le premier tems ; donc fi on retranche cet efpace de celui que le mobile par-court dans la partie propofée du tems de la defcente, qu'il par-court, dis-je, tant par la viteffe acquife, que par la viteffe qu'il reçoit dans ce même tems, le reftant fera l'efpace qu'il a par-couru par la viteffe acquife & uniforme pendant cette même par-tie propofée du tems ; c'eft pourquoi fi on double l'efpace par-couru dans la premiere partie du tems de la defcente, ou l'ef-pace qu'on a retranché (car ces deux efpaces font égaux), qu'on compare cet efpace double avec le reftant dont on vient de par-ler, (les viteffes étant entr'elles comme les efpaces parcourus en même-tems,) on connoîtra la viteffe acquife depuis le repos jufqu'au commencement du dernier tems propofé, à laquelle fi on ajoute la viteffe que le mobile a acquife dans le dernier

tems, toute la viteſſe acquiſe ſera connue. Il ſera enſuite aiſé de connoître la hauteur d'où le mobile eſt tombé pour acquérir cette viteſſe.

77. *Un corps qui eſt pouſſé verticalement de bas en haut monte d'un mouvement uniformément retardé.*

Lorſqu'un corps deſcend & qu'il n'eſt point empêché, la peſanteur lui donne à chaque inſtant un nouveau degré de viteſſe; mais lorſque le corps eſt mu contre la direction ou l'effort de la peſanteur, cette force lui ôte continuellement de ſa viteſſe. Le corps monte donc d'un mouvement uniformément retardé, car les degrez de viteſſe qu'il perd ſont égaux à ceux qu'il recevroit dans le même-tems s'il deſcendoit, puiſque la force qui le retarde eſt préciſément la même que celle qui l'accélere, & que d'ailleurs un corps qui deſcend librement eſt mû d'une viteſſe uniformément accélerée. Donc un corps monte d'un mouvement uniformément retardé.

78. D'où il ſuit que ſi un corps eſt pouſſé verticalement de bas en haut avec la viteſſe qu'il a acquiſe en tombant d'une certaine hauteur, *il ſera autant de tems à perdre ſa viteſſe qu'il en a été à l'acquérir.*

79. *Il ſuit encore qu'un corps qui monte directement contre l'effort de la peſanteur perd des degrez de viteſſe qui augmentent comme les tems :* dans un tems double ou triple le mobile perd une viteſſe double ou triple.

PROPOSITION SIXIE'ME.

80. *Un corps qui eſt pouſſé verticalement de bas en haut avec la viteſſe qu'il a acquiſe en tombant d'une certaine hauteur, remonte à cette hauteur, & lorſqu'il eſt arrivé au lieu du repos, c'eſt-à-dire, au lieu d'où il a commencé à deſcendre, il a perdu toute ſa viteſſe.*

Demonstration. Le tems de la montée étant égal au tems de la deſcente, ſi l'on diviſe l'un & l'autre par la penſée en parties infiniment petites, & que l'on compte à rebours les inſtans de la deſcente en commençant par le dernier inſtant, on verra qu'aux inſtans correſpondans le mobile a la même viteſſe en montant & en deſcendant, en ſorte que là où le corps a encore à recevoir un degré de viteſſe lorſqu'il deſcend, il en a perdu un en montant, & par conſéquent les viteſſes ſont égales ; que là où le mobile a encore à recevoir deux degrez de viteſſe lorſqu'il deſcend, il en a perdu 2 degrez en montant ; que là où le mo-

bile a encore trois degrez de vitesse à recevoir lorsqu'il descend,
il en a perdu trois lorsqu'il monte , & ainsi de suite jusqu'au
premier instant de la descente où lorsque le mobile a acquis un
degré de vitesse & qu'il a tous les autres à acquérir , au même
instant il a encore un degré de vitesse lorsqu'il monte , & il a
perdu tous les autres. Cela étant ainsi les espaces parcourus aux
instans correspondans de la montée & de la descente doivent
être égaux puisque les vitesses sont égales & cela pendant tout
le tems que le corps descend & qu'il monte ; donc de même que le
corps parcourt la premiere partie de l'espace par le premier degré de vitesse qu'il reçoit au premier instant de la descente :
ainsi par le dernier degré de vitesse qu'il perd lorsqu'il monte,
il doit parcourir la derniere partie du même espace ; donc il
monte à la hauteur d'où il est descendu , & lorsqu'il est arrivé
au point du repos il a perdu toute sa vitesse.

81. *Les espaces parcourus en tems égaux par un corps qui monte,*
sont entr'eux comme les nombres impairs 1. 3. 5. Car l'on peut
supposer que la vitesse avec laquelle le mobile commence à monter , est égale à la vitesse qu'il acquerroit en tombant de la hauteur à laquelle il parvient : cela posé , on vient de voir que les
espaces que le mobile parcourt aux instans correspondans de la
montée & de la descente sont égaux ; mais les espaces que le mobile parcourt en tems égaux pendant la descente , sont entr'eux
comme les nombres impairs 1.3.5. &c.(65). Donc les espaces parcourus dans le mouvement uniformément retardé lorsque le corps
monte , sont aussi entr'eux comme les mêmes nombres. Si on
compte le tems dans le même ordre qu'il s'est écoulé , pour avoir
de suite les espaces parcourus , il faudra renverser la suite des
nombres 1. 3. 5. 7. &c. mais cette même suite prise dans l'ordre naturel , exprimera aussi les espaces parcourus en des tems
égaux , si on compte le tems de la montée à rebours en commençant par le dernier instant.

82. *Si on compte à rebours les instans de la montée en commen-*
çant par le dernier instant , les espaces parcourus sont dans la rai-
son des quarrez des tems. Car si on compte ces espaces du dernier instant de la montée, ils sont dans la raison des nombres
impairs 1. 3. 5. Or on a vu que le premier nombre , la somme
des deux premiers, la somme des trois premiers , la somme des
quatre premiers nombres , &c. de la suite étoient les quarrez
des nombres 1.2.3.4. &c. qui expriment les tems ; donc les espaces parcourus dans le mouvement uniformément retardé à comp-

ter du dernier inſtant de la montée , ſont entr'eux comme les quarrez des tems.

83. *L'eſpace parcouru par un corps qui monte par un mouve-ment uniformément retardé , eſt la moitié de l'eſpace que le mobile parcourroit dans un tems égal au tems de la montée , s'il étoit mû uniformément avec la viteſſe qu'il a lorſqu'il commence à monter.* Car ſuppoſons que le mobile deſcende de la hauteur où il eſt par-venu , le tems de la deſcente ſera égal au tems de la montée , & la viteſſe acquiſe au bas de la deſcente égale à la viteſſe avec la-quelle le mobile a commencé à monter : or ſi le mobile étoit mû avec la viteſſe acquiſe au bas de la chute , il parcourroit d'un mouvement uniforme un eſpace double de l'eſpace parcouru par le mouvement accéleré , & cela dans un tems égal au tems de la deſcente (63.) ; donc puiſque dans le mouvement retardé la vi-teſſe & le tems ſont les mêmes que dans le mouvement accéleré , il s'enſuit que ſi un corps eſt mû uniformément avec la viteſſe qu'il a lorſqu'il commence à monter , il parcourra dans le tems de la montée , un eſpace double de la hauteur à laquelle il mon-te , ou , ce qui revient au même , cette hauteur n'eſt que la moi-tié de l'eſpace parcouru dans le même-tems avec la viteſſe qu'il a lorſqu'il commence à monter.

84. *Si l'on connoît l'eſpace qu'un corps parcourt au premier tems de la montée , on pourra déterminer ſa viteſſe , & la hau-teur à laquelle il peut monter.*

Suppoſons que l'on ait obſervé ou que l'on ſache d'ailleurs qu'un corps qui eſt pouſſé de bas en haut , parcourt dans la première ſeconde de la montée une hauteur de 135 pieds. Puiſ-que la peſanteur a agi ſur le mobile pendant une ſeconde , elle lui a ôté un degré de viteſſe égal au degré qu'elle lui auroit communiqué s'il avoit été mû ſuivant ſa direction naturelle : or par le degré de viteſſe que la peſanteur auroit communiqué ſuc-ceſſivement au mobile , elle lui auroit fait parcourir 15 pieds ; donc par le degré perdu il a parcouru 15 pieds ; mais ſi le corps étoit mû uniformément avec le degré reçu ou perdu , il par-courroit dans le même-tems un eſpace double de celui qu'il a parcouru ; donc dans le tems d'une ſeconde il auroit parcouru encore 15 pieds ; c'eſt pourquoi , ſi à 135 pieds qui ont été par-courus dans la première ſeconde de la montée , on ajoute 15 pieds que le corps n'a pas parcouru par l'obſtacle de la peſan-teur , la ſomme 150 pieds ſera l'eſpace que le mobile parcour-roit uniformément pendant une ſeconde ; par le degré perdu il parcourroit dans le même-tems 30 pieds ; donc la vitesse avec laquelle le mobile commence à monter est à la vitesse perdue dans une seconde comme 150 est à 30 , ou comme 5 est à 1 , donc le mobile sera 5 secondes à perdre toute la vitesse avec laquelle il a commencé à monter , c'est pourquoi si on fait la proportion , Le quarré de 1 seconde est au quarré de 5 secondes, comme l'espace parcouru dans une seconde qui est 15 pieds , est à un quatriéme terme , l'on aura la hauteur à laquelle le mobile parviendra avec la vitesse de 5 degrez qu'on vient de trouver (71. 72.).

85. On suppose qu'un corps tombe des trois hauteurs ED , Fig. 11. AD , AE, il acquerra des vitesses qui sont dans la raison des racines quarrées des trois hauteurs (73.). Cela posé , si du point E on éleve à AD la perpendiculaire indéfinie EBX , que des points A , D on mene deux lignes AB , DB qui se rencontrent en un même point B de la perpendiculaire EBX , en sorte que l'angle ABD qu'elles forment au point B soit droit , ce qui est toujours possible ; *Je dis que si le corps est mû uniformément suivant les trois lignes DE , DB , EB , sçavoir sur DE avec la vitesse acquise par ED , sur DB avec la vitesse acquise par AD , sur EB avec la vitesse acquise par AE , les trois lignes ED , DB , EB seront parcourues en des tems égaux.*

1°. Les lignes ED , DB feront parcourues en tems égaux avec les vitesses acquises par ED , AD. Car à cause des triangles semblables EDB, ADB, l'on a ED . DB :: DB . AD (8. *Geom.*).

Donc $\overline{ED}$. $\overline{DB}$ :: $\overline{ED}$. $\overline{AD}$ (26. *Arit.*). Donc ED . DB :; $\sqrt{ED}$. $\sqrt{AD}$ (24. *Arit.*), c'est-à-dire , que les longueurs ED, DB font comme les racines quarrées des hauteurs ED , AD. Donc elles font aussi entr'elles comme les vitesses acquises par ces hauteurs (.73). Donc elles font parcourues en tems égaux avec ces vitesses (*Liv.* I. 4.).

2°. *Les longueurs ED , EB feront parcourues en des tems égaux avec les vitesses acquises par ED , AE.* Car à cause des triangles semblables EDB, AEB l'on a ED . EB :: EB . AE (8. *Géom.*)

Donc $\overline{ED}$. $\overline{EB}$ :: $\overline{ED}$. $\overline{AE}$ (26. *Arit.*). Donc ED . EB :; $\sqrt{ED}$. $\sqrt{AE}$ (24. *Arit.*) ; c'est-à-dire , que les longueurs ED , EB font comme les racines quarrées des hauteurs ED , AE, & conséquemment comme les vitesses acquises par ces hauteurs (73). Donc elles font parcourues en tems égaux avec ces mêmes vitesses (*Liv.* I. 4.). D'où il suit que les longueurs DB , EB feront parcourues en des tems égaux au tems que le mobile emploie à parcourir DE uniformément avec la viteſſe acquiſe par DE ; donc les trois lignes ED , DB , EB feront parcourues en des tems égaux avec les viteſſes acquiſes par les trois hauteurs ED, AD.AE.

86. *Il eſt évident que le tems pendant lequel les lignes* DB, EB *font parcourues d'un mouvement uniforme avec les viteſſes acquiſes par* AD , AE , *eſt égal à la moitié du tems de la deſcente par* ED : Car la ligne ED étant parcourue uniformément avec la viteſſe acquiſe par ED , le mobile n'employe que la moitié du tems qu'il a été à l'acquérir , c'eſt-à-dire , à tomber de la hauteur ED (64).

87. On prouveroit de la même maniere que les lignes AE , AB , EB feroient parcourues en tems égaux d'un mouvement uniforme, ſçavoir, AE, avec la viteſſe acquiſe par AE, AB avec la viteſſe acquiſe par AD , & EB avec la viteſſe acquiſe par ED , & que ce tems eſt la moitié du tems de la chute par AE.

88. On feroit voir auſſi que les lignes AD, DB, AB feroient parcourues en tems égaux , ſçavoir AD avec la viteſſe acquiſe par AD, BD avec la viteſſe acquiſe par ED , & AB avec la viteſſe acquiſe par AE , & que le tems par ces trois lignes feroit égal au tems que le mobile emploieroit à décrire DA par un mouvement uniforme avec la viteſſe acquiſe par AD.

89. 1°. Si le tems par ED eſt connu, les tems par DB & EB feront auſſi connus (86) ; 2°. de même ſi le tems par AE eſt connu, les tems par AB & EB feront auſſi connus (87) ; 3°. Enfin ſi le tems par AD eſt connu , les tems par DB, AB feront pareillement connus (88).

90. On peut réduire les propoſitions précédentes en formules comme on a fait pour le mouvement uniforme. Ainſi ſi l'on nomme (V , v) les viteſſes que deux mobiles acquierent ou qu'un même corps reçoit en differens tems , (T , t) les tems des mouvemens , (E , e) les eſpaces parcourus en tombant.

On aura 1°. $V . v :: T . t$ (60) ; donc $V \times t = v \times T$ (12. *Arit.*) 2°. $E . e :: T^2 . t^2$ (70) ou encore $E . e :: V^2 . v^2$ (71) , & parce que $V . v :: T . t$, on aura encore $E . e :: V \times T . v \times t$ en mettant le rapport de T à t au lieu de celui de V à v (14. *Arit.*). Donc $E \times t^2 = e \times T^2$. $E \times v^2 = e \times V^2$. $E \times v \times t = e \times V \times T$.

3°. Puiſqu'un corps qui eſt tombé d'une certaine hauteur parcourroit par un mouvement uniforme avec la viteſſe acquiſe un eſpace égal à cette hauteur dans la moitié du tems de la deſcente (64.) ou un eſpace double dans le tems entier , & que d'ailleurs d'ailleurs on a la vitesse en divisant l'espace par le tems (*Liv.* I. 6. 17.), on aura aussi $V . v :: \frac{2E}{T} . \frac{2e}{t}$ ou $V . v :: \frac{E}{T} . \frac{e}{t}$; c'est-à-dire, que les vitesses acquises sont comme les espaces divisez par les tems employez à les acquérir. Sur quoi il faut remarquer qu'on ne peut pas supposer de même que dans le mouvement uniforme, que les tems T, t sont égaux, à moins qu'on ne suppose que les espaces E, e sont égaux ; car il est faux que les vitesses V, v soient entr'elles comme les espaces, lorsque les espaces sont inégaux.

4°. Puisque les tems & les vitesses sont dans la raison des racines quarrées des hauteurs (73) ; dans la proportion précédente au lieu des diviseurs T, t, on peut mettre les racines quarrées des espaces exprimées par $\sqrt{E}$, $\sqrt{e}$, & au lieu des vitesses V, v, les tems T, t qui sont dans la même raison que les vitesses : la proportion sera donc changée en celle-ci $T . t :: \frac{2E}{\sqrt{E}} . \frac{2e}{\sqrt{e}}$; c'est-à-dire, que les tems des mouvemens accélerez sont entr'eux comme les hauteurs ou comme les doubles des hauteurs divisées par les racines quarrées des mêmes hauteurs.

On va proposer quelques problêmes sur le mouvement accéleré & retardé des corps pesans. Dans le mouvement accéleré ou retardé des corps pesans il y a trois choses à considérer, le tems, l'espace parcouru & la vitesse acquise. Une de ces trois choses étant connue, on peut avoir les deux autres.

PROBLÊME I.

91. *La hauteur d'où un corps est descendu librement étant connue, trouver le tems de la descente & la vitesse acquise.*

Supposons qu'un corps soit tombé de 960 pieds de haut : il s'agit de trouver le tems de la descente. Il faut faire la proportion 15 . 960 :: 1 . xx, c'est-à-dire, l'espace parcouru dans une seconde de tems, est à l'espace parcouru dans le tems cherché, comme 1 quarré d'une seconde est à xx quarré du tems cherché (71. 72.), la proportion fait voir qu'il faut diviser l'espace 960 par 15, & tirer la racine du quotient 64, & l'on aura $x = 8$ secondes. Ainsi en 8 secondes de tems le mobile a parcouru d'un mouvement accéleré 960 pieds ; donc dans le même tems il parcourroit un espace double avec la vitesse acquise, c'est-à-dire, 1920 pieds (63) : or l'on a la vitesse d'un corps en divisant l'espace par le tems (*Liv.* I. 6. 17.) ; donc $\frac{1920}{8}$ exprime la vitesse

* T

du mobile : ceci eſt encore évident , parce que ce quotient eſt l'eſpace que le mobile parcourroit en une ſeconde par la viteſſe qu'il a acquiſe en tombant durant l'intervalle de 8 ſecondes ; mais par la viteſſe qu'il acquiert en tombant durant une ſeconde il parcourroit d'un mouvement uniforme 30 pieds (72. 63.) ; durant le même-tems d'une ſeconde. Donc les viteſſes que le mobile acquiert en tombant pendant le tems d'une ſeconde & de 8 ſecondes, ſont entr'elles comme les nombres $\frac{30}{1}$ & $\frac{1920}{8}$ qui ſont les eſpaces que le mobile parcourroit en même-tems avec ces viteſſes (*Liv.* I. 4. 6.); donc la fraction ou le quotient $\frac{1920}{8}$ exprime la viteſſe que le mobile a acquiſe en tombant durant l'intervalle de 8 ſecondes.

P R O B L Ê M E II.

92. *Le tems qu'un mobile emploit à tomber librement d'une certaine hauteur que l'on cherche étant connu trouver cette hauteur & la viteſſe acquiſe.*

On ſuppoſe que le tems de la deſcente eſt de 8 ſecondes. On demande de quelle hauteur le mobile eſt tombé. Il faut faire la proportion 1 . 64 :: 15 : x ; c'eſt-à-dire , le quarré d'une ſeconde de tems eſt au quarré de 8 ſecondes qui eſt le tems de la deſcente, comme 15 pieds qui eſt l'eſpace que la peſanteur fait parcourir en une ſeconde , eſt à (x) qui eſt l'eſpace cherché (71.72), la proportion fait voir qu'il faut multiplier 64 par 15, & le produit 960 pieds eſt la hauteur d'où le corps eſt deſcendu dans le tems de 8 ſecondes.

Si on double 960 & qu'on diviſe 1920 par 8 , on aura la viteſſe du mobile : ce quotient eſt l'eſpace que le mobile parcourroit uniformément dans une ſeconde après être tombé de la hauteur de 960 pieds ; & on peut prouver par un raiſonnement ſemblable à celui du problême précedent que ce quotient exprime la viteſſe cherchée.

P R O B L Ê M E III.

93. *La viteſſe d'un mobile étant connue trouver de quelle hauteur il faut qu'il deſcende pour acquérir cette viteſſe , enſemble le tems de la deſcente.*

La viteſſe d'un mobile eſt connue lorſqu'on ſçait quel eſt l'eſpace qu'il parcourroit dans un tems auſſi connu. On ſuppoſe donc que le mobile parcourroit en une ſeconde 120 pieds ; on ſçait encore qu'un corps qui ſeroit tombé de la hauteur de 15 pieds

parcourroit dans le même tems d'une feconde, par un mouvement
uniforme, le double de 15 pieds, c'eft-à-dire 30 (72.63.);
donc la viteffe acquife par la hauteur de 15 pieds, & la viteffe
fuppofée font entr'elles comme 30 & 120 (*Liv.* I. 4.); cela pofé, il faut faire 900. 14400 :: 15 . x; c'eft-à-dire, le quarré
de la viteffe acquife par la hauteur de 15 pieds, eft au quarré de
la viteffe fuppofée 120, comme la hauteur de 15 pieds qui a
donné la viteffe 30, eft à la hauteur cherchée (x) qui doit donner la viteffe 120. La proportion fait voir qu'il faut multiplier
14400 par 15, & divifer le produit par 900. (On peut abbreger l'opération en réduifant les termes du premier rapport à
leur plus fimple expreffion) & l'on trouve que la proportion eft
réduite à ces quatre termes 1 . 16 :: 15 . x; l'on a donc $\frac{16 \times 15}{1}$
$= x = 240$ pieds qui eft la hauteur d'où le mobile étant def-
cendu auroit acquis la viteffe néceffaire pour faire 120 pieds
en une feconde, en les parcourant par un mouvement uniforme.
Les tems étant dans la raifon des viteffes acquifes (60); il s'enfuit que le tems par 240 pieds eft au tems par 15 pieds comme
120 eft à 30, ou comme 4 eft à 1 : ainfi le mobile a employé
4 fecondes à defcendre de la hauteur de 240 pieds.

Si on propofoit de trouver à quelle hauteur un corps peut monter étant pouffé de bas en haut avec une viteffe donnée, il faudroit trouver la hauteur d'où le mobile étant defcendu il auroit
acquis la viteffe donnée, & cette hauteur feroit celle à laquelle
il monteroit s'il étoit pouffé de bas en haut avec la viteffe donnée
felon l'article (80).

Si on vouloit trouver la hauteur par laquelle le mobile venant
à tomber, acquerroit une viteffe qui fût en raifon donnée à une
viteffe connue, par exemple, qui fût double, triple, &c. de la
viteffe connue, il faudroit doubler, tripler, &c. la viteffe connue, & opérer comme il eft prefcrit par le problême.

PROBLÊME IV.

94. *L'efpace qu'un corps parcourt dans une partie du tems de la
defcente, enfemble ce tems étant connus, trouver le tems total de la
defcente, la hauteur d'où le mobile eft tombé, & la viteffe acquife
par cette hauteur, ou l'efpace que le mobile parcourroit uniformément dans une feconde, avec la viteffe acquife.*

Suppofons que l'on ait obfervé ou que l'on fçache d'ailleurs
que le mobile pendant 2 fecondes a parcouru 240 pieds, on demande 1o. de quelle hauteur il eft tombé après avoir parcouru

T ij

les 240 pieds , 2°. quelle est la vitesse qu'il a acquise , 3°. le
tems de la descente. On va d'abord trouver en degrez la vitesse ,
ensuite le tems, après cela la hauteur cherchée , enfin l'espace parcouru uniformément pendant une seconde , par la vitesse acquise.

1°. L'espace que le mobile a parcouru dans deux secondes a
été parcouru en partie par la vitesse acquise & en partie par le
mouvement accéleré de la pesanteur ; dans deux secondes la pesanteur fait parcourir 60 pieds (71. 72.) ; c'est pourquoi si de
240 pieds je retranche 60 pieds , le reste 180 pieds est l'espace
que le mobile a parcouru par un mouvement uniforme avec la vitesse qu'il avoit acquise au commencement des deux secondes ,
pendant lesquelles on l'a observé descendre ; donc avec la vitesse
pour lors acquise , le corps auroit parcouru par un mouvement
uniforme 180 pieds en 2 secondes , ou 90 pieds en une seconde.
Or dans le mouvement uniforme les vitesses étant entr'elles comme les espaces parcourus , lorsque les tems sont égaux (*Liv.* I. 4.)
la vitesse que le corps avoit au premier instant de l'observation ,
est à la vitesse que la pesanteur a imprimée au corps dans la premiere seconde de la descente, comme 90 est à 30; car avec la vitesse
acquise pendant une seconde , le corps parcourroit uniformément
30 pieds dans le même-tems (72. 63.) ; donc à l'instant de l'observation le mobile avoit une vitesse triple de celle qu'il avoit
acquise dans la premiere seconde de sa chute ; donc après avoir
parcouru les 240 pieds , il avoit acquis 5 degrez de vitesse , ou
une vitesse qu'intuple de celle qu'il avoit acquise dans la premiere seconde ; car pendant les deux secondes de l'observation ,
la pesanteur lui avoit imprimé encore deux degrez de vitesse.
2°. Les tems étant comme les vitesses (60) : il s'ensuit que
le tems total de la descente est de 5 secondes, 3°. Le tems de la
descente étant connu , on trouvera que la hauteur d'où le mobile
est descendu est de 375 pieds (92). Si on double cette longueur
& qu'on la divise par le tems de la descente qui est de 5 secondes , on au aura la vitesse du mobile connue par le rapport de l'espace au tems , ou l'espace que le mobile parcourroit uniformément pendant 1 seconde avec la vitesse acquise.

Si on observe le corps non lors de la descente , mais lorsqu'il
monte , au lieu de retrancher 60 pieds de 240 , il faut au contraire les ajouter ; & le tems de l'observation étant supposé de
2 secondes , l'espace que le corps auroit pû parcourir uniformément en 2 secondes avec la vitesse qu'il avoit lorsqu'il a com-

mencé à monter , feroit de 300 pieds , il auroit donc pû parcourir uniformément 150 pieds en une feconde , la viteffe du mobile étant ainfi connue , on trouvera à quelle hauteur il peut
monter & le tems de la montée.

Les problêmes précedens ont été réfolus en nombres, parce qu'on
à fuppofé que la pefanteur fait parcourir dans un tems donné un efpace d'une longueur connue & déterminée; mais on peut les réfoudre géométriquement fans connoître cette mefure déterminée ; il
fuffit que l'on fçache que la pefanteur eft une force conftante
qui imprime à un corps qui tombe des viteffes égales en des tems
égaux , ou en des tems inégaux des viteffes proportionnelles aux
tems , & que les efpaces parcourus ont entr'eux les rapports que
l'on a expofés. Car fi l'on fuppofe qu'une ligne répréfente l'efpace
qu'un corps parcourt dans un certain tems par un mouvement
accéleré , on déterminera fans peine la ligne qui répréfente l'efpace qu'il parcourroit dans tel autre tems qu'on voudra fuppofer ; & parce que les tems font entr'eux comme les racines quarrées des efpaces parcourus , ils pourront être répréfentez par les
racines quarrées de ces hauteurs , ou par d'autres lignes qui auront
entr'elles le même rapport que les racines quarrées de ces efpaces.
Les viteffes acquifes à la fin des chutes étant entr'elles dans la raifon des tems , elles pourront auffi être répréfentées par les racines
quarrées des efpaces parcourus , ou par des lignes qui auront entr'elles les rapports de ces racines.

On fçait qu'un même nombre peut exprimer des grandeurs
ou quantitez, non-feulement inégales , mais encore de différente
nature ; par exemple , le nombre 3 peut exprimer ou trois degrés
de viteffe , ou trois heures , &c. Rien n'empêche que les lignes
n'aient le même ufage : ainfi une ligne qui répréfente un efpace
parcouru, pourra répréfenter un tems ou une viteffe , pourvu qu'à
ces differens égards , elle ait les rapports convenables avec les
lignes qui répréfentent les efpaces & les tems ou les viteffes.

Pour ôter toute difficulté même apparente fur ce fujet , fuppofons qu'un corps foit defcendu pendant 1 feconde & pendant
5 fecondes ; s'il s'agit de trouver l'efpace qu'il a parcouru pendant les cinq fecondes , on le pourra en exprimant l'efpace parcouru dans une feconde & le tems d'une feconde par une ligne de
15 pieds qui eft l'efpace parcouru dans une feconde par la viteffe accélerée ; car fuivant les regles précédentes , on aura cet efpace en faifant la proportion $1 \times 1 . 5 \times 5 :: 15\ p . x :$ or 1 feconde
eft la même chofe que $\frac{15}{15}$ de feconde & 5 fecondes la même chofe
que $\frac{75}{15}$ de feconde (27. *Arit.*), les tems font donc entr'eux comme

15 & 75 (8. *Arit.*), & les quarrez des tems comme les quarrez de 15 & de 75 ; donc si dans la proportion précedente on met les quarrez de 15 & de 75 au lieu des quarrez de 1 & 5, on trouvera l'espace parcouru dans 5 secondes. On peut donc supposer qu'une ligne de 15 pieds qui est l'espace parcouru dans une seconde, répresente aussi le tems de la descente, c'est-à-dire, cette seconde la même, pourvu que la ligne qui répresente les 5 secondes, ait le même rapport avec une ligne de 15 pieds qu'il y a entre 5 & 1.

P R O B L Ê M E   V.

95. *Trouver géométriquement la hauteur d'où un corps est tombé par un mouvement uniformément accéleré, le tems T de la descente étant connu.*

Fig. 11.   Supposons que l'espace qu'un corps parcourt par un mouvement uniformément accéleré pendant un certain tems *t*, par exemple, d'une seconde, est répresenté par la ligne ED, & que la même ligne ED répresente aussi le tems *t* de la descente par cette hauteur, & que la ligne *T* répresente le tems donné *T*. Du point E il faut élever la perpendiculaire indéfinie EBX sur ED, ouvrir le compas d'une ouverture égale à la ligne *T*, du point D comme centre décrire un arc de cercle qui coupe EB au point *B*, & mener la ligne DB. Il faut ensuite élever sur DB la perpendiculaire BA qui rencontre DE prolongée en A. Je dis que la hauteur AD est l'espace que le mobile a parcouru par un mouvement uniformément accéleré pendant le tems *T*.

Les triangles semblables EDB, ADB donnent ED . DB :: DB . AD (8. *Géom.*). Donc $\overline{ED}^2$. $\overline{DB}^2$ :: ED . AD (26. *Arit.*) ou ED . AD :: $\overline{ED}^2$. $\overline{DB}^2$, c'est-à-dire, que les espaces ED, AD sont dans la raison des quarrez des lignes ED, DB, ou des tems *t* & *T* répresentez par ces lignes. Donc puisque ED est l'espace parcouru dans les tems *t*, il faut que AD soit l'espace parcouru dans le tems *T* ; car dans les mouvemens uniformément accélerez, les espaces parcourus sont comme les quarrez des tems ; & si ces espaces sont dans la raison des quarrez de deux tems, que de plus l'un des espaces soit parcouru pendant l'un de ces deux tems, l'autre espace sera nécessairement parcouru pendant l'autre tems.

2°. Si on suppose que ED répresente la vitesse qu'un mobile a acquise en tombant de la hauteur ED, & que la ligne *T* ou DB répresente la vitesse acquise par une seconde hauteur inconnue & que l'on cherche, on déterminera cette hauteur de la mê-

me maniere ; car l'on aura encore ED . AD ⚡ ED . DB , c'est-à-
dire , que les espaces ED , AD font entr'eux comme les quarrez
des vitesses répréfentées par ED . DB , or ED est la vitesse ac-
acquise par la hauteur ED ; donc DB est la vitesse acquise
par AD.

On remarquera que les lignes ED , DB étant dans la raifon
des vitesses acquises par les hauteurs ED , AD , elles feroient
parcourues en même-rems d'un mouvement uniforme avec ces
vitesses ; mais les tems employez à les parcourir, ne feroient que la
moitié du tems que le mobile a mis à parcourir ED d'un mouvement accéleré ; car on a fait voir qu'avec la vitesse qu'un mobile auroit acquifé par ED , il parcourroit la même ED d'un
mouvement uniforme pendant la moitié du tems qu'il l'a parcourue d'un mouvement uniformément accéleré.

3°. Si la hauteur AD d'où un mobile est tombé par un mouvement uniformément accéleré étoit donnée , & qu'on voulût
connoître la vitesse acquife ou le tems de la defcente , on fuppoferoit encore que ED répréfente l'efpace parcouru d'un
mouvement uniformément accéleré , par lequel le mobile acquiert la vitesse répréfentée par ED , au point E on éleveroit la
perpendiculaire EBX indéfinie, on formeroit l'angle droit ABD
en décrivant un demi-cercle qui eût pour diametre AD, & la ligne
DB exprimeroit la vitesse acquife par AD ; car les triangles femblables EDB , ADB , donnent ED . DB :: DB . AD. Donc
(26. *Arit.*) ED . DB :: ED . AD. Donc ED . DB :: √ED .
√AD (24. *Arit.*) ; c'est-à-dire , que les lignes ED , DB font
comme les racines quarrées des hauteurs ED , AD ; donc elles
font dans la raifon des vitesses acquife par ED , AD (73). Or
par l'hypothefe ED ou le double de ED exprime la vitesse
acquife par ED ; donc DB ou le double de DB répréfente la vitesse acquife par AD.

Il est encore évident que fi ED répréfente le tems par ED, DB
répréfente le tems par AD.

96. *Remarque.* En parlant du mouvement des corps pefants ,
on a fuppofé , ou plutôt on a fait abftraction de la réfiftance de
l'air ; il est néanmoins certain qu'il réfifte aux corps en mouvement, & qu'il rallentit leur vitesse, & toutes chofes étant d'ailleurs
égales , la réfiftance est d'autant plus grande que le mobile a plus
de furface : fi un même corps mû avec la même vitesse préfente à
l'air une furface double ou triple , l'air lui réfifte doublement ,

triplement. D'où il suit que si deux corps semblables de même matiere , sont mûs avec une vitesse égale , le petit corps trouve plus
de résistance , à raison de la force qui lui est appliquée , que le
grand corps ; car les forces de ces corps par lesquelles ils surmontent à chaque instant les résistances de l'air , sont comme leurs
quantitez de mouvement ; les vitesses sont supposées les mêmes ;
donc les forces par lesquelles ces corps surmontent la résistance de
l'air , sont comme les masses ou les poids : or la raison de la grande
masse à la petite est plus grande que la raison de la grande surface
à la petite , car les soliditez sont comme les cubes des diametres ,
& les surfaces comme les quarrez des mêmes diametres , en sorte
que si les diametres sont comme 4 & 1 , les masses ou les pesanteurs sont comme 64 & 1 , & les surfaces seulement comme 16 &
1 : ainsi les forces des mobiles sont comme 64 & 1 , & les résistances qui sont comme les surfaces sont seulement comme 16 & 1 ;
donc le grand corps trouve à raison de sa plus grande force moins
de résistance que le petit corps. On peut encore concevoir que
plus un corps a de vitesse , plus l'air lui résiste ; car plus il a de
vitesse , plus il rencontre d'air en même-tems. Cela étant , la
vitesse d'un corps qui descend par un mouvement accéleré , peut
croître jusqu'au point que la résistance de l'air lui ôte à chaque
instant la vitesse que la pesanteur lui imprime , ou plutôt que l'effort de la pesanteur soit détruit à chaque instant par la résistance
de l'air ; auquel cas la vitesse du mobile demeurera uniforme ,
pendant tout le tems qu'il continuera de se mouvoir suivant la direction de la pesanteur. Pour appercevoir de qu'elle maniere se
fait l'équilibre entre la résistance de l'air , & l'action de la pesanteur , il faut supposer un principe qui sera expliqué plus au
long dans la suite ; que si un corps en choque un autre , la
force du choc ou l'impression que les corps reçoivent du choc ,
est la même tant que la vitesse respective est la même , (c'est-à-
dire , tant que la vitesse avec laquelle les deux corps s'approchent ,
ne change point :) ainsi l'air résiste à un corps en mouvement ,
ou fait sur ce corps la même impression que si le corps étant en
repos , l'air le venoit choquer avec une vitesse égale à celle qu'on
suppose au corps. Or la vitesse de l'air peut être assez grande
pour qu'il fasse équilibre avec un poids ; donc si ce poids est mû
suivant la direction des corps pesans avec une vitesse égale à la
vitesse qu'on suppose à l'air , l'impression qu'il recevra en choquant l'air , sera la même , & l'air détruira à chaque instant l'effet de la pesanteur ; c'est pourquoi le poids continuera de se mou-

voir

voir uniformément avec la viteffe acquife. M. Mariotte appelle la viteffe uniforme à laquelle parvient un corps pefant qui tombe, *viteffe complete.*

97. On remarquera encore que fi la terre tourne, & que l'on regarde le milieu dans lequel les corps pefans defcendent comme immobile pendant le tems de la defcente, dans cette hypothefe ils répondent à des endroits de la terre toujours differens; ainfi on ne peut pas dire que les corps pefans tombent fuivant des directions perpendiculaires à l'horifon. Mais comme les corps qui tombent fe meuvent dans un milieu mobile, fçavoir l'air, il arrive que fi la terre tourne, l'atmofphere qui ne fait qu'un même corps avec la terre, tourne auffi avec elle. De-là vient que les corps pefans qui tombent, étant emportez par l'air, répondent directement pendant tout le tems de la defcente au même endroit de la terre, & que leur chûte fe fait fuivant des lignes verticales ou à plomb; d'où l'on voit que la chûte perpendiculaire des corps pefans n'eft point oppofée au mouvement de la terre autour de fon centre : car rien n'empêche que tandis qu'une roue tourne, un autre corps, par exemple, une fourmi ne fe meuve fur un des rayons de la roue, fuivant une direction qui tende directement au centre, & par conféquent perpendiculaire à la circonférence.

98. On remarquera enfin que fi la terre tourne, du mouvement propre des corps pefans & du mouvement circulaire de la terre, il réfulte un mouvement compofé par lequel les corps qui tombent décrivent une ligne fpirale, ainfi qu'on peut facilement l'imaginer à l'égard de la fourmi qui en s'approchant du centre de la roue fait plufieurs tours & révolutions, & décrit par conféquent une ligne fpirale. Ceci n'eft point contraire à ce qu'on a dit dans l'article précedent de la chûte perpendiculaire des corps pefans. Si la terre tourne, les corps décrivent certainemennt dans leur chûte une ligne courbe, ce qui n'empêche pas que relativement à la terre & en apparence ils ne tombent fuivant une direction perpendiculaire : or le mouvement relatif étant le feul que l'on connoiffe, que l'on puiffe déterminer, & que l'on confidere le plus ordinairement, c'eft avec raifon que l'on dit que les corps tombent fuivant des directions perpendiculaires à la furface de la terre.

CHAPITRE TROISIE'ME.

DU MOUVEMENT DES CORPS
jettez suivant des directions inclinées à l'horizon.

ON a vû que si un corps est poussé verticalement de bas en haut, il ne sort point de sa direction ; mais s'il est jetté suivant toute autre direction differente de la verticale, il est contraint de la quitter, car il se trouve entre deux déterminations : la force externe qui lui est appliquée pousse le corps suivant sa direction, & la pesanteur tend à le rabbattre vers la terre. D'où il résulte un effort composé par lequel il est mû suivant une direction moyenne ; & parce que la pesanteur agit continuellement, & pousse le mobile sans relâche, il s'ensuit qu'il n'est jamais deux instans sur la même direction, en étant détourné sans cesse ; de-là vient que la trace du mobile se plie peu à peu, & forme une ligne courbe.

Dans ce Chapitre on examinera 1º. quelle est la ligne courbe que décrivent les corps jettez ; 2º. les propriétez & les circonstances des jets. 3º. On appliquera les principes établis à la résolution des questions ou problêmes qu'on a coutume de proposer sur les jets.

DE LA LIGNE COURBE QUE LES CORPS JETTEZ
décrivent.

99. Les Auteurs qui les premiers ont traité des corps jettez, ont distingué deux mouvemens, l'un qu'ils appelloient *violent*, & l'autre *naturel*. Le mouvement violent est produit par la cause externe qui est appliquée au mobile, le mouvement naturel a pour principe l'action de la pesanteur. Le mouvement violent a été appellé dans la suite mouvement de *projection* ou *d'impulsion*. Pour découvrir l'espece de courbe que les corps jettez décrivent, on les considérera d'abord comme s'ils décrivoient un polygone d'un nombre fini de côtez, ainsi qu'on a fait lorsqu'on a traité de la force centrale. On concevra le tems divisé en parties égales, & les corps jettez décrivant dans chaque partie du tems un côté du polygone. Dans cette hypothese la pesanteur n'agira qu'à differentes reprises & par intervalles égaux ; sçavoir, à tous les angles du polygone, lorsqu'à la fin de chaque tems il sera nécessaire de détourner les corps pour les empêcher de continuer suivant leur direction.

100. *La pesanteur étant supposée une force constante, doit produire des efforts égaux en tems égaux.*

101. Les directions des corps pesans concourent au centre de la terre ou fort près du centre, elles font donc divers angles entr'elles plus grands les uns que les autres; en sorte que si deux corps sont éloignez l'un de l'autre d'une minute de degré, l'angle de leurs directions est d'une minute : or une minute sur la circonférence d'un grand cercle de la terre vaut plus de 900 toises, & la plus grande étendue des jets n'excede pas ordinairement cette portée ; ainsi les lignes suivant lesquelles les corps jettez tendent au centre de la terre, font un angle qui est pour l'ordinaire au plus d'une minute, lors même qu'ils sont chassez par les plus fortes machines ; mais un angle d'une minute est de nulle conséquence par rapport au sujet dont il s'agit ici : *C'est pourquoi il n'y a nul inconvénient de regarder les lignes suivant lesquelles les corps jettez sont poussez par la pesanteur pendant le mouvement, comme paralleles. Ces choses supposées.*

102. Soit le corps K jetté suivant la direction AX inclinée ou parallele à l'horizon avec une force capable de lui faire parcourir AB dans la premiere partie du tems, par exemple, en une seconde ; à la fin de la premiere seconde le corps K seroit au point B , mais parce que la pesanteur au premier instant de l'impulsion agit suivant sa direction AZ , & que d'ailleurs on suppose que par un seul effort elle imprime au corps une force qui peut lui faire parcourir en une seconde tout l'espace qu'il parcourroit, si l'action de la pesanteur n'étoit pas supposée interrompue, il s'ensuit que le corps K sera détourné de la direction AX , & qu'il décrira la diagonale AG du parallelogramme BL fait sur les directions AX , AZ , & dont les côtez AB , AL expriment la force d'impulsion, & l'effort de la pesanteur pendant une seconde ; si on prolonge AG en I , en sorte que GI soit égale à AG , le corps par la force qu'il a reçue suivant AG , iroit dans le second tems de G en I ; mais étant au point G , la pesanteur le détournera une seconde fois , & par l'action conjointe de cette force & de la tendence qu'il a suivant GI , il décrira la diagonale d'un nouveau parallelogramme : pour avoir cette diagonale , il faut par le point I mener la ligne CIM parallele à la direction AZ , & prendre IM égale à AL ou BG , elle exprimera l'effort que la pesanteur a fait, le corps étant au point G , & sera par conséquent un des côtez du parallelogramme dont le corps K décrit la diagonale , l'autre côté du parallelogramme est GI ; donc la

Fig. 12. 13.

V ij

diagonale décrite eſt GM. Si on prolonge GM en N, en ſorte que MN ſoit égale à GM, que par le point N on mene DNO parallele à la direction AZ, que ſur cette ligne on prenne NO égale à AL ou BG, elle exprimera l'effort de la peſanteur lorſque le corps K eſt au point M, & MO ſera la diagonale que le corps décrit par l'action conjointe de la peſanteur & de la tendence qu'il a ſuivant MN. Si on continue de cette maniere à décrire de nouveaux parallelogrammes, on déterminera de nouveaux côtez du polygone décrit; & ſi l'on ſuppoſe que le tems eſt diviſé en parties infiniment petites, la peſanteur agira par une action non interrompue, les côtez des parallelogrammes ſeront infiniment petits, de même que leurs diagonales, & le polygone ſera changé en une vraie courbe.

103. Quelque ſoit le nombre des côtez du polygone décrit, fini ou infini, il eſt certain 1°. *que les petits côtez* BG, IM, NO, *&c. qui expriment tous l'effort ou l'action de la peſanteur, ſont égaux entr'eux.* 2°. Que *la derniere diagonale qui a été décrite ſert de côté au parallelogramme ſuivant, ou plutôt ce côté eſt égal à la diagonale du parallelogramme qui précede :* ainſi le côté GI eſt égal à la diagonale AG, & le côté MN égal à la diagonale GM. 3°. *Si on prolonge les côtez* GB, MI, ON, *&c. juſqu'à ce qu'ils rencontrent la ligne* AX *ſuivant laquelle le corps a été jetté, elle ſera diviſée en parties égales dans les points de rencontre* B, C, D, &c. Car AG $=$ GI ; donc à cauſe des paralleles BG, CM ou CI, AB $=$ BC (7. *Géom.*) : de même GM $=$ MN ; donc à cauſe des paralleles BG, CM, DN. BC $=$ CD (7. *Géom.*). On fera voir de la même maniere que les autres parties de la ligne AX ſont égales entr'elles. 4°. Suivant l'hypotheſe le corps K par le mouvement de projection auroit décrit AB dans la premiere partie du tems ; donc dans le même tems ou en des tems égaux il auroit parcouru par le même mouvement de projection, les parties BC, CD, &c. mais dans le tems qu'il auroit parcouru AB, il décrit la diagonale AG, ou le petit côté de la courbe : *Donc tandis que par le mouvement de projections il auroit décrit les parties* AB, BC, CD, *&c. il a décrit les côtez correſpondans de la courbe.* 5°. Il ſuit de-là *que ſi l'on connoît le lieu de la ligne* AX, *où le corps ſeroit arrivé par le mouvement de projection, on ſçaura à quel point de la courbe décrite il ſe trouve pour lors.* Suppoſons qu'après un certain tems le corps fût arrivé en D par la force de projection, ſi du point D on mene une ligne DO parallele à la direction de la peſanteur, qui rencontre

la courbe au point O , on sçaura que le mobile est au point O.
Car l'arc AO de la courbe décrite contient autant de petits côtez , que AD contient de parties égales interceptées entre les paralleles menées des angles formez par les petits côtez de l'arc
AO ; mais les côtez de l'arc AO sont décrits en même-tems
que les parties de la ligne AD seroient décrites par le mouvement
de projection ; donc tandis que par ce mouvement le corps K
seroit allé de A en D , il a décrit l'arc AO de la courbe déterminé par la ligne DO parallele à AZ. 6o. *On voit encore que si le
corps se trouve sur une des paralleles BG , CM , DO , &c. par le
mouvement de projection , il seroit arrivé en même-tems sur cette
parallele , sçavoir au point où elle coupe* AX. 7o. Si on prend sur
AX tant de parties égales qu'on voudra , que par les points de
division on mene des paralleles à la direction de la pesanteur ,
qui rencontrent la courbe , *les arcs compris entre ces paralleles
sont décrits en tems égaux :* car ils sont décrits dans le même-tems
que le mobile décriroit par le mouvement de projection les parties égales de la ligne AX. Or ces parties seroient décrites en
tems égaux ; donc les arcs de la courbe compris entre ces paralleles également distantes seront décrites en tems égaux. 8o. *Il est
évident que la ligne* AX *suivant laquelle le corps* K *est jetté
est tangente de la courbe :* car au moment que le corps K est jetté
suivant AX , la pesanteur l'en détourne , en sorte que AX ne touche la courbe qu'au point A. 9o. *Les paralleles* BG , CM , DO ,
&c. comprises entre la tangente AX & *la courbe , sont les espaces
que la pesanteur a fait parcourir suivant sa direction au corps* K ,
ou qu'elle a empêché le corps de parcourir : car puisque le corps
par le mouvement de projection seroit allé de A en B , de A en
C , de A en D , &c. dans le tems qu'il est allé de A en G , de A
en M , de A en O , il est évident que la pesanteur a agi de même
que si elle avoit fait parcourir suivant sa direction les longueurs
BG , CM , DO ; donc ces lignes expriment les espaces que la pesanteur auroit fait parcourir suivant sa direction , si elle avoit agi
seule , pendant que le corps est allé de A en G , de A en M , de
A en O , &c. *D'où il suit que les lignes* BG , CM , DO , *&c.
sont entr'elles comme les quarrez des tems employez à aller de*
A *en* G , *de* A *en* M , *de* A *en* O , &c. 10o. Il est évident que *les
parties* AB , AC , AD , &c. *sont entr'elles comme les tems employez à aller de* A *en* G , *de* A *en* M , *de* A *en* O , &c. Car de-mê-
me que le tems de A en M est double , & le tems de A en O triple du tems de A en G , AC est aussi double , & AD triple de A.B.

D'où il suit que les lignes BG,CM,DO , &c. *sont entr'elles comme les quarrez des parties,* AB, AC, AD, &c, *de la tangente.* 110. Puisque l'on peut prolonger AX à l'infini , & mener toujours de nouvelles paralleles qui s'éloignent aussi à l'infini du point A , *il s'ensuit que la ligne courbe que le mobile décrit s'etend de plus en plus à l'infini, & qu'elle ne rentre point en elle-même, comme fait la ligne circulaire :* car on peut supposer que le mobile parcourt uniformément par le mouvement de projection sur la ligne AX des espaces de plus en plus grands , en s'éloignant du point A : or si du point où on suppose qu'il est arrivé , on mene une parallele à la direction de la pesanteur qui rencontre la courbe en un point , c'est le lieu où le mobile se trouve pour lors ; donc les nouvelles parties de la courbe, décrites par le mobile, s'éloignent de plus en plus de la direction AZ ; donc la courbe ne revient pas sur elle-même. *D'où il suit que les paralleles* BG , CM , DO , &c. *prolongées à l'infini ne rencontrent la courbe décrite qu'aux points* G, M, O, &c.

Fig. 12.   104. Dans la parabole les lignes paralleles entr'elles , & qui
13.   prolongées à l'infini , ne rencontrent la courbe qu'en un point , sont appellées *diametres.* Si de differens points G , M , &c. de la parabole , on mene GL , MV , &c. paralleles à la tangente , qui rencontrent le diametre AZ aux points L, V, elles sont appellées *ordonnées* au diametre AZ , & il est visible qu'elles sont égales aux parties AB, AC de la tangente, & que les paralleles BG, CM, &c. sont égales aux parties AL , AV du diametre AZ. Or la principale propriété de la parabole , est que les parties AL, AV, du diametre , ou bien leurs égales BG , CM , sont entr'elles comme les quarrez des ordonnées GL , MV , ou comme les quarrez de leurs égales AB , AC , &c.

    105. *La ligne courbe que les corps jettez décrivent est une parabole.* Car la ligne courbe que les corps jettez décrivent , a cette propriété , que les paralleles comprises entre la tangente & la courbe , sont entr'elles comme les quarrez des parties correspondantes de la tangente , & que de plus ces paralleles prolongées à l'infini ne rencontrent la courbe qu'en un point. Or telle est la propriété de la parabole ; donc la courbe décrite par les corps jettez est une parabole.

Fig. 12.   106. On nomme *sommet* de la parabole le point où le corps
13.   cesse de monter & où il commence à descendre ; si le corps est jetté horizontalement , le sommet de la parabole est au point de départ ; si le corps est jetté suivant une direction inclinée au dessous de l'horizon , la parabole décrite n'a point de sommet. Car

la courbe que le corps décrit eſt la portion d'une parabole qui auroit ſon ſommet au lieu du départ, s'il avoit été jetté horizontalement ; ou bien cette parabole auroit ſon ſommet au-deſſus de
l'horizon, ſi le corps avoit été jetté au-deſſus du même horizon.
La ligne horizontale AT qui joint le point de départ, & un au-   Fig. 13.
tre point de la parabole, eſt appellée *étendue du jet* ou *ampli-*
tude de la parabole. Si la ligne AY qui joint le point de départ,
& un point de la courbe où l'on ſuppoſe que le mobile eſt arrivé,
n'eſt pas horizontale, elle eſt appellée ligne de *diſtance*, ou ligne de *but*. La ligne AX ſuivant laquelle le corps eſt jetté, eſt appellée ligne de *projeëtion* ; mais on nomme plus particulierement
ligne de *projeëtion*, la partie de la tangente compriſe entre le
point A & la verticale qui paſſe par le lieu où le corps eſt arrivé ou
bien où il s'eſt arrêté ; & la verticale compriſe entre le lieu où le
corps jetté ſe trouve, & la ligne de projeëtion, eſt appellée ligne de
chûte, ou ligne de *chûte reſpeëtive* : ainſi ſi le corps eſt au point
Q, AE eſt la ligne de projeëtion, & EQ la ligne de chûte reſpeëtive ; s'il eſt au point S, la ligne de projeëtion eſt AF, &
la ligne de chûte reſpeëtive eſt FS, &c.

On a coutume d'expliquer le mouvement des corps jettez en y
appliquant les propriétez de la parabole, néanmoins comme ce
ſujet peut être traité ſans aucun rapport à cette courbe, on a cru
qu'on pouvoit ſe diſpenſer de s'en ſervir, afin que les leëteurs qui
ne ſeroient pas inſtruits des propriétez de cette courbe, ne fuſſent
pas arrêtez en liſant cet endroit. De ſorte que ſi dans la ſuite on
décrit la parabole, ce ſera ſeulement pour fixer l'imagination
& répréſenter aux yeux la trace des corps jettez & non pas pour
y fonder quelque explication.

DES PROPRIETEZ ET CIRCONSTANCES
des jets.

107. Dans les jets il y a ſur-tout à conſiderer le corps qui eſt
jetté, la force qui le chaſſe, la ligne de projeëtion, la hauteur
du jet, ſon étendue, ſa durée, & le terme où le mobile s'arrête.

Si la peſanteur n'abbaiſſoit pas continuellement les corps jettez, pour les faire tomber ſur un endroit propoſé, il ſuffiroit de
viſer droit au but ; mais l'expérience fait voir qu'en les dirigeant
vers le but, ils n'arrivent point au lieu propoſé. Si en les pouſſant on les éleve trop ou trop peu, on éprouve qu'on ne réuſſit pas
mieux que ſi on les lançoit droit vers le but. Il a donc fallu pui-
ſer dans la ſcience du mouvement des regles pour les jets, déter-

miner pour chacun en particulier la ligne de projection qui lui
est propre , & trouver la force qu'il faut appliquer au mobile eu
égard à sa masse ou pesanteur.

DE LA FORCE DU JET ET DES CHANGEMENS
ou altérations qui arrivent à cette force.

108. Par la force du jet on entend la force qui chasse le
corps : elle est égale ou proportionnelle au produit de la masse &
de la vitesse que le corps reçoit au moment que la force externe
qui le pousse s'applique à sa masse. Si la masse est la même , la
force du jet est proportionnelle à la vitesse ; & si la vitesse est
la même pour tous les jets , la force est proportionnelle à la masse ;
si enfin la masse & la vitesse sont les mêmes pour tous les jets , la
force est aussi la même. On nommera *vitesse d'impulsion* ou de *projection* celle qu'un corps reçoit de la force externe qui le pousse.

PROPOSITION SEPTIE'ME.

109. *Lorsqu'un corps est jetté suivant une direction inclinée
au-dessus de l'horizon , son mouvement ou sa vitesse se décompose
suivant deux déterminations , l'une par laquelle le corps monte ou
descend , l'autre par laquelle il avance suivant des directions parallèles à l'horizon.*

DÉMONSTRATION. Lorsqu'un corps est jetté suivant une direction inclinée à l'horizon, il monte pendant quelque temps, il paroît ensuite pendant quelques instans, ne monter ni descendre : il
redescend enfin , & il ne s'arrête point qu'il ne rencontre la terre ;
donc pendant tout le tems du mouvement, le mobile fait effort contre la pesanteur, ou bien il obéit à son impulsion ; or pendant tout
ce tems il avance aussi suivant la direction horizontale. Donc dans
le mouvement d'un corps jetté il faut distinguer deux efforts ou
deux vitesses ; l'une , par laquelle il résiste à la pesanteur ; cette
vitesse est détruite peu à peu pendant que le mobile monte : &
l'autre vitesse est l'horizontale qui subsiste pendant tout le tems
du mouvement , soit que le corps monte , soit qu'il descende.

Fig. 14. 110. La vitesse par laquelle le corps monte ou descend , sera
nommée vitesse *perpendiculaire* ou *verticale*.

111 *Si le mouvement ou la vitesse de projection est exprimée par
l'hypothenuse* AD *du triangle rectangle* ADB , *la vitesse horizontale & la vitesse verticale sont exprimées par les côtez* AB , AD ,
de l'angle droit du même triangle.

Car

Car tandis que par le mouvement de projection le mobile iroit
de A en D, il parcourroit fuivant l'horizontale une longueur égale à AB, & il monteroit à la hauteur BD; la viteffe horizontale &
la viteffe verticale font donc entr'elles comme les côtez AB &
BD qui feroient parcourus en même-tems avec ces viteffes.

On peut encore prouver la propofition par ce qui a été dit de
la décompofition des mouvemens dans la premiere partie.

Si un corps qui eft mû rencontre un obftacle ou une force qui
ne lui réfifte pas directement, fa force eft décompofée en deux autres efforts qui font exprimez par les côtez d'un parallelogramme
rectangle (*Liv.* I. 177.) dont la diagonale répréfente la force
fuivant la direction que le corps avoit avant la rencontre de l'obftacle.

PROPOSITION HUITIE'ME.

112. *Dans les jets obliques ou inclinez à l'horizon, la viteffe
horizontale demeure la même pendant tout le tems du mouvement;
c'eft-à-dire, qu'en tems égaux le mobile parcourt des efpaces égaux
fuivant la direction horizontale.*

DEMONSTRATION. Si l'on divife la ligne de projection AX Fig. 12.
en parties égales, que par les points de divifion on mene des per- 13.
pendiculaires à l'horizon, elles feront toutes également diftantes,
& le mobile décrira les arcs compris entre ces verticales en des
tems égaux (103); il parcourra donc en des tems égaux les diftances égales qui font entre ces verticales; or ces diftances égales
font mefurées par les parties d'une ligne horizontale; donc en
tems égaux le mobile parcourra des parties égales de la ligne
horizontale; par conféquent la viteffe horizontale demeure la
même pendant tout le mouvement.

113. *La viteffe verticale augmente ou diminue pendant tout
le mouvement.* Si le corps monte, cette viteffe diminue parce qu'elle
eft contraire à la pefanteur; mais fi le corps defcend, elle augmente parce qu'elle eft dans le fens de la pefanteur.

Si un corps eft jetté horizontalement, il n'a point de viteffe
verticale à l'inftant de la projection; mais cette viteffe s'accroît peu
à peu fuivant la regle des mouvemens uniformément accélerez.

114. *Si la force du jet eft la même pour toutes les directions, le
rapport de la viteffe verticale à la viteffe horizontale eft variable:*
car fi le corps eft jetté horizontalement, la viteffe verticale eft
nulle : fi au contraire le corps eft jetté perpendiculairement de
bas en haut, c'eft la viteffe horizontale qui eft nulle. Entre ces

* X

deux cas extrêmes il y en a une infinité où l'une de ces viteffes augmente lorfque l'autre diminue : en un mot leur rapport varie de même que celui des côtez d'un triangle rectangle dont l'hypothénufe eft conftamment la même.

115. *La force du jet ou de projection étant la même, le mobile montera à des hauteurs differentes, felon que la viteße verticale fera plus ou moins grande :* car on vient de voir que la force du jet étant la même, la viteffe verticale change felon que la ligne de projection eft plus ou moins inclinée ; donc un corps étant pouffé fuivant des directions differemment inclinées avec la même force, montera à des hauteurs inégales.

Fig. 15. 116. Si la ligne AZ répréfente l'horizon, & AX la ligne de projection, l'angle ZAX eft appellé angle *d'inclinaifon.*

117. Quelle que foit la viteffe qu'un corps jetté reçoit fuivant la ligne de projection, on peut toujours fuppofer qu'il l'a acquife en tombant d'une certaine hauteur. On regarde cette hauteur comme la force même du fujet, parce qu'étant connue, on connoît auffi quelle eft cette force, ou la viteffe que le mobile acquiert par cette chûte.

PROPOSITION NEUVIE'ME.

118. *La viteffe d'impulfion eft à la viteffe verticale comme le finus total eft au finus de l'angle d'inclinaifon.*

DEMONSTRATION. Suppofons que la viteffe d'impulfion que le corps K reçoit fuivant AX, ait été acquife par la chûte TA ; donc avec la viteffe acquife il parcourroit uniformément AC double de TA dans un tems égal à celui de la chûte (63) ; donc fi fur AX on prend AH=AC, l'efpace AH feroit parcouru avec la viteffe acquife par TA dans le même-tems : or fi du point H on abbaiffe la perpendiculaire HB, la viteffe verticale fera exprimée par HB(111), donc la viteffe d'impulfion eft à la viteffe verticale, comme AH eft à HB, ou comme le finus total au finus de l'angle ZAX ou BAH (21. *Géom.*).

On fera voir de la même maniere pour toute autre direction AD, que la viteffe d'impulfion eft à la viteffe verticale comme le finus total eft au finus de l'angle d'inclinaifon.

119. *D'où il fuit que fi un corps eft pouffé avec la même force fuivant des directions differemment inclinées, les viteßes verticales qu'il reçoit de la même impulfion, font entr'elles comme les finus des angles d'inclinaifon.* Ainfi la viteffe verticale qu'il reçoit, étant pouffé fuivant AX, eft à la viteffe verticale qu'il reçoit,

étant poussé par la même force suivant AD, comme le sinus de
l'angle ZAX est au sinus de l'angle ZAD ; car si on suppose que
AH & AD soient égales à AC, elles expriment la vitesse acquise par AT, & par conséquent la vitesse d'impulsion suivant
AX & suivant AD ; donc tandis que le mobile parcourroit
d'un mouvement uniforme AH, il parcourroit dans le même-
tems AD, & par conséquent il s'éleveroit aux hauteurs BH, ND :
les tems étant égaux, les vitesses verticales sont entr'elles comme
les espaces parcourus, c'est-à-dire, comme BH & ND ; donc elles sont entr'elles comme les sinus des angles d'inclinaison, car
si on prend AH ou AD pour sinus total, BH & ND sont les sinus
des angles d'inclinaison (21. *Géom.*).

PROPOSITION DIXIE'ME.

120. *Si sur* AC *qui représente la vitesse acquise par* TA, Fig. 15.
on décrit une demi-circonférence ALEC *qui rencontre les directions*
AX, AD *aux points* E, L, *je dis que les vitesses verticales que
le mobile reçoit suivant* AX & AD *de la force du jet acquise par*
TA, *sont entr'elles comme les cordes* AE, AL.

DEMONSTRATION. Les vitesses verticales du mobile lorsqu'il
est poussé suivant les directions AX & AD, sont entr'elles comme BH & ND (119) ; or AE & AL sont égales à BH & ND.
Car à cause des triangles semblables ABH, ACE, l'on a AH.
AC :: BH . AE, les antécédens sont égaux ; donc les conséquens
BH, AE, sont aussi égaux. On fera voir de la même maniere
que AL = ND. Donc les vitesses verticales du mobile lorsqu'il
est poussé suivant les directions AX, AD par la même force
ou vitesse d'impulsion exprimée par AC, sont entr'elles comme
les cordes AE, AL.

121. On peut conclure de-là que si un corps est jetté suivant
des directions différemment inclinées, & que la vitesse d'impulsion soit la même pour toutes, cette vitesse étant exprimée par
le diametre d'un cercle, les vitesses verticales sont entr'elles
comme les cordes du même cercle sur lesquelles les directions
sont couchées.

122. Puisque la vitesse d'impulsion & les vitesses verticales du
mobile lorsqu'il est poussé suivant AX & AD, sont entr'elles
comme AC, AE, AL ; il s'ensuit que ces lignes seroient parcourues en même-tems ou en tems égaux avec les vitesses qui
leur sont proportionnelles ; or AC seroit parcourue d'un mouvement uniforme dans le tems que le mobile seroit tombé de TA ;

donc AE & AL feroient parcourues avec les viteffes verticales dans un tems égal , d'un mouvement auffi uniforme.

123. Si fur TA qui eft la hauteur d'où le mobile eft tombé pour acquérir la viteffe d'impulfion exprimée par AC , on décrit une demi-circonférence qui rencontre les trois directions aux points T , M , S , les cordes AC , AE , AL font coupées en deux parties égales; ainfi les moitiez étant dans la même raifon que les tous, il s'enfuit que la viteffe d'impulfion & les viteffes verticales, font encore entr'elles comme le diametre AT , & les cordes AM , AS font entr'elles ; *donc tandis que par la viteffe d'impulfion le mobile parcourroit* AT *d'un mouvement uniforme avec les viteffes verticales, il parcourroit* AM , AS *d'un mouvement pareillement uniforme (* Liv. I. 4.*), & ce tems feroit la moitié du tems de la chûte par* TA (64).

124. Suppofant que la demi-circonférence ASMT rencontre toutes les directions , & que la force du jet ou la viteffe d'impulfion a été acquife par la chûte TA diametre du cercle. Je dis que *cette viteffe eft à la viteffe verticale propre à un jet, comme la corde fur laquelle eft couchée la direction pour ce jet, eft à la partie du diametre comprife entre le point de départ* A, *& la perpendiculaire abbaiffée de l'extrémité de la corde fur le même diametre.* Ainfi la viteffe d'impulfion eft à la viteffe verticale propre au jet par AX comme la corde AM fur laquelle eft la direction AX , eft à la partie AG du diametre TA , comprife entre le point de départ A , & la perpendiculaire MG. Car la viteffe d'impulfion eft à la viteffe verticale comme AT & à AM (123); mais AT eft à AM comme AM eft à AG (39. *Géom.*); donc la viteffe d'impulfion eft à la viteffe verticale comme AM eft à AG. On fera voir de la même maniere que dans le jet par AD , la viteffe d'impulfion eft à la viteffe verticale comme la corde AS eft à la partie AP comprife entre le point de départ A & la perpendiculaire SP abbaiffée du point S fur AT.

125. Il fuit de-là que tandis que le mobile parcourroit AM par la viteffe d'impulfion , il parcourroit AG par la viteffe verticale (*Liv.* I. 4.) ; fçavoir, l'une & l'autre d'un mouvement uniforme.

PROPOSITION ONZIE'ME.

Fig. 15.   126. *Suppofant encore que la viteffe d'impulfion eft la même pour toutes les directions , & qu'elle a été acquife par la chûte* TA ; *je dis que fi du point* M *ou une direction, par exemple* AX, *rencontre la demi-circonférence ASMT , on abbaiße MG perpendiculairement sur le diametre TA, AG eft la hauteur où le corps peut monter par la viteße verticale propre au jet par AX.*

DEMONSTRATION. Par la propriété du cercle l'on a AG.AM $\overline{\cdot\cdot}$ AM.AT (39.*Géom.*). Donc $\overline{AG}^2 . \overline{AM}^2 \overline{\cdot\cdot}$ AG. AT (26.*Arit.*). Donc les quarrez des viteffes exprimées par AG, AM font dans la raifon des hauteurs AG, AT ; donc les viteffes font entr'elles comme les racines quarrées des hauteurs AG, AT (24.*Arit.*) ; fi le corps étoit tombé de la hauteur GA, il auroit acquis une viteffe qui feroit à celle qu'il a acquife par la hauteur TA, comme la racine quarrée de GA à la racine quarrée de AT (73) ; donc la viteffe verticale propre au jet par AX, & la viteffe acquife par la hauteur GA, ont même raifon à la viteffe acquife par TA ; donc ces viteffes font égales (28. *Arit.*) ; mais avec la viteffe acquife par GA, le corps monteroit précifément à la hauteur AG, où étant parvenu il auroit perdu toute cette viteffe (80) ; donc avec la viteffe verticale propre au jet par AX, le mobile montera précifément à la même hauteur AG où il aura auffi perdu toute cette viteffe.

On fera voir de la même maniere que le mobile par la viteffe verticale propre au jet par AD, monteroit à la hauteur AP. De ce que la viteffe verticale propre au jet par AX, & la viteffe acquife par TA font entr'elles comme les racines quarrées de AG & de AT, & que d'ailleurs par la viteffe acquife dans la chûte TA le mobile monteroit à la hauteur AT, on auroit pû d'abord conclure qu'avec la viteffe verticale propre au jet par AX, le corps monteroit précifément à la hauteur AG.

PROPOSITION DOUZIE'ME.

127. *La viteße d'impulfion étant encore fuppofée la même pour tous les jets, & que la demi-circonférence ASMT, rencontre toutes les directions, je dis que par la viteße d'impulfion le mobile parcourroit la corde fur laquelle une direction eft couchée dans la moitié du tems qu'il eft à defcendre par un mouvement accéleré de la hauteur comprife entre le point A & la perpendiculaire abbaifée de l'extrémité de la corde fur le diametre.* Ainfi par la viteffe d'impulfion le mobile parcourroit AM dans la moitié du tems de la defcente par GA.

DEMONSTRATION. Si le corps defcendoit de la hauteur GA, il acquerroit une viteffe par laquelle il parcourroit AG d'un mou-

vement uniforme dans la moitié du tems de la chûte par GA (64) ;
d'ailleurs avec la vitesse verticale propre au jet par AX, le corps
peut monter à la hauteur AG (126) ; donc la vitesse verticale
propre au jet par AX, est égale à la vitesse qu'il acquerroit par
la chûte GA. Donc par la vitesse verticale propre au jet par AX,
le corps parcourroit AG d'un mouvement uniforme dans la moitié du tems de la chûte ou de la montée par AG (64) ; mais la
vitesse d'impulsion est à la vitesse verticale propre au jet par AX,
comme AM est à AG (124) ; donc tandis que par la vitesse verticale le mobile parcourroit AG d'un mouvement uniforme, il
parcourroit aussi AM par la vitesse d'impulsion (*Liv.* I. 4) ; or
on vient de voir que par la vitesse verticale, le mobile parcourroit AG dans la moitié du tems de la chûte par GA ; donc par
la vitesse d'impulsion il parcourra AM dans le même-tems.

128. Il suit de cette proposition que dans le tems entier de la
montée ou de la descente par GA, le mobile parcourroit AE
double de AM.

DE L'ETENDUE DU JET.

PROPOSITION TREZIE'ME.

Fig. 15.   *129. Suppofant encore que la vitesse d'impulsion a été acquise
par* TA ; *je dis que l'étendue du jet est quadruple de l'horizontale*
GM *qui rencontre la direction* AX *au point où cette direction
coupe la demi-circonférence* ASMT : *c'est-à-dire, que fi le corps
est poussé suivant la direction* AX *avec la vitesse qu'il auroit acquise par* TA, *il rencontrera le plan horizontal* AZ *en un point*
R *éloigné du point* A *du quadruple de* GM.

DEMONSTRATION. Le corps étant poussé suivant AX avec la
vitesse qu'il auroit acquise par TA, & continuant de se mouvoir suivant cette direction d'un mouvement uniforme, se trouveroit toujours sur la même verticale sur laquelle il se trouve
étant mû d'un mouvement retardé ou accéléré par la pesanteur
(103) ; donc lorsque par la vitesse d'impulsion il seroit arrivé au
point E de la verticale EF, il sera sur quelque point de la même
verticale, & par conséquent au point I où l'horizontale GM
coupe cette verticale. Car tandis que par la vitesse verticale
propre au jet par AX, le corps monte à la plus grande hauteur AG ou son égale FI, par la vitesse d'impulsion, il parcourroit le double de AM, c'est-à-dire AE (128.) ;
donc pendant le tems que le corps est monté à la plus grande

hauteur AG ou FI , il a parcouru fuivant l'horizontale la longueur GI double de GM. Mais le tems de la defcente par IF eft
égal au tems de la montée par AG (78); donc pendant le tems
de la defcente , le mobile parcourroit encore par la viteffe d'impulfion EV = AE; donc lorfque le corps rencontrera l'horizon,
il fe trouvera au point R de la verticale VR (103),& par conféquent éloigné du point A du quadruple de GM , car comme
AV eft quadruple de AM, AR eft quadruple de GM.

130. Le jet qui fe fait fous l'angle de 45 degrez a la plus Fig.16.
grande étendue; car cette étendue eft quadruple du rayon CL
qui eft la plus grande des perpendiculaires tirée de la circonférence fur le diametre. On peut dire auffi qu'elle eft égale ou
double du diametre TA.

131. Il fuit de-là que fi la viteffe d'impulfion a été acquife par
la chûte TA , ou qu'elle foit égale à la viteffe acquife par TA,
la plus grande étendue du jet fait avec cette force ou viteffe d'impulfion eft double de la hauteur TA ; en forte que fi l'on vouloit
donner au jet une plus grande étendue ou faire tomber le mobile à une plus grande diftance du point A , la chofe feroit impoffible. Car le jet qui a la plus grande étendue , eft celui de 45
degrez : or l'étendue de ce jet n'excede pas le double de TA ;
donc il feroit impoffible de donner au jet une étendue plus grande
que le double de TA.

132. Il eft vifible que les lignes horizontales GM , PS, qui
rencontrent la demi-circonférence aux points M , S également
éloignez du point L où l'horizontale CL qui paffe par le centre
C, coupe le demi-cercle, font égales. Donc les jets qui fe font
fuivant les directions AX, AR également diftantes de la direction AD, qui fait l'angle BAD de 45 degrez , ont la même
étendue.

133. D'où il fuit que fi le corps eft jetté fuivant ces deux directions , il ira rencontrer l'horizontale AB en un même point.Il y
a donc toujours deux directions fuivant lefquelles le corps étant
jetté tombera au même endroit de l'horizon , & ces deux directions font également diftantes de celle de l'angle de 45 degrez.

PROPOSITION QUATORZIE'ME.

134. *Les jets qui fe font fuivant des directions differemment in-* Fig.16.
clinées , ont des étendues qui font entr'elles comme les finus des an-
gles doubles des angles d'inclinaifon. Ainfi l'étendue du jet par
l'angle BAR , eft à l'étendue du jet par l'angle BAD , comme le

finus du double de l'angle BAR , eft au finus du double de l'angle BAD de 45 degrez.

DEMONSTRATION. Il faut mener les rayons CS ou CL où les directions coupent la demi-circonférance : l'angle ACS eft double de l'angle BAR (17. 18. *Géom.*) ; de même l'angle ACL eft double de l'angle BAD , c'eft-à-dire , que ces angles au centre C font doubles des angles d'inclinaifon ; mais ces angles ont pour finus PS & CL (21.*Géom.*) qui font chacune le quart des étendues des jets par AR & AD (129) ; donc les etendues entieres étant dans la même raifon que leurs quatriémes parties , font entr'elles comme les finus des angles doubles des angles d'inclinaifon.

DE LA HAUTEUR DU JET.

135. Il eft évident que les jets qui fe font par une même force , ont des hauteurs differentes fuivant que l'angle d'inclinaifon eft plus ou moins grand , en forte que le jet qui fe fait fuivant la verticale à l'horizon , a la plus grande hauteur , & le jet qui fe fait fuivant une ligne parallele à l'horizon n'a aucune hauteur , puifque la pefanteur abbaiffe le mobile auffi-tôt que la force externe ceffe de lui être appliquée. Dans la propofition fuivante on détermine les rapports qu'ont les hauteurs des jets.

PROPOSITION QUINZIEME.

136. *Les hauteurs des jets qui fe font par une même force fuivant des directions differemment inclinées, font en raifon doublée des finus des angles d'inclinaifon.*

Fig. 16. Car les hauteurs AP & AG auxquelles le mobile peut parvenir par la même impulfion étant jetté fuivant AR & AX , font entr'elles en raifon doublée des viteffes verticales propres aux jets par AR & AX (126. 77. 71.): or ces viteffes font entr'elles comme les finus des angles d'inclinaifon ZAR, ZAX (119) ; donc les hauteurs auxquelles le mobile peut arriver , font en raifon doublée des finus des angles d'inclinaifon.

Fig. 15. On peut démontrer géométriquement cette propofition. On a vû que les viteffes verticales propres aux jets par AR & AX étoient entr'elles comme les cordes AS & AM (123) : or

$$AT . AM :: \overline{AM}^2 . \overline{AG}^2 (39.\textit{Géom.}); \text{donc } AT.AM :: AT.AG \text{ ou}$$

$$AT . AG :: \overline{AT}^2 . \overline{AM}^2 (26.\textit{Arit.}).$$ Par un raifonnement femblable l'on aura $$AP . AT :: \overline{AS}^2 . \overline{AT}^2.$$ Si on mvltiplie par ordre

dre

par ordre les termes de ces proportions, & qu'on divise les deux
premiers produits par $\overline{AT}^2$ & les deux derniers par $\overline{AT}^2$, on
aura $AP \cdot AG :: \overline{AS}^2 \cdot \overline{AM}^2$, c'est-à-dire, que les hauteurs AP
& AG sont en raison doublée des vitesses verticales ; mais ces
vitesses sont dans la raison des sinus des angles d'inclinaison,
ou ces sinus dans la raison des vitesses verticales (119), &
la raison doublée des mêmes sinus égale à la raison doublée
des vitesses verticales. Donc les hauteurs des jets par AD & AX
sont en raison doublée des sinus des angles d'inclinaison.

137. Comme les hauteurs AP, AG sont les sinus verses des
arcs AS, AM ou des angles ACS, ACM qui sont doubles des
angles d'inclinaison ZAR, ZAX, on peut dire encore que les
hauteurs des jets sont dans la raison des sinus verses des angles
doubles des angles d'inclinaison.

DU TEMS ET DE LA DURE'E DES JETS.

Lorsqu'un corps est poussé par une même force suivant toutes
les directions, il est plus ou moins de tems en l'air & à retomber. Il n'est pas difficile d'appercevoir que plus le jet a de hauteur, plus il doit durer de tems.

Fig. 16.

PROPOSITION SEZIE'ME.

138. *Le tems ou la durée d'un jet est au tems ou à la durée*
d'un autre jet, comme le sinus de l'angle d'inclinaison du premier est
au sinus de l'angle d'inclinaison du second.

DEMONSTRATION. Le corps étant jetté suivant la direction
AX, la durée du jet est égale au tems qu'il emploieroit à parcourir
uniformément par la vitesse d'impulsion, le quadruple de la corde
AM. De même le corps étant jetté suivant la direction AR, le jet
durera autant de tems que le mobile emploieroit à parcourir le
quadruple de AS, par le mouvement d'impulsion, s'il restoit uniforme (129.128) ; donc les deux jets par AX & AR doivent durer
autant de tems que le mobile seroit à parcourir uniformément le
quadruple de AM & de AS. La vitesse d'impulsion étant la même
pour toutes les directions, les tems suivant AX & AR sont
dans la raison des espaces parcourus, c'est-à-dire, comme
les quadruples de AM & de AS, ou encore comme AM & AS,

* Y

ou comme les viteſſes verticales propres aux jets par AX & AR
(123.) : or ces viteſſes ſont dans la raiſon des ſinus des angles d'inclinaiſon (119.) ; donc le tems ou la durée du jet par
AX , eſt au tems ou à la durée du jet par AR , comme le ſinus
de l'angle d'inclinaiſon ZAX eſt au ſinus de l'angle d'inclinaiſon ZAR.

139. Comme l'angle droit a le plus grand de tous les ſinus ,
il s'enſuit que le jet de la plus longue durée eſt celui qui ſe fait,
l'angle d'inclinaiſon étant droit , c'eſt-à-dire , lorſque le jet ſe
fait ſuivant la verticale AT. Ce qui eſt encore évident en ce que
les cordes AM & AT (qui ſont dans la raiſon des viteſſes verticales propres à ces jets,) ſont auſſi dans la raiſon des tems que
les jets faits par les cordes , doivent durer : or il eſt viſible que la
corde AT eſt la plus grande de toutes ; donc le tems du jet par
AT eſt le plus long de tous.

DU LIEU DU CORPS PENDANT LE MOUVEMENT.

140. En parlant de l'étendue du jet on a déterminé trois
points de la route du corps , le point de départ , le point où il ſe
trouve lorſqu'il arrive à la plus grande hauteur où il puiſſe monter , & le point où il rencontre la ligne horizontale qui paſſe par
le lieu de départ ; mais il eſt utile de pouvoir déterminer pour
chaque inſtant de la durée du mouvement , l'endroit ou le lieu
du mobile.

141. M. Caſſini nomme *ligne d'égalité* la ligne qui eſt quadruple de la hauteur d'où le mobile étant deſcendu par un mouvement accéleré , auroit acquis la viteſſe d'impulſion : ainſi ſi la
viteſſe d'impulſion eſt égale à celle que le mobile auroit acquiſe
en tombant de la hauteur TA , AC quadruple de AT , eſt appellée *ligne d'égalité*.

Fig. 17.

142. Si un corps étant pouſſé ſuivant la direction AX avec
une viteſſe ou force égale à celle qu'il auroit acquiſe par la chûte
TA , & que des points O , D , O , &c. on abbaiſſe des verticales qui rencontrent la courbe que le corps décrit par le jet ſuivant AX ; les parties AO , AD , AO , &c. de la direction AX
compriſes entre le départ A & un point O ou D , ſont appellées
chacune en particulier *lignes de projection.* Les lignes OR , DB ,
OR compriſes entre la courbe décrite par le jet ſuivant AX &
l'extrêmité O ou D d'une ligne de projection AO ou AD , ſont
appellées *lignes de chute reſpective.*

143. Il suit de cette définition que dans un même jet il y a autant de lignes de projection & de lignes de chûte respective qu'il y a de points dans la ligne courbe décrite par ce jet.

PROPOSITION DIX-SEPTIE'ME.

144. *Dans un mème jet la ligne d'égalité , la ligne de projection , & la ligne de chûte respective sont trois lignes en proportion continue ; en sorte que si l'on prend sur la direction AX une partie AO à volonté pour la ligne de projection, que du point O on mene une verticale OR qui rencontre la courbe décrite en un point R , on aura AC . AO :: AO . OR.*

DEMONSTRATION. La proposition peut avoir deux cas: ou bien Fig. 17. la ligne de chûte respective DB rencontre la courbe décrite au point B de l'horizontale AZ qui passe par le point A de départ, ou bien la ligne de chûte respective OR rencontre la courbe en un point R au-dessus ou au-dessous de l'horizontale AZ.

Premier cas. Puisque la ligne de chûte DB rencontre la courbe au point B de l'horizontale AZ , AB est l'étendue du jet , (on suppose que la vitesse d'impulsion est égale à celle qui auroit été acquise par la chûte TA , & que la ligne de direction est AX) d'où il suit que la ligne de projection AD est quadruple de la corde AM du demi-cercle AMT, décrit sur AT pour diametre (128). Cela posé , les triangles semblables ADB , AMT donnent AT . AM :: AD . DB. Si on multiplie les deux premiers termes par 4 , on aura 4AT . 4AM :: AD . DB. Si au lieu de 4AT & 4AM , on met leurs égales AC & AD , on aura AC . AD :: AD . DB

Second cas. Lorsque la ligne de chûte respective OR rencontre la courbe à un point R au-dessus ou au-dessous de l'horizontale AZ.

On a fait voir que si de deux points D , O , de la direction AX on mene deux verticales DB , OR qui rencontrent la courbe que le mobile décrit , elles sont en raison doublée des parties AD , AO de la direction AX qui leur répondent , c'est-à-dire , que les lignes de chûte respective DB , OR sont en raison doublée des lignes de projection corres-

pondantes (103. *n.* 10.); donc DB . OR :: $\overline{AD}^2$. $\overline{AO}^2$. Le premier cas de la proposition donne AC . AD :: AD . DB; donc $\overline{AC}^2$. $\overline{AD}^2$ :: AC . DB (26. *Arit.*) ou AC . DB :: $\overline{AC}^2$. $\overline{AD}^2$.

Voici les deux proportions qu'on vient de former. Si on multiplie par ordre les termes de ces deux propor-

$$DB . OR :: \overline{AD}^2 . \overline{AO}^2.$$
$$AC . DB :: \overline{AC}^2 . \overline{AD}^2.$$

tions, & qu'on divife les deux premiers produits par DB, & les deux derniers par $\overline{AD}^2$: on aura $AC . OR :: \overline{AC}^2 . \overline{AO}^2$ ou $AC . \overline{AO}^2 :: AC . OR$. D'où l'on tire $AC . AO :: AO . OR$, puifque fi on avoit cette derniere proportion on auroit $AC.\overline{AO}^2 :: AC.\overline{OR}^2$ (26. *Arit.*).

145. *Il fuit de cette propofition que la vitefſe d'impulſion étant connue, enfemble le tems qui s'eſt écoulé depuis le moment du dé-part, on pourra trouver le point où le mobile fe trouve après ce tems :* car la vitefſe d'impulſion étant connue, on trouvera l'ef-pace AO qu'il auroit parcouru uniformément fur AX avec cette vitefſe pendant le tems donné : or dans le même tems par fon mouvement réel il fe trouve fur la verticale OR qui pafſe par l'extrêmité O de l'efpace AO (103. *n.* 6.). Il ne s'agit donc plus que de déterminer fur la verticale OR le point R de la courbe que le corps décrit par le jet fuivant AX ; mais la propofition en donne le moyen. Donc fi la vitefſe d'impulſion eſt connue, en-femble le tems qui s'eſt écoulé depuis le moment du départ, on pourra trouver le lieu du corps après ce tems.

146. Suppofant encore que la vitefſe d'impulſion a été acquife par la chûte TA & que AC eſt la ligne d'égalité. Si on prend à volonté un point R duquel on éleve une verticale RO, que du point A on mene une ligne AO qui rencontre la verticale au point O, telle qu'elle foit moyenne proportionnelle entre la ligne d'éga-lité AC & la ligne de chûte OR : *Je dis que le corps étant jetté fuivant AO avec la vitefſe d'impulſion acquife par TA, paf-fera par le point* R. Car le corps A étant jetté fuivant AO doit décrire une courbe dont la propriété eſt telle que fi de quelque point de la direction AO, on mene une verticale qui rencon-tre la courbe ; la ligne de projection AO eſt moyenne propor-tionnelle entre la ligne d'égalité & la ligne de chûte refpective : or par la conſtruction les lignes AO & OR ont la condition re-quife ; donc la ligne OR rencontre la courbe décrite au point R ; donc le point R eſt un point de cette courbe, & par conféquent le mobile pafſera par le point R

147. Si après avoir mené la verticale OR on ne pouvoit trou-ver aucune moyenne proportionnelle entre OR & AC qui pût

joindre les points A & O , le mobile étant jetté par la direction
AO , ne passeroit pas par le point R ; car les lignes AO , OR
n'ayant pas les conditions requises , ne pourroient déterminer le
point R. Ainsi ce point seroit hors de la courbe décrite.

148 Dans ce qui vient d'être dit des jets obliques , on a supposé que la vitesse d'impulsion étoit connue , & qu'elle avoit été
acquise par une hauteur connue, si cette vitesse étoit déterminée,
mais que l'on ne sçût pas par qu'elle chute elle peut être acquise;
pour arriver aux déterminations précédentes , il faudroit auparavant déterminer cette chûte (93): car on a vû que c'est une des
conditions dont on a eu continuellement besoin pour déterminer les differentes circonstances des jets obliques.

DES JETS QUI SONT FAITS PAR DES FORCES differentes.

149. On a supposé jusqu'ici que c'est le même corps qui est
poussé avec la même force suivant toutes les directions. Il est aisé
de voir que si la force qui chasse le corps, augmente ou diminue,
ou que la masse soit plus ou moins grande , la force demeurant
la-même ; ou enfin que la masse & la force externe qui lui est
appliquée changent , les circonstances du jet oblique varieront ,
quand même le jet se feroit suivant la même direction. Si on
veut comparer les jets faits suivant la même direction avec des
forces differentes , il faut connoître auparavant la vitesse d'impulsion, c'est-à-dire , la vitesse que la force externe peut imprimer au mobile quelle que soit sa masse , connoître aussi par
quelle chûte cette vitesse pourroit être acquise. Cela posé ,

150. Si deux corps , quelles que soient leurs masses , sont
poussez suivant la même direction avec des vitesses d'impulsion differentes , ils parviendront à des hauteurs qui sont entr'elles comme les hauteurs par où les vitesses d'impulsion ont été
acquises.

Supposons que les vitesses que les mobiles reçoivent étant pous- Fig. 18.
sez suivant la même direction AX , ont été acquises par les chûtes
TA & GA. Si des points M , N on abbaisse les perpendiculaires
MS , NP , les hauteurs AS, AP sont celles où les mobiles parviendront avec les vitesses qui leur sont imprimées suivant la même
direction AX (126) : or il est visible que AS & AP sont dans la
raison des hauteurs TA & GA par où les vitesses d'impulsion ont
été acquises, car ces deux raisons sont égales à celle de AM à AN.

151. Puifque les étendues des jets font quadruples des lignes horizontales SM, PN, & que ces mêmes lignes font encore entr'elles comme les hauteurs TA, GA, il s'enfuit que les deux jets ont des étendues qui font dans la raifon des hauteurs TA, GA, par où les vitefles d'impulfion ont été acquifes.

152. Il eft évident que les vitefles d'impulfion qu'on fuppofe avoir été acquifes par les hauteurs TA & GA font en raifon fou-doublée de ces hauteurs ou comme leurs racines (73); pareillement les vitefles verticales par lefquelles les mobiles montent aux hauteurs AS, AP, font auffi en raifon fou-doublée des hauteurs AS, AP; donc les vitefles verticales des mobiles font auffi en raifon fou-doublée, ou comme les racines quarrées des hauteurs TA, GA, par lefquelles les vitefles d'impulfion ont été acquifes; car les hauteurs TA, GA, font en même raifon que SA & PA. D'où il fuit encore que les vitefles verticales par lefquelles les deux mobiles montent aux hauteurs AS, AP, font dans la même raifon que les vitefles d'impulfion.

APPLICATION DES PRINCIPES PRE'CEDENS
à la réfolution des queftions ou problèmes qu'on a coutume de propofer fur les jets.

PROBLÊME VI.

153. *Connoißant la force du jet, c'eft-à-dire, la chûte TA, qui a donné la vitefle d'impulfion, & l'angle d'inclinaifon ZAD, trouver l'étendue du jet, fa hauteur, la ligne de projeftion, & la ligne de chûte refpeftive.*

Le Problême peut être réfolu géométriquement ou en nombres.

Réfolution géométrique. Sur AT prife pour diametre il faut décrire un demi-cercle qui rencontre la ligne de direftion au point S, duquel il faut mener SP perpendiculaire au diametre AT, prendre AB quadruple de SP, elle fera l'étendue du jet, & AP la hauteur; il faut enfuite élever la perpendiculaire BD qui rencontre la ligne de direftion au point D, & l'on aura DB pour la ligne de chûte refpeftive, & AD pour la ligne de projeftion.

La réfolution du problême eft évidente par tout ce qui précede, on peut voir les articles (126. 129. 106.).

Réfolution en nombres. Suppofons que l'angle d'inclinaifon ZAD eft de 30 degrez, l'angle ATS qui lui eft égal, eft auffi de 30 degrez : ainfi dans le triangle ATS on connoît le côté AT qui eft la chûte qui a donné la vitefle d'impulfion, on connoît l'angle droit & l'angle ATS ; donc la corde AS fera connue (12. *Géom.*) ; donc 1°. la ligne de projection AD quadruple de AS fera aussi connue. 2°. AS est moyenne proportionnelle entre AT & AP (39. *Géom.*) ; donc la hauteur AP fera connue (10. *Arit.*). 3°. Les triangles ADB, ATS sont semblables ; donc AT . AS :: AD . DB ; dans cette proportion les trois premiers termes sont connus ; donc DB qui est la ligne de chûte respective est connue (10. *Arit.*). 4°. PS est moyenne proportionnelle entre AP & PT qui sont les deux parties du diametre AT , lesquelles sont connues , parce que le diametre AT , & la partie AP sont connues ; donc par leur moyen on connoîtra (29. *Arit.*) PS dont le quadruple est égal à l'étendue du jet AB.

P R O B L Ê M E   VII.

154. *Suppofant encore que la vitesse d'impulsion a été acquise par la chûte* TA , *& que le lieu du départ est au point* P *situé* Fig. 20. *sur une hauteur* AP , *on propose de trouver la distance* AB *où le corps rencontrera l'horizon , étant chassé suivant l'horizontale* PS *avec la vitesse acquise par* TA.

Résolution géométrique. Il faut mener la corde AS , & la porter deux fois de A en B sur l'horizontale AZ , & AB fera la distance cherchée.

Si le corps étoit poussé suivant la direction AS tandis que par la vitesse verticale il monteroit à la hauteur AP , par la vitesse d'impulsion il parcourroit le double de AS (128.) : or le tems de la descente par PA est égal au tems de la montée par AP (78) ; donc le corps étant jetté horizontalement suivant PS , par la vitesse d'impulsion dans le tems de la descente par PA parcourroit uniformément le double de AS ; mais la vitesse horizontale du mobile pendant tout le tems du mouvement est égal à la vitesse d'impulsion (112.) ; donc dans le tems de la descente par PA , le corps parcourra le double de la corde AS suivant la direction horizontale , & par conséquent il rencontrera la ligne horizontale au point B distant de A du double de AS.

Résolution en nombres. Il s'agit de trouver la corde AS. Les hauteurs TA & AP sont connues : or AS est moyenne proportionnelle entre AT & AP ; donc AS sera connue (29. *Arit.*).

Il est évident que si le point P de départ étoit au haut de la chûte TA , la corde AS seroit égale au diametre TA , c'est pourquoi le mobile rencontreroit l'horizontale AZ au point B distant du point A de deux fois le diametre TA. En effet tandis que le mobile parcourroit TA d'un mouvement uniformémens accéleré, il parcourra par la vitesse horizontale le double de AT (63); car la vitesse horizontale est égal à la vitesse d'impulsion, & elle demeure uniforme pendant tout le tems du mouvement

Problême VIII.

155. Trouver le rapport des tems qu'un mobile emploie par deux jets faits avec la même vitesse d'impulsion.

Fig. 20. On suppose que la vitesse d'impulsion soit égale à celle qui auroit été acquise par la chûte TA, & que les jets sont dirigez suivant AM & AS. Il faut décrire sur AT prise pour diametre le demi cercle ASMT qui coupe les directions AX, AD aux points M, S. Les cordes AM, AS ont entr'elles le même rapport que les tems cherchez : car les tems que le mobile emploie à rencontrer l'horizontale AZ lorsqu'il est poussé avec la même vitesse suivant les directions AM, AS sont égaux aux tems qu'il emploieroit à parcourir uniformément des espaces quadruples de AM & de AS (128.), les vitesses suivant AM, AS étant égales, il s'ensuit que les tems sont entr'eux comme les lignes quadruples de AM & de AS, ou comme AM & AS (*Liv.* I. 12.).

Si on veut avoir en nombres le rapport des cordes AM, AS, dans les triangles ATM, ATS, on connoît tous les angles, & un côté, sçavoir AT; donc les cordes AM, AS seront connues.

Si en faisant le calcul on regarde le diametre AT comme sinus total, on connoîtra seulement le rapport des tems ; mais si l'on emploie AT comme étant la hauteur par où le mobile a acquis en tombant, la vitesse d'impulsion, & que l'on estime le tems de la chûte TA, l'on connoîtra les tems réels que le mobile emploie dans les jets suivant AM, AS.

Supposons que l'angle BAS soit de 30 degrez, & l'angle BAM de 64 degrez 10'. L'angle ATS est aussi de 30 degrez, & l'angle ATM de 64 degrez 10' : or AT étant considerée comme sinus total (suivant les tables des sinus) vaudra 100000, le sinus de l'angle de 30 degrez 50000, & le sinus de 60 degrez 10', 90006 ou 90000. Ces sinus étant comparez au sinus total & entr'eux, sont dans le rapport de $\frac{5}{10}$ à $\frac{9}{10}$ ou comme 5 & 9 : ainsi les cordes AS, AM, étant entr'elles dans le rapport de ces nombres, il s'ensuit que les tems des jets par AS, AM sont entr'eux comme 5 & 9 ; mais si on suppose que la vitesse d'impulsion a été acquise par la hauteur TA de 1500 pieds, on trouvera par le problême

blême I. (91) que le tems de la chûte par TA, est de 10 fecondes ; donc le tems du jet par AT, c'est-à-dire, le tems de la montée & de la defcente fera de 20 fecondes ; or fuivant l'hypothefe AT, AS, AM, font entr'elles comme les nombres 10, 5, 9, on aura donc 10. 5 :: 20ˈˈ 10ˈˈ & 10. 9 :: 20ˈˈ 18ˈˈ : ainfi les tems réels des jets par AS & AM font l'un de 10, & l'autre de 18 fecondes ; & ces tems font encore dans la raifon de 5 à 9.

PROBLÊME IX.

156. *La vitesse d'impulsion étant connue, & la durée du jet horizontal, trouver l'espace parcouru horizontalement. AP est la hauteur du lieu de départ au-dessus du plan horizontal AZ.*

Puifque la viteffe d'impulfion eft connue, la hauteur TA par où elle a été acquife, eft auffi connue, de même que le tems par TA parcourue d'un mouvement uniformément accéléré. Cela pofé, il faut faire la proportion. Le tems par TA eft au tems de la chûte par PA, comme le double de TA eft à un quatriéme terme qui eft l'efpace que le corps a parcouru horizontalement pendant le jet horizontal. Car lorfque la viteffe eft la même, les efpaces parcourus font comme les tems (*Liv.* I. 12.) : or la viteffe horizontale ne differe point de la viteffe d'impulfion (112) ; donc les efpaces parcourus par cette viteffe doivent être entr'eux comme les tems. Mais par la viteffe d'impulfion le mobile parcourroit deux fois la hauteur TA dans un tems égal à celui de la chûte TA (63) ; donc dans le tems du jet horizontal le corps doit parcourir l'efpace que la proportion fait trouver.

Dans les problêmes précedens on a fuppofé que la force du jet étoit connue, c'eft-à-dire, la viteffe que la force externe appliquée au mobile lui imprime. Voici la maniere de trouver par une feule expérience quelle eft cette force.

PROBLÊME X.

157. *Un corps étant chaffé par une certaine force fuivant une direction à volonté, trouver cette force, c'eft-à-dire, déterminer quelle eft la viteffe qui lui a été imprimée par cette force.*

Le problême a trois cas : ou bien le corps eft tombé fur un plan horizontal, qui paffe par le point de départ, ou il s'eft arrêté au deffus de ce plan, ou il eft defcendu plus bas. La réfolution eft la même pour les trois cas.

*Z

Fig. 21.
22. 23.
24.

Suppofons que le mobile étant jetté fuivant la direction AD horizontale ou inclinée , foit au-deffus foit au-deffous de l'horizon, tombe au point B. Cela pofé , il faut 1°. remarquer l'angle DAB , formé par la direction AD , & le rayon vifuel qui paffe par le lieu de départ A , & l'endroit où le mobile B s'eft arrêté. 2°. Il faut imaginer une ligne verticale qui paffe par le lieu B & qui rencontre la direction AD au point D. 3°. Dans le triangle BAD , l'on connoît le côté AB qu'on peut mefurer actuellement , ou du moins en déterminer la longueur par la Géométrie pratique : on connoît auffi l'angle DAB par l'obfervation : l'angle ADB eft auffi connu, car il eft égal à l'angle CAD fon alterne qui peut être connu par l'obfervation. Donc les côtez AD , DB feront connus. 4°. Il faut trouver une troifiéme proportionnelle aux lignes BD, AD. Suppofons que cette ligne foit AC , il faut partager AC en quatre parties égales , & l'une des quatre eft la hauteur d'où le mobile venant à defcendre par un mouvement uniformément accéleré, acquerroit la viteffe qu'il a reçue dans le jet par AD (141). La chûte propre à la viteffe d'impulfion étant connue la viteffe acquife par cette chûte fera connue , & par conféquent la viteffe d'impulfion.

Voici la preuve de la réfolution que l'on vient de donner: Puifque le mobile s'eft arrêté au point B , il s'enfuit que ce point appartient à la courbe décrite ; d'ailleurs on fuppofe que AD eft la ligne de projection ; donc DB qui paffe par le point B de la courbe, & qui étant verticale rencontre AD, eft la ligne de chûte refpective (142) ; donc la troifiéme ligne proportionnelle aux deux BD, DA eft la ligne d'égalité (144) ; mais le quart de cette ligne eft la hauteur qui donneroit la viteffe d'impulfion qui a été imprimée au mobile (141).Donc cette viteffe fera connue.

Lorfque la force du jet eft connue , on a facilement la plus grande étendue du jet fait avec cette force.

Il y auroit encore un problême à réfoudre , ce feroit de propofer de faire tomber un corps jetté fur un lieu donné ; mais ce problême trouvera mieux fa place dans le fecond traité où l'on appliquera les principes qu'on vient d'établir à l'art de jetter les bombes.

CHAPITRE QUATRIE'ME.

DES CORPS PESANS MUS SUR DES PLANS
inclinez par un mouvement accéléré ou retardé par la pesanteur.

158. LA surface sur laquelle un corps pesant est mû peut être courbe ou plane. Les miroirs ordinaires réprésentent une surface plane, la superficie d'une sphere ou d'un globe, les surfaces courbes. La surface courbe peut être considerée comme composée de plusieurs plans contigus qui par leur rencontre & leur intersection forment la courbure de la surface. Les surfaces étant inséparables de la matiere, sont remplies d'inégalitez qui retardent les corps dans leur mouvement : il faudroit donc avoir égard au déchet causé par cette inégalité. Néanmoins pour ne porter d'abord notre attention qu'à l'objet principal qui est d'éxaminer ce qui doit arriver à des corps qui seroient mûs sur des plans inclinez par le seul effort de la pesanteur, on considerera les surfaces comme si elles étoient parfaitement lisses & polies, on fera abstraction de toute âpreté qui pourroit alterer en quelque sorte le mouvement que le corps doit avoir.

159. On considerera les corps pesans 1°. en tant que mûs sur un seul plan incliné. 2°. On examinera ce qui leur arrive lorsqu'ils sont mûs sur plusieurs plans inclinez contigus les uns aux autres. 3°. On appliquera les principes établis aux mouvemens des pendules.

DES CORPS PESANS EN TANT QVE MVS
sur un seul plan incliné.

160. Un plan peut avoir trois positions principales à l'égard de la direction naturelle des corps pesans. Il peut être horizontal, incliné à l'horizon, & vertical.

161. Lorsque le plan qui supporte un corps pesant est horizontal, la direction du corps est perpendiculaire au plan, c'est pourquoi l'effort de la pesanteur est arrêté tout court par la résistance du plan ; & parce que par cet effort le corps n'est pas porté plus vers un côté que vers un autre, il doit demeurer en repos. Si le plan est vertical, la direction du poids est parallele au même plan : de là vient que le corps descend sans presser aucunement le plan ; mais si le plan est incliné, la direction de la

pefanteur qui eft perpendiculaire au plan horizontal, eft néceffairement oblique au plan incliné ; donc ce plan ne réfifte pas
totalement à l'effort qui pouffe le corps ; c'eft pourquoi cet effort
fe décompofe en deux autres, par l'un la pefanteur preffe le plan,
& par l'autre elle follicite le corps à defcendre : d'où l'on voit
que fi le corps n'eft pas retenu par une obftacle ou une force
contraire, il defcendra néceffairement fur le plan.

162. Dans un plan incliné on diftingue la longueur, la hauteur & la bafe. On répréfente ces trois chofes par les trois côtez
d'un triangle rectangle, fçavoir la longueur par l'hypothénufe,
la hauteur par l'un des côtez de l'angle droit, & la bafe par
Fig. 25. l'autre côté du même angle : ainfi AD eft la longueur du plan,
BD la hauteur, & A.B la bafe.

163. On fuppofera dans la fuite que les corps pefans qui font
mûs fur un plan incliné, font de figure fphérique, ou plutôt on
fera abftraction de toute figure, & on les répréfentera toutes
par la fphérique. La différence qu'il y a entre un corps terminé
par des furfaces planes & un globe, c'eft que le premier gliffe
pour l'ordinaire fur le plan incliné à caufe qu'il a une bafe qui
eft rencontrée par la direction du centre de gravité ; mais un
globe qui eft abandonné à lui-même, roule fur le plan au lieu
de gliffer, parce que la direction du centre de gravité, paffant
hors de la bafe du corps, la pefanteur l'incline & l'oblige de rouler. D'où l'on voit que les parties d'une fphere qui eft mûe librement fur un plan incliné, vont inégalement vîte ; celles qui
font vers la furface étant mûes avec une plus grande viteffe que
celles qui font près du centre, car elles décrivent en même-tems
des efpaces plus grands. L'on voit encore que toutes les parties
d'un globe qui roule décrivent des lignes courbes, il n'y a que
le centre qui étant toujours également éloigné du plan décrit
une ligne droite parallele au plan. Or c'eft par la viteffe du centre auquel on conçoit que toute la pefanteur eft réunie qu'il faut
juger de la viteffe du corps. On fuppofera donc que ce centre eft
mû fur le plan, de même qu'un corps qui ne feroit que gliffer.
On fuppofera encore que les directions de la pefanteur font paralleles entr'elles & perpendiculaires à la bafe du plan.

*164. Un corps qui defcend librement fur un plan incliné, re-
çoit dans tous les inftans du mouvemeut des degrez égaux de viteffe.* Car la pefanteur étant une force conftante & uniforme,
tend à imprimer au mobile des degrez égaux de viteffe en tems
égaux, il n'y auroit donc que la réfiftance du plan qui pût em-

pêchér que les degrez de viteſſe que le mobile reçoit à chaque inſtant ne fuſſent égaux. Mais ſi on fait attention que les directions de la peſanteur étant paralleles entr'elles, la réſiſtance du plàn eſt continuellement la même, on verra que ſi au premier inſtant de la deſcente, la peſanteur communique au corps un degré de viteſſe, au ſecond inſtant elle en communiquera un ſecond égal au premier, autrement la peſanteur ne ſeroit pas une force conſtante, ou bien le plan incliné ne réſiſteroit pas également aux efforts inſtantanés de la peſanteur, ce qu'on ne peut pas dire dans la ſuppoſition des directions paralleles. Donc le mobile reçoit à chaque inſtant des degrez égaux de viteſſe.

165. *La viteſſe d'un corps qui deſcend librement ſur un plan incliné, eſt uniformément accélerée.* Car en des tems égaux la peſanteur lui imprime la même viteſſe; d'ailleurs aux inſtans ſuivans il conſerve toute la viteſſe qu'il a reçue aux inſtans précedens, puiſque le plan incliné ne lui ôte rien de cette viteſſe. Donc la viteſſe du corps s'accroît comme les tems. Donc elle eſt uniformément accélerée.

166. *Le mouvement d'un corps qui monte par un plan incliné, eſt uniformément retardé.* Car le plan n'étant point oppoſé au mouvement du corps, ſans la peſanteur le corps ſeroit mû d'une viteſſe uniforme. Or il eſt évident que ſi la peſanteur accélere un corps qui deſcend par un plan incliné, elle le retarde lorſqu'il monte par ce plan; mais elle le retarde uniformément, car ſans le plan elle lui ôteroit à chaque inſtant le même degré de viteſſe. Or on vient de voir que le plan réſiſte également à l'effort de la peſanteur; donc cet effort qui en lui-même eſt uniforme, étant également empêché, agit auſſi également ſur les corps; il doit donc détruire des degrez égaux de viteſſe en tems égaux; donc le mouvement d'un corps qui monte par un plan incliné, eſt uniformément retardé.

167. *Si un corps après être deſcendu librement par un plan incliné, eſt pouſſé vers le ſommet avec une viteſſe égale à celle qu'il a acquiſe lorſqu'il arrive au bas du plan, il ſera autant de tems à la perdre qu'il en a été à l'acquérir.* Car puiſque l'action de la peſanteur eſt uniforme, & que d'ailleurs le plan réſiſte également à cette action, ſoit que le corps monte, ſoit qu'il deſcende, il s'enſuit que ſi la peſanteur donne au corps lorſqu'il deſcend une viteſſe d'un certain degré, elle lui ôtera ce degré dans un tems égal lorſqu'il monte; donc le corps ſera autant de tems à perdre le mouvement qu'il en a été à l'acquérir.

168. Si un corps est poussé du bas du plan vers le sommet avec la vitesse qu'il a acquise en descendant par le plan, il remontera précisément à la hauteur d'où il est descendu ; & lorsqu'il sera arrivé à l'endroit d'où il est parti, il aura perdu toute sa vitesse. Cette proposition se démontre de la même maniere qu'on a fait voir qu'un corps qui est poussé verticalement de bas en haut auec la vitesse acquise dans la chûte verticale, remonte précisément à la hauteur d'où il est descendu. On ne repete pas ici la démonstration : on ajoûtera seulement que la loi qui regle le mouvement d'un corps qui descend & qui monte par un plan incliné, étant la même ou parfaitement semblable à la loi d'un corps qui descend où qui monte verticalement, les effets doivent être parfaitement semblables ; donc puisqu'un corps qui est poussé verticalement de bas en haut avec la vitesse qu'il a acquise au bas de la chûte verticale, monte à la hauteur d'où il est descendu, s'il remonte par un plan incliné avec la vitesse qu'il a acquise quand il est arrivé au bas du plan, il doit remonter jusqu'à l'endroit d'où il a commencé à descendre, & lorsqu'il y est parvenu, il doit avoir perdu toute sa vitesse.

169. On pourroit démontrer ici en suivant les mêmes principes & la même méthode, que pour le mouvement accéléré ou retardé des corps qui descendent ou qui montent verticalement.

1°. Que l'espace parcouru par un corps qui descend sur un plan incliné est exprimé par un triangle rectangle dont la hauteur répréfente le tems, & la bafe la vitesse acquise à la fin de ce tems ; & que si le corps est poussé vers le haut du plan avec la vitesse qu'il a acquise en descendant, l'espace parcouru est aussi exprimé par le même triangle, puisqu'il est égal à l'espace parcouru en descendant.

2°. Que cet espace est la moitié de celui que le corps parcourroit en même-tems ou en tems égal, s'il étoit mû uniformément avec la vitesse qu'il auroit acquise en descendant, ou perdue en montant. Ou que le tems que le mobile emploieroit à parcourir cet espace uniformément avec la vitesse qu'il a acquise en descendant, ou perdue en montant, n'est que la moitié du tems qu'il a été à descendre ou à monter le long du plan incliné.

3°. Que les espaces que le mobile a parcourus à compter du point de repos, c'est-à-dire, du point de départ lorsque le corps descend, ou du point de l'arrivée lorsqu'il monte, sont entr'eux comme les quarrez des tems ou des vitesses acquises ou perdues à la fin de ces tems.

4°. Que les tems & les viteſſes acquiſes ou perdues à compter du point de repos , ſont dans la raiſon des racines quarrées des eſpaces parcourus , &c.

Mais il ſeroit inutile & ſuperflu de répéter les mêmes démonſtrations : après avoir donc prouvé que le mouvement d'un corps qui deſcend par un plan incliné , eſt uniformément accéleré , & qu'il eſt uniformément retardé lorſqu'il monte , il ſuit évidemment que tout ce qui a été dit du mouvement vertical des corps peſans , eſt auſſi vrai du mouvement ſur un plan incliné , puiſque tout ce qui a été prouvé du mouvement vertical , eſt uniquement fondé ſur cette propriété , que le mouvement d'un corps qui deſcend librement , eſt uniformément accéleré , & qu'il eſt uniformément retardé lorſqu'il monte.

170. Il paroît par tout ce qui vient d'être dit , que l'action qui accélere & qui retarde un corps qui eſt mû ſur un plan incliné , eſt une action conſtante , de même que l'action qui accélere & retarde les corps dans le mouvement vertical. On peut donc conſidérer la peſanteur comme une force qui éxerce deux actions qui ſont l'une & l'autre conſtantes ; l'action qui pouſſe les corps verticalement a ſon effet plein & entier , elle produit tout ce qu'elle peut faire ; mais cette même action eſt modifiée lorſque le corps eſt mû ſur un plan incliné ; ſon effet eſt moindre à cauſe de la réſiſtance du plan , & d'autant moindre que le plan par ſa ſituation à l'égard de la direction de la peſanteur réſiſte davantage : il eſt néanmoins certain que cette action , quoique diminuée , eſt conſtante, lorſque le corps eſt mû ſur un même plan. On peut donc regarder la peſanteur qui meut les corps verticalement,& la peſanteur qui les meut ſur des plans inclinez,comme deux forces conſtantes , quoique ces deux forces en elles-mêmes n'en ſoient qu'une ; elles doivent donc produire à chaque inſtant des effets qui leur ſoient proportionnels.

171. L'action ou l'effort de la peſanteur ſuivant ſa direction naturelle , eſt appellée *peſanteur abſolue* , elle eſt proportionnelle au poids du corps. Mais l'action de la peſanteur en tant qu'elle meut les corps ſur des plans inclinez,eſt appellée *gravité* ou *peſanteur relative* , elle eſt toujours moindre que la peſanteur abſolue, puiſque la peſanteur relative n'eſt que la peſanteur abſolue en tant qu'elle eſt détruite ou empêchée en partie par la réſiſtance du plan.Ces deux forces ont leurs directions differemment ſituées ; la peſanteur abſolue agit ſuivant des directions perpendiculaires à la baſe du plan incliné , & la peſanteur relative ſuivant des di

rections paralleles au plan incliné. La direction de la pesanteur absolue est invariable, mais la direction de la pesanteur relative change selon que le plan est plus ou moins incliné.

172. *La pesanteur relative d'un corps est égale à une force qui le tiendroit en équilibre sur le plan incliné suivant une direction parallele au plan.* Car la pesanteur relative tend à faire descendre le corps parallelement au plan ; donc la force qui le tient en équilibre suivant une direction parallele au plan, agit en sens contraire de la pesanteur relative, & elle lui est toute opposée, & par conséquent égale ; car un corps ne peut être retenu en équilibre par deux puissances directement opposées, à moins qu'elles ne soient égales.

PROPOSITION DIX-HUITIE'ME.

173. *Si un corps est retenu en équilibre sur un plan incliné suivant une direction parallele au plan la pesanteur absolue est à la force qui le retient, comme la longueur du plan est à sa hauteur.*

Fig. 25.	Si le poids P est retenu en équilibre sur le plan incliné DA par la puissance M, suivant une direction CM parallele au plan AD, la pesanteur absolue est à la puissance M comme la longueur AD est à la hauteur DB.

DEMONSTRATION. Le poids P & la puissance M ne sont en équilibre sur le plan incliné qu'autant que ce plan leur résiste, il est donc évident que de leur action conjointe il en resulte une pression sur le plan à laquelle le plan résiste : or la pression causée sur le plan est nécessairement perpendiculaire au même plan ; car si la pression se faisoit suivant une direction oblique au plan, le corps P étant sollicité par cette force moyenne, glisseroit ou rouleroit sur le plan, puisqu'un plan ne résiste totalement qu'à la pression perpendiculaire (*Liv.* I. 173. 175.) : ainsi le poids P ne seroit pas en équilibre, ce qui est contre la supposition : il faut donc que la direction de la pression resultante du concours d'action du poids P & de la puissance M, soit perpendiculaire au plan ; donc si par le point d'attouchement N, on mene CO perpendiculaire au plan incliné DA, le plan résistera à l'effort résultant du concours d'action de la puissance & du poids suivant la direction OC. Sur les trois directions, sçavoir de la puissance suivant CM, du poids suivant CF, de la résistance suivant OC, soit fait le parallelogramme EF, en sorte que la direction de la résistance soit sur la diagonale CO. Dans le cas d'équilibre la puissance & le poids sont entr'eux comme

comme

comme les côtez CE, CF du parallelogramme EF (*Liv.* I 187.),
ou bien comme les côtez CE , EO du triangle EOC , car EO
=CF. Cela posé , les triangles EOC , DAB sont semblables ,
l'angle B est droit, l'angle ECO est aussi droit : car CO est
perpendiculaire aux deux paralleles AD & CM , l'angle CEO
est égal à l'angle D , car ces deux angles sont égaux à l'angle
EGD qui est alterne par rapport à l'un & à l'autre angle (29.
Géom.) ; donc EO . EC :: AD . BD (8. 15. *Géom.*) ; c'est-à-
dire le poids P ou la pesanteur absolue exprimée par EO ou CF
est à la puissance M exprimée par CE , comme la longueur du
plan est à sa hauteur.

174. *La pesanteur absolue est à la pesanteur relative comme
la longueur du plan est à sa hauteur :* Car la pesanteur relative
du poids P est égale à la puissance M qui le tient en équilibre
sur le plan suivant une direction parallele au plan , puisqu'elle
lui est directement opposée. Mais par la proposition la pesanteur
absolue est à la puissance M comme la longueur du plan est à
sa hauteur ; donc la pesanteur absolue est à la pesanteur relative
dans la même raison.

175. *D'où il suit que tant que le plan conserve la même inclinaison, la pesanteur absolue & la pesanteur relative sont dans un
rapport constant, & que la pesanteur absolue est toujours plus
grande que la pesanteur relative tant que le plan DA à quelque
inclinaison.* Si le plan DA devient plus ou moins incliné , c'est-
à-dire , s'il s'abbaisse ou s'il devient plus élevé, la pesanteur relative changera, elle sera moindre si le plan s'abbaisse , plus grande si le plan devient plus élevé. *Si le plan incliné faisoit avec la
hauteur DB un angle infiniment petit, les côtez DA , DB pourroient être considerez comme égaux & paralleles , pour lors la pesanteur relative seroit égale à la pesanteur absolue.* Et si le plan
incliné devenoit parallele à la base , en sorte que l'angle DAB
fût infiniment petit , la pesanteur relative seroit nulle.

176. Lorsqu'un corps est mû sur un même plan incliné la pesanteur absolue est à la pesanteur relative dans le rapport constant de la longueur à la hauteur (174) *; Donc ces deux forces
impriment en même-tems aux corps qu'elles meuvent suivant leurs
directions , des vitesses qui sont dans le rapport constant de la
longueur à la hauteur du plan incliné* (*Liv.* I. 110. 127.). La pesanteur absolue donne aux corps qui tombent suivant la direction naturelle des degrez égaux de vitesse en des tems égaux ;
donc la pesanteur relative donne aussi au corps qui descend par

* A a

un plan incliné des degrez égaux de viteſſe en tems égaux , & les degrez de viteſſe produits par la peſanteur abſolue , ſont aux degrez de viteſſe produits par la peſanteur relative comme la longueur du plan eſt à la hauteur.

177. On peut conclure ici une ſeconde fois que le mouvement d'un corps qui deſcend librement par un plan incliné , eſt uniformément accéleré , & que lorſqu'il remonte le plan , ſa viteſſe eſt uniformément retardée. C'eſt pourquoi on peut encore conclure que tout ce qui a été dit du mouvement des corps peſans mûs ſuivant la direction verticale , eſt vrai à l'égard des corps peſans qui ſont mûs ſur des plans inclinez.

178. Si on ſuppoſe que deux corps C , K ſe meuvent l'un ſçavoir C ſuivant la direction naturelle des corps peſans , & l'autre K ſuivant le plan incliné DA , que de l'angle droit B on ab-

Fig. 26. *baiſſe une perpendiculaire ſur le plan incliné AD ; Je dis que dans le tems que le corps C parcourra la hauteur DB par un mouvement uniformément accéleré , le corps K parcourra ſur le plan incliné , l'eſpace DG compris entre le ſommet D & la perpendiculaire BG , pareillement d'un mouvement uniformément accéleré.*

Il eſt évident que le mouvement de l'un & de l'autre corps eſt uniformément accéleré , s'il ne ſe trouve aucun obſtacle comme on ſuppoſe. Les eſpaces que deux forces conſtantes font parcourir en même-tems ſont dans la raiſon de ces forces (*Liv.* I. 128.). Il faut donc faire voir que DB & DG ſont dans le rapport des peſanteurs abſolue & relative , c'eſt-à-dire , que ces lignes ſont dans la raiſon de la longueur AD du plan à la hauteur DB , puiſque les peſanteurs abſolue & relative ſont dans ce rapport (174) : or les triangles ſemblables ADB , DBG donnent AD . DB :: DB . DG ; donc tandis que le corps C parcourra DB par la peſanteur abſolue , le corp K parcourra DG ſur le plan incliné.

PROPOSITION DIX-NEUVIE'ME.

179. *Le tems de la deſcente par le plan incliné DA eſt au tems de la deſcente perpendiculaire DB , comme la longueur du plan eſt à la hauteur.*

Fig. 26. DEMONSTRATION. On vient de voir que le tems de la deſcente par DG ſur le plan incliné , eſt égal au tems de la chûte perpendiculaire DB ; il reſte donc à démontrer que le tems par DA eſt au tems par DG comme la longueur DA eſt à la hauteur

$$\overline{DB}.\ On\ a\ \overline{DA}.\overline{DB}::\overline{DB}.\overline{DG}\ (37.\ Géom.);\ donc\ \overline{DA}.\overline{DB}::\overline{DA}.\overline{DG}$$

$(26.\ Arit.)$ ou $\overline{DA}.\overline{DG}::\overline{DA}.\overline{DB}$; donc $\sqrt{DA}.\sqrt{DG}::$ $DA.DB\ (24.\ Arit.)$: mais les tems par DA, DG font entr'eux comme les racines quarrées de DA, DG $(169.n.4)$; donc les tems des defcentes par DA, DG font comme DA, DB, & par confé-quent les tems par DA & DB font entr'eux comme ces lignes, c'eft-à-dire, comme la longueur du plan incliné eft à la hauteur.

On peut faire voir en nombres la vérité de cette propofition. Suppofons que la longueur DA du plan incliné foit triple de la hauteur DB; la partie DG ne fera que la neuviéme partie de la longueur DA, car DA étant triple de DB, DB eft triple de DG $(37.\ Géom.)$: ainfi DG n'eft que le tiers du tiers, & par confé-quent la neuviéme partie de DA; donc tandis que le corps def-cendroit de la hauteur perpendiculaire DB, il parcourra fur le plan incliné la neuviéme partie de fa longueur DA (178); mais le tems par DG n'eft que le tiers du tems par DA, car les tems font comme les racines quarrées des efpaces parcourus 1 & 9, c'eft-à-dire, comme 1 & 3 $(169.n\ 4.)$; donc le tems par DB qui eft égal au tems par DG, eft le tiers du tems par DA; donc de mê-me que la longueur DA eft triple de la hauteur DB, ainfi le tems par DA, eft triple du tems par DB.

180. *Les tems des defcentes par DA, DB font entr'eux récipro-quement comme les pefanteurs qui font parcourir ces efpaces.* Car les tems par DA, DB, font comme ces efpaces (179), & les forces ou les pefanteurs qui les font parcourir, font entr'elles comme comme DB & DA (174); donc les tems par DA & DB, font entr'eux réciproquement comme les pefanteurs qui font par-courir ces efpaces.

PROPOSITION VINGTIE'ME.

181. *La vitefe qu'un corps acquiert en defcendant par un mou-vement uniformément accéleré du fommet D au bas du plan, eft égale à celle qu'il acquerroit en tombant perpendiculairement d'une hauteur égale à celle du plan incliné par un mouvement pareille-ment uniformément accéleré.*

DEMONSTRATION. Si la pefanteur abfolue & la pe-fanteur rélative agiffoient fur un corps pendant des tems égaux, le mobile recevroit des vitefes qui feroient entr'elles comme les forces qui lui feroient appliquées, c'eft-à-dire dans la raifon de la pefanteur abfolue à la pefanteur rélative $(Liv.$ I. 110. 127.); mais fi le tems pendant lequel la pefanteur

Fig. 26.

relative agit, est d'autant plus grand qu'elle est plus petite, il est visible que la vitesse qu'elle donnera au mobile sera égale à celle que le même mobile reçoit de la pesanteur absolue : or le tems de la descente par le plan incliné DA est d'autant plus long, que la pesanteur relative est plus petite, puisque les tems par DA & par la hauteur DB sont entr'eux réciproquement comme les forces qui agissent suivant DA & DB ; donc la longueur du tems suppléant à la foiblesse de la pesanteur relative, elle aura communiqué au mobile lorsqu'il sera descendu au bas du plan incliné, une vitesse égale à celle que le même mobile acquerroit par la chûte verticale DB.

On peut aussi se servir des nombres pour faire voir la vérité de cette proposition. Si l'on suppose comme auparavant que la longueur du plan incliné est triple de la hauteur, la pesanteur relative ne sera que le tiers de la pesanteur absolue ; mais le tems de la descente par DA sera triple du tems de la chûte verticale DB : ainsi le corps qui descend par le plan incliné DA est poussé par une force qui est trois fois plus petite que la pesanteur absolue ; mais d'un autre côté elle agit pendant un tems triple ; donc la vitesse qui acquise en tems égal, n'auroit été que le tiers de la vitesse que donne la pesanteur absolue, sera triple de ce qu'elle eût été, & par conséquent égale à la vitesse acquise par l'effort de la pesanteur absolue dans la chûte DB.

On peut dire encore que la vitesse acquise au point G n'est que le tiers de la vitesse acquise par la chûte DB ; mais le tems par DA est triple du tems par DG ; donc la vitesse acquise par DA est triple de la vitesse acquise par DG, & par conséquent égale à la vitesse acquise par DB.

182. Si un corps descend par plusieurs plans inclinez qui ont la même hauteur, il acquerra par tous ces plans la même vitesse, sçavoir celle qu'il acquerroit en tombant librement par la hauteur commune des plans inclinez.

183. Si un corps descend par plusieurs plans inclinez qui aient une même hauteur, les tems par ces differens plans inclinez, sont entr'eux comme les longueurs des mêmes plans.

 Si l'on nomme (T) le tems de la chûte perpendiculaire DB. (*t*) le tems de la descente par DA : (*T*) le tems de la descente par DR, on aura les proportions. Si on multiplie par ordre, & qu'on divise les deux premiers produits par T, & les deux derniers par DB, on aura

$$\mathrm{T} \cdot t :: \mathrm{DB} \cdot \mathrm{DA}.$$
$$\mathcal{T} \cdot \mathrm{T} :: \mathrm{DR} \cdot \mathrm{DB}.$$

$T \cdot t :: DR \cdot DA$; c'est-à-dire, que les tems des descentes sont comme les longueurs des plans.

184. Si plusieurs plans inclinez ont une même hauteur DB , Fig. 28. que de l'angle droit D on mene des perpendiculaires sur ces plans inclinez, *les parties comprises entre le sommet commun D , & les perpendiculaires abbaissées seront parcourues en même-tems.* Car elles seront parcourues dans un tems égal au tems de la chûte verticale DB.

185. Si sur la hauteur commune DB prise pour diametre on décrit une demi-circonférence, elle passera par les sommets des angles droits DCB , DGB , DIB (41. *Géom.*) , & les parties DC, DG , DI seront cordes du cercle décrit : *d'où il suit qu'elles seront parcourues en même-tems ou en des tems égaux.*

186. *Donc si un corps descend par les cordes d'un cercle vertical tirées de l'extrèmité supérieure du diametre pareillement vertical, elles seront parcourues en des tems égaux , & ces tems sont égaux au tems par le diametre DB.*

187. *Les cordes BC , BG , BI , menées de l'extrèmité inferieure du diametre vertical DB , sont aussi parcourues en des tems égaux entr'eux , & égaux au tems par le diametre DB.* Car on peut concevoir d'autres cordes tirées du point supérieur D , telles que DF , DN qui soient égalés aux cordes BC , BG , &c. & qui aient la même inclinaison , elles seront parcourues en des tems égaux ; donc les cordes BC , BG , BI leur étant égales & semblablement inclinées , seront aussi parcourues en tems égaux.

188. *C'est pourquoi les cordes qui sont tirées des extrèmitez du diametre vertical DB sont toutes parcourues en des tems égaux , & ce tems est égal au tems par le diametre.*

189. Si sur DB on prend à volonté une partie DE sur laquelle comme diametre, on décrive un cercle qui coupe sur les lignes DA , DR , DS , les parties DH , DL , DO, elles seront aussi parcourues en tems égaux , car ce tems est égal au tems par DE (186) ; *donc les parties comprises entre les deux cercles seront aussi parcourues en des tems égaux , si le mobile après être arrivé aux points E , O , L , H continue de se mouvoir avec les vitesses acquises à ces points.*

Il est aussi visible que les cordes EO , EL , EH , seront parcourues en des tems égaux.

190. *Les vitesses acquises depuis le repos D par les cordes DC , DG, DI , sont entr'elles comme ces cordes.* Les tems par ces cor-

des font égaux(178); donc les viteffes acquifes font comme les pefanteurs relatives. Or les pefanteurs relatives font dans la raifon
des cordes. Car la pefanteur abfolue eft à la pefanteur relative
fuivant DA., comme DA eft à DB (174), ou comme DB eft à
DC ; de même la pefanteur relative fuivant DG , eft à la pefanteur abfolue , comme DG eft à DB. En forte que fi on nomme
(P) la pefanteur abfolue fuivant DB , (R) la pefanteur relative
fuivant DC , (r) la pefanteur $P \cdot R :: DB \cdot DC.$
relative fuivant DG , on aura $r \cdot P :: DG \cdot DB.$
Si on multiplie par ordre les termes de ces proportions , & qu'on
divife les deux premiers par P , qui exprime la pefanteur abfolue,
& les deux derniers par DB, on trouvera que les pefanteurs relatives fuivant les cordes DC , DG , font comme ces cordes ;
d'ailleurs les cordes DC, DG font parcourues en des tems égaux ;
donc les pefanteurs relatives qui font dans le rapport conftant
de ces cordes , produifent des viteffes qui font comme DC , DG
(*Liv.* I. 110. 127.) ; donc les viteffes acquifes aux points
C , G font comme les cordes.

   191. On fera voir de la même maniere que les viteffes acquifes par les cordes CB , GB , IB , font dans la raifon de ces cordes : non-feulement les viteffes acquifes au bas des cordes font
entr'elles dans la raifon des cordes , mais encore les viteffes inftantanées que le mobile reçoit en les parcourant ; car les pefanteurs relatives qui produifent ces viteffes inftantanées , font
dans la raifon des cordes.

   Ce qui eft vrai par rapport aux cordes du cercle BCD , l'eft
auffi à l'égard des cordes tirées dans le cercle EHD des extrêmitez E , D du diametre vertical ED , puifque ces dernieres
cordes font fituées femblablement aux premieres.

Fig. 28.   192. *Les viteffes acquifes au bas de deux cordes d'arcs fembla-*
bles & femblablement fituez , font en raifon fous-doublées des dia-
metres des cercles. Ainfi les viteffes acquifes aux points H , C
extrêmitez des cordes DH , DC des arcs femblables DH , DC ,
font en raifon fous-doublée des diametres DE , DB. Car les viteffes acquifes aux points H , C , font en raifon fous-doublée de
DH à DC (169 *n.*4.) : or DH & DC font entr'elles comme les diametres DE , DB ; donc la raifon fous-doublée des diametres eft
égale à la raifon fous-doublée des cordes ; donc les viteffes acquifes au bas des cordes DH , DC aux points H , C , font en raifon fous-doublée des diametres DE , DB.

DU MOUVEMENT DES CORPS PESANS
fur plufieurs plans contigus & differemment inclinez.

193. Lorfqu'un corps pefant parcourt de fuite plufieurs plans inclinez contigus les uns aux autres , il eft obligé de changer fa direction à la rencontre de chaque nouveau plan : or il ne fçauroit fe détourner ainfi, qu'il ne choque le nouveau plan , & qu'il ne perde de fon mouvement comme on verra dans le troifiéme Livre. Quoiqu'on n'ait pas encore pofé les loix du choc, on apperçoit néanmoins à l'aide des principes établis dans le premier Livre , que plus le choc eft direct plus le corps qui le choque perd de fa viteffe ou de fon mouvement : on voit auffi que la perte eft d'autant moindre que le choc eft oblique : or la direction du mobile peut être fi oblique à l'égard du plan ou de la furface choquée que le coup ou l'impreffion faite fur le plan foit infenfible. C'eft-là ce qui arrive lorfqu'un corps parcourt la circonférence d'un cercle ou une autre courbe ; les côtez de la courbe qu'on peut regarder comme autant de plans contigus les uns aux autres , font entr'eux des angles de part & d'autres , fçavoir celui qui eft intérieur fi grand & l'extérieur fi petit , que ces côtez deux à deux font fenfiblement fur une ligne droite , l'effet du choc doit donc être infenfible lorfque le mobile quitte un côté de la courbe pour paffer fur un autre. Cependant quelque petit que foit le choc , il s'en fait un , & le corps choquant doit y perdre quelque partie de fa viteffe , d'où il fuivroit qu'après un certain tems le mobile auroit perdu toute fa viteffe , & qu'il s'arêteroit enfin. Or on démontre qu'un pendule une fois mis en mouvement , ne doit point s'arrêter , & qu'il doit retracer fans fin l'arc qu'il a décrit dans la premiere vibration , ce qui ne dévroit pas arriver , s'il eft vrai qu'un corps qui décrit une ligne courbe , perde à chaque changement de côté quelque petite partie de fa viteffe. Pour ne rien laiffer qui puiffe jetter quelque incertitude fur le mouvement perpétuel du pendule , on va examiner quelle eft la partie de la viteffe perdue par un mobile , lorfque décrivant une courbe il eft obligé de changer de direction On examinera auffi le nombre de fois qu'il faudroit qu'il décrivît la courbe pour perdre toute fa viteffe.

PROPOSITION VINGT-UNIE'ME.

194. Si un corps commence à décrire la circonférence d'un cercle avec une vitesse déterminée, exprimée, par exemple, par le rayon CB, la vitesse qu'il perd à chaque changement de côté ou de direction est telle, qu'il pourra décrire cette circonférence une infinité de fois avant que d'avoir perdu toute sa vitesse.

Fig. 29.

DEMONSTRATION. Suppofons que le mobile eft au point E, & qu'il eft prêt de décrire le petit côté EB, lorfqu'il fera arrivé au point B où le nouveau côté BF coupe le côté BE, il fera contraint de changer de direction, il perdra par conféquent un peu de fa viteffe. Soit prolongé le petit côté BE vers L, de même que le petit côté FB vers M, & après avoir pris BL=CB, foit menée du point L, LN parallele à CB, par-là on formera le triangle LBN égal & femblable au triangle BCE, car l'angle BLN eft égal à fon alterne CBE (29. *Géom.*), l'angle FBE & l'angle BCE valent deux droits (31. *Géom.*) : pareillement l'angle FBE & l'angle LBN pris enfemble valent deux droits (30. *Géom.*) : ôtez de part & d'autre FBE, il refte l'angle LBN égal à l'angle C, les deux triangles LBN, BCE qui ont les côtez BL, BC égaux, & les angles fur ces côtez égaux auffi égaux font donc égaux & femblables (22. *Géom.*) ; donc LN=BE. Soit encore menée LO qui faffe l'angle LON égal à l'angle BLN, & la perpendiculaire LM. Le triangle OLN eft femblable au triangle LBN, puifque ces deux triangles ont deux angles égaux ; donc les trois triangles BCE, CBN, OLN, font ifoceles & femblables. Cela pofé, lorfque le corps eft au point B où les côtez EB, BF fe rencontrent, fon mouvement fe décompofe en deux efforts, l'un fuivant la perpendiculaire au plan, l'autre fuivant la parallele au même plan d'incidence FBMN (*Liv.* I. 179.), la viteffe du corps étant exprimée par CB ou CE, elle le fera auffi par BL fon égale ; & fi on confidere cette ligne comme la diagonale d'un rectangle qui auroit pour côtez BM & LM, la force perpendiculaire avec laquelle le corps choque le plan, eft exprimée LM, & la force parallele par BM ; donc MN eft la viteffe que le corps perd en choquant le plan FBMN ou le côté FB, car BN=BL ; donc fi de BL ou BN qui exprime la viteffe du corps au point E ou B, on retranche la viteffe reftante qui eft BM, MN fera la partie perdue de la viteffe primitive. Il eft évident que fi la force du choc ou la viteffe perpendiculaire étoit exprimée par LN ou LO, & que la viteffe reftante après la décompofition du mouvement fût exprimée par BO, la viteffe per-

due

due feroit exprimée par ON plus grande que MN. N'importe ,
fuppofons que la vitefle perpendiculaire par laquelle le corps choque le plan FBMN, eft exprimée par LN ou LO, & que ON eft
la partie dont la vitefle primitive BL eft diminuée ; à caufe des
triangles femblables LBN , OLN, l'on a BL . LN :: LN . NO,
c'eft-à-dire , la vitefle primitive eft à la vitefle perpendiculaire
par laquelle le corps choque le plan , comme cette même vitefle
perpendiculaire eft à la vitefle perdue dans le choc : or la vitefle
BL eft infiniment grande par rapport à la vitefle LN, puifque
le côté LN ou fon égal BE eft infiniment petit par rapport à
CB , & que d'ailleurs BC ou BL exprime la vitefle primitive &
LN la vitefle avec laquelle le corps choque le plan; donc la vitefle
LN eft auffi infiniment grande par rapport à NO partie perdue de
la vitefle primitive : mais puifque la vitefle LN eft infiniment grande
par rapport à la vitefle NO que le corps perd en choquant un feul côté, il s'enfuit qu'il pourra choquer une infinité de fois, c'eft-à-dire,
achever un tour fur le polygone infinitaire FBE , &c. avant que
d'avoir perdu toute la vitefle LN ; donc pareillement puifque la
vitefle BL eft infiniment grande par rapport à la vitefle LN, il
s'enfuit que le corps pourra faire une infinité de tours fur le même
polygone avant que d'avoir perdu la vitefle primitive BL. Ce
qu'il falloit démontrer.

195. On peut donc fuppofer qu'un corps qui décrit une ligne
courbe conferve toute fa vitefle , lorfque la courbure eft la feule
caufe qui puiffe la diminuer , puifqu'il faudroit que le corps la
décrivît une infinité de fois avant que d'avoir perdu la vitefle
initiale avec lequel il commence à la décrire.

PROPOSITION VINGT-DEUXIE'ME.

196. *Si un corps qui defcend par plufieurs plans inclinez & con-* **Fig. 30.**
tigus les uns aux autres , tels que AB , BC , CD , DE *qui faffent
entr'eux des angles infiniment grands , la vitefle qu'il aura acquife
au bas de ces plans , eft égale à celle qu'il auroit acquife par la
chûte verticale* HK.

DEMONSTRATION. Soient prolongez les plans jufqu'à ce
qu'ils rencontrent l'horizontale AH aux points G , F , H. On
fuppofe que les angles intérieurs B , C , D , &c. formez par ces
plans , font infiniment grands , & les angles extérieurs infiniment petits. Cela pofé, la vitefle acquife par le plan incliné AB
eft égale à la vitefle acquife par le plan incliné GB (182.),
pareillement la vitefle acquife par le plan incliné GC eft la même
que la vitefle acquife par le plan incliné FC ; donc la vitefle

* Bb

acquife par les plans inclinez AB, BC, eft égale à la viteffe acquife par le plan FC, la viteffe acquife par le plan FD eft égale à la viteffe acquife par le plan HD; donc la viteffe acquifes par les plans AB, BC, CD eft égale à la viteffe acquife par HD, la viteffe acquife par le plan HDE eft égale à la viteffe acquife par la chûte verticale HK (181); donc la viteffe acquife par les plans AB, BC, CD, DE, eft égale à la viteffe acquife par la chûte verticale HK.

Fig. 31.   197. Si un corps defcend par l'arc AB d'une courbe, il aura acquis la même viteffe que s'il étoit tombé de la hauteur perpendiculaire AD.

198. Si un corps après être defcendu par une fuite de plans inclinez & contigus les uns aux autres, eft repouffé vers le fommet avec la viteffe acquife au bas de tous ces plans, de maniere qu'il foit mû fur les plans parcourus dans la defcente, il arrivera au haut de tous ces plans.

Fig. 30.   Lorfque le corps aura remonté par le plan incliné ED, il lui reftera une viteffe par laquelle il pourroit remonter jufqu'au point H (169. n. 4) la viteffe reftante étant égale à celle qu'il auroit acquife par HD ou FD (182), il pourroit remonter jufqu'en F; donc lorfqu'il aura parcouru le plan DC par la viteffe reftante, il pourroit remonter en G, car les viteffes acquifes par FC & GC font égales (182); donc lorfqu'il aura parcouru le plan CB, par la viteffe reftante, il pourra remonter en A, car la viteffe reftante eft égale à celle qu'il auroit acquife par le plan incliné AB; & lorfqu'il fera arrivé en A, il aura perdu toute fa viteffe.

Fig. 31.   *199. Si un corps après être defcendu par l'arc AB par le feul effort de la pefanteur, commence à retracer le même arc avec la viteffe acquife au bas de l'arc, il remontera au repos A, où étant arrivé, il aura perdu toute la viteffe acquife.* Car on peut regarder l'arc AB comme compofé d'une fuite de plans inclinez & contigus les uns aux autres.

200. Si plufieurs plans AB, BC, &c. contigus les uns aux autres, font autant inclinez qu'un pareil nombre d'autres plans
Fig. 32. *ab, bc*; que de plus les premiers d'une part foient proportion-
33. nels aux feconds de l'autre part pris de fuite & dans le même ordre, *on dit que les premiers font femblables aux feconds, & qu'ils font femblablement inclinez.*

201. Si un corps defcend par deux fuites de plans femblables, & femblablement inclinez ABC, abc, les viteffes acquifes au bas de ces deux fuites aux points C & c font entr'elles comme les racines quarrées des longueurs ABC, abc.

Les viteſſes acquiſes par ces deux ſuites de plans inclinez, ſont égales aux viteſſes acquiſes par les chûtes verticales *DH*, *dh* (196); donc elles ſont entr'elles comme les racines quarrées de *DH*, *dh*, les longueurs *ABC*, *abc* étant ſemblables, & ſemblablement inclinées, ſont entr'elles comme les hauteurs *DH*, *dh*; donc les racines quarrées des longueurs *ABC*, *abc* ſont entr'elles comme les racines quarrées des hauteurs *DH*, *dh*; donc les viteſſes acquiſes en *C* & *c* par les longueurs *ABC*, *abc*, ſont entr'elles comme les racines quarrées des mêmes longueurs.

PROPOSITION VINGT-TROISIE'ME.

202. *Les tems des deſcentes par deux ſuites de plans ſemblables & ſemblablement poſez, ſont entr'eux comme les racines quarrées des longueurs de ces ſuites. Ainſi le tems de la deſcente par la ſuite* ABC, *eſt au tems de la deſcente par la ſuite* abc, *comme la racine quarrée de la longueur* ABC, *eſt à la racine de la longueur* abc.

Les tems des deſcentes par les plans *DC*, *dc* également inclinez, Fig. 32. ſont comme les racines quarrées des longueurs *DC*, *dc* ou *ABC*, 33. *abc* (169. *n*. 4.) les tems des deſcentes par *DB*, *db* ſont auſſi entr'eux comme les racines quarrées de *DB*, *db* (169. *n*. 4.) ou comme les racines quarrées de *ABC*, *abc* (24. *Géom.*); c'eſt-à-dire, que les tems des deſcentes par *DC* & *dc*, ſont en même raiſon que les tems des deſcentes par *DB*, *db*; donc ſi des tems par *DC* & *dc* on ôte les tems par *DB* & *db*, on aura les tems par *BC* & *bc* qui ſeront encore entr'eux dans la même raiſon des racines quarrées de *ABC* à *abc* (9. *Arit.*), (en ſuppoſant que les plans *BC* & *bc* ſont parcourus en partie par les viteſſes acquiſes aux points *D* & *d* dans les deſcentes par *DB* & *db*, & en partie par le mouvement uniformément accéleré ſuivant les mêmes plans *BC* & *bc*). Les viteſſes acquiſes par *DB* & *db*, ſont égales aux viteſſes acquiſes par *AB* & *ab*; ainſi que le corps ſoit deſcendu par *DB* & *db*, ou par *AB* & *ab*, les tems par les plans *BC* & *bc* ne different pas de ceux qu'on vient de trouver : or les tems par *AB* & *ab* ſont comme les racines quarrées des longueurs *AB* & *ab*, ou comme les racines quarrées de *ABC* & *abc*; donc les tems par *AB* & *ab*, ſont en même raiſon que les tems par *BC* & *bc*, c'eſt-à-dire, dans la raiſon des racines quarrées de *ABC*, *abc*; ſi on ajoute les tems par *AB*, *ab*, aux tems par *BC* & *bc*, leurs ſommes ſeront encore dans la même raiſon (9. *Arit.*), c'eſt-à-dire, dans la raiſon des racines quarrées des longueurs *ABC*, *abc*.

Bb ij

En nombres. Suppofons que *AB* foit quadruple de *ab* , *BC* fera quadruple de *bc* , & *DC* quadruple de *dc*. Cela pofé, le tems par *DC* fera double du tems par *dc* (169. *n*. 4.) le tems par *DB* eft auffi double du tems par *db* ; fi des deux tems par *DC* & *dc*, on ôte les tems par *DB* & *db* , les reftes fçavoir les tems par *BC* & *bc* , feront encore comme 2 & 1 : or *BC* & *bc* font parcourus par les viteffes acquifes le long de *DB* & *db* , dans le même tems que fi le corps étoit defcendu par *AB* & *ab* , parce que les viteffes acquifes par *AB* , *ab* , font les mêmes que les viteffes acquifes par *DB* , *db* (182) ; donc fi les tems par *AB* & *ab* font encore comme 2 & 1 , les tems par les plans *ABC* , *abc* feront comme 2 & 1 , c'eft-à-dire , comme les racines quarrées des longueurs *ABC* , *abc* : or cela fe trouve ainfi , car *AB* eft quadruple de *ab* , & les deux plans ont la même inclinaifon ; donc le tems par *ABC* eft au tems par *abc* comme 2 & 1 (169. *n*. 4.) c'eft-à-dire , comme les racines quarrées de ces longueurs.

203. *Si un corps defcend par deux arcs femblables , & fem-*
Fig. 34. *blablement fituez , il les parcourra en des tems qui font comme les racines quarrées des longueurs.*

PROPOSITION VINGT-QUATRIE'ME.

204. *Si un corps defcend par la cycloïde renverfée* AKC *, il parviendra en même-tems au bas en* C *, de quelque point* A *ou* H *ou* K *qu'il commence à defcendre.*

DÉMONSTRATION. Si de l'extrêmité inférieure C du diametre
Fig. 35. vertical CE du cercle générateur CGE , on mene tant de cordes CG , CL qu'on voudra , & par les points G , L où ces cordes coupent la circonférence du cercle , les lignes MGH , NLK paralleles à la bafe AD de la cycloïde , ou perpendiculaire au diametre EC , & qui rencontrent la cycloïde aux points H , K : que par les points H , K , on mene des tangentes à la cycloïde , elles font paralleles aux cordes CG , CL (4. de la cycloïde.) ; donc les petits côtéz de la courbe dont les tangentes font les prolongemens , font paralleles aux cordes CG , CL ; donc foit qu'un corps fe trouve au point G de la corde CG ou au point H de la cycloïde , il y recevra la même viteffe de la pefanteur relative ; de même , foit que le corps fe trouve au point L de la corde CL , ou au point K de la cycloïde , il y recevra la même viteffe de la pefanteur relative. Or fi le corps étoit aux points G , L fur les cordes CG , CL , il y recevroit des viteffes qui font entr'elles comme les cordes (190) ; donc étant aux

points H,K, il y recevra des viteſſes qui ſont auſſi entr'elles comme
les cordes GC, LC, ou comme les arcs HC, KC de la cycloïde,
car ces arcs ſont chacun le double des cordes coreſpondantes GC,
LC (5. de la cycloïde. n. 4.). On fera voir de la même maniere qu'en
quelqu'autre point de la cycloïde que le corps ſe trouve, il y
recevra une viteſſe qui ſera proportionnelle à la longueur de l'arc
compris entre le point C & le lieu du corps ; donc les viteſſes
que le corps reçoit aux differens points H, K, &c. de la cycloïde, ſont entr'elles comme les longueurs des arcs HC, KC ; donc
s'il commence à descendre par le point H ou par le point K, il
arrivera en même-tems au point C. Car on a fait voir que ſi un
corps eſt mû ſur une ligne d'une longueur donnée par un mouvement accéleré tel que les viteſſes qu'il reçoit à chaque point
de la ligne, ſoient entr'elles comme les diſtances au terme auquel il tend, il arrivera à ce terme en même-tems, à quelque
endroit de la ligne que le corps commence à ſe mouvoir par le
mouvement accéleré, tel qu'on le ſuppoſe ici (*Liv.* I. 135.).

PROPOSITION VINGT-CINQUIE'ME.

205. *Si un corps après être deſcendu par la demi cycloïde* AHC,
eſt mû uniformément avec la viteſſe acquiſe au bas au point C,
*il parcourra un eſpace égal à la même demi-cycloïde dans un tems
qui eſt au tems de la deſcente ſur la même* AHC, *par un mouvement accéleré, comme le diametre du cercle générateur eſt à la demi-circonférence.*

Fig. 35.

DEMONSTRATION. On a fait voir que ſi un corps parcourt le
rayon d'un cercle par un mouvement accéleré, tel que les viteſſes
qu'il reçoit, ſoient comme les diſtances au point auquel il tend,
qu'enſuite il parcoure le même rayon par un mouvement uniforme avec la viteſſe acquiſe par ce rayon, le tems du mouvement
uniforme eſt au tems du mouvement accéleré, comme le rayon
eſt au quart de la circonférence (*Liv.* I. 136.). Cela poſé, ſi on
prend CB double de EC pour le rayon d'un quart de cercle, le
tems du mouvement uniforme par CB eſt au tems du mouvement
accéleré par la même CB comme CB eſt au quart de la circonférence BB qui a pour rayon BC. Or le rayon BC étant quadruple du rayon du cercle générateur, ce quart de circonférence eſt
quadruple de la quatriéme partie de la circonférence du cercle
générateur (13. *Géom.*), ou ſi l'on veut, égale à la circonférence entiere ; donc le tems du mouvement uniforme par BC, eſt
au tems du mouvement accéleré comme deux diametres du cer-

cle générateur eſt à la circonférence entiere, ou comme le diametre eſt à la demi-circonférence; mais la demi cycloïde eſt égale à
BC (5 de la cycloïde. *n.* 4); d'ailleurs le mouvement par cette demi
cycloïde AHC eſt accéleré préciſément de la même maniere que
par BC (204); donc le tems du mouvement uniforme eſt au tems
du mouvement accéléré par la demi cycloïde comme le diametre
du cercle générateur eſt à la demi-circonférence.

PROPOSITION VINGT-SIXIE'ME.

Fig. 35.   206. *Le tems de la deſcente par la demi-cycloïde AHC eſt au
tems de la chûte verticale EC diametre du cercle générateur comme la demi-circonférence eſt au diametre.*

DEMONSTRATION. Le tems de la deſcente par AHC eſt au
tems du mouvement uniforme par la même AHC parcourue avec
la viteſſe acquiſe au point C, comme la demi-circonférence eſt
au diametre (205). Cela poſé, la viteſſe que le corps acquiert
par la demi-cycloïde AHC eſt égale à la viteſſe acquiſe par la
chûte perpendiculaire EC (196); donc ſi le corps parcourt d'un
mouvement uniforme la demi – cycloïde avec la viteſſe acquiſe ſur AHC au point C, ou s'il parcourt 2 EC d'un mouvement
pareillement uniforme avec la viteſſe acquiſe par la chûte verticale EC, le tems ſera égal de part & d'autre, puiſque les vitefſes ſont égales & les eſpaces égaux, & il eſt viſible que le tems
auquel 2 EC ſeroit parcourue uniformément avec la viteſſe acquiſe par EC, eſt égal au tems de la deſcente ou de la chûte verticale EC (63); donc le tems du mouvement uniforme par la
demi-cycloïde AHC parcourue avec la viteſſe acquiſe par la même AHC eſt égal au tems de la chûte verticale EC; mais le
tems du mouvement accéleré par la demi-cycloïde eſt au tems
du mouvement uniforme par la même AHC parcourue avec la
viteſſe acquiſe au point C, comme la demi-circonférence eſt au
diametre (205); donc le tems de la deſcente par la demi-cycloïde eſt au tems de la chûte verticale EC, comme la demi-
circonférence eſt au diametre.

207. *Le tems par la cycloïde entiere eſt au tems de la chûte
verticale EC, comme la circonférence entiere eſt au diametre.*

Lorſque le corps eſt tombé par la demi-cycloïde AHC, il'a
acquis une viteſſe par laquelle il peut remonter au point A, en retra-
çant le même arc AHC dans un tems égal au tems de la deſcente
(198); d'ailleurs l'autre demi-cycloïde que l'on peut concevoir
à la gauche du diametre EC du cercle générateur eſt égale, ſemblable, & ſemblablement ſituée; donc avec la viteſſe acquiſe au

point C , le corps décrira cette autre demi-cycloïde dans un tems égal au tems de la descente par AHC : si dans la proportion du nombre précedent , on multiplie les deux antécedens par 2 , on aura le tems par la cycloïde entiere , est au tems de la chûte verticale EC , comme la circonférence entiere est au diametre.

DES PENDULES.

208. *Le pendule* est composé d'un fil ou verge CD , & d'un poids P suspendu à l'une des extrêmitez , l'autre étant attachée au point fixe C autour duquel le pendule peut tourner librement. Le point fixe C est appellé *point de suspension* , le point E Fig. 30. où le pendule s'arrête lorsqu'il n'est pas mû , est appellé *repos*. Si le pendule en tournant autour du point C garde la même longueur , & que la surface tracée par la ligne CD soit plane , la figure décrite est une portion de cercle dont le centre est en C ; si la longueur CD est variable , qu'elle augmente ou diminue , la figure décrite sera differente du cercle. On va d'abord exposer les propriétez communes à tous les pendules : on parlera ensuite du pendule circulaire , & après du pendule qui décrit la cycloïde.

PROPRIETEZ COMMUNES A TOUS LES PENDULES.

209. Lorsqu'un pendule est au point de repos E , le fil ou la verge qui soutient le poids est dans une situation verticale ou perpendiculaire à l'horizon. Car le poids par sa pente naturelle tend à descendre suivant la ligne verticale ; mais puisque par la résistance du fil ou de la verge , il est en repos au point E , il faut que cette résistance soit directement opposée à la tendance du poids ; donc le fil ou la verge est dans une situation verticale.

210. *Si on retire un pendule du repos E en lui faisant décrire l'arc EG ou l'arc EF , qu'on l'abbandonne ensuite à lui-même , il* Fig. 36. *descendra au repos* E. Car par ce mouvement le fil ou la verge à laquelle le poids est attaché , cesse d'être dans une situation verticale , & devient inclinée à la direction des corps pesans : donc la résistance que la verge fera au poids P ne sera pas directement opposée à la tendance du poids , le poids n'étant pas totalement soutenu descendra donc au repos E d'où il avoit été tiré.

211. Lorsqu'on retire un pendule du repos E , la résistance de la verge & la tendance du poids étant dirigées de maniere que les directions font un angle , des deux efforts , il en résulte un mouvement composé qui détermine le poids à descendre par l'arc GE ou FE , comme il feroit sur un ou plusieurs plans inclinez & contigus.

212. *Si on retire un pendule du repos E en lui faisant décrire l'arc EG, qu'on le laisse ensuite aller, après qu'il sera descendu au repos E, qui est l'endroit le plus bas de l'arc EG, il ne s'y arrêtera pas, mais il remontera par l'arc EF :* Car lorsque le pendule sera descendu à l'endroit le plus bas, il aura acquis la même vitesse que s'il étoit tombé de la hauteur perpendiculaire GK : or le poids P étant arrivé au point E, la vitesse acquise le détermineroit suivant la tangente KE ; mais puisqu'il ne peut pas suivre cette détermination, & que d'ailleurs la résistance du point fixe C ne détruit pas la vitesse acquise, il s'ensuit qu'il montera par l'arc EF.

213. On appelle *vibration simple* l'allée par l'arc GF, ou le retour par l'arc FG ; on appelle *vibration composée* l'allée & le retour ensemble par l'arc GF & l'arc FG. On appelle *vibrations isochrones* celles qui se font en des tems égaux.

DU PENDULE CIRCULAIRE.

Fig. 36.   **214.** Le pendule circulaire une fois mis en mouvement continue de même sans jamais s'arrêter, car lorsqu'il aura décrit en descendant, l'arc GE, il aura acquis une vitesse par laquelle il pourra retracer l'arc EG en remontant (198.) ; donc par la vitesse acquise au point E, il décrira un arc EF égal en tout à l'arc GE ; & après avoir perdu toute sa vitesse, il redescendra par l'arc FE, & dans cette descente il acquerra la vitesse qu'il avoit acquise en descendant par l'arc GE, puisque l'arc FE est égal en tout & semblablement posé à l'arc EG ; avec la vitesse acquise une seconde fois au point E, il remontera par l'arc EG. D'où l'on voit que le pendule à chaque vibration remontant à une hauteur égale à celle d'où il est descendu, continuera de se mouvoir de même sans jamais s'arrêter.

215. Lorsqu'on dit que le mouvement du pendule circulaire est perpétuel, on fait abstraction de la résistance de l'air & du frottement qui se fait au point de suspension C ; ces deux causes ensemble font que les vibrations du pendule sont inégales, & qu'elles n'ont pas toutes la même étendue, & que les arcs décrits dans les premieres vibrations sont plus grands que ceux qui sont décrits dans les dernieres. De-là vient que la vitesse acquise par des arcs moindres est nécessairement moindre, & qu'elle se rallentit peu à peu, & enfin elle s'éteint entierement. Pour concevoir comment la vitesse que le corps acquiert au point de répos E diminue peu à peu, il faut supposer que le corps descend d'abord par l'arc GE, l'air lui résiste dans la descente, c'est

pourquoi

quoi il acquiert une viteſſe moindre que celle qu'il auroit acquiſe
ſans cette réſiſtance ; donc avec cette viteſſe le corps remontera
à une moindre hauteur , tant parce que la viteſſe acquiſe au
point E eſt moindre , qu'à cauſe que l'air continue de réſiſter :
ainſi l'arc décrit dans la montée ſera moindre que l'arc GE ;
d'où l'on voit que le mobile en redeſcendant par ce dernier arc
acquerra une viteſſe moindre que celle par laquelle il l'a décrit
en montant , à cauſe de la réſiſtance de l'air ; la viteſſe acquiſe
au repos E , eſt donc moindre aux vibrations ſuivantes que dans
celles qui précedent : c'eſt pourquoi le pendule ſe ralentit peu à
peu & s'arrête enfin au repos E.

PROPOSITION VINGT-SEPTIE'ME.

216. *Si un pendule décrit dans un même cercle des arcs inégaux , lorſqu'il eſt arrivé au bas de ces arcs , il a acquis des viteſſes qui ſont entr'elles comme les cordes de ces arcs.* Ainſi le pendule étant deſcendu par les arcs DE , FE , les viteſſes acquiſes Fig. 37.
au repos E , ſont entr'elles comme les cordes ED , EF.

DEMONSTRATION. Les viteſſes que le pendule acquiert en
deſcendant par les arcs DE, FE, ſont celles qu'il acquerroit par les
chûtes verticales IE, KE (196):or les viteſſes acquiſes par les chûtes verticales IE, KE, ſont entr'elles comme les racines quarrées de
ces hauteurs (73.) ; donc les viteſſes acquiſes dans les deſcentes
par les arcs DE , FE ſont dans la même raiſon ; mais les cordes DE , FE ſont auſſi comme les racines quarrées des hauteurs
IE , KE : car les cordes ED , EF ſont moyennes proportionnelles entre le diametre du cercle & les parties EI , EK du même
diametre (39. *Géom.*) ; donc ſi on
nomme 2EC le diametre du cercle , on aura les proportions (26.
Arit.). Si on multiplie par ordre

$$4EC . \overline{DE}^2 :: 2EC . \overline{EI}^2$$
$$\overline{EF}^2 . 4EC :: \overline{EK}^2 . 2EC$$

& que l'on diviſe les deux premiers termes par $\overline{4EC}^2$, & les deux
derniers par 2EC , on aura $\overline{EF}^2 . DE :: EK . EI$; donc EF .
DE :: $\sqrt{EK} . \sqrt{EI}$ (24. *Arit.*) ; donc les viteſſes acquiſes au
repos E par les arcs DE , FE , ſont entr'elles comme les cordes
de ces arcs.

PROPOSITION VINGT-HUITIE'ME.

217. *Les pendules qui décrivent des arcs ſemblables font leurs* Fig. 38.
*vibrations en des tems qui ſont entr'eux en raiſon ſous-doublée , ou
comme les racines quarrées des longueurs des mêmes pendules.*

*Cc

Demonstration. Les pendules font mûs par les arcs ED, ed comme fur deux fuites de plans femblables & femblablement inclinez ; donc les tems des defcentes par les arcs ED, ed, font entr'eux comme les racines quarrées des mêmes arcs (202.203.): or les tems des montées par les arcs DF, df, font égaux aux tems des defcentes par les arcs ED, ed (169.198); donc ils font entr'eux comme les racines quarrées de ED, ed ; donc les tems entiers des vibrations font entr'eux comme les racines quarrées des arcs ED, ed lefquels étant femblables, font entr'eux comme les rayons CD, cd, qui fervent à les décrire (13. *Géom.*), ou comme les longueurs des pendules ; donc les racines quarrées des longueurs CD, cd, font comme les racines quarrées des arcs ED, ed ; donc les tems des vibrations font dans la raifon des racines quarrées des longueurs des pendules.

Donc les quarrez des tems des vibrations, font entr'eux comme les longueurs.

PROPOSITION VINGT-NEUVIE'ME.

218. *Si deux pendules de longueurs inégales battent pendant le même-tems, le nombre des vibrations du premier eft au nombre des vibrations du fecond, comme la racine quarrée de la longueur du fecond eft à la racine quarrée de la longueur du premier ;* c'eft-à-dire, que les nombres des vibrations faites en même-tems, font réciproquement comme les racines quarrées des longueurs.

Demonstration. Plus le tems d'une vibration eft long, plus le nombre dans un même-tems en eft petit. Si le tems d'une vibration eft double ou triple, pendant le même-tems, le pendule fera deux fois, trois fois moins de vibrations, en forte que le nombre de vibrations du premier pendule eft au nombre de vibrations du fecond, comme la durée des vibrations du fecond eft à la durée des vibrations du premier, c'eft-à-dire, que les tems pendant lefquels deux pendules battent étant égaux, les nombres des vibrations font entr'eux réciproquement comme les durées de deux vibrations en particulier ; mais les tems des deux vibrations, font entr'eux comme les racines quarrées des longueurs des pendules (217). Donc les nombres des vibrations de deux pendules, font réciproquement comme les racines quarrées de ces longueurs.

219. Corollaire. Les longueurs de deux pendules font en raifon doublée de la réciproque des nombres de vibrations faites en même-tems.

DU PENDULE LORSQU'IL DÉCRIT LA CYCLOÏDE.

220. Il n'y a que le pendule circulaire qui conferve la même longueur pendant tout le mouvement. Si un pendule décrit une courbe differente de la ligne circulaire, il eſt néceſſaire qu'il s'accourciſſe & qu'il s'allonge en differens tems. Les accourciſſe-mens & les allongemens alternatifs qu'il faut donner à la longueur d'un pendule pour lui faire décrire une courbe, doivent être re-glez ſur la proprieté de la courbe même; ſi le pendule décrit une ellipſe ou une parabole, il faudra l'accourcir & l'allonger au-trement que pour lui faire décrire une cycloïde. La propriété ſinguliere que M. Huygens découvrit dans le pendule qui décrit la cycloïde, rendit ce pendule recommandable dans le tems. On a vû que ſi un corps décrit une cycloïde renverſée par la ſeule action de la peſanteur, il arrive au bas en même-tems, de quelque hauteur qu'il commence à deſcendre: ainſi tous les arcs d'une même cycloïde qu'un corps parcourt en deſ-cendant librement ſont décrits en même-tems, les arcs grands & petits que le corps décrit en montant avec la viteſſe acquiſe au bas de la deſcente, ſont auſſi parcourus en tems égaux; d'où l'on voit que ſi l'on trouve un moyen de faire décrire à un corps la cycloïde, en le ſuſpendant à un fil ou à une verge, l'on aura un pendule qui étant mû par la ſeule action de la peſanteur, fera toutes ſes vibrations iſocrhones ou d'égale durée, ſoit qu'il décri-ve de grands ou des petits arcs. Or M. Huygens trouva que pour faire décrire à un pendule des arcs d'une cycloïde ACE, Fig. 39. il falloit la couper en deux parties égales au ſommet C, & join-dre leurs extrêmitez A, E, qui ſont ſur la baſe ABE, comme on voit en S; de maniere que le point de ſuſpenſion S du pendule étant entre les deux demi-cycloïdes, le fil SD put ſe plier ſur les deux portions SA, SE, & en imiter parfaitement la courbure: pour lors l'autre extrêmité D du fil SD étant couchée ſur le point A, ſi le fil vient à ſe développer en demeurant toujours égale-ment tendu, ſon extrêmité D décrira la demi-cycloïde AC (6. de la cycloïde.), le fil venant enſuite à ſe courber ſur la conve-xité de l'autre demi-cycloïde SE en demeurant toujours égale-ment tendu, décrira par la même extrêmité D l'autre moitié CE de la cycloïde. Si enfin on ſuppoſe que le point D eſt pe-ſant, en deſcendant par l'arc AC, il acquerra une viteſſe par laquelle il montera par l'arc CE en E (198.); deſcendant après par cet arc il acquerra une viteſſe égale à celle qu'il a perdue en

montant , & par laquelle il pourra remonter par l'arc CA , &
ainſi de ſuite ſans que le pendule s'arrête jamais. Or de quelque
point H ou K que le pendule commence à deſcendre , le tems par
HC ou KC étant égal au tems par AC(204.) ; il s'enſuit que les
vibrations du pendule ſeront iſochrones ou d'égale durée.

221. Il eſt viſible que la longueur SD du pendule eſt égale à
la longueur SA ou AC de la demi-cycloïde , & par conſéquent
égale au double du diametre AM ou EG du cercle générateur.

AVANTAGES DU PENDULE QUI DÉCRIT LA CYCLOÏDE.

222. Après que M. Huygens eut trouvé qu'un corps qui deſcend par une cycloïde renverſée arrive au bas en même-tems , de
quelque hauteur qu'il commence à deſcendre , & qu'il eut découvert le moyen de faire décrire à un pendule cette courbe, il penſa à
rectifier le mouvement du pendule circulaire qu'il avoit appliqué
aux horloges. Le mouvement de ce pendule eſt de lui-même inégal , c'eſt-à-dire , que les vibrations n'en ſont pas iſochrones ou
d'égale durée , lorſque les arcs décrits ſont inégaux , ce qui fait
que le mouvement de l'horloge n'eſt pas parfaitement égal , car
la régularité d'une machine dépend de ce qui en modere le mouvement. Mais ſi le pendule qui régle une horloge fait toutes ſes
vibrations d'une égale durée , la régularité de ſon mouvement
s'étend ſur toutes les pieces de l'horloge , & leur mouvement devient par-là égal : or le pendule qui décrit la cycloïde , a cette
propriété , qu'il fait toutes ſes vibrations grandes & petites en
des tems égaux , c'eſt pourquoi ce pendule parut très propre à
à M. Huygens pour régler le mouvement des horloges. Il faut
cependant convenir que l'exécution n'a pas tout-à-fait répondu
aux vûes de l'inventeur , l'expérience ayant fait découvrir de
plus grands défauts dans le pendule qui décrit la cycloïde que
dans le pendule circulaire (on aura occaſion de remarquer quelques-uns de ces défauts dans le ſecond traité en parlant des horloges ,) ce qui fait qu'on eſt revenu au pendule
circulaire , & qu'il eſt le ſeul qui ſoit communément en uſage.

223. Si le pendule qui décrit la cycloïde n'a pas ſervi immédiatement & par lui-même à la pratique , on ne peut pas dire
qu'il y ſoit inutile. 1°. On peut s'en ſervir comme de principe
pour faire voir que le pendule circulaire a à peu de choſe près ,
le même avantage ſans en avoir les défauts ; c'eſt-à-dire , qu'un
pendule circulaire qui décrit des arcs inégaux les décrit en des

ems égaux , ou ce qui revient au même , ſes vibrations ſont ſenſiblement iſochrones , pourvu que les arcs décrits ne ſoient pas grands lorſqu'ils ſont inégaux.

Car on peut appercevoir que les deux demi-cycloïdes AS , ES , font au point de ſuſpenſion S un angle , & que leur courbure en cet endroit eſt peu ſenſible , parce qu'elles y ſont continuées preſque en lignes droites à cauſe que le diametre EG & les cordes telles que EF qui ont ſervi à former cette courbure & auxquelles les petits côtez de la courbure ſont paralleles , ſont peu inclinez à la baſe GSM ; de-là vient que le pendule peut s'écarter de part & d'autre du perpendicule SC ſans qu'on s'appercoive de ſon raccourciſſement ; en ſorte que l'arc de cycloïde auprès du repos C ne differe pas ſenſiblement d'un arc circulaire qui ſeroit décrit avec un rayon de même longueur que SC. On peut donc regarder un pendule circulaire qui décrit des petits arcs comme un pendule qui décriroit des petits arcs de cycloïde : or un tel pendule feroit ſes vibrations quoiqu'inégales en étendue , égales en durée ; donc le pendule circulaire qui décrit des arcs inégaux doit les décrire de même en des tems égaux , quoiqu'ils ſoient inégaux.

224. Il y a des auteurs qui apportent pour preuve de cette propoſition , que les arcs lorſqu'ils ſont petits , ne different pas ſenſiblement de leurs cordes , & qu'on peut prendre indifferemment l'un pour l'autre ; or on ſçait que les tems par les cordes d'un même cercle ſont égaux ; donc les tems par leurs arcs ſont auſſi égaux lorſque ces arcs ſont petits.

225. Cette maniere de prouver eſt défectueuſe : car *quelque petit que ſoit un arc , le tems par cet arc eſt plus court que le tems par la corde du même arc.* Concevons que le pendule SC ſans s'accourcir décrive un petit arc de cercle qui ſe termine au repos C qui eſt le point le plus bas , qu'il y décrive auſſi un petit arc de cycloïde , ces deux arcs ſe confondront ſenſiblement (ainſi qu'on a remarqué & qu'on en convient) & plus ſenſiblement qu'un petit arc de cercle ne fait avec ſa corde ; donc le tems par les deux arcs doit être égal. Or le tems par l'arc de la cycloïde eſt au tems par GE diametre du cercle générateur , comme la demi-circonférence eſt au diametre (206.204). Si on double le ſecond & le quatriéme terme de la proportion , on aura le tems par l'arc eſt au double du tems par GE comme la demi-circonférence eſt à deux diametres, ou comme le quart de la circonférence eſt au diametre : mais le double du tems par GE eſt égal au tems de la deſcente par le quadruple de GE (70) ; donc le tems par l'arc

de cycloïde est au tems par le quadruple de GE comme le quart de la circonférence est au diametre ; de plus le tems par la corde du petit arc décrit est égal au tems par le quadruple de GE ou par le double de CS (186.) ; donc le tems par l'arc est au tems par la corde, comme le quart de la circonférence est au diametre ; c'est-à-dire, que le tems par le petit arc de cercle ou de cycloïde, est plus court que le tems par la corde du même arc , puisque le quart de la circonférence est moindre que le diametre.

226. Il est bien vrai qu'un petit arc ne differe gueres de sa corde , & que lorsqu'il ne s'agit que de leur grandeur , on peut prendre indifferemment l'un pour l'autre ; mais il n'en est pas de même lorsqu'il faut considerer le tems qu'un corps est à les parcourir par l'action de la pesanteur ; car la pente par l'arc est bien différente de la pente par la corde , & leur situation n'est pas certainement la même, c'est pourquoi de la seule égalité en longueur on n'en peut pas conclure l'égalité des tems.

227. 2°. M. Huygens s'est servi du pendule à cycloïde pour prouver que les corps pesans qui tombent librement dans l'air , parcourent pendant la premiere seconde de leur chûte 1 5 pieds 1 pouce.

Un pendule à secondes a (comme on sçait) 3 pieds de Roy 8 lignes $\frac{1}{2}$, ce pendule décriroit une cycloïde dont l'axe ou le diametre de son cercle générateur auroit la moitié de 3 pieds 8 lignes $\frac{1}{2}$, c'est-à-dire 18 pouces 4 lignes $\frac{1}{4}$, (car la longueur du pendule à cycloïde est double du diametre du cercle générateur (221). Cela posé, le tems de la chûte perpendiculaire par l'axe de la cycloïde ou par le diametre du cercle générateur est au tems par un arc de la cycloïde comme le diametre est à la demi-circonférence (206) : si on double le tems par l'arc , afin d'avoir le tems d'une vibration , & la demi-circonférence qui font le second & le quatriéme terme de la propofition , on aura le tems de la descente par le diametre du cercle générateur est au tems d'une vibration , comme le diametre est à la circonférence. Si on suppose que la circonférence est au diametre comme 355 est à 113 dans la proportion que l'on vient de faire , l'on a trois termes qui sont connus , la circonférence, le diametre , & le tems d'une vibration qui est une seconde ou 60 tierces ; donc le tems de la descente par le diametre du cercle générateur pourra être connu en disant 355 . 113 :: 60 tierces . x = 19 tierces . $\frac{2}{71}$: ce quatriéme terme est le tems de la descente par l'axe de la cycloïde ou par le diametre du cercle générateur ; ce tems étant ainsi connu , il ne s'agit plus que de trouver l'espace qu'un corps parcourt en tombant librement pendant une feconde. Par la proportion qu'on vient de faire on connoît le tems de la defcente par le diametre du cercle générateur , on fçait que ce diametre eft de 18 pouces 4 lignes $\frac{1}{4}$; c'eft pourquoi fi on dit lequarré de 19 tierces. $\frac{2}{71}$ eft au quarré de 60 tierces. ou d'une feconde : ainfi 18 pouces 4 lignes $\frac{1}{4}$ eft à un quatriéme terme , on aura l'efpace que parcourt un corps qui tombe librement pendant la premiere feconde de la chûte (70) , & l'opération faite , on trouve 15 pieds 1 pouce. Dans l'opération au lieu de $\frac{2}{71}$, on peut prendre $\frac{1}{10}$.

228. M. Huygens voulut éprouver fi l'expérience lui donneroit la même quantité que le calcul : celle qu'il fit & qu'il répeta exactement plufieurs fois, lui fit connoître que fon raifonnement & le calcul étoient en cela parfaitement d'accord avec les effets de la pefanteur. Cette expérience confifte à faire qu'un poids attaché à une bande de papier defcende perpendiculairement fuivant fa direction naturelle le long d'un mur , pendant qu'un pendule qui eft fufpendu au même mur fait une demi vibration. On fera faire cette demi vibration , fi on a foin d'éloigner le pendule , du mur fuivant une direction qui foit perpendiculaire à fon plan ou à fa furface : car fi on laiffe aller le pendule , il ira choquer le mur , & dans fon mouvement il décrira la moitié de l'arc d'une vibration , puifqu'il ne fera que defcendre & aller au repos ou au point le plus bas de l'arc. Or fi le pendule eft placé de maniere qu'en frappant le mur il rencontre la bande de papier qui eft tirée par le poids qui defcend , l'empreinte qu'il fera fur cette bande , donnera à connoître l'efpace qu'à parcouru le poids qui defcend pendant la demi vibration. Car on fait en forte que le poids & le pendule partent en même-tems. Si le pendule eft d'une longueur convenable pour faire une demi-vibration en une feconde , on aura l'efpace que le poids qui tombe a parcouru pendant une feconde. Si le pendule fait fes vibrations en une feconde , on aura l'efpace que le poids qui defcend a parcouru en une demi feconde.

P R O B L ê M E XI.

229. *La longueur d'un pendule étant donnée avec le tems qu'il emploie à faire fes vibrations , trouver la longueur d'un autre pendule qui faffe les fiennes dans un autre tems donné , par exemple de deux fecondes.*

On fuppofe qu'un pendule de 3 pieds de Roy 8 lignes $\frac{1}{2}$ bat les fecondes. Pour trouver la longueur d'un pendule qui batte en deux fecondes , il faut dire 1 . 4 :: 3 pieds 8 lignes $\frac{1}{2}$. x ; c'eft-à-dire , le quarré d'une feconde eft au quarré de 2 fecondes comme la longueur du pendule à secondes est à la longueur cherchée qu'on trouvera être de 12 pieds 2 pouces 10 lignes. Ce qui est évident par (203).

PROBLÊME XII.

230. *Trouver dans quel tems un pendule d'une longueur donnée, par exemple d'un pied, fait ses vibrations.* 1°. Il faut réduire 3 pieds 8 lignes $\frac{1}{2}$ & 1 pied en lignes, & on aura 441 lignes & 144 lignes dont les racines quarrées sont 21 & 12. 2°. Dire 21. 12 :: 60 tierces x ; c'est-à-dire, que les tems des vibrations du pendule à secondes & dont la longueur est de trois pieds 8 lignes $\frac{1}{2}$ & du pendule d'un pied de long, sont entr'eux comme les racines quarrées des longueurs, ce qui est évident par (203) l'opération faite, on trouve 34 tierces $\frac{2}{7}$.

PROBLÊME XIII.

231. *Connoissant le nombre de vibrations d'un pendule pendant un tems donné, trouver la longueur du pendule.*

Supposons que le pendule proposé fasse 30 vibrations en une minute, il faut dire 900 . 3600 :: 441 lignes. x. C'est-à-dire, que les longueurs des pendules étant entr'elles réciproquement comme les quarrez des nombres des vibrations qu'ils font en même-tems (219), il faut que comme le quarré de 30 qui est 900 est au quarré de 60 qui est 3600 : ainsi réciproquement la longueur du pendule qui fait 60 vibrations en une minute soit à la longueur de celui qui en fait 30 dans le même-tems. Cette longueur est de 12 pieds 3 pouces, ou mieux de 12 pieds 2 pouces 10 lignes.

Par ce problême on peut trouver la hauteur d'un plancher ou de la voute d'une Eglise, en observant le nombre des petits balancemens ou oscillations que fait un lustre ou une lampe suspendue à la voute pendant une minute.

PROBLÊME XIV.

232. *Faire qu'un pendule en décrivant des arcs de cercle acquiere des vitesses qui soient entr'elles dans une raison donnée, dont l'une soit, par exemple, double ou triple.*

Fig. 40. Supposons que la vitesse cherchée doive être triple de la vitesse acquise par l'arc ED, il faut prendre une ligne GD triple de la corde ED, & la porter de D en G, la vitesse que le corps acquerra par l'arc GD, sera triple de la vitesse acquise par ED. Car les vitesses acquises par des arcs inégaux sont entr'elles comme les cordes de ces arcs (216).

Fin du second Livre.

PRINCIPES
SUR
LE MOUVEMENT
ET L'EQUILIBRE,
POUR SERVIR D'INTRODUCTION
aux Mécaniques & à la Physique.

LIVRE TROISIE'ME.
DU CHOC OU DE LA PERCUSSION DES CORPS.

1. UN corps qui est mis en mouvement, qui passe d'un lieu en un autre lieu, peut mouvoir, & meut en effet les corps qui se trouvent sur son passage. C'est l'expérience qui apprend cette vérité, & qui montre que le mouvement d'un corps est une cause qui produit un nouveau mouvement, ou du moins qu'un corps qui est mû est un principe d'où le mouvement se communique aux corps qu'il rencontre.

2. On n'entrera point ici dans l'examen des diverses questions qu'on peut former sur la cause efficiente, c'est-à-dire, qui produit vraiement le mouvement ; il y en a certainement une, & on ne peut pas douter que l'auteur de la nature ne soit la cause première & générale de tous les mouvemens ; mais de sçavoir si les corps sont de vraies causes, c'est ce qu'on n'entreprend point de discuter. L'expérience fait voir qu'un corps qui est en repos, cesse d'y être lorsqu'il est rencontré par un corps qui est mû ; mais,

*Dd

que cela arrive feulement en vertu d'une loi établie , ou bien parce que dans les corps qui font mûs , il y a une force agiffante &
capable de mouvoir ,une force qui faffe une impreffion permanente & durable , qui foit elle-même une nouvelle force productrice
du mouvement , c'eft ce qu'on ne décide pas : les effets du choc
n'en feront pas moins connus , & c'eft tout ce qu'on fe propofe
dans ce traïté. La queftion préfente eft toute métaphyfique , elle
eft du nombre de celles où la raifon décide abfolument : or lorfqu'on confidere les corps en repos ou en mouvement , l'efprit ne
découvre pas certainement avec évidence qu'il y a en eux quelque vertu ou puiffance pour produire quoi que ce foit. Il paroît
au contraire plus conforme à la droite raifon de penfer que
Dieu feul produit le mouvement , & que le choc n'eft que comme une occafion qui détermine cet être fuprême à mouvoir les
corps qui fe trouvent fur le paffage d'autres corps qui font déja
en mouvement.

3. Néanmoins quelque fentiment qu'on prenne fur ce point ,
foit qu'on avoue que les corps font privez de toute action ,
foit qu'on leur attribue une vraie force ou puiffance , il faut cependant reconnoître que la production du mouvement eft l'effet
d'une caufe : or comme on eft porté à croire qu'une force fe trouve là où elle exerce fon action , & où elle produit fon effet , rien
n'empêche que pour la clarté du difcours , on ne confidere cet
force comme appliquée au corps qui choque , & comme faifant
impreffion fur le corps choqué , laquelle demeure dans ce corps
pendant tout le tems qu'il eft mû ; & parce qu'un corps en mouvement lors même qu'il n'y a point de choc , eft tout difpofé à
exercer fa force fur les corps qu'il peut rencontrer , on peut auffi
confidérer cette même force comme lui étant appliquée tout le
tems qu'il eft confervé dans le mouvement , fans qu'il foit pour
cela néceffaire de fçavoir fi cette force réfide véritablement dans
ce corps , fi elle eft diftinguée de l'action de la premiere caufe ,
ou fi elle n'en differe pas.

4. On divife ce troifiéme Livre en quatre Chapitres. Dans le
premier on expofera les propriétez & les circonftances communes à tous les chocs ; dans le fecond on traitera du choc des corps
fans reffort ; dans le troifiéme du choc des corps à reffort ; dans
le quatriéme du choc qui produit la réflexion & la réfraction.

CHAPITRE PREMIER.

DANS LEQUEL ON EXPOSE LES PROPRIÉTEZ
& les circonstances communes à tous les chocs.

5. **L**Es corps ont des qualitez qui peuvent modifier & varier considérablement l'action qu'ils éxercent les uns sur les autres. Ces qualitez sont la dureté, la fluidité, la mollesse, & l'élasticité.

6. *Un corps dur* est celui qui ne change pas facilement de figure & qui résiste à l'effort qu'on fait pour le rompre & le diviser. *Un corps fluide*, celui qui cede facilement au toucher & dont les parties se divisent, & font mûes au moindre effort. *Les corps mous* font ceux qui changent facilement de figure sans se rompre ou se diviser, comme de la cire médiocrement échauffée.

7. *Un corps élastique ou à ressort* est celui qui ayant changé de figure par l'action d'une force externe, se rétablit & reprend de lui-même sa premiere figure lorsque la force qui le comprime, cesse de lui être appliquée, par exemple, un balon plein d'air.

8. *Un corps sans ressort* est celui qui ayant reçû une nouvelle figure par l'action d'une cause externe, la conserve, quoique cette force cesse de lui être appliquée, par exemple, de la terre glaise imbibée d'eau.

9. Remarques. On remarquera 1º. que ces qualitez ne font pas quelque chose d'absolu, mais qu'elles sont susceptibles de divers degrez, puisque les corps font plus ou moins durs, plus ou moins élastiques, plus ou moins fluides les uns que les autres. 2º. L'élasticité est une qualité qui peut être commune aux corps durs, mous, & fluides; lors donc qu'on parle de corps élastiques ou à ressort, & qu'on les considere sous ce rapport commun, on ne distingue point les divers degrez de dureté, de mollesse, ou de fluidité qui se trouve dans chacun, parce que l'élasticité est une qualité qui compatit & s'allie indifferemment avec toutes les autres qualitez que l'on vient de nommer, quoique contraires les unes aux autres. Néanmoins comme pour l'ordinaire les corps mous ont peu ou point de ressort, & qu'après avoir été comprimez ils conservent la figure qu'ils ont reçûe; lorsqu'il s'agit des effets du choc où le ressort doit influer, l'on nomme indifferemment *corps mous* tous les corps dont le ressort n'est pas dans un degré assez sensible, (ce qui paroît lorsqu'après avoir été cho-

quez ou preſſez , ils ne ſe rétabliſſent pas en reprenant leur premiere figure ;) pour lors on ne diſtingue point entre les differens
degrez de dureté & de molleſſe de ces corps , parce qu'étant de-
ſtituez de reſſort , ſous ce rapport ils ſont tous compris ſous la
même idée : c'eſt pourquoi en matiere de choc on peut ranger
tous les corps en deux claſſes, les uns ſont appellez corps mous, ou
corps ſans reſſort , & les autres corps à reſſort. 3°. Comme on
ne connoît point de corps d'une dureté abſolue , on peut ſuppoſer
que tous les corps dans le choc changent de figure ainſi que l'expérience montre que cela arrive : ceux qui ſont élaſtiques reprennent leur premiere figure ſi le reſſort eſt parfait; ou ils ne la
reprennent qu'en partie , ſi le reſſort eſt imparfait ; ou enfin ils
conſervent celle qu'ils ont reçue , ſi le reſſort eſt inſenſible.

10. Ce changement de figure eſt ſenſible dans un grand nombre de corps ; mais les plus durs comme l'yvoire , le fer , &c. n'en
ſont pas exemts ſuivant l'expérience de M. Mariotte rapportée
dans ſon traité de la percuſſion , partie 1 , propoſition 14. Si on
enduit une enclume d'une couche légere de ſuif , qu'on y paſſe
la main afin que l'enclume demeure ſeulement un peu ſalie ; qu'on
laiſſe tomber ſur cet endroit de 4 pouces de haut une boule d'y-
voire d'un pouce & demi de diametre , on verra ſur l'enclume
une petite marque ronde d'environ une demi-ligne de diametre ;
mais ſi on laiſſe tomber la boule de plus haut , la marque ſera plus
large & paſſera même trois lignes de diametre ſi on pouſſe la
boule avec force contre l'enclume , ce qui ne peut procéder que
de ce que la boule s'applatit davantage par un grand choc ,
& marque par conſéquent l'empreinte d'un plus grand eſpace
de ſa circonférence.

Dans le choc il y a à conſidérer 1°. la réſiſtance réciproque des
corps ; 2°. la communication du mouvement ; 3°. la force du
choc.

DE LA RÉSISTANCE RÉCIPROQUE DES CORPS
DANS LE CHOC.

11. *La réſiſtance* eſt une diſpoſition actuelle qui fait qu'un
corps étant pouſſé ou ſollicité à ſe mouvoir, ſe maintient & per-
ſévere dans ſon état préſent, ou s'il le change , ce n'eſt que proportionnellement à la force qui le pouſſe ; ſi cette force eſt grande , le changement qui arrive au corps eſt conſidérable , c'eſt-
à-dire , que le corps reçoit un grand mouvement ; ſi la force qui
lui eſt appliquée eſt petite , le changement eſt moindre , c'eſt-

à-dire , que le corps reçoit une moindre vitesse : or on fera voir bien-tôt que cette disposition qui fait qu'un corps ne change son état que proportionnellement à la force qui lui est appliquée , est une espece de résistance : c'est pourquoi on peut distinguer deux sortes de résistances , l'une *propre* , l'autre *impropre*.

12. La résistance propre détruit , diminue ou empêche l'effet que la force motrice tend à produire ; telle est la résistance de deux hommes qui se tirent ou qui se poussent en sens contraires.

13. La résistance impropre laisse produire à la force motrice tout l'effet qu'elle peut produire ; telle est la résistance d'un corps qui est choqué lorsqu'il est en repos , ou lorsqu'étant en mouvement on fait effort pour lui donner une plus grande vitesse. On a dit dans le premier Livre qu'un corps considéré comme une portion de matiere , étoit indifferent ou indéterminé pour le repos ou le mouvement , qu'il étoit prêt à céder au moindre effort ; ce n'est pas à dire pour cela que la force motrice n'éprouve aucune résistance , lorsqu'elle s'applique à un corps , & qu'il lui soit aussi aisé de mouvoir une grande qu'une petite masse en faisant même abstraction de l'effort de la pesanteur.

PROPOSITION PREMIERE.

14. *Un corps en repos qui est choqué ou poussé* 1°. *résiste à la force motrice.* 2°. *Cette résistance n'est pas l'effet de la pesanteur.* 3°. *Elle n'est pas l'effet de l'air ou du fluide environnant.* 4°. *Elle est l'effet immédiat de la volonté très-libre de Dieu qui a établi la loi du choc.*

1°. La premiere partie de cette proposition se prouve par l'expérience. M. Mariotte en rapporte deux qui montrent d'une maniere palpable la réalité de cette résistance. On reconnoîtra, dit-il, la vérité de cette proposition par l'expérience en frappant d'une même vitesse avec la main deux corps suspendus inégaux en pesanteur , car on sentira moins de douleur par la rencontre du corps moins pesant : & si l'on suspend une boule de terre molle , & qu'on la laisse aller avec une certaine vitesse contre une boule de bois en repos suspendue de même & qui soit deux fois plus pesante , on verra qu'elle la fera mouvoir plus lentement , & qu'elle s'applatira davantage par le choc , que lorsqu'elle en rencontrera une autre qui lui sera égale en poids ; & si on la fait choquer contre une autre boule deux fois moins pesante qu'elle , elle s'applatira encore moins , mais elle la fera aller plus vîte , pourvu qu'elle la rencontre toujours directement

avec la même viteſſe. Voyez la propoſition cinquiéme partie
premiere. Puiſque ſi la main eſt mûe avec la même viteſſe, elle a
plus de peine à mouvoir un corps plus peſant qu'un corps qui l'eſt
moins; & que ſi une boule de terre molle choque auſſi d'une
égale viteſſe deux autres boules d'inégale peſanteur, elle s'applatit davantage à la rencontre de la boule qui eſt la plus peſante; c'eſt une preuve certaine qu'un corps qui eſt choqué ou
pouſſé réſiſte à la force motrice.

2º. La réſiſtance dont il s'agit n'eſt pas l'effet de la peſanteur:
car ſi les boules étoient poſées ſur un plan horizontal, la peſanteur n'étant point oppoſée au choc qui ſe fait ſuivant une direction
parallele au plan, ne contribueroit en rien à la réſiſtance des
boules choquées: or le fil qui tient les boules ſuſpendues, fait
preciſément le même effet que le plan horizontal, qui eſt de ſoutenir tout l'effort de la peſanteur: d'ailleurs la direction de la
boule qui choque à l'inſtant de l'impulſion eſt horizontale, &
c'eſt à ce moment-là même que la boule qui eſt choquée réſiſte, &
avant qu'elle monte par l'arc qu'elle décrit enſuite; la peſanteur
n'eſt donc pas le principe de la réſiſtance que l'expérience fait
découvrir dans les corps qui ſon choquez.

3º. Cette réſiſtance n'eſt pas non plus l'effet de l'air environnant. Il eſt vrai que l'air réſiſte & qu'il augmente par conſéquent
la réſiſtance des corps; mais on ne peut pas dire qu'il en ſoit ſeul
la cauſe ou le principe; car outre qu'on pourroit faire à l'égard
de l'air la même queſtion que pour les corps fermes, ſçavoir d'où
vient qu'il réſiſte lorſqu'il eſt choqué, vû qu'il eſt d'une ſubſtan-
ce ſi rare & ſi peu ſerrée, & qu'il eſt ſi aiſé de le diviſer & d'en
ſéparer les parties, c'eſt que ſuivant la remarque de M. Mariotte
dans le choc des boules ſuſpendues, une boule de plomb de deux
livres réſiſte plus au mouvement d'une boule de terre molle, qu'u-
ne boule de bois d'une livre, quoique le volume de cette derniere
étant plus grand, elle pouſſe plus d'air devant ſoi, & en entraîne
plus après ſoi que l'autre. La réſiſtance dont il s'agit ici n'a donc
pas pour principe l'air environnant.

4º. La réſiſtance que les corps font au mouvemeut, eſt l'effet
immédiat de la volonté très-libre du Créateur, qui a établi la
loi du choc.

Car 1º. cette réſiſtance eſt indépendante de l'action de la peſanteur, on ne peut pas non plus l'attribuer au fluide environnant comme à ſon vrai principe. 2º. Elle n'eſt pas l'effet d'une
vraie force qui réſide dans les corps & qui leur ſoit comme inhé-

rente & naturelle , car outre que l'on ne conçoit pas bien comment il peut fe faire qu'une telle force n'agiffe qu'au moment du choc ; c'eft que l'on ne voit pas non plus comment elle peut réfifter en même-tems fuivant plufieurs directions , lorfqu'un corps eft choqué à la fois par plus d'un côté ; ou encore comment cette force change de direction fuivant le befoin & fuivant que la force motrice en change elle-même. Or puifqu'au dehors & au dedans des corps, il n'y a rien qui puiffe leur donner la réfiftance que l'expérience y fait découvrir , il s'enfuit qu'elle ne peut être que l'effet immédiat de la volonté du Créateur , qui par un choix très-libre , a voulu que le choc ou l'impulfion fût un moyen pour communiquer du mouvement , & que la réfiftance des corps pût occafionner le choc : car fans la réfiftance le choc n'eft pas bien intelligible : un corps ne s'applique à un autre , & ne le preffe qu'autant que celui-ci réfifte.

15. Il n'eft pas néceffaire de prouver la réalité de la réfiftance propre , ni quel en eft le principe , car chaque équilibre eft un exemple de cette réfiftance , & elle confifte ou n'eft point différente de l'oppofition mutuelle des forces qui agiffent les unes contre les autres.

PROPOSITION SECONDE.

16. *Les deux fortes de réfiftances propre & impropre dont on vient de parler , font differentes ou ont des effets bien differens fi on les confidere en elles-mêmes ; mais par rapport à la force motrice , elles ont des effets entierement femblables.*

1°. La réfiftance propre diminue , détruit ou empêche l'effet que la force motrice tend à produire , ce qui eft évident par l'exemple de deux hommes qui fe pouffent en fens contraires ; mais la réfiftance impropre laiffe produire à la force motrice tout l'effet qu'elle peut produire , & cet effet fubfifte tout entier dans le corps qui fait de la réfiftance , comme il paroît par l'exemple d'un corps qui eft choqué étant en repos ; car quoiqu'il réfifte, il cede néanmoins au plus petit choc, & reçoit tout le mouvement que le choquant tend à lui imprimer.

2°. Si on confidere l'une & l'autre réfiftance par rapport à la force motrice , elles ont des effets entierement femblables ; la réfiftance propre diminue le mouvement de la force motrice , & rend l'exercice de fon action plus pénible & plus difficile : or la réfiftance impropre a un effet tout femblable , car lorfqu'un corps qui eft mû choque un corps en repos , il perd de fon mouvement

comme l'on fçait, & la réſiſtance qu'il trouve dans le choqué,
eſt une vraie difficulté, un vrai obſtacle qu'il a à ſurmonter, en
ſorte que le corps choqué met le même empêchement que ſi à
l'inſtant du choc une force contraire le repouſſoit contre le choquant. En voici la preuve : qu'un corps qui eſt en repos ſoit tiré
ou pouſſé, l'effet de ſa réſiſtance doit être le même. Conſiderons
donc un cheval qui tire ſuivant une direction horizontale une
pierre de taille attachée à une corde : au moment qu'il fait effort
pour mouvoir la pierre, non-ſeulement ſa viteſſe eſt retardée,
mais il éprouve la même difficulté que ſi la maſſe de la pierre
étant détruite, il étoit retiré en arriere avec une effort égal à
celui qu'il fait ſur la pierre, car la corde eſt bandée de même que
ſi elle étoit tirée en ſens contraires par des forces oppoſées qui
ſeroient appliquées à ſes extrêmitez; donc ſi la pierre au lieu d'être
tirée eſt pouſſée ou choquée, l'obſtacle qu'elle fait eſt le même
que ſi elle étoit pouſſée contre le corps qui la choque ; donc la
réſiſtance impropre a le même effet à l'égard de la force motrice
que ſi cette réſiſtance détruiſoit abſolument ou en tout ou en partie la force motrice.

17. Il eſt évident que la force de traction, c'eſt-à-dire, la
force que le cheval exerce ſur la pierre pour la mouvoir en la tirant, eſt également appliquée au cheval & à la pierre, mais en
ſens contraires, & qu'elle détruit dans le cheval la quantité de
mouvement qu'elle communique à la pierre. Donc pareillement
lorſqu'un corps choque un autre corps en repos, la force du choc,
c'eſt-à-dire, la force par laquelle le choquant s'applique au choqué eſt également appliquée à l'un & à l'autre, & elle fait des
impreſſions égales ſur le choquant & le choqué, mais en ſens
contraires.

18. *Cette force eſt moindre que la force du choquant, puiſque
le choquant ne perd jamais tout ſon mouvement lorſqu'il choque un
corps en repos, de même que le cheval ne communique jamais toute
ſa force à la pierre, puiſqu'après avoir fait impreſſion ſur elle, il
lui en reſte encore aſſez pour ſe mouvoir ſuivant ſa direction.* Cette
propoſition ſera éclaircie & expliquée plus au long dans les articles ſuivans.

M. Neuton appelle *force d'inertie* la réſiſtance que les corps
font au mouvement. Il lui attribue une réaction qui eſt égale à
l'action que la force motrice exerce ſur le corps qu'elle meut. Si
ces expreſſions ne ſignifient rien de plus que le fait que l'on vient
d'expoſer, rien n'empêche qu'on n'en faſſe uſage ; car lorſqu'un

corps

corps eft tiré ou pouffé , fa réfiftance eft équivalente à une réaction ; mais on ne peut pas dire que ce foit une véritable réaction , parce qu'elle ne détruit pas abfolument l'action de la force
motrice , & qu'elle eft feulement un moyen d'étendre cette action
fur le corps qui eft tiré ou pouffé , & de lui communiquer une
partie de la même force.

DE LA COMMUNICATION DU MOUVEMENT DANS LE CHOC.

19. Dieu étant le maître abfolu des loix de la communication
du mouvement , auroit pû en établir de toutes differentes de celles que l'expérience a fait découvrir : d'où il fuit qu'on ne peut
pas les déduire de la feule idée que l'on a de la matiere & du
mouvement. C'eft-là ce qu'apperçurent ceux qui les premiers don-
nerent les régles réelles du choc, ou telles qu'elles s'obfervent dans
l'univers. Ils aimerent mieux s'appuyer dans leurs recherches , fur
l'expérience , que fe fonder fur des hypothefes arbitraires , ju-
geant qu'il y avoit plus de certitude à raifonner fur des obfervations exactes , que fur de fimples conjectures. L'efprit de fiftê-
me en cette matiere confifte à choifir entre les faits obfervez
ceux qui font les plus fimples , & à en déduire méthodiquement
ceux qui font compofez ; c'eft ce qu'on va effayer de faire.

20. On prend pour principe 1º. que les corps dans le choc
réfiftent , fçavoir le choqué au choquant. 2º. Que cette réfiftance
que M. Neuton appelle force d'inertie , ne détruit pas le mouvement , puifqu'elle eft un moyen de communication , & que c'eft
en réfiftant que le choqué reçoit du mouvement du choquant.
3º. Les corps dans le choc changent de figure & font applatis.
Ce fait peut être déduit de ce que les corps font compofez de
parties flexibles , & de ce que dans le choc ils fe trouvent (à
caufe de la réfiftance du choqué) dans le même état que fi les
deux corps fe repouffoient & étoient preffez l'un contre l'autre.

Les corps dont il s'agit ici font mous & fans reffort ou à reffort.

DE LA COMMUNICATION DU MOUVEMENT DANS LE CHOC
des corps mous ou fans reffort.

21. *Dans le choc des corps mous fans reffort , le mouvement
fe communique fucceffivement & dans un tems fini. On fuppofera
dans la fuite que les corps qui fe choquent font de figure fphérique.*

Si le corps A choque le corps B en repos , ils font applatis tous
deux , c'eft-à-dire , que les parties par lefquelles ils fe touchent

*Ee

pendant le choc s'approchent des centres des globes, & parcourent par rapport à ces centres un espace fini : ainsi le choc &
par conséquent la communication du mouvement dure pendant
le tems que cet espace est parcouru par les parties affaissées ; mais
cet espace qui est fini ainsi que l'expérience montre , n'est parcouru par une vitesse finie que dans un tems fini ; donc la communication du mouvement se fait dans un tems fini ; & elle est
par conséquent successive.

22. REMARQUE. Si les corps sont absolument durs, le mouvement se communique dans un instant au choqué : car comme
M. de Molieres remarque, dès l'instant du choc, le centre du
corps A qui choque ne peut aller plus vîte que le centre du choqué B, puisque ces corps conservent exactement leur figure ; donc
dès l'instant du choc le corps B reçoit tout son mouvement.

PROPOSITION TROISIE'ME.

23. *Lorsque le corps* A *choque le corps* B *en repos , il perd nécessairement de sa vitesse.*

Car par la force du choc les deux globes changent de figure , la partie antérieure du choquant s'approche du centre ,
ce qui arrive , ou bien parceque cette partie est mue vers le
centre , ou bien parceque le centre est mû vers la partie enfoncée : si la premiere de ces deux hypotheses avoit lieu , il est
évident que pour lors il y auroit dans le corps choquant deux
mouvemens contraires , quelques-unes de ses parties retourneroient en arriere tandis que les autres continueroient à être mûes
en avant ; il y auroit donc deux mouvemens contraires dans le
même corps : or ces deux mouvemens contraires ne pouvant pas
subsister long-tems ensemble , il seroit nécessaire que le mouvement de toute la masse fût retardé. Mais il est visible que c'est la
seconde des deux hypotheses qui a lieu , c'est-à-dire , que c'est le
centre de la boule qui est mû vers la partie enfoncée : or cela ne
peut arriver ainsi , que la partie enfoncée ne soit retardée , puisque si elle étoit mûe avec la même vitesse qu'auparavant elle
parcourroit en avant le même espace que le centre , & elle s'en
trouveroit également éloignée ; donc puisque le corps qui choque est retardé dans une de ses parties , il s'ensuit que la masse
entiere est aussi retardée & qu'elle perd du mouvement.

On peut encore prouver cette proposition par les principes
énoncez dans l'article 20 : car puisque le corps qui choque est
applati , cela n'arrive que parce qu'il trouve de la résistance dans

le choqué : or cette réſiſtance a le même effet ſur le choquant
que ſi à l'inſtant du choc celui-ci étoit tiré ou pouſſé en arriere
comme il a été prouvé au nombre ſecond de l'article 16 ; mais
ſi le choquant étoit pouſſé ou tiré en arriere, il eſt viſible que ſa
viteſſe ſeroit retardée, & qu'il perdroit de ſon mouvement ; donc
lorſqu'un corps en choque un autre en repos, il perd de ſon
mouvement.

24. *Tant que le corps* A *ira plus vîte que le corps* B *, il ne ceſſera de perdre de ſa viteſſe.*

Car le choc continuera pendant tout le tems que le corps A
ira plus vîte : or pendant tout le tems du choc ſa partie antérieure ne diſcontinuera point d'être retardée & de trouver une
nouvelle réſiſtance ; car en ce que le corps B qui eſt choqué va
moins vîte, il eſt à cet égard & par rapport au choc comme s'il
étoit en repos ; donc tandis que le corps A ira plus vîte que le
corps B, il perdra de ſa viteſſe.

25. *Le corps* B *reçoit tout le mouvement que le corps* A *perd
dans le choc.*

Car pendant tout le tems du choc le corps B réſiſte au corps
A, & cette réſiſtance fait que la force du choc s'applique également au choqué & au choquant, comme il a été prouvé dans
l'article 17 ; d'où il ſuit que les deux corps en reçoivent la même impreſſion, mais en ſens contraires ; donc ſi rien ne s'oppoſe
à la force du choc, elle doit produire dans le corps B la même
quantité de mouvement qu'elle détruit dans le corps A : or la
réſiſtance du corps B ne s'oppoſe point à ſon mouvement, puiſqu'au contraire elle eſt un moyen établi pour mettre le corps B
en état d'en recevoir ; donc le corps B reçoit tout le mouvement
que le corps A perd dans le choc.

26. *Si les centres des corps* A *&* B *ſont mûs ſur la même ligne ſuivant la même direction, & que le corps* A *aille plus vîte,
en ſorte qu'il rencontre enfin le corps* B *, il perdra de ſon mouvement, & le corps* B *recevra tout ce qu'il en perdra.*

Car en ce que le corps B va moins vîte il réſiſte au corps A,
ils ſeront donc applatis l'un & l'autre, & la force du choc détruira une partie du mouvement du corps A, puiſque la réſiſtance du corps B conſume une partie de ſa force de même que
s'il étoit choqué en repos ; mais la même force du choc communiquera au corps B tout le mouvement qu'elle détruit dans le corps
A, puiſque rien ne s'y oppoſe : car le mouvement du corps B
avant le choc n'eſt point contraire à celui qu'il reçoit de la force

du choc. Donc dans le cas préfent le corps B reçoit tout le mouvement que perd le corps A qui choque.

27. *Si les centres des corps A & B font mûs fur la même ligne* *fuivant des directions oppofées : 1°. Le plus foible perdra fon mouvement, & le plus fort une quantité égale à celle du plus foible.* *2°. Le plus fort choquera le plus foible avec la difference des mouvemens de même que s'il le rencontroit en repos.*

1°. Lorfque les corps fe rencontreront ils feront applatis par la force du choc; donc les parties antérieures des deux globes feront tetardées, tandis que les centres s'approcheront l'un de l'autre; donc chaque mobile perdra de fa viteffe de même que s'il choquoit un corps en repos, (car dans ce cas le choquant perd de fa viteffe, par ce que le mouvement de fa partie antérieure eft retardé par l'obftacle que lui oppofe le corps qui eft choqué;) or il eft évident que l'un & l'autre mobile ne difcontinuera point de perdre de fa viteffe jufqu'à ce que celle du plus foible foit entierement détruite; mais d'ailleurs les réfiftances réciproques des mobiles font égales, comme il paroît par l'article 17, & qu'on peut concevoir aifément fi l'on imagine que les deux mobiles font attachez à une corde, & qu'ils vont en fens contraires, car la corde fera également tendue dans toute fa longueur, quoique les quantitez de mouvement foient inégales. Donc les mobiles recevant des impreffions égales en fens contraires, il s'enfuit que le plus fort perdra une quantité de mouvement égale à celle du plus foible avant le choc.

2°. Puifqu'il refte au plus fort une quantité de mouvement qui eft égale à la difference des deux quantitez avant le choc, & que d'ailleurs le plus foible après avoir perdu toute fa viteffe, doit être regardé comme étant en repos, il s'enfuit que le plus fort le choquera avec cette difference, de même que s'il l'eut d'abord rencontré en repos.

28. D'où il fuit que dans ce fecond choc le plus foible recevra tout le mouvement que le plus fort y perdra.

29. *Lorfqu'un corps en choque un autre, il ne perd de fon* *mouvement qu'autant qu'il eft néceffaire, pour que les deux corps* *aillent après le choc d'une égale viteffe.*

Car le choqué reçoit fa viteffe fucceffivement & par degrez; donc tant qu'il ira moins vîte que le choquant, il ne difcontinuera point d'être choqué & de recevoir de nouveaux degrez de viteffe; mais auffi dès qu'il ira également vîte, il ceffera d'être choqué, & par conféquent fa viteffe ne fera plus augmentée;

donc le choquant ne perd de son mouvement qu'autant qu'il est nécessaire pour que les deux corps aillent après le choc d'une égale vitesse.

En effet on ne peut pas dire que le choqué va après le choc moins vîte que le choquant, car il en seroit encore choqué & en recevroit encore du mouvement, ce qui est contre l'hypothese : on ne peut pas dire non plus qu'après le choc, le choqué va plus vîte que le choquant. Car si le choqué va plus vîte que le choquant, il y a eu un instant où les deux corps alloient d'une vitesse égale ; ce n'est donc qu'après cet instant que le choqué a reçu l'exces dont sa vitesse surpasse celle du choquant ; donc le choquant n'allant pas plus vîte que le choqué, lui auroit communiqué de son mouvement, ce qui est contre la loi établie suivant laquelle un corps qui ne va pas plus vîte, ne pouvant pas choquer, ne peut pas non plus communiquer de mouvement. Donc après l'instant où les deux corps sont supposez aller également vîte, la vitesse du choqué n'étant plus augmentée, il s'ensuit qu'après le choc, il n'ira pas plus vîte, il n'ira pas non plus moins vîte ; il ira donc aussi vîte que le choquant ; le choquant ne perdra donc de son mouvement qu'autant qu'il est nécessaire pour que les deux corps aillent après le choc d'une égale vitesse.

On peut dire encore que le choquant ne perd de son mouvement qu'autant qu'il faut pour écarter l'obstacle qu'il rencontre sur sa route : or cet obstacle est suffisamment ôté, s'il reçoit une vitesse par laquelle il aille aussi vîte après le choc, que le corps qui choque ; donc le choquant & le choqué après le choc iront d'une égale vitesse, & le choquant n'aura perdu de son mouvement que la quantité nécessaire pour établir cette égalité de vitesse.

De la communication du mouvement dans le choc des corps à ressort.

30. Le ressort est de deux sortes, *parfait & imparfait :* le ressort parfait est celui qui se comprime avec une force égale à celle qui lui est appliquée, & qui se rétablit de même avec une force égale à la compression. Le ressort est imparfait, s'il se comprime, & se rétablit avec une force moindre que celle qui lui est appliquée. On suppose ici que les corps sont à ressort parfait.

31. La communication du mouvement dans le choc des corps

à reſſort , ſe fait préciſément de la même maniere que dans le choc des corps mous ſans reſſort ; il y a cependant cette differen-ce, que dans les corps mous ſans reſſort après avoir été comprimez, les parties demeurent affaiſſées ſans ſe rétablir ; au lieu que les corps à reſſort auſſi – tôt que la compreſſion ceſſe , repren-nent leur premiere figure , parce que le reſſort eſt une force qui réagit autant que la compreſſion a agi, & qui réleve la par-tie enfoncée.

32. On ne voit pas bien d'abord comment il peut ſe faire que le corps qui choque communique au choqué tout le mouvement qu'il perd , c'eſt-à-dire , dans la même meſure & ſuivant la mê-me proportion que ſi le choc étoit entre des corps mous & ſans reſſort. La raiſon d'en douter eſt fondée ſur ce que le reſſort ſe roidit à meſure qu'on le réduit à occuper un moindre eſpace, & il acquiert une force de plus en plus grande par laquelle il réa-git contre la force qui le comprime , ce qui ne peut ſe faire ſans perte de la part de la force qui aſſujettit le reſſort : d'où il ſuivroit que tout le mouvement perdu par le choquant ne ſeroit pas com-muniqué au choqué de même que dans le choc des corps mous. Il faut donc faire voir en détail que cette communication n'eſt point empêchée par la réaction du reſſort , & que le choqué re-çoit de la force du choc la même quantité de mouvement que s'il n'y avoit aucun reſſort.

33. Lorſqu'un corps à reſſort choque ou qu'il eſt choqué , l'expérience fait voir qu'il eſt applati ; or on peut faire deux hy-potheſes à l'égard de cet applatiſſement. On peut ſuppoſer qu'il n'y a que les parties qui reçoivent immédiatement le choc , qui ſont enfoncées , ou bien ſuppoſer que la force du choc ſe diſtribue de maniere que non-ſeulement les parties par leſquelles le choquant & le choqué ſont appliquez l'un à l'autre , & ſur leſquelles la force du choc porte immédiatement , ſont dérangées , mais encore que pluſieurs autres ſont déplacées tant celles qui ſont aux extrêmités oppoſées que celles qui ſont à droite & à gauche : ſi c'eſt , par exemple , une boule à reſſort qui ſoit choquée , on peut pen-ſer qu'elle eſt applatie non ſeulement dans ſa partie poſtérieu-re , mais auſſi dans ſa partie antérieure , & que tandis que ces parties s'approchent du centre , les parties latérales s'en éloi-gnent, en ſorte que la force du choc faſſe prendre à la boule la figure d'un ſphéroïde applati : or l'expérience montre que c'eſt la ſeconde hypotheſe qui a lieu dans le choc des corps à reſſort.

34. L'expérience a été faite par M. Mariotte, & elle est rapportée dans son traité de la percussion partie premiere, proposition 27. Si on suspend un cerceau de fil de fer ou de bois neuf
comme le cercle ABCD, en sorte que les diametres AHC, BHD   Fig. 1.
soient sur un plan horizontal à peu près, & qu'on le frappe fortement avec un bâton ou autrement, au point D pour le faire
avancer horizontalement selon la direction de la ligne DGHEBF,
le point B ne s'avancera pas en même-tems que le point choqué
D, mais il ira en arriere du côté de D comme en E avant que
d'aller en F; car si l'on suspend une bale de quelque matiere légere comme de bois, à deux ou trois lignes du point B, entre
B & E au dedans du cercle, lorsqu'on frappera fermement le
point D pour pousser le cerceau vers F, la petite bale viendra en
arriere avec une grande force du coté de D, ce qui n'arriveroit
pas si le point B ne s'étoit approché du point E par le choc.
D'où il s'ensuit que le point B ne s'avance pas en même-tems
que le point choqué D, mais qu'il va en arriere du côté de D
avant que d'aller en F. Le même effet arriveroit si l'espace vuide étoit rempli par d'autres cerceaux concentriques; d'où l'on
peut conclure que lorsqu'une boule à ressort est choquée, elle s'applatit par sa partie postérieure & antérieure, en sorte qu'elle
prend la figure d'un sphéroide applati.

35. On peut même prouver par le raisonnement qu'une boule
à ressort doit prendre par le choc la figure d'un sphéroide applati. Car l'arc ADC en perdant de sa courbure par la force du
choc, a ses parties plus serrées vers le milieu D que vers ses extrêmitez A & C; il doit donc arriver que ces parties fassent effort
sur les parties voisines qui sont à droite & à gauche de ce point,
& celles-ci sur d'autres plus proches des points A & C, & cette
force aidée du ressort, doit se transmettre jusqu'aux extrêmitez
du diametre AC. Lors donc que la boule ADCB est choquée,
elle se trouve dans le même état que si deux forces appliquées aux
points A & C faisoient effort pour les écarter du centre H : or
il est évident que si les points A, C s'éloignent de ce centre en
M & L, il est nécessaire que les parties en D & B diamétralement opposées s'en approchent, & par conséquent que la boule
soit applatie.

PROPOSITION QUATRIE'ME.

36. *Dans le choc les corps à ressort parfait ne sont pas simple-*
ment applatis, sçavoir le choquant dans sa partie antérieure, &
le choqué dans sa partie postérieure.

Fig. 2.   DEMONSTRATION.. Car fi le changement de figure produit
par le choc , ne confifte que dans un fimple applatiffement des
parties par lefquelles le choquant & le choqué fe touchent pendant le choc , de maniere que ces parties foient feules déplacées ,
pour lors le reffort eft comme placé entre deux , & il s'appuie d'un
côté fur le choquant, & de l'autre fur le choqué : or dans cette hypothefe pendant le tems que le choc dure à chaque fois que le reffort eft comprimé par le choquant, il doit fe rétablir, puifqu'il ne
trouve du côté du choqué que la réfiftance provenant de la maffe ,
laquelle il peut furmonter ; donc le reffort doit fe comprimer &
fe détendre alternativement pendant la durée du choc ; mais
puifque le reffort réagit également fur le choquant & fur le choqué , il s'enfuit que fi à chaque fois qu'il fe détend il communique un degré de viteffe au choqué , il en ôte un au choquant :
ainfi le choquant perdroit de fa viteffe , & le choqué en acquerroit tant par la force du choc , que par la détente alternative du
reffort , jufqu'à ce que la viteffe du choquant fût devenue égale à
celle du choqué : fuppofons donc que la viteffe du choquant ne
furpaffe plus la viteffe du choqué que d'un degré , le reffort fera comprimé pour la derniere fois par ce degré ; & en fe réta-
bliffant il augmentera un peu la viteffe du choqué , & il diminuera un peu celle du choquant ; de forte que les viteffes ne dif-
fereront que de fort peu & comme d'un degré infiniment petit ;
le choquant & le choqué feroient donc mûs après le choc d'un
même côté avec une viteffe fenfiblement égale , & ne fe fépa-
reroient point , & le choquant ne feroit jamais réfléchi ou renvoyé en arriere après le choc : or toutes ces conféquences font
contraires à ce qui arrive dans le choc des corps à reffort ; donc
l'hypothefe dont elles font déduites , n'a pas lieu dans la nature ;
donc les corps à reffort parfait ne font pas fimplement applatis ,
fçavoir le choquant dans la partie antérieure , & le choqué dans
fa partie poftérieure , fuivant la premiere des deux hypothefes
que l'on vient de faire.

PROPOSITION CINQUIE'ME.

37. *Si dans le choc les boules A & B à reffort parfait s'appla-
tiffent de maniere que les parties extrêmes de l'une & de l'autre
qui font fituées fur la ligne de direction du choc , s'approchent
dans chacune du centre , en forte que les boules prennent la figure
d'un fphéroïde applati.* 1o. *Durant la compreffion le reffort ne détruira dans le choquant aucune partie de fon mouvement.* 2o. *Le ref-*
fort

fort sera comprimé jusqu'à ce que les deux corps soient mûs dans le même sens d'une égale vitesse , comme si le choc étoit entre des corps mous sans ressort. 3°. Dans le choc des corps à ressort il faut distinguer deux tems , le tems pendant lequel le corps se comprime , & celui où il se rétablit.

DEMONSTRATION DE LA PREMIERE PARTIE. Si les boules Fig. 3. A & B à ressort parfait n'étoient applaties que dans l'endroit où elles se touchent pendant le choc, le ressort seroit comprimé & se rétabliroit alternativement en augmentant la vitesse du corps B & en retardant celle du corps A , comme on vient de l'exposer dans la proposition précédente : ainsi le corps A qui choque, perdroit de son mouvement tant par la force du choc, que par la réaction du ressort qui se rétabliroit à chaque fois qu'il auroit été comprimé ; mais si les boules sont aussi applaties par leurs parties extrêmes D , F , les efforts directement opposez par lesquels elles s'approcheront des centres & de l'endroit du contact , tiendront le ressort assujetti pendant tout le tems qu'il sera comprimé : car pendant que la compression se fera , les parties extrêmes D , F s'approcheront : or il est évident que pendant tout le tems que ce mouvement aura lieu, le ressort sera retenu , de maniere qu'il ne pourra se rétablir, ni ôter par conséquent au corps A qui choque , aucune partie de son mouvement , parce qu'aussi-tôt que le ressort se comprime dans l'endroit où le choc se fait , & par où les boules se touchent, il se comprime aussi vers les parties extrêmes D , F en sens contraire des parties du contact. Donc pendant le tems que le ressort des boules est comprimé par la force du choc, il ne détruit ni ne communique aucun mouvement , comme cela arriveroit s'il ne se comprimoit dans chaque boule que dans l'endroit du contact.

Il est évident que les efforts par lesquels les parties extrêmes D , F s'approchent des centres A & B , sont précisément les mêmes que ceux qui sont appliquez aux parties du contact , & sur lesquelles la force du choc porte immédiatement , car lorsque les parties du contact sont poussées dans l'une & l'autre boule vers les centres A & B, les parties extrêmes D , F sont aussi-tôt déterminées à s'en approcher de même , parce que les unes étant liées aux autres, si les unes sont déplacées , les autres le sont en même-tems, pourvu que les liens qui les unissent ne soient pas rompus , ce qui n'arrive pas aux parties des corps à ressort parfait. En sorte que le ressort se bande en même-tems dans toutes les parties qui sont comprimées d'une maniere à peu

* F f

près semblable à ce qui arrive à une corde qui est tirée par les deux bouts, & dont les parties s'allongent toutes, & se bandent suivant la longueur de la corde avec une force égale à celle qui est appliquée aux deux bouts.

DÉMONSTRATION DE LA SECONDE PARTIE. Je dis en second lieu que le ressort ne cessera d'être comprimé, que lorsque la boule B aura reçu une vitesse égale à celle qui reste à la boule A qui choque. C'est ce qu'on peut prouver en cette maniere. Tant que la vitesse respective avec laquelle les deux boules s'approchent, sera d'une grandeur finie, quelque petite qu'elle soit, la force du choc sera assez grande pour comprimer le ressort; car un ressort qui est bandé étant une force sans mouvement, est infiniment inférieure à une force en mouvement, & il est comparable à cet égard à une force accélératrice telle qu'est la pesanteur, laquelle ne peut donner une vitesse finie que dans un tems fini; un ressort bandé ne peut donc pas résister à une force d'une grandeur finie qui lui est appliquée jusqu'au point de la détruire sans se comprimer; donc tant que la vitesse respective avec laquelle les boules A & B s'approchent, sera finie, le ressort sera comprimé; il ne cessera donc de se bander que lorsque la vitesse respective sera infiniment petite : mais pour lors les vitesses que les boules ont dans le même sens sont égales, puisqu'elles ne different que d'une partie infiniment petite. Donc le ressort ne cesse d'être comprimé par la force du choc que lorsque les boules A & B ont des vitesses égales dans le même sens.

DÉMONSTRATION DE LA TROISIÉME PARTIE. Sçavoir que dans le choc des corps à ressort parfait, il faut distinguer deux tems, le tems pendant lequel le ressort se comprime, & celui pendant lequel il se rétablit. Cette troisiéme partie suit évidemment des deux précedentes, car puisque durant tout le tems que la compression dure, le ressort est retenu sans pouvoir s'échapper tant soit peu, & que d'ailleurs il n'y a aucun instant où il ne soit contraint de se comprimer jusqu'à ce que les corps aient des vitesses égales dans le même sens, il s'enfuit que le tems de la restitution du ressort, est distingué du tems de la compression, & que l'un ne commence que lorsque l'autre finit. Donc, &c.

38. Dans la proposition on a supposé que le corps B est choqué en repos : il est évident que si ce corps est mû dans le sens du corps A, mais plus lentement, en sorte que le corps A puisse l'attraper, ou bien que les corps aillent l'un contre l'autre, la proposition est également vraie dans ses trois parties, c'est-à-dire,

que le ressort durant le tems de la compression , ne peut diminuer
ni augmenter par sa réaction le mouvement des corps , & qu'il
est sans cesse comprimé jusqu'au moment que la vitesse respective
est infiniment petite ; qu'ainsi dans le tems de la compression du
ressort , la percussion se fait quant à l'effet du choc & la communication du mouvement , de même que si les corps étoient mous
& sans ressort , puisque durant tout ce tems la force élastique
étant détenue comme captive ne peut repousser les corps.

39. D'où il suit que durant le tems de la compression les corps
doivent recevoir ou perdre la même quantité de mouvement que
s'ils étoient sans ressort.

40. REMARQUES. 1°. On a supposé dans la preuve de la premiere partie de la proposition , qu'aussi-tôt que les parties par
lesquelles les boules se touchent lors du choc étoient comprimées,
la force qui leur est appliquée étoit transmise à l'autre extrêmité dans l'une & l'autre boule , & que les unes ne pouvoient être
pressées sans que les autres ne le fussent en même-tems , comme il
arrive aux parties d'une corde qui étant tirée par les deux bouts ,
reçoit à la fois une égale tension dans toute sa longueur. Si on
dit que la percussion en tant qu'elle rapproche de l'endroit du
contact les parties extrêmes des corps qui se choquent , est un
effet successif , & qu'il n'est point semblable à la tension que reçoit une corde qui est tirée par les deux bouts ; qu'ainsi les parties du contact étant comprimées les premieres , leur ressort réagit , & peut se détendre avant que les parties qui sont à l'autre
extrêmité puissent par un effort contraire réprimer cette réaction.
On répond que cette supposition n'est point conforme à l'expérience de M. Mariotte suivant laquelle , & les parties qui reçoivent le coup & celles qui sont à l'extrêmité opposée , s'approchent à la fois du centre du cerceau avant même que le cerceau
soit mû suivant la direction du coup , comme le prouve le mouvement de la petite boule suspendue , par lequel elle s'approche
aussi du même centre , y étant poussée par les parties qui ren-
trent par la force du choc en dedans du cerceau.

41. Il semble qu'en parlant de la force du choc, l'on ait attribué à cette force deux effets égaux entr'eux & à elle-même : ces
efforts consistent l'un à détruire dans le choquant une quantité
de mouvement , & l'autre à la communiquer au choqué ; mais on
ne l'a fait que conformément à la loi établie & d'après l'expérience : ainsi quand même on ne pourroit pas donner de raison
de cete double attribution , il n'en seroit pas moins certain que

la force qui lors du choc s'applique au choquant & au choqué produit dans l'un & l'autre corps des effets qui la repréfentent parfaitement & qui lui font égaux. Cependant fi on fait attention que la force du choc en tant qu'elle s'applique au choquant, fe détruit peu à peu, & que c'eft en fe détruifant qu'elle fe reproduit dans le choqué, on verra qu'à proprement parler, le mouvement détruit dans le choquant & le mouvement reproduit dans le choqué, ne font qu'un feul & même effet ; ou fi l'on veut on peut regarder l'un de ces effets, fçavoir, le mouvement détruit dans le choquant comme la caufe qui produit en fe détruifant, le mouvement dans le choqué, ce qui revient aux idées ordinaires. La même difficulté a lieu pour les corps à reffort, & elle paroît même plus grande, parce que la force du choc eft employée non-feulement à produire du mouvement dans des fens oppofez, mais encore à bander le reffort ; il paroîtroit donc qu'une même force auroit deux emplois differens ; la difficulté feroit effectivement grande, fi la compreffion du reffort étoit un effet different de l'applatiffement ou de l'enfoncement des parties ; mais la même force qui comprime le reffort caufe l'applatiffement : ainfi les parties qui font immédiatement fous le choc, reçoivent dabord en fe comprimant le mouvement, & parce que le reffort eft tenu affujetti pendant tout le tems du choc, comme il a été expliqué, la réaction ne détruit pas ce mouvement imprimé aux parties enfoncées ; il fe tranfmet donc à la maffe comme dans les corps mous fans reffort : ainfi la force du choc qui paroît d'abord avoir plufieurs emplois differens, n'en a effectivement qu'un, qu'on peut envifager fous differens rapports.

DE LA FORCE DU CHOC.

42. La force du choc eft l'impreffion que deux corps reçoivent dans leur mutuelle rencontre ; cette impreffion eft égale pour l'un & l'autre corps, & elle eft fans doute proportionnelle à la quantité de mouvement qu'elle détruit dans l'un, & qu'elle produit dans l'autre, ou bien qu'elle y produit & détruit tout enfemble.

43. Dans le choc de deux corps il y en a un qui communique du mouvement fans en recevoir, & l'autre qui en reçoit ou en perd, ou bien qui en perd & en reçoit dans un même choc ; par exemple, dans le cas où les corps vont directement l'un contre l'autre. Si l'on nomme *choquant* celui des deux corps qui perd toujours du mouvement fans en jamais recevoir ; & *choqué* celui qui en reçoit ou bien qui en perd ; la force du choc fera propor-

tionnelle à la quantité de mouvement que le choquant perd dans
le choc ; de forte que dans la comparaison d'un choc à un autre
fi la quantité de mouvement perdue par le choquant eft égale ou
la même , la force du choc fera auffi la même ; fi cette quantité
eft differente , la force du choc fera inégale ou ne fera pas la
même.

44. Pour juger de la force du choc , il faut avoir égard à la
viteffe refpective , & aux directions des mobiles. C'eft pourquoi
il faut diftinguer deux fortes de chocs , le choc direct , & le choc
oblique. Le choc eft direct lorfque les centres font mûs fur la même ligne ; le choc eft oblique lorfque les centres des boules font
mûs fur des lignes differentes.

DE LA FORCE DU CHOC DIRECT.

PROPOSITION SIXIE'ME.

45. *Dans le choc direct la fomme des maffes eft à celle du choqué , comme la viteffe refpective eft à la viteffe que le choquant perd
dans le choc.*

La propofition a trois cas : ou l'un des corps eft en repos ,
ou ils vont d'un même côté , ou bien ils font mûs l'un contre l'autre. On fuppofera dans les trois cas que la boule A eft le corps
choquant , & la boule B le choqué. La propofition eft pour les
corps mous fans reffort , & pour les corps à reffort confiderez
dans le premier tems qui eft celui de la compreffion , car dans ce
premier tems la communication du mouvement fe fait de même
que fi les corps étoient deftituez de toute élafticité.

DEMONSTRATION DU PREMIER CAS. Soit nommée (V) la
viteffe du corps A , qui eft la même que la viteffe refpective ,
(v) la viteffe que le corps A garde après le choc ; $(V - v)$ fera
la viteffe perdue dans le choc. Cela pofé , les corps A & B après
le choc font mûs d'une viteffe égale ; donc le corps B fera mû
avec la viteffe exprimée par (v) , & Bv fera la quantité de mouvement que ce corps recevra dans le choc , & AV étant la
quantité de mouvement du corps A avant le choc , & Av celle
qui lui refte après le choc , $AV - Av$ fera la quantité qu'il en
perd dans le choc : or cette quantité eft égale à celle que le corps
B reçoit (25.) ; donc $AV - Av = BV$; donc $A . B :: V .$
$V - v$, & $A + B . B :: v + V - v . V - v$, & en effa-
çant les quantitez qui fe détruifent dans le troifiéme terme ,
$A + B . B :: V . V - v$; c'eft-à-dire , la fomme des maffes eft

au choqué B , comme la vitesse respective est à la vitesse que le choquant perd dans le choc.

DEMONSTRATION DU SECOND CAS , lorsque les corps sont mûs suivant la même direction. Dans ce cas la vitesse respective est égale à la différence des vitesses propres , & le choquant n'atteint le choqué qu'avec cette différence, en sorte que l'impression qu'il en reçoit est la même que si étant en repos , le choquant n'étoit mû qu'avec la différence des vitesses. Cela étant , si on nomme , comme dans le cas précédent (V) la vitesse respective , (v) la partie de cette vitesse que le choquant conserve après le choc ; $(V - v)$ sera la vitesse que le choquant perd dans le choc , & l'on aura encore $A + B . B :: V . V - v$.

DEMONSTRATION DU TROISIÉME CAS , lorsque les corps font mûs suivant des directions opposées. Dans ce cas la vitesse respective est égale à la somme des vitesses propres. Si l'on nomme V la vitesse du choquant, v la vitesse qui lui reste après le choc, (AV) sera sa quantité de mouvement avant le choc, & $(AV - Av)$ celle qu'il perd dans le choc, (car Av est sa quantité de mouvement après le choc,) & $V - v$ sera la vitesse qu'il perd dans le choc. Si l'on nomme v la vitesse du corps B, (Bv) sera sa quantité de mouvement avant le choc , & Bv exprime celle qu'il aura après le choc , car sa vitesse après le choc est égale à celle du corps A après le choc. Les vitesses propres étant V & v, la vitesse respective sera $(V + v)$. Cela posé , lorsque les corps se rencontreront 1°. le corps B perdra sa vitesse v. 2°. Il recevra la vitesse v : ainsi le choc détruira 1°. sa quantité de mouvement (Bv). 2°. Il recevra la quantité exprimée par Bv. Donc $Bv + Bv$ exprime l'impression que le corps B reçoit dans le choc , le corps A reçoit aussi la même impression, laquelle est exprimée par $AV - Av$. Donc $AV - Av = Bv + Bv$; d'où l'on déduit $A . B :: v + v . V - v$, & $A + B . B :: v + v + V - v . V - v$. Si dans le troisiéme terme on efface la quantité v qui s'y trouve avec des signes contraires , on aura $A + B . B :: v + V . V - v$; c'est-à-dire , la somme des masses est au choqué B , comme la vitesse respective est à la vitesse que le choquant perd dans le choc.

46. Dans le choc direct tant que la vitesse respective demeure la même , & que les corps sont aussi les mêmes , la force du choc est la même. C'est-à-dire , que les corps en reçoivent la même impression qu'elles que soient les vitesses propres , soit qu'il n'y en ait qu'un qui se meuve , soit qu'ils se meuvent tous deux , soit qu'ils aillent suivant la même direction ou en sens contraires.

Car si la vitesse respective demeure la même, & que les masses ne changent point, les trois premiers termes des proportions précedentes seront les mêmes ; donc le quatriéme terme sera aussi le même. Or ce quatriéme terme exprime la vitesse que le choquant perd dans le choc ; donc tant que la vitesse respective est la même, le choquant perd la même vitesse quelles que soient les vitesses propres avant le choc, la masse étant supposée la même ; par conséquent l'impression reçue dans le choc est aussi la même.

47. Il est évident que si la vitesse respective augmente ou diminue, la force du choc sera plus ou moins grande, & qu'elle sera proportionnelle à cette vitesse : car les deux premiers termes de la proportion étant les mêmes, si la vitesse respective qui est le troisiéme, augmente ou diminue la vitesse perdue par le choquant qui est le quatriéme terme, augmentera ou diminuera dans la même raison.

DE LA FORCE DU CHOC OBLIQUE.

48. Dans le choc oblique il faut avoir encore égard à la vitesse respective avec laquelle les corps ou leurs centres s'approchent. Dans le choc oblique l'un des corps est en repos ou ils sont tous deux en mouvement. On peut encore supposer que le corps qui choque rencontre un plan, & que ce plan est en repos ou en mouvement.

Plan d'incidence est la surface plane que le corps qui choque rencontre à l'instant du choc. Dans le choc oblique de deux globes, le plan d'incidence est réprésenté par la tangente qui passe par le point commun d'attouchement lorsqu'ils se rencontrent. *Angle d'incidence* est celui qui est formé par la direction du choquant & le plan d'incidence.

Lorsqu'un corps choque obliquement un plan, il ne le choque pas avec autant de force que s'il le rencontroit directement, car la direction pourroit être si oblique qu'il ne fît que l'effleurer. Entre le choc perpendiculaire qui est le plus grand de tous, & le choc le plus oblique qui ne differe pas sensiblement du mouvement parallele au plan : il y a donc une infinité de directions plus ou moins obliques suivant lesquelles le plan sera choqué avec plus ou moins de force.

49. Lors donc qu'un corps choque obliquement, il faut distinguer deux efforts, l'un par lequel il presse le plan, l'autre qui n'y fait aucune impression. Le premier de ces efforts doit être per-

pendiculaire au même plan ; car s'il étoit oblique, le plan ne feroit pas preffé par tout cet effort. Le fecond doit être parallele ; car fi fa direction étoit oblique , il feroit quelque impreffion fur le plan.

PROPOSITION SEPTIE'ME.

Fig. 4. 50. *La force du choc perpendiculaire eft à la force du choc obli-que , comme le finus total eft au finus de l'angle d'incidence.*

DEMONSTRATION. Suppofons que le corps A étant mû fui-vant la direction GD avec une viteffe exprimée par la même GD rencontre directement le plan ZX & obliquement le plan RS , la force avec laquelle il choquera le plan ZX eft à la force avec laquelle il frappe le plan RS, comme le finus total eft au finus de l'angle GDR. Il faut faire le rectangle BDCG. La force avec la-quelle il choque le plan ZX eft à la force avec laquelle il cho-que le plan RS , comme GD eft à GC ou BD : on en a donné la preuve dans le premier Livre I. (173. 177). Or GD eft à GC comme le finus total eft au finus de l'angle GDC. Donc , &c.

Voici une autre maniere de prouver la même propofition. Puif-que le corps A ne choque ou ne fait impreffion fur les plans ZX , RS que par fon mouvement ou fa viteffe , ces impreffions font entr'elles comme les viteffes avec lefquelles il s'approche des mê-mes plans : or ces viteffes font entr'elles comme GD & GC , car lorfque le tems eft le même , les viteffes font entr'elles comme les efpaces parcourus : or il eft vifible que tandis que le centre du corps A parcourt GD perpendiculaire au plan ZX , il parcourt à l'égard du plan RS un efpace égal à la perpendiculaire GC ou BD ; donc les viteffes avec lefquelles le corps A s'approche des plans ZX , RS, & conféquemment les impreffions qu'il fait fur ces plans , font entr'elles comme GD & GC , c'eft-à-dire , com-me le finus total & le finus d'incidence font entr'eux.

51. Le rapport de la force du choc direct au choc oblique eft le même , foit que les plans ZX , RS foient choquez étant en re-pos ou en mouvement , pourvû que la direction GD faffe avec ces plans les mêmes angles. Mais la force de chaque choc confi-deré en particulier fera differente felon que le plan fera choqué étant en repos ou mouvement. La viteffe du corps A demeu-rant la même , fi le plan eft choqué étant en repos , la force du choc fera plus grande que fi le plan eft choqué étant en mouve-ment , & qu'il fuie le corps A. Cette force fera encore plus gran-de , fi le plan eft mû & qu'il aille au devant du corps.

Car

Car la force du choc augmente ou diminue selon que la vitesse respective ou la vitesse avec laquelle le corps & le plan s'approchent, est plus ou moins grande : or lorsque le plan est choqué étant en repos, la vitesse respective est plus grande que lorsqu'il est choqué étant en mouvement & qu'il fuit le choquant, la vitesse propre du corps A demeurant la même ; & lorsque le plan prévient le choquant, la vitesse respective est encore plus grande que lorsqu'il est choqué en repos.

52. Lorsque deux corps se choquent, le plan d'incidence est Fig. 5. commun aux deux, & il les accompagne ; on va néanmoins le 6.7.8.9. considérer comme étant attaché au corps B.

1°. On suppose que la ligne CH qui touche le corps B au point C, réprésente le plan d'incidence, la situation de ce plan étant ainsi supposée, il est nécessaire que le corps A choque ou rencontre le corps B au point C, puisque le plan d'incidence & le corps B n'ont d'autre point commun que ce point. 2°. Si du centre du corps A on mene AH perpendiculaire au plan CH, le corps A ne peut choquer ou toucher le corps B au moment de leur rencontre, que par le point D où la perpendiculaire AH rencontre la surface de la boule A ; car quelles que soient les directions & les vitesses propres des corps A & B, il est certain que toutes les parties de ces corps, & du plan CH étant mûes parallelement à elles-mêmes, ce plan garde toujours la même situation à l'égard du corps A & des points de sa surface ; donc pendant tout le tems du mouvement la ligne AH qui passe par le point D demeurera perpendiculaire au plan CH, autrement ce plan ne garderoit pas la même situation à l'égard du corps A & de ses parties : or puisqu'un globe ne touche un plan qu'en un point, lequel est situé sur le rayon ou diametre qui est perpendiculaire au plan d'incidence, il s'ensuit que AH étant toujours perpendiculaire au plan CH pendant tout le tems du mouvement avant le choc, la boule A rencontrera ce plan par le point D extrêmité du rayon AD qui fait partie de la perpendiculaire AH. Donc au moment de la rencontre réciproque des corps A & B, ils se toucheront par les points C, D, quelles que soient d'ailleurs leurs directions & leurs vitesses propres. 3°. La direction de la vitesse respective est suivant la perpendiculaire au plan d'incidence CH, c'est-à-dire, que cette vitesse est dirigée suivant AH. Car quelles que soient les directions propres des corps A & B ou du plan d'incidence CH, il est évident que l'espace que le corps A & le plan CH parcourent pour s'ap-

* Gg

procher l'un de l'autre ou se fuir, est suivant la perpendiculaire AH, puisqu'un corps ne s'approche ou ne s'éloigne d'un plan que suivant la perpendiculaire au même plan. 4°. L'espace parcouru par la vitesse respective jusqu'au moment du choc est égal à l'intervalle DH qui est entre le plan d'incidence & le point D par lequel le corps A choque ce plan. Car 1°. si le corps B ou le plan CH est en repos, ou s'il est mû vers le corps A, il est évident que la somme des espaces parcourus par la vitesse respective, est égale à DH qui est tout l'espace que le corps A & le plan CH parcourent pour s'approcher. 2°. Si le corps B & le plan CH fuient le corps A, l'espace parcouru par la vitesse respective sera encore DH : car le surplus de l'espace que le corps A parcourt suivant AH, ne l'avance point pour attraper le corps B ou le plan CH, puisque cet espace ne differe point du chemin que le plan d'incidence fait suivant la même AH pour fuir au devant du corps A. 5°. La construction demeurant la même, si l'on suppose que les corps A & B, ou les points D, C sont mûs par leurs mouvemens propres suivant les directions DG, CG avec des vitesses exprimées par ces lignes, il est évident qu'ils se rencontreront en G par les points D, C, & que si du point G on mene RS parallele à CH, la ligne RS répréfentera la situation du plan d'incidence à l'instant du choc : car pendant que les points D,C décrivent les lignes DG, CG, le plan CH est mû parallelement à lui-même. Ces choses étant conçues de la maniere qu'on vient de les exposer, on peut établir la proposition suivante touchant la force du choc oblique.

PROPOSITION HUITIE'ME.

53. *La force du choc oblique des corps A & B est proportionnelle à la vitesse respective, c'est-à-dire, à la vitesse par laquelle les corps A & B, ou le plan d'incidence CH s'approchent avant le choc.*

DEMONSTRATION. Il faut du point D mener DI perpendiculaire au rayon AD de la boule A, cette ligne répréfentera la surface par laquelle la boule A s'applique à la boule B ou au plan d'incidence CH à l'instant que le choc commence. Cela posé, il est évident que les directions propres des corps A & B, ou des points D, C étant suivant DG, CG. 1°. Le corps A ou le point D est mû obliquement à l'égard du plan CH ; ainsi ce corps avance & suivant la parallele & suivant la perpendiculaire au plan : la vitesse propre étant exprimée par DG, la vitesse paral-

lele eſt néceſſairement répréſentée par EG, & la viteſſe perpendiculaire par DE. 2°. La direction CG du point C, ou du plan
CH, étant oblique à l'égard de la ſurface DI que ce plan doit
rencontrer lors du choc, il eſt évident que le point C ou le plan CH
avance de même & ſuivant la parallele & ſuivant la perpendiculaire à la ſurface DI, la viteſſe parallele eſt exprimée par FG,
& la viteſſe perpendiculaire par CF : il eſt certain que les viteſſes
paralleles au plan CH ou à la ſurface DI, ne contribuent en rien
au choc, puiſque par ces viteſſes les plans CH & DI ne font que
gliſſer l'un ſur l'autre ; il reſte donc qu'ils ſe choquent ou qu'ils
s'appliquent l'un à l'autre par leurs viteſſes perpendiculaires : or
ces viteſſes ne ſont pas toujours employées en entier à faire le
choc, cet emploi total & ſans réſerve, n'a lieu que dans les cas
ou la viteſſe perpendiculaire du plan CH eſt nulle. Comme lorſque Fig. 5. le corps B eſt choqué étant en repos, ou bien que la
direction CG Fig. 6. eſt perpendiculaire à DH, ou encore lorſque les viteſſes perpendiculaires Fig. 7. ſont dirigées en ſens contraires ; mais dans les cas où les viteſſes perpendiculaires ſont dans
le même ſens comme dans les Fig. 8. & 9 : il eſt évident que le
corps A n'attrape le corps B ou le plan CH que par la différence
de ces viteſſes ; ainſi dans tous les cas que l'on vient d'expoſer la
force du choc eſt produite par la ſomme ou la différence des viteſſes perpendiculaires, (en ſuppoſant que les maſſes dans tous
ces differens cas ſont les mêmes ;) mais la viteſſe reſpective qui
eſt exprimée par DH, eſt dans tous ces cas égale ou à la ſomme
ou à la difference des mêmes viteſſes perpendiculaires. Donc la
force du choc oblique eſt proportionnelle à la viteſſe reſpective.

54. Il eſt évident que dans le cas de la Fig. 9, les viteſſes perpendiculaires du corps A & du plan CH étant égales & dans le
même ſens, *Il n'y a point de choc lorſque le corps A vient à rencontrer par le point D le corps B au point C.* Ce qui eſt encore
évident, ſi on fait attention que durant tout le tems qui précede,
la rencontre mutuelle des corps A & B qui doit ſe faire au point G,
le corps A touche toujours le plan CH par le point D, & qu'ainſi
ſa viteſſe reſpective par laquelle il s'approche du plan, eſt nulle ;
par conſéquent il ne doit point y avoir de choc.

55. Il eſt auſſi évident que dans le choc oblique comme dans
le choc direct, *tant que la viteſſe reſpective eſt la même, & les
maſſes auſſi les mêmes, la force du choc ne change point quelles que
ſoient d'ailleurs les viteſſes propres & les directions des corps A & B.*

CHAPITRE SECOND.

DU CHOC DES CORPS SANS RESSORT,
où l'on expose les loix que ces corps suivent dans le choc.

56. **D**Ans les loix du choc on détermine les quantitez de mouvement, les vitesses & les directions que les corps prennent dans le choc. On donnera d'abord les regles du choc direct, ensuite les regles du choc oblique.

DES LOIX DU CHOC DIRECT DES CORPS SANS RESSORT.

On peut déterminer ces loix en nombres ou Géométriquement.

LOIX DU CHOC DES CORPS SANS RESSORT, EXPRIMÉES EN NOMBRES.

57. Le choc a trois cas généraux : le premier est quand un des corps est en repos : le second lorsque les deux corps sont mus en même sens, & sur la même ligne : le troisiéme enfin lorsqu'ils ont des déterminations opposées.

PREMIER CAS : lorsque l'un des corps est en repos.

58. Si le corps A choque le corps B en repos, *on aura la vitesse des deux corps après le choc, en divisant la quantité de mouvement du choquant par la somme des masses, & le quotient fera connoître la vitesse de l'un & l'autre corps.*

Car les corps A & B après le choc vont d'une égale vitesse, comme s'ils ne faisoient qu'un même corps (29.), de plus le mouvement que le choquant perd dans le choc passe au choqué, en sorte qu'il y en a la même quantité après qu'avant le choc (25.) : or lorsque la quantité de mouvement & la masse sont connues, on a la vitesse en divisant cette quantité par la masse (*Liv.* I. 100. *n.* 2.) ; donc lorsque le corps A choque le corps B en repos, on a la vitesse commune en divisant le mouvement du corps A avant le choc, par la somme des masses.

Exemple. Supposons que le corps A ait 2 de masse & 14 de vitesse ; & que le corps B ait 5 de masse. La quantité de mouvement avant le choc sera exprimée par 28 produit de 14 & de 2. Si on divise ce produit par 7 qui est la somme des masses, le quotient 4 fera connoître que les corps A & B iront après le choc avec une vitesse commune de 4 degrez.

59. On peut avoir d'une autre maniere la vitesse cherchée. Il faut rappeller ce qui a été dit (45.), *Que dans le choc de deux*

corps , la somme des masses est à celle du choqué comme la vitesse respective est à celle que le choquant perd dans le choc. Dans l'hypothese presente la somme des masses étant 7 , & la vitesse respective 14, l'on a $7 . 14 :: 5 . x = \frac{14 \times 5}{7} = 10$; c'est-à-dire , que le corps A perd dans le choc 10 degrez de vitesse ; donc il lui en reste 4 ; mais le corps B est mû après le choc avec une vitesse égale à celle qui reste au corps A ; donc en retranchant de la vitesse du corps A avant le choc la vitesse qu'il y perd, on a la vitesse commune des deux corps apres le choc.

60. La vitesse commune étant trouvée , on aura la quantité de mouvement de chaque corps , si on multiple les masses de chacun par cette vitesse.

61. On peut avoir encore la même quantité *en divisant le mouvement du corps* **A** *avant le choc proportionnellement aux masses.* Or pour faire cette division il faut dire , la somme des masses est à l'une d'elles , comme la quantité de mouvement avant le choc , est à celle que reçoit la masse qui entre dans la proportion. Il est évident que l'opération fait trouver la quantité de mouvement cherchée ; car lorsque les vitesses sont égales , les quantitez de mouvement sont comme les masses (*Liv.* I. 91).

62. Quant à la direction des corps après le choc , il est évident qu'ils sont mûs suivant la direction du choquant.

63. Corollaire. Puisque pour avoir la quantité de mouvement de l'un & de l'autre corps après le choc , il faut diviser le mouvement du choquant avant le choc proportionnellement aux masses , il est évident que plus la masse du choqué B sera grande, plus le choquant perdra de son mouvement ; que si cete masse est infiniment grande par rapport à celle du choquant , celui-ci ne conservera qu'une quantité de mouvement infiniment petite par rapport à celle qu'il communiquera au choqué , d'où l'on voit qu'après le choc le choquant sera dans un repos sensible ; mais puisque la vitesse du choqué est la même que celle du choquant après le choc , il s'ensuit que le choqué sera aussi dans un repos sensible.

64. D'où l'on voit que si un fort petit corps en choque un grand, il ne doit pas le déplacer sensiblement : car si la vitesse du choquant est médiocre , la quantité de mouvement qu'il a , étant distribuée proportionnellement aux masses , la portion qu'il en conservera sera fort petite , & par conséquent sa vitesse aussi : or comme la vitesse du choqué est égale à celle que le choquant

conferve après le choc , il s'enfuit que le choqué ne fera pas fen, fiblement déplacé. Que fi la viteffe du choquant eft fort grande & d'autant plus grande que fa maffe eft petite , il ne déplacera pas encore le choqué, mais il le rompra plutôt ; car comme le mouvement ne fe communique que fucceffivement , & que les parties qui reçoivent immédiatement le choc , font les premieres ébranlées , il eft vifible qu'avant que le mouvement du choquant ait été diftribué à toute la maffe , elles feront enfoncées : ainfi le choquant vient plutôt à bout de rompre le choqué que de le mouvoir. C'eft-là ce qui arrive lorfqu'on tire un moufquet ou le canon contre un mur ou un autre corps d'une grandeur confidérable. Lors donc qu'on veut mouvoir un corps par le choc , il faut proportionner la maffe du choquant à celle du choqué.

Second cas: lorfque le choquant & le choqué vont d'un même côté.

65. On fuppofe que le corps B qui précede va moins vîte que le corps A , & qu'il peut en être attrapé.

66. *Pour avoir la viteffe de l'un & de l'autre corps après le choc , il faut divifer la fomme des mouvements avant le choc , par la fomme des maffes , & le quotient exprimera la viteffe commune après le choc.*

Dans ce cas comme dans le précedent , la viteffe après le choc eft la même ; donc fi on trouve la viteffe des deux maffes confiderées comme un même corps , on aura la viteffe de l'un & de l'autre : or tout le mouvement que le choquant perd dans le choc, paffe au choqué , & il le conferve , en forte que la fomme des mouvemens après le choc , eft la même dans les deux corps , qu'avant : de plus on trouve la viteffe d'un corps en divifant fa quantité de mouvement par la maffe ; donc en divifant la fomme des mouvemens avant le choc , par la fomme des maffes , on aura la viteffe commune après le choc.

Exemple. Suppofons que les maffes des corps A & B foient , la premiere (2), & la feconde (3); la viteffe de la premiere (7), & la viteffe de la feconde 2 , les quantitez de mouvement feront 14 & 6 , produits des maffes & des viteffes , la fomme des mouvemens avant le choc fera donc 20. Si on divife cette fomme par la fomme des maffes qui eft 5 , le quotient 4 fera la viteffe commune des corps après le choc.

67. On peut encore trouver la même viteffe d'une autre maniere par la proportion. *La fomme des maffes eft à celle du choqué* B , *comme la viteffe refpeCtive eft à la viteffe que le choquant perd.*

dans le choc (45), la somme des masses étant 5, celle du choqué B 3, & la vitesse respective qui est égale à la difference des vitesses (*Liv.* I. 27.), étant 5, l'on aura 5. 3 :: 5. *x*. Il est évident que le quatriéme terme de cette proportion est 3; donc le corps A qui choque perd 3 degrez de vitesse; donc il lui en reste 4; mais le corps B est mû avec une vitesse égale à celle qui reste au corps A (29.); donc la vitesse commune après le choc est exprimée par 4.

68. La vitesse commune étant trouvée, on aura la quantité de mouvement de chaque corps, en multipliant les masses par cette vitesse.

69. On peut encore trouver le mouvement de l'un & l'autre corps après le choc, par une proportion semblable à celle dont on s'est servi dans le cas qui précede, en divisant la somme des mouvemens proportionnellement aux masses.

70. Il est évident que les directions des corps après le choc sont les mêmes qu'avant le choc.

Troisième cas : lorsque les corps sont mûs suivant des directions opposées.

71. Ce cas général en renferme deux particuliers, car il peut arriver que les quantitez de mouvement des mobiles soient égales ou inégales.

Premier cas particulier : lorsque deux corps se choquent directement avec des quantitez de mouvement égales.

72. Lorsque deux corps ont des quantitez égales de mouvement, les vitesses sont en raison réciproque des masses. (*Liv.* I. 95.) Cela posé,

73. Si deux corps se choquent directement avec des quantitez de mouvement égales, ou, ce qui revient au même, s'ils se choquent avec des vitesses qui soient en raison réciproque des masses, après le choc ils seront en repos.

Car lorsque deux corps vont directement l'un contre l'autre, la force du choc détruit dans les deux des quantitez de mouvement égales à celle du plus foible, ou de l'un des deux quand l'un a autant de force que l'autre : or dans le cas présent ces quantitez sont supposées égales ; donc elles sont détruites ; & les deux corps s'arrêtant ainsi l'un l'autre par des forces égales, demeurent en repos.

Second cas particulier : lorsque deux corps se choquent directement avec des quantitez de mouvement inégales.

74. *On aura la vitesse commune après le choc en divisant la dif-*

ference des mouvemens avant le choc par la somme des masses.

Car puisque les corps sont mûs en sens contraires, la force du choc qui agit également sur le plus fort & le plus foible (17), détruit dans l'un & dans l'autre des quantitez égales de mouvement à celle du plus foible ; donc après le choc il ne reste que la différence des mouvemens avant le choc, la somme des masses est donc mûe après le choc avec cette différence ; donc si on divise la différence des mouvemens avant le choc, on aura la vitesse commune des deux corps après le choc.

Exemple. Supposons que les masses des corps A & B soient 2 & 3, & les vitesses 13 & 2 les quantitez de mouvement seront 26 & 6, & leur différence sera 20 ; si on divise 20 par la somme des masses qui est 5, le quotient 4 fera connoître que les corps seront mûs après le choc avec une vitesse de 4 degrez.

75. On peut encore trouver la vitesse commune après le choc par la même opération dont on s'est servi dans les deux premiers cas par la proportion, *La somme des masses & au choqué B, comme la vitesse respective est à la vitesse que le choquant A perd dans le choc.* La somme des masses étant 5 celle du choqué B 3, la vitesse respective qui dans le cas dont il s'agit, est égale à la somme des vitesses, étant 15 (*Liv.*I.26.), on aura 5 . 3 :: 15 . $x = \frac{3 \times 15}{5} = 9$; c'est-à-dire, que le corps A perdra dans le choc 9 degrez de vitesse, il lui en restera donc 4 : or la vitesse du corps B après le choc est la même que celle du corps A ; donc par l'opération prescrite on trouve la vitesse commune après le choc.

76. *La vitesse commune étant trouvée, si on multiplie les masses par cette vitesse, on aura la quantité de mouvement de chaque corps après le choc.*

77. On aura encore cette quantité en divisant la différence des mouvemens avant le choc proportionnellement aux masses, comme on a fait dans les deux premiers cas.

78. Il est évident que le corps B sera contraint par la force du choc de changer de direction, & de se mouvoir suivant celle du corps A.

79. Les regles que l'on vient de donner sont pour les corps mous sans ressort : il resteroit à donner les loix du choc des corps parfaitement durs, mais on ne convient point des principes sur lesquels il faut les établir. Aussi est-il rare de voir que les esprits se réunissent sur les points de physique où l'expérience manque absolument. Les loix du choc tiennent de la nature des faits, elles ne sont pas essentiellement telles ; la métaphysique peut
bien.

bien en découvrir la possibilité ; mais leur réalité demeure cachée, si elle ne se déclare par l'expérience. Or puisque l'on ne connoît point de corps absolument durs que l'on puisse éprouver, ou il faut omettre de parler des loix du choc de cette sorte de corps ; ou, si on le fait, il faut que ce soit par analogie avec ceux que l'on connoît. Lorsqu'on fait choquer des corps, on trouve que le plus ou moins de dureté n'apporte aucun changement aux loix qu'on vient d'exposer ; & si l'on y remarque quelque différence, on s'apperçoit que c'est le ressort qui la cause : ainsi il est plus que vraisemblable que s'il y a dans l'univers des corps parfaitement durs, ils suivent dans le choc les loix des corps mous sans ressort.

Maniere de déterminer géométriquement la vitesse commune avec laquelle les corps A & B sont mûs après le choc.

80. On va déterminer les trois cas par une seule regle ; la Fi- Fig. 10. gure 10 servira pour le premier, la 11ᵉ pour le second, & la 12ᵉ 11. 12. pour le troisiéme. On suppose que les corps A & B partent en mê-me-tems des points E, F, & qu'ils se rencontrent en C, les vi-tesses propres des mobiles seront exprimées EC, FC qui sont les espaces parcourus en même-tems, & la vitesse respective sera exprimée par EF. Cela posé, si on fait la proportion, *La somme des masses A + B est au choqué B, comme la vitesse respective exprimée par EF est à une autre ligne telle que ED*, elle exprimera la vitesse que le choquant A perd dans le choc (45.), c'est pourquoi si de la vitesse propre du corps A exprimée par EC, on retranche ED, le reste DC sera la vitesse restante avec laquelle le corps A & conséquemment le corps B seront mûs après le choc ; en sorte que les mobiles parcourront ensemble un espace égal à DC dans un tems égal à celui auquel ils ont parcouru avant le choc, sçavoir A, EC, & le corps B, FC.

81. Si on divise la ligne EF en deux parties au point D telles que ED répréfente le corps B, & DF le corps A, en sorte que l'on ait la masse du corps A est à celle du corps B, comme DF est à DE, c'est-à-dire, A . B :: DF . DE, le point D est appellé *centre commun de gravité* des corps A & B. Ce point est ainsi appellé, parce que si l'on conçoit que la ligne EF est une verge inflexible, & que les corps A & B soient deux corps pesants, ils seroient en équilibre sur le levier EF soutenu par son point D, comme on fera voir dans le Livre suivant. La ligne EF divisée de la maniere qu'on vient de dire, est dite divisée dans la raison réciproque des masses.

* H h

82. *Dans le choc des corps* A *&* B, *la ligne* ED *qui exprime la viteſſe que le corps* A *perd, détermine par ſon extrémité* D, *le centre commun de gravité des corps* A *&* B.

Car l'on a A + B. B :: EF . ED (45), ſi des antécedens on retranche les conſéquens, & qu'on compare les reſtes aux mêmes conſéquens, on aura A . B :: DF . ED ; c'eſt-à-dire qu'on aura la proportion exprimée dans la définition qu'on vient de donner ; donc le point D eſt le centre commun de gravité des corps A & B.

PROPOSITION NEUVIE'ME.

83. *Dans le choc des corps* A *&* B *ſans reſſort, le centre commun de gravité eſt mû avec la même viteſſe avant & après le choc.*

Fig. 10.   DEMONSTRATION. Par l'hypotheſe le centre commun de gra-
11. 12. vité eſt au point D, & le choc ſe fait au point C ; donc la viteſſe de ce centre avant le choc eſt exprimée par DC ; la viteſſe du corps A avant le choc eſt exprimée par EC ; d'ailleurs ce qu'il perd de cette viteſſe eſt exprimé par ED, en ſorte que la viteſſe commune des deux corps après le choc, eſt exprimée par DC ; donc la viteſſe du centre commun de gravité D, qui après le choc va avec la même viteſſe que la ſomme des maſſes, eſt auſſi exprimée par DC ; donc ce centre eſt mû avec la même viteſſe avant & après le choc.

84. *Dans le choc des trois corps* A, B, G, *le centre commun de gravité eſt mû avec la même viteſſe avant & après le choc.* On ſuppoſe que les trois corps ſe choquent en même-tems au point C.

Fig. 13.   Si l'on diviſe EF dans la raiſon réciproque des maſſes A & B, au point D, ce point ſera le centre commun de gravité des corps A & B ; & ſi l'on diviſe DI au point H dans la raiſon réciproque de la ſomme des corps A + B & G, le point H ſera le centre commun de gravité des corps A + B ſuppoſez placez en D & du corps G ; & par conſéquent le point H eſt le centre commun de gravité des trois corps A, B, G ; donc HC exprime la viteſſe de ce centre avant le choc. Cela poſé, que les corps A, B, G ſe choquent dans un ſeul & même inſtant au point C, ou que l'on conçoive que le corps A choque dabord le corps B au point C dans un premier inſtant, & qu'enſuite le choc ſe fait entre les corps A + B réunis en une même maſſe, & le corps G, la viteſſe des trois corps, après le choc ſera la même dans l'une & l'autre hypotheſe ; car la quantité de mouvement après le choc, ſera égale à la ſomme des mouvemens avant le choc, ſi les trois corps

vont d'un même côté ; ou à la difference des mêmes mouvemens ,
si deux corps vont d'un même côté, & l'autre dans un sens opposé , soit que les corps se choquent dans un même instant , soit
que le choc se fasse dans deux instans ; par conséquent la vitesse
du centre commun de gravité après le choc sera la même dans
l'une & l'autre hypothese. Or si le corps A choquoit d'abord le corps
B en C , il perdroit la vitesse ED , & la vitesse commune après le
choc seroit exprimée par DC. Mais puisque le choc est entre les
corps A + B & G , & que le point H est le centre commun de
gravité des corps A + B qui ne font qu'une masse mûe avec la vitesse DC, & du corps G , il s'ensuit que cette masse perdra la vitesse DH(45.82) ; donc les trois corps après le choc,& par conséquent leur centre commun de gravité , seront mûs avec la vitesse
HC que ce centre avoit avant le choc.

Le raisonnement que l'on vient de faire peut s'appliquer au
choc direct de tant de corps que l'on voudra supposer , quelles que
soient leurs directions contraires ou non. D'où il suit que si plusieurs corps sans ressort se choquent directement , quel qu'en soit
le nombre , le centre commun de gravité est mû avec la même
vitesse avant & après le choc.

DES LOIX DU CHOC OBLIQUE DES CORPS SANS RESSORT.

85. Dans le choc oblique des corps , la vitesse absolue de chacun se résout en deux autres , dont l'une est parallele au plan d'incidence , & l'autre est perpendiculaire au même plan ; c'est par
la vitesse perpendiculaire que les corps se choquent , & qui seule
reçoit quelque altération , car pour ce qui est de la vitesse parallele , elle demeure la même. Dans le choc oblique comme dans le
choc direct , il faut avoir égard à la vitesse respective ; cette vitesse résulte des vitesses perpendiculaires ; lorsque l'un des corps
est en repos , la vitesse respective est égale à la vitesse perpendiculaire du choquant ; lorsque les vitesses perpendiculaires font
suivant des sens opposez , la vitesse respective est égale à la somme des mêmes vitesses perpendiculaires ; mais si ces vitesses font
dans le même sens , la vitesse respective est seulement égale à leur
difference.

PROPOSITION DIXIE'ME.

86. *Si les corps A & B font mûs suivant des lignes AC, BC*
avec des vitesses exprimées par ces lignes qui font les diagonales des
rectangles EG,LH, ou bien que le coprs A rencontre le corps B en
repos au point C, je dis que si on divise GH au point D dans la rai-

son réciproque des masses , DC exprimera la vitesse perpendiculaire que ces corps prennent dans le choc.

Fig. 14.　DEMONSTRATION. Il est évident que le choc se fera au point
15. 16. C, & qu'à l'instant que les corps se rencontreront, la vitesse propre de chacun sera décomposée en deux autres , l'une parallele au plan d'incidence RS , & l'autre perpendiculaire au même plan , les vitesses paralleles sont exprimées par EC , LC , les vitesses perpendiculaires par GC , HC ; il est aussi évident que GH est la vitesse respective avec laquelle les deux corps A & B s'approchent , & parce que GH est divisée au point D dans la raison réciproque des masses , si les corps étoient placez en G & H , le point D seroit leur centre commun de gravité (81.) : or puisque la force du choc est proportionnelle à la vitesse respective (53), quelles que soient les vitesses propres des corps , il s'ensuit que le choc se fera en C de la même maniere que si les corps étoient placez en G & H , & qu'ils fussent mûs avec les seules vitesses perpendiculaires GC , HC ; pour lors le corps A perdroit de sa vitesse perpendiculaire , une partie exprimée par GD ; donc DC exprimeroit la vitesse commune après le choc ; mais puisque les vitesses paralleles EC , LC , ne changent rien dans la force du choc , il s'ensuit que les corps A & B étant mûs suivant les directions obliques AC , BC , & que le corps B étant choqué en repos au point C , le corps A perdra aussi la vitesse GD , & que la vitesse commune après le choc sera DC.

87. Si l'on prolonge GC en Q , en sorte que CQ soit égale à DC , que l'on prolonge RS en M pour former les rectangles QM , QS après avoir pris CM égale à CE , & CS égale à LC ; je dis *qu'après le choc les corps seront mûs , sçavoir le corps* A *suivant la diagonale* CN *du parallelogramme* QM *, & le corps* B *suivant la diagonale* CI *du rectangle* QS *, avec des vitesses exprimées par ces diagonales.*

Dans l'instant du choc les corps prennent la vitesse commune DC , les vitesses EC , LC ne sont point alterées par la force du choc , & les corps les conservent dans leur entier ; donc à l'instant du choc , les corps A & B sont poussez suivant CM , CS & CQ avec des efforts exprimez par ces lignes ; donc ils décriront les diagonales CN , CI avec des vitesses proportionnelles aux mêmes diagonales , par la propriété des mouvemens composez.

PROPOSITION ONZIE'ME.

88. *Dans le choc oblique des corps sans ressort , le centre com-*

mun de gravité est mû avec la même vitesse avant & après le choc.

DEMONSTRATION. Il faut mener la ligne AB, & tirer par le point D, DZ parallele au plan d'incidence RS qui rencontre AB au point P, duquel il faut mener PCO qui rencontre QN au point O, & prolonger BL qui rencontre DZ en K. Fig. 14. 15. 16.

Puisque GH est divisé au point D dans la raison réciproque des masses, il s'ensuit que si les corps étoient placez aux points G, H, le point D seroit le centre commun de gravité. Or AB est divisé dans la même raison au point P par la parallele DZ (7. *Géom.*); donc le point P est le centre commun de gravité des corps A & B; donc la vitesse de ce centre avant le choc est exprimée par PC; & parce que les triangles CPD, COQ sont égaux en tout, il s'ensuit que si ce centre se trouve au point O lorsque les corps A & B arrivent aux points I, N, la vitesse de ce centre après le choc étant exprimée par CO égale à PC, elle sera la même avant & après le choc. Or lorsque les corps A & B arrivent aux points I, N, le centre commun de gravité est au point O. Car puisque CS ou QI = LC ou DK, il s'ensuit que ZK = IN, & puisque OQ = PD, ON = ZP; donc si KZ est divisée au point P dans la raison réciproque des masses, IN sera aussi divisée dans la même raison au point O qui sera par conséquent le centre de gravité. Or les triangles semblables APZ, BPK, font voir que de même que AB est divisée au point P dans la raison réciproque des masses, KZ est aussi divisée au point P dans la même raison; donc IN est divisée au point O dans la raison réciproque des masses placées aux points N, I; donc le centre de gravité des corps A & B est mû avec la même vitesse avant & après le choc.

89. Puisque le centre commun de gravité des corps A & B est mû de P en C & de C en O, il s'ensuit qu'il est mû en ligne droite avant & après le choc. On a supposé aux corps qui se choquent des directions & des vitesses à volonté; mais s'ils étoient mûs avec des vitesses qui fussent données suivant des directions pareillement données, il faudroit auparavant déterminer par ce qui a été dit dans le premier Livre des mouvemens relatifs, si le choc est possible ou non, c'est-à-dire, si le choc doit avoir lieu ou non & trouver ensuite par les mêmes regles la situation du plan d'incidence au moment du choc : on ne s'arrête pas à donner des exemples du choc & de la rencontre mutuelle des corps dans cette hypothese, parce qu'on espere reprendre le même sujet dans le second Traité où l'on appliquera les principes des mouvemens

relatifs à des sujets réels qui seront curieux & même intéreffants, les éclipfes de Soleil, de Lune & autres points d'aftronomie ou les mouvemens relatifs ont lieu, les diverfes machines qui font mûes par le choc d'un fluide, telles font les moulins à eau & à vent, &c.

CHAPITRE TROISIEME.

DU CHOC DES CORPS A RESSORT,

où l'on expofe les loix que ces corps fuivent dans le choc, & les circonftances communes à tous les chocs des corps à reffort parfait.

90. **D**ANS le choc des corps à reffort parfait, il faut diftinguer deux tems; le tems de la compreffion, & le tems de la reftitution du reffort.

91. Tant que le choquant preffe le choqué avec une viteffe finie, le reffort le comprime, & il ne peut fe développer comme il a été expliqué (37). Le reffort ne peut donc commencer à fe rétablir que lorfque la compreffion finit. On nommera encore ici choquant celui des deux corps qui perd du mouvement par la force du choc fans en jamais recevoir, & choqué celui qui en reçoit comme étant plus foible.

92. *Le reffort parfait fe comprime avec une force égale à celle que le choquant perd durant la compreffion.*

Car pendant que le reffort fe comprime il eft affujetti, de maniere qu'il ne peut réagir contre le choquant ni lui ôter aucune partie de fon mouvement, en forte que le choquant ne perd de la force ou de fon mouvement qu'à caufe de la réfiftance que le choqué lui oppofe, ce qui fait qu'il s'applique au choqué par toute la force qu'il perd durant le premier tems qui eft celui de la compreffion ; donc le reffort parfait qui fe comprime avec une force égale à celle qui lui eft appliquée, doit fe comprimer avec une force égale à celle que le choquant perd dans le choc.

93. *Le reffort fe comprime dans le choquant, & le choqué avec une force égale à celle que le choquant perd durant le choc ou la compreffion.*

Si le choqué étoit parfaitement dur, le reffort du choquant fe comprimeroit avec une force égale à celle qu'il perd dans le tems de la compreffion ; car le reffort étant retenu durant le choc, ainfi qu'on a remarqué plufieurs fois, toute la force que le choquant perd feroit employée à comprimer le reffort ; mais puifque le choqué eft élaftique, & que d'ailleurs la force du choc eft éga-

lement appliquée au choqué & au choquant (17.), il s'enfuit
que le reffort eft également comprimé dans l'un & l'autre corps ;
il eft donc comprimé avec une force égale à celle que le choquant
perd dans le choc ou dans le tems de la compreffion.

PROPOSITION ONZIE'ME.

94. *Si lorfque le reffort fe rétablit, le choquant & le choqué ne
fe touchoient point, qu'il y eût un intervalle entre deux, le reffort
ne communiqueroit en fe reftituant aucun mouvement, ou plutôt il
n'augmenteroit ni ne diminueroit le mouvement que les corps prennent en vertu du choc.*

DEMONSTRATION. Concevons qu'un reffort contourné en
fpirale ou en façon de tire-bourre, étant comprimé eft fufpendu Fig. 17.
par un fil dans fon milieu, & qu'après avoir été comprimé, il
ceffe de l'être, en forte qu'il puiffe s'étendre librement par fes
deux extrémitez à droite & à gauche ; il eft vifible que la moitié du reffort fe débandera vers la droite, & l'autre moitié vers
la gauche ; il y aura donc dans le reffort deux mouvemens contraires qui fe détruiront fans que le milieu du reffort ni le fil qui
le tient fufpendu puiffent changer de place : ainfi le corps du reffort, c'eft-à-dire, les deux parties enfemble ne feront mûes ni en
avant ni en arriere. Or puifque le reffort des corps fe comprime
de la même maniere dans le choc, (car durant ce tems le reffort
eft retenu dans l'un & l'autre corps par fes deux extrémitez) ;
il faut dire que fi les deux corps ne fe touchoient point, qu'il y
eût une intervalle entre deux, lorfque le reffort fe rétablit, une
moitié de chaque corps feroit mûe par fon reffort en avant, &
l'autre moitié en arriere ; la reftitution du reffort ne communiqueroit donc aucun mouvement aux maffes, & les mouvemens
contraires fe détruifant, les corps feroient mûs après le choc avec
la viteffe qu'ils auroient prife en vertu du choc.

PROPOSITION DOUZIE'ME.

95. *Si lorfque le reffort fe rétablit les corps fe touchent, ils reçoivent l'un & l'autre une quantité de mouvement égale à celle que
le choquant a perdue dans le choc.*

DEMONSTRATION. Concevons encore que le reffort qu'on a Fig. 18.
fuppofé fufpendu par un fil dans fon milieu, rencontre lorfqu'il
commence à fe rétablir, un point fixe par une de fes extrémitez ;
il ne pourra s'étendre que d'un côté ; toute la force qu'il a fera
donc déterminée à le mouvoir de ce côté-là ; le reffort s'élance-

ra donc avec une force égale à celle de la compreſſion. Par l'hypotheſe lorſque le reſſort après le choc commence à ſe détendre ,
les corps ſe touchent & ſe ſervent mutuellement d'appui ; le reſſort de chaque corps trouve donc un point fixe au moyen duquel il eſt déterminé à ne pouſſer le corps que d'un côté ; il doit
donc donner au corps une quantité de mouvement égale à celle
qui a été employée à le comprimer : or cette quantité eſt égale à
celle que le choquant a perdue dans le choc ou durant la compreſſion ; donc le reſſort communique à l'un & à l'autre corps une
quantité de mouvement égale à celle que le choquant à perdue
dans le choc.

PROPOSITION TREZIE'ME.

96. *Pendant le tems que le reſſort ſe rétablit , les corps ſe touchent , & la partie du contaĉt eſt un point fixe pour le reſſort de
l'un & l'autre corps.*

DEMONSTRATION. Lorſque la compreſſion finit & que le reſſort
commence à ſe rétablir , la partie poſtérieure du choqué tend à ſe
mouvoir en arriere , & la partie antérieure du choquant tend
à ſe mouvoir en avant , & cela pendant le tems de la reſtitution
du reſſort ; la partie du contaĉt eſt donc pouſſée en ſens contraires pendant le tems de la reſtitution ; donc les corps doivent
demeurer appliquez l'un à l'autre pendant le même tems ; mais
parce que le reſſort eſt également comprimé dans le choquant &
le choqué , il s'enſuit que la partie du contaĉt eſt également
pouſſée en avant & en arriere ; donc pendant le rétabliſſement ,
elle ſert de point fixe au reſſort de l'un & l'autre corps.

97. *D'où il ſuit que le reſſort communique au choquant & au
choqué des quantitez de mouvement égales à celles que le choquant
a perdue dans le choc.*

98. On remarquera que les efforts contraires par leſquels la
partie du contaĉt eſt pouſſée également en ſens contraires , ne
changent rien aux mouvemens que les corps ont pris dans le
choc ; car ces efforts ſe contrebalancent , & ils n'ont d'autre
effet que de tenir les corps appliquez l'un à l'autre pendant que
le reſſort ſe rétablit.

99. *Le mouvement que le reſſort communique au choquant eſt
contraire au mouvement primitif.* Car pendant que le reſſort ſe
rétablit, la partie antérieure du choquant eſt retenue de maniere
qu'elle ne peut pas s'étendre & s'élargir ſuivant la direĉtion du
même choquant , le reſſort s'élance donc en arriere , & communique

nique en conséquence au choquant un mouvement contraire au mouvement primitif.

100. *D'où il suit qu'après le choc il ne doit rester dans le choquant que la différence des mouvemens qu'il auroit eus après le choc s'il eût été sans ressort, & du mouvement que le ressort lui donne.*

101. *Si le choqué est en repos lorsque le choquant l'attrape, ou s'il est mû dans le même sens, la quantité de mouvement qu'il reçoit tant par la force du choc que de la force de ressort, est égale au double de celle que le choquant perd dans le choc ou égale au double de celle que le ressort lui communique.*

Les quantitez de mouvement que le choqué reçoit tant de la force du choc que de la force de ressort sont égales l'une & l'autre à celle que la force du choc détruit dans le choquant (25.26. 97.), & cette derniere quantité est elle-même égale à celle que le choquant reçoit du ressort; donc les quantitez de mouvement que le choqué reçoit tant de la force du choc que de la force de ressort, sont prises ensemble égales au double du mouvement que le choquant perd par la force du choc, ou au double de ce que le ressort lui en donne. Il est évident que ces deux quantitez que le choqué reçoit sont dans le même sens.

102. *Si les corps se choquent en allant l'un contre l'autre, la quantité de mouvement que le choqué, c'est-à-dire, le plus foible, reçoit tant de la force du choc que de la force du ressort, est égale à la différence de celle que le même choqué perd dans le choc, & du double de celle que le choquant y perd aussi, ou du double de celle que le ressort lui communique.*

Si le choqué étoit en repos, ou qu'il fût mû dans le sens du choquant, la quantité de mouvement qu'il recevroit, seroit égale au double de celle que le choquant perd dans le choc, ou égale au double de celle que le ressort lui communique ; mais parce que le mouvement que le choqué a avant le choc, est contraire à cette quantité, il s'ensuit qu'après le choc il ne sera mû qu'avec la différence des deux quantitez.

PROPOSITION QUATORZIE'ME.

103. *Dans le choc des corps à ressort parfait, la vitesse respective se partage en vertu du ressort, aux corps en raison renversée des masses quelles que soient les vitesses propres & les directions des corps avant le choc.*

DEMONSTRATION. Tant que la vitesse respective est la même, la force du choc est la même, & le ressort est également comprimé (46.) ; donc si les masses sont les mêmes, elles reçoivent du reſſort la même viteſſe, quelles que ſoient d'ailleurs les viteſſes & les directions avant le choc. Donc ſi dans un cas la viteſſe reſpective ſe partage en raiſon renverſée des maſſes, la même choſe doit arriver dans tous les autres cas. Suppoſons que le choquant rencontre le choqué en repos, la viteſſe reſpective ſera égale à la viteſſe propre du choquant avant le choc. Cela poſé, le reſſort ſe comprime avec une force égale à celle que le choquant perd dans le choc; donc le reſſort en ſe rétabliſſant, communique au choquant & au choqué des quantitez de mouvement égales à celle que le choquant a perdu; donc les viteſſes que le reſſort communique ſont en raiſon réciproque des maſſes (*Liv.* I. 65.) il reſte donc que ces viteſſes priſes enſemble ſoient égales à la viteſſe reſpective, c'eſt-à-dire, à la viteſſe du choquant avant le choc. C'eſt ce qu'on prouve en cette maniere. Comme la force du reſſort eſt égale à la force du choc, la viteſſe que le choquant reçoit du reſſort, eſt égale à celle qu'il perd par la force du choc; pareillement la viteſſe que le reſſort donne au choqué, eſt égale à celle qu'il reçoit de la force du choc, & celle-ci eſt égale à celle qui eſt commune, ou que le choquant conſerve dans le choc; donc les viteſſes que le reſſort donne aux maſſes ſont égales, l'une à celle que le choquant perd dans le choc, & l'autre à celle qu'il garde qui eſt la même que la viteſſe commune; mais ces deux viteſſes priſes enſemble, ſont égales à la viteſſe reſpective. Donc la viteſſe reſpective eſt égale aux viteſſes priſes enſemble que le reſſort donne aux maſſes, & par conſéquent le reſſort partage aux corps la viteſſe reſpective dans la raiſon réciproque des maſſes.

DES LOIX DU CHOC DIRECT DES CORPS A RESSORT PARFAIT.

104. Les corps à reſſort ſont mûs après le choc avec des viteſſes qui réſultent de celle qu'ils prennent par la force du choc, & de celle que le reſſort leur donne. La premiere viteſſe eſt appellée *commune*, la ſeconde viteſſe eſt une partie *de la viteſſe reſpective*; la viteſſe de reſſort eſt quelquefois contraire à la viteſſe commune, de ſorte qu'après le choc chaque corps n'eſt mû qu'avec leur difference; mais lorſque la viteſſe de reſſort eſt dans le même ſens que la viteſſe commune, la viteſſe après le choc eſt égale à leur ſomme: par la viteſſe commune les corps vont de compagnie après le choc comme s'ils ne faiſoient qu'une maſſe; mais par la viteſſe de reſſort après le choc ils ſe ſéparent. Si l'on nomme, comme ci-devant, choquant, celui des corps qui dans le choc communique du mouvement ſans en recevoir, & choqué celui qui en reçoit ſans en donner; la viteſſe de reſ-

fort dans le choquant eſt contraire à la viteſſe commune , & dans
le choqué la viteſſe du reſſort ſe réunit avec la viteſſe commune
pour faire une viteſſe qui eſt après le choc , égale à leur ſomme.
Au moyen de ces obſervations & des principes précedens, on peut
donner une regle générale pour les corps à reſſort parfait.

105. REGLE GÉNÉRALE *pour déterminer les viteſſes & les directions des corps à reſſort parfait dans le choc direct.*

1°. Il faut chercher la viteſſe commune par les regles du Chapitre précedent , c'eſt-à-dire , trouver la viteſſe avec laquelle les
corps ſeroient mûs enſemble après le choc, s'ils étoient ſans reſſort.

2°. Il faut diviſer la viteſſe reſpective dans la raiſon réciproque des maſſes , & l'on aura la viteſſe de reſſort.

3°. La difference de la viteſſe commune & de la viteſſe de reſſort , ſera la viteſſe du choquant après le choc ; mais le choqué
ſera mû après le choc avec leur ſomme.

4°. A l'égard des directions , il eſt viſible que le choqué doit
aller ſuivant la direction du choquant avant le choc , & que le
choquant lui-même doit continuer après le choc de ſe mouvoir
ſuivant ſa premiere direction , ſi la viteſſe commune eſt plus grande que la viteſſe de reſſort ; mais il doit retourner en arriere ſi la
viteſſe commune eſt plus grande.

5°. Si l'on nomme A le choquant & B le choqué , il faut , pour
plus de facilité , marquer la viteſſe commune du ſigne +, ce qui
ſignifie que cette viteſſe eſt dans le même ſens pour l'un & l'autre corps : il faut auſſi marquer la viteſſe de reſſort du choqué B
du même ſigne + ; mais il faut marquer du ſigne — la viteſſe de
reſſort du choquant, ce qui ſignifie que cette viteſſe étant contraire
à la viteſſe commune , il n'en doit reſter que la difference. Tous
les articles de la regle ſont évidens par ce qui précede.

106. APPLICATION *de la regle aux trois cas généraux du choc direct.*

PREMIER CAS , où l'on ſuppoſe que le corps A choque le
corps B en repos. Les maſſes du choquant & du choqué ſont 3
& 5 ; la viteſſe du choquant qui dans le cas préſent eſt la même
que la viteſſe reſpective , eſt de 16 degrez. Cela poſé ,

1°. *On aura la viteſſe commune en cherchant d'abord celle que
le choquant perd dans le choc :* car cette viteſſe étant retranchée
de la viteſſe propre du choquant, le reſtant ſera la viteſſe commune. Pour trouver cette viteſſe , il faut dire , *La ſomme des
maſſes eſt à celle du choqué* B *comme la viteſſe reſpective eſt à celle
que le choquant perd dans le choc :* c'eſt-à-dire , $3 + 5 . 5 :: 16 . x$
$= \frac{16 \times 5}{3 + 5} = 10$. Le quotient 10 étant retranché de la viteſſe 16 ,

le reste 6 fait connoître que si les corps étoient sans ressort, ils seroient mûs ensemble avec une vitesse de 6 degrez. Il faut marquer cette vitesse du signe + en cette maniere.

$$
\begin{array}{lcl}
A + 6 & \text{------------} & B + 6 \\
A - 10 & \text{------------} & B + 6 \\
\hline
A - 4 & \text{------------} & B + 12
\end{array}
$$

2°. *Il faut chercher la vitesse de ressort en divisant la vitesse respective 16 dans la raison réciproque des masses :* par cette proportion, *la somme des masses est au choqué B comme la vitesse respective est à celle que le choquant A reçoit :* c'est-à-dire, $3 + 5$. $5 :: 16 . x = \frac{16 \times 5}{3 + 5} = 10$. Ainsi le choquant reçoit 10 degrez de vitesse de la force de ressort ; cette vitesse étant retranchée de la vitesse respective 16, le reste 6 est la vitesse que le ressort donne au corps B, car le ressort partage la vitesse respective dans la raison réciproque des masses. Cela fait, il faut marquer 10 du signe de ——, & 6 du signe de + comme on voit au dessous du résultat de l'opération précedente, & la différence des deux premiers nombres 6, & 10 fera connoître que le corps A retourne en arriere avec 4 degrez de vitesse, & la somme des deux derniers $6 + 6$ fait voir que le corps B est mû suivant la direction du choquant avant le choc avec 12 degrez de vitesse.

On remarquera que l'opération par laquelle on détermine la vitesse que le ressort donne au choquant, est la même que celle par laquelle on détermine la vitesse qu'il perd dans le choc ; ce qui doit être ainsi, puisque la vitesse qu'il perd par la force du choc est égale à la vitesse que le ressort lui donne. C'est pourquoi on peut s'épargner la peine de faire une seconde proportion. Car si après avoir trouvé la vitesse commune par la premiere opération, on écrit pour le choquant A au-dessous de la vitesse commune, la vitesse qu'il perd dans le choc, avec le signe de —— ; & après avoir souftrait de la vitesse respective, la vitesse que le choquant perd dans le choc, on écrive pour le choqué B, le restant au-dessous de la vitesse commune avec le signe +, on aura par-là, tant la vitesse commune que la vitesse de ressort ; c'est pourquoi la différence des deux vitesses sera celle avec laquelle le choquant est mû après le choc, & leur somme composera la vitesse du choqué B.

Cette remarque a lieu pour les trois cas géneraux.

107. COROLLAIRES. 1°. *Si les corps A & B ont des masses égales, le choquant A demeurera en repos, & le choqué B prendra la vitesse du choquant avant le choc.* Car par la force du choc le corps A perd la moitié de sa vitesse ; donc la vitesse de res-

fort qui eſt égale à la viteſſe perdue par la force du choc ; eſt
auſſi égale à la viteſſe commune ; ces viteſſes étant en ſens oppoſez , il s'enſuit que le choquant reſtera en repos après le choc ,
& le choqué B prendra toute ſa viteſſe : car la viteſſe commune
& celle de reſſort dans le cas préſent ſont égales pour le corps
B, & elles ſont en même ſens, de plus elles ſont égales priſes enſemble à la viteſſe du choquant avant le choc ; donc le choqué
B ſera mû après le choc avec une viteſſe égale à celle du choquant avant le choc.

108. 2º. *Si le choquant eſt plus grand que le choqué , après le
choc il ſera mû ſuivant ſa premiere direction.* Car la viteſſe qu'il
perd dans le choc eſt moindre que la viteſſe commune : la raiſon eſt que comme la maſſe du choqué B eſt moindre que la moitié de la ſomme des maſſes , auſſi la viteſſe que le choquant
perd dans le choc eſt moindre que la moitié de la viteſſe reſpective (45.) ; donc la viteſſe commune qui eſt égale au reſtant ,
eſt plus grande que la viteſſe que le choquant perd par la force
du choc , & par conſéquent plus grande que la viteſſe de reſſort
qui eſt elle-même égale à celle que le choquant perd dans le choc.
Mais la viteſſe du choquant après le choc , eſt égale à la difference de la viteſſe commune & de la viteſſe de reſſort ; donc le
choquant ſera mû après le choc ſuivant la direction de la viteſſe
commune , c'eſt-à-dire , ſuivant ſa premiere direction.

109. 3º. *Mais ſi le choquant eſt moindre que le choqué , comme
dans l'exemple propoſé , après le choc , il retournera en arriere.*
Car pour lors la viteſſe qu'il perd dans le choc , ou celle que
le reſſort lui donne eſt plus grande que la viteſſe commune :
ainſi le choquant retournera en arriere avec la difference de ces
viteſſes.

110. 4º. *Si le choquant eſt infiniment petit par rapport au choqué , il ſera réfléchi avec toute la viteſſe qu'il avoit avant le choc.*
Car la viteſſe commune ſera infiniment petite, c'eſt-à-dire que le
choquant perdra ſenſiblement toute la viteſſe qu'il avoit avant
le choc (45.) ; mais la viteſſe qu'il reçoit du reſſort eſt égale à
celle qu'il perd dans le choc (97.) ; donc le choquant retournera en arriere avec toute la viteſſe qu'il avoit avant le choc.

111. Second cas : *lorſque les corps ſont mûs ſuivant la même direction , & que le corps A attrape le corps B.*

On ſuppoſe que le corps A a 3 de maſſe & 22 degrez de
viteſſe ; le corps B 5 de maſſe & 6 de viteſſe. La viteſſe reſpective eſt 16 ; on trouvera par la proportion indiquée dans le

premier cas qui précede que
le corps A perd 1 o degrez
de viteffe par la force du
choc; donc il lui en refte 1 2
qui eft la viteffe commune ;

$$A + 1 2 \text{————} B + 1 2$$
$$A - 1 0 \text{————} B + 6$$
$$A + 2 \text{————} B + 1 8$$

donc la viteffe que le reffort donne au corps A étant égale à
celle qu'il perd dans le choc, elle fera de 1 o degrez qu'il faut
écrire fous la viteffe commune avec le figne de ——, & parce que
la viteffe refpective eft diftribuée au choquant & au choqué dans
la raifon renverfée des maffes, fi de 1 6 on retranche 1 o, le refte 6 eft la viteffe que le reffort donne au choqué B, qu'il faut
écrire fous la viteffe commune ; & l'opération finie on fçaura
que le choquant fera mû après le choc fuivant fa premiere direction avec 2 degrez de viteffe, & que le corps B en aura 1 8.

1 1 2. Dans ce fecond cas il peut arriver que la viteffe de reffort foit plus grande ou moindre que la viteffe commune, lors
même que le choquant eft moindre que le choqué, il peut donc
arriver que le choquant retourne en arriere ou qu'il foit mû
après le choc fuivant fa premiere direction. Mais fi le choquant
eft plus grand ou même égal au choqué, il fera mû après le choc
fuivant fa premiere direction. Car la viteffe refpective étant moindre que la viteffe propre du choquant, la viteffe perdue par la force du choc fera tout au plus la moitié de la viteffe refpective ;
donc la viteffe de reffort qui eft égale à la viteffe perdue, fera
moindre que la moitié de la viteffe du choquant avant le choc ;
donc le choquant fera mû fuivant fa premiere direction.

1 1 3. *TROISIÉME CAS : lorfque les corps fe choquent en allant
l'un contre l'autre.*

Ce troifiéme cas général a deux cas particuliers ou les corps
fe choquent avec des quantitez de mouvement égales ou inégales.

1 1 4. *PREMIER CAS PARTICULIER : les corps après le choc retournent en arriere avec leurs premieres viteffes.*

La viteffe refpective eft égale à la fomme des viteffes propres
avant le choc. Cela pofé, par l'hypothefe les quantitez de mouvement font égales ; donc les viteffes font en raifon reciproque des
maffes : or le reffort partage auffi la viteffe refpective dans la raifon réciproque des maffes ; donc le reffort donne aux corps des
viteffes égales à celles qu'ils avoient avant le choc lefquelles
étant entierement détruites par la force du choc, il s'enfuit que
les corps conferveront toute la viteffe que le reffort leur donne ;
donc ils feront mûs en arriere, ou feront réfléchis avec des viteffes égales à celles qu'ils avoient avant le choc.

115. *Second cas particulier* : *lorsque les corps vont dire-*
ctement l'un contre l'autre avec des quantitez de mouvement
inégales.

On trouvera la vitesse de chaque corps après le choc de la même maniere que pour les deux premiers cas généraux. Supposons
que les masses du choquant & du choqué soient 3 & 5, leurs
vitesses avant le choc 12 & 4, la vitesse respective est 16, on
trouvera que la vitesse que le choquant perd dans le choc est
de 10 degrez, laquelle étant ôtée de sa vitesse 12, le reste 2
fait connoître que les corps seroient mûs ensemble avec la vitesse commune de 2 degrez, s'ils étoient sans ressort. Il faut donc
marquer cette vitesse du signe
de +, il faut aussi marquer au-
dessous de la vitesse commune,
la vitesse 10 que le corps A
perd dans le choc avec le signe

$$A+2 \text{————} B+2$$
$$A—10 \text{————} B+6$$
$$A—8 \text{————} B+8$$

de ——, parce qu'elle est égale à la vitesse de ressort ; & après
avoir retranché 10 degrez de la vitesse respective 16, marquer
le restant 6 avec le signe de + pour la vitesse de ressort du corps
B, & l'on trouvera que les corps A, B retournent chacun en arriere avec 8 degrez de vitesses.

116. *Cas particuliers du choc des corps à ressort parfait.*

1°. *Si les corps A & B égaux se choquent directement en sens*
opposez, ils seront réfléchis en faisant échange de leurs vitesses
avant le choc.

Lorsque les corps A & B se choquent 1°. le corps B qui est le
choqué perd sa vitesse, & en la perdant il en détruit une égale
dans le corps A, car les masses sont égales. 2°. Le corps A communique au corps B la moitié de celle qui lui reste, par la raison
que les masses sont égales. C'est pourquoi si on nomme V la vitesse
que le corps B perd d'abord, v la vitesse qu'il reçoit ensuite du
corps A, l'on aura $V+2v$ qui est la vitesse du corps A avant le
choc, & $V+v$ celle qu'il perd
dans le choc, & v la vitesse
commune. La vitesse respective dans le cas présent est
égale à la somme des vitesses

$$A+v \text{————} B+v$$
$$A—V—v \text{————} B+V+v$$
$$A—V \text{————} B+V+2v$$

propres avant le choc, elle est donc égale à $V+V+2v$ ou à
$2V+2v$. Or parce que les masses sont égales, le ressort
la partage également ; la vitesse de ressort pour le choquant est
donc $—V—v$, & pour le choqué $+V+v$, les vitesses après

le choc font donc — V, & $+V+2v$. C'eſt-à-dire, que les corps ſont réfléchis en faiſant échange de leurs viteſſes avant le choc.

117. 2°. *Si les corps* A *&* B *ſe choquent directement en ſens oppoſez avec des viteſſes égales, que le choquant* A *ſoit triple du choqué* B, *après le choc il demeurera en repos, & le choqué* B *ſera mû avec la ſomme des viteſſes avant le choc.*

Si l'on nomme V la viteſſe de l'un ou de l'autre corps avant le choc, $2V$ ſera la viteſſe reſpective. Donc ſi l'on dit $3+1$. $1 :: 2V$. x on aura $x = \dfrac{2V}{3+1}$ ou $\dfrac{V}{2}$ qui eſt la viteſſe que le cho-

quant perd dans le choc : or puiſqu'il perd $\dfrac{V}{2}$ ou $\frac{1}{2}V$, il con-

ſerve l'autre moitié de ſa viteſſe ; donc la viteſſe commune eſt $\frac{1}{2}V$, la viteſſe de reſſort donne au corps A la viteſſe $\frac{1}{2}V$

$$
\begin{array}{ll}
A+\tfrac{1}{2}V \text{———————} & B+\tfrac{1}{2}V \\
-\tfrac{1}{2}V \text{———————} & B+V+\tfrac{1}{2}V \\
\hline
A^{\circ} \text{———————} & B+2V \\
\hline
\end{array}
$$

qu'il perd dans le choc qu'il faut marquer du ſigne — ſous la viteſſe commune, & le corps B prend par la force du reſſort l'autre partie de la viteſſe reſpective, c'eſt-à-dire $+V+\frac{1}{2}V$ qu'il faut marquer du ſigne $+$. Après avoir pris la différence de la viteſſe commune & de reſſort pour le corps A, & la ſomme pour le choqué B, on trouve que le corps A perd toute ſa viteſſe & que le corps B eſt mû avec la ſomme des viteſſes propres avant le choc.

PROPOSITION QUINZIE'ME.

118. *Dans le choc direct des corps à reſſort parfait, la viteſſe reſpective eſt la même avant & après le choc.*

DEMONSTRATION. Lorſque deux corps ſont mûs en des ſens oppoſez, la viteſſe reſpective eſt égale à la ſomme des viteſſes propres ; & ſi l'on imprime à l'un & à l'autre une égale viteſſe en même ſens, ce qui ſe fait en diminuant la viteſſe propre de l'un, d'autant qu'on augmente celle de l'autre, la viteſſe reſpective ſera encore la même ; car en tant que deux corps vont également vîte dans le même ſens, ils gardent entr'eux la même diſtance, & ne s'approchent ni ne s'éloignent l'un de l'autre. Cela poſé, les viteſſes des corps à reſſort après le choc ſont compoſées de la viteſſe commune & de la viteſſe du reſſort ; le reſſort partage la viteſſe reſpective dans la raiſon réciproque des maſſes, ces viteſſes étant en ſens contraires ſi les corps étoient mûs

après

après le choc avec la seule vitesse de ressort , ils s'éloigneroient
avec une vitesse égale à la vitesse respective , c'est-à-dire , à la vitesse par laquelle ils se sont approchez l'un de l'autre avant le choc ;
mais puisque par la vitesse commune les corps vont également
vîte dans le même sens, il s'ensuit que par cette vitesse ils gardent la même distance & qu'ils sont dans un repos respectif ;
donc la vitesse commune ne change point la vitesse respective.
Donc cette vitesse est la même avant & après le choc.

MANIERE DE DÉTERMINER GÉOMÉTRIQUEMENT LES VITESSES
des corps à ressort parfait & après le choc.

119. Si les corps A & C sont mûs suivant les directions AC, BC, Fig. 19.
(le corps B dans le premier des trois généraux n'est pas mû,) 20. 21.
& que partant en même-tems des points E , F , ils se rencontrent en C ; pour avoir les vitesses & les directions des corps après
le choc , 1o. Il faut faire la proportion A + B . B :: EF . ED.
2o. Il faut prendre CG qui soit égale à la différence de CD à ED,
prendre aussi CH qui soit égale à CD + DF. *Je dis que les corps*
après le choc arriveront en même-tems aux points G , H , *& que*
CG est la vitesse du corps A & CH la vitesse du corps B.

1o. Puisque les corps se rencontrent au point C , EC , FC
expriment les vitesses propres des mobiles avant le choc ; donc
EF qui est égale à la somme ou à la différence des vitesses propres exprime la vitesse respective ; donc ED qu'on vient de trouver par la proportion exprime la vitesse que le corps A perd dans
le choc (45.) ; donc DC est la vitesse qui lui reste , & par conséquent la vitesse commune. 2o. Il est visible que la force de ressort donne au corps A une vitesse égale à celle qu'il perd par la
force du choc ; donc elle est exprimée par ED ; donc CG différence de ED à DC qui expriment la vitesse de ressort & la vitesse commune , est la vitesse avec laquelle le corps A est mû après
le choc. 3o. Puisque le ressort donne au corps A la vitesse exprimée par ED , le corps B en reçoit la vitesse exprimée par DF ,
car le ressort partage aux corps la vitesse respective EF ou ED
+ DF dans la raison réciproque des masses. Si à la vitesse commune DC , on ajoute la vitesse de ressort , on aura DC + DF ou
CH qui exprimera la vitesse du corps B après le choc. Donc le
corps A arrivera en G dans le tems que le corps B arrivera en H.

120. Si la vitesse que le corps A perd dans le choc étoit moindre que la vitesse commune DC , ce corps continueroit à se mouvoir après le choc suivant sa premiere direction , & l'on détermi-

*K k

neroit de la même maniere les viteſſes & les directions des mobiles après le choc.

121. On peut remarquer ici ce qu'on a déja prouvé *que la viteſſe reſpective eſt la même avant & après le choc.* Car dans le tems que les corps parcourent avant le choc EF par la viteſſe reſpective, ils parcourent après le choc CG + CH en s'éloignant l'un de l'autre : or CG = ED — DC & CH = DF + DC ; donc CG + CH = ED — DC + DF + DC , ou CG + CH = ED + DF = EF , c'eſt-à-dire , qu'en des tems égaux les mobiles parcourent des eſpaces égaux pour s'approcher & enſuite pour s'éloigner ; donc la viteſſe reſpective eſt la même avant & après le choc.

122. *Le centre commun de gravité des mobiles* A , B *eſt mû avec la même viteſſe avant & après le choc.*

Puiſque le corps A perd dans le choc la viteſſe ED , il s'enſuit que le point D eſt le centre commun de gravité(82.) ; donc DC eſt la viteſſe de ce centre avant le choc. Or je dis que ſi on prend CI = CD , le centre commun de gravité arrivera en I pendant le tems que les mobiles iront en G & H , c'eſt-à-dire , dans un tems égal à celui pendant lequel le centre commun de gravité eſt allé de D en C. Il faut prouver que GI = ED ; ce qui eſt évident : car ED — DC = GC (120) ; donc ED = GC + DC , ou ED = GC + CI , parce que CI = DC ; donc GI = ED. Donc puiſque le centre commun de gravité eſt au point D lorſque les corps ſont en E & F , il s'enſuit que lorſqu'ils ſe trouvent aux points G , H , ce centre eſt au point I , puiſque GH = EF , & que GI = ED.

123. *Du choc direct des corps a ressort lorsqu'ils ſont pluſieurs de ſuite poſez ſur une même ligne droite.*

Fig. 22. Pluſieurs boules d'yvoire égales étant poſées ſur un plan horizontal , de maniere qu'une ligne droite enfile les centres de toutes, & qu'elles ſe touchent , l'expérience fait voir que ſi la boule *b* va choquer la boule *c* , la derniere ſçavoir *g* ſe détache de la file , & les autres demeurent en repos. Si deux boules *a* , *b* l'une à la ſuite de l'autre vont choquer enſemble la boule *c* , les deux dernieres de la file ſçavoir *f* , *g* ſe détacheront & les autres demeureront en repos. S'il y avoit trois boules qui choquaſſent à la fois la boule *c* , il s'en détacheroit trois , & les autres demeureroient en repos.

124. Cet effet peut s'expliquer par les principes que l'on vient

d'établir. Suppofons que les boules *c*, *d*, *f*, *g* ne fe touchent point ; fi la boule *b* va choquer la boule *c*, après le choc la boule *c* fera mûe avec une viteffe égale à celle de la boule *b*, & la boule *b* demeurera en repos ; je fuppofe que les deux boules font égales & à reffort parfait, la boule *c* ira enfuite choquer la boule *d* avec la viteffe qu'elle a reçûe, & elle la perdra toute en la communiquant à la boule *d*, la boule *f* recevra après toute la viteffe de la boule *d* qui après le choc demeurera en repos, enfin la boule *f* après avoir choqué la boule *g* demeurera en repos comme les précedentes, & la feule boule *g* fera mûe avec la viteffe de la boule *b* qui a commencé le choc. Il paroît donc que s'il y avoit quelque intervalle entre les boules après le choc, il n'y auroit que la derniere qui feroit mûe, & que les autres demeureroient en repos : or quoique les boules fe touchent, le même effet doit arriver ; c'eft-à-dire, que le choc doit fe faire de même que fi les boules étoient féparées les unes des autres ; car lorfque la boule *b* choque la boule *c*, la boule *c* s'applatit par fa partie antérieure & fa partie poftérieure, elle fe fépare donc de la boule *d*, & le choc fe fait entre les boules *b* & *c* de même que fi elles étoient feules ; donc la boule *c* recevra toute la viteffe de la boule *b* qui après le choc demeurera en repos. La boule *d* étant choquée par la boule *c* fe comprimera auffi par fa partie antérieure & fa partie poftérieure, & elle fe féparera de la boule *f*, par là elle recevra toute la viteffe de la boule *c*, qui après le choc demeurera en repos, & ainfi de fuite jufqu'à la derniere *g* qui prendra la viteffe de la boule *f*, & continuera de fe mouvoir avec cette viteffe, & les autres boules demeureront en repos.

125. Si les boules *a* & *b* vont choquer enfemble la boule *c* ; quoiqu'il femble d'abord qu'il n'y ait qu'un choc comme fi les les deux boules ne faifoient qu'une maffe, il y en a néanmoins deux qui fe font en deux tems differens : la boule *b* choque d'abord la boule *c* comme fi elle étoit feule, & fans que la boule (*a*) y ait aucune part ; enfuite la boule (*a*) choque la boule (*b*), & la boule *b* une feconde fois la boule *c*, en forte que la file des boules eft choquée deux fois : cela étant, il doit fe détacher deux boules, autant que la boule *c* eft choquée de fois. Or il y a deux choc diftinguez & qui fe font en des tems differens ; car lorfque la boule *b* choque la boule *c*, elle fe fépare par fa partie poftérieure de la boule *a*, & le choc fe fait enrre les boules *b* & *c* de même que fi elles étoient feules ; la boule (*a*) qui n'a

encore rien perdu de son mouvement rencontre donc la boule b
en repos auprès de la boule c , & lui communique toute sa vitesse comme cela doit arriver dans le choc des corps à ressort
parfait, lorsqu'ils sont égaux. La boule b choque donc une seconde fois la boule c , d'où l'on voit que la boule c est choquée
autant de fois qu'il y a d'autres boules qui s'approchent d'elle à
la fois ; par conséquent puisqu'il se détache une boule lorsque la
boule c est choquée une fois , il doit se détacher deux boules
lorsqu'elle est choquée deux fois , il doit s'en détacher trois
lorsqu'elle est choquée trois fois , &c.

126. Trois corps a , b , c , inégaux en masses ont leurs centres
sur la même ligne droite , le corps a est plus grand que le corps
b , & le corps b plus grand que le corps c ; *Je dis que s'ils sont à
ressort parfait , que le corps* a *choque le corps* b *en repos , & ensuite le corps* b *le corps* c *pareillement en repos , le corps* c *recevra
une plus grande vitesse que s'il étoit choqué immédiatement par le
corps* a.

La vitesse du corps a étant exprimée par 1 , sa quantité de mouvement sera $1a \times 1$; & si on la divise par la somme des masses
$a + b$ l'on aura la vitesse commune après le choc ; laquelle étant
doublée, ce sera la vitesse que le corps b reçoit tant de la force du
choc que de la force de ressort ; cette vitesse est donc $\frac{2a}{a+b}$; & si
l'on la multiplie par la masse b , l'on aura la quantité de mouvement qui meut le corps b. Cette quantité est donc $\frac{2ab}{a+b}$. Si on
divise cette quantité par la somme des masses $b + c$, l'on aura
la vitesse commune après que la boule b aura choqué la boule c ;
cette vitesse est donc $\frac{2ab}{ab+bb+ac+bc}$. Si l'on divise la quantité de
mouvement $a \times 1$ par la somme des masses $a + c$, l'on aura la vitesse commune après que le corps (a) aura choqué le corps c. Cette
vitesse est donc $\frac{a \times 1}{a+c}$, & si l'on multiplie les deux termes de cette fraction par $2b$, l'on aura $\frac{a \times 1}{a+c} = \frac{2ab}{2ab+2bc}$; les vitesses que le
corps c reçoit de la force du choc étant rencontré par les corps
b & a sont donc entr'elles comme les fractions $\frac{2ab}{ab+bb+ac+bc}$ &
$\frac{2ab}{2ab+2bc}$: si on double les numérateurs , on aura les vitesses totales qui renferment celles du ressort ; les numérateurs étant les
mêmes , elles sont entr'elles réciproquement comme les dénominateurs ; donc les vitesses que le corps c reçoit des corps b & a
sont entr'elles comme les quantitez $2ab + 2bc$ & $ab + bb + ac$
$+ bc$. Or je dis que la premiere quantité est plus grande que la
seconde. Qu'on retranche de part & d'autre $ab + bc$, les restes
feront $ab + bc$ & $bb + ac$: or le premier reste est plus grand que

le fecond, puifque fi on retranche le fecond du premier, le nouveau refte $ab + bc - bb - ac$ eft encore pofitif, ce qui paroît
en ce que ce dernier refte eft le produit de $a - b$ & de $b - c$
qui font deux quantitez pofitives, puifque $a > b$ & $b > c$. Donc
la viteffe que le corps c reçoit du corps (a) par l'interpofition du
corps b, eft plus grande que celle qu'il reçoit étant choqué immédiatement par le corps a.

127. Si le choc commençoit par le moindre corps, la même
chofe arriveroit; & fi on fait pour le corps c fuppofé en mouvement, le même calcul qu'on vient de faire pour le corps a, on
trouvera que la viteffe que le corps a reçoit du corps b & celle
qu'il reçoit immédiatement du corps c font encore entr'elles comme $2ab + 2bc$ & $ab + bc + bb + ac$. D'où il fuit que le corps a
reçoit plus de mouvement du corps c par la médiation du corps b,
que s'il étoit immédiatement choqué par le corps c.

128. *La viteffe que le corps* c *reçoit du corps moyen* b *eft la plus
grande qu'il eft poffible lorfque ce corps eft moyen proportionnel géométrique entre les corps* a *&* c. *Tout autre corps moyen* d *plus
grand ou moindre que* b, *lui communiqueroit une viteffe moindre.*

Les viteffes que le corps c reçoit de l'interpofé b, & du choc
immédiat du corps a, font entr'elles comme $2ab + 2bc$ & $ab
+ bc + bb + ac$, & parce que $ac = bb$, elles font entr'elles com-
me $2ab + 2bc$ & $ab + bc + 2bb$. Les viteffes que le corps c reçoit
de l'interpofé d & du choc immediat du corps (a) font entr'elles comme $2ad + 2dc$ & $ad + dc + dd + ac$. L'on a donc les
deux rapports $\frac{2ab + 2bc}{ab + bc + 2bb}$ & $\frac{2ad + 2dc}{ad + dc + dd + ac}$ qui font les rapports
des viteffes que le corps c reçoit des interpofez b & d, à la vi-
teffe que le corps c reçoit du choc immédiat du corps a. Si le
premier rapport eft plus grand que le fecond, il s'enfuit que la
viteffe que le corps c reçoit du corps b eft plus grande que celle
qu'il reçoit du corps d. Il faut divifer les deux termes du premier rapport par b, & ceux du fecond par d, ce qui ne change
point leur valeur: après l'opération l'on aura $\frac{2a + 2c}{a + c + 2b}$ & $\frac{2a + 2c}{a + c + d + \frac{ac}{d}}$,

ces rapports ayant un même antécedent, ils font entr'eux réciproquement comme les conféquents, ils font donc entr'eux comme
$a + c + d + \frac{ac}{d}$ & $a + c + 2b$. Ou bien après avoir ôté la fraction & avoir mis au lieu de ac fon égale bb, comme $ad + dc +
dd + bb$ & $ad + dc + 2bd$, les deux rapports précedens font
donc entr'eux comme ces deux dernieres quantitez. Si la premiere eft plus grande que la feconde après avoir retranché de
part & d'autre la grandeur $ad + dc$, le premier refte $dd + bb$ de-

vra être plus grand que le second, & le premier rapport encore plus grand que le second. Or $dd + bb > 2bd$. Cela est ainsi si $dd + bb — 2bd$ est une grandeur positive soit que l'on suppose $d > b$ ou $b > d$: or il est évident que $dd + bb — 2bd$ est une grandeur positive, car c'est le quarré de $b — d$ ou de $d — b$: donc soit que l'on suppose que l'interposé d est plus grand ou moindre que le corps moyen géométrique b, si l'on compare la vitesse que le corps b communique au corps c, & celle que le corps a lui donne immédiatement, que l'on compare de même la vitesse que le corps d plus grand ou plus petit que b communique au corps c, à celle que le même corps reçoit du choc immédiat du corps a, le premier rapport est plus grand que le second ; donc la vitesse que le corps c reçoit du corps moyen, est la plus grande qu'il est possible lorsque ce corps est moyen proportionnel géométrique entre a & c.

129. On prouvera par un raisonnement & des opérations semblables que si le choc commence par le corps c & qu'il se termine au corps a, la vitesse que ce corps reçoit du corps interposé, est la plus grande qu'il est possible lorsque ce corps est moyen proportionnel géométrique entre a & c. On prouve ordinairement cette proposition en employant le calcul des infiniment petits, ou bien par la regle des plus grandes & des plus petites quantitez. Mais l'on vient de voir que cette preuve se présente comme d'elle-même sans avoir recours à ces moyens.

130. Si entre les corps a & c on place d'autres corps moyens proportionnels géométriques, *La vitesse que le dernier* c *ou* a *recevra sera d'autant plus grande qu'il y aura plus de corps interposez, & cette vitesse sera la plus grande possible ;* en sorte que si l'on y plaçoit des corps plus grands ou plus petits que ces corps moyens proportionnels, la vitesse iroit à la vérité en augmentant, mais elle ne seroit pas la plus grande possible.

131. Si l'on a plusieurs corps ($a.na . n^2a . n^3a$, &c.) ils sont en progression géométrique, & l'exposant de la progression est n. Le second contient le premier n de fois, c'est-à-dire, autant de fois qu'il est marqué par n, le troisiéme contient aussi le second na, n de fois, ils sont donc en progression géométrique : or si on suppose que le premier choque le second na, & que le second choque le troisiéme, &c. les vitesses que les choquez reçoivent tant de la force du choc que de la force de ressort, sont aussi en progression géométrique. Ainsi si la vitesse du premier est 1, celle du second sera $\dfrac{2}{n+1}$; celle du troisiéme sera $\dfrac{4}{n+1 \times n+1}$; celle du

quatriéme sera $\dfrac{8}{n+1 \times n+1 \times n+1}$ comme il est aisé de le prou

ver en faisant les opérations prescrites pour trouver la vitesse avec laquelle un corps à ressort est mû après le choc : or il est évident que les grandeurs $1 \cdot \dfrac{2}{n+1} \cdot \dfrac{4}{n+1 \times n+1}$ &c. sont en progression géométrique, puisque le quarré d'un des termes moyens est égal au produit de deux termes également distans. L'on voit que les numérateurs de ces fractions sont le nombre 2 & les puissances de suite de ce nombre, & les dénominateurs $n+1$, & les puissances de suite de cette même grandeur, en sorte que pour avoir un terme de la progression, il faut élever $\dfrac{2}{n+1}$ au degré marqué par le nombre qui désigne le rang du terme cherché, après l'avoir diminué de l'unité : si c'est, par exemple, le centiéme terme que l'on cherche, il faut élever $\dfrac{2}{n+1}$ à la 99e puissance.

Si on veut avoir le rapport de la vitesse que le corps (a) communique au centiéme corps $n^{99}a$ en le choquant immédiatement, à la vitesse qu'il lui donne par l'entremise des corps moyens. 1°. Il faut diviser la quantité de mouvement $a \times 1$ par la somme des masses $a+n^{99}a$, doubler le quotient, & l'on aura $\dfrac{2a \times 1}{a+n^{99}a} = \dfrac{2}{1+n^{99}}$ qui exprime la vitesse cherchée. 2°. La vitesse que le centiéme corps reçoit par l'entremise des corps moyens étant $\dfrac{2^{99}}{n+1^{99}}$, le rapport cherché sera le même que celui qui est entre les fractions $\dfrac{2}{1+n^{99}}$ & $\dfrac{2^{99}}{n+1^{99}}$. M. Huygens trouve que si l'exposant n est égal à 2, en sorte que les corps augmentent en raison double, ces vitesses sont entr'elles comme 1 est à 167700000000. Si le choc commence par le grand corps n^{99} le rapport de la vitesse que le dernier corps qui est le moindre de tous recevra du choc immédiat, à la vitesse qu'il reçoit étant choqué par l'entremise des corps interposez, n'est point different de celui qu'on vient de trouver. Les vitesses considerées en elles-mêmes sont néanmoins differentes des précédentes, car lorsque le mouvement commence par le grand corps, les vitesses que le dernier corps reçoit tant dans le choc immmédiat, que par le choc des corps interposez

font plus grandes que la viteffe primitive du choquant ; au lieu
que fi le mouvement commence par le petit corps , l'une & l'autre viteffe font moindres que la viteffe primitive du corps qui
choque le premier. On fuppofe que la viteffe refpective ou la
viteffe du choquant eft la même avant le choc.

Suppofant encore que l'expofant n de la progreffion eft égal
à 2 , M. Huygens trouve que fi le mouvement commence par
le grand corps , fa viteffe avant le choc eft à celle qu'il communique au dernier corps (a) par le choc des corps interpofez
comme 1 . eft à 14760000000.

DU CHOC OBLIQUE DES CORPS A RESSORT PARFAIT.

132. Dans le choc oblique la viteffe de chaque mobile eft décompofée,&en même-tems que leur force preffe le plan d'incidence
fuivant la perpendiculaire à ce plan , elle pouffe encore les corps
fuivant la parallele au même plan. L'effort parallele ne reçoit aucun changement , aucune altération ; mais l'effort perpendiculaire fuit la même loi que fi le choc étoit direct.

133. Si les corps A , B à reffort parfait font mus fuivant les
directions AC , BC obliques au plan d'incidence RS avec des
viteffes exprimées par AC , BC qui font les diagonales des rectangles EG , LH ; *Je dis que fi on divife GH au point D dans
la raifon réciproque des maffes , en forte que A . B : DH . DG.*
1°. *GD exprime la partie de la viteffe perpendiculaire que le choquant A perd dans le choc.* 2°. *DC exprime le refte de cette
viteffe , & par conféquent la viteffe commune avec laquelle les corps
feroient mûs de compagnie s'ils étoient fans reffort , & que le choc
fut direct.* 3°. *DH + DC exprime la viteffe perpendiculaire que
le choqué B prend tant par la force du choc que de la force du reffort.* 4°. *CP différence de GD à DC eft la viteffe perpendiculaire du corps A après le choc.*

La figure 23 eft pour le cas où l'un des corps , par exemple ,
le corps B eft choqué en repos : la figure 24 pour le cas où
les corps vont d'un même côté , & la figure 25 pour celui où ils
vont l'un contre l'autre. 1°. Il eft évident que GH exprime la
viteffe refpective avec laquelle les corps s'approchent du plan
d'incidence RS , laquelle étant perpendiculaire à ce plan , doit
faire toute la force du choc ; car les viteffes AC , BC , obliques
au plan d'incidence font décompofées à l'inftant du choc en
deux efforts , l'un perpendiculaire & l'autre parallele au plan
RS , les efforts paralleles font répréfentez par CE , CL ,
& les efforts perpendiculaires par GC , HC. Les efforts paralleles

ne

Fig. 23.
24. 25.

ne contribuent en rien à la force du choc ; il reste donc que cette force provienne toute des efforts perpendiculaires GC, HC, dont la somme ou la différence exprime la vitesse respective (la somme, si les corps vont l'un vers l'autre) (la différence, si l'un des corps fuit devant l'autre). Cela étant, le choquant A doit perdre la vitesse exprimée par GD ; car si le choc étoit direct, en sorte que les corps partissent en même-tems des points G, H, le corps A perdroit de sa vitesse GC, la partie GD, puisque la vitesse respective GH est divisée dans la raison réciproque des masses (82.) ; mais puisque les efforts parallèles ne servent ni à augmenter ni à diminuer la force du choc, il s'ensuit que les corps doivent recevoir la même impression que s'ils se mouvoient directement sur GH ; & par conséquent 1º. le corps A doit perdre par la force du choc une partie de sa vitesse perpendiculaire exprimée par GD. 2º. Puisque GC est la vitesse perpendiculaire du corps A, il est visible que DC est le reste de cette vitesse, & qu'elle exprime la vitesse commune : car la vitesse commune est dans tous les cas égale à la différence de la vitesse propre du choquant à la partie qu'il en perd dans le choc (29). D'où il suit que le corps B après avoir perdu par la force du choc sa vitesse perpendiculaire HC (supposé qu'il doive la perdre) sa vitesse en vertu du choc est exprimée par DC. 3º. Le ressort partage la vitesse respective dans la raison réciproque des masses (103.) : or par l'hypothese GH qui exprime cette vitesse est divisée au point D dans cette raison ; donc le corps B recevra tant de la force du choc que de la force de ressort la vitesse perpendiculaire exprimée par DC + DH. 4º. La vitesse de ressort étant pour le corps A contraire à la vitesse commune, il s'ensuit que ce corps ne conservera après le choc que la différence de GD à CD exprimée selon l'hypothese par CP.

134. COROLLAIRE. *Il suit de-là que si on prolonge EC en M que l'on prenne CM = CE & CS = CL, qu'on prenne aussi sur le prolongement de GC, CF = DC + DH, qu'on forme les rectangles PM, FS, les diagonales CN, CI, feront connoître les routes que les corps suivent après le choc, & les vitesses avec lesquelles ils sont mûs.*

PROPOSITION SEZIE'ME.

135. *Dans le choc oblique des corps à ressort parfait, la vi-*   Fig. 23.
tesse respective est la même avant & après le choc.   24. 25.

*LI

Dᴇᴍᴏɴsᴛʀᴀᴛɪᴏɴ. Les corps A & B parcourent l'efpace AB avant le choc pour s'approcher. Or puifqu'ils arrivent aux points N , I, dans le même-tems qu'ils font allez en C pour fe choquer , il s'enfuit qu'après le choc ils parcourent l'efpace NI pour s'éloigner l'un de l'autre dans un tems égal à celui qu'ils ont employé pour s'approcher & parcourir l'efpace AB ; ces efpaces étant parcourus en même-tems , ils font entr'eux comme les viteffes , & les viteffes comme les efpaces ; c'eft pourquoi fi les efpaces AB , NI font égaux , la viteffe refpective eft la même avant & après le choc. Or je démontre ainfi que ces efpaces font égaux. CF = DH + DC. Si on retranche de part & d'autre CP , on aura PF=DH+DC — CP : or CP=DC — DG, ou DG = DC — CP ; donc fi au lieu de DC — CP on prend fon égale DG, on aura PF = DH + DG ; de plus AG=CM ou PN & BH=CS=FI ; donc le trapeze ABHG eft égal en tout au trapeze PFIN : (dans la figure 24 ce font les trapezes PIFN, AHBG) ; donc NI = AB ; donc la viteffe refpective eft la même avant & après le choc.

Fig. 23.
24. 25. 136. *Le centre commun de gravité dans le choc oblique des corps à reffort parfait eft mû avec la même viteffe avant & après le choc.*

Si les corps partoient des points G , H , le centre commun de gravité feroit au point D (81.) , c'eft pourquoi fi du point D on mene DZ parallele à RS qui coupe AB au point V : comme cette ligne AB eft divifée dans la même raifon que GH ou BX , il eft évident que le point V eft le centre commun de gravité des corps placez en A & B ; donc fa viteffe avant le choc eft exprimée par VC. Si on prend PT=GD , & qu'on mene TO parallele à PN , il eft évident que le point O où TO coupe NI , eft le centre commun de gravité lorfque les mobiles font en N & I, puifque NI = AB & que ces lignes font femblablement coupées par les paralleles TO , VDZ. D'ailleurs puifque les trapezes PFIN , ABHG (dans la figure 24 ce font les trapezes PIFN & AHBG) font égaux en tout , & que PT=GD , les lignes TO , DV femblablement tirées font égales de plus CT=DC , puifque GD ou PT +PC=DC ; donc les triangles rectangles CTO , CDV font égaux en tout ; donc CO = CV ; donc le centre commun de gravité parcourt CO après le choc dans le même tems qu'il a parcouru VC avant ; donc il eft mû avec la même viteffe avant & après le choc.

137. *Le centre commun de gravité eft mû en ligne droite ou fur la même ligne droite avant & après le choc , puifque la ligne VCO*

est droite : car les triangles COT , CDV font égaux en tout , d'ailleurs les côtez CT , CD étant placez fur une même ligne droite , il eft néceffaire que les côtez CO, CV foient auffi fur une ligne droite ; autrement les angles TCO , DCV oppofez aux côtez égaux TO , DV ,|ne feroient pas égaux.

138. *Si dans le choc on ne fait point attention aux mouvemens particuliers , mais à celui des corps confiderez comme ne faifant qu'une maffe , lequel ne peut être dirigé que vers un côté , on ver- ra que la quantité de mouvement de ces corps eft la même avant & après le choc :* car on juge du mouvement d'un corps , par exem- ple , d'un globe par la viteffe de fon centre de gravité ou de maffe : or on vient de voir que le centre commun de gravité eft mû avec la même viteffe avant & après le choc ; donc la quan- tité de mouvement des corps confiderez comme ne faifant qu'une maffe , eft la même avant & après le choc , foit que les corps foient élaftiques ou non.

Du choc des corps a ressort imparfait.

139. Le reffort imparfait eft celui qui ne fe rétablit pas avec toute la force qui lui a été appliquée ; ce qui peut arriver en deux manieres , 1°. il peut fe faire qu'un reffort n'obéiffe pas à toute l'action de la force qui le comprime à caufe de la rigidité de fes parties. 2°. Il peut arriver que les parties d'un reffort foient fou- lées ou endommagées par une compreffion trop grande , ce qui l'affoiblit , le rend languiffant & moins prompt à fe rétablir.

140. L'expérience fait voir qu'il y a peu de corps à reffort parfait, fur-tout parmi les corps groffiers & fenfibles. A l'égard des fluides il y en a dont la force élaftique eft fi grande , qu'on n'en connoît point les bornes ; l'air & la flâme font de ce nombre.

Il eft vifible que les corps à reffort imparfait ne fuivent pas dans le choc les loix des corps à reffort parfait ; plus un reffort approche d'être parfait , moins il s'en écarte. On peut fe fervir utilement des loix du choc des corps à reffort parfait pour con- noître les divers degrez d'imperfection des refforts imparfaits , & en les comparant au reffort parfait déterminer par leur moyen de combien ils s'en éloignent. L'idée que l'on a du reffort par- fait , eft qu'il fe rétablit avec une force égale à la compreffion : or on connoît que cela arrive , lorfque les corps après le choc , fe féparent avec la même viteffe refpective qu'ils fe font appro- chez avant ; fi cette viteffe eft moindre c'eft une preuve indubi- table que le reffort eft imparfait , & d'autant plus imparfait qu'elle eft plus petite.

Ll ij

141 Cela étant , on peut déterminer quels font les corps à reffort parfait ; & s'ils font à reffort imparfait , quel en eft le degré d'imperfection : & l'on peut donner pour cet effet cette regle générale , *Que les forces de deux refforts l'un parfait & l'autre imparfait font entr'elles comme la viteffe refpective avant le choc eft à la viteffe refpective après le choc.* On confidere ici les deux corps qui fe choquent comme n'ayant qu'un reffort. Puifqu'après le choc des corps fans reffort , la viteffe refpective eft nulle , que dès-là que les corps ont quelque reffort , ils fe féparent après le choc avec une certaine viteffe , on peut regarder la viteffe refpective comme le propre effet du reffort , comme un effet qui lui répond éxactement & qui en mefure la force. Si le reffort rétablit la viteffe refpective avant le choc , il ne peut pas être plus parfait qu'il eft , puifqu'il redonne aux corps toute la force avec laquelle ils fe font choquez ; mais fi la viteffe refpective après le choc eft moindre qu'elle nétoit avant , c'eft une preuve que la force du reffort eft moindre que celle qui a produit le choc ; fi la viteffe refpective après le choc n'eft que la moitié , le tiers, le quart , &c. de la viteffe refpective avant le choc , la force d'un tel reffort n'eft que la moitié , le tiers, le quart , &c. de la force du reffort parfait ; d'où il fuit que le reffort parfait eft au reffort imparfait comme la viteffe refpective avant le choc eft à la viteffe refpective après le choc.

142. On pourra comparer de cette maniere deux refforts imparfaits ; fi on fuppofe deux chocs où les viteffes refpectives avant le choc foient les mêmes , les forces de ces refforts feront entr'elles comme les viteffes refpectives après les chocs.

On va voir dans le Problême fuivant de quelle maniere on peut s'y prendre pour faire choquer les corps avec une viteffe refpective déterminée.

PROBLÊME.

143. *Faire que deux corps fe choquent directement avec des viteffes qui foient entr'elles dans une raifon donnée , par exemple , dont l'une foit double de l'autre.*

Fig. 26. Il faut avoir une piéce de bois de figure triangulaire telle que
27. 28. ABC , de maniere que la ligne BC foit parallele à l'horizon , la furface doit être plane & polie , de cinq ou fix pieds de hauteur & perpendiculaire à l'horizon. DE eft une ligne parallele à BC d'environ deux rou trois pouces de longueur divifée en deux parties égales au point F. DI. FK, EL font trois lignes tracées fur la furface

ABC, perpendiculaires à DE, égales entr'elles & de quatre ou cinq pieds de longueur. On plante deux clous aux points D, E, & l'on y attache deux filets ou sont suspendues deux boules, le tout en sorte que si l'on imagine les trois lignes IH, Kd, LG de quatre pouces chacune être élevées perpendiculairement sur la surface ABC, les points G & H soient les centres des boules suspendues , & le point d celui où elles se touchent étant en repos lorsqu'elles sont égales : LM , IN sont deux arcs de cercles de 30 degrez chacun dont les lignes DI , EL sont les demi-diametres. Ces arcs seront divisez par degrez depuis les points I & L, & les divisions seront marquées par des petites lignes inclinées vers les centres D , E, comme la ligne XY. On peut prendre cette surface ABC dans un mur de pierre de taille ou de plâtre selon la commodité qu'on en aura. Ces choses ainsi disposées on tirera par le moyen d'un petit filet PT l'une des boules comme G jusqu'a ce que son centre soit vis-à-vis du point qui marquera le degré qu'on aura choisi comptant les degrez depuis L. Si on veut prendre douze degrez , il faut élever le centre de la boule jusqu'au douziéme degré marqué par la ligne XY. On connoîtra que le centre de la boule répond au point X , si on prend un corps abcg qui ait la figure d'un prisme droit & qu'on le place sur la surface ABC, de maniere que XY étant égale au demi-diametre LG de la boule , l'extrémité d'une de ses arées telle que bg réponde perpendiculairement au point Y. Car si sur cette arête on a marqué une partie by égale à LG demi-diametre de la boule G , & que l'on tire par le moyen du petit filet PT, la boule jusqu'à ce que son fil de suspension touche le point y , on sçaura que le centre de la boule répond au point X , & que ce centre en descendant conservera toujours la même distance à l'égard de la surface ABC.

Si on veut que la boule H choque la boule G au point d avec une vitesse double, il faut prendre la corde IN double de la corde LX , & élever le centre de la boule H jusqu'au point N. 1°. Les vitesses que les boules acquerront par les arcs XL, NI sont comme les cordes de ces arcs. 2°. Ces arcs seront décrits en des tems sensiblement égaux. M. Mariotte qui donne la description de cette machine remarque que si les boules ne se choquent pas exactement au point d , il ne s'en faudra pas de l'épaisseur d'une feuille de papier, ce qui n'empêche pas une exactitude suffisante dans les expériences. Si on veut que la boule H choque la boule G avec une vitesse triple , il faudra lui faire parcourir un arc dont la corde soit triple de la corde LX. Si la boule RS qui représente une de celles

qui fe choquent, eft de matiere molle comme de la terre glaife, i
faut placer au centre O un petit morceau de bois, afin quelle puiffe
être foutenue par le filet, & conferver fa figure ronde.

CHAPITRE QUATRIE'ME.

Du choc qui produit la réflexion & la réfraction.

DU MOUVEMENT DE RÉFLEXION.

On a fuivi le Mémoire de M. de Mairan fur la réflexion des corps.
Mem. de l'Accadémie Royale des Sciences année 1722.

144. LE mouvement de réflexion confifte en ce qu'un corps
venant à rencontrer un obftacle qu'il ne peut furmonter, eft renvoyé & retourne en arriere. Si on laiffe tomber une bale
d'yvoire fur un carreau, elle rebondit & revient par le chemin
qu'elle a fuivi en tombant; c'eft ce retour que l'on appelle *réflexion.*
Tout ce qui a été dit jufqu'ici des corps à reffort prouve, qu'ils
font propres à être réfléchis; lors, par exemple, que deux corps
à reffort fe choquent directement avec des quantitez de mouve-
vement égales, ils font réfléchis, parce que ne pouvant fe pénétrer, & étant l'un par rapport à l'autre un obftacle invincible,
le reffort qui a été bandé par la force du choc, ne peut fe rétablir
que dans des fens oppofez aux directions que les mobiles ont fuivi avant le choc. Mais n'y a-t-il de réflexion que par le reffort ?
un corps fans reffort, tel qu'un corps parfaitement dur, venant à
rencontrer un plan inébranlable fera-t-il réfléchi ? c'eft le fentiment de M Defcartes, lorfque dans fa Dioptrique il explique la
réflexion d'une bale qui va frapper la terre fuivant une direction
oblique fans fuppofer de reffort ni dans la bale, ni dans la furface qu'elle choque. Mais M. de Mairan prouve par plufieurs
raifons que fans le reffort il n'y auroit point de réflexion dans
le cas d'un corps réfléchiffant inébranlable, tel que M. Defcartes l'a fuppofé : car un corps inébranlable doit être regardé gom-
me une maffe infinie qui eft en repos ; or felon les loix du choc
des corps fans reffort, le mouvement du corps qui vient frapper
fe diftribue fur toute cette maffe infinie dans l'inftant du choc,
après quoi les deux maffes, celle qui choque & celle qui eft
choquée vont enfemble & avec la même viteffe que l'on trouve
en divifant la quantité de mouvement qui éxiftoit avant le choc,
par la fomme des maffes, ce qui donne une viteffe infiniment
petite, qui ne differe pas du repos ; donc le corps choquant de

quelque vitesse qu'il se meuve, ne se réfléchira point à la rencontre du corps infini en repos.

2°. Si la direction du corps choquant avant le choc est oblique au plan d'incidence, elle se décompose en deux forces, l'une perpendiculaire, l'autre parallele : la force perpendiculaire se consume à presser le plan ; & parce que le plan n'a aucune vertu pour la rétablir, le corps sera mû le long du plan sans réflexion par la force parallele qui demeure seule.

3°. Si la réfléxion des corps & la conservation du mouvement après le choc, subsistent indépendamment de la compression, & de la restitution des parties des corps choquez, il n'y a point de difference par rapport à la réflexion entre les corps supposez sans ressort & les corps douez de ressort ; l'élasticité devient donc absolument superflue & de nulle propriété dans la nature. Toutes ces raisons portent à croire que là où il n'y a point de ressort, il n'y a point de principe de réflexion.

Si on a recours à l'expérience pour décider cette question, on trouve que tous les corps qui sont réfléchis à la rencontre d'un plan, ont du ressort ; que la mesure & la grandeur de la réflexion répond au degré d'élasticité, & que ceux qui n'ont point de ressort, ne sont point réfléchis ; car s'ils sont mous ils consument leur force à pousser le plan & à s'applatir ; s'ils sont durs, on trouve encore que la réflexion n'est pas nécessairement liée avec la dureté, puisque les corps ne sont pas toujours réfléchis à proportion qu'ils sont plus durs, & que la réflexibilité n'est pas reglée sur le plus ou moins de dureté.

Puisque la vertu élastique est une force éxistente dans la nature, qu'elle est capable de produire la reflexion des corps, rien n'empêche qu'on ne lui rapporte ce mouvement sinon comme à une cause générale, du moins comme à une cause qui suffit & qui est équivalente à toute autre cause qui seroit employée à la production de cet effet.

145. Dans le mouvement de réflexion, il faut remarquer la Fig. 29. ligne de *direction*, qui est appellée *ligne d'incidence* lorsque le corps va choquer le plan, & *ligne de réflexion* lorsqu'après le choc il est réfléchi, telles sont les lignes AC, CE ; *Le plan d'incidence & de réflexion* est celui à la rencontre duquel le corps est réfléchi, il est répréfenté par LL, le *point d'incidence* est celui où le corps choque le plan comme le point C, *point de réflexion* celui où la réflexion se fait. L'angle *d'incidence* est formé par la ligne d'incidence & le plan comme ACB ; *l'angle de réflexion*

eſt celui qui eſt formé par le même plan & la ligne de réflexion, tel eſt l'angle ECD : il y a enfin *la perpendiculaire au point d'incidence & de réflexion* : par exemple CH ; les angles formez par la perpendiculaire & les lignes d'incidence & de réflexion peuvent être appellés *complemens des angles d'incidence & de réflexion ou angles d'inclinaiſon de l'incidence & de la réflexion*, comme, par exemple, les angles ACH, HCE.

Il y a des Auteurs qui appellent angle d'incidence celui qui eſt formé par la ligne d'incidence, & la perpendiculaire au point d'incidence, & angle de réflexion celui qui eſt formé par la ligne de réflexion & la perpendiculaire au point de réflexion. On ſuppoſera que le plan à la rencontre duquel un corps eſt réfléchi, eſt inébranlable & infléxible.

146. De même que le choc peut être direct ou oblique, la réflexion peut auſſi ſe faire ſuivant une ligne perpendiculaire ou oblique au plan.

147. *Dans le choc direct toute la force ou mouvement du choquant eſt employée à bander le reſſort.* Car pendant que le reſſort ſe comprime, il eſt aſſujetti de maniere qu'il ne peut réagir contre le choquant ni lui ôter aucune partie de ſon mouvement ; donc le reſſort ſe comprime par toute la force que le choquant perd dans le choc, comme il a été expliqué dans le choc des corps à reſſort parfait ; par l'hypotheſe, le plan d'incidence eſt inébranlable, ou, ce qui revient au même, il appartient à une maſſe infiniment plus grande que n'eſt le choquant ; donc le choquant perd toute ſa force ou ſa viteſſe dans le choc ; ou bien celle qui lui reſte eſt infiniment petite par rapport à ſa viteſſe avant le choc, & elle ne differe pas ſenſiblement du repos ; donc le choquant perd toute ſa viteſſe à choquer le plan inébranlable ; donc le reſſort ſe comprime par toute cette force.

148. *Dans le choc oblique la force du choquant ſe décompoſe en deux efforts, l'un perpendiculaire, l'autre parallele au plan d'incidence. L'effort parallele tend à faire rouler ou gliſſer le corps ſur le plan, mais l'effort perpendiculaire ſe conſume tout entier à comprimer le reſſort.* 1°. *Dans le choc oblique pendant le tems que le reſſort ſe comprime le corps eſt mû le long du plan ;* car la force horizontale n'étant point empêchée ou retenue doit être employée à mouvoir le corps le long du plan : *d'où il ſuit que le point de réflexion eſt different du point d'incidence.*

149. *Si le plan eſt mathématique ou parfaitement poli, le corps doit gliſſer,* (on ſuppoſe qu'il eſt de figure ſphérique). Car ſi la

force horizontale étoit seule appliquée au corps comme sa direction passe par le centre toutes les parties de la sphere seroient déterminées à suivre celle du centre, le corps glisseroit donc le long du plan : or la force perpendiculaire au plan ne change rien à cette détermination, elle n'a d'autre effet que d'appliquer le corps contre le plan qui étant parfaitement poli n'oppose aucune résistance au mouvement parallele ni à la force qui le produit, par conséquent le corps doit glisser le long du plan pendant le tems que la force perpendiculaire comprime le ressort.

150. *Si le plan est raboteux le corps doit rouler pendant la compression du ressort,* (on suppose encore que c'est une sphere). Car pour lors la sphere s'engage en partie dans les cavitez de la surface qu'elle rencontre ; donc les parties inférieures de la sphere sont retardées par les inégalitez du plan où elles sont comme enfoncées, tandis que les parties supérieures peuvent obéir à tout l'effort de la force qui leur est appliquée ; les parties supérieures seront donc mûes plus vîte que les inférieures ; d'où résultera le tournoyement de la sphere sur son centre, & le roulement sur le plan.

151. *Si le plan d'incidence est parfaitement poli & inflexible, la force parallele demeure la même pendant la compression du ressort, & la direction du mobile devient de plus en plus inclinée au plan d'incidence.*

Car à l'instant que le globe rencontre le plan d'incidence, la force qu'il a suivant sa direction est décomposée en deux efforts, l'un perpendiculaire, l'autre parallele au plan : or soit que l'on conçoive un seul ou plusieurs chocs successifs, l'effort parallele ne souffre aucune diminution ; ces deux efforts sont réprésentez par les côtez d'un parallelogramme rectangle dont la diagonale exprime la force du corps avant le choc. Il est évident que lors du premier choc il n'y a que l'effort exprimé par le côté perpendiculaire, qui soit diminué par la résistance du plan, l'effort parallele demeurant dans son entier ; donc après ce premier choc la direction du mobile résultera de l'effort parallele non diminué & du reste de l'effort perpendiculaire. Cette nouvelle détermination sera suivant la diagonale d'un nouveau parallelogramme, dont le côté parallele sera le même que dans le premier. Il est aussi évident que dans le second choc la force du mobile sera décomposée dans les mêmes efforts qui l'ont produite, & que dans cette seconde décomposition le seul effort perpendiculaire sera diminué par la résistance du plan, l'effort parallele demeurant dans son entier ; or il est clair que l'effort parallele dans cette seconde décompofition eſt le même que dans la précedente lors du premier choc. On fera voir de la même maniere que dans les autres décompofitions qui arriveront pendant le tems de la compreſſion du reſſort l'effort parallele eſt le même que dans la premiere. Donc ſi le plan d'incidence eſt parfaitement poli & infléxible , l'effort parallele demeure le même pendant la compreſſion du reſſort.

152. *Il eſt évident en ſecond lieu que la direction du mobile devient de plus en plus inclinée au plan d'incidence.* Car cette direction eſt indiquée par la diagonale d'un parallelogramme rectangle , dont l'un des côtez , ſçavoir celui qui eſt perpendiculaire au plan d'incidence , diminue juſqu'à s'évanouir pendant que l'autre côté demeure le même. Or il eſt viſible que cette diagonale s'incline de plus en plus au plan juſqu'à lui devenir parallele. Donc, &c.

153. 1°. *Si le plan d'incidence eſt raboteux ou inégal, l'effort parallele eſt diminué par la réſiſtance des inégalitez , ce qui eſt évident.*

154. 2°. *Si le plan eſt parfaitement poli , dans le choc oblique le reſſort eſt comprimé par tout l'effort perpendiculaire qui réſulte de la force du mobile lorſqu'elle eſt décompoſée à la rencontre du plan.* Car pendant la compreſſion du reſſort le corps ne fait que gliſſer ſur le plan ſans rouler ; donc il s'applique au plan & le touche pendant tout ce tems par la même partie ; donc pendant tout le tems que dure la compreſſion le reſſort eſt aſſujetti de même que ſi le choc étoit direct ; donc il doit être comprimé par tout l'effort perpendiculaire de même que dans le choc direct.

155. *Si le plan eſt raboteux , le globe roulera & la compreſſion du reſſort ſe fera ſucceſſivement ſur pluſieurs parties du globe , ſçavoir ſur celles par leſquelles il touchera le plan.* Or il eſt évident que lorſque la partie comprimée ceſſera d'être appliquée contre le plan & de le toucher, elle ſe rétablira dans ſon premier état, & que le reſſort ſe détendra avant que la compreſſion finiſſe. *Si cela eſt , comment eſt-ce que le reſſort redonnera au corps toute la force par laquelle il a été comprimé ,* ainſi qu'on ſuppoſe & que l'expérience confirme qu'il lui redonne en effet ſenſiblement ? M. de Mairan qui ſe propoſe la difficulté , donne une réponſe fort ſubtile, mais qui leve la difficulté & y ſatisfait pleinement. En Fig. 30. voici le ſens. Concevons un cerceau de balene ou d'acier trempé qui ſoit preſſé contre le plan LL par un effort qui ſoit capable de l'applatir & de lui faire toucher le plan dans la partie AB , cette partie ne peut s'approcher du centre que la partie ANE ne

s'en éloigne en se renflant vers G. Cela posé que le cerceau en roulant s'applique par ses differentes parties au plan LL , & qu'après l'avoir touché dans sa partie AB , il s'y applique par la partie AE , la partie AB cessant de toucher le plan , s'élancera vers R autant en deça du point K qu'elle s'en étoit éloignée en dela vers le centre C , (c'est-là une propriété que tout le monde connoît dans les ressorts qui consiste à faire les mêmes vibrations que les pendules , & à s'éloigner de part & d'autre également du repos ,) la compression finissant en AB , la partie AGE qui par sa tension avoit été contrainte de s'éloigner du centre C , s'en approchera donc , mais elle ne s'arretera pas au repos en N , elle passera au-delà comme en M tant par sa force propre que par ce que ce mouvement est favorisé par le rétablissement de la partie AB. Lors donc que la partie AB s'appliquera au plan LL , la force avec laquelle cette partie s'approchera du centre est composée de la force actuelle qui applique le cerceau & de la réaction ou restitution du ressort qui se fait ou qui vient de se faire. Donc le ressort doit se comprimer dans le cas où le globe roule avec la même force que si c'étoit la même partie du mobile qui reçut toute la compression.

156. On peut même penser que la compression du ressort est quelque peu plus grande que si le plan étoit parfaitement uni : car on peut regarder les inégalitez du plan qui retardent le globe par sa partie inférieure , comme un plan à la rencontre duquel le mouvement du mobile se décompose : or il est aisé de se représenter qu'un tel plan formé par differentes petites hauteurs ou éminences , est moins incliné à la direction du mobile que n'est la surface sur laquelle elles se trouvent, d'où il suit que l'effort perpendiculaire que la décomposition donne , doit être plus grand que si le plan étoit uni , par conséquent le ressort doit se bander avec plus de force.

PROPOSITION DIX-SEPTIE'ME.

157. *Si un corps de figure sphérique & à ressort parfait choque un plan inébranlable & parfaitement poli , il est réfléchi de maniere que l'angle de réfléxion est égal à l'angle d'incidence.*

Il y a deux cas , ou bien l'incidence du globe est perpendiculaire ou oblique au plan.

Premier cas. Dans le premier cas la force du mobile est toute employée à comprimer le ressort ; donc lorsque la compression finit il en reçoit toute la force qu'il lui a communiquée , & parce que

le reſſort réagit en un ſens directement oppoſé à celui de la compreſſion, il s'enſuit que le mobile ſera réfléchi ſuivant une direction perpendiculaire au plan d'incidence, & qu'il retracera
en s'en éloignant la même ligne qu'il a décrite en s'en approchant ; donc l'angle de réflexion ſera égal à l'angle incidence.

Second cas. Dans le ſecond cas la force du corps choquant eſt
décompoſée à l'inſtant du choc, en deux efforts, l'un parallele,
l'autre perpendiculaire au plan d'incidence; l'effort perpendiculaire eſt tout employé à choquer le plan & à comprimer le reſſort; don
après la compreſſion le reſſort redonnera au mobile cet effort
dans ſon entier & dans les mêmes circonſtances que le mobile le
lui a communiqué durant le choc ; donc cet effort doit tendre à
éloigner le mobile du plan d'incidence de la même maniere que
l'effort détruit à concouru à l'en approcher ; donc ſi à cet effort
ſe joint l'effort parallele qui ne change ni par la compreſſion ni
par la reſtitution du reſſort, il eſt évident que le mobile recevra
de l'action conjointe de l'effort parallele & de la réaction du reſſort la même impulſion qu'il avoit à l'inſtant du choc, & qu'elle
ſera dirigée de la même maniere à l'égard du plan d'incidence ;
donc la ligne de réflexion fera avec ce plan un angle égal à l'angle d'incidence : on peut démontrer la même choſe ſur la figure
ſuivante où l'on ſuppoſera que le point de réflexion eſt le même
que le point d'incidence, ce qui n'ôte rien à la force de la démonſtration, parce que le chemin que le mobile parcourt ſur le
plan pendant la compreſſion & la reſtitution du reſſort ne change
rien à la direction qu'il doit prendre à l'égard du plan lorſqu'il
eſt réfléchi.

Fig. 29.   Que la ligne AC ſuivant laquelle le corps A étant mû va choquer le plan LL, répréſente la force avec laquelle ce corps eſt mû.
Des points A, C ſoient menées les lignes AB, CH perpendiculaires au plan LL, & du point A, AE parallele au même plan,
qui rencontre CH au point G, ſoit enfin achevé le rectangle GD
égal au rectangle BG, & menée la diagonale CE. Lorſque le
corps A choquera le plan LL, ſa force ſuivant AC ſera décompoſée en deux efforts exprimez par les côtez AB, AG, ou GC,
BC du rectangle BG, & à cauſe de l'immobilité ſuppoſée du plan
LL, (ou ſi on veut à cauſe que ce plan appartient à une maſſe
infiniment plus grande que n'eſt le corps A,) ce corps perdra
toute ſa viteſſe perpendiculaire GC, & l'effort qui en réſulte
ſera tout employé à bander le reſſort ; à l'égard de la viteſſe horizontale elle demeure toute entiere. Lorſqu'après le choc le reſ-

fort se rétablira, il redonnera au corps A la vitesse CG qu'il a consumée à le bander, laquelle est dirigée de C vers G en sens contraire de celle qui a été détruite ; pour ce qui est de la vitesse parallele BC elle est toujours dirigée dans le même sens, & à cause que CD = BC, cette vitesse sera exprimée par CD. Donc lorsque le corps A a choqué le plan LL au point C, il est poussé en même-tems suivant CG & CD avec des efforts exprimez par ces deux lignes ; donc il décrira la diagonale CE du rectangle GD ; mais parce que ce rectangle est égal en tout au rectangle BG, les diagonales AC, CE sont égales entr'elles & semblablement situées à l'égard du plan LL ; donc l'angle de réfléxion ECD est égal à l'angle d'incidence ACD.

158. *Si le ressort est imparfait il ne se rétablira pas avec un effort égal à celui que le corps* A *a consumé à choquer le plan* LL ; c'est pourquoi la vitesse de ressort étant moindre que la vitesse perdue CG, & la vitesse horizontale la même, *l'angle de réflexion sera moindre que l'angle d'incidence :* car le rectangle GD aura une hauteur moindre que le rectangle BG ; donc les bases BC, CD étant égales, la diagonale CE fera l'angle ECD moindre que l'angle ACB.

159. Si le plan LL est raboteux, la vitesse horizontale sera diminuée, & la vitesse de ressort égale à la vitesse GC ; le rectangle GD aura donc même hauteur que le rectangle BG ; mais la base CD sera moindre que BC, *c'est pourquoi l'angle* ECD *sera plus grand que l'angle* ACB.

DU CHOC QUI PRODUIT LA RÉFRACTION.

160. La réfraction consiste en ce qu'un corps qui passe obliquement d'un milieu dans un autre de differente densité ; par exemple, de l'air dans l'eau, est détourné de sa direction & en prend une qui est autre que celle qu'il suivoit avant la rencontre du nouveau milieu : ainsi si la bale A est poussée obliquement suivant la direction AD contre la surface LL qui sépare le milieu Z d'avec le milieu X qui est plus ou moins dense, en s'enfonçant dans le nouveau milieu X, elle ne suivra pas la ligne droite ADE ; Fig. 31. mais elle en sera détournée & ira comme vers M ou vers N à gauche ou à droite de la direction ADE.

C'est ce détour que l'on appelle *mouvement de réfraction* ou simplement *réfraction*. Si au point d'incidence C on éleve la perpendiculaire HCI, elle est le terme d'où l'on commence à compter la réfraction, ou plutôt c'est à la perpendiculaire HCI que l'on rapporte la quantité de cette réfraction, si la réfraction se fait vers M, on dit que le corps se détourne en s'approchant de la perpendiculaire, mais s'il se détourne vers N, on dit qu'il s'éloigne de la perpendiculaire.

161. Dans la réfraction il faut considérer la *surface réfringente* LL, *le point d'incidence* C, qui est aussi celui *de réfraction*, parce que la refraction commence aussi-tôt que le mobile rencontre le nouveau milieu. *La ligne d'incidence* ADCE, *la perpendiculaire d'incidence & de réfraction* HCI, la ligne *de réfraction* CM *ou* CN, l'angle *d'incidence* ACL formé par la ligne de direction & la surface réfringente, l'angle *d'inclinaison* ACH formé par la ligne d'incidence & la perpendiculaire HCI, l'angle *de réfraction* ICM *ou* ICN formé par la perpendiculaire HCI & la ligne de réfraction CM ou CN, l'angle *rompu* ECM ou ECN formé par la ligne de direction ACE & la ligne de réfraction CM ou CN. Il y a des Auteurs qui appellent angle d'incidence l'angle ACH formé par la direction ACD & la perpendiculaire HCI, & angle de réfraction celui qui est formé par la ligne de direction ou d'incidence ADCE, & la ligne de réfraction CM ou CN.

162. *Si le corps* A *qu'on suppose de figure sphérique tombe perpendiculairement sur la surface* LL *du nouveau milieu* X, *il n'y aura point de réfraction.*

Car la direction du mobile étant perpendiculaire à la surface LL commune aux deux milieux, il presse l'un & l'autre dans le même sens, en sorte que les parties du mobile également éloignées de la direction AD éprouvent la même résistance, tant Fig. 32. celles qui sont dans le milieu X que celles qui sont encore engagées dans le milieu Z ; de plus toutes ces résistances prises deux à deux sont semblablement situées ; donc le corps A éprouvant à la fois toutes ces résistances, n'est sollicité par aucune d'elles à quitter sa direction, il entrera donc dans le milieu Z sans qu'il y ait réfraction.

163. *Si le corps* A *rencontre obliquement la surface commune aux milieux* Z, X, *suivant une direction* AD *oblique à cette surface, il y aura réfraction.*

Fig. 33. 164. Tant que le mobile est dans le milieu Z, il trouve une résistance égale par tout, c'est pourquoi il est mû suivant la même direction AD ; mais lorsqu'il rencontre le nouveau milieu X, les résistances qui sont de part & d'autre de la direction AD, sont inégales, puisque les milieux résistent inégalement : or ces

réfiftances inégales ont le même effet que deux obftacles mobiles que le corps A rencontreroit fur fon paffage , & fituez des
deux côtez de la direction AD & dont l'un céderoit plus promptement que l'autre ; il eft évident que le moindre obftacle S venant à céder , le plus grand fçavoir R détermineroit par l'excès
de fa réfiftance , la force qui meut le corps à changer de direction & à l'incliner vers l'obftacle S qui cede plus promptement.
La même chofe doit donc arriver lorfque le corps A choque
obliquement le nouveau milieu X, fa direction doit changer &
y avoir réfraction.

PROPOSITION DIX-HUITIE'ME.

165. *Si le corps A de figure fphérique choque obliquement le
nouveau milieu X qui réfifte moins que le milieu Z , il fe détournera en s'approchant de la perpendiculaire HCI ; mais il s'en éloignera fi le milieu X réfifte davantage que le milieu Z.*

DEMONSTRATION. Lorfque le corps A choque obliquement Fig. 34.
le milieu X, la réfiftance que fa moitié antérieure BGK éprouve
n'eft pas également partagée des deux côtez de la direction AD ;
celle de la partie GK eft plus grande que celle de la partie GB ,
puifque le milieu Z réfifte davantage que le milieu X ; donc
l'obftacle en GB cede plus promptement , par conféquent l'obftacle en GK détermine par l'excès de fa réfiftance la force qui
meut le corps à l'enfoncer dans le milieu X plus avant qu'elle
n'eut fait en tems égal fi le milieu X eut été de même réfiftance
que le milieu Z , le corps A parcourt donc fuivant la perpendiculaire HCI un efpace plus grand que fi le milieu X eût fait la
même réfiftance que le milieu Z : or fi cela eft ainfi il eft néceffaire que la direction du corps s'incline vers la perpendiculaire
HCI & parce que durant tout le tems de l'enfoncement la réfiftance en GK fera plus grande que la réfiftance en GB , la fphere
s'approchera pendant tout ce tems de la perpendiculaire HCI.
Comme ce raifonnement pourroit paroître trop général & ne pas
expliquer fuffifamment ce qui arrive dans la réfraction , on va
donner une preuve plus circonftanciée de cette propofition au
moyen des réflexions fuivantes. 1°. Lorfqu'une fphere eft mûe
dans un milieu réfiftant , elle ne le choque que par la moitié de
fa furface , fçavoir par fa moitié antérieure ; l'autre moitié ne
fouffre aucune réfiftance parce qu'elle ne fait que fuivre la route
qui lui eft frayée par la partie antérieure , & que d'ailleurs les
parties du milieu qui environnent immédiatement cette moitié

fuivent la fphere & ne s'oppofent point à fon mouvement; c'eft
pourquoi fi on mene un diametre BK perpendiculaire à la direction AD , la moitié BGK éprouvera toute la réfiftance des milieux Z , X , & la moitié BEK fera à couvert du choc. 2°. Suppofons que la fphere eft engagée en partie dans le milieu X &
en partie dans le milieu Z , de maniere néanmoins que la partie
CF qui eft dans le milieu X où la fphere va fe plonger , foit
moindre que la partie LEKF qui eft encore dans le milieu Z ,
CF fera la partie à laquelle le milieu X réfifte , & FGK , l'autre partie que le milieu Z retarde , fi l'on prend GO = GF ,
l'on aura deux parties égales de la furface de la fphere qui font
fituées de part & d'autre de la direction AD & qui font l'une &
l'autre encore dans le milieu Z ; il eft évident que fi la fphere ne
trouvoit de la réfiftance que dans les deux parties GF , GO , elle ne fe détourneroit ni à droite ni à gauche de la direction AGD,
puifque le milieu Z s'oppofe également & avec la même force &
à GF & à GO ; or puifque la fphere fe détourne à chaque inftant
de fa direction actuelle , il faut que ce foit parce qu'elle trouve
des réfiftances inégales dans les parties égales BF , KO de la
part des milieux X , Z. 3°. Comme la direction AGD eft oblique aux furfaces BF , KO , il eft évident que la fphere ne choque pas les milieux X , Z par les furfaces BF , OK avec toute
la force que lui donne fa viteffe abfolue ou fa viteffe propre :
cette force eft donc décompofée ; mais parce que les furfaces
BF , OK font compofées d'une infinité de petites furfaces planes
differemment inclinées à la direction AD , toutes les parties de
la furface courbe BF ne trouveront pas dans le milieu X une égale
réfiftance , il faut penfer la même chofe à l'égard des petites furfaces planes qui compofent la furface courbe KO. 4°. Si deux
furfaces planes égales & femblables , choquent directement avec
la même viteffe les milieux X, Z , elles trouveront des réfiftances
les plus grandes qu'il foit poffible, c'eft-à-dire, que les milieux ré-
fifteront autant qu'ils peuvent ; mais fi les directions des viteffes
font obliques aux furfaces planes , elles trouveront des réfiftances moindres parce que la force du choc oblique eft plus petite
que la force du choc perpendiculaire : fi cependant la direction
du choc oblique eft la même ou également inclinée à l'égard des
deux furfaces toujours fuppofées égales & femblables , il eft évident que les réfiftances dans le choc oblique quoique moindres
feront néanmoins dans la raifon des réfiftances abfolues que ces
furfaces trouvent dans le choc direct. Cela pofé , 5°. Si l'on divife.

vife par la penfée les furfaces courbes & égales BF, OK en parties égales celles qui font à la même diftance de la ligne AGD
qui montre la direction actuelle de la fphere font femblablement
fituées par rapport à cette direction ; donc elles trouvent des réfiftances qui font dans la raifon des réfiftances abfolues des milieux. Or puifque les réfiftances que les milieux X, Z font aux
parties deux à deux également éloignées de la direction AGD &
des points F, O, font entr'elles comme les réfiftances abfolues
des mêmes milieux, il s'enfuit que l'on peut raifonner des réfiftances totales des furfaces BF, KO, comme de celles que trouvent deux parties R, S également diftantes de la direction AGD,
c'eft pourquoi fi les réfiftances que les milieux X, Z font aux
points R, S, déterminent la fphere à s'approcher de la perpendiculaire HCI, il faudra dire que les réfiftances totales des furfaces BF, KO l'en approchent de même, & que l'angle de réfraction eft moindre que l'angle d'incidence. *Or il eft aifé de
prouver que les réfiftances partielles des points R, S détournent la
fphere de maniere qu'elle s'approche de la perpendiculaire HCI.*
Il faut des points R, S mener les tangentes RP, SN, & les lignes RV, SM paralleles à la direction AGD qui rencontrent
le diametre BK aux points V, M elles feront égales entr'elles,
puifque les arcs BR, KS font fuppofez égaux, les points R, S
étant également éloignez du point G ; donc fi des points V, M
on abbaiffe VP, MN perpendiculaires aux tangentes RP, SN,
on formera deux triangles RPV, SNM égaux & femblables.
Cela pofé, les lignes VR, MS font les directions des points R,
S, puifque ces lignes font paralleles à la direction AGD du centre;
donc les petites furfaces planes R, S répréfentées par les tangentes
RP, SN, choquent obliquement les milieux X, Z & en font
choquées de même ; donc leurs efforts fuivant VR, MS font dé-
compofez chacun en deux autres, l'un parallele & l'autre perpendiculaire aux plans RP, SN ; fi on fuppofe que les viteffes
des points R, S font exprimées par les obliques VR, MS, (car
ces viteffes font égales,) les tangentes PR, NS exprimeront les
viteffes ou efforts paralleles des points R, S & VP, MN les efforts perpendiculaires, & parce que les tangentes PR, NS font
égales & les perpendiculaires VP, MN auffi, les efforts paralleles des points R, S feront égaux, de même que les efforts perpendiculaires : c'eft par les efforts perpendiculaires VP, MN que
les points ou petites furfaces R, S choquent les milieux X, Z ;
donc les réfiftances de ces milieux par rapport aux petites fur-

faces R , S font dirigées en fens contraires , c'eſt-à-dire , fuivant
les rayons RA , SA perpendiculaires aux tangentes RP , SN :
or on fuppofe que le milieu X réfifte moins que le milieu Z ;
donc l'effort fuivant AR par lequel la petite furface R choque
ce milieu, eſt moins diminué que l'effort fuivant AS par lequel
la petite furface S choque le milieu Z qui réfifte davantage; après
ce premier choc l'effort fuivant AR étant plus grand que l'effort
fuivant AS le point R , & conféquemment tous les points de la
furface BF font pouffez avec plus de force fuivant AR , & fuivant les autres rayons menez à la furface BF , que le point S &
tous ceux de la furface OK ne le font fuivant AS & fuivant les
autres rayons menez à la furface OK ; donc la fphere doit faire
plus de chemin fuivant AR que fuivant AS , & par conféquent
s'approcher de la perpendiculaire HCI.

166. Le détail que l'on vient de faire peut fervir à fortifier la
premiere preuve , car puifque la fphere ne fe détourne que par
l'inégalité des réfiſtances qu'elle éprouve dans les parties BF ,
OK de fa furface , que d'ailleurs la réfiſtance totale en OK qu'on
peut fuppofer réunie & placée en S eſt plus grande que la réfiftance totale en BF qu'on peut fuppofer réunie en R , il s'enfuit que l'obſtacle en S déterminera par fa plus grande réfiſtance
la force qui pouffe la fphere à lui faire parcourir plus de chemin
dans le fens de la moindre réfiſtance & par conféquent à l'approcher de la perpendiculaire HCI.

167. *Il eſt évident par tout ce qui précede que fi le milieu* X
réfiſtoit davantage que le milieu Z *, pour lors la fphere s'éloigneroit de la perpendiculaire* HCI.

168. La propofition inverfe eſt auffi vraie , *fi une fphere
choque obliquement un nouveau milieu , & qu'en le pénetrant
elle fe détourne & s'éloigne de la perpendiculaire , le milieu qu'elle
penetre réfiſte plus que celui dans lequel elle eſt mûe.* Car fi le milieu réfiſtoit également , le mobile ne quitteroit point fa direction , & fi la réfiſtance du milieu étoit moindre le mobile s'ap-
procheroit de la perpendiculaire. On ne dit rien du chemin de
la fphere durant l'enfoncement ou après qu'elle eſt toute plongée , pour déterminer ce chemin , il faudroit entrer dans la théorie des milieux réfiſtans , & s'il s'agiſſoit de la réfraction d'autres corps differens de la fphere , il faudroit avoir égard à leur
figure & à la maniere dont ils fe préfentent pour pénetrer le
nouveau milieu.

PROPOSITION DIX-NEUVIE'ME.

169. Si le corps A traverse deux milieux Z, X, qui résistent inégalement, qu'il parcoure dans l'un & l'autre en tems égaux, des espaces qui soient entr'eux comme le sinus de l'angle d'inclinaison est au sinus de l'angle de réfraction, il suivra le chemin de la plus courte durée.

Le corps A est mû suivant AC dans le milieu Z & va rencontrer au point C la surface commune aux deux milieux : supposons qu'en entrant dans le milieu X, il prenne sa route vers F, si du point C on mene la perpendiculaire ECI ; ACE sera l'angle Fig. 35. d'inclinaison, & l'angle ICF l'angle de réfraction : or je dis que 36. si les espaces AC, CF qu'on suppose avoir été parcourus en mê- me-tems, font entr'eux comme les sinus des angles ACE, FCI, la route ACF que le corps a tenu est celle de la plus courte du- rée, en sorte que s'il en suit une autre telle que ADF, il sera plus long-tems à aller du point de départ au point F. Il faut pren- dre CO $=$ CF & mener OE, FI perpendiculaires à ECI. Du point D mener DM, DL perpendiculaires à AC, FC prolon- gées s'il est nécessaire en M, L. Les triangles OCE, DCM font femblables, les angles E, M font droits, & l'angle O est égal à l'angle DCM, à cause des paralleles OE, DC. Les triangles ICF, DCL font aussi femblables, les angles I, L font droits, & l'angle CFI égal à l'angle DCL à cause des paralleles DC, IF, ces quatres triangles donnent les   CM . DC :: OE . OC proportions. Si on multiplie par or-   DC . CL :: CF . FI. dre qu'on divise les deux premiers produits par DC, & les deux derniers par CO, CF qui font des grandeurs égales, on aura CM.CL :: OE.FI, c'est-à-dire, que les espaces CM, CL font dans la raison du sinus de l'angle d'inclinaison OCE au sinus de l'an- gle de réfraction ICF: car OC ou son égale CF étant le sinus total, OE, FI font les sinus des angles OCE, ICF. D'où il suit que les espaces AC, CF parcourus en tems égaux, font dans la rai- fon de CM à CL. Donc le corps A parcourroit CM dans le mi- lieu Z dans le tems qu'il parcourroit CL dans le milieu X. Cela posé, pensons que dans la Fig. 36, le corps A au lieu de par- courir CM dans le milieu Z parcourt CL dans le milieu X, & qu'au contraire dans la Fig. 35, au lieu de parcourir CL dans le milieu X, il parcourt CM dans le milieu Z, le tems par AM +LF sera égal au tems par AC+CF; mais le tems par AD dans le milieu Z est plus long que le tems par AM dans le même milieu , puisque AD est plus grande que AM , pareillement le tems par DF dans le milieu X est plus long que le tems par LF dans le même milieu , puisque DF est plus grande que LF ; donc le tems par AM + LF est plus court que le tems par AD + DF. Donc le tems par AC + CF qui est égal au tems par AM + LF est plus court que le tems par AD + DF.

On fera voir de la même maniere que toute autre route que le mobile tienne pour aller de A en F le tems sera plus long que le tems par ACF.

170. Le fond de cette démonstration est de M. de la Hire. Puisque l'angle ICF est moindre que l'angle OCE , & le sinus IF moindre que le sinus OE , l'espace CF que le corps a parcouru dans le milieu X est moindre que l'espace AC qu'il a parcouru en tems égal dans le milieu Z. D'où il suit que le milieu Z est plus aisé à traverser que le milieu X ; qu'ainsi le corps A en passant d'un milieu qui est plus aisé à pénétrer dans un autre qui est plus difficile , s'approche de la perpendiculaire , ce qui paroît détruire la proposition où l'on a établi que si le nouveau milieu est plus difficile à pénetrer , le corps sphérique A doit se détourner en s'éloignant de la perpendiculaire.

Il faut convenir que si cette proposition étoit vraie généralement & indépendamment de toute hypothese , elle renverseroit celle qu'on a établi ; mais elle est fondée sur l'hypothese que le corps parcourt en tems égaux dans les milieux des espaces qui sont entr'eux comme le sinus de l'angle d'inclinaison est au sinus de l'angle de réfraction , ou ce qui revient au même , que la route qu'il suit est celle du moindre tems ou de la plus courte durée : or cette hypothese est purement arbitraire , elle n'est fondée ni sur le mouvement ni sur la nature de la résistance des milieux.

Fin du troisiéme Livre.

PRINCIPES
SUR
LE MOUVEMENT
ET L'EQUILIBRE,
POUR SERVIR D'INTRODUCTION
aux Mécaniques & à la Physique.

LIVRE QUATRIEME.
DE LA STATIQUE.

I. **L**A Statique est une science qui traite de l'équilibre des puissances, en tant qu'appliquées aux machines ; qui détermine les rapports que ces mêmes puissances doivent avoir entr'elles, & les directions suivant lesquelles elles doivent agir, afin que l'équilibre qui est son objet principal, s'en ensuive.

Dans le premier Livre article 180, on a dit que *l'équilibre est l'état de plusieurs forces qui agissent les unes contre les autres de manière que tout demeure en repos*, que dans l'équilibre les forces tendent à des efforts opposez ; mais parce qu'aucune d'elles ne prevaut, elles produisent le repos avec la tendence au mouvement, le repos résulte de toutes les forces qui agissent ensemble & à la fois les unes contre les autres, la tendence au mouvement est l'effet de chacune en particulier, car une force ne peut pas agir suivant sa direction qu'elle ne tende à produire le mouvement.

2. *Puiſſance* eſt tout ce qui peut mouvoir un corps. Entre les puiſſances les unes ſont animées, comme les hommes, les chevaux ; les autres inanimées, comme les poids, les reſſorts. Les unes agiſſent par un action perſévérante, uniforme, & qui eſt la même pour tous les inſtans ; tels ſont les poids & les reſſorts tant qu'ils demeurent également bandez ; les autres n'agiſſent que pour un tems, & encore pendant le tems qu'elles agiſſent, leur action n'eſt pas conſtamment la même, mais tantôt plus, tantôt moins grande. Dans la ſtatique on ne conſidere que les puiſſances qui agiſſent uniformément ou du moins qui ont entr'elles les rapports néceſſaires pour l'équilibre: on les répréſente par des poids ou des mains qui tirent d'une maniere toujours la même ou bien qui ne trouble point leur repos reſpectif. Il eſt évident qu'il n'y a que cette ſorte de puiſſances qui ſoient de l'objet de la ſtatique.

3. Une puiſſance qui eſt actuellement appliquée à un corps & qui lui donne du mouvement peut être appellée *force mouvante*. Dans la ſtatique, on ne conſidere point à proprement parler, les forces mouvantes, ou les puiſſances qui produiſent un mouvement actuel, lequel eſt incompatible avec l'équilibre. Cela n'empêche pas néanmoins que l'on ne puiſſe ſuppoſer qu'une machine qui eſt tenue en équilibre tourne pendant un inſtant, & que les puiſſances qui y ſont appliquées ſont mûes dans le ſens de la machine, afin de mieux diſcerner en quoi conſiſte l'oppoſition mutuelle qu'elles ſe font, & par laquelle elles ſe réſiſtent.

4. *Ligne de direction d'une puiſſance* eſt la ligne droite ſuivant laquelle elle tend à mouvoir un corps : la direction d'un poids, eſt la ligne droite que la peſanteur tend à lui faire décrire en l'approchant du centre de la terre.

5. *Les machines ſont des inſtrumens* auxquels des puiſſances s'appliquent ſoit pour les mouvoir, ſoit pour y faire équilibre. Elles ſont de deux ſortes, les unes *ſimples*, *les autres compoſées*. Les machines ſimples ſont au nombre de ſix. Le *levier*, le *tour ou treuil*, la *poulie*, le *plan incliné*, la *vis* & le *coin*, auxquelles on peut ajouter la *machine funiculaire* ou les cordes qui ſoutiennent des poids. Les machines ſimples qui ſont d'une ſeule piece ſont quelquefois appellées *organes*.

6. La *Machine compoſée* eſt un *aſſemblage de machines ſimples*, toutes concourantes par leurs mouvemens particuliers, à la production d'un mouvement principal, lorſque la machine eſt mûe ; ou à tenir en équilibre des puiſſances agiſſantes toutes les unes ſur les autres.

7. Lorsqu'une puissance est appliquée à une machine il faut distinguer *sa force absolue* d'avec *sa force relative*. La force absolue d'une puissance est la mesure de l'effort qu'elle fait suivant sa direction lorsqu'elle est appliquée seule à un corps & indépendamment de toute machine. La force relative résulte de la force absolue, mais elle en est differente, c'est la force absolue en tant qu'elle est modifiée par la machine à laquelle est appliquée, c'est l'impression que la machine reçoit de l'application de la force absolue. La force relative en termes de mécanique est appellée *moment*. La définition que l'on vient d'en donner ne fait pas encore concevoir distinctement ce qu'il faut entendre par cette force. On s'appliquera dans la suite d'une maniere particuliere à éclaircir l'idée qu'elle présente, & à faire voir que la force relative d'une puissance peut augmenter ou diminuer lors même que son effort absolu ne reçoit ni accroissement ni diminution, & que cette force peut croître jusqu'au point de contrebalancer ou même de vaincre l'effort absolu d'une autre puissance, quoi qu'incomparablement plus grand.

8. REMARQUE. Les Auteurs qui ont écrit sur la statique l'ont fait differemment, tant pour les démonstrations, que pour la maniere de considérer les machines. Les anciens ont suivi Archimede, & ont regardé les machines simples comme autant d'especes de levier dont le levier ordinaire est comme le genre. On sçait que *si deux poids sont attachez aux extrêmitez d'une balance de bras inégaux, il y a équilibre si les poids sont entr'eux dans la raison réciproque des bras auxquels ils sont appliquez.* Cette proposition a toujours été regardée comme le principal fondement de la statique. Archimede pour la démontrer fait deux ou trois suppositions. 1º. *Que deux poids égaux attachez aux bras é-* Fig. 1. *gaux d'une balance sont en équilibre.* 2º. *Que les directions des corps pesans sont paralleles.* Voici la troisiéme. Soient plusieurs poids égaux A, B, C, D, &c. attachez aux bras de la balance MN, à égales distances les uns des autres; le point de suspension de la balance est en F. L'effort que tous ces poids ainsi distribuez font pour faire pancher la balance du côté de M, est le même que s'ils étoient réunis au centre commun de pesanteur en E; en sorte que *si tous ces poids ainsi éloignez les uns des autres, font équilibre avec le poids P, l'équilibre ne sera pas rompu, si après avoir ôté les poids A, B, C, D, on attache au point E qui est leur centre commun de gravité, un poids K qui soit égal à la somme des mêmes poids A, B, C, D.*

9. La seconde de ces suppositions a été attaquée par M. de Fermat , & la troisiéme n'a pas paru assez évidente à M. Huygens qui a employé un assez long discours pour la prouver. Quand une fois il est démontré que deux poids inégaux attachez aux bras inégaux d'une balance , sont en équilibre , s'ils sont dans la raison réciproque de ces bras , la mécanique des anciens n'est plus qu'une application de ce principe à toutes les machines , & l'on y rapporte tous les équilibres. On reproche à ce principe tel qu'il est démontré par Archimede , l'inconvénient d'être fort limité , parce qu'il ne s'étend qu'aux équilibres des puissances dont les directions sont parallelles , de sorte que pour les cas des directions concourantes , il faut avoir recours à de nouvelles suppositions.

10. De grands Géometres s'étant apperçus de ce défaut , tournerent leurs vües d'un autre côté. M. Descartes proposa un autre principe de mécanique que voici : (*Il ne faut ni plus ni moins de force pour lever un corps pesant à une certaine hauteur que pour en élever un autre moins pesant à une hauteur d'autant plus grande qu'il est moins pesant.* Ainsi il faut la même force pour lever un fardeau pesant 100 livres à la hauteur de 10 pieds , que pour en élever un de 10 livres à la hauteur de 100 pieds. Suivant ce principe deux forces sont égales lorsqu'elles élevent des poids à des hauteurs qui sont en raison réciproque des mêmes poids ; & parce que dans les machines les vitesses sont comme les espaces parcourus (à cause que les tems des mouvemens sont égaux) il s'ensuit que deux forces sont égales lorsque les poids ou fardeaux qu'elles meuvent , sont entr'eux réciproquement comme les vitesses avec lesquelles elles les meuvent. C'est-là sans doute le sens du principe de M. Descartes , du moins en tant qu'il est applicable aux machines. M. Descartes prétend néanmoins que son principe n'a aucune liaison avec la vitesse & qu'il en est tout-à-fait indépendant , parce que l'idée de vitesse enferme celle du tems , & que son principe n'a aucune liaison nécessaire avec le tems. Il peut bien se faire que ce principe considéré en lui-même & sans aucun rapport aux machines , ne soit pas nécessairement lié avec le tems ni avec la vitesse , mais si on l'applique aux machines , on ne peut pas disconvenir que les hauteurs que deux poids parcourent en même-tems ne soient entr'elles dans la raison des vitesses. Quoiqu'il en soit , ce principe a été critiqué & deffendu , & il est encore douteux si on peut l'adopter pour un vrai principe de mécanique ; en effet la maniere dont on a coutume de le proposer ,

poſer, donne lieu à la critique. On peut voir là-deſſus les difficultez propoſées par M. Varignon au commencement de la dixiéme
ſection de ſa nouvelle mécanique. On eſpere néanmoins faire voir
dans le cours de ce Livre que ce principe peut être pris dans un
bon ſens, & qu'étant bien entendu, il eſt un des fondemens
les plus ſolides de la mécanique, qu'on peut l'appliquer aux
équilibres des puiſſances dont les directions ſont concourantes &
paralleles ; enfin qu'il eſt peut-être le ſeul qui puiſſe faire bien
concevoir ce qu'il faut entendre par force relative d'une puiſſance appliquée à une machine, & quelle eſt la véritable ſignification du terme de *moment* que l'on emploie ſi ſouvent en mécanique.

11. On vient de voir que des trois ſuppoſitions d'Archimede, la
ſeconde avoit été conteſtée; que la troiſiéme, quoique vraie, n'avoit
pas été trouvée aſſez évidente ; d'ailleurs quand même on accorderoit à Archimede ſa ſeconde ſuppoſition, ſon principe n'en ſeroit
que plus limité, puiſqu'il n'auroit lieu que dans les cas des directions paralleles. On a vû auſſi que le principe de M. Deſcartes,
comme on a coutume de le propoſer, n'a pas une liaiſon clairement
connue avec les conſéquences que l'on en veut déduire par rapport à
l'équilibre. D'ailleurs ni l'un ni l'autre de ces principes ne montre
de quelle maniere l'équilibre ſe fait. Ces conſidérations détermine-
rent M. Varignon à chercher dans les mouvemens compoſez la
génération de l'équilibre & les vrais principes de la ſtatique. On a
expliqué dans le premier livre comment les impreſſions particulieres de deux puiſſances ſe confondent en une ſeule, à laquelle, ſi
on oppoſe une réſiſtance qui lui ſoit égale & dirigée en ſens contraire, les deux puiſſances ſont retenues en équilibre. Ce principe
ſi ſimple en lui-même, eſt d'une fécondité admirable, les conſéquences en naiſſent comme d'elles-mêmes ſans qu'il ſoit beſoin d'employer de longs raiſonnemens.

12. Les trois principes de ſtatique qui ont donné lieu à cette
remarque, ſont également certains, & fourniſſent autant de preuves
differentes de l'équilibre ; car pour ce qui eſt des difficultez qu'on
oppoſe aux deux premiers, elles peuvent être levées. On les mettra touts trois en œuvre, tant pour montrer qu'il y a pluſieurs
voies pour arriver à la même vérité, qu'afin que le lecteur trouvant ſous ſes yeux les différentes manieres de procéder des anciens
& des nouveaux, puiſſe juger du mérite de chacune en particulier, & choiſir enſuite celle qui lui paroîtra la plus propre
pour ſon uſage & ſon deſſein. On diviſera ce Livre en quatre

chapitres. Dans le premier on expliquera les propriétez du *levier*, de la *poulie*, & du *treuil* ou *tour* ; dans le fecond on traitera du *plan incliné*, de *la vis*, du *coin*, & des *poids foutenus avec des cordes* ; dans le troifiéme on expofera les *machines compofées* qui font les plus ufitées ; dans le quatriéme on donnera la conftruction *de la balance & du pefon*, avec la folution de plufieurs problêmes de ftatique.

CHAPITRE PREMIER.

DU LEVIER, DE LA POULIE, ET DU TREUIL OU TOUR.

13. CEs trois machines ont cela de commun, qu'elles tournent fur un appui, & que c'eft par des analogies toutes femblables qu'on détermine le rapport de la puiffance au poids qu'elle foutient : c'eft pour cette raifon qu'on va traiter des trois dans un feul chapitre afin de les confiderer toutes fous un même point de vûe. Chacune d'elles aura néanmoins fon titre particulier : on expliquera enfuite ce que l'on appelle *momens* en mécanique, & leur ufage : on confiderera enfin ce qui regarde les appuis.

DU LEVIER.

14. Le levier dont les ouvriers fe fervent, eft une barre de fer, de bois, ou de quelque autre matiere dure & non fujette à fe courber ; elle eft plus ou moins longue felon le fervice qu'on en veut tirer. On fe fert du levier pour remuer des fardeaux, les foutenir, les élever, ou pour vaincre quelque obftacle. Pour que le levier puiffe jouer, il faut qu'il foit pofé fur un *appui* qu'on appelle auffi *hypomochlion* nom tiré du grec, & que fa réfiftance foit affez grande pour ne pas ceder à l'impreffion de la charge que la puiffance & le poids lui font porter. L'appui peut avoir trois pofitions differentes à l'égard de la puiffance & du poids, ce qui a fait diftinguer trois efpeces de levier. On appelle *levier de la premiere efpece*, celui dont l'appui eft entre la puiffance & le poids ; *levier de la feconde efpece*, celui dont le poids eft entre la puiffance & l'appui ; *levier de la troifiéme efpece*, celui dont la puiffance eft entre le poids & l'appui.

15. On regardera les machines comme fi elles étoient fans maffe, fans pefanteur, comme compofées de lignes & de figures Géométriques, roides, inflexibles, parfaitement mobiles, & exemptes de tout frottement. Cette maniere d'envifager les machines, permettra à l'efprit de n'être occupé que de l'objet princi-

pal qui eſt le rapport des puiſſances dans l'équilibre ; ce qui n'empêche pas qu'après cette premiere conſidération, on ne puiſſe retourner ſur ſes pas pour examiner les machines dans l'état réel &
avec leurs qualitez phyſiques, pour déterminer la meſure de force
qu'il faut employer pour les mouvoir , & ſurmonter la réſiſtance
des frottemens.

16. Dans cette ſuppoſition on définira le levier ordinaire *une* Fig. 2. 3.
verge ou ligne inflexible poſée ſur un appui fixe , à laquelle ſont appli- 4.
quées deux puiſſances ou deux poids , ou une puiſſance & un poids.
XY eſt la longueur du levier ; F l'appui ; M , N , les points auxquels les puiſſances , les poids ou les réſiſtances ſont appliquez ;
MO , NS ou OP , SR leurs directions ; O , S , deux points fixes
ſur leſquels paſſent les cordons POM , RSN , qui tiennent les poids
ſuſpendus , ou auxquels les puiſſances ſont appliquées ; FM , FN
ſont les bras du levier ; FA , FD , les perpendiculaires menées de
l'appui F ſur les directions prolongées autant qu'il eſt néceſſaire , elles meſurent les diſtances de l'appui aux mêmes directions. Les cordons POM , RSN ſont ſuppoſez ſans peſanteur parfaitement flexibles & ſans aucun frottement qui retarde le mouvement des poids
ou puiſſances qui leur ſont appliquées

PRÉPARATION POUR LA PREMIERE DEMONSTRATION
DU LEVIER.

17. *Dans l'équilibre une force qui eſt appliquée à un corps , tend à*
lui communiquer tout le mouvement qu'elle peut produire ſuivant ſa
direction.

Pour nous renfermer dans notre ſujet , ſuppoſons que deux poids Fig. 2.
inégaux P , R ſont attachez aux bras égaux FA , FD du levier XY ,
il eſt certain qu'il n'y aura point d'équilibre , que le grand poids R
ſurmontera le moindre P ; il eſt de plus certain que le grand poids R
ſera mû avec une viteſſe moindre que s'il n'étoit pas contraint de
ſurmonter la réſiſtance du poids P ; ainſi ſa viteſſe actuelle ſera
moindre que s'il étoit mû par toute la force de ſa peſanteur ; mais
ſi le poids R eſt retenu en équilibre par le poids P ou par quelque autre force ajoutée à celle de ſa peſanteur , il eſt pareillement
certain que le poids R tend à être mû par toute la force de ſa
peſanteur ; car dans l'équilibre toute cette force lui eſt appliquée , parce qu'elle ne ſe partage point comme dans le mouvement
actuel.

PROPOSITION PREMIERE.

Fig. 2. 3. 4.

18. *Si le poids P eſt attaché ſucceſſivement à differens points* m, M *du levier* XY *, dans le cas de l'équilibre le poids R tend à communiquer au poids* P *des quantitez de mouvement qui ſont comme les diſtances* Fa, FA *de l'appui* F *aux directions* am, AM.

Il y a deux cas , ou les directions ſont paralleles , ou elles ſont inclinées l'une à l'autre & concourent en un point.

Fig. 2.   DEMONSTRATION DU PREMIER CAS , *lorſque les directions ſont paralleles.* Dans l'équilibre ſoit que le poids *P* ſoit ſuſpendu au point *m* ou *M* , le poids *R* tend à être mû par toute la quantité de mouvement que la peſanteur peut lui imprimer dans un inſtant. Suppoſons que par ce mouvement , le poids *R* puiſſe décrire l'arc *DI* , il eſt évident qu'il ne peut avoir cette tendence à moins que le poids *P* d'abord ſuſpendu en *m* & enſuite en *M* , ne tende à décrire les arcs *ag* , *AG* ; les tems par les arcs *ag* , *AG* étant égaux au tems par l'arc *DI* , ſont égaux entr'eux ; donc les viteſſes du poids *P* en *m* & *M* , ſont entr'elles comme ces arcs ou comme les rayons *aF* , *AF* qui les décrivent : or parce que c'eſt le même poids *P* qui tend à décrire les arcs *ag* , *AG* , il s'enſuit que les quantitez de mouvement ſont entr'elles comme les viteſſes , & par conſéquent entr'elles comme les diſtances *aF* , *AF*.

Fig. 3. 4.   DEMONSTRATION DU SECOND CAS , *lorſque les directions concourent.* Dans ce ſecond cas il faut déterminer auparavant les viteſſes que les poids P , R , tendent à avoir , ſuppoſé que le levier tourne autour de l'appui F.

Concevons que le levier tourne autour de l'appui F, de maniere qu'il ne ſoit mû qu'un inſtant ou pendant un tems infiniment petit , les rayons AF , DF décriront les arcs infiniment petits AG , DI : or je dis dabord que les viteſſes des poids P , R pendant cet inſtant ſont entr'elles comme les arcs AG , DI , ou comme les rayons AF , DF qui les décrivent en même-tems. Les arcs AG , DI étant infiniment petits , peuvent être regardez comme deux lignes droites , ou comme deux petites portions des tangentes AMO , DNS; donc pendant le mouvement inſtantané du levier , tous les points des lignes AMO , DNS conſiderées comme deux cordons parfaitement flexibles , ſont mûs ſur des lignes droites; donc tous les points de la direction AMO ſont mûs avec la même viteſſe que le point A ; pareillement tous les points de la ligne DNS ſont mûs avec la même viteſſe que le point D ; donc les viteſſes des points O , S , & conſéquemment des poids P , R , ſont égales aux viteſſes des points A , D : or les viteſſes des points A , D ſont entr'elles comme les arcs AG , DI , ou comme les rayons AF ,

DF. Donc les vitesses que les poids P , R reçoivent au moment de l'impulsion , sont entr'elles comme les distances de l'appui F aux directions AMO , DNS.

Cela posé , il est aisé de démontrer , comme dans le premier cas , que les quantitez de mouvement que le poids R tend à communiquer au poids P dans l'équilibre , lorsque ce poids est aux points m , M , sont entr'elles comme les distances aF , AF de l'appui F aux directions amo , AMO ; car si le poids R tend à descendre suivant sa direction d'une longueur égale à l'arc DI , il tend nécessairement à faire parcourir au poids P suspendu successivement en m , M les arcs ag , AG , pendant le tems qu'il décriroit l'arc DI ; donc les vitesses du poids P en m , M , sont entr'elles comme les arcs ag , AG , ou comme les distances aF , AF ; donc les quantitez de mouvement du poids P qui sont entr'elles comme les vitesses , sont aussi entr'elles comme les distances aF , AF.

19. COROLLAIRE. Lorsque les poids R , P sont entr'eux réciproquement comme les distances DF , AF , ils tendent à être mûs avec des quantitez égales de mouvement. Car les vitesses sont entr'elles comme les arcs DI , AG ou comme les distances DF, AF ; or par l'hypothese les poids R , P sont en raison réciproque des distances DF , AF , ou les distances DF , AF en raison réciproque des poids ; donc les vitesses qui sont comme les distances DF, AF sont entr'elles réciproquement comme les poids ou leurs masses ; donc les quantitez de mouvement sont égales.

20. REMARQUE. On a dit que tous les points de la direction AMO sont mûs avec la même vitesse que le point A & sur une même ligne droite dans l'instant que le levier commence à être mû , & avant que par son mouvement circulaire les differents points de la ligne AM décrivent des arcs proportionnels à leurs distances ou éloignemens de l'appui F. Cela ne souffre aucune difficulté ; car si l'on suppose que le cordon OM s'étend jusqu'au point A , & qu'il est attaché à la ligne AF considerée comme une verge inflexible fermement attachée au point F du levier , il est certain que tous les points du cordon AMO seront tirez également fort , & qu'ils recevront tous la même impulsion de la force qui tend à faire tourner le levier , & que cet effort commun à tous tend dabord à les mouvoir sur la ligne AMO : or comme dans l'hypothese presente il ne s'agit pas tant d'un mouvement actuel que d'une tendence au mouvement , rien n'empêche qu'on ne puisse considerer tous les points du cordon comme mûs pendant un instant sur la ligne AMO.

Réflexions préliminaires pour démontrer la proposition suivante.

21. 1°. Dans l'équilibre il n'aît des efforts contraires des puissances une résistance égale en tout sens qui produit le repos. Pour avoir une idée juste de l'équilibre, il est donc nécessaire de içavoir en quoi cette résistance consiste , & quel en est le principe. 2°. Dans le Livre précedent (11) on a distingué deux résistances , l'on a appellé l'une propre & l'autre impropre. Lorsqu'une puissance s'applique à les surmonter , elle consume ou en tout ou en partie sa force ; ainsi en tant qu'elles empêchent ou retardent une puissance , elles ont des effets semblables en tout, mais par rapport à l'obstacle, ils sont bien differens ; si l'obstacle ne consiste que dans la masse ou quantité de matiere qu'il faut mouvoir, il est toujours surmonté, quelque grand qu'il puisse être, parce que la matiere est toujours disposée à recevoir du mouvement lorsque rien ne s'y oppose; mais si l'obstacle provient d'un effort contraire, il peut arriver qu'il soit insurmontable à la force présente. 3°. La résistance impropre que l'on nomme quelquefois force d'inertie , est proportionnelle à la masse , c'est-à-dire , qu'une masse résiste d'autant plus qu'elle est plus grande : la résistance propre ou la réaction , est proportionnelle à la force contraire qui réagit. 4°. Chacune de ces résistances peut être considerée en elle-même & d'une maniere absolue , en tant qu'elles sont d'un certain degré , ou relativement à la puissance qui tend à les surmonter. 5°. Tant que la masse d'un corps ou une force contraire demeurent les mêmes, leurs résistances absolues sont aussi les mêmes , & elles ne reçoivent ni accroissement ni diminution ; mais il peut se faire qu'une puissance ait plus ou moins de peine à les surmonter par la maniere dont elle agit : pour lors ces résistances augmentent ou diminuent relativement à cette puissance. Comme on va le prouver dans la proposition suivante.

PROPOSITION SECONDE.

22. *La résistance absolue d'un obstacle étant la même , la résistance relative peut être plus ou moins grande.*

Fig. 2. 3.   DÉMONSTRATION DE LA PREMIERE PARTIE. 1°. La propo-
4. sition est certaine , lorsqu'il s'agit de la résistance impropre qui vient de la masse ; car une même masse résiste d'autant plus qu'il faut lui imprimer une plus grande vitesse pour la mouvoir, puisque cela ne peut se faire que par la diminution ou la perte de la force externe qui lui est appliquée , laquelle éprouve la même difficulté que si elle étoit repoussée par une force contraire, qui en réagis-

fant, lui ôteroit tout ce qu'elle perd. Or il eft vifible que fi un corps eft attaché au bras d'un levier, & que la force qu'on fuppofe appliquée à l'autre bras, parcoure toujours le même efpace, il faudra qu'elle imprime au corps une viteffe d'autant plus grande qu'il fera plus éloigné de l'appui ; donc la réfiftance relative du corps augmente, ou, ce qui eft le même, la puiffance a d'autant plus de peine à mouvoir le corps qu'il eft plus éloigné de l'appui. Il eft évident que cette réfiftance a lieu, non feulement lorfque le corps qui la fait, eft actuellement mû, mais encore dans l'équilibre lorfqu'il eft feulement follicité au mouvement, comme dans le cas de la propofition précedente, puifque dans le cas d'équilibre comme dans le mouvement actuel, l'effort de la puiffance eft le même fi la quantité de mouvement qu'elle tend à communiquer, eft égale à celle qu'elle communique en effet. Donc la réfiftance, &c.

DEMONSTRATION DE LA SECONDE PARTIE. 2°. La propo- Fig. 2.3. fition eft encore vraie lorfqu'il s'agit de la réfiftance propre: ainfi 4. il eft d'autant plus difficile de furmonter la pefanteur du poids P qu'il eft plus éloigné de l'appui, à une diftance double le poids R éprouve une réfiftance double. Car on vient de voir que dans l'équilibre la maffe du poids P confiderée comme fans pefanteur, fait au poids R des réfiftances qui font entr'elles comme les diftances à l'appui, auxquelles on fuppofe que le poids P eft placé, & cela parce que le poids R fait effort pour lui faire parcourir en des tems égaux des arcs ou des efpaces qui font entr'eux comme ces diftances ; donc par une raifon femblable la difficulté qu'il y a à furmonter la pefanteur du poids P, doit être auffi à proportion plus grande, puifque ce poids ne peut être ainfi follicité à parcourir en des tems égaux des efpaces de plus en plus longs que le poids R ne foit comme contraint de furmonter la pefanteur du poids P d'autant plus fouvent qu'il y a plus de points ou de parties dans ces differens efpaces qui vont en croiffant ; car le poids P réfifte ou eft difpofé à réfifter & à réagir à tous les points de l'efpace qu'il eft preffé de parcourir contre fa propre direction, par conféquent la réfiftance relative du poids P augmente à raifon de fa plus grande diftance à l'appui.

On peut dire encore qu'un même obftacle devient d'autant plus difficile à être furmonté, qu'il faut employer plus de viteffe & de promptitude pour cet effet. Suppofons qu'un cheval par fon effort actuel puiffe faire un pas en une feconde, fi cet effort ne peut être détruit qu'en lui donnant une impreffion contraire par laquelle il recule ou foit fur le point de reculer de trois, de fix, de neuf pas,

&c. en une feconde , il eft évident que fa réfiftance relative ira en augmentant , & que la force contraire qui lui eft appliquée fera une dépenfe d'autant plus grande par la maniere dont elle s'applique à furmonter l'effort du cheval , qu'elle tendra à lui faire parcourir un plus grand efpace en même-tems ou en tems égal : or dans l'équilibre plus la diftance du poids P à l'appui eft grande , plus l'impreffion que le poids R eft obligé de faire fur le poids P pour en furmonter la pefanteur , eft prompte & fubite , puifque par un feul & même effort , il faut que le poids R tende à lui faire parcourir des efpaces en tems égal qui augmentent comme les diftances à l'appui. Donc , &c.

23. CorollaIre. Il fuit de cette propofition qu'un poids ou une autre puiffance réfifte d'autant plus qu'il eft contraint ou follicité de parcourir en même-tems ou en tems égal des efpaces plus grands contre fa propre direction.

Premiere demonstration du Levier.

PROPOSITION TROISIE'ME.

Fig. 2. 3. *24. Deux poids* P , R , *appliquez aux points* M , N *du levier*
4. XY *font en équilibre s'ils font entr'eux dans la raifon réciproque des diftances ou des perpendiculaires* AF , DF *menées de l'appui* F *aux directions* AMO , DNS ; *c'eft-à-dire , fi on a* P . R :: DF . AF.

On fuppofe que les directions des poids font fur un même plan , condition abfolument néceffaire pour l'équilibre (*Liv.* I. 188.) , auquel cas elles concourent en un point ou font paralleles. Une feule démonftration fuffit pour les deux cas.

Demonstration. Pour que les poids P & R foient en équilibre , il eft néceffaire & il fuffit que la force du poids R qui en elle-même eft plus grande que la force abfolue du poids P , foit toute contrebalancée par la réfiftance que ce poids lui oppofe. Voici comme on peut prouver que toute la force du poids R eft arrêtée & contrepefée par la réfiftance du poids P. Si le poids P tiroit le levier au point m où l'on fuppofe que la direction a m o eft autant diftante de l'appui F que la direction DNS du poids R , il eft certain que le poids P par fa réfiftance contrebalanceroit dans le poids R une partie égale à fon poids. Par la propofition précedente les réfiftances que le poids P oppofe au poids R , lorfqu'il eft appliqué aux points m , M , font entr'elles comme les diftances a F , AF ; donc les parties du poids R contrepefées par le poids P lorfqu'il eft aux points m , M , font auffi dans la raifon des diftances a F , AF , car le poids R doit être arrêté ou empêché

ché à proportion de la résistance qu'il trouve. Donc si on nomme
(e) la partie du poids R contrepesée par le poids P lorsqu'il est suspendu en m, qu'on nomme (E) la partie du même poids contrepesée par le poids P lorsqu'il est attaché au point M; on aura
e . E :: aF . AF : or l'hypothese donne P . R :: DF . AF, & parce
que DF=aF on a aussi P . R :: aF . AF; donc si dans la premiere proportion au lieu de la raison aF à AF, on met la raison
de P à R, on aura e . E :: P . R; c'est-à-dire, que les parties du
poids R contrepesées par le poids P lorsqu'il est en m, M, sont
entr'elles comme les poids P & R; mais la partie e que le poids P
contrepese en m, est égale au même poids P; donc la partie E contrepesée par le poids P en M est égale au poids entier R. Donc il
y a équilibre entre les poids P & R.

25. On peut démontrer en nombres la même proposition. Si,
par exemple, le poids P est le tiers du poids R, & que la distance
AF soit triple de la distance DF, les poids P, R seront dans la
raison réciproque des distances AF, DF : or je dis que dans cette
supposition les poids P, R seront en équilibre : car si le poids P
étoit appliqué au point m de maniere que la distance aF fût égale à la
distance DF, ce poids contrepeseroit le tiers du poids R, lequel ne
pourroit plus agir sur le poids P, pour le mouvoir, que par une force
égale aux deux tiers restans de sa pesanteur ; mais si la direction
AMO est à une distance triple, en sorte que AF soit triple de aF, la
résistance du poids P sera triple de ce qu'elle étoit lorsqu'il tiroit
suivant la direction a m o ; donc par cette résistance il contrepesera le triple de ce qu'il contrepeseroit en m, c'est-à-dire, que la
partie contrepesée sera égale au poids R, puisque la partie contrepesée en m en est le tiers. Il y aura donc équilibre entre les poids P
& R s'ils sont dans la raison réciproque des distances AF, DF de
leurs directions AMO, DNS au point d'appui F.

26. On auroit pû supposer que le moindre poids P agit contre le grand, & démontrer par un raisonnement semblable au précédent que si le poids R est triple du poids P, & que la distance de l'appui à sa direction ne soit que le tiers de celle du même
appui à la direction du poids P, la résistance qu'il fait est précisément égale à la force du poids P. Car si le poids R étoit autant
éloigné de l'appui F que le poids P, il feroit une résistance triple
de la force du poids P ; mais si sa distance à l'appui F est trois
fois moindre, sa résistance sera aussi trois fois moindre, & précisément égale à la force du poids P ; donc le poids P ne pourra
pas vaincre la résistance du poids R. Il y aura donc équilibre.

*Pp

27. On voit donc que l'équilibre des poids P, R confifte en ce qu'étant dans la raifon réciproque des diftances à l'appui F , la réfiftance que l'un oppofe à l'autre, augmente à proportion de la force que cet autre exerce fur lui. Le poids R a une force triple, mais le poids P la confume toute entiere , quoique fa force abfolue ne foit que le tiers de celle du poids R , parce que cette force placée à une diftance triple fait une réfiftance triple, ou plutôt le poids R éprouve une difficulté trois fois plus grande à la contrebalancer ; elle eft donc triple relativement au poids R , & par conféquent égale à fa force abfolue. Pareillemennt la force du poids P eft trois fois moindre que la force du poids R ; mais ce poids étant trois fois moins éloigné de l'appui , oppofe feulement au poids P le tiers de la réfiftance qu'il feroit s'il étoit autant éloigné de l'appui que le poids P : or cette réfiftance eft de même égale à la force du poids P. L'équilibre entre les poids P , R confifte donc en ce que d'une part il y a une force , & de l'autre une réfiftance égale à cette force ; cette réfiftance eft occafionnée par la machine , car une puiffance doit réfifter d'autant plus ou d'autant moins , qu'on tend à lui faire parcourir en même-tems un efpace plus ou moins grand contre fa propre direction. C'eft dans cette réfiftance que confifte la force relative d'une puiffance , laquelle augmente ou diminue à proportion que l'application de cetre puiffance à la machine fe fait en un endroit plus éloigné ou plus proche de l'appui.

Fig. 5.   28. On peut faire ici l'application du principe de M. Defcartes à l'équilibre des poids ou des puiffances qui tirent un levier. *Si le poids P étant cent fois moindre que le poids R , eft cent fois plus éloigné de l'appui R , il y aura équilibre.* Pour le prouver il faut faire voir fuivant le principe de M. Defcartes que le poids R ne peut pas élever le poids P. C'eft ce qu'on peut démontrer ainfi. Le poids R ne peut s'abbaiffer qu'il n'éleve le poids P à une hauteur centuple de l'efpace qu'il parcourt en defcendant : or fuivant le principe , il faut la même force pour élever le poids P à une hauteur centuple que pour élever à une hauteur cent fois moindre un poids S qui feroit centuple du poids P , c'eft-à-dire , égal au poids R , & qui feroit attaché à la même diftance de l'appui que le poids R. Donc fi le poids R ne peut pas élever le poids S, il s'enfuit qu'il n'élevera point le poids P , & qu'il y aura équilibre : or il eft évident que le poids R ne peut pas élever le poids S qui lui eft égal , & qui eft placé à la même diftance de l'appui , puifqu'il y a néceffairement équilibre entre ces deux poids. Donc le poids R ne peut pas non plus élever le poids P. Donc il y a équilibre.

29. *Qu'il faille la même force pour élever le poids* P *cent fois moindre à une hauteur cent fois plus grande , que pour élever le poids* S *cent fois plus grand à une hauteur cent fois moindre.* Cela est évident par la proposition avant derniere ; car la résistance du poids P suspendu à une distance centuple de celle du poids S , sera cent fois plus grande que si ce poids étoit à la même distance de l'appui que le poids S : or si le poids P étoit à égale distance de l'appui, il feroit une résistance qui feroit la centiéme partie de la résistance du poids S ; donc à une distance centuple , cette résistance étant cent fois plus grande , sera égale à celle du poids S ; donc il faudra autant de force pour élever le poids P que pour élever le poids S.

30. On voit donc que le principe de Mécanique de M. Descartes peut être mis à couvert des difficultez , qu'il est concluant & qu'on peut même l'étendre avec une égale facilité aux équilibres des puissances dont les directions ne sont point paralleles ; mais pour éviter toute difficulté il faut 1°. que le mouvement qu'on attribue au poids R , & par lequel on suppose qu'il éleve le moindre poids P , soit plutôt une tendence au mouvement qu'un mouvement actuel, 2°. Qu'on ne fonde pas l'équilibre sur la tendence du poids P à recevoir une quantité de mouvement égale à celle du poids R , car cette tendence bien loin de favoriser l'équilibre , sollicite au contraire le poids P à obéir & à tourner avec le poids R , mais l'équilibre est plutôt fondé sur la résistance que cette tendence fait naître : car si la résistance du moindre poids n'étoit pas proportionnelle à cette tendence , il n'y auroit point d'équilibre , quand même le poids P tendroit à recevoir une quantité de mouvement égale à celle du poids R , comme on aura occasion de le faire remarquer.

31. Corollaires. 1°. Si l'on diminue la masse de l'un des poids P ou R , que l'on retranche , par exemple , la moitié du poids P ; mais que l'on applique en même-tems à l'autre moitié qui demeure attachée au levier , une force égale à la pesanteur de la moitié retranchée , il est visible que l'équilibre ne sera point interrompu ; car comme le poids P ne résiste au poids R que par sa pesanteur , (on entend d'une résistance qui détruise ou empêche le mouvement,) la force qu'on suppose appliquée à la moitié restante etant égale à la pesanteur du poids P , il s'ensuit qu'elle sera la même résistance que ce poids ; il y aura donc équilibre.

Par une raison semblable si l'on ôte l'un des poids , par exemple , le poids P , & qu'on mette à sa place une puissance qui tire avec une force égale à celle de ce poids , il y aura encore équilibre.

D'où l'on voit que fi deux poids ou deux puiſſances ou une puiſ-
ſance & un poids tirent un levier , il y aura équilibre , pourvû
que les deux forces qui tirent le levier ſoient dans la raiſon récipro-
que des diſtances de l'appui à leurs directions , quelque ſoit d'ail-
leurs le rapport des maſſes ou des ſoliditez des corps auxquels ces
peſanteurs ou ces puiſſances ſont appliquées.

32. 2º. Lorſque les poids P , R ſont dans la raiſon réciproque
des diſtances AF , DF , ils ſont en équilibre ; mais lorſqu'ils ſont
dans la raiſon réciproque des diſtances , ils ſont ſollicitez à prendre des quantitez égales de mouvement ou des viteſſes qui ſont
en raiſon réciproque des maſſes ; donc *lorſque les poids* P , R *ſont*
en équilibre , ils ſont ſollicitez à prendre des quantitez égales de mou-
vement , ou tendent à être mûs avec des forces égales l'un en deſ-
cendant & l'autre en montant.

33. 3º. *Réciproquement fi deux poids attachez à un levier tendent*
à être mûs avec des quantitez de mouvement qui ſoient égales , que
de plus les forces ou puiſſances qui leur ſont appliquées ſoient dans la
raiſon des maſſes , ces poids ſeront en équilibre. (On ſuppoſe que
ces forces ou puiſſances ſont differentes des peſanteurs , & qu'on
les applique à volonté aux poids.) Cela étant ainſi, puiſque les quantitez de mouvement ſont égales , les viteſſes ſont dans la raiſon réciproque des maſſes ; les viteſſes ſont auſſi dans la raiſon des arcs
que les poids tendent à décrire , ou dans la raiſon des diſtances à
l'appui ; donc les poids qui ſont dans la raiſon des maſſes ſont auſſi
dans la raiſon réciproque des diſtances à l'appui ; de plus on ſuppoſe que les forces ou puiſſances qui ſont appliquées aux maſſes ,
ſont dans la même raiſon que les maſſes ou les poids ; donc ces
forces ou puiſſances ſont dans la raiſon réciproque des diſtances ;
donc il y a équilibre.

34. 4º. *Si deux poids attachez à un levier tendent l'un à deſcen-*
dre & l'autre à monter avec des quantitez égales de mouvement ,
que de plus ils ne ſoient ſollicitez à ſe mouvoir que par l'effort de la
peſanteur , ils ſeront en équilibre : car les quantitez de mouvement
étant ſuppoſées égales , les viteſſes ſont dans la raiſon réciproque
des maſſes ou des poids , ces mêmes viteſſes ſont auſſi entr'elles dans
la raiſon des arcs que les poids tendent à décrire en même-tems ,
ou comme les diſtances de l'appui aux directions. Donc les maſſes
ou les poids ſont dans la raiſon réciproque des diſtances à l'appui ;
On ſuppoſe de plus qu'ils ne ſont ſollicitez au mouvement que par
la peſanteur ; donc les peſanteurs ou les forces qui ſont appliquées
au levier , ſont dans la raiſon réciproque des diſtances. Donc il y

a équilibre. Car comme il a été prouvé, le moindre poids réfiftera d'autant plus que le plus grand tendra à lui communiquer
une plus grande viteffe.

35. 5°. Mais fi deux poids attachez à un levier tendent l'un à
defcendre & l'autre à monter avec des quantitez égales de mouvement, on ne peut pas conclure en général qu'ils foient en équilibre, par exemple, dans le cas où les poids font pouffez, non-
feulement par leurs pefanteurs propres, mais encore par d'autres
forces ou puiffances qui leur font appliquées: car il peut fe faire
que ces poids tendent l'un à monter & l'autre à defcendre avec des
quantitez égales de mouvement fans que pour cela il y ait équilibre; en voici la raifon. Dès que les poids font dans la raifon réciproque des diftances, ils ont des tendences égales l'un à defcendre & l'autre à monter, quoique les forces qui leur font appliquées & qui doivent faire équilibre en pouffant les poids dans des
fens contraires, c'eft-à-dire, l'un & l'autre poids à defcendre à la fois,
ne foient pas dans le rapport réciproque des diftances: or on fera voir
que deux forces ou puiffances appliquées à un levier ne peuvent être
en équilibre fi elles ne font dans la raifon réciproque des diftances à
l'appui ; donc deux poids peuvent avoir des tendences égales l'un
à defcendre & l'autre à monter, fans que pour cela il y ait équilibre.
(C'eft-là ce que l'on a promis plus haut de faire remarquer). Donc
de ce que deux poids tendent l'un en bas & l'autre en haut avec des
forces ou des quantitez égales de mouvement, on ne peut pas conclure en général qu'ils font en équilibre.

On remarquera que la propofition dont il s'agit ici n'eft vraie
que dans l'hypothefe que les poids font pouffez par des forces
étrangeres & ajoutées à leurs pefanteurs; car s'ils ne font follicitez
au mouvement que par leurs pefanteurs, & qu'ils tendent l'un à
monter & l'autre à defcendre avec des quantitez égales de mouvement, ils font en équilibre.

PRINCIPE GÉNÉRAL ET FONDAMENTAL.

36. Après tout ce qui vient d'être dit des forces relatives que des
puiffances ou des poids (les pefanteurs des poids font des vraies
puiffances) exercent réciproquement les unes fur les autres ;
on peut établir ce principe général, 1°. Si *deux puiffances* P, R
agiffent l'une fur l'autre, que l'une d'elles, par exemple, la puiffance
R *ne puiffe fe mouvoir fans qu'elle ne faffe parcourir à la puiffance* P
un efpace contre fa propre direction, la puiffance P *réfiftera d'autant*
plus que cet efpace fera grand. 2°. *Si les deux efpaces que les puiffan-*

ces P , R *font preffées ou follicitées de parcourir en même-tems, l'une, par exemple, en montant, l'autre en defcendant, font entr'eux réciproquement comme ces puiffances, il y aura équilibre.* Si par exemple, la puiffance P n'étant que le tiers de la puiffance R., eft follicitée à parcourir contre fa propre direction un efpace triple de l'efpace que la puiffance R tend à parcourir fuivant la fienne, il y aura équilibre entre les puiffances P, R. Car fi la puiffance P étoit follicitée à parcourir un efpace égal à l'efpace de la puiffance R, elle contrepeferoit un tiers de l'effort de la puiffance R ; mais puifqu'elle eft néceffitée de parcourir en même-tems un efpace triple, fa réfiftance devient triple, & par conféquent égale à l'effort de la puiffance R ; les deux puiffances font donc en équilibre.

3°. *Lorfque les tems font égaux, les viteffes font comme les efpaces parcourus. On peut donc dire encore que fi la viteffe que la puiffance R tend à prendre & celle qu'elle tend à communiquer à la puiffance P, font entr'elles réciproquement comme ces puiffances, elles font en équilibre.*

PRÉPARATION POUR LA SECONDE DÉMONSTRATION DU LEVIER.

On déduira cette feconde demonftration des forces compofées ; pour cet effet on rappellera en peu de mots la mémoire de ce qui a été dit dans le premier Livre fur la maniere dont l'équilibre fe forme.

Fig. 6. 7. 　　37.1°. *Deux puiffances* P, R *dont les directions concourent en un point peuvent être retenues en équilibre par une troifiéme puiffance* S. Car fi les puiffances P, R font immédiatement appliquées au point de concours de leurs directions, elles tendent à lui faire décrire la diagonale d'un parallelogramme formé fur ces mêmes directions (*Liv.* I. 154. 156. 182.) ; donc fi au moment que ce point eft preffé de fe mouvoir fuivant la diagonale, on oppofe une force ou puiffance S. égale à l'effort avec lequel ce point tend à être mû, il demeurera en repos ; donc les puiffances P, R qui tendent à mouvoir ce point chacune fuivant fa direction feront par-là retenues en équilibre. 2°. *Si les puiffances* P, R *font retenues en équilibre par une feule force ou puiffance* S., *elles ont néceffairement leurs directions en un même plan.* Sans cette condition une feule puiffance ne pourroit pas réfifter en même-tems aux deux puiffances P, R, car cette troifiéme puiffance S ne réfifte tout à la fois aux deux puiffances P, R, qu'autant que leurs efforts fe réuniffent & fe confondent, pour ainfi dire, en un feul. Or pour que cela arrive, il faut que leurs directions concourent en un point ; il eft donc néceffaire qu'elles foient en un même plan (I. *Liv.* 188).

3°. *Lorsque deux puissances* P , R *ont leurs directions en un même plan , elles peuvent être retenues en équilibre par une seule puissance* S. Car ou les directions des puissances P, R concourent, ou elles sont paralleles. *Premierement* si les directions concourent en un point les efforts de ces puissances se réunissent & se confondent, pour ainsi dire, en un seul qui est dirigé suivant la diagonale d'un parallelogramme formé sur les mêmes directions ; donc une seule puissance pouvant résister à cet effort, retiendra les puissances P, R en équilibre. *Secondement* si les directions des puissances P , R sont paralleles, on peut supposer qu'elles concourent à une distance infinie : car l'inclinaison des lignes qui ne concourent qu'à une distance infinie , est si petite, qu'elle differe infiniment peu du parallelisme , ainsi on peut prendre les deux cas pour un , & ramener le cas du parallelisme au cas des directions qui concourent (*Liv.* I. 189). 4°. *Il faut que la puissance qui résiste aux deux autres* P , R , *soit exprimée par la diagonale d'un parallelogramme dont les côtez pris sur les directions des puissances* P , R , *expriment ces mêmes puissances : il faut de plus que la puissance* S *dirige son action suivant la diagonale & en sens contraires des puissances* P, R *ou de l'effort moyen qu'elles produisent suivant la même diagonale* (*Liv.* I. 182. 187). 5°. Si trois puissances ont leurs directions en un même plan , & toutes concourantes en un même point , que leurs efforts soient exprimez par les trois côtez d'un parallelogramme formé sur leurs directions, (en prenant la diagonale pour un des côtés du parallelogramme) elles seront en équilibre, si la puissance qui est exprimée par la diagonale agit en sens contraire des puissances P , R. Cela est évident par tout ce qui précede. 6°. *Lorsque trois puissances sont en équilibre sur un point , on peut supposer qu'elles sont en équilibre sur un levier qui joint leurs directions, pourvû qu'elles continuent de tirer suivant ces mêmes directions* (*Liv.* I. 191. 192). 7°. *Dans l'équilibre au lieu de la puissance résistante* S , *on peut mettre un obstacle qui arrête l'effort que les puissances* P , R *produisent suivant la diagonale.* Car comme dans l'équilibre il ne s'agit pas de produire le mouvement, mais de l'empêcher , un obstacle destitué de toute action peut faire le même effet à cet égard , qu'une puissance qui réagit. 8°. *Dans l'équilibre on peut toujours mettre un poids au lieu d'une puissance , & une puissance au lieu d'un poids :* car dans l'équilibre il s'agit seulement de produire un effort d'une certaine mesure : or un poids ou une puissance peuvent produire indifferemment cet effort ; il n'en seroit pas de même s'il falloit produire le mouvement : car pour lors

il faudroit avoir égard non seulement aux puissances en elles-mêmes, mais encore aux masses auxquelles elles sont appliquées.

38. La proposition du nombre 5 est confirmée non seulement
par le raisonnement mais encore par l'expérience. M. Bernouilli
dans son Livre de la manœuvre des vaisseaux, page 163, parle
ainsi de la composition des forces, en adressant la parole à M.
le Chevalier Renau qui paroissoit révoquer en doute le principe
dont il s'agit ici qui est fondé sur cette composition. *Cependant
que direz vous, Monsieur, si on peut confirmer cette proportion*
Fig. 8. *(c'est la proportion qui est énoncée au bas de l'article) par une
infinité d'experiences ? En voici une qui est très-propre pour le cas en
question : A & B sont deux poids égaux attachez aux deux extrémitez d'une corde ADFEB qui passe pardessus les deux poulies D & E
que je suppose dans le même niveau : au point du milieu F est suspendu un troisiéme poids C, qui en descendant fera monter les deux
autres jusqu'à ce que tous trois soient en équilibre : or quelle proportion y aura-t-il alors entre les poids C & A ou B. La regle
commune veut qu'ayant achevé le parallelogramme GLFI, & prolongé CF pour avoir la diagonale FG, le poids A soit au poids C comme LG ou LF à FG, c'est-à-dire, (supposé que DFE soit un angle droit) comme 1 à √2, aussi est-ce ce que l'expérience vérifiera si
vous voulez prendre la peine de l'essayer.* On sçait que le côté du
quarré est à la diagonale comme 1 est à √2 : ainsi les poids A
& B sont au poids C comme les côtez LF, FI du parallelogramme
LI sont à la diagonale FG.

SECONDE DEMONSTRATION DU LEVIER.

Fig. 6.7.   39. *Deux puissances P, R appliquées aux points M, N du levier X, Y suivant les directions MP, NR, sont en équilibre si elles
sont entr'elles dans la raison réciproque des distances ou des perpendiculaires AF, DF menées de l'appui F à leurs directions ; c'est-
à-dire, si elles donnent la proportion P. R :: DF. AF.* On suppose que les directions MP, NR sont dans un même plan.

DEMONSTRATION. Puisque les directions MP, NR sont dans
un même plan, elles concourent en un point C. (Le point C est
à une distance finie du levier, si l'angle MCN est d'une grandeur finie ; mais le point C est à une distance infinie du levier, si
la longueur MN étant finie & déterminée, l'angle MCN est infiniment petit) ; dans ce dernier cas les directions MP, NR peuvent être considerées comme étant paralleles. Cela posé, il faut
mener de l'appui FE, FB paralleles aux directions CMP, CNR,
qui

qui doivent concourir au point C , par-là on formera le parallelogramme ECBF & les deux triangles EAF, BDF que je dis être
semblables; les angles A & D sont droits par l'hypothese, puisque les
lignes AF, DF qui mesurent les distances de l'appui F aux directions
sont perpendiculaires à ces mêmes directions, les angles A EF, DBF
sont égaux à l'angle C du parallelogramme EB (27. *Géom.*) ou à
son supplément ; donc les triangles EAF , BDF sont semblables
(15. *Géom*) ; donc BF . EF :: DF . AF (8. *Géom.*) par l'hypothese P . R :: DF . AF ; donc P . R :: BF . EF (14. *Arit.*) : &
parce que BF est égal à CE, & EF égal à CB (2. *Géom.*) , les
puissances P & R sont entr'elles comme les côtez CE, CB du parallelogramme EB formé sur leurs directions ; donc suivant le nombre premier de la préparation précedente , les puissances P, R étant
immédiatement appliquées au point C suivant les mêmes directions
MP, NR , elles tendent à lui faire décrire la diagonale CF qui passe
par l'appui, & elles peuvent être retenues en équilibre sur le point C
par le moyen d'une puissance S qui étant égale à l'effort qui pousse le
point C suivant CF réagisse de F vers C , selon le nombre quatriéme de la préparation précedente. Donc selon le nombre sixiéme
si les puissances P , R , S sont appliquées au levier XY suivant les
mêmes directions, elles seront encore en équilibre sur ce levier ,
puisque les directions des trois puissances le rencontrent ; mais par
le nombre septiéme dans l'équilibre au lieu de la puissance S on peut
mettre un obstacle ou appui F qui arrête l'effort que les puissances
P, R produisent suivant la diagonale CF , & auquel la puissance S
résiste ; donc les puissances P, R appliquées au levier XY appuié
sur le point fixe F , seront encore en équilibre : or il est évident
que l'équilibre que l'on vient de prouver devoir être entre les
puissances P , R , est tout fondé sur l'hypothese qu'on a faite que
les directions des puissances sont en un même plan, & que les
puissances sont entr'elles réciproquement comme les distances de
l'appui F aux directions. Donc si deux puissances P , R appliquées
à un levier ont leurs directions en un même plan , & si elles sont
entr'elles réciproquement comme les distances de l'appui aux directions , elles sont en équilibre.

PRÉPARATION POUR LA TROISIÈME DEMONSTRATION DU LEVIER.

40. 1º. *On peut supposer que les directions des corps pesans &
de leurs parties sont paralleles.* Car le centre de la terre auquel
les graves tendent, est si éloigné de la surface , & les leviers dont

*Qq

on se sert, si courts par rapport à cette distance, que l'angle formé par les directions de deux poids attachez à un levier, & auquel le levier sert de base, est insensible. Si on suppose que le levier ait 10 pieds de long & qu'on suppute l'angle formé par les directions de deux poids suspendus à ses extrémitez, on trouvera qu'à peine il est de quelques tierces.

D'ailleurs, quoique cette hypothese des directions paralleles ne soit pas parfaitement conforme à l'exacte vérité, rien n'empêche qu'on ne puisse la faire, sinon pour démontrer le rapport réel des poids dans l'équilibre, du moins pour déterminer le rapport qu'ils devroient avoir dans cette hypothese, sauf à corriger ensuite l'erreur qui pourroit naître de cette supposition.

2°. *Dans les corps pesans il y a un centre de gravité, c'est-à-dire, un point par lequel un corps étant suspendu, toutes ses parties sont en équilibre, quelque position qu'elles aient par rapport au lieu vers lequel elles tendent.* Dans un cylindre le centre de gravité est au milieu de l'axe, & dans un globe ce centre est le même que le centre du globe. Suivant cette définition si on suspend un cylindre par le milieu de son axe, la partie qui est d'un côté de ce point ne l'emportera pas sur la partie qui est de l'autre côté du même point, puisque ces deux parties sont parfaitement égales en tout.

3°. *Un corps conserve la même pesanteur, quoiqu'il change de figure :* ainsi si l'on conçoit que la matiere d'un globe perd la figure sphérique pour prendre la figure d'un cylindre ou réciproquement, le corps n'en sera ni plus ni moins pesant.

Fig. 9.   4°. Soit le cylindre EG dont le centre de gravité est au point C qui tend à descendre suivant sa direction FC : *Si ce cylindre étoit suspendu au point F de la verge inflexible XY, où la direction FC la rencontre, il seroit en équilibre, c'est-à-dire, que la partie EC ne l'emporteroit point sur la partie CG ;* mais au lieu de supposer que le cylindre EG est suspendu au point F par son centre de gravité C, il faut concevoir qu'il est divisé en deux parties EB, BG, les points O, I étant les centres de gravité de ces cylindres partiels, si on les suspend par ces centres aux points M, N de la verge XY, avec des cordons OM, IN paralleles à la direction FC, il y aura encore équilibre entre les deux parties EB, BG, la verge XY étant suspendue par le point F : car 1°. une partie de l'un des cylindres ne l'emportera point sur l'autre partie, puisque chaque cylindre est suspendu par son centre de gravité. 2°. Un cylindre ne l'emportera pas non plus sur l'autre, car il

eſt évident que les deux cylindres EB , BG ont pour centre
commun de gravité, le centre de gravité du cylindre EG ;
c'eſt-à-dire , que toute la peſanteur des deux cylindres conſiderez
comme ne faiſant qu'un même corps qui eſt ſupporté par la verge
XY , ſe réunit au point C centre de gravité du cylindre EG : or
par l'hypotheſe le centre de gravité C du cylindre EG eſt ſoutenu
par la verge XY , puiſque la direction de ce centre paſſe par le
point de ſuſpenſion F ; donc toute la peſanteur des deux cylindres étant comme réunie en C , elle ſera ſoutenue de même , & un
cylindre ne l'emportera point ſur l'autre , ils ſeront par conſéquent
en équilibre.

5°. *Si on ſuppoſe que les cylindres EB , BG perdent leur figure
longue , & qu'on leur donne la figure ſphérique , comme on voit en
P & R , les deux poids P , R ſeront encore en équilibre ſur la verge
ou levier XY dont le point de ſuſpenſion eſt en F* : car les centres de
gravité des poids P , R ſont les mêmes que les centres de gravité
des cylindres EB , BG , comme auſſi les points de ſuſpenſion M
& N ; donc toute la peſanteur des poids P , R , eſt encore réunie
en C centre de gravité du cylindre EG ; donc les poids P , R ſont
en équilibre.

TROISIÉME DÉMONSTRATION DU LEVIER.

41. *Deux poids P , R ſuſpendus aux points M, N du levier XY* Fig. 9.
*dont l'appui ou point de ſuſpenſion eſt en F, ſont en équilibre , s'ils ſont
entr'eux réciproquement comme les diſtances ou perpendiculaires
menées de l'appui F aux directions MP, NR , c'eſt-à-dire , ſi*
P . R :: FD . FA.

DEMONSTRATION. Il faut concevoir que les poids P , R perdent la figure ſphérique , & qu'ils reçoivent celle d'un cylindre ,
de maniere que la longueur HB du cylindre EB qu'on ſuppoſe
égal au poids P , ſoit double de FN , & que la longueur du cylindre SG qu'on ſuppoſe égal au poids R, ſoit double de FM ; &
parce qu'on ſuppoſe encore que les lignes de ſuſpenſion MOP ,
NIR paſſent par les centres de gravité O , I des deux cylindres ,
& des poids P , R , il s'enſuit qu'elles partagent les longueurs HB ,
SG en deux parties égales , & que la longueur OB eſt égale à FN ,
& la longueur SI égale à FM ; & parce que NM & OI ſont deux
paralleles compriſes entre les paralleles MOP , NIR , il ſuit que
OI = NM. Si de OI on retranche OB égale à FN , il reſtera
BI = SI = FM : par conſéquent les deux cylindres EB , SG ſe
touchent par leurs baſes B, S. Il eſt auſſi évident que les longueurs
HB , SG des cylindres ſont dans la raiſon de FN à FM ; c'eſt-à-

dire , dans la raiſon réciproque des diſtances des points de ſuſpenſion M , N à l'appui F : or par l'hypotheſe les poids P , R ſont
pareillement dans la raiſon réciproque des diſtances. FM , FN ;
donc les cylindres qui leur ſont égaux , ſont auſſi dans la raiſon
réciproque des mêmes diſtances , & par conſéquent entr'eux comme
leurs longueurs; donc leurs baſes B , S ſont égales (42. *Géom.*): on peut
donc conſiderer les deux cylindres comme n'en faiſant qu'un qui
eſt de même groſſeur par tout. Cela poſé , ſi du point de ſuſpenſion F on mene FC parallele à NIR , on aura CI=FN=HO ou
OB ; donc CI=HO de plus CO=FM=GI ; donc HO +OC
=CI+IG ; donc le point C milieu de l'axe du cylindre EG eſt
le centre de gravité ; donc ſi le cylindre étoit ſuſpendu par le
point C au point de ſuſpenſion F du levier XY , il y ſeroit retenu
en équilibre ; mais l'équilibre de deux cylindres EB , SG ſuſpendus par leurs centres de gravité aux points M , N du levier XY ,
& conſéquemment l'équilibre des poids P , R ne ſe fait pas autrement que l'équilibre du cylindre EG ſuſpendu par ſon centre de
gravité C; donc les poids P , R qu'on vient de ſuppoſer dans la
raiſon réciproque des diſtances FM , FN de l'appui F aux directions MP , NR , ſont en équilibre.

Fig. 9.　　42. COROLLAIRE. Il eſt évident que le point de ſuſpenſion F
porte les efforts des poids P , R , comme s'ils ne faiſoient qu'un
même corps , tel que ſeroit le cylindre EG , l'appui F eſt donc
chargé de la ſomme des poids P , R. Cela étant , ſi au point F
du levier XY , (ce point eſt un de ceux de la direction du centre
de gravité du cylindre EG) , on attache un cordon qui paſſe par
deſſus les points fixes K , L , qui tienne ſuſpendu un poids Q qui ſoit
égal à la ſomme des poids P , R , ou égal au cylindre EG , le
poids Q fera l'effet de l'appui F , c'eſt-à-dire , qu'il empêchera le
levier de deſcendre , ce qui eſt évident : car le levier eſt tiré en
en bas par le poids du cylindre EG ou par la ſomme des poids P ,
R , & il eſt tiré en haut dans un ſens directement oppoſé par le
poids Q dont l'effort eſt égal à l'effort du cylindre EG. Les poids
P , R ſont donc en équilibre au moyen de la réſiſtance du poids
Q. Or rien n'empêche que l'on ne conſidere le poids Q comme faiſant équilibre avec l'un des poids P ou R , & l'un des poids P ou
R comme tenant lieu d'appui ; car de même que le poids Q réſiſte aux deux poids P , R , l'un ou l'autre de ces poids , par exemple , le poids R réſiſte auſſi aux efforts des poids P , Q. Cela étant ,

　　43. *Je dis que les poids* Q , P *ſont entr'eux réciproquement comme
les diſtances* NF , NA *de l'appui* N *aux directions , c'eſt-à-dire , que*

Q . P :: NA . NF. Ce qu'il eft aifé de prouver. Car par l'hypothefe R . P :: FA . FD ou FN ; donc *componendo* R+P . P :: FA
+FN . FN : fi dans cette derniere proportion on met Q au lieu
de R+P, & NA au lieu de FA+FN, on aura Q.P :: NA.NF.

44. D'où l'on voit que fi deux poids appliquez à un levier,
font dans la raifon réciproque des diftances de l'appui à leurs
directions (fuppofées paralleles), ils font en équilibre, foit que
l'appui fe trouve entre les deux poids, ou à l'une des extrémitez
du levier.

REMARQUE. On peut étendre cette troifiéme démonftration
du levier aux cas où les directions concourent ou font inclinées
l'une à l'autre, & cela en faifant feulement deux ou trois fuppofitions qu'on ne peut pas raifonnablement contefter, & que l'on
peut même prouver & appuier de l'expérience.

45. 1°. *Dans l'équilibre au lieu d'un poids on peut mettre une puiffance, & au lieu d'une puiffance on peut mettre un poids.* Car pourvû
que le levier foit tiré avec le même effort, il importe peu de quel
endroit cet effort parte. Dans l'équilibre où il ne s'agit pas de
mouvement, la feule quantité ou mefure d'un effort décide de l'effet, quelle que foit d'ailleurs la puiffance qui produit cet effort.
On nomme levier angulaire celui dont les bras font un angle au
point d'appui.

46. 2°. *Si deux puiffances égales* O, S *tirent les bras égaux* FL, Fig. 10.
FK *du levier angulaire* KFL *dont l'appui eft en* F, *fuivant des directions* LO, KS *perpendiculaires à ces bras, elles font en équilibre.*
Cette propofition eft évidente par elle-même, puifque toutes chofes font parfaitement égales de part & d'autre.

47. *Donc fi de l'appui* F *comme centre, & avec le rayon* FK *ou* FL,
on décrit une circonférence que l'on applique à un point N *pris à volonté fur cette circonférence, une puiffance* R *égale à la puiffance* O,
*& qui tire fuivant la tangente à ce point, elle fera encore en équi-
libre avec la puiffance* S. Car fi l'on mene du centre F le rayon FN
au point de contingence N il fera perpendiculaire à la tangente
NR, c'eft-à-dire, qu'il fera perpendiculaire à la direction de la
puiffance R ; donc fi on confidere ce rayon comme un bras de levier, l'on aura deux puiffances égales qui tirent les bras égaux
d'un même levier fuivant des directions perpendiculaires ; tout
fera donc parfaitement égal de part & d'autre. Donc une puiffance
ne pouvant l'emporter fur l'autre, il y aura équilibre.

48. D'où il fuit qu'il faut la même force pour réfifter à la puiffance O, à quelque point G ou L de la circonférence qu'elle foit

appliquée , & qu'elle n'agit pas plus fortement en un endroit qu'à l'autre , pourvû qu'elle tire suivant la tangente à la circonférence.

Fig. 11.   49. 3°. *Si deux puissances sont en équilibre sur un levier , on peut substituer un levier droit à un levier angulaire , & un levier angulaire à un levier droit.* Le sens de cette proposition est que si deux puissances P , R sont en équilibre sur le levier angulaire AFY , que l'on prolonge en ligne droite l'un des bras, par exemple FY , en sorte que son prolongement FM rencontre en M la direction AP , l'équilibre ne sera point interrompu, si le cordon AP étant prolongé jusqu'en M , la puissance P tire suivant sa premiere direction MAP , le levier droit MFN ou XY : concevons que les trois côtez du triangle AFM sont des lignes inflexibles fermement attachées l'une à l'autre , & que le cordon MAP d'une souplesse parfaite & inextensible , est couché sur le côté MA du triangle , tous les points de ce cordon seront également tirez, & avec la même force par la puissance P ; donc le point A du même cordon , qui est comme collé sur l'extrémité du bras FA en recevra la même impression qu'auparavant, laquelle se communiquera nécessairement à l'extrémité du bras FA , puisque ces deux points n'en font , pour ainsi dire , qu'un ; le bras FA sera donc tiré suivant la même direction & avec la même force que si le cordon n'étoit point attaché au bras FM ; donc l'équilibre ne sera pas interrompu, puisque le point A du cordon & l'extrémité du bras FA font à la puissance R la même résistance qu'auparavant.

Fig. 11.   50. Ces trois suppositions admises, on peut démontrer *que si deux puissances tirent le levier* XY *suivant des directions inclinées l'une à l'autre , elles sont en équilibre, si elles sont en raison réciproque des distances de l'appui* F *aux directions.*

DEMONSTRATION. Si la puissance P & le poids R sont entr'eux réciproquement comme les distances FA , FD de l'appui F aux directions MAP , NR , ils sont en équilibre. On suppose toujours que les directions MAP , NR suivant lesquelles le levier est tiré, sont dans un même plan. Il faut prolonger la perpendiculaire FA jusqu'à ce qu'elle rencontre en G la circonférence GLK. 1°. Si l'on applique au point G une puissance O dont l'effort soit égal à la pesanteur du poids R , & qu'elle tire suivant une direction GO qui touche la circonférence GLK , c'est-à-dire, qui soit perpendiculaire au levier droit AFG , il y aura équilibre entre la puissance O & la puissance P qu'on suppose quant à présent appliquée au point A du levier AFG : car les directions des puissances P , O font paralleles entr'elles , & perpendiculaires au levier AFG, de plus ces puiſſances ſont entr'elles réciproquement comme les diſtances ou bras FG , EA du levier AG , puiſque l'effort de la puiſſance O eſt ſuppoſé égal à la peſanteur du poids P , & que la diſtance FG eſt égale à la diſtance FO ; donc par la démonſtration précédente , les puiſſances P , O conſiderées comme deux poids dont les directions ſeroient paralleles , ſont en équilibre ſur le levier AFG. 2°. Si on applique la puiſſance O au point N ſuivant la direction NR du poids R , elle ſera encore en équilibre avec la puiſſance P , ſelon la ſeconde ſuppoſition , & ſon Corollaire ; & ſi ſuivant le premier on ôte la puiſſance O pour rétablir le poids R, il y aura équilibre entre ce poids & la puiſſance P, qu'on ſuppoſe encore appliquée au point A ; mais ſi ſuivant la troiſiéme ſuppoſition on prolonge le cordon AP juſqu'en M , où il étoit d'abord attaché, & que la puiſſance P tire le levier droit XY ſuivant la même direction , il y aura encore équilibre entre la puiſſance P & le poids R. Donc ſi la puiſſance P & le poids R appliquez au levier XY ſuivant les directions MAP , NR , inclinées l'une à l'autre , ſont entr'eux réciproquement comme les diſtances de l'appui F aux directions , ils ſont en équilibre.

PROPOSITION QUATRIE'ME.

51. *Si deux puiſſances ſont en équilibre ſur un levier , elles ſont en-* Fig. 2.
tr'elles réciproquement comme les diſtances de l'appui aux directions. 3. 4. 6. 7.
Cette propoſition eſt l'inverſe de la précedente ; & pour la démon- 9. 11.
trer on ſuppoſe que *des puiſſances étant en équilibre , ſi on augmente*
ou que l'on diminue l'une d'elles ſans augmenter ou diminuer les au-
tres , l'équilibre eſt rompu. Ce qui eſt évident.

DEMONSTRATION. Les puiſſances P , R ſont ſuppoſées en équilibre ſur le levier XY , il faut prouver qu'elles ſont entr'elles réciproquement comme les diſtances de l'appui F aux directions , en ſorte que P . R :: DF . AF.

Par l'hypotheſe les puiſſances P , R ſont en équilibre ſur le levier XY ; donc leurs directions ſont en un même plan ; donc ſi les puiſſances P , R étoient entr'elles réciproquement comme les diſtances AF , DF de l'appui F aux directions , elles ſeroient en équilibre. Cela poſé , ſi on veut que les puiſſances P , R étant en équilibre , elles ne ſoient pas entr'elles réciproquement comme les diſtances de l'appui aux directions , la raiſon de P à R ſera donc plus grande ou plus petite que la raiſon de la diſtance DF à la diſtance AF ; ſuppoſons que la raiſon de P à R ſoit plus grande que la raiſon de DF à AF, ſi on diminue la puiſſance P en laiſſant la puiſfance R telle qu'elle eft, la raifon P à R pourra devenir égale à celle de DF à AF : cela étant par ce qui vient d'être dit au commencement de la démonftration, les puiffances P & R feroient en équilibre ; mais on vient de voir auffi que fi des puiffances étant en équilibre, on diminue l'une d'elles fans diminuer les autres, l'équilibre eft rompu ; les puiffances P & R feroient donc en équilibre, & n'y feroient point, ce qui eft une contradiction manifefte à laquelle conduit l'hypothefe que les puiffances P, R ne font pas entr'elles réciproquement comme les diftances de l'appui F aux directions lorfqu'elles font en équilibre fur un levier. Donc fi les puiffances P, R font en équilibre fur un levier, elles font entr'elles réciproquement comme les diftances de l'appui aux directions.

Fig.6. 7. **52. SECONDE DEMONSTRATION.** On peut donner une autre démonftration de la même propofition en employant le principe de la compofition des forces. Puifque les puiffances P, R font en équilibre fur le levier XY, elles ont leurs directions en un même plan, & par conféquent elles concourent en un point C quand même ce ne feroit qu'à une diftance infinie, comme dans le cas où les directions font ou paralleles ou prefque paralleles. Cela pofé, fi après avoir mené les perpendiculaires AF, DF, & avoir formé le parallelogramme EFBC, on ne convient pas que P . R :: DF . AF, on pourra prouver comme dans la démonftration précedente qu'il n'y auroit point équilibre entre les puiffances P & R. Car fi la raifon de P à R étoit plus grande que la raifon de DF à AF, les triangles DFB, AFE étant femblables (comme il a été prouvé) & la raifon de DF à AF égale à la raifon de BF à EF, il s'enfuivroit que la raifon de P à R feroit plus grande que la raifon de BF à EF, ou plus grande que la raifon de EC à CB ; donc pour rendre la raifon de EC à CB égale à la raifon de P à R, il faudroit augmenter le côté EC du parallelogramme EFBC ; & pour lors un nouveau parallelogramme dont le côté feroit plus grand que le côté EC, auroit une diagonale differente de CF, laquelle par conféquent ne pafferoit pas par l'appui F ; mais les puiffances P, R étant en équilibre produifent conjointement un effort moyen qui eft dirigé fuivant la diagonale d'un parallelogramme dont les côtez font proportionnels aux puiffances ; l'effort qui réfulte de l'action conjointe des puiffances P, R, ne feroit donc pas dirigé vers l'appui F ; donc cet appui ne réfiftant point à cet effort, il n'y auroit point équilibre. Donc fi deux puiffances font en équilibre fur un levier, elles font entr'elles réciproquement comme les diftances de l'appui aux directions. 53.

53. Corollaires qu'on peut déduire des deux dernieres propositions.

Les Corollaires qu'on va déduire supposent indifferemment une des trois démonstrations qu'on a donné du levier, & la premiere de la proposition derniere. On peut donc arriver à ces Corollaires en suivant l'une des trois, sans qu'il soit nécessaire de les embrasser toutes.

54. 1°. *Si deux puissances* P, R *sont entr'elles réciproquement* comme les sinus des angles formez par leurs directions, & la ligne menée de l'appui au point de concours des mêmes directions, elles sont en équilibre. On suppose que les directions CA, CD sont en un même plan : car sans cette condition l'équilibre seroit impossible ; donc les directions des puissances P, R concourent en un point C, ou elles sont paralleles : or on suppose ici qu'elles concourent au point C : il faut donc démontrer que si les puissances P, R sont entr'elles réciproquement comme les sinus des angles ACF, DCF formez par les directions CA, CD, & la ligne CF menée du concours C à l'appui F, elles sont en équilibre. Il faut concevoir que du point C comme centre, & de l'intervalle CF, on décrit une circonférence qui coupe les directions CA, CD aux points L, H, & que de l'appui F on mene aux directions les perpendiculaires FA, FD. Cela fait, il est évident par la seule définition ordinaire du sinus, que les perpendiculaires FA, FD sont les sinus des angles ACF, DCF : or si les puissances P, R sont entr'elles réciproquement comme les perpendiculaires FA, FD, elles sont en équilibre ; donc si ces puissances sont entr'elles réciproquement comme les sinus des angles ACF, DCF, elles sont aussi en équilibre.

55. 2°. L'angle ACD des directions peut augmenter ou diminuer : il peut augmenter jusqu'à devenir infiniment grand, en sorte qu'il differe infiniment peu de deux angles droits, & il peut diminuer jusqu'à devenir infiniment petit : *Or dans tous ces changemens d'angles, l'équilibre subsistera si les puissances sont entr'elles réciproquement comme les sinus des angles formez par les directions & la ligne* CF. Dans le premier de ces deux cas extrêmes, les directions deviennent directement opposées : cela étant, ou bien les puissances P, R sont égales ou inégales : si elles sont égales, le seul exposé de la proposition montre qu'elles seront en équilibre : si elles sont inégales, pour qu'il y ait équilibre, il faudra que l'appui soutienne la difference ou l'excés de la grande force sur la moindre : car il est évident que la moindre force ne peut contrebalancer dans la grande qu'une partie égale à l'effort qu'elle fait.

R r *

Fig. 14.   **56.** 3°. Si le point de concours C s'éloigne infiniment du le-
15.   vier, c'eſt-à-dire, ſi les puiſſances P, R, tirent le levier de maniere que leurs directions ne concourent qu'à une diſtance infinie,
l'angle ACD ou plutôt l'angle MCN qui a pour baſe la longueur
MN, ſera infiniment petit, puiſque la longueur MN qui ſert de
baſe à cet angle, eſt pour lors infiniment petite par rapport aux
côtez CM, CN qui ſont infiniment grands : *Or dans cette hypo-*
theſe de l'angle MCN infiniment petit, ſi les puiſſances P, R ſont
entr'elles réciproquement comme les ſinus des angles ACF, DCF,
elles ſont encore en équilibre : car le premier Corollaire eſt généralement vrai dans tous les changemens poſſibles que cet angle peut
recevoir. Mais il y a cette difference entre le cas dont il s'agit ici
& le cas qui précede, que dans l'hypotheſe de l'angle MCN infiniment petit, le rapport des ſinus des angles ACF, DCF eſt
déterminé, ainſi les puiſſances P, R dans le cas de l'équilibre,
ſont néceſſairement dans ce rapport ; au lieu que dans le cas ou
l'angle ACD eſt infiniment grand, le rapport des ſinus de ces
angles eſt indéterminé, de-là vient que les puiſſances peuvent
être égales où inégales ; & dans tel autre rapport qu'on voudra
ſuppoſer.

57. *Je dis donc que dans le cas où l'angle MCN eſt infiniment*
petit, les ſinus des angles ACF, DCF, ſont dans la raiſon des
bras FM, FN ; qu'ainſi ſi les puiſſances ſont entr'elles réciproque-
ment comme les bras FM, FN, elles ſont en équilibre ; & que ſi
elles ſont en équilibre, elles ſont néceſſairement dans le rapport réci-
proque des bras FM, FN.

Le point C étant à une diſtance infinie, les directions MP,
NR ſont ſenſiblement paralleles, & font avec le levier XY, les
angles AMF, DNF égaux. Cela poſé, ſi, du point C comme
centre, & avec le rayon CF, on conçoit que l'on décrive un arc
de cercle qui coupe les directions, & que du point F l'on abbaiſe
les perpendiculaires FA, FD, elles ſeront les ſinus des angles
ACF, DCF, & les triangles rectangles AFM, DFN ſeront
ſemblables, puiſque les angles A & D ſont droits, & les angles
AMF, DNF égaux. Donc FM . FN :: FA . FD, c'eſt-à-dire,
que les bras du levier ſont dans la raiſon des ſinus des angles
ACF, DCF ; mais lorſque les puiſſances P, R ſont en raiſon
réciproque des ſinus des angles ACF, DCF, elles ſont en équilibre. Donc ſi elles ſont entr'elles réciproquement comme les bras
FM, FN, elles ſont auſſi en équilibre.

58. 4°. *On peut auſſi démontrer que ſi les puiſſances P, R ſont en* *équilibre , elles font entr'elles réciproquement comme les bras* FM, FN, *en fuppofant que l'angle* MCN *est infiniment petit.* Car fi l'angle MCN eft infiniment petit, les bras FM , FN font entr'eux comme les finus des angles ACF , DCF ; c'eft-à-dire , comme les perpendiculaires FA , FD ; mais dans l'équilibre les puiffances P , R font entr'elles réciproquement comme les diftances FA , FD ; donc elles font auffi entr'elles réciproquement comme les bras FM , FN.

59. 5°. *Si les directions des puiffances* P , R , *font paralleles , que de plus ces puiffances foient entr'elles réciproquement comme les bras du levier , elles font en équilibre. Et fi les puiffances* P , R *font en équilibre , elles font entr'elles réciproquement comme les bras du levier.*

De l'appui F il faut mener AFD perpendiculaire à l'une des Fig. 14. directions , elle fera perpendiculaire fur l'autre : de plus les an. 15. gles AMF , DNF font égaux par la fuppofition que les directions des puiffances P , R , font paralleles ; donc les triangles AFM , DFN font femblables ; donc FM . FN :: FA . FD ; c'eft-à-dire , que les bras du levier font dans la raifon des diftances. Mais fi les puiffances P , R étoient entr'elles réciproquement comme les perpendiculaires FA , FD , elles feroient en équilibre ; donc fi elles font entr'elles réciproquement comme les bras du levier , elles y font de même.

60. 6°. *Si les puiffances* P , R *font en équilibre & que leurs directions foient paralleles , elles font entr'elles réciproquement comme les bras* FM , FN Car pour lors les bras FM , FN font dans la raifon des diftances de l'appui aux directions , comme cela paroît par la premiere partie du Corollaire : or fi les puiffances P , R font en équilibre , elles font entr'elles réciproquement comme les perpendiculaires FA , FD ; donc fi elles font en équilibre elles font auffi entr'elles réciproquement comme les bras FM , FN.

61. 7°. *Si les directions font perpendiculaires au levier , & que les puiffances* P , R *foient entr'elles comme les bras du levier , elles font en équilibre :* car pour lors les diftances de l'appui aux directions font mefurées par les longueurs des bras : or fi les puiffances P , R font entr'elles réciproquement comme les diftances de l'appui aux directions , elles font en équilibre ; donc fi elles font entr'elles comme les bras du levier qui mefurent ces diftances , elles font auffi en équilibre.

62. 8°. *Et fi les puiffances* P , R *font en équilibre , & que leurs directions foient perpendiculaires au levier , ces puiffances font entr'elles réciproquement comme les bras* FM , FN. Ce qui eft évident par a propofition derniere (51).   R r ij

63. REMARQUE. On peut remarquer que le cas du parallelifme des directions, ne differe pas de celui où elles concourent à une diftance infinie, & font un angle infiniment petit MCN. Car ces deux cas donnent les mêmes analogies.

64. 9°. Si la direction de l'une des puiffances P ou R, par exemple, la direction de la puiffance R, devient plus ou moins éloignée de l'appui F, ou l'appui F plus ou moins éloigné de cette direction, ce qui peut arriver, ou parce que cette direction fera des angles plus ou moins grands avec le levier XY, ou encore parce que le point d'application N fera plus ou moins éloigné de l'appui F, en un mot de quelque maniere que ce changement de diftance arrive, *fi les puiffances P & R demeurent les mêmes, l'équilibre fera rompu & ne pourra fubfifter avec ce changement de diftances.* Car par la derniere propofition (51) fi les puiffances P, R font en équilibre, elles font entr'elles réciproquement comme les diftances de l'appui aux directions, par l'hypothefe le rapport des diftances change, puifque l'une d'elles devient plus ou moins grande, l'autre demeurant la même, & le rapport des puiffances ne change point ; donc les puiffances ne font point entr'elles réciproquement comme les diftances de l'appui aux directions ; donc il n'y a point équilibre entre les puiffances P, R.

65. 10°. Suppofant encore que la diftance de l'appui à la direction de la puiffance R change, la puiffance P continuant de tirer fuivant fa premiere direction, & le rapport des puiffances demeurant le même, l'équilibre ne pourra fubfifter, comme il vient d'être prouvé dans le Corollaire précedent : *Or cette ceffation d'équilibre peut arriver, ou parce que la puiffance R cedera à l'effort de la puiffance P, ou parce que la puiffance P ne pourra réfifter à l'effort de la puiffance R. Si la direction de la puiffance R devient plus éloignée de l'appui qu'elle n'étoit, ce fera la puiffance R qui l'emportera fur la puiffance P :* car puifque la diftance DF devient plus grande, la diftance AF demeurant la même, le rapport de DF à AF fera plus grand qu'il n'étoit, & par conféquent plus grand que le rapport de P à R ; donc pour qu'il y eût équilibre, il faudroit augmenter le rapport de P à R, ce qu'on pourroit faire ou en augmentant la puiffance P, ou en diminuant la puiffance R. Lors donc que la direction de la puiffance R s'éloigne de l'appui, l'effet eft le même que fi l'on diminuoit la puiffance P ou que l'on augmentat la puiffance R ; mais il eft évident que fi dans l'équilibre on augmentoit la puiffance R, ou que l'on diminuât la puiffance P, ce feroit la puiffance R qui l'emporteroit fur la puiffance P. La

même chofe arrivera donc, fi les puiffances demeurant les mêmes,
la feule direction de la puiffance R s'éloigne de l'appui.

66. 11°. *Si au contraire la direction de la puiffance R s'approche de
l'appui F , cette diminution de diftance auroit le même effort que fi l'on
diminuoit la puiffance R , ou que l'on augmentât la puiffance P , pour
lors ce feroit la puiffance R qui feroit furmontée par la puiffance* P.

67. 12°. Lors donc que la direction de l'une des puiffances P ou
R , par exemple , la direction de la puiffance R , s'éloigne de l'appui ou qu'elle s'en approche , & que la puiffance P tire toujours
à la même diftance de l'appui, il eft néceffaire de changer le rapport des puiffances , fi on veut les maintenir dans l'équilibre : *Si la
diftance* DF *augmente , il faut que la puiffance* P *augmente dans la
même raifon :* car on vient de voir que l'augmentation de DF
avoit le même effet que fi la puiffance P étoit diminuée , *ou bien
il faut que la puiffance* R *diminue d'autant plus que la diftance* DF
augmente : car on vient de voir que cette augmentation de diftance
étoit une vraie augmentation de force pour la puiffance R. Ce
feroit le contraire fi la direction de la puiffance R s'approchoit de
l'appui F.

68. D'où l'on voit que fi la direction de la puiffance R s'éloigne de l'appui F , il y a deux moyens de conferver l'équilibre ,
l'un en augmentant la puiffance P , & laiffant la puiffance R telle
qu'elle eft ; l'autre de l'aiffer la puiffance P la même , & de diminuer la puiffance R. Mais fi la direction de la puiffance R s'approche de l'appui F , on pourra conferver l'équilibre en augmentant la puiffance R , ou en diminuant la puiffance P.

69. 13°. Après ce qui vient d'être dit , il eft vifible que fi les
diftances AF , DF demeurant les mêmes , *on augmente la force de
l'une des puiffances , il faudra augmenter l'autre ; & fi l'on diminue
la force de l'une des puiffances , il faudra auffi d'minuer la force de
l'autre , de maniere qu'elles foient toujours entr'elles dans le rapport
réciproque des diftances à l'appui.*

70. 14°. Si l'on veut augmenter l'une des puiffances, par exemple,
la puiffance R , fans troubler l'équilibre , il faudra éloigner la direction de la puiffance P de l'appui , ou en approcher celle de la
puiffance R , de maniere que le rapport des puiffances fe trouve
toujours égal au rapport réciproque des diftances des directions à
l'appui ; mais fi l'on vouloit diminuer la puiffance R fans toucher
à la puiffance P, il faudroit approcher la direction de la puiffance P de l'appui , ou éloigner celle de la puiffance R.

71.15°. Il paroît enfin que plus la direction de l'une des puiſſances
eſt éloignée de l'appui , plus la force relative de cette puiſſance
augmente , puiſque pour conſerver l'équilibre , il faut diminuer ſa
force abſolue , ou augmenter celle de l'autre puiſſance , ſi celle - ci
continue de tirer ſuivant la même direction : or cette diſtance
de la direction à l'appui n'eſt pas meſurée par la longueur du bras
du levier , mais par la perpendiculaire menée de l'appui à la
direction.

*De l'équilibre ſur le levier eu égard à quelques circonſtances
particulieres.*

72. Entre ces circonſtances les unes regardent les poids en particulier , les autres la figure & le changement de ſituation du levier.
1°. On peut conſidérer les directions des corps peſans , ou comme
paralleles , ou comme concourantes au centre de la terre. 2°. Les
poids peuvent être ſuſpendus librement aux bras du levier avec
des cordons qui leur permettent d'aller ç'à & là , ou y être fixement attachez de maniere à ne pouvoir vaciller. 3°. Le levier eſt
droit ou courbe. 4°. Il a une ſituation horizontale ou inclinée à
l'horizon. C'eſt par rapport à ces circonſtances qu'on va éxaminer
l'équilibre des poids & des puiſſances appliquées à un levier. La
regle établie dans les propoſitions précedentes & expliquée en détail dans leurs Corollaires , nous ſervira de principe pour déterminer s'il y a équilibre ou non. Cette regle eſt générale & ne ſouffre
aucune exception. *Deux puiſſances , deux poids appliquez à un levier , ſont en équilibre , s'ils ſont dans la raiſon réciproque des diſtances de l'appui aux directions ; mais ſi le rapport des puiſſances
n'eſt pas égal au rapport inverſe des diſtances de l'appui aux directions , il n'y a point équilibre.* Cela poſé on peut démontrer les
propoſitions ſuivantes.

PROPOSITION CINQUIE'ME.

73. *Si deux poids ſuſpendus aux points* M , N *du levier droit* XY
dont l'appui eſt en F , *ſont en équilibre lorſque le levier eſt dans une
ſituation horizontale , ils ceſſeront d'y être ſi le levier devient incliné à
l'horizon , & que les directions des poids concourent en un point* C
qu'on ſuppoſe être le centre de la terre.

Fig. 16.   DEMONSTRATION. On ſuppoſe que les directions MC , NC
concourent au centre C de la terre ; donc les angles CMN, CNM
ſont aigus : car ſi les directions MC , NC étoient paralleles , le
levier étant horizontal , les angles M & N ſeroient droits , puiſque

les directions des corps pesans sont perpendiculaires à l'horizon;
il faut donc que les directions s'écartent du parallelisme pour
concourir au centre C, & qu'elles fassent avec le levier des angles aigus; donc si du point F on mene une perpendiculaire sur
la direction MPC, elle le rencontrera en un point A entre M & C:
or si on conçoit que le levier tourne de maniere que l'extrémité
M s'abbaisse au-dessous de la ligne horizontale qui passe par l'appui, & que l'extrémité N s'éleve au-dessus, le rayon FM décrira
une portion de circonférence qui pourra être coupée en deux
points M, m par la direction MC, puisque cette ligne fait un angle aigu avec le rayon FM; donc tous les points de l'arc Mm,
décrits par le point M, seront au-delà de MC par rapport au point
F; donc si de tous les points de Mm on conçoit des lignes telles que IC, elles réprésenteront les directions du poids P pendant
le mouvement du levier; donc tandis que le point M a décrit l'arc
Mm, la direction du poids P s'est éloignée de l'appui F; au contraire la direction du poids R s'en est approchée; car le point N
s'est nécessairement approché de la ligne verticale BO qui passe
par l'appui F, la direction NRC s'est donc approchée du même
appui, d'où l'on voit que dans ce changement de situation du levier, la direction du poids P s'est éloignée de l'appui, & que la
direction du poids R s'en est approchée, les poids P & R cessent
donc d'être dans la raison réciproque des distances à l'appui, ils
ne sont donc plus en équilibre.

Comme la direction du poids R s'approche de l'appui F pendant
tout le tems du mouvement, & que celle du poids P ne s'en approche qu'après s'en être éloignée, le levier continuant de tourner
après que le rayon FM aura rencontré la ligne MC au point m,
le rapport des distances de l'appui F aux directions du poids P &
du poids R sera encore plus grand que celui de FA à FD, c'est-
à-dire, plus grand que le rapport qui est requis pour l'équilibre;
par conséquent dans toutes ces situations du levier, il n'y aura
point équilibre.

74. On ne peut pas vérifier par l'expérience ce défaut d'équilibre, parce que les directions des poids attachez à un levier, sont
sensiblement paralleles, quoiqu'elles concourent: or on a démontré que si deux poids sont en équilibre dans une certaine situation
du levier, ils y sont pareillement, quelque situation qu'on lui
donne, pourvu que leur directions soient paralleles; donc quoique
les directions des poids P, R concourent au centre de la terre
comme l'angle qu'elles y font est insensible, s'ils sont en équilibre

lorſque le levier eſt horizontal, ils y ſeront auſſi, quelque autre ſituation qu'on donne au levier. La propoſition qu'on vient de démontrer, eſt néanmoins vraie dans la rigueur géométrique.

75. Dans les cas particuliers qu'on va examiner dans la ſuite de
cet article, on ſuppoſera que les directions des poids ſont paralleles ; puiſque leur concours au centre de la terre, ne change
rien dans le rapport qu'ils doivent avoir entr'eux pour faire équilibre ſur un levier, quelque ſituation qu'on lui donne.

PROPOSITION SIXIE'ME.

Fig. 17.
18.
76. *Si deux poids* P, R *attachez au levier horizontal* XY *ſont
en équilibre, ils y ſeront encore, quelque ſituation qu'on donne au
levier, pourvu que dans toutes ces ſituations la ligne* GE *qui joint
leurs centres de gravité* G, E, *paſſe par l'appui* F.

Démonstration. Il faut mener par l'appui F la ligne AFD
qui ſoit perpendiculaire ſur une des directions, elle ſera perpendiculaire ſur l'autre, & l'on aura deux triangles ſemblables AFG,
EFD ; & parce que les poids ſont ſuppoſez en équilibre, ils ſont
dans la raiſon réciproque des diſtances FA, FD, & par conſéquent dans la raiſon réciproque de FG à FE : or quelque ſituation qu'on donne au levier, on aura toujours deux triangles ſemblables répréſentez par AFG, EFD. Les diſtances, AF, DF ſeront donc dans le rapport conſtant de FG à FE ; donc les poids
P, R qui ſont entr'eux dans la raiſon réciproque de FG à FE
ſeront dans tous les cas poſſibles dans la raiſon réciproque des diſtances ; ils ſeront donc en équilibre.

PROPOSITION SEPTIE'ME.

Fig. 19.
20.
77. *Si la ligne* GE *qui joint les centres de gravité ne paſſe pas
par l'appui* F, *les poids* P, R *étant ſuppoſez en équilibre ſur le levier horizontal* XY, *ceſſeront d'y être ſi on donne au levier une autre ſituation.* On ſuppoſe encore que les poids ſont fixement attachez au levier. Car s'ils ſont ſuſpendus avec des cordons, ils peuvent être en équilibre, quelque ſituation qu'on donne au levier,
quoique la ligne GE qui joint les centres de gravité ne paſſe pas
par l'appui. Cette propoſition renferme deux cas, ou bien les poids
P, R ſont au-deſſous du levier horizontal ou au deſſus.

Démonstration du premier cas, *lorſque les poids* P, R
ſont au-deſſous du levier horizontal XY. Il faut de l'appui F mener
les lignes FG, FE aux centres de gravité G, E. Puiſque le levier
eſt horizontal, & que les directions des poids ſont paralleles, elles
ſont

font perpendiculaires au levier XY , car les directions des poids
font perpendiculaires à l'horizon ; donc le levier eſt auſſi perpendiculaire à ces directions ; par conſéquent les lignes FG , FE tirées du point F du levier font obliques aux directions. Suppoſons
que le levier tourne , & que c'eſt le point M qui deſcend tandis
que le point N monte , il eſt évident que la ligne FG , ou le centre de gravité G s'approchera de la verticale BO qui paſſe par l'appui F, quelle fera avec cette ligne un angle moindre qu'auparavant,
& que la direction du poids P qui eſt parallele à cette verticale &
qui paſſera par g ſe fera approchée de l'appui F ; au contraire la direction du poids R s'en fera éloignée : car le poids R ne peut monter , que la ligne FE ne s'approche de l'horizontale qui paſſe par
le point F , & ne faſſe un moindre angle avec elle ; or FE étant
oblique à la direction du poids R , & FN étant perpendiculaire
à la même direction , il faut que FE ſoit plus longue que FN ;
donc lorſque FE fera devenue horizontale , c'eſt-à-dire , que
l'angle EFN venant à s'évanouir , la ligne FE s'ajuſtera avec l'horizontale , elle excedera la longueur FN ; par conſéquent la direction du poids R fera plus éloignée de l'appui qu'auparavant : or
pendant tout le tems de ce mouvement , il eſt viſible que la direction du poids R s'éloignera de l'appui ; donc ſi le levier XY
d'horizontal devient incliné à l'horizon , la direction du poids
qui deſcend , s'approche de l'appui ; & la direction de celui qui
monte , s'en éloigne. Donc les poids P, R ne font plus , comme auparavant , dans la raiſon réciproque des diſtances. Donc ils ceſſent
d'être en équilibre.

DEMONSTRATION DU SECOND CAS , *lorſque les poids* P , R Fig. 21.
font fixement attachez au-deſſus du levier horizontale XY. Le con- 22.
traire arrive de ce qui eſt arrivé dans le cas précedent. Si le levier vient à tourner , la direction du poids qui monte s'approche
de l'appui , tandis que celle du poids qui deſcend s'en éloigne.
Car il eſt viſible que le centre de gravité G étant deſcendu en *g* ,
s'eſt éloigné de la verticale BO , & que le centre de gravité E qui
eſt monté , s'en eſt approché : par conſéquent la direction du centre de gravité G s'eſt éloignée , & celle du centre de gravité E
s'eſt approchée de la verticale BO. La premiere direction s'eſt
donc éloignée de l'appui F , & la ſeconde s'en eſt approchée. L'é-
quilibre ne peut donc pas ſubſiſter entre les poids P , R , ſi le levier ceſſe d'être horizontal.

78. COROLLAIRE. Il ſuit de cette propoſition 1°. *qu'un poids at-*
taché fixement au-deſſous d'un levier horizontal , étant retenu en équi-

libre par une puiſſance appliquée au même levier, ſi le poids monte juſ-
qu'à l'horizontale qui paſſe par l'appui, & même au-deſſus, il fau-
dra une plus grande force pour le retenir en équilibre dans cette
ſeconde ſituation du levier. On ſuppoſe que la puiſſance tire à la
même diſtance de l'appui : car on vient de voir que le poids dont
il s'agit, ne peut monter à moins que ſa direction ne s'éloigne
de l'appui ; la force relative du poids eſt donc augmentée à cauſe
de cette plus grande diſtance ; il faut donc une force plus grande
pour le tenir en équilibre. 2°. *Si le poids deſcend au lieu de monter,*
il faudra que la puiſſance qui faiſoit auparavant équilibre avec ce poids
diminue : car la direction du poids s'approche de l'appui à meſure
qu'il deſcend ; donc ſa force relative diminue ; donc la force qui
doit faire équilibre avec ce poids ayant ſa direction à la même diſtance de l'appui, doit diminuer.

3°. *Mais ſi un poids eſt fixement attaché au-deſſus d'un levier hori-*
zontal, le levier venant à tourner de maniere que le poids monte
juſqu'à une certaine hauteur, ſa direction s'approche de l'appui ; il
faut donc pour lors une force moindre qour le tenir en équilibre. Il
faudra au contraire que la force augmente, ſi le poids deſcend, car
pour lors la direction de poids s'éloigne de l'appui.

PROPOSITION HUITIE'ME.

Fig. 20.
22. 23.
24. 79. *Si le levier* XY *eſt courbé, ou, ce qui revient au même ſi étant*
droit, il tient à une anſe OF *arrêtée à un point fixe* F *qui ſert d'ap-*
pui, & autour duquel elle peut tourner librement ; de quelque ma-
niere que deux poids ſoient attachez à ce levier, qu'ils y ſoient ſuſ-
pendus librement, qu'ils y ſoient arrêtez en-deſſus ou en-deſſous, d'une
maniere ferme qui ne leur permette pas de s'écarter des points de ſuſ-
penſion M, N, *ſi les poids ſont en équilibre lorſque le levier eſt ho-*
rizontal, ils ceſſeront d'y être, s'il devient incliné.

Le levier étant horizontal, la courbure MFN peut être ou au-
deſſus ou au-deſſous de la ligne horizontale qui paſſe par l'appui F.

Fig. 22.
24. DEMONSTRATION DU PREMIER CAS, *lorſque la courbure du*
levier eſt au-deſſus de la ligne horizontale FH. Si on conçoit que
le levier tourne autour de l'appui F, de maniere que le poids P
deſcende, il eſt évident que le point G où la ligne FG coupe la direction GP du poids P lorſqu'il eſt deſcendu en g s'eſt éloigné de la
verticale BO ; & que le point E où la ligne FE coupe la direction
du poids R s'eſt approché de la même verticale BO ; donc la direction du poids P laquelle paſſe par le point g, s'éloigne de la
verticale BO, & par conſéquent de l'appui F qui eſt ſur cette ligne, au contraire la direction du poids R s'en approche ; donc

les poids P, R ne font plus dans la raifon réciproque des diftances de l'appui aux directions. Donc ils ceffent d'être en équilibre.

DEMONSTRATION DU SECOND CAS, *lorfque la courbure du* Fig. 20.
levier eft au-deffous de la ligne horizontale qui paffe par l'appui F. 23.
Dans ce fecond cas c'eft la direction du poids qui monte, qui s'é-
loigne de l'appui F, & la direction du poids qui defcend s'en approche. Il eft aifé de le prouver de la même maniere que pour le
cas précédent. Donc fi les poids P, R font en équilibre, le levier
étant horizontal, il n'y font plus, de quelque maniere que le levier
devienne incliné.

80. COROLLAIRES. 1°. *Si la courbure eft au-deffus de l'horizon-* Fig. 22,
tale FH, *il faut une force plus grande pour tenir le poids en équi-* 24.
libre, lorfque le levier eft horizontal que lorfqu'il eft incliné, & que le
poids s'éleve au-deffus de l'horizontale FH. Car pour lors la direction du poids eft plus proche de l'appui que lorfque le levier eft
horizontal ; mais fi le poids s'abbaiffe au-deffous de FH, fa direction s'éloigne de l'appui ; la force néceffaire pour le foutenir
eft donc plus grande que fi le levier étoit dans la fituation horizontale.

81. 2°. *Si la courbure eft au-deffous de l'horizontale* FH, *il fau-* Fig. 20,
dra une plus grande force pour foutenir le poids qui s'éleve, parce 23.
que fa direction s'éloigne pour lors de l'appui ; *il faudra au con-*
traire qu'elle foit moindre pour faire équilibre avec le poids lorfqu'il
s'abbaiffe, que lorfque le levier eft horizontal, parce que fi le poids
s'abbaiffe, fa diftance à l'appui diminue.

82. On peut remarquer que *fi la courbure du levier eft au-deffus*
de l'horizontale FH, *& que deux poids foient en équilibre lorfque le* Fig. 21.
levier eft horizontal, pour peu qu'on l'incline, l'équilibre fera rom- 22. 24.
pu, & que le levier tournera jufqu'a ce que la courbure ait paffé au-
deffous de l'horizontale FH. Car plus le levier tournera, plus la direction du poids qui defcend s'éloignera de l'appui ; c'eft pourquoi fa force relative augmentant ainfi, elle imprimera au levier
une viteffe de plus en plus grande, jufqu'a ce que fa courbure fe
foit renverfée & fe foit mife au-deffous de l'horizontale qui paffe
par l'appui F. *Mais fi la courbure eft au-deffous de l'horizontale* FH, Fig. 19.
pour faire defcendre l'un des poids, il faudra diminuer l'autre de plus 20. 23.
en plus, parce que la force relative du poids qui defcend, diminue
à mefure qu'il defcend ; ou fi l'on veut que le poids qui monte demeure le même, il faudra augmenter le poids qui defcend ; & cela
d'autant plus qu'on le fera defcendre plus bas. On aura occafion de
faire ufage de ces remarques dans la conftruction de la balance.

Sf ij

Fig. 25.
26. 27.
28.

83. La *poulie* est une machine composée d'un *rond* ou *roulette* MLN percée à son centre F, & traversée d'un essieu qu'on appelle *goujon* ou *tourillon*, & autour duquel elle peut tourner : on fait entrer la roulette dans une *chape* ou *écharpe* OH, où elle est retenue par le moyen de son tourillon qui traverse aussi la chape. Une corde passe par dessus la roulette, & y est retenue dans une entaille qui est autour de sa circonférence. La corde est tendue par l'action d'une puissance & d'un poids ou fardeau ; & par la tension qu'elle reçoit, elle s'applique à la circonférence de la roulette, & le frottement qu'elle y fait oblige la roulette de tourner. Cet assemblage est soutenu par un point fixe K, autour duquel la chape OH peut tourner horizontalement de gauche à droite & de droite à gauche. Dans la suite on emploiera les termes de *poulie* & de *roulette* dans le même sens pour signifier le rond MLN qui tourne autour de son centre.

84. M. Varignon dans sa nouvelle Mécanique, déduit les prorietez de toutes les machines simples ou élémentaires, en leur appliquant immédiatement le principe des mouvemens composez. Par cette méthode on traite de chaque machine indépendamment & sans aucun rapport aux autres ; mais d'un autre côté cette maniere de prouver engage à des redites inévitables : d'ailleurs il est aisé d'appercevoir que dans certaines machines la maniere d'agir & de résister des puissances est la même, & qu'il n'y a de difference que dans la forme : de ce nombre sont le levier, la poulie & le treuil. Il est vrai que selon la remarque de M. Varignon, M. Descartes dit que *c'est une chose ridicule que de vouloir employer la raison du levier dans la poulie* : cependant sans forcer les idées, on peut découvrir dans la poulie tout ce qui se trouve dans le levier, une verge droite ou courbe, deux puissances qui la tirent en des sens opposez, & un appui qui supporte le tout. D'ailleurs tous les raisonnemens que l'on a faits sur le levier suivant la triple maniere d'en démontrer la principale propriété, conviennent à la poulie, & on peut les faire encore sans aucune nouvelle supposition : rien n'empêche donc que l'on ne mette la poulie & le tour au même rang que le levier ; & en cela on ne fait que suivre le grand nombre des Auteurs qui ont traité de la mécanique. Lorsqu'on prend cette voie, ce n'est pas que l'on soit dans l'impuissance d'appliquer à ces deux machines les premiers principes de la mécanique ; c'est seulement pour éviter les longueurs, & pour montrer que les ma-

chines que l'on nomme élémentaires, ne font pas tellement indépendantes les unes des autres, qu'on ne puiffe en confiderer plufieurs fous le même point de vûe.

85. La poulie peut être *fixe* ou *mobile*. La poulie fixe eft celle dont
la chape eft fixe, c'eft-à-dire, qui demeure attachée à un même point,
quoiqu'elle puiffe tourner autour de ce point , & la poulie autour
de fon centre ou tourillon. La poulie mobile eft celle dont la chape
eft mobile , c'eft-à-dire qu'elle peut aller & venir dans le fens que
les puiffances tirent. Lorfque deux puiffances font en équilibre
fur une poulie , leurs directions font néceffairement en un même
plan : cette condition eft abfolument néceffaire, & fe trouve toutes
les fois que deux puiffances agiffant l'une contre l'autre font retenues en équilibre. Cela étant , les cordons que les puiffances tirent , & qui repréfentent leurs directions, font ou paralleles , ou
concourent en un point.

86. Il eft évident que la corde qui paffe par-deffus la poulie ,
n'embraffe qu'une partie de fa circonférence , & qu'il y a deux
points où elle quitte la poulie ; ces points font les extrêmitez de
l'arc que la corde entoure. La corde touche la poulie aux points
où elle commence à s'en féparer , c'eft-à-dire, que la corde étant
prolongée en ligne droite , ne rencontre la poulie qu'en ces deux
points : il eft évident qu'après que la corde s'eft féparée de la poulie aux extrêmitez de l'arc qu'elle embraffe, elle ne peut la rencontrer davantage ni en deçà ni en delà de ces points, quoique
prolongée en ligne droite de part & d'autre ; car il faudroit pour
cela que la corde & fon prolongement ne fuffent pas en ligne droite , mais qu'il fe fît un pli à ces points là même , puifque la corde ne peut rencontrer la circonférence de la poulie en d'autres
points qu'en fe pliant , & en imitant fa courbure.

87. Si du centre de la poulie on mene aux points où la corde
la quitte (on les nommera points d'attouchement) deux rayons, ils
feront perpendiculaires à la corde , puifqu'elle eft tangente de la
poulie à ces points là.

88. Dans la poulie fixe la direction de la réfiftance eft entre
les directions de la puiffance & du poids ; mais dans la poulie mobile , c'eft la direction du poids ou fardeau à élever qui eft entre
la direction de la puiffance & celle de la réfiftance du point fixe.

89. Dans la poulie fixe , tous les points de la corde ou chape OK Fig. 25.
qui repréfente la direction de la réfiftance , font tirez avec la mê- 26.
mê force , & réfiftent également ; c'eft pourquoi on peut concevoir
que cette réfiftance eft appliquée à tel point de la ligne OK que

l'on voudra choiſir : or on ſuppoſera que cette réſiſtance eſt au
centre de la poulie. Dans la poulie mobile la réſiſtance du point
Fig. 27. fixe eſt auſſi à tous les points de la corde KF ; on ne fera néan-
28. moins attention qu'à la réſiſtance du point F ou la corde KF touche la poulie , & on conſiderera dans l'une & l'autre poulie , le
point fixe qu'on vient de déſigner comme un appui.

90. Lorſque la puiſſance P & le poids R ſont en équilibre ſur la
poulie, il n'eſt pas néceſſaire qu'elle conſerve ſa figure ronde.
Quelle que ſoit ſa figure , l'équilibre ne ſera point interrompu, ſi
les directions ne changent point , & que les efforts ſuivant ces directions ſoient les mêmes ; car il eſt viſible que la figure ronde
n'eſt que pour la facilité ou commodité du mouvement qu'il n'eſt
pas néceſſaire de conſiderer dans l'équilibre : on peut donc concevoir que dans l'équilibre entre la puiſſance P & le poids R , il ne
reſte de la poulie que les rayons menez du centre O ou F aux points
d'attouchement XY , ces rayons étant roides & inflexibles , l'é-
quilibre ſe fera de même que ſi la poulie conſervoit ſa rondeur.

Cela étant ainſi , il eſt manifeſte que la poulie ne differe point
d'un levier dont l'appui eſt en F , & les points de ſuſpenſion ou
d'application de la puiſſance & du poids en M & N.

PROPOSITION NEUVIE'ME.

Fig. 25. *91. Dans la poulie fixe le rapport de la puiſſance P au poids R eſt*
26. *un rapport d'égalité , c'eſt-à-dire , que ſi la puiſſance eſt égale au*
poids , il y a équilibre. On ſuppoſe que les directions ſont en un
même plan.

DEMONSTRATION. De l'appui F il faut mener aux points d'attouchement X, Y les rayons F A , F D, qui ſeront perpendiculaires aux
directions M P, N R (14. *Géom.*) Cela fait, on peut conſiderer la puiſſance P & le poids R comme étant appliquez aux points M , N du
levier XFY ſuivant les directions MP , NR ; donc la puiſſance P
& le poids R ſont en équilibre , s'ils ſont dans la raiſon réciproque des diſtances ou perpendiculaires menées de l'appui F aux
directions : or les perpendiculaires FA , FD ſont égales ; donc la
raiſon inverſe des perpendiculaires FA , FD eſt une raiſon d'é-
galité ; mais par l'hypotheſe le rapport de la puiſſance P au poids
R eſt auſſi un rapport d'égalité ; donc ce rapport eſt égal au rapport inverſe des diſtances ; donc la puiſſance P & le poids R ſont
en raiſon réciproque des diſtances ou perpendiculaires menées de
l'appui aux directions. Donc il y a équilibre.

Il eſt évident qu'une ſeule démonſtration ſuffit pour le cas où
les directions ſont paralleles , & celui où elles concourent.

PROPOSITION DIXIE'ME.

92. *Si une puiffance* P *tire contre un poids* R *à l'aide d'une poulie* Fig. 27.
mobile , il y a équilibre fi la puiffance P *eft au poids* R *comme le* 28.
rayon de la poulie eft à la ligne qui joint les deux points d'attouche-
ment X , Y.

DEMONSTRATION. Dans l'hypothefe préfente l'appui F du levier XNY eft au point d'attouchement Y. Si de l'appui F on mene les perpendiculaires FA , FD aux directions de la puiffance &
du poids , il y aura équilibre , fi l'on a P . R :: FD . FA ; c'eft-à-
dire , fi la puiffance P & le poids R font en raifon réciproque des
diftances de l'appui F aux directions. Or fi la puiffance P eft au
poids R comme le rayon eft à la ligne FX qui joint les points d'attouchement , ils feront auffi dans la raifon de FD à FA. 1°. Si les Fig. 27.
directions font paralleles , la ligne FX qui joint les points d'attouchement eft un diametre qui eft égal à la diftance FA , & dont
la moitié qui eft le rayon FO , eft égale à la diftance FD. Donc
fi l'on a P . R :: FO . FX l'on aura auffi P . R :: FD . FA ; c'eft-
à-dire , que la puiffance P , & le poids R feront dans la raifon réciproque des diftances de l'appui F aux directions ; donc il y a
équilibre. 2°. Si les directions font inclinées l'une à l'autre , l'on
aura les deux triangles femblables DFO , AFX : car les angles Fig. 28.
D & A font droits : d'ailleurs FA eft parallele à OX , puifque
ces deux lignes font perpendiculaires à la direction MP ; donc les
angles alternes OXF , AFX font égaux : de plus l'angle OXF
eft égal à l'angle OFX , puifque le triangle OFX eft ifocele ; donc
les triangles DFO , AFX font femblables ; donc l'on aura la proportion FO . FX :: FD . FA ; mais l'on fuppofe que P . R :: FO . FX.
Donc P . R :: FD . FA. C'eft-à-dire , que la puiffance P & le poids
R font dans la raifon réciproque des diftances de l'appui aux directions , par conféquent il y a équilibre.

93. COROLLAIRE. Dans la poulie fixe il y a égalité d'efforts de la
part de la puiffance & du poids , les directions étant paralleles ou non :
ainfi le rapport de la puiffance au poids eft égal à celui de 1 à 1 ,
c'eft-à-dire , que c'eft un rapport d'égalité ; mais il n'en eft pas de
même dans la poulie mobile ; le rapport de la puiffance au poids eft
variable felon que les directions font paralleles ou inclinées : lorfque les directions font paralleles , la puiffance doit faire un effort
qui foit la moitié de l'effort du poids , car pour lors elle eft au
poids comme le rayon eft au diametre ; mais dans les autres cas
elle eft au poids comme le rayon eft à la ligne qui joint les points
d'attouchement : or cette ligne eft moindre que le diametre ; donc

le rayon eſt plus grand que la moitié de cette ligne ; donc la puiſſance P qui eſt répréſentée par le rayon, eſt plus grande que la moitié du poids qui eſt répréſentée par la moitié de la ligne qui joint
les points d'attouchement. Par conſéquent la puiſſance néceſſaire
pour ſoutenir un poids à l'aide d'une poulie mobile , eſt la moindre qu'il eſt poſſible lorſque les directions ſont paralleles : car pour
lors il ſuffit qu'elle faſſe un effort égal à la moitié du poids , au
lieu que dans tous les autres cas ſon effort doit exceder la moitié
du poids qu'elle tient en équilibre.

REMARQUE. On auroit pû appliquer à cette machine le principe de M. Deſcartes tiré du mouvement , & celui des forces compoſées , emploié par M. Varignon ; ainſi lorſqu'on a rapporté cette
machine au levier , ce n'a été que pour abréger.

DU TREUIL OU TOUR,
& des machines qui y ont rapport.

Fig. 29.
30. 31.   **94.** Cette machine reçoit pluſieurs noms ſelon la figure qu'on lui
donne , l'uſage qu'on en fait , & la ſituation dans laquelle on la
poſe. Cette grande variété n'empêche pas néanmoins , qu'en
retranchant par la penſée toutes les pieces qui ne ſont que pour
la ſolidité de la machine ou pour la commodité du ſervice ,
on ne puiſſe la répréſenter d'une maniere générale & qui con-
vienne aux differentes formes qu'elle peut avoir. Ce qui eſt eſſen-
tiel à cette machine, & qu'il eſt néceſſaire de remarquer pour avoir
le rapport de la puiſſance au poids ou fardeau qu'elle ſoutient , eſt
un cylindre CC qui peut tourner ſur deux pivots E , F qui ſont
engagez dans deux trous ou fentes qui tiennent le cylindre aſſujetti , de maniere qu'il n'a d'autre liberté que celle de tourner ſans
pouvoir recevoir d'autre mouvement. Les pivots E , F ſont ſur le
prolongement de l'axe du cylindre : on perce ſa circonférence de
pluſieurs trous ou l'on implante des bâtons DG auxquels la puiſſance s'applique pour ſoutenir l'effort du poids ou fardeau qui réagit ou réſiſte, au moyen d'une corde qu'il tire, & qui eſt entortillée
ſur la circonférence du cylindre. Pour la commodité de la puiſſance , au lieu des bâtons DG , on emploie ſouvent une roue
qui eſt quelquefois traverſée de pluſieurs chevilles toutes paralleles entr'elles , & perpendiculaires au plan de la roue , lequel
eſt auſſi perpendiculaire à l'axe du cylindre. Le cylindre eſt
auſſi appellé *tour* ou *rouleau*, & la roue *tambour* ou *timpan*. Lorſque le tour ou rouleau eſt poſé de niveau , c'eſt-à-dire , que ſon
axe eſt horizontal , la machine eſt appellée *treuil*, *virevau* , &c.

&c.

& par les latins *fucula* ; mais lorfque le tour eft pofé à plomb, c'eft-
à-dire , que fon axe eft perpendiculaire à l'horizon , elle eft appellée *vindas* , *cabeftan* , & par les latins *ergata*. Lorfque le cylindre eft joint à une roue qu'il enfile par le milieu fuivant fon axe,
la machine eft appellée par les latins *axis in peritrochio* , c'eft-à-
dire, la roue avec fon effieu ou l'effieu dans la roue : *axis* c'eft le
cylindre, ou rouleau: *peritrochium* c'eft le tambour ou la roue. Dans
la fuite lorfqu'on parlera de l'axe du treuil , on entendra une ligne
inflexible qui paffe par les centres des bafes du cylindre ou rouleau.

95. Le tour ou treuil & les machines qui s'y rapportent ont deux
appuis : or c'eft à caufe de ce double appui qu'il n'eft pas néceffaire que la puiffance & le poids qui font équilibre fur cette machine ayent leurs directions en un même plan ; c'eft en cela que le
treuil differe du levier ordinaire qui n'a qu'un appui. Dans le levier ordinaire il faut pour l'équilibre que les efforts de la puiffance
& du poids fe compofent en un feul , puifqu'il n'y a qu'une réfiftance , il eft donc néceffaire que les directions foient en un même plan , ou qu'elles fe rencontrent en quelque point ; mais il
n'en eft pas de même dans le treuil , le double appui qui s'y trouve
peut réfifter en tout fens, & la machine eft affujettie de maniere
qu'elle ne peut recevoir que le mouvement circulaire , ce qui détermine les deux puiffances qui y font appliquées à agir l'une fur
l'autre ; car l'on conçoit que fi l'une tire en fens contraire de l'autre , c'eft-à-dire , fi étant toutes deux d'un même côté par rapport
à l'axe , l'une tire en haut & l'autre en bas, ou fi étant de differens
côtez par rapport au même axe , elles tirent toutes deux en bas,
l'une ne peut fe mouvoir fuivant fa direction qu'elle ne meuve auffi
l'autre puiffance contre celle qu'elle tend à fuivre , & qu'elle n'en
éprouve toute la réfiftance , puifque fi un point du treuil tourne
tous les autres points qui font à la même diftance de l'axe font déterminez à tourner d'une égale viteffe ; la puiffance qui cede à
l'effort contraire , & que l'on peut fuppofer appliquée à quelqu'un
de ces points , réagit donc contre la puiffance qui fait tourner la
machine ; & puifque tous les points qui font à la même diftance
de l'axe , tournent ou tendent à tourner d'une égale viteffe , il s'enfuit que la puiffance qu'on fuppofe la plus foible & qui eft contrainte d'obéir au mouvement circulaire , réfifte également quelque foit celui de ces points auquel elle eft attachée. Si on fuppofe
que les directions de la puiffance & du poids font dans un même
plan , leur réfiftance réciproque eft la même que fi ces directions
font en des plans differens pourvû que chaque direction , par

* Tt

exemple , celle de la puiſſance ſoit dans l'une & l'autre hypotheſe
à égale diſtance de l'axe , la raiſon en eſt que la puiſſance & le
poids ſe réſiſtent l'un à l'autre, parce qu'ils tendent à faire tourner
le treuil en des ſens oppoſez : or ſoit que les directions ſe trouvent
ſur un même plan ou en des plans differens , le treuil eſt diſpoſé à tourner avec la même viteſſe pouvu que les directions ſoient
dans l'une & l'autre hypotheſe à la même diſtance de l'axe ; ainſi
ſi la direction de la puiſſance eſt diſtante de l'axe de 2 pieds lorſqu'elle eſt en un même plan que la direction du poids , le treuil
ſera ſollicité par la puiſſance à tourner avec la même viteſſe que ſi
cette direction étant hors de ce plan , & dans un plan different ,
elle eſt encore diſtante de l'axe de 2 pieds , ce qui eſt évident , car
le mouvement circulaire eſt produit en l'un & l'autre cas dans
les mêmes circonſtances , c'eſt la même force qui tire & à la même diſtance de l'axe ; donc puiſque ſi un point du treuil eſt tiré
avec une certaine force tous les autres points qui ſont à égale diſtance de l'axe tendent à tourner avec la même viteſſe , il s'enſuit que la puiſſance doit faire la même impreſſion ſur le treuil
lorſqu'elle tire ſuivant une direction qui eſt dans le même plan que
la direction du poids , & lorſqu'elle ſe trouve dans un plan different. On ſuppoſe que les plans où ſont les directions ſont perpendiculaires à l'axe.

96. Lorſqu'une puiſſance & un poids ſont appliquez au treuil pour
la facilité de la démonſtration , on peut donc ſuppoſer que les
directions ſont en un même plan perpendiculaire à l'axe quoiqu'elles ſoient dans des plans differens ſuppoſez auſſi perpendiculaires au même axe.

PRÉPARATION POUR LA DEMONSTRATION SUIVANTE.

97. On repete en peu de mots ce qui vient d'être expoſé. La puiſſance P & le poids R étant appliquez au treuil ſuivant des directions perpendiculaires à l'axe , c'eſt-à-dire , ſuivant des directions
qui ſe trouvent l'une & l'autre ſur des plans perpendiculaires à
l'axe , on conſiderera que le plan où eſt la direction de la puiſſance
P s'approche du plan où eſt la direction du poids R en demeurant toujours parallele à lui-même , c'eſt-à-dire , perpendiculaire à
l'axe. Il eſt évident que ce plan touchera enfin celui où eſt la direction du poids , & parce que l'un eſt parallele à l'autre ils ne feront plus qu'un ſeul & même plan , & couperont l'axe en un même
point. La puiſſance P après avoir ainſi changé de place agira ſur le
poids R avec la même force qu'auparavant le rapport de l'un à l'au-

tre fera donc encore le même. Cela pofé, il eft aifé de démontrer l'analogie du treuil, ou le rapport de la puiffance au poids : cette analogie eft la même que celle du levier.

PROPOSITION ONZIE'ME.

98. *La puiffance P & le poids R étant appliquez au treuil fuivant* Fig. 32. *des directions perpendiculaires à l'axe, & confiderées dans un mê-* 33. *me plan, font en équilibre s'ils font entr'eux réciproquement comme les diftances où perpendiculaires menées aux directions, menées, dif-je, du point ou le plan des mêmes directions coupe l'axe.*

DEMONSTRATION. Dans le treuil le poids ou le fardeau eft toujours fufpendu ou appliqué au rouleau ou cylindre avec une corde qui s'entortille ou fe roule fur le même cylindre, & la puif-fance eft appliquée aux batons ou barres qui font implantées dans le cylindre, ou bien elle tire une roue qui eft traverfée ou enfilée par le rouleau, le cercle BDL réprésente le profil du rouleau ou le plan qui le coupe perpendiculairement à l'axe, & qui eft le même que celui où l'on fuppofe que font les directions de la puiffance & poids, le point F qui eft le centre du rouleau, eft auffi le point où le plan BDL coupe l'axe, la direction NR du poids touche le rouleau au point D, & la direction MP de la puiffance peut être perpendiculaire ou oblique au baton ou barre BM, lorfque la puiffance eft appliquée à la roue GKM, elle peut la tirer fuivant une direction MP qui touche la roue ou fuivant une direction qui coupe la circonférence. Cela pofé, je dis que fi la puiffance & le poids font entr'eux réciproquement comme les perpendiculaires FA, FD menées du point F aux directions MP, NR, il y aura équilibre. Car on peut confidérer la ligne XFY comme un levier droit ou angulaire dont l'appui eft en F, & qui eft tiré fuivant les dire-ctions MP, NR, il eft évident que fi la puiffance P avoit effecti-vement fa direction MP dans le plan où eft la direction NR du poids, & qu'elle fut au poids R comme FD eft à FA ; c'eft-à-dire, que le rapport de la puiffance au poids fut égal au rapport inverfe des diftances de l'appui F aux directions, il y auroit équi-libre ; mais on vient de faire voir que fi la puiffance P eft appli-quée à un autre endroit du treuil fuivant une direction perpen-diculaire à l'axe, & dont la diftance à l'appui foit égale à FA, elle éxerce fur le poids R la même force que lorfque fa dire-ction eft fuppofée dans le même plan que la direction du poids R. Donc fi on rétablit la puiffance P dans l'endroit ou elle tire effe-

ctivement, & qu'elle foit au poids R comme la diftance FD eft à
la diftance FA , il y aura encore équilibre.

99. On pourroit démontrer auffi que fi la puiffance P & le poids
R font en équilibre fur le treuil , ils font dans la raifon réciproque des diftances FA , ED ; la démonftration eft la même que
pour le levier : ainfi on ne la repete point.

Fig. 32.   100. COROLLAIRES. 1°. Il eft évident que le rayon FD mené
du point F au point où la corde NR touche le rouleau , eft la diftance ou la perpendiculaire menée de l'appui F fur la direction
du poids. *Donc fi la puiffance & le poids R font entr'eux réciproquement comme la diftance FA & le rayon FD du treuil , ils font
en équilibre.* Et réciproquement fi la puiffance & le poids font en
équilibre , ils font dans la raifon réciproque de la diftance FA
& du rayon FD.

101. 2° Si la puiffance tire fuivant une direction perpendiculaire au bras FM , la raifon des diftances ou des perpendiculaires fera
égale à la raifon des bras FM , FD.

Fig. 33.   102. 3°. *Si la puiffance P eft appliquée à une roue fuivant une direction qui en touche la circonférence, & qu'elle foit au poids P comme
le rayon du cylindre ou rouleau eft au rayon de la roue, il y aura équilibre.* Car les perpendiculaires menées de l'appui F aux directions
ne different pas des rayons FM , FD qui paffent par les points
d'attouchement ; & réciproquement *fi la puiffance & le poids font en
équilibre , & que la puiffance tire fuivant une direction qui foit tangente à la circonférence de la roue , le rapport de la puiffance au poids
fera égal au rapport inverfe du rayon de la roue au rayon du rouleau.*

103. On peut démontrer l'analogie du tour fans la fuppofition
qu'on a faite que les directions font en un même plan, & la démonftration qu'on va donner embraffe tous les cas, non feulement celui
ou l'on fuppofe que les directions font perpendiculaires à l'axe, mais
encore celui où elles font obliques au même axe. On réduit tous
les cas à deux généraux , ou bien les directions font paralleles ou
elles ne le font pas , lorfque les directions font paralleles , ou elles
font perpendiculaires à l'axe , ou elles lui font obliques.

PRÉPARATION POUR LA DÉMONSTRATION SUIVANTE.

104. *On a réprésenté les figures qui concernent le tour ou treuil en
perfpective & en relief afin d'aider l'imagination, fur-tout pour la réfiftance des appuis où il faut imaginer plufieurs plans. Celles qu'on a
tracé fuffifent pour faire concevoir de quelle maniere il faut s'y pren-*

dre pour déterminer dans tous les cas le rapport de la puissance au poids, & les résistances des appuis.

105. Quelle que soit la situation des directions tant entr'elles que Fig. 35. par rapport à l'axe, on peut toujours faire en sorte qu'elles se trou- 36. 37. vent dans deux plans paralleles qui coupent l'axe. 38. 39.

1°. Cela est évident lorsque les directions sont paralleles ; si elles sont perpendiculaires à l'axe, les plans où elles sont peuvent être aussi perpendiculaires à l'axe, & par conséquent paralleles.

2°. Voici pour le cas où les directions sont inclinées à l'axe sans être paralleles. On suppose que la ligne droite XY réprésente l'axe du treuil, O, S les appuis placez sur cette ligne, MP, NR les directions de la puissance & du poids. Il faut concevoir la ligne NM qui prolongée, coupe l'axe XY prolongé ou non au point C, & qui rencontre les directions MP, NR aux points M, N, (ce qui est toujours possible, puisque le lieu du point C est indéterminé, & que d'ailleurs on peut supposer que la ligne NM tourne autour du point M jusqu'a ce qu'elle rencontre l'axe XY prolongé en C, sans discontinuer de toucher la direction NR); du point M il faut mener MQ parallele à NR, concevoir un plan TZ sur lequel est l'angle PMQ, & qui coupe l'axe prolongé ou non au point *f*, tirer la ligne *f*M, & du point N mener N*f* parallele à *f*M qui rencontrera l'axe au point F ; car puisque *f*M, FN sont paralleles, les angles NM*f*, MNF sont dans un même plan ; donc les trois lignes NM, M*f*, NF sont dans un même plan, c'est-à-dire, dans le plan du triangle CM*f*; or le plan de ce triangle passe par l'axe XY, c'est-à-dire, que l'axe est sur ce plan ; donc la ligne NF qui est dans un plan qui passe par l'axe, étant prolongée autant qu'il est nécessaire, coupera cet axe au point F. Cela posé, si on conçoit un plan qui passe par NR & NF, il sera parallele au plan TZ, puisque les angles RNF, QM*f* qui sont sur ces plans, sont formez par des lignes qui deux à deux sont paralleles, NR est parallele à MQ, & NF parallele à M*f*. Donc la direction NR est dans un plan parallele au plan TZ, & ces plans paralleles où sont les directions NR, MP coupent l'axe aux points F, *f*.

106. Le plan M*f*CNFM sera appellé dans la suite *plan par l'axe*, & les plans paralleles qui coupent l'axe & sur lesquels les directions MP, NR sont couchées *plans des directions*, les lignes M*f*, NF qui sont en même-tems sur le plan par l'axe, & sur les plans des directions seront apellées *communes sections du plan par l'axe, & des plans des directions*, parce qu'effectivement ce plan & les plans paralleles qui portent les directions MP, NR se coupent dans les lignes M*f*, NF.

107. La démonstration suivante suppose les mouvemens ou forces compolées.

PROPOSITION DOUZIE'ME.

108. *Si les puissances P,R font en raison compofée de la raison réci-proque des lignes M f, NF, & de la raifon réciproque des finus des angles que les mêmes lignes font avec les directions, il y aura équilibre.*

Fig. 35.
36. 37.
38. 39. DEMONSTRATION. La démonstration eft pour tous les cas. Il faut prolonger fM vers G , & former le parallelogramme GQ dont la diagonale MP foit fur la direction de la puiffance P. Si au lieu de la puiffance P on applique au point M deux puiffances G & Q qui tirent fuivant MG , MQ , elles feront autant que la puiffance P , (que je fuppofe répréfentée par MP) fi elles font ex-primées par les côtez MG , MQ du parallelogramme GQ. La force fuivant MG étant dirigée fuivant une ligne qui eft fur le plan par l'axe fe perd fur les appuis O , S , & ne contribue point à foute-nir le poids R , de forte que fi la puiffance P eft en équilibre avec le poids R , c'eft par l'effort fuivant MQ qui étant produit fuivant une direction parallele à la direction NR , eft tout em-ployé à réfifter au poids R ; d'où l'on voit que fi l'effort fui-vant MQ eft en équilibre avec le poids R , la puiffance P qui produit cet effort fera auffi en équilibre avec le poids R. Cela po-fé , les directions MQ , NR étant paralleles de même que les lignes Mf, NF , l'angle QMf eft égal à l'angle que la dire-ction NR forme avec NF , ces deux angles ont donc le même finus, l'angle PMG eft celui que la direction MP forme avec fMG. Si l'on nomme (S) le finus de l'angle QMf ou de l'angle RNF, (f) le finus de l'angle PMG, les produits M$f \times f$, NF$\times$S font en raifon compofée des lignes Mf, NF , & des finus des angles PMG , RNF que les mêmes lignes forment avec les directions ; donc par l'hypothefe de la propofition préfente , les puiffances P,R font entr'elles réciproquement comme ces produits , en forte que P . R :: NF $\times$ S . M$f \times f$. D'ailleurs la puiffance P & l'effort fui-vant MQ font dans la raifon des côtez MP & MQ ou PG , & les côtez MP , PG dans la raifon des finus des angles PGM , PMG, l'angle PGM eft égal à l'angle RNF , parce que l'un & l'autre eft égal à l'angle QMf ; donc les puiffances P , Q font entr'elles comme les finus de ces angles , & l'on a Q . P :: f. S. L'on a donc ces proportions. Si après avoir   P . R :: NF $\times$ S . M$f \times f$
multiplié par ordre , on divife les   Q . P :: f .   S .

deux premiers produits par P , & les deux derniers par le produit $S \times f$, on aura la nouvelle proportion Q . R :: NF . Mf,
& parce que les triangles fMC , FNC font femblables, au lieu de
NF , Mf, on peut prendre les côtez NC , MC. Donc Q . R ::
NC . MC , c'eft-à-dire , que les puiffances Q , R font entr'elles
réciproquement comme les lignes NC , MC. Maintenant fi on
confidere le plan par l'axe MfCNFM comme inflexible & parfaitement mobile autour de l'axe XYC, la ligne inflexible MN qui
eft fur ce plan , pourra être auffi confidérée comme un levier dont
l'appui eft en C. Les puiffances R , Q feront donc entr'elles réciproquement comme les bras NC , MC ; donc puifque leurs directions NR , MQ font paralleles , elles font en équilibre fur le levier MCN ; mais la puiffance P en ce qui concerne l'équilibre
avec la puiffance R , ne fait rien de plus que la puiffance Q. Donc
la puiffance P eft en équilibre avec la puiffance R.

109. Remarque. Puifque le poids R & la puiffance P font en Fig. 35.
équilibre fur le plan MfCNFM mobile fur les pivots O , S , il eft 38.
évident que dans les cas où l'on fuppofe que l'axe eft prolongé en
C , on peut retrancher de ce plan la partie NCY , & qu'au lieu du
plan inflexible , on peut fubftituer les verges roides Mf , NF
ou telles autres qu'on voudra , pourvu qu'elles rencontrent les
directions MP , NR , & qu'elles faffent un même corps avec
l'axe XY.

110. Corollaires. 1°. *Si les directions* MP,NR *font paralleles,
les puiffances* P,R *font en équilibre fi elles font entr'elles réciproquement
comme les lignes* M f,NF *qu'on a nommé communes fections du plan
par l'axe , & des plans des directions.* Car pour lors les finus S , f
font égaux , puifque les directions étant paralleles par l'hypothefe ,
font des angles égaux avec les paralleles Mf , NF. Donc fi on multiplie les lignes Mf,NF par les finus f , S , les produits M$f \times f$, NF$\times$S
font dans la même raifon que les lignes Mf , NF. Donc les puif-
fances P , R qu'on fuppofe entr'elles réciproquement comme les
lignes Mf , NF font auffi entr'elles réciproment comme les produits M$f \times f$, NF $\times$ S. Donc elles font en équilibre.

111. 2°. *Si les directions* MP,NR *étant paralleles font perpendiculaires au plan par l'axe, & par conféquent à l'axe même, pour lors
les communes fections* M f, NF *font perpendiculaires aux directions,
ou ce qui revient au même , ces directions font perpendiculaires à*
Mf,NF. Car une ligne qui eft perpendiculaire à un plan eft auffi
perpendiculaire à toutes les lignes qui font fur ce plan ; donc
fi des points f , F ou les plans des directions coupent l'axe ,

on mene aux directions les perpendiculaires Mf, NF , *& que les puissances* P , R *soient entr'elles réciproquement comme ces perpendiculaires , elles seront en équilibre suivant le premier Corollaire.*

112. 3°. *S'il n'y a qu'une des directions , par exemple , la direction* NR *qui soit perpendiculaire au plan par l'axe, & par conséquent à l'axe , il y aura encore équilibre entre les puissances* P , R. *Si après avoir mené des points* f , F *où les plans des directions coupent l'axe des perpendiculaires aux mêmes directions , les puissances* P , R *sont entr'elles réciproquement comme ces mêmes perpendiculaires.* Pour démontrer ce Corollaire , il faut concevoir que la direction MP est prolongée de maniere qu'on puisse lui mener du point f la perpendiculaire fA , par-là on formera le triangle rectangle fAM qui a pour côtez fM , fA & MA , (dans la figure en relief il faut imaginer ce triangle , parce qu'il n'y est point tracé.) Or le triangle fAM est semblable au triangle PGM , les angles PMG, fMA formez par la direction MP prolongée , & la ligne GM f sont opposez au sommet , & par conséquent égaux ; l'angle G est droit puisque les lignes PG , QM qui sont paralleles à NR sont perpendiculaires au plan par l'axe de même que NR , l'angle A formé par la direction PM prolongée , & par la perpendiculaire fA , est aussi droit ; donc les triangles PGM , fAM sont semblables : or les côtez PG , PM sont entr'eux comme les sinus des angles PMG , PGM , ou de son égal RNF ; donc les côtez fA , fM sont aussi dans la même raison. On a nommé ci-devant (S) le sinus de l'angle RNF , & (f) le sinus de l'angle PMG. Donc l'on a la proportion fM . fA :: S . f. L'on aura fM . fA :: S . f.
aussi FN . fM :: FN . fM , puisque   FN . fM :: FN . fM.
les deux premiers termes sont les mêmes que les deux derniers. Si après avoir multiplié par ordre on divise les deux premiers produits par fM , on aura FN . fA :: S × FN . f × fM. Mais par l'hypothese P . R :: FN . fA ; donc P . R :: S × FN . f × fM ; donc suivant la proposition les puissances P , R sont en équilibre.

113. 4°. *Si les directions sont l'une & l'autre perpendiculaires à l'axe , & que la puissance* P *& le poids* R *soient entr'eux réciproquement comme les perpendiculaires* M f , NF *menées des points* f , F *aux directions , ils sont en équilibre.* La démonstation est la même que pour le Corollaire troisiéme qui précede. Ce quatriéme Corollaire expose le cas que l'on démontre ordinairement , en supposant que les directions sont en un même plan.

114. Dans la proposition qu'on vient de démontrer & ses Corollaires au lieu du rapport de Mf à NF , on auroit pû se servir du

rapport

rapport MC à NC , ou de C*f* à CF qui font des rapports égaux au rapport de M*f* à NF.

DU MOMENT OU FORCE RELATIVE DES PUISSANCES.

115. Au commencement de ce Livre on a diftingué la force relative d'une puiffance d'avec fa force abfolue ; les machines dont on a expofé les proprietez , auront donné occafion de remarquer que cette diftinction eft bien fondée , puifque dans le levier & le treuil , un petit poids peut faire équilibre avec un fort grand , & que plus la direction d'une puiffance eft éloignée de l'axe ou de l'appui , plus elle fait d'impreffion fur la machine. Il eft donc certain qu'une force qui en elle-même eft d'un degré fini & limité , & qui étant appliquée à un corps feul ne peut produire qu'une certaine quantité de mouvement , peut avoir néanmoins des effets de plus en plus grands , fi elle agit fur une machine. Un poids d'une livre fufpendu à un bras de levier double , foutient un poids de deux livres , fi le bras qu'il tire eft dix fois , cent fois plus grand , il fera équilibre avec un poids decuple , centuple , & fi on pouvoit allonger ce bras & lui donner une longueur infinie , ce poids toujours d'une livre feroit équilibre avec un poids d'une force infinie. D'où eft ce que le petit poids peut recevoir ce furcroît de force qu'il exerce fur le grand à mefure qu'on éloigne ce moindre poids de l'appui. On ne peut pas dire que fa pefanteur foit augmentée ni qu'elle faffe des plus grands efforts pour produire une plus grande quantité de mouvement : car le mouvement ne peut pas exceder la grandeur de la force qui le produit : ainfi que le petit poids foit appliqué à un bras de levier , ou qu'il en foit détaché , fa pefanteur ne peut lui faire parcourir un efpace plus grand , ni lui communiquer une plus grande viteffe que fi elle le mouvoit tout feul dans un milieu libre & fans réfiftance. Puis donc que la pefanteur propre du petit poids ne peut lui donner une plus grande quantité de mouvement lorfqu'il eft attaché à un levier , que féparément & hors de la machine , il s'enfuit que ce petit poids ne tend pas par fa propre pefanteur à fe mouvoir plus vite lorfqu'il eft fufpendu à un levier ou bras du treuil , que lorfqu'il eft pofé feul fur un plan horizontal , & qu'il y eft en repos. On ne peut donc pas dire que la force relative du moindre poids qui fait équilibre fur un levier avec un grand , confifte dans une tendence au mouvement plus ou moins grande que ce petit poids reçoive de fa pefanteur propre , felon le lieu qu'il occupe fur le levier. Il eft vrai que plus la diftance à l'appui eft grande , plus le poids qui eft à cette diftance eft follicité

de se mouvoir vîte, suppofé qu'il faffe équilibre avec un autre poids, comme on l'a prouvé ci-devant ; mais cette plus grande force qu'il reçoit, a pour principe la pefanteur du grand poids avec lequel il fait équilibre, & non point fa pefanteur propre : or la force relative du moindre poids ne confifte pas dans l'impreffion qu'il reçoit du grand, puifqu'au contraire, par cette force il doit réfifter à l'impreffion qu'il reçoit du grand poids. La force relative du petit poids ne confifte donc ni dans fa feule pefanteur ou dans le feul effort que cette force fait pour le mouvoir lors même qu'il eft appliqué à une machine, ni dans l'impreffion qu'il reçoit du grand poids ; mais on peut prouver que cette force réfulte & de la pefanteur propre du petit poids & de l'action que le grand exerce fur le petit : pour cet effet on va fe fervir d'un exemple fenfible & connu de tout le monde, parce qu'il eft fréquent dans les travaux publics & particuliers : cet exemple qui eft propre à fixer l'imagination, peut faire concevoir ce qu'il faut entendre par la force relative d'une puiffance, & la manière dont cette force eft formée ; pour plus de clarté on prend les chofes d'un peu haut.

116. Dans le troifiéme Livre on a diftingué deux fortes de réfiftances, l'une propre & l'autre impropre. La réfiftance impropre ne détruit pas le mouvement en lui-même, elle ne fait que le diminuer dans la force motrice. Qu'un cheval traîne une pierre de taille fur un plan horizontal, il éprouve de la réfiftance, & fa viteffe eft moindre que s'il n'étoit pas obligé d'entraîner la pierre ; mais tout le mouvement qu'il perd eft communiqué à la pierre : (on fuppofe ici qu'il n'y a point de frottement ni aucun autre obftacle extérieur à vaincre :) il n'en eft pas ainfi de la réfiftance propre, elle détruit ou empêche le mouvement de manière qu'après qu'elle a agi, la quantité reftante eft moindre en elle-même. Si lorfque le cheval commence à tirer la pierre, il y a une force qui réagiffe, & la pouffe en fens contraire, elle empêchera que la pierre ne reçoive de l'impulfion du cheval toute la viteffe qui lui auroit été communiquée ; fi cette force contraire eft, par exemple, le quart de la force du cheval, le cheval & la pierre ne feront mûs que par un effort égal à la différence de ces deux forces, car la quatriéme partie de la force du cheval fera employée à réfifter à la force qui pouffe la pierre en fens contraire, & fera par conféquent inutile à la production du mouvement. Si la force qui repouffe la pierre eft égale à la force du cheval, tout demeurera en repos, & la pierre fera tenue en équilibre entre le cheval & cette force ; mais fi la force contraire diminue tant foit peu, il y

aura néceffairement du mouvement produit. Lors donc que deux
forces contraires ont leurs directions fur la même ligne , il ne peut
y avoir équilibre , fi leurs efforts abfolus ne font égaux ; mais fi les
directions des forces font fur des lignes differentes , cette égalité
n'eft pas toujours néceffaire pour l'équilibre. Suppofons que la
pierre eft attachée à un levier dont l'appui foit fur le plan horizontal où eft la pierre , que l'on applique auffi le cheval à l'autre bras
du levier , le mouvement fera circulaire , & les arcs ou efpaces
décrits par le cheval & par la pierre feront égaux , fi les bras du
levier font égaux ; fuppofons, comme auparavant, qu'une force
repouffe la pierre , fi cette force eft le quart de la force du cheval ,
il reftera encore au cheval les trois quarts de fa force pour produire
le mouvement , car fi l'on conçoit les efpaces parcourus par le cheval & par la pierre divifez en parties égales & très-petites , il y en
aura le même nombre de part & d'autre : or fi à chaque petit efpace
qu'il faut parcourir , le cheval fait effort fur la pierre , il eft vifible
qu'il aura à furmonter la réfiftance de la force qui s'oppofe au mouvement ; & comme les efpaces parcourus font égaux de part &
d'autre , l'on voit que cette force contraire ne peut faire qu'une
réfiftance proportionnelle à fon effort abfolu , elle ne peut donc
contrebalancer que la quatriéme partie de la force du cheval :
mais fi l'on attache la pierre à une diftance double de l'appui ,
l'efpace qu'elle parcourra fera double du premier efpace & de celui que le cheval décrit : or je dis que fi la force contraire dont
l'effort abfolu eft toujours fuppofé être la quatriéme partie de la
force du cheval, repouffe la pierre lorfqu'elle eft à une diftance
double , elle fera une réfiftance double , ou ce qui eft la même chofe , le cheval éprouvera une difficulté ou réfiftance double , quoique la réfiftance abfolue ne foit pas plus grande. Car fi l'on conçoit encore que les efpaces font divifez en parties égales , l'efpace
parcouru par la pierre en contiendra deux fois autant ; donc pendant le même-tems le cheval aura à furmonter deux fois plus fouvent la réfiftance de la pierre fuppofé qu'il aille ou qu'il tende à
aller avec la même viteffe ; & il a la même peine que fi à chaque
petite partie de l'efpace parcouru , il y avoit un obftacle ou une
force égale qui y fût réfidente : or fi cela étoit , il eft vifible que
la fomme des réfiftances que le cheval auroit à vaincre , feroit double ; donc la réfiftance de la force contraire qui accompagne la
pierre , eft auffi double , puifqu'elle eft équivalente à cette fomme
de forces qui feroient répandues au long de l'efpace parcouru.
La force qui repouffe la pierre réfifte donc d'autant plus que la

V v ij

pierre eſt à une plus grande diſtance de l'appui ; ſi cette diſtance
eſt quadruple, la réſiſtance ſera quatre fois plus grande, & par conſéquent égale à la force du cheval ; la pierre ſera donc en équilibre ; ſi la diſtance eſt plus que quadruple , le cheval & la pierre
feront obligez de ceculer , car la force qui repouſſe la pierre eſt
plus grande qu'il ne faut pour faire une réſiſtance capable d'arrêter le cheval ; le ſurplus de cette force ſera donc employé à
mouvoir le cheval en arriere. Or il eſt aiſé d'appercevoir que la
réſiſtance qui retarde la pierre dans ſon mouvement, n'eſt pas
l'effet de la ſeule force ou puiſſance P qui la pouſſe en arriere, puiſque l'impulſion qu'elle en reçoit n'eſt pas plus grande , quoique
cette puiſſance agiſſe avec le ſecours d'un levier ; il faut donc que
le cheval concoure à former cette réſiſtance , non qu'il ajoute quelque choſe à la force de la puiſſance P ou à la réſiſtance qui eſt
produite , puiſqu'au contraire il fait effort pour la ſurmonter ;
mais il concourt à la réſiſtance de la puiſſance P par la maniere
dont il agit ſur la pierre ; lorſque le cheval tire à une diſtance de
l'appui qui eſt deux fois , trois fois , quatre fois , &c. moindre , il
eſt dans la néceſſité de vaincre l'effort de la puiſſance P deux fois ,
trois fois , quatre fois , &c. plus ſouvent qu'il ne feroit s'il tiroit
à la même diſtance , puiſque pour lors il fait parcourir à la pierre
un eſpace double , triple , quadruple dans le même tems , & oblige par conſéquent la puiſſance P de réagir ou réſiſter par un eſpace double , triple , quadruple , &c. la réſiſtance de la puiſſance
P n'eſt donc pas augmentée en elle-même : ſi elle eſt plus grande ,
ce n'eſt que relativement à la force qui s'applique à la ſurmonter.
Cette réſiſtance que la puiſſance oppoſe à l'effort du cheval , conſiderée non en elle-même , mais relativement à la maniere dont le
cheval s'applique pour la ſurmonter , eſt ce que l'on appelle la
force relative de la puiſſance P.

   117. D'où l'on voit que lorſque deux puiſſances agiſſent l'une
contre l'autre, par le moyen d'un levier , il faut diſtinguer dans
l'action de chacune , ſa force abſolue & ſa force relative : la force
abſolue produit ou tend à produire ſuivant la direction de la puiſſance , une certaine quantité de mouvement tant que la puiſſance
n'augmente ni ne diminue la quantité de mouvemement que cette
force peut communiquer à un corps en le pouſſant ſuivant ſa direction, eſt la même ; mais la force relative de la puiſſance P eſt
la réſiſtance qu'elle fait à une autre puiſſance lorſque cette autre
puiſſance tend à produire du mouvement contre la direction de la
puiſſance P. Or cette réſiſtance eſt plus ou moins grande ſelon que

la puiſſance P eſt ſituée à l'égard de la puiſſance à laquelle elle
réſiſte.

118. Lors donc que deux puiſſances appliquées à un levier agiſſent l'une contre l'autre, elles peuvent être conſiderées chacune ſous
deux vues differentes, 1°. comme puiſſances agiſſantes en tant qu'elles tendent à produire du mouvement ſuivant leurs directions ;
2°. comme puiſſances réſiſtantes en tant que l'une s'oppoſe au mouvement que l'autre tend à produire contre la direction de la réſiſtante.

Si la ſomme des efforts qu'une des puiſſances produit ſuivant
ſa direction eſt égale à la ſomme des réſiſtances que l'autre
puiſſance lui oppoſe par la maniere dont elle réagit lorſqu'elle eſt
ſollicitée à ſe mouvoir contre ſa propre direction, il y a équilibre.
Cette propoſition eſt évidente & peut paſſer pour un axiome. Si
la puiſſance P tend à ſe mouvoir avec un effort, par exemple, de
10 livres, & qu'elle trouve dans la puiſſance R qui eſt ſollicitée
ou preſſée par cet effort de 10 livres, une réſiſtance de 10 livres,
il eſt évident qu'il y aura équilibre.

119. *La force relative d'une puiſſance, par exemple, de la puiſſance P eſt proportionnelle au produit de ſa force abſolue multipliée
par l'eſpace que l'autre puiſſance R lui fait parcourir, ou tend à lui
faire parcourir contre ſa propre direction.* Car la force relative de
la puiſſance P conſiſte dans la peine ou la difficulté que la puiſſance
R trouve lorſque la puiſſance P réagit : or la peine ou l'empêchement que la puiſſance R éprouve, eſt proportionnel au produit
de la force abſolue de la puiſſance P multipliée par l'eſpace qu'elle
parcourt, ou qu'elle eſt preſſée & ſollicitée de parcourir contre
ſa direction : car en parcourant cet eſpace, elle agit contre
la puiſſance R, de même que ſi à chaque point de l'eſpace parcouru, il y avoit une force qui fît une réſiſtance égale à ſa force
abſolue : mais pour avoir la ſomme de toutes ces réſiſtances ainſi
diſtribuées le long de l'eſpace parcouru, il faudroit multiplier
l'une d'elles ou la force abſolue par l'eſpace parcouru : donc la ſomme des efforts que la puiſſance P fait contre la puiſſance R en parcourant cet eſpace, eſt auſſi égale ou proportionnelle au produit de
ſa force abſolue & de l'eſpace parcouru.

120. La force relative d'une puiſſance eſt auſſi proportionnelle au
produit de ſa force abſolue multipliée par la diſtance ou la perpendiculaire menée de l'appui ſur ſa direction : car l'arc ou l'eſpace
décrit eſt proportionnel au rayon ou à la diſtance de l'appui à
la direction.

121. *Si le produit de la force abſolue de la puiſſance P multipliée*

par l'efpace qu'elle eft preffée ou follicitée de parcourir contre fa propre direction, *eft égal au produit de la force abfolue de la puiffance* R *multipliée par l'efpace qu'elle parcourt ou tend à parcourir fuivant fa direction*, *il y a équilibre entre les deux puiffances*. Car le fecond produit exprime la fomme des efforts que la puiffance R fait fuivant fa direction , & le premier exprime la fomme des réfiffances de la puiffance P ; ces deux fommes étant égales , il s'enfuit qu'il y a équilibre.

122. *Si le produit de la force abfolue de la puiffance* P *multipliée par la diftance de l'appui à fa direction*, *eft égal au produit de la force abfolue de la puiffance* R *multipliée par la diftance du même appui à fa direction*, *il y a encore équilibre*. Car l'arc que la puiffance R tend à décrire , & celui que la puiffance P eft follicitée de parcourir contre fa direction , font dans la même raifon que les diftances de l'appui aux directions ; donc les produits de ces arcs multipliez par les forces abfolues des puiffances, feront auffi égaux ; donc il y aura équilibre.

123. Lorfque des puiffances font appliquées au levier , le produit de la force abfolue de chacune d'elles , par la diftance de l'appui à fa direction , eft appellé *moment*. M. Varignon après avoir donné cette définition page 304 de fa nouvelle mécanique , dit que le mot de *moment* ne peut mieux s'exprimer en françois que par le mot *de force relative* ou *d'impreffion* ou *d'action* fur le levier. M. de la Hire donne une définition du *moment* qui préfente auffi la double idée que M. Varignon y attache ; lorfqu'il dit *qu'on appelle moment d'un corps pefant , l'effort avec lequel il peut agir fur un autre corps quand il eft appliqué à la machine ; & cet effort eft un compofé de fa pefanteur abfolue & de la force dont il agit fur l'autre* , où par le mot de *force* , il entend la diftance de l'appui à la direction , laquelle mefure la force du poids fur l'autre : comme il l'explique dans la propofition fixiéme ; & par le mot de *compofé* , il entend la multiplication de la pefanteur abfolue par cette diftance. MM. Varignon & de la Hire après avoir démontré la propriété du levier fuivant laquelle un petit poids fait équilibre avec un grand , pourvû qu'il foit d'autant plus éloigné de l'appui qu'il eft plus petit , ils concluent que la force relative du petit poids augmente à mefure que fa diftance à l'appui eft plus grande ; mais ils ne difent point en quoi confifte cette force ni comment elle fe forme ; preuve certaine que c'eft une chofe très-difficile à expliquer en fuivant leurs principes.

124. Le principe de M. Defcartes eft peut-être le feul qui puiffe bien

faire entendre ce que c'est que la force relative d'un moindre poids
qui fait équilibre avec un grand, & qui fasse comme toucher au
doigt, l'origine & le progrés de cette force, quoique la puissance qui la produit n'augmente ni ne diminue; suivant le principe
de M. Descartes, il faut autant de force pour élever un poids d'u-
ne livre à une hauteur cent fois plus grande que pour élever un
poids cent fois plus grand à une hauteur cent fois moindre, parce que la force motrice éprouve la même résistance dans l'un &
l'autre cas : si le poids est cent fois moindre, il faudra surmonter sa résistance cent fois plus souvent, parce qu'il faut
le monter à une hauteur cent fois plus grande ; & si le poids
est cent fois plus grand, la résistance absolue sera à la vérité
centuple de celle du petit poids ; mais aussi le nombre de fois
qu'il faudra la surmonter sera cent fois moindre, si par les principes qu'on vient de poser on multiplie le poids cent fois moindre
par la hauteur centuple à laquelle il faut l'élever ; qu'on multiplie
le poids cent fois plus grand par l'espace cent fois plus petit qu'il
faut lui faire parcourir, les produits qui viendront de la multiplication expriment les forces relatives des poids l'un cent fois plus
grand que l'autre : or ces produits étant égaux, il s'ensuit que
la somme des résistances que la force motrice a à surmonter d'une
part est égale à la somme des résistances qu'elle a à surmonter de
l'autre part ; de sorte que si dans l'un de ces deux cas elle ne peut
produire le mouvement, & qu'il y ait équilibre, il y aura aussi
équilibre dans l'autre cas.

DE L'UTILITÉ DES MOMENS DANS LA STATIQUE.

125. Lorsqu'on a parlé du levier & du treuil, on a supposé qu'u-
ne seule force ou puissance étoit assez grande pour soutenir le
fardeau qu'il faut élever, ou traîner ; mais il arrive assez souvent
qu'il faut appliquer plusieurs forces à la machine pour produire cet
effet : or les momens sont une voie courte & facile pour s'assurer
quand est-ce qu'il y a équilibre ou non. On va le voir dans les
propositions suivantes.

126. On conserve la définition ordinaire du moment suivant laquelle le moment d'une puissance est le produit de la force absolue, par la distance ou perpendiculaire menée de l'appui à sa
direction.

127. Lorsque des puissances appliquées à un levier tendent à le
mouvoir dans le même sens autour de l'appui, c'est-à-dire, si étant
d'un même côté par rapport à l'appui, elles tirent toutes en bas ou

en haut, ou si étant de differens côtez, celles d'un même côté tirent toutes en bas lorsque celles qui sont de l'autre côté de l'appui
tirent toutes en haut : on dit qu'elles tirent toutes dans le
même sens, & qu'elles sont conspirantes.

128. *Si deux puissances* P, R *sont en équilibre sur un levier, le
moment de l'une est égal au moment de l'autre.*

Car puisqu'il y a équilibre, la puissance P est à la puissance R
comme la distance de l'appui à la direction de la puissance R est à
la distance du même appui à la direction de la puissance P ; donc
le produit de la puissance P par sa distance à l'appui est égal au
produit de la puissance R par sa distance à l'appui ; donc suivant
la définition, les momens des puissances P & R sont égaux.

129. *Si les momens des puissances* P, R *sont égaux, elles sont en
équilibre.*

Car si les momens sont égaux, les produits des puissances P, R
par les distances de l'appui aux directions sont égaux ; donc la
puissance P sera à la puissance R comme la distance de la puissance
R à l'appui est à la distance de la puissance P au même appui ;
donc les puissances P, R feront entr'elles réciproquement comme
leurs distances à l'appui. Donc elles sont en équilibre.

130. *Si le moment d'une puissance est plus grand que le moment de
l'autre, elles ne sont point en équilibre.*

Car pour lors les puissances ne sont point entr'elles réciproquement comme leurs distances à l'appui ; donc elles ne sont pas en
équilibre, & celle dont le moment est plus grand doit l'emporter
sur l'autre : car si l'on conserve à cette puissance sa distance à l'appui, & qu'on la diminue, son moment pourra être égal à celui de
l'autre puissance ; & par conséquent la puissance ainsi diminuée,
fera équilibre avec l'autre puissance. Donc si on rétablit la puissance diminuée en lui ajoutant la partie de la force qu'on lui avoit
ôtée, il est visible qu'elle rompra l'équilibre, & qu'elle fera pancher la machine de son côté.

PROPOSITION TREZIE'ME.

Fig. 40.   131. *Trois puissances* P, R, Q, *étant appliquées au levier* XY *sui-*
41.   *vant les directions* MP, NR, HQ, *en sorte que deux d'entr'elles*
*R, Q tirent en sens contraires de la puissance P. Si la somme des
momens des puissances R, Q est égale au moment de la puissance P,
elles feront en équilibre.* On suppose que les trois directions sont
en un même plan.

DEMONSTRATION.

Demonstation. Par l'hypothese les produits R×FD + Q×
FE qui viennent de la multiplication des puiſſances R, Q par leurs
diſtances à l'appui F , & qui ſont les momens de ces puiſſances
pris enſemble , ſont égaux au moment P×FA de la puiſſance P ,
lequel eſt le produit de la puiſſance P par ſa diſtance FA.

Pour démontrer l'équilibre dont il s'agit , il faut concevoir que
l'effort abſolu de la puiſſance P eſt diviſé en deux efforts partiels
r , q , en ſorte que le moment de l'effort partiel r , ſçavoir r×FA ſoit
égal au moment R×FD de la puiſſance R , le moment q×FA de
l'autre effort partiel q ſera égal au moment Q×FE de la puiſſance
Q : car puiſque par l'hypotheſe R×FD+Q×FE=P×FA , ſi on
retranche du premier membre de l'égalité le moment R×FD, &
du ſecond membre le moment r×FA qui eſt égal au moment
R×FD, les reſtes qui ſont les momens Q×FE & q×FA , ſeront
auſſi égaux. Cela poſé , il eſt évident que l'effort r fait équilibre
avec la puiſſance R , puiſque les momens de ces deux forces ou
puiſſances ſont égaux , & que d'ailleurs les directions étant en un
même plan une puiſſance tirée en ſens contraire de l'autre ; par une
raiſon ſemblable l'effort ou la puiſſance q fait auſſi équilibre avec
la puiſſance Q; mais les efforts r , q pris enſemble, ne different point
de la puiſſance P. Donc la puiſſance P eſt en équilibre avec les
puiſſances R , Q.

132. La propoſition inverſe eſt auſſi vraie. *Si trois puiſſances*
P , R , Q , ſont en équilibre ſur le levier XY , *la ſomme des momens*
des puiſſances R , Q *qui tirent en ſens contraire de la puiſſance* P ,
eſt égale au moment de la puiſſance P.

Demonstration. Puiſque la puiſſance P eſt en é-
quilibre avec les puiſſances R , Q , il s'enſuit que la puiſſance
P peut être partagée en deux efforts r , q , dont l'un faſſe
équilibre avec la puiſſance R , & l'autre avec la puiſſance Q ;
pour lors l'on aura r . R :: FD . FA , l'on aura encore q . Q ::
FE . FA : donc r×FA=R×FD & q×FA=Q×FE : donc
la ſomme des momens des efforts r , q eſt égale à la ſomme des momens des puiſſances R , Q ; mais la ſomme des momens des efforts r , q eſt égale au moment de la puiſſance P : car puiſque
r+q=P , r×FA+q×FA=P×FA : donc la ſomme des momens
des puiſſances R , Q eſt égale au moment de la puiſſance P.

133. *Si trois puiſſances* R,Q,S , *tirent dans le même ſens contre la*
puiſſance P , *il y aura équilibre ſi la ſomme des momens des trois puiſ-*
ſances R , Q , S , *eſt égale au moment de la puiſſance* P. Car il eſt
évident que dans cette hypotheſe on peut partager l'effort abſolu

de la puiſſance P en trois efforts partiels r, q, s, de maniere que le moment de l'effort q ſoit égal au moment de la puiſſance Q, & que le moment de l'effort s ſoit égal au moment de la puiſſance S ; ce qui n'eſt pas difficile à concevoir : car ſi de P×FA on retranche r×FA, il faut que le reſte ſoit égal à la ſomme des momens des puiſſances Q, S ; & ſi de ce reſte on retranche le moment q×FA, il faut que le ſecond reſte ſoit égal au moment de la puiſſance S ; l'effort partiel r fera donc équilibre avec la puiſſance R, l'effort q avec la puiſſance Q, & l'effort s avec la puiſſance S ; mais les trois efforts r, q, s, pris enſemble, ne different point de la puiſſance P ; donc cette puiſſance ſera en équilibre avec les trois puiſſances R, Q, S.

134. *On peut donc conclure en général que ſi pluſieurs puiſſances appliquées à un levier tirent contre une ſeule, elles ſeront en équilibre ſi la ſomme des momens eſt égale au moment de la puiſſance qui leur réſiſte.*

Et réciproquement, ſi toutes ces puiſſances ſont en équilibre avec une ſeule qui réagiſſe contre toutes, la ſomme des momens de toutes celles qui tirent dans un même ſens ſera égale au moment de la puiſſance qui leur réſiſte. On ſuppoſe toujours que les directions ſont en un même plan.

Fig. 42.　135. *Si deux puiſſances* P, S *tirent en ſens contraire de deux autres* R, Q, *elles ſeront en équilibre, ſi la ſomme des momens d'une part eſt égale à la ſomme des momens de l'autre part.* Car ſuppoſons que le moment de la puiſſance P eſt plus grand que le moment de la puiſſance R, on peut partager l'effort abſolu de la puiſſance P en deux efforts r, x, de maniere que le moment de l'effort r ſoit égal au moment de la puiſſance R. Si du moment de la puiſſance P on retranche le moment de l'effort r, le moment de l'effort x plus le moment de la puiſſance S pris enſemble ſeront égaux au moment de la puiſſance Q, autrement la ſomme des momens d'une part, ne ſeroit pas égale à la ſomme des momens de l'autre part. Cela poſé, il eſt évident que l'effort r feroit équilibre avec la puiſſance R, & que la puiſſance Q feroit équilibre avec l'effort x & la puiſſance s ; donc les puiſſances R, Q feront équilibre avec les efforts r, x, & la puiſſance S ; donc les puiſſances R, Q feront équilibre avec la puiſſance S, & la puiſſance P qui ne differe point des efforts r, x.

136. Réciproquemnet *ſi les puiſſances* R, Q *font équilibre avec les puiſſances* P, S, *la ſomme des momens d'une part ſera égale à la ſomme des momens de l'autre part.* Car on pourra toujours diviſer la

puiſſance P en deux efforts r, x, dont l'un ſçavoir r faſſe équilibre avec la puiſſance R, il faudra que la puiſſance Q faſſe équilibre avec l'effort x & la puiſſance S, autrement les quatre puiſſances ne ſeroient pas en équilibre : or il eſt évident que le moment de l'effort r eſt égal au moment de la puiſſance R, & que
la ſomme des momens de l'effort x & de la puiſſance S eſt égale au
moment de la puiſſance Q ; mais les momens des efforts r, x, pris
enſemble, ſont égaux au moment de la puiſſance P ; donc la ſomme des momens des puiſſances R, Q eſt égale à la ſomme des momens des puiſſances P, S.

137. *S'il y a un plus grand nombre de puiſſances qui agiſſent les
unes contre les autres, il y aura équilibre ſi la ſomme des momens des
puiſſances qui tirent dans le même ſens eſt égale à la ſomme des momens des puiſſances qui tirent en ſens contraires des précédentes.*

138. *Et ſi un plus grand nombre de puiſſances ſont en équilibre ſur
un levier, la ſomme des momens de celles qui tirent dans un ſens,
ſera égale à la ſomme des momens des puiſſances qui tirent en ſens
contraire de celles-là.*

139. *Si pluſieurs poids* S, P, R, Q, &c. *ſont ſuſpendus au levier* Fig. 43.
XY, *dont l'appui eſt en* F, *que la ſomme des momens des poids*
P, S, *qui tirent le levier dans le même ſens, ſoit égale à la ſomme
des momens des poids* R, Q, *qui tirent le levier en ſens contraire
des précédens, ils ſeront en équilibre, & s'ils ſont en équilibre, la ſomme des moyens d'une part ſera égale à la ſomme des
momens de l'autre part.* Ces propoſitions n'ont pas beſoin d'être
prouvées après ce qui précede & ce que l'on a démontré de l'é-
quilibre de pluſieurs puiſſances appliquées à un levier.

140. *Lorſque pluſieurs poids ou puiſſances ſont appliquez à un le-* Fig. 40.
vier, & que les directions ſont ſur un même plan, on peut par le 41. 42.
moyen des propoſitions précedentes ſubſtituer une puiſſance à la place 43.
de deux, & deux à la place d'une ſeule : ainſi lorſque les poids
S, P, R, Q, ſont ſuſpendus aux points V, M, N, H, du levier
XY, on peut trouver ſur le levier un point O auquel un poids Z
étant ſuſpendu faſſe le même effort ſur le levier que les deux poids R, Q
lorſqu'ils ſont appliquez aux points N, H du même levier.

Concevons que le poids Z eſt compoſé de deux parties r, q, Fig. 43.
telles que le moment de la partie r ſoit égal au moment du poids
R, en ſorte que $r \times FO = R \times FN$; & que le moment de la partie
q ſoit égal au moment du poids Q ; en ſorte que $q \times FO = Q \times FH$,
il eſt évident que la ſomme des momens des parties r, q, ſera égale à la ſomme des momens des poids R, Q ; qu'ainſi ſi les poids

Q, R font équilibre avec les poids P, S, les poids partiels r, q feront auffi équilibre avec les poids P, S, puifque pour lors la fomme des momens des poids partiels r, q fera égale à la fomme des momens des poids P, S, à laquelle eft égale la fomme des momens des poids R, Q dans l'hypothefe de l'équilibre : or le poids Z fait autant que les parties r, q qui le compofent ; donc le poids Z fufpendu au point O, fera auffi équilibre avec les poids P, S ; donc on peut le fubftituer à la place des poids R, Q.

141. *Le point O auquel on veut appliquer le poids Z étant donné, on peut auffi déterminer la grandeur de ce poids en trouvant la grandeur de chacune de fes parties* r, q, *par les proportions fuivantes* FO . FN :: R . r ; FO . FH :: Q . q. Il eft évident que dans ces deux proportions, les trois premiers termes étant connus, les quatriémes termes r, q pourront auffi être connus, & que de plus les momens des poids partiels r, q font égaux aux momens des poids R, Q ; donc fi on prend un poids Z qui foit égal aux poids r, q, il tiendra en équilibre les poids P, S, S étant fufpendu au point O.

Fig. 43. 142. *Si on veut que le corps Z qui doit faire équilibre avec les poids* P, S, *foit égal à la fomme des poids* R, Q, *pour lors il faut déterminer le point O où ce poids doit être fufpendu.* Pour cet effet on fuppofera que le rapport de l'un des poids, par exemple, du poids Q, à l'autre poids R, eft égal au rapport de 1 à (n). (n) exprime un nombre entier ou un nombre rompu à volonté, en forte que fi n fignifie 3 le rapport de Q à R, eft égal à celui de 1 à 3, fi (n) fignifie $\frac{1}{4}$, le rapport de Q à R eft égal à celui de 1 à $\frac{1}{4}$, &c. Cela pofé, *il faut divifer NH en parties réciproquement proportionnelles à* 1 *& à* n *qui expriment les poids* Q *&* R ; *ce qu'on fait par la proportion* N + 1 . 1 :: NH . NO, *c'eft-à-dire, la fomme des poids* Q + R *eft au poids* Q, *comme la diftance NH qu'il faut divifer, eft à la diftance NO du poids R qui n'entre point dans la proportion. Les trois premiers termes étant connus, le quatriéme NO fera auffi connu, & par conféquent le point O où il faut appliquer le poids Z qui eft égal à* R + Q. Pour le prouver il faut démontrer que le moment du poids Z, c'eft-à-dire, que Z×FO eft égal à la fomme des momens des poids R, Q. Puifque l'on trouve NO en divifant NH par $n + 1$, on peut exprimer NO par la fraction $\frac{NH}{n+1}$ & parce que l'on a encore 1 . n :: Q . R, on peut auffi exprimer le poids R par la fraction $\frac{nQ}{1}$; en forte que R $= \frac{NQ}{1}$ ou R $= nQ$. Cela pofé, la fomme des momens des poids R & Q eft $nQ×FN + Q×FN + Q×NH$, le premier produit eft le moment du poids R,

& les deux derniers produits qui réfultent de la multiplication du poids Q par FH ou fon égale FN+NH eft le moment du poids Q.

Le moment du poids Z eft Z×FN+$\frac{Z×NH}{n+1}$: car le moment du poids Z eft égal au produit de Z par FO ou fon égale FN+$\frac{NH}{n+1}$: or le moment du poids Z eft égal à la fomme des momens des poids R & Q. 1°. Z×FN=nQ×FN+Q×FN, car Z eft égal à la fomme des poids nQ+Q ; donc fi on multiplie de part & d'autre par la même grandeur FN, l'on formera des produits égaux.

2°. $\frac{Z×NH}{n+1}$=Q×NH : car fi on ôte la fraction $n+1$, c'eft-à-dire, qu'on multiplie l'une & l'autre grandeur par $n+1$, le rapport demeurera le même, & l'on aura Z×NH & nQ×NH+Q×NH : or ces deux grandeurs font égales, puifque Z=nQ+Q ; donc fi on multiplie ces deux grandeurs égales par la même grandeur NH, les produits feront égaux ; donc le moment du poids Z eft égal à la fomme des momens des poids R, Q ; donc le moment du poids Z eft auffi égal à la fomme des momens des poids P, S. Donc le poids Z étant fufpendu au point O, eft en équilibre avec les poids P, S. De cette maniere on pourra réduire tous les poids qui font d'un même côté de l'appui à un feul, quel qu'en foit le nombre.

Fig. 40.
41. 42.

143. Si les directions des puiffances Q, R font inclinées l'une à l'autre, & au levier XY, pour avoir la diftance FO à laquelle il faut appliquer la puiffance Z, il faudra divifer par la force abfolue de Z, la fomme des momens FE×Q+FD×R, & le quotient donnera la diftance FO qui étant multipliée par Z fera le moment de cette puiffance, lequel étant égal à la fomme des momens FE×Q+FD×R, il eft certain que cette puiffance étant appliquée au point O fuivant une direction OZ perpendiculaire au levier fera équilibre avec la puiffance P ou les puiffances P, S. On auroit pû fuivre la même méthode pour le cas où les directions font paralleles & perpendiculaires au levier.

144. Le treuil étant une efpece de levier, on peut fe fervir des momens pour s'affurer s'il y a équilibre ou non entre les puiffances qui font appliquées à cette machine. 1°. Si les directions font perpendiculaires à l'axe, on peut les rapporter toutes fur un même plan auffi perpendiculaire à l'axe ; *& fi du point où ce plan coupe l'axe, on mene des perpendiculaires à ces directions qu'on multiplie chaque puiffance ou fon effort abfolu par fa diftance ou perpendiculaire, on formera par-là les momens de toutes les puiffances ; car*

des puiſſances appliquées au treuil agiſſent les unes ſur les autres de même que ſi leurs directions étoient ſur un ſeul plan , & que le levier qu'elles tirent eût pour appui le point où le plan ſur lequel les directions ſont couchées , coupe l'axe. Cela poſé ſelon les principes qu'on vient d'établir , *ſi la ſomme des momens des puiſſances qui tirent dans un ſens eſt égale à la ſomme des momens des puiſſan-cee qui tirent en ſens contraire des précedentes , il y aura équilibre. Et s'il y a équilibre la ſomme des momens d'une part ſera égale à la ſomme des momens de l'autre part.* 2°. Si les directions ſont inclinées à l'axe , il eſt plus court de recourir à la décompoſition des forces ſelon la méthode qu'on a employée dans la ſeconde démonſtration du treuil , elle conſiſte à faire paſſer par l'axe un ou pluſieurs plans , (deux ſuffiſent pour cela) qui rencontreront les directions des puiſſances , & concevoir que ces puiſſances tirent ces plans , & par conſéquent l'axe du treuil qui eſt leur commune ſection ſuivant des directions obliques l'effort abſolu de chaque puiſſance ſera donc décompoſé en deux autres efforts dont l'un ſera perpendiculaire au plan qui coupe la direction , & par conſéquent à l'axe ; l'autre effort ſera parallele au même plan , & ira rencontrer l'axe prolongé ou non : ce ſecond effort ſe perd ſur les appuis , & ne contribue en rien à l'équilibre des puiſſances : car par cet effort parallele au plan , chaque puiſſance tire l'axe lequel eſt immobile étant retenu en tout ſens par les appuis du treuil , les puiſſances n'agiſſent donc les unes ſur les autres que par les efforts perpendiculaires au plan par l'axe. Cela poſé , il faut concevoir comme dans le cas précedent que les directions des efforts perpendiculaires ſont ſur un même plan perpendiculaire à l'axe , ou concevoir que ces directions ſont chacune ſur un plan perpendiculaire à l'axe. Si du point où chaque plan coupe l'axe on mene une perpendiculaire à la direction qui eſt ſur ce plan , qu'on multiplie l'effort perpendiculaire dont il s'agit ici par ſa diſtance , on formera les momens de tous ces efforts ; *de ſorte que ſi la ſomme des momens des efforts perpendiculaires qui tirent en un même ſens , eſt égale à la ſomme des momens des efforts perpendiculaires qui tirent en ſens contraires des précedens , il y aura équilibre entre ces efforts , & par conſéquent entre les puiſſances qui les produiſent ;* car on vient de voir que les efforts paralleles au plan par l'axe , ne peuvent produire aucun mouvement , tout leur effet ſe réduit à augmenter la charge des appuis. Réciproquement ſi pluſieurs puiſſances qui tirent le treuil ſuivant des directions obliques à l'axe ſont en équilibre , après avoir décompoſé chaque puiſſance dans ses deux efforts, l'un perpendiculaire au plan par l'axe, l'autre parallele au même plan, on doit trouver que la somme des momens des efforts perpendiculaires qui tirent dans un même sens, est égale à la somme des momens des efforts perpendiculaires qui tirent en sens contraire des précedens. Toutes ces propositions sont évidentes par ce que l'on a démontré des momens des puissances appliquées au levier.

145. On remarquera que la position du plan par l'axe qui coupe les directions des puissances est arbitraire; ce qui ne change rien ni dans le rapport des puissances, ni dans l'équilibre, ni dans la charge des appuis; cela ne souffre aucune difficulté, si on fait réflexion que des puissances peuvent sans changer leurs directions & le rapport qu'elles ont entr'elles faire équilibre sur une infinité de levier differens, sur autant qu'on peut tirer par l'appui des lignes qui rencontrent les directions, & cependant dans toutes ces positions differentes de levier, la charge de l'appui sera la même.

DES APPUIS.

146. Dans les trois machines précedentes on a supposé que les appuis étoient des points fixes & inébranlables qui pouvoient résister aux plus grands efforts; mais comme tous les corps sont fragiles, il est bon dans la pratique de connoître au moins à peu près jusqu'où cette résistance peut aller : or pour cela il faut que l'on sçache la grandeur de la charge que des puissances en équilibre font porter à la machine : quant à présent il suffira de déterminer cette charge, réservant d'expliquer dans le second Traité, la résistance des solides. Le levier n'a qu'un appui, mais il y en a deux au treuil ou tour. On expliquera premierement ce qui regarde l'appui dans le levier, on traitera ensuite des appuis dans le treuil.

DE L'APPUI DANS LE LEVIER.

147. Il y a deux choses à considerer dans l'appui du levier, la charge qu'il porte & la direction de cette charge. La charge de l'appui résulte des efforts des puissances qui sont en équilibre sur le levier.

148. Lorsque deux puissances sont en équilibre sur un levier, leurs efforts se composent nécessairement en un, & c'est c'et effort qui fait la charge de l'appui.

149. Il est aisé de concevoir la vérité de cette proposition, car

deux puiffances en équilibre fur un levier ont néceffairement leurs directions en un même plan , comme on l'a prouvé (*Liv.*I. 188.) indépendamment des mouvemens compofez. Le levier n'a donc d'autre liberté que celle de tourner autour du point fixe fur le plan même des directions : or fi au lieu du point fixe on conçoit que le levier eft retenu par un cordon flexible , il y a un point fur le levier où le cordon venant à le rencontrer , une puiffance ne pourra pas l'emporter fur l'autre & ne pourra pas déterminer le levier à tourner ; il y aura donc équilibre entre les deux puiffances & la réfiftance du cordon qui eft l'appui du levier ; mais puifque le cordon ne réfifte que fuivant une direction , il eft néceffaire que les efforts par lefquels les puiffances en équilibre tirent le levier , fe compofent en un feul effort qui faffe la charge de l'appui.

150. Il eft évident que le cordon qui foutient le levier doit être fur le plan des directions des puiffances en équilibre , autrement il ne pourroit réfifter à leurs efforts. Si , par exemple , le levier étoit fur un plan horizontal (que je fuppofe être celui des directions ,) & que le cordon fût en l'air attaché à un point fixe hors du plan horizontal , le levier auroit liberté d'obéir aux impreffions des puiffances , il n'y auroit donc point équilibre. Non feulement le cordon qui retient le levier eft fur le plan des directions ; mais il paffe par le point où elles concourent. Cette propofition a été prouvée (*Liv.*I. 194.) fans les mouvemens compofez avec la feule fuppofition que fi un point ou un corps eft tiré par deux puiffances dont les directions font un angle , ce point ou ce corps fera néceffairement mû ; car deux puiffances ne peuvent fe réfifter totalement fi leurs directions font un angle , & fi elles ne font diametralement oppofées ; ce que l'expérience confirme encore en plufieurs manieres.

151. Si au cordon qui retient le levier on applique une puiffance ou un poids qui le tire & le bande avec la même force que lorfqu'il eft attaché au point fixe qui eft hors du levier , il eft évident que l'équilibre ne fera point interrompu ; d'où l'on voit que fi deux puiffances font en équilibre fur un levier au lieu de la réfiftance de l'appui on peut toujours fubftituer une puiffance ou un poids , & que la réfiftance de l'appui eft égale à cette puiffance ou à ce poids.

152. Lors donc que deux puiffances font en équilibre fur un levier qui eft fupporté par un appui , on peut confiderer ce levier comme étant tiré par trois puiffances.

153. Lorfque

153. Lorsque trois puissances sont en équilibre sur un levier , chacune d'elles peut être considerée comme faisant l'office d'appui. Si l'on peut substituer une puissance à la place d'un appui , rien n'empêche qu'on ne puisse supposer un appui au lieu d'une puissance : car comme on a remarqué plusieurs fois, dans l'équilibre où il ne s'agit pas de la production du mouvement , puisque tout est en repos , l'action de chaque puissance ne diffère point de la résistance qu'elle oppose aux autres puissances : or il est visible qu'un appui peut faire une résistance égale à celle de cette puissance.

PROPOSITION QUATORZIE'ME.

154. *Si deux puissances* P , R *sont en équilibre sur le levier* XY *dont l'appui est en* F , *la résistance de cet appui & une des puissances , par exemple , la puissance* R *sont entr'elles réciproquement comme les perpendiculaires menées du point* M *où la puissance* P *est appliquée au levier , menées , dis-je , sur les directions de la résistance & de la puissance* R.

DEMONSTRATION. On suppose que les puissances P , R tirent le levier suivant les directions MP , NR , & que la résistance de l'appui F est suivant FC. Du point M où la puissance P tire le levier soient menées les perpendiculaires ME , MG aux directions FC , NR. Il faut prouver que la résistance F est à la puissance R comme MG est à ME , c'est-à-dire , que F . P :: MG . ME. Au lieu de l'appui il faut concevoir qu'une puissance F tire le levier suivant FC , l'équilibre subsistera encore si cette puissance fait un effort égal à la résistance de l'appui , & au lieu de la puissance P supposer qu'au point M il y a un appui qui résiste suivant MP aux efforts des puissances F & R ; pour lors l'on aura deux puissances F , R qui sont en équilibre sur le levier XY dont l'appui est en M. Or ces puissances sont entr'elles réciproquement comme les perpendiculaires ME , MG ; donc la résistance de l'appui qui ne diffère pas de la puissance F , est à la puissance R comme la perpendiculaire MG est à la perpendiculaire ME.

On démontrera de la même maniere que la résistance de l'appui & la puissance P sont entr'elles réciproquement comme les perpendiculaires menées du point N où la puissance R est appliquée au levier sur les directions FC , MP

155. Supposant encore que l'équilibre de deux puissances appliquées à un levier qui est supporté par un appui ne diffère point de

Fig. 44. 45.

l'équilibre de trois puissances, dont l'une feroit la même résistance
que l'appui ; on peut démontrer immédiatement par le principe de
de M. Descartes le rapport de ces trois puissances. Pour cela il faut
concevoir que l'une des trois , par exemple , la puissance P tient le
levier tellement assujetti au point M auquel elle est appliquée que ce
point demeure immobile tandis que la puissance R fait effort pour
le faire tourner autour du point M , & que la puissance F résiste
à cet effort. On concevra ensuite que la puissance R tient le levier
assujetti au point N , en sorte qu'il ne peut être mû qu'en tournant autour de ce point par l'effort de la puissance P auquel la
puissance F résiste ; concevant ainsi que chaque puissance sert
d'appui tour à tour : on démontrera que si deux d'entr'elles sont
en raison réciproque des perpendiculaires menées de l'appui aux
directions , elles sont en équilibre ; & que si elles sont en équilibre
elles sont entr'elles réciproquement comme ces mêmes perpendiculaires.

156. Corollaires. 1°. Si du point C ou les directions FC ,
NR concourent, on mene une ligne au point M , qu'avec le rayon
CM , & du point C comme centre , on décrive un arc de cercle
qui rencontre les directions des puissances F , R , les perpendiculaires ME , MG feront les finus des angles PCF , PCR que ces
directions forment avec la ligne CP : *C'est pourquoi on peut dire
que les puissances F , R qui sont entr'elles réciproquement comme les
perpendiculaires ME , MG sont aussi entr'elles réciproquement comme les finus des angles , que leurs directions forment avec la ligne
CM ; donc la résistance de l'appui & la puissance R sont aussi dans
cette raison.* On prouvera de la même maniere que la résistance de
l'appui & la puissance P sont entr'elles réciproquement comme les
finus des angles que leurs directions forment avec la ligne menée
du point N considéré comme appui au point de concours des mêmes directions.

157. 2°. Parce que les directions des trois puissances F,P,R,
doivent concourir en un même point C , comme il a été prouvé , sans le secours des mouvemens composez , il s'ensuit que les lignes MC , NC sont sur les directions des puissances P , R. *C'est
pourquoi la résistance de l'appui qui est la même que l'effort de la puissance F est aux puissances P , R réciproquement comme les finus des
angles que la direction FC forme avec les directions CP , CNR ,
est au finus de l'angle PCR des directions CP , CNR.*

158. 3°. Si sur les directions CP , CR , FC , on décrit le pa-

rallelogramme CISB, les côtez CB, BS , CS du triangle CBS font entr'eux dans la raifon des finus des angles formez par les directions. *Donc la réfiftance de l'appui & les puiffances* P , R *font dans la raifon des côtez d'un parallelogramme formé fur leurs directions. Réciproquement fi les puiffances* F, P, R *font dans la raifon des côtez d'un parallelogramme formé fur leurs directions , elles font en équilibre fur le levier* XY , autrement lors qu'elles font en équilibre , elles ne feroient pas entr'elles comme les côtez d'un parallelogramme fait fur leurs directions. D'où l'on voit que l'on arrive à une conféquence qui eft immédiatement liée avec les mouvemens ou forces compofées : fi trois puiffances font en équilibre fur un levier , elles font entr'elles commes les trois côtez d'un parallelogramme formé fur leurs directions , & fi elles font entr'elles comme les trois côtez d'un parallelogramme formé fur leurs directions , & qu'elles foient appliquées à un levier , elles font en équilibre fi l'une d'elles tire en fens contraire des deux autres. On peut donc faire ufage de la conféquence que l'on vient de déduire , fans qu'il foit néceffaire de la prouver par la compofition des mouvemens comme on a fait dans le premier Livre.

159. Le premier Corollaire peut être encore démontré d'une Fig. 6.7. maniere fort aifée par les mouvemens ou les forces compofées , fuppofant toujours que la réfiftance de l'appui tient lieu d'une puiffance F, l'on aura trois puiffances F, P , R en équilibre fur le levier XY , elles feront auffi en équilibre fur le point C ou leurs directions doivent concourir (*Liv.*I. 195) : or les puiffances F, P, R ne peuvent être ainfi en équilibre fur le point C qu'elles ne foient entr'elles comme les côtez CF, CE , CB du parallelogramme EB formé fur leurs directions (*Liv.* I. 190), ou comme les côtez CF, BF, BC du triangle BCF en prenant BF au lieu de fon égale CE , l'on aura donc ces deux proportions 1°. F.P :: CF.BF. 2°. F.R :: CF. CB. Or les côtez CF , BF fon entr'eux comme les finus des angles CBF , BCF auxquels ils font oppofez ; d'ailleurs l'angle CBF à même finus que l'angle BCE qui eft fon fupplement à deux droits ; donc les côtez CF , BF font entr'eux comme les finus des angles BCE, BCF ; donc la puiffance F eft à la puiffance P comme le finus de l'angle BCE eft au finus de l'angle BCF ; c'eft-à-dire , que la puiffance F & la puiffance P font entr'elles réciproquement comme les finus des angles que leurs directions forment avec la direction de la puiffance R.

On démontrera de la même maniere que la puiffance F & la puiffance R font entr'elles réciproquement comme les finus des

angles que leurs directions forment auec la direction de la puiffance P.

Fig. 44. 160. 4º. Si les directions des puiſſances P,R tournent autour
45.   des points M , N ; de maniere que le point C de concours s'éloigne du levier , il eſt évident que l'angle MCN deviendra de plus
en plus petit, en forte que le point C étant à une diſtance infinie ,
l'angle MCN fera infiniment petit , de même que les angles
FCM , FCN , qui ont leur ſommet au point C. Cela poſé , ſi
l'on conçoit que du point de concours C , il y ait un arc de cercle décrit avec le rayon CM qui coupe les directions , que du point
M , il y ait des perpenduculaires MG , ME menées aux directions
CR , FC,& que du point L ou l'arc coupe la direction CR , il y
ait LH perpendiculaire ſur la direction FC; ces trois perpendiculaires feront les ſinus des angles MCN , FCM , FCN , par conſéquent les puiſſances F , P , R qui font entr'elles réciproquement comme les ſinus des angles formez par leurs directions , feront auſſi exprimées par les perpendiculaires NG , NE , LH. *Or
je dis que dans l'hypotheſe que le point de concours C eſt à une diſtance infinie , la charge de l'appui répréſentée par la puiſſance F eſt
égale à la ſomme ou à la différence des puiſſances P , R ; cette charge eſt égale à la ſomme des puiſſances P , R , ſi l'appui eſt entre les
directions CP , CR ; mais elle fera ſeulement égale à la différence
des puiſſances P , R , ſi l'appui eſt extérieur aux directions CP , CR.*
Car lorſque les directions des puiſſances F , P , R concourent
à une diſtance infinie , elles peuvent être conſiderées comme paralleles , les lignes MG , ME , LH font donc pour lors perpendiculaires aux trois directions, puiſque chacune de ces trois lignes
eſt perpendiculaire à l'une des trois directions , l'on aura donc
trois perpendiculaires compriſes dans trois eſpaces paralleles dont
l'une eſt égale à la ſomme des deux autres ; donc la perpendiculaire qui eſt compriſe dans le grand eſpace eſt égale à la ſomme des
perpendiculaire enfermées dans les deux autres eſpaces ; or dans
dans le cas de la Fig. 44, MG qui joint les paralleles les plus éloignées , eſt égale à la ſomme des perpendiculaires ME , LH ; donc
la puiſſance F ou la charge de l'appui qui eſt exprimée par MG ,
eſt égale à la ſomme des puiſſances P , R qui font répréſentées par
les perpendiculaires ME , LH , au contraire dans la Fig. 45 , la
perpendiculaire ME qui joint les paralleles les plus éloignées eſt
égale à la ſomme des perpendiculaires MG , LH ; donc MG eſt
eſt ſeulement égale à la différence des perpendiculaires ME , LH ;
donc pareillement la puiſſance F ou la réſiſtance de l'appui eſt feu-

lement égale à la difference des puiſſances R , P. Par conſéquent dans l'hypotheſe que les directions des puiſſances P , R , ſont paralleles , la charge de l'appui eſt égale à la ſomme ou à la difference des puiſſances P , R.

161. 5°. Lorſque les directions des puiſſances P , R ſont paralleles , les perpendiculaires compriſes entre ces directions & celle de la réſiſtance de l'appui ſont entr'elles comme les parties du levier pareillement compriſes entre ces directions paralleles ; donc les puiſſances F , R , P qui ſont entr'elles comme les perpendiculaires MG , ME , LH , ſeront entr'elles comme les parties correſpondantes MN , MF , NF.

162. 6°. Il eſt évident que le rapport de la perpendiculaire MG aux perpendiculaires ME , LH , varie ſelon que les angles des directions changent ; donc la charge de l'appui répréſentée par MG varie de même.

163. 7°. *Lorſque les directions ſont paralleles & que l'appui eſt* Fig. 44. *entre les directions* CP , CR , *la charge de l'appui eſt la plus grande qu'il eſt poſſible.* Car lorſque les directions ſont paralleles MG eſt égale à la ſomme des perpendiculaires ME , LH ; c'eſt-à-dire , que le ſinus de l'angle MCN eſt pour lors égal à la ſomme des ſinus des angles partiels FCM , FCN ; mais le ſinus MG eſt le plus grand qu'il eſt poſſible lorſqu'il eſt égal à la ſomme des ſinus ME , LH , ce qui arrive lorſque les directions des puiſſances ſont paralleles ou qu'elles concourent à une diſtance infinie ; dans tous les autres cas où les directions forment des angles d'une ouverture finie & déterminée , le ſinus de l'angle MCN eſt moindre que la ſomme des ſinus des angles partiels FCM , FCN ; donc lorſque les directions ſont paralleles MG eſt la plus grande qu'il eſt poſſible par rapport aux perpendiculaires ME , LH ; donc la charge de l'appui qui eſt répréſentée par MG , eſt auſſi pour lors la plus grande qu'il eſt poſſible , pourvu que l'appui ſoit entre les directions des puiſſances P , R.

164. 8°. *Au contraire lorſque les directions ſont paralleles ,* & Fig. 45. *que l'appui eſt à une des extrémitez du levier , la charge de cet appui eſt la moindre qu'il eſt poſſible.* Car pour lors MG ſinus de l'angle MCN ou de ſon ſupplément PCR , eſt ſeulement égal à la difference des ſinus ME , LH des angles FCM , FCN , ou bien ME ſinus de l'angle FCM eſt égal à la ſomme des ſinus des angles MCN , FCN : or ce n'eſt que dans le cas où les directions ſont paralleles que le ſinus MG eſt ſeulement égal à la difference des ſinus ME , LH , ou que le ſinus ME eſt égal à la ſomme des ſinus

MG , LH; dans tous les autres cas ME est moindre que la somme des sinus MG, LH ; donc si on retranche LH de ME lorsque les directions sont paralleles , le reste sera égal à MG ; mais si on retranche LH de ME lorsque les directions ne sont pas paralleles , le reste sera moindre que MG puisque la somme des perpendiculaires LH+MG est plus grande que ME ; donc MG est plus petite lorsque les directions des puissances sont paralleles ou qu'elles font un angle infiniment petit que lorsqu'elles font un angle d'une grandeur déterminée ; donc la charge de l'appui est moindre lorsque les directions sont paralleles que lorsqu'elles font un angle fini.

165. 9°. Si l'angle PCR des directions CP , CR est infiniment grand, les puissances P , R seront directement opposées , de forte que l'appui ne supportera qu'une charge égale à la difference des puissances P,R ; mais si l'angle MCN Fig.45.étoit infiniment grand, pour lors les directions CP , CR feroient l'angle PCR , infiniment petit , & étant appliquées l'une sur l'autre, les puissances P,R ne composeroient plus qu'une seule force qui seroit la charge de l'appui.

Fig. 43.   166. Si les puissances qui font équilibre sur le levier XY, sont au nombre de plus de deux, & que leurs directions soient paralleles,la charge de l'appui sera égale à leur somme ou à leur difference, cette charge sera égale à leur somme si elles tirent toutes au-dessus ou au-dessous du levier ; mais si les unes tirent au-dessus & les au-dessous du levier , la charge de l'appui sera seulement égale à la difference de la somme de celles qui tirent au--dessus à la somme de celle de celles qui tirent au-dessous. Ce qui est évident après tout ce qui précede. Si les directions des puissances ou poids en équilibre sur le levier XY , Fig. 46 , sont inclinées les unes aux autres & au levier , pour avoir la charge de l'appui il faut les réduire toutes à deux,ensubstituant une puissance au lieu de deux,ainsi si les puissances P,R,Q,sont en équilibre sur le levier XY dont l'appui est en F , & que les directions des puissances R , Q concourent au point C , il faut décrire sur les directions le parallelogramme BI , dont les côtez BC, CI soient proportionnels aux puissances R ,Q, & dont la diagonale soit CS , laquelle étant prolongée rencontre le levier au point O : si l'on applique sur la direction COZ une puissance Z qui soit exprimée par cette diagonale , elle fera équilibre avec la puissance P , & elle chargera l'appui F comme feroient les puissances R , Q. Car si la puissance Z tiroit en sens contraire des puissances R , Q , elles seroit en équilibre avec elles fur le levier GN (158), & elle déchargeroit l'appui F des efforts des puiffances Q, R, & la puiffance P ne porteroit aucune partie de ces efforts. Or puifque la puiffance Z foutient feule les efforts que les puiffances R, Q font tant fur l'appui que fur la puiffance P, il s'enfuit que fi elle tire fuivant COZ dans le fens des puiffances R, Q, elle chargera l'appui F de même que les puiffances R, Q, & qu'elle fera équilibre avec la puiffance P. En fuivant cette méthode on pourra réduire à deux toutes les puiffances qui font en équilibre fur un levier & avoir le rapport de la charge de l'appui à l'une ou à l'autre de ces puiffances.

167. REMARQUE. Suppofons qu'un poids de 6 livres faffe équilibre fur un levier avec un poids de 1 livre placé à une diftance de l'appui 6 fois plus grande : les directions des poids étant parallele, l'appui fera chargé de la fomme des poids fuivant les principes qu'on vient d'établir, mais puifque le petit poids fait équilibre avec un poids de 6 livres, il s'enfuit que l'effort qu'il fait fur le poids de 6 livres doit être auffi de 6 livres, par conféquent l'appui doit être chargé de 12 liv. & non pas feulement de 7 liv.

On répond 1°. que quand même on ne pourroit pas répondre à la difficulté propofée, les principes qu'on vient d'établir touchant la charge de l'appui n'en feroient pas moins certains, puifqu'ils font fondez fur la démonftration & fur l'expérience. 2°. Il eft vrai que fi le petit poids ne peut faire équilibre avec le grand qu'en produifant fuivant fa direction un effort de 6 livres, il doit charger l'appui par un effort de 6 livres ; mais à quelque diftance de l'appui que le petit poids foit attaché, il ne fait jamais qu'un effort d'une livre : or cet effort d'une livre devient d'autant plus difficile à vaincre qu'il eft produit à une plus grande diftance de l'appui, cette plus grande difficulté ou réfiftance n'eft point abfolue, fi cette réfiftance étoit plus grande en elle-même, l'appui feroit plus chargé ; mais elle n'eft plus grande que relativement au grand poids, & à la maniere dont il s'applique au petit : ainfi c'eft le grand poids qui pour foutenir le petit, fait un effort de 6 livres qui doit charger l'appui par cet effort de 6 livres ; mais le petit ne doit le charger que par un effort de 1 livre, puifqu'il ne fait qu'un effort de 1 livre.

DES APPUIS DANS LE TOUR OU TREUIL.

168. M. Varignon dans fa nouvelle mécanique pour déterminer la charge ou réfiftance des appuis dans le treuil, confidere cette machine comme un levier ordinaire, c'eft-à-dire, qu'il fup-

pofe que les directions de la puiffance & du poids ou fardeau
qu'elle foutient, font dans un même plan ; mais il eft vifible que
cette fuppofition n'eft vraie que dans le cas où les directions font
paralleles ; d'ailleurs dans ce cas là même, on ne détermine point
la portion que chaque appui fupporte de la charge totale qui
réfulte des efforts de la puiffance & du poids : on ne dit rien non
plus des directions fuivant lefquelles les appuis réfiftent. M. Varignon eft le premier que je fçache qui ait entrepris de déterminer à la faveur des mouvemens compofez la charge de l'appui dans
le treuil : on va fe fervir de la même méthode & de ce qui a été
démontré du levier pour arriver à la vraie détermination de cette
charge & des directions fuivant lefquelles elle pouffe chaque appui. Lorfqu'on cite M. Varignon dans cet endroit, ce n'eft pas
pour relever quelque méprife où il foit tombé : s'il y en a, c'eft
tout au plus dans la fuppofition qu'il fait, & non pas dans les
conféquences qu'il en tire : ainfi tout ce qu'on fe propofe en cette
occafion, eft feulement d'avertir que ce que M. Varignon a écrit
de la charge des appuis dans le treuil eft infuffifant, & que l'article de fon Livre qui regarde cette machine a befoin d'un fupplément qu'il feroit lui-même mieux que perfonne s'il étoit en vie.

On va faire quelques réflexions préliminaires qui pourront fervir au deffein que l'on a.

169. 1°. Lorfqu'on veut mettre en équilibre une puiffance
F par le moyen de deux autres P, R généralement parlant, celles-ci font indéterminées, car elles ne peuvent faire équilibre avec
la puiffance F, à moins qu'elles ne foient entr'elles & à la puiffance F
comme les côtez d'un parallelogramme formé fur leurs directions,
font entr'eux & à la diagonale : or dans ce parallelogramme il n'y
a que la diagonale qui exprime la puiffance F, qui foit déterminée, les directions des puiffances P, R, de même que les côtez du
parallelogramme ne le font pas, puifque fur une même diagonale
on peut conftruire une infinité de parallelogrammes ; donc les
puiffances P, R qui font répréfentées par les côtez de tous ces
differens parallelogrammes font indéterminées.

170. 2°. Cette indétermination dont on a donné une idée
(*Liv.* I. 197.) peut être plus ou moins grande felon le nombre
des conditions exprimées dans le problême, c'eft-à-dire, qu'il
peut y avoir plus ou moins de cas poffibles : ainfi fi l'une des puiffances ou P ou R eft donnée, ou bien une des directions, l'indétermination ne fera pas fi grande que fi le problême étoit propofé
indéfiniment, & fans aucune condition.

171. 3°. Si

171. 3°. Si deux puiſſances P , R ſont actuellement en équilibre avec la puiſſance F , on peut dire qu'elles ſont déterminées en
un ſens , & indéterminées en un autre ſens , elles ſont déterminées
parce qu'elles ſont d'une certaine grandeur & meſure , & en ce
qu'il n'y a qu'elles qui puiſſent réſiſter à la puiſſance F tant qu'elles agiront ſuivant les mêmes directions ; mais elles ſont indéterminées par leur nature , parce qu'elles ne ſont pas les ſeules qui
puiſſent faire équilibre avec la puiſſance F , puiſqu'a leur place
on en peut ſubſtituer une infinité d'autres qui produiront le même
effet : ainſi les puiſſances P , R ſont déterminées ou par le choix
que l'on en fait , ou par quelque autre circonſtance ; mais elles ſont
indéterminées par leur nature , parce qu'elles n'excluent pas une
infinité d'autres puiſſances qu'on peut mettre à leur place , qui
produiront de même l'équilibre.

172. 4°. Une puiſſance qui eſt en équilibre avec deux autres , eſt
déterminée , parce qu'elle ne fait que réſiſter à l'effort qui réſulte de
leur action conjointe , lequel eſt unique ; mais l'effort d'une même
puiſſance peut ſe décompoſer ſuivant une infinité de directions
differentes ; de-là vient l'indétermination : ſi un poids eſt retenu en
équilibre au moyen de deux cordons , par deux puiſſances qui
leur ſont appliquées , l'angle des directions marquées par les deux
cordons , pourra être plus ou moins ouvert à l'infini , ce qui prouve qu'une même force peut ſe décompoſer ſuivant une infinité de
directions differentes , & que les puiſſances qui réſiſtent à ces efforts derivez , ſont indéterminées dans le ſens du nombre 3.

173. 5°. Ce qu'on vient de dire de la détermination de deux
puiſſances qui réſiſtent à une troiſiéme , eſt encore vrai à l'égard des
réſiſtances que feroient deux obſtacles qui ſeroient purement paſſifs ou privez de toute action , c'eſt-à-dire , que ces réſiſtances
ſont indéterminées au moins dans le ſens qu'on en peut ſubſtituer une infinité d'autres , au lieu de celles qui concourent actuellement à la production de l'équilibre.

174. 6°. Il y a néanmoins de la difference entre l'indétermination ou la détermination des puiſſances R , P , & celles de deux obſtacles qui réſiſtent actuellement à la même puiſſance F. Car lorſqu'on
met en équilibre la puiſſance F , en lui oppoſant deux autres puiſſances R , P , celles - ci reçoivent par-là une eſpece de détermination qui eſt toute arbitraire & uniquement fondée ſur le choix
qu'on en fait , elles ne doivent point leur naiſſance ou leur éxi-
ſtance à la puiſſance F , puiſqu'au contraire elles déterminent par
leur action la puiſſance F à agir contre elles-mêmes ; mais il n'en

*Z z

eſt pas ainſi lorſque la puiſſance F preſſe deux obſtacles : car comme ils ſont purement paſſifs ou ſans action, leur réſiſtance eſt un effet, ou plutôt elle réſulte de la preſſion que la puiſſance F exerce ſur eux, c'eſt cette preſſion qui la fait naître, & elle lui eſt en quelque façon poſterieure ; d'où l'on voit que ſi les réſiſtances actuelles des obſtacles qui arrêtent ou retiennent la puiſſance F, ſont déterminées, c'eſt-à-dire, ſi elles ſont d'une certaine meſure, leur détermination eſt bien plus grande que celle des puiſſances R, P ; & que ſi on peut connoître les preſſions que la puiſſance F exerce ſur les obſtacles, on eſt aſſuré de pouvoir trouver leurs vraies réſiſtances, c'eſt-à-dire, celles que la puiſſance F fait naître, encore qu'on puiſſe toujours leur en ſubſtituer une infinité d'autres qui concourront également à l'équilibre actuel.

175. 7°. Lorſqu'une puiſſance tient un poids en équilibre ſur le treuil au lieu des réſiſtances actuelles des appuis, on peut ſuppoſer une infinité de puiſſances ou d'autres réſiſtances qui maintiendront la machine dans la même ſituation, c'eſt-à-dire, en équilibre comme on verra bien-tôt : on ſe propoſe néanmoins de montrer que les preſſions cauſées ſur les appuis par la puiſſance & le poids, ſont d'une meſure fixe & déterminée, & que parmi ce nombre innombrable de puiſſances ou réſiſtances, il n'y en a que deux qui ſoient les vraies, c'eſt-à-dire, celles que la puiſſance & le poids font naître.

Fig. 34. 176. 8°. On ſuppoſe que **XY**, eſt une verge inflexible ſans épaiſſeur parfaitement liſſe & polie, & exempte de tout frottement, de même que les anneaux M, N dans leſquels elle paſſe, je dis que ſi elle eſt tirée ſuivant une direction FG qui lui ſoit oblique, elle gliſſera dans les anneaux : car ſi on ôte la puiſſance qui tire ou pouſſe ſuivant FG, & qu'on en mette deux autres dont l'une tire ſuivant FC, & l'autre ſuivant FN ; il eſt évident que cette derniere force fera gliſſer la verge XY dans les anneaux, puiſque rien ne s'oppoſe à ce mouvement ; mais le principe des forces compoſées, montre que la puiſſance qui tire ſuivant FG, fait tout autant pour mouvoir le point F, ou la ligne XY que les puiſſances dirigées ſuivant FC, FN ; donc la verge XY étant tirée ou pouſſée ſuivant la direction oblique FG, gliſſera dans les anneaux M, N. Cette propoſition eſt d'ailleurs conforme à l'expérience, & on peut la faire fort facilement.

177. 9°. Si la verge XY eſt tirée ſuivant une direction FC qui lui ſoit perpendiculaire, elle ſera retenue en équilibre par la réſiſtance des anneaux. Car puiſque la direction FC eſt perpendicu-

laire à la verge XY , cette verge n'eſt déterminée à gliſſer ni vers
la droite ni vers la gauche : or le mouvement qui ſe fait en gliſ-
fant , eſt le ſeul qu'elle puiſſe avoir ; donc la verge ſera retenue en
équilibre par la réſiſtance des anneaux. Cette propoſition eſt encore conforme à l'expérience.

178. 10°. Lorſque la verge XY eſt tirée ſuivant une direction
qui lui eſt perpendiculaire , les réſiſtances des anneaux M , N ſont
auſſi dirigées ſuivant les lignes MP , NR perpendiculaires à la
verge XY. Car puiſqu'un obſtacle ne réſiſte qu'autant qu'il eſt
preſſé , & dans un ſens directement oppoſé à celui ſuivant lequel il eſt
preſſé , il s'enſuit que ſi les preſſions que la ligne ou verge XY , exerce
ou bien la puiſſance F qui la tire , ſont dirigées parallelement à
FC , les réſiſtances des anneaux ſeront auſſi dirigées parallelement
à FC en des ſens oppoſez , & ſont par conſéquent perpendiculaires à XY : or les preſſions que les anneaux ſupportent , ſont paralleles à FC , ou perpendiculaires à XY , car ces preſſions ne peuvent être obliques à XY que cette ligne ne ſoit pouſſée ou tirée
ſuivant des directions obliques à la même XY , ce qui eſt contre
l'hypotheſe ; d'ailleurs ſi les preſſions dont il s'agit ici étoient obliques à XY , cette ligne gliſſeroit dans les anneaux M , N ſelon le
nombre 8ᵉ ; donc les anneaux M , N réſiſtent ſuivant des direc-
ctions paralleles à FC , & par conſéquent perpendiculaires à XY.

179 11°. Lorſque la ligne ou verge XY , eſt tirée ſuivant une
direction qui lui eſt perpendiculaire , les réſiſtances des anneaux
ſont déterminées , c'eſt-à-dire , qu'elles ſont d'une meſure ou grandeur fixe & certaine : car lorſque les directions de trois puiſſances
ſont données avec une des puiſſances , les deux autres ſont déterminées : or dans l'hypotheſe préſente , les trois directions FC ,
MP , NR , ſont données avec la puiſſance F ; donc les puiſſances qui tireroient ſuivant MP , NR , & qui feroient équilibre avec
la puiſſance F , ſont déterminées ; donc les réſiſtances des anneaux
qui dans l'équilibre font autant que les puiſſances dirigées ſuivant
MP , NR , ſont auſſi déterminées , c'eſt-à-dire , d'une grandeur définie & certaine.

180. 12°. Si la verge ou ligne XY étant tirée ſuivant une direction FG oblique à la même ligne eſt en équilibre , les réſiſtances des anneaux ſont indéterminées. Car l'effort que la puiſſance
qui tire ſuivant FG , fait ſur la ligne eſt équivalent à deux efforts ,
dont l'un ſeroit dirigé ſuivant la perpendiculaire FC , & l'autre
ſuivant la ligne XY , ſelon le nombre 8ᵉ ; il faut donc que les anneaux réſiſtent dans l'hypotheſe préſente , & à l'effort ſuivant FC ,

& à l'effort fuivant FN , les réfiftances que les anneaux font à l'effort fuivant FC font déterminées felon le nombre 11ᵉ : mais la réfiftance que les mêmes anneaux font à l'effort fuivant FN font
indéterminées : car comme la verge & les anneaux font fuppofez
parfaitement polis, il eft néceffaire d'oppofer une réfiftance à l'effort qui tend à faire gliffer la verge , fans quoi il n'y auroit pas
équilibre. Or il peut fe faire que par la conftruction particuliere
des anneaux & de la verge dans le cas fuppofé , il n'y ait qu'un
anneau qui réfifte à l'effort fuivant FN , ou bien qu'ils réfiftent
l'un & l'autre ou également ou inégalement. L'on voit donc que
les réfiftances que les anneaux font à l'effort fuivant FN font indéterminées , par conféquent les réfiftances totales que les mêmes
anneaux font à la force fuivant FG , font auffi indéterminées.

181. 13°. Si la verge XY & les anneaux font conftruits de maniere qu'il n'y en ait qu'un qui réfifte à l'effort par lequel la verge
tend à gliffer , pour lors les réfiftances des anneaux font déterminées , c'eft-à-dire , d'une grandeur définie & certaine , puifque
les preffions que la puiffance F produit fur les anneaux , font d'u-
ne mefure déterminée.

182. 14°. Lors qu'on a parlé de l'analogie du tour , c'eft-à-
dire , du raport de la puiffance au poids , on a fait voir que la force d'une des puiffances étoit décompofée en deux efforts dont l'un
fe perd fur les appuis , & qui ne contribue en rien à l'équilibre , &
l'autre qui fait équilibre avec l'autre puiffance : or comme il peut arriver que les directions de l'une & de l'autre de ces efforts, foient obliques à l'axe , il fuivroit des réflexions précedentes que les réfiftances
que les appuis font à ces efforts, feroient indéterminées : cependant
fi on remarque que les treuils & cabeftans font conftruits pour l'ordinaire de maniere qu'il n'y a qu'un des appuis qui réfifte aux
impreffions que le rouleau reçoit , & par lefquelles il eft follicité
de gliffer & de fe mouvoir fuivant la longueur de l'axe , il faudra conclure des mêmes obfervations qu'on vient de faire , que les
réfiftances que les appuis font aux efforts dont on vient de parler ,
font déterminées.

183. 15°. Lorfqu'on dit que les réfiftances des appuis dans le
treuil font déterminées , on ne prétend pas dire que les réfiftances actuelles que les appuis font aux preffions de la puiffance & du
poids , foient les feules qui puiffent tenir la machine en état , &
fupporter les efforts qui les pouffent : car on convient au contraire
qu'il y en a une infinité d'autres qui peuvent produire le même effet , comme on a déja obfervé plufieurs fois dans les réflexions

précedentes ; mais lorsqu'on dit que les réſiſtances des appuis dans le treuil, ſont déterminées, on entend ſeulement que la puiſſance & le poids font ſur eux des efforts d'une meſure connue & certaine, quoiqu'il ſoit d'ailleurs indubitable qu'on peut oppoſer à ces efforts une infinité de puiſſances ou réſiſtances differentes. Ceci paroîtra encore mieux dans les propoſitions ſuivantes.

184. 16°. Pour déterminer la charge de chaque appui dans le treuil, il faut faire attention aux efforts dérivez de la puiſſance P dont l'un eſt ſur le plan par l'axe, & eſt dirigé ſuivant fMG, & l'autre ſuivant MQ, & à l'effort de la puiſſance R.   Fig. 34. 35. 36. 37. 38. 39.

DÉTERMINATION GÉOMÉTRIQUE DE LA DIRECTION
& de la charge des appuis dans le treuil.

185. On ſe ſervira des figures dont on s'eſt déja ſervi pour déterminer le rapport de la puiſſance au poids.

186. On peut ſuppoſer que les directions MP, NR ſont l'une & l'autre perpendiculaires à l'axe, ou bien que l'une d'elles, par exemple, la direction MP eſt oblique, ou bien qu'elles le ſont toutes deux.

PREMIER CAS, *lorſque les directions* MP, NR *ſont perpendiculaires à l'axe.*

187. 1°. Il faut d'un point pris à volonté ſur l'axe, mener une perpendiculaire à la direction NR, on ſuppoſe que cette perpendiculaire rencontre NR au point N ; par là on déterminera la ſituation du plan par l'axe auquel la direction NR ſera perpendiculaire, car cette direction ſera perpendiculaire à la ligne qu'on aura menée, & à l'axe : or l'axe & la ligne menée d'un point du même axe, ſont dans un même plan ; donc la direction NR étant perpendiculaire à deux lignes qui ſont dans un même plan, eſt auſſi perpendiculaire à ce plan, (on ne marque point dans la figure la perpendiculaire dont il s'agit ici, pour éviter la confuſion des lignes.) 2°. Du point N il faut mener ſur le plan par l'axe la ligne NM qui rencontre la direction MP au point M ; des points M, N mener les lignes Mf, NF perpendiculaires à l'axe ; il eſt évident que les perpendiculaires Mf, NF ſont dans le plan par l'axe, car elles ſont dans le plan des lignes NM, XY qui ſont l'une & l'autre dans le plan par l'axe ; les perpendiculaires Mf, NF, avec les directions MP, NR, déterminent la ſituation des plans paralleles, dans leſquels ſont les directions MP ; NR, & que l'on a nommez plans des directions ; les plans fMP, FNR ſont perpendiculaires à l'axe XY, & au plan par l'axe, car l'axe   Fig. 35. 36. 37. 38.

eſt perpendiculaire aux directions MP , NR , & aux lignes *f* M ,
FN ; par conféquent l'axe eſt perpendiculaire aux plans ſur leſquels ces lignes ſont ſituées deux à deux. Le plan par l'axe eſt auſſi
perpendiculaire aux plans *f* MP , FNR , puiſque l'axe qui eſt dans
ce plan , eſt perpendiculaire aux plans *f* MP , FNR. 3°. Après
avoir décrit ſur le plan *f* MP de la direction MP, le parallelogramme
rectangle GQ , dont la diagonale MP exprime l'effort abſolu de la
puiſſance P (voyez l'art. 104 & les ſuivans) , il faut prolonger la ligne NM , juſqu'à ce qu'elle rencontre au point C , l'axe auſſi prolongé s'il eſt néceſſaire , il faut élever CH perpendiculaire au
plan par l'axe. Si l'on conçoit que l'on applique à la direction CH
une puiſſance H qui ſoit à la puiſſance R & à l'effort ſuivant MQ
que la puiſſance P exerce ſur le poids R , comme MN eſt à CM ,
CN , cette puiſſance fera un effort égal à la charge que la puiſſance R & la force ſuivant MQ font porter au point C (par la
propriété du levier ,) de ſorte qu'au lieu de la réſiſtance que le
point C fait à cette charge , on peut ſubſtituer la puiſſance H qui
doit tirer en ſens contraire des directions NR , MQ , lorſque le
point C eſt entre les points M , N , & en ſens contraire de NR ,
ou de MQ , ſelon que le point N eſt entre les points M , C , ou
que c'eſt le point M qui eſt entre deux. Il eſt évident que la puiſſance H eſt égale à la ſomme ou à la difference des efforts ſuivant
NR , MQ ſelon que NM eſt égale à la ſomme ou à la difference
de MC & NC. 4°. Il eſt viſible que la charge de chaque appui
doit réſulter des efforts ſuivant CH & ſuivant *f* MG : on vient de
voir que la puiſſance H eſt égale à la ſomme ou à la difference des
efforts ſuivant NR , MQ , par leſquels les puiſſances R , P ſe contrebalancent & font équilibre ſur le point C de l'axe , l'effort ſuivant *f* MG , lequel eſt exprimé par MG , étant dirigé ſuivant le
plan par l'axe , ne fait rien ni pour ni contre la puiſſance R ; mais il
eſt entierement ſoutenu par les appuis O , S. Ces appuis ſont donc
chargez par les puiſſances P , R , de même que ſi on appliquoit
aux points C , *f* de l'axe deux puiſſances dirigées ſuivant CH &
f MG dont la premiere ſçavoir H fut égale à la ſomme ou à la difference des efforts ſuivant NR , MQ , & l'autre ſçavoir G , fut
exprimée par MG. Les directions CH , *f* MG étant perpendiculaires à la ligne inflexible XY , que l'on peut conſiderer comme
engagée dans deux anneaux O , S , dans leſquels elle peut gliſſer
ſans aucun empêchement , les puiſſances H , G produiſent ſur les
appuis O , S , des preſſions d'une grandeur déterminée dans le
ſens des réflexions précedentes , c'eſt-à-dire , des preſſions qui ſont

dirigées parallelement à CH & *f* MG, & que l'on peut déterminer par la propriété du levier ; c'est pourquoi, 5°. il faut des points
O, S mener sur le plan par l'axe deux paralleles à *f* MG, & des
mêmes points élever deux perpendiculaires au même plan qui seront paralleles à CH, & faire ensuite deux proportions pour déterminer les efforts que les puissances G, H font sur les appuis,
suivant les lignes qu'on vient de tirer. Ainsi si l'on dit OS. O*f*::
G, ou GM est à un quatriéme terme, on aura l'effort que la
puissance G fait sur l'appui S. Si de l'effort suivant *f* MG, c'est-
à-dire, si de GM on retranche l'effort déterminé par la proportion, le reste sera l'effort que la puissance G fait porter à l'appui
O, si le point *f* est entre les appuis O, S; mais si l'appui O est en-   Fig. 38.
tre les points *f*, S, pour avoir la pression causée sur cet appui par la
puissance G, il faudra ajouter l'effort exprimé par MG à l'effort
déterminé par la proportion. On déterminera par une opération
semblable les efforts que la puissance H fait sur les appuis O, S.
6°. Sur les paralleles à *f* MG, il faut prendre OL, SE qui expriment les efforts que la puissance G fait sur les appuis, & que
l'on vient de déterminer, ces efforts sont dirigez en sens contraires de l'effort de la puissance G, lorsque le point *f* est entre les
appuis O, S; mais lorsque l'appui O est entre les points *f*, S,
il n'y a que l'effort OL qui soit dirigé en sens contraire de l'effort MG, car l'effort SE est dans le même sens que MG ; il faut
prendre aussi sur les paralleles à CH, les parties OI, SD qui expriment les efforts que la puissance H fait sur les appuis O, S. Si
le point C est entre les appuis O, S, les efforts OI, SD font dirigez dans le même sens que l'effort de la puissance H, puisque
cette puissance résiste aux efforts suivant NR, MQ, & que d'ailleurs les appuis O, S tiennent lieu de la puissance H. Mais
si l'un des appuis, par exemple, l'appui S Figure 38. est
entre les points C, O, l'effort SD est dirigé en sens contraire de l'effort suivant CH. 7°. Si sur les lignes OI, OL; SE,
SD, on construit deux parallelogrammes IL, ED, dont les diagonales font OV, SB, elles exprimeront les pressions ou charges
que les deux puissances G, H, & conséquemment, les puissances
P, R font porter ensemble aux appuis O, S, & les résistances ou
efforts contraires feront dirigez suivant OV, SB. Il est évident
que les directions OV, SB font perpendiculaires à l'axe XY, &
qu'elles font dans des plans perpendiculaires au même axe, puisque
les efforts OI, OL; SE, SD font perpendiculaires à l'axe.

188. SECOND CAS, *lorsque la seule direction* NR *est perpendiculaire à l'axe.*

Fig. 39.   Ce fecond cas ne diffère du précedent qu'en ce que l'effort que la puiffance P fait fuivant *f*MG eft oblique à l'axe , cet effort preffe donc les appuis, & tend en même-tems à faire gliffer l'axe. Si l'on fuppofe que felon la conftruction ordinaire du treuil, il n'y ait qu'un des appuis qui arrête le mouvement qui fe fait en gliffant, les preffions que la puiffance G caufe fur les appuis feront déterminées comme dans le cas précedent. Car pour lors la force ou puiffance G preffera l'un des appuis fuivant la perpendiculaire à l'axe , & l'autre, fçavoir celui qui réfifte au mouvement en gliffant, fuivant une direction oblique au même axe. Comme on fuppofe encore que la direction NR eft perpendiculaire à l'axe, la fituation du plan par l'axe eft la même que dans le premier cas : ainfi les directions NR , MQ , CH , OI , SD font encore perpendiculaires au plan par l'axe , il ne s'agit donc plus que de déterminer les efforts que la puiffance G fait fur les appuis. On fuppofe que c'eft l'appui S qui réfifte au mouvement en gliffant : par conféquent l'appui O fera preffé fuivant une ligne *om* perpendiculaire à l'axe , fuppofons qu'elle rencontre la direction *f*MG au point *m*. De l'appui S il faut mener par le point *m* la ligne S*m* prolongée vers *q* , prendre fur *f*MG la partie *mg* égale à MG ; par le point *g* tirer *gp, gq* parallèles aux lignes S*m* , *om* , par là on formera le parallélogramme *pq* , fi l'on conçoit que deux puiffances tirent le point *m* fuivant *pm , qm* , & qu'elles foient exprimées par les côtez *pm , qm* du parallélogramme décrit , elles feront équilibre avec la puiffance G , puifque cette puiffance eft exprimée par MG , ou fon égale *mg* , & que d'ailleurs elle tire en fens contraire des deux autres ; mais puifqu'on fuppofe que l'appui O réfifte fuivant *o p m* perpendiculaire à l'axe , il eft néceffaire que l'appui S réfifte fuivant S*qm* , car les directions de ces réfiftances doivent concourir en un même point *m* de la direction *f*MG : par conféquent les réfiftances des appuis O , S qui font à la place des puiffances qu'on vient de fuppofer, font exprimées par les côtez du parallélogramme *pq*. C'eft pourquoi fi on prend OL$=$*mp* & SE$=$*mq* , que l'on décrive comme dans le premier cas les parallélogrammes rectangles IL , ED dont les diagonales font OV , SB ; elles exprimeront les réfiftances des appuis O , S , & indiqueront leurs directions.

189. Troisiéme cas , *lorfque les directions* MP , NR *font obliques à l'axe.*

Dans ce troifiéme cas la direction NR eft néceffairement oblique au plan par l'axe (on peut déterminer la fituation de ce plan de la même maniere que dans le premier & le fecond cas.) Or puifque

puiſque la direction NR eſt oblique à l'axe , la direction MQ qui
eſt parallele à NR , eſt auſſi oblique à l'axe , de même que la
direction CH de la puiſſance H qui fait équilibre avec les puiſſances R , Q. Cela étant , on déterminera les efforts que la puiſſance H fait ſur les appuis comme on a fait pour la puiſſance G
dirigée ſuivant MG : ainſi on ne s'arrête pas d'avantage à ce
troiſiéme cas. On remarquera ſeulement que dans ce cas les directions des réſiſtances ſont dans des plans obliques au plan par l'a-
xe ; & parce que les côtez des parallelogrammes IL , ED , ont une
ſituation connue , on a auſſi celles des plans ſur leſquels ils ſont ,
& qui ſont auſſi les plans des réſiſtances.

191. *Maniere de déterminer par le calcul les réſiſtances des appuis dans le treuil , & leurs directions.*

On peut déterminer par le calcul les réſiſtances des appuis dans Fig. 37.
le treuil , & leurs directions. Ainſi 1º. dans le cas où les dire- 38.
ctions MP , NR ſont perpendiculaires à l'axe , il s'agit de trouver le lieu du point C auquel la puiſſance H eſt appliquée. Les
longueurs des bras ƒM , FN auxquels les puiſſances P , R ſont
appliquées , ſont connues de même que la partie ƒF de l'axe qui
eſt entre deux , c'eſt pourquoi ſi on fait la proportion , la ſomme
ou la difference des lignes ƒM , FN eſt à l'une d'elles , ainſi
ƒF eſt à ƒC , ou FC , on connoîtra par là cette diſtance , &
par conſéquent celle qu'il y a du point C à chaque appui ; la diſtance du point ƒ aux mêmes appuis , eſt auſſi connue , la puiſſance R & l'effort ſuivant MQ ſont connus ; donc la force ou réſiſtance ſuivant CH ſera auſſi connue , & par la proportion énoncée au nombre 5 de l'art. 188 , on aura les côtez OI , SD , ou
LV , EB des rectangles IL , ED : on aura pareillement les côtez
OL , SE ; ainſi dans les triangles rectangles OLV , SEB , on
connoîtra deux côtez & les angles compris qui ſont droits ; donc
les diagonales SB , OV qui expriment les réſiſtances , ſeront connues , les angles LOV , ESB ſeront auſſi connus , & par conſéquent les directions des mêmes réſiſtances ou les angles qu'elles
font avec le plan par l'axe , car pour ce qui eſt des angles qu'elles
font avec l'axe, il eſt viſible qu'ils ſont droits. 2º. Si l'une des pa- Fig. 39.
directions , par exemple MP , eſt oblique à l'axe , les lignes Mƒ,
NF qui ſont les communes ſections du plan par l'axe , & des plans
ralleles qui portent les directions MP , NR , ſont auſſi obliques , & il
peut arriver que les points ƒ , F , ſoient à une fort grande diſtance
des appuis , & qu'on ne puiſſe pas meſurer actuellement l'intervalle ƒF qui eſt entre les communes ſections Mƒ , NF ; pour lors

*Aaa

il faut former les triangles rectangles CM l, fM l dans lesquels on connoît le côté lM qui est la distance de la direction MQ à l'axe, l'angle droit l, & les angles lMC, lMf que l'on peut observer; donc on pourra trouver lc & lf, d'ailleurs on peut mesurer lO; donc les parties CO & fO seront connues, par là on aura le point d'application C de la puissance H qui fait équilibre avec les puissances R, Q. Il faut ensuite trouver le point de concours m des directions des résistances suivant Om,Sm. Les triangles semblables omf, lMf donnent lf. of :: lM. om. Ce quatriéme terme étant connu, on aura deux triangles rectangles Ofm, O S m dans lesquels on connoît deux côtez & l'angle droit O; donc l'angle S & les angles en m seront connus, comme aussi les angles du triangle pmg ou qmg, le côté gm qui exprime l'effort suivant fMG est aussi connu; donc on determinera les côtez pm, qm qui expriment les pressions que la force suivant fMG cause sur les appuis. On achevera le reste comme dans le nombre précedent. 3°. Si la direction NR est oblique à l'axe, la direction MQ sera aussi oblique, de même que la direction CH; or on trouvera (comme pour la force suivant MG,) les efforts que la puissance H fait sur les appuis, les diagonales OV, SB, ensemble les angles qu'elles font avec l'axe & le plan par l'axe.

192. S'il y avoit plus de trois puissances qui fissent équilibre sur le treuil pour trouver les résistances des appuis, il faudroit décomposer chacune d'elles en deux efforts, l'un perpendiculaire au plan par l'axe, & l'autre dirigé suivant le même plan comme on a fait pour la puissance P, ensuite réduire tous les efforts perpendiculaires à deux ou même à un seul, en se servant de la propriété des momens, & tous les efforts dirigez suivant le plan par l'axe aussi en un seul en employant le principe des forces composées; & on trouveroit ensuite les résistances des appuis comme pour le cas de deux puissances en équilibre.

193. D'où l'on voit que si grand que puisse être le nombre de puissances qui tirent un corps, & de quelque maniere quelles soient dirigées, elles peuvent être retenues en équilibre par deux résistances; car si lon conçoit un plan qui coupe le corps, on peut supposer qu'il rencontre toutes les directions quand ce ne seroit qu'à une distance infinie; chaque force pourra donc être décomposée en deux efforts, l'un perpendiculaire au plan, & l'autre dirigé suivant le plan, l'on conçoit que l'on peut tirer sur ce plan une ligne qui soit située à l'égard des directions perpendiculaires, de maniere que les efforts que l'on y suppose placez, soient en équilibre sur le plan consideré comme mobile autour de cette ligne, &

soutenu sur deux appuis : à l'égard des efforts dirigez suivant le plan,
il n'y a aucun doute qu'ils ne puissent être retenus en équilibre sur
une ligne inflexible à laquelle ils sont appliquez , & qui a deux appuis ; donc tant de puissances que l'on voudra supposer , étant appliquées à un corps, de quelque maniere que ce soit , peuvent être retenues en équilibre par deux résistances ou par deux puissances.

194. Les résistances qu'on vient de trouver ne sont pas les
seules qu'on puisse opposer aux puissances P , R pour les tenir en
équilibre sur le treuil ; mais elles sont les seules vraies & naturelles , c'est-à-dire , celles que les puissances P , R font naître lorsqu'elles pressent les appuis : pour sentir la vérité de cette proposition , supposons que la force suivant MG , soit perpendiculaire à
l'axe , il est certain qu'on peut lui opposer aux points O , S , une
infinité de paires de puissances qui lui résisteront , & elles seront
toutes dans le même plan ; c'est-à-dire , dans le plan par l'axe qui
est aussi celui de la direction MG : or toutes ces puissances seront
dirigées obliquement à l'axe , excepté deux , elles pourront donc
être décompolées chacune en deux efforts , dont l'un sera perpendiculaire à l'axe de même que la direction MG , & l'autre sera dirigé suivant l'axe même ; il est évident qu'il n'y a que les efforts
perpendiculaires à l'axe qui résistent à la force suivant MG , & que
les efforts qui sont dirigés suivant l'axe tendent à le mouvoir
suivant sa longueur , & parce qu'on suppose que tout est en repos
ou en équilibre , il est nécessaire que les efforts dirigez suivant la
longueur de l'axe , soient égaux entr'eux & en sens contraires , autrement l'axe seroit mû suivant sa longueur. On voit donc que
toutes ces puissances qui peuvent résister à la force suivant MG ,
ne different entr'elles deux à deux , que par les efforts plus ou moins
grands , par lesquels elles tendent à mouvoir l'axe en sens contraires suivant sa longueur , du reste les efforts perpendiculaires par
lesquels elles résistent à la force suivant MG , sont tous égaux entr'eux , en sorte que ceux qui sont produits par une paire de puissances , ne sont ni plus ni moins grands que ceux qui sont produits
par une paire différente de celle là. Cela posé, qui ne voit que ce n'est
pas la force suivant MG , qui fait naître toutes ces differentes paires de puissances , il est vrai qu'elle peut résister à chaque paire
qu'on lui opposera ; mais ce n'est pas elle qui les produit, puisque pour
agir contr'elles il faut qu'elles existent en même-tems, comme on a
déja observé dans les réflexions qui précedent ; mais lorsque la force MG presse les appuis O , S , on conçoit que c'est elle qui fait
naître les résistances qu'ils font , car la simple résistance sans action

Aaa ij

eſt poſterieure à la preſſion : or il eſt bien certain que la force **MG** ne preſſe les appuis que dans un ſens, & qu'ils ne réſiſtent auſſi que dans un ſens ; il eſt viſible que lorſque la direction de cette force eſt perpendiculaire à l'axe, elle ne tend pas à mouvoir cette ligne en des ſens oppoſez ſuivant ſa longueur, comme cela ſeroit ſi les réſiſtances des appuis étoient obliques au même axe, car les appuis ne réſiſtent que dans le ſens qu'ils ſont preſſez. Puis donc que la force **MG** ne fait que preſſer les appuis ſuivant une direction perpendiculaire à l'axe lorſque ſa direction propre eſt auſſi perpendiculaire, & que ſi la même direction eſt oblique, elle preſſe les appuis, & tend auſſi à mouvoir l'axe ſuivant ſa longueur, il s'enſuit que les réſiſtances que l'on a trouvées, leſquelles ſont directement oppoſées à ces preſſions & au mouvement par lequel l'axe gliſſe ou tend à gliſſer, ſont les ſeules vraies & naturelles, c'eſt-à-dire, celles que les puiſſances qui ſont en équilibre ſur le treuil, font naître en preſſant les appuis.

195. On remarquera que toutes les réſiſtances que l'on peut oppoſer aux puiſſances **P**, **R** ont leurs directions en un même plan, car on vient de voir que toutes ces réſiſtances ou puiſſances ſe décompoſent en deux efforts, dont l'un eſt perpendiculaire à l'axe, & l'autre ſuivant la longueur de cette ligne, & que chaque paire ne diffère d'une autre paire, qu'en ce que les efforts produits ſuivant la longueur de l'axe, ſont plus ou moins grands dans un cas qu'ils ne le ſont dans un autre cas, les efforts perpendiculaires produits par toutes ces differentes paires de puiſſances, étant préciſément les mêmes, ils ſeront pour chaque changement ou ſubſtitution qu'on fera d'une nouvelle paire de réſiſtances dans le même plan, les efforts qui ſont dirigez ſuivant l'axe, ſont auſſi dans le même plan, quoiqu'ils different entr'eux, puiſqu'ils ſont tous dans le plan par l'axe, les efforts ſimples ſeront donc pour tous les cas poſſibles dans le même plan ; donc les réſiſtances qui en réſultent ſeront auſſi toutes dans le même plan. Ainſi lorſqu'on aura les plans des deux réſiſtances en particulier, on aura auſſi ceux de toutes les autres qu'on pourra oppoſer aux puiſſances en équilibre ſur le treuil.

Fig. 37. 38.

196. Par le moyen des quantitez qu'on a déterminées dans les trois cas qui précedent, & par leſquelles on a trouvé les réſiſtances des appuis, on peut former des rapports qui expriment ou qui ſoient égaux aux rapports qui ſont entre ces mêmes réſiſtances, & les puiſſances **P**, **R** ou celles qui en dérivent. Ainſi dans le cas où les deux directions **MP**, **NR** ſont perpendiculaires à l'axe, la réſiſtance de l'appui **O** eſt à la puiſſance **R**, comme le produit de f**F** par **CO** & par le ſinus de l'angle **IOL** eſt au produit de f**C** par

OS , & par le finus de l'angle LOV. En forte que fi on nomme O
la réfiftance de l'appui O de même nom , *r* la réfiftance fuivant
OI , *f*LOV le finus de l'angle LOV , *f*IOL le finus de l'angle
IOL , on aura O.R :: *f*F×CS×*f*IOL . *f*C×OS×*f*LOV ; car la
puiffance R eft à la puiffance H , comme CM eft à MN , ou comme *f*C eft à *f*F. La puiffance H eft à la réfiftance fuivant OI
comme OS eft à CS , la réfiftance *r* , eft à la réfiftance
fuivant OV comme OI ou LV eft à OV , ou comme le finus
de l'angle LOV eft au finus de l'angle OLV ou de fon fuplé-
ment IOL. Voi-

ci ces propor-
tions de fuite. Si
on multiplie par
ordre les termes
de ces propor-

$$R . H :: fC . fF.$$
$$H . r :: OS . CS.$$
$$r . O :: fLOV . fIOL.$$

$$R . O :: fC×OS×fLOV . fF×CS×fIOL$$
$$\text{ou } O . R :: fF×CS×fIOL . fC×OS×fLOV$$

tions , & que l'on divife les deux premiers termes par H×*r* : on aura la quatriéme ou la cinquiéme de ces proportions. On trouvera de
la même maniere le rapport de la réfiftance de l'appui S au poids R.
On déterminera auffi le rapport de ces réfiftances à la puiffance P,
& cela nonfeulement dans le cas où les directions des puiffances P , R font perpendiculaires à l'axe ; mais auffi lorfqu'elles lui
font obliques. Il y auroit encore bien des réflexions à faire
fur la pratique ou l'ufage du tour ou treuil par rapport aux appuis ,
mais la crainte d'être trop long fait qu'on les paffe. Peut-être fe
préfenteront-elles une autre fois lorfqu'on aura à parler de nouveau de cette machine.

CHAPITRE SECOND.

DU PLAN INCLINÉ , DE LA VIS , DU COIN ,
& des poids foutenus avec des cordes.

ON a rémarqué dans le premier Chapitre de ce Livre que
la poulie & le treuil étoient des efpeces de levier , &
qu'on pouvoit les confiderer fous cette idée commune ; on fera ici
une réflexion femblable à l'égard des machines qu'on fe propofe
d'expliquer dans ce Chapitre , c'eft-à-dire , qu'elles peuvent être
raportées au plan incliné ; il eft vifible que la vis & le coin font
des efpeces de plan incliné , leur figure le montre affez ; pour ce
qui eft des poids foutenus avec des cordes ou de la machine funiculaire , elle peut être auffi ramenée au plan incliné : car que fait

une corde qui foutient un poids , finon ce que feroit un plan ,
puifque le poids la tire avec la même force & de la même maniere
que s'il preffoit un plan comme on aura occafion de l'obferver plus
particulierement l'orfqu'on traitera de cette machine. Ainfi toutes
les machines que l'on nomme fimples , peuvent être réduites à deux
claffes , au levier & au plan incliné , & en cela on ne fait que fuivre la route qu'ont tenue & que tiennent encore plufieurs grands
Géometres.

Du Plan Incliné.

Comme la théorie du plan incliné eft fondamentale , on s'appliquera d'une maniere particuliere à en démontrer avec foin les
proprietez , conformément à la méthode qu'on a fuivie pour le levier , c'eft-à-dire , qu'on appliquera à cette machine les principes
dont on a fait ufage lors qu'on a traité du levier ; & on en donnera trois démonftrations qui feront indépendantes les unes des
autres ; la premiere fera fondée fur le mouvement fuivant le principe de M. Defcartes ; la feconde fera tirée des mouvemens ou des
forces compofées ; dans la troifiéme on fuivra la méthode des anciens , qui confifte à rapporter toutes les machines au lévier , par
ce moyen on aura traité la ftatique fuivant trois principes differens , & l'on pourra en fuivre un d'un bout à l'autre , fans qu'on
foit obligé lorfqu'une fois on l'aura pris pour guide , de l'abandonner pour en prendre un autre ; car l'un des trois principes
peut s'appliquer à toutes les machines. On a parlé du plan incliné
dans le fecond Livre , & on l'a confideré comme une furface où
les corps pefans ne peuvent fe foutenir fans le fecours de quelque
obftacle ou puiffance qui arrête l'effort de la pefanteur : ici on
regardera le plan incliné comme un inftrument ou organe qui
foulage la puiffance en tant qu'il foutient une partie du poids ou
fardeau auquel cette puiffance s'applique.

197. On ne s'arrête pas à faire ici une nouvelle defcription du
plan incliné , ni à remarquer que les corps pefans y font follicitez
de defcendre : on peut voir ce qui en a été dit au commencement
du quatriéme chapitre du fecond Livre , art. 158 , & fuivans.

198. *Dans tous les corps il y a un centre de gravité où toute
la pefanteur eft comme réunie* , ce qui fignifie que ce centre étant
foutenu , la pefanteur du corps l'eft auffi ; en forte que toutes les
parties font en équilibre autour de ce point , à moins que quelque nouvelle force ne trouble leur repos.

199. *Lorfqu'un corps eft fur un plan incliné , il le touche par une*

partie de fa furface, dans les corps dont la fuperficie eft courbe, comme la fphere, cette partie n'eft que comme un point dans les autres corps, cette furface eft une figure plane, on peut l'appeller *bafe* du corps, foit qu'elle foit grande ou petite, parce qu'elle lui fert d'appui, & qu'elle foutient fa pefanteur en tout ou en partie.

200. *Lorfqu'une puiffance tient un poids en équilibre fur un plan incliné, leurs directions & celle de la réfiftance doivent concourir en un même point, & être toutes trois couchées fur un même plan, fans quoi l'équilibre feroit impoffible.* On en a donné la preuve aux art. 188, 194 du premier Livre, il eft vrai qu'on a fuppofé que les puiffances étoient appliquées à un levier ; mais fi on fait attention que des puiffances qui font appliqués à un corps, agiffent de même que fi elles tiroient un levier comme on verra bien-tôt, il n'y a aucun doute que les raifonnemens qu'on a faits aux endroits qu'on vient de citer, ne conviennent au cas préfent.

201. Lors qu'on ne confidere dans le levier que la réfiftance réciproque de la puiffance & du poids, & que dans leur équilibre on ne fait point entrer celle de l'appui, on fuppofe tacitement que le point fur lequel le levier eft pofé, peut réfifter également en tout fens, & qu'il ne doit pas ceder à l'effort de la preffion de quelque côté qu'elle vienne : cette fuppofition eft très poffible lorfque le point d'appui eft ifolé, & qu'il n'eft pas attaché à une furface : or dans le plan incliné il y a un appui de même que dans le levier, *mais parce que cet appui eft fur une furface, il ne peut réfifter que dans un fens :* car comme il ne peut être preffé que fuivant la perpendiculaire à la furface où il eft, il ne peut auffi réfifter que fuivant la même perpendiculaire, la direction de la force qui preffe peut bien être oblique au plan, mais la preffion qu'elle exerce eft dirigée fuivant la perpendiculaire au même plan, ainfi qu'on va voir : c'eft pourquoi pour l'équilibre fur le plan incliné, il ne fuffit pas de déterminer le rapport de la puiffance au poids comme dans le levier, il faut de plus fixer la direction de la réfiftance. C'eft ce qu'on fera dans l'article fuivant.

202. Un corps qui eft pofé fur un plan incliné, & qui n'eft point retenu defcend, quand même la direction du centre de gravité, rencontreroit la bafe du corps, par la feule raifon que la direction de la pefanteur eft oblique au plan. *D'où il fuit qu'un plan ne réfifte que fuivant la perpendiculaire :* dès-là que la direction de la force devient inclinée, le mouvement eft inévitable, parce que le plan ne réfifte qu'en partie à la force qui le preffe, (on fait ab-

ſtraction de tout frottement.) L'ors donc qu'une puiſſance tient en équilibre un corps ſur un plan incliné, la preſſion qui réſulte de leur action conjointe, eſt néceſſairement perpendiculaire au plan, car ſi elle étoit dérigée ſuivant une ligne oblique, le corps ſeroit mû par cet effort de la même maniere que la peſanteur le fait deſcendre lorſqu'il n'eſt point retenu ſur le plan incliné.

203. *Lorſqu'un corps eſt en équilibre ſur un plan incliné, non-ſeulement la preſſion ou la charge que le plan ſupporte, doit être dirigée ſuivant la perpendiculaire, mais elle doit encore rencontrer la baſe du corps.* Car ſi la direction de la charge ne rencontre pas cette baſe, il eſt néceſſaire que le corps qui eſt pouſſé par cet effort, & qui n'eſt point appuyé, ſoit renverſé.

204. *Si un corps de figure ſphérique eſt tenu en équilibre ſur un plan incliné, la preſſion ou charge du plan eſt dirigée ſuivant une ligne qui paſſe par le centre.* Car la direction de cette charge eſt perpendiculaire au plan incliné, elle doit de plus rencontrer la baſe du corps, ou le point d'attouchement ; or on ſçait qu'une telle ligne paſſe par le centre, la direction de la charge du plan, paſſe donc par le centre de la ſphere.

205. *Lorſqu'une puiſſance tient en équilibre un corps de figure ſphérique ſur un plan incliné, ſa direction paſſe par le centre de la ſphere.* Car la direction de la peſanteur ou du centre de gravité y paſſe, d'ailleurs la direction de la charge ou de la réſiſtance que le plan fait à cet effort, y paſſe auſſi ; donc celle de la puiſſance paſſe de même par le centre : car les directions de la puiſſance du poids, & de la réſiſtance, doivent concourir en un même point.

206. *Lorſqu'un corps qui eſt terminé par des ſurfaces planes, eſt tenu en équilibre ſur un plan incliné, & qu'il s'applique contre le plan par une de ces ſurfaces qu'on ſuppoſe d'une gradeur déterminée, il n'eſt pas néceſſaire que la direction de la puiſſance, paſſe par le centre de gravité comme pour la ſphere.* Car pour l'équilibre il ſuffit que les trois directions concourent en un point, que celle de la réſiſtance ſoit perpendiculaire au plan incliné, & qu'elle rencontre la baſe du corps : or comme cette baſe eſt ſuppoſée d'une certaine étendue, il eſt viſible qu'on peut y élever pluſieurs perpendiculaires qui rencontreront la direction du centre de gravité en differens points, & la direction de la puiſſance dans le d'quilibre, pourra paſſer par ces differens points de concours.

207. *Si on fait abſtraction des frottemens, tous les corps qui ſont également peſants ont la même facilité à deſcendre par un plan incliné, ſoit en roulant, ſoit en gliſſant, quelles que ſoient leurs figures.*

C'eſt

C'est pourquoi il faut employer la même force pour les tenir en équilibre sur le même plan, pourvû que la puissance tire suivant la même direction, ou suivant des directions qui fassent les mêmes angles avec celle de la pesanteur.

208. Un corps qui est sur un plan incliné, peut être de figure à rouler comme une sphere, ou à glisser comme un cube, ou bien à être renversé, par exemple, une pyramide qui seroit appuyée sur le plan par son sommet.

209. *Lorsqu'un poids tel que R est en équilibre sur le plan incliné* Fig. 47. *SH, l'effort qu'il fait contre la puissance P qui tire suivant la dire-* 48. 49. *ction CM, est le même que si toute la pesanteur étoit comme ramaf-* 50. *sée au centre de gravité C, & qu'il ne restât de la masse que la ligne inflexible CF, suivant laquelle la charge ou pression du plan est dirigée.* Car puisque l'effort suivant CN qui est la direction du poids R est supposé toujours le même, la puissance P doit trouver la même résistance.

210. Ces réflexions préliminaires ont lieu dans les trois démonstrations qu'on va donner du plan incliné, & leur sont communes; on les supposera donc dans chacune en particulier.

PRÉPARATION POUR LA PREMIERE DEMONSTRATION du plan incliné.

211. 1°. Lorsque le poids R est tenu en équilibre sur le plan Fig. 47. incliné SH, on peut concevoir que la perpendiculaire CF suivant laquelle la pression ou charge du plan est dirigée, tourne un instant sur le point d'attouchement F sans le quitter, en décrivant par son extrêmité C où est le centre de gravité, l'arc très-petit ou comme infiniment petit CL; FD perpendiculaire à la direction CN de la pesanteur, décrira en même-tems le petit arc DI, semblable à l'arc CL. Cela posé, si du point L on tire LE perpendiculaire à la direction CN, CE sera égale à DI : car si on considere les lignes CF, DF dans leur mouvement autour du point F comme faisant entr'elles toujours le même angle, il est nécessaire que les points C, D décrivent dans le sens de la direction CN de la pesanteur les espaces égaux CE, DI.

212. 2°. Il est évident que tandis que le poids R ou son centre de gravité C parcourt l'espace CL suivant la longueur du plan incliné, il descend de la hauteur CE ou DI suivant sa direction naturelle.

213. 3°. *Si le poids ou la puissance P tire successivement contre le poids R suivant deux directions differentes CM, Cm les résistances*

que le poids R *éprouve, c'eſt-à-dire, les réſiſtances relatives du poids*
P *dans le cas de l'équilibre, ſont entr'elles comme les perpendicu-*
laires FA, Fa *menées du point d'attouchement* F *ſur les direƐtions*
CM, Cm.

Suppoſons que le centre de gravité C puiſſe par ſon effort
parcourir dans un inſtant le petit arc CL, en ſorte que ce mouvement ſoit plutôt une tendance qu'un mouvement réel, il eſt néceſſaire que les perpendiculaires FA, F*a* décrivent en tems égaux
les arcs ſemblables AG, A*g*, & par conſéquent que le poids P en tirant ainſi ſuivant les direƐtions CM, C*m* ſoit ſollicité à parcourir en
tems égaux contre ſa propre direƐtion, des eſpaces égaux aux arcs
AG, A*g* : or les réſiſtances relatives du poids P, ſont entr'elles
comme les eſpaces qu'on tend à lui faire parcourir en tems égaux
contre ſa propre direƐtion ; donc elles ſont entr'elles comme les
arcs AG, A*g*, ou bien comme les perpendiculaires FA, F*a*, qui
ſont proportionnelles aux arcs AG, *ag*.

PREMIÈRE DEMONSTRATION DU PLAN INCLINÉ.

PROPOSITION QUINZIE'ME.

Fig. 47.' **214.** *Si les direƐtions* CM, CN *de la puiſſauce* P *& du poids* R
concourent en un point C ; *que de ce point on mene* CF *perpen-*
diculaire au plan incliné SH, *laquelle rencontre la baſe du corps*
au point F, *on ſuppoſe de plus qu'elle eſt dans le plan des direƐtions :*
je dis que ſi la puiſſance P *& le poids* R *ſont dans la raiſon réci-*
proque des perpendiculaires FA, FD *menées du point* F *aux direƐtions*
CM, CN, *en ſorte que l'on ait* P . R :: FD . FA, *il y aura équilibre.*

DEMONSTRATION. On a remarqué qu'il pourroit ſe faire que
les puiſſances P, R fuſſent dans le rapport néceſſaire pour faire
équilibre, en ſuppoſant que le point F réſiſte également en tout
ſens, & que cependant l'équilibre fût impoſſible en tant que ce
point eſt ſur le plan incliné SH : cependant ſuppoſons pour un
moment que le point F peut réſiſter en tout ſens, on démontrera
enſuite que dans l'hypotheſe de la propoſition qu'il s'agit de
prouver, ce point réſiſte dans le ſens convenable pour maintenir l'équilibre. Cela poſé, que le poids P tire d'abord ſuivant la direƐtion C*m*, de maniére que la perpendiculaire F*a* ſoit
égale à la perpendiculaire FD : je dis que ce poids contrepeſera
dans le poids R une partie égale à ſa peſanteur propre ; pour le
prouver concevons que le poids R eſt égal au poids P lorſque
ce dernier tire ſuivant C*m*, il eſt certain qu'il y aura équilibre,
car le poids R ou ſon centre de gravité C ne peut tendre à ſe mou-

voir suivant sa direction naturelle CN par l'espace DI qu'il ne
follicite le poids P à parcourir en même-tems contre sa propre direction, l'espace *ag* égal à l'espace DI, & qu'il n'éprouve par conséquent
une résistance égale à l'effort qu'il fait suivant sa direction, puisqu'il y a égalité dans les masses, les pesanteurs & les espaces, l'un
des poids ne pouvant se mouvoir suivant sa direction naturelle
qu'il ne contraigne l'autre poids de parcourir contre la sienne le
même espace ou un espace égal. Donc le poids R trouve dans le
poids P une résistance égale à l'effort qu'il fait suivant CN ; d'ailleurs comme la tendance que le poids R a à descendre le long du
plan incliné, n'est que l'effet de l'effort suivant CN, il s'ensuit
que cet effort étant empêché, il y auroit équilibre entre les poids
P, R supposez égaux.

　Je dis en second lieu que si le poids P tire contre le poids R, suivant la direction CM, il contrepesera par sa résistance relative le
poids R tel qu'on l'a dabord supposé dans l'énoncé de la proposition. Car les résistances que le poids P oppose au poids R en tirant suivant les directions *cm*, CM, sont entr'elles comme les
perpendiculaires F*a* ou FD & FA ; donc les parties du poids R
contrepesées par le poids P lorsqu'il tire suivant C*m* & CM sont
dans la même raison, c'est-à-dire, selon l'hypothese dans la raison
du poids P au poids R : or la partie contrepesée par la résistance
suivant C*m*, est égale au poids P, comme il vient d'être prouvé ;
donc la partie contrepesée par la résistance suivant CM, est égale
au poids R. Donc si le poids P & le poids R sont dans la raison
réciproque des distances FA, FD, ils sont en équilibre en supposant que le point F peut résister en tout sens ; mais il faut faire voir
en troisiéme lieu, que la charge du point F est dirigée suivant la
perpendiculaire au plan incliné.. Dans l'équilibre entre les puissances P, R sur le point F, la direction de la charge ou de la résistance, passe par le point de concours C des directions CM, CN
(*Liv.* I. 194.), elle passe aussi par le point F, extrêmité de la
perpendiculaire CF qui rencontre la base du corps, puisque le
mouvement que l'on a supposé au poids R, se fait autour du point
F. Donc la charge du plan est dirigée suivant FC, & par conséquent suivant la perpendiculaire au plan incliné SH ; donc ce plan
résiste totalement à la charge ou pression causée par les puissances P, R ; d'ailleurs la direction de cette résistance est dans le plan
des directions CM, CN, puisque la perpendiculaire CF est suivant
l'hypothese dans ce plan; donc les puissances P, R sont en équilibre,
non-seulement en tant qu'elles agissent l'une contre l'autre, mais
encore avec la résistance du plan incliné.　　　　Bbb ij

215. REMARQUE. Si le poids R touche le plan SH par plufieurs points, que de chacun d'eux on mene des perpendiculaires aux directions CM, CN, les puiffances P, R feroient en équilibre fucceffivement fur tous ces points, fi elles étoient entr'elles réciproquement comme les perpendiculaires menées, en fuppofant que chacun de ces points peut réfifter également en tout fens, & on peut prouver cet équilibre entre les puiffances P, R de la même maniere qu'on vient de le prouver dans l'hypothefe de la propofition préfente; mais parce que de toutes les lignes menées du point de concours C à ces differens points, il n'y a que la ligne CF qui foit perpendiculaire au plan SH, dans tous ces cas la direction de la charge qui paffe par le point de concours C, & par le point d'appui, c'eft-à-dire, par le point de la bafe d'où l'on fuppofe que les perpendiculaires aux directions font menées, feroit oblique au plan incliné, & par conféquent l'équilibre feroit impoffible, excepté dans le cas où les perpendiculaires aux directions font menées de l'extrêmité F de la perpendiculaire CF. C'eft là le cas qu'on vient de démontrer.

SECONDE DEMONSTRATION DU PLAN INCLINÉ.

216. Cette feconde démonftration eft fondée fur les forces compofées.

Si la puiffance P tire contre le poids R pofé fur le plan incliné SH, que du point C où l'on fuppofe que les directions CM, CN concourent, on puiffe mener une ligne CF qui foit dans le plan des directions, & qui étant perpendiculaire au plan incliné, rencontre la bafe du poids au point F ; je dis que fi la puiffance P & le poids R font dans la raifon réciproque des perpendiculaires FA, FD menées du point F aux directions CM, CN, en forte que P . R :: FD . FA, il y aura équilibre.

DEMONSTRATION. Du point F il faut mener FG, FI paralleles aux directions, par là on formera le parallelogramme GI qui aura pour diagonale CF perpendiculaire au plan SH, & les deux triangles AGF, DIF qui font femblables, les angles A, D font droits, & les angles G, I font égaux, parce qu'ils font fupplémens de l'angle GCI; donc l'on a DF . AF :: IF . GF ; l'on a auffi par l'hypothefe P . R :: DF . AF; donc P . R :: IF . GF, c'eft-à-dire, que la puiffance P & le poids R font dans la raifon des côtez IF, GF, ou des côtez CG, CI du parallelogramme GI formé fur les directions CM, CN ; donc la puiffance P & l'effort de la pefanteur étant immédiatement appliquez au point de concours C, tendent à lui faire décrire la diagonale CF (*Liv.* 1.156.), laquelle par l'hypothefe eft perpendiculaire au plan SH ; ce plan qui réfifte fuivant la perpendiculaire FC, s'oppofe totalement au mouvement du point C , & l'arrête tout court , la réfiftance du plan SH eft donc en équilibre avec l'effort moyen que la puiffance P & la pefanteur produifent conjointement fur le point C pour le mouvoir fuivant CF : or il eft évident que le point C étant en repos, les puiffances P , R qui tendent chacune à le mouvoir fuivant fa direction, feront en équilibre; mais parce que dans le cas d'équilibre la puiffance P agit également à tous les points de fa direction , il s'enfuit que fi au lieu de tirer immédiatement le point C comme on vient de fuppofer , elle tire fuivant la même direction à quelque autre point M , l'équilibre continuera de même ; donc fi la puiffance P & le poids R font dans la raifon réciproque des perpendiculaires FA , FD , il y a équilibre.

217. La remarque qu'on a faite à la fin de la premiere demonftration a auffi lieu dans cette feconde maniere de démontrer l'équilibre fur le plan incliné.

TROISIÉME DEMONSTRATION DU PLAN INCLINÉ.

218. *Si la puiffance P tire contre le poids R pofé fur le plan incliné* Fig. 47.
*SH, que du point C où l'on fuppofe que les directions CM, CN concou-*48.
rent, on mene CF perpendiculaire au plan SH, laquelle rencontre la bafe du poids au point F , & foit auffi dans le plan des directions CM, CN; je dis que fi la puiffance P & le poids R font dans la raifon récipro-que des perpendiculaires menées du point F aux directions, il y aura équilibre.

DÉMONSTRATION. On peut concevoir & fuppofer que toute la pefanteur du poids R eft comme réunie au centre de gravité C, en forte que de la maffe C il ne refte que la ligne inflexible CF fans pefanteur , & le point C qu'on fuppofe pefer autant que tout le poids R , & qui eft tiré fuivant la direction CN avec un effort égal à la pefanteur de ce poids. Cela étant , on pourra confiderer la ligne CF comme un levier qui eft tiré au point C fuivant les directions CM , CN , ce levier n'a qu'un bras , parce que les directions de la puiffance & du poids fe rencontrent au même point C, & l'appui eft F , (il faut fuppofer pour un moment que ce point peut réfifter également en tout fens , on démontrera enfuite qu'il réfifte dans le fens convenable pour l'équilibre fur le plan incliné.) Cela pofé , on fçait que fi deux puiffances appliquées aux bras d'un levier , font dans la raifon réciproque des diftances ou des perpendiculaires menées de l'appui aux directions , elles font en

équilibre (41.): or par l'hypothefe, la puiffance P & le poids R font
dans la raifon réciproque des perpendiculaires FA, FD, de plus
leurs directions CM, CN font dans un même plan, puifqu'elles
concourent au point C; donc la puiffance P & le poids R font en
équilibre fur le levier CF dont l'appui eft en F, en fuppofant que
ce point réfifte également en tout fens; mais il faut démontrer
que ce point réfifte fuivant la perpendiculaireCF,ce qui eft évident;
car puifque les puiffances P, R font en équilibre entr'elles,que l'une
ne l'emporte pas fur l'autre,la direction de la charge & de la réfiftance du plan paffe par le point de concours C (Liv. 1. 194.), il eft
évident qu'elle paffe auffi par le point F, puifque c'eft le point F
qui réfifte; donc la direction de la charge ou de la réfiftance du
plan SH, eft perpendiculaire à ce plan, cette charge eft donc totalement foutenue; donc les puiffances P, R font non-feulement en
équilibre entr'elles, mais encore avec la réfiftance du plan. Donc
fi la puiffance P & le poids R font dans la raifon réciproque des
perpendiculaires AF, DF fuivant les conditions exprimées dans
la propofition, il y aura équilibre.

On peut faire encore ici la remarque de l'article (215).

219. Au lieu de confiderer les puiffances P, R comme appliquées
au levier droit CF, on auroit pû fuppofer qu'elles font attachées
aux points A, D du levier angulaire AFD, dont les bras font les
perpendiculaires AF, DF, & que le bras DF eft tiré fuivant CDN
avec un effort égal à la pefanteur du poids R, & on auroit prouvé
comme on vient de faire, que ces puiffances font en équilibre fur
le levier AFD.

On va démontrer la propofition inverfe.

PROPOSITION SEZIE'ME.

220. *Si la puiffance* P *& le poids* R *font en équilibre fur le plan
incliné* SH, *ils font dans la raifon réciproque des perpendiculaires
menées du point d'attouchement* F *aux directions* CM, CN.

Fig. 47.
48.

DEMONSTRATION. Puifque les puiffances P, R font fuppofées
être en équilibre,1°. leurs directions & celle de la réfiftance du plan
concourent en un même point,& font auffi dans un même plan,(Liv.
1.188.194.)de plus il eft néceffaire que la direction de la réfiftance foit perpendiculaire au plan SH, & qu'elle rencontre la bafe du
corps au point d'attouchement F. Cela pofé, je dis que dans le cas
d'équilibre les puiffances P,R font entr'elles réciproquement comme
les perpendiculaires FA, FD, en forte que P . R :: FD . FA.
Car fi on fuppofe que ces puiffances font dans un rapport diffe-

rent plus petit ou plus grand que le rapport inverse de FA à FD,
on démontrera que l'équilibre est impossible : supposons que la
raison de P à R est moindre que celle de DF à AF, il est certain
par la proposition précedente que si la raison de P à R étoit égale
à celle de DF à AF, il y auroit équilibre ; mais puisque selon
l'hypothese, la raison de P à R est moindre que celle de DF à AF
pour égaler la premiere de ces raisons à la seconde, il faudroit augmenter la puissance P , d'où il suivroit que la puissance P étant
en équilibre avec le poids R , ce même équilibre pourroit subsister quoiqu'on augmentât la puissance P , ce qui est contraire
à la notion de l'équilibre suivant laquelle , si des puissances sont
retenues en repos par leur résistance mutuelle , l'équilibre cesse
aussi-tôt que l'on augmente ou que l'on diminue l'une d'elles sans
rien changer aux autres (supposé qu'elles tirent suivant les mêmes directions). On démontrera de la même maniere que le rapport de la puissance P au poids R ne peut être plus grand que celui de DF à AF. Par conséquent si la puissance P & le poids R
sont en équilibre sur le plan incliné SH , ils sont dans la raison
réciproque des perpendiculaires AF , DF menées du point d'attouchement F aux directions.

On peut démontrer la même proposition d'une maniere directe Fig. 48.
par les forces composées.

On suppose que les puissances P , R sont en équilibre sur le
plan incliné SH ; donc les directions concourent en un point C
auquel ces puissances étant immédiatement appliquées , tendent à
faire décrire la diagonale d'un parallelogramme formé sur les dire-
ctionsCM,CN,avec un effort exprimé par cette même diagonale,&
auquel le plan incliné résiste(Liv. 1. 190. 156.); donc cet effort est
dirigé suivant la perpendiculaire CF menée du point C au plan SH,
où elle doit rencontrer la base du corps , les puissances P , R & la
résistance du plan sont donc exprimées par les trois côtez d'un
parallelogramme formé sur les directions CM , CN , CF , c'est-à-
dire , comme les côtez CG , CI , CF , & la puissance P en particulier est au poids R comme CG est à CI , ou comme IF est à
GF. Cela posé , si on mene du point F les lignes AF , DF perpendiculaires aux directions CM , CN , on aura deux triangles
AGF , DIF qui sont semblables , les angles A & D sont droits ,
les angles G , I qui dans le parallelogramme GI sont opposez ,
sont égaux , puisqu'ils sont suppléments de l'angle GCI ; donc
ces triangles sont semblables ; donc IF . GF :: DF . AF: or on
vient de prouver que P . R :: IF . GF ; donc P . R :: DF . AF ;

c'eſt-à-dire , que ſi les puiſſances P , R ſont en équilibre ſur le plan incliné SH , elles ſont dans la raiſon réciproque des diſtances ou perpendiculaires menées du point d'attouchement aux directions CM , CN.

Fig. 49.   **221.COROLLAIRES.1°.** *Si la direction de la puiſſance P eſt parallele au plan incliné , & que cette puiſſance ſoit au poids R comme la hauteur OS du plan eſt à la longueur SH, il y aura équilibre.* On ſuppoſe comme dans la propoſition , que les directions ſont en un même plan , qu'elles concourent en un point C , & que la ligne CF qui eſt perpendiculaire au plan incliné LH , rencontre la baſe du corps , & qu'elle eſt dans le plan des directions. Du point F il faut mener FA , FD perpendiculaires aux directions CM , CN , & parce que la direction CM eſt parallele au plan SH , CF qui eſt perpendiculaire à ce plan , elle eſt auſſi perpendiculaire à CM ; parconſéquent FA qui eſt perpendiculaire à CM , ne differe point de FC. D'ailleurs les triangles OHS , DCF ſont ſemblables , car le triangle DCF eſt ſemblable au triangle FCL , ils ſont rectangles , & ils ont l'angle FCL commun : or le triangle FCL eſt ſemblable au triangle OHS ; ils ſont rectangles , & les angles alternes CLF , OSH ſont égaux ; donc l'angle FCL eſt égal à l'angle OHS ; d'où il ſuit que le triangle DCF eſt ſemblable au triangle OHS. Cela poſé , l'hypotheſe donne P . R :: OS . SH , & les triangles ſemblables OHS , DCF donnent auſſi la proportion FD . FC ou FA :: OS . SH ; donc P . R :: FD . FC ou FA ; c'eſt-à-dire , que la puiſſance P & le poids R ſont dans la raiſon réciproque des perpendiculaires FA , FD menées du point F aux directions. Donc il y a équilibre.

   222. 2°. La propoſition inverſe eſt auſſi vraie. *Si la puiſſance P & le poids R ſont en équilibre ſur le plan incliné SH , & que la direction CM ſoit parallele à ce plan , la puiſſance P ſera au poids R comme la hauteur du plan eſt à la longueur.* Car dans l'hypotheſe de l'équilibre il faut que les directions concourent en un point C , que la ligne CF qui eſt tirée du point de concours perpendiculairement ſur SH , & ſuivant laquelle la charge ou preſſion du plan eſt dirigée , rencontre la baſe du corps , & qu'elle ſoit dans le plan des directions. Cela poſé , dans le cas d'équilibre , la puiſſance P & le poids R ſont dans la raiſon réciproque des perpendiculaires FA ou FC & FD qui ſont les côtez du triangle rectangle DCF , lequel étant ſemblable au triangle OHS , on conclura que la puiſſance P eſt au poids R comme la hauteur OS eſt à la longueur SH du plan.

223.

223. 3°. *Si la puiffance* P *tire contre le poids* R *fuivant la di-* Fig. 50.
rection CM *parallele à la bafe du plan* SH *, il y aura équilibre, fi
cette puiffance eft au poids* R *comme la hauteur eft à la bafe du plan
incliné.*

On fuppofe encore que les directions font en un même plan ,
qu'elles concourent au point **C**, & que la perpendiculaire CF
menée du point de concours C fur le plan SH , rencontre la bafe
du corps , & qu'elle eft dans le plan des directions. Puifque CM
eft parallele à la bafe du plan SH , elle eft perpendiculaire à la
direction CN de la pefanteur ; car CN eft perpendiculaire à la bafe
du plan ; donc DF & CM qui font perpendiculaires à CN , font
paralleles : FA & DC ou CN font auffi perpendiculaires à CM ;
donc AFDC eft un parallelogramme ; donc FA=DC. Cela pofé , l'hypothefe donne P . R :: OS . OH ; & parce que les triangles OHS , DCF font femblables, l'on a encore OS . OH :: DF .
DC ou FA. Donc P . R :: DF . DC ou FA , c'eft-à-dire , que
la puiffance P & le poids R font dans la raifon réciproque des
perpendiculaires menées du point F où FC rencontre la bafe du
corps ; donc il y a équilibre.

224. 4°. *Si la puiffance* P *& le poids* R *font en équilibre fur le
plan incliné* SH *, & que la direction* CM *foit parallele à la bafe du
plan, la puiffance eft au poids comme la hauteur eft à la bafe.* Car
dans l'hypothefe de l'équilibre , il faut que les directions concour-
rent , & que la charge ou preffion fupportée par le plan SH foit
dirigée fuivant la perpendiculaire CF menée du point de concours
C fur le plan , & que la même CF rencontre la bafe du corps , &
foit auffi dans le plan des directions. Cela étant ainfi , on prouvera que la puiffance P & le poids R font dans la raifon réciproque des perpendiculaires FA ou DC , & FD qui font les
côtez du triangle DCF , lequel eft femblable au triangle OHS ,
d'où l'on conclura que la puiffance P eft au poids R comme la
hauteur OS eft à la bafe OH.

225. Ces quatre Corollaires qui ne font que des cas particuliers des deux propofitions générales qui précedent , pourroient
être démontrez immédiatement & de la même maniere que les
deux propofitions dont on les a déduits en leur appliquant de point
en point les mêmes raifonnemens.

226. 5°. *Lorfqu'une puiffance* P *tient en équilibre un poids* R *fur* Fig. 49.
*un plan incliné fuivant une direction parallele au même plan, l'effort
qu'elle fait eft le moindre qu'il eft poffible , c'eft-à-dire , que fi cette
puiffance agit fuivant toute autre direction differente de celle qui eft pa-*

rallele au plan incliné, il faudra qu'elle emploie plus de force pour y retenir le poids R. Car lorſque la direction CMP eſt parallele au plan SH, la perpendiculaire FA ne differe point de FC qui eſt perpendiculaire à ce plan : dans tous les autres cas poſſibles FC, qui eſt perpendiculaire au plan incliné, eſt oblique à la direction CMP ; elle eſt donc dans tous ces cas plus grande que la perpendiculaire FA : or dans toutes les ſituations poſſibles de la direction CMP, la perpendiculaire FD eſt la même, parce que la direction du poids R eſt invariable. Lors donc que la direction de la puiſſance P eſt parallele au plan SH, non-ſeulement la perpendiculaire FA eſt la plus grande qu'il ſoit poſſible ; mais le rapport de la même FA à FD eſt le plus grand qu'il eſt poſſible, ou le rapport de FD à FA le plus petit qu'il eſt poſſible : or dans l'équilibre le rappport de la puiſſance P au poids R eſt égal au rapport de la perpendiculaire FD à la perpendiculaire FA. Donc lorſque la direction de la puiſſance P qui tient le poids R en équilibre ſur le plan incliné, eſt parallele au même plan, le rapport de cette puiſſance au poids R eſt le plus petit qu'il eſt poſſible : c'eſt-à-dire, que l'effort que la puiſſance doit faire pour lors dans l'équilibre, eſt le moindre qu'il puiſſe être.

Fig. 49.   227. 6°. *Lorſque la direction de la puiſſance* P *eſt parallele au plan incliné* SH, *l'effort qu'elle fait contre le poids* R, *eſt moindre que la peſanteur de ce corps.* Car lorſque la direction CMP eſt parallele au plan incliné, dans l'équilibre, la puiſſance P eſt au poids R comme la hauteur du plan eſt à ſa longueur : or il eſt évident que ſi l'inclinaiſon du plan ou l'angle OHS eſt d'un degré fini & déterminé, la hauteur OS qui répréſente la puiſſance P, eſt moindre que la longueur SH qui repréſente la peſanteur du poids R ; donc la puiſſance P eſt moindre que la peſanteur du corps R.

Fig. 48.   228. 7°. Si la direction CMP ceſſe d'être parallele au plan incliné SH, la puiſſance P pourra être moindre, égale ou plus grande que la peſanteur du poids R, ſelon que la perpendiculaire FD ſera moindre, égale ou plus grande que la perpendiculaire FA.

Fig. 50.   229. 1°. Si la direction de la puiſſance eſt parallele à la baſe OH, & que l'angle H ſoit de 45 degrez, la hauteur OS ſera égale à la baſe OH, ou la perpendiculaire FD, égale à la perpendiculaire FA. Car ſi dans un triangle il y a des angles égaux, les cotez oppoſez à ces angles ſont égaux : *Donc la puiſſance* P *fera dans l'équilibre un effort égal à la peſanteur du poids* R. Si l'angle H eſt moindre que l'angle de 45 degrez, la hauteur OS ſera plus petite que la baſe OH. *Donc dans l'équilibre la puiſſance* P *fera moindre que la peſanteur du poids* R.

230. 2°. *Si la direction* CMP *cesse d'être parallele au plan* SH, *& qu'elle soit située au-dessous de la parallele au plan, la puissance* P *sera d'autant plus grande que l'angle* FCP *sera plus petit :* car plus cet angle sera petit, plus aussi la perpendiculaire FA sera petite; donc le rapport de FD à FA augmentera ; donc dans l'équilibre le rapport de la puissance P au poids R étant égal au rapport de FD à FA, l'effort de cette puissance sera aussi plus grand. Or il est visible que la perpendiculaire FA peut diminuer jusqu'à ce que la direction CM fasse avec FC un angle infiniment petit, c'est-à-dire, jusqu'à ce que la direction CMP soit sensiblement perpendiculaire au plan incliné SH. Et dans tous ces changemens de direction, il faudra pour maintenir l'équilibre, que l'effort de la puissance P augmente dans la même raison que FA diminue par rapport à FD, ou que FD augmente par rapport à FA : or il est évident que lorsque l'angle FCP sera infiniment petit, la perpendiculaire FA sera infiniment petite par rapport à FD, ou FD infiniment grande par rapport à FA ; donc la puissance P sera infiniment grande par rapport au poids R, c'est-à-dire, que l'effort nécessaire pour maintenir dans l'équilibre le poids R, devra être infiniment plus grand que la pesanteur de ce poids. Ce qui ne doit pas paroître surprenant, si on fait attention que dans le cas où la direction CMP est perpendiculaire au plan SH, presque toute la force de cette puissance est employée à presser le plan, en sorte que celle qui est transmise au poids R, & qui doit empêcher ce poids de descendre, est infiniment petite par rapport à celle qui presse le plan.

231. 3°. *Plus l'angle* FCP *deviendra grand, plus la perpendiculaire* FA *, augmentera, & le rapport de* FD *à* FA *ira en diminuant ; donc plus l'angle* FCP *sera grand, dans le cas de l'équilibre, la puissance* P *sera d'autant plus petite ;* mais la perpendiculaire FA ne peut augmenter que jusqu'à ce que l'angle FCP soit droit, c'est-à-dire, jusqu'à ce que la direction MCP soit parallele au plan incliné SH; auquel cas, comme on l'a déja remarqué, la perpendiculaire à la direction CMP, se confond avec CF perpendiculaire au plan SH au point F. La puissance P ne peut donc diminuer que jusqu'à ce que l'angle FCP soit droit. Si cet angle est plus grand que l'angle droit, la ligne FC sera oblique à la direction CMP, & par conséquent FA perpendiculaire à CMP sera moindre que FC : le rapport de FD à FA sera donc plus grand, la puissance P fera donc dans l'équilibre un effort plus grand que lorsque l'angle FCP est droit, & il faudra que cet effort augmente

d'autant plus que l'angle FCP surpaſſera l'angle droit : or cet angle peut augmenter juſqu'au point qu'étant ajouté à l'angle FCN,
leur ſomme ſoit égale à deux angles droits, & dans tous ces changemens d'angles, la direction CMP ſera de plus en plus oblique à FC ; donc la perpendiculaire FA diminuera d'autant plus,
ou la perpendiculaire FD augmentera relativement à la perpendiculaire FA ; donc la puiſſance P ſera dans l'équilibre des
efforts qui iront en augmentant : or lorſque l'angle FCP compo-
ſera avec l'angle FCN deux angles dont la ſomme ſera égale à
deux angles droits, la direction de la puiſſance & celle du poids
feront ſur une même ligne droite ; donc la perpendiculaire FA ſera pour lors égale à la perpendiculaire FD ; donc la puiſſance P
fera alors un effort égal à la peſanteur du poids R. Ce qui doit
être ainſi ; car comme dans l'hypotheſe préſente la direction de
la puiſſance eſt diamétralement oppoſée à celle du poids, elle doit
en ſoutenir tout l'effort, & le plan SH en être entierement déchargé.

232. 8°. Il ſuit du Corollaire précédent & des differens cas
qu'il contient, que le paralleliſme de la direction CMP à l'égard
du plan SH eſt un terme au-deſſus & au-deſſous duquel l'effort de
la puiſſance P étant dirigé, doit croître à meſure que cette direction s'éloigne de ce terme. Lorſqu'elle s'en éloigne en deſſous, il
peut augmenter juſqu'à devenir infiniment plus grand que la peſanteur du poids R ; mais ſi la puiſſance tire au-deſſus, l'effort qu'elle
fait ne peut croître que juſqu'à être égal à la même peſanteur.

233. 9°. Si l'on conſidere la ligne CF perpendiculaire au plan
SH comme le ſinus total ou le rayon d'un cercle dont le centre ſeroit au point de concours C des directions CMP, CN, les perpendiculaires FA, FD ſont les ſinus des angles FCP, FCN ;
c'eſt pourquoi toutes les conſéquences que l'on a fondées ſur le
rapport des perpendiculaires FA, FD peuvent être auſſi établies
ſur le rapport des ſinus des angles FCP, FCN.

234. Ainſi 1°. dans l'équilibre la puiſſance P & le poids R
font dans la raiſon réciproque des ſinus des angles FCP, FCN.

235. 2°. Lorſque l'angle FCP eſt infiniment petit, le ſinus
de cet angle eſt infiniment petit par rapport au ſinus de l'angle
FCN qui eſt toujours le même, la puiſſance P qui eſt répréſentée par le ſinus de l'angle FCN eſt donc infiniment grande par
rapport à la peſanteur du poids R qui eſt répréſenté par le ſinus
de l'angle FCP.

236. 3°. Si l'angle FCP augmente juſqu'à compoſer avec l'angle FCN deux angles, qui pris enſemble ſoient égaux à deux

droits , pour lors les directions CP , CN feront couchées fur une
même ligne droite , & les deux angles FCP , FCN feront fupplément l'un de l'autre , ils auront donc le même finus : or puifque
dans l'équilibre la puiffance P & le poids R font dans la raifon réciproque des finus des angles FCP , FCN , il eft évident que dans
l'hypothefe préfente , la puiffance P eft égale au poids R , car le
finus de l'angle FCP eft le même que le finus de l'angle FCN.

237. *Si deux puiffances égales* Q *,* P *foutiennent deux poids* G *,*R Fig. 51.
fur deux plans inégalement inclinez SM *,* SH *qui ont même hauteur*
O S *, fuivant des directions paralleles aux plans* SM *,* SH *, je dis*
que les poids R *,*G *font entr'eux comme les longueurs* SH *,* SM. Les
directions des puiffances Q , P étant paralleles aux plans inclinez
SM , SH , chacune d'elles dans l'équilibre eft au poids qu'elle
foutient comme la hauteur du plan eft à   Q . G :: OS . SM
la longueur; on aura donc les deux propor-   R . P :: SH . OS.
tions. Si après avoir multiplié par ordre les termes de ces proportions on divife les deux premiers produits par Q & P qui
par l'hypothefe font deux grandeurs égales , & les deux derniers
par la même grandeur OS , on aura la nouvelle proportion R . G
:: SH . SM , c'eft-à-dire , que les poids R , G font dans la raifon
des longueurs des plans inclinez.

238. *Si les poids* R *,* G *font attachez à un cordon* ACB *qui*
paffe par deffus le point fixe C *, & dont les branches* AC *,* CB
foient paralleles aux plans SH *,* SM *, dans le cas d'équilibre ces*
poids font entr'eux comme les longueurs des plans fur lefquels ils font.
Car comme le cordon ACB eft fuppofé parfaitement fouple &
fans frotement , de maniere qu'il peut gliffer fans aucun empêchement par deffus le point fixe C , il eft évident qu'il eft également
tendu dans toute fa longueur , de même que fi les puiffances égales P, Q le tiroient chacune fuivant fa direction ; donc dans l'é-
quilibre les poids R , G fe réfiftent l'un à l'autre , de même que
s'ils étoient retenus fur les plans par des puiffances égales : or dans
cette hypothefe les poids R , G feroient entr'eux comme les longueurs SH , SM ; donc fi ces poids ainfi pofez fur les plans SH ,
SM , tirent l'un contre l'autre fuivant des directions paralleles aux
plans dans l'équilibre , ils font auffi entr'eux comme les mêmes
longueurs SH , SM.

239. *Si deux puiffances égales* P *,* Q *tiennent en équilibre les* Fig. 52.
poids R *,* G *fur les plans inclinez* SH *,* SM *qui ont la même hauteur*
OS *, fuivant des directions* AP *,* BQ *paralleles aux bafes* OH *,*OM.
Je dis que les poids R , G font dans la raifon des bafes. Cette

propofition fe démontre de la même maniere que la précedente
en faifant deux proportions , fuivant lefquelles la puiffance P ou
Q eft au poids quelle foutient fur le plan incliné, comme la hauteur eft à la bafe. D'où l'on conclura que les poids R,G font dans
la raifon des bafes OH , OM.

240. On déduira encore que fi deux poids R , G font en équilibre fur les plans inclinez SH , SM au moyen d'un cordon AB
auquel ils font attachez, & que le cordon foit parallele aux bafes
OH , OM , les poids font entr'eux comme ces mêmes bafes.

DE LA CHARGE DU PLAN INCLINÉ.

241. Lorfqu'un poids eft pofé fur un plan incliné, il le charge
& y caufe une preffion à laquelle le plan réfifte ; fi le poids y eft
retenu en équilibre par une puiffance , elle peut par la maniere
dont elle agit fur ce poids , contribuer à augmenter ou à diminuer
la charge ; fi elle tire au-deffous d'une ligne parallele au plan , il
eft certain qu'elle le preffe ; fi elle tire en-deffus , elle le foulage ;
& fi fa direction eft parallele au plan incliné , elle ne fait qu'arrêter l'effort que le poids fait par la pente qu'il a à defcendre le long
du plan. Il paroît donc que la charge ou preffion fupportée par
le plan incliné , n'eft pas l'effet du feul poids qui y eft pofé , mais
que la puiffance peut concourir à rendre cette charge plus ou moins
pefante ; ainfi la charge du plan incliné ne confifte pas feulement
dans la partie du poids qui eft portée par le plan. On va voir de
quelle maniere on peut déterminer cette charge.

242. Il eft certain que la charge du plan incliné , eft perpendiculaire à ce plan ; car quoiqu'il puiffe fe faire que la direction de
la puiffance qui preffe foit oblique au plan , l'effort de la preffion
eft fuivant la perpendiculaire au plan : car fi cet effort étoit oblique au plan , il ne feroit pas tout employé à le preffer , puifqu'un
corps qui eft pouffé contre un plan fuivant une direction oblique ,
gliffe , & qu'il n'eft entierement foutenu que lorfqu'il eft pouffé
fuivant la perpendiculaire au plan , pour lors il ne peut avancer ,
parce que le plan lui réfifte totalement.

PROPOSITION DIX-SEPTIE'ME.

243. *Si la puiffance* P *tient le poids* R *en équilibre fur le plan in-
cliné SH *fuivant quelque direction* CP *qu'on voudra fuppofer, la char-*
ge du plan eft à l'une des puiffances P *ou* R *, par exemple , à la puif-*
fance P *comme le finus de l'angle* NCM *formé par les directions*
CN , CM *, eft au finus de l'angle* FCN *fait par la perpendiculaire*

CF *menée du point de concours C sur le plan SH, & la direction*
CN ; *c'est-à-dire , que cette charge est à l'une des puissances comme*
le sinus de l'angle de leurs directions est au sinus de l'angle formé par
la perpendiculaire CF est à la direction de la puissance qui n'entre
point dans la proportion.

DEMONSTRATION. 1°. Dans le cas d'équilibre les directions
CM , CN concourent en un point C. 2°. La direction de la puissance résistante dont le plan SH fait l'office , passe par le point
de concours C , & par le point d'attouchement F , (car quelle que
soit la base du corps grande ou petite, on peut concevoir & supposer
qu'elle est réduite au seul point d'attouchement F par où la perpendiculaire CF rencontre le plan SH ,) ainsi dans le cas d'équilibre la
charge ou la résistance qui est l'effort contraire , est dirigée suivant
CF ou FC , comme il a été prouvé (215.217.219.). Cela posé,
l'équilibre entre la puissance P & le poids R , posé sur le plan SH , se
fait de la même maniere que si la masse du poids R étoit détruite ,
& qu'il ne restât que la ligne inflexible CF , ou le levier angulaire
AFD , & qu'à l'extrêmité C par où la direction de la pesanteur passe,
il y eût une puissance dirigée suivant CN , & dont l'effort fût égal à
l'action de la pesanteur du poids R , ou bien qu'il y eût au point D
où la direction CN rencontre le bras FD , un poids suspendu égal
au poids R , on auroit pour lors le levier droit CF ou le levier angulaire AFD posé sur l'appui F , & sur lequel les puissances P , R
seroient en équilibre ; mais l'on a démontré (157.) que la charge
ou résistance de l'appui dans le levier est à l'une des puissances
comme le sinus de l'angle formé par leurs directions est au sinus
de l'angle fait par la direction de la résistance , & celle de la
puissance qui n'entre pas dans la proportion ; donc dans l'équilibre sur le plan incliné , on aura un rapport tout semblable , puisque la charge ou la résistance du plan est suivant la perpendiculaire FC.

SECONDE DEMONSTRATION de la charge du plan incliné
déduite de la composition des forces.

244. Lorsque la puissance P tient en équilibre le poids R sur le
plan incliné SH , leur action conjointe produit un effort moyen ,
qui fait la charge du plan incliné , cet effort est nécessairement
dirigé suivant la diagonale d'un parallelogramme CGFI formé
sur les directions ; d'ailleurs parce qu'on suppose qu'il y a équilibre entre la puissance P & le poids R , il est nécessaire que le plan
SH résiste à cet effort ; lequel est par conséquent dirigé suivant la
perpendiculaire CF ; c'est pourquoi si on fait le parallelogramme

Fig. 48.
49. 50.

CGFI qui ait pour diagonale CF , dans l'équilibre la puiſſance P
& le poids R feront exprimez par les côtez CG , CI, & la charge
ou réſiſtance du plan par la diagonale CF ; & parce que CI eſt
égal à GF , ces trois efforts feront répréfentez par les trois côtez
CG , GF, CF du triangle CGF : or ces trois côtez ſont entr'eux
comme les ſinus des angles oppofez ; l'angle oppofé au côté CF ,
a le même ſinus que fon fupplément GCI , l'angle CFG oppofé
au côté CG , a le même ſinus que fon alterne FCI , le côté CF
eſt donc au côté CG comme le ſinus de l'angle GCI eſt au ſinus de
l'angle FCI ; donc la charge du plan répréfentée par CF eſt à
la puiſſance P répréfentée par le côté CG comme le ſinus de l'angle GCI eſt au ſinus de l'angle FCI ; c'eſt-à-dire , comme le ſinus
de l'angle des directions , eſt au ſinus de l'angle fait par la perpendiculaire CF , & la direction du poids R qui n'entre pas dans
la proportion.

    COROLLAIRES. Il fuit des deux démonſtrations que l'on vient
de donner de la charge du plan incliné.

Fig. 49.   245. 1°. *Que ſi la direction de la puiſſance* P *eſt parallele au
plan* SH , *la charge qu'il fupporte eſt à la puiſſance* P *comme la bafe*
OH *eſt à la hauteur* OS. *Mais cette même charge eſt au poids* R
comme la même bafe OH *eſt à la longueur* SH. Car cette charge
eſt à la puiſſance P comme le ſinus de l'angle GCI ou de l'angle
CGF qui eſt fon fupplément , au ſinus de l'angle FCI , ou de fon
égal GFC. Et la même charge ou réſiſtance du plan eſt au poids
R comme le ſinus de l'angle GCI , ou de fon fupplément CGF eſt
eſt au ſinus de l'angle GCF , c'eſt-à-dire , que la charge ou réſiſtance du plan eſt à la puiſſance P & au poids R comme le ſinus
de l'angle CGF eſt aux ſinus des angles GFC , GCF : or dans
le triangle CGF , le côté CF eſt aux côtez CG , GF comme le
ſinus de l'angle CGF eſt aux ſinus des angles GFC , GCF ; donc
la charge ou réſiſtance du plan SH eſt à la puiſſance P & au poids
R comme le côté CF eſt aux côtez CG , GF du triangle CGF ;
mais le triangle CGF eſt femblable au triangle OSH , l'angle
GCF & l'angle O font droits , l'angle G eſt égal à l'angle S , car
ils font égaux l'un & l'autre à l'angle GFS qui eſt alterne à l'un &
à l'autre , parce que GF eſt parallele à la direction CN & à la
hauteur OS ; donc la charge du plan incliné SH eſt à la puiſſance
P & au poids R comme la bafe OH eſt à la hauteur OS & à la longueur SH.

Fig. 50.   246. 2°. *Lorfque la direction de la puiſſance* P *eſt parallele à la
bafe , la charge du plan* SH *eſt à la puiſſance* P *comme la longueur*

du

du plan SH eſt à la hauteur OS ; mais cette charge eſt au poids R comme la longueur SH eſt à la baſe OH. Car lorſque la direction CP eſt parallele à la baſe, le triangle CGF dont les côtez CF, CG, GF répréſentent la charge du plan, la puiſſance P & le poids R, eſt ſemblable au triangle OSH, les angles G, O ſont droits, & l'angle GCF égal à l'angle S, puiſqu'ils ſont égaux l'un & l'autre à l'angle GFS; l'angle S eſt alterne à GFS, & l'angle GCF joint à l'angle GFC vaut un angle droit ; pareillement l'angle GFS joint au même angle GFC vaut auſſi un angle droit ; donc ſi on retranche de part & d'autre GFC, les reſtes qui ſont les angles GCF, GFS ſont égaux ; les triangles GCF, OSH ſont donc ſemblables : d'où l'on conclura que la charge du plan, la puiſſance P & le poids R qui ſont répréſentez par les côtez CF, CG, GF, ſont auſſi répréſentez par la longueur SH, la hauteur OS, & la baſe OH du plan ; qu'ainſi la charge du plan incliné eſt à la puiſſance P & au poids R comme la longueur SH eſt à la hauteur OS & à la baſe OH.

Ce ſecond corollaire ſervira à déterminer la force du coin, ou le rapport de la puiſſance qui le pouſſe à la réſiſtance qu'elle a à ſurmonter.

247. *Si le poids R eſt ſoutenu par deux plans inclinez SH, IH,* Fig. 53. *il y produit des preſſions qui ſont entr'elles réciproquement comme les ſinus des angles FCN, ACN formez par la direction CN du poids, & les perpendiculaires CF, CA menées aux points d'attouchement F, A.*

Demonstration. Il eſt certain que le poids R ne preſſe les plans SH, IH que ſuivant les perpendiculaires CF, CA, & ces plans réſiſtent auſſi ſuivant les mêmes perpendiculaires, & rien n'empêche que l'on ne conçoive que ces réſiſtances ſont produites par deux puiſſances dont les actions ſoient directement oppoſées aux preſſions cauſées ſuivant les perpendiculaires CF, CA : ainſi la réſiſtance du plan HI eſt égale ou équivalente à une puiſſance P qui réſiſte à la preſſion que le poids R produit ſur le plan, & qui en réagiſſant ſuivant ACP, empêche que le plan HI ne ſoit preſſé : la réſiſtance du plan SH eſt auſſi équivalente à l'action de la puiſſance G qui réagit ſuivant FCG, & empêche que le plan SH ne ſoit preſſé. Cela poſé, ſuppoſons que l'on ôte pour un moment le plan HI, & que la puiſſance P prenne la place pour réſiſter à la preſſion ou charge que le poids R produit ſuivant CA, pour lors le poids R ſera tenu en équilibre ſur le plan SH par la puiſſance P, & la charge de ce plan ou la preſſion cauſée par le

poids R , & la résistance de la puissance P sera au poids R comme
le sinus de l'angle PCN ou de son supplément ACN , est au sinus
de l'angle FCP ou de l'angle ACF qui est son supplément (243).
On prouvera aussi par un raisonnement semblable que la charge ou
pression supportée par le plan HI est au poids R comme le sinus
de l'angle GCN ou FCN est au sinus de l'angle ACG , ou de son
supplément ACF. Si on nomme O la charge ou pression du plan
SH ; o celle du plan HI , f le sinus de l'angle
ACF, S le sinus de l'angle FCN , s le sinus de
l'angle ACN , on aura les deux proportions.

$$O . R :: s . f$$
$$R . o :: f . S$$
$$\overline{O . o :: s . S}$$

Si on multiplie par ordre , & qu'on divise en-
suite les deux premiers produits par R , & les deux derniers par f,
on aura la nouvelle proportion $O . o :: s . S$, c'est-à-dire , que la
charge ou pression du plan SH , est à celle du plan HI , comme le
sinus de l'angle ACN est au sinus de l'angle FCN , c'est-à-dire ,
que ces deux charges sont entr'elles réciproquement comme les sinus des angles formez par la direction CN , & les perpendiculaires CF , CA.

248. REMARQUE. Tout ce qui vient d'être dit de la charge du
plan incliné, fait assez comprendre qu'elle n'est pas toujours la
même , & qu'elle varie suivant que la direction de la puissance
change ; ainsi lorsque cette direction est parallele au plan SH ,
cette charge est au poids R comme la base OH est à la longueur
SH ; si la direction de la puissance P est parallele à la base OH ,
la charge du plan est au poids R comme la longueur SH est à la
base OH. Dans le premier cas la charge est moindre que le poids
R , dans le second elle est plus grande , il en sera de même dans les
autres changemens de direction de la puissance P ; cette charge augmentera ou diminuera dans la raison du sinus de l'angle GCI au sinus de l'angle GCF. D'où l'on voit que par la charge ou pression
causée sur le plan , il ne faut pas entendre la pesanteur du poids
R , ou une partie de cette pesanteur. La raison en est que la pression que le plan supporte n'est pas le seul effet de la pesanteur du
poids R ; mais elle résulte aussi de l'action de la puissance qui tient
le poids en équilibre. De-là vient que le poids R étant le même ,
cette charge est variable selon que l'action de la puissance est dirigée ; si l'angle GCF devient infiniment petit , l'angle des directions GCI sera infiniment grand par rapport à l'angle GCF ; le
sinus de l'angle GCI sera donc infiniment grand par rapport au
sinus de l'angle GCF ; donc la charge du plan sera infiniment
grande par rapport au poids R. Si l'angle GCF augmente jusqu'au

Fig. 49.

Fig. 50.

point de faire avec l'angle FCI deux angles égaux à deux droits,
l'angle des directions GCI fera infiniment grand ou égal à deux
droits ; fon fupplément fera donc infiniment petit, de même que
fon finus : or l'angle GCI a le même finus que fon fupplément.
Donc le finus de l'angle GCI fera infiniment petit par rapport au
finus de l'angle GCF, ou de fon fupplément FCI ; par conféquent
la charge du plan incliné SH fera infiniment petite par rapport
au poids R.

249. Par la charge du plan, il ne faut donc pas entendre précifément ou le poids R ou une partie de ce poids, mais l'effort ou
preffion que le poids R & la puiffance P produifent conjointement fur ce plan. Ainfi la charge du plan & la partie du poids R
qui eft portée par ce plan, font deux chofes differentes. Si on fe
propofe de déterminer quelle eft la partie du poids R portée par
le plan incliné SH, felon les changemens de direction de la puiffance P, on le peut par les principes qu'on a pofez, & avec le fecours de la principale proprieté des forces compofées.

250. On prend pour principe qu'une puiffance Q qui foutient Fig. 54.
un poids fur un plan incliné fuivant une direction parallele à la bafe, 55.
ne fait aucun effort, foit pour élever, foit pour faire defcendre le poids,
mais que toute fa force eft employée ou à empêcher qu'il ne roule ou
ne gliffe, ou à preffer le plan : qu'ainfi en tant que le poids fait effort
pour defcendre fuivant fa direction naturelle, il eft totalement
foutenu par le plan, & que la puiffance Q n'en foutient aucune
partie ; mais fi une puiffance P fait équilibre avec un poids pofé
fur un plan incliné, & qu'elle tire au-deffus ou au-deffous de l'ho-
rizontale CQ, pour lors elle tend par une partie de fon effort ou à
élever le poids, ou à le faire defcendre, puifque fa direction eft in-
clinée dans un fens contraire ou favorable à celle du poids.

PROPOSITION DIX-HUITIE'ME.

251. *Si la puiffance P foutient le poids R fur le plan incliné* SH, Fig. 54.
(on fuppofe que cette puiffance, le poids R *& la charge ou réfiftance du* 55.
plan, font exprimez par les côtez CG, CI, CF *du parallelogramme*
CIFG formé fur les directions CP, CN, *& fur la perpendiculaire* CF,)
(ce qui eft évident par ce qui précede 244). *Je dis que fi la direction*
CP *eft fituée au-deffus ou au-deffous de l'horizontale* CQ, *l'effort que*
la puiffance P *fait fur le poids* R *pour l'élever ou pour le faire defcen-*
dre fuivant CN, *eft exprimé par la partie* DI *comprife entre le côté*
FI *& la perpendiculaire* FD *menée du point d'attouchement* F *fur*
la direction. CN.

Dddij

DEMONSTRATION. Si on confidere le côté CG qui exprime la puiſſance P comme la diagonale d'un parallelogramme dont les côtez ſoient CA & AG ; que ſur l'horizontale CQ & CN parallele à FA , on place deux puiſſances Q , X qui ſoient exprimées par les côtez CA , GA , elles feront autant pour l'équilibre que la puiſſance P : or la puiſſance Q dont la direction eſt perpendiculaire à celle du poids , ne tend ni à l'élever, ni à le faire deſcendre, mais tout l'effort de la puiſſance X étant dirigé en ſens contraire ou dans le ſens de la peſanteur , tend à élever ou à abbaiſſer le poids R. L'effort que la puiſſance P exerce contre ou ſuivant la direction du poids R , eſt donc exprimé par AG ou ſon égale DI, ce qui eſt évident par l'égalité des triangles ACG , DFI.

Fig. 54.   252. COROLLAIRES. 1º. Lorſque la puiſſance P a ſa direction au-deſſus de l'horizontale CQ , l'effort exprimé par AG ou DI diminue celui de la peſanteur, c'eſt pourquoi le poids R étant exprimé par CI, le plan SH ne porte que la partie répréſentée par CD , qui eſt la difference de CI à DI ; mais ſi la puiſſance P tire ſuivant une direction au-deſſous de l'horizontale CQ , l'effort DI eſt ajouté à la peſanteur CI : ainſi le plan SH porte non-ſeulement tout le poids R , mais encore l'effort DI qui tend à le faire deſcendre.

Fig. 55.   253. 2º. Lorſque la puiſſance P eſt dirigée au-deſſous de l'horizontale CQ , le poids qu'elle ſoutient ſur le plan incliné SH , eſt moindre que celui que la puiſſance Q y ſoutiendroit, quoique celle-ci ſoit moindre que la puiſſance P ; car la puiſſance Q ſoutiendroit un poids exprimé par CD , & la puiſſance P ne ſoutient qu'un poids répréſenté par CI, ce qui doit être ainſi , & il n'eſt pas difficile d'en appercevoir la raiſon ; ſi la puiſſance P n'éxerçoit que l'effort ſuivant CQ , elle ſoutiendroit un poids répréſenté par CD ; mais puiſqu'elle fait encore ſuivant la direction du poids R un effort DI, par lequel elle tend à le faire deſcendre, il s'enſuit que l'effort ſuivant CQ ne peut plus ſoutenir qu'un poids répréſenté par CI difference de CD à DI ; la puiſſance P qui ne fait ni plus ni moins que ce que produiſent conjointement les puiſſances Q , X , ne peut donc ſoutenir que le poids CI, quoiqu'elle ſoit plus grande que la puiſſance Q.

Fig. 54.   254. 3º. Lorſque la direction de la puiſſance P eſt parallele au plan incliné , ſi de l'angle droit O on mene OE perpendiculaire à la longueur SH, elle diviſera cette longueur en deux parties SE, EH qui répréſentent les parties du poids R, SE celle que la puiſſance P ſoutient par ſon effort ſuivant CX , & EH celle qui eſt portée par le

plan incliné ; car les parties du poids R soutenues par l'effort que la
puissance P exerce suivant CX , & la partie portée par le plan SH ,
font dans la raison de DI à DC , c'est-à-dire , comme les parties de
l'hypothenuse CI du triangle rectangle FCI coupée par la perpendiculaire FD abbaissée de l'angle droit F ; mais le triangle OHS
est semblable au triangle FCI ; donc la perpendiculaire OE divise la
longueur SH en parties proportionnelles aux parties DI, DC ; donc
les parties du poids R soutenues par la puissance P, & le plan SH qui
font entr'elles comme DI , DC , font aussi entr'elles comme SE,
EH comprises entre le sommet , la base du plan & la perpendiculaire OE menée de l'angle droit O.

DE LA VIS.

255. *La vis* est un cylindre sur la surface duquel on a entaillé
un cordon solide qui l'entoure en forme de ligne spirale qui s'é-
tend depuis l'extrémité inférieure jusqu'à l'extrémité supérieure,
(en concevant que le cylindre est posé sur sa base).Ce cordon spiral
fait ainsi plusieurs tours sur la surface cylindrique , de maniere que
ses parties font toutes également inclinées sur la hauteur ou longueur du cylindre ; de là vient que tous les tours formez par l'en-
tortillement du cordon , font également distans ; cette distance ou
intervalle se mesure , non suivant la perpendiculaire d'un de ces
tours au tour voisin , mais suivant la hauteur ou longueur du cylindre. Chaque tour du cordon spiral est appellé *spire* ou *helice*.
Il y a des Auteurs qui l'appellent pas de la vis ; & ils appellent hauteur du pas de la vis , la distance d'une sphere à la suivante : il y
en a au contraire qui prennent pour pas de la vis la distance
ou intervalle qui est entre deux spires ; si l'on imagine sur la surface du cylindre une ligne AB parallele à l'axe GH , & qu'une Fig. 56.
partie du cordon spiral telle que BEA entoure le cylindre en s'é-
levant comme par degrez depuis le point B de la ligne AB , jusqu'au point A de la même ligne , on aura une spire ou helice , &
la ligne AB sera l'intervalle ou distance qui est entre deux spires ;
la spire BEA commence au point B , & elle finit au point A
qui est le commencement de la suivante.

256. Si le cordon spiral est sur la surface convexe ou extérieure
d'un cylindre , la vis est appellée *vis intérieure* ou simplement *vis* ;
si ce cordon est sur la surface concave ou intérieure d'un cylindre
creux, la vis est appellée *vis extérieure* ou écrou.

257. Il est aisé d'appercevoir que si le diametre de l'écrou est
égal au diametre de la vis , & que les intervalles des spires de l'é-

crou foient égaux à ceux des fpires de la vis, pour lors la vis pourra
entrer dans l'écrou , & les fpires d'un cylindre s'ajufter ou s'appliquer exactement fur celle de l'autre , comme feroient deux anneaux
de même grandeur en fe touchant par tous les points de leurs
circonférences ; & fi l'on fait effort pour faire tourner l'un des cylindres , les fpires de la vis qui fera mue glifferont en tournant
fur les fpires du cylindre qui eft fixe & ftable , & monteront
comme fur des plans inclinez.

Fig. 57.   258. Si on dévelope une partie du cylindre total , & que la
hauteur AB foit égale à l'intervalle qui eft entre deux fpires , on
aura un parallelogramme ABBA dont les côtez oppofez AB, AB
font égaux à la diftance qui eft entre deux fpires , & les côtez
AA, BB égaux aux circonférences des deux bafes fupérieure &
& inférieure du cylindre , la partie BEA qui eft un des tours du
cordon fpiral ou une des fpires qui le compofent , fera la diagonale du parallelogramme A B B A ; car lorfque la fpire BEA eft
développée , elle forme une ligne droite , puifque felon l'hypothefe cette ligne fait avec AB & les lignes qui lui font paralleles , des angles égaux. D'où l'on voit , comme on a déja remarqué , que lorfque les fpires de la vis mobile font mues fur celles
de la vis immobile , elles y gliffent comme feroit un corps qui feroit pofé fur un plan incliné , lequel s'allonge en tournant , & qui
enveloppe la furface , foit concave , foit convexe d'un cylindre ;
BEA eft la longueur , AB la hauteur , & BB la bafe du plan
incliné.

258. Si on divife par la penfée la vis entiere en cylindres partiels dont les hauteurs foient égales à l'intervalle qui eft entre deux
fpires , la furface de chaque petit cylindre fera un parallelogramme qui aura pour diagonale la fpire développée ; cette fpire fera
auffi un plan incliné dont la hauteur fera égale à la hauteur du
petit cylindre , & la bafe à la circonférence de la bafe du même
cylindre , & toutes ces diagonales mifes en ligne droite à la fuite
les unes des autres , compoferont le cordon fpiral qui étant roulé
de nouveau fur la furface cylindrique , y formera un plan incliné
tournant qui regnera depuis le bas jufqu'au haut du cylindre. Il
paroît donc que la vis eft un plan incliné qui eft contourné en
fpirale , & que la vis jointe à l'écrou font auffi deux plans inclinez appliquez l'un fur l'autre.

260. Lorfqu'une puiffance s'applique à la vis pour preffer , fer-
rer , en un mot furmonter quelque obftacle , il faut que l'écrou ou
la vis intérieure foit immobile. On fuppofera dans la fuite que c'eft
l'écrou qui eft fixe. Cela pofé ,

261. On peut diftinguer dans le jeu de la vis deux mouvemens, l'un par lequel les fpires de la vis intérieure font mues fur celles de l'écrou en tournant fpiralement & dans le fens qu'elles entourent le cylindre, par l'autre mouvement la vis mobile avance fuivant fa longueur, ce dernier mouvement réfulte du précedent; ce qui n'eft pas difficile à concevoir, fi on imagine qu'un corps qui eft mû fur un plan incliné, s'éleve à la hauteur du plan en fuivant un chemin oblique & détourné.

Il eft évident que la vis ne preffe les obftacles que par fon mouvement progreffif ou par la tendance qu'elle a à ce mouvement, fi elle n'avoit qu'un mouvement circulaire, femblable à celui du deffus d'une tabatiere ou boëte, elle n'auroit aucune force pour preffer ou fouler; elle n'a donc d'effet qu'autant que le mouvement fpiral fe convertit en un mouvement progreffif, par lequel elle avance fuivant la longueur de l'axe.

262. Si la vis en tournant ainfi rencontre un obftacle que la Fig. 56. force ou puiffance qui lui eft appliquée foit fur le point de furmonter pour peu qu'elle augmente fon effort, mais qu'elle ne le furmonte pas néanmoins, il y a équilibre entre l'obftacle & la force; & parce que la vis ne preffe l'obftacle que fuivant la longueur de l'axe du cylindre, il eft certain que l'obftacle ne réfifte auffi que dans ce fens, par conféquent la direction de cette réfiftance eft parallele à l'axe & oblique aux fpires de la vis.

263. Lorfque la vis preffe un obftacle, elle en eft auffi preffée, & tout l'effort qu'elle fait pour le vaincre, retombe fur fes fpires, qui font follicitées de reculer; mais la puiffance s'oppofe à ce mouvement par un effort contraire, de là naît une preffion des fpires de la vis fur celles de l'écrou.

264. On vient de voir 1°. que chaque fpire de la vis, eft un vrai plan incliné qui a pour hauteur l'intervalle de deux fpires, & pour bafe la circonférence de la bafe du cylindre. 2°. Que la réfiftance de l'obftacle que la vis tend à furmonter, eft dirigée fuivant la longueur de l'axe, c'eft-à-dire, parallelement à la hauteur du plan incliné ou perpendiculairement à la bafe. Or 3°. toute réfiftance eft comparable à un poids qui prefferoit dans le fens de la réfiftance; lors donc qu'un obftacle réfifte au mouvement progreffif de la vis, la preffion contraire que la vis reçoit dans fes fpires, a le même effet que fi elles foutenoient un poids dont la pefanteur feroit dirigée dans le même fens; d'où l'on voit que jufqu'ici il n'y a point de différence entre la vis & le plan incliné, & que l'équilibre doit fe faire de la même maniere fur l'une & l'autre ma-

chine, en fuppofant que la puiffance eft immédiatement appliquée
au poids que l'on fuppofe preffer les fpires de la vis, car une
puiffance qui tient en équilibre un poids fur un plan incliné l'empêche de defcendre le long du plan ; de même lorfque la vis preffe
un obftacle, fes fpires reçoivent une preffion qui tend auffi à les
faire defcendre le long des fpires de l'écrou comme feroit la pefanteur à l'égard du poids pofé fur le plan incliné ; mais la puiffance que l'on fuppofe appliquée aux fpires de la vis, s'oppofe à
cette defcente par un effort contraire. Si la puiffance étoit donc
immédiatement appliquée aux fpires de la vis, l'analogie par laquelle on détermine le rapport de la puiffance au poids ou à la réfiftance, feroit précifément la même dans la vis & le plan incliné ;
mais la puiffance qui empêche le recul de la vis lorfqu'elle preffe
l'obftacle, s'attache à un levier OM dont l'appui eft au point O de
l'axe GH du cylindre, quoique le levier ne foit pas prolongé jufqu'au point O de l'axe, cela ne change rien à l'effet ; car fi ce
levier s'étendoit jufqu'au point O, ce point feroit le centre du
mouvement ou le point fixe autour duquel le levier feroit mû ; or
quoique ce levier ne traverfe pas le cylindre pour aller rencontrer
le point O, cela n'empêche pas que ce point ne foit le centre du
mouvement, parce que la vis eft néceffairement déterminée à tourner
autour de l'axe GH. La vis eft donc une machine compofée d'un
plan incliné & d'un l'evier. On peut fuppofer pour la démonftration
que le levier OM eft implanté dans tel endroit que l'on voudra de
la furface du cylindre de la vis, parce que ce cylindre étant inflexible, l'effort de la puiffance fe tranfmettra avec la même facilité jufqu'à l'obftacle qui par fa réfiftance preffera de même les
fpires de la vis. On fuppofera que le levier s'ajufte avec le cylindre de la vis à l'endroit même où les fpires font preffées, & que
cette preffion qui eft diftribuée fur toutes celles qui rencontrent l'é-
crou, eft comme réunie au point S de la fpire BEA où le levier
rencontre la furface du cylindre.

   On fuppofera encore comme on fait ordinairement, que la
puiffance P qui fait équilibre avec la réfiftance de l'obftacle, tire
ou pouffe fuivant une direction perpendiculaire au levier, & parallele à la bafe du cylindre de la vis. Ces notions fuppofées, on peut
démontrer l'analogie fuivante.

PROPOSITION DIX-NEUVIE'ME.

Fig. 56.   265. *Si la puiffance P tire ou pouffe le levier OM (qui fait un même
corps avec le cylindre de la vis) fuivant une direction MP parallele à
la bafe du cylindre, & perpendiculaire au levier OM, je dis que dans*
                                                                    le

le cas d'équilibre la puissance P *& la résistance de l'obstacle réprésen-*
tée par le poids R *, sont dans la raison de l'intervalle* BA *de deux*
spires, à la circonférence décrite par l'extrémité M *du levier* OM. *En*
sorte que si on nomme C *la circonférence du cercle décrit, l'on aura*
P.R :: AB. C.

DEMONSTRATION. Supposons dabord que la pres-
sion que la spire BEA reçoit de la résistance de l'obstacle ou
du poids, est soutenue par une puissance N immédiatement appliquée au point S où l'on suppose que cette pression est comme
réunie & que cette puissance tire suivant une direction parallele, à la base du cylindre, ou, ce qui revient au même parallele à la base du plan incliné BEA. La propriété du plan incliné donnera cette proportion, la puissance N est à la pression ou
pesanteur du poids R comme la hauteur AB du plan incliné, est
à la circonférence BDB qui est la base du même plan, c'est-à-dire,
N.R :: AB. BDB. Or parce que la puissance P tire le levier OM
à une plus grande distance de l'appui O, il faut qu'elle soit moindre que la puissance N dans la raison de OS à OM ; en sorte que
l'on ait P.N :: OS. OM, ou bien, parce que les circonférences
sont en même raison que les rayons OS, OM, la puissance P sera
à la puissance N comme la circonférence BDB du cylindre est à la
circonférence décrite par le levier OM, c'est-à-dire, en nommant
C la circonférence décrite par OM, P.N :: BDB. C. Si on multiplie par ordre les termes de la premiere   N.R :: AB. BDB
& de la derniere proportion, qu'on di-   P.N :: BDB. C
vise les deux premiers produits par N & les deux derniers par BDB,
on aura P.R :: AB. C, c'est-à-dire, que dans l'équilibre la puissance P est à la puissance R comme l'intervalle qui est entre deux
spires est à la circonférence qui auroit OM pour rayon.

266. COROLLAIRES. 1°. Il est évident que plus les pas de la vis
ou les intervalles AB qui sont entre deux spires sont petits, & le
rayon OM ou plutôt la circonférence qui auroit OM pour rayon,
est grande, la puissance P demeurant la même, plus l'obstacle
qu'elle pourra vaincre sera grand ; ou si c'est le même obstacle, il
suffira qu'elle employe une force d'autant moindre pour le surmonter, puisque cette puissance est réprésentée par le pas de la vis, &
la résistance de l'obstacle par la circonférence C.

267. 2°. Si la puissance P tire le levier OM suivant une direction
parallele à la longueur de la spire BEA, c'est-à-dire, parallele au
plan incliné, pour vaincre le même obstacle, il faudra une force
moindre que lorsqu'elle tire parallelement à la base. Car dans le

premier cas la puiſſance N eſt à la réſiſtance de l'obſtacle R comme la hauteur AB ou CD eſt à la longueur BEA , & dans le ſecond elle eſt à la même réſiſtance comme la hauteur AB ou CD eſt à la baſe du plan incliné , c'eſt-à-dire , que comme le rapport de la hauteur à la longueur eſt moindre que celui de la même hauteur à la baſe du plan incliné ; ainſi le rapport de la puiſſance N au poids ou à la réſiſtance R eſt moindre lorſque la direction eſt parallele à la longueur que lorſqu'elle eſt parallele à la baſe : or le rapport de la puiſſance P à la puiſſance N ne change point tant que la longueur OM du levier eſt la même. Donc ſi la puiſſance N diminue lorſque la direction eſt parallele au plan incliné , il faut auſſi que la puiſſance P diminue , ſans quoi le rapport de ces deux puiſſances ne ſeroit pas conſtant.

268. Lorſque l'intervalle qui eſt entre les ſpires ou hélices eſt petit, la longueur eſt peu differente de la hauteur du plan : ainſi la puiſſance gagne peu en dirigeant ſon effort parallelement à la longueur de l'hélice ou ſpire de la vis. Le frottement eſt fort grand dans cette machine , & il conſume inutilement une grande partie de la force.

DU COIN.

Fig. 58. 269. Le *coin* ordinaire eſt un corps ou ſolide qui a la figure d'un priſme triangulaire. EG eſt *le taillant*, ABCD *la tête* ou *la baſe* , ABGE , DCGE ſont les *côtez* par leſquels le coin s'applique à l'obſtacle qu'on veut lui faire vaincre , les *faces* DAE , BCG ſont celles qui donnent au ſolide la figure de priſme triangulaire.

On ſe ſert du coin pour élever des poids ou fardeaux à une petite hauteur, ou bien pour fendre & diviſer les corps.

270. Pour faire agir le coin , on emploie ou la ſimple preſſion , ou la percuſſion , mais plus ordinairement la percuſſion que la preſſion ſans choc. Lorſque l'action du coin conſiſte dans une ſimple preſſion ſans choc, comme ſeroit la peſanteur d'un corps d'ont on chargeroit ſa tête ABCD , la réſiſtance de l'obſtacle peut être aſſez grande pour contrebalancer & faire équilibre avec cet effort ; mais ſi le coin agit par la force de la percuſſion , & qu'elle ſoit d'une meſure déterminée , c'eſt-à-dire , ſi le choc n'eſt pas infiniment petit , l'obſtacle eſt toujours ſurmonté ou en tout ou en partie , parce que les corps cedent au mouvement , & que la peſanteur ne peut pas détruire en un inſtant celui qui eſt communiqué à un corps lorſque ce corps eſt mû contre la direction de cette force : ainſi lorſque la force du coin conſiſte dans la percuſſion à proprement parler , il n'y a point d'équilibre entre ſon effort , & la réſiſtance de l'obſtacle.

271. Lorsque la force du coin est employée à élever un poids ou à surmonter un obstacle semblable , la résistance qu'il a à vaincre est comme réunie à l'endroit du contact ; mais lorsqu'on se sert du coin pour fendre ou diviser un corps , son action s'étend de l'une à l'autre extrêmité de la fente faisant effort pour en écarter les côtez & les séparer. Pour concevoir la différence qu'il y a entre la résistance que le coin trouve lorsqu'il n'a qu'un poids à élever , & celle qu'il a à vaincre lorsqu'il fend un corps , il faut se réprésenter que le poids R est retenu par une corde GO sur la face AD du coin ADB posé sur le plan horizontal LL , & que la puis- **Fig. 59.** sance P pousse le coin suivant la direction MP , il est évident que toute la résistance est à l'endroit même où le poids R est placé sur la face AD ; mais si le coin ADB est engagé dans la fente FRE du corps GNFROEMS , la résistance est répandue dans toute la **Fig. 60.** longueur de cette fente , puisque la difficulté que le coin trouve **61.** à l'élargir , est un effet de celle qu'il a à rompre les liens qui tiennent en R les côtez FR , ER étroitement unis.

272. Tous les corps ceux même qui paroissent les plus fragiles , comme le verre, la pierre &c. sont flexibles, extensibles & compressibles, selon les expériences de M. Mariotte: d'où l'on peut conclure **Fig. 60.** que lorsque le coin est poussé & retenu dans la fente d'un corps , **61.** les côtez de cette fente s'appliquent aux faces du coin au moins en partie ; soit parce qu'ils se courbent , soit parce qu'il se fait une compression ou un applatissement à l'endroit du contact qu'on suppose être en F , E. Les liens ou fibres qui résistent à la division au bas de la fente en R , étant de même nature que le corps , c'est-à-dire extensibles , s'allongent avant que de se rompre ; de là vient que le corps ne se divise que successivement & à mesure que les fibres qui ont reçu une plus grande extension , sont obligées de céder à l'effort du coin. Pour avoir une idée de la maniere dont ces fibres résistent à la force qui pousse le coin , on peut imaginer plusieurs filets transversaux & paralleles entr'eux tels que R , R , &c. & perpendiculaires aux côtez de la fente. Comme cette fente imite nécessairement la figure triangulaire du coin , il faut que les fibres sur lesquelles la force de cet organe agit actuellement , forment aussi un espace triangulaire ; il y a donc un endroit où les fibres cessent d'être allongés ; & parce que le coin peut s'insinuer & faire quelque chemin avant que les premieres fibres qui sont le plus allongées cedent , il n'est pas difficile d'appercevoir que les côtez de la fente doivent en s'écartant ainsi par le progrès du coin , tourner sur l'endroit où l'allongement des fibres finit , comme un levier

tourne fur fon appui ; ainfi fuppofé que l'efpace que les fibres allongées occupent, finiffe en O, ce fera là le centre de mouvement
des côtez FO, EO de la fente.

273. On peut donc confiderer les côtez FO, EO de la fente
comme deux leviers qui ont leur appui en O, & qui facilitent au
coin la rupture des fibres qui s'étendent depuis R jufqu'à l'endroit
O. Comme l'efpace RO eft fort petit, fi les côtez de la fente font
fort longs, la force qui pouffe le coin, éprouve une moindre réfiftance dans les fibres allongées qui font dans cet efpace ; car on
fçait que la force relative d'une puiffance augmente dans la même
raifon que la diftance à l'appui : l'expérience montre auffi que lorfque la fente eft fort avancée, il y a moins de peine à faire entrer
le coin, que lorfqu'elle ne fait que commencer ; ce qui prouve
que la longueur des côtez de la fente aide la puiffance qui pouffe
le coin.

274. Lorfque le coin eft retenu entre les côtez de la fente, il
les preffe & en eft preffé : or la preffion qu'un corps exerce fur un
autre corps, eft dirigée fuivant la perpendiculaire à la furface par
laquelle il le touche ; donc le coin preffe les côtez FO, EO fuivant les lignes CF, CE perpendiculaires aux portions de furface
par lefquelles il touche ces côtez.

275. Dans l'équilibre une fimple réfiftance a le même effet
qu'une véritable réaction ; au lieu donc de concevoir que les côtez de la fente font purement paffifs, & qu'ils ne font que réfifter
à l'action de la puiffance P, on les confiderera comme réagiffant
fuivant les directions FC, EC perpendiculaires aux faces du coin,
ce qui eft encore confirmé par l'expérience ; car on fçait que la
plupart des corps ont du reffort lequel tend à les rétablir dans leur
premier état, lorfque quelque force extérieure les courbe, les plie
ou les comprime de quelque maniere que ce foit ; de-là vient que
dans prefque tous les corps qu'on divife avec un coin, les côtez de
la fente reviennent & fe rapprochent fi on retire le coin. Rien
n'empêche donc qu'on ne confidere la réfiftance que le coin a à
furmonter, comme étant l'effet du reffort qui réagit fur les faces
du coin. Cela fuppofé, il eft vifible que le coin eft pouffé par
deux forces fuivant les directions FC, EC qui font à la vérité
perpendiculaires aux faces AD, BD, mais qui font inclinées l'une
à l'autre ; ces deux forces n'étant pas directement oppofées, ne
peuvent faire feules équilibre fur le coin, mais elles tendent à le
chaffer. Or je dis que fi le coin ADB eft ifofcele (comme on le
fuppofe), & que la puiffance P qui le retient dans la fente, le pouffe

ſuivant une direction PD perpendiculaire au milieu de la tête ou baſe AB , les preſſions ſuivant les directions FC , EC ſeront égales ; car par la maniere dont la puiſſance P agit , ſa force ſe diſtribue également des deux côtez de la direction PD ; elle détermine donc le reſſort à réagir également ſur les faces du coin. Si la direction de la puiſſance P n'étoit pas perpendiculaire au milieu de la tête ou baſe AB , ou bien que le coin ne fût pas iſoſcele , les faces ſeroient inégalement preſſées par l'action du reſſort.

276. Les preſſions ſuivant FC , EC produiſent chacune deux Fig. 60. tendences dans le coin , l'une ſuivant DP , & l'autre ſuivant la perpendiculaire à la même DP. Suppoſons que le coin iſoſcele ADB eſt diviſé en deux parties égales ſuivant la direction PD , & que l'une des moitiez , par exemple , BDP eſt fixement attachée au côté EO de la fente , & que l'autre moitié ait la liberté d'en ſortir étant preſſée ſuivant FC par la force du reſſort , il eſt certain que la moitié mobile ADP gliſſera ſur DP , puiſqu'elle eſt pouſſée ſuivant une direction oblique à la ſurface DP , & que d'ailleurs on ſuppoſe que rien ne détruit ce mouvement : or il ne peut pas ſe faire que la moitié ADP gliſſe ſur la ſurface DP ſans la preſſer , & que la preſſion que la moitié ADP exerce ſur la ſurface DP ne ſoit perpendiculaire à la même ſurface. On peut comparer cette preſſion à celle que produit une force qui pouſſe obliquement un corps, & qui le fait gliſſer ſur une ſurface plane & polie ; l'action du reſſort donne donc au coin deux tendences , l'une ſuivant DP , & l'autre ſuivant la perpendiculaire à DP. Les tendences que les preſſions ſuivant FC , EC produiſent dans le ſens de la perpendiculaire à DP ſont égales , puiſque les forces qui les produiſent ſont égales & ſemblablement dirigées à l'égard de DP ; d'ailleurs elles ſont directement oppoſées ; donc elles s'empêchent mutuellement ſans que l'une puiſſe prévaloir ſur l'autre ; mais pour ce qui eſt de la tendence ſuivant DP , elle auroit ſon effet , & le coin ou ſes deux parties ADP , BDP qu'on ſuppoſe parfaitement libres , ſeroient pouſſées hors de la fente.

277. Si le ſolide qu'on veut fendre étoit ſans reſſort , le coin ne laiſſeroit pas dans l'équilibre de recevoir les deux tendences dont on vient de parler , parce que les réſiſtances que la puiſſance P fait naître dans l'équilibre aux points E , F en pouſſant le coin ſuivant PD , ont l'effet d'une force , & équivalent à l'action du reſſort : il n'eſt pas même néceſſaire que le coin ſoit diviſé en deux parties.

278. Ces choſes étant conçues de la maniere qu'on vient de les Fig. 60.

expofer, le coin ifofcele ADB peut être confideré comme un double plan incliné, lorfqu'il eft engagé entre les côtez de la fente, & qu'il les tient écartez ; AD, BD font les longueurs de ces deux plans ; AP, BP les hauteurs, & DP la bafe commune ; à chacun des points E, F il y a trois forces en équilibre, & cela d'une maniere toute femblable à ce qui arrive lorfqu'une puiffance tient un poids en équilibre fur un plan incliné ; ces forces font les preffions ou réfiftances fuivant EC, FC, & les tendences qu'elles produifent dans le coin ou qu'elles y font naître ; c'eft auffi fous cette idée qu'on va confidérer cet inftrument, foit qu'on l'emploie à élever un corps, ou à le fendre.

PROPOSITION VINGTIE'ME.

Fig. 59. 279 *Si le poids* R *eft retenu fur le coin* ADB *fuivant une direction* CO, *& que la puiffance* P *le pouffe fuivant une direction* MP *parallele à* BD ; *dans l'équilibre elle eft au poids* R *comme le produit de la hauteur perpendiculaire* AB, *& du finus de l'angle* GCN, *eft au produit de la longueur* AD *& du finus de l'angle* GCF. L'angle GCN eft formé par les directions du poids, & celle de la force ou obftacle répréfentée par CO, & qui retient le poids R fur le plan incliné AD : l'angle GCF eft formé par la direction de la charge F, & celle de la force fuivant CO. *Ainfi fi on nomme* (f) *le finus de l'angle* GCF, (S) *le finus de l'angle* GCN, *je dis que dans l'équilibre on aura* P . R :: AB×S . AD×f.

DÉMONSTRATION. Confiderons dabord le plan incliné AD ou le coin ADB comme immobile. Par la propriété du plan incliné l'on aura la charge ou la réfiftance F du plan AD eft au poids R, comme le finus de l'angle GCN eft au finus de l'angle GCF, c'eftà-dire, F . R :: S . f Cela pofé, il eft évident que dans l'hypothefe préfente le plan AD ou le coin ADB eft mobile, puifque la puiffance P tend à le faire avancer fuivant MP ou BD, & parce que l'effort fuivant CF qui réfulte de la pefanteur du poids R & de la force fuivant CO, étant perpendiculaire à AD, eft néceffairement oblique à la face BD, il s'enfuit que l'effort fuivant CF où la charge du plan AD tend à faire gliffer le coin le long du plan LL qu'on fuppofe parfaitement poli, l'équilibre entre le poids R & la puiffance P confifte donc en ce qu'elle réfifte à l'effort par lequel la charge qui réfulte du poids R & de la réfiftance fuivant CO tend à faire gliffer le coin fuivant LL. Il faut de quelque point d du plan LL mener une perpendiculaire db à la direction CF de la charge F, & du point b pris à volonté dans la ligne db,

élever la perpendiculaire *ba* qui rencontre le plan LL au point *a*.
Cela fait, il est visible que la charge F du coin tend à le faire
glisser sur LL, comme la pesanteur tend à faire glisser le poids R
sur le plan AD ; & que de même qu'il faut une force ou obstacle
pour retenir le poids R sur ce plan, il faut aussi que la puissance
P arrête le coin. On peut donc regarder la longueur *ad* comme
celle d'un plan incliné qui auroit pour base *bd* perpendiculaire à
FC, & pour hauteur *ab* : or la puissance P agit suivant une direction parallele à la longueur *ad* ; donc elle est à la charge F comme la hauteur *ab* est à la longueur *ad* ; d'ailleurs les triangles ADB,
adb sont semblables, parce que AD & *bd* étant perpendiculaires à
CF, sont paralleles ; donc au lieu du rapport de *ab* à *ad*, on peut
mettre celui de AB à AD ; donc P . F :: AB . AD ; mais on a
dit ci-dessus que F . R :: S . *ʃ*. Si on multiplie par ordre les termes de ces deux proportions, & qu'on divise les deux premiers
produits par F, on aura P . R :: AB × S . AD × *ʃ* qui est la proportion qu'il falloit démontrer.

280. COROLLAIRES. 1°. Si la direction CO est parallele à la
base BD du plan incliné, les sinus des angles GCN, GCF sont
dans la raison de la longueur AD du plan à la base BD, comme
il a été prouvé dans le plan incliné ; donc si dans la proportion
précedente au lieu du rapport des sinus S , *ʃ* on met le rapport de
AD à BD, on aura P . R :: AB × AD . AD × BD. Et après avoir
divisé les deux derniers termes par AD, on aura P. R :: AB . BD ;
c'est-à-dire, la puissance est au poids comme la hauteur du plan
incliné est à la base.

281. 2°. Si la direction CO est parallele au plan incliné AD, le
sinus de l'angle GCN est au sinus de l'angle GCF comme la base
BD est à la longueur AD, la proportion précédente sera donc changée en celle-ci P . R :: AB × BD . AD × AD, c'est-à-dire, que la
puissance P est au poids R comme le produit de la hauteur AB,
& de la base BD est au quarré de la longueur AD.

282. 3°. L'on voit que le rapport de la puissance P au poids R
varie à tous les changemens de la direction CO. Lorsque cette direction est parallele au plan AD, le rapport de la puissance P au
poids R est moindre que lorsque cette direction est parallele à la
base. Cela est ainsi, si le rapport de AB×BD à AD×AD est
moindre que le rapport de AB à BD, or cela est aisé à prouver ;
il est certain que le rapport de AB à AD est moindre que celui de
AB à BD. Or le rapport de AB×BD à AD×AD, est encore plus
petit que celui de AB à AD ; car si on multiplioit les deux termes

du rapport AB à AD par la même grandeur AD , la raifon des produits feroit égale à celle des grandeurs multipliées ; mais puifqu'on multiplie le premier terme AB par un multiplicateur BD moindre que le multiplicateur AD du fecond terme AD , il s'enfuit que le rapport de AB × BD à AD × AD eft moindre que le rapport de AB à AD ; donc à plus forte raifon ce premier rapport eft moindre que celui de AB à BD. Lors donc que la direction CO eft parallele à la longueur du plan, il faut moins de force pour pouffer le coin fuivant une direction parallele à la bafe BD , dans les autres cas le rapport de la puiffance P au poids R varie fuivant le rapport des finus des angles GCN , GCF : car il eft aifé d'appercevoir que dans le rapport AB×S . AD×f , les grandeurs AB , AD font toujours les mêmes ; qu'ainfi les changemens que ce rapport reçoit, ont pour principe le rapport variable des finus S , f.

PRÉPARATION POUR LA PROPOSITION SUIVANTE.

Fig. 60.   283. 1°. Dans la propofition qui va fuivre , on fuppofera que le coin ifofcele ADB eft partagé en deux également par DP perpendiculaire à la bafe AB , & que la puiffance P qui pouffe ce coin fuivant PD eft auffi partagée en deux forces partielles, & que chacune d'elles pouffe fuivant PD l'une des parties ADP , BDP du coin ifofcele. Chacune de ces forces partielles *p* tend à vaincre la preffion ou réfiftance qui fe fait aux points F , E : cette preffion ou réfiftance fait naître deux efforts, l'un fuivant DP , & l'autre fuivant la perpendiculaire à DP ; l'effort perpendiculaire que la réfiftance fuivant EC donne , foutient l'effort perpendiculaire qui naît de la preffion ou réfiftance fuivant FC , & les forces partielles de la puiffance P s'oppofent à la tendence que les coins ADP ,

Fig. 59. BDP reçoivent fuivant DP, comme il a été expliqué dans les réflexions préliminaires, & dans ce qui vient d'être dit de l'équilibre de la puiffance P avec le poids R retenu fur le coin ADB par la corde CO ; car le poids R peut répréfenter les efforts perpendiculaires à DP par lefquels les deux coins ADP , BDP fe preffent mutuellement : la traction de la corde CO parallele à la bafe , la tendence que chaque coin partiel reçoit fuivant DP , & l'effort fuivant CF , lequel réfulte de la pefanteur du poids R & de la traction fuivant CO peut répréfenter les preffions fuivant EC , FC.

284. Les deux coins ADP , BDP font donc comme deux plans inclinez qui ont pour bafe commune DP, pour hauteurs AP, BP ,

&

& pour longueurs AD, BD, & sur chacun desquels trois forces ou puissances sont en équilibre, l'une d'elles est perpendiculaire à la base commune DP, la seconde est parallele à la même base, & la troisiéme qui dérive des deux autres ou de laquelle celles-ci dérivent, est perpendiculaire à la longueur du plan incliné. Dans la proposition précedente on a comparé la puissance P avec le poids R, parce que c'est le poids R qui fait naître les forces suivant CO & FC, & que d'ailleurs si cette puissance est en équilibre avec le poids R, elle sera aussi équilibre avec les efforts suivant CO, CF; mais dans le cas dont il s'agit ici, on comparera les forces partielles de la puissance P avec les pressions ou résistances suivant FC, EC, parce que ce sont ces résistances ou pressions qui font naître les efforts suivant DP & la perpendiculaire à cette base commune, & que d'ailleurs si les forces partielles de la puissance P sont en équilibre avec ces pressions ou résistances qu'elles tendent à surmonter, elles sont aussi en équilibre avec les efforts qui en naissent.

285. 2°. Lorsque la puissance P pousse le coin ADB, & que les fibres R, R résistent en des sens opposez, l'effet est le même que si leur résistance totale étant réunie sur la ligne rr, il y avoit deux puissances ou résistances r, r dont la somme fut égale à la résistance totale R, & qui réagissent chacune suivant rR, pour empêcher que les côtez de la fente ne s'écartent l'un de l'autre en tournant autour du point O que l'on considere comme l'appui ou le centre du mouvement.

PROPOSITION VINGT-UNIE'ME.

286. *Si la puissance P pousse le coin ADB suivant la direction* Fig. 60. *PD, dans l'équilibre elle est à la résistance R comme le produit de la tête ou base AB & de la distance OR du point O à la direction* rr *de cette résistance, est au produit des longueurs des deux faces AD+BD, & de la perpendiculaire OL menée du point O à la direction CE de la pression ou résistance qui est au point E, c'est-à-dire, P.R :: AB × OR . 2BD × OL.*

DÉMONSTRATION. On nommera E la pression ou résistance qui se fait au point E, p la partie de la force de la puissance P qui pousse le coin suivant PD, & que l'on conçoit appliquée au coin BDP, l'autre force partielle appliquée au coin ADP sera égale à p, puisque les résistances en E, F sont égales: ainsi P=2p de même R=2r. Cela posé, la propriété du plan incliné donne p.E :: BP.BD. Car lorsque la puissance P pousse le coin sui-

* F f f

vant une direction parallele à la bafe commune DP , la preffion ou tendence fuivant EC eft femblable à un poids qui tendroit à defcendre le long de DP comme fur un plan incliné , ainfi qu'il a été prouvé dans la propofition précedente : la force partielle p qui retient cet effort fuivant une direction parallele au plan incliné, eft donc à cet effort comme la hauteur eft à la longueur, c'eft-à-dire , comme BP eft à BD : ceci a été encore prouvé (279) , & la Fig. 59 rend la chofe palpable. La propriété du levier donne E . r :: OR . OL. Si on multiplie par ordre les termes des deux proportions, & qu'on divife les deux premiers produits par E , on aura p . r :: BP × OR . BD × OL. Et fi l'on double tous les termes, on aura $2p$. $2r$ :: 2BP × OR . 2BD × OL ; mais $2p$＝P . $2r$＝R . 2BP ＝ AB,& 2BD ＝ AD + BD ; donc P . R :: AB × OR . 2BD × OL ; c'eft-à-dire que la puiffance P eft à la réfiftance totale R comme le produit de la bafe ou tête AB & de la diftance OR du point O à la direction de cette réfiftance eft au produit des deux faces du coin & de la diftance du point O à la direction de la réfiftance en E ou F.

287. Si on fuppofe que le coin n'agiffe pas fur la réfiftance R avec le fecours d'un levier , & que l'on veuille avoir feulement le rapport de la puiffance P à la fomme des réfiftances ou preffions en E , F , il n'y a qu'à doubler tous les termes de la premiere proportion , & l'onaura $2p$. 2E :: 2BP. 2BD. Or $2p$＝P. 2E＝E +F. 2BP＝AB & 2BD＝AD ＋ BD. Donc P . E+F :: AB . AD +BD ; c'eft-à-dire , que la puiffance P eft à la fomme des réfiftances E ＋F comme la tête ou bafe du coin eft à la fomme des côtez ou faces AD ＋BD.

SECONDE DEMONSTRATION de la propofition tirée de la principale propriété de la décompofition des forces.

Fig. 61.   Lorfque la puiffance P pouffe le coin dans la fente fuivant la direction PD , l'effort qu'elle fait fuivant cette direction , fe décompofe en deux autres qui font perpendiculaires aux côtez de la fente & aux faces du coin, lefquels efforts font dirigez fuivant CFH , CEI : fi on fuppofe que la force fuivant PD eft exprimée par la diagonale CK du parallelogramme IH , les côtez CI , CH expriment les efforts qui réfultent de la force fuivant CK , & par lefquels la puiffance P tend à furmonter les réfiftances en E, F avec lefquelles ces efforts font en équilibre (*Liv.*I. 196.) Cela pofé, 1°. les côtez CH , CI font égaux , puifque les efforts qu'ils répréfentent font égaux ; donc les quatre côtez du parallelogramme IH font égaux entr'eux. 2°. Le triangle ifofcele CHK eft femblable au

tirangle ADB , car le triangle CDF eſt ſemblable au triangle
ADP , les angles en F & en P ſont droits, & l'angle CDF eſt
commun ; donc l'angle DCF eſt égal à l'angle A ; donc les triangles iſoſceles CHK , ADB ont les angles C & A égaux ; donc les
deux autres du premier ſont égaux aux deux autres du ſecond ;
donc les triangles CHK , ADB ſont ſemblables. Donc AB . AD
:: CK . CH ; mais l'on a auſſi P.F::CK.CH ; donc P. F::AB.AD.
Si on double le ſecond & le quatriéme terme , on aura encore
P . 2F :: AB . 2AD, c'eſt-à-dire, que la puiſſance P eſt à la ſomme des réſiſtances F+E=2F comme la tête ou baſe AB eſt au
double de la longueur AD , ou à la ſomme des longueurs AD +
BD. Si on veut avoir le rapport de la puiſſance P à la réſiſtance
en R , on le peut en continuant comme dans la premiere démonſtration.

288. COROLLAIRE. Il eſt évident que plus la tête du coin ſera
petite par rapport aux côtez AD, DB , plus la force ou puiſſance
P néceſſaire pour l'équilibre ſera petite.

DE LA MACHINE FUNICULAIRE OU DES POIDS SOUTENUS AVEC
des cordes.

289. Cette machine peut être rapportée au plan incliné, ou au levier , ou être démontrée immédiatement par le principe des forces
compoſées. Soit le poids R en équilibre avec les puiſſances P, F qui **Fig. 62.**
tirent ſuivant les directions CP, CF que l'on ſuppoſe concourir
au centre C , ſi on les prolonge juſqu'à la ſurface du globe aux
points A, G ; que de ces points on mene les tangentes LH, IH ,
il eſt évident que le plan incliné LH qui dans le cas d'équilibre réſiſte ſuivant la perpendiculaire GCF , ſoutient le poids R à l'égard
de la puiſſance P comme feroit la puiſſance F en tirant ſuivant la
même direction GCF ; pareillement la puiſſance P ne fait à l'égard
du poids R & de la puiſſance F que ce que feroit un plan incliné
qui réſiſteroit ſuivant ACP. On peut encore regarder le cordon
CF ou CP comme un levier dont l'appui feroit en F ou en P, ſi
le cordon CF ou CP étoit une ligne inflexible , il n'y auroit aucune difficulté ; la puiſſance P en agiſſant contre le poids R tendroit à faire tourner cette ligne autour du point F , & la puiſſance
F feroit effort pour faire tourner la ligne CP autour du point P :
or quoique les cordons CF , CP ſoient flexibles , ils réſiſtent de
même que s'ils étoient inflexibles. D'où l'on voit que la machine
funiculaire peut être rapportée ou au plan incliné ou au levier. Si
on regarde les cordons CF ou CP comme un levier dont l'appui

Fff ij

feroit en F ou en P , les puiſſances R , P feront appliquées au même point C du levier.

PROPOSITION VINGT-DEUXIE'ME.

Fig. 62.

290. *Si deux puiſſances* F *,* P *tiennent en équilibre un poids* R
avec les cordons OF *,* MP *dont les prolongemens paſſeroient par le
centre* C *du globe ; je dis que le poids* R *eſt à l'une des puiſſançes
comme le ſinus de l'angle de leurs directions , eſt au ſinus de l'angle formé par la direction du poids* R *& de la puiſſance qui n'entre
point dans la proportion : ainſi le poids* R *eſt à la puiſſance* P *comme
le ſinus de l'angle* ACG *ou* GCP *eſt au ſinus de l'angle* GCN*.*

Si on conſidere la machine funiculaire comme faiſant l'office de
plan incliné ou de levier , on verra la vérité de la propoſition ſans
qu'il ſoit néceſſaire de la prouver de nouveau , car elle a été démontrée dans le plan incliné , & lorſqu'on a parlé de l'appui dans le
levier (157.243) : c'eſt pourquoi on peut relire ces deux endroits.
Lorſqu'on ſuppoſe que les directions CM , CO des puiſſances P , F
concourent au centre C , ce n'eſt que pour la facilité de la démonſtration, car dans l'équilibre les puiſſances P , F peuvent être appliquées à tout autre point *c* de la direction CN du poids , pourvu
que les directions *cf, cp* ſoient paralleles aux directions CF,CP.

Fig. 63.

DEMONSTRATION tirée du principe des mouvemens ou forces compoſées. Si les puiſſances P , F étoient appliquées au point C
où leurs directions concourent , de leurs efforts particuliers ſuivant
CP , CF , naîtroit un effort moyen qui ſeroit placé ſur la diagonale CD du parallelogramme AB formé ſur les directions , & cet
effort ſeroit aux puiſſances P , F comme la même diagonale CD ,
eſt aux côtez CA , CB ; mais parce que le poids R eſt en équilibre avec les puiſſances P , F , il faut qu'il ſoit auſſi en équilibre
avec l'effort moyen ; il faut donc que la peſanteur du poids R ſoit
égale & directement oppoſée à cet effort , ſans quoi l'équilibre ſeroit impoſſible ; donc le poids R eſt exprimé par la diagonale CD ;
donc les puiſſances P , F & le poids R ſont répreſentez par les côtez AC , CB , CD du parallelogramme AB , ou bien par les côtez
AC , AD , CD du triangle ACD : or ces côtez ſont entr'eux
comme les ſinus des angles oppoſez ; ainſi le côté CD eſt au côté
CA comme le ſinus de l'angle CAD ou de ſon ſupplément ACB
eſt au ſinus de l'angle ADC ou de ſon égal DCB ; donc le poids
R eſt à la puiſſance P comme le ſinus de l'angle ACB eſt au ſinus
de l'angle DCB , c'eſt-à-dire , que le poids R eſt à l'une des puiſſances , par exemple P , comme le ſinus de l'angle des directions

est au finus de l'angle DCB formé par la direction du poids & de la puiffance F qui n'entre point dans la proportion.

On prouvera de la même maniere que le poids R eft à la puiffance F comme le finus de l'angle ACB eft au finus de l'angle ACD. On prouveroit pareillement que la puiffance P eft à la puiffance F comme le finus de l'angle DCB eft au finus de l'angle DCA.

291. COROLLAIRES. 1º. Tant que l'angle des directions ACB Fig. 62. eft aigu, la pefanteur du poids R eft plus grande que l'effort d'au- 63. cune des puiffances P ou F ; car pour lors le finus de l'angle ACB eft plus grand que le finus de chaque angle partiel ACD, DCB. Donc la pefanteur du poids R qui eft réprésentée par le finus de l'angle ACB, eft plus grande que chacune des puiffances P ou F qui font exprimées par les finus des angles DCB, DCA. Il en fera de même fi l'angle ACB eft droit ; mais fi l'angle ACB eft obtus, il pourra fe faire que le finus de l'angle DCB foit égal ou même plus grand que le finus de l'angle ACB ; la puiffance P fera donc égale ou plus grande que la pefanteur du poids R ; la puiffance P eft plus grande que l'effort du poids R, par exemple, Fig. 64. lorfque la puiffance F eft horizontale ou bien lorfque fa direction 65. eft inclinée au-deffous de l'horizon ; car pour lors la puiffance P foutient non feulement le poids R, mais encore l'effort de la puiffance F, ce qui eft évident, puifque dans ces cas la puiffance F ne foutient aucune partie du poids R, comme lorfque fa direction eft horizontale, & que dans le cas où cette puiffance tire au-deffous de l'horizon, elle fait effort pour faire defcendre le poids R.

292. 2º. Tant que le poids R aura un rapport fini avec les puiffances P, F, le finus de l'angle ACB aura auffi un rapport fini avec les finus des angles DCB, DCA, par conféquent la corde ACB fera un pli au point C, & ne pourra être tendue en ligne droite : ainfi quand même le poids R ne feroit que la millieme, la dix-milliéme &c. partie de la puiffance P ou F le finus de l'angle ACB fera la milliéme ou dix-milliéme partie du finus de l'angle DCB ou de l'angle DCA : par conféquent les cordons AC, CB feront un angle au point C, & ne pourront être en ligne droite, quelque fituation que les puiffances P, F donnent à leurs directions.

293. 3º. Si une corde d'une certaine pefanteur & d'une longueur un peu confidérable, eft tirée horizontalement par fes deux extrêmitez, elle fera une courbure fenfible, & il fera comme impoffible de la tendre en ligne droite. Car chaque partie de la corde fera un petit poids qui la tirera en embas ; or fi petit que foit le pli

ou courbure que chaque petit poids produit au point de fuf-
penſion & aux deux extrêmitez ſur leſquelles il agit auſſi, comme
la ſomme des poids eſt ſuppoſée avoir un rapport fini aux puiſſances qui bandent la corde ; il s'enſuit que la ſomme des petits
plis qu'ils produiſent aux deux extrêmitez, & dans la longueur
doit être ſenſible, la corde doit donc s'écarter de la ligne droite
ou horizontale, & ſe courber ; ce qui eſt conforme à l'expérience,
& on peut l'obſerver facilement en pluſieurs occaſions, par exemple, lorſqu'on fait remonter la riviere à des grands bateaux qui
ſont tirez par pluſieurs chevaux, on verra que la corde n'eſt jamais tendue en ligne droite lors même que les chevaux tirent avec
plus de force, & qu'ils peinent le plus.

Fig. 66.   294. 4°. Si le poids R eſt ſuſpendu avec une corde au point fixe
P qui tient lieu d'une puiſſance P, & que la corde de ſuſpenſion
PK ſoit tirée ſuivant une direction horizontale CF par la puiſſance F ; je dis que cette puiſſance mettra le poids R en mouvement quelque grand qu'il ſoit, & l'obligera à monter quoique
cette force ſoit fort petite, (on ſuppoſe néanmoins qu'elle a un
rapport fini avec le poids R ;) car puiſque la puiſſance F agit
ſur la corde PK & ſur le poids R, le ſinus de l'angle ACD formé par la direction du poids & de la corde AC, aura un rapport
fini avec le ſinus de l'angle ACB fait par les directions CA, CB ;
car la puiſſance F eſt ſuppoſée avoir un rapport fini avec le poids
R : de plus dans l'équilibre la puiſſance F & le poids R ſont
dans la raiſon des ſinus des angles ACD, ACB ; donc le rapport
de ces ſinus eſt un rapport fini ; donc l'angle ACD eſt d'une grandeur finie ; donc la corde ACO fait un pli ou un angle au point
C ; donc la ligne AO qui joint les extrêmitez A, O, eſt plus
courte que la corde ACO ; donc le point C a été mis en mouvement, & le poids R eſt monté, puiſque le point O eſt plus près
du point de ſuſpenſion que le point K, la plus petite force peut
donc mettre un fort grand poids en mouvement lorſqu'elle tire
ſuivant la direction horizontale.

Fig. 63.   295. 5°. Lorſque deux puiſſances P, F tiennent un poids R ſuf-
pendu avec des cordes, on peut déterminer la partie de ce poids que
chaque puiſſance ſoutient. On va ſe ſervir pour cela de la décompoſition des mouvemens ou des forces. On ſuppoſe que les puiſſances P, F ſont exprimées par les côtez AC, CB, & le poids
R par la diagonale CD du parallelogramme AB. Cela poſé, ſi
des points A, B on abbaiſſe ſur la diagonale CD les perpendiculaires AL, BI, les parties CL, CI de cette diagonale compri-

ſes entre le point C, & les perpendiculaires expriment les parties
du poids R que les puiſſances P, F ſoutiennent : car ſi l'on conçoit que les lignes CL, AL ſont les côtez d'un rectangle qui a
pour diagonale AC, deux puiſſances qui ſeroient appliquées au
point C ſuivant CL & ſuivant une parallele à AL, ſeroient ſur le
poids R la même impreſſion que la puiſſance P, & la puiſſance P
exerce ſur le poids R la même action que les deux forces exprimées par CL, AL ; la force qui tire au point C parallelement à
AL ne tend ni à faire monter le corps, ni à le faire deſcendre,
mais la force répréſentée par CL agit directement contre le poids,
la force que la puiſſance P exerce contre le poids R, & conſéquemment la partie qu'elle en ſoutient eſt donc exprimée par CL.
On prouvera par un raiſonnement ſemblable que la partie CI de
la diagonale CD, répréſente la portion que la puiſſance F ſoutient dans le poids R. Il reſte à démontrer que l'équilibre eſt entre le poids R & les forces que l'on vient de ſubſtituer aux puiſſances P, F. Les triangles BCI, ADL ſont ſemblables, de plus
les côtez BC, AD ſont égaux ; donc AL=BI & DL=CI ; donc
les parties du poids R exprimées par les parties CL, CI, ſont
exprimées priſes enſemble par la diagonale CD ; elles ſont donc
égales au poids R ; donc les efforts répréſentez par CL, CI, ſont
équilibre avec le poids R. D'ailleurs les forces exprimées par
AL, BI, ſont égales, & elles tirent le point C en des ſens oppoſez ; donc elles ſe ſoutiennent ſans que l'une puiſſe l'emporter ſur
l'autre ; donc les forces que les puiſſances P, F exercent ſur le
poids R tant ſuivant la diagonale CD, que ſuivant la perpendiculaire à la même CD, ſont en équilibre entr'elles, & avec le poids
R & les lignes CL, CI expriment les parties de ce poids que les
puiſſances P, F ſupportent.

Dans la Figure 64, où la puiſſance F tire horizontalement, la
partie CI eſt nulle, & la partie CL eſt égale à la diagonale CD.
D'où il ſuit que la puiſſance F ne ſupporte aucune partie du poids
R, ce qui eſt d'ailleurs évident. La ſeule puiſſance P eſt donc chargée de tout ce poids, & il faut qu'elle faſſe avec cela un effort
AL, égal & contraire à celui de la puiſſance F. Dans la Fig.
65, l'effort CL que la puiſſance P fait ſur la direction du poids
R, eſt égal à la peſanteur du poids R exprimée par DC, plus à
l'effort CI par lequel la puiſſance F tend à faire deſcendre le poids.

CHAPITRE TROISIE'ME.

DES MACHINES COMPOSE'ES.

296. **L**ES *machines composées* sont des assemblages de machines simples qui concourent toutes à soutenir ou à élever
un même poids ou fardeau. Les machines simples ou composantes
peuvent être de même ou de differente espece.

Dans les machines composées chaque machine simple est tirée
ou poussée de même que si elle étoit seule, & l'effort qui tend à
la faire tourner, se communiquant à la machine simple suivante
devient une cause qui tend aussi à mouvoir cele-ci : ainsi l'effort
de la puissance se transmet depuis la premiere machine simple à
laquelle elle est appliquée jusqu'à la derniere. On voit par là que
chaque machine simple en même-tems qu'elle est tirée ou poussée,
elle tire aussi ou pousse celle qu'elle rencontre. D'où il suit que l'effort
qui est produit à la rencontre de deux machines simples, peut
être consideré sous deux rapports. Car la premiere machine
simple, c'est-à-dire, celle à laquelle la puissance où l'effort s'applique immédiatement tend à faire tourner la seconde, mais elle
est arrêtée ou retardée par la résistance que cette seconde lui oppose ; c'est pourquoi l'effort qui est produit à la rencontre de deux
machines simples, peut être consideré 1º. comme une *cause* qui
tend à produire le mouvement. 2º. Comme une résistance, parce
qu'effectivement cet effort dans l'équilibre est empéché par une
réaction ou résistance égale au même effort.

On ne fait point ici le dénombrement des machines composées,
elles peuvent être variées en bien des manieres selon les usages
auxquels elles peuvent servir, & le génie particulier de ceux qui
les inventent. On se contentera d'exposer celles dont le service est
plus commun, & qui se rencontrent plus fréquemment aux ouvrages qu'on entreprend.

DES MOUFFLES.

Fig. 67.
68. 69.
70. 297. Les *mouffles* sont des assemblages de plusieurs poulies dont
les unes sont fixes & les autres mobiles : les poulies mobiles sont en-
chassées pour l'ordinaire toutes dans une même chape, de même
que les poulies fixes. Chacun des deux assemblages des poulies
fixes & mobiles est appellé *mouffle* ; celui des poulies mobiles est
appellé *mouffle mobile* ; celui des poulies fixes, *mouffle fixe*. Il y a
differentes

differentes manieres de mouffler les poulies : on se contentera de figurer la plus commune à laquelle on peut rapporter les autres mouffles , parce que la maniere d'estimer la force nécessaire pour soutenir le poids , est la même.

1°. La corde qui embrasse toutes les poulies tant fixes que mobiles , est attachée par l'un des bouts à l'une des extrêmitez de la chappe fixe ou mobile , & la puissance tient l'autre bout. Le poids est suspendu à l'extrêmité inférieure de la chappe mobile.

2°. Les differens tours de la corde peuvent être paralleles entr'eux , ou bien étant prolongez concourir. Lorsqu'ils sont paralleles , la ligne droite qui joint les points d'attouchement passe par le centre de la poulie & est un diametre comme HG.

3°. La corde qui embrasse toutes les poulies est par tout également tendue ; car si elle étoit plus tendue dans un de ses tours que dans les autres, elle seroit tirée avec plus d'effort dans le reste ; la partie qui seroit plus lâche céderoit ; & elle s'aliongeroit du côté où seroit la plus grande tension , jusqu'à ce qu'enfin la corde fût également tendue. Ceci se prouve encore par ce qui a été dit du rapport de la puissance au poids lorsqu'il n'y a qu'une poulie & qu'elle est fixe.

4°. Il est évident que l'effort par lequel chaque cordon est tiré est égal à l'effort de la puissance P qui tend à tirer à elle la poulie X.

5°. Dans le cas où les cordons qui touchent les poulies sont pa-   Fig. 67.
ralleles , les charges que le poids R produit aux centres des poulies mobiles sont chacune doubles des efforts contraires par lesquels les mêmes cordons leur résistent aux points d'attouchement ; ainsi l'effort en M est double de l'effort en K ou en L ; il en est de même des charges portées par les centres des autres poulies mobiles. C'est pourquoi comme les efforts causez aux points d'attouchement des poulies mobiles sont égaux entr'eux , il s'ensuit que les charges que portent les centres de ces poulies sont aussi égales entr'elles.

D'où il suit que dans le cas ou les cordons sont paralleles, l'action du poids R sur les poulies mobiles se distribue de maniere que le centre de chacune d'elles est chargé d'une partie égale de ce poids. Dans le cas présent où il y a trois poulies mobiles , chacune d'elles soutient le tiers du poids R , supposé que l'extrêmité S de la corde soit attachée à la chape fixe.

Mais si l'extrêmité S est attachée à la chape mobile , outre que   Fig. 68.
le poids R produit deux charges aux centres M , N dont chacune est le double des efforts que les cordons font aux points d'attou

Ggg *

chement des poulies X , Y, l'extrêmité S de la chape mobile est
tirée en embas avec un effort égal à celui de la puiffance P , ou à
la moitié des charges portées par les centres M , N.

Fig. 69.   6º. Dans les cas où les directions des cordons concourent, les
70.   charges que le poids R produit aux centres M , N des poulies mobiles ne font pas le double des efforts contraires que les cordons
font aux points d'attouchement de ces poulies ; car pour lors ces
charges ne font exprimées que par les foutendentes KL , GH , au
lieu que les réfiftances que les cordons font aux points d'attouchement font exprimées par les rayons KM , GN.

7º. Si les triangles KML , GNH font femblables , les charges
en M & en N font égales , car elles ont même raifon aux réfiftances en K & en G qui font égales. Mais fi les triangles qu'on vient
de nommer ne font pas femblables , les charges en M & en N font
inégales , quoique les réfiftances en K & en G foient égales.

Fig. 70.   8º. Enfin outre les charges que le poids R produit aux centres
M & N , le point de fufpenfion S de la chape mobile eft chargé
d'un poids égal à l'effort de la puiffance P , ce qui fuit de ce que
toutes les parties du cordon font également tendues.

PROPOSITION VINGT-TROISIE'ME.

Fig. 67.   298. *Si une puiffance P eft en équilibre avec un poids R à l'aide
de deux mouffles , l'une mobile & l'autre immobile , en forte que la
corde qui embraffe toutes les poulies foit par-tout parallele à elle-même , & que le point de fufpenfion S foit à la chape fixe ; elle eft au
poids R comme l'unité eft au double du nombre des poulies mobiles.*

DEMONSTRATION. Pour prouver la propofition , il fuffiroit de
dire que la puiffance P fait un effort égal à la moitié de la charge que le poids R produit au centre M , & que cette charge n'eft
que le tiers de la pefanteur du poids R , d'où il fuit que l'effort de
la puiffance P eft égal à la fixiéme partie du poids R , c'eft-à-dire ,
que la puiffance P eft au poids R comme 1 eft à 6 qui eft double
du nombre des poulies mobiles.

Mais pour montrer de quelle maniere fe fait cet équilibre ,
on va faire voir que les poulies mobiles fe réfiftent les unes aux
autres de telle forte que la puiffance P ne porte que la fixiéme
partie du poids R.

Afin que l'équilibre fubfifte , il faut oppofer aux trois charges que le poids R produit aux centres O , N , M les réfiftances
néceffaires. Chacune de ces charges eft le tiers du poids R. Cela
pofé , la charge O produit aux points E , F deux efforts dont cha-

cun est la moitié de cette charge , le point S résiste à l'effort en
E , reste l'effort en F qu'il faut soutenir ; mais la charge en N produit aussi en G & en H deux efforts égaux entr'eux , & égaux aux
efforts en F ; l'effort en H étant contraire à l'effort en F , reste
l'effort en G qu'il faut soutenir ; mais la charge en M produit deux
efforts en L & en K, qui sont égaux entr'eux & à l'effort en G :
l'effort en L étant contraire à l'effort en G , il reste l'effort en K
qu'il faut soutenir & auquel la puissance P résiste. On voit donc
que tous les efforts que les charges des centres O, N, M produisent
aux points d'attouchement s'empêchent mutuellement les uns les autres , & que la puissance P n'a à soutenir que l'effort K qui n'est que
la sixiéme partie du poids R ; donc la puissance P est à ce poids
comme l'unité est à 6 , c'est-à-dire , comme l'unité est au double
du nombre des poulies mobiles.

299. On pourroit démontrer cette proposition par le principe
de M. Descartes , en faisant voir que les pieces de la machine sont
disposées de maniere que la puissance parcourt ou est disposée à
parcourir suivant sa direction un espace six fois plus grand que celui que le poids R parcourt ou tend à parcourir suivant la sienne ,
& par conséquent que l'effort absolu de sa pesanteur , doit être six
fois plus grand que celui de la puissance P pour tenir cette puissance en équilibre.

300. Si le point de suspension S est à la chape mobile , la puissance Fig. 68.
P sera au poids R comme l'unité est à la somme de l'unité & du nom-
bre double des poulies mobiles ; c'est-à-dire , comme 1 est à 7 lorsqu'il
y a trois poulies mobiles , comme 1 est à 5 lorsqu'il y a deux poulies
mobiles &c.

Car le poids R tire en embas le point S auquel l'effort en G
résiste : ainsi le poids R produit aux centres M & N deux efforts
dont chacun est double de la puissance P , & outre cela un effort
en S égal à la même force P : or les trois charges en M , en N &
en S font le poids total R ; donc la puissance P est au poids R comme l'unité est à cinq, c'est-à-dire , comme l'unité est à la somme de
l'unité & du nombre double des poulies mobiles.

301. Si les cordons cessent d'être paralleles , & que les triangles Fig. 69.
KML, GNH soient semblables, les deux charges M & N seront
encore égales , & l'on aura P . M :: KM . KL. Si l'on double les
deux conséquens , l'on aura P . 2M :: KM . 2KL ; *c'est-à-dire , que*
la puissance P est au double de la charge M ou ce qui revient au mê-
me au poids R comme le rayon de l'une des poulies mobiles est au
double de la soutendente. S'il y avoit plus de 2 poulies mobiles , &

que les triangles, tels que KML & GNH, fuſſent ſemblables, *la puiſſance ſeroit au poids comme le rayon d'une des poulies mobiles ſeroit à la ſoutendente multipliée par le nombre des poulies mobiles.*

302. Si les triangles, tels que KML, GNH, ne ſont point ſemblables, *la puiſſance P eſt au poids R comme l'unité eſt à la ſomme des quotiens qui réſultent en diviſant les ſoutendentes des poulies mobiles par les rayons, ou comme l'unité eſt à la ſomme des rapports des ſoutendentes des poulies mobiles à leurs rayons. Ainſi* $P . R :: 1 . \frac{KL}{KM} + \frac{GH}{GN}$. Car $KM . KL :: P . \frac{KL \times P}{KM} = M$. L'on a auſſi $GN . GH :: P . \frac{GH \times P}{GN} = N$. Les quatriémes termes de ces deux proportions expriment les charges M & N dont la ſomme eſt égale au poids R. L'on aura donc R ou $R \times 1 = \frac{KL \times P}{KM} + \frac{GH \times P}{GN}$; d'où l'on déduit $P . R :: 1 . \frac{KL}{KM} + \frac{GH}{GN}$. puiſque le produit des extrêmes eſt égal au produit des moyens.

303. Si l'on ôte les fractions du dernier terme de la proportion, on trouvera que la puiſſance P eſt au poids R comme le produit des rayons des poulies mobiles eſt à la ſomme des produits faits chacun de la ſoutendente de chaque poulie mobile multipliée par les rayons de toutes les autres, c'eſt-à-dire, $P . R :: GN \times KM . KL \times GN + GH \times KM$ qui eſt la propoſition que l'on démontre ordinairement.

Fig. 70.   304. Si le point de ſuſpenſion S étoit à la chape mobile, le poids R ſeroit égal à la ſomme des charges M + N & à l'effort en S qui ſeroit égal à la puiſſance P ; ainſi l'on auroit R ou $R \times 1 = \frac{KL \times P}{KM} + \frac{GH \times P}{GN} + P$: d'où l'on déduiroit $P . R :: 1 . \frac{KL}{KM} + \frac{GH}{GN} + 1$.

Fig. 71.   305. Si la puiſſance P ſoutient un poids R à l'aide de pluſieurs poulies mobiles X, Y diſpoſées de maniere que la corde qui embraſſe une poulie, ſoit attachée par un bout à un point fixe, & par l'autre à la chape de la poulie ſuivante, que les cordes ſoient toutes paralleles entr'elles, la puiſſance P ſera la moitié de la charge M, la charge M la moitié de la charge N, ou la moitié du poids R : ainſi ſi le poids R eſt de 8 livres, la charge M ſera de 4 livres, & la puiſſance P de deux livres ; donc la puiſſance P eſt au poids R comme 1 eſt à 4, c'eſt-à-dire, comme le premier terme de la progreſſion 1, 2, 4, 8, 16, 32, 64, eſt au troiſiéme lorſqu'il y

a deux poulies mobiles , comme 1 eſt au quatriéme lorſqu'il y a
trois poulies mobiles ; s'il y avoit 5 poulies mobiles , la puiſſance P
feroit au poids comme le premier terme eſt au fixiéme , c'eſt-à-
dire , comme 1 eſt à 3 2 , &c.

306. Si les cordes n'étoient pas paralleles , la puiſſance feroit Fig. 72.
au poids comme le produit des rayons des poulies au produit des
foutendentes, ce qu'il eſt aifé à prou-　　P. M :: KM . KL
ver. Car l'on auroit les proportions　　M. N ou R :: NG . GH
Si on multiplie par ordre les termes de ces proportions , qu'on diviſe les deux premiers produits par M , on aura P. R :: KM×NG×
KL × GH.

DES ROUES DENTÉES.

307. *Les roues dentées* ou *à dents* font des roues dont les cir- Fig. 73.
conférences font diviſées en un certain nombre de dents égales &
également diſtantes les unes des autres. Si on joint pluſieurs de ces
roues , de maniere que les unes agiſſent ſur les autres & les faſſent
tourner, on aura une machine compoſée des roues à dents , autrement *rouage* : pour qu'une roue puiſſe en faire tourner une autre,on
entaille le rouleau de la roue auquel on donne un certain nombre
de dents égales entr'elles & égales à celles de la roue ſuivante, on
fait en ſorte que les dents du rouleau de la roue qui précede ,
engrainent dans les dents de la roue ſuivante. Le rouleau d'une
roue ainſi entaillé & diviſé en dents eſt appellé *pignon*. Chaque roue
& ſon pignon font ſupportez par leur axe commun ſur deux appuis ; la circonférence de la premiere roue , c'eſt-à-dire de la roue
à laquelle la puiſſance s'applique immédiatement, n'eſt point diviſée , elle porte ſeulement ſur ſon rouleau un pignon ; & la derniere ou celle à laquelle le poids eſt ſuſpendu , n'a point de pignon.
On voit bien que les dents de la premiere roue feroient inutiles ,
puiſqu'elles ne rencontrent aucun pignon , & qu'un pignon à la
derniere roue ne feroit d'aucun uſage , puiſque la corde qui foutient le poids s'entortille ſur le rouleau de cette roue.

308. Lorſque les dents d'une roue font placées ſur le plan mê- Fig. 64.
me de la roue dans une diſpoſition qui pour l'ordinaire eſt perpendiculaire à ce plan , on fait en ſorte que les dents de la roue
rencontrent une lanterne au lieu d'un pignon. Cette lanterne eſt
un cylindre creux dont les deux baſes tiennent enſemble au moyen
de pluſieurs *bâtons* ou *fufeaux* de même groſſeur implantez perpendiculairement ſur les plans des deux baſes & à égales diſtances les
uns des autres.

PROPOSITION VINGT-QUATRIE'ME.

309. *Dans les roues dentées la puiſſance eſt au poids comme le produit des rayons des rouleaux ou pignons eſt au produit des rayons des roues.*

Fig. 73.   DEMONSTRATION. Suppoſons que le rayon GA du rouleau de la roue X ſoit le tiers du rayon AD de la roue ; que le rayon DB du pignon de la roue Y ſoit la moitié du rayon BL de la roue , & que le rayon LC du pignon de la roue Z ſoit le quart du rayon CM de la roue , les rayons des trois roues feront 3 , 2 , 4 , & les rayons des trois pignons ou rouleaux ſont 1 , 1 , 1 , il faut donc prouver que la puiſſance P eſt au poids R comme 1 × 1 × 1 eſt à 3 × 2 × 4 , c'eſt-à-dire , comme 1 eſt à 24.

310. Si la puiſſance P étoit immédiatement appliquée au point D de la roue X , ſon effort ne ſeroit que le tiers du poids , puiſ-que ſon point d'application D eſt trois fois plus diſtant du point d'appui A que n'eſt celui du poids R ; mais ſi la puiſſance agit ſur le point D par le moyen d'une autre roue telle que Y , & qu'elle ſoit appliquée au point L qui eſt à la circonférence de cette roue , l'ef-fort qu'elle fera au point L ne ſera que la moitié de celui qu'elle fait au point D qui eſt commun à la roue X & au pignon de la roue Y , car le point L eſt deux fois plus diſtant de l'appui B que n'eſt le point D ; ainſi l'effort que la puiſſance P fera au point L ne ſera que la moitié de celui qu'elle feroit ſi elle tiroit immédiate-ment le point D , c'eſt-à-dire , que cet effort ne ſera que la moi-tié du tiers de celui du poids R ou la ſixiéme partie de ce poids. Si enfin la puiſſance P tire le point M de la roue Z , l'effort qu'elle y fera ne ſera que le quart de celui qu'elle feroit au point L commun à la roue Y & au pignon de la roue Z , car la diſtance CM eſt quadruple de la diſtance LC : or l'effort que la puiſſance P feroit en L eſt la ſixiéme partie du poids R ; donc celui qu'elle fera au point M n'eſt que le quart de la ſixiéme partie ; c'eſt-à-dire , la 24ᵉ partie de l'effort du poids R ; donc la puiſſance P eſt au poids R comme 1 eſt à 24 , c'eſt-à-dire , comme le pro-duit des rayons des pignons eſt au produit des rayons des roues.

311. *Si tous les rayons des pignons étoient égaux & ceux des roues auſſi , la puiſſance & le poids ſeroient entr'eux réciproquement comme les rayons d'une des roues & d'un des pignons élevez au de-gré de puiſſance marqué par le nombre des roues :* ainſi dans l'exem-ple de la figure où il y a trois roues , la puiſſance P ſeroit au poids R comme le cube du rayon de l'un des pignons ſeroit au cube du

rayon de l'une des roues ; fi le rayon du pignon étoit le quart de celui de la roue , la puiffance feroit au poids comme 1 eft à 64.

312. On trouvera le même rapport dans la Figure 74, où la puiffance P fait tourner la lanterne B avec un levier qui tient lieu de roue & dont la longueur peut être regardée comme le rayon d'une roue.

On peut démontrer la propofition d'une maniere générale.

313. La puiffance P tire fuivant la direction MP, & foutient en équilibre le poids R à l'aide des trois leviers LM , DL , GD ap-puyez fur les points fixes C , B , A. Lorfque la puiffance P tire le levier LM fuivant la direction MP perpendiculaire au bras LM , elle produit fur le levier DBL un effort K dirigé fuivant LQ. Mais l'effort K ainfi dirigé fuivant LQ produit un effort N diri-gé fuivant DS auquel le poids R réfifte ;   P . K :: LC . CM
donc par la propriété du levier , l'on a   K . N :: DB . BL
ces trois proportions , Si on multiplie par   N . R :: GA . AD
ordre les termes des trois , qu'on divife les deux premiers produits par K × N , on aura P . R :: LC × DB × GA . CM × BL × AD.

DE LA VIS SANS FIN.

314. La vis fans fin eft une machine compofée d'une vis & d'une Fig. 75.
roue dentée , au rouleau de laquelle eft fufpendu un poids. La vis eft foutenue par les extrêmitez de fon axe fur deux appuis , de mê-me que la roue dentée : la vis eft fans écrou , & elle n'avance point fuivant la longueur de fon axe, comme lorfqu'elle eft engagée dans un écrou fixe ; mais lorfqu'on la fait tourner fur fes pivots au moyen de la manivelle PS , les fpires ou hélices du cordon fpiral de la vis , rencontrent les dents de la roue , & le poids R qui ré-fifte au mouvement circulaire de la roue que la vis tend à lui im-primer, produit fur ce cordon un effort ou preffion femblable à celle qui eft caufée fur le cordon de la vis fimple lorfqu'elle eft enga-gée dans fon écrou ; ainfi fi le poids R étoit immédiatement ap-pliqué au point D , le rapport de la puiffance au poids feroit le même que dans la vis fimple ; mais la puiffance P n'agit fur le poids R que par l'effort K qu'elle produit au point D ; c'eft pourquoi il faut dabord comparer la puiffance P à l'ffort K , & enfuite l'ef-fort K au poids R. Cela pofé,

315. *La puiffance* P *eft au poids* R *comme le produit de l'inter-valle qui eft entre deux fpires ou hélices de la vis multiplié par le*

rayon AE *eſt au produit de la circonférence décrite par* PS *multipliée par le rayon* EB *de la roue.*

On ſuppoſe que la direction de la puiſſance eſt perpendiculaire à l'axe de la vis. Si le rayon AE du rouleau n'eſt que le tiers du rayon EB de la roue, l'effort K que la puiſſance P produit en D ne ſera que le tiers de celui du poids R ; mais ſi l'intervalle CK qui eſt entre deux ſpires, n'eſt que la 3 0ᵉ partie de la circonférence décrite avec le rayon PS, la puiſſance P ne ſera que la 3 0ᵉ partie de l'effort K (265), & par conſéquent la 90ᵉ partie du poids R ; donc la puiſſance P eſt au poids R comme 1 eſt à 90 : or 1 & 90 ſont entr'eux comme les produits de AE par CK, & de EB par la circonférence dont le rayon eſt PS, puiſque AE n'eſt que le tiers de EB, & CK la trentiéme partie de la circonférence, qui a pour rayon PS ; donc, &c.

Fig. 76. *MACHINE COMPOSÉE D'UN TREUIL ET D'UN PLAN INCLINÉ.*

Cette machine ſe voit aux charretes ſur leſquelles on voiture le vin.

3 1 6. On ſuppoſe que la direction GR eſt parallele au plan incliné, & que la direction de la puiſſance eſt perpendiculaire au bras CD. Cela poſé,

3 1 7. *La puiſſance* P *eſt au poids* R *comme le produit de la hauteur* OS *du plan incliné multipliée par le rayon* CG *du rouleau eſt au produit de la longueur* SH *multipliée par le rayon* CD *du treuil.*

Si la puiſſance P étoit appliquée au point G de la corde GR, elle ſeroit au poids comme OS eſt à SH, c'eſt-à-dire, comme la hauteur du plan incliné eſt à ſa longueur : ainſi ſi la hauteur OS n'eſt que la moitié de la longueur SH, la puiſſance P ne ſeroit que la moitié du poids R ; mais la puiſſance P n'agit ſur le poids R que par l'effort K qu'elle produit en G. Or ſi le rayon CG n'eſt que le tiers du rayon CD, l'effort de la puiſſance P ne ſera que le tiers de l'effort K ; donc la puiſſance P ne ſera que le tiers de la moitié du poids R, c'eſt-à-dire, la ſixiéme partie de ce poids. Ainſi la puiſſance P & le poids R ſont entr'eux comme 1 eſt à 6, c'eſt-à-dire, comme le produit de la hauteur OS multipliée par le rayon CG, eſt au produit de SH multiplié par le bras CD.

MACHINE COMPOSÉE DE DEUX ROUES DENTÉES, & d'un levier.

3 1 8. Cette machine dont M. de la Garouſſe paſſe pour être l'inventeur, a été nommée levier de la Garouſſe. Par le moyen de
ce

ce levier le mouvement eſt continu ; l'allée & la venue ſont également miſes à profit. Cette machine au rapport de M. Varignon fut préſentée par l'auteur à l'Académie Royale des Sciences en l'année 1697. Voici , ſuivant M. Varignon les dimenſions des pieces de cette machine. 1º. Le levier AB qui tourne autour du point fixe C avoit 18 pouces moins $\frac{1}{4}$, ſçavoir 17 pouces pour la diſtance CA & $\frac{3}{4}$ de pouce pour la diſtance CB , les rayons IN, LQ des rouleaux étoient chacun de $\frac{1}{2}$ pouce, le rayon LO de la roue Z , avoit 1 $\frac{1}{2}$ pouce, & le rayon EI de la roue Y étoit d'un pouce, les bras BF, DK qui avoient la forme de pieds de biche , tiennent au levier AB avec les clavettes B , D , autour deſquelles ils peuvent ſe mouvoir librement. Lorſque le levier tourne autour du point fixe C , & qu'il décrit l'arc AM , le bras DK quitte les dents de la roue Y , & le bras BF la pouſſe ; mais lorſque le levier revient en décrivant l'arc MA , pour lors le bras BF ceſſe d'agir ſur la roue Y , & c'eſt le bras DK qui pouſſe à ſon tour ; de ſorte que le levier BA pouſſe ſans ceſſe la roue Y au moyen des bras BF , DK qui agiſſent alternativement contre les dents de cette roue , il eſt viſible que la puiſſance appliquée à l'extrêmité A du levier en le faiſant tourner autour du point fixe C produit aux points K , F des efforts qui ſont dirigez ſuivant DK , BF ; & ſi CH , CS ſont perpendiculaires aux directions BF, DK , elles ſeront les diſtances qu'il y a de l'appui C aux mêmes directions , (ces diſtances ſont ſuppoſées égales.) Cela poſé , *la puiſſance P eſt au poids R comme le produit des rayons LQ , IN , & de l'une des diſtances CH ou CS eſt au produit des rayons LO, EI des roues & du bras CA du levier ;* c'eſt-à-dire , ſelon les dimenſions précedentes , comme $\frac{1}{2} \times \frac{1}{2} \times \frac{3}{4}$ eſt à $1 + \frac{1}{2} \times 1 \times 17$, ou comme $\frac{3}{16}$ eſt à $17 + \frac{17}{2}$, ou bien après avoir réduit ces deux nombres au même dénominateur, comme $\frac{3}{16}$ eſt à $\frac{408}{16}$, & encore comme 3 eſt à 408 , & même encore comme 1 eſt à 136 en diviſant les deux nombres par 3.

319. Puiſque LQ & IN ont $\frac{1}{2}$ pouce de long chacun , & que le rayon LO en à 1 $\frac{1}{2}$, & le rayon EI , 1 , ſi la puiſſance P étoit appliquée immédiatement à la roue Y , elle ſeroit au poids P comme $\frac{1}{4}$ eſt à $1 + \frac{1}{2}$, c'eſt-à-dire, comme le produit des rayons LQ, IN des rouleaux eſt au produit des rayons LO , EI des roues , ou bien ſi on réduit les produits au même dénominateur, comme le numérateur 1 eſt au numérateur 6 ; mais la puiſſance P ſoutient le poids R par les efforts K ou F qu'elle produit ſur la roue Y aux points K , F avec le levier AB ; les diſtances HC ou CS étant à

Hhh

la diſtance CA comme $\frac{3}{4}$ à 17, ou en réduiſant les deux nombres au même dénominateur, comme 3 eſt à 68, on aura 68.3 :: K.P $=\frac{3 \times K}{68}$; c'eſt-à-dire, que l'effort de la puiſſance P eſt les trois ſoixante-huitiémes de celui qui eſt produit en K ; mais l'effort en K n'eſt que la ſixiéme partie du poids R ; donc la puiſſance P n'eſt que les trois ſoixante dix-huitiémes de la ſixiéme partie du poids R, & par conſéquent comme 1 eſt à 136.

REMARQUE GÉNÉRALE SUR LES MACHINES SIMPLES
& compoſées.

320. Tout ce que l'on a démontré dans le cours de ce Livre du rapport d'une puiſſance à un poids ou fardeau, lorſqu'elle le ſoutient à l'aide d'une machine, fait aſſez comprendre qu'il n'y en a aucune, ſoit ſimple, ſoit compoſée, ſi on en excepte la poulie fixe, qui ne facilite merveilleuſement ſon action, le fardeau le plus peſant devient, pour ainſi dire, léger, & une force médiocre peut le tenir en équilibre, ſi on profite de l'avantage d'une machine. Archimede ne demandoit qu'un point fixe pour peſer la terre avec un poids ordinaire : lors donc qu'on veut mettre un poids en équilibre, il n'y a point de ſecours qu'on ne puiſſe recevoir d'une machine ; mais le ſecours eſt-il le même, ſi une puiſſance met la machine en mouvement ? car c'eſt ſur-tout dans le mouvement que l'on doit éprouver ſon utilité. Pour répondre à cette queſtion, on obſervera 1°. que ſi on conſidere le mouvement ſans avoir égard aux circonſtances particulieres, une puiſſance trouve la même facilité à mouvoir un fardeau avec une machine, qu'à le tenir par ſon moyen en équilibre : car de l'équilibre au mouvement il n'y a pas loin, puiſque pour peu que la puiſſance augmente ſa force, l'équilibre ceſſe auſſi-tôt ; mais ſi on conſidere le mouvement d'une machine en tant qu'il eſt utile, & qu'il procure quelque avantage ou commodité, on n'eſt pas maître de produire de grands effets avec une petite force : ſi on veut élever promptement un grand fardeau à une certaine hauteur avec une petite force, on n'y réuſſira point, quoiqu'on puiſſe le mettre en équilibre avec cette même force. La différence vient de ce que l'équilibre eſt indépendant du tems ; mais le mouvement en tant qu'il doit faire parcourir un certain eſpace, eſt néceſſairement lié avec le tems. Lorſqu'une puiſſance fait monter un poids, il faut qu'elle parcoure un eſpace : or cet eſpace eſt d'autant plus grand que la force eſt plus petite : ſi on veut élever à l'aide d'un levier un poids à la hauteur d'un pied avec une force

cent fois moindre , il faudra qu'elle foit au moins cent fois plus
éloignée de l'appui , il faudra donc qu'elle parcoure un efpace de
cent pieds pour monter le poids à la hauteur d'un pied. Si cette
puiffance eft de nature à parcourir par une action non interrompue & fans trop fe forcer, par exemple , 5 pieds en une feconde ,
elle emploiera 20 fecondes pour élever le poids propofé à la hauteur d'un pied ; fi on augmente la force , qu'on la rende dix fois
plus grande , il fuffira qu'elle tire à la diftance de dix pieds de
l'appui ; & pour élever le poids propofé à la hauteur d'un pied, il
faudra qu'elle en parcoure 10 ; elle emploiera donc deux fecondes : car on fuppofe que cette force ne peut faire ordinairement &
fans trop fe fatiguer que 5 pieds par feconde ; le tems fera donc
dix fois plus court que fi la puiffance tiroit à la diftance de
100 pieds de l'appui : d'où l'on voit que pour produire le même
effet qui eft d'élever un poids à la hauteur d'un pied , il faut augmenter la force dans la même raifon que le tems diminue ; fi le
tems eft dix fois plus court , il faut que la force foit dix fois plus
grande ; fi l'on épargne en force , il faut prolonger le tems ; & fi
on veut abreger le tems, il faut fe réfoudre à dépenfer en force.
Cette regle a lieu dans toutes les machines fimples & compofées ,
& elle s'obferve d'une maniere inviolable fans qu'il foit au pouvoir
de celui qui les fabrique ou qui les gouverne , de la changer : or
on juge de l'utilité d'une machine par l'effet qu'elle produit dans
un certain tems ; plus une machine eft expéditive , toutes chofes
étant d'ailleurs égales , plus elle eft eftimée , & elle eft préfera-
ble à une autre qui donneroit le même produit , mais dans un tems
plus long. La machine la plus puiffante n'eft donc pas celle qui
remue les plus grands fardeaux , mais celle qui les tranfporte le plus
promptement qu'il eft poffible : une machine qui par un mouvement continu, mais très-lent & d'une feule charge , élevera à une
certaine hauteur une grande maffe , n'eft pas meilleure que celle qui
la partageant en plufieurs charges , l'élevera à la même hauteur , fi
pour faire le tranfport , il ne faut pas employer un plus long tems
ni plus de force.

  321. Il fuit de ce qui vient d'être dit , que l'ouvrage qu'une
machine peut faire , dépend uniquement de la force qu'on lui applique & du tems , & que fi on fuppofe que le tems eft le même
pour toutes , l'effet produit eft proportionnel à la force quelle
que foit d'ailleurs leur efpece & leur conftruction particuliere ;
qu'ainfi fi on confidere toutes les machines d'une vûe générale &
comme parfaites , elles font toutes égales , & l'une ne peut pas

fournir davantage que l'autre, ni donner un plus grand produit ; qu'ainſi ceux là ſe trompent d'une maniere fort groſſiere qui s'imaginent qu'en ſe ſervant de leviers fort longs ou de grandes roues, ils arriveront à de plus grands effets, & que c'eſt ignorer les premiers principes de la mécanique de croire qu'une machine doit être d'un rapport d'autant plus grand qu'elle eſt plus compoſée.

322. On objectera peut-être que ſi les machines n'ont d'effet qu'à proportion de la force qu'on leur applique, il eſt inutile de s'en ſervir, puiſqu'une puiſſance peut par elle-même & ſans leur ſecours, produire d'auſſi grands effets.

323. Il eſt aiſé de prouver que les machines ſont d'un grand ſecours,& qu'elles procurent deux avantages conſidérables: le premier conſiſte en ce qu'une puiſſance peut par leur moyen ſe poſter comme elle veut à l'égard du fardeau qu'elle entreprend d'enlever, & ſe ſituer pour cet effet de la maniere la plus commode & la plus conforme à ſa maniere d'agir, ce qui eſt pour elle d'un grand ſoulagement ; la poulie fixe eſt une preuve de ceci, car quoiqu'avec ſon ſecours on ne faſſe pas plus d'ouvrage, on ne laiſſe pas de s'en ſervir, parce qu'elle facilite l'action de la puiſſance & lui épargne en pluſieurs occaſions un ſurcroît de fatigue. En ſecond lieu, il y a une infinité de rencontres où le tems ne doit être compté pour rien, & pourvu que l'entrepriſe réuſſiſe, quoique lentement, on eſt ſatisfait, le tems ne coute point lorſqu'il s'agit de remuer des maſſes énormes ou de ſurmonter des obſtacles invincibles aux forces ordinaires : pour lors n'eſt-on pas heureux d'avoir une machine ou inſtrument à ſa diſpoſition avec lequel on puiſſe executer au moins avec le tems ce qu'il ſeroit comme impoſſible de faire autrement, ſi on en étoit privé ? c'eſt dans ces ſortes d'occaſions qu'on ſent le prix d'une machine, & qu'on jouit des commoditez qu'elle peut procurer. On ne peut donc pas inferer que les machines ſoient inutiles de cela ſeul qu'elles ne font d'ouvrage qu'à proportion de la force qui les met en mouvement. Cette regle, quoique certaine, ne doit pas faire perdre la vraie eſtime qu'on doit avoir pour les machines ; mais faire comprendre quels ſont les ſecours que l'on en peut attendre raiſonnablement. Encore une fois une petite force peut bien à l'aide d'une machine, remuer de grands poids, mais elle ne le peut pas promptement, parce qu'il faut qu'elle parcoure un eſpace d'autant plus grand qu'elle eſt plus petite, & que pour parcourir cet eſpace, il eſt néceſſaire qu'elle emploie un tems plus long. Si on veut hâter l'execution, il faut augmenter la force en di-

minuant le trajet qu'elle seroit obligée de faire sans cela ; si la puissance parcourt un chemin égal à celui du poids , il est nécessaire que sa force surpasse de quelque chose celle de la pesanteur. Si on veut produire des mouvemens prompts & subits , il faut situer la puissance de maniere qu'elle parcoure un chemin très-court, & qu'elle fasse un effort à proportion plus grand , ce sont là les loix de mécanique que Dieu a établies & qu'il a suivies lui-même en formant le corps humain & tous les animaux ; car il en a tellement disposé les parties, que celles qui font l'office de puissance comme les muscles , font mues très-lentement ; pour cela il a donné la figure de levier à celles qui par leur destination sont exposées aux plus grands travaux & aux plus longues fatigues, & a placé les muscles près des jointures, afin que venant à se contracter & à se racourcir quelque peu , ils pussent produire une vitesse d'autant plus grande qu'ils seroient plus proches de l'appui, & que l'extrêmité du levier en seroit plus éloignée. Lorsque les hommes se servent du levier, ils placent l'appui entre l'obstacle & la puissance qu'ils éloignent le plus qu'ils peuvent, afin de la mettre en état de surmonter l'obstacle, pour lors elle en vient à bout , mais l'exécution est lente. Dieu suit une route toute opposée ; il place la puissance entre l'appui & l'obstacle , parce qu'il veut que les mouvemens du corps humain s'exécutent promptement , & parce qu'il est maître de donner une grande force à une petite partie , telle qu'est le muscle , il l'attache fort près de l'appui. Si les hommes veulent imiter l'ouvrage de Dieu , & operer avec diligence, il faut qu'ils suivent la conduite qu'il tient , & qu'ils se conforment aux regles qu'il a voulu suivre.

CHAPITRE QUATRIE'ME.

DE LA CONSTRUCTION DE LA BALANCE ET DU PESON, *avec la résolution de quelques Problêmes de statique.*

324. DANS le commerce de la vie civile on a souvent besoin de mettre des poids en équilibre , soit pour échanger des marchandises , soit pour en vendre ou en acheter une quantité d'une pesanteur connue. Dans les travaux que l'on entreprend on ne peut pas non plus se passer d'arrêter un fardeau lorsque la puissance l'a élevé à la hauteur convenable, afin de la décharger, ou encore pour lui donner le tems durant le travail de reprendre ses forces. Dans tous ces differens cas d'équilibre, lorsque c'est une puissance qui tire, il faut qu'elle n'emploie qu'une certaine mesure de force

fi fa direction & le point auquel elle s'applique font déterminez ;
que fi la puiffance agit avec une force qui foit toujours la même,
pour lors il faut déterminer le point auquel elle doit s'attacher
& la direction de fon effort, autrement on n'arriveroit point à
l'équilibre qu'on fe propofe de trouver. S'il s'agit de pefer des
marchandifes, ce n'eft pas affez de les mettre en équilibre, il faut
de plus que la machine ou inftrument qui fert à les pefer, foit
conftruit de maniere que le vendeur & l'acheteur ne foient pas
lezés, l'un en donnant trop, & l'autre en ne recevant pas affez.
Les inftrumens deftinez à cet ufage font pour l'ordinaire la *balance*
& le *pefon* ou la *romaine*.

On va dabord donner la conftruction de la balance, enfuite du
pefon, enfin la réfolution des problêmes les plus ordinaires, qui
concernent l'équilibre des puiffances appliquées aux machines.

DE LA BALANCE, DE SA CONSTRUCTION ET DE SES DÉFAUTS.

Fig. 78. **325.** *La balance* eft une efpece de levier dont les bras font
égaux. Le levier **XY** eft appellé *fléau* ou *traverfin*, FG *eft l'anfe
ou la chaffe*, FH *l'aiguille* qui eft d'une feule piece avec le fléau,
& eft perpendiculaire à la longueur **XY** : A & B font les *baffins* ou
plateaux : F *l'axe* ou *effieu* autour duquel la balance tourne.

326. La jufteffe & l'exactitude de la balance eft toute fondée
fur l'égalité des poids que l'on met dans les deux baffins ; fi dans
l'équilibre ces deux poids ne font pas égaux, la balance eft fautive, & fi l'on s'en fert c'eft à la perte ou du vendeur ou de l'acheteur : la conftruction de cette machine eft fort fimple, & fi elle
eft exempte de tout défaut, les moins verfez peuvent juger à vûe
d'œil & fans aucun rifque de fe tromper s'il y a de la fraude dans
la maniere de s'en fervir ; ce qu'il n'eft pas aifé de découvrir dans
les autres efpeces de balances qui dépendent de certaines divifions
comme, par exemple la romaine, c'eft encore pour écarter les plus
légers foupçons de tromperie que l'on a foin de donner à la balance toute la régularité poffible. Car on la compofe de façon que
les parties qui fe correfpondent de part & d'autre du point de fufpenfion, font parfaitement égales & femblables. Voici quelques
regles pour découvrir fi une balance eft jufte ou fi elle eft trom-
peufe : on pofe ces principes. 1°. Les poids qui font de part & d'autre dans les baffins ou plateaux A & B doivent être égaux lorfqu'ils font en équilibre. 2°. Dans l'équilibre lorfque le traverfin eft
horizontal, pour peu que l'on ajoute à un côté, il doit l'emporter
fur l'autre, & defcendre en décrivant un grand arc. 3°. Lorfqu'on

tient la balance suspendue toute seule, les parties qui sont d'un
côté de l'essieu doivent être en équilibre avec celles qui sont de
l'autre côté, & dans cet état le fléau ou traversin doit être horizontal.

On va appliquer ces principes, & on éclaircira en même-tems
ce qui peut avoir besoin d'explication.

327. 1°. Les bras de la balance doivent être égaux, car s'ils
étoient inégaux, les poids que l'on mettroit dans les bassins pour
faire équilibre, seroient aussi inégaux, (on suppose ici que la balance toute seule est en équilibre, & qu'un côté ne l'emporte pas
sur l'autre.) Pour appercevoir que les bras d'une balance doivent
être égaux, il suffit de rappeller ici que deux poids appliquez aux
bras d'un levier sont en équilibre s'ils sont dans la raison réciproque des distances de l'appui aux directions, en sorte qu'un poids
doit être d'autant plus grand que sa direction est moins éloignée
de l'appui ; lors donc que les directions sont inégalement éloignées
de l'appui, il est nécessaire que les poids qui sont équilibre soient
inégaux : or les directions des poids étant paralleles, les bras sont
dans la même raison que les distances des directions à l'appui ;
donc si les bras de la balance sont inégaux, les distances des directions à l'appui sont inégales ; donc les poids qui sont équilibre sont inégaux ; il est donc nécessaire que le vendeur ou l'acheteur perdent. Si le poids qui sert à peser la marchandise est suspendu
au bras le plus long, le vendeur pesera à sa perte, car pour l'équilibre il faudra que la marchandise soit dautant plus pesante, que
le bras auquel elle sera suspendue sera plus court ; mais si le poids
qui sert à peser est appliqué au bras le plus court, ce sera l'acheteur qui perdra.

328. Pour s'assurer si une balance a ce défaut, on mettra dabord le poids & la marchandise en équilibre, ensuite il faut tran-
sposer le poids & la marchandise d'un bassin à l'autre ; si après ce
changement il cesse d'y avoir équilibre, en sorte que pour le rétablir, il faille mettre ou ôter du côté ou est la marchandise, c'est
une preuve certaine que les bras de la balance sont inégaux.

329. Si on veut se servir d'une telle balance, quoique trompeu-
se sans perte considérable pour l'acheteur ou le vendeur, on le
peut en cette maniere. Supposons que l'un des bras de la balance
soit d'un huitiéme plus long que l'autre bras, en sorte que si l'un
contient 8 parties, l'autre en contienne 7, ces bras seront entr'eux
comme 8 & 7 ; supposons aussi que le poids qui sert à peser soit de
4 livres, & qu'on le mette d'abord dans le bassin qui pend au bras

e plus court , fi l'on fait la proportion 8 . 7 :: 4 . x , ce quatriéme
erme eft le poids de la marchandife qui fait équilibre avec le poids
de 4 livres : or $x =$ 3 liv. $\frac{4}{8}$ ou $x =$ 3 liv. $\frac{1}{2}$; ainfi fi l'acheteur fe
contentoit de cette maniere de pefer , il perdroit une demi-livre
fur quatre. Mais après cette premiere opération , que l'on mette le
poids de 4 livres dans le baffin qui eft fufpendu au bras le plus
long , & que l'on pefe de la nouvelle marchandife , on aura cette
autre proportion 7 . 8 :: 4 . $x = 4\frac{4}{7}$ fuivant laquelle l'acheteur recevroit 4 liv. $\frac{4}{7}$, c'eft-à-dire , $\frac{4}{7}$ de livre au de là de ce qu'il peut
exiger ; ces quatre feptiémes de livre valent $\frac{1}{2} + \frac{1}{14}$. Si l'on ajoute les deux pefées en une fomme , on aura 8 livres $\frac{1}{14}$, dont la moitié eft 4 livres $\frac{1}{28}$: ainfi fi l'acheteur prend la moitié des deux
pefées , il recevra 4 livres $\frac{1}{28}$, c'eft-à-dire , environ une demi-
once de plus qu'il ne lui eft dû ; ce feroit donc le vendeur qui
pour lors au lieu de gagner perdroit , en fe fervant d'une balance
qui auroit dû lui donner un profit confidérable , quoiqu'injufte.
Si l'acheteur prenoit les deux pefées, il gagneroit environ une once
fur 8 liv. ce qui n'eft pas une perte confidérable pour le vendeur.

3 3 0. 2°. Il faut que les anneaux qui tiennent les baffins fufpendus aux extrêmitez du traverfin , tournent librement dans leurs
trous , en forte que leur circonférence foit toujours perpendiculaire à l'horizon ou parallele à la direction des poids ; il faut auffi
que le traverfin foit conftruit de maniere que les points fur lefquels les anneaux s'appuient , & le point où l'axe du traverfin
touche l'anfe , puiffent être joints par une ligne droite : ainfi fi les
Fig. 79. ronds CAC répréfentent les épaiffeurs des anneaux ou clous auxquels les baffins font fufpendus , & le rond A l'épaiffeur de l'effieu ,
il faut que leurs points d'attouchement D , F , D foient fur une
même ligne droite. Si l'une de ces conditions manque , c'eft-à-
dire , fi les anneaux ne tournent pas librement , ou fi les points
d'attouchement dont il s'agit , ne font pas fur une même ligne
droite , l'on aura un levier courbé , & fi la courbure eft tournée
vers le bas , des poids inégaux pourront faire équilibre entr'eux
fi l'on donne au traverfin differentes inclinaifons , comme il a été
prouvé , en forte que pour faire pencher fenfiblement la balance
d'un côté , il faudra ajouter à ce côté un poids plus confidérable ,
au lieu que la balance doit être faite de maniere que pour peu que
l'on ajoute à l'un des baffins lorfqu'il font en équilibre, il defcende
auffi-tôt & rompe tout-à-fait l'équilibre. Lors donc que deux poids
font en équilibre dans une balance dont les bras & les baffins font
égaux en tout , on ne peut pas conclure qu'ils font égaux , à
moins,

moins qu'on ne fache d'ailleurs que la balance eft exempte du défaut dont il s'agit. On remarquera que fi la courbure eft tournée
vers le haut, en forte que le point d'attouchement F foit au-deffous des points D, D, la balance eft exempte du défaut qu'on
vient de remarquer : car fi la balance eft en équilibre lorfqu'elle
eft horizontale, pour peu qu'on la faffe pancher d'un côté ou d'autre, en ajoutant quelque chofe à l'un des baffins, l'équilibre eft
tout-à-fait rompu comme on a obfervé auparavant. (82.)

331. Lorfque le point F eft au-deffus des points D, D, & qu'u-
ne balance a le défaut de fe mettre en équilibre quoiqu'elle foit
inégalement chargée des deux côtez, on peut le reconnoître par
le moyen de l'aiguille qui eft au fléau : car fi l'on tient la balance
fufpendue, de maniere que l'anfe foit parallele à la direction des
poids, on verra que fi la balance commence à être inégalement
chargée, les bras FD, FD étant fuppofez égaux, l'aiguille ceffera
d'être fur la même ligne que l'anfe, & qu'elle s'en féparera un peu
en devenant inclinée du côté que la balance panche.

332. On peut encore connoître qu'une balance à le défaut dont
il s'agit ici lorfque n'étant point chargée on l'incline d'un côté,
& que néanmoins elle revient & fe rétablit. Car puifque les bras
de la balance font égaux en tout, (comme on fuppofe) fi le fléau
étoit exempt de courbure, les centres de gravité de l'un & de l'autre bras feroient à égale diftance de l'appui dans toutes les inclinaifons poffibles, comme ils y font lorfque la balance eft horizontale, & par conféquent le fléau refteroit dans la fituation qu'on lui
donneroit ; mais puifque fi on l'incline d'un côté, & qu'on la
laiffe enfuite, elle revient, il faut que le centre de gravité du bras
qui eft d'abord monté, fe foit éloigné de l'appui ; & que celui du
bras qui eft defcendu s'en foit approché, comme il arrive à deux
poids égaux qui font fufpendus aux bras égaux d'un levier courbé
dont la courbure eft tournée en bas lorfque ce levier ceffe d'être
horizontal. (79.)

333. 3°. Si en inclinant une balance non chargée, elle ne
fe tient pas dans la fituation où on l'aura mife, mais qu'elle continue de defcendre, on ne peut pas conclure que le bras qui defcend foit plus pefant en lui-même, que l'autre bras, ni que la balance foit fautive, car comme les anneaux auxquels les baffins
font attachez, jouent librement dans les trous où ils font paffez,
il arrive qu'en inclinant la balance, le baffin qui defcend s'éloigne
un peu de l'appui, & au contraire celui qui monte s'en approche : de
là vient que le baffin qui defcend l'emporte fur l'autre, ce qui n'eft

pas un défaut, pourvû qu'ils foient en équilibre, lorfque la balance eft horizontale, conformément au troifiéme principe.

334. 4°. Pour diminuer le frottement de l'effieu le plus qu'il eft poffible, on lui donne la figure d'un coin émouffé par le tranchant & un peu arrondi.

DE LA ROMAINE OU PESON, ET DE SA CONSTRUCTION.

335. La *Romaine* differe de la balance en ce que fes bras font inégaux, & qu'avec un même poids on peut pefer des corps fort inégaux.

Fig. 80.
81. 82.
336. XY eft un *levier* de bois, de fer &c. FG *l'anfe*; F *l'effieu* autour duquel le levier fe meut; FX *le petit bras*; FY *le grand* : à l'extrêmité X du petit bras eft un *baffin* fufpendu où l'on pofe la marchandife qu'il faut pefer, (au lieu d'un baffin on fe fert fouvent d'un *crochet*) : P eft le poids qui fert à pefer, on l'appelle *la maffe*, & il eft fufpendu à un anneau H qui eft plat & mince & qu'on peut avancer ou reculer le long du bras FY. Il eft évident que fi on éloigne la maffe P du point de fufpenfion F, fon *moment* ou fa *force relative* augmente, & qu'elle peut faire équilibre avec des quantitez de differens poids, & qu'au contraire fi on l'approche du point F, fa force relative diminue & que les poids avec lefquels elle fera équilibre feront moindres. Pour fe fervir de la Romaine il faut que le bras FY foit divifé en un certain nombre de parties fur lefquelles la maffe étant mife faffe équilibre avec des poids connus qu'on pofera dans le baffin, en forte que fi on ôte enfuite ces poids & qu'on mette à leur place des marchandifes qui faffent équilibre avec la maffe P, on fache combien elles pefent.

337. Voici de quelle maniere on peut s'y prendre pour faire cette divifion. La maffe P étant d'un poids connu, par exemple d'une livre, on peut fuppofer que le bras FX joint au baffin, fait équilibre avec le bras FY, ou bien que l'un des deux bras eft plus pefant que l'autre.

PREMIER CAS, lorfque les deux bras font en équilibre fur le point de fufpenfion F.

Fig. 80.
338. Il faut porter la longueur FX du petit bras fur le grand autant de fois qu'elle y eft contenue, & marquer la premiere divifion du chiffre 1, la feconde du chiffre 2, la troifiéme du chiffre 3, & ainfi de fuite, & le bras FY fera divifé de maniere que fi la maffe P eft d'une livre, elle fera équilibre avec un poids d'une livre dans le baffin, fi on la met à la premiere divifion 1, &

elle fera équilibre avec un poids de deux livres à la seconde division 2 : en un mot le chiffre qui est à chaque division, marque le
nombre de livres que la masse P peut contrepeser dans le bassin,
lorsqu'elle est arrêtée à cette division. Ce premier cas n'a pas besoin d'être prouvé après tout ce qui a été dit de l'équilibre des
poids suspendus à un levier. Puisque les bras de la balance sont en
équilibre sur le point de suspension F, ils sont à l'égard de la masse
P & du poids qui est dans le bassin comme s'ils étoient sans pesanteur; c'est pourquoi la masse P doit faire équilibre avec des poids
qui soient entr'eux comme les distances à l'appui F, car le moment
ou force relative de la masse P augmente à raison de la distance
où elle est de l'appui F ; or par la construction la distance F2 est
double de la distance F1, la distance F3 est triple de la distance
F1 ; donc la masse P suspendue à la seconde division doit faire
équilibre avec un poids double de celui qu'elle contrepese lorsqu'elle est à la premiere division, & lorsqu'elle est à la troisiéme,
elle doit faire équilibre avec un poids triple ; or lorsque la masse
est à la premiere division, elle fait équilibre avec un poids d'une
livre, puisque les distances FX, F1 sont égales, & que d'ailleurs
la masse P pese une livre; donc lorsqu'elle est à la seconde, à la
troisiéme division, &c. elle doit faire équilibre avec des poids de
deux, de trois livres, &c. Donc si à la place de ces poids on met
dans le bassin de la marchandise qui soit en équilibre avec la masse
P, on sçaura qu'elle pese une livre, si la masse est à la premiere division, qu'elle pese deux livres si la masse est à la seconde division,
& ainsi de suite.

*Second cas, lorque les bras sont inégaux en pesanteur, & que
l'un l'emporte sur l'autre.*

339. 1°. Si le bras FX avec ses accompagnemens est plus pe-   Fig. 81.
sant que le bras FY, il faut mettre la masse P au point H pour
qu'elle y fasse équilibre avec l'excez de la pesanteur du bras FX
sur celle du bras FY, prendre la longueur FX, & la porter sur
le bras FY en commençant au point H, & marquer les divisions
de suite avec les chiffres 1, 2, 3, 4, 5, &c. comme dans le premier cas. Cela fait, si l'on pose la masse sur une des divisions, &
dans le bassin un poids qui fasse équilibre avec elle, elle sera d'autant de livres que le chiffre de la division contient d'unitez ; ainsi
si la masse est à la premiere division, le poids qui fait équilibre
avec elle sera d'une livre ; si la masse est à la seconde division, le
poids qui fait équilibre avec elle sera de deux livres, &c.

Pour démontrer la proposition, il faut d'abord supposer

que la maſſe P eſt à la premiere diviſion , & qu'on laiſſe au point
H un poids Z égal à la maſſe P. Ce poids continuera de faire équilibre avec l'excedent de la peſanteur du bras FX ; & parce qu'on
ſuppoſe que la maſſe P eſt à la premiere diviſion , pour conſerver
l'équilibre , il faudra mettre dans le baſſin un poids qui ſoit à la
maſſe P comme F 1 eſt à FX , c'eſt-à-dire , que comme F 1 ſurpaſſe
FX de FH , le poids A qui fera équilibre avec la maſſe , la ſurpaſ-
ſera d'une quantité proportionnelle à la même FH ; mais on peut
ſuppoſer que le poids Z fait équilibre avec une partie du poids A ,
laquelle eſt au poids Z comme FH eſt à FX ; donc ſi on ôte le
poids Z , pour conſerver l'équilibre , il faudra diminuer le poids A
d'une quantité proportionnelle à FH , le reſtant ſera donc exprimé
ou répréſenté par H 1 ou FX ; & par conſéquent égal en peſanteur à la maſſe P , laquelle étant ſuppoſée d'une livre , le poids A
ainſi réduit , ſera auſſi d'une livre. Si la maſſe eſt à la ſeconde diviſion , le poids A dans l'équilibre ſera à la maſſe P comme F 2 eſt
à FX , en ſuppoſant que le poids Z eſt attaché au point H ; mais
ſi on ôte le poids Z il faudra diminuer le poids A d'une quantité
proportionnelle à FH , le poids A ainſi réduit ſera donc répréſenté par H 2 , il ſera donc double de la maſſe P , & par conſéquent de 2 livres : on démontrera de la même maniere que ſi la
maſſe eſt à quelqu'autre diviſion , le poids A qui fera équilibre
avec elle , ſera d'autant de livres que le nombre qui marque la
diviſion contient d'unitez.

Fig. 82.　340. 2º. Si le bras FY eſt plus peſant , pour lors il faut mettre la maſſe P au point H pour établir l'équilibre entre les parties
qui ſont des deux côtez du point de ſuſpenſion F , prendre la longueur FX & la porter ſur HY en commençant au point H , & marquer de ſuite les diviſions avec les nombres 1 , 2 , 3 , 4 , 5 , &c.
& la maſſe P étant ſur quelqu'une d'elles , fera équilibre avec un
poids qui poſé dans le baſſin ſera d'autant de livres que le nombre qui marque la diviſion contiendra d'unitez.

　　Pour démontrer la propoſition , il faut encore ſuppoſer que
la maſſe eſt à la premiere diviſion , & qu'au point H il y a un poids
Z de même peſanteur que la maſſe P que l'on a portée à la premiere diviſion : il eſt évident que le poids Z fera équilibre avec
l'excedent de la peſanteur du bras FY , & que pour conſerver l'é-
quilibre avec la maſſe P , il faudra mettre dans le baſſin un poids
A qui ſoit à la maſſe comme F 1 eſt à FX ; mais ſi l'on ôte le poids
Z , il faudra augmenter le poids A afin d'entretenir l'équilibre ,
& parce que FX eſt plus grande que FH , la force relative du poids

ajouté fera plus grande que s'il étoit au point H, & pour faire équilibre il faudra qu'il foit au poids Z comme FH eft à FX; le poids A ainfi augmenté & faifant équilibre avec la maffe P, fera donc répréfenté par FH + FI, ou par HI, ou encore par FX, c'eft-à-dire, que le poids A fera égal à la maffe P, & par conféquent d'une livre. Si la maffe eft à la feconde divifion, le poids A qui fera équilibre avec elle fera de 2 livres, car le poids Z étant encore fuppofé attaché au point H, le poids A qui feroit équilibre avec la maffe, feroit exprimé par F2; mais fi l'on ôte le poids Z, il faudra augmenter le poids A d'une quantité proportionnelle à FH; donc le poids A ainfi augmenté, & faifant équilibre avec la maffe P, fera exprimé par H2, ou bien par 2FX, c'eft-à-dire, que ce poids fera double de la maffe P, & par conféquent il fera de 2 livres.

341. Si on veut que la Romaine pefe les onces, il faut fou-divifer chacune des parties qu'on vient de trouver en 16 autres parties égales, & fi après avoir mis la maffe fur une de ces fubdivifions, par exemple, fur la fixiéme fubdivifion de la troifiéme partie, on trouve qu'elle eft en équilibre avec la marchandife qui eft dans le baffin, on fçaura que cette marchandife pefe 2 livres 6 onces, ce qui n'a pas befoin d'être démontré plus au long après tout ce qui précede.

342. Sur la verge XY, il y a ordinairement deux côtez qui font divifez, l'un qu'on appelle le *foible*, l'autre le *fort*; les regles pour marquer les divifions fur la verge, font les mêmes; le fort differe du foible en ce que la maffe peut faire équilibre avec de plus grands poids, quoiqu'elle foit moins éloignée du centre de mouvement F, & cela parce que le baffin eft fufpendu à une moindre diftance du point F.

343. On peut divifer mécaniquement le bras FY. Il faut faire en forte que la maffe foit en équilibre avec differens poids qu'on mettra fucceffivement dans le baffin; fi on marque chaque point où l'on aura ainfi arrêté la maffe avec le nombre convenable, c'eft-à-dire, qui faffe connoître le poids avec lequel la maffe eft en équilibre lorfqu'elle eft à ce point, le bras FY fera divifé comme l'on fouhaite.

RÉSOLUTION DE QUELQUES PROBLEMES LES PLUS ORDINAIRES de la ftatique.

344. Les machines fimples auxquelles on a appliqué des puiffances ou des poids, peuvent être rapportées au levier & au plan

incliné ; c'est aussi par rapport à ces deux machines qu'on va réfoudre les problêmes suivans, ils pourront servir ensuite à la so-
lution de ceux qui feront plus compofez en cas qu'ils fe préfentent
& qu'il faille les réfoudre.

PROBLÊME I.

Fig. 83. 84. 85. 86.   345. *Deux poids ou puiffances* P *&* R *dont les pefanteurs ou forces abfolues font connues étant appliquez aux points* M , N *du levier* X Y *trouver le point d'appui* F *fur lequel ils foient en équilibre.*

Ce problême a plufieurs cas : ou bien les directions font paralleles ou obliques, & inclinées l'une à l'autre : elles font dirigées
d'un même côté ou dans des fens oppofez.

PREMIER CAS , lorfque les directions font paralleles.

Fig. 83.   346. 1°. Si les directions MP , NR font dans le même fens par
rapport au levier X Y , il faut faire la proportion P + R . R ::
MN . MF , les trois premiers termes de la proportion étant connus , le quatriéme pourra être auffi connu , on déterminera par
là le point F qui fera le point fixe qui doit fervir d'appui au levier & fur lequel les poids ou puiffances P , R feront en équilibre. Car fi dans la proportion précédente on retranche les conféquens des antécédens , & qu'on compare les reftes avec les mêmes conféquens , on aura P . R :: FN . FM , c'eft-à-dire , que les
poids P , R font entr'eux réciproquement comme les diftances
FM , FN ; donc ils font en équilibre fur le point F.

Fig. 84.   347. 2°. Si les directions font l'une au deffus , l'autre au-deffous du levier X Y au lieu de la fomme des poids P + R , il faut
prendre pour premier terme de la proportion , leur difference , &
dire R — P . P :: MN . NF , par là on déterminera le lieu de
l'appui F fur lequel les poids P , R appliquez aux points M , N du
levier X , Y doivent faire équilibre. Car fi dans la proportion on
ajoute les conféquens aux antécédens , & qu'on compare les fommes aux conféquens, on aura R . P :: MN + NF ou MF . NF , c'eft-
à-dire , que les poids font entr'eux réciproquement comme les diftances à l'appui F ; donc ils font en équilibre.

SECOND CAS , lorfque les directions MP , NR *concourent au point* C.

Fig. 85. 86.   348. Il faut prendre fur les directions les parties CG , CI proportionnelles aux puiffances P , R , décrire le parallelogramme
GI , & mener la diagonale CD , qui prolongée ou non , rencontre le levier XY au point F , ce fera le point fixe fur lequel le
levier étant appuyé , les puiffances P , R feront en équilibre.

Pour démontrer cette proposition il faut du point D mener DE, DA perpendiculaires aux directions, du point F mener aussi FO, FL perpendiculaires aux mêmes directions. Cela fait, par l'hypothese les puissances P, R sont entr'elles comme les côtez CG, CI, ou leurs égaux DI, DG : or les triangles rectangles ADI, EDG sont semblables, les angles en A & en E son droits, & les angles I, G sont égaux, puisque ce sont les angles opposez d'un parallelogramme ou plutôt les supplémens des mêmes angles ; donc DI . DG :: DA . DE : or les perpendiculaires FL, FO sont dans la même raison que les perpendiculaires DA, DE, ce qui est évident par les triangles semblables CAD, CLF & CDE, CFO ; donc les puissances P, R qui sont entr'elles comme les côtez DI, DG, ou comme les perpendiculaires DA, DE, sont aussi entr'elles comme les perpendiculaires FL, FO, elles sont donc entr'elles réciproquement comme les perpendiculaires menées de l'appui F sur les directions ; donc elles sont en équilibre.

PROBLÊME II.

349. *On propose deux poids ou puissances* P,R, *dont les pesanteurs* **Fig. 83.** *sont connues avec le lieu de l'appui* F *sur le levier* XY, *& le point* M **84. 87.** *auquel le poids ou puissance* P *est appliqué suivant la direction* MP : *il s'agit de trouver le point* N *auquel il faut appliquer le poids* R. Pour résoudre le Problême il faut que la situation de la direction NR à l'égard du levier, soit donnée, c'est-à-dire, que l'on sçache quel angle elle fait avec le levier XY, autrement le Problême auroit une infinité de résolutions differentes.

PREMIER CAS, lorsque les directions doivent être paralleles. **Fig. 83.**
350. Il faut faire la proportion R . P :: MF . NF, & le point **84.** N est celui auquel le poids R étant appliqué suivant une direction parallele à la direction MP, il fera équilibre avec le poids P, ce qui est évident.

351. On remarquera qu'il y a toujours deux points N, l'un d'un côté, l'autre de l'autre côté de l'appui F, auquel le poids R étant suspendu, il fera équilibre avec le poids P. Mais lorsque le poids R est entre l'appui & le poids P, l'un de ces poids doit tirer en haut, & l'autre en bas comme dans la Fig. 84.

SECOND CAS, lorsque la direction du poids R *ne doit pas être parallele à celle du poids* P, *pour lors on peut trouver sur le levier* XY *une infinité de points* N *auxquels la puissance* R *étant appliquée, pourra être en équilibre avec le poids ou puissance* P. *Mais si l'angle que la direction* NR *doit faire avec le levier est donné, on pourra déter-*

miner deux points où la puissance R étant attachée , pourra faire
équilibre avec la puissance P.

Fig. 87.   352. 1°. Il faut déterminer par la proportion du premier cas ,
à quelle distance de l'appui la direction NR doit être située : on
suppose qu'elle est égale à BD. 2°. Il faut mener une ligne GH
qui fasse avec le levier un angle égal à celui que la direction NR
doit faire. 3°. Du point F comme centre & avec le rayon BD ,
il faut décrire une circonférence & mener du point F un diametre IL qui soit perpendiculaire à GH ; des points I,L mener deux
lignes IN , LN paralleles à GH qui rencontrent le levier aux
points N , N , on aura la direction de la puissance R , & les points
d'application N , N , auxquels cette puissance étant appliquée
suivant la direction NR , il y aura équilibre , puisque les puissances P , R sont dans la raison réciproque des distances FM ,
FL ou FI.

P R O B L É M E   III.

Fig. 88.   353. *Trois poids* P , Q , R , *dont les pesanteurs sont connues*
étant appliquez aux points M , L , N , *du levier* XY , *trouver l'ap-*
pui F *sur lequel le levier soit en équilibre.*

Il faut dabord supposer que les trois poids P , Q , R sont
en équilibre sur le point F qu'il s'agit de déterminer : selon cette
supposition si on fait la proportion P+Q . P :: LM . LO , on aura
le point O auquel si on suspend un poids Z qui soit égal à la somme
des poids P , Q , il feroit équilibre avec le poids R ; il faut ensuite
faire une seconde proportion Z+R :: R . ON . OF , ce quatriéme
terme détermine le point F sur lequel le levier XY sera en équilibre avec les trois poids P , Q , R. Ceci ne souffre point de difficulté après ce qu'on a démontré de la propriété des momens.
Car si les trois poids P , Q, R étoient en équilibre sur le levier
XY , dont l'appui est supposé en F , le poids Z qui est égal à la
somme des poids P+Q , feroit équilibre avec le poids R , & on
pourroit substituer , ainsi qu'on vient de faire , un poids à la place
de deux (142.) ; mais si l'on suppose maintenant que le point F est
inconnu , & que pour le déterminer on fasse la seconde des deux
proportions précedentes , il est visible que ce point ne sera pas différent de celui sur lequel on a supposé que les poids Z , R sont
en équilibre ; donc les poids P , Q auxquels on a substitué le poids
Z , feront aussi équilibre avec le poids R sur le point F.

354. On pourra de cette maniere trouver le point d'appui du
levier XY lorsqu'il y a plus de trois poids : si les directions concouroient

courroient, on trouveroit l'appui F en fubftituant une puiffance
à deux par ce qui a été dit dans l'article (166) tous les poids ou
puiffances étant ainfi réduites à deux on trouvera l'appui F fur
lequel ces deux puiffances & conféquemment toutes celles qu'on
aura fuppofées, feront en équilibre.

Les deux problêmes qui vont fuivre ont quelque chofe de fin-
gulier, & on les propofe plutôt pour avoir occafion d'éclaircir
quelques difficultez qui femblent dabord attaquer les principes les
plus certains de la ftatique, que pour leur utilité.

PROBLÊME IV.

*355. Conftruire une balance où les poids foient en raifon direfte
des diftances à l'appui ou centre de mouvement.*

355. Il faut avoir un levier angulaire XFY dont les bras FM, Fig. 89.
FN foient égaux, fufpendre au point M un poids P & le bras
FM étant tenu dans une fituation horizontale, faire defcendre le
long du bras FN un poids fphérique R dont le centre puiffe rencontrer l'extrémité N du bras FN : fi dans cette fituation du poids
R on place un plan vertical IK qui touche le globe R au point
C ; je dis que fi le poids P eft au poids R comme FM eft à FL,
il y aura équilibre, en forte que le poids R ne pourra ni monter ni defcendre, quoique rien ne s'oppofe à fon mouvement ;
car on fuppofe que le centre N peut monter ou defcendre librement le long du bras FN. Pour concevoir comment le centre N
peut monter & defcendre fuivant la longueur du bras FN, il
faut fuppofer que le corps fphérique R eft percé de part en part
par le centre N.

DEMONSTRATION. Il eft évident que le poids R eft retenu fur le bras FN comme fur un plan incliné dont la longueur eft FN, la hauteur FO, & la bafe ON ou FL, & que le
plan vertical IK eft preffé fuivant une direction ONC perpendiculaire au même plan, c'eft-à-dire, perpendiculaire à la direction LN du poids R ou à la hauteur FO du plan incliné FN,
& par conféquent parallele à la bafe ON, d'où il fuit que la charge
que le poids R produit fur le plan incliné FN lorfqu'il rencontre
le plan vertical IK lequel réfifte fuivant une direction CNO parallele à la bafe NO, eft au poids R comme la longueur FN eft à
la bafe ON ou à la diftance FL de l'appui F à la direction LNR,
or on fuppofe que le poids R eft
au poids P comme FL eft à FM. Cela   O . R :: FN . ON ou FL
pofé, fi l'on nomme O la charge que   R . P :: FL . FM
fupporte le plan incliné FN, on aura

                                 O . P :: FN . FM

Si on multiplie par ordre & qu'on divise les deux premiers termes de la proportion par R , & les deux derniers par FL , on aura la derniere proportion O . P :: FN . FM ; mais par l'hypothese FN=FM ; donc O=P , c'est-à-dire , que la charge du plan incliné FN est égale à la pesanteur du poids P ; d'ailleurs cette charge est dirigée suivant une ligne perpendiculaire au bras FN , de même que la direction MP du poids P l'est à l'égard du bras FM ; donc les forces ou puissances qui tirent les bras égaux FM , FN sont égales , & les distances de l'appui F aux directions aussi égales ; donc il y a équilibre , par conséquent les poids P , R ne peuvent se surmonter l'un l'autre.

355. COROLLAIRE. Il est évident que le poids R qui est exprimé par la distance FL est moindre que le poids P qui est réprésenté par FM ou FN , d'où il suit qu'un petit poids en peut contrebalancer un qui est plus grand , quoiqu'étant moindre il soit placé à une moindre distance de l'appui , & ce qui paroît encore plus surprenant , c'est que le poids R n'emploie pas toute sa force contre le poids P , puisqu'il presse le plan IK.

355. Il n'est donc pas nécessaire que les poids en équilibre sur un levier soient dans la raison réciproque des distances de l'appui aux directions. Ce qui paroît renverser le premier principe de la statique.

355. Cette difficulté disparoîtra bientôt si on fait attention que le poids R seul ne fait pas équilibre avec le poids P , car il est aidé par la résistance du plan IK , ce n'est pas à proprement parler le poids R qui fait équilibre avec le poids P , mais la charge qui en résulte à la rencontre du plan IK : or ce plan concourt à augmenter cette charge , parce qu'il fait l'office d'une puissance qui retiendroit le poids R sur le plan incliné FN suivant une direction parallele à la base : or une telle puissance chargeroit le plan incliné FN ; donc la résistance du plan IK contribue aussi à cette charge ; il n'est donc pas surprenant que le poids R quoique plus petit & à une moindre distance de l'appui , soit en équilibre avec le poids P.

PROBLÊME V.

CONSTRUCTION DE LA BALANCE DE *M.* DE ROBERVAL.

Fig. 90.   355. Cette balance se trouve décrite en plusieurs endroits. M. de Bremond de l'Académie Royale des Sciences , qui consacre une partie de ses veilles à donner en notre langue les transactions philosophiques de la Société Royale de Londres , année

1731, page 176, cite le Journal des Sçavans de l'année 1670,
& le tome 10ᵉ des anciens Mémoires de l'Académie des Sciences page 496, & dans une note qu'il y fait à l'occasion d'une expérience de M. Desaguliers, il donne d'après le Journal une ample description de cette machine. M. de la Hire en parle aussi,
& en démontre la principale propriété dans son Traité de Mécanique page 133. Voici en quels termes M. Desaguliers annonce
son expérience. *Expérience pour résoudre ce paradoxe de méca-*
nique. Deux corps de poids égal suspendus à une balance d'une nature
particuliere, ne perdent point leur équilibre quoique l'un soit plus
éloigné ou plus approché du centre que l'autre.

On va copier de la note de M. de Bremond ce qui est nécessaire pour entendre la construction de la balance dont il s'agit.

355. Cette balance est faite de six regles de cuivre disposées
comme l'on voit dans la Figure. Les quatre regles AB, DE,
AID, BNE font un parallelogramme, & font tellement attachées
ensemble qu'elles peuvent tourner sur les quatre clouds qui les
tiennent jointes comme sur quatre pivots, AB demeurant toujours
parallele à DE, & AID à BNE. Sur les deux regles AID, BNE
font appliquez les deux bras GIH, LNM qui partagent ces deux
regles en deux parties égales, & y font attachés à angles droits,
de sorte qu'ils ne changent point d'angle : on peut prolonger ces
bras de part & d'autre autant que l'on voudra, mais il faut prendre garde qu'étant prolongez l'un vers l'autre, ils ne s'accro-
chent point en haussant ni en baissant.

355. Ce parallelogramme garni de ces deux bras est soutenu
par un morceau de bois qui lui sert de pied auquel il est attaché par deux clouds ou axes ronds C & F qui passant par le milieu de chacune des deux regles AB, DE les tiennent suspendues
parallelement & en équilibre, de maniere néanmoins qu'elles peuvent tourner librement en haussant & en baissant. Mais en quelque
situation qu'elles puissent être, il est évident que les deux clouds
C & F étant immobiles, toute la ligne COF tirée d'un de ces
clouds à l'autre, est pareillement immobile : ainsi les deux points
C & F font comme les poles de la balance, la ligne COF en est
l'axe, & le point O le centre.

355. Cette construction étant supposée, *Je dis que si l'on sus-*
pend deux poids aux deux bras de la balance GH, LM, & que ces
deux poids en cet état fassent équilibre l'un contre l'autre, ils de-
meureront toujours en équilibre, quoiqu'on éloigne l'un des deux, &
qu'on approche l'autre autant qu'on voudra du centre de la balance.

Kkk ij

Si on prolonge les regles GH , LM *de part & d'autre tant que l'on voudra , de maniere que l'on puisse suspendre les deux poids* P , Q *d'un même côté par rapport à la regle* CF , *l'un à la regle* GH , & *l'autre à la regle* LM , *l'équilibre subsistera encore.* Si les clouds ou pivots C , F partagent les regles AB , DE en deux parties égales, les poids qui feront équilibre seront égaux ; mais ils seront inégaux si les points fixes C , F ne font pas au milieu des regles AB, DE. On supposera dans la démonstration que les points C , F font au milieu des regles AB , DE.

354. Pour démontrer l'équilibre entre les poids P , Q à quelque endroit des bras GH , LN qu'ils soient appliquez , il faut remarquer que si les regles AB , DE tournent autour des points fixes C , F , tous les points des regles verticales AD , BE font mus avec la même vitesse , en sorte que non-seulement tous les points d'une des deux regles , parcourent des espaces égaux , mais encore ces espaces font aussi égaux à ceux que les points de l'autre regle parcourent ; car les regles AD,BE demeurent toujours parallèles entr'elles , & au pied ou soutien COF ; d'ailleurs elles font également distantes de ce soutien. Donc les points I , N auxquels les bras GIH , LNM font attachez font mus d'une égale vitesse , l'un en montant , l'autre en descendant ; donc toutes les parties des bras GH , LM font mus d'une égale vitesse , de même que les points de suspension des poids P , Q , quelles que soient d'ailleurs les longueurs de ces bras ; donc les poids P , Q parcourent chacun le même espace , l'un en montant , l'autre en descendant sans que leur plus grande ou moindre distance à l'égard du centre O de la balance apporte aucun changement à cette égalité de vitesse, lors même qu'ils se trouvent tous deux d'un même côté à l'égard du centre O. Les forces relatives des poids P , Q par lesquelles ils agissent l'un contre l'autre , font donc égales ; donc ils font en équilibre.

355. Mais parce que nonobstant le raisonnement qu'on vient de faire , lequel se trouve en substance dans la note de M. de Bremond , on pourroit penser que plus l'un des poids , par exemple , plus le poids P est éloigné du centre O , plus il a de force pour baisser la regle AD , il faut faire sentir que cette force n'est pas plus grande que s'il étoit suspendu au crochet D. Pour cela , concevons que de part & d'autre du point I à égale distance de ce point , il y a deux poids égaux : il est certain que le point I sera chargé de la somme des deux poids , & que la regle AD sera tirée en embas par un effort égal à la somme de leurs pesanteurs ,

ſi grande ou ſi petite que ſoit la diſtance du point I aux directions de ces poids : or ſi l'on ôte l'un des poids, il eſt pareillement certain que la charge du point I ſera diminuée de
la moitié ; par conſéquent le poids qui demeurera ſuſpendu au
bras GH, à quelque point de ce bras qu'il ſoit attaché, ne chargera le point I ou la regle AD que comme s'il étoit attaché immédiatement à cette regle, & qu'il fût ſuſpendu au crochet D:
or il eſt évident que ſi les poids P, Q étoient ſuſpendus aux
points D, E, ou aux points I, N, il y auroit équilibre entre ces
poids. Donc, &c.

355. L'expérience que M. Deſaguliers a faite avec la balance de
M. de Roberval, lui a donné lieu de dire *qu'il y a un grand nom-*
bre de cas où les viteſſes ne ſont pas proportionnelles aux diſtances
du centre de mouvement de la machine, ni aux arcs décrits par les
poids ou leurs points de ſuſpenſion. Il eſt vrai que dans cette balance
les viteſſes ne ſont pas proportionnelles aux diſtances du centre O
autour duquel les poids ſont mus, mais il eſt certain d'un autre
côté que ces mêmes viteſſes ſont proportionnelles aux arcs que les
poids ou leurs points de ſuſpenſion décrivent ; car on vient de
voir que les poids P, Q ſont mus de même que s'il étoient ſuſpendus aux points D, E ou A & B des regles verticales AD, BE:
or ſi les poids étoient ſuſpendus aux points D, E, les arcs qu'ils
décriroient ou leurs points de ſuſpenſion ſeroient proportionnels
aux viteſſes, de même que ſi ces poids pendoient à des cordons
qui ſeroient attachez aux points A, B ou D, E. Pour ce qui eſt
de la conſéquence que l'on tire de la propoſition précedente,
ſçavoir que ce *n'eſt pas une regle générale que les poids agiſſent*
proportionnellement à leurs diſtances du centre de mouvement, elle
a quelque vérité ; mais parce qu'elle paroît jetter de l'obſcurité
ſur un principe univerſellement reconnu pour certain, que d'ailleurs cette conſéquence n'eſt vraie que dans certains cas particuliers que l'on n'a jamais prétendu renfermer dans la regle générale, & qu'au ſurplus on ne dit point quels ſont les cas où la regle générale ceſſe d'avoir lieu ; nous remarquerons ici que la regle
générale eſt vraie ſans exception lorſque les poids ſe meuvent ou
ſont diſpoſez à ſe mouvoir autour d'un ſeul point fixe, & que leur
mouvement eſt ſimple, c'eſt-à-dire, qu'il ne dépend point de pluſieurs autres mouvemens comme dans la balance de M. de Roberval où il y a deux points fixes, & où les poids ne peuvent ſe mouvoir à moins qu'ils ne mettent en branle quatre regles.

PROBLÉME VI.

345. *Un poids* R *& une puiffance* P *étant donnez, trouver quelle doit être la direction de la puiffance pour qu'elle puiffe tenir le poids* R *en équilibre fur le plan incliné* SH *dont l'inclinaifon* OHS *eft connue.*

Fig. 91. 355. De quelque point C par où la direction CN du poids R
92. 93. paffe, il faut mener une ligne CF qui foit perpendiculaire au plan
94. SH, & qui rencontre la bafe du corps; fuppofant enfuite que CI exprime le poids R & la ligne M la puiffance P, du point I comme centre & d'intervalle égal à la ligne M, il faut décrire un arc de cercle qui rencontre la perpendiculaire CF en un ou deux points F, *f*; du point C mener deux paralleles CG, C*g* aux lignes IF, I*f*, & achever les parallelogrammes GI, *g*I. Je dis que fi la puiffance P tire le poids R fuivant l'une des directions CG ou C*g*, elle fera équilibre avec le poids R fur le plan incliné SH. Car puifque la puiffance P & le poids R font entr'eux comme les côtez CG ou C*g* & CI des parallelogrammes GI ou *g*I, ils font auffi entr'eux comme les côtez CG, GF ou C*g*, *gf* des triangles CGF, C*gf*, ou comme les finus des angles GFC ou *gf*C, ou de leur égal ICF ou IC*f*, eft au finus de l'angle GCF ou *g*C*f*, c'eft-à-dire, que la puiffance P & le poids R font entr'eux réciproquement comme les finus des angles que leurs directions forment avec la perpendiculaire CF ou C*f* menée du point de concours fur le plan incliné SH; donc il y a équilibre.

355. REMARQUE. Si l'arc de cercle F*f* ne rencontre la ligne CF qu'en un point, les points F, *f* fe réuniront en un feul, & la ligne IF ou I*f* fera perpendiculaire à CF ou C*f*, & par conféquent parallele au plan incliné SH, il n'y aura donc qu'une
Fig. 92. direction fuivant laquelle la puiffance P pourra faire équilibre avec le poids R. Si l'arc décrit ne peut rencontrer CF ou C*f*, l'équilibre fera impoffible, parce que la puiffance P fera trop petite.
Fig. 93. Si l'arc paffe par le point C, la puiffance fera égale au poids R, & il y aura encore deux directions fuivant lefquelles elle pourra
Fig. 94. faire équilibre avec ce poids R. Si l'un des points *f* ou F eft fitué au-delà du point C, il n'y aura qu'une direction fuivant laquelle la puiffance puiffe faire équilibre avec le poids propofé.

Fin du quatriéme Livre.

Le neuviéme Février 1741.

FORMATION DE L'ELLIPSE

avec les proprietez qu'on en déduit & qui ont rapport aux pro-
positions qui concernent la force centrale dans l'ellipse.

1°. **I**L faut attacher sur un plan les deux bouts d'un fil FMf en Fig. 1.
deux points fixes F ,f, dont la distance Ff soit moindre que
la longueur du fil , se servir d'un stile M pour tenir ce fil toujours
également tendu , si on conduit le stile M ainsi retenu par les
deux portions FM ,fM du fil autour des points F ,f en le tenant
pendant le mouvement parallele à lui même , c'est-à-dire , perpendiculaire au plan , il décrira par son extrêmité ou pointe , une
courbe AB , ab qui est appellée ellipse.

2°. Les deux points F ,f sont appellez *foyers*. La ligne Aa qui
passe par les deux foyers & qui est terminée de part & d'autre à
l'ellipse , est appellée le *grand axe*. Le point C qui divise par le
milieu le grand axe Aa , est nommé le centre de l'ellipse. La ligne Bb menée par le centre perpendiculairement au grand axe ,
& terminée de part & d'autre à l'ellipse , est appellée petit axe.
Les deux axes ensemble sont dits *conjuguez* l'un à l'autre. Les lignes MP , MK menées des points M , M de l'ellipse parallelement
à l'un des axes , & terminées par l'autre , sont appellées *ordon-*
nées à cet axe ; ainsi MP est ordonnée à l'axe A a , & MK à l'axe
Bb. La troisiéme proportionnelle aux deux axes , est appellée
parametre de celui qui est le premier de la proportion. Ainsi si on
fait la proportion , le grand axe A a est au petit axe Bb comme
le second Bb est à une troisiéme ligne , elle sera le parametre du
grand axe : les lignes droites qui passent par le centre C , & qui
sont terminées de part & d'autre par l'ellipse , sont appellées
diametres. Le grand axe A a est égal à la longueur FMf , & à la
somme de deux lignes tirées d'un point M de l'ellipse aux foyers.

3°. Si de l'extrêmité F du diametre GF , on mene une tangente Fig. 2.
OFX , c'est-à-dire , une ligne qui touche l'ellipse sans la couper ,
que l'on mene un autre diametre LH parallele à la tangente OFX ,
les diametres GF , LH ensemble , sont appellés *conjuguez* l'un à
l'autre. Si d'un point D de l'ellipse on mene des paralleles DN à
la tangente OX ou au diametre LH , & terminées par son conjugué GF , elles sont appellées *ordonnées* au diametre GF : une
troisiéme proportionnelle aux diametres conjuguez GF , LH , est
appellée parametre du diametre GF qui est le premier terme de
la proportion.

4°. La principale propriété de l'ellipse par rapport aux deux axes & à deux diametres conjuguez, est que le quarré d'une ordonnée à un diametre est au rectangle des deux parties de ce diametre faites par l'ordonnée, comme le quarré du diametre conjugué est au quarré du même diametre auquel on a mené l'ordonnée : ainsi si on mene DN ordonnée au diametre GF, que le diametre LH soit parallele à la tangente OFX ou VGY, l'on aura la proportion $\overline{DN}^2$. NF×NG :: $\overline{LH}^2$. $\overline{GF}^2$; au lieu des quarrez des diametres LH, GF on peut mettre dans la proportion les quarrez de leurs moitiez CH, CG, car tous les diametres sont divisez en deux parties égales par le centre C.

5°. On déduit encore de la formation de l'ellipse, que si du point D de l'ellipse d'où l'on a mené l'ordonnée DN, on tire une tangente DP qui rencontre le diametre GF prolongé en P, le demi diametre CF est moyen proportionnel entre les parties CP, CN comprises entre le centre C & la tangente DP & l'ordonnée DN ; en sorte que CP . CF :: CF . CN. C'est aussi une propriété de l'ellipse que si d'un point G on mene une tangente PGZ, & de ce point les lignes GF, GI aux foyers F, I, les angles ZGF, PGI formez par la tangente PGZ, & les lignes GF, GI sont égaux.

Fig. 3.

Fig. 2.

2. *Soit l'ellipse* ADBE *dont les deux axes sont* AB, ED ; *& deux diametres conjuguez* LH, GF. *Si au tour des deux axes on construit le rectangle* ZI *qui aura pour côtez les mêmes axes ; & autour des deux diametres conjuguez le parallelogramme* OY *qui aura aussi pour côtez ces mêmes diametres, je dis que le parallelogramme* OY *est égal au rectangle* ZI.

DEMONSTRATION. 1°. Il est évident que le rectangle CT est le quart du rectangle ZI, & que le parallelogramme CO est la quatriéme partie du parallelogramme OY. Il suffit donc de démontrer que CO = CT. 2°. il faut mener QDN parallele à LH & SHM parallele à TI ou DE, & tirer DH. Cela fait, il faut remarquer que le parallelogramme CQ est double du triangle CDH (24. *Géom.*) ; car ces deux figures ont même base CH & même hauteur, puisqu'elles sont comprises entre mêmes paralleles QN, CH. Le rectangle CS est aussi double du même triangle CDH, car ces deux figures ont même base CD, & sont comprises entre mêmes paralleles DC, SM ; d'où il suit que le parallelogramme CQ est égal au rectangle CS, puisqu'ils sont égaux l'un & l'autre au triangle DCH. 3°. Les trois parallelogrammes VCPR, CO & CQ, étant compris entre les mêmes paralleles CP & OV sont entr'eux comme les bases CP, CF, CN. Pareillement le même parallelogramme VCPR & les deux rectangles CT , CS , font compris entre mêmes paralleles CV & PT ; donc ils font entr'eux comme les bafes CV , CA , CM. Or par la propriété de l'ellipfe, on a CP . CF :: CF . CN, on a auffi CV . CA :: CA . CM. (*n.* 5.) Si on pofe les parallelogrammes au lieu des bafes , l'on aura encore VCPR . CO :: CO . CQ & VCPR . CT :: CT. CS ; mais dans ces deux proportions continues , les extrêmes font les mêmes , puifque CQ = CS ; donc le moyen proportionnel CO eft égal au moyen proportionnel CT. Ce qu'il falloit démontrer.

3 . *Soit l'ellipfe* AEBD *dont les axes font* AB , ED *&* GX , LH *deux diametres conjuguez* , F , I *les foyers* FG , IG *deux lignes menées des mêmes foyers à l'extrêmité* G *du diametre* GX. *Je dis que la partie* GO *que le diametre* LH *retranche de* GF *eft égale à la moitié du grand axe* ED , *c'eft-à-dire* , *que* GO = EC. Fig. 3.

DEMONSTRATION. Par le point G il faut mener la tangente PGZ qui fera parallele au diametre LH , & par le point I , IM parallele à GPZ qui rencontre FG au point O. On fçait que les angles IGP , FGZ font égaux (*n.* 5.) ; donc leurs alternes GIM , GMI font auffi égaux ; donc les côtez GM , GI oppofez à ces angles font auffi égaux ; d'ailleurs à caufe des paralleles IM, CO , de même que FI eft divifée en deux parties égales au point C , ainfi FM eft auffi divifée en deux parties égales au point O. Donc GM + MO = GI + FO, c'eft-à-dire, que GM + MO prifes enfemble font égales à la moitié des lignes FG , GI, de plus FG + GI = ED (*n.* 2.) ; donc GM + MO qui eft la moitié de cette fomme FG + GI eft égale à EC moitié de ED.

4. *Si d'un point* R *de l'ellipfe on mene* RV *ordonnée au diametre* GX *qui coupe* FG *au point* K , *&* RS *perpendiculaire à la même* FG , *je dis que* RS . RK :: CB . CH , *c'eft-à-dire* , *comme la moitié du petit axe eft à la moitié du diametre* LH *conjugué au diametre* GX. Fig. 3.

DEMONSTRATION. Il faut mener GN perpendiculaire au diametre LH ; les triangles GON , RKS font femblables , car les angles N , S font droits , & à caufe des paralleles RK , ON , les angles alternes O, K font égaux ; donc RS . RK :: GN . GO ou EC ; de plus le rectangle EB eft égal au parallelogramme GH (*n.* 3 , *& art.* 2.) lequel eft égal au produit de fa bafe CH par la hauteur GN ; donc EC × CB = CH × GN. D'où il fuit que GN . EC :: CB . CH , par conféquent RS . RK :: CB . CH.

COROLLAIRE. Donc $\overline{RS}$. $\overline{RK}$ :: $\overline{CB}$. $\overline{CH}$.

* a ij

iv

5. **Remarque.** Si le point R s'approche continuellement du point G , la difference de RV à RK ira en diminuant , en sorte que le point R étant infiniment proche du point G , pour lors cette difference pourra être confiderée comme nulle , & on pourra prendre indifferemment l'une pour l'autre. De même VX ne differant de GX que d'une partie infiniment petite , on pourra prendre l'une pour l'autre. Cela pofé , fi l'on nomme P le parametre du grand axe ED.

6. Je dis que $\overline{RS}^2 = GK \times P$. Selon la remarque on prendra RV pour RK & $\overline{RV}^2$ pour $\overline{RK}^2$, on prendra auffi au lieu de $GV \times VX$, $GV \times GX$, & encore $GV \times 2GC$. Les triangles femblables G V K , G C O , donnent la proportion.

$$GV \quad . \quad GK :: GC . GO \text{ ou } EC$$

par la propriété de l'ellip. $$\overline{RV}^2 . GV \times 2GC :: \overline{CH}^2 . \overline{GC}^2$$

les (*art.* 4. 5.) donnent $$\overline{RS}^2 \quad . \quad \overline{RV}^2 :: \overline{CB}^2 . \overline{CH}^2$$

Si on multiplie par ordre & qu'on réduife enfuite les produits à leur plus fimple expreffion, on trouvera $\overline{RS}^2 . 2GK :: \overline{CB}^2 . GO$ ou EC ; d'ailleurs par la propriété de l'ellipfe , l'on a auffi $2 EC \times P = 4\overline{BC}^2$ ou $EC \times P = 2\overline{BC}^2$, & encore $\dfrac{EC \times P}{2} = \overline{BC}^2$. Si dans la proportion précédente au lieu de $\overline{CB}^2$ on met fa valeur , on aura $\overline{RS}^2$. $2GK :: \dfrac{EC \times P}{2} . EC$, ou encore $\overline{RS}^2 . 2GK :: \dfrac{P}{2} . 1$. Si on multiplie les extrêmes & les moyens , on aura $\overline{RS}^2 = 2GK \times \dfrac{P}{2} \times 1 = GK \times P$; donc $\overline{RS}^2 = GK \times P$.

Il fuit de-là que fi de quelque point G de l'ellipfe on mene une tangente & un ligne au foyer F ; que d'un point R infiniment proche du point G on mene une parallele RK à la tangente , & une autre ligne RS perpendiculaire à GF , on aura par tout $\overline{RS}^2 = GK \times P$.

7. Deux ellipfes font entr'elles comme les rectangles faits fous leurs axes.

8. Le quarré de l'un des axes eft égal au rectangle fous l'autre axe & fon parametre.

De la cycloïde. Sa formation.

Fig.4.5.

Si l'on imagine que le demi-cercle AFE roule fur la ligne droite ED , & que le point A décrit en même-tems une courbe AHD fur le même plan où eft la ligne ED & le cercle AFE , cette courbe ſe nomme cycloïde : ſi on fait rouler le demi-cercle de l'autre côté du diametre AE ſur la ligne droite EQ prolongement de DE , on décrira l'autre partie de la cycloïde. Le cercle AEF eſt appellé cercle générateur : la ligne BEQ eſt appellée la baſe de la cycloïde, & le diametre AE perpendiculaire à la baſe DQ en eſt l'axe. Le point A eſt appellé point décrivant.

1. Il ſuit de cette formation 1°. que le centre C du cercle générateur eſt à égale diſtance de la baſe DQ pendant tout le tems du mouvement. Donc ſi du centre C on mene CH parallele à DQ, ce centre ne quittera pas cette ligne. 2°. Il eſt évident que ED eſt égale à la demi-circonférence AFE, car par le roulement du demi cercle, cette demi-circonference ſert comme meſurée ſur ED par l'application ſucceſſive de ſes points ſur cette ligne. 3°. Si l'on conçoit que le centre du cercle générateur eſt allé en *c*, que de ce point comme centre, on décrive avec le rayon *c e* ou *c a* une demi-circonférence qui rencontre la cycloïde au point *a*, & la baſe au point G ; que par le point *a* & le point *c* on méne le diametre *a c e* qui coupe la demi-circonférence au point *e*, on aura la ſituation du cercle générateur qui touchera la baſe au point G, & dont le point décrivant A ſera en *a*, & tracera ce point de la cycloïde. 4°. L'arc *e* G eſt égal à la partie EG de la baſe, car tous les points de cet arc ſe ſont appliquez ſucceſſivement ſur EG. 5°. Si par le point E on mene EF parallele à G *a*, l'arc EF eſt égal à l'arc G *a* ; car les moitiez de ces arcs meſurent les angles égaux FED, *a* GD ; donc les cordes EF, G *a* ſont égales : c'eſt pourquoi ſi on mene *a* F on aura le parallelogramme *a* GEF & *a* F étant égale à EG, elle ſera égale à l'arc G *e*, & par conſéquent égale à l'arc AF, car les arcs AF & G *e* ſont égaux, puiſque les arcs EF, G *a* ſont égaux. D'où il ſuit que ſi d'un point F du cercle générateur on mene une ligne F *a* parallele à la baſe, & qui rencontre la cycloïde en un point *a*, elle ſera égale à l'arc correſpondant AF.

2. Les lignes telles que F *a* paralleles à la baſe compriſes entre le cercle générateur & la cycloïde, ſont appellées *ſoutendentes* ou *ordonnées*.

3. Soit le cercle ABDC, ſi à quelque point G du diametre AC on eleve une perpendiculaire GF qui rencontre la corde AB prolongée en F, je dis que l'arc DB compris entre GF & AF, eſt moindre que la partie FD de la perpendiculaire GF. Il faut mener la tangente BE.

Les angles BAC, BCA valent un angle droit ; les angles FBE, EBC valent auſſi un droit, d'ailleurs l'angle BAC eſt égal à l'an-

Fig. 4.

Fig. 6.

gle EBC ; donc l'angle FBE eſt égal à l'angle BCA ; de plus les
triangles AGF , ABC ſont ſemblables ; donc l'angle BCA eſt
égal a l'angle F ; donc l'angle F & l'angle FBE qui ſont égaux à
l'angle BCA ſont égaux entr'eux ; donc le triangle FBE eſt iſoſcele ; donc BE$=$FE. Si on ajoute de part & d'autre ED , BE
$+$ED$=$FE $+$ED , or BE$+$ED eſt plus grand que l'arc BD ;
donc FE$+$ED ou FD eſt plus grande que l'arc BD.

Si on éleve une autre perpendiculaire MN qui rencontre la
corde AN au point N , je dis que l'arc BN compris entre les deux
cordes AB , AN eſt plus grand que la partie PN de la perpendiculaire MN. Dans le triangle NBP , l'angle NBP formé par les
cordes NB , AB eſt moindre que l'angle BCA , parce que le
premier a pour meſure la moitié de l'arc AN , & le ſecond la moitié de l'arc AB ; mais l'angle BPN qui eſt égal à l'angle alterne F,
eſt auſſi égal à l'angle BCA ; donc dans le triangle NBP l'angle
B eſt moindre que l'angle P ; donc NP eſt moindre que NB ; mais
la corde NB eſt moindre que l'arc NB ; donc NP eſt moindre
que l'arc NB , ou l'arc NB plus grand que NP.

Si l'arc BD étoit infiniment petit , il ſe confondroit avec la
tangente BE , pour lors FE qui eſt égale à BE ſeroit égale à l'arc
BD , & l'on auroit encore le triangle iſoſcele BFD qui ne ſeroit
pas different du triangle iſoſcele BFE.

Fig. 5. 4. Si on propoſe de mener du point G une tangente à la
cycloïde , il faut tirer GB parallele à la baſe de la cycloïde , qui
rencontre le cercle générateur au point B , mener enſuite la corde
AB , à laquelle par le point donné G , il faut mener la parallele
IGK , elle touchera la cycloïde au ſeul point G.

Si on dit que cette parallele touche la cycloïde aux points
I , K , je démontre le contraire en cette maniere ; De ces points il
faut mener ID , KN paralleles à la baſe de la cycloïde qui rencontrent le cercle générateur aux points N,D,& qui étant prolongées ou non , rencontrent la corde AB auſſi prolongée s'il eſt néceſſaire aux points F , P , & la cycloïde aux points S , R.

Si les points I, K ſont à la cycloïde, il faut que ID ſoit égale à l'arc
AND,& que KN ſoit égale à l'arc AN. (*art.* 1 . *n.* 5.) Or 1°. IF étant
égale à GB , eſt auſſi égale à l'arc AB ; mais l'arc BD eſt plus petit que FD ; donc IF$+$FD eſt plus grande que l'arc AB $+$
BD , c'eſt-à-dire que ID eſt plus grande que l'arc AD. 2°. KP
étant égale à GB eſt auſſi égale à l'arc AB , mais l'arc BN eſt plus
grand que NP ; donc ſi de KP on retranche PN & de l'arc AB ,
l'arc BN , le reſte KN eſt plus grand que l'arc AN ; donc KN

n'eft pas égale à l'arc AN, ni ID à l'arc AD ; donc les points K, I font hors de la cycloïde.

5. Si l'on fuppofe que les ordonnées NR, DS font infiniment proches de l'ordonnée BG, 1°. les arcs BN, BD étant infiniment petits, ne différeront point des tangentes des mêmes arcs, & les triangles FDB, MBN feront ifofceles. 2°. Les cordes AD, AN étant infiniment proches de la corde AB, formeront des angles infiniment petits avec AB, & ces trois lignes feront cenfées parallèles : c'eft pourquoi fi des points B & D on éléve DO, BL perpendiculaires, fçavoir DO fur AD, & BL fur AB, DO fera auffi perpendiculaire fur AB, & BL fur AN, & AD fera égale à AO, & AB à AL ; donc BO eft la différence des cordes AD, AB, & NL la différence des cordes AB, AN : or puifque les triangles FDB, MBN font ifofceles, il s'enfuit que les bafes BF, NM font divifées en deux parties égales aux points O, L, & que les différences BO, NL font les moitiez des mêmes bafes. 3°. Les arcs GR, GS étant infiniment petits, fe confondront avec les petites tangentes GK, GI, qui deviendront par là les côtez de la courbe : or GI=BF & GK dans l'hypothefe prefente eft égale à MN : d'où il fuit que les petits arcs GR, GS font auffi égaux à NM & BF, c'eft-à-dire, au double des différences BO, LN. On fera voir de la même maniere que tout autre arc de la cycloïde compris entre deux ordonnées infiniment proches eft égal au double de la différence de deux cordes voifines qui terminent l'arc de cercle correfpondant à l'arc de la cycloïde. 4°. Si l'on met en une fomme les différences BO, NL, &c. de toutes les cordes tirées du point A à l'arc AD, elles font égales à la corde AD ; ce qui paroît, fi du point A on décrit les arcs LB*b*, N*n*. Or comme il y a autant de différences que l'arc AS de la cycloïde contient de petits arcs, tels que GS, GR, & que chacun de ces arcs eft double de la différence correfpondante, il s'enfuit que l'arc AS eft double de la corde AD. On fera voir de la même maniere que l'arc AG eft double de la corde AB, & l'arc AR double de la corde AN, en un mot un arc de la cycloide pris à volonté depuis le point A, eft double de la corde correfpondante.

6. Soit la demi cycloïde renverfée AND dont le cercle générateur eft AME ; fi on attache un fil par un bout au point D, & qui étant plié fur la demi cycloïde vienne toucher par l'autre bout le bas qui eft au point A, je dis qu'en fe dévelopant il décrira par fon extrémité R une autre demi cycloïde ARS égale en tout à la demi cycloïde AND, fuppofé que la partie dévelopée NR demeure toujours tendue. Les parties du fil telles que RN

qui se font détachées fucceffivement de la courbe font appellées
rayons de la dévelopée AND , & ces rayons font tangentes de la
courbe AND aux points N. Car l'extrêmité N du rayon RN eft
commun au rayon & à la courbe : or comme cette extrêmité eft
appliquée fur la convexité de la courbe , il s'enfuit qu'elle en eft
un petit côté dont le rayon RN eft le prolongement ; donc le
rayon RN touche la courbe au point N. Cela pofé, fi du point
N on mene NM parallele à la bafe ED qui rencontre le cercle
générateur au point M , & la corde MA. 1º. Cette corde fera
parallele au rayon RN. 2º. L'arc AN de la cycloïde fera double
de cette corde ; donc le rayon RN qui eft égal à l'arc AN eft
double de la corde AM , mais GN == AM ; donc le rayon RN
eft divifé en deux parties égales au point G. Cela étant , fi fur
DBS parallele à EA on prend BS égale au diametre EA , qu'on
décrive le demi cercle BOS , que par le point R on mene RO parallele à AB qui rencontre le cercle BOS au point O , l'on aura
RO égale à l'arc OS , car l'arc AM == l'arc BO , puifque les paralleles RO , MN font équidiftantes de AB ; donc l'arc OS
== l'arc EM , de plus l'arc AM==MN ou AG , & l'arc AME
==ED ou AB ; donc EM==GB==RO ; donc OS qui eft égal à
EM eft égal à RO ; donc fi avec le cercle BOS on décrit une demi
cycloïde dont la bafe foit EB , le point R fera un point de cette
cycloïde , puifque l'ordonnée RO eft égale à l'arc correfpondant
SO : on démontrera de la même maniere pour tout autre point R
décrit par le rayon RN , que ce point appartient à la cycloïde ARS
qui a pour cercle générateur BOS ; ainfi puifque les deux demi
cycloïdes AND , ARS , ont leur cercle générateur égal , il s'enfuit qu'elles font égales en tout.

FORMATION DE LA PARABOLE AVEC QUEQUES-UNES DES
principales propriétez qu'on en déduit.

Fig. 8.

1. Il faut placer fur un plan une regle BC & une équerre GDO ,
en forte que l'un de fes côtes DG foit couché le long de cette regle ,
& prendre un fil FMO égal en longueur à l'autre côté DO de cette
équerre , l'une des extrêmitez du fil étant attachée à l'extrêmité in-
ferieure O de l'équerre, & l'autre extrêmité du fil étant arrêtée à un
point fixe F fur le plan où la regle BC eft couchée : fi l'on fait glif-
fer le côté DG de l'équerre le long de la regle BC , & qu'en même-
tems on fe ferve d'un ftile ou poinçon M pour tenir toujours le fil tendu ,
& fa partie MO toute jointe & comme collée contre le côté OD de
l'équerre , la courbe AMX que le ftile M décrit dans ce mouve-
ment eft une portion de PARABOLE. Si l'on renverfe l'équerre de l'au-
tre côté du point fixe F , on décrira en la même façon l'autre por-

tion AMZ , *& les deux portions* XAZ *ne feront qu'une même courbe qu'on appelle* PARABOLE.

2. La ligne droite BC dans laquelle l'équerre touche la regle est appellée *directrice* , le point F *foyer* de la parabole ; la ligne AF indéfiniment prolongée , est appellée *l'axe* , le point A le *sommet* de la parabole. Une ligne P quadruple de AF , est appellée *parametre* de l'axe. Toutes les lignes comme MP menées d'un point de la parabole perpendiculairement à l'axe , font appellées *ordonnées* à l'axe , & les parties de l'axe telles que AP comprises entre le sommet A , & les ordonnées , font appellées *coupées*.

3. La principale propriété de la parabole par rapport à l'axe , est que le quarré d'une ordonnée est égal au rectangle qui auroit pour côté la coupée correspondante & le parametre de l'axe. D'où il suit que les quarrez des ordonnées à l'axe , font entr'eux comme les coupées correspondantes. Ainsi l'on aura $\overline{MP}^2 = AP$ $\times 4AF$ & les quarrez $\overline{MP}^2 , \overline{LS}^2$ des ordonnées MP , LS entr'eux comme les coupées AP , AS.

Une ligne droite qui touche la parabole en un point fans la couper , quoique prolongée de part & d'autre de ce point , est appellée *tangente*.

4. La méthode de mener d'un point donné fur la parabole une tangente , est fort aifée. Si on propofe , par exemple , de mener du point M une tangente , il faut de ce point abbaiffer une perpendiculaire MP à l'axe , elle fera une ordonnée , & AP fera la coupée ; il faut prolonger l'axe au-delà du fommet A par rapport au foyer F , prendre AT égale à AP , tirer la ligne MT , elle ne touchera la parabole qu'au point M fans la couper , quoique prolongée , c'est-à-dire qu'elle fera tangente. Fig. 8.9.

5. Les lignes telles que MO menées d'un point de la parabole parallelemment à l'axe , font appellées diametres. Si d'un point M extrêmité du diametre MO , on mene une tangente MT & d'un point N du même diametre , une ligne NH parallele à la tangente MT , & qui rencontre la parabole au point H , elle est appellée *ordonnée* au diametre MO , & la partie MN est *la coupée*. Le quadruple de la ligne FM menée du foyer F à l'origine M du diametre MO est appellée le *parametre* de ce diametre.

6. Et l'on démontre que le quarré d'une ordonnée telle que NH , est égal au rectangle qui auroit pour côtez la coupée MN & le parametre 4FM. D'où l'on conclut encore que les quarrez des ordonnées à un diametre MO font entr'eux comme les coupées. Si l'on mene HI parallele au diametre MO , & qui rencon-

x

tre la tangente MT au point I , la partie MI fera égale à l'ordonnée NH , & la parallele HI comprife entre la parabole & la tangente égale à la coupée MN , & il en eft de même par rapport aux
autres ordonnées & aux autres coupées qui leur correfpondent.
D'où l'on conclut que les paralleles au diametre MO comprifes
entre la parabole & la tangente telles que HI font entr'elles comme les quarrez des parties MI de la tangente MT comprifes entre l'origine M du diametre MO & les paralleles qui leur correfpondent.

7. *Soit la demi parabole AIM dont le fommet eft au point A ,
l'axe AP & MP l'ordonnée. Si on confidere la portion infiniment
petite IM comme un côté de la courbe AIM , & dont la tangente
TIM eft le prolongement , que l'on mene aux extrêmitez I , M , du
petit côté IM , les cordes AI , AM , on formera le triangle AIM ,
& fi du point I on mene IF parallele à MP , on formera le trapeze
IFPM ; mais parce que le côté IM de la courbe eft infiniment petit ;
IF eft infiniment proche de MP & n'en differe que d'une partie
infiniment petite , c'eft pourquoi on peut fuppofer que IF eft égal à
MP , & par conféquent que la figure IFPM eft un rectangle qui a
pour bafe MP , & pour hauteur PF ou fon égale DI. Cela pofé , je
dis que le triangle AIM eft le quart du rectangle IFPM.* Pour le
démontrer il faut du point A fommet de la parabole , mener la
tangente AZ qui rencontre la tangente MT au point B , elle fera
(comme on fçait perpendiculaire à l'axe AP , & parallele à l'or-
donné MP : & fi du point A on mene encore AE perpendiculaire à la tangente MT , elle fera la hauteur du triangle AIM,)
puifqu'elle eft tirée du fommet A fur la bafe IM prolongée , & l'on
aura de plus les triangles EAB , DIM qui font femblables , les angles E , D étant droits , & les angles B , M égaux , parce que AB
DM ou PM font paralleles ; donc on a la proportion MI . DI ::
BA . EA ; donc MI×EA=DI×BA ; donc le triangle AIM qui eft
égal à la moitié du premier de ces deux produits , eft auffi égal à la
moitié du fecond ; ainfi le triangle AIM eft la moitié du rectangle
qui auroit pour bafe BA , & pour hauteur DI ou PF ; mais parce
que le point A divife PT en deux parties égales (par la propriété
de la parabole) , il s'enfuit que AB n'eft que la moitié de PM , de
plus le rectangle DI×BA & le rectangle IFPM ont même hauteur
qui eft DI ou PF ; donc ils font entr'eux comme les bafes AB , PM ,
c'eft-à-dire , que le rectangle DI×AB eft la moitié du rectangle
IFPM ; donc le triangle AIM qui eft la moitié du rectangle DI
×AB n'eft que le quart du rectangle IFPM.

8. Corollaires.

8. **Corollaires. 1°.** Si des extrêmitez de tout autre côté de la courbe AIM on mene deux cordes au point A & deux perpendiculaires à l'axe AP , on formera un nouveau triangle & un nouveau rectangle , & le triangle sera le quart de ce rectangle auquel il correspond , ce qu'on prouvera de la même maniere & en faisant la même construction que pour le triangle AIM.

9. **2°.** Il est évident qu'on peut former autant de triangles & autant de rectangles qu'il y a de petits côtez sur la courbe AIM, & que chaque triangle ne sera que le quart du rectangle correspondant.

10. **3°.** Il est aussi évident que tous les triangles ensemble qui ont pour bases les côtez de la courbe AIM , & pour sommet commun le point A, remplissent exactement le segment parabolique AIMA & que leur somme est égale à ce segment. Pareillement tous les rectangles ensemble qui correspondent aux mêmes triangles , composent le secteur parabolique AIMPA , & leur somme est égale au même secteur.

11. **4°.** Il suit de ce dernier Corollaire que le segment AIMA est le quart du secteur AIMPA : car ces deux aires ou surfaces sont composées d'autant d'élémens l'une que l'autre , puisque le nombre des uns & des autres est égal au nombre de côtez qui composent la courbe AIM ; d'ailleurs les élémens du segment AIMA ne sont que le quart des élémens correspondans du secteur AIMPA ; donc la somme d'une part n'est que la quatriéme partie de la somme de l'autre part ; donc l'aire du segment n'est que la quatriéme partie de l'aire du secteur.

12. **5°.** Le triangle APM est les trois quarts du secteur parabolique , puisque le segment AIMA en est le quart.

13. **6°.** Si on décrit le rectangle AGMP , l'on aura l'espace parabolique AGMA qui est la moitié du secteur AIMPA : car cet espace joint au segment AIMA , compose le triangle rectangle AGM ou APM qui est les trois quarts du secteur parabolique ; donc si du triangle AGM on retranche le segment AIMA qui est le quart du même secteur , le restant sera les deux quarts ou la moitié du secteur parabolique.

14. **7°.** Le secteur parabolique AIMPA est au rectangle AGMP comme 4 est à 6 ; car si l'on divise le rectangle en 6 parties égales , elles seront prises ensemble égales au secteur AIMPA , & à l'espace AGMIA : or le secteur en contient 4 & l'espace AGMIA en contient 2 , puisqu'il est la moitié du même secteur ; donc le secteur est au rectangle AGMP comme 4 est à 6 ou comme 2 est à 3 : ainsi ce secteur est les deux tiers du rectangle AGMP , & l'espace AIGMA en est l'autre tiers.

*b

AVERTISSEMENT POUR LES PROPOS. D'ARITHME'TIQUE
& de Géométrie élémentaire qui sont citées dans ce Traité.

LE *chiffre qui est au commencement de chaque proposition indique dans quel ordre les propositions sont citées. Par exemple, si dans le cours de ce Traité on trouve cette citation* (5. *Arit.*) *le chiffre* 5 *fait connoître que pour sçavoir quelle est la proposition citée, il faut chercher dans la table suivante le chiffre* 5 *qui est à la* 5ᵉ *place ou au* 5ᵉ *rang, & la proposition à la tête de laquelle le chiffre* 5 *se trouve, est la proposition qu'on a eu en vue de citer. Pareillement si on trouve encore, par exemple, cette autre citation* (8. *Géom.*) *on sçaura que la proposition citée est au* 8ᵉ *rang ou à la* 8ᵉ *place de la table des propositions de Géométrie.*

Les chiffres qui sont à la fin des propositions montrent dans quel endroit du Livre des Elémens de M. RIVARD *ces propositions sont expliquées & démontrées : ainsi si à la fin d'une proposition citée il y a cette citation* (*Algeb. Liv.* I. *art.* 35.) *elle indiquera que la proposition citée est expliquée au* 35ᵉ *article du premier Livre de l'Algebre. Il en est de même pour les propositions de Géométrie. L'Edition qu'on cite ici est la troisiéme, imprimée chez* DESAINT & SAILLANT.

TABLE DES PROPOSITIONS D'ARITHMÉTIQUE
citées dans ce Traité.

1. UN rapport géométrique ne differe pas d'une division indiquée : ainsi le rapport de 30 à 5 peut être consideré comme une division qu'on propose de faire en divisant 30 par 5, & dont le résultat ou le quotient est 6. (*Liv.* II. *des Raisons art.* 25.)

2. Par la division on partage le dividende en autant de parties égales qu'il y a d'unitez au diviseur, & le quotient est une de ces parties égales : ainsi si on propose de diviser 30 en 5 parties égales en disant 5 en 30, il y est 6 fois ; le quotient 6 étant contenu 5 fois dans le dividende 30 de même que le diviseur 5 y est contenu 6 fois, on sçait que le quotient 6 est la cinquiéme partie du dividende 30. (*Arit. Liv.* I. *art.* 85.)

3. Deux rapports qui ont un même antécedent sont entr'eux réciproquement comme les conséquens : ainsi les rapports de 40 à 10, & de 40 à 5, sont entr'eux réciproquement comme 10 est 5 qui sont les conséquens. Car ces deux rapports peuvent être considerez comme deux divisions indiquées, qui donnent pour quotient 4 & 8 : or 4 & 8 qui expriment les rapports de 40 à 10, & de 40 à 5, sont entr'eux réciproquement comme les conséquens 10 & 5. (*des proportions. Liv.* II. *art.* 50.)

4. Si on a deux rapports $\frac{10}{5} = 2$ & $\frac{12}{3} = 4$, qu'on multiplie les antécedens 10 & 12, & les conséquens 5 & 3, la raison des produits qui est $\frac{120}{15}$ est dite composée de la raison de 10 à 5 & de celle de 12 à 3, & cela parce que le quotient 8 qui vient de la division de 120 par 15, est égal au produit des quotiens 2 & 4 qu'on trouve en divisant 10 par 5 & 12 par 3. En général si on a deux ou plusieurs rapports $\frac{a}{b}, \frac{c}{d}$ & qu'on multiplie les antécedens & les conséquens, la raison $\frac{ac}{bd}$ des produits est dite composée de la raison de a à b & de celle c à d. Mais si on multiplie l'antécedent a par le second conséquent d, & le second antécedent c par le premier conséquent b, le nouveau rapport $\frac{ad}{bc}$ est appellé rapport composé du rapport direct de a à b, & du rapport *inverse* de c à d, parce que les termes du rapport de c à d, sont pris dans un ordre renversé du rapport direct $\frac{c}{d}$. (*des propor. Liv. II. art.* 89. 92.)

5. Lorsque deux rapports sont égaux & que l'antécédent de l'un est égal à son conséquent, l'antécedent de l'autre rapport est aussi égal à son conséquent. (*des proportions. Liv. II. art.* 38.)

6. Le quotient étant multiplié par le diviseur, donne pour produit le dividende. (*Arit. Liv. I. arti.* 72.)

7. Lorsqu'on a un produit qui résulte de deux quantitez multipliées l'une par l'autre, si l'on divise ce produit par l'une d'elles, on trouve l'autre pour quotient : ainsi si on divise ab par a, le quotient est b, & si on divise ab par b on trouve a pour quotient. (*Arit. Liv. I. art.* 84.)

8. Si on multiplie deux termes d'un rapport par un même multiplicateur, ou qu'on divise l'un & l'autre par un même diviseur, les produits sont dans la même raison que les grandeurs multipliées & les quotiens dans la même raison que les grandeurs divisées. Ainsi si l'on divise 40 & 30 par 5, les quotiens 8 & 6 sont dans la même raison que 40 & 30, & si on multiplie les nombres 8 & 6 par un même multiplicateur 5, les produits 40 & 30 sont dans la même raison que 8 & 6. (*des Raisons. Liv. II. art.* 18. 19.)

9. Lorsque quatre grandeurs sont en proportion, la somme ou la difference du premier antécédent & de son conséquent est a l'antécédent ou au conséquent comme la somme ou la difference du second antécédent & de son conséquent est à l'antécédent ou au conséquent. Ainsi si l'on a 12.4 :: 15.5, on aura 16.4 :: 20.5, ou 16.12 :: 20.15, ou bien 8.4 :: 10.5, ou enfin 8.12 :: 10.15. (*des proportions. Liv. II. art.* 60.61. *& suiv.*)

10. Les trois premiers termes d'une proportion étant connus, on trouve le 4e en multipliant les deux moyens & en divisant le

produit par le premier extrême. Ainſi on peut trouver le quatriéme terme de cette proportion 8 . 4 :: 6 . 3 en multipliant les
deux moyens 4 & 6 , & en diviſant le produit 24 par 8 , & l'on
aura 3 pour quatriéme terme. (*des proporţions. Liv. II. art. 72.*)

11. Lorſque le produit de deux grandeurs eſt égal au produit
de deux autres , on peut toujours diſpoſer les racines ou les pro-
duiſants en proportion : ainſi ſi 4×6 = 8×3 les racines 4 , 6 ,
8 , 3 , peuvent être diſpoſées en proportion , pourvu que les racines
de l'un des produits ſoient les extrêmes & les racines de l'autre produit , les moyens de la proportion. (*des proport. Liv. II. art. 43.*)

12. Dans une proportion Géométrique le produit des extrêmes
eſt égal au produit des moyens : ainſi dans la proportion 8 . 4 ::
6 . 3 , le produit de 8 par 3 eſt égal au produit de 4 par 6. (*des
proportions. Liv. II. art. 40.*)

13. Si deux raiſons ou deux fraĉtions ſont égales , le produit des
extrêmes eſt égal au produit des moyens , car les quatre termes des
deux raiſons ou de deux fraĉtions égales , ſont en proportion.
(*des proportions. Liv. II. art. 29. des Fraĉtions. art. 138.*)

14. On peut toujours ſubſtituer une raiſon ou un rapport à la
place d'un autre qui lui eſt égal. Car dans un rapport on conſidere ſeulement la maniere dont l'antécédent contient ſon conſéquent : or lorſque deux rapports ſont égaux , l'antécédent du premier contient ſon conſéquent , de la même maniere que l'antécédent de l'autre rapport contient le ſien ; donc on peut mettre l'un
à la place de l'autre. (*des proportions. Liv. II. art. 25.*)

15. Si on multiplie ou ſi on diviſe deux grandeurs égales par
deux autres grandeurs pareillement égales , les produits ſont égaux
de même que les quotients , (c'eſt un axiome ou propoſition évidente par elle-même)

16. Dans une ſuite de raiſons égales & dans une progreſſion,
la ſomme des antécédens eſt à la ſomme des conſéquens comme
un antécedent eſt à ſon conſéquent : par exemple , ſoient les rai-
ſons égales $\frac{3}{6} = \frac{4}{8} = \frac{5}{10}$ &c. la ſomme des antécédens qui eſt 12 ,
eſt à la ſomme des conſéquens qui eſt 24 , comme l'antécédent 3
eſt à ſon conſéquent 6 , ou comme l'antécédent 4 eſt à ſon conſéquent 8 &c. (*des proportions. art. 83. 84.*)

17. Lorſque dans une proportion Géométrique on diviſe les antécédens par un même diviſeur , ou qu'on les multiplie par un même multiplicateur ; & qu'on diviſe ou qu'on multiplie auſſi les conſéquens par un même diviſeur ou multiplicateur , quoique différent du diviſeur ou du multiplicateur des antécédens , les quatre

quotiens ou les quatre produits sont encore en proportion. La preuve est la même que pour le cas ou l'on multiplie ou que l'on divise les deux termes d'un rapport par un même multiplicateur ou un même diviseur. *Voyez la proposition* 8ᵉ.

18. 19. & 20. Si on multiplie les deux termes d'un rapport par deux multiplicateurs differens, la raison devient plus grande ou plus petite ; si le multiplicateur de l'antécédent est double, triple du multiplicateur du conséquent, la raison du premier produit au second est double ou triple du rapport proposé ; par exemple, si on a le rapport de 4 à 2, qu'on multiplie l'antécédent 4 par le multiplicateur 9, & le conséquent 2 par le multiplicateur 3, les produits seront 36, & 6 ; il est évident que 36 contient 6 six fois, & que l'antécedent 4 ne contient son conséquent 2 que deux fois : or 6 est triple de 2 ; donc la raison des produits 36 & 6 est triple de la raison proposée de 4 à 2. Si le multiplicateur de l'antécédent 4 étoit trois fois moindre que le multiplicateur du conséquent 2, la raison des produits seroit trois fois moindre. La preuve est la même que si on multiplioit l'antécedent 4 par 3, & qu'on laissât le même conséquent 2, ou bien qu'on multipliât le conséquent 2 par 3, & que l'antécédent 4 demeurât le même : or si cela étoit la raison ou le rapport de 4 à 2 deviendroit trois fois plus grand ou trois fois plus petit. (*des Raisons. Liv. II. art.* 15. 16.)

21. Si on multiplie les termes d'une proportion par ceux d'une autre dans le même ordre, les antécédens par les antécédens, & les conséquens par les conséquens, les produits seront encore en proportion. Soient les deux proportions 8.4 :: 6.3. 5.15 :: 7.21, les produits dont il s'agit seront 40 . 60 :: 42 . 63 : or ces quatre produits sont en proportion, car de même que 40 contient les deux tiers de 60 : ainsi 42 contient les deux tiers de 63. (*des proportions. Liv. II. arti.* 85.)

22. Dans une progression Arithmétique, la difference de chaque antécédent à son conséquent est la même dans toute la progression. Par exemple, dans la progression 1 . 3 . 5 . 7 . 9 . 11 . 13 . &c. dans laquelle la difference de chaque terme à celui qui le suit est 2.

23. Si on divise deux grandeurs égales par deux diviseurs differens, les quotiens sont dans la raison inverse ou réciproque des diviseurs : cette proposition ne differe de la troisiéme que dans l'expression & la preuve est la même. (*des proport. Liv. II. art.* 50.)

24. Si quatre grandeurs sont en proportion Géométrique, leurs quarrez sont aussi en proportion ; & si les quarrez de 4 grandeurs

font en proportion , leur racines font auffi en proportion. Soient les quatre nombres 8 . 4 . 6 . 3 qui font en proportion,leurs quarrez 64 . 16 . 36 . 9 font auffi en proportion ; & fi ces quatre quarrez font en proportion,leurs racines 8 . 4 . 6 . 3 font auffi en proportion. (*des proportions. Liv. II. art.* 86.)

25. Dans une progreffion Arithmétique , la fomme de deux termes également éloignez du terme moyen eft égale à la fomme de deux autres termes auffi également éloignez du terme moyen , & le terme moyen eft la moitié de chacune de ces fommes. Par exemple , dans la progreffion Arithmétique 1. 3. 5. 7. 9. 11. 13, la fomme de 3 & de 11 qui font également éloignez du terme moyen 7 eft égale à la fomme de 5 & de 9 qui en font auffi également éloignez l'un & l'autre , & le terme moyen 7 eft la moitié de chacune de ces fommes qui font l'une & l'autre égales à 14.

26. Dans une proportion continue le quarré du premier terme eft au quarré du fecond comme le premier eft au troifiéme. Soit la proportion 12 . 6 :: 6 . 3 , les quarrez de 12 & de 6 font 144 & 36 : or le premier de ces quarrez eft au fecond comme le premier terme 12 eft au troifiéme qui eft 3 ; car de même que 144 contient quatre fois 36 ; ainfi 12 contient 3 quatre fois. (*des proportions. Liv. II. art.* 113.)

27. Pour réduire un nombre entier en fraction fans qu'il change de valeur , il faut le multiplier par le dénominateur de la fraction , & écrire le produit en fraction qui ait pour dénominateur le nombre par lequel on a multiplié l'entier. Pour réduire 4 en fraction qui ait pour dénominateur 3 , il faut multiplier 4 par 3 , & l'on aura la fraction $\frac{12}{3}$ qui vaut 4 : car la fraction $\frac{12}{3}$ étant une divifion indiquée , il eft vifible que le quotient qu'on aura en divifant 12 par 3 eft égal à 4. (*des Fractions. Liv. II. art.* 152.)

28. Deux gaandeurs qui ont même raifon à une troifiéme font égales. Car puifqu'elles ont même raifon à cette troifiéme , elles la contiennent de la même maniere & autant de fois l'une que l'autre : or cela ne peut être ainfi qu'elles ne foient égales. (*des Raifons. Liv. II. art.* 14.)

29. Si dans une proportion continue les deux extrêmes font connus , on peut connoître le terme moyen en multipliant les deux extrêmes & en tirant la racine quarrée du produit : fuppofons que l'on ait la proportion continue 8 . x :: x . 2 dans laquelle le terme moyen x eft inconnu : pour connoître quel eft ce terme , il faut multiplier 8 par 2 , & tirer la racine quarrée du produit 16 laquelle eft 4 : or 4 eft moyen proportionnel entre 8 & 2, car 8 . 4 :: 4 . 2.

TABLE DES PROPOSITIONS DE GÉOMÉTRIE ÉLÉMENTAIRE
qui sont citées dans ce Traité.

1. UN rectangle est égal ou proportionnel au produit de sa hauteur par sa base, ou de sa base par sa hauteur. (*Géom. Liv. II. art.* 137.)

2. Deux lignes droites paralleles qui sont comprises entre deux autres paralleles sont égales, ou ce qui est la même chose, les côtez opposez d'un parallelogramme sont égaux. (*Liv. I. art.* 97. *Liv. II. art.* 43.)

3. La perpendiculaire est la plus courte que l'on puisse mener d'un point sur une meme ligne. (*Géom. Liv. I. art.* 73. 74.)

4. Si deux lignes sont paralleles & qu'une troisiéme soit perpendiculaire à l'une d'elles, elle est aussi perpendiculaire à l'autre. (*Géom. Liv. I. art.* 92.)

5. Dans un triangle l'angle extérieur, c'est-à-dire, l'angle qui est formé par un côté du triangle & par le prolongement d'un autre côté, est plus grand qu'aucun des angles intérieurs opposez. (*Géom. Liv. II. art.* 17.)

6. Si du sommet d'un triangle isoscele on abbaisse une perpendiculaire sur la base, elle la divise en deux parties égales. (*Géom. Liv. II. art.* 24.)

7. Lorsque deux lignes sont comprises dans un espace parallele, & qu'elles sont coupées par un troisiéme parallele, les parties de l'une sont proportionnelles aux parties de l'autre, c'est-à-dire, qu'elles sont coupées en parties proportionnelles, de même si dans un triangle on mene une ligne parallele à la base, & qui coupe les côtez, ils sont divisez en parties proportionnelles. (*Géom. Livre I. art.* 147. 151.)

8. 15. 26. Deux triangles semblables ont les côtez homologues, c'est-à-dire, opposez aux angles égaux proportionnels; d'où il suit que si les côtez de l'un des deux triangles sont connus, & que dans l'autre triangle on connoisse un côté, on pourra au moyen de deux proportions, connoître les deux autres côtez : or deux triangles sont semblables 1°. lorsque les angles de l'un sont égaux aux angles de l'autre. 2°. Lorsque deux côtez de l'un sont proportionnels à deux côtez de l'autre, & que les angles compris entre les côtez proportionnels sont égaux. 3°. Lorsque les trois côtes de l'un sont proportionnels aux trois côtez de l'autre. 4°. Lorsqu'ils ont deux côtez proportionnels & des angles opposez, l'un d'une part égal à l'angle correspondant de l'autre part, & que de plus les deux autres

angles oppofez font de même efpece. (*Géom. Liv. II. art.* 53.
55. 56. 59.)

9. Lorfque dans un triangle rectangle on connoît deux côtez,
on peut connoître le troifiéme , foit par la Trigonométrie , foit
par la propriété même du triangle rectangle fuivant laquelle le
quarré de l'hypothénufe ou du grand côté eft égal au quarré des
deux autres côtez. Ainfi fi l'on connoît les deux côtez de l'angle
droit, on aura l'hypothenufe fi on ajoute en une fomme les quarrez de ces deux côtez & qu'on en tire enfuite la racine quarrée.
Si l'hypothénufe eft connnue avec l'un des côtez de l'angle droit,
on aura l'autre côté fi après avoir retranché du quarré de l'hypothénufe le quarré du côté connu , on tire la racine quarrée du
refte. (*Géom. Liv. II. art.* 183.)

10. Si dans un triangle on connoît deux côtez & l'angle compris , on peut trouver le troifiéme & les autres angles. (*Trigonom.
art.* 46.)

11. Si dans un triangle on connoît deux côtez & l'angle oppofé à l'un d'eux , on peut trouver le troifiéme côté & les deux autres angles. (*Trigonom. art.* 48.)

12. Si dans un triangle on connoît tous les angles & un côté,
on peut avoir les deux autres côtez. (*Trigonom. art.* 42.)

13. Les circonférences des cercles , les arcs femblables font dans
la même raifon que les diametres ou les rayons de ces circonférences. (*Géom. Liv. II. art.* 87. 89. 90.)

14. La tangente eft perpendiculaire à l'extrêmité du rayon qui
paffe par le point de contingence. (*Géom. Liv. I. art.* 113.)

16. Si d'un point hors du cercle on mene une tangente & une
fecante qui rencontre la circonférence en deux points, la tangente eft moyenne proportionnelle entre la fecante & fa partie hors
du cercle. (*Géom. Liv. I. art.* 167.)

17. L'angle au centre a pour mefure l'arc compris entre fes côtez , l'angle infcrit a pour mefure la moitié de l'arc compris entre fes côtez. (*Géom. Liv. I. art.* 42. 124.)

18. L'angle du fegment formé par une tangente & une corde
a pour mefure la moitié de l'arc foutenu par la corde. (*Géom.
Liv. I. art.* 129.)

19. Les triangles femblables font entr'eux comme les quarrez
des côtez homologues. (*Géom. Liv. II. art.* 178.)

20. & 22. Si deux triangles ont deux côtez égaux & les angles
égaux, ils font égaux. (*Géom. Liv. II. art.* 27. 29.)

21. Les

21. Le finus d'un angle ou d'un arc eft la perpendiculaire menée de l'extrêmité de l'arc fur le rayon qui paffe par l'autre extrêmité de l'arc. D'où il fuit que fi dans un triangle rectangle, on confidere l'hypothénufe comme le rayon d'un cercle ou comme le finus total, les côtez de l'angle droit feront les finus des angles qui leur font oppofez. (*Trigonom. art.* 4.)

23. Si deux triangles ont deux côtez égaux & les angles compris entre ces côtez égaux, inégaux, le plus grand angle eft oppofé à la plus grande bafe. (*Géom. Liv. II. art.* 34.)

24. Les polygones réguliers femblables ont leurs perimetres comme les rayons droits & obliques ou encore comme les côtez homologues. (*Géom. Liv. II. art.* 86.)

25. Si dans un triangle on mene plufieurs paralleles à la bafe, & qu'elles foient toutes également éloignées ou diftantes entr'elles, elles augmentent du fommet vers la bafe en progreffion arithmétique, car ces paralleles font les bafes d'autant de triangles femblables dont les côtez augmentent du fommet vers la bafe en progreffion arithmétique, & dont les differences font toutes égales, puifque les paralleles font également diftantes entr'elles ; donc les bafes augmentent auffi en progreffion arithmétique.

27. Si deux lignes font paralleles, les angles intérieur & extérieur du même côté qu'elles forment avec une troifiéme ligne appellée fecante, font égaux. (*Géom. Liv. I. art.* 90.)

28. Deux lignes droites qui font perpendiculaires à une troifiéme font paralleles entr'elles. (*Géom. Liv. I. art.* 96.)

29. Si deux lignes droites font paralleles, elles forment avec une troifiéme des angles alternes égaux. (*Géom. Liv. I. art.* 91.)

30. Si une ligne tombe fur une autre, elle forme deux angles qui pris enfemble valent deux angles droits. (*Géom. Liv. I. art.* 54.)

31. L'angle au centre & l'angle à la circonférence d'un polygone régulier pris enfemble valent deux droits. (*Géom. Liv. II. art.* 104.)

32. Dans un poligone régulier les rayons obliques font égaux. (*Géom. Liv. II. art.* 74.)

33. L'angle infcrit dans le demi cercle eft droit. (*Géom. Liv. I. art.* 127.)

34. Un triangle eft égal à la moitié du produit de fa bafe & de fa hauteur, il eft auffi égal à la moitié d'un rectangle de même bafe & de même hauteur. (*Géom. Liv. II. art.* 140.)

35. Deux triangles ou deux parallelogrammes égaux ont leurs

bafes réciproquement proportionnelles aux hauteurs. (*Géom. Liv. II. art.* 166.)

36. Deux triangles qui ont même bafe & même hauteur font égaux. (*Géom. Liv. II. art.* 126.)

37. Si du fommet de l'angle droit d'un triangle rectangle on abbaiffe une perpendiculaire fur la bafe ou hypothénufe, elle le divife en deux triangles femblables. (*Géom. Liv. II. art.* 62.)

38. L'angle au centre a pour mefure l'arc fur lequel il eft appuyé, & l'angle à la circonférence n'a pour mefure que la moitié de cet arc, s'il y eft appuyé. (*Géom. Liv. I. art.* 126.)

39. Si des extrémitez d'une corde on mene un diametre dans le cercle & une perpendiculaire fur ce diametre, la corde eft moyenne proportionnelle entre le diametre & la partie comprife entre la perpendiculaire & la corde. (*Géom. Liv. II. art.* 62.)

40. Les rectangles & les parallelogrammes de même hauteur font comme les bafes; & s'ils font dans la raifon des bafes, ils font comme les hauteurs. (*Géom. Liv. II. art.* 164. 165.)

41. Si plufieurs triangles rectangles ont une même bafe ou hypothénufe, ils peuvent être infcrits dans un cercle qui auroit pour diametre cette hypothénufe; en forte que fi on la divife en deux parties égales, que du milieu comme centre & avec un intervalle égal à la moitie de cette bafe, on décrive une circonférence, elle paffera par les fommets des angles droits qui s'appuient fur ce diametre. (*Géom. Liv. I. art.* 127.)

42. Si deux prifmes ou deux cylindres font entr'eux comme les longueurs, ils ont des bafes égales; & s'ils ont des bafes égales, ils font entr'eux comme les longueurs; & fi les hauteurs & les bafes font inégales, ils font entr'eux comme les produits des bafes & des hauteurs. (*Géom. Liv. III. art.* 112. 113. 114.).

TABLE

DES TITRES

Et des principales matieres contenues dans ces quatre premiers
Livres.

*Les chiffres qui font entre deux crochets, indiquent les articles du
Livre où l'on trouvera les Titres & les Propofitions énoncées
dans cette Table.*

PREMIER TRAITE' QUE L'ON DIVISE EN SIX LIVRES.

Dans le *premier* on confidere le mouvement en tant qu'il convient à tous les
corps; dans le *second* on traite du mouvement de pefanteur; dans le *troifiéme*
du choc des corps ; dans le *quatriéme* de la ftatique ou de l'équilibre des
puiffances & des poids ; dans le *cinquiéme* de l'hydroftatique ou de l'équilibre des liqueurs ; dans le *fixiéme* de l'hydraulique ou du mouvement
des fluides.

LIVRE PREMIER.

DU MOUVEMENT EN TANT QU'IL CONVIENT A TOUS LES CORPS.

Dans le mouvement on peut confidérer le corps ou la maffe qui eft mue, la viteffe, la quantité de mouvement qui réfulte de la maffe & de la viteffe,
& la puiffance qui meut le corps. On divife ce premier Livre en deux Chapitres. Dans le premier on confidere la viteffe & la quantité de mouvement. Dans
le second on traite des puiffances qui produifent le mouvement (1).

CHAPITRE PREMIER.

DE LA VITESSE ET DE LA QUANTITE' DE MOUVEMENT.

Definition ordinaire du mouvement. Il eft *égal & uniforme*, ou *inégal & variable.*
Dans ce Chapitre il ne s'agit que du mouvement uniforme (2).

DE LA VITESSE.

Pour avoir une idée de la viteffe il ne fuffit pas de faire attention à l'efpace parcouru, il faut encore y joindre la confidération du tems, c'eft pourquoi on définit la viteffe le rapport de l'efpace au tems (3). Si les tems des mouvements
font égaux, les viteffes font entr'elles comme les efpaces parcourus (4). Si les

tems font inégaux , les viteffes de deux mobiles font entr'elles comme les rapports des efpaces aux tems (6). D'où il fuit 1 que fi les rapports des efpaces aux tems font égaux , les viteffes font égales (8). 2. Si les efpaces parcourus font égaux , les viteffes font entr'elles réciproquement comme les tems (10). 3. Les viteffes de deux mobiles font en raifon compofée de la raifon directe des efpaces & de la raifon inverfe des tems (11). 4. Si les viteffes de deux corps font égales , les efpaces parcourus font comme les tems (12). 5. Si les efpaces font dans la raifon des temps , les viteffes font égales (13). 6. Les efpaces que deux corps parcourent font en raifon compofée des viteffes & des tems (14). On déduit du Corollaire précedent que l'efpace qu'un corps parcourt , eft repréfenté par un parallelogramme rectangle dont les côtez expriment l'un le tems,& l'autre la viteffe (15). 7. Les tems des mouvemens font en raifon compofée de la raifon directe des efpaces & de la raifon inverfe des tems (16). 8. De ce que la viteffe eft exprimée par le rapport de l'efpace au tems , on en conclut que fi on divife l'efpace par le tems,le quotient fera connoître la viteffe ; & parce que dans la divifion fi on multiplie le divifeur par le quotient, on retrouve le dividende ; on en conclut encore que fi on multiplie la viteffe par le tems , on aura l'efpace parcouru qui eft le dividende. Puifque l'efpace parcouru eft répréfenté par le produit du tems & de la viteffe ; il s'enfuit que fi l'on divife l'efpace par la viteffe , le quotient donnera le tems du mouvement (17). 9. On donne enfin les expreffions générales de la viteffe , du tems & de l'efpace parcouru avec lefquelles on peut démontrer d'une maniere courte & facile les differentes propofitions qui concernent la viteffe dans le mouvement uniforme (19).

La viteffe dont on vient de parler eft appellée *propre* , parce qu'elle n'appartient qu'à un corps qui eft en mouvement ; mais il y a une autre viteffe qu'on peut nommer *relative* ou *refpective* par laquelle deux corps s'approchent ou s'éloignent l'un de l'autre quelles que foient d'ailleurs les viteffes propres. On remarquera ici que la connoiffance de cette viteffe eft d'un ufage très étendu , puifqu'un grand nombre de phenomenes & d'effets naturels non moins curieux qu'intéreffant, ont pour fondement cette viteffe.

De la vitesse respective de deux corps.

Puifque par la viteffe relative ou refpective , deux corps s'approchent ou fe fuient ; pour déterminer cette viteffe il faut feulement avoir égard à l'efpace que ces corps parcourent pour fe fuir ou pour fe joindre : or dans le cas où les corps s'approchent, l'efpace qu'ils parcourent pour fe joindre eft égal à l'intervalle qui eft entr eux lorfqu'ils commencent à fe mouvoir l'un vers l'autre ; s'ils fe fuient , l'efpace qu'ils parcourent pour s'éloigner l'un de l'autre , eft égal à la difference de l'intervalle qui eft entr'eux lorfqu'ils commencent à s'éloigner l'un de l'autre à l'intervalle qui eft entr'eux après un tems donné (22. 24) : d'où il fuit que fi deux corps font mûs fur une même ligne droite fuivant des directions oppofées, l'efpace qu'il parcourt pour s'approcher eft égal à la fomme des efpaces que chaque corps parcourt.Donc dans le cas préfent la viteffe refpective eft égale à la fomme des viteffes propres (26). Mais fi les corps font mûs dans les mêmes fens, l'efpace qu'ils parcourent pour s'approcher , eft feulement égal à la difference des efpaces que chaque corps parcourt par fa viteffe propre. Par conféquent la viteffe refpective eft pour lors égale à la difference des viteffes propres (27). Dans les mouvemens relatifs il y a plufieurs circonftances à confiderer ; *les viteffes propres* des mobiles , les *efpaces parcourus* , les *tems des* mouvemens, la *diftance*, la *fituation* & les *lieux* des corps pour quelque tems que ce foit. Les mouvemens relatifs peuvent être réels dans toutes leurs circonftances ou feulement apparens dans quelques-unes. On fuppofe d'abord que ces circonftances en font toutes réelles , on fuppofe enfuite que quelques-unes ne font qu'apparentes (29). Deux corps qui s'approchent ou qui s'éloignent peuvent être mûs fur une même ligne ou fur deux lignes differentes , dans ce fecond cas les lignes peuvent être paralleles ou inclinées l'une à l'autre , & faire un angle. On détermine les differentes circonftances dont on vient de parler en les examinant dans chacun de ces trois cas , lors même que les corps font mûs fur des circonférences des cercles. 1. Suivant les regles de la Géo-

métrie élémentaire fans le fecours des fections coniques. 2. Par le calcul fans tables de finus. (*Art. 30 & fuivants jufqu'à l'art. 65.*) On paffe aux mouvemens
relatifs apparens.

DES MOUVEMENS APPARENS.

Des corps peuvent paroître en mouvement lorfqu'ils font en repos , ou paroître en
repos lorfqu'ils font en mouvement : cette apparence a pour fondement la dfïerente
maniere dont l'œil peut être affecté par un objet, lors même que cet objet demeure
à la même place, qu'il conferve fa fituation , & qu'il ne change point d'état. C'eft
fur-tout dans l'aftronomie que paroît l'ufage que l'on peut faire de la théorie des
mouvemens apparens, c'eft pourquoi on fe contente de les confidérer dans le cercle
(65). On établit enfuite les caufes qui donnent lieu aux mouvemens apparens , &
l'on remarque quels font les cas & en quelles occafions un corps doit paroître en
mouvement quoiqu'il foit en repos , ou paroître en repos lorfqu'il eft en mouvement; il peut même fe faire qu'il paroiffe rétrograder quoiqu'il continue d'être mû
fuivant la même ligne (66. 67. 68). L'on fait voir après cela que fi deux obfervateurs font mûs uniformément fur deux circonférences concentriques , ils pourront paroître l'un à l'autre s'arrêter, ou même rétrograder & être affectez d'autres femblables apparences (70. 71. 72) ; mais afin qu'elles aient lieu , il faut
que l'obfervateur qui eft plus proche du centre , aille plus vite que celui qui en eft
moins proche, car fi leurs viteffes étoient égales , il n'y auroit ni ftation ni retro-
gradations , d'où l'on conclut que les ftations & rétrogradations apparentes ont
pour fondement l'inégalité des viteffes (73. 74. jufqu'à 81). On détermine géométriquement quels font les endroits des circonférences où les deux obfervateurs
doivent paroître l'un à l'autre directs , ftationaires & rétrogrades (81.82.83.84.85.
86). On finit la matiere des mouvemens relatifs , réels & apparens , par la réfolution de deux Problêmes. Dans le premier on détermine tous les endroits d'un cadran
où l'aiguille des minutes doit rencontrer celle des heures (87). Dans le fecond on
fuppofe que deux voyageurs marchent dans un même chemin , celui qui va moins
vite précede celui qui fuit ; on propofe de trouver quel eft l'endroit du chemin
où l'un attrapera l'autre. On fuppofe que les viteffes font connues , de mème que
l'intervalle qui eft entre les deux voyageurs lors du départ. Ce Problême eft célebre dans l'antiquité fous les noms d'Achille & de la Tortue ; à cette occafion on
tâche de découvrir & de réfuter le Sophifme de Zenon (88).

DE LA QUANTITE' DE MOUVEMENT.

Si tous les corps étoient égaux en maffe , leurs quantitez de mouvement feroient
proportionnelles aux viteffes (93). Et fi les viteffes font égales , les quantitez
de mouvement font comme les maffes (90). La *maffe* d'un corps eft la quantité de
matiere qu'il contient, & le *volume* eft la grandeur du corps en tant qu'il eft long,
large & profond (92). Si les maffes & les viteffes font inégales , les quantitez
de mouvement font en raifon compofée des maffes & des viteffes (94). Il fuit de
cette derniere propofition , 1. que fi les quantitez de mouvement de deux corps.
font égales , les viteffes font entr'elles réciproquement comme les maffes (95).
2. Si les viteffes font dans la raifon réciproque des maffes , les quantitez de mouvement font égales (96). 3. Si les quantitez de mouvement font comme les
viteffes , les maffes font égales (97). 4. Si les tems des mouvemens font égaux,
les quantitez de mouvement font comme les produits des maffes & des efpaces
parcourus (98). 5. Si les efpaces parcourus font égaux , les quantitez de mouvement font en raifon compofée de la raifon directe des maffes & de la réciproque
des tems (99). 6. Si on multiplie la maffe d'un corps par fa viteffe , on aura la
quantité de mouvement ; & fi on divife la quantité de mouvement par la maffe ,
on aura la viteffe ; & fi on la divife par la viteffe , le quotient donnera la maffe
(100). Les principes qu'on a établis donnent le moyen de compofer des formules
ou expreffions générales avec lefquelles on peut démontrer non-feulement les propofitions qu'on vient d'énoncer , mais encore plufieurs autres touchant le mouvement uniforme (101).

CHAPITRE SECOND.

Des forces qui meuvent les corps.

ON définit ce qu'il faut entendre par *cause* , *force* & *puissance* (103. 104. 105). Si le mouvement est produit par une seule puissance , il peut être appellé *simple* , si plusieurs puissances concourent à sa production , il est appellé composé (106).

Du mouvement produit par une seule puissance.

Un corps une fois mis en mouvement s'y conserve jusqu'à ce qu'un obstacle insurmontable l'arrête & détruise sa vitesse (107). Si une puissance produit le mouvement par une seule impulsion , elle est appellée *force simplement motrice* , si elle le produit par des efforts réiterez , elle est appellée *force accélératrice* (108). La force accélératrice est *constante* ou *variable* (109). La force constante produit des degrez égaux de vitesse en tems égaux ; mais si la force est variable , les degrez de vitesse produits en tems égaux , sont inégaux (110). Un corps en mouvement peut être considéré comme une puissance qui meut les corps qu'il rencontre (111). Des auteurs célebres ont introduit la distinction des *forces vives* & des *forces mortes* ; quelle est la notion qu'ils en donnent (112. 113). Un corps en repos ne résiste point au mouvement (114). D'où il suit que si deux forces simplement motrices meuvent des corps égaux , elles sont entr'elles comme les vitesses (115). Si les masses sont inégales & les vitesses égales , les forces sont comme les masses (116). Mais si les *masses & les vitesses sont inégales* , les forces sont entr'elles comme les produits des masses & des vitesses (117). On peut déduire ici les mêmes conséquences qu'on a tirées l'orsqu'on a parlé du rapport des quantitez de mouvement de deux corps , & elles ont lieu à l'égard des forces motrices (118. *& suivans*).

De la force accélératrice.

Le nombre de degrez de vitesse que produit une force constante , est mesuré par le nombre des instans pendant lesquels elle agit (122). Si la force accélératrice est infiniment petite , le degré de vitesse qu'elle produit à chaque instant est infiniment petit (123). D'où l'on conclut que l'espace qu'une force constante & infiniment petite fait parcourir à un corps pendant un tems fini & déterminé , est exprimé par un triangle rectangle dont la hauteur répréfente le tems , & la base la vitesse acquise à la fin de ce tems (126). Deux forces accélératrices constantes , sont entr'elles comme les vitesses qu'elles produisent en même tems dans deux mobiles égaux , ou bien elles sont entr'elles comme les espaces qu'elles leur fait parcourir en tems égaux (127. 128). Si le rapport des masses est constant , c'est-à-dire, le même pendant le tems du mouvement, quoique les masses augmentent ou diminuent , & que de plus les espaces parcourus soient égaux , les tems des mouvemens sont égaux , pourvû que les forces accélératrices demeurent dans le rapport constant des masses , n'importe que ces forces soient constantes ou variables (129). Si un corps est mû par une force accélératrice le long d'une ligne droite d'une longueur déterminée , que de tous les points de cette ligne on éleve des perpendiculaires terminées par le quart de circonférence d'un cercle , si les vitesses que le mobile a à chaque point de cette ligne , sont entr'elles comme les perpendiculaires correspondantes & terminées par le quart de circonférence ; on prouve que si le corps est mû uniformément sur le quart de circonférence avec la vitesse qu'il aura acquise lorsqu'il sera parvenu à l'extrêmité de la ligne supposée, les tems des mouvemens sur cette ligne & sur le quart de circonférence sont égaux (131). On démontre à cette occasion plusieurs autres propositions qui doivent servir à prouver dans le second Livre , que si un corps commence à descendre par des arcs inégaux d'une cycloïde renversée & dont le plan est perpendiculaire à l'horizon , il les décrira en des tems égaux.

REMARQUE SUR LES FORCES VIVES ET LES FORCES MORTES.

On rapporte au long l'exposé que M. Bernouilli fait lui-même de son sentiment sur ces deux sortes de forces. On remarque encore que M. Camus de l'Académie Royale des Sciences , & M. Volfios donnent une idée de la force vive & de la force morte , differente de celle de M. Bernouilli. (*Voyez après l'artile 136*).

REFLEXIONS SUR LES FORCES DES CORPS EN MOUVEMENT, & sur la maniere de les comparer.

On considere la force d'un corps comme étant produite ou détruite dans un instant ou successivement : on la considere aussi en elle-même & comme résidant dans le corps qu'elle meut ; on fait par rapport à ces differentes manieres d'envisager la force d'un corps , des réflexions qui tendent à prouver que les forces des corps en mouvement , ne sont point entr'elles dans la raison des quarrez des vitesses , mais comme les simples vitesses (137. *jusqu'à* 159). On remarque aussi que la distinction entre les forces vives & les forces mortes est très-bien fondée , & que la maniere de comparer ces deux sortes de forces , doit être differente (140). On répond ensuite à une difficulté tirée de l'experience qui paroît fournir une preuve en faveur des forces vives , & établir qu'elles sont entr'elles comme les quarrez des vitesses (151).

DU MOUVEMENT EN TANT QU'IL EST PRODUIT par plusieurs forces.

Lors qu'un corps est mû par plusieurs forces qui le poussent à la fois , la ligne qu'il décrit est droite ou courbe.

DU MOUVEMENT EN LIGNE DROITE, composé de plusieurs forces.

L'expérience montre que si un corps est poussé à la fois par plusieurs forces , il peut se faire que toutes ses parties soient mûes perallelement à elles-mêmes sans que le corps tourne , & l'on démontre que cela doit arriver lorsqu'une sphere est poussée par deux forces dont les directions passent par le centre & qu'elles sont immédiatement appliquées à cette sphere. D'où l'on conclut que le mouvement se compose en un , de même que s'il n'étoit produit que par une force (152. 153). On prouve ensuite que si un corps étant poussé par deux forces suivant deux directions qui fassent un angle sur une direction moyenne ; que sur les trois directions des corps & des deux puissances on décrive un parallelogramme , ces forces ou puissances sont entr'elles comme les côtez du parallelogramme décrit , & la force moyenne qui meut le corps suivant la diagonale , comme les côtez sont à cette diagonale : ainsi ces trois forces feroient décrire en même-tems chacune le côté qui la représente (154. 155). La proposition inverse est aussi vraie : si un corps est poussé à la fois suivant les côtez d'un parallelogramme par des forces qui soient entr'elles comme ces côtez , il décrira la diagonale dans le même tems que ces forces lui feroient décrire les côtez qui leur sont proportionnels (156). Si les forces sont instantanées ou simplement motrices , le corps décrit la diagonale d'un mouvement uniforme , il la parcourt d'un mouvement accéleré si les forces sont constantes ou variables , pourvu qu'elles demeurent entr'elles dans le même rapport pendant le mouvement (158). La force moyenne qui pousse le corps suivant la diogonale , & qui résulte de celles qui le poussent suivant les côtez , peut être produite par une infinité de paires de puissances differentes de celles qui ont concouru à la produire ; lors donc qu'un corps est poussé par deux forces , quant à la vitesse & à la direction , il l'est de même que s'il n'étoit mû que par une force (160. 161) Si le corps est poussé à la fois par plusieurs forces ou puissances differentes dont les directions concourent en un point , on trouvera la vitesse & la direction du corps en réduisant toutes ces forces ou puissances à deux (164).

DE LA DÉCOMPOSITION DES FORCES
& des mouvemens.

L'expérience montre que de même que dans la nature plufieurs mouvemens ou forces fe compofent en une, un mouvement fimple, une force unique fe décompofe en plufieurs autres (185). On peut appeller *forces dérivées* celles qui réfultent d'une feule. On prouve que cette décompofition doit fe faire fuivant la diagonale d'un parallelogramme, & fuivant la perpendiculaire à cette même diagonale, & les efforts dérivez doivent être tels qu'ils puiffent reproduire la force d'où ils dérivent (168. 169. 170. 171). On détermine le rapport de ces efforts dérivez (172). On prouve encore la décompofition des mouvemens par l'exemple d'un corps qui eft pouffé fuivant une direction oblique à un plan : car ce corps preffe le plan en même-tems qu'il eft mû fuivant le plan. On conclut une feconde fois que fi un corps eft mû par une force dont la direction eft oblique à celle du corps, cette force eft décompofée en deux efforts dont l'un eft perpendiculaire à la route du corps, & l'autre parallele à la même route (173. 179).

DE LA MANIERE DONT L'ÉQUILIBRE SE FORME,
déduite de la compofition & de la décompofition des forces.

L'équilibre eft l'état de plufieurs forces qui agiffent les unes contre les autres, de maniere que tout demeure en repos (180). Lorfqu'un corps eft pouffé par deux puiffances dont les directions concourent en un point, elles peuvent être mifes en équilibre (182). Si deux puiffances font retenues en équilibre par une troifiéme, elles ont leurs directions en un même plan (188). Et fi les directions de deux puiffances font en un même plan, elles peuvent être retenues en équilibre par une troifiéme puiffance (189). Si trois puiffances font en équilibre lorfqu'elles font immédiatement appliquées au point où leurs directions concourent, elles y feront encore fi on les applique à un levier aux points où leurs directions rencontrent ce levier (192). Si trois puiffances font en équilibre fur un levier, leurs directions concourent en un même point (194). Si trois puiffances font en équilibre fur un levier, elles y feront encore fi elles font immédiatement appliquées au point où leurs directions concourent (195). Les conditions pour l'équilibre de trois puiffances, font 1. que leurs directions concourent en un point ; 2. qu'elles foient en un même plan ; 3. qu'elles foient entr'elles comme les côtez d'un parallelogramme formé fur ces directions, & que l'une d'elles tire en fens contraire des deux autres (190). On donne enfuite des exemples d'équilibre où deux puiffances réfiftent à une feule. Or ces puiffances peuvent être déterminées ou indéterminées (196. 197). Si trois puiffances font en équilibre, elles peuvent être confiderées tour à tour comme puiffances réfiftantes (201).

DES MOUVEMENS COMPOSEZ EN LIGNE COURBE,
& des forces centrales.

L'expérience & le raifonnement concourent à prouver qu'il faut plus d'une force pour faire décrire à un corps une ligne courbe (202). D'où il fuit qu'un corps qui eft mû d'écrit la ligne droite, ou qu'il tend à la fuivre ; & que s'il décrit une courbe, il tend à chaque point à s'en éloigner (203. 204). Si la caufe ou la force qui retient un corps fur une courbe lorfqu'il la décrit, dirige fon action vers un même point, elle eft appellée *force centripete*, & la réfiftance ou l'effort contraire que le mobile fait à cette force, eft appellé *force centrifuge*, les deux efforts contraires font appellez enfemble *forces centrales*, & elles font égales & directement oppofées (205. 206). Afin de traiter des forces centrales par rapport à un objet réel, on les confiderera dans le cercle & l'ellipfe, (car on fçait que les aftres fe meuvent dans des cercles ou des ellipfes, ou dans des figures qui en approchent fort. On conçoit les lignes courbes comme des polygones d'une infinité de côtez, le cercle comme un polygone regulier, & les autres courbes comme des

polygones.

polygones irréguliers ; & pour donner une idée plus diftincte de la force centrale , on confidere d'abord ce qui arrive à un corps qui décrit un polygone régulier d'un nombre fini de côtez.

DU MOUVEMENT D'UN CORPS QUI DE'CRIT UN POLYGONE régulier d'un nombre fini de côtez , & de la force centrale dans le cercle.

Si la force qui retient un corps fur un polygone régulier , dirige fon action au centre , tous les côtez feront décrits en des tems égaux (209). D'où il fuit que la viteffe du mobile eft uniforme (210). La force qui retient le corps , eft d'autant plus petite que le polygone a de côtez , fuppofé que la viteffe du corps demeure la même. Si les côtez du polygone font des angles intérieurs infiniment grands , ou les angles extérieurs infiniment petits , cette force eft infiniment petite (212). Lorfque la viteffe du mobile eft connue ou que l'on a fon expreffion ou fon rapport , on peut avoir auffi celui de la force qui retient le mobile fur le polygone décrit (213). Si deux corps décrivent deux polygones réguliers femblables , les efforts que les forces font aux angles des polygones pour les ramener , font entr'eux comme les viteffes des mobiles (214). Et les tems périodiques font en raifon compofée de la raifon directe des diftances aux centres , & de la raifon réciproque des viteffes (216). Les propofitions précédentes font vraies par rapport à tous les polygones réguliers ; elles font donc vraies dans le cercle confideré comme polygone régulier (217). La force centrale n'eft pas celle qui retient un corps fur un polygone d'un nombre fini de côtez , il faut que le polygone en ait une infinité , & qu'il dégenere en ligne courbe (218.). Si deux corps font mûs fur deux polygones réguliers femblables d'un nombre infini de côtez , les forces centrales font entr'elles comme les produits des viteffes & des nombres des côtez que les mobiles parcourent en même-tems (219). Les nombres de côtez que les deux mobiles parcourent en même-tems fur deux polygones réguliers femblables , qui ont une infinité de côtez , font en raifon compofée de la raifon directe des viteffes & de la réciproque des diftances aux centres (221). On déduit de cette derniere propofition celles que l'on démontre de la force centrale dans le cercle , dont les principales font 1. les forces centrales de deux mobiles font entr'elles comme les quarrez des viteffes divifez par les diametres ou les rayons (222). 2. Si les viteffes des mobiles font entr'elles comme les racines quarrées des diametres ou des rayons , les forces centrales font entr'elles réciproquement comme les quarrez des diametres ou des rayons (227). Si les viteffes font entr'elles réciproquement comme les racines quarrées des diametres ou des rayons , les quarrez des tems périodiques font entr'eux comme les cubes des rayons ou des diametres (228) , &c.

DU MOUVEMENT D'UN CORPS QUI DE'CRIT UN POLYGONE irrégulier , & de la force centrale dans l'ellipfe.

Si un corps décrit le perimetre d'un polygone irrégulier par la viteffe une fois imprimée & par l'action d'une force qui dirige fon action vers un même centre , le rayon vecteur , c'eft-à-dire la ligne qui eft tirée du centre du polygone au centre du corps , & qui tourne avec le corps , décrit des aires proportionnelles aux tems (231). D'où l'on déduit que fi un corps décrit un cercle , & que la force centrale dirige fon action vers un même point, mais different du centre, elle n'eft pas la même par tout,& la viteffe du mobile eft variable (234). 2. Le cercle eft la feule de toutes les figures qu'un mobile puiffe parcourir par un mouvement uniforme (235). Si un corps décrit une ellipfe , & que la force centrale le ramene vers le foyer, les efforts qu'elles fait aux differens points de l'ellipfe , font entr'eux réciproquement comme les quarrez des diftances au foyer (238). Les viteffes avec lefquelles un mobile eft mû aux differens points de l'ellipfe , font entr'elles réciproquement comme les perpendiculaires menées du foyer aux tangentes en ces points (239). Si deux corps décrivent deux ellipfes qui aient un même foyer vers lequel les forces centrales dirigent leur action , & qu'elles foient entr'elles réciproquement comme les quarrez des diftances, les quarrez des tems périodiques font entr'eux comme les cubes des grands axes (242). Les viteffes des deux mobiles, font entr'elles comme les racines quarrées des parametres divifées par les perpendiculaires menées du foyer fur les tangentes aux points où les mobiles fe trouvent (243).

LIVRE SECOND.

DU MOUVEMENT DES CORPS PESANS.

ON divife ce Livre en quatre Chapitres ; dans le premier on explique les proprié-tez les plus générales des corps pefans ; dans le fecond on traite du mouvement des corps jettez fuivant la direction verticale ou perpendiculaire à l'horizon ; dans le troifiéme, des corps jettez fuivant toute autre direction differente de la verticale ; dans le quatriéme, du mouvement des corps le long des plans inclinez.

CHAPITRE PREMIER.

DES PROPRIETEZ LES PLUS GE'NE'RALES des corps pefans.

ON explique les differentes fignifications du mot *pefanteur* (1). Galilée eft le premier qui à la faveur des expériences ait raifonné jufte fur les effets de la pefanteur ; quelles font ces expériences (3). Les expériences de Galilée le conduifent à faire une hypothefe fort fimple & qui a été adoptée par tous les auteurs qui ont écrit fur les effets de la pefanteur : cette hypothefe confifte à dire que la pefanteur eft une force conftante (4). Galilée s'étoit contenté de faire des expériences fur les corps terreftres ; mais M. Neuton joint la théorie des forces centrales aux obfervations aftronomiques, pour prouver que la pefanteur eft une force variable qui diminue en allant du centre vers la circonférence (5). Mais cette diminution de force fe fait par des degrez fi petits, qu'à quelque diftance qu'on porte les corps terreftres, elle eft infenfible ; c'eft pourquoi l'hypothefe de Galilée par rapport aux corps terreftres demeure dans fon entier (6). Dans ce Chapitre on parle 1. de la direction des corps pefans, 2. du centre de gravité, 3. des rapports des pefanteurs.

DE LA DIRECTION DES CORPS PESANS.

On prouve que les corps pefans tendent au centre de la terre ou fort près de ce centre, & on en apporte plufieurs preuves. Le point dont il s'agit ici eft néceffairement lié avec la figure de la terre ; fi la terre eft fphérique, les corps pefans tendent au centre ; mais fi elle a une figure differente de la fphérique, les corps ne tendent pas droit au centre (7). On détaille plufieurs effets de la pefanteur, foit réels, foit hypothétiques (8. 9. 10. 11. 12. 13. 14).

DU CENTRE DE GRAVITE'.

On définit le centre de gravité un point par lequel une figure pefante étant librement fufpendue, toutes les parties fe contrebalancent également & font en équilibre, quelque pofition qu'elles aient par rapport au centre de la terre (16). Si les directions de la pefanteur concourent au centre ou à quelque autre point, dans la rigueur Géométrique il n'y a pas de centre de gravité au fens de la définition (19). Cependant comme les parties des corps pefans font fort proches les unes des autres & le centre de la terre fort éloigné, on peut fuppofer que les directions des parties d'un même corps font parallèles, & qu'il y a dans tous un centre de gravité (20). Plus un corps pefant s'approche du centre de la terre, plus il devient léger, non que la force qui lui eft appliquée & qui le pouffe vers ce centre foit moindre, mais parce que la force néceffaire pour le foutenir eft d'au-

tant moindre , qu'il est plus proche de ce centre (21). On détermine le centre de gravité d'un triangle , d'une portion de polygone régulier , d'un secteur de
cercle & de la pyramide (23 *jusqu'à* 37). Maniere de trouver mécaniquement le
centre de gravité d'un corps(37) On décrit plusieurs propriétez du centre de
gravité (38 *jusqu'à* 46).

DES RAPPORTS DES POIDS DE DIFFERENTE MATIERE.

On rapporte plusieurs expériences,desquelles on peut conclure que les pesanteurs de
deux corps sont entr'elles comme les masses (46 *jusqu'à* 51). Si les corps sont
de même matiere , les poids sont entr'eux comme les volumes (51). La pesanteur spécifique d'un corps est le poids de ce corps comparé au poids d'un autre
corps de même volume. Les pesanteurs spécifiques de deux corps qui ont des volumes égaux , sont entr'elles comme les masses (52). Si deux corps pesent également , les pésanteurs spécifiques sont dans la raison réciproque des volumes
(53). Les pesanteurs spécifiques de deux corps sont en raison composée de leurs
pesanteurs propres & de la raison réciproque des volumes (54). Les pesanteurs
propres sont en raison composée des pesanteurs spécifiques & des volumes (55).

CHAPITRE SECOND.

DU MOUVEMENT DES CORPS JETTEZ
suivant la direction verticale ou perpendiculaire à l'horizon.

SI un corps est jetté verticalement de bas en haut , il monte par un mouvement
retardé , & un corps qui descend est mû d'un mouvement accéléré (60). Les
degrez de vitesses qu'acquiert un corps qui tombe librement , augmentent comme
les nombres naturels 1 , 2 , 3 , 4 , 5 , &c. (61) L'espace parcouru par un corps
qui tombe librement , est réprésenté par un triangle rectangle dont la haureur est
proportionnelle au tems , & la base à la vitesse acquise à la fin de ce tems (62).
Cet espace est la moitié de celui que le corps parcourroit s'il étoit mû uniformément pendant un tems égal avec la vitesse acquise à la fin de ce tems (63). Donc
dans un tems égal à la moitié du tems de la descente il parcourroit uniformément
avec la vitesse acquise , l'espace qu'il a parcouru en descendant (64). Les espaces qu'un corps parcourt en temps égaux lorsqu'il tombe librement , sont dans la
raison des nombres impairs 1 , 3 , 5 , 7 , 9 , &c. (65). Si on suppose que l'espace parcouru pendant la premiere partie du tems , est exprimée par un nombre
different de l'ünité , par exemple , par 15 , les espaces parcourus en tems égaux
seront 1 × 15 , 3 × 15 , 5 × 15 , 7 × 15 , &c. (66). Si l'espace qu'un corps parcourt dans le premier tems de la descente est exprimé par l'unité , pour avoir
celui qu'il parcourt dans une autre partie du tems égale à la premiere , par exemple , dans la 6e dans le 7e , &c. il faut doubler 6 & 7 , & des produits 12 & 14 retrancher l'unité, les restes 11 & 13 seront les espaces que l'on veut trouver. Si l'espace parcouru dans le premier tems, est different de l'unité ; qu'il soit, par exemple,
exprimé par 15 , il faut multiplier les nombres 11 , 13 , &c. par 15 , & les produits
seront les espaces parcourus dans le 6e & le 7e tems de la descente (69). Les espaces
qu'un corps a parcourus en comptant depuis le repos , sont entr'enx comme les
quarrez des tems , ou comme les quarrez des vitesses acquises à la fin de ces tems
(70. 71). D'où il suit que si l'on connoît l'espace qu'un corps parcourt dans
un tems donné , par exemple , d'une seconde , on pourra trouver l'espace qu'il
parcourroit dans un autre tems donné. Suivant M. Huygen un corps parcourt , en
tombant , 15 pieds dans la premiere seconde (72). Les tems des descentes & les
vitesses acquises , sont entr'elles comme les racines quarrées des espaces parcourus (73). Si deux corps sont mûs uniformément avec les vitesses acquises en
tombant de deux hauteurs , & que les espaces qu'ils parcourent soient dans la raison des racines quarrées de ces hauteurs , ils seront parcourus en tems égaux (74).

Si l'on connoît l'espace qu'un corps a parcouru dans un certain tems, par exemple, d'une, de deux secondes, &c. on peut trouver l'espace qu'il a parcouru depuis le repos jusqu'au tems donné exclusivement (75). Un corps qui est poussé verticalement de bas en haut monte d'un mouvement uniformément retardé (77). Il sera donc autant de tems à monter à la hauteur d'où il est descendu, qu'il en a été à descendre (78). Un corps qui est poussé verticalement de bas en haut avec la vitesse qu'il a acquise en tombant d'une certaine hauteur, perdra toute sa vitesse en remontant au point d'où il est descendu (80). Les espaces parcourus en tems égaux par un corps qui monte, sont comme les nombres impairs de la suite 1, 3, 5, 7 comptés à rebours (81). Si on compte les tems depuis le dernier instant de la montée, les espaces parcourus sont comme les quarrez des tems (82). L'espace parcouru par un corps qui monte, est la moitié de l'espace qu'il parcourroit uniformément pendant le tems de la montée, s'il étoit mû avec la vitesse qu'il a lorsqu'il commence à monter (83). Si l'on connoît l'espace qu'un corps parcourt au premier tems de la montée, on peut déterminer sa vitesse & la hauteur à laquelle il peut monter (84). Si un corps est tombé de trois hauteurs differentes, on peut déterminer géométriquement les espaces qu'il parcourra en même-tems ou en tems égaux, uniformément avec les vitesses acquises (85). Les propositions que l'on a démontrées sur le mouvement accéleré & retardé des corps pesans, peuvent être exprimées d'une maniere générale, & être réduites en formule (90). On propose & on résout par nombres & géométriquement plusieurs Problêmes sur le mouvement accéleré & retardé des corps pesans (91 *jusqu'à* 96). Remarque sur la résistance que les corps pesans trouvent dans l'air : le mouvement d'un corps pesant ne doit pas toujours s'accélerer ; il y a un tems durant la descente après lequel les corps pesans descendent d'un mouvement uniforme (96). Si la terre tourne, un corps pesant ne tombe perpendiculairement que relativement à l'endroit auquel il répond (97. 98.).

CHAPITRE TROISIE'ME.

Du mouvement des corps jettez suivant les directions inclinées à l'horizon.

Dans ce Chapitre on examine 1. quelle est la ligne courbe que les corps jettez décrivent. 2. Les propriétez & les circonstances des jets. 3. On applique les principes établis à la résolution des Problêmes qu'on propose ordinairement sur les jets obliques.

De la ligne courbe que les corps jettez décrivent.

Le mouvement des corps jettez suivant une direction differente de la verticale, résulte du mouvement de projection & de l'action de la pesanteur (99). La pesanteur étant une force constante doit produire des efforts égaux en tems égaux, & les directions suivant lesquelles elle pousse un corps pendant qu'il est en mouvement, être paralleles entr'elles (101. 102). On répresente la figure courbe que le corps décrit sous l'idée de polygone, ce qui donne une grande facilité pour déterminer le lieu du corps sur cette courbe pour chaque instant que ce soit, lorsqu'on connoît la direction suivant laquelle il a été poussé, & la vitesse qu'il a reçue, & l'on prouve que cette courbe est la parabole ordinaire (103. 104. 105). On nomme *sommet* de la parabole le point de la courbe où le corps cesse de monter. On définit ce que c'est que *l'étendue du jet* ou *l'amplitude* de la parabole, la ligne *de projection*, la ligne *de chute respective*, la ligne *de distance* (106). Quoique les corps jettez décrivent une parabole ; on peut néanmoins expliquer les propriétez des jets obliques sans aucune connoissance de cette courbe, c'est ce qu'on fait dans le cours de ce chapitre.

DES PROPRIETEZ ET CIRCONSTANCES
des jets obliques.

Dans les jets il y a à confidérer le corps jetté, la force qui le pouffe, la ligne de projection, la hauteur du jet, fon étendue, fa durée, le lieu du corps, & le terme où il s'arrête. Pour ce qui eft du corps il faut proportionner la force qui le pouffe à fa maffe (107).

DE LA FORCE DU JET ET DES CHANGEMENS QUI ARRIVENT
à cette force.

En fuppofant que c'eft le même corps qui eft jetté fuivant toutes les directions poffibles, la force du jet eft proportionnelle ou égale à la viteffe qu'il reçoit fuivant toutes ces directions, & on peut l'appeller viteffe *d'impulfion* (108). Cette viteffe fe décompofe fuivant deux déterminations, l'une horizontale, l'autre verticale ou perpendiculaire à l'horizon (109). La viteffe d'impulfion étant exprimée par l'hypoténufe d'un triangle rectangle, la viteffe horizontale eft exprimée par le côté horizontal de ce triangle & la viteffe verticale par le côté vertical (111). La viteffe horizontale demeure la même pendant la durée du mouvement, mais la viteffe verticale augmente ou diminue à chaque inftant (112.113). On appelle angle d'inclinaifon celui qui eft formé par la ligne horizontale, & la ligne d'impulfion ou de projection (116). On peut fuppofer que la viteffe d'impulfion a été acquife par le corps jetté en tombant d'une certaine hauteur, & on peut confidérer cette hauteur comme la force même du jet (117). La viteffe d'impulfion eft à la viteffe verticale comme le finus total eft au finus de l'angle d'inclinaifon (118). D'où l'on voit que la viteffe verticale augmente & diminue dans la raifon du finus de l'angle d'inclinaifon. On prouve que fi la viteffe d'impulfion eft exprimée par le diametre d'un cercle, la viteffe verticale eft répréfentée par la corde du même cercle, fuivant laquelle le corps eft jetté ; qu'ainfi fi le corps eft jetté fuivant differentes directions avec la même force, les viteffes verticales font entr'elles comme les cordes du cercle fur lefquelles les directions font couchées (120. 121). D'où l'on conclut que fi le mobile étoit mû uniformément le long de toutes ces cordes avec les viteffes qui leur font proportionnelles, elles feroient parcourues en tems égaux, & ce tems feroit égal au tems par le diametre du cercle parcouru auffi uniformément avec la viteffe d'impulfion (122. 123). On prouve auffi que la viteffe d'impulfion eft à la viteffe verticale comme la corde fur laquelle la direction du mobile eft couchée, eft à la partie du diametre comprife entre une des extrêmitez de la corde & la perpendiculaire tirée de l'autre extrêmitez de la corde fur le diametre (124). Ces differentes expreffions du rapport de la viteffe d'impulfion à la viteffe verticale conduifent à conclure que la partie du diametre comprife entre la corde & la perpendiculaire dont on vient de parler, eft la hauteur à laquelle le corps peut monter lorfqu'il eft jetté fuivant cette corde avec la viteffe d'impulfion, & que dans le tems de la montée & de la defcente par cette hauteur, le mobile parcourroit uniformément avec la viteffe d'impulfion ainfi dirigée fuivant la corde, un efpace quadruple de la même corde (126. 127. 128).

DE L'ETENDUE DU JET.

L'on conclut facilement des propofitions précédentes que l'étendue du jet eft quadruple de la perpendiculaire abbaiffée de l'extrêmité de la corde dont on a parlé jufqu'ici, fur le diametre (129). D'où il fuit qu'il y a toujours deux jets faits avec la même force qui ont une égale étendue, & que le jet qui fe fait fous l'angle de 45 degrez a la plus grande étendue (129. 130. 131. 132. 133). Les étendues des jets faits avec la même force, font entr'elles comme les finus des angles doubles des angles d'inclinaifon (134).

DE LA HAUTEUR DU JET.

Si on compare les hauteurs de deux jets faits avec une même force, elles font entr'elles en raifon doublée des finus des angles d'inclinaifon, ou comme les finus
verfes des mêmes angles (136. 137).

DU TEMS ET DE LA DURÉE DES JETS.

Le tems ou la durée d'un jet eft à la durée d'un autre jet comme le finus de l'angle
d'inclinaifon du premier eft au finus de l'angle d'inclinaifon du fecond. Ces tems
font encore comme les cordes du cercle fuivant lefquelles le corps eft jetté, d'où il
fuit que le jet de la plus longue durée eft celui qui fe fait fuivant la direction verticale (138. 139).

DU LIEU DU CORPS PENDANT LE MOUVEMENT.

Si on veut avoir le lieu du corps pour chaque inftant du mouvement, il faut fe fervir
de trois lignes qui font entr'elles en proportion continue : la premiere de ces lignes eft celle que M. Caffini nomme *ligne d'égalité* : elle eft quadruple de la hauteur,
d'où l'on fuppofe que le mobile eft tombé pour acquérir la viteffe d'impulfion : la
feconde eft la ligne de *projection* : la troifiéme la ligne de chûte refpective : ces deux
lignes fe déterminent l'une l'autre : la ligne de projection eft la partie de la ligne de direction comprife entre le point de départ & la ligne de chûte refpective,
& la ligne de chûte refpective eft comprife entre la ligne de projection & un point
de la courbe que le corps jetté décrit, en forte qu'il y a autant de lignes de projection & de chûte refpective qu'il y a de points dans la courbe décrite. Or au
moyen de ces trois lignes on peut trouver pour chaque tems le lieu du corps fur la
courbe, & la décrire (140. 141. 142. 143. 144. 145. 146. 147. 148).

DES JETS QUI SONT FAITS PAR DES FORCES DIFFERENTES.

Si deux corps,quelles que foient leurs maffes,font pouffez fuivant la même direction
avec des viteffes differentes, ils parviendront à des hauteurs qui font dans la raifon
des hauteurs par lefquelles les viteffes d'impulfion auroient été acquifes. Les étendues des jets font auffi dans la raifon de ces hauteurs, & les viteffes verticales dans
la raifon des viteffes d'impulfion (150. 151. 152).

APPLICATION DES PRINCIPES PRE'CEDENS à la réfolution des queftions ou problêmes pu'on propofe ordinairement fur les jets.

Dans ces problêmes on détermine par nombres & géométriquement les differentes
queftions que l'on peut faire fur les jets, la hauteur, l'étendue, la direction, le
tems, la force, &c. On peut en voir les titres ou les énoncés aux articles (153.
154. 155. 156. 157). On renvoie au fecond traité le problême où l'on propofe de
faire tomber un corps fur un lieu marqué.

CHAPITRE QUATRIE'ME.

DES CORPS PESANS MUS SUR DES PLANS INCLINEZ d'un mouvement accéleré ou retardé par la pefanteur.

DAns ce Chapitre on confidere 1. les corps en tant que mûs fur un feul plan. 2.
Ce qui leur arrive lorfqu'ils font mûs fur plufieurs plans contigus & differemment inclinez. 3. On applique les principes établis aux mouvemens des pendules (159).

DES CORPS PESANS EN TANT QUE MUS SUR UN SEUL PLAN INCLINÉ.

Un corps qui defcend par un plan incliné, reçoit dans tous les inftans des degrez égaux de viteffe, laquelle eft par conféquent uniformément accélerée ; & lorfqu'il monte le long du plan, elle eft uniformément retardée, & il eft autant de tems à remonter qu'il en a été à defcendre, & avec la viteffe qu'il a acquife au bas du plan, il remonte à la hauteur d'où il a commencé à defcendre ; en forte que l'on peut établir fur le mouvement accéleré & retardé d'un corps qui eft mûs fur un plan incliné les mêmes propofitions, que pour le mouvement vertical, & les démontrer de la même maniere (164. 165. 166. 167. 168. 169).

On conclut de tout ce qui vient d'être dit du mouvement accéleré & retardé des corps pefans qui font mûs fur des plans inclinez, que l'action qui les accélere & les retarde, eft une action conftante de même que l'action qui les accélere & les retarde dans le mouvement vertical ; c'eft pourquoi on peut diftinguer dans la pefanteur deux efforts, l'un qu'elle exerce fuivant fa direction naturelle, l'autre lorfqu'elle pouffe un corps fur un plan incliné, & chacun de ces efforts demeure égal à lui-même, conftant & uniforme. Le premier eft appellé *pefanteur* ou *gravité abfolue*, le fecond *gravité* ou *pefanteur relative* ; cette derniere force eft égale à celle qui tiendroit le corps pefant en équilibre fur le plan incliné fuivant une direction parallele au plan (170. 171. 172). La pefanteur abfolue eft à la force qui retient un corps fur un plan incliné fuivant la direction parallele au plan, comme la longueur eft à la hauteur ; par conféquent la pefanteur relative qui eft égale à cette force qui retient le corps, eft à la pefanteur abfolue comme la hauteur du plan eft à la longueur ; d'où l'on conclut une feconde fois que la pefanteur relative & la pefanteur abfolue font dans un rapport conftant, & que tandis que le corps parcourroit par l'effort de la pefanteur abfolue, un efpace égal à la longueur du plan, il parcourroit par la pefanteur relative, un efpace égal à la hauteur ; & parce que fi de l'angle droit du plan incliné, on abbaiffe une perpendiculaire qui en rencontre la longueur, la partie comprife entre le fommet & la perpendiculaire, eft à la hauteur comme la même hauteur eft à la longueur, il s'enfuit que la pefanteur relative eft à la pefanteur abfolue comme cette partie de la longueur du plan incliné eft à la hauteur ; qu'ainfi dans le tems que par la pefanteur relative, il parcourroit cette partie de la longueur, il parcourroit par la pefanteur abfolue, la hauteur du plan incliné (173. 174. 175. 176. 177. 178). Cette derniere propofition fert à prouver que le tems de la defcente depuis le fommet jufqu'au bas du plan incliné, eft au tems de la defcente par la hauteur perpendiculaire du même plan comme la longueur eft à la hauteur ; qu'ainfi les tems par la longueur & par la hauteur du plan, font dans la raifon réciproque des forces ou des pefanteurs qui les font parcourir, car la pefanteur relative qui fait parcourir la longueur du plan, eft à la pefanteur abfolue qui fait parcourir la hauteur, comme la hauteur eft à la longueur, d'où l'on conclut que les viteffes que ces deux forces ont imprimé à un corps lorfqu'il eft defcendu du fommet en parcourant la longueur & la hauteur perpendiculaire du plan, font égales ; qu'ainfi fi un corps defcend par plufieurs plans inclinez qui ont la même hauteur, il aura acquis la même viteffe lorfqu'il fera arrivé au bas de tous ces plans (179. 180. 181. 182). Si un corps defcend par plufieurs plans inclinez qui ont une même hauteur, les tems font entr'eux comme leurs longueurs (183). Si plufieurs plans inclinez ont la même hauteur, que de l'angle droit on abbaiffe fur la longueur de chacun une perpendiculaire, les parties comprifes entre le fommet commun & les perpendiculaires menées, feront parcourus en tems égaux, c'eft-à-dire, dans un tems égal au tems de la defcente par la hauteur commune : d'où l'on infere que toutes les cordes d'un cercle vertical menées des extrêmitez d'un diametre pareillement vertical, font parcourues en tems égaux, ce tems eft égal au tems par le diametre. Les viteffes acquifes au bas des cordes font comme ces cordes, de même que les viteffes inftantanées que le corps y reçoit. Mais fi un corps parcourt dans deux cercles differens des cordes d'arcs femblables & femblablement fituées, les viteffes acquifes font en raifon fou-doublée de ces cordes (184. 185. 186. 187. 188. 189. 190. 191. 192).

Du mouvement des corps pesans sur plusieurs plans contigus & differemment inclinez.

Lorsqu'un corps parcourt plusieurs plans contigus les uns aux autres, & qui forment entr'eux differens angles, il perd quelque chose de sa vitesse à chaque changement d'angles, & toutes les fois qu'il rencontre un nouveau plan ; mais cette perte doit être d'autant moindre que le nouveau plan s'oppose moins au passage du corps ; en sorte que si l'angle formé par deux plans contigus, est infiniment grand, la vitesse perdue sera infiniment petite ; or on démontre que non-seulement cette perte est infiniment petite, mais encore que si le mobile commence à décrire avec une vitesse finie une courbe, par exemple, la circonférence d'un cercle qu'on peut regarder comme composée d'une infinité de plans contigus les uns aux autres, il pourra la parcourir une infinité de fois avant que d'avoir perdu toute sa vitesse, qu'ainsi on peut supposer que s'il n'est mû que pendant un tems fini, il conserve toute sa vitesse (193. 194. 195). D'où l'on conclut que si un corps descend par plusieurs plans contigus les uns aux autres qui fassent entr'eux des angles intérieurs infiniment grands (tels sont ceux que font entr'eux les côtez d'une courbe) lorsqu'il sera descendu au bas de tous, il aura acquis la même vitesse que s'il étoit tombé verticalement par les hauteurs de tous ces plans, & que si le corps est repoussé vers le haut de tous ces plans avec la vitesse qu'il a acquise en descendant, il parviendra en perdant sa vitesse par degrez à la hauteur, d'où il a comencé à descendre, (196. 197. 198). On définit ce que c'est que plans contigus semblables & semblablement inclinez. Les vitesses acquises par deux suites de plans semblables & semblablement inclinez, sont entr'elles comme les racines quarrées des longueurs de ces plans, les tems des descentes sont aussi entr'eux comme les racines quarrées des longueurs : le même rapport se trouve aussi si deux corps pesans décrivent des arcs verticaux semblables & semblablement situez (200. 201. 202. 203). Si un corps descend par une cycloïde renversée, il parvient au bas en des tems égaux, de quelque hauteur qu'il commence à descendre. Si ce corps est mû uniformément avec la vitesse acquise au bas, il parcourra un espace égal à la demi cycloïde dans un tems qui est au tems de la descente comme le diametre du cercle générateur est à la demi-circonférence. Le tems de la descente par la demi-cycloïde est au tems de la chûte verticale le long du diametre du cercle générateur comme la demi-circonférence est au diametre, & le tems par la cycloïde entiere est au tems de la chûte verticale par le même diametre comme la circonférence est au diametre (204. 205. 206. 207).

Des Pendules.

Définition ou description du pendule. Si dans le mouvement il conserve la même longueur, il décrit un arc de cercle ; mais si cette longueur varie, l'arc décrit est une portion de courbe differente d'un arc de cercle. (208).

Proprietez communes a tous les pendules.

Lorsqu'un pendule est abandonné à lui-même & qu'il est en repos, la longueur est verticale ou perpendiculaire à l'horizon. Si on le retire du repos & qu'on le laisse ensuite, il redescend ; & après être descendu au repos ou à l'endroit le plus bas, il ne s'y arrête pas, mais il monte à la hauteur d'où il est descendu (209. 210. 211. 212). Vibration simple, vibration composée (213).

Du pendule circulaire.

Son mouvement est perpétuel & ne se perd point. Les vitesses qu'il acquiert en décrivant divers arcs, sont entr'elles comme les cordes de ces arcs ; & si deux pendules décrivent des arcs semblables, les tems des vibrations sont entr'eux comme les racines quarrées de ces arcs, ou des longueurs des mêmes pendules. Les nombres des vibrations qu'ils font en même-tems, sont entr'eux réciproquement comme les racines quarrées des longueurs des deux pendules. Les longueurs de deux pendules sont en raison doublée de la réciproque des nombres de vibrations faites en même tems. (214. 215. 216. 217. 218. 219).

Du

DU PENDULE QUI DE'CRIT LA CYCLOÏDE.

Ce pendule s'accourcit & s'allonge alternativement pendant tout le tems du mouvement. La propriété singuliere que M. Huygens découvrit dans ce pendule, le rendit pour lors recommandable. Les vibrations grandes & petites, c'est-à-dire, celles qui se font par de grands & de petits arcs sont isochrones ou d'égale durée. Cette propriété singuliere fit penser à M. Huygens que ce pendule étoit très-propre pour regler les horloges; car la régularité du mouvement de cette machine consiste en ce que chaque piece soit mûe également vîte; or il est visible que si le pendule qui modere & regle la vitesse de chacune est mû lui-même, de maniere que ses allées & ses retours se fassent en tems égaux, quelque grand ou quelque petit que soit l'espace qu'il parcourt, toutes les parties de l'horloge seront mûes d'une égale vitesse; le mouvement de la machine sera donc la juste mesure du tems que l'on conçoit s'écouler également vîte. Il faut cependant convenir que l'éxécution n'a pas-tout-a-fait répondu aux vues de l'inventeur. On ne peut pas cependant dire que le pendule qui décrit la cycloïde, soit tout-a-fait inutile à la pratique, car on peut s'en servir comme de principe, pour prouver que le pendule circulaire a à peu de chose près la même propriété, sans en avoir les défauts, c'est-à-dire, que les vibrations du pendule circulaire sont sensiblement isochrones, pourvu que les arcs décrits lorsqu'ils sont inégaux, ne soient pas grands. La preuve que quelques Auteurs donnent de cette proposition est défectueuse. M. Huygens prouve aussi par la propriété du pendule qui décrit la cycloïde, que les corps pesans qui tombent librement dans l'air parcourent pendant la premiere seconde de leur chûte, 15 pieds, 1 pouce, & il appuie son raisonnement d'une experience répétée exactement plusieurs fois (222. 223. 224. 225. 226. 227. 228); On résout 4 problêmes sur le mouvement du pendule (229. 230. 231. 232).

LIVRE TROISIE'ME.

DU CHOC OU DE LA PERCUSSION DES CORPS.

C'Est l'experience qui montre qu'un corps en mouvement peut mouvoir les corps qui se trouvent sur son passage. On n'entre point dans les questions qu'on peut faire sur la cause efficiente du mouvement. L'esprit ne découvre pas certainement avec évidence qu'il y ait dans les corps quelque vertu ou puissance pour produire quoi que ce soit, il paroît au contraire plus conforme à la droite raison de penser que Dieu seul produit le mouvement, & que le choc n'est que comme une occasion qui détermine cet Etre suprême à mouvoir les corps.

Quoique les corps ne soient pas dès causes vraiment productrices du mouvement, néanmoins comme le mouvement est l'effet d'une cause ou force & que l'on est porté à croire que cette force réside là où elle exerce son action & où elle produit son effet, rien n'empêche que pour la clarté du discours on ne considere la force qui produit le choc comme appliquée ou résidente dans le corps qui choque, & comme faisant impression sur le corps qui est choqué. (1. 2. 3.). On divise ce troisiéme Livre en quatre Chapitres; dans le premier, on expose les propriétez & les circonstances communes à tous les chocs; dans le second, on traite du choc des corps sans ressort; dans le troisiéme, du choc des corps à ressort; dans le quatriéme, du choc qui produit la refléxion & la réfraction (4).

CHAPITRE PREMIER,

DANS LEQUEL ON EXPOSE LES PROPRIETEZ & les circonstances communes à tous les chocs.

LEs corps ont des qualitez qui peuvent modifier & varier considérablement l'action qu'ils exercent les uns sur les autres: telles sont la dureté, la fluidité, la mollesse & l'élasticité: on définit ce que c'est que corps *dur*, corps *mou*, corps

e

élastique ou *à ressort*, corps sans ressort. On peut supposer que les corps changent de figure dans le choc, ainsi que l'expérience montre que cela arrive ; ceux qui sont élastiques reprennent leur premiere figure si le ressort est parfait, ou ils ne la reprennent qu'en partie, si le ressort est imparfait ; ou enfin ils conservent celle qu'ils ont reçue, si le ressort est insensible. Que les corps les plus durs changent de figure dans le choc, l'experience de M. Mariote rapportée dans son Traité de la Percussion le prouve (5. 6. 7. 8. 9. 10).

Dans le choc il y a à considerer 1. la résistance réciproque des corps. 2. La communication du mouvement. 3. La force du choc.

DE LA RÉSISTANCE RÉCIPROQUE DES CORPS DANS LE CHOC.

Deux sortes de résistances, l'une qu'on peut appeller *propre*, l'autre *impropre*. La premiere détruit, diminue, ou empêche l'effet de la force motrice ; par exemple la résistance réciproque de deux hommes qui se poussent en sens contraires. La résistance impropre laisse produire à la force motrice tout l'effet qu'elle peut produire : un corps en repos qui est choqué ou poussé résiste à la force motrice. Cette résistance n'est pas l'effet de la pesanteur, ni de l'air ou du fluide environnant, mais elle est l'effet immédiat de la volonté très-libre de Dieu qui a établi la loi du choc. (11. 12. 13. 14). Les deux sortes de résistances dont on vient de parler, l'une propre, l'autre impropre, si on les considere en elles-mêmes, ont des effets fort differens ; mais si on les considere par rapport à la force motrice, elles ont des effets entierement semblables, car de même que la résistance propre diminue le mouvement de la force motrice & rend l'exercice de son action plus pénible & plus difficile, de même la résistance impropre a un effet tout semblable, puisque si un corps choque un autre corps en repos, il perd de son mouvement, que le corps choqué est pour lui un vrai obstacle qu'il a à surmonter, & qu'il éprouve la même difficulté que s'il étoit repoussé en arrierre. Cette résistance qui est comparable à une force contraire est moindre que la force du choquant, puisque le choquant ne perd jamais tout son mouvement lorsqu'il choque un corps en repos. (16. 17. 18).

DE LA COMMUNICATION DU MOUVEMENT dans le choc.

Dieu est le maître absolu de la communication du mouvement, & il auroit pu en établir de toutes differentes de celles que l'expérience a fait découvrir, d'où il suit qu'on ne peut pas les déduire de la seule idée que l'on a de la matiere & du mouvement. L'esprit de sistême, en cette matiere consiste à choisir entre les faits observez, ceux qui sont les plus simples, & à en déduire méthodiquement ceux qui sont composez ; c'est ce qu'on tâche de faire en prenant pour principe 1. Que les corps se résistent dans le choc. 2. Que cette résistance ne détruit pas le mouvement, mais est seulement un moyen de communication. 3. Les corps dans le choc changent de figure & font applatis (19. 20).

DE LA COMMUNICATION DU MOUVEMENT DANS LE CHOC. des corps mous & sans ressort.

Dans le choc des corps mous sans ressort, le mouvement se communique successivement dans un tems fini ; mais s'ils sont absolument durs la communication se fait dans un instant (21. 22). Lorsqu'un corps choque un autre corps en repos il perd de sa vitesse, & il ne cesse d'en perdre que lorsque le choqué est mû avec la même vitesse que le choquant. Le choqué reçoit tout le mouvement que le choquant perd. Si le choqué est mû dans le sens du choquant mais plus lentement lorsqu'il sera attrapé par le choquant, il recevra pareillement tout le mouvement que celui-ci, c'est-à-dire, le choquant perdra dans le choc. Si deux corps vont directement l'un contre l'autre, le plus foible perdra son mouvement & le plus fort une quantité égale à celle du plus foible, le plus fort choquera ensuite le plus foible avec la difference des mouvemens, de même que s'il le rencontroit en

repos. Lorsqu'un corps en choque un autre , il ne perd de son mouvement qu'autant qu'il est nécessaire pour que les deux corps aillent après le choc d'une égale
vitesse (23. 24. 25. 26. 27. 28. 29).

DE LA COMMUNICATION DU MOUVEMENT DANS LE CHOC. des corps à ressort.

Le ressort est de deux sortes , parfait & imparfait. Le ressort parfait se comprime &
se rétablit avec une force égale à celle qui lui est appliquée ; le ressort imparfait
se comprime & se rétablit avec une force moindre que celle qui lui est appliquée.
On suppose que les corps qui se choquent sont à ressort parfait. La communication du mouvement dans le choc des corps à ressort , se fait précisément de la
même maniere que dans le choc des corps mous sans ressort , c'est-à-dire , que
pendant tout le tems que le choquant frappe le choqué , le ressort est assujetti de
maniere qu'il ne détruit ni ne communique par sa réaction aucune partie du
mouvement , mais pour que cela arrive , il faut que le choquant & le choqué se
compriment , non-seulement dans la partie qui est immédiatement sous la force
du choc & par où les corps se touchent lorsqu'ils se rencontrent , mais il faut de
plus que chaque corps soit applati dans sa partie anterieure & posterieure ; on
prouve que dans le choc des corps à ressort parfait , la compression se fait de la
maniere qu'on l'a décrit ici , & que si les deux corps se compriment chacun dans
les deux parties extrêmes , le ressort est assujetti pendant tout le tems que l'un des
corps va plus vite que l'autre , de maniere qu'il ne peut en réagissant détruire ni
communiquer aucun mouvement. C'est pourquoi tant que l'un des corps , c'est-à-
dire , le choquant va plus vite que le choqué , la communication du mouvement
se fait de la même maniere que si les corps étoient sans ressort. D'où il suit que
dans le choc des corps à ressort il faut distinguer deux tems , le tems de la compression & le tems de la restitution du ressort (30. 31. 32. 33. 34. 35. 36. 37.
38. 39). On répond à deux difficultez qu'on peut faire sur la maniere dont on
vient d'expliquer la compression du ressort (40. 41.)

DE LA FORCE DU CHOC.

La force du choc est l'impression que deux corps reçoivent lorsqu'ils se rencontrent
ou bien la force du choc est proportionnelle à cette impression. Or cette impression est égale à la quantité de mouvement qu'elle détruit ou qu'elle produit (42).
Dans la suite on appellera *choquant* celui des deux corps qui dans le choc communique toujours du mouvement sans en recevoir , & *choqué* celui qui en reçoit , ou
bien qui en perd & en reçoit. Suivant ces définitions , la force du choc est proportionnelle à la quantité de mouvement que le choquant perd dans le choc. Pour
juger de la force du choc , il faut avoir égard à la vitesse respective (43. 44.).
Le choc est direct ou oblique.

DE LA FORCE DU CHOC DIRECT.

Dans le choc direct la somme des masses est à celle du choqué comme la vitesse respective est à la vitesse que le choquant perd dans le choc. Cette proposition est
comme une regle générale par laquelle on peut déterminer d'une maniere aisée
la vitesse que le choquant & le choqué prennent dans le choc soit direct , soit oblique , soit qu'ils soient à ressort ou sans ressort.
Il est évident que si les masses demeurent les mêmes , la force du choc ou la vitesse
que le choquant perd , est d'autant plus grande que la vitesse respective est elle-
même plus grande. Si la vitesse respective est la même , la force du choc est aussi
la même , quelles que soient d'ailleurs les vitesses propres. (45. 46. 47.)

DE LA FORCE DU CHOC OBLIQUE.

Dans le choc oblique il faut auſſi avoir égard à la viteſſe reſpeſtive avec laquelle les corps ou leurs centres s'approchent ; & parce que le choc ſe fait par le contaſt ou l'application d'une partie de la ſurface du choquant à celle du choqué , on peut concevoir que le corps qui choque rencontre un plan , & que ce plan eſt en repos ou en mouvement ſelon que le choqué eſt mû ou qu'il eſt en repos : on appellera ce plan , plan d'incidence ; l'angle d'incidence eſt formé par la direſtion du choquant & le plan d'incidence. Ces notions poſées , la force du choc oblique eſt moindre que la force du choc direſt , & dans tout choc oblique il faut diſtinguer deux efforts , l'un par lequel le choquant frappe le plan d'incidence , l'autre par lequel il eſt mû le long de ce plan. Si un même corps eſt pouſſé direſtement contre un plan & obliquement contre le même plan & d'une égale viteſſe , la force du choc direſt eſt à la force du choc oblique comme le ſinus total eſt au ſinus de l'angle d'incidence. (48. 49. 50. 51). Dans les propoſitions ſuivantes , on ſuppoſe que le plan d'incidence eſt attaché au choqué , en ſorte que ſi ce corps eſt en repos le plan d'incidence y eſt auſſi ; ſi le choqué eſt mû , le plan d'incidence eſt mû avec la même viteſſe. La force du choc oblique eſt proportionnelle à la viteſſe reſpeſtive , c'eſt-à-dire , à la viteſſe par laquelle le choquant s'approche du plan d'incidence , quelles que ſoient d'ailleurs les viteſſes & les direſtions du choquant & de ce plan. D'où il ſuit que ſi la viteſſe reſpeſtive change la force du choc, reçoit les mêmes changemens (on ſuppoſe que les maſſes demeurent les mêmes) n'importe que les direſtions & les viteſſes propres demeurent les mêmes ou non (52. 53. 54. 55.)

CHAPITRE SECOND.

DU CHOC DES CORPS SANS RESSORT
où l'on expoſe les loix que ces corps ſuivent dans le choc.

Dans les loix du choc on détermine les quantitez du mouvement , les viteſſes & les direſtions que les corps prennent dans le choc (37).

DES LOIX DU CHOC DIRECT DES CORPS SANS RESSORT
exprimées en nombres.

PREMIER CAS. Lorſque le choqué eſt en repos , on peut avoir la viteſſe des deux corps après le choc en deux manieres. 1. En diviſant la quantité de mouvement du choquant par la ſomme des maſſes, & le quotient exprimera la viteſſe commune des corps après le choc. 2. Par la proportion de l'article 45. la ſomme des maſſes eſt à celle du choqué comme la viteſſe reſpeſtive eſt à celle que le choquant perd dans le choc. Si on retranche de la viteſſe du choquant celle qu'il perd & que l'on détermine par la proportion , on aura la viteſſe commune des corps après le choc. Pour avoir la quantité de mouvement, il faut multiplier les maſſes par la viteſſe commune : ou bien faire la proportion : La ſomme des maſſes eſt à l'une d'elles comme la quantité de mouvement du choquant eſt à la quantité que reçoit la maſſe qui entre dans la proportion,c'eſt-à-dire,qu'il faut diviſer la quantité du mouvement proportionnellement aux maſſes. Il ſuit de cette proportion que ſi le choqué eſt infiniment grand , le choquant perdra ſenſiblement toute ſa viteſſe ; & celle du choqué étant égale à celle qui reſte au choquant, il s'enſuit que le choqué ſera après le choc ſenſiblement en repos ; & ſi la viteſſe du choquant eſt d'autant plus grande que ſa maſſe eſt petite, il rompra le choqué plutôt que de le déplacer. (56. 57. 58. 59. 60. 61. 62. 63. 64).

SECOND CAS. Lorſque le choquant & le choqué ſont mûs dans le même ſens, dans ce ſecond cas , il faut diviſer la ſomme des mouvemens avant le choc par la ſomme de maſſes , & le quotient exprimera la viteſſe commune après le choc : on peut trouver cette viteſſe par la proportion de l'article 45 : La ſomme des maſſes eſt à celle du choqué comme la vitesse respective est à celle que le choquant perd dans le choc. Si de la vitesse propre du choquant on retranche la vitesse exprimée, par ce quatriéme terme le restant sera la vitesse commune. On peut avoir la quantité de mouvement de chaque corps par une operation semblable à celle du cas précédent (66. 67. 68. 69).

Troisie'me cas. Lorsque les corps sont mûs suivant des directions opposées. 1. Si les quantitez de mouvement sont égales, en sorte que les vitesses soient dans la raison réciproque des masses après le choc, ils seront en repos. 2. Si les quantitez de mouvement sont inégales, pour avoir la vitesse commune, il faut diviser la différence des mouvemens par la somme des masses, & le quotient sera la vitesse commune ; ou bien se servir de la proportion de l'article 45 ; & après avoir retranché de la vitesse du choquant celle qu'il perd dans le choc, le restant sera la vitesse commune. Pour avoir la quantité de mouvement, il faut multiplier les masses par la vitesse commune, ou bien diviser la différence des mouvemens proportionnellement aux masses (72. 73. 74. 75. 76. 77. 78). Ce seroit ici le lieu de donner les loix du choc des corps parfaitement durs ; mais on ne convient point des principes sur lesquels il faut les établir. Cependant si on veut raisonner de ces sortes de corps avec quelque vraisemblance, il faut que ce soit par analogie avec ceux que l'on connoît ; pour lors on verra que les corps durs ne suivent pas dans le choc d'autres loix que celles des corps mous sans ressort (79).

MANIERE DE DE'TERMINER GE'OMETRIQUEMENT la vitesse commune des corps mous sans ressort dans le choc direct.

On peut déterminer cette vitesse dans les trois cas généraux par la proportion de l'article 45 : La vitesse respective étant exprimée par une ligne, on trouvera par la proportion une autre ligne qui répréséntera la vitesse que le choquant perd dans le choc. Si de la ligne qui répréfente la vitesse propre du choquant avant le choc, on retranche la vitesse perduë, on aura la vitesse commune (80); ce que l'on entend ici par le centre commun de gravité du choquant & du choqué. Dans le choc direct des corps sans ressort, le centre commun de gravité est mû avec la même vitesse avant & après le choc. Si le choc est entre trois corps, le centre commun de gravité des trois est mû aussi avec la même vitesse avant & après le choc (81. 82. 83. 84).

DES LOIX DU CHOC OBLIQUE DES CORPS SANS RESSORT.

Dans le choc oblique, la vitesse absolue de chaque mobile se résout en deux autres, dont l'une est parallele au plan d'incidence, & l'autre est perpendiculaire au même plan. C'est par la vitesse perpendiculaire que les corps se choquent & par la vitesse parallele ils ne font que glisser l'un a côté de l'autre : cependant toute la vitesse perpendiculaire n'est pas toujours employée à faire le choc, il faut avoir encore égard à la vitesse respective laquelle est égale à la somme ou à la différence des vitesses perpendiculaires (85). Cela posé il faut déterminer par la proportion de l'article 45, la partie de la vitesse perpendiculaire que le choquant perd dans le choc, laquelle étant retranchée de la vitesse perpendiculaire, on aura pour reste la vitesse commune. A l'égard des vitesses paralleles, elles ne reçoivent aucune altération ; après le choc les deux corps font donc pouffez suivant deux déterminations, l'une qui est dans le sens de la perpendiculaire au plan d'incidence, l'autre suivant la parallele au même plan ; ils décriront donc les diagonale de deux parallelogrames, dont l'un des cotez exprime la vitesse commune qu'ils prennent en vertu du choc, & les deux autres côtez répréfentent les vitesses paralleles (86. 87). Dans le choc oblique des corps sans ressort le centre commun de gravité est mû avec la même vitesse avant & après le choc t & cela sans changer sa direction (88. 89).

CHAPITRE TROISIE'ME.

Du choc des corps a ressort, où l'on expose les loix que ces corps suivent dans le choc, & les circonstances communes à tous les choc des corps à ressort parfait.

Dans le choc des corps à ressort parfait, il faut distinguer deux tems, le tems de la compression, & le tems de la restitution du ressort. Tant que le choquant presse le choqué avec une vitesse finie, le ressort se comprime, & il ne peut se dévelop-per. Le ressort se comprime dans le choquant & le choqué avec une force égale à celle que le choquant perd durant la compression. Si lorsque le ressort se rétablit le choquant & le choqué ne se touchoient point, qu'il y eût un intervalle entre deux, le ressort ne communiqueroit en se rétablissant aucun mouvement, ou plu-tôt il n'augmenteroit ni ne diminueroit le mouvement que les corps prennent en vertu du choc. Si lorsque le ressort se rétablit les corps se touchent, ils reçoivent l'un & l'uatre une quantité de mouvement égale à celle que le choquant a perdue dans le choc. Pendant que le ressort se rétablit les corps se touchent & la partie du contact est un point fixe pour le ressort de l'un & de l'autre corps. D'où il suit que le ressort communique au choquant & au choqué des quantitez de mouvement égales à celle que le choquant a perdue dans le choc, le mouvement que le cho-quant en reçoit est contraire au mouvement primitif. D'où il suit qu'après le choc, il ne doit rester dans le choquant que la différence des mouvemens qu'il auroit après le choc s'il étoit sans ressort, & du mouvement que le ressort lui donne. Si le cho-qué est en repos lorsque le choquant l'attrappe, ou s'il est mû dans le même sens, la quantité de mouvement qu'il reçoit tant par la force du choc que de la force du ressort, est égale au double de celle que le choquant perd dans le choc, ou égale au double de celle que le ressort lui communique. Si les corps se choquent en al-lant l'un contre l'autre, la quantité de mouvement que le choqué reçoit tant de la force du choc que de la force du ressort, est égale à la différence de celle que le même choqué perd dans le choc, & du double de celle que le choquant y perd aussi, ou du double de celle que le ressort lui communique (90. 91. 92. 93. 94. 95. 96. 97. 98. 99. 100. 101. 102). Dans le choc des corps à ressort parfait, la vitesse respective se partage en vertu du ressort, aux corps en raison renversée, des masses quelles que soient les vitesses propres & les directions avant le choc (103).

DES LOIX DU CHOC DIRECT DES CORPS A RESSORT PARFAIT.

Comme dans le choc des corps à ressort il faut distinguer deux tems, celui du choc ou de la compression du ressort, & celui de la restitution, la vitesse avec laquelle ils sont mûs après le choc, résulte aussi de celle qu'ils prennent pendant ces deux tems. Celle qu'ils prennent dans le premier en vertu du choc est appellée vitesse commune; celle qu'ils prennent dans le second tems en vertu du ressort, est ap-pellée vitesse de ressort.

REGLE GE'NE'RALE POUR DE'TERMINER LES VITESSES & les directions des corps à ressort parfait dans le choc direct.

1. Il faut par les regles du Chapitre précédent, trouver la vitesse commune. 2. Di-viser la vitesse respective dans la raison réciproque des masses. 3. La différence de la vitesse commune & de la vitesse respective, sera la vitesse du choquant après le choc, mais le choqué sera mû après le choc avec la somme de ces vitesses. On ap-plique cette regle aux trois cas généraux, mais on peut abbreger beaucoup l'opéra-tion prescrite par la proportion de l'article 45, énoncée en ces termes : La somme des masses est à celle du choqué, comme la vitesse respective est à celle que le cho-

quant perd dans le choc ; car si de la vitesse propre du choquant, on retranche la vitesse qu'il perd, on aura la vitesse commune ; mais la vitesse qu'il perd est égale à celle que le ressort lui donne ; donc si de la vitesse respective on retranche la vitesse que le choquant perd dans le choc, on aura la vitesse de ressort du choqué ; on aura donc la vitesse commune & la vitesse de ressort de l'un & de l'autre corps (104. 105. 106). Dans le cas où l'un des corps est en repos, si le choquant & le choqué ont des masses égales, le choquant demeure en repos & le choqué prend la vitesse du choquant avant le choc. Si le choquant est plus grand que le choqué, il sera mû après le choc, suivant sa premiere direction ; mais s'il est plus petit, il retournera en arriere. Si le choquant est infiniment petit, il sera réfléchi avec toute la vitesse qu'il avoit avant le choc (107. 108. 109. 110). Dans le second cas, il peut arriver que la vitesse de ressort soit plus grande ou moindre que la vitesse commune, lors même que le choquant est moindre que le choqué ; il peut donc arriver que le choquant retourne en arriere ou qu'il soit mû suivant sa premiere direction ; mais si le choquant est plus grand ou même égal au choqué, il sera mû après le choc suivant sa premiere direction. Dans le troisiéme cas, si les vitesses avant le choc sont dans la raison réciproque des masses, & que les quantitez de mouvement soient égales, les corps après le choc retournent en arriere avec leur premiere vitesse ; si les quantitez de mouvement sont inégales, on trouvera la vitesse de chaque corps, comme dans le premier des trois cas généraux (111. 112. 113. 114. 115).

CAS PARTICULIERS DES CORPS A RESSORT PARFAIT.

1. Si deux corps égaux se choquent directement en sens contraires, ils seront réfléchis en faisant échange de leurs vitesses avant le choc. 2. Si deux corps se choquent directement en sens contraires avec des vitesses égales & que le plus grand soit triple du moindre corps, le grand corps après le choc demeurera en repos, & le moindre sera mû avec la somme des vitesse avant le choc (116. 117). Dans le choc direct des corps à ressort parfait, la vitesse respective est la même avant & après le choc (118.)

MANIERE DE DE'TERMINER GEOME'TRIQUEMENT les vitesses des corps à ressort parfait après le choc.

On détermine ces vitesses de la même maniere que l'on l'a fait en nombres dans le premier des trois cas généraux, & l'on fait voir que la vitesse respective, est la même avant & après le choc, & que le centre commun de gravité est mû avec la même vitesse avant & après le choc (119. 120).

DU CHOC DIRECT DES CORPS A RESSORT lorsqu'ils sont plusieurs de suite sur une même ligne.

L'experience fait voir que si plusieurs boules d'ivoire sont sur une même ligne, & qu'elles se touchent, si l'on pousse une boule contre la premiere boule de la file, la derniere se détachera ; si on pousse à la fois deux boules contre la premiere de la file, les deux dernieres se détacheront & ainsi de suite : or les principes précédens servent à rendre raison de cet effet (123. 124. 125). Trois corps inégaux sont posez sur une même ligne ; le premier choque le second en repos ; le second choque le troisiéme aussi en repos, la vitesse que le troisiéme reçoit ainsi par l'interposition de ce second, est plus grande que s'il avoit été choqué immédiatement par le premier, n'importe que le choc commence par le grand ou par le petit : on prouve cette proposition par un calcul fort simple (126. 127). Si le corps qui est entre le premier & le dernier est moyen proportionnel géométrique entre ces deux corps, la vitesse que le dernier corps recevra par l'interposition du corps moyen géométrique, est la plus grande qu'il est possible : dans tous les autres cas si le corps interposé est plus grand ou plus petit que le corps moyen géométrique, la vitesse que le dernier recevra étant choqué en repos par le corps interposé, sera plus petite. Si entre le premier & le dernier, on place plusieurs corps moyens géométriques, en sorte que pris de suite ils soient en progression géométrique, la vitesse que le dernier recevra par l'interposition de tous les corps moyens, comparée à celle que le même dernier recevroit , étant choqué immédiatement par le premier , fera d'autant plus grande , qu'il y aura plus de corps interpofez , & elle fera la plus grande qu'il eft poffible. On peut voir le calcul que M. Huygens fait de ces viteffes (126. 127. 128. 129. 130. 131).

DU CHOC OBLIQUE DES CORPS A RESSORT PARFAIT.

Dans le choc oblique la viteffe de chaque mobile eft décompofée en deux efforts , l'un perpendiculaire au plan d'incidence , l'autre paralelle au même plan : la force du choc eft proportionnelle à la viteffe refpective qui réfulte des viteffes perpendiculaires : l'on détermine la viteffe commune que les corps prennent en vertu du choc , & la viteffe de reffort : la fomme de ces deux viteffes pour le choqué & la différence pour le choquant , font les viteffes perpendiculaires des deux corps après le choc ; ils font donc pouffez à la fois avec ces viteffes , fuivant la perpendiculaire au plan d'incidence , & avec les viteffes parallelles fuivant la longueur du plan : fi on décrit fur ces directions deux rectangles , dont les cotez répréfentent ces viteffes , les diagonales indiqueront les directions & répréfenteront les viteffes des corps après le choc (132. 133. 134). Dans le choc oblique des corps à reffort parfait , la viteffe refpective eft la même avant & après le choc. Le centre commun de gravité eft mû avec la même viteffe avant & après le choc : il eft mû auffi fur la même ligne droite avant & après le choc. (135. 136. 137.) Si dans le choc on ne fait pas attention aux mouvemens particuliers , mais à celui des corps confiderez comme ne faifant qu'une maffe , lequel ne peut être dirigé que vers un côté , la quantité de mouvement des corps eft la même avant & après le choc (138).

DU CHOC DES CORPS A RESSORT IMPARFAIT.

Le reffort imparfait eft celui qui ne fe rétablit pas avec toute la force qui lui a été appliquée : or par les regles précédentes , on peut déterminer quels font les corps à reffort parfait ; & s'ils font à reffort imparfait , quel en eft le dégré d'imperfection (139. 140. 141. 142). On finit le Chapitre par un Problême , où l'on propofe de faire choquer deux corps avec des viteffes qui foient en raifon donnée , c'eft-à-dire , dont l'un foit double triple , &c. de l'autre.

CHAPITRE QUATRIEME.

DU CHOC QUI PRODUIT LA REFLEXION ET LA REFRACTION du mouvement de reflexion.

LE mouvement de reflexion confifte en ce qu'un corps venant à rencontrer un obftacle qu'il ne peut furmonter eft renvoyé & retourne en arriere. M. Defcartes explique la reflexion indépendamment du reffort ; mais M. de Mairan prouve par plufieurs raifons , que dans l'hypothefe d'un corps inébranlable , tel que M. Defcartes le fuppofe , il n'y auroit point de reflexion , puifque le reffort eft une force exiftante ; que d'ailleurs elle peut produire la reflexion ; on peut lui rapporter ce mouvement , finon comme à une caufe générale , du moins comme une caufe qui fuffit. Dans le mouvement de reflexion , il faut confidérer la ligne de direction , laquelle eft appellée ligne d'incidence , la ligne de reflexion , le point d'incidence , l'angle d'incidence , l'angle de reflexion , l'angle d'inclinaifon (144. 145. 146). Dans le choc direct , toute la force ou le mouvement du choquant eft employée à bander le reffort. Dans le choc oblique , cette force eft décompofée en deux efforts , l'un perpendiculaire , l'autre paralelle ; l'effort paralelle fait glifer le corps fur le plan , & l'effort perpendiculaire fe cofume à comprimer le reffort ; or puifque dans le tems que le reffort fe comprime , le corps eft mû le long du plan , il s'enfuit que le point d'incidence eft different du point de reflexion ; fi le plan eft mathématique , c'eft-à-dire , parfaitement poli , le corps doit glifer ; mais fi le plan eft raboteux , le corps doit rouler pendant la compreffion du reffort. Si le plan d'incidence eft parfaitement poli & inflexible , la force paralelle demeure la même pendant la compreffion du reffort, & la direction du mobile devient de plus en plus inclinée au plan d'incidence.

Si

Si le plan d'incidence est raboteux & inégal , l'effort parallele est diminué par la résistance des inégalitez. Si le plan d'incidence est parfaitement poli, le ressort est comprimé par tout l'effort perpendiculaire. Si le plan est raboteux , le globe roule , & la compression du ressort se fait successivement sur plusieurs parties du globe , sçavoir sur celles par lesquelles il touche le plan ; or lorsque la partie comprimée cesse d'être appliquée contre le plan , elle se rétablit dans son premier état & le ressort se détend avant que la compression finisse , comment est-ce donc que le ressort redonnera au corps toute la force par laquelle il a été comprimé. M. de Mairan qui se propose la difficulté , la leve pleinement (147. 148. 149. 150. 151. 152. 153. 154. 155. 156). Si un corps de figure spherique & à ressort parfait, choque un plan inébranlable & parfaitement poli, il est réfléchi de maniere que l'angle de reflexion est égal à l'angle d'incidence. Si le ressort est imparfait, l'angle de reflexion sera moindre que l'angle d'incidence. Si le plan est raboteux, l'angle de reflexion sera plus grand que l'angle d'incidence (157. 158. 159).

Du choc qui produit la réfraction.

La réfraction consiste en ce qu'un corps qui passe d'un milieu dans un autre de differente densité, par exemple de l'air dans l'eau, est détourné de sa direction , & en prend une qui est autre que celle qu'il suivoit avant la rencontre du nouveau milieu , c'est ce détour qu'on appelle mouvement de réfraction , ou simplement réfraction. Dans la réfraction , le corps peut s'approcher ou s'éloigner de la perpendinulaire au point d'incidence. Dans la réfraction , il faut considerer la surface refringente , le point d'incidence qui est aussi celui de la réfraction , l'angle *d'incidence* , la perpendiculaire d'incidence & de réfraction , l'angle d'incidence , l'angle de réfraction , & l'angle d'inclinaison. Si un corps de figure spherique tombe perpendiculairement sur le nouveau milieu , il n'y a point de réfraction : si le corps rencontre obliquement le nouveau milieu , il y a réfraction ; & si le nouveau milieu résiste moins, le corps se détourne en s'approchant de la perpendiculaire ; mais il s'en éloigne , si le nouveau milieu résiste davantage. Si une sphere en entrant dans un nouveau milieu s'éloigne de la perpendiculaire , le nouveau milieu qu'elle pénetre résiste davantage que celui qu'elle quitte (160. 161. 162. 163. 164. 165. 166. 167. 168). Si un corps traverse deux milieux qui résistent inégalement , qu'il parcoure dans l'un & l'autre en tems égaux des espaces qui soient entr'eux comme les sinus de l'angle d'inclinaison est au sinus de l'angle de réfraction, il suivra le chemin de la plus courte durée : or en suivant un tel chemin il s'approche de la perpendiculaire au point d'incidence lorsqu'il passe d'un milieu aisé à pénetrer dans un autre qui l'est moins, ce qui renverseroit les propositions précedentes ; mais comme la verité de cette proposition n'est fondée que sur une hypothese arbitraire , on ne peut en rien conclure contre celles qu'on vient de prouver , & qui sont établies sur la nature de la résistance des milieux.

LIVRE QUATRIE'ME.

De la statique.

La statique est une science qui traite de l'équilibre des puissances en tant qu'appliquées aux machines, & qui détermine les rapports que ces mêmes puissances doivent avoir entr'elles dans l'équilibre. L'équilibre est l'état de plusieurs forces qui agissent les unes contre les autres , de maniere que tout demeure en repos (1). Puissance est tout ce qui peut mouvoir un corps, on l'appelle aussi quelquefois force mouvante. La direction d'une puissance est la ligne droite suivant laquelle elle tend à mouvoir un corps (4). Les machines simples sont au nombre de six. Le levier, le tour ou treuil, la poulie , le plan incliné, la vis & le coin , auxquelles on peut joindre la machine funiculaire. Les machines composées sont des assemblages de machines simples (5. 6). Dans une puissance il faut distinguer la force absolue & la force relative (7). Remarque où l'on expose les differens principes

qu'ont fuivi les auteurs anciens & nouveaux qui ont écrit fur la ftatique (8).
On divife ce Livre en quatre Chapitre ; dans le premier on traite du levier, de la
poulie & du tour ou treuil ; dans le fecond du plan incliné, de la vis, du coin, &
des poids foutenus avec des cordes ; dans le troifiéme des machines compofées ;
dans le quatriéme on donne la conftruction de la balance, du pefon, & l'on y
réfout quelques problêmes de ftatique les plus ordinaires (12).

CHAPITRE PREMIER.

Du levier, de la poulie et du tour ou treuil.

Toutes les machines fimples peuvent être rapportées au levier & au plan incliné,
comme on l'a remarqué dans ce Chapitre art. 84, & au commencement du fecond. Cette maniere de confiderer les machines abbrege, & par-là l'on a eu la
facilité de traiter la mécanique fuivant trois principes differens, fans néanmoins
groffir beaucoup ce Livre, en forte que l'on a mis comme trois traitez dans un.

DU LEVIER.

Le levier dont les ouvriers fe fervent eft une barre de fer, de bois ou de quelque autre
matiere dure & non fujette à fe courber. Lorfqu'on fe fert du levier il faut qu'il
foit pofé fur un appui qu'on appelle auffi hypomochlion ; on diftingue le levier
de la premiere, de la feconde & de la troifiéme efpece. On donne trois démonftrations du levier (14. 15. 16).

Préparation pour la première démonstration du levier.

Dans l'équilibre une force qui eft appliquée à un corps tend à lui communiquer tout
le mouvement qu'elle peut produire fuivant fa direction. D'où l'on conclut que fi
un poids eft attaché fucceffivement à differens points du levier, & qu'une puiffance tende à le mouvoir, elle tend auffi dans l'équilibre à lui communiquer des
viteffes ou des quantitez de mouvement qui font dans la raifon des diftances à l'appui, non-feulement lorfque les directions de la puiffance & du poids font paralleles, mais auffi lorfqu'elles concourent. Lorfque deux poids font dans la raifon réciproque des diftances à l'appui dans l'équilibre, ils tendent à être mûs avec des
quantitez égales de mouvement (17. 18. 19). Pour avoir une jufte idée de l'équilibre, il faut concevoir diftinctement la réfiftance que les puiffances fe font les unes
aux autres : or on a diftingué Liv. I. art. 11. deux fortes de réfiftances l'une propre, l'autre impropre. La réfiftance impropre eft proportionnelle à la maffe, la réfiftance propre eft proportionnelle à la force contraire qui la fait, chacune de ces
réfiftances peut être confiderée en elle-même & d'une maniere abfolue ou relativement à la puiffance qui tend à la furmonter : or on prouve que cette diftinction de
réfiftance abfolue & de réfiftance relative eft bien fondée, & que la réfiftance propre
& impropre demeurant la même, chacune peut augmenter ou diminuer relativement à la puiffance qui tend à la furmonter : ainfi un poids ou une puiffance réfifte
d'autant plus qu'il eft follicité ou contraint de parcourir en même-tems ou en tems
égal des efpaces plus grands contre fa propre direction (21. 22).

Première demonstration du levier.

Cette démonftration eft tirée des propofitions précedentes, & l'on prouve que fi deux
poids font dans la raifon réciproque des diftances de l'appui aux directions, il y a
équilibre, l'un des poids ne pouvant l'emporter fur l'autre, parce que la réfiftance
que l'un des poids fait à l'autre, eft précifément égale à la force que cet autre exerce pour la furmonter. L'équilibre fur le levier (fuivant le principe qu'on emploie
ici) confifte donc en ce que les poids étant dans la raifon réciproque des diftances
à l'appui, le grand trouve dans le petit une réfiftance d'autant plus grande que le

petit poids eft plus éloigné de l'appui , & au contraire le petit poids trouve dans le grand une réfiftance d'autant moindre que ce grand poids eft plus proche du même appui , en forte que la réfiftance d'une part eft équivalante à la force contraire de l'autre part. C'eft à cette égalité de force & de réfiftance que fe réduit le principe de M. Defcartes , lorfqu'il dit qu'il faut autant de force pour élever un poids d'une livre à la hauteur de 100 pieds que pour en élever un de 100 livres à la hauteur d'un pied. D'où l'on conclut que le principe de M. Defcartes bien entendu , ne peut non-feulement être mis à couvert des difficltez qu'on lui oppofe ordinairement , mais encore qu'il eft concluant , & qu'on peut l'étendre à l'équilibre dans les cas où les directions concourent (24. 25. 26. 27. 28. 29. 30). Pour fixer encore davantage le bon fens que doit avoir le principe de M. Defcartes tiré du mouvement, on établit quelques Corollaires, d'où l'on déduit enfin un principe général & fondamental que voici. Si deux puiffances agiffent l'une contre l'autre, & que l'une d'elles ne puiffe fe mouvoir fans qu'elle ne faffe parcourir à l'autre puiffance un efpace contre fa propre direction , celle-ci réfiftera d'autant plus que cet efpace fera plus grand ; & fi les efpaces que ces deux puiffances font follicitées de parcourir en même-tems, l'une en montant, l'autre en defcendant, font entr'eux réciproquement comme ces puiffances, il y aura équilibre (31. 32. 33. 34. 35. 36).

PRÉPARATION ET SECONDE DEMONSTRATION DU LEVIER.

La préparation confifte à faire la récapitulation de ce que l'on a dit dans le premier Livre fur la maniere dont l'équilibre fe forme , déduite de la compofition & de la décompofition des forces. Selon ce principe on démontre que fi deux puiffances font appliquées à un levier fuivant des directions qui foient dans un même plan , il y a équilibre fi elles font entr'elles réciproquement comme les diftances de l'appui aux directions : car on fait voir que ces deux forces fe compofent en une feule, dont la direction paffe par l'appui, & trouve par conféquent une réfiftance qui l'empêche de produire le mouvement (37. 38. 39).

PRÉPARATION ET TROISIÈME DEMONSTRATION DU LEVIER.

Dans la préparation on explique quelques propriétez des corps pefans. La demonftration eft tirée de la propriété du centre de gravité. Si un corps eft foutenu par fon centre de gravité toutes les parties de ce corps font en équilibre autour de ce point : or fi deux poids font dans la raifon réciproque des diftances de l'appui , & qu'on confidere ces deux corps ainfi joints par un levier comme n'étant qu'un feul & même corps , le point du levier qui répond à l'appui eft le centre commun de gravité des deux corps ; donc ces deux poids doivent être en équilibre fur le levier ainfi pofé fur l'appui (40. 41. 42. 43. 44). Comme cette troifiéme démonftration fuppofe que les directions des poids font paralleles , afin de donner une démonftration pour le cas où les directions concourent, on fait quelques fuppofitions au moyen defquelles on prouve que des puiffances font en équilibre fi elles font entr'elles réciproquement comme les diftances de l'appui aux directions, lors même que ces directions concourent (45. 46. 47. 48. 49. 50). Non-feulement deux puiffances appliquées à un levier font en équilibre fi elles font entr'elles réciproquement comme les diftances de l'appui aux directions ; mais fi deux puiffances font en équilibre fur un levier , elles font entr'elles réciproquement comme les diftances de l'appui aux directions. On donne deux démonftrations de cette propofition (51. 52). On déduit de ces deux propofitions fondamentales quinze Corollaires où l'on explique le détail de ces mêmes propofitions en confiderant les differens changemens qui peuvent arriver aux puiffances, aux directions , aux angles qu'elles forment entr'elles & avec le levier, leur point de rencontre, & au lieu du rapport des diftances on fubftitue le rapport des finus. Ce qui eft d'une grande commodité pour les calculs (*Art.* 53. 54. 55. 56. &c. *jufqu'à* 72).

DE L'ÉQUILIBRE SUR LE LEVIER EU E'GARD A QUELQUES circonftances particulieres.

1. Si les directions des poids concourent au centre de la terre & que deux poids foient en équilibre fur un levier horizontal , ils cefferont d'y être fi le levier devient incliné à l'horizon. Quoiqu'on ne puiffe pas vérifier par l'expérience la certitude de cette propofition , elle eft néanmoins vraie en la confiderant dans l'exactitude Géométrique. 2. Si deux poids fixement attachez à un levier horizontal font en équilibre , & que la ligne droite qui joint leurs centres de gravité paffe par l'appui , ils feront encore en équilibre quelque fituation qu'on donne au levier. Mais fi cette ligne qui joint les centres de gravité ne paffe pas par l'appui, l'équilibre fera rompu, fi le levier ceffe d'être horizontal. Lorfque la ligne qui joint les centres de gravité des deux poids ne paffe pas par l'appui, l'on a un levier courbé, cette courbure fe trouve encore lorfque le levier eft fufpendu par un anfe : or dans tous ces cas fi deux poids font en équilibre , le levier étant horizontal , ils n'y feront plus s'il devient incliné , & fi au lieu de l'un des poids on met une puiffance pour faire équilibre avec l'autre poids dans les differentes inclinaifons du levier , il faudra augmenter ou diminuer cette force (72. 73. 74. *jufqu'à* 83).

DE LA POULIE.

Deux fortes de poulies l'une fixe , l'autre mobile. On peut confidérer l'une & l'autre poulie comme un levier ; la poulie fixe comme un levier où l'appui eft entre la puiffance & le poids , & la poulie mobile comme un levier ou l'appui eft à l'une des extrêmitez du levier. Dans la poulie fixe le rapport de puiffance au poids eft un rapport d'égalité , c'eft-à-dire , que la puiffance eft égale au poids , quelles que foient d'ailleurs leurs directions paralleles ou concourantes. Dans la poulie mobile fi les directions font paralleles , la puiffance eft au poids comme 1 eft à 2 ; fi les directions concourent, elle eft au poids comme.le rayon de la poulie eft à la ligne qui joint les points d'attouchement de la corde. Ainfi il faut que la puiffance faffe un plus grand effort pour foutenir un poids à l'aide d'une poulie mobile , lorfque les directions concourent, que lorfqu'elles font paralleles.

DU TOUR OU TREUIL , ET DES MACHINES qui y ont rapport.

Cette machine eft compofée d'un cylindre fupporté fur deux appuis , & dans lequel on implante des barres ou bâtons pour avoir la facilité de le faire tourner ; quelquefois on paffe le cylindre dans une roue perpendiculairement à fon plan , en forte que l'axe du cylindre enfile la roue par fon centre. On appelle alors cette machine l'effieu dans la roue. Il n'eft pas néceffaire pour l'équilibre que les directions de la puiffance & du poids foient en un même plan ; le double appui qui fe trouve dans cette machine donne la liberté à la puiffance de diriger fon action à volonté. Dans cette machine les directions ne font dans un même plan que lorfqu'elles font paralleles:dans tous les autres cas elles font dans des plans differens.Lorfqu'elles font perpendiculaires à l'axe ; on peut fuppofer qu'elles font en un même plan , parce que à quelque endroit du treuil que la puiffance foit appliquée , elle fait la même impreffion fur le treuil pour le faire tourner,& cet effort eft tranfmis au poids ou fardeau ; or c'eft cet effort qui met le poids en équilibre : il eft donc indifferent d'appliquer la puiffance à tel endroit du treuil que l'on voudra pourvu que fa direction demeure perpendiculaire à l'axe , & qu'elle en foit à la même diftance ; dans cette hypothefe le treuil ne differe pas d'un levier droit ou angulaire qui a fon appui fur le point de l'axe où le plan des directions le rencontre. C'eft pourquoi fi la puiffance & le poids font dans la raifon réciproque des diftances de ce point aux directions , il y aura équilibre.Si les directions ne font pas perpendiculaires à l'axe, on peut néanmoins faire en forte qu'elles foient dans deux plans paralleles , & l'on a encore la liberté de les confidérer comme étant dans un même plan de même que fi elles étoient paralleles. L'on détermine la fituation de ces deux plans , &

fans faire la fuppofition ordinaire que les directions font perpendiculaires à l'axe ni qu'elles font en un même plan , on donne le rapport de la puiffance au poids , ce rapport eft compofé , lorfqu'on veut l'avoir pour tous les cas poffibles ; mais fi on demande quel eft le rapport de la puiffance au poids dans certains cas particuliers , & fur-tout dans le cas de la fuppofition ordinaire que les directions font perpendiculaires à l'axe , ce rapport eft fimple (*depuis 94 jufqu'à 115*).

DU MOMENT OU FORCE RELATIVE DES PUISSANCES.

On fçait , & l'expérience montre qu'un petit poids peut faire équilibre avec un grand , d'où eft-ce donc que procede la force par laquelle le petit contrebalance le grand , car le petit ne devient pas plus pefant pour être fufpendu à une plus grande diftance de l'appui ? Or on fait voir que la réfiftance du petit poids augmente relativement au grand lorfqu'il eft attaché à une plus grande diftance de l'appui , parce que le grand poids ne peut fe mouvoir & entraîner le petit à moins qu'il ne furmonte la réfiftance du petit , d'autant plus fouvent que le petit eft plus éloigné de l'appui , ce qui augmente la difficulté du grand poids , & confume une plus grande partie de fa force. On a déja démontré au commencement de ce Livre l'exiftance de la force relative & les changemens qu'elle peut recevoir , quoique la force abfolue demeure la même ; le ftile connu & ferré qui eft propre à la démonftration , n'a pas permis que l'on s'étendît autant qu'il auroit été néceffaire pour faire toucher comme au doigt cette force , c'eft pourquoi on propofe ici de nouveau l'idée de cette force , & l'on en donne une explication plus développée & plus circonftanciée ; & l'on conclut que cette force eft proportionnelle au produit de la force abfolue , & de l'efpace que la même force abfolue eft follicitée ou preffée de parcourir contre fa propre direction , ou bien que la force relative eft proportionnelle au produit de la force abfolue & de la diftance de cette force à l'appui. L'on remarque auffi que le principe de M. Defcartes eft peut être le feul qui puiffe bien faire entendre la nature de la force relative (115. 116 &c. *jufqu'à 125*).

DE L'UTILITÉ DES MOMENS DANS LA STATIQUE.

Les momens font une voie courte & facile pour démontrer & pour s'affurer s'il y a équilibre , lorfque plus de deux puiffances font appliquées à un levier pofé fur un appui. Si deux ou plufieurs puiffances agiffent contre plufieurs autres que la fomme des momens d'une part , foit égale à la fomme des momens de l'autre part , il y a équilibre. La connoiffance que l'on a de l'ufagedes momens , donne la facilité de fubftituer une puiffance à deux ou deux à une , foit que la puiffance qu'il faut fubftituer foit donnée ou laiffée au choix de celui qui doit l'appliquer au levier. Le treuil étant une efpece de levier , ce qui vient d'être dit des momens par rapport au levier convient auffi au treuil (125. 126 , &c. *jufqu'à 146*).

DES APPUIS.

Il eft utile de connoître la charge que la puiffance & le poids font porter à l'appui , & la réfiftance qu'il peut faire à cette charge. On confidere d'abord l'appui dans le levier , enfuite les appuis dans le treuil.

DE L'APPUI DANS LE LEVIER.

Il y a deux chofes à confidnrer , la charge & la direction de cette charge. Lorfque deux puiffances font en équilibre fur un levier , leurs efforts fe compofent en un , & c'eft cet effort qui fait la charge de l'appui , & cette charge ou plutôt la réfiftance qui lui eft oppofée eft comparable à une puiffance qui réfifteroit à cette charge ou effort réfultant des efforts particuliers de la puiffance & du poids. Lors donc que deux puiffances font en équilibre fur un levier pofé fur un appui , on peut confiderer ce levier comme étant tiré par trois puiffances , & chacune d'elles peut être regardée à fon tour comme faifant l'office d'appui. D'où l'on conclut que dans l'équilibre la réfiftance de l'appui , & l'une des puiffances font entr'elles réciproquement comme les perpendiculaires menées à leurs directions , menées dis-je , du point d'application de la puiffance qui fait l'office d'appui , fuppofant encore que l'équilibre de deux puiffances appliquées à un levier qui eft pofé fur un appui; fe fait fuivant la même loi , que fi au lieu de l'appui il y avoit une puiffance, on peut démontrer par le principe de M. Defcartes le rapport que ces trois puiffances doivent avoir. On déduit du rapport des trois puiffances appliquées à un levier plufieurs Corollaires ou l'on explique les differens changemens qui arrivent à la charge de l'appui felon que les directions des puiffances en équilibre , font des angles plus ou moins ouverts , & l'on démontre que lorfque ces directions font paralleles , cette charge eft la plus grande qu'il eft poffible . & qu'elle eft égale à la fomme ou à la difference des mêmes puiffances, à la fomme , fi l'appui eft entre les puiffances , à la differnnce , fi l'appui eft à l'une des extrêmitez du levier (146. 147 &c. *jufqu'à* 166). Si les puiffances en équilibre fur un levier font au nombre de plus de deux , & que leurs directions foient paralleles , la charge de l'appui eft encore égale à la fomme ou à la difference des mêmes puiffances. Mais fi les directions concourent , on donne un moyen de les réduire à deux qui chargent l'appui comme feroient toutes ces puiffances enfemble (166). On répond enfin à cette difficulté pourquoi un petit poids qui fait équilibre avec un grand poids & le contrepefe , ne charge ou ne preffe cependant l'appui que par un effort égal à celui de fa pefanteur abfolue (167).

DES APPUIS DANS LE TOUR OU TREUIL.

On avertit que ce que M. Varignon dit de la charge des appuis dans le treuil , eft infuffifant , & on propofe ce qu'on en va dire comme une efpece de fupplément à ce qu'il a démontré du rapport des puiffances fur le treuil. Avant d'entrer dans la détermination de la charge des appuis dans le treuil , on fait plufieurs réflexions préliminaires ; & parce que fi une puiffance preffe au moyen d'un levier deux appuis , on peut dire en général que les charges ou preffions qu'elle y produit , & les réfiftances des appuis font indéterminées , on examine en quel fens il faut entendre cette indétermination. Or on fait voir que fi les charges ou preffions que les appuis fupportent , font indéterminées dans un certain fens, dans le fens qu'on peut leur oppofer une infinité de réfiftances differentes , elles font néanmoins déterminées en ce que les puiffances en équilibre ne font pas naître une infinité de preffions differentes , mais elles produifent deux charges d'une mefure déterminée , & dont les directions font affignables (168. 169 *jufqu'à* 185). Les charges des appuis dans le treuil peuvent être déterminées géométriquement ou par nombres & par le calcul , & on diftingue trois cas où les directions font perpendiculaires à l'axe , ou bien l'une eft perpendiculaire & l'autre oblique , ou elles font toutes deux obliques. On arrive aux déterminations qu'on fe propofe de donner avec le fecours de la compofition des forces : on conçoit un plan qui paffe par l'axe du treuil & qui rencontre l'une des deux directions lorfque cela eft poffible , ce plan rencontre auffi l'autre direction : or la puiffance qui agit fuivant cette direction eft décompofée en deux efforts , dont l'un eft perpendiculaire au plan par l'axe , & c'eft cet effort qui fait équilibre avec le poids ou l'autre puiffance ; le fecond effort eft parallele au même plan & fe perd fur les appuis, lefquels lui réfifte : on détermine enfuite par la propriété du levier ce que chaque appui doit porter de la fomme des efforts perpendiculaires au plan par l'axe & de l'effort parallele. Ces efforts ainfi diftribuez aux deux appuis, fe compofent en deux preffions qui font les charges que l'on s'eft propofé de déterminer (185. 186,&c. *jufqu'à* 192). S'il y avoit plus de deux puiffances en équilibre fur le treuil , on auroit les charges en décompofant chaque puiffance en deux efforts , l'un perpendiculaire au plan par l'axe & l'autre parallele. L'on conclut de là qu'un corps qui eft tiré par tant de puiffances que l'on voudra fuppofer & fuivant toutes les directions poffibles , peut être retenu en équilibre par deux réfiftances ou deux puiffances. Les charges ou preffions qu'on vient de déterminer peuvent être fuppléées par une infinité de paires de puiffances differentes : or les directions de chaque paire de ces puiffances réfiftantes font dans le même plan que les directions des charges que les puiffances en équilibre fur le treuil produifent en preffant les appuis. On donne enfin une expreffion du rapport de la charge de chaque appui , ou au poids ou à la puiffance fuppofez en équilibre fur le treuil (192. 193 , &c. *jufqu'à* 196).

CHAPITRE SECOND.

Du plan incliné, de la vis, du coin et des poids soutenus avec des cordes.

Les machines simples dont il s'agit ici, peuvent être rapportées au plan incliné de même que la poulie & le treuil peuvent l'être au levier.

Du plan incliné.

Comme la théorie de cette machine est fondamentale, on s'applique d'une maniere particuliere à en démontres les propriétez, conformément à la méthode que l'on a suivie pour le levier. On donne trois démonstrations du rapport de la puissance au poids. La premiere est tirée du mouvement dans le sens du principe de M. Descartes. La seconde est fondée sur les forces composées. Dans la troisiéme on considere le plan incliné comme faisant l'office d'appui à l'égard d'un levier sur lequel la puissance & le poids sont en équilibre, c'est-à-dire, qu'on ramene le plan incliné au levier, selon la maniere de raisonner des anciens. Avant de proposer ces trois démonstrations, on fait plusieurs réflexions préliminaires qui servent de préparations à chacune des trois. Tous les corps en équilibre sur le plan incliné pouvant être représentez par la sphere, on prouve que la direction de la puissance doit passer par le centre : or si du centre on mene une perpendiculaire au plan incliné, laquelle rencontre la base du corps, c'est-à-dire, la surface grande ou petite par laquelle le corps s'applique au plan incliné, il y aura équilibre entre la puissance & le poids, s'ils sont entr'eux réciproquement comme les distances ou perpendiculaires menées de l'appui ou du point d'attouchement aux directions. Par l'appui l'on entend ici le point où la perpendiculaire menée du point de concours des directions, rencontre la base du corps. La proposition inverse est aussi vraie. Si une puissance retient un poids en équilibre sur un plan incliné, leur rapport est égal au rapport inverse des perpendiculaires menées du point d'attouchement aux directions. On conclut de ces deux propositions, que si la direction de la puissance est parallele au plan incliné, elle est au poids comme la hauteur du plan est à la longueur ; & si la direction de la puissance est parallele à la base du plan incliné, elle est au poids comme la hauteur du plan est à la base. On explique ensuite dans quelques Corollaires le détail des differentes circonstances qui se trouvent dans l'équilibre sur le plan incliné, & l'on substitue le rapport des sinus au rapport des perpendiculaires menées du point d'attouchement aux directions (197. 198 *jusqu'à* 237). Si deux puissances égales tiennent deux poids en équilibre sur deux plans inclinez qui ont la même hauteur suivant des directions paralleles aux plans, les poids sont entr'eux comme les longueurs ; & si ces poids agissent l'un contre l'autre au moyen d'un cordon qui passe au-dessus d'un point fixe, ils sont dans la même raison, c'est-à-dire, comme les longueurs des plans. Et si les directions des puissances égales sont paralleles aux bases des plans inclinez, les poids qu'elles retiennent en équilibre sont dans la raison des bases ; & si ces poids agissent l'un contre l'autre au moyen d'un cordon qui les joint & qui est parallele aux bases des plans, ils sont entr'eux comme ces bases (237. 238. 239. 240).

De la charge du plan incliné.

Cette charge est au poids ou à la puissance comme le sinus de l'angle formé par leurs directions est au sinus de l'angle formé par la perpendiculaire au point d'attouchement & la direction de la puissance qui n'entre point dans la proportion. Si la direction de la puissance est parallele au plan incliné, la charge est exprimée par la base ; mais si la direction de la puissance est parallele à la base, la charge est exprimée par la longueur. Si un poids est retenu entre deux plans incilnez, il y cause des pressions qui sont entr'elles réciproquement comme les sinus des angles formez par la direction du poids & les perpendiculaires aux points d'attouchement. L'on remarque que par la charge du plan incliné , il ne faut pas entendre le poids ou la partie de ce poids que le plan foutient : on détermine enfuite quelle eft la partie de de ce poids que le plan incliné foutient (241. 242 , &c. *jufqu'à* 255).

D E   L A   V I S.

La vis eft un cylindre fur la furface duquel on a entaillé un cordon qui l'entoure en forme de ligne fpirale qui s'étend depuis l'extrémité inferieure jufqu'à l'extrémité fupérieure. Lorfqu'on développe le cylindre, chaque tour du cordon fpiral; (on l'ap-pelle fpire ou hélice,) répréfente la diagonale d'un parallelogramme qui a pour bafe la circonférence de la bafe du cylindre , & pour hauteur l'étendue que la fpire ou l'hélice occupe fur le cylindre fuivant la longueur de l'axe ; elle eft auffi égale à la diftance ou intervalle qui eft entre deux fpires ou deux tours de cordon fpiral. Si le cordon fpiral eft roulé fur la furface convexe du cylindre , la vis eft appellée intérieure , elle eft appellée vis extérieure ou écrou fi le cordon fpiral eft fur la furface concave du cylindre. Si les deux cylindres , l'un convexe & l'autre conca-ve , font de même diametre , & que le cordon fpiral , & les intervalles des fpires de l'un foient égaux aux intervalles des fpires de l'autre ; le cordon fpiral de la vis extérieure pourra s'ajufter avec le cordon fpiral de la vis intérieure comme les cir-conférences de deux anneaux égaux , pour lors l'un des cordons pourra gliffer fur l'autre; & parce que chaque cordon fpiral s'étend en tournant depuis le bas jufqu'au haut du cylindre , il s'enfuit que celui des deux qui gliffera fur l'autre , y avancera comme fur un plan incliné ; & venant à rencontrer un obftacle , il preffera le cor-don fur lequel il eft mû comme un poids preffe un plan incliné lorfqu'il y eft re-tenu. D'où l'on voit que fi la puiffance qui tend à faire tourner la vis , étoit immé-diatement appliquée aux fpires de la vis mobile , le rapport qu'elle auroit au poids ou à la prffion produite par la réfiftance de l'obftacle feroit le même que dans le plan incliné ; mais la puiffance tend à faire tourner la vis avec un levier , c'eft pourquoi fi fa direction eft parallele à la bafe du cylindre , elle eft à la preffion ou réfiftance de l'obftacle comme l'intervalle qui eft entre deux fpires , eft à la circon-férence qu'elle décrit. Si la direction de la puiffance eft parallele au cordon fpiral le rapport qu'elle a à la réfiftance de l'obftacle , eft moindre que lorfque la dire-ction eft parallele à la bafe du cylindre ou de la vis (255. 256 , &c. *jufqu'à* 269).

D U   C O I N.

Le coin ordinaire eft un corps ou folide qui a la figure d'un prifme triangulaire , on y diftingue la tête , la bafe & le taillant , les faces par lefquelles il s'applique aux corps qu'on veut lui faire écarter l'un de l'autre. On fe fert du coin pour élever des poids à une petite hauteur , ou bien pour fendre & divifer les corps. On emploie pour cet effet ou la fimple preffion ou la percuffion. Lorfque l'action du coin con-fifte dans une fimple preffion fans choc comme feroit la pefanteur , la réfiftance de l'obftacle peut être affez grande pour faire équilibre avec cet effort ; mais fi le coin agit par la percuffion , & que le choc ne foit pas infiniment grand, l'obftacle eft tou-jours furmonté en tout ou en partie. Lorfque la force du coin eft employée à élever un corps, la réfiftance eft comme toute réunie à l'endroit où le coin touche le corps; mais lorfqu'on fe fert du coin pour fendre, fon effort agit de l'un à l'autre extrémité de la fente , & parce que tous les corps font flexibles & extenfibles ; lorfque le coin tient les côtez de la fente écartez, ils fe courbent, & les fibres qui réfiftent à la divi-fion s'allongent, mais inégalement ; en forte que l'efpace qui eft entre les côtez de la fente a la forme triangulaire, les mêmes côtez touchent auffi le coin par une portion de leur furface: il arrive de-là que la preffion que le coin exerce à droite & à gauche eft dirigée fuivant la perpendiculaire à cette furface commune; mais parce que tout l'effort par lequel le coin preffe les deux côtez de la fente retombe fur le coin , on peut fuppofer que cet inftrument eft repouffé fuivant des directions perpendiculaires aux faces par lefquelles il touche les côtez de la fente. Si le coin qu'on fuppofe ifofcele étoit divifé fuivant une ligne qui paffât par l'angle oppofé à fa bafe, & qui fût perpen-diculaire à la même bafe, les preffions que les côtez de la fente exerceroient fur les faces du coin étant obliques au plan ou à la furface commune par lefquelles les deux

coins

coins partiels se toucheroient, elles tendroient en partie à appliquer ces deux coins partiels l'un contre l'autre, & en partie à les faire glisser l'un sur l'autre, les efforts par lesquels ces deux coins se presseroient l'un l'autre, se détruiroient ou s'empêcheroient mutuellement ; mais à l'égard des efforts par lesquels ils tendroient à glisser l'un sur l'autre, il faudroit une force pour les réprimer, & pour retenir les deux coins entre les côtez de la fente : or quoique le coin ne soit pas divisé en deux parties, les efforts dont on vient de parler ont également lieu : l'on conclut de-là que le coin qui est engagé entre les côtez de la fente, fait l'office de deux plans inclinez ; & que lorsqu'il est employé à élever ou à soutenir un poids, il ne differe pas non-plus d'un plan incliné (269. 270, &c. *jusqu'à* 279). Ces notions supposées, on détermine dans ce dernier cas le rapport de la puissance au poids, & dans le second le rapport de la puissance à la résistance considérée à l'extrêmité de la fente & à l'endroit où le coin en touche les côtez. (279. 280 *jusqu'à* 288).

DE LA MACHINE FUNICULAIRE OU DES POIDS soutenus avec des cordes.

Cette machine peut être rapportée au plan incliné ou au levier ; & l'on démontre que si un poids est soutenu par deux cordons qui fassent un angle, ce poids est à l'une des puissances comme le sinus de l'angle formé par leurs directions, est au sinus de l'angle formé par la direction du poids & de la puissance qui n'entre point dans la proportion : d'où l'on déduit 1. qu'il est comme impossible de tendre une corde en ligne droite lorsqu'elle a quelque pesanteur & une certaine longueur, comme on peut l'observer en plusieurs rencontres. 2. Si un poids est soutenu par une corde, & qu'une puissance tire cette corde ou le poids suivant une direction horizontale, elle fait monter le poids si petite qu'elle soit & si grand que puisse être le poids, pourvu qu'elle ait un rapport fini avec ce poids. Si deux puissances soutiennent un poids avec une corde suivant deux directions differentes, on détermine la partie de ce poids que chaque puissance supporte (289. 290, &c. *jusqu'à* 296).

CHAPITRE TROISIE'ME.
DES MACHINES COMPOSE'ES.

LEs machines composées sont des assemblages de machines simples qui concourent toutes à soutenir ou à élever un même poids. Dans les machines composées, l'effort qui tend à faire tourner chaque machine simple, est transmis à celle qui suit immédiatement, & l'effort qui est produit à la rencontre de deux machines, peut être consideré sous deux rapports comme cause ou puissance en tant que cet effort tend à faire tourner la machine à laquelle il est communiqué, & comme résistance en tant que cette machine résiste ou n'obéit point à l'effort qui la sollicite à tourner. Les machines composées les plus ordinaires sont les mouffles, les roues dentées, & la vis sans fin auxquelles on a joint une machine composée du treuil & du plan incliné, & une autre composée d'une ou de deux roues & d'un levier, dans laquelle le levier pousse continuellement la roue, & où le mouvement est continu.

DES MOUFFLES.

Les mouffles sont des assemblages de plusieurs poulies dont les unes sont fixes & les autres mobiles, les poulies fixes sont toutes retenues par une même chape qui est fixe : les poulies mobiles sont aussi pour l'ordinaire dans une même chape mobile. La corde qui embrasse les poulies peut être parallele dans les differens tours qu'elle fait, ou bien n'être pas parallele ; or de quelque maniere qu'elle embrasse chaque poulie, elle est également tendue par tout : d'où il suit 1. que l'effort qui la tire dans toute sa longueur, est égal à l'effort de la puissance qui lui est appliquée. 2. Que l'effort du poids se distribue de maniere que chaque poulie mobile en supporte une partie : toutes les poulies mobiles sont également chargées, si les cordons sont paralleles ou bien que deux à deux ils fassent des angles égaux; d'où l'on conclut que si l'une des extrêmitez de la corde est attachée à la chape fixe, la puissance est au poids comme l'unité est au nombre double des poulies mobiles. Si la corde est at-

tachée par son extrêmité à la chape mobile , la puissance est au poids comme l'u-
nité est à la somme de l'unité & du double du nombre des poulies mobiles. Si les
directions concourent & que les angles qu'elles font soient inégaux,le rapport de la
puissance au poids est plus grand que celui qu'on vient de déterminnr. Il y a une
maniere de moufler les poulies où la chape qui embrasse une poulie , est attachée
par un bout à un point fixe , & par l'autre à la chape de la poulie suivante;dans cette machine si les cordons font parallèles, & qu'il y ait deux poulies mobiles,la puissance sera au poids comme 1 est à 4. S'il y en a 3 , comme 1 est à 8. S'il y en a 4 ,
comme 1 est à 16 , &c. (*297 jusqu'à 307*).

DES ROUES DENTÉES.

Les roues dentées ou à dents sont des roues dont les circonférences sont divisées en un
certain nombre de dents égales & également distantes les unes des autres. Si on en
joint plusieurs de maniere que les unes agissent sur les autres&les fassent tourner,on
aura une machine composée de roues à dents autrement rouage : pour qu'une roue
puisse en faire tourner une autre , on entaille le rouleau de la roue auquel on donne un certain nombre de dents égales entr'elles & égales à celles de la roue suivante,
& l'on fait en sorte que les dents du rouleau de la roue qui précede,engrainent dans
les dents de la roue suivante.Le rouleau d'une roue ainsi entaillé & divisé en dents,
est appellé pignon. Dans les roues dentées la puissance est au poids comme le produit des rayons des rouleaux ou pignons est au produit des rayons des roues (*307.*
308 jusqu'à 314). On donne aussi la description de la vis sans fin ; d'une machine
composée du plan & du treuil,& d'une machine composée de deux roues dentées &
d'un levier. Dans cette derniere machine le mouvement est continu , & le levier
agit lorsqu'il va & qu'il revient. On donne aussi pour ces trois machines le rapport
de la puissance au poids (*314. 315 jusqu'à 320*).

REMARQUE GE'NE'RALE SUR LES MACHINES simples & composées.

Dans cette remarque on examine quels font les avantages que l'on peut raisonnable-
ment attendre des machines en mouvement , & l'on fait voir qu'une petite force
appliquée à quelque machine que ce soit , ne peut pas donner un grand produit :
qu'ainsi ceux-là se trompent qui se promettent d'arriver à des grands effets en employant des machines fort composées , &c. (*320 jusqu'à 324*).

CHAPITRE QUATRIE'ME.

DE LA CONSTRUCTION DE LA BALANCE ET DU PESON , avec la résoltion de quelques Problêmes de statiques.

DE LA CONSTRUCTION DE LA BALANCE & de ses défauts.

EN donnant la construction de la balance on remarque les principaux défauts que
cette machine peut avoir (*324 jusqu'à 335*).

DE LA ROMAINE OU PESON , ET DE SA CONSTRUCTION.

La romaine differe de la balance en ce que ses bras font inégaux , & qu'avec un même
poids on peut peser des corps fort inégaux : pour faire la division du long bras de la
romaine , on peut supposer 1. que le petit avec ses accompagnemens est en équilibre avec le grand , ou bien que le grand l'emporte sur le petit , ou bien que le petit est plus fort que le long bras : on donne la maniere de faire la division proposée
pour ces trois cas (*335 jusqu'à 343*). Résolutions de quelques Problêmes les plus
ordinaires de la statique (*345 & suivans*).

De l'Imprimerie de Ph. Nic. Lottin , rue S. Jacques , à la Vérité. 1741.

PRINCIPES

SUR

LE MOUVEMENT

ET

L'EQUILIBRE,

POUR SERVIR D'INTRODUCTION
aux Mécaniques & à la Physique.

A PARIS,

Chez Jean Desaint & Charles Saillant, Libraires,
rue Saint Jean-de-Beauvais, vis-à-vis le Collége.

M. DCC. XLI.

AVEC APPROBATION ET PRIVILEGE DU ROY.

PREFACE.

LES ouvrages du Créateur ont excité dans tous les tems l'admiration & la curiosité des Philosophes ; mais le desir em-
pressé qu'ils ont eu de sçavoir , n'a pas toujours été satis-
fait. La maniere dont on étudie la nature décide du succès, car elle
ne se montre pas accessible par tous les endroits. La structure de
l'univers est une espece d'énigme : les génies du premier ordre s'é-
xercent depuis près de six mille ans pour la deviner , & l'on peut
dire que leurs méditations n'ont pas été également récompensées.

La Physique a été languissante pendant une longue suite de
siécles. Les anciens Philosophes l'ont , pour ainsi dire , tenue
étouffée dans sa naissance , faute d'avoir assez réfléchi sur l'objet de leurs recherches. Pour déveloper le mécanisme de cet univers sensible , il ne suffit pas , à leur exemple , de le faire par des
raisonnemens uniquement fondez sur des idées vagues , abstraites,
& de pure métaphysique. Expliquer la nature , c'est observer ce
qui s'y passe , & avec le secours des observations , prévoir ce qui
peut y arriver , & en faire des récits circonstanciez ; si dans notre
travail nous nous contentons d'amasser des faits , la provision que
nous en faisons , la connoissance que nous en acquerons par l'u-
sage légitime de nos sens , est ce que l'on appelle la *Physique expé-
rimantale :* mais si dans le cours de nos méditations nous avons
soin de lier ces mêmes faits ; si nous parvenons à voir avec clarté
leur mutuelle dépendance ; si par une analyse exacte nous pouvons nous en représenter plusieurs sous une même idée , & les appercevoir tous comme dans un seul point de vue ; si enfin nous
pouvons déterminer dans quelle proportion ils influent les uns
dans les autres ; cet enchaînement clairement connu de causes &
d'effets, est ce qui constitue *la Physique raisonnée, la Physique scien-
tifique.* C'est cette Physique qui a été négligée dans l'antiquité, &
qui n'a paru dans le grand jour que depuis près d'un siecle.

Des esprits attentifs & d'un discernement exquis, s'apperçurent
que tout ce qui appartient à cet univers sensible , fabriqué par la
main du Créateur , est matiere & mouvement. La matiere a été
revêtue de qualitez qui la rendent capable de divers effets : & le

a

mouvement eſt comme l'agent univerſel qui dirigée par l'Intelligence ſouveraine , fait exécuter à la matiere les fonctions auxquelles elle eſt deſtinée. La Phyſique conſidere donc non-ſeulement
la matiere & la ſtructure de ſes parties , mais encore le mouvement ; ſans le mouvement la matiere n'eſt qu'une maſſe informe ;
c'eſt du mouvement qu'elle reçoit ſes beautez & cette variété iné-
puiſable qui ravit d'admiration tous ceux qui prennent goût à la
méditer.

Les Philoſophes du dernier ſiécle raiſonnant tous ſur le même
principe , que tout ce qui appartient à ce monde viſible s'opere
avec la matiere & le mouvement, ſe partagerent en deux claſſes. Les
uns ſe confiant en la ſupériorité qu'ils ſe ſentoient , firent eſſai de
leurs forces : ils voulurent voir de quoi la matiere miſe en mouvement étoit capable , & juſqu'où le principe qu'ils prenoient pour
guide pouvoit les conduire. Dans cette penſée M. Deſcartes dreſſa
ſon ſyſtême général du monde , & le propoſa aux Phyſiciens non
comme copie fidele du vrai monde, mais comme une ſimple hypothèſe. Juſqu'à M. Deſcartes le langage inintelligible des Peripa-
téticiens avoit prévalu dans les Écoles ; il crut donc que le meil-
leur moyen de diſſiper les anciens préjugez étoit de faire un ſyſtême
dans lequel on vît clairement qu'en Phyſique comme dans les autres ſciences peu de principes lorſqu'ils ſont évidens, peuvent faire découvrir un grand nombre de véritez du moins hypothétiques. Il eſt vrai qu'il entre dans un certain détail , mais ce n'eſt
pas tant pour expliquer de point en point ce qu'il y a de plus ca-
ché dans la nature , que pour tracer un modele de la maniere dont
il faut s'y prendre pour raiſonner dans les matieres de Phyſique.
Le regret qu'il a témoigné de n'être pas en état de faire les expériences qu'il auroit ſouhaité, prouve aſſez , que bien loin de
croire que ſon monde fût une repréſentation au naturel du vrai
monde , il étoit au contraire perſuadé que dans les conſéquences
& dans les explications particulieres des phenomenes il pouvoit
s'être trompé.

Phyſique
ſiſtémati-
que. La Phyſique cultivée par M. Deſcartes & par ceux qui l'ont
ſuivi ou qui ont travaillé ſur le même plan eſt , appellée *Phyſique
ſyſtématique*. C'eſt un corps de principes par le moyen deſquels on
peut conjecturer avec vraiſemblance les premieres cauſes : plus les
cauſes ſont intimement liées avec les effets qu'on leur attribue
& qu'on en fait dépendre, plus on eſt aſſuré d'approcher de la vérité. Il eſt bien difficile qu'un ſyſtême général de Phyſique ſoit
porté à la perfection qu'il peut avoir , & qu'il ſe ſoutienne éga-

ment bien dans toutes ſes parties, ſi l'examen d'un grand nombres de phénomenes, & même de la nature entiere, n'a produit
auparavant pluſieurs ſyſtêmes particuliers, qui par leur accord
concourent à former le ſyſtême général. M. Deſcartes en réduiſant toute la Phyſique à des principes mécaniques, peut avoir
donné la bonne méthode de raiſonner en cette ſcience ; mais oſe-
roit-on fixer le tems auquel on doit ſe promettre d'en recueillir les
fruits ?

D'autres Philoſophes d'un grand nom prirent une route un peu
différente ; ſentant bien qu'il eſt d'une difficulté extrême de pénétrer dans la vraie ſtructure de l'univers, & de parvenir juſqu'aux premieres cauſes, ils crurent que les progrès de la Phyſique ſeroient plus prompts s'ils n'embraſſoient d'abord qu'une partie de ſon objet : ils bornerent donc pour lors leurs recherches
au ſeul mouvement ; ce ſujet eſt ſuſceptible d'évidence ; & pour
établir la certitude des conſéquences qu'on en peut déduire, il
n'eſt pas néceſſaire d'entrer dans les qualitez les plus intimes des
corps, ni de connoître leurs vraies cauſes, les cauſes qui concourent à leur formation ou qui les meuvent. Les mouvemens qui
dans la nature ſe perpétuent de ſiécle en ſiécle, ſont reglés par des
loix certaines & conſtantes : or ce ſont ces loix là même qu'il importe & qu'il ſuffit de bien connoître ; lorſqu'on vient à bout de
découvrir la loi ſuivant laquelle un mouvement s'exécute, on peut
dire que tout eſt fait : les circonſtances qui accompagnent ce mouvement & les effets qui en naiſſent ſe préſentent avec facilité, il n'y a
plus qu'à raiſonner conformément à la loi établie : cette méthode
d'analyſer les mouvemens & d'en écarter toutes les circonſtances
qui ne ſont point néceſſaires à la recherche qu'il en faut faire,
fut la ſource d'un grand nombre de découvertes qui enrichirent
pour lors la Phyſique, & les progrès qu'ont fait dans la ſuite
ceux qui ont tenu la même route, ſont encore plus ſurprenans &
plus rapides. La partie de la Phyſique dont l'objet eſt d'examiner
& de déterminer les loix qui reglent les mouvemens qui ſubſiſtent
dans cet univers, a reçu le nom de *Phyſique Mathématique*, parce
qu'elle eſt toute fondée ſur les rapports qui ſont l'objet des Mathématiques.

On ne s'arrête pas à prouver au long la certitude & l'évidence
de cette partie de la Phyſique, chacun peut s'en convaincre par
ſes propres réflexions. Dieu en créant l'univers matériel, a aſſujetti la formation & la naiſſance des corps à un ordre, il a voulu
qu'ils s'entrecommuniquaſſent leurs mouvemens, & que tout ſe

Phyſique Mathéma-tique.

Certitude de la Phy-ſique Ma-thémati-que.

a ij

fît par la correspondance mutuelle des parties : souverainement
libre dans ses ouvrages & dans le choix des moyens, il auroit pû
donner à chaque chose toute sa perfection en un moment, & lui
faire remplir par lui-même les fonctions auxquelles elle est propre ; mais il a eu dessein de faire passer ses productions par divers
degrés, & de les faire émaner les unes des autres, afin qu'il y eût une
succession de causes & d'effets. Par cette disposition permanente,
Dieu conserve son ouvrage & l'entretient dans l'état où il l'a mis,
sans qu'on s'apperçoive qu'il change, quoique ce soit dans le plan
général qu'il a choisi. Les mêmes causes sont toujours suivies des
mêmes effets, & leur retour annonce les mêmes évenemens.

Lors donc que des observations exactes & des expériences faites
& réitérées avec soin nous manifestent quelque partie de ce bel ordre, non-seulement nous sommes assurez de la vérité des choses
que nous voyons & dont nous sommes témoins, mais nous pouvons dire, sans danger de nous tromper, que dans la suite des
siécles les mêmes expériences auront encore les mêmes succès.
L'illusion des sens n'est point à craindre ici, le scrupule mal fondé
des Pyrrhoniens peut bien faire naître un doute méthodique &
de simple spéculation, mais il ne sauroit être sérieux.

Comme l'expérience ne dévoile pas tout, la Physique quoique certaine, seroit très-bornée si elle ne s'étendoit pas plus loin que l'observation ; les véritez d'expérience ne sont que des véritez détachées,
sans suite, sans dépendances ; mais l'esprit venant à méditer sur
les expériences, va au delà de l'expérience même ; il compare les
faits, il combine les circonstances, il considere la part que chacune peut avoir dans les phénomenes qu'il examine, & enfin par
un travail assidu, il arrive à des conclusions qui ont la même certitude que les principes dont elles découlent : de cette sorte il rapproche des véritez qui en elles-mêmes paroissent très-éloignées, il
les dispose ; & par l'arrangement qu'il leur donne, il forme une
chaîne qui lui représente d'un bout à l'autre la partie de l'univers
qui fait l'objet de ses méditations.

Il n'est pas nécessaire pour cela qu'il approfondisse les premieres causes, ni qu'il discute les premiers principes des corps ; la méthode de traiter la Physique qu'on propose ici, en dispense, car
il s'agit seulement d'exprimer les effets naturels par certains rapports : cette méthode est la plus aisée & la plus à la portée de l'esprit humain ; rien ne lui est plus familier que les rapports, & il
ne conçoit jamais mieux une chose que lorsqu'on la lui présente
à la lumiere de quelque rapport. Dans la nature tout est supputé,

*Certitude
dans son
objet.*

*Certitude
dans ses
principes.*

*Certitude
dans ses
conséque-
ces.*

*Méthode
que l'on
suit dans la
Physique
Mathéma-
tique.*

tout s'y opere avec poids & mesure ; c'est donc se conformer aux vûes de la Nature, ou de son Auteur, & la suivre pied à pied, que de déveloper ses opérations par une suite de rapports. Le Mouvement & ses effets, de même que les nombres & l'étendue, sont susceptibles de *plus* & de *moins*, ce sont des quantitez qui peuvent être augmentées ou diminuées : ainsi comparer deux mouvemens, dont l'un soit, par éxemple, deux fois aussi grand que l'autre, c'est une même chose que de comparer deux lignes, ou deux nombres dont l'un contienne l'autre deux fois ; car les rapports égaux donnent le même résultat, quelles que soient les especes de quantité que l'on compare. En fait de rapports on peut donc raisonner des mouvemens, comme des nombres & des dimensions de l'étendue ; c'est-là aussi la méthode que l'on suit dans la Physique-Mathématique.

Il seroit superflu de s'étendre sur les avantages de la Physique-Mathématique, ou de la Science du Mouvement : de quelque côté qu'on jette les yeux on voit des traces de son utilité ; la plûpart des Sciences & des Arts la supposent, comme l'Astronomie, la Navigation ; ou en font partie, comme la Mécanique ; & en particulier la partie de la Physique qui considere la structure des corps, leurs qualitez & leur formation, ne sçauroit se passer de la Science du Mouvement, puisque c'est de cette Science qu'il faut apprendre de quelle maniere s'unissent les principes qui entrent dans leur composition.

Utilité de la Physique-Mathématique.

On est persuadé aujourd'hui que les Sciences qui procedent par voie de démonstration, comme la Géométrie, la Science des Nombres, &c. sont les plus propres pour formër le jugement ; la certitude des véritez, l'évidence des preuves, la simplicité de la méthode que l'on y suit, peuvent autoriser cette préférence : or un Traité du Mouvement tel qu'on le conçoit ici, n'étant qu'une Géométrie appliquée aux effets naturels, peut en instruisant l'esprit des merveilles de l'Univers, lui fournir des modéles de raisonnement aussi parfaits que ceux qu'il trouve dans la Géométrie pure, & plus intéressans par l'agrément de l'objet.

Depuis que la bonne Physique a commencé à s'introduire dans les Ecoles, depuis que les Maîtres se sont appliquez à faire choix des matieres pour ne proposer à leurs Disciples que des choses qui soient certaines, utiles & propres à piquer la curiosité, on s'apperçoit du progrès que font les jeunes gens qui ont du goût pour les choses solides ; & qui est-ce qui ne goûte point la vérité lorsqu'elle est mise dans un bel ordre, & qu'elle est présentée avec clarté ? On voit, dis-je, que ces jeunes amateurs de la Philofophie font attentifs & animez d'une noble émulation ; le tems eft bien employé, & ils ont la fatisfaction à la fin de leur cours, de s'être inftruits d'un grand nombre de véritez qui font autant de preuves de la majefté & de la toute-puiffance de celui qui les a créées : elles leur font fentir que l'homme qui eft fi grand en lui-même, puifqu'il eft capable de fi hautes connoiffances, doit néanmoins vivre dans une dépendance entiere à l'égard de cet Etre fuprême ; & lorfqu'après avoir fait des réflexions férieufes fur ce qui fe paffe dans cet univers, ils voient que la plus petite force qui fe joint de nouveau à un mouvement déja éxiftant, par éxemple, celui de la Lune, doit à la longue l'altérer & y produire des changemens confidérables, il ne leur eft pas difficile de fe convaincre & de reconnoître que rien n'arrive par hazard, & que tout eft conduit par une Intelligence fouveraine ; car comment pourroit-t-il fe faire qu'entre tant de mouvemens divers, il ne s'en joignît jamais aucun à celui de la Lune pour la détourner de fa route, pour en accélérer ou en retarder les révolutions, fans aucune regle & fuivant des mefures incertaines, ce qui troubleroit fans doute la proportion & l'ordre dans lefquels elle les fait.

La Société trouve auffi fon utilité dans cette étude : les jeunes gens munis des principes qu'ils ont amaffez font en état d'éxaminer les Ouvrages de l'Art, de s'en inftruire & d'en juger fainement ; & ceux qui fe deftinent à les éxécuter & à en faire une profeffion, ont une plus grande facilité à réuffir que ceux qui ne font guidez dans leurs opérations que par la fimple pratique.

But de cet Ouvrage. C'eft pour entretenir ces heureux commencemens, les fortifier, s'il eft poffible, ou même pour contribuer en quelque chofe à les former, que j'ai compofé cet Ouvrage. Mon premier deffein étoit d'abord de ne travailler que pour les Ecoliers qui font leur Phyfique dans les Colleges, & de me borner aux feules matieres de Mécanique que MM. les Profeffeurs expliquent de vive voix, ou dans les écrits qu'ils dictent ; mais je fis réflexion que la brieveté du tems oblige les Maîtres de refferrer les matieres, d'en traiter plufieurs fommairement, & de laiffer à leurs Difciples le foin de les étendre par leurs méditations particulieres, ou en y joignant la lecture de quelque Livre : je crus donc qu'il étoit à propos de donner premierement à cet Ecrit une étendue proportionnée aux divers befoins, & telle à peu-près que des élémens doivent avoir ; & que fi les Maîtres qui font prépofez pour l'inftruction de la jeuneffe, jugeoient enfuite qu'un abrégé dût être utile, il y auroit plus de fa-

cilité à l'éxécuter, parce que je ferois à portée de profiter des obfervations qu'ils auroient eu le tems de faire fur l'Ouvrage entier.

La Science du Mouvement eft d'une grande étendue : il y faut
diftinguer deux fortes de connoiffances, les unes que l'on peut acquérir par la méthode ordinaire, qui eft la Synthèfe ; elle confifte
à mettre en ordre les principes qui prouvent une vérité connue, & à
les déduire les uns des autres, de maniere que l'on voie avec évidence la liaifon qu'ils ont avec la vérité que l'on fe propofe de démontrer ; mais il y a d'autres connoiffances qui dépendent d'une
théorie plus difficile & plus compliquée, & où l'on n'arrive que par
certaines méthodes connues feulement de ceux qui ont fait une
étude particuliere des calculs ; c'eft une efpece d'Analyfe qui fait
trouver ces véritez ; & la recherche que l'on en fait, fuppofe la plûpart de celles qui font déja connues par la Synthèfe : c'eft pour cette
raifon que j'ai intitulé ce Traité *Principes*, parce que ceux qui
veulent tenter ces découvertes, peuvent y trouver les premieres notions qui doivent fervir de fondement à leur théorie. Une autre
raifon m'a déterminé à donner ce titre : quoique ce Traité foit
affez ample, il ne contient pas néanmoins tout ce qu'on démontre
du Mouvement, entre un grand nombre de Propofitions, j'ai
choifi celles qui m'ont paru les plus belles, & que j'ai jugé avoir plus
de rapport aux chofes d'ufage. Le but que je me propofe n'eft pas
de traiter les matieres à fond, ni de dire tout, mais d'affembler
des véritez qui foient comme fondamentales, d'établir des principes, de les déduire avec clarté, & de les mettre dans un ordre qui
foit à la portée des Commençans.

Les perfonnes que j'ai en vûe n'étant point encore inftruites, éxi-
gent de moi que je n'omette rien de ce qui peut fervir à leur donner
des idées nettes & précifes ; une expreffion équivoque, une propofition entendue dans un fens différent de celui dans lequel elle
eft démontrée, déroutent un efprit qui n'a pas encore une idée
bien formée de l'objet de fon étude ; ces confidérations engagent
à dire les chofes plus au long que lorfqu'on écrit pour des perfonnes
qui font déja au fait des matieres. Quoique j'aie tâché en écrivant
de profiter de tout ce que l'expérience & l'habitude d'enfeigner
peuvent m'avoir fait remarquer fur le progrès des efprits, pour
concilier la brieveté avec la clarté, je ne me flate pas d'avoir réuffi ;
je fçai qu'une certaine longueur eft ennuyeufe à ceux qui font inftruits, qui ont l'imagination vive, & qui faififfent promptement :
je prie les uns & les autres d'ufer d'indulgence, & d'excufer les
endroits qui leur paroîtront avoir ce défaut. Dans le doute fi je

ne ferois pas obfcur en épargnant quelques mots, j'ai mieux aimé courir le rifque d'excéder, je fuis tombé dans des redites, & les doubles expreffions d'une même chofe m'ont paru quelquefois néceffaires : un Ouvrage où la clarté & la méthode font, pour ainfi dire, l'unique regle, doit être regardé comme affez court lorfqu'il eft étendu.

Plan &
deffein de
l'ouvrage. J'ai divifé cet Ecrit en fix Livres. Le premier contient ce qu'on démontre du Mouvement confidéré d'une maniere générale, & en tant qu'il convient à tous les corps, abftraction faite de toutes leurs qualitez fenfibles. On eftime le mouvement d'un corps par la connoiffance qu'on a de fa maffe, & de l'efpace qu'il parcourt dans un certain tems, c'eft-à-dire, de fa *viteffe*. Le mouvement d'un corps fait connoître la grandeur de la force qui lui eft appliquée. Si un corps eft mû d'un mouvement inégal qui augmente ou qui diminue à chaque inftant, il faut que la force qui l'accélere ou le retarde ne difcontinue point de le pouffer. Si un corps n'eft pouffé que par une force, il fuit la ligne droite ; cette ligne eft appellée la *direction* ou la *détermination* du corps ; fi le corps eft pouffé à la fois par plufieurs forces, fon mouvement eft appellé *compofé*, & il peut fuivre encore la ligne droite fi les forces qui le meuvent font dans un rapport conftant ; mais fi le rapport des forces varie, le corps décrit une ligne courbe. Si l'une des forces pouffe le corps continuellement vers un même point, elle eft appellée *force centrale*. L'objet du premier Livre eft de confidérer ces différentes circonftances du mouvement, de déterminer le rapport des efpaces parcourus & des tems.

Dans le fecond Livre on confidere le mouvement des corps pefans fuivant toutes les déterminations que la force mouvante peut leur donner. Tous les corps terreftres tendent à defcendre & à s'approcher du centre de la terre : le principe qui leur donne cette tendence eft appellé *pefanteur*. Or fuivant quelque direction qu'un corps foit mû, il eft néceffité à obéïr aux impreffions de la pefanteur, à moins qu'il ne foit foutenu, comme lorfqu'il eft mû fur un plan horizontal ; lorfqu'il eft mû fur la direction même de la pefanteur, il eft fimplement accéléré ou retardé ; s'il eft mû fur un plan incliné, il eft auffi accéléré ou retardé fuivant la même loi que lorfqu'il defcend ou qu'il monte directement contre l'effort de la pefanteur, & dans tous ces cas le corps fuit la ligne droite : mais s'il eft mû fuivant une autre direction, il décrit une ligne courbe qui eft appellée *parabole*. Lorfqu'une fois on a déterminé l'efpace que la pefanteur peut faire parcourir dans un certain tems, on peut

connoître

connoître tout ce qui arrive aux corps jettez pendant le tems du mouvement.

Le troifiéme Livre traite du choc des corps. Dieu a voulu que les corps s'entrecommuniquaffent leurs mouvemens dans leur rencontre mutuelle, & que cette communication fe fît dans une certaine proportion, eu égard à leurs qualitez, de dureté, de moleffe, d'élafticité : or le fecond Livre enfeigne à trouver les viteffes des corps après le choc, & les directions qu'ils fuivent.

La Satique ou la Mécanique des folides fait l'objet du quatriéme livre : elle enfeigne les rapports que doivent avoir les parties des machines afin qu'une force d'une mefure & d'un degré connu puiffe faire équilibre avec telle autre force qu'on voudra lui oppofer. L'on s'eft appliqué à montrer en quoi confifte la *force relative* d'une puiffance, & que l'on appelle auffi *moment.* Le pere Dechales traite le même fujet au commencement du premier Livre de fa Mécanique : il rapporte & examine différens fentimens des auteurs fur ce point.

Dans le cinquiéme Livre qui eft fur l'Hydroftatique, on examine l'équilibre qui eft entre les parties d'une même liqueur qui eft en répos. Cet équilibre réfulte de la tendance que la liqueur a à fluer & à fe répandre ; de là vient la force qu'elle a pour preffer également en tout fens, laquelle peut fe multiplier jufqu'au point d'être incomparablement plus grande que n'eft le poids de la liqueur : non-feulement les parties d'une liqueur font en équilibre les unes avec les autres, mais elles peuvent encore foutenir les corps fermes, & les empêcher d'aller au fond. Les fluides peuvent auffi preffer par la force de reffort s'ils en ont : cette force des fluides eft très-grande, & l'on n'en connoît pas encore les bornes.

Dans le fixiéme Livre qui eft fur l'Hydraulique, on cherche les loix des mouvemens des fluides, les viteffes avec lefquelles les liqueurs fortent de leurs réfervoirs, les produits que ces mêmes réfervoirs donnent, ou les quantitez de liqueur qui s'écoulent par les ouvertures, qué l'on y fait ; la force avec laquelle les parties de la liqueur choquent les corps fermes qu'elles rencontrent à leur fortie du réfervoir ou lorfqu'elles coulent dans un canal ; la réfiftance que les fluides font aux corps en mouvement & plufieurs autres effets que je ne détaille point ici.

La Phyfique-Mathematique peut confiderer chaque efpéce de mouvement en lui-même d'une maniere abftraite & générale, fans

e.

en appliquer les principes à aucun sujet particulier, & sans égard aux circonstances qui peuvent modifier, changer & altérer les effets que les forces devroient produire si elles étoient libres, & si agissant conformément à leur institution & à leur nature, aucun empêchement ne troubloit leur action, c'est ainsi que l'on traite du mouvement dans les six Livres qui composent ce Volume ; on peut le regarder comme une introduction à la Physique Mathematique générale, & comme devant servir de fondement à un autre Volume que j'ai dessein de donner si le public ne désaprouve pas ce premier essai : je me propose d'appliquer les principes établis dans ces six Livres à des sujets curieux & intéressans, aux matiéres qui sont d'usage dans la société & dans le cours de la vie ; l'on aura occasion de remarquer que la rigueur des démonstrations géometriques n'est pas toujours d'accord avec les effets, par la raison que je viens de dire que les causes sont souvent empêchées, & que divers obstacles troublent leur action. Les différens traitez que ce second Volume contiendra pourront servir d'introduction à la Physique Mathématique particuliere ; les effets que l'on y détaillera joints aux principes qu'on va exposer dans ce premier donneront une idée des phenomenes les plus remarquables de la nature & des ouvrages des arts qui sont des dépendances de la Physique mathématique ; ceux qui se contentent des connoissances ordinaires, & qui ne veulent pas ignorer tout-à-fait les causes prochaines des productions dont ils sont les spectateurs continuels, y trouveront dequoi se satisfaire : s'ils se sentent portez à aller plus loin, le chemin qu'ils auront fait ne leur sera pas inutile, ils auront plus de facilité pour entendre les auteurs qui approfondissent davantage les matieres. On avertit ici que le second Volume doit supposer la lecture du premier ; mais le premier est indépendant du second & peut en être séparé, il est complet dans son genre ; & les principes y sont expliquez aussi amplement qu'ils doivent l'être dans un traite élémentaire du mouvement & de l'équilibre, ainsi rien n'oblige de joindre ce second ouvrage au premier.

Il me resteroit à citer les auteurs que j'ai lûs, & à leur faire honneur des lumieres que j'ai puisées dans leurs écrits ; je l'ai fait en différens endroits de ce Livre lorsque j'ai suivi la propre idée d'un auteur, & que je n'ai fait que la commenter ; dans le gros de l'ouvrage en travaillant à un sujet je me suis d'abord abandonné à mes refléxions, lorsqu'elles m'ont fourni des idées, & que j'ai trouvé de la facilité à les suivre, je les ai disposées & les ai mises

dans l'ordre qui m'a paru le plus convenable : lorsque j'ai été arrêté, & que je n'ai pû lever la difficulté à l'heure même, j'ai laif-
fé repofer la matiere, & je n'ai confulté les Livres qu'après plufieurs tentatives, lorfque je n'ai eu ni affez d'adreffe ni affez d'ha-
bileté pour trouver par moi-même le denoument. Il me feroit bien
difficile de reconnoître ce que j'ai emprunté de chacun fi quelqu'un fe trouve lezé de ce côté-là, c'eft contre mon intention,
il peut revendiquer fans autre forme un bien qu'il croit lui ap-
partenir.

Un traité du mouvement a une fi grande correfpondance avec
l'Aftronomie, & l'Aftronomie en a une fi grande avec un traité
de la *Sphere*, que ces deux traités enfemble peuvent être regardez comme une introduction à cette fcience. Dans le traité que je
préfente j'ai établi plufieurs propofitions qui y ont un rapport immédiat : ceux qui les liront & qui ont du goût pour l'Aftronomie
regretteront peut-être de n'avoir pas les fecours néceffaires pour
fe difpofer à apprendre les matiéres plus à fond : les mêmes perfonnes feront fans doute bien aifes que je leur indique deux ouvrages où ils trouveront de quoi fatisfaire leurs defirs ; ils tendent
l'un & l'autre au même but, quoique par des voies différentes. Le
premier eft un traité de la Sphere par M. *Rivard* Profeffeur de
Philofophie au Collége de Beauvais. L'auteur y foutient parfaitement la réputation d'être très-clair & très-méthodique, c'eft le
témoignage que les Journaux rendent de fon ouvrage : il contient non-feulement les matiéres & les queftions qui font expliquées dans les traités ordinaires de la Sphere, mais encore plufieurs autres qui font non moins curieufes qu'intéreffantes ; en
un mot l'on peut dire que cet écrit ne cede en rien aux élémens de Géometrie du même Auteur, lefquels ont mérité l'eftime & l'approbation de ceux qui fçavent de quel prix eft la
clarté dans un ouvrage de ce genre : ce font les élémens de Géometrie que j'ai cités dans les tables qui font à la fin de cet écrit.
Le traité de la fphere & des élémens de Géometrie fe vendent
*à Paris chez Jean Defaint & Charles Saillant Libraire, rue Saint
Jean de Beauvais.*

L'autre ouvrage que j'ai en vûe eft un nouveau traité de *Tri-
gonometrie rectiligne & fphérique accompagné de tables des finus,
tangentes & fecantes en parties réelles ; des Logarithmes des
nombres naturels depuis l'unité jufqu'à vingt mille ; & des Logarithmes des finus tangentes & fecantes par Monfieur Depar-*

cieux Maître de Mathématiques, à Paris-chez *Hyppolite-Louis Guerin & Jacques Guerin Libraires, rue Saint Jacques à Saint Thomas d'Aquin.* Cet ouvrage eſt dédié à l'Academie Royale des Sciences ; le jugement qu'elle en porte dans l'approbation qu'elle en a donnée, & que l'on lit à la tête du même ouvrage, eſt qu'il eſt *méthodique & utile.* On ſçait de quelle importance il eſt pour les calculs, & ſur-tout pour les calculs Aſtronomiques d'avoir des tables correctes ; on peut compter ſur la bonté & l'exactitude de celles que l'Auteur a fait imprimer ſous ſes yeux. Le même ouvrage contient encore un traité de Gnomonique. M. Rivard en fait auſſi imprimer un. Deux ouvrages ſur le même ſujet ne peuvent qu'éclaircir davantage les matieres lorſqu'ils ſont faits par des mains habiles.

REFLEXIONS
SUR LE MOUVEMENT
En forme de Dissertation.

CEUX qui veulent entamer la matiere du Mouvement, sont pour
l'ordinaire arrêtez par certaines difficultez qui semblent d'abord
ébranler la certitude de tout ce que l'on démontre sur cette matiere.
Comme les difficultez sont sérieuses & qu'elles partagent les esprits des plus
grands Philosophes, on a jugé qu'il étoit à propos de les applanir avant de
proposer aux Lecteurs les véritez que l'on a eu en vue d'établir dans cet
Ouvrage. On exposera d'abord les points sur lesquels les Philosophes pren-
net des partis différens, & l'on fera voir ensuite que cette diversité de sentimens n'infirme point la vérité des faits, & qu'elle ne préjudicie en rien à
la certitude des regles que l'on donne ; qu'ainsi la partie de la Physique
qui traite du Mouvement, fournit des preuves incontestables de la certitude de son objet, de la vérité de ses principes, & des conséquences que
l'on en tire.

Lorsqu'on ne considere le mouvement que d'une vue générale, rien n'est
plus intelligible, rien n'est plus présent à l'esprit que la notion que nous
en prenons d'abord ; cependant lorsqu'on veut approfondir la chose, & se
former des idées précises, on ne voit qu'embarras de tous côtez. Si l'on veut
définir le Mouvement, on ne sçait comment s'y prendre ; & après qu'on
l'a défini, il est encore incertain si la définition convient aux Mouvemens
particuliers & sensibles.

Suivant la définition la plus usitée, *le Mouvement est le passage d'un corps
d'un lieu en un autre, d'une partie de l'étendue dans une autre partie.* On croi-
roit peut-être que cette définition si claire en apparence devroit réunir tous
les sentimens ; il est néanmoins vrai qu'elle est une source de disputes qui
selon toutes les apparences ne finiront pas sitôt. En voici les motifs : les
mots de *lieu, d'espace* & *d'étendue*, signifient des choses très-différentes
dans la bouche des Philosophes : les uns distinguent entre *lieu* & *lieu*, *étendue* & *étendue.* Le lieu suivant eux est une partie de l'étendue pénétrable &
immobile dans laquelle les corps se meuvent ; on l'appelle *vuide*, parce que
cette étendue peut être vuide de tout corps, & que même entre les corps
qui y sont placez, il y a actuellement des espaces vuides. Selon ces Philosophes un corps est mû réellement lorsqu'il quitte un lieu immobile pour
aller dans un autre qui est aussi immobile ; ces differens lieux sont les parties de l'étendue pénétrable auxquelles le corps répond, elles ne peuvent
être mûes ni changer de situation les unes à l'égard des autres, & elles gardent entr'elles essentiellement le même ordre, parce que de leur nature elles

font immobiles de même que l'efpace dont elles font parties. Le lieu dont on parle ici eft appellé lieu *abfolu* ; c'eft pour le diftinguer d'une autre efpece de lieu qu'ils appellent *relatif* : celui-ci eft matériel & mobile , & il n'eft point différent des corps environnans : c'eft par rapport à ces deux fortes de lieux qu'ils diftinguent auffi deux mouvemens , l'un *abfolu* , l'autre *relatif* : par le mouvement abfolu un corps parcourt une certaine longueur dans l'efpace ou l'étendue pénétrable ; par le mouvement relatif, un corps change de lieu relatif & correfpond fucceffivement à différentes parties de la matiere : ces deux mouvemens peuvent être enfemble , en même-tems & en un même corps , ou fe trouver l'un fans l'autre. Imaginons que la terre tourne fur elle-même d'Occident en Orient, tandis que l'eau d'une riviere coule vers le même côté , la riviere aura l'un & l'autre mouvement ; elle parcourra avec la terre & par fon cours naturel un efpace dans l'étendue immobile, & outre cela la même eau mouillera les parties du rivage , elle fera donc mûe d'un mouvement abfolu en tant qu'elle répond fucceffivement aux parties de l'étendue pénétrable ; & d'un mouvement relatif parce qu'elle coule dans fon lit. Concevons à préfent que cette riviere prend un cours oppofé , & qu'elle coule vers l'Occident avec la même viteffe qu'une partie du rivage tourne avec la terre vers l'Orient ; il eft vifible que l'eau répondra aux mêmes parties de l'efpace ; car fi une portion de cette eau s'éloigne de 20 toifes de l'endroit du rivage qu'elle mouille , cet endroit s'éloignera auffi vers l'Orient de 20 toifes de la partie de l'efpace à laquelle il répond ; la portion d'eau qui s'eft éloignée de 20 toifes vers l'Occident , de l'endroit du rivage qu'elle mouilloit, correfpond donc toujours à la même partie de l'efpace; cette portion d'eau eft donc mûe d'un mouvement relatif, puifqu'elle s'eft éloignée de fon lieu relatif de 20 toifes ; mais elle eft réellement en repos parce qu'elle n'a pas changé de lieu abfolu : ainfi fon mouvement n'eft qu'apparent.

D'autres Philofophes prétendent au contraire que tout lieu , toute efpace , toute étendue eft matérielle, & par conféquent mobile ; qu'ainfi l'immobilité du lieu & de l'efpace n'eft néceffaire ni pour l'éxiftence du Mouvement , ni pour le difcerner , ni pour en expliquer les propriétez : un corps eft mû dès-là qu'il paffe du voifinage de certains corps au voifinage d'autres corps , & qu'il quitte les uns pour fe joindre à d'autres ; c'eft pourquoi dans l'exemple précedent où l'on a fuppofé qu'une riviere coule directement vers l'Occident avec la même viteffe que la terre tourne vers l'Orient , l'eau a un vrai mouvement, puifqu'elle fe fépare du rivage & du fond fur lequel elle coule : il n'eft pas même néceffaire pour le mouvement d'un corps qu'il quitte le voifinage des corps qui le touchent immédiatement ; un bateau qui fuivroit le courant de l'eau & qui feroit continuellement environné des mêmes parties du fluide , ne laifferoit pas d'être mû parce qu'il feroit partie d'un tout qui feroit en mouvement.

Suivant l'expofé de ces deux fentimens, il faudroit dire qu'un même corps eft en mouvement & en repos, ce qui feroit contradictoire. Voilà une premiere difficulté : en voici une feconde qui eft commune aux deux fentimens. On regarde le Mouvement comme une modification , une maniere d'être qui affecte le corps qui eft mû : or dans la définition du Mouvement il n'y

à rien qui faſſe connoître quelle eſt cette nouvelle maniere d'être qu'acquiert un corps lorſqu'il commence à être mû : car tous les attributs par
leſquels on caractériſe le Mouvement, tels ſont le lieu, l'eſpace, le changement de diſtance, &c. ne modifient point un corps, ils indiquent ſeulement certaines relations qu'il a aux differentes parties de l'eſpace ; quelle
eſt donc cette nouvelle modification qu'un corps acquiert lorſqu'il commence à être mû ?

On avouera que ſi pour dire quelque choſe de certain ſur le Mouvement,
il falloit éclaircir auparavant ce qu'il peut y avoir de vrai ou de faux dans
ces opinions, il ſeroit à craindre qu'on ne bâtît une édifice ruineux ; mais
on peut cultiver la ſcience du Mouvement ſans entrer dans les difficultez
qu'on forme ſur ſa nature & ſur le lieu où il ſe fait : le mouvement préſente deux côtez, l'un éclairé, l'autre ténébreux : ſi dans le Mouvement
on ſe contente de chercher & de déveloper certains rapports, ſoit de
diſtance de viteſſe, de force, &c. on peut éviter l'erreur & marcher avec
ſureté ; mais ſi l'on veut creuſer dans ſa nature & approfondir ſon eſſence,
on s'enfonce dans des obſcuritez où l'eſprit a bien de la peine à ſe conduire.
Telle eſt la condition de l'homme, il a l'art de trouver des rapports entre
les choſes, lors même qu'il en ignore la nature & le fond. C'eſt pour faire
appercevoir cette vérité à l'égard du ſujet dont il s'agit ici qu'on fait les
réflexions ſuivantes.

On peut traiter du Mouvement d'une maniere abſtraite & purement idéale, mettant à part ſon exiſtence ; ou bien on le peut conſidérer
comme exiſtant dans l'univers. 1°. Lorſque dans le Mouvement on fait
abſtraction de toute conſidération phyſique, on peut ſuppoſer que l'eſpace dans lequel les corps ſont mûs eſt immobile, & déterminer le Mouvement abſolu avec toutes ſes circonſtances, par exemple, ſi deux corps
ſont mûs ſur une même ligne ou s'ils en ſuivent de différentes, on peut ſuppoſer que les points de départ ſont immobiles, puiſque le repos eſt poſſible & que nous le concevons diſtinctement ; & dans cette ſuppoſition
marquer les longueurs parcourues, les diſtances des corps, leur ſituation,
le tems qui s'eſt écoulé, leurs viteſſes, &c.

2°. Si l'eſprit s'applique à connoître les mouvemens réels & ſenſibles
tels qu'ils exiſtent dans l'univers, ce ſeroit trop entreprendre de vouloir déterminer le mouvement abſolu d'un corps, il faut ſe borner au Mouvement
relatif, parce qu'il eſt le ſeul qui ſoit connu : car quand même on admettroit
dans l'univers certains points fixes, nous n'en connoîtrions pas pour cela mieux
le Mouvement abſolu, faute de pouvoir déterminer les relations de diſtance
ou de proximité du mobile à l'égard de ces points : lorſque, par exemple, un
bateau ſuit le fil de l'eau, qu'il s'éloigne de certains points du rivage, & qu'il
s'approche de certains autres, on ne peut juger de ſon mouvement que par
la quantité dont il s'eſt éloigné des uns & s'eſt approché des autres : les parties du rivage gardent entr'elles une ſituation fixe & permanente : ainſi la diſtance qui eſt entre le bateau & ces mêmes parties après un certain tems,
eſt l'eſpace que le bateau a parcouru, c'eſt cet eſpace comparé au tems qui
fait connoître le mouvement du bateau relativement au rivage ; mais ſon
mouvement abſolu demeure inconnu, parce que divers autres mouvemens

qui, peut-être, nous font cachez, peuvent se combiner avec ce Mouvement relatif, & faire que le Mouvement absolu soit plus ou moins grand
que celui qui est connu par l'observation. On dira peut-être que le Mouvement relatif du bateau n'est pas plus connu que le Mouvement absolu :
car on peut supposer que le bateau est en repos, & que c'est le rivage qui
s'éloigne du bateau ; ainsi de ce que le bateau change de distance à l'égard
de certaines parties du rivage, on ne peut pas en conclure qu'il est en
mouvement.

Il faut convenir que dans tout mouvement, dans celui même qu'on nomme absolu, le changement de distance est réciproque, car un corps ne peut
s'éloigner du lieu qu'il quitte, que le lieu ne se trouve éloigné de tout autant du corps ; il y a cependant cette différence entre le lieu absolu & le
lieu relatif, que le lieu absolu à cause de son immobilité réelle ou supposée
ne peut changer de place, & que le lieu relatif en change ou du moins en
peut changer. Or c'est pour cela même, dira-t-on, que le changement de
distance ne prouve point qu'un corps est mû, puisque la portion de matiere
qui est le lieu relatif du corps peut s'éloigner du corps, & le corps rester
en repos & n'être mû qu'en apparence.

On avoue qu'en plusieurs occasions on ne peut pas distinguer le
Mouvement réel d'avec le Mouvement apparent, & qu'il arrive assez
souvent que les choses qui nous paroissent se mouvoir ne sont point
mûes, & qu'au contraire celles qui nous paroissent comme en repos,
ne laissent pas d'être en mouvement ; mais il est vrai aussi qu'en
plusieurs rencontres il est aisé de discerner la réalité de la simple apparence : ainsi si l'on jette une pierre en l'air, qui est-ce qui pensera que la
pierre demeure en place & que c'est la terre qui recule & s'éloigne de la
pierre, & que lorsque la pierre retombe, c'est la terre qui s'en approche de
nouveau. Si une riviere se divise en plusieurs bras, peut-on croire que les
différens canaux où elle coule vont chercher l'eau : il y a donc plusieurs occasions où le Mouvement relatif peut & doit être attribué à certains corps exclusivement aux autres : pour lors on peut raisonner du Mouvement relatif comme on feroit du Mouvement absolu, s'il étoit connu,
c'est-à-dire, qu'on peut déterminer les rapports des espaces parcourus, des
temps & des vitesses, &c.

Le seul cas qui peut faire quelque difficulté est donc celui où l'on n'a aucune regle pour distinguer les mouvemens réels des mouvemens apparens :
or dans ces cas là même, s'il y a une loi qui regle les mouvemens qui donnent lieu aux apparences, on peut déterminer tous ces rapports avec la même
certitude & la même précision que si les mouvement réels étoient connus.

C'est ainsi que les Astronomes raisonnant sur des observations exactes,
peuvent prédire pour quelque tems que ce soit, l'ordre, la situation & la
distance réciproque des planetes, leurs vitesses respectives, & leur rencontre ; ils n'ont pas besoin pour arriver à ces déterminations de distinguer
les Mouvemens réels des Mouvemens apparens, le Mouvement absolu du
Mouvement relatif.

Les effets du choc ne dépendent pas non plus précisément des Mouvemens propres des corps qui se choquent ; pour prévoir ces effets, il n'est

pas

pas néceſſaire de connoître la juſte meſure de Mouvement que chaque corps a reçû : lorſqu'un Vaiſſeau échoue contre un rocher, pour ſçavoir quelle doit être la force du coup, il n'eſt pas néceſſaire d'être prévenu que c'eſt le Vaiſſeau qui va donner contre le rocher en repos, la ſecouſſe ſera la même, ſoit que l'on ſuppoſe que c'eſt le rocher qui demeurant attaché à la terre va rencontrer le Vaiſſeau comme ſuſpendu en l'air, ſoit que l'on diſe que le Vaiſſeau & le rocher ſe préviennent en allant l'un contre l'autre, ſoit que l'on penſe que c'eſt le rocher qui pourſuit le Vaiſſeau, ou le Vaiſſeau le rocher ; l'impreſſion du coup ſera, dis-je, la même ſi dans toutes ces hypothèſes, le Vaiſſeau & le rocher étant à égale diſtance l'un de l'autre, ils emploient le même tems pour s'approcher & pour s'appliquer l'un à l'autre.

Il eſt aiſé de conclure de tout ce qui vient d'être dit, qu'en matiere de Mouvement on peut s'aſſurer de la vérité des faits, & parvenir à des conſéquences certaines ſans diſcuter toutes les queſtions que les Philoſophes propoſent ſur la nature du lieu & du Mouvement, ſur ſa réalité ou ſon apparence.

Voici une troiſiéme difficulté qui roule ſur la cauſe du Mouvement. On ſçait par l'expérience, ou autrement, qu'un corps qui eſt en repos y demeure juſqu'à ce qu'une cauſe le déplace & le meuve : or les Philoſophes ne ſont pas non plus d'accord ſur la nature de cette cauſe. Lorſqu'un corps en choque un autre en repos, & que celui-ci eſt mis en mouvement, on eſt porté à croire que c'eſt le corps qui choque qui donne le mouvement au corps choqué : mais des Philoſophes élevant leur raiſon au-deſſus des ſens, ne peuvent ſe perſuader que la matiere étant deſtituée d'intelligence & de volonté puiſſe produire le Mouvement : les corps n'ont ni force, ni puiſſance, ni efficace pour produire quoique ce ſoit, c'eſt Dieu qui veut leur rencontre & le choc ; le choc actuel n'eſt qu'une cauſe occaſionelle qui détermine Dieu à produire le mouvement actuel conformément aux loix qu'il a établies.

D'autres Philoſophes expliquant l'expérience plus littéralement, veulent que le Mouvement ſoit une cauſe néceſſaire, par cela même qu'il eſt Mouvement, & que ſa force & ſon activité ſoient eſſentiellement attachées à ſon éxiſtence.

Ce n'eſt pas là encore tout. Ceux qui regardent les corps comme de véritables cauſes productrices du Mouvement, pouſſant leurs réflexions plus loin, éxaminent les différentes manieres dont les corps peuvent agir les uns ſur les autres, & ici ils ſe partagent : les uns prétendent qu'un corps ne peut agir ſur un autre que par impulſion, & par le contact, ſoit immédiat, ſoit médiat ; un corps, ſuivant eux, ne peut éxercer de force ni avoir d'action ſur un corps éloigné, ſi l'intervalle qui eſt entre deux n'eſt rempli d'autres corps qui tranſmettent ſon action juſqu'au corps le plus éloigné. Cependant d'autres Philoſophes d'une grande réputation, s'appuyant de l'expérience & de certaines obſervations, ſoutiennent que l'impulſion n'eſt pas le ſeul moyen établi pour la communication du Mouvement, l'attraction & la répulſion ſont des voies non moins certaines que l'impulſion : un corps peut agir immédiatement ſur un corps éloigné, le repouſſer plus loin, ou l'atti-

rer & l'approcher fans l'interpofition d'autre corps : lorfqu'un aiman attire
du fer, ou qu'il repouffe un autre aiman, il le fait par une action immédiate,
lés corps interpofez, fuppofé qu'il y en ait, n'ont aucune part à cet effet.

Les Phyficiens qui rejettent les puiffances attractives, pour expliquer
les mouvemens qu'on rapporte à l'attraction, ont recours à un fluide fubtil
qui remplit les efpaces, & qui par fa conftitution particuliere produit les
effets que l'on ne fçauroit expliquer par l'impulfion des corps fenfibles.

Pour prévenir les doutes que cette diverfité de fentimens pourroit faire
naître dans l'efprit de ceux qui commencent à étudier la partie de Phyfique
qui eft l'objet de ce Livre, nous ferons des réflexions à peu-près femblables
à celles que nous venons de faire. Nous pouvons être certains de l'éxiftence
des effets, les déduire les uns des autres & les expliquer, quoique
nous ne connoiffions point la nature de leurs caufes : la prodigieufe différence
qu'il y a entre les opinions des Phyficiens prouve affez que l'ordre
qui regne dans cet Univers eft arbitraire de la part du Créateur. Dieu pourroit
produire toutes chofes par lui-même fans fe fervir pour cela des caufes
fecondes, & comme il a pû en les créant choifir un ordre entre plufieurs
pour les gouverner & les perpétuer, il eft libre de changer le plan qu'il a fuivi,
& de faire dépendre les mêmes effets de caufes entierement différentes de celles
qu'il a établies. La connoiffance d'un effet n'eft donc pas effentiellement
liée avec celle de la caufe qui le produit, & ne dévoile point fa nature particuliere.
Lorfque Galilée fit des expériences fur le Mouvement des corps
pefans, qu'il s'appliqua à trouver la loi fuivant laquelle ils font accélérez,
il ne crut pas devoir faire entrer dans fa Théorie la recherche de la caufe &
de la nature de la pefanteur : fa Théorie a néanmoins été trouvée fi conforme
aux phénomenes, qu'elle a été adoptée par tous ceux qui après lui ont
écrit fur le Mouvemement inégal des corps pefans ; & ce qui eft bien digne
d'être remarqué, c'eft que ce Mouvement eft comme la mefure commune
des autres ; car c'eft par rapport au Mouvemen de pefanteur qu'on les
eftime. La Théorie de Galilée qui explique la voie que la nature fuit dans
l'accélération des corps pefans, eft donc indépendante des opinions particulieres
des Philofophes, & des fyftêmes des Phyficiens fur la vraie caufe de
la pefanteur.

Il n'y a aucun doute que notre Science ne fût plus parfaite fi on pouvoit
joindre la connoiffance des caufes à celle des effets : elle feroit plus étendue,
& plus relevée dans fes principes, puifqu'elle déduiroit les effets de leurs
vraies caufes, & que par une gradation non interrompue elle remonteroit
des effets aux premieres caufes, & que des premieres caufes elles parviendroit
enfuite jufqu'aux effets : elle feroit plus noble dans fon objet, puifqu'elle nous
dévoileroit la vraie ftructure de l'Univers, les principes qui conftituent
chaque corps, & les qualitez qui leur font propres : ainfi la Théorie de
Galilée en feroit plus belle ; parce que la loi qui regle le mouvement des
graves auroit une liaifon évidente avec le principe interne qui les fait defcendre.
Mais on ne peut pas dire que la partie de Phyfique dont l'objet eft
de pénétrer dans les premieres caufes, ait été portée jufqu'à préfent à un degré
d'évidence capable de convaincre & de diffiper tout doute. Lors donc
qu'on obferve dans la nature quelque phénomene dont on ignore la caufe,

& que néanmoins par quelque Syſtême on trouve moyen de lui en aſſigner une, il ne faut pas faire tellement dépendre l'effet de la cauſe, que la cauſe étant miſe en diſpute, le doute retombe également ſur l'effet & ſur les conſéquences que l'on en peut tirer : le but d'un Syſtême eſt de déduire des phénomenes connus & d'en trouver les cauſes ; le défaut du Syſtême ne peut donc rien ôter à la certitude du phénomene obſervé, ni à celle des conſéquences qui en ſuivent.

Mais ſi dans la Science du Mouvement on peut ſe paſſer de la conſidération des cauſes, que deviendra l'axiome ſi trivial & d'un uſage ſi fréquent : ſçavoir, *Que les effets ſont proportionnels aux cauſes ?*

Lorſqa'on dit que la certitude des phénomenes & des conſéquences qui en ſuivent, n'eſt pas eſſentiellement liée avec l'éxamen des cauſes, on ne prétend pas exclure toute cauſe : dans la nature les effets tiennent les uns aux autres ; & par cette dépendance réciproque ils influent auſſi les uns dans les autres. Lorſqu'un corps peſant tombe il y a certainement un principe qui le pouſſe & qui le fait deſcendre ; ce principe produit un certain mouvement, & donne au corps la viteſſe qu'il n'avoit point ; le corps rencontre l'air & le déplace ; l'air ainſi déplacé fait impreſſion ſur les corps qu'il environne. L'on voit donc qu'un effet qui vient d'être produit peut devenir cauſe & produire lui-même d'autres effets : la nature particuliere des cauſes peut bien être cachée, mais rien n'empêche que leur efficace, leur puiſſance, leur action ne ſe maniſefeſte, & que nous ne puiſſions comparer les effets par le rapport connu des forces que ces cauſes éxercent : or c'eſt dans ce ſens que l'on dit que les effets ſont proportionnels aux cauſes : les cauſes dont il s'agit dans l'axiome, ſont les cauſes prochaines & immédiates ; ou ſi l'on l'entend des premieres cauſes, le ſens regarde leur action, & non leur nature.

On dira enfin que ſelon un grand nombre de Philoſophes les corps n'ont ni vertu, ni puiſſance, ni efficace, ni action, & que c'eſt Dieu qui opere tout, que les corps ne ſont que des cauſes apparentes ; quainſi c'eſt en vain qu'on leur attribue des effets, & que c'eſt ſans raiſon qu'on prétend que ces effets leur ſont proportionnels.

Quelque parti que l'on prenne ſur ce point, il eſt certain que les corps influent dans les effets, & qu'ils concourent à les produire. Si c'eſt Dieu qui fait le choc & qui donne le mouvement au corps qui eſt choqué en repos, il le fait dépendamment des maſſes & des viteſſes, & c'eſt ſur ces circonſtances qu'il regle ſon action, & la grandeur de l'effet qu'il produit : or ſi on ne fait attention qu'à l'effet & non à la maniere dont il eſt produit, on l'aura également ſi l'on ſuppoſe que les corps éxercent une vraie action les uns ſur les autres, puiſque dans l'une & l'autre hypothèſe l'effet eſt déterminé par les mêmes circonſtances : il arrive même que l'on regarde fort ſouvent cet aſſemblage de circonſtances comme la cauſe de l'effet produit, parce qu'il exprime parfaitement la grandeur de ſon action, laquelle eſt proportionnelle à l'effet. De-là vient que quelque ſentiment que l'on embraſſe ſur la nature des cauſes, on parvient aux mêmes véritez, les conſéquences ſont éxactement les mêmes ; & les réſultats des calculs ſe rapportent de point en point.

i ij

AVERTISSEMENT.

COMME le but de cet Ouvrage eſt de faciliter aux jeunes gens l'étude des Mécaniques, & de la Phyſique, j'ai cru que je leur ferois plaiſir de marquer dans quel ordre ils peuvent le lire pour une premiere fois: les matieres n'y ſont pas tellement liées & dépendantes les unes des autres, que pour la commodité de ceux qui ne veulent pas les embraſſer toutes dans une premiere lecture, & de ceux qui n'en ont pas le tems, on ne puiſſe en faire un certain choix dans chaque livre pour en compoſer comme un autre corps de principes moins étendu que l'ouvrage entier. Je vais indiquer de ſuite pour chaque Livre les Propoſitions auxquelles ils peuvent s'arrêter pour un premier commencement : elles ſuppoſent ſeulement la connoiſſance de quelques propoſitions d'Arithmétique & de Géométrie contenues dans une table qui eſt à la fin de l'Ouvrage.

Livre premier. Dans le titre *de la Viteſſe* il n'y a rien qui puiſſe arrêter un commençant juſqu'au titre *de la Viteſſe reſpective.* Si les Corollaires 4. 7. 8. demandent trop d'attention pour être entendus dans une premiere lecture, on pourra les paſſer. Il ſeroit néanmoins bon d'apprendre le ſeptiéme, afin d'entendre l'article 15 qui en dépend. Ceux qui ſe diſpoſent à étudier l'Aſtronomie pourront revenir dans la ſuite au titre de la viteſſe reſpective. Quoiqu'il puiſſe arriver qu'on ne faſſe pas une étude particuliere des choſes qui y ſont traitées, cela n'empêche pas qu'on ne liſe les définitions & les propoſitions les plus aiſées. On paſſera de-là au titre *de la quantité de Mouvement,* & l'on continuera la lecture juſqu'à la propoſition cinquiéme, art 127. La propoſition quatriéme eſt d'un grand uſage dans le ſecond Livre pour démontrer le rapport des eſpaces parcourus par un corps qui eſt mû d'un mouvement uniformément accéléré. La compoſition & la décompoſition des mouvemens & des forces ſont fréquentes dans la nature, & l'on ne ſçauroit ſe diſpenſer de les étudier : on pourra donc lire ce qu'il y a ſur cette matiere juſqu'à l'article 180. La connoiſſance des forces centrales eſt néceſſaire à ceux qui veulent prendre une idée des cauſes qui meuvent les corps céleſtes, ils pourront lire depuis l'art. 202 juſqu'à l'art. 225, ils y joindront l'art. 228 qui contient la fameuſe regle de Kepler. La queſtion des forces vives eſt devenue célebre, & elle partage les ſentimens des Sçavans: ceux qui voudront ſe mettre au fait de la diſpute pourront lire ce qu'on en a écrit.

Livre ſecond. On pourra continuer la lecture depuis l'art. 1 juſqu'à l'art. 16 *du centre de gravité,* & aller enſuite à l'article 46 *du rapport des poids de differentes matieres* juſqu'à l'article 84. On pourra paſſer les articles 68, 69. On pourra joindre aux Propoſitions précedentes la lecture des 3 premiers Problêmes, obmettre le troiſiéme Chapitre, ou en lire ſeulement juſqu'à l'article 107. Pour ce qui eſt du quatriéme Chapitre ſi on ſe contente de prendre une idée du mouvement accéléré & retardé des corps qui ſont mûs ſur des plans inclinez, ſans pouſſer juſqu'au mouvement des pendules, il ſuffira de lire juſqu'à l'art. 183. Sur quoi on avertira que pluſieurs propoſitions ſont démontré Géométriquement & en nombres, on pourra d'abord s'arrêter à la démonſtration en nombres.

Livre troifiéme. Il n'y a rien de particulier à obferver fur le troifiéme Livre, finon que l'on peut ometre toutes les propofitions qui font prouvées par la Géométrie, & plufieurs autres que l'on ne trouvera point néceffaires pour le but qu'on fe propofe. Il eft néanmoins bon de ne pas ometre la propofition de l'article 50. On pourra auffi paffer depuis l'article 126 inclufivement jufqu'à l'article 144 *de la réflexion des corps* : on lira cet article & les fuivans jufqu'à lalinéa *comme* de l'article 165, & l'on terminera la lecture du livre par les articles 166, 167, 168.

Livre quatriéme. Dans le quatriéme Livre on pourra lire la premiere démonftration *du levier* avec les propofitions qui la précedent & qui y fervent de préparation, & paffer les Corollaires qui font propres à cette premiere démonfttation & au principe de mécanique de M. Defcartes : il faudra voir enfuite la premiere démonftration de la propofition quatriéme art. 51, & les principaux Corollaires qui font communs aux trois démonftrations du levier, & à la propofition de l'article 51. On pourra voir enfuite tout ce qu'il y a fur la *Poulie.* Dans le *Treuil* il fuffira de lire jufqu'à l'article 103. On pourra prendre enfuite une notion de ce que l'on appelle *moment* ou *force relative* d'une puiffance article 115, jufqu'à l'article 125. On paffera tout de fuite *au plan incliné*, & il fuffira de prouver la proportion de l'article 214 par la premiere démonftration. Voir après cela la premiere Démonft. de la propofition de l'art. 220, & les principaux Corol. qui font communs aux trois démonftrations. On verra ce qu'il y a fur *la vis.* On pourra terminer là ce qu'il y a à voir pour une premiere fois dans le quatriéme Livre.

Livre cinquiéme. Dans le cinquiéme Livre on pourra paffer les articles qu'on va indiquer. 1°. Depuis l'article 33 jufqu'à 47, & la remarque de l'art. 50 ; ce qui regarde l'équilibre des liqueurs dans les vaiffeaux fouples. 2°. Depuis l'article 103 jufqu'à l'art. 112. 3°. Depuis l'art. 158 jufqu'à la fin du Livre, & dans le furplus on pourra choifir ce qui paroîtra le plus convenable & le plus digne d'être appris.

Livre fixiéme. Dans le fixiéme Livre on pourra lire jufqu'à l'article 19, ou bien continuer la lecture jufqu'à l'article 41 ; paffer de-là à l'article 90. Le mouvement d'une liqueur dans des fiphons n'a rien de difficile, ainfi fi on le juge à propos on pourra lire le commencement du troifiéme Chapitre jufqu'à l'article 119, & depuis l'article 137 jufqu'à l'article 160, & depuis 166 jufqu'à 178. Les matieres que l'on vient d'indiquer n'occupent guere plus de 240 pages : on peut même les réduire à un moindre nombre, parce que dans les propofitions fondamentales on peut paffer plufieurs Corollaires, & que d'ailleurs il y a un grand nombre d'endroits qui n'ont pas befoin d'être approfondis, & qui ne demandent qu'une fimple lecture.

Dans le premier & le fecond Livre on a été affez exact à citer les endroits qui fervent de preuve & de fondement à la Démonft. mais les citations font moins fréquentes dans les Livres fuivans, parce qu'on a fuppofé que le Lecteur fe rendroit les matieres plus familieres à mefure qu'il en verroit davantage, & qu'il étoit inutile de multiplier les citations qui occupent une partie de l'attention, & qui rendent en quelque forte l'efprit pareffeux. Lorfqu'un nombre eft feul entre deux crochets, il indique l'art. cité du Livre courant. Ainfi fi on trouve, par exemple, dans le fecond Livre cette expreffion (20), elle avertit qu'il faut confulter le 20 art. de ce Livre. Mais fi on trouve celle-ci (*Liv.* 1. 4), il faut voir le 4 article du premier Livre.

AVIS

Pour les trois Fig. de la planche 5ᵉ du quatriéme Livre.

POUR mettre ces trois Figures dans la situation convenable lorsqu'on veut s'en servir, 1°. Il faut lever la partie où le poids R est répréfenté perpendiculairement au plan de la planche, & tenir la partie MONS qui est la plus grande & la plus apparente de toutes, parallelement au même plan ; & afin de l'appuyer & lui donner un pied qui la foutienne dans cette situation horizontale, il faut relever ou plier trois parallelogrammes rectangles qui ne font défignez par aucune lettre, & qui n'ont aucune diagonale, de maniere qu'ils foient perpendicul. au plan de la planche. A l'égard des parallellog. rectangles qui font marquez avec des lettres & qui ont des diagonales, il faut les tenir auffi dans une situation perpendiculaire au plan de la planche, chacun felon le pli qu'il a reçu. 2°. Dans la Fig. 38, il faut concevoir que le parallelogramme BDSE est fitué parallelement aux autres prallelogrammes, & que fa hauteur SD est au-deffous du plan MONS, l'extrêmité D étant la plus baffe. 3°. Dans la même Fig. 38, il faut que la corde CH foit perpendiculaire au plan MONS ; & dans les Figures 37, 39, il faut concevoir que cette corde est auffi perpendiculaire à MONS. 4°. Aux Figures 37, 38, 39, le plan TZ est le même que le plan PGMQ.

EXPLICAT. DES SIGNES DONT ON S'EST SERVI.

CE figne + fignifie *plus*, & est la marque de l'addition, cet autre — fignifie *moins*, & est la marque de la fouftraction. Ainfi $a + b \cdot 3 + 4$, fignifie qu'il faut ajouter 4 à 3, & la grandeur exprimée par la lettre b à la grandeur exprimée par la lettre a. De même $5 - 2$ fignifie qu'il faut retrancher 2 de 5. Ce figne $=$ placé entre deux grandeurs, fignifie que la premiere est égale à la feconde.

Ce figne $>$ placé entre deux grandeurs, fignifie que la premiere est plus grande que la feconde. Mais ce figne $<$ placé entré deux, fignifie que la premiere est moindre que la feconde.

Ce figne $\times$ marque qu'il faut faire une multiplication : ainfi 4×3 fait connoître qu'il faut multiplier 4 par 3.

Ce figne $\sqrt{}$ indique l'extraction d'une racine : ainfi $\sqrt{18}$, fait connoître qu'il faut extraire la racine quarrée de 18.

Changemens & Additions.

Livre 1 *page* 19, *au lieu de l'article* 61, *il faut lire ce qui suit.*
Lorsque le mobile B qui va moins vîte doit passer le point de
concours C avant le corps A, pour lors ils se trouvent après avoir
passé l'un & l'autre le nœud, premierement à leur plus courte distance, ensuite sur la perpendiculaire à la route du corps A, &
enfin sur la perpendiculaire à la route du corps B Fig. 8, 10,
11. Mais si le mobile A qui va plus vîte doit passer le point de
concours C avant le mobile B, pour lors les mobiles se trouvent
premierement sur la perpendiculaire à la route du corps B, ensuite sur la perpendiculaire à la route du corps A, & enfin à leur
plus courte distance Fig. 9, c'est-à-dire que ces circonstances arrivent dans un ordre renversé.

Pag. 20, *lig.* 19, aprés DS, *il faut lire ce qui suit :* or si Fig. 8 & 10
on ajoute DS à AD, que Fig. 9 on l'en retranche, & que Fig.
11. on retranche AD de DS, on aura AS. Si Fig. 7, 8, 9 & 10,
on retranche FS de AS, & que Fig. 11 on retranche AS de FS,
le reste AF sera connu. Si Fig. 8, 10 & 11, on ajoute S f à DS,
ou que Fig. 9 on l'en retranche, la somme ou le reste D f sera connu. Cela fait, &c.

TABLE DES PRINCIPALES FAUTES.

Page 6, *ligne* 34, des espaces 10 & 5, *lisez* des tems sera.

Pag. 36, *lig.* 22, $\frac{Ve}{T}$ *lisez* $\frac{Ve}{t}$.

Pag. 44, *lig.* 6, BE . BC *lisez* DE . BC.

Pag. 48, *lig.* 1, variez, *lisez* arrivez.

Pag. 92, *lig.* 11, $\overline{ae}$, *lisez* $\overline{ac}$.

Pag. 97, *lig.* 30, ne, *lisez* en.

Pag. 98, *lig.* 9, FGN, fgn, *lisez* FGR, fgr.

Pag. 99, donne l'arc LM, *lisez* LM.

Pag. 118, *lig.* 28, nombre pair, *lisez* nombre pairement pair.

Pag. 120, *lig.* 40, centre de gravité C, *lisez* centre de gravité o.

Ibid. *lig.* 1, GVO, *lisez* GYO, il faut suppléer la lettre Y qui doit être à
l'intersection de DO & de AG.

Pag. 160, *ligne avant derniere* AD, *lisez* BD.

Pag. 162, *lig.* 18, du sujet, *lisez* du jet.

Pag. 164, *lig.* 27, & à AM, *lisez* est à AM.

Pag. 167, *lig.* 13, ou, *lisez* au.

Pag. 192, *lig.* 25 , CBN, *lisez* LBN.

Ibidem lig. 35 , LM , *lisez* par LM.

Pag. 198 , *lig.* 11 , verticale EC , *lisez* par la verticale EÇ.

Pag. 199 , à la marge Fig. 30 , 38 , *lisez* 36.

Pag. 223 , *lig.* 17 , d'où il s'ensuit , *lisez* d'où il suit.

Pag. 229 , *lig.* 37 , AV——Av=BV , *lisez* Bv.

Ibidem même ligne , A . B :: V.V——v , *lisez* v.V——v.

Pag. 237 , *lig.* 12 , si on multiple , *lisez* si on multiplie.

Pag. 240 , *lig.* 18 , & au , *lisez* est au.

Pag. 241 , *lig.* 19 , exprimées EC , FC , *lisez* par EC , FC.

Pag. 257 , *lig.* 13 , des trois , *lisez* des trois cas.

Pag. 269 , *lig.* 24 , arées , *lisez* arrêtes.

Pag. 280 , *lig.* 8 , CF , *lisez* LF. *Ibid. lig.* 10 CF , *lisez* BF.

Pag. 311 , *lig.* 3 , EA , *lisez* FA.

Ibidem lig. 4 , FO , *lisez* FD.

Pag. 321 , *lig.* 15 , 16 & 19 FN , *lisez* FH. *Ibid. lig.* 18 , EFN *lisez* EFH.

Pag. 324 , *lig.* 4 , centre F , *lisez* centre *o*.

Pag. 332 , *lig.* 6 , ED , *lisez* FD.

Pag. 340 , *lig.* 6 , ceculer , *lisez* reculer.

Pag. 344 , *art.* 131 , à la marge Fig. 40 , *lisez* Fig. 40 , 41.

Pag. 347 , *lig.* 25 , des moyens , *lisez* des momens.

Pag. 348 , *lig.* 39 , $R = \frac{N\,2}{1}$ *lisez* $\frac{n\,2}{1}$.

Pag. 353 , *lig.* 23 , F . P , *lisez* F . R.

Pag. 356 , *lig.* 18 , NG . NE , *lisez* MG . ME.

Pag. 369 , *lig.* 39 , ralleles , *lisez* paralleles.

Pag. 369 , *lig.* 40 , ſ , *lisez* f.

Pag. 370 , *lig.* 5 , l c , *lisez* l C.

Ibid. lig. 10 , omf of , om , *lisez* Omf , Of Om.

Pag. 376 , *lig.* 38 , dans le d'équilibre , *lisez* dans le cas d'équilibre.

Pag. 383 , *lig.* 30 , pirigé , *lisez* dirigé.

Pag. 384 , *lig.* 11 , LH , *lisez* SH.

Pag. 402 , *lig.* 16 , hauteur , *lisez* base.

Pag. 421 , *lig.* 11 , NGx , *lisez* NG.

Ibid. à la marge Fig. 67 , *lisez* Fig. 74.

Pag. 426 , *lig.* 7 , soixante dix-huitiéme , *lisez* soixante huitiémes.

Pag. 518 , ligne avant derniere FB , *lisez* EB.

Pag. 562 , *lig.* 18 , FS , *lisez* FE.

Pag. 582 , à la marge Fig. 11 , *lisez* Fig. 12.

Pag. 596 , à la marge art. 151 , Fig. 20 , 21 , *lisez* Fig. 19 , 21.

Article 2 de l'Ellipse , *lig.* 39 , au triangle , *lisez* au double du triangle.

PRINCIPES

SUR
LE MOUVEMENT
ET L'EQUILIBRE,
POUR SERVIR D'INTRODUCTION
aux Mécaniques & à la Physique.

LIVRE CINQUIE'ME.
DE L'HYDROSTATIQUE.

1. **T**OUS les fluides qui tombent sous les sens pesent, l'air que l'on a cru leger pendant un fort long-tems n'est point exempt des impressions de la pesanteur ; les fluides tendent donc à descendre & à s'approcher du centre de la terre aussi-bien que les corps fermes. Ce n'est pas là tout, les parties d'un corps solide ne peuvent être mues les unes sans les autres, parce qu'elles sont étroitement liées ensemble ; il n'en est pas de même des corps fluides, leurs parties se divisent à la plus petite impulsion, & quelques-unes peuvent être mues, quoique le gros de la masse demeure en repos ; de-là vient que si l'on veut contenir un fluide pesant, & empêcher que les parties qui le composent ne se séparent, & qu'en changeant ainsi de figure, il ne se répande, il faut opposer la résistance d'un vaisseau à l'action de la pesanteur. Imaginons qu'un cylindre de glace qui s'appuie par sa base sur un plan horizontal, devient fluide tout à coup, l'on

*Lll

conçoit qu'il fera écrafé par fon propre poids , & que les parties inférieures étant chargées par les fupérieures, jailliront tout autour le long du plan, ou bien elles couleront vers l'endroit le plus bas. Mais fi on met le cylindre dans un vaiffeau dont il rempliffe exactement la capacité, il eft certain que la glace venant à fe fondre, l'eau confervera la figure cylindrique, parce que les parois ou côtez du vaiffeau, l'empêcheront de couler. Si au lieu de ne fuppofer qu'une colomne de glace, on fe répréfente qu'il y en a plufieurs à côté les unes des autres qui fe touchent dans toute leur hauteur, il eft aifé de juger que fi elles recouvrent leur fluidité & qu'elles rempliffent l'intérieur du vaiffeau, il n'arrivera aucun changement à leur premiere figure, car la colomne du milieu ne pourra point s'affaiffer parce qu'elle fera foutenue par celles qui l'environnent immmédiatement, celles-ci le feront par d'autres, & enfin les plus éloignées de celle du milieu, feront retenues par les parois du vaiffeau. D'où l'on voit que le poids de chaque colomne verticale eft un agent qui tend à la diffoudre & à faire couler les parties hautes vers le lieu le plus bas ; mais les colomnes environnantes qui ont la même tendance, rendent cet effort inutile. De-là naît l'équilibre entre les parties d'un même fluide. Concevons encore une fois que l'eau d'un baffin eft gelée ; fi on met fur cette glace divers corps, du fer , du bois, de la cire, du liege, &c. elle réfiftera à tous par fa dureté ; mais fi elle fe fond, l'on fçait que le fer ira au fond, que le bois pourra s'enfoncer entierement, & nâger entre deux eaux, & que le liege & la cire flotteront à fa furface : d'où l'on voit encore que les parties d'un fluide agiffent non feulement les unes fur les autres, mais qu'elles peuvent faire auffi équilibre avec les corps fermes. *L'on nomme hydroſtatique la fcience qui mefure & détermine les preſſions que les fluides pefans exercent les uns fur les autres , & contre les corps folides dans le cas de l'équilibre.* Dans ces derniers tems on a découvert que certains fluides agiffent par leur pefanteur & par le reffort ; & parce que l'air eft le plus remarquable de tous , l'on a nommé *Aërometrie* la partie qui traite des fluides pefans & élaftiques. Cependant pour ne pas multiplier les traitez, & à l'exemple d'auteurs célebres, on donnera à l'hydroftatique plus d'étendue : on la confiderera comme une fcience qui a pour objet l'équilibre des fluides entr'eux & avec les corps folides, foit que cet équilibre ait pour principe la pefanteur ou le reffort, ou même quelque autre caufe. Il y a des auteurs qui diftinguent entre corps *fluide & liquide* ou *liqueur*. Ils appellent liqueur tout corps dont la surface s'étend & se met de niveau ; comme , l'eau , l'huile , le vin , &c. Ils appellent simplement fluides ceux qui n'ont pas cette propriété , comme l'air , la flamme , &c. Il est vrai que la flamme ne se met pas de niveau , parce que ses parties sont dans une agitation continuelle ; à l'égard de l'air rien n'empêche que sa surface supérieure , celle qui termine l'athmosphere , ne soit de niveau , à moins que la chaleur , les vents , ou quelque autre cause ne troublent l'équilibre des parties. Quoi qu'il en soit de cette distinction , elle peut être commode. On divise ce Livre en trois Chapitres ; dans le premier on expliquera l'équilibre des liqueurs entr'elles ou des fluides pesans ; dans le second l'équilibre des liquides avec les solides ; dans le troisiéme , l'équilibre des fluides élastiques.

CHAPITRE PREMIER.

DE L'ÉQUILIBRE DES LIQUEURS , OU DES FLUIDES PAR LEUR *pesanteur.*

2. POur expliquer l'équilibre des liqueurs par ses causes prochaines , il seroit nécessaire d'entrer dans la nature de la fluidité , ou plutôt dans les principes mécaniques qui la constituent ; car cet équilibre est tout fondé sur une proprieté singuliere , commune à tous les fluides , & qui est attestée par l'expérience. Si on remplit un vaisseau de quelque liqueur , qu'on presse la surface avec un piston qui ferme exactement l'ouverture afin que la liqueur ne fuie point , la pression sera communiquée également en tout sens , & aucune partie du corps liquide ne sera pressée ni plus ni moins que les autres. (On a seulement égard à la pression causée par le piston , & on fait abstraction de celle de la pesanteur) : or cette égalité de pression en tout sens , émane nécessairement de la fluidité , & en est une dépendance. Il ne faut donc pas espérer de pouvoir découvrir toutes les causes prochaines qui concourent à l'équilibre des liqueurs , si l'on ignore les principes mécaniques qui constituent la fluidité. De ce nombre sont la figure & la grosseur des parties , leur situation les unes à l'égard des autres ; leurs qualitez , par exemple , la molesse , la dureté , la maniere dont la pression causée sur les unes , se transmet aux autres , &c.

3. REMARQUE. Sans entrer dans aucun examen de la fluidité, on pourroit à l'imitation du grand nombre des auteurs qui ont écrit fur l'hydroftatique, fuppofer tacitement ou en termes exprès, que les fluides fe compriment ou font preffez également en tout fens; mais parce que ce principe peut être éclairci & même prouvé jufqu'à un certain point, il ne fera pas hors de propos de faire quelques réflexions fur ce fujet, avant de traiter le point principal qui eft l'equilibre des liqueurs.

EXAMEN DE LA FLUIDITE' ET DE LA PROPRIE'TE' que les fluides ont de fe comprimer également en tout fens.

4. La plûpart des auteurs qui ont raifonné fur la fluidité, ont compofé les fluides de parties très-petites, dures, liffes ou propres à gliffer fans être retardées par l'âpreté de leur furface & toutes de figure fphérique. 1°. Les parties des fluides font dures, car la fluidité eft un phenomene qui a une caufe & fes principes : or fuppofer que les parties des fluides font molles ou fluides elles-mêmes, c'eft-à-dire, qu'elles cedent & fe déplacent au moindre effort, c'eft rendre la fluidité un effet primitif & indépendant de tout élément & de tout principe; d'ailleurs on verra bientôt que les fluides peuvent être compofez de parties dures. La fuppofition qu'on vient de faire eft donc fondée en raifon. 2°. On peut penfer que les fluides font compofez de parties qui ont la figure fphérique ; car il faut accorder l'extrême mobilité des fluides avec la figure des mêmes parties : or il eft aifé de juger que la figure fphérique étant parfaitement uniforme dans toutes fes parties, eft la moins embarraffante & la plus propre au mouvement : c'eft pour une raifon femblable que les parties des fluides doivent être petites, & avoir leur furface liffe & polie.

5. M. Gullielmini prouve que fi l'on difpofe plufieurs globules pefans dans un certain ordre, chacun d'eux eft également preffé fuivant la direction verticale, l'horizontale & même fuivant l'oblique. On ne s'arrête point à décrire cette difpofition particuliere, parce qu'elle eft arbitraire, & qu'il eft plus que probable que les globules qui compofent les fluides, en ont une differente; car cette difpofition eft telle, que fi on confidere plufieurs de ces globules fur un plan horizotal, ils y font arrangez de maniere que les efpaces vuides qu'ils laiffent entr'eux, ont quatre côtez & quatre angles ; & fi on confidere ces mêmes globules fur un plan vertical ou incliné à l'horizon, les efpaces qu'ils laiffent entr'eux, font triangulaires. Cela étant, il eft vifible que fi

les globules étoient difposez de maniere que les efpaces vuides fuffent triangulaires dans tous les fens, ils occuperoient un moindre
efpace : or les parties des fluides pefans fe difpofent avec le tems
par l'effort de la pefanteur ou par les fecouffes qu'ils reçoivent,
de maniere que l'efpace qu'ils occupent eft le plus petit ; l'arrangement qu'on leur donne n'eft donc point celui qu'ils ont dans
la nature. D'ailleurs des globules durs ne peuvent être touchez
par d'autres globules qu'en un certain nombre de points, ils ne
peuvent donc être pouffez que fuivant un certain nombre de
directions : or les fluides font preffez & preffent également en
tout fens ; les conditions fuppofées font donc infuffifantes pour
expliquer l'égalité de preffion en tout fens.

6. On obferve dans les liqueurs une propriété dont on peut
déduire, ce femble, l'égalité de preffion dont il s'agit. 1º. Si on
verfe d'une liqueur par petites gouttes, elles imitent la figure ronde ; & fi elles ne s'attachent pas à la furface fur laquelle elles font
pofées, cette figure approche d'autant plus de la fphérique, que
chaque molecule eft plus petite. 2º. Les particules qui compofent
une goutte, font adherentes les unes rux autres ; & fi on preffe la
goutte pour lui faire perdre fa convexité, elle fe rétablit auffitôt
qu'on la laiffe en liberté, de même qu'un corps à reffort reprend
fa premiere figure lorfque la compreffion finit. On peut faire cette
expérience fur toutes les liqueurs, un peut plus difficilement fur
l'huile, parce qu'elle s'attache davantage. 3º. Les particules d'u-
ne goutte de liqueur font non-feulement adhérentes les unes aux
autres, mais il y a une force qui les tient ainfi unies, puifque fi
on ceffe de preffer la goutte, elle reprend fa premiere convexité.
4º. Les liqueurs s'évaporent en molecules rondes ; les brouillards &
la rofée qui s'attachent aux cheveux, aux habits & aux plantes
en forme de petites boules, en font une preuve. 5º. Quoique les
liqueurs fe divifent en globules imperceptibles, cette divifion a néanmoins un terme ; car il eft certain que les liqueurs different entr'elles : or fi elles étoient compofées de parties qui par une divifion continuée fans fin affectaffent d'elles-mêmes la figure fphérique, il n'y
auroit aucune difference entre les liqueurs, puifque les parties compofantes feroient les mêmes & d'une feule efpece. Il faut donc que les
derniers globules, ceux que l'on peut fuppofer les plus petits, foient
compofez de parties dures, fines, déliées, & diverfement figurées felon la qualité propre de chaque liqueur. 6º. Cette expofition fimple
& fans long commentaire d'un phenomene que l'on obferve dans
toutes les liqueurs, nous conduit à y diftinguer deux fortes de parties,
les unes que l'on peut appeller leur premier élément ou parties de

premiere compofition , & les autres leur fecond élément ou parties de feconde compofition. Les parties du premier élément font diverfement conformées felon la nature prépre de la liqueur , & elles confervent la figure qu'elles ont une fois reçue. Celles du fecond font des amas des parties du premier élément , lefquelles font appliquées les unes aux autres par l'aΦion d'une force qui fe manifefte par l'expérience , & qui donne ou tend à donner la figure fphérique aux molecules qui en réfultent. 7°. Ces molecules confervent encore leur figure fphérique lorfqu'elles s'amaffent plu- fieurs en un même tas. Car comme elles font d'une extrême pe- titeffe , elles font moins expofées aux impreffions de la pefanteur & du choc, & par conféquent moins fujettes à être rompues. Cet accident de rupture arrive aux groffes gouttes ; elles s'appla- tiffent & s'étendent fous leur propre poids , & enfin elles cou- lent tandis que les goutes les plus petites réfiftent à cet effort , & confervent affez exaΦement leur figure ronde. Quoi qu'il en foit de la figure qu'il faut attribuer aux plus petites molecules lorf- qu'elles font reunies plufieurs en un même volume , au moins eft- il certain que la force qui leur eft appliquée lorfqu'elles font fé- parées les unes des autres , ne les abandonne point après leur réu- nion, & qu'elle tend à donner à chacune d'elles la figure fphérique.

7. Après ces réflexions il n'eft pas difficile de prouver que fi on pouffe une liqueur enfermée dans un vaiffeau , en forte qu'elle ne puiffe pas s'échapper , toutes les parties feront également preffées en tout fens ; c'eft ce qu'on va voir dans la propofition qui fuit.

PROPOSITION I.

8. *Lofqu'on preffe une liqueur de manière qu'elle ne peut s'échapper par aucune ouverture , la preffion fe communique également en tout fens.*

On vient de dire que les plus petites molecules d'une liqueur font compofées de parties qu'une force affemble ainfi en un vo- lume qui affeΦe de lui-même la figure fphérique , & qu'elles y font retenues dans un repos refpeΦif & dans un efpece d'équilibre. Cela pofé , fi on preffe une liqueur avec un pifton , les molecu- les qui font à la furface, feroient applaties ou même rompues, fi d'un côté elles n'éroient retenues par les parois du vaiffeau , & fi de l'autre elles ne s'appuyoient fur les molecules qu'elles ont im- médiatement au-deffous d'elles ; car les parties qui les compo- fent font en équilibre , d'ailleurs le plus petit effort fuffit pour les déranger. D'où l'on voit que l'effort qui preffe chaque molecule , fe diftribue également à toutes fes parties , & qu'elle eft pouffée en tous fens & fuivant toutes les direΦions : or un corps qui eft

preſſé , preſſe auſſi avec le même effort ; donc la preſſion des premieres molecules eſt communiquée aux ſecondes , c'eſt-à-dire , à
celles qui ſont immédiatement au-deſſous ; mais les parties de celles-ci ſont en équilibre de même que celles des premieres molecules ; donc la preſſion reçue ſe diſtribue également à toutes les
parties des ſecondes. On prouvera de la même maniere que la preſſion des ſecondes molecules paſſe aux troiſiémes , & qu'elle ſe diſtribue également à toutes leurs parties , en ſorte qu'il n'y en a
aucune qui ſoit pouſſée plus ou moins ſortement que les parties
des premieres & des ſecondes molecules , & ainſi de ſuite juſqu'aux
extremitez du vaiſſeau. Par conſéquent lorſqu'on preſſe une liqueur de maniere qu'elle ne peut s'échapper par aucune ouverture , la preſſion ſe communique également en tout ſens.

9. REMARQUE. Il reſteroit à développer quelle eſt la nature
de la force qui aſſemble en molecules les parties du premier élément des liqueurs , & quelle eſt ſa maniere d'agir. Cette force
paroît être la même que celle qui fait que les liqueurs s'attachent
à certains corps , & montent au-deſſus de leur niveau lorſqu'elles
trouvent un appui qui ſoutient en partie l'effort de la peſanteur
qui tend à les faire deſcendre. Si l'effet dont il s'agit n'eſt pas du
nombre de ceux qu'on doive rapporter immédiatement à la premiere cauſe , c'eſt à la phyſique à dévoiler ce miſtere , & à dé-
mêler la vérité entre les differentes opinions que les Philoſophes
prennent ſur ce ſujet. Dans le ſiſtême de ceux qui expliquent tous
les mouvemens par l'impulſion , celle de M. de Mairan paroît la
mieux raiſonnée & la plus concluante. Voyez la pag. 13 de l'Hi-
ſtoire de l'Accadémie des Sciences , année 1724.

10. COROLLAIRES , *où l'on explique en détail les effets de la
preſſion égale en tout ſens dont on vient de parler , en faiſant abſtraction de celle de la peſanteur.*

10. Lorſqu'on dit qu'une liqueur eſt également preſſée en tout
ſens , il faut entendre que ſi on diviſe par la penſée la liqueur en
tranches fort minces & égales en ſuperficie à celle qui eſt à l'ouverture , chacune d'elles eſt chargée ou pouſſée avec un effort égal
à celui de la lame qui eſt immédiatement ſous la preſſion du piſton ; qu'ainſi *toutes ces lames ſuppoſées égales , ſont ſollicitées à ſe
mouvoir dans le ſens qu'elles ſont pouſſées d'une viteſſe égale , &
égale à celle que recevroit la lame que le piſton preſſe immédiatement.*
Car la force d'un corps qui eſt pouſſé , eſt proportionnelle au produit de la maſſe & de la viteſſe qu'il reçoit ou qu'il eſt ſollicité de
prendre (*Liv.* I. 117) ; donc les produits qui réſultent en multipliant

toutes ces lames égales par la viteſſe qu'elles recevroient ſi elles étoient libres, ſont égaux : or toutes les lames qui ſont les maſſes, ſont ſuppoſées égales, il faut donc qu'elles tendent toutes à ſe mouvoir d'une égale viteſſe.

11. 2°. La viteſſe des parties étant la même que celle du corps dont elles ſont parties, il ſuit que chaque molecule d'une lame tend à être mue avec la même viteſſe : c'eſt pourquoi *ſi l'on conçoit que la liqueur eſt diviſée en lames inégales, c'eſt-à-dire, en lames de même épaiſſeur, mais inégales en ſurface, leurs forces ou les efforts qui les pouſſent, ſont entr'eux dans la raiſon de ces ſurfaces ou des lames mêmes* : car lorſque les viteſſes ſont égales, les forces ſont comme les maſſes ; or les maſſes ſont les lames ſuppoſées toutes de même épaiſſeur ; donc les forces qui les pouſſent ſont dans la raiſon des ſolidités ou bien des ſurfaces, puiſque dans l'hypotheſe preſente, les maſſes ſont entr'elles comme les ſurfaces.

Fig. 1. 12. 3°. Si on remplit un vaiſſeau de quelque liqueur qu'on la preſſe avec deux poids P & *p* qui s'ajuſtent parfaitement aux ouvertures C & *c*, de maniere néanmoins qu'ils puiſſent monter & deſcendre librement ſans frotter & ſans que la liqueur fuie, ils feront en équilibre s'ils ſont dans la raiſon des ouvertures C & *c*, en ſorte que *ſi l'ouverture C eſt dix fois plus grande que l'ouverture* c, *il faudra que le poids* P *ſoit dix fois plus grand que le poids* p ; *ſi le grand poids* P *eſt moindre, il ſera ſurmonté par le petit poids* p. Pour démontrer ce corollaire il ſuffit de faire attention à la propoſition & au corollaire précedent. Lorſque le poids P preſſe la liqueur, la preſſion ſe communique également en tout ſens, c'eſt-à dire, que toutes les lames égales en ſuperficie à l'ouverture C, ſont pouſſées par un effort égal à celui du poids P ; & par le corollaire précedent, ſi les lames ſont inégales, les preſſions ou les efforts qui les pouſſent ſont dans la raiſon de ces lames ; donc les preſſions que le poids P cauſe ſur les lames qui rempliſſent les ouvertures C & *c*, ſont dans la raiſon de ces ouvertures. Cela poſé, pour maintenir l'équilibre entre les poids P & *p*, il ſuffit de réprimer l'impulſion que le poids P produit ſur la lame *c*, ce qui ſe fait en cette ſorte. On vient de voir que les preſſions qui tendent à mouvoir la lame C en embas, & la lame *c* vers le haut, ſont dans la raiſon des ouverturrs : or par l'hypotheſe, les poids P & *p* ſont auſſi dans la raiſon des ouvertures ; donc les poids P & *p* ſont ſont dans la raiſon des preſſions que le grands poids P produit aux ouvertures C & *c* ; mais la preſſion que la lame C reçoit du poids P, eſt égale à la peſanteur du poids P ; d'où il ſuit que celle

que

que le même poids produit fur la lame *c*, eſt égale au petit poids
p ; la lame *c* eſt donc pouſſée en haut & en bas par des efforts égaux,
elle eſt donc en équilibre. Par conſéquent le grand poids ne peut
pas furmonter le moindre.

On fera voir par un raiſonnement femblable que les preſſions
que le petit poids produit fur les lames *c* & C font dans la raiſon
de ces lames ; qu'ainſi le poids P ne peut réprimer cette preſſion,
ſi ſa peſanteur n'eſt plus grande que celle du poids *p* dans la même raiſon que la lame C eſt auſſi plus grande que la lame *c*. L'on
voit pareillement que ſi la raiſon des poids P & *p* étoit moindre
que celle des ouvertures , pour lors la preſſion que le petit produiroit fur la lame C feroit plus grande que la peſanteur du poids
P, par conſéquent ce poids ne pourroit réprimer l'effort contraire
de cette lame, il feroit donc furmonté par le petit poids *p*.

1 3. 4°. *Si on fait des ouvertures* O *&* o *aux côtez du vaiſſeau ,
qu'on preſſe la liqueur de maniere qu'elle ne puiſſe fuir , il y aura
équilibre, ſi les preſſions font dans la raiſon des ouvertures.* La preuve
& la même que pour le corollaire précédent. On fait abſtraction
de la preſſion cauſée par la peſanteur de la liqueur.

1 4. 5°. Si on conçoit que la fuperficie intérieure du vaiſſeau
eſt diviſée en parties égales à l'ouverture C ou *c*, elles fupporteront
des preſſions égales aux poids P ou *p* , celles qui font égales à l'ouverture C , feront preſſées par un effort égal au poids P , & celles
qui font égales à l'ouverture *c* font pouſſées par un effort égal au
petit poids *p* ; en un mot les preſſions que fupportent les differentes parties du vaiſſeau , font dans la raiſon de leur grandeur , puiſque ſi on fuppoſe à ces endroits-là même des ouverteres pour foutenir les preſſions des poids P & *p*, il faudra oppoſer des forces
qui foient entr'elles & aux poids P & *p*, comme ces ouvertures
font entr'elles & aux ouvertures C & *c*. D'où il fuit que s'il y a
quelque partie qui ne puiſſe pas réſiſter à la preſſion , laquelle eſt
proportionnelle à la furface preſſée , elle fera rompue.

1 5. 6°. *Les deux poids* P *&* p *étant toujours fuppoſez dans la
raiſon des ouvertures* C *&* c , *c'eſt-à-dire , en équilibre ,
ils ne preſſent pas davantage la liqueur lorſqu'ils agiſſent enfemble
& à la fois , que s'ils la preſſoient féparément l'un après l'autre.*
Car ſi on ferme l'ouverture C , les preſſions cauſées par le
poids *p* feront proportionnelles aux furfaces ou à la grandeur des lames preſſées ; celles qui font égales à la lame *c* , feront
preſſées avec un effort égal au poids *p* ; ſi elles font doubles triples,
la preſſion fera auſſi double ou triple ; il en eſt de même ſi le

poids P preffe feul la liqueur , les preffions font proportionnelles
aux furfaces ; fi la furface preffée eft égale à l'ouverture *c*, la lame
qui s'y trouve fupportera un effort égal à celui du poids *p*. D'où
l'on voit que la liqueur n'eft pas preffée plus fortement par le grand
que par le petit poids , pourvu qu'ils foient entr'eux dans la raifon
des ouvertures ; or pareillement fi les deux poids preffent la liqueur, enfemble & à la fois, la fomme des poids fera à l'un d'eux
comme la fomme des ouvertures fera à l'une d'elles , c'eft-à-dire ,
que les preffions feront encore proportionnelles aux ouvertures ;
par conféquent ces deux poids confiderez comme un feul & même
poids , ne preffent pas la liqueur plus fortement , agiffant enfemble & à la fois , que fi elle n'étoit preffée que par chacun d'eux
féparément. Pour appercevoir la raifon mécanique de cet effet ,
il faut faire attention que fi l'on augmente ou que l'on diminue
l'un des poids, pourvu que l'ouverture par laquelle il preffe , augmente ou diminue auffi à proportion , chaque molecule n'en eft
pouffée ni plus ni moins fortement , car fi le poids eft plus grand ,
la preffion ou l'effort qu'il fait , fe diftribue à un plus grand nombre de parties , parce que l'ouverture du vaiffeau eft plus grande ;
fi au contraire le poids diminue , l'ouverture diminue auffi , & le
nombre des parties qui font preffées immédiatement eft moindre
à proportion.

16. 7°. Si des poids égaux preffent une liqueur par des ouvertures différentes , ou fi des poids inégaux la preffent par la même ouverture , les preffions feront inégales , c'eft-à-dire , que les
molecules tendront à avoir des viteffes différentes. Ce qui eft
évident.

Dans la propofition précedente & fes corollaires , on n'a eu
aucun égard à l'action de la pefanteur : dans la fuite de ce Chapitre on confiderera les effets que cette caufe produit fur les liqueurs. 1°. L'équilibre entre les colomnes d'une même liqueur
contenue dans un feul vafe. 2°. Dans les vafes qui communiquent.
3°. L'équilibre entre les liqueurs de differente pefanteur fpécifique. Les vaiffeaux qu'on emplit d'une liqueur , peuvent être d'une
matiere dure & capable de réfifter en tout fens , ou bien ils font
fouples & fufceptibles de diverfes figures lorfqu'on vient à les
comprimer.

DE L'E'QUILIBRE ENTRE LES COLOMNES D'UNE MESME
liqueur contenue dans un feul vafe , & des preffions
qu'elle y caufe.

17. On fuppofe que le vafe eft de matiere dure , & qu'il ne
change point de figure.

Si les liqueurs n'étoient point pefantes lorfqu'une force étrangere viendroit à les preffer, fon action s'étendroit également
fur toutes les parties ; mais parce que les liqueurs pefent, on ne
peut pas dire que la preffion foit égale ou la même par tout ; il
eft vifible que ce qu'il y a de liqueur vers le fond du vafe, eft
chargé d'un plus grand poids que la liqueur qui eft plus proche
de la furface fupérieure. On peut dire néanmoins qu'une liqueur
eft également preffée en tout fens ; mais pour oter l'équivoque,
il faut concevoir qu'elle eft partagée en tranches ou couches horizontales : or il eft certain que les molecules d'une même couche
horizontale font également ferrées de tous côtez, car quand même
il n'y en auroit que quelques-unes qui feroient preffées immédiatement par le poids qu'elles ont au-deffus, cette preffion fe communiqueroit auffi-tôt à toute la tranche, comme on l'a fait voir
dans la propofition précedente & fes corollaires.

18. Pour mieux entendre l'équilibre qui eft entre les parties
d'une liqueur, il faut définir ce que l'on entend lorfqu'on dit
qu'une liqueur eft à *niveau*, ou de *niveau*. Une liqueur eft à niveau lorfque fa furface fupérieure eft horizontale. Une furface eft
horizontale lorfqu'elle imite la courbure de la fuperficie de la
terre. On dit auffi d'un plan qu'il eft horizontal lorfqu'il touche
le globe de la terre fans le couper ; on ne peut pas dire néanmoins
que les parties de ce plan font de niveau ou dans le niveau vrai,
parce qu'une furface n'eft à niveau que lorfqu'elle fait partie de
celle de la terre ou qu'elle lui eft parallele, c'eft-à-dire, qu'elle
en eft également diftante dans tous fes points. Lorfqu'une furface ou figure plane eft horizontale & qu'elle n'eft pas d'une grande
étendue, on peut dire qu'elle eft de niveau, parce qu'on la regarde comme faifant partie de celle de la terre, de même qu'on
confidere une petite portion de la furface de la terre comme une
fuperficie plane ; mais fi une furface horizontale s'étend fort loin,
on dit feulement qu'elle eft dans le *niveau apparent*, car on diftingue entre le *niveau vrai*, & le *niveau apparent*. Differens points
font dans le niveau vrai lorfqu'ils font fur une furface fphérique
qui eft concentrique à celle de la terre ; mais fi differens points
font fur un plan horizontal ils ne font que dans le niveau apparent.

19. Lorfque dans la fuite on dira qu'une liqueur eft à niveau
ou de niveau, il faudra entendre que fa furface eft une portion
de la furface fphérique de la terre, qu'on peut cependant regarder comme plane fi elle a une petite étendue.

Mmm ij

20. Si une liqueur se met de niveau, tous les points de sa surface supérieure sont également éloignez du centre de la terre, aucun n'est plus élevé que les autres. Mais si elle n'est par de niveau, il y a des hauteurs & des profondeurs.

PROPOSITION II.

21. 1°. *Une liqueur qui est abandonnée à elle-même se met de niveau. 2°. Elle est en repos, & ses parties sont en équilibre.*

Premiere Partie. Puisque les liqueurs sont pesantes, elles tendent à descendre & à occuper l'endroit le plus bas ; donc les parties qui sont à la surface supérieure se disposent de maniere, qu'elles sont toutes à la même hauteur, ou également distantes du centre de la terre, autrement elles ne tendroient pas à descendre vers l'endroit le plus bas : par conséquent les liqueurs qui sont abandonnées à elles-mêmes se mettent de niveau.

En effet, si à la surface d'une liqueur qu'on suppose libre & à couvert de toute impression étrangere, il y avoit des inégalitez, les parties les plus hautes seroient situées comme sur des plans inclinez ; & parce que la liqueur est supposée parfaitement coulante, l'effort de la pesanteur les obligeroit de descendre & de se tenir à la même hauteur que les autres parties de la surface. Par conséquent une liqueur qui est abandonnée à elle-même se met de niveau.

On fait abstraction ici de la propriété que les liqueurs ont de s'attacher à certains corps, & de l'adhérence par laquelle les parties tiennent les unes aux autres, & qui fait que lorsqu'elles sont en petite quantité, elles se soutiennent & résistent même à leur division lorsque la pesanteur ou une autre force tend à les séparer.

Seconde Partie. Concevons que la liqueur contenue dans un vase est divisée en couches horisontales ; il est certain que les molecules d'une même couche sont également pressées en tout sens. Cela posé, 1°. la liqueur qui est à la surface ne peut pas fluer, puisqu'elle est de niveau, & que toutes ses parties sont également hautes. 2°. Les couches qui sont entre la surface supérieure & le fond du vase sont aussi en repos. Car les molecules d'une même couche ne peuvent s'échapper que vers le haut du vase, supposé qu'elles soient mûes : or on démontrera dans la Proposition suivante que la charge de chaque couche horisontale est égale au poids d'un prisme de liqueur qui auroit pour base la couche horisontale, & pour hauteur la hauteur verticale de la liqueur qui est au-dessus de cette couche : ainsi la charge de la couche MN est

Fig. 2, 3, 4 & 5.

égale au poids d'une colomne de liqueur qui auroit pour bafe
la couche MN, & pour hauteur la hauteur OH de la liqueur qui
eft au-deffus de cette couche; d'où il eft aifé de conclure que la
couche MN ne peut pas fe fouftraire à la preffion du fardeau
qu'elle fupporte en montant vers le haut du vafe : car par la propriété commune à toutes les liqueurs, la tranche MN tend à monter avec un effort égal au poids du prifme de liqueur MPQN : or
1°. fi la capacité du vaiffeau eft la même dans toute fa hauteur,   Fig. 2.
comme dans la figure 2, il eft évident que fi la tranche MN tend à
monter par un effort égal au poids d'un prifme de la liqueur égal à
MPQN, cet effort eft réprimé par une force égale & contraire, qui
eft la pefanteur de la liqueur MABN. 2°. Si (fig. 3.) le vaiffeau va   Fig. 3.
en s'étreciffant vers le fond, il eft vifible que la liqueur qui eft au-
deffus de la tranche MN eft plus que fuffifante pour empêcher
cette tranche de monter. 3°. Si (fig. 4.) le vafe eft plus étroit   Fig. 4.
vers le haut que vers le fond, il eft bien certain que la preffion qui
tend à faire monter la tranche MN eft plus grande que le poids de
la liqueur MABN ; qu'ainfi fi cette tranche n'étoit retenue dans
fon lieu que par le poids de la liqueur MABN, elle en furmon-
teroit la réfiftance ; mais parce que les côtez du vafe font inclinez
à la liqueur MABN, de façon à pouvoir réfifter à la tendance que
la tranche MN a pour monter, il eft vifible que cette réfiftance
fupplée au poids de la liqueur MABN, & qu'elle fuffit avec ce
poids pour retenir la tranche MN ; d'où l'on voit que la tendance
que chaque tranche horifontale a pour monter, eft empêchée par
un effort égal & contraire. Il faut donc conclure que toute liqueur
qui eft laiffée à elle-même eft en repos, & que fes parties font en
équilibre entr'elles.

*Si l'on conçoit que la liqueur eft divifée en colomnes verticales
ou inclinées, on prouvera encore qu'elles ne peuvent fe furmonter
les unes les autres, & qu'elles font dans un repos refpectif.* 1°. Si
les colomnes font verticales, & que le vaiffeau foit cylindrique,
il eft évident qu'elles ont même bafe & même hauteur ; qu'ainfi
les efforts par lefquels elles tendent à defcendre ou à s'affaiffer
étant égaux, l'une d'elles ne peut furmonter les autres en les con-
traignant de monter contre l'effort de leur pefanteur. 2°. Si le
vaiffeau n'eft pas de même groffeur par-tout, comme dans les figures 3 & 4, il eft vrai que la colomne OH eft plus longue que
la colomne CK, mais il eft évident que dans la figure 4 les parois du vaiffeau foutiennent la preffion que la colomne CK reçoit
de la colomne OH ; qu'ainfi la colomne CK, quoique plus foible,

ne doit pas céder à la preſſion de la colomne OH, quoique plus forte. Dans la figure 3 la partie SH de la colomne OH étant au-deſſous de la baſe de la colomne CK, il eſt viſible que la colomne OH n'agit ou ne peſe ſur la colomne CK, que par le poids de ſa partie OS, dont l'effort n'eſt pas plus grand que celui de la co-lomne CK. 3°. Si les colomnes ſont inclinées, comme la colomne AH, fig. 2 & 3, il eſt vrai que la colomne AH étant de même groſſeur que la colomne OH, eſt plus peſante, & par conſéquent plus forte dans la raiſon de la plus grande longueur, mais la co-lomne AH ne preſſe pas la colomne OH par tout ſon poids, elle eſt comme appuyée ſur un plan incliné ; ainſi ſa peſanteur eſt décom-poſée en deux efforts, & celui par lequel elle preſſe la colomne OH ſuivant AH, eſt à l'effort abſolu, comme la hauteur OH eſt à la lon-gueur AH (*Liv.* II. 174) ; c'eſt-à-dire, que cet effort eſt préciſé-ment égal au poids de la colomne OH ; car puiſque la peſanteur de cette colomne, & l'effort que la colomne AH éxerce ſuivant ſa longueur, ſont à ſon poids abſolu, comme la hauteur OH eſt à la longueur AH, le poids de la colomne OH & l'effort ſuivant la longueur du plan incliné, ont même raiſon au poids abſolu de la colomne AH : donc l'un ne ſurmonte pas l'autre, puiſqu'ils ſont égaux. D'où l'on voit que de quelque maniere que l'on ſuppoſe que les parties d'une liqueur agiſſent les unes contre les autres, elles ſont dans un repos reſpectif.

Fig. 6. 22. Corollaire. Il ſuit de la premiere partie que s'il y a de de la liqueur répandue ſur un plan horiſontal AB, laquelle ait ſa ſurface ſupérieure parallele à ce plan AB qui touche la terre au point G, elle coulera des extrémitez A & B vers le point G pour y former une ſurface courbe EF concentrique à la terre ; puiſque la liqueur ainſi répandue ſur le plan horiſontal n'eſt pas de niveau, & que d'ailleurs, ſelon la premiere partie de cette Propoſition, une liqueur laiſſée à elle-même ſe met de niveau.

PROPOSITION III.

23. *Si on remplit un vaiſſeau d'une même liqueur, la charge du fond ſera égale au poids d'une colomne de cette liqueur qui auroit pour baſe le fond du vaiſſeau, & pour hauteur celle de la liqueur contenue.*

Fig. 2 & 5. Demonstration. Concevons que la liqueur eſt diviſée en tranches ou couches horiſontales indéfiniment minces, il eſt cer-tain que chaque tranche eſt un poids qui charge les couches infé-rieures, & par conſéquent le fond ; de ſorte que ſi elles ſont toutes

égales entr'elles, comme dans le cas des fig. 2 & 5, lorfque le vaiffeau eft droit ou incliné, & qu'il eft également large dans toute fa
hauteur, la derniere couche, & par conféquent le fond, eft chargé
d'un poids égal à celui de toutes les tranches; donc la charge du
fond eft égale au poids d'une colomne de la liqueur, qui auroit
pour bafe le fond du vaiffeau, & pour hauteur celle de la liqueur
contenue. La feule difficulté eft donc pour les vaiffeaux qui font
inclinez, & qui font inégalement larges dans leur hauteur.

On a démontré dans la premiere Propofition, Corol. 6, que Fig. 3, 4.
fi des poids inégaux preffent une liqueur par des ouvertures qui
foient dans la raifon des poids, ils y produifent des preffions égales; donc fi les tranches ou couches horifontales font dans la raifon des ouvertures par où elles preffent la derniere couche qui eft
fur le fond, il s'enfuit que toutes ces couches, grandes & petites qui font pofées les unes fur les autres, produiront fur la derniere tranche, & conféquemment fur le fond des preffions égales;
or il n'eft pas difficile d'appercevoir que les couches horifontales
font dans la raifon des ouvertures qu'elles occupent dans la hauteur
du vaiffeau, car elles ont toutes la même épaiffeur; donc leurs
foliditez ou quantitez de matiere font entr'elles comme les bafes
ou les différentes ouvertures que le vaiffeau a fuivant fa hauteur;
donc leurs pefanteurs font dans la raifon de ces ouvertures; toutes
les tranches horifontales produifent donc fur le fond du vaiffeau des
preffions égales, & égales à celle qu'y produit la derniere tranche;
le fond eft donc chargé de même que fi toutes les tranches ou
couches horifontales qui s'appuient les unes fur les autres étoient
égales en pefanteur à la derniere ou à la plus baffe de toutes; la
charge du fond eft donc égale aux poids d'une colomne de la liqueur qui auroit pour bafe le fond du vaiffeau, & pour hauteur
celle de la liqueur contenue.

24. COROLLAIRES. 1°. Si le vaiffeau a la figure d'un prifme,
c'eft-à-dire, d'un folide de même groffeur par-tout, la charge du
fond eft égale au poids de la liqueur contenue : fi le vaiffeau s'étre-
cit vers le fond, la charge qu'il fupporte eft moindre que celle de
la liqueur contenue. Si enfin le vaiffeau va en s'élargiffant vers
fond, la charge dont il s'agit eft plus grande que le poids de la
liqueur contenue.

25. 2°. Si deux vafes font remplis d'une même liqueur, que leurs
bafes & leurs hauteurs foient égales, les fonds font également
chargez, quelles que foient leurs figures & leurs capacitez, fi l'un
des vaiffeaux ne contient que la dixiéme, la centiéme partie, &c.

de la liqueur contenue dans le grand vaiſſeau , le fond du petit ne laiſſera pas d'être autant chargé que le fond du grand.

26. 3°. *Si deux vaiſſeaux remplis d'une même liqueur ont ſes fonds égaux , les preſſions ou charges qu'ils ſupportent ſont entr'elles comme les hauteurs ;* car ces charges ſont l'une & l'autre égales aux poids de deux colomnes de la même liqueur qui auroient des baſes égales ; donc leurs peſanteurs ou les preſſions cauſées ſur les fonds, leſquelles leur ſont égales , ſont entr'elles comme les hauteurs.

27. 4°. *Si les hauteurs des vaiſſeaux ſont égales , & les baſes inégales , les preſſions ſont dans la raiſon des baſes.*

28. 5°. *Si deux vaiſſeaux remplis d'une même liqueur ont les baſes & les hauteurs inégales , les charges que les fonds ſupportent ſont entr'elles comme les produits des baſes & des hauteurs , ou en raiſon compoſée des baſes & des hauteurs.*

Car les charges ou preſſions cauſées ſur les fonds de ces vaiſſeaux ſont égales aux poids de deux colomnes de la même liqueur qui auroient des baſes égales aux fonds , & des hauteurs auſſi égales à celles des vaiſſeaux ; or ces colomnes ou leurs peſanteurs ſont entr'elles comme les produits de leurs baſes & de leurs hauteurs, ou en raiſon compoſée des baſes & des hauteurs ; donc les charges ou preſſions cauſées ſur les fonds ſont auſſi entr'elles comme les produits des baſes & des hauteurs ou en raiſon compoſée des baſes & des hauteurs des vaiſſeaux qui contiennent la liqueur.

Fig. 7.

29. **Remarque.** La Propoſition & ſes Corollaires font appercevoir qu'avec une fort petite quantité de liqueur on peut produire une très-grande force , une force pour ainſi dire immenſe. Soit le vaiſſeau AV, dont le fond TV ait un pied en tout ſens, c'eſt-à-dire, qu'il contienne en ſurface un pied quarré , & dont la hauteur AT ſoit d'un pouce, ſi on l'emplit d'eau juſqu'en C, il contiendra la douziéme partie d'un pied cube d'eau ; le pied cube d'eau peſe 70 ou 72 livres, donc la liqueur contenue dans le vaſe AV peſera 6 livres : or ſi on adapte au vaſe un tuyau CD long de 10 pieds, qui ait une ouverture d'un pouce quarré, qu'on l'empliſſe d'eau , il contiendra 120 pouces cubiques d'eau , qui ne peſent pas tout-à-fait 6 livres, puiſque 144 pouces , qui ſont la douzieme partie d'un pied cubique , ne peſent que ſix livres ; donc toute la liqueur contenue ne peſera qu'environ 11 livres ; mais pour avoir la preſſion que le fond TV ſupporte , il faut multiplier la baſe TV, qui a un pied quarré , par 10 pieds de hauteur , & l'on aura pour produit 10 pieds cubes ; or 10 pieds cubes d'eau peſent 720 livres ; donc la charge que le fond ſupporte eſt de 720 livres, quoique la liqueur

contenue.

contenue n'en pese que onze. Si on presse la liqueur à l'ouverture D avec un poids de 10 livres, chaque pouce quarré de la base sera encore chargé d'un poids de 10 livres ; or la base TV contient 144 pouces quarrez, le poids de 10 livres y produira donc une charge de 1440 livres, le fond TV sera donc chargé en tout de 2160 livres, quoique la liqueur contenue avec le poids ne pese en tout que 21 livres.

30. Si l'expérience ne vérifioit cette Remarque & la Proposition sur laquelle elle est fondée, on auroit de la peine à croire cette prodigieuse augmentation de force ; mais le fait est constant, & il n'est point révoqué en doute par tous ceux qui ont les premiers principes de l'Hydrostatique. Pour faire l'expérience dont il s'agit, il faut que le fond TV soit mobile, qu'il puisse monter & descendre sans frottement considérable, & de maniere que la liqueur ne puisse pas s'échapper par les jointures, on trouvera que pour soutenir le fond TV, il faudra suspendre au bras FN de la balance MN, un poids P dont la pesanteur soit égale à celle de la colomne de la liqueur qui auroit pour base le fond TV, & pour hauteur CD.

31. Le vaisseau AB joint au tuyau CD est appellé quelquefois *Levier d'eau*, parce que cette machine a une propriété semblable à celle du levier ordinaire. Avec le levier ordinaire on éleve des poids d'autant plus grands que le bras auquel la puissance s'attache est plus long, ou que son point d'application est plus distant de l'appui : de même plus le tuyau CD est long, plus la liqueur qu'il contient fait d'effort, & plus les poids qu'elle peut élever en s'appuyant sur la base TV sont grands.

32. Voici une difficulté qu'on a coutume de faire contre la Remarque & la Proposition qui prouvent cette multiplication de force. S'il est vrai que le fond TV soit chargé comme s'il portoit une colomne de liqueur qui auroit pour base TV, & pour hauteur CD, lorsqu'on souleve avec la main le vaisseau AB avec le tuyau CD, on devroit sentir cette charge : l'expérience montre cependant qu'il suffit pour soutenir le vase d'employer une force égale à la pesanteur absolue de la liqueur qu'il contient.

Pour lever la difficulté, il faut faire attention à la maniere dont la liqueur du tuyau CD produit cette charge. La lame C est comme un coin qui tend à s'insinuer à droite & à gauche entre la liqueur contenue dans le vaisseau & son couvercle AB, & presse par conséquent la couche de liqueur qui est immédiatement sous ce couvercle avec un effort égal au poids de la liqueur CD ; & il

eſt évident que cette preſſion ſe communique à droite & à gauche
juſqu'aux extrémitez A & B du couvercle, & qu'elle ſe multiplie
autant de fois que la lame C eſt contenue dans cette premiere
couche, d'une maniere à peu-près ſemblable à ce qui arrive à pluſieurs boules qui ſont à la ſuite les unes des autres, ſi l'on pouſſe
la premiere, & que la derniere trouve un arrêt, la preſſion ſe tranſ-
met, & l'impulſion de la premiere ſe multiplie ſelon le nombre
des boules. L'effort qui preſſe la premiere couche, celle qui touche immédiatement le couvercle AB retombe donc tout entier
ſur la liqueur du vaiſſeau & ſur le fond TV : or cette premiere
couche ne peut agir de la ſorte ſur le fond TV, qu'elle ne faſſe
un effort ſemblable ſur le couvercle ; un coin agit également ſur
les deux côtez de la fente, le fond TV & le couvercle AB ſont
donc pouſſez en des ſens directement oppoſez ; & parce qu'ils tiennent l'un à l'autre, ces efforts contraires ſe détruiſent ou s'empêchent mutuellement : le fond TV eſt pouſſé en bas, & il eſt tiré en même-tems vers le haut par la réaction ou réſiſtance du
couvercle. L'effort de la lame C ſe multiplie donc conformément
à la loi de la fluidité ; mais cette augmentation de force ne doit
point ſe faire ſentir, parce qu'elle pouſſe également un même corps,
le fond du vaiſſeau & le couvercle ſuivant des directions oppoſées;
de-là vient que pour ſoutenir le vaiſſeau il ſuffit d'employer une
force égale au poids de la liqueur qu'il contient, parce qu'il n'y a
que la force abſolue de ce poids qui ne ſe conſume pas à preſſer
ſuivant des directions contraires, puiſque la liqueur, en tant
qu'elle eſt peſante, ne tend que vers un endroit.

DE L'ACTION DES LIQUEURS SUR LES PAROIS
ou côtez des vaiſſeaux ou réſervoirs qui les contiennent.

33. Lorſque dans la Propoſition précédente on a dit que l'a-
ction d'une liqueur ſur le fond d'un vaſe étoit égale au poids d'une
colomne de cette liqueur qui auroit pour baſe le fond du vaiſſeau,
& pour hauteur la perpendiculaire tirée de la ſurface ſupérieure de
la liqueur, on a ſuppoſé que les fonds des vaſes étoient horiſon-
taux, & que toutes leurs parties étoient également preſſées ; mais
ſi ces mêmes fonds étoient inclinez, le poids d'une telle colomne
ne repréſenteroit pas l'action de la liqueur ſur ces fonds, parce
qu'ils ne ſeroient pas également preſſez dans toute leur étendue.
La Propoſition qu'on vient d'établir ſert néanmoins pour déterminer cette charge, comme auſſi celle des parois ou côtez qui
peuvent être inclinez ou perpendiculaires à l'horiſon.

34. Il est évident que si une surface fait un angle avec l'horison, tous ses points ne seront point également élevez ; & s'il y a de la liqueur au-dessus, toutes les parties de cette surface ne porteront pas la même charge, la pression ira en diminuant de l'endroit le plus bas jusqu'au niveau de la liqueur, en sorte que la partie de cette surface qui est au même niveau ne sera aucunement pressée.

35. Si on divise par la pensée cette surface en ses élémens qui soient paralleles entr'eux & à l'horison, on pourra déterminer la charge de chacun en particulier, & de tous ensemble, c'est-à-dire l'action totale de la liqueur sur cette surface.

PROPOSITION IV.

36. *Chaque élément, c'est-à-dire, chaque surface partielle qu'on suppose d'une largeur indéfiniment petite, est chargée comme si elle portoit un colomne de liqueur qui auroit pour base la surface de l'élément, & pour hauteur celle du liquide qui est au-dessus, c'est-à-dire, la perpendiculaire menée de la surface à cet élément.*

Voici de quelle maniere on peut prouver cette Proposition : chaque couche horisontale de la liqueur peut être considérée comme le fond d'un vase ; ainsi la charge de cette couche est égale au poids de la colomne de la liqueur qui auroit pour base cette couche, & pour hauteur la perpendiculaire abbaissée du niveau de la liqueur sur la couche (2 3) ; or suivant la Proposition premiere & le Corollaire 6, la pression de ce poids se distribue aux parties de la couche, & à la liqueur qui est au-dessous, & aux parois du vaisseau, de maniere que les efforts produits sont entr'eux comme les surfaces ; donc chaque portion de la couche horisontale est chargée de même que si elle portoit le poids d'une colomne de la liqueur, qui auroit pour base cette portion de surface, & pour hauteur la perpendiculaire abbaissée du niveau sur la couche ; mais l'on peut considérer l'élément qui répond à une couche, comme une partie de sa surface ; donc la pression de cet élément est égale au poids d'une colomne de liqueur qui auroit pour base cet élément, & pour hauteur celle du liquide qui est au-dessus, ou la perpendiculaire abbaissée du niveau sur la couche horisontale qui répond à l'élément.

37. On suppose que l'élément a une largeur indéfiniment petite, afin qu'on puisse considérer tous ses points comme étant dans le même niveau ; car si l'élément avoit une largeur finie, ses différens points ne seroient pas à la même profondeur ; ils seroient

donc inégalement chargez, & la charge totale de l'élément ne pourroit pas être repréfentée par le poids d'une colomne de même hauteur par-tout.

38. Corollaires. 1°. Si on fuppofe que les élémens d'une furface font tous égaux entr'eux, les preffions ou charges qu'ils fupportent font entr'elles comme les différentes hauteurs du liquide qu'ils ont au-deffus ; & fi on divife par la penfée la hauteur totale du liquide en parties égales indéfiniment petites, ces différentes hauteurs croîtront de la furface vers le fond, comme les nombres naturels 1, 2, 3, 4, 5, &c. & feront dans la même progreffion; par conféquent les charges de ces élémens, fuppofez égaux entre eux, feront auffi dans la progreffion des nombres 1, 2, 3, 4, 5, &c. Si les élémens font inégaux en longueur, & qu'on ne confidere dans chacun qu'un point, les preffions de ces points feront encore dans la progreffion des nombres, 1, 2, 3, 4, 5, &c.

39. 2°. Si on mene des paralleles à la bafe d'un triangle, elles augmentent du fommet vers la bafe dans la progreffion des nombres naturels 1, 2, 3, 4, 5, &c. ces paralleles ou élémens d'un triangle peuvent donc repréfenter les preffions que fupportent les points des élémens pris de fuite fur une furface verticale ou inclinée qui eft chargée d'une liqueur.

40. 3°. On peut déduire de ce qui vient d'être dit une régle générale pour évaluer l'action totale d'une liqueur fur les parois des vafes qui la contiennent, quelles que foient d'ailleurs leurs figures & leur fituation, droite ou inclinée à l'horifon.

Pour cet effet il faut déveloper la furface intérieure du vafe, la concevoir étendue fur un plan horifontal, & divifée dans fes élémens paralleles entr'eux, & à l'horifon, & imaginer fur tous les points d'un même élément des perpendiculaires égales entr'elles & à la hauteur du liquide qui eft au-deffus de cet élément. Si on fait la même opération pour tous les autres élémens de cette furface, ces perpendiculaires formeront un folide dont le poids repréfentera l'action totale de la liqueur fur cette furface : or ces différens folides peuvent être évaluez par les régles de la Géométrie, & on en peut déterminer les foliditez.

41. On va appliquer la regle aux cas les plus ordinaires, on pourra l'étendre enfuite aux cas plus difficiles.

Suppofons 1°. que la figure dévelopée eft un parallelogramme Fig. 8. ABCD, dont les élémens paralleles entr'eux & à l'horifon foient repréfentez par les paralleles BC, GH, AD, &c. fi les perpendiculaires CF, BE repréfentent la plus grande hauteur du liquide, & que l'élément AD foit au même niveau que la liqueur, il eft vifible que la preffion de cet élément fera nulle, & que celle de l'élément BC, qui eft le plus bas de tous, fera la plus grande ; les preffions augmenteront donc depuis l'élément AD qui eft le plus haut, jufqu'à l'élément BC, qui eft le plus bas, augmenteront, dis-je, dans la progreffion des nombres 1, 2, 3, 4, 5, &c. Or fi des points E, F on mene les lignes EA, FD, on formera les triangles AEB, DFC, dont les parallèles FC, LH ou EB, IG, &c. repréfenteront de fuite les preffions des points B, G, &c. ou des points C, H, & par conféquent les preffions caufées fur les autres points des élémens BC, GH ; car tous les points d'un même élément font également preffez. Cela pofé, fi à tous les points de l'élément BC on imagine des lignes parallèles & égales à CF ou à BE ; qu'à tous les points de l'élément GH on imagine des lignes parallèles & égales à HL ou à GI, & ainfi de fuite pour les autres élémens, on aura les rectangles BEFC, GILH, &c. qui repréfenteront les preffions totales des élémens BC, GH. On formera de cette maniere des rectangles dont les hauteurs CF, HL, &c. diminueront dans la progreffion des membres 1, 2, 3, 4, 5, &c. & qui compoferont par conféquent le prifme triangulaire AEBCFD qui repréfente l'action totale de la liqueur fur la furface ABCD.

42. COROLLAIRES. 1°. Il fuit de-là que la preffion totale qu'une liqueur éxerce fur les parois d'un vaiffeau de figure prifmatique, quel qu'en foit le nombre de côtez, fini ou infini, comme dans le cylindre, eft repréfentée par un prifme triangulaire, qui a pour bafe un triangle rectangle dont les côtez de l'angle droit font égaux, l'un à la longueur des côtez du vaiffeau, & l'autre à la plus grande hauteur du liquide qu'il contient ; la hauteur de ce prifme eft égale au contour ou périmètre pris ou mefuré fur une perpendiculaire aux côtez du vaiffeau.

43. 2°. La régle a lieu pour les vaiffeaux qui font droits ou perpendiculaires à l'horifon, & pour les vaiffeaux inclinez ; car le dévelopement de tout prifme eft ou un parallelogramme ou un affemblage de parallelogrammes dont la charge ou preffion totale eft la même que celle d'un feul parallelogramme, pourvû que les deux dévelopemens foient égaux en furface, & que la liqueur foit également haute dans les deux vaiffeaux.

44. 3°. Si le vaiffeau qui contient la liqueur eft de figure pyra- Fig. 9. midale ou conique, le dévelopement fera un affemblage de trian- 10. gles, ou un fecteur de cercle ; après avoir divifé les triangles & le fecteur en leurs élémens paralleles entr'eux, & à l'horifon, fi la

ligne GH repréſente la hauteur du liquide dans le vaiſſeau, & que la pointe ou ſommet A ſoit tourné en bas, il faut élever à ce point une perpendiculaire au plan horiſontal, laquelle ſoit égale à GH, du point G qui eſt l'extrémité ſupérieure de cette ligne, en tirer d'autres aux points B, C, D, E.

Fig. 9. 10. Par cette conſtruction on formera une pyramide ou une portion de cone qui aura pour baſe le dévelopement du vaſe, & pour hauteur la hauteur du liquide contenu, cette pyramide, ou la portion de cone repréſentera l'action totale de la liqueur ſur les parois du vaiſſeau.

Fig. 9. 10. 45. Si la pointe eſt tournée en haut, pour lors il faudra élever aux points B, C, D, E des perpendiculaires égales à la ligne GH, & des extrémitez ſupérieures de ces perpendiculaires mener d'autres lignes au point A ; de cette maniere on formera autant de pyramides que le dévelopement contient de triangles, la ſomme des pyramides exprimera l'action totale de la liqueur ſur les parois du vaiſſeau. Si le dévelopement eſt un ſecteur de cercle, le ſolide formé ſera une portion d'un cylindre dans lequel on auroit creuſé un cone de même baſe & de même hauteur ; ce cylindre auroit pour baſe le cercle dont le ſecteur eſt une partie, & pour hauteur la ligne GH.

Fig. 11. 12. 46. Si le vaſe repréſente une pyramide ou un cone tronquez, le dévelopement ſera pour lors un aſſemblage de trapezes, & il ne ſera pas plus difficile de former par la penſée les ſolides qui repréſentent la charge totale des parois du vaiſſeau, ſoit que la grande ouverture ſoit tournée en bas ou en haut. Or il eſt aiſé par les régles de la Géométrie ordinaire d'évaluer ces différens ſolides, ou d'en trouver les ſoliditez, les peſanteurs, & par conſéquent les charges ou preſſions qu'ils repréſentent.

DE L'EQUILIBRE DES LIQUEURS DANS LES VAISSEAUX qui communiquent.

Fig. 13. 47. Si l'on a deux vaiſſeaux ABCE, ECOD dont les fonds EC, EC, qu'on ſuppoſe égaux en tout, ſoient verticaux, qu'on y verſe d'une même liqueur en ſorte qu'elle ſoit à la même hauteur MN dans l'un & dans l'autre, l'expérience montre que ſi l'on joint les deux vaſes, afin que la liqueur puiſſe communiquer & couler de l'un dans l'autre par l'ouverture commune CE, il y aura équilibre entre la liqueur qui eſt contenue dans le grand vaſe, & celle qui eſt dans le petit, ſi elle eſt à la même hauteur dans l'un & dans l'autre, comme on le ſuppoſe, la grande colomne MGLF

ne furmontera point la petite colomne ON : on ne fait aucune attention à la liqueur contenue dans l'efpace horifontal GBCO , qui
par elle-même ne poufle pas plus vers la droite que vers la gauche. Or on peut donner plufieurs preuves de cet équilibre qu'on
va déduire dans la Propofition fuivante.

PROPOSITION V.

48. *Si la liqueur contenue dans le vafe recourbé* ABCD *eſt de
miveau ou à la même hauteur dans les deux branches , elle eſt en
équilibre , la grande colomne* MGLF *ne pourra furmonter la réfiſtance de la petite colomne* ON.

PREMIÈRE DÉMONSTRATION. On peut confidérer les deux Fig. 137.
branches ABCE , ECOD , comme deux vafes qui ont un même
fond mobile EC : fi la colomne MGLF ne fait pas fur ce fond
un effort plus grand que la colomne ON , il eſt vifible que ce fond
étant pouffé en fens contraires par des forces égales , demeurera
en repos, & qu'il y aura équilibre entre la grande & la petite
colomne.

1°. Si les deux colomnes font cylindriques, on peut les confidérer comme deux poids qui preffent la liqueur contenue dans
l'efpace GBCOEL par les ouvertures GL , OI. Cela pofé, felon
l'hypothèfe les colomnes ont une même hauteur ; donc elles font
entr'elles comme les bafes GL , OI , qui font les ouvertures par
où ces colomnes preffent la liqueur qu'elles ont au-deffous ; or le
Corollaire 6 de la première Propofition fait voir que fi deux
poids preffent une liqueur par des ouvertures qui foient dans la
raifon des poids , les preffions font proportionnelles aux furfaces
preffées , en forte que fi ces deux poids preffent la même furface, la
preffion eſt également forte ; la lame mobile CE eſt donc preffée
d'une force égale par les colomnes MGLF & ON , donc cette
lame ou fond mobile EC doit demeurer en repos ; & les colomnes
qui la preffent être en équilibre.

2°. Si la branche OD eſt conique , il faut concevoir que la liqueur qu'elle contient eſt divifée en tranches ou lames de même
épaiffeur, la colomne GF en contiendra le même nombre , & elles
auront une épaiffeur égale à celle des tranches de la colomne ON,
puifque ces colomnes ont felon l'hypothèfe la même hauteur ; cela
étant, il eſt certain que deux de ces tranches prifes à volonté
dans les deux colomnes font dans la raifon de leurs bafes , puifqu'elles ont la même épaiffeur ; or ces bafes font les ouvertures
par où elles preffent la lame EC , c'eſt-à-dire , que ces deux tran-

ches preſſent une même ſurface par des ouvertures qui leur ſont proportionnelles ; donc elle font la même impreſſion ſur la lame EC ; d'où il eſt aiſé de conclure que la ſomme des tranches d'une part ne pouſſe pas la lame EC avec plus de force que fait la ſomme des tranches de l'autre part ; donc la colomne conique OD doit être en équilibre avec la colomne cylindrique GF.

IIᵈᵉ. DEMONSTRATION. Dans cette ſeconde maniere de prouver, nous raiſonnerons d'après un principe qu'on a établi dans le Livre IV(3 6), lorſqu'on a démontré la Propoſition fondamentale de mécanique de M. Deſcartes. Voici ce principe : Si une puiſſance tend à mouvoir un poids contre ſa direction naturelle , il réſiſte d'autant plus , que cette force tend par un ſeul & même effort à lui faire parcourir un plus grand eſpace , parce que la force qui eſt appliquée au poids ſe met dans la néceſſité de ſurmonter la reſiſtance abſolue du poids , d'autant plus ſouvent que l'eſpace parcouru eſt plus grand. Cela poſé , ſi la colomne GF deſcend , ou plûtôt tend à deſcendre tant ſoit peu , il eſt néceſſaire que la colomne ON monte ; & s'il étoit poſſible qu'elle ne montât qu'autant que la colomne GF deſcend , il eſt bien certain qu'elle empêcheroit ou rendroit inutile une partie de la force de la colomne GF ; en ſorte que ſi la colomne ON eſt la dixiéme partie de la colomne GF, la colomne GF perdroit la dixiéme partie de ſa force en s'éxerçant ſur la colomne ON ; mais ſi la colomne GF ne peut deſcendre tant ſoit peu, qu'elle ne faſſe parcourir ou qu'elle ne tende à faire parcourir à la colonne ON un eſpace dix fois plus grand , il eſt viſible que la réſiſtance de la colomne ON ſera dix fois plus grande, & par conſéquent ſa force relative ſera égale à l'action de la colomne GF, & la tiendra en équilibre : or la colomne GF ne peut faire effort pour deſcendre tant ſoit peu, qu'elle ne contraigne la colomne ON à parcourir contre ſa direction un eſpace dix fois plus grand. Si la colomne GF tend à deſcendre d'un milliéme de ligne , il eſt néceſſaire que la liqueur qu'elle tend à faire entrer dans la branche OD y occupe une hauteur dix fois plus grande , c'eſt-à-dire , un centiéme de ligne , puiſque la baſe du petit cylindre de liqueur qui entre dans la branche OD a une baſe dix fois moindre que n'auroit la branche GF ; la réſiſtance de la colomne ON eſt donc égale à la peſanteur abſolue de la colomne GF ; donc ces deux colomnes ſont en équilibre. Si la colomne ON étoit de figure conique , ſon volume ſeroit moindre qu'étant cylindique , cependant la colomne GF ne pourroit pas non plus en ſurmonter la réſiſtance , parce que les côtez du tuyau étant inclinez l'un à l'autre , s'oppoſeroient

ſeroient

feroient au mouvement de la colomne ON, & détruiroient une partie de la force de la colomne GF ; d'ailleurs la colomne ON étant moindre que fi elle étoit cylindrique, ne pourroit être mûe, à moins qu'elle ne reçût une plus grande viteffe, ce qui augmenteroit fa réfiftance ; ces deux caufes jointes enfemble fuppléent à la foibleffe de la colomne ON, & ont le même effet que fi elle étoit cylindrique.

49. On peut dire en troifiéme lieu, que toute la colomne GF n'agit pas fur la colomne ON ; car il eft évident que l'effort de cette colomne eft foutenu par la réfiftance du tuyau EIOC, & qu'il n'y a de cette colomne que la partie qui répond à l'ouverture O, qui tende à foulever la liqueur ON.

50. REMARQUE. La Propofition qu'on vient de démontrer fouffre une exception que voici. Si l'on verfe de l'eau dans un tuyau recourbé, dont l'une des branches foit d'un fort petit diametre, comme font les tuyaux qu'on appelle *Capillaires*, elle monte dans la petite branche au - deffus du niveau de la groffe, & s'y tient ; mais fi on fait l'expérience avec du mercure, il s'arrête dans la petite branche au-deffous du niveau de la groffe. M. Carré de l'Académie des Sciences, dans un Mémoire, année 1705, entreprend de développer la caufe de cet effet. L'eau a la propriété de s'attacher au verre, il arrive donc que le filet d'eau qui s'infinue dans le tuyau capillaire eft foutenu en partie par fon adhérence aux parties intérieures du tuyau, elle devient par là moins pefante, ou plutôt elle éxerce moins fa pefanteur fur la colomne de la groffe branche, laquelle étant ainfi fupérieure en force, éleve l'eau de la branche capillaire à une hauteur où elle puiffe retrouver dans la quantité la force qu'elle perd par l'adhérence. Deux caufes concourent donc à tenir l'eau de la branche capillaire au-deffus du niveau, 1°. l'adhéfion de l'eau au verre, 2°. la force de l'eau contenue dans la groffe branche, laquelle devient ainfi fupérieure à celle de l'eau de la petite : d'où l'on voit que la feule adhéfion ou la feule propiété de s'attacher ne fuffit pas pour élever l'eau de la branche capillaire au-deffus du niveau, il faut outre cela une force qui oblige l'eau de monter contre fa propre pefanteur.

Or voici une feconde expérience où l'eau monte dans un tuyau capillaire, quoiqu'il n'y ait aucune caufe fenfible qui doive produire cette afcenfion. Si l'extrêmité d'un tuyau capillaire touche la furface de l'eau fans s'y enfoncer, l'eau monte & fe met au-deffus du niveau. Quelle eft la caufe qui l'oblige ainfi de monter ? M. Carré trouve encore qu'il y a une caufe de l'afcenfion de l'eau.

* Ooo

L'eau s'attache au bord du verre , les colomnes qui répondent à l'ouverture du tuyau en deviennent par-là moins pesantes ou plus foibles , & les colomnes environnantes plus fortes ; or cet excès de force est employé à pousser dans le tuyau capillaire l'eau qui répond à son ouverture.

Voici la preuve que l'adhérence de l'eau ou la propriété qu'elle a de s'attacher , contribue avec la pesanteur à la tenir dans les tuyaux capillaires au-dessus du niveau : si on enduit de suif le dedans de ces tuyaux , l'eau ne s'y met que de niveau ; si on enfonce la partie qui est enduite, au-dessous de la surface de l'eau , elle monte à son ordinaire au-dessus du niveau ; s'il n'y a qu'un côté qui soit enduit , l'eau se met de niveau de ce côté-là , & monte au-dessus de l'autre côté qui n'est point enduit. Or on sçait que l'eau ne s'attache point au suif. L'expérience fait donc voir que dès-là que l'eau perd dans les tuyaux capillaires l'appui qui la soutient , elle suit la régle générale , qui est d'avoir toutes ses colomnes au même niveau.

51. Cette explication , toute simple & méchanique qu'elle est , est néanmoins insuffisante , & on ne peut pas l'adopter pour tous les cas semblables. M. Petit le Médecin , de l'Académie des Sciences , rapporte & fait une expérience sur l'ascension de l'eau dans les tuyaux capillaires, où l'explication de M. Carré ne peut pas trouver sa place. On tient verticalement un tuyau capillaire , on verse sur sa surface extérieure quelques gouttes d'eau assez grosses pour pouvoir boucher l'ouverture inférieure du tuyau , & l'on voit qu'aussi-tôt qu'elles sont descendues jusques-là , elles rebroussent chemin , montent au-dedans du tuyau , & y montent à la même hauteur où l'eau se seroit élevée si le tuyau avoit été trempé à l'ordinaire dans un vaisseau. Il n'importe aucunement que l'on verse les gouttes d'eau d'une hauteur plus ou moins grande, la seule condition nécessaire est qu'elles soient au moins de même diametre que le tuyau capillaire : l'expérience réussit dans un lieu vuide d'air & en plein air. (Voyez les *Mémoires de l'Académie*, *année* 1724, *pag.* 98). Or il est bien certain que les colomnes environnantes n'ont pas agi à l'extrémité du tuyau par l'excès de leur pesanteur , pour contraindre les gouttes d'eau de rebrousser chemin , & de monter dans le tuyau. Le phenomene dont il s'agit dépend donc d'une cause différente de celle-là. Il faut cependant convenir que l'adhérence a beaucoup de part à l'effet produit , en ce qu'elle rend l'action de la pesanteur inutile , & l'empêche de détacher les gouttes d'eau lorsqu'elles sont parvenues à l'extrémité du tuyau , mais

cette adhérence ne suffit pas pour élever d'elle-même les gouttes d'eau dans le tuyau, en leur faisant prendre une détermination toute contraire à celle qu'elles avoient auparavant, il faut une cause active, une force pour produire cet effet. Cette force ne paroît pas être différente de celle qui réünit les parties des liqueurs en molecules, & qui tend à leur donner la figure sphérique, comme on l'a expliqué ci-dessus.

Lorsque les gouttes d'eau sont descendues au bas du tuyau, & qu'elles en bouchent l'ouverture en s'y attachant, l'équilibre qui est entre les parties de la goutte (abstraction faite de l'action de la pesanteur, laquelle est surmontée par l'adhérence) est rompu : avant que la goutte s'attachât, elle étoit poussée également en tout sens, c'est pour cette raison qu'elle affecte une figure ronde ; après qu'elle s'est attachée, les parties qui sont à l'endroit du contact cessent d'être poussées de la circonférence vers le centre de la goutte, puisqu'elles sont comme collées au verre, l'équilibre qui étoit auparavant entre les parties de la goutte est donc rompu, la goutte est poussée plus fortement du dehors en dedans du verre, que du dedans en dehors, c'est pourquoi elle est contrainte de fluer & de monter dans le tuyau. Lorsqu'on veut déterminer par les loix de la Physique la nature de cette force, plusieurs difficultez se présentent ; de-là vient le partage des sentimens & le peu d'accord qu'il y a entre les Philosophes sur ce point. On a déja remarqué plus haut que dans le *Système* des Physiciens qui expliquent tous les mouvemens par l'impulsion, l'idée de M. de Mairan avoit toute la vraisemblance possible, & qu'elle paroissoit la mieux établie. Voyez l'*Histoire de l'Académie*, *année* 1724, *page* 13.

52. Pour ce qui est du mercure, il doit demeurer dans la branche capillaire au-dessous du niveau.

Pour voir la raison de cet effet, on remarquera que dans la colomne de mercure qui est dans la grande branche, il n'y a que le filet qui répond à l'ouverture de la branche capillaire qui agit sur le mercure qui est dans cette petite branche, le reste de la liqueur contenue dans la grande est soutenu ou arrêté par les parois du tuyau. Cela posé, on sçait que le mercure ne mouille point le verre ou ne s'y attache point, au contraire les parties de cette liqueur sont fort adhérentes les unes aux autres ; il faut donc concevoir deux filets de mercure qui se contrebalancent, celui qui est dans le tuyau capillaire n'est point soutenu par son adhérence au verre, mais le filet qui est engagé dans la colomne de la grande branche est adhérent au mercure qui l'environne, il perd donc une partie de fa force, il doit donc occuper une plus grande hauteur dans la groffe branche pour contrepefer le filet qui réagit de toute fa force. Si le tuyau capillaire eft enduit de fuif, le mercure s'y met au niveau de celui de la grande branche, parce que pour lors il s'attache aux parois du verre, & perdant par cette adhérence une partie de fa force, il eft néceffaire qu'il occupe une plus grande hauteur que lorfqu'il ne s'attache point, par-là il conferve affez de force pour réfifter au filet de la groffe branche.

DE L'ÉQUILIBRE DES LIQUEURS DE DIFFÉRENTES pefanteurs fpécifiques.

53. On rappelle ici deux Propofitions du fecond Livre fur le rapport des poids, lorfqu'on compare les pefanteurs abfolues de deux volumes égaux de matieres différentes, le rapport qui eft entre les poids de ces deux volumes égaux, eft appellé leur *Pefanteur fpécifique* : ainfi fi en comparant les poids d'un pied cube de vif-argent & d'un pied cube d'eau, on trouve que le poids de vif-argent eft à celui du pied cube d'eau, comme 14 eft à 1, on dit que la pefanteur fpécifique du vif-argent eft à celle de l'eau, comme 14 eft à 1, & que la pefanteur fpécifique de l'eau eft à celle du vif-argent comme 1 eft à 14, ou bien qu'elle eft $\frac{1}{14}$ de la pefanteur du vif-argent.

54. *Lorfque deux corps pefent également, qu'ils pefent, par éxemple, l'un & l'autre 14 livres, leurs pefanteurs fpécifiques font entr'elles réciproquement comme les volumes de ces poids égaux.* Car fuppofons que deux maffes, l'une de vif-argent, & l'autre d'eau, pefent chacune 14 livres, & que le volume de vif-argent foit 14 fois moindre que le volume d'eau, il eft bien certain que fi on rend le volume d'eau 14 fois plus petit, c'eft-à-dire, qu'on l'égale à celui du vif-argent, il pefera quatorze fois moins que celui du vif-argent, auquel il eft égal, par conféquent les pefanteurs fpécifiques de l'eau & du vif-argent font entr'elles, comme 1 & 14, c'eft-à-dire, qu'elles font entr'elles réciproquement, comme les volumes dont les poids font égaux.

PROPOSITION VI.

Fig. 14. 55. *Si on verfe dans un tuyau recourbé* ABCD *deux liqueurs qui ne fe mêlent point, elles feront en équilibre fi elles occupent des hauteurs qui foient entr'elles réciproquement comme leurs pefanteurs fpécifiques.*

DEMONSTRATION. Suppofons que la liqueur la moins

pefante occupe la hauteur ON., fi on tire la ligne horifontale GIEO , il eft certain que la liqueur qui eft au-deffous de cette ligne étant de niveau , & de même pefanteur fpécifique , eft en équilibre avec elle-même ; ainfi cette liqueur ne tend aucunement par elle - même à furmonter ni la colomne GF , ni la colomne EN ; il faut donc prouver que fi ces colomnes ont leurs hauteurs GM , ON dans la raifon réciproque de leurs pefanteurs fpécifiques , elles font en équilibre. 1°. Si les branches du vafe font également larges , & que la bafe GI foit égale à la bafe EO , les colomnes GF, EN ayant des bafes égales , font entre elles comme les hauteurs GM , ON ; or par l'hypothèfe les pefanteurs fpécifiques des liqueurs contenues dans le tuyau recourbé font entr'elles réciproquement comme les hauteurs GM , ON ; donc les pefanteurs fpécifiques de ces liqueurs font entr'elles réciproquement comme les volumes des colomnes GF, EN , donc les poids abfolus de ces colomnes font égaux. On peut donc confidérer ces deux colomnes comme deux poids égaux qui preffent la liqueur qui eft au-deffous du niveau GO par des ouvertures égales ; donc les preffions contraires qu'ils caufent fur cette liqueur font auffi égales , l'une d'elles ne peut donc l'emporter fur l'autre , par conféquent les colomnes font en équilibre.

2°. Si les bafes GI , EO font inégales , les poids ou les pefanteurs abfolues des colomnes GF , EN font entr'elles , comme les bafes inégales GI , EO , puifque fi ces bafes étoient égales , les colomnes peferoient également ; les colomnes GF , EN font donc deux poids qui preffent la liqueur qu'il y a au-deffous de l'horifontale GO , par des ouvertures qui font dans la même raifon que ces poids , donc les preffions contraires qu'ils éxercent fur la liqueur font égales ; donc l'une ne peut furmonter l'autre , par conféquent les colomnes GF , EN font en équilibre (12. 15). On peut donc conclurre en général que fi les liqueurs contenues dans le vaiffeau recourbé ABCD ont leurs hauteurs entr'elles réciproquement comme leurs pefanteurs fpécifiques , elles font en équilibre.

On pourroit encore démontrer cette Propofition de la même maniere qu'on a démontré la précédente , en faifant voir que la liqueur contenue dans une branche ne peut pas contraindre celle qui eft dans l'autre de monter. 1°. Cela eft évident fi les branches font égales en largueur , puifqu'alors les poids abfolus font égaux de part & d'autre , l'un ne peut donc pas obliger l'autre de monter. 2°. Si les branches font inégalement larges , il eft vrai que le poids

Fig. 15.

de la liqueur de la petite branche fera moindre, mais d'un autre côté la colomne de la groffe branche trouvera dans la petite colomne une réfiftance plus grande, puifqu'elle ffera néceffitée à lui faire parcourir contre fa direction un efpace d'autant plus grand, qu'elle fera plus petite ; d'où l'on conclura, comme dans la Propofition précédente, que la colomne la plus pefante ne peut pas furmonter la moins pefante.

En nombres. Suppofons que la colomne GF eft de vif-argent, & Fig. 14. la colomne EN de l'eau, on fçait que les pefanteurs fpécifiques de ces deux liqueurs font entr'elles comme 14 & 1 ; donc felon l'hypothèfe la hauteur GM fera à la hauteur ON, comme 1 eft à 14 ; ainfi fi la colomne EN avoit la même hauteur que la colomne GF, elle peferoit 14 fois moins, fuppofé que les bafes GI, EO fuffent égales ; mais puifque la hauteur ON eft 14 fois plus grande que GM, il eft vifible que le poids de la colomne EN fera égal à celui de la colomne GF, fi les bafes GI & EO font égales ; donc les colomnes GF, EN caufent des preffions égales fur la liqueur qui eft au-deffous de l'horifontale GO. Si les bafes GI, EO font inégales, que la bafe EO ne foit que la moitié de la bafe GI, pour Fig. 15. lors la colomne EN ne fera auffi que la moitié d'une colomne d'eau qui peferoit autant que la colomne GF, par conféquent les colomnes GF & EN font entr'elles comme les bafes GI, EO ; donc elle produifent fur la liqueur qui eft au-deffous de l'horifontale GO des preffions égales qui ne peuvent fe furmonter l'une l'autre (12. 15).

56. **COROLLAIRE.** Cette Propofition fournit un moyen facile de comparer les pefanteurs fpécifiques des liqueurs. Qu'on verfe dans un tuyeu recourbé deux liqueurs (il faut qu'elles foient de nature à ne fe pas mêler, comme l'huile, l'eau, le vif-argent, &c.) dans l'équilibre ces liqueurs doivent occuper des hauteurs qui foient entr'elles réciproquement comme les pefanteurs fpécifiques, c'eft pourquoi fi on mefure les deux hauteurs, on pourra conclure que la pefanteur fpécifique de la liqueur la plus pefante eft repréfentée par la grande hauteur, & que celle de la moins pefante eft exprimée par la moindre.

DE L'ÉQUILIBRE DES LIQUEURS DANS DES VASES
fouples & qui changent facilement de figure dans tous les fens.

57. L'équilibre ne fe fait pas autrement dans les vafes fouples dont il s'agit ici ; tels font tous les vafes de peau, les veffies, &c. que dans les vaiffeaux qui réfiftent, il y a cependant quelques pro-

proprietez à considerer , & certains effets à expliquer qui ne se trouvent pas dans les vaisseaux ordinaires , c'est pourquoi il n'est pas inutile de dire quelque chose en particulier des vases qui prennent toutes les figures qu'on léur veut donner.

58. 1º. S'il y a de la liqueur dans un sac de peau ou dans une Fig. 16. vessie BCEG à laquelle on ait adapté deux tuyaux AB, CD, on conçoit qu'il y aura équilibre si la liqueur est au même niveau dans les deux tuyaux quelles que soient d'ailleurs les ouvertures CE, BG, & la figure de la vessie ; car on prouvera, comme on a fait ci-devant, que les pressions que supportent les lames de liqueur qui sont aux ouvertures BG, EC, sont dans la raison des ouvertures , c'est pourquoi une colomne ne doit point l'emporter sur l'autre. On pourroit encore considérer ce vaisseau comme étant composé de deux vases ABNMG, DCNME qui communiquent l'un dans l'autre, & qui ont pour base commune la lame MN qui est la plus basse de toutes ; d'où l'on conclura encore que si la liqueur est également haute dans les deux tuyaux , la lame MN sera poussée en sens contraires par des efforts égaux, par conséquent il y aura équilibre.

59. 2º. Si l'on retranche le tuyau CD , & qu'au lieu de la Fig. 17. colomne de liqueur que ce tuyau contient on substitue un poids P qui presse par l'ouverture EC, il y aura encore équilibre entre la liqueur contenue dans le tuyau AB & le poids P , si ce poids & la colomne AB sont dans la raison des ouvertures EC, BG, puisque le poids P & la colomne de liqueur dont il tient la place , causent la même pression à l'ouverture EC.

60. 3º. Si on suppose que l'ouverture EC est fermée, & que Fig. 18. l'on mette sur la vessie un poids P , il est évident qu'il l'applatira , & parce qu'on suppose que la vessie est parfaitement souple, molle & flexible , il est certain qu'on peut considerer la portion de sa surface par où le poids P la touche comme une ouverture par laquelle ce poids communique sa force à la liqueur ; car lorsque le poids P presse par une ouverture EC , sa force se distribue d'abord aux molecules qui sont pressées immédiatement, en sorte que plus leur nombre est grand , c'est-à-dire, plus l'ouverture EC est grande, moins chaque molecule est pressée, plus l'ouverture est petite, le poids étant le même , plus la pression causée sur chacune d'elles, est grande ; de ces premieres molecules, l'action du poids est ensuite communiquée à toute la liqueur , de maniere que les surfaces égales à l'ouverture EC, sont autant pressées que la lame de liqueur qui lui répond ; les surfaces qui sont plus grandes ou plus petites , supportent des efforts qui leur sont

proportionnels : or puifque la veffie eft fuppofée parfaitement fouple , molle & flexible , il n'y a aucun doute que fi le poids P s'appuie fur une partie de fa furface , il ne preffe la lame de liqueur
qui lui répond immédiatement avec la même force que fi la pel-
licule qu'il touche étant déchirée , il la preffoit par un contact
immédiat. C'eft pourquoi fi le poids P eft à la colomne AB comme la furface EC par où il touche la veffie eft à l'ouverture BG ,
il y aura équilibre , & la maniere de le déterminer fera encore la
même que dans l'hypothefe de la Fig. 16.

61. 4°. Plus la furface touchée fera petite & le poids P grand ,
plus la colomne AB qui fait équilibre avec ce poids fera haute ,
car la bafe de cette colomne étant toujours la même , fon poids
doit augmenter à raifon de fa hauteur. Cela pofé , dans l'équilibre la colomne AB & le poids P font dans la raifon de l'ouverture BG & de la furface touchée EC ; donc l'ouverture BG étant
la même , plus la furface touchée EC fera petite , plus la colomne
BG fera pefante, & par conféquent plus haute , en fuppofant que le
poids P ne change point ; mais fi le poids P augmente , il faudra
que la colomne AB s'éleve encore plus haut pour contrepefer ce
furcroit de pefanteur du poids P.

62. 5°. Si la veffie eft preffée en divers fens par des puiffances
appliquées au dehors à fa furface , & dont l'une d'elles peut être
répréfentée par le poids P , chacune fera à la colomne AB comme
la furface touchée ou preffée par cette puiffance eft à l'ouverture
BG , car la portion de la furface touchée ou preffée par une puiffance , eft comme une ouverture par où elle comprime la liqueur
de la veffie : or il eft évident que fi les preffions que ces puiffances
exercent font dans la raifon des portions des furfaces applaties
ou preffées , il y aura équilibre entre toutes ces puiffances & la colomne AB ; car ce font comme divers poids qui preffent la liqueur
d'un vaiffeau par differentes ouvertures , s'ils font dans la raifon
des ouvertures , il doit y avoir équilibre (12 , 13 , 14) ; donc
réciproquement fi toutes ces puiffances font en équilibre entr'elles & avec la colomne AB , les preffions font entr'elles comme
les portions de furface touchées & preffées par où la preffion fe
communique à la liqueur ; par conféquent chaque puiffance eft à
la colomne AB , comme la portion de furface qu'elle applatit
en la preffant , eft à l'ouverture BG.

63. Il fuit de-là que quelque foit le nombre des puiffances qui
compriment une veffie par dehors , quelle que foit auffi la figure
qu'elles lui font prendre , fi l'une d'elles , par exemple , le poids P
eft

eft connu , & que la furface EC que ce poids touche, & l'ouver
ture BG foient auffi connues , on pourra déterminer la hauteur de
la colomne AB, car le poids P & celui de la colomne AB, font
entr'eux comme les furfaces EC, BG ; en forte que fi l'on con
noît trois termes de cette proportion , le quatriéme pourra être
facilement déterminé.

64. 6º. Si une veffie eft comprimée en dehors par un feul poids Fig. 19.
P au moyen de plufieurs cordelettes FGC , FDC , FEC , &c. qui
paffant pardeffus la veffie , partent toutes d'un point fixe F , &
aillent aboutir au point C où le poids P eft fufpendu , on pourra
avoir le rapport du poids P à la colomne AB en mefurant la furface plane L commune à la veffie & au plan XY. Car il faut concevoir que la réfiftance du point fixe F tient lieu d'un poids R ,
& que la veffie eft applatie en L par le poids P au moyen de la
réfiftance en F , de même que fi une puiffance N étant dirigée
fuivant NL , foutenoit la veffie avec les deux poids P,R fufpendus
en C & en F ; or par la propriété du levier , la puiffance N eft
égale à la fomme des poids P , R ; donc fi le rapport de la furface
L à l'ouverture BG eft connu , le rapport de la fomme des poids
P , R ou de la puiffance N à la colomne AB , fera auffi connu ,
on pourra donc déterminer le poids de la colomne AB. Car la
furface L eft à l'ouverture BG comme la fomme des poids P+R
ou la puiffance N eft au poids de la colomne AB.

65. Si le poids R n'eft pas égal au poids P , il pourra être connu
par la propriété du levier , les diftances CL , FL étant données.

66. 7º. Si on ne connoît point l'applatiffement que le poids P
caufe fur la veffie en L , ou bien même fi ce poids la comprime de
maniere à n'en caufer aucun qui foit fenfible , comme fi la veffie
étoit fufpendue en l'aïr , & le poids P à fon extrêmité inférieure C;
il eft vifible que pour déterminer le rapport du poids P à celui de
la colomne AB dans le cas d'équilibre , il faudroit fçavoir quelle
figure les cordelettes prennent en comprimant la veffie ; car la
compreffion fera différente , & conféquemment la hauteur de la
colomne AB , felon les changemens de figure qui arriveront à la
veffie & aux cordelettes qui la ferrent de toutes parts ; la colomne
AB tend à gonfler la veffie , & à la rendre convexe le plus qu'il
eft poffible , & le poids P tend à l'allonger & à diminuer fon
gonflement ; afin donc de bien entendre en quoi confifte l'action
réciproque que le poids P & la colomne AB éxercent l'un fur
l'autre par le moyen de la veffie , il eft néceffaire de connoître
quelle eft fa figure , & jufqu'à quel point elle eft gonflée.

*Ppp

67. 8º. Quoique l'on ignore quelle eſt la figure d'une veſſie ainſi tirée par le poids P, on peut cependant avoir le rapport des hauteurs de la colomne AB ſelon les différens changemens de figure auxquels la veſſie eſt ſujette, ſi l'on peut connoître par le toucher ou autrement, les divers degrez d'endurciſſement qui lui arrivent ; car ſi la veſſie devient 2 , 3 , 4 fois plus dure, ce ne ſera que parce que la colomne AB éxerce ſur la liqueur qu'elle contient une preſſion 2, 3, 4 fois plus grande, il faut donc qu'elle ſoit 2 , 3 , 4 fois plus haute pour produire cet effet : or on pourra juger du degré d'endurciſſement, ſi pour applatir la veſſie d'une égale ou de la même quantité, il faut employer différentes forces ; ſi la force employée eſt double triple, la veſſie ſera deux ou trois fois plus dure.

Fig. 20.

68. 9º. Si pluſieurs veſſies communiquent les unes aux autres, l'équilibre entre le poids P & la colomne AB ſuit la même loi que ſi ces deux puiſſances n'agiſſoient l'une contre l'autre qu'au moyen d'une ſeule veſſie ; ainſi dans l'équilibre le poids P & la colomne AB ſont dans la raiſon de la partie touchée par le poids à la ſomme des ouvertures B , G , &c. Et ſi le poids P & la co-lomne AB ſont dans ce rapport, il y aura équilibre. Car puiſque la liqueur d'une veſſie communique avec la liqueur de pluſieurs au-tres, on peut conſiderer leur aſſemblage comme un ſeul vaſe, la liqueur y eſt également preſſée dans toutes de même que ſi elle étoit contenue dans une ſeule, l'équilibre entre le poids P & la colomne AB ne ſe fait donc pas autrement que s'ils ne compri-moient que cette ſeule veſſie. La figure & le nombre ne changent rien dans cet équilibre, il eſt bien vrai que plus il y a de veſſies poſées les unes ſur les autres, elles peuvent en ſe gonflant élever le poids P à une plus grande hauteur que ſi elles étoient en moin-dre nombre ; mais c'eſt le rapport de la ſurface touchée EC, à la ſomme des ouvertures B , G , &c. qui détermine celui que le poids P & la colomne AB doivent avoir dans l'équilibre, parce que la ſurface EC eſt comme une ouverture par où le poids P preſſe la li-queur contenue dans les veſſies ſur leſquelles il eſt immédiatement appuyé.

69. 10º. Si ces veſſies ſont ſous une même envelope Fig. 19. & qu'elles ſoient toutes preſſées par le poids P , il produira ſur les plus baſſes qui touchent le plan XY un applatiſſement en L ; cette ſurface applatie de la ſorte au moyen de l'envelope qui eſt tirée & bandée par le poids P, peut ſervir à déterminer le rapport de ce poids à celui de la colomne AB , comme dans le nombre 6º.

Mais fi la veffie eft fituée de maniere que le poids P n'y produife aucun applatiffement fenfible comme dans le cas où elle feroit toute foutenue en l'air , pour lors afin de bien entendre l'équilibre il faudroit déterminer la figure de l'envelope , & la maniere dont fes différentes parties preffent les veffies , pour la raifon qu'on en a donné au nombre 7.

70. 110. Cependant quoique dans l'hypothefe du nombre précedent on ne puiffe pas déterminer le rapport du poids P au poids de la colomne AB fans connoître la figure de l'envelope qui ferre toutes les veffies , & les preffe les unes contre les autres , on peut néanmoins avoir le rapport des différentes hauteurs de cette colomne , fuppofé que les divers degrez d'endurciffement foient connus , ainfi qu'on vient de l'expliquer au nombre 8.

71. REMARQUE. Les Philofophes fuppofent ordinairement que les mufcles font compofez de veficules , ou du moins que lorfqu'ils fe contractent , & que par quelque effort ils fe durciffent , leur matiere fe transforme & fe difpofe en petites cellules ; ils difent auffi que la liqueur qui y couloit auparavant avec liberté , s'y trouve arrêtée par les ligatures qui fe font d'itervalle en intervalle fuivant la longueur du mufcle , & parce que d'un côté elle eft réduite à occuper un moindre efpace , & que d'un autre côté elle continue d'être pouffée par la force qui tend à la faire couler , elle preffe les parois des veficules , les gonfle & leur donne une confiftance affez grande pour fupporter des poids confidérables.

72. Dans l'action d'un mufcle on peut diftinguer deux forces , l'une qui le gonfle , l'autre force confifte dans la charge que le mufcle foutient à l'endroit de l'os où il eft attaché ; cette force fe détermine par la proprieté fort connue du levier : ainfi , par exemple , fi un poids eft fufpendu à l'extremité de l'avant bras , & que le tendon ou l'attache du mufcle foit dix fois moins éloignée du point fixe autour duquel l'avant bras tourne , que n'eft le poids qui eft fufpendu à fon extremité , le tendon foutiendra un effort dix fois plus grand que le poids fufpendu. Si un homme peut foutenir avec la main un poids de 50 livres en tenant l'avant bras dans une fituation horizontale , le tendon du mufcle moteur fera tiré avec un effort de 500 livres. Pour avoir la force qui gonfle le mufcle , il faut la comparer avec celle dont on vient de parler , laquelle le tire & tend à l'allonger. Suppofons que la veffie de la Fig. 19 , compofée d'une multitude de veficules , puiffe exécuter les mouvemens femblables à ceux d'un mufcle , le poids de la colomne de liqueur répréfentera la force qui gonfle le mufcle , l'ou-

verture BG , les ouvertures qui laiſſent entrer la liqueur dans les veſicules , les points F , C feront les extrêmitez ou attaches du muſcle , les poids P, R les charges qu'elles ſoutiennent dans les efforts que le muſcle fait : or ſuivant les principes établis pour déterminer le poids de la colomne AB ou la force dont ce poids tient la place , il faut connoître l'ouverture BG & l'applatiſſement que le poids cauſe ou peut cauſer ſur le muſcle : plus l'ouverture BG ſera petite , moins il faudra de force pour le gonfler. On avertira en paſſant que la recherche de la force des muſcles par la connoiſſance de la figure qu'ils prennent dans leur action , eſt difficile & épineuſe.

73. On remarquera encore que la force qui peut tenir le poids P en équilibre , ne ſuffiroit pas pour le mouvoir & pour faire exécuter au muſcle les mouvemens dont il eſt capable. Car comme le tuyau ABG ne communique pas immédiatement avec toutes les veſicules , il faut que dans le mouvement du muſcle la liqueur paſſe des premieres aux ſecondes , des ſecondes au troiſiémes , &c. Or ſelon les loix de l'hydraulique , dans ce flux la liqueur perd de ſa viteſſe , il peut même ſe faire qu'elle la perde toute en paſſant des premieres veſicules aux ſecondes , qu'elle la perde toute en paſſant des ſecondes aux troiſiémes , &c. en ſorte que la force qui la pouſſe ſoit obligée de renouveller toute cette viteſſe à chaque fois qu'elle ſort de quelques veſicules pour entrer dans les ſuivantes ; & parce que ces mouvemens ſont prompts & ſubits , qu'ils ſe font , pour ainſi dire , tous en un inſtant , il faut que la force ſe multiplie tout autant de fois qu'il y a des nouveaux rangs de veſicules où la liqueur doit paſſer.

DE LA PESANTEUR DE L'AIR.

74. L'action que l'air exerce ſur les corps terreſtres ſe diverſifie en tant de manieres qu'on ne ſçauroit s'en former une idée juſte , à moins que d'entrer dans un certain détail de ſes effets ; on ſe contentera d'expoſer ceux qui ſont les plus remarquables , & qui peuvent ſervir de principe pour expliquer pluſieurs autres effets qu'on rapporte à l'air comme à leur cauſe.

75. On a cru durant pluſieurs ſiecles que l'air étoit leger , & que different en cela des autres corps terreſtres , il n'avoit aucune tendence vers le centre de la terre. Ce n'eſt que dans ces derniers tems qu'on a découvert que l'air eſt peſant , & que le même principe qui tend à faire deſcendre les corps , agit auſſi ſur cet élément. Lorſque les Philoſophes ſe furent aſſurez de la vérité du fait , ils

firent diverses expériences pour la mettre dans tout son jour , &
pour être en état de dissiper les doutes & d'éclaircir les difficultez
qu'on pourroit leur faire. Galilée fut le premier, il introduisit avec
une seringue une grande quantité d'air dans un balon ou bouteille
ronde, de verre, & après avoir réduit par la compression un gros volume d'air à occuper un petit espace , il boucha la bouteille avec
un robinet , la mit dans une balance pour la peser, & il trouva que
dans cet état elle pésoit davantage qu'auparavant , lorsqu'elle ne
contenoit qu'un air libre tel que nous le respirons. MM. Volsius
& Nieuventit ont réiteré dans la suite avec le même succès l'expérience de Galilée.

76. Toricelli disciple de Galilée remplit avec du vif-argent Fig. 21
un long tuyau de verre qui n'étoit ouvert que par un bout , afin
d'ôter toute communication de l'air avec le dedans du tuyau ; il
tint ainsi ce tuyau rempli dans une situation verticale ou perpendiculaire à l'horizon , de maniere que le bout fermé étoit tourné
vers le haut , & le bout ouvert vers le bas , qu'il boucha cependant avec le doigt pour empêcher le tuyau de se vuider ; il mit
ensuite tremper ce bout dans du vif-argent qu'il avoit disposé
dans un vase , & après avoir retiré le doigt qui le tenoit bouché ,
le vif-argent descendit en partie dans le vase , & le reste demeura
suspendu dans le tuyau.

77. M. Pascal fit aussi une expérience semblable : il se servit Fig. 22.
d'un long tuyau ABCD recourbé dans son milieu , les deux branches AB, CD étoient paralleles l'une au-dessus, l'autre au-dessous de la courbure , la branche supérieure étoit fermée à l'extrêmité d'enhaut , & la branche inférieure ouverte aux deux bouts
D , C : après avoir fermé avec le doigt ou autrement l'extrêmité
supérieure de ce cette branche , il fit l'expérience de Toricelli ,
il remplit le tuyau de vif-argent & le mit ensuite dans une situation
convenable à l'experience précedente , c'est-à-dire qu'il mit tremper le bout d'enbas dans un vaisseau où il avoit préparé du vif-
argent , en tenant toujours l'ouverture C d'enhaut de la branche
inférieure , fermée avec le doigt ; pour lors le vif-argent qui étoit
dans la branche inférieure , descendit en partie dans le vase , &
l'autre partie y demeura suspendue en E comme dans l'expérience
de Toricelli , & le vif-argent qui étoit dans la branche supérieure ,
descendit aussi en partie dans le vase , & le reste fut reçu dans la
recourbure BC qui formoit une espece de chambre ; il ôta enfin le
doigt qui bouchoit l'ouverture C d'enhaut de la branche inférieure,
& le vif-argent qui y étoit demeuré suspendu , fut précipité dans

le vafe, & celui qui étoit demeuré dans la recourbure monta auffi-tôt dans la branche fupérieure.

78. M. Perrier fit de nouveau vers ce même tems l'expérience de Toricelli fur la montagne du Puy de Domme en Auvergne, elle eft élevée de 500 toiles au-deffus des Minimes de la ville de Clermont ; le vif-argent qui dans le jardin des Minimes étoit demeuré fufpendu dans le tuyau à la hauteur de 26 pouces 3 lig. $\frac{1}{2}$ defcendit de 3 pouces 1 ligne & demie, & il ne s'en trouva au haut de la montagne que 23 pouces 2 lignes.

PROPOSITION VII.

79. *Ces expériences qui font les plus célebres de celles qui ont été faites fur la pefanteur de l'air prouvent inconteftablement cette même pefanteur.*

Car 1°. fi en ajoutant à un corps une matiere étrangere & d'une autre nature, on trouve que le tout qui en réfulte eft plus pefant que ce corps, il eft hors de doute que la matiere qui a été ajoutée eft pefante, puifqu'elle augmente la pefanteur du corps auquel elle eft unie : or l'expérience de Galilée fait voir qu'un balon plein d'un air comprimé eft plus pefant que lorfqu'il eft vuide où qu'il ne contient qu'un air rarefié tel que nous le refpirons ; l'expérience de Galilée prouve donc que l'air eft pefant.

2°. On peut déduire auffi une preuve de cette vérité des expériences de Toricelli, de MM. Pafcal & Perrier. Il faut concevoir que dans l'expérience de Toricelli les côtez du vafe font prolongez jufqu'à l'endroit le plus haut de l'atmofphere, c'eft-à-dire, de la maffe d'air qui eft au-deffus de la terre, & qui l'environne, le vif-argent demeurera encore fufpendu à la même hauteur dans le tuyau; car quelque longueur que l'on donne à ces côtez, le vif-argent ne hauffe ni ne baiffe dans le tuyau. Cela pofé, 1°. il eft certain que c'eft la colomne d'air qui felon l'hypothefe remplit la capacité du vafe, qui tient le vif-argent fufpendu dans le tuyau, puifque l'expérience faite fur le Puy de Domme montre que fi cette colomne diminue en hauteur le vif-argent defcend dans le tuyau, fi la colomne d'air devient plus haute, le vif-argent monte : or il eft vifible que la colomne d'air qui eft dans le vafe dont on fuppofe les côtez prolongez jufqu'à l'extrêmité de l'atmofphere agit fur le vif-argent de haut en bas comme feroient deux liqueurs de differentes pefanteurs fpécifiques qui feroient en équilibre dans un tuyau recourbé. Il faut donc conclure que l'air eft pefant, puifque par fa direction naturelle il tend à defcendre de même que les corps pefans.

80. REMARQUE. On attribuoit autrefois la suspension du vif-argent & des autres liqueurs dans les tuyaux à l'horreur que la nature a pour le vuide; pourquoi est - ce que le vif-argent monte dans le tuyau de Toricelli, lorsqu'on en a ôté l'air, & qu'il y demeure suspendu? C'est parce que, disoit-on, si le vif-argent ne montoit pas, il y auroit du vuide dans la nature; or la nature a horreur du vuide, c'est donc une nécessité que la liqueur monte dans le tuyau, lorsqu'il est vuide d'air. Cette explication, qu'on regardoit comme satisfaisante, & qui contentoit l'esprit dans un tems où la vérité étoit encore cachée, tombe aujourd'hui d'elle-même, & il est impossible de la concilier avec les diverses expériences qui ont été faites sur l'air. Dire que les liqueurs demeurent suspendues dans les tuyaux parce que la nature a horreur du vuide, ce n'est pas tant expliquer l'effet par ses causes prochaines, qu'avouer tacitement qu'on les ignore, & que faute d'avoir sur ce point les lumiéres nécessaires pour l'entendre, on est obligé d'en faire une loi primitive de la nature. On ne s'arrête pas à réfuter expressément cette opinion; la pesanteur de l'air est une vérité si bien établie, & les effets qu'elle produit ont avec elle une liaison & une dépendance si aisée à reconnoître, qu'il n'y a aucun lieu de croire que quelqu'un veuille encore les attribuer à l'horreur du vuide, comme à leur véritable cause.

81. COROLLAIRES. *De ce que l'air est un fluide pesant, il suit* 1°. *Que s'il est abandonné à lui-même, qu'aucune cause différente de la pesanteur n'agisse sur lui, il se met de niveau, c'est-à-dire, qu'à sa surface supérieure aucune partie n'est plus élevée que les autres :* car si l'air étoit plus élevé en quelque endroit de la surface, la partie la plus haute seroit sollicitée à descendre par l'effort de la pesanteur, & parce qu'on suppose que cet effort peut avoir son effet plein & entier, elle seroit contrainte de descendre & de se mettre au niveau des autres parties.

82. 2°. *L'air environne la terre & sa surface supérieure en imite la courbure,* autrement elle ne seroit pas de niveau, ce qui est contre la nature des fluides pesans.

83. 3°. *Il y a la même hauteur d'air dans tous les endroits de la terre,* puisque sa surface supérieure est de niveau.

84. 4°. *Si on divise par la pensée l'atmosphere, c'est-à-dire, la masse d'air qui environne la terre, en couches concentriques, les parties d'une même couche sont également pressées,* puisqu'elles ont toutes au-dessus la même hauteur d'air qui doit les charger toutes également.

85. 5°. *La surface de la mer est également pressée par le poids de*

l'atmofphere ; car la furface de la mer peut être confiderée comme étant de niveau, elle eft donc environnée par une même couche concentrique d'air ; or on vient de voir que toutes les parties d'une même couche font également chargées ; donc la furface de la mer qui touche immédiatement cette couche, fupporte une égale preffion par-tout.

86. 6o. Tous les endroits de la terre ferme ne font pas également preffés par le poids de l'air, les lieux qui font au niveau de la mer font chargez d'un égal poids d'air, & égal à celui qui preffe la furface des eaux, les lieux qui font au-deffus du niveau de la mer portent un moindre poids, & les lieux qui font au-deffous de ce niveau en portent un plus grand ; enfin l'air pefe également dans tous les lieux qui font au même niveau, foit que ce niveau fe trouve au-deffus ou au-deffous de celui de la mer, ou qu'il n'en differe pas.

87. 7o. Si on divife par la penfée l'atmofphere en colomnes verticales & perpendiculaires à l'horifon, *elles font toutes en équilibre entr'elles, les colomnes les plus longues, fçavoir celles qui pefent fur les lieux les plus bas, font en équilibre avec les colomnes les moins longues, favoir celles qui répondent aux endroits les plus élevez, comme les montagnes.* Car l'équilibre ne peut être rompu, à moins que les parties d'une même couche concentrique ne fe dérangent & ne changent de place, que les unes ne montent ou ne defcendent tandis que les autres demeurent : or les parties d'une même couche font également preffées, aucune d'elles ne doit donc quitter fa place : par conféquent toutes les colomnes doivent être en équilibre entr'elles.

88. 8o. Si l'air ne fe comprimoit pas, qu'il confervât fenfiblement fon volume, comme l'eau, le vif-argent, & la plupart des autres liqueurs lorfqu'on les preffe, il feroit de même denfité dans dans toute fa hauteur, & l'on pourroit déterminer fa pefanteur fpécifique de même que celles de l'eau, du mercure, & des autres liqueurs ; mais l'expérience montre que l'air eft capable de condenfation & de rarefaction, une même maffe ou quantité d'air occupe un efpace plus ou moins grand felon la force qui la comprime : ainfi parce que l'air que nous refpirons eft plus chargé que celui des hautes montagnes, & celui des montagnes plus chargé que celui où font les nuées, il faut que l'air de la plaine foit plus denfe que l'air des montagnes, & l'air des montagnes encore plus denfe que l'air des nuées, & que celui qui eft au-deffus. On ne peut donc pas déterminer en général la pefanteur fpécifique de l'air, il faut néceffairement pour cela en diftinguer plufieurs fortes.

89. 9o. Si

89. 9°. Si l'air étoit également denfe par-tout, on pourroit déterminer la hauteur de l'atmofphere d'une maniere aifée par l'expérience du Puy de Domme ; car felon cette expérience 3 pouces une ligne & demi de vif-argent font équilibre avec une hauteur d'air de 500 toifes; on pourroit donc fçavoir par une regle de proportion avec quelle hauteur d'air 28 ou 26 pouces de vif-argent feroient équilibre ; mais parce que l'air n'eft pas également denfe par-tout, on ne peut pas employer ce moyen pour déterminer la hauteur de l'atmofphere.

90. 10°. L'air étant un corps fluide, il en a la principale pro-priété, qui eft de preffer & d'être preffé également en tout fens ; les couches fupérieures doivent charger les inférieures de maniere que la preffion fe communique fuivant toutes les directions poffi-bles. De-là vient que l'air fait effort non-feulement fuivant fa di-rection naturelle, qui eft celle des corps pefans, mais qu'il agit auffi de bas en haut, à droite, à gauche, & en tout fens.

DES EFFETS DE LA PESANTEUR DE L'AIR.

91. Ces effets font autant de preuves de la pefanteur de l'air, & ils peuvent donner une idée plus étendue de la maniere dont ce fluide agit : ils font tirez du *Traité de la Pefanteur de l'Air* de M. Pafcal, dont on a copié en plufieurs endroits, & autant que l'on a pû, les propres paroles.

92. 1°. Selon les expériences dont on vient de faire le récit, fi on remplit un tuyau de vif-argent ou de quelque autre liqueur, non-feulement elle demeure fufpendue à une certaine hauteur au-deffus du niveau, mais *quand une feringue trempe dans l'eau, en tirant le pifton l'eau fuit & monte comme fi elle lui adhéroit : ainfi l'eau monte dans une pompe afpirante, qui n'eft proprement qu'une longue feringue, & fuit fon pifton quand on l'éleve, comme fi elle lui adhéroit.*

Pour faire entendre, comment la pefanteur de la maffe de l'air fait monter l'eau dans les pompes à mefure qu'on tire le pifton, il faut faire voir un effet entierement pareil du poids de l'eau qui en fera parfaitement comprendre la raifon en cette forte. Suppofons qu'au fond d'une cuve pleine d'eau il y a un vafe où l'on ait mis du vif-argent, cette liqueur étant plus pefante que l'eau, demeurera dans le vafe ; qu'on enfonce une feringue dans l'eau jufqu'à ce que le bout d'en-bas foit plongé dans le vif-argent (on prouvera dans Fig. 23. le Chapitre fecond que pour enfoncer la feringue, & pour empê-cher que le pifton qu'on fuppofe baiffé, ne monte, il faut em-

* Qqq

ployer une force égale au poids du volume d'eau dont la feringue tient la place) ; fi après que la feringue eft ainfi enfoncée , & que le bout d'en–bas trempe dans le vif-argent de maniere que l'eau ne puiffe s'infinuer par l'ouverture, on lâche le pifton , & qu'on le laiffe en liberté , il remontera auffi-tôt , le vif-argent fera contraint d'entrer dans la feringue , & de le fuivre en s'élevant au-deffus du niveau du vafe qui le contient. La raifon de cet effet eft facile à en-tendre. L'eau tend par fon poids à fe mettre de niveau & à fou-lever la feringue & le pifton qu'on tient enfoncez , elle pefe donc fur le vif-argent du vafe , & le preffe en toutes les parties de fa fur-face , hormis en celles qui font à l'ouverture de la feringue ; or la preffion fe communique auffi - tôt de celles-là à celles-ci ; & parce que rien ne s'oppofe à ce qu'elles entrent dans le corps de la fe-ringue , elles obéiffent à la preffion , & montent pour contrepefer dans la feringue le poids de l'eau qui pefe au-dehors. Il eft évi-dent que rien n'empêche l'afcenfion du vif-argent & la relevée du pifton ; car l'air agit également fur la furface de l'eau & fur le pifton , ainfi l'action qu'il éxerce en des fens oppofez ne doit être comptée pour rien.

Il eft aifé de faire l'application de cet éxemple à la pefanteur de l'air & à l'afcenfion des liqueurs dans les tuyaux lorfqu'on en pompe l'air. Si on trempe le bout d'une pompe ou d'un tuyau dans l'eau, l'air touche l'eau du vaiffeau en toutes les parties de fa fur-face , hormis en celles qui font à l'ouverture de la pompe , où il n'a point d'accès , puifqu'elle eft enfoncée dans l'eau ; or la preffion fe communique par la propriété des fluides , de ces premieres par-ties à celles-ci ; l'eau ne montera pas cependant dans la pompe fi on laiffe les chofes dans cet état ; car il eft bien vrai que l'air qui preffe fur la furface de l'eau , tend à la faire monter dans la pom-pe , mais l'air qui eft au - deffus du pifton détruit cette impreffion ; or fi on tire le pifton avec affez de force pour vaincre cette réfi-ftance , l'eau qui eft à l'ouverture de la pompe , ne fera plus pouffée que de bas en haut par l'air qui pefe fur fa furface , elle obéira donc à cette preffion par la même raifon & avec la même néceffité que le vif-argent , lorfque preffé par le poids de l'eau il montoit dès que la force qui retenoit le pifton enfoncé ceffoit de lui être appliqué. L'eau montera donc pour contrepefer au-dedans du tuyau le poids de l'air qui pefe au - dehors. Il eft donc vifible que l'afcenfion des liqueurs dans les tuyaux eft un effet de la pefanteur de l'air.

93. 2°. *Si l'on remplit d'eau un tuyau fait en forme de croiffant*

renversé, ce qu'on appelle d'ordinaire un siphon, dont chaque jambe trempe dans un vaisseau plein d'eau, il arrivera que si peu qu'un des vaisseaux soit plus haut que l'autre, l'eau du vaisseau le plus élevé montera dans la jambe qui y trempe jusqu'au haut du siphon, & se rendra par l'autre dans le vaisseau le plus bas où elle trempe. Fig. 24.

Pour faire entendre comme la pesanteur de l'air fait monter l'eau dans le siphon, nous nous servirons encore de l'exemple de la pesanteur de l'eau qui fait monter le vif-argent dans un siphon tout ouvert par en-haut, & où l'air a un libre accès.

Il faut pour l'expérience, qu'il y ait une ouverture au-haut du siphon où l'on insere un tuyau long de 20 pieds ou environ, & bien soudé à cette ouverture, si le siphon a une de ses jambes d'un pied, il suffit que l'autre ait un pied un pouce, on met au fond d'une cuve où il y a 15 à 16 pieds d'eau deux vaisseaux pleins de vif-argent, l'un un peu au-dessus de l'autre ; si on remplit le siphon de vif-argent, qu'on mette tremper la jambe la moins longue dans le vaisseau le plus élevé, & la plus longue dans le vaisseau le plus bas, comme la figure le montre, le vif-argent du vaisseau le plus élevé montera dans le siphon jusqu'au haut, & se rendra par l'autre jambe dans le vaisseau le plus bas. On soude un long tuyau au haut du siphon, afin que l'air agissant également sur le vif-argent de haut en bas par l'ouverture supérieure du siphon, & de bas en haut par les ouvertures inférieures en pressant sur la surface de l'eau, l'eau de la cuve soit seule la cause de l'effet du siphon. Voici la raison de cet effet. Si les jambes du siphon étoient égales, c'est-à-dire, si la surface du vif-argent des deux vases étoit au même niveau, l'eau qui peseroit sur cette surface seroit également chargée ou pressée par le vif-argent de l'une & de l'autre branche, & il y auroit équilibre entre les colomnes d'eau & celles du vif-argent ; mais parce que l'une des branches est plus longue, l'eau qui est au-dessus du vase où cette branche trempe, est plus chargée, l'équilibre ne peut donc pas subsister entre les colomnes de l'eau & celles du vif-argent ; la colomne d'eau qui est la plus chargée sera donc rompue, & le vif-argent de la longue branche descendra ; or la colomne d'eau qui est au-dessus du vase le plus élevé, continuant de peser sur le vif-argent qui est dedans, le fera monter dans le siphon à mesure que celui qui est dans la longue branche se déchargera dans le vase le plus bas : donc le vif-argent ne cessera de monter par la petite branche, & de descendre par la grande, que lorsqu'il n'y en aura plus dans le vase le plus élevé, ou qu'il sera de niveau dans les deux vases.

Qqq ij

Si on suppose à présent que le siphon & les deux vases sont remplis d'eau ou de quelque autre liqueur , & que l'air prend la place de l'eau de la cuve après que l'ouverture qui est au haut du siphon aura été bouchée , il ne sera pas difficile de comprendre que l'eau doit passer du vaisseau le plus élevé dans le vaisseau le plus bas. Car les deux colomnes d'air qui sont au–dessus des deux vases sont par elles-mêmes en équilibre ; & si les branches du siphon étoient égales , elles soutiendroient des poids égaux ; ainsi l'équilibre ne seroit pas rompu ; mais si les branches du siphon sont inégales , la colomne d'air qui est au-dessus du vase le plus bas sera chargée d'un plus grand poids , l'équilibre entre les colomnes d'air & celles de l'eau qui remplit le siphon ne pourra donc pas subsister ; par conséquent la colomne d'air la plus chargée étant aussi la plus foible , sera forcée de céder à la colomne la plus forte , l'eau de la longue branche n'étant plus soutenue , descendra donc , & celle de la courte branche montera , étant poussée par le poids de la colomne d'air qui est au-dessus du vase le plus élevé ; l'eau passera donc de ce vase dans celui qui est le plus bas par une mécanique toute semblable à celle qui faisoit monter le vif-argent dans la petite branche , & qui le faisoit descendre par la plus longue dans le vase le plus bas , lorsque les deux vaisseaux étoient au fond d'une cuve pleine d'eau.

94. 3°. *Si un tuyau est plein d'eau , qu'il soit bouché par le bout d'en–haut , & ouvert par le bout d'en–bas , l'eau y demeurera suspendue , quoiqu'il ne trempe pas dans un vase plein d'eau , pourvû qu'il soit fort étroit par le bas.* Car l'air agit également en tous sens de haut en bas & de bas en haut ; ainsi la colomne d'air qui répond à l'ouverture du tuyau pese sur la colomne d'eau qu'il contient , avec la même force que si le tuyau trempoit dans un vase plein d'eau , la colomne d'eau doit donc demeurer suspendue dans le tuyau.

On suppose que la colomne d'eau n'excede pas la hauteur que l'air peut contrepeser. Il faut que l'ouverture du tuyau soit étroite , afin que la surface de l'eau étant moins exposée au choc de l'air , ne se divise pas , & que les particules de la liqueur demeurant unies , il ne puisse pas s'insinuer dans le tuyau.

Si l'ouverture du tuyau étoit un peu grande , en y appliquant éxactement une feuille de papier , l'expérience pourroit encore réussir , parce que la feuille de papier mettroit la surface de l'eau à couvert du choc de l'air , il faut avoir soin que toutes les parties de cette surface & de la feuille de papier soient dans le même niveau , c'est-à-dire , sur un plan horisontal.

95. Ce qui vient d'être dit peut faire entendre pourquoi *si on perce un tonneau plein de vin, il n'en lâche pas une goutte si on ne débouche le haut pour donner vent, ou si l'on ne fait un second trou au-dessus ou au-dessous du premier;* si les trous sont plus hauts l'un que l'autre, les colomnes d'air qui leur répondent seront inégalement chargées par la liqueur qui est dans le tonneau, la plus foible sera donc forcée de céder, & la liqueur coulera par le trou le plus bas. Si les deux trous sont sur la même ligne horisontale, la liqueur ne sortira point, parce que les colomnes d'air qui leur répondront seront également chargées, & de la même force; ainsi l'une ne pourra l'emporter sur l'autre, & la liqueur ne coulera point. C'est-là ce qui arrive lorsqu'un siphon plein d'une liqueur a ses deux jambes égales, & que les ouvertures étant tournées en-bas, & la courbure en-haut, il ne se vuide point.

96. 4°. *Un soufflet dont toutes les ouvertures sont bien bouchées est difficile à ouvrir; & si on essaye de le faire, on y sent de la résistance, comme si ses aîles étoient collées; & le piston d'une seringue bouchée, résiste quand on essaye de le tirer, comme s'il tenoit au fond.*

Pour entendre la raison de cet effet, il faut d'abord supposer que le tuyau du soufflet est débouché, on n'aura point de peine à l'ouvrir, parce que l'air qui s'appuie sur les aîles en-dedans est en équilibre avec l'air qui s'appuie sur ces aîles en-dehors; mais si on bouche le soufflet, l'air ne pressera plus les aîles du dedans en dehors, ou du moins la pression ne sera plus à beaucoup près si grande, & fera un moindre effort pour les écarter; les deux aîles du soufflet seront donc appliquées l'une contre l'autre par la pesanteur des colomnes d'air qu'elles ont au-dessus, & l'on doit trouver en les écartant, à peu-près la même résistance que si ces aîles étoient chargées de deux poids égaux à ceux des colomnes d'air qui les touchent.

97. 5°. *Si l'on prend un balon à demi plein d'air flasque & mou, qu'on le porte au bout d'un fil sur une montagne haute de 500 toises, il arrivera qu'à mesure qu'on montera, il s'enflera de lui-même, & quand il sera en haut, il sera tout plein & gonflé comme si on y avoit soufflé de l'air de nouveau; & en redescendant il s'applatira peu à peu par les mêmes degrez; de sorte qu'étant arrivé au bas, il sera revenu à son premier état.*

Cette expérience prouve que la masse de l'air est pesante, & qu'elle presse parce par son poids les corps qu'elle environne, également en tout sens. Nous avons déja remarqué que l'air est un

corps compreſſible , & qu'il ſe comprime en effet par ſon propre
poids ; & l'air qui eſt en bas, c'eſt-à-dire, dans les lieux profonds ,
eſt bien plus comprimé que celui qui eſt plus haut , comme au ſommet des montagnes, parce qu'il eſt chargée d'une plus grande
quantité d'air. Non-ſeulement l'air ſe comprime , mais il ſe rétablit comme auparavant , lorſqu'il ceſſe d'être comprimé , c'eſt-à-
dire que l'air eſt élaſtique (comme on verra plus en détail dans le
troiſiéme Chapitre) : c'eſt pourquoi ſi l'on porte de l'air , tel qu'il
eſt ici-bas , & comprimé comme il y eſt , ſur le ſommet d'une montagne, il doit s'élargir de lui-même & devenir au même état que
celui qui l'environne ſur cette montagne ; puiſqu'il ceſſe d'être
comprimé par la maſſe d'air qui eſt le long de la montagne. Par
conſéquent ſi on prend un balon à demi plein d'air ſeulement , &
non pas tout enflé comme ils le ſont d'ordinaire , & qu'on le porte
ſur une montagne , il doit arriver qu'il ſoit plus enflé au haut de
la montagne , & qu'il s'élargiſſe à proportion qu'il ſera moins chargé , & la différence doit être viſible ſi la quantité d'air qui eſt le
long de la montagne , & de laquelle il eſt déchargé a un poids
conſidérable pour cauſer un effet & une différence ſenſible.

98. Pour ſe former une idée ſenſible & groſſiere de quelle maniere l'air peut ſe comprimer par ſon propre poids , il faut ſe repréſenter un grand amas de laine de la hauteur de 20 ou 30 toiſes , il eſt certain que cette maſſe ſe comprimeroit par ſon propre
poids , & que celle qui ſeroit au fond ſeroit bien plus comprimée
que celle qui ſeroit au milieu ou près du haut , parce qu'elle ſeroit
preſſée d'une plus grande quantité de laine ; & ſi on prenoit une
poignée de celle qui eſt dans le fond , dans l'état preſſé où l'on la
trouve , & qu'on la portât en la tenant toujours preſſée de la même
ſorte au milieu de cette maſſe , elle s'élargiroit d'elle-même étant
plus proche du haut , parce qu'elle auroit une moindre quantité de
laine à ſupporter en ce lieu-là. Or on peut concevoir qu'il arrive
quelque choſe de ſemblable lorſque l'air ſe comprime.

On pourroit apporter un plus grand nombre d'exemples des effets de la peſanteur de l'air , ceux-ci ſuffiſent pour frire entendre
ceux dont on omet de parler , & pour donner une idée de l'action
que l'air éxerce par ſa peſanteur ſur les corps qu'il environne.

99. On pourroit objecter contre la peſanteur de l'air qu'on ne
la ſent point. Si l'air étoit peſant nous ſentirions ſon poids , car
ſelon les ſupputations ordinaires il eſt conſidérable , s'il eſt vrai
qu'une colomne d'air faſſe équilibre par ſon poids avec une colomne de vif-argent de 28 pouces de haut , un homme eſt chargé

par la masse de l'air de même que s'il portoit une colomne de vif-argent haute de 28 pouces, & dont la base seroit égale en superficie à celle de son corps. Or si on suppose que cette superficie soit de 2 pieds en quarré, une telle colomne peseroit plus de 4000 livres, la pesanteur de l'air étant grande comme elle est, nous devrions donc la sentir.

100. 1°. On peut réfuter ce raisonnement par un exemple sensible : il est certain, & l'expérience le montre, que les animaux qui sont dans l'eau n'en sentent pas le poids ; or comme l'on ne pourroit pas conclurre que l'eau n'a pas de poids de ce qu'on ne le sent pas quand on y est enfoncé ; ainsi on ne peut pas conclure que l'air n'a pas de pesanteur, parce que nous ne le sentons pas.

2°. On peut faire voir la raison de cet effet. C'est un principe qu'un corps mou qui est également pressé en tout sens n'est pas sensiblement comprimé, s'il est d'une matiere serrée & compacte, c'est-à-dire, que ses parties ne se dérangent pas d'une maniere sensible en s'approchant du centre du corps vers lequel elles sont poussées quelque grande que soit la force qui le presse ; mais la compression seroit visible si ce corps étoit pressé inégalement, ou si ses parties solides étoient fort écartées les unes des autres comme sont les corps spongieux qui ont des cavitez ou de grands pores ; or l'air presse également en tout sens le corps d'un homme, & la chair en est bien compacte ; d'ailleurs au-dedans du corps des animaux, il y a de l'air qui contrebalance l'action ou la pesanteur de l'air extérieur, c'est pourquoi la compression ne doit pas être sensible. Cela posé, nous ne devons pas sentir la pesanteur de l'air ; car la douleur que nous sentons quand quelque chose nous presse est grande si la compression est grande, parce que la partie pressée est épuisée de sang, & que les chairs, les nerfs, & les autres parties qui la composent sont poussées hors de leur place naturelle ; mais si la compression est petite, qu'elle ne cause aucun changement sensible aux parties, nous ne devons sentir aucune douleur d'une compression si légere.

DES VARIATIONS OU CHANGEMENS QUI ARRIVENT à la pesanteur de l'air, & du Barometre.

101. Si l'air n'étoit pas dans une agitation continuelle à cause des vents qui y regnent ; s'il n'étoit pas sujet aux vicissitudes du froid & du chaud ; s'il ne sortoit pas du nouvel air de l'intérieur de la terre, si l'air qui est au-dessus de sa surface étoit pur, & qu'il ne se chargeât pas de corps étrangers, sa pesanteur seroit la même

non-feulement à l'égard d'un même lieu, mais auffi pour tous les lieux qui font également élevez au-deffus de la mer ; car dans l'équilibre toutes les parties d'une même couche concentrique à la terre doivent être chargées d'un poids égal, & être toutes dans le même état de preffion ; or l'obfervation journaliere apprend que cette pefanteur varie confidérablement.

102. L'inftrument avec lequel on obferve les variations de la

Fig. 25. pefanteur de l'air, eft appellé *Barometre* (fig. 25) : c'eft un tuyau de verre femblable à celui de l'expérience de Toricelli, excepté qu'il eft recourbé à une de fes extrêmitez à laquelle au lieu du vaiffeau qui doit contenir le vif-argent, il y a une bouteille ou boëte auffi de verre, qui a le même ufage, c'eft-à-dire, qu'elle reçoit le vif-argent lorfqu'il defcend dans le tuyau, & fournit ce qui doit y entrer de plus lorfqu'il monte. Pour graduer le barometre, on obferve la plus grande & la plus petite hauteur du vif-argent dans le tuyau, fi elle eft de 2 pouces & qu'on les divife en lignes, on aura 24 divifions : or plus le niveau du mercure fera proche de la divifion la plus haute, plus l'air fera pefant ; mais il fera d'autant moins pefant, ou plutôt l'air preffera d'autant moins fur le vif-argent que fon niveau fera plus proche de la divifion la plus baffe. Il y a différentes manieres de conftruire le barometre, on les rapportera dans le fecond Traité.

103. Les Philofophes fe font appliquez avec foin à obferver ces variations & à en rechercher les caufes, & aucune des explications qu'ils ont données jufqu'ici de ce phenomene n'a paru fatif-faire pleinement. M. Daniel Bernoulli donne fon fentiment fur ce fujet, il eft digne d'attention. Il fuppofe d'abord que la maffe de l'air eft en équilibre ou dans l'état de permanence. Cela pofé, fi l'air étoit par-tout également échauffé, & que toutes fes parties fuffent mues ou agitées d'une égale viteffe, les divers lieux de la terre fupporteroient des preffions proportionnelles aux poids des colomnes d'air qui peferoient fur leur furface, les lieux qui font à la même hauteur feroient également preffez, les lieux profonds le feroient davantage ; en un mot la preffion caufée fur un lieu feroit mefurée éxactement par le poids de la colomne d'air qui répondroit fur ce lieu. Car le degré de chaleur & de viteffe des particules d'air étant le même pour tous les lieux, ne produiroit aucune différence dans l'action qu'elles éxercent par leur pefanteur. Mais fi la chaleur n'eft pas la même par-tout, la preffion que l'atmofphere éxerce fur un lieu ne fera pas mefurée par le poids de la colomne d'air qui y répond. Car dans l'équilibre ou l'état de permanence tel qu'on le fuppofe

Ie fuppofe ici, les parties d'une même couche concentrique font
également preffées, fans quoi il fe feroit un flux, un écoulement
d'air vers l'endroit où la preffion feroit moindre, il n'y auroit donc
point équilibre ; ce qui eft contre la fuppofition qu'on vient de
faire. D'un autre côté on fçait que la chaleur rarefie l'air, & que le
froid le condenfe ; l'air fera donc plus rarefié dans l'endroit où la
chaleur fera plus grande, & la colomne qui y répond pefera moins
que celle qui répond fur un autre lieu qui eft à la même hauteur,
ou également élevé au-deffus de la mer, mais où la chaleur eft
moindre ; ces deux lieux feront donc preffez avec la même force
par la maffe de l'air, quoique les pefanteurs des colomnes qui y répondent foient différentes, la preffion caufée fur un lieu n'eft donc
pas la mefure éxacte du poids de la colomne d'air qui pefe fur
ce lieu.

104. D'où l'on voit que l'air doit preffer avec la même force à
l'équateur & au pole, quoiqu'à caufe de la différence des chaleurs,
qui eft très-grande, les colomnes qui répondent fur ces lieux foient
inégalement pefantes ; le barometre doit donc fe tenir à la même
hauteur à l'équateur & au pole, puifque l'air y eft également preffé, quoiqu'il y foit inégalement pefant, & que d'ailleurs la hauteur eft proportionnelle à la preffion, & non point à la pefanteur.

105. L'on peut encore inférer de-là que lorfqu'on porte le barometre d'un lieu bas fur une hauteur, par éxemple, à la hauteur
de 66 pieds, & qu'il defcend d'une ligne, on ne peut pas conclure
qu'une hauteur d'air de 66 pieds pefe autant qu'une ligne de mercure : car quoiqu'il foit vrai de dire que l'air de la couche où cette
colomne de 66 pieds fe trouve, eft également preffé dans toutes
fes parties, puifqu'elles font en équilibre, elles ne font pas cependant également pefantes, parce qu'elles ne font pas également
denfes, à caufe de la différence des chaleurs : or la pefanteur de
l'air eft proportionnelle à fa denfité, l'abbaiffement du mercure
n'eft donc pas la mefure du poids de la colomne d'air au haut de
laquelle le barometre a été porté. Cela fert à expliquer pourquoi
lorfqu'on porte le barometre en hyver & en été à la même hauteur, l'abbaiffement du mercure eft auffi le même ; au lieu qu'il devroit être moindre en été qu'en hyver, s'il mefuroit la pefanteur
de la colomne d'air qui lui répond, puifque cet air eft plus rarefié
en été qu'en hyver. Cet abbaiffement doit être auffi le même pour
les Pays méridionaux & feptentrionaux, pourvû que le barometre
foit placé en des lieux également élevez.

106. De ce que le poids du mercure abbaiffé n'eft pas égal à la

* Rrr

pefanteur de la colomne d'air qui a donné cet abbaiffement , M. Bernoulli conclut que le moyen dont on s'eft fervi autrefois en Angleterre , au rapport de M. Duhamel, pour déterminer les pefanteurs fpécifiques de l'air & du mercure , eft défectueux. Suppofons que portant le barometre en un lieu plus élevé de 66 pieds, le mercure foit defcendu d'une ligne ; on peut confidérer cette colomne d'air de 66 pieds , comme faifant équilibre avec une ligne de mercure ; & fi c'eft par fon poids que la colomne d'air contrebalance la ligne de mercure, les pefanteurs fpécifiques de cet air & du mercure doivent être entr'elles réciproquement comme les hauteurs ; ainfi la pefanteur fpécifique de cet air feroit à celle du mercure, comme une ligne eft à 66 pieds ou 9504 lignes , felon ce qu'on a démontré ci-devant (55). (On fuppofe que la denfité de l'air ne varie pas fenfiblement dans l'intervalle de 66 pieds); mais on vient de voir que la colomne d'air qui contrebalance la ligne de mercure, n'agit pas précifément par fon propre poids ; car à caufe de la différence des chaleurs qui regnent dans la couche où la colomne fe trouve , il peut fe faire qu'elle pefe plus ou moins que la ligne de mercure. Tout ce que l'on peut inférer d'une femblable expérience, eft que fi l'on multiplie la ligne de mercure par la furface de la terre, l'on aura une couche de mercure de même pefanteur que la couche fphérique d'air de 66 pieds d'épaiffeur, ou, ce qui revient au même, le poids d'une ligne de mercure eft au poids de la couche fphérique d'air, comme la bafe fur laquelle s'appuie la ligne de mercure, eft à la furface de la terre. En forte que par l'expérience on ne détermine pas la pefanteur fpécifique de la colomne qui fait équilibre avec la ligne de mercure , mais la pefanteur fpécifique de toute la couche , ou ce qui eft la même chofe , dans la couche il y a une colomne de même pefanteur qu'une ligne de mercure ; or cette colomne étant multipliée par le nombre des autres colomnes , donne la pefanteur de la couche entiere ; mais les autres colomnes de la couche font plus ou moins pefantes que celle-là , quoiqu'elles foient toutes également preffées, & qu'elles produifent des preffions égales ; la pefanteur de la colomne qui contrepefe celle de la ligne de mercure , eft appellée *pefanteur fpécifique moyenne* , parce qu'elle tient un milieu entre celles des autres colomnes.

107. L'on voit que felon la penfée de M. Bernoulli la preffion que l'air caufe fur le mercure ou les autres liqueurs n'eft pas égale ou proportionnelle au poids de la colomne qui preffe ; cette preffion peut être plus ou moins grande, elle eft feulement une partie proportionnelle de la pefanteur de la couche , c'eft-à-dire , que

cette preffion eft au poids de toute la couche, comme la bafe de la colomne qui preffe eft à la furface de la terre.

108. Pour ce qui eft des changemens qui furviennent à l'atmofphere, & des variations du barometre, M. Bernoulli croit que pour les expliquer il faut avoir recours à des caufes dont l'action foit prompte ; car fi elles agiffent l'entement, l'effort de la preffion fe diftribue à toutes les parties de la maffe de l'air, & l'effet en eft infenfible ; c'eft pour cette raifon que la lune, qui a tant de force pour mouvoir les eaux de la mer, ne produit aucun effet fur le barometre ; c'eft encore pour cette raifon que l'Auteur juge que les vapeurs qui s'élevent de la terre, quelque grande qu'en foit la quantité, ne peuvent pas faire monter le barometre, parce que leur effet n'eft pas affez prompt, il fe diftribue à toute la maffe de l'air, & devient par-là nul ou infenfible pour un lieu en particulier; car fi on confidere toute l'atmofphere, on ne peut pas dire qu'elle foit plus chargée de vapeurs en un tems qu'en un autre, ni que le vif-argent en foit pour cela plus preffé. D'ailleurs quand même on on accorderoit que les vapeurs chargent l'air davantage dans l'endroit où elles s'élevent, à peine feroient-elles monter le vif-argent d'une ligne, puifque la plus forte pluie qui tombe d'une nuée, donne rarement 14 lignes d'eau qui pefent autant qu'une ligne de mercure.

109. Ces chofes confiderées, M. Bernoulli attribue les variations du barometre à deux caufes, à une rarefaction ou condenfation prompte de l'air, & à fon inertie.

On fçait que tous les corps réfiftent au mouvement, & qu'ils réfiftent d'autant plus que la viteffe qu'il faut leur imprimer eft grande. (C'eft cette réfiftance qu'on a nommé *force d'inertie*). Suppofons que l'air vienne à s'échaufer tout d'un coup, il fe rarefiera, & s'il n'avoit point d'inertie, qu'il ne réfiftât pas au mouvement, il n'y auroit point de furcroît de preffion, & le barometre ne monteroit point ; mais parce que l'air réfifte au mouvement la preffion fera plus grande qu'auparavant, l'air dilaté agiffant avec plus de force ; le barometre montera donc dans l'endroit où l'air aura été rarefié, & même aux environs. Si l'air vient à fe condenfer tout d'un coup, la preffion fera moindre qu'elle n'étoit, parce que la réfiftance au mouvement ou l'inertie n'aura plus lieu, le barometre defcendra donc. Si le barometre eft dans l'endroit le plus bas, en forte qu'il n'y ait plus d'air au-deffous, il eft néceffaire pour le faire monter ou defcendre que l'air fe rarefie ou fe condenfe dans l'endroit même où eft le barometre ; mais s'il y a encore de l'air au-deſſous & qu'il ſe rarefie ſubitement, il pourra faire monter le barometre, s'il vient à s'accumuler au deſſus de l'endroit où il eſt, quand même l'inertie ou la réſiſtance au mouvement n'auroit pas lieu, parce que dans l'équilibre rompu le ſeul poids de lair eſt une cauſe ſuffiſante pour augmenter la preſſion. On peut conclure de-là que les variations du barometre doivent être plus grandes & plus fréquentes dans les Pays qui ſont creuſez ſous terre, ce qui eſt aſſez conforme à l'obſervation qui apprend que le barometre eſt plus ſujet à hauſſer ou à baiſſer dans les Pays ſeptentrionaux, où les cavitez & profondeurs ſouterraines ſe rencontrent plus ſouvent que vers l'équateur, où il y a beaucoup de mer, & peu de terre ferme.

110. Le ſentiment de M. Bernoülli ſur la maniere dont l'atmoſphere preſſe ſur la terre, leve de grandes difficultez ; mais il ſeroit à ſouhaiter que l'on pût prouver l'hypothèſe qu'il fait, que l'atmoſphere peut être dans l'équilibre ou dans l'état de permanence, quoique l'air ſoit inégalement échaufé dans différens endroits de la terre, & qu'il ſoit par conſéquent inégalement denſe & inégalement peſant dans une même couche ſphérique, ce qui eſt difficile à concevoir : car l'expérience montre qu'en hyver, lorſqu'on fait du feu dans une chambre, & qu'il s'échaufe, il ſort par la cheminée, & l'air du dehors entre par les autres ouvertures de la chambre, en ſorte qu'il ſe fait une circulation d'air pendant tout le tems que celui de la chambre eſt plus rarefié ; d'ailleurs l'inertie ou la réſiſtance de l'air à être mû lorſqu'il vient à ſe rarefier ſubitement, ne peut pas être de longue durée, parce qu'il ne tarde pas à circuler. M. Bernoulli n'eſt pas d'accord en ceci avec la plupart des Philoſophes qui penſent que la colomne de liqueur qui demeure ſuſpendue dans un tuyau, meſure le poids de la colomne d'air qui lui répond, & que les variations du barometre ſont un effet de l'augmentation ou de la diminution du poids de l'atmoſphere. *Voyez Hydrodinam. pag.* 206, *&c.*

Leçon 7.
de l'Air, P.
203. 111. M. De Molieres introduit une autre opinion ſur la preſſion de l'air. Il prétend que *ce n'eſt pas ſon poids*, mais *ſon reſſort qui tient ſeul le vif-argent ſuſpendu à la hauteur connue*, ſoit que le barometre ſoit renfermé ſous le récipient, ſoit qu'il ſoit expoſé en plein air, nulle autre cauſe n'y contribue ; le poids de l'air n'entre en partage pour rien de ſenſible dans cet effet.

Cependant ſi on fait réflexion que le reſſort de l'air n'agit qu'autant qu'il eſt tenu aſſujetti par une force qui tende à le comprimer, ou par un obſtacle qui l'empêche de s'étendre ; que dans l'équilibre, il y a une égalité parfaite entre l'action de la force conprimante & la réſiſtance ou réaction du reſſort ; qu'enfin c'eſt la cauſe externe qui lui eſt appliquée qui le détermine à réagir avec une certaine meſure de force ; on comprendra ſans peine que les effets du reſſort de l'air ſont primitivement les effets de la force comprimante ; or c'eſt une choſe certaine & reconnue pour vraie que l'air inférieur eſt chargé du poids de l'air ſupérieur, que ſon reſſort ne ſe bande qu'à proportion de ce poids, & qu'il en reçoit toute ſa force actuelle, celle avec laquelle il réagit & preſſe les corps qu'il environne ; la preſſion que l'air exerce par ſon reſſort & par conſéquent la ſuſpenſion du vif-argent dans le ba-rometre eſt donc auſſi un effet de ſa peſanteur : ainſi attribuer la ſuſpenſion du vif-argent à l'élaſticité de l'air, c'eſt auſſi l'attri-buer ſans le vouloir, à ſa peſanteur.

CHAPITRE SECOND.

DE L'E'QUILIBRE DES LIQUIDES AVEC LES CORPS SOLIDES.

112. Lorſqu'une liqueur eſt laiſſée à elle-même, qu'aucune cau-ſe étrangere n'agit ſur elle, & qu'elle n'eſt pouſſée ou preſſée que par ſa propre peſanteur, elle eſt en équilibre, & ſes parties ſenſibles dans un repos reſpectif ; ſes colomnes verticales étant toutes également fortes & peſantes ſe ſoutiennent mutuelle-ment, chacune tend à s'affaiſſer, & aucune ne deſcend, parce qu'une colomne ne peut deſcendre & s'accourcir, qu'en même-tems elle ne devienne plus large par ſa baſe & dans ſa hauteur, & qu'elle n'écarte les colomnes environantes ou qu'elle ne les ſou-leve & ne les oblige de monter : or elle trouve tout au tour une réſiſtance égale à ſes efforts ; de-là naît néceſſairement l'équili-bre entre les parties de la liqueur. Mais ſi une nouvelle force ſur-vient, qu'elle preſſe ſur quelque partie de la ſurface de la liqueur, la colomne qui eſt immédiatement ſous l'effort de la preſſion, de-viendra, pour ainſi dire, plus peſante, elle agira ſur celles qui l'environnent, non ſeulement par ſa peſanteur propre, mais en-core par la force qui lui eſt ajoutée, elles ſeront donc trop foibles pour réſiſter à la preſſion, elles ſeront contraintes de monter, & la colomne qui eſt foulée n'étant plus ſoutenue comme aupara-vant deſcendra par ſon propre poids & par l'action de la force qui preſſe. L'on voit donc que ſi on met un corps ſur la ſurface d'une liqueur, ſi peu peſant qu'il puiſſe être, l'équilibre ſera rom-

pu , les corps fermes que l'on met fur une liqueur peuvent être de même pefanteur fpécifique que la liqueur , ou bien leur pefanteur fpécifique eft plus grande ou moindre que celle de la liqueur.

Des corps dont la pesanteur spe'cifique est e'gale à celle d'une liqueur.

PROPOSITION VIII.

113. *Si on met fur une liqueur un corps ferme de même pefanteur fpécifique qu'elle , 1°. il s'enfonce entierement , 2°. il demeure dans l'endroit où l'on le met , 3°. il perd tout fon poids , c'eft-à-dire , que lorfqu'il eft une fois enfoncé , la liqueur feule le foutient fans le fecours d'aucune autre caufe.*

1°. Si le corps eft de même pefanteur fpécifique que la liqueur fur laquelle on le met , il doit s'enfoncer entierement , car la colomne de liqueur fur laquelle le corps eft pofé , devient plus pefante que les colomnes laterales ; ces colomnes feront donc trop foibles pour réfifter à l'action de la colomne qui porte le corps , cette colomne n'étant plus retenue par les côtez fera donc rompue ; & parce que tant que le corps ne fera pas entierement enfoncé , elle fera plus pefante que les colomnes qui l'environhent , il s'enfuit que la liqueur s'échappera & qu'elle ne pourra le foutenir , par conféquent le corps ferme doit s'enfoncer entierement dans la liqueur.

2°. Ce corps demeure dans l'endroit où l'on le met. Car lorfque le folide eft entierement enfoncé , la liqueur qui l'environne fait effort pour s'infinuer par deffous , & par-là le foulever : or le corps étant de même pefanteur fpécifique que la liqueur environnante a affez de force pour réfifter à cet effort , la liqueur ne peut donc point le foulever ; le folide ne peut pas non plus defcendre au-deffous de l'endroit où l'on l'a mis , puifque la liqueur environnante le repouffe vers le haut avec la même force qu'il tend à defcendre ; ce corps ne peut donc ni monter ni defcendre , par conféquent il demeure dans l'endroit où l'on l'a mis.

On peut ajouter à cela que le folide dont il s'agit étant de même pefanteur que le volume de liqueur dont il tient la place , la colomne où il fe trouve a une force égale à celle des colomnes environnantes , elle ne peut donc ni les furmonter ni en être furmontée ; par conféquent cette colomne étant retenue en équilibre , il eft néceffaire que le corps demeure dans l'endroit où on l'a mis.

3°. Lorfque le corps eft entierement enfoncé dans la liqueur , il perd tout son poids, & la liqueur seule le soutient sans le se-cours d'une autre cause. Cette troisiéme partie suit manifestement de la précedente & n'a pas besoin d'être prouvée ; car puisque le corps ferme demeure dans l'endroit de la liqueur où l'on le met, la force qui le soutenoit auparavant cesse donc d'agir, & il faut que la liqueur seule soutienne tout son poids ; ce poids se perd donc dans la liqueur & ne se fait plus sentir au dehors.

114. COROLLAIRE. *Il suit de-là que la plus petite force peut mouvoir ce corps dans la liqueur.* Car comme il est en équilibre avec le fluide environnant, il suffit pour rompre cet équilibre de surmonter la résistance du fluide, laquelle est insensible lorsque la force agit foiblement & seulement pour rompre l'équilibre.

DES CORPS FERMES, DONT LA PESANTEUR SPÉCIFIQUE est plus grande que celle d'une liqueur.

115. Il n'est pas difficile d'appercevoir que les corps dont la pesanteur spécifique est plus grande que celle d'une liqueur, s'y enfoncent entierement & descendent au fond, puisque la colomne sur laquelle ils pesent étant plus forte que les colomnes laterales, l'équilibre ne peut être rétabli que lorsqu'il sont allez au fond : or il est certain que ces corps perdent de leur pesanteur, puisque la liqueur leur résiste & qu'elle fait effort pour les soulever, & l'on peut déterminer quelle partie ils perdent de leur poids.

PROPOSITION IX.

116. *Un corps dont la pesanteur spécifique est plus grande que celle d'une liqueur, y perd une partie de son poids, égale au poids du volume de liqueur dont il tient la place.*

Supposons qu'on mette du plomb sur l'eau, par exemple, un pied cube de plomb, il ira au fond : or je dis que ce pied cube de plomb perd une partie de son poids égale au poids d'un pied cube d'eau dont il occupe la place, en sorte que la force qui fait effort pour le tirer du fond, éprouve seulement une résistance égale à la difference qu'il y a entre le poids d'un pied cube de plomb, & celui d'un pied cube d'eau.

Supposons pour un moment qu'un pied cube de plomb ne pese pas davantage qu'un pied cube d'eau, selon ce qui vient d'être dit dans la derniere Proposition, la liqueur environnante fait effort pour s'insinuer entre le fond & le corps plongé, & tend par-là à le soulever ; mais parce que le corps plongé & la liqueur qui est directement au-dessus composent une colomne de même pesan-

teur que celles qui l'environnent , il s'enfuit qu'elle a affez de force
pour réfifter à cet effort , elle ne peut ni furmonter ni être furmontée , & elle eft dans un équilibre parfait ; toutes fes parties , & par
conféquent le corps plongé , font foutenues par la liqueur qui les
environne immédiatement , en forte que la plus petite force eft capable de les faire monter , ou ce qui revient au même , chacune
d'elles perd fa pefanteur parce qu'elle eft foutenue par la liqueur
environnante : or quoique la pefanteur fpécifique du plomb foit
plus grande que celle de la liqueur où il eft enfoncé , cela n'empêche pas que la liqueur qui le touche n'agiffe avec autant de
force que s'il étoit de même pefanteur fpécifique , & que par cette
action elle ne contrebalance dans le volume de plomb un poids
pareil ; le volume de plomb perd donc de fon poids une partie
égale au poids de la liqueur dont il occupe la place.

117. Corollaires. 1°. Plus la pefanteur fpécifique d'un
corps eft grande , moins il perd de fa pefanteur lorfqu'il eft plongé ; fi fa pefanteur fpécifique eft double , triple , quadruple en pareil volume , il pefera 2 , 3 , 4 fois davantage ; & étant plongé
dans la liqueur , il ne perdra que la moitié , le tiers , le quart de
de ce poids , parce que le poids de la liqueur dont il occupe la
place , n'eft que la moitié , le tiers , le quart , &c. de celle du folide
plongé.

118. 2°. *Si l'on plonge un même corps dans des liqueurs de differentes pefanteurs fpécifiques , 1°. il perd davantage de fon poids
dans la liqueur la plus pefante , 2°. les pefanteurs fpécifiques des liqueurs font entr'elles comme les pertes qu'il y fait.* 1°. Prenons
dans les deux liqueurs deux volumes égaux , celui de la liqueur
plus pefante pefera davantage , donc le folide enfoncé qui perd
dans chaque liqueur une partie de fon poids égale au poids de la
liqueur dont il occupe la place , perd davantage dans la plus pefante. 2°. Les pefanteurs fpécifiques des deux liqueurs , font entr'elles comme les pertes que le folide y fait : car les pefanteurs
fpécifiques lorfque les volumes font égaux , font entr'elles comme les pefanteurs abfolues (*Liv. II.* 52) : or on vient de voir que
les pefanteurs abfolues des volumes égaux des deux liqueurs , font
égales aux pertes que le folide plongé y fait ; donc les pefanteurs
fpécifiques des deux liqueurs font entr'elles comme ces pertes.

119. 3. Si on met fur une même liqueur deux corps de volume
égal plus pefans qu'elle , ils perdront également de leurs poids ,
puifque l'une & l'autre perte eft égale au poids du volume de liqueur dont ils tiennent la place. Il eft néanmoins vrai que la perte
du

du corps moins pesant a un plus grand rapport à sa pesanteur absolue, ainsi si en pareil volume ils pesent l'un 6 liv. & l'autre 3 :
qu'ils perdent 1 livre, le rapport de 1 à 3 est bien plus grand
que celui de 1 à 6.

120. 4°. Si on plonge dans une même liqueur deux corps
plus pesans que la liqueur, & dont les volumes soient inégaux,
1°. *Les pertes seront entr'elles comme les volumes.* 2°. *Si les deux
corps pesent également, les pesanteurs spécifiques sont entr'elles réciproquement commes les pertes ou les volumes.* La premiere partie de
ce Corollaire n'a pas besoin d'être prouvée, car les pertes sont
égales aux poids des volumes de la liqueur que ces corps déplacent ; donc, &c. 2°. Supposons que le plus grand des deux corps
soit double de l'autre ; donc en pareil volume il pesera deux fois
moins que le petit corps, puisque les pesanteurs absolues du grand
& du petit corps, sont supposées égales, les pesanteurs spécifiques
du grand & du petit corps sont donc entr'elles comme 1 & 2 : or
les pertes ou les volumes sont dans la raison de 2 à 1 ; donc les
pesanteurs spécifiques sont entr'elles réciproquement comme les
pertes ou les volumes.

121. *Il suit delà que si deux corps dont les volumes sont inégaux,
pesent également dans l'air, leurs pesanteurs absolues sont inégales,*
car ils perdent l'un & l'autre de cette pesanteur dans l'air : or celui des deux corps dont le volume est plus grand, perd davantage ; donc puisque les parties non perdues sont égales dans l'hypothese qu'elles sont en équilibre, si on leur ajoute les parties inégales que les corps perdent dans l'air, les pesanteurs totales qui
sont les pesanteurs absolues, seront inégales.

122. *Il suit encore que si deux corps de volumes inégaux ont des
pesanteurs absolues égales, ils peseront inégalement dans l'air,* car
le corps dont le volume est plus grand, perdra davantage.
Cependant comme un pied cubique d'air pese environ 9504 fois
moins qu'un pied cubique de vif-argent, il est visible que la
difference des pertes n'est pas assez grande pour qu'on puisse regarder dans le commerce comme inégaux les poids de deux corps
qui pesent également dans l'air ; & si leurs pesanteurs absolues
sont égales, ils peseront encore dans l'air sensiblement autant l'un
que l'autre.

123. 5°. On peut déduire de la proposition un moyen facile
de peser une certaine quantité de liqueur, par exemple, un tonneau de vin qui contiendroit 5 pieds cubiques : car si en y plongeant un pouce cubique de plomb on trouve qu'il perd de son

poids , par exemple , un once & demie , on sçaura par là qu'un pouce cubique de vin pese une once & demie , c'est pourquoi si on multiplie le nombre de pouces cubiques contenus dans 5 pieds cubiques par $1\frac{1}{2}$ onces , on aura le poids de toute la liqueur.

124. 6°. *Si l'on connoît le poids absolu d'un corps & la partie qu'il perd dans une liqueur , on sçaura que la pesanteur spécifique de la liqueur est à celle du corps plongé , comme la partie perdue est au poids entier du solide :* car les pesanteurs spécifiques ou en volume égal sont comme les pesanteurs absolues : or la pesanteur absolue de la liqueur en pareil volume , est égale à la partie perdue ; donc la pesanteur spécifique de la liqueur est à celle du solide plongé comme la perte qu'il fait , est à son poids entier.

125. 7°. Puisqu'un corps qui est plongé dans une liqueur perd une partie de son poids , laquelle est égale au poids d'un pareil volume de la même liqueur, il s'ensuit que pour soutenir ce corps dans la liqueur, il suffit d'employer une force qui soit égale à la difference du poids entier du solide , & de la perte qu'il fait, pour peu que cette force augmente son effort , elle fera monter le solide.

D'où il suit encore que plus les pesanteurs spécifiques de la liqueur & du solide approcheront de l'égalité , plus le solide perdra de son poids , & plus la force nécessaire pour le soutenir ou le faire monter , sera petite.

126. *Il suit encore que plus les pesanteurs spécifiques du solide & de la liqueur approcheront d'être égales , moins le solide aura de vitesse en s'enfonçant dans la liqueur ;* car comme il ne descend que par la difference des pesanteurs , plus cette difference sera petite , plus la force qui pousse le solide vers le fond sera aussi petite , & par conséquent la vitesse qu'il en recevra à chaque instant sera d'autant moindre.

127. 8°. La proposition donne encore un moyen de connoître si la matiere d'un corps est pure ou si elle est mélangée ; pour s'assurer s'il y a du mélange il en faut prendre une portion qui soit pure & non mélangée de même poids que la portion qui est douteuse ; si les deux portions perdent également de leurs poids dans une même liqueur , on peut tenir pour certain que la piece douteuse est pure & sans mélange ; mais si la perte qu'il fait est plus grande ou plus petite , c'est une preuve que son volume est plus grand ou plus petit ; car si les deux volumes étoient égaux , ils perdroient également dans la liqueur ; or si les volumes sont inégaux , les poids étant égaux , il est nécessaire que les pesanteurs spécifiques soient inégales & qu'il y ait du mélange dans la piece douteuse : cela étant , la proposition donne le moyen de

déterminer la quantité du mélange comme on va voir dans le Problême suivant. On prendra pour exemple d'un tel corps la couronne d'Hyeron Roi de Syracuse, l'orfévre avoit reçu dix-huit livres d'or pur, il devoit donc rapporter une couronne de dix-huit livres d'or pur, (on fait ici abstraction du déchet ou de la perte qui se fait en façonnant l'ouvrage.) Archimede fut chargé d'examiner si la couronne qui avoit le poids requis, étoit d'or pur ou s'il y avoit de l'argent mélé & en quelle quantité, sans néanmoins endommager la couronne. La Proposition dont il s'agit ici auroit pû lui fournir un moyen facile de supputer la quantité du mélange s'il y en avoit.   P R O B L Ê M E.

Trouver en quelle quantité l'or & l'argent pouvoient être mélez dans la couronne d'Hyeron.

128. Pour résoudre le Problême, 1°. il faut préparer deux masses l'une d'or & l'autre d'argent qui ne soient point alterez, de même poids que la couronne, c'est-à-dire, l'une & l'autre masse de dix-huit livres, 2°. il faut plonger successivement dans l'eau la couronne & les deux masses d'or & d'argent, remarquer avec soin la perte que chacun de ces trois corps fait de son poids étant ainsi plongé ; si la matiere de la couronne est mélangée, elle perdra de son poids plus que la masse d'or & moins que la masse d'argent, parce que son volume tiendra un milieu entre celui de la masse d'or & celui de la masse d'argent, & que d'ailleurs les pertes doivent être dans la raison des volumes, si la masse d'argent a un volume double de la masse d'or de même poids, il occupera dans l'eau un espace double, il perdra donc de son poids une partie deux fois plus grande, car cette perte est égale au poids du volume d'eau dont la masse d'argent tient la place ; l'on voit donc que la couronne dont le volume est plus grand que la masse d'or & moindre que la masse d'argent, puisqu'elle est composée de ces deux métaux, doit perdre moins de son poids que la masse d'argent & davantage que la masse d'or. 3°. En quelles quantités que l'or & l'argent soient mélez dans la couronne, il est certain que la portion d'or qui y est mélée, & la masse d'or étant plongées dans l'eau, doivent faire des pertes proportionnelles à leurs volumes, à leurs poids ou à leurs quantitez. Si l'or qui est dans la couronne est la moitié ou les deux tiers de la masse d'or pur, les pertes seront entr'elles comme $\frac{1}{2}$ ou $\frac{1}{3}$ est à 1, c'est-à-dire, que la moindre perte sera la moitié ou le tiers de la grande : pareillement la perte que fait l'argent mélé dans la couronne ; & celle que fait la masse d'argent pur, sont aussi entr'elles dans la rai-

son de leurs volumes , ou de leurs poids , ou de leurs quantitez. 4°. Les volumes de l'or & de l'argent en poids égal étant entr'eux réciproquement comme les pesanteurs spécifiques (*Liv. II. 53*) & les pesanteurs spécifiques de ces 2 métaux entr'elles comme 100 & $54\frac{1}{2}$, les volumes de l'or & de l'argent en poids égal seront donc entre eux réciproquement comme 100 & $54\frac{1}{2}$, c'est-à-dire, comme $54\frac{1}{2}$ & 100 , ou afin de faciliter le calcul comme 54 & 100 en négligeant $\frac{1}{2}$, & encore comme 27 & 50 en divisant les deux nombres par 2. Cela posé , si on nomme 1 la perte que fait la masse d'or plongée dans l'eau , on aura la perte que fait la masse d'argent par cette proportion 27 . 1 :: 50 . $\frac{50\times1}{27}$, c'est-à-dire , que les volumes de l'or & de l'argent en poids égal , étant entr'eux comme 27 & 50 , les pertes 1 & $\frac{50\times1}{27}$ doivent être dans la même raison. Si on suppose que la perte de la masse d'or soit à celle de la couronne comme 27 à 31 , l'on aura encore 27 . 1 :: 31 . $\frac{31\times1}{27}$ qui est la perte de la couronne , les trois pertes de l'or , de l'argent & de la couronne sont donc 1 . $\frac{50}{27}$. $\frac{31}{27}$. 5°. Comme on ne connoît point les quantitez d'or & d'argent qui composent la couronne , on nommera x la quantité d'or & $18 - x$ la quantité d'argent , car si de 18 livres qui est le poids de la couronne , on retranche le poids inconnu de l'or exprimé par x , le reste qui est $18 - x$ doit être égal au poids de l'argent qui est dans la couronne Cela posé si on fait cette proportion . $18 . x :: 1 . \frac{x}{18}$, ce quatriéme terme sera la perte que l'or mêlé dans la couronne fait étant plongé dans l'eau ; car les pertes 1 & $\frac{x}{18}$ doivent être dans la raison des volumes 18 & x. Pareillement si on fait cette autre proportion . 18 . $18 - x :: \frac{50}{27} . \frac{50\times18-50x}{27\times18}$. Ce quatriéme terme est la perte que fait l'argent mêlé avec l'or de la couronne : or ces deux pertes partielles sont égales à la perte de la couronne , laquelle est exprimée par $\frac{31}{27}$; donc on aura cette égalité $\frac{x}{18} + \frac{50\times18-50x}{27\times18} = \frac{31}{27}$; si on multiplie les deux termes de la premiere fraction du premier membre par 27 , & les deux termes de la fraction du second membre par 18 , ce qui ne change ni l'égalité ni les valeurs des fractions , on aura $\frac{27x}{27\times18} + \frac{50\times18-50x}{27\times18} = \frac{31\times18}{27\times18}$; & en multipliant tous les termes par le dénominateur commun , ce qu'on exécute en l'otant simplement , l'on aura la nouvelle égalité $27x + 50\times18 - 50x = 31\times18$; si on retranche de part & d'autre 31×18 , qu'on efface dans $50x, 27x$ à cause que ces deux termes ont des signes contraires , on aura $19\times18 - 23x = 0$ ou $19\times18 = 23x$, donc $x = \frac{19\times18}{23} = \frac{342}{23} = 14\frac{20}{23}$. Il y avoit donc dans la couronne 15 liv. d'or moins $\frac{3}{23}$. Si dans $18 - x$ au lieu de $- x$ on met sa valeur —— $14\frac{20}{23}$, on trouvera pour la quantité d'argent mêlé dans la couronne, 3 livres $\frac{1}{23}$. Or les deux quantitez que l'on vient de trouver par la résolution du Problême, sont celles qui entroient dans la couronne. 1°. Leur somme est égale à 18 livres. 2°. Il ne pouvoit pas y avoir une plus grande ni une moindre quantité d'or; car si cette quantité pouvoit être plus grande ou plus petite que celle que le Problême donne, il seroit aisé de prouver que la perte de la couronne seroit plus grande ou plus petite que celle qu'on a supposée, les quantitez qu'on a trouvées sont donc les véritables.

129. REMARQUE. Tout ce que l'on a dit dans la Proposition & ses Corollaires, suppose que les corps dont la pesanteur spécifique est plus grande que celle d'une liqueur, s'y enfoncent entierement, & qu'ils ont même besoin d'être soutenus lorsqu'on ne veut point qu'ils aillent au fond : or on fait une expérience qui semble déroger à la regle générale, la voici. Il faut avoir un tuyau fort long comme de 10 ou 12 pieds Fig. 26. qui s'élargisse par le bout d'en bas ainsi que la figure le répréfente : si ce bout d'en bas est rond & qu'on y mette un cylindre de cuivre fait au tour avec tant de justesse qu'il puisse entrer & sortir dans l'ouverture de cet entonnoir, & y couler sans que l'eau puisse du tout s'insinuer entre deux, & qu'il serve ainsi de piston, ce qui est aisé à faire ; on verra qu'en mettant le cylindre & ce tuyau ensemble dans une riviere, en sorte toutefois que le bout du tuyau soit hors de l'eau, si l'on tient le tuyau de la main & qu'on abandonne le cylindre de cuivre à ce qui devra arriver, ce cylindre massif ne tombera point, mais demeurera suspendu pourvu qu'ayant un pied de haut, le tuyau soit enfoncé d'environ 9 pieds : or il semble que le cylindre de cuivre devroit descendre & aller au fond, puisqu'il est environ 9 fois plus pesant qu'un pareil volume d'eau.

130. Il est vrai que si le cylindre de cuivre n'est pas soutenu, il doit tomber & aller au fond selon les principes qu'on a établis ; mais si l'eau qui le touche par dessous & non par dessus le soutient, il ne doit pas tomber : or si depuis le haut de l'eau jusqu'au bas du cylindre il y a 9 pieds, il sera poussé de bas en haut par un effort égal au poids d'une colomne d'eau de 9 pieds de hauteur ; & parce que le cylindre de cuivre pese environ autant que cette colomne d'eau, les deux efforts égaux & contraires se contrebalanceront ; ainsi le cylindre ne doit pas descendre : pour bien entendre de qu'elle maniere cet équilibre se fait, il faut remarquer que le cylindre de cuivre n'est pas seulement en équilibre avec un pareil volume d'eau, mais avec une colomne de neuf pieds qui presse

par toute fa pefanteur au-deffous du cylindre , en forte que fi le tuyau ou l'entonnoir n'étoit enfoncé que de cinq ou fix pieds , le cylindre tomberoit , la même chofe arriveroit , fi étant enfoncé beaucoup plus avant , & fi avant qu'on voudra fuppofer , l'eau pouvoit s'infinuer dans le tuyau & agir par deffus.

DES CORPS DONT LA PESANTEUR SPÉCIFIQUE EST MOINDRE que celle de la liqueur où l'on les met.

131. Lorfqu'on met fur une liqueur un corps dont la pefanteur fpécifique eft moindre que celle de la liqueur , il ne s'y enfonce pas entierement , il s'enfonce cependant , car fi peu pefant qu'il puiffe être , fon poids rend la colomne de liqueur fur laquelle il eft pofé plus pefante qu'elle n'étoit , & par conféquent plus pefante que les colomnes laterales , leur réfiftance doit donc être furmontée ; le corps ne doit pas cependant s'enfoncer entiément , parce que pour lors la colomne fur laquelle il eft pofé , feroit moins pefante que les autres , & ne pouroit leur réfifter.

PROPOSITION X.

132. *Lorfqu'on met fur une liqueur un corps dont la pefanteur fpécifique eft moindre , il s'enfonce jufqu'à ce que le volume de liqueur dont la partie enfoncée tient la place , pefe autant que ce corps.*

Le corps dont il s'agit doit entrer dans la liqueur jufqu'à ce que par fon poids il puiffe réfifter à l'action des colomnes laterales; car ces colomnes tendent à s'infinuer par deffous entre le folide & la colomne fur laquelle il eft pofé , & par fa pefanteur il réfifte à cet effort & le rend inutile : or fi on imagine qu'un volume de la même liqueur , prend la place de la partie enfoncée , il fera en équilibre avec les colomnes laterales de même que le corps folide ; cela eft évident , puifqu'une liqueur fe met de niveau , & que toutes les parties font en équilibre. Il faut donc que ce volume de liqueur , & le corps dont il s'agit réfiftent également par leurs pefanteurs à l'action des colomnes laterales , par conféquent ces mêmes pefanteurs font égales.

133. COROLLAIRES. 1°. *Plus la pefanteur-fpécifique d'un corps eft grande , plus auffi la partie enfoncée dans la liqueur eft grande ; car il faut que le volume de liqueur égal à la partie enfoncée , pefe autant que le corps entier : or le volume du corps étant le même , fi fa pefanteur fpécifique augmente , c'éft-à-dire, fi ce même volume vient à pefer davantage , il faut que fa pefanteur abfolue augmente de même ; donc le volume de liqueur qui pefe autant que*

ce corps est plus grand, par conséquent la partie enfoncée qui tient la place de ce volume de liqueur, est aussi plus grande.

134. 2°. *Si on pose sur des liqueurs de differentes pesanteurs spécifiques, un corps moins pesant, c'est-à-dire, qui surnage dans toutes, il s'enfoncera davantage dans la moins pesante ;* car chaque volume de liqueur dont la partie enfoncée tient la place, pese autant que le corps entier, & puisque ces liqueurs en pareil volume pesent inégalement, il faut que si l'on prend dans toutes des volumes de même pesanteur ils soient inégaux, & que le plus grand soit tiré de la liqueur la moins pesante ; or ces differens volumes des liqueurs sont égaux aux parties enfoncées du corps ; donc ces parties sont toutes inégales entr'elles & la plus grande se trouve dans la liqueur la moins pesante.

135. D'où l'on voit qu'un vaisseau avec la même charge doit s'enfoncer inégalement si les eaux où il flotte sont inégalement pesantes ; il n'est donc pas surprenant qu'un vaisseau qui aura navigué heureusement sur mer puisse être submergé lorsqu'il entrera en eau douce, car l'eau de la mer est plus pesante que l'eau de riviere.

136. 3°. *Les pesanteurs spécifiques des liqueurs dont on a parlé dans le Corollaire qui précede, sont entr'elles réciproquement comme les parties enfoncées du corps qui surnage.* Car lorsque plusieurs corps pesent également, leurs pesanteurs spécifiques sont entr'elles réciproquement comme leurs volumes : or les volumes des liqueurs dont il s'agit ici, sont égaux aux parties enfoncées du corps qui surnage dans toutes, d'ailleurs tous ces volumes pesent iégalement ; donc les pesanteurs spécifiques des liqueurs sont entr'elles réciproquement comme les parties enfoncées du corps qui surnage dans toutes.

137. 4°. *Les pesanteurs spécifiques d'une liqueur & d'un corps qui y surnage, sont entr'elles comme le volume du corps entier à la partie enfoncée ;* car le volume de liqueur dont la partie enfoncée tient la place, pese autant que le corps entier : or lorsque deux poids sont égaux, leurs pesanteurs spécifiques sont entr'elles réciproquement comme leurs volumes ; donc les pesanteurs spécifiques de la liqueur dont le volume est égal à la partie enfoncée & le solide qui pese autant que ce volume de liqueur, sont entr'elles réciproquement comme la partie enfoncée est au corps entier.

138. 5°. *Si l'on met deux corps de même poids sur une liqueur où ils surnagent, les parties submergées seront égales quoique les volumes de ces corps soient inégaux ;* car les volumes de liqueur dont les parties submergées tiennent la place, sont égales en pesanteur

aux deux folides; donc ces volumes de liqueurs font égaux parce qu'ils pefent également, donc les parties enfoncées de ces corps, tenant la place de ces volumes égaux de liqueur, font auffi égales entr'elles.

139. 6°. *Si deux corps de même volume furnagent dans une même liqueur, leurs pefanteurs fpécifiques font entr'elles comme les parties fubmergées;* car les volumes de liqueur dont les parties fubmergées tiennent la place, font de même pefanteur que les folides qui leur corefpondent. Cela pofé lorfque les volumes font égaux, les pefanteurs fpécifiques font entr'elles comme les pefanteurs abfolues, puifqu'elles n'en different point, donc dans l'hypothefe prefente les pefanteurs fpécifiques des folides font entr'elles comme les pefanteurs des deux volumes de liqueur dont les parties fubmergées tiennent la place : or les pefanteurs de ces volumes de liqueur, font entr'elles comme les parties fubmergées, fi la partie fubmergée de l'un des folides eft double de la partie fubmergée de l'autre folide, le volume de liqueur dont elle tient la place pefera deux fois autant. Donc les pefanteurs fpécifiques des folides fuppofez de même volume, font entr'elles comme les parties fubmergées.

140. 7°. Si l'on connoît la pefanteur abfolue dun corps qui furnage dans une liqueur, & la grandeur de la partie fubmergée, on connoîtra auffi ce que pefe un volume connu de cette liqueur, par exemple, fi le volume du folide eft d'un pied cube & qu'il s'enfonce d'un tiers ou de 4 pouces dans la liqueur qu'on fuppofe être de l'eau, que de plus on fçache que le folide pefe 24 livres, on fçaura que le tiers d'un pied cube d'eau pefe 24 liv. puifqu'un volume d'eau égal à la partie enfoncée, pefe autant que le folide; on pourra donc trouver enfuite ce que pefe telle autre quantité d'eau qu'on voudra fuppofer. Réciproquement fi l'on connoît ce que pefe un certain volume de la liqueur, enfemble la grandeur de la partie enfoncée du corps, on pourra déterminer la pefanteur de ce corps; car on pourra fçavoir ce que pefe le volume de liqueur dont la prrtie fubmergée tient la place, & par conféquent la pefanteur du corps, puifque l'une de ces pefanteurs eft égale à l'autre.

141. 8°. On connoîtra auffi la force qu'il faut employer pour fubmerger entierement le corps qui furnage : ainfi dans l'exemple précedent la force néceffaire pour noyer tout-à-fait le folide fuppofé d'un pied cube, il faudra employer une force égale au poids de 48 livres, car felon l'hypothefe le folide s'enfonce par

fon

fon propre poids de 4 pouces, & les 8 pouces reſtans ſortent hors
de l'eau, il faudra donc que la force qui enfonce ces 8 pouces déplace un volume d'eau égal aux deux tiers d'un pied cube, &
qu'elle en ſurmonte la réſiſtance; or les deux tiers d'un pied cube
d'eau peſant environ 48 livres, la force réquiſe pour enfoncer entierement le corps dont il s'agit ici, devra donc être égale au
poids de 48 livres.

142. 9°. Si l'on connoît la quantité dont un corps creux, par
exemple, un vaiſſeau s'enfonce dans l'eau lorſqu'il n'eſt point
chargé, & la quantité dont il s'enfonce lorſqu'il eſt chargé, on
pourra déterminer la grandeur de la charge. *Elle eſt égale au poids
d'un volume d'eau que le vaiſſeau déplace dans le ſecond enfoncement*,
ce qui eſt viſible après ce qu'on vient de dire dans le Corol. précédent; de ſorte que ſi de l'enfoncement total, on retranche celui
qui eſt l'effet du poids du vaiſſeau lorſqu'il n'eſt pas chargé, la
difference des enfoncemens donnera un ſolide ou volume d'eau
dont la peſanteur ſera égale à la charge du vaiſſeau : c'eſt ſur ce
principe que M. de Mairan raiſonne dans l'inſtruction abregée
qu'il donne pour le jaugeage des Navires. Voyez les Mémoires de
l'Accadémie Royale des Sciences, année 1724, pag. 229.

143. 10°. *On peut faire en ſorte qu'un corps dont la peſanteur
ſpécifique eſt plus grande que celle d'une liqueur, y ſurnâge.* Pour
cet effet il faut augmenter le volume de ce corps ſans en augmenter la maſſe ; ainſi ſi on veut qu'une certaine maſſe de
cuivre, par exemple de dix livres nâge ſur l'eau, il faut
lui donner un volume d'autant plus grand que la peſanteur ſpécifique de l'eau eſt plus petite que celle du cuivre ; ſi l'eau peſe 9
fois moins en pareil volume que le cuivre, il faudra donner à
cette maſſe la forme d'un vaiſſeau dont le volume ſoit 9 fois plus
grand, & il peſera autant qu'un pareil volume d'eau & s'y enfoncera entierement ; mais ſi on a ſoin de faire le vaiſſeau 10, 11, 12
fois plus grand que la maſſe de cuivre, pour lors il ſurnâgera.

144. 11°. *Si on enfonce entierement un corps qui ſurnâge, il faut
la même force à quelque profondeur qu'on le faſſe deſcendre ;* car la
force qui l'enfonce & la peſanteur du corps compoſent une
force totale qui eſt équivalente au poids du volume de liqueur dont
le corps tient la place, puiſque par cette force le corps déplace
un volume de liqueur égal au ſien : or ſi le corps devenoit tout-à-
coup de même peſanteur ſpécifique que la liqueur, par ſa peſanteur
il ſe tiendroit à l'endroit où l'on le placeroit, à quelque profondeur que ce fût, donc la force dont il s'agit ici, laquelle eſt

*Ttt

équivalente à cette pesanteur, aura aussi le même effet.

145. 12. Si on a deux matieres qui pesent l'une plus & l'autre moins qu'une certaine liqueur, par exemple que l'eau, on en peut composer un corps qui soit de même pesanteur spécifique que la liqueur. Supposons qu'on prenne un pied cube de la matiere la plus pesante, & que sa pesanteur spécifique soit triple de celle de l'eau, un pied cube d'eau pese 72 livres; donc le pied cube dont il s'agit pesera 3 fois davantage, c'est-à-dire 216 livres, & étant plongé dans l'eau il perdra 72 livres de son poids; c'est pourquoi pour le soutenir il faudra employer une force de 144 liv. qui est la différence de 72 liv. à 216 liv. Il faut donc que le corps plus leger qu'on veut joindre au plus pesant soit tel, qu'étant mis sur l'eau tout seul, il soit nécessaire pour achever de l'enfoncer d'employer une force de 144 livres. Supposons donc que la pesanteur spécifique de la matiere la moins pesante soit les trois quarts de celle de l'eau, un pied cube de cette matiere pesera 54 livres qui sont les trois quarts de 72. Un pied cube de cette matiere étant mis dans l'eau, perdra donc tout son poids, & la partie submergée sera les trois quarts du corps entier, & le quart restant sera hors de l'eau. Cela posé, on sçait que pour enfoncer entierement ce corps il faudra employer une force qui soit égale au quart de la pesanteur d'un pied cube d'eau, cette force est donc égale au poids de 18 livres qui est le quart de 72 liv. D'où il suit que si on joint à la matiere la plus pesante plusieurs pieds cubes de celle qui l'est moins, il faudra employer autant de fois 18 livres qu'il y aura de pieds cubes : or la force qui doit enfoncer la matiere moins pesante est connue, elle est de 144 liv. donc si on divise 144 par 18, le quotient indiquera le nombre de pieds cubes qu'il faut prendre dans la matiere la moins pesante : ce quotient est 8, c'est pourquoi si on joint 8 pieds cubes de la matiere la moins pesante au pied cube de celle qui pese trois fois plus que l'eau, on aura en tout 9 pieds cubes qui peseront autant que 9 pieds cubes d'eau, c'est-à-dire, que ce composé sera de même pesanteur spécifique que l'eau ; car si on multiplie 54 livres qui est la pesanteur d'un pied cube de la matiere la moins pesante, par 8 qui est le nombre des pieds cubes de cette matiere, on aura 432 livres pour la pesanteur de la matiere la plus légere : si a ce poids on ajoute celui du pied cube le plus pesant sçavoir 216 liv. le corps composé pesera en tout 648 livres : or 9 pieds cubiques d'eau pesent aussi 648 livres ; donc le corps composé des deux matieres est de même pesanteur spécifique que l'eau.

Cet éxemple suffit pour entendre l'opération qu'il faudroit faire si on vouloit trouver un corps de même pesanteur spécifique que la liqueur , qui fût composé de plus de deux matieres.

CHAPITRE TROISIEME.

DE L'ÉQUILIBRE ET DE LA PRESSION DES FLUIDES par le reſſort.

146. ENTRE les fluides que l'on connoît , il n'y a guere que l'air & la flamme qui aient une force de reſſort aſſez grande pour faire équilibre avec les autres corps. Le reſſort de l'air ſe manifeſte aſſez par pluſieurs expériences , ſoit en ſe dilatant , ſoit en ſe condenſant. La flamme ordinaire n'eſt pas ſi traitable que l'air , elle s'éteint & ſe diſſipe auſſi-tôt qu'on veut la comprimer ; mais la flamme de la poudre à canon ſouffre d'être comprimée , & elle dure pendant quelque tems ſans s'éteindre. On obſerve auſſi que l'eau qui paroît deſtituée de reſſort lorſqu'elle eſt dans ſon état naturel , puiſqu'elle ne peut être ſenſiblement comprimée , a néanmoins une grande vertu élaſtique lorſqu'elle eſt réduite en vapeur par l'action du feu ; la vapeur de l'eau bouillante a aſſez de force pour mouvoir de grandes machines , on lui attribue même plus de force qu'à la poudre à canon lorſqu'elle eſt enflammée : M. Muſchenbroeck rapporte dans ſes Eſſais de Phyſique des expériences qu'il a faites à ce ſujet. Il y a cependant cette différence , que la poudre à canon prend feu & s'enflamme promptement , au lieu qu'il faut du tems pour convertir l'eau en vapeur. On n'entreprend point de décrire ici ni la figure , ni la groſſeur , ni la ſtructure particuliere des parties des fluides élaſtiques : on n'éxamine pas non plus les divers mouvemens qu'elles ont , ou dont elles ſont ſuſceptibles. Cependant pour ſe former un idée groſſiere de la maniere dont l'air ſe condenſe & ſe dilate , on peut ſe repréſenter un grand amas de laine , ou concevoir un monceau de petites lames qui ſe plient & ſe roulent ſur elles-mêmes comme le reſſort d'une Montre , ou bien ſuppoſer des globules qui ſe compriment , & enſuite ſe dilatent lorſqu'on les laiſſe à eux-mêmes. Il eſt certain que ſi ces différentes parties ſont peſantes , les plus baſſes ſeront les plus preſſées , & qu'elles ſeront réduites par la preſſion en un moindre volume que les parties qui ſont au-deſſus ; chaque lit ſera d'autant plus comprimé qu'il ſera plus proche de l'endroit le plus bas , & la compreſſion ira en diminuant de-là vers le ſommet : ſi on charge cet

amas d'un nouveau poids, on n'a point de peine à comprendre qu'il sera affaissé, & que le sommet s'approchera de la base ; si au contraire on diminue la pression, les couches inférieures se renfleront par la vertu élastique qu'on leur suppose, & occuperont suivant la hauteur une plus grande étendue qu'auparavant.

147. Pour ce qui est de la flamme, on peut concevoir que ses moindres parties sont autant de petits tourbillons de feu qui sont dans une grande agitation, & qui tendent à s'échapper de tous les côtez, & à s'éloigner les uns des autres. On peut aussi attribuer des mouvemens semblables aux parties de l'eau bouillante convertie en vapeur.

En général pour comparer la force des fluides élastiques avec une autre force connue, & réduire leurs effets au calcul, on les conçoit sous l'idée d'air ; la poudre enflammée & la vapeur de l'eau bouillante sous l'idée d'un air échaufé, & d'une mobilité extrême.

148. On réduit ce qu'on a à dire dans ce Chapitre à quatre ou cinq réflexions principales. Dans la premiere on éxaminera les causes qui augmentent ou qui diminuent le ressort de l'air ; dans la seconde on considérera la compression de l'atmosphere ; dans la troisiéme la compression & la dilatation de l'air dans les vases qui le contiennent ; dans la quatriéme, le rapport des pressions qu'il cause sur les parois de ces vases ; enfin dans la cinquiéme, le rapport des pressions que les parois supportent lorsqu'ils sont remplis d'un fluide élastique & enflammé.

DES CAUSES QUI AUGMENTENT ET QUI DIMINUENT
le ressort de l'air.

149. On sçait que l'air peut être réduit par la compression dans des bornes plus étroites ; si on presse un balon plein d'air entre les deux mains, il s'applatit, & perd de son volume ; lorsque la compression finit, il reprend aussi-tôt sa premiere rondeur, ce qui prouve que l'air a du ressort, or la compression est une des causes qui en augmente la force : car si la pression augmente, l'air se comprime davantage, & en se comprimant de la sorte, son ressort se roidit, & acquiert une force par laquelle il résiste à celle qui le resserre.

150. La chaleur est une seconde cause qui augmente le ressort de l'air. A proprement parler la compression n'ajoute rien au ressort ; lorsqu'elle le bande elle le met seulement en état d'éxercer l'action dont il est capable ; mais la chaleur augmente réellement la vertu élastique de l'air, parce qu'avec le même degré de com-

preſſion ou de condenſation, il fait une plus grande réſiſtánce lorſqu'il eſt plus échaufé. On en peut faire l'expérience en cette ſorte.
Il faut introduire dans une veſſie une certaine quantité d'air, de
maniere qu'après l'avoir liée à l'orifice, afin que l'air introduit ne
ſorte point, elle demeure encore mollaſſe; ſi on la préſente au feu
pour la chaufer, on s'apperçoit qu'elle s'enfle, & ſe durcit; or il
eſt viſible que cette plus grande tenſion des parois de la veſſie a
pour cauſe le reſſort de l'air; ce qui indique dans ce reſſort un ſurcroît de force, & parce que l'air éxerce cette plus grande force
ſans avoir été comprimé de nouveau, puiſqu'au contraire ſon volume eſt un peu augmenté par l'élargiſſement de la veſſie, il faut
conclure que la vertu élaſtique de l'air eſt augmentée par la chaleur
du feu.

151. *Deux cauſes diminuent le reſſort de l'air, la rarefaction ou
la dilatation actuelle, & le froid.* On ſçait qu'un reſſort n'éxerce
ſa force que parce qu'il eſt comprimé, il cherche à s'étendre, &
c'eſt dans cet effort que conſiſte ſa force actuelle. S'il vient à bout
d'écarter les obſtacles qui le tiennent aſſujetti, en reprenant ſon
extenſion naturelle, il ceſſe de faire effort, & il paroît privé de
toute action. Les reſſorts groſſiers & ſenſibles prouvent ceci d'une
maniere palpable; on en peut faire auſſi l'expérience ſur l'air par Fig. 27.
le moyen de la machine *Pneumatique*, qu'on appelle autrement
machine *du vuide*; elle eſt compoſée de quatre ou cinq pieces
principales; d'une platine A percée d'un trou à ſon centre C,
d'un récipient R, qui eſt une eſpece de cloche de verre dont le
diametre doit être moindre que celui de la platine, & afin que
ſon bord puiſſe s'ajuſter éxactement avec la ſurface de la platine,
on met par-deſſus une peau mouillée, percée auſſi d'un trou dans
ſon milieu; la troiſieme piece eſt un tuyau ou corps de pompe DC,
dont le canal CO eſt éxactement ſoudé par ſon extrémité C au trou
de la platine, il eſt percé en travers de deux trous pour recevoir un
robinet GE, qui eſt auſſi percé ou creuſé de maniere qu'étant
tourné d'un certain ſens, l'air extérieur peut communiquer avec
l'air du corps de pompe, ſans communiquer avec l'air du récipient
lorſqu'on le met ſur la platine; & étant tourné dans un autre ſens
laiſſe communiquer l'air du récipient avec l'air du corps de pompe,
& ôte en même-tems toute communication avec l'air extérieur.
PS eſt un piſton qui monte & deſcend dans le corps de pompe.
Le récipient étant poſé ſur la platine & le robinet tourné de maniere que l'air du récipient puiſſe communiquer avec celui du
corps de pompe, le piſton touchant la partie haute O, ſi on

vient à l'abbaiffer, l'air par fa pefanteur & fon reffort defcendra dans le corps de pompe & fe rarefiera dans le récipient ; fi on tourne le robinet afin que l'air extérieur puiffe communiquer avec l'air du corps de pompe, & qu'on leve le pifton pour lui faire toucher le haut, on en fera fortir l'air ; fi enfuite on tourne le robinet de maniere que l'air du récipient communique dans le corps de pompe, en abbaiffant le pifton, il fe rarefiera dans le récipient. Si on continue de hauffer & de baiffer le pifton, ayant foin de tourner le robinet d'une maniere convenable, on pourra rarefier l'air dans telle proportion qu'on voudra. Or l'on obferve que la colomne de vif-argent que l'air du récipient foutenoit auparavant par fon reffort, defcend & devient plus courte à mefure que l'air fe rarefie ; ce qui prouve que la force du reffort de l'air eft diminuée par la rarefaction.

1 5 2. Le froid eft une feconde caufe qui diminue le reffort de l'air, car dans l'éxemple de la veffie, lorfqu'en l'éloignant du feu elle fe refroidit, elle redevient mollaffe, ce qui prouve que l'air fe condenfe en fe refroidiffant, & que fon reffort perd de fa force, puifqu'il réfifte moins à la compreffion.

1.5 3. Si un reffort, & en particulier celui de l'air, n'eft détenu dans la contrainte & le refferrement, qu'on lui laiffe prendre fon extenfion naturelle, il ceffe de preffer. On en fait l'expérience avec la machine du vuide, où à force de rarefier l'air le reffort s'affoiblit & ceffe enfin d'agir fur le vif-argent, & de le faire monter dans le barometre.

1 5 4. *Un reffort, & en particulier celui de l'air, preffe avec une force égale à celle qui le bande.* Car la réaction d'un reffort qui peut être encore comprimé, & la force qui le retient dans cet état de compreffion font égales, puifque fi la réaction du reffort étoit plus grande, il fe détendroit ; & fi elle étoit plus foible, il fe comprimeroit davantage ; la réaction du reffort eft donc égale à la compreffion, par conféquent un reffort preffe avec une force égale à celle qui le bande. Si on imagine un reffort fpiral pofé fur une table & chargé d'un poids, il s'affaiffera jufqu'à ce que par la roideur qu'il acquiert en fe comprimant il réfifte à la preffion du poids : or dans cet état la réfiftance du reffort & le poids font deux forces égales qui fe repouffent, & qui en fe repouffant preffent également.

1 5 5. Lorfqu'un reffort a été une fois bandé, il n'eft pas néceffaire que la force comprimante lui demeure appliquée, il fuffit de lui oppofer un obftacle qui réfifte au débandement : pour lors le

reſſort continuera de réagir & de preſſer avec le même effort : ainſi dans l'éxemple précédent, ſi on ôte le poids & qu'on cloue une planche qui empêche que le reſſort ne ſe détende, la preſſion cauſée ſur la table ſera encore la même. C'eſt pour cette raiſon que le vif-argent demeure ſuſpendu dans le barometre à la même hauteur, lorſque l'air du récipient qui preſſe immédiatement ſur le vif-argent, ne communique plus avec l'air extérieur, & qu'il n'agit plus que par ſon reſſort.

156. Tant qu'un reſſort peut être comprimé, & que la force ou le poids qui le comprime augmente, il eſt réduit à occuper des eſpaces de plus en plus petits : or ſi ces eſpaces diminuent dans la même raiſon que les poids augmentent, on dit qu'un tel reſſort ſe comprime dans la raiſon des poids : ainſi ſi le poids étant double, le reſſort occupe ſeulement la moitié de l'eſpace qu'il occupoit lorſqu'il n'étoit chargé que d'un poids ſimple, ſi étant comprimé par un poids triple il occupe ſeulement le tiers de l'eſpace qu'il occupoit lorſqu'il n'étoit chargé que d'un poids ſimple, on dit que ce reſſort ſe comprime dans la proportion des poids ; c'eſt-à-dire, que les eſpaces ou les volumes auxquels il eſt réduit ſont entr'eux réciproquement comme les poids dont il eſt chargé ; or parce que les denſitez ou les condenſations d'une portion de matiere ſont entr'elles réciproquement comme les volumes ou les eſpaces qu'elles occupent, un volume deux fois plus petit donne une denſité ou une condenſation double ; c'eſt pour cela que ſi un reſſort occupe des eſpaces qui ſoient entr'eux réciproquement comme les poids qui le compriment, on dit qu'il ſe comprime dans la raiſon des poids, & que les denſitez ou condenſations ſont dans la raiſon de ces poids.

PROPOSITION XI.

157. *L'air ſe comprime ſelon la proportion des poids.*

Cette Propoſition ſe prouve par l'expérience, elle a été faite par M. Mariotte.

Il faut avoir le tuyau recourbé ADEB dont les branches ſoient paralleles & fort inégales en longueur, la grande AD ouverte à ſon extrémité ſupérieure A, & la moins longue fermée en B. Si par l'ouverture A on verſe un peu de vif-argent qui rempliſſe la partie horiſontale DE du tuyau, on ſçaura que l'air qui eſt renfer-   Fig. 28. mé dans la branche moins longue, eſt dans ſon état naturel, c'eſt-à-dire, qu'il eſt dans le même état de preſſion que l'air extérieur, ſi le vif-argent remplit éxactemement la partie DE ſans monter dans l'une ni l'autre branche. Mais ſi le vif-argent montoit dans

la branche EB, l'air qu'elle contiendroit feroit plus dilaté que
l'air extérieur, puifqu'une partie du poids de l'atmofphere feroit
employée à foutenir le mercure qui feroit monté dans la branche
EB; l'air que cette branche contient ne feroit donc pas preffé par
tout le poids de l'atmofphere; il feroit donc plus dilaté que l'air
extérieur qui eft chargé de tout ce poids. Si au contraire le vif-
argent montoit dans la longue branche AD, l'air de la branche
EB feroit plus condenfé que l'air extérieur, puifqu'il foutiendroit
par fon reffort le poids de l'atmofphere & celui du mercure qui feroit monté dans la branche AD. Suppofons donc que le mercure
rempliffe éxactement la partie horifontale du tuyau fans monter
dans aucune des branches, l'air de la branche EB fera comprimé
par le poids de l'atmofphere, de même que celui que nous refpirons. Si l'on verfe encore du mercure dans la branche AD, il montera en partie dans la branche EB & y condenfera l'air qu'elle
contient; car cet air fera pour lors preffé par le poids de l'atmofphere, & par celui du mercure qu'on aura verfé en dernier lieu;
il fera donc réduit à occuper un efpace d'autant moindre que le
mercure fe tiendra à une plus grande hauteur dans la branche AD.
Cela pofé, fi les efpaces que cet air occupe dans la branche EB
font entr'eux réciproquement comme les différens poids dont il
chargé, il s'enfuit qu'il fe comprime felon la proportion des poids:
or fuivant l'expérience de M. Mariotte, la branche EB ayant 12
pouces de haut, fi l'air qu'elle contient eft reduit à 8 pouces, en
forte qu'il occupe feulement la hauteur IB, la colomne LM de mercure qui fera au-deffus du niveau LI, aura 14 pouces de haut; l'air
IB fera donc chargé pour lors du poids de l'atmofphere équivalent au poids d'une colomne de mercure de 28 pouces, & de la
colomne LM de 14 pouces; c'eft-à-dire, que l'air IB fera chargé
en tout du poids d'une colomne de mercure de 42 pouces: or l'efpace de 12 pouces que l'air occupe lorfqu'il eft preffé par le poids
de l'atmofphere ou d'une colomne de mercure de 28 pouces, eft
à l'efpace 8 qu'il occupe lorfqu'il eft preffé par le poids d'une colomne de mercure de 42 pouces, comme 42 eft à 28, c'eft-à-
dire, que les efpaces 12 & 8 font entr'eux réciproquement comme les poids qui réduifent l'air à occuper ces efpaces. Donc l'air fe
comprime dans la proportion des poids.

Si l'air étoit réduit à occuper feulement la moitié de la hauteur
BO, c'eft-à-dire, 6 pouces, en forte que le niveau du mercure
dans la branche FB fût en GF, pour lors la colomne GN feroit de
28 pouces, & l'air en BF feroit chargé d'un poids double, c'eft-à-
dire,

dire, du poids de l'atmosphere & de celui de la colomne GN, &
l'on auroit encore la proportion, OB de 12 pouces est à FB de 6
pouces, comme 28+28 ou 56 est à 28, c'est-à-dire, que les espaces OB, FB que l'air occuperoit seroient entr'eux réciproquement comme les poids dont il seroit chargé.

Si l'air étoit réduit à occuper seulement l'espace CB de 3 pouces, l'espace OB seroit quadruple de l'espace CB, pour lors la colomne KP qui seroit au-dessus du niveau KC, auroit une hauteur de trois fois 28 pouces, ou de 84 pouces, & tout le poids
dont l'air en CB seroit chargé, équivaudroit au poids de cette colomne & de celui de l'atmosphere, c'est-à-dire, que ce poids total seroit égal à celui d'une colomne de mercure de 112 pouces, & l'on
auroit encore la proportion, OB de 12 pouces est à CB de 3 pouces, comme 112 est à 28.

158. Remarque. 1°. Lorsqu'on dit que l'air se comprime selon la proportion des poids, ce n'est pas à dire que si on augmente à l'infini le poids qui charge l'air de la branche EB, il doive se condenser sans fin; car l'air a des parties solides qui ne
peuvent être comprimées; lors donc que la condensation aura été
portée jusqu'au point de rapprocher les parties solides & de faire
qu'elles se touchent toutes, il est visible que l'air ne pourra plus être
condensé, quand même on le chargeroit encore d'un poids im-
mense. Lors donc qu'on dit que l'air se condense dans la proportion des poids, la Proposition est hypothetique, c'est dans l'hypothèse qu'il puisse être encore condensé. Supposons, comme dans l'é-
xemple de la Proposition, que l'espace OB a 12 pouces ou 144
lignes, & que les parties solides de l'air puissent occuper l'espace
d'une ligne lorsqu'elles se touchent toutes; suivant la Proportion,
pour réduire l'air qui est en OB à une ligne, il faudra le charger
d'un poids qui soit 144 fois plus grand que le poids de l'atmosphere, ou que celui d'une colomne de vif-argent de 28 pouces de
haut. Si on fait ensuite de nouvelles tentatives pour réduire l'air à
occuper un espace moindre qu'une ligne, elles seroient inutiles,
quand même on le chargeroit d'un poids énorme.

159. 2°. Lorsqu'on dit que l'air se condense dans la proportion
des poids, il faut que cet air soit également échaufé dans toutes ses
parties; si la chaleur étoit inégalement répandue, le rapport des
densitez ou des condensations ne seroit pas égal au rapport des
poids. Supposons, par éxemple, que l'on prenne un volume d'air
dans l'endroit où il est chargé de la moitié du poids de l'atmosphere, c'est-à-dire, du poids d'une colomne de vif-argent de

14 pouces de haut, fi en comparant les denfitez ou les condenfations
de cet air & de celui que noùs refpirons, la proportion avoit lieu,
il faudroit que l'air que nous refpirons fût deux fois plus denfe que
cet autre air qui fe trouve dans les couches fupérieures bien au-
deffus de nous, puifque l'air ici-bas eft chargé du poids entier de
l'atmofphere, & que l'autre air qui eft au-deffus n'eft chargé, felon
l'hypothèfe, que de la moitié de ce poids; or fi l'air qui touche la
terre eft plus échaufé que l'air des couches fupérieures, (comme
il n'y a aucun lieu d'en douter) le poids de l'amofphere ne fera
pas capable de lui donner une condenfation deux fois plus grande;
car fi on fuppofe que cet air eft déchargé de la moitié de fon poids,
il ne portera plus que le poids d'une colomne de vif-argent de 14
pouces de haut; l'on aura donc deux portions d'air inégalement
échaufées & chargées d'un poids égal. Cela pofé, l'air qui eft plus
échaufé a une force de reffort plus grande, & qui réfifte davantage à la compreffion; le même poids ou un poids égal ne pourra
donc pas le réduire au même degré de condenfation, cet air fera
donc plus rarefié que l'air de la couche fupérieure; un poids double
ne fera donc pas affez puiffant pour le condenfer au double de l'air
fupérieur, c'eft pourquoi les condenfations de ces deux airs ne font
pas entr'elles dans la raifon des poids.

    160. COROLL. 1°. *Les denfitez ou condenfations d'un même air ou
d'un air également échaufé par-tout, font entr'elles comme les poids dont
il eft chargé.* Car les efpaces qu'il occupe font entr'eux réciproquement comme les poids dont il eft chargé; or les denfitez ou condenfations font auffi entr'elles réciproquement comme les efpaces qu'une
même portion d'air occupe: un efpace ou un volume deux ou trois
fois moindre donne une denfité double ou triple; donc les denfitez
de l'air font entr'elles comme les poids dont il eft chargé.

Fig. 29.   161. 2°. *Si on prend un tuyau fermé à un bout & ouvert à l'autre,
afin que l'air puiffe y entrer, qu'on plonge le bout ouvert bien avant
dans l'eau, il eft vifible que l'eau entrera dans le tuyau, & qu'elle y
condenfera l'air qu'il contient:* car l'eau qui eft à l'ouverture du
tuyau eft preffée par le poids de l'atmofphere & par celui de l'eau
qui eft au deffus, & l'air qui eft dans le tuyau ne réfifte par fon
reffort qu'avec un effort égal au poids de l'atmofphere; il fera donc
contraint de céder à la preffion, & de fe condenfer, l'eau entrera
donc dans le tuyau: or fi on enfonce l'ouverture à différentes profondeurs, l'air fera inégalement condenfé; fi on enfonce le tuyau
en forte qu'il y ait 16 pieds d'eau au-deffus de la furface inférieure
de l'air, l'eau occupera le tiers du tuyau, & l'air les deux tiers qui

reſtent. S'il y a 32 pieds d'eau au-deſſus de la ſurface inférieure del'air, l'eau occupera la moitié du tuyau, & l'air l'autre moitié. S'il y a 48 pieds d'eau au-deſſus de la ſurface inférieure de l'air, l'eau remplira les trois quarts de la capacité du tuyau, & l'air le quart qui reſte, &c. Pour entendre la raiſon de ces différentes con-denſations de l'air, il ſuffit de remarquer qu'une hauteur d'eau de 32 pieds preſſera l'air du tuyau avec autant de force qu'une colomne de vif-argent de 28 pouces de haut; lors donc que le tuyau eſt en-foncé de maniere qu'il y a 16 pieds d'eau au-deſſus de la ſurface in-férieure de l'air, la preſſion totale de cet air eſt égale au poids de l'at-motſphere & au poids d'une colomne de vif-argent haute de 14 pou-ces, c'eſt-à-dire, à une colomne de vif-argent de 42 pouces de haut; & lorſque le tuyau eſt hors de l'eau, l'air qu'il contient eſt preſſé par un poids égal à celui d'une colomne de vif-argent de 28 pouces. Or 42.28 :: 3.2. donc ſi on diviſe la longueur du tuyau en trois parties égales, ſuivant la proportion établie dans la Propoſition, l'eſpace que l'air occupe étant condenſé par le poids 42 eſt à l'eſ-pace qu'il occupe lorſqu'il eſt preſſé par le poids 28, comme 2 eſt à 3 ; mais lorſque l'air eſt preſſé par le poids 28, il occupe la longueur entiere 3 du tuyau; donc lorſqu'il eſt preſſé par le poids 14, il occupe l'eſpace 2, c'eſt-à-dire, les deux tiers de cette longueur. On prouvera par un raiſonnement ſemblable le rapport des condenſations pour les autres cas qu'on vient de ſuppoſer.

162. 3°. Puiſque l'air ſe condenſe dans la proportion des poids, quelle que ſoit d'ailleurs la figure & la grandeur du vaiſſeau, il s'enſuit que s'il eſt également condenſé dans deux vaſes ou tuyaux de même diametre, mais dont les capacitez ſoient fort inégales, il faudra la même force ou des poids égaux pour contenir cet air dans le même degré de compreſſion ou de condenſation.

Or l'air étant compoſé d'une multitude de petits reſſorts, on peut conclure que pour les tenir dans le même degré de tenſion dans les deux vaſes, il faut leur oppoſer la même force ou des forces égales. Par conſéquent dans l'équilibre un petit nombre de reſſorts réagit avec autant de force qu'un plus grand nombre de reſſorts égaux aux précédens, pourvû qu'ils ſoient de part & d'autre dans le même degré de tenſion: La raiſon de cet effet ſe tire de ce que dans l'équilibre chaque petit reſſort éxerce deux actions en ſens contraires ; s'ils ſont pluſieurs ſur une même ligne, ce ſont comme autant de puiſſances égales qui deux à deux ſe réſiſtent également ; c'eſt pourquoi pour l'équilibre il ſuffit d'oppoſer aux deux reſſorts

qui terminent la file, des forces égales à leur réaction. Il n'en est
pas de même lorsqu'il s'agit de comprimer actuellement les ressorts
de ces deux airs, il faut plus de force pour condenser l'air d'un
long tuyau que pour condenser également l'air d'un tuyau moins
long de même diametre. Il est vrai que le même poids ou
des poids égaux suffisent pour produire cette condensation dans
les deux vases; mais le poids qui presse dans le plus long des
deux, sera sans doute plus de tems à reduire l'air au degré de condensation qu'il a dans le moins long, puisqu'il a un plus grand espace à parcourir; la somme des efforts de ce poids sera donc plus
grande, car il agira pendant tout letems de la compression.

DE LA COMPRESSION DE L'ATMOSPHERE.

163. Nous venons de voir que l'air se comprime dans la raison des poids, d'ailleurs il est pesant; donc il se comprime par son
propre poids,& la condensation doit se faire à proportion de sa pesanteur; d'où il suit que l'air inférieur doit être plus condensé que
l'air supérieur; car le poids de l'air diminue depuis la terre jusqu'au
haut de l'atmosphere; la densité ou la condensation doit donc
diminuer dans la même raison. On suppose que la masse de l'air est
également échaufée dans toutes ses parties.

164. *La force du ressort de l'air est proportionnelle à sa densité ou
à sa condensation*, car la condensation est proportionnelle au poids
dont il est chargé : or la force actuelle de son ressort est aussi proportionnelle au poids, puisque le poids & cette force sont en équilibre; donc la force de ressort de l'air est proportionnelle à sa densité
ou condensation : un air deux fois plus dense toutes choses étant
d'ailleurs égales, doit avoir une force de ressort double.

165. La force de ressort de l'air est réciproquement proportionnelle aux espaces qu'il occupe : s'il est deux fois, trois fois plus
dilaté, sa force de ressort sera deux, trois fois moindre. Car pour le
condenser, il faudra un poids deux,trois fois plus petit ; ce poids sera
donc réciproquement proportionnel à l'espace que l'air occupe ;
mais le ressort de l'air est proportionnel au poids qui le bande
& qui le condense; donc la force de ressort de l'air est réciproquement proportionnelle à l'espace qu'il occupe.

166. Si l'air de l'atmosphere se condense dans la proportion
des poids dont il est chargé, on peut en trouver à peu près la hauteur ou l'étendue au-dessus de la terre. Il faut concevoir que l'atmosphere est partagée en couches concentriques de même pesanteur, la pesanteur de toutes ensemble sera égale à celle d'une cou-

che ou orbe de mercure qui environneroit la terre & qui auroit 28 pouces d'épaiſſeur ou 336 lignes. Si on conçoit que les couches d'air ſoient auſſi au nombre de 336, chacune d'elles peſera autant qu'une couche de mercure d'une ligne d'épaiſſeur, car on ſuppoſe qu'elles ſont toutes de même peſanteur. Cela poſé les poids qui chargent les couches ſupérieures diminuent dans la progreſſion arithmetique. Ainſi le poids qui charge la couche la plus baſſe & qui touche la terre étant exprimé par 336, nombre des lignes que contiennent 28 pouces, la couche ſuivante ſera chargée d'un poids exprimé par 335, celle qui ſuit immédiatement, d'un poids repréſenté par 334, enſorte que les poids diminuent dans la même raiſon que le nombre des couches : or ſi l'air de chaque couche eſt condenſé à proportion du poids dont il eſt chargé, on peut trouver l'étendue que chaque couche occupe, & par conſéquent la hauteur de l'atmoſphere. Suppoſons que la premiere couche celle qui environne immédiatement la terre, occupe une étendue de 63 ou 66 pieds (cette étendue eſt la hauteur où il faut porter le barometre pour qu'il baiſſe d'une ligne); ſi l'on nomme X l'étendue de la ſeconde couche l'on aura cette proportion 335. 336 :: 66. X. c'eſt-à-dire que ſelon la définition & la propoſition les étendues 66 & X de la premiere & de la ſeconde couche ſont entr'elles réciproquement comme les poids 336 & 335 dont elles ſont chargées; donc ſi on multiplie les deux moyens, & qu'on diviſe le produit 336 × 66 par 335 le quotient qui eſt le quatriéme terme de la proportion ſera l'étendue de la ſeconde couche.

167. L'on voit donc que le produit de l'étendue d'une couche multipliée par le poids dont elle eſt chargée, eſt égal au produit de l'étendue de toute autre couche pareillement multipliée par le poids dont elle eſt chargée, c'eſt pourquoi ſi on diviſe le produit 336 × 66 par 334 qui eſt le poids de la troiſiéme couche, on doit trouver ſon étendue; ſi on diviſe ce produit par 333 qui eſt le poids de la quatriéme couche, on aura auſſi ſon étendue; ſi on continue de diviſer ce produit par le poids des couches ſuivantes, on trouvera l'étendue que chacune occupe, & leur ſomme égalera l'étendue totale de l'atmoſphere. On peut abreger conſiderablement le calcul par la méthode de M. Mariotte en cette ſorte. Il reduit en douziémes de lignes l'épaiſſeur de 28 pouces de l'orbe de mercure dont le poids eſt égal à celui de l'atmoſphere; en 28 pouces il y a 4032 douziémes de ligne. Il conçoit auſſi que l'atmoſphére contient 4032 diviſions de même peſanteur, & dont chacune

pefe par conféquent autant qu'une divifion de mercure qui auroit
un douziéme de ligne d'épaiffeur. Si on fuppofe qu'une ligne de
mercure peut contrepefer & faire équilibre avec une hauteur d'air
de 60 pieds, un douziéme de ligne pefera autant que 5 pieds d'air;
ainfi la premiere divifion de l'atmofphere occupera une étendue de
5 pieds ; & parce que depuis la terre jufqu'à la moitié de l'atmofphere, il y a 2016 divifions, & qu'en la plus haute de ces 2016
divifions l'air y eft deux fois moins condenfé, puifqu'il n'eft chargé que de la moitié du poids de l'atmofphere, il s'enfuit que la
2016ᵉ. divifion occupera 10 pieds. Cela pofé M. Mariotte détermine les étendues de ces 2016 divifions, & il fuppofe que les différences de ces étendues croiffent depuis 5 pieds jufqu'à 10 en progreffion arithmetique, en forte que la premiere divifion de l'atmofphere étant de 5 pieds, fi la feconde eft par exemple de 5
pieds 1 ligne, la troifieme fera de 5 pieds 2 lignes, la quatrieme
de 5 pieds 3 lignes, &c. Ces différences que l'on fuppofe en proportion arithmetique, ne different gueres de celles qu'on deter-
mineroit par la proportion géometrique : or lorfqu'on connoît le
premier & le dernier terme d'une progreffion arithmetique avec le
nombre des termes, il eft aifé d'en trouver la fomme, ce qui fe fait en
multipliant la fomme du premier & du dernier terme de la progreffion par la moitié du nombre des termes, ou en multipliant la moi-
Arith.25. tié de cette fomme par le nombre des termes (25 *Arith.*) : la fomme
du premier & du dernier terme de la progreffion eft 15 , le nombre
des termes eft 2016, & le produit cherché 15120 pieds qui eft l'é-
tendue qu'occupent les 2016 premieres divifions qui pefent autant
que 14 pouces de vif argent. Le refte de l'air aura encore 2016
divifions dont la plus baffe eft chargée du poids de 14 pouces de
mercure & elle occupe une étendue de 10 pieds ; & parce que depuis cette divifion jufqu'à la moitié du refte de l'air il y a 1008
divifions, il s'enfuit que la 1008ᵉ. n'étant chargée que de la moitié du poids de 14 pouces de mercure, occupera une étendue de
20 pieds. On aura donc encore une progreffion arithmetique dont
on connoît le premier & le dernier terme qui font 10 & 20, & le
nombre des termes qui eft 1008. On trouvera donc que la fomme de toutes les étendues qui forment cette progreffion eft de
15120 pieds, c'eft-à-dire, qu'elle eft égale à l'étendue des 2016
divifions précedentes. La divifion dont l'étendue occupe 20 pieds
a encore au-deffus d'elle 1008 divifions; & parce que jufqu'au
milieu de ce nombre il y en a 504, la 504ᵉ. divifion n'étant char-

gée que de la moitié du poids que supporte la 1008ᵉ. elle aura
une étendue double, ainsi elle occupera 40 pieds; on aura donc
encore une progression arithmetique dont on connoît le premier
& le dernier terme qui sont 20 & 40, & dont le nombre des termes est 504 : si on multiplie la somme de 20 & de 40, c'est-à-
dire 60 par la moitié de 504, on trouvera que l'étendue totale
de ces 504 divisions est encore de 15120 pieds. Si on continue
à operer de même pour les divisions qui restent en cherchant d'a-
bord l'étendue de la division qui est au milieu de ces divisions
restantes, on aura de nouvelles progressions arithmetiques dans
lesquelles on connoîtra le premier & le dernier termes, & le nombre des termes, & l'on trouvera que la somme des termes de chacune de ces progressions suivantes est égale à 15120 pieds.

168. Suivant ce calcul M. Mariotte trouve qu'il y a environ
15 lieues d'air au-dessus de la terre ; & pour en confirmer la bonté,
il l'applique à deux celebres observations, dont l'une est l'expérience du Puy de Domme dont on a parlé ci-devant, & l'autre a
été faite par M. Cassini.

169. REMARQUE. Les condensations de l'air de l'atmosphere
que M. Mariotte suppose se faire dans la proportion des poids dont
il est chargé, ne s'accordent pas avec les observations. Supposons,
par exemple qu'un lieu étant plus élevé qu'un autre de 397 toises,
le mercure s'y tienne dans le barometre à la hauteur de 25 pouces
5 lignes, lorsqu'au lieu le plus bas il est à 28 pouces, l'abbaisse-
ment du mercure est de 2 pouces 7 lignes ; ainsi 2 pouces 7 lignes
dont le mercure s'abbaisse répondent à une hauteur d'air de 397
toises : or si on fait le calcul suivant le principe que l'air se
condense dans la proportion des poids, on trouve que la hauteur à laquelle 2 pouces 7 lignes dont le mercure s'abbaisse répondent à une hauteur de 342 toises, en sorte que les hauteurs obser-
vées sont toujours plus grandes que celles qui suivent de la proportion établie par M. Mariotte, & d'autant plus grandes que
les lieux où l'on fait les observations sont plus élevez sur le niveau
de la mer ; & le calcul s'éloigne de l'observation, soit qu'on le
fasse suivant la proportion géometrique, soit qu'on lui substitue
la proportion arithmetique, comme M. Mariotte fait. Les hauteurs
calculées suivant la proportion géometrique sont moindres que
celles que l'on trouve suivant la progression arithmetique, & celles
que donne la progression arithmetique encore moindres que celles
que l'on trouve par l'observation ; d'où il suit que l'air de l'atmos-

phere ne fe comprime pas dans la proportion des poids. *Voyez les* *Memoires de l'Acad. de l'an.* 1705 *p.* 61 *& les fuiv.* La regle a lieu à l'égard d'un même air tel qu'eft celui qu'on condenfe dans un tuyau, parce qu'il eft également échaufé dans toutes fes parties ; mais deux airs inégalement échauffez ne doivent pas fuivre la regle trouvée par M. Mariotte : or il eft certain qu'à différentes hauteurs fur le niveau de la mer, l'air eft inégalement échauffé.

DE LA CONDENSATION ET DE LA DILATATION DE L'AIR dans les vaiffeaux qui le contiennent.

170. On peut condenfer l'air qui eft dans un vaiffeau en deux manieres, 1°. en y introduifant du nouvel air, 2°. en reduifant celui qui y eft déja, dans des bornes plus étroites, c'eft-à-dire en diminuant la capacité du vaiffeau. On peut auffi dilater l'air d'un vafe en l'évacuant en partie, ou bien en augmentant la capacité du vafe.

PROPOSITION XII.

171. *Si on introduit de l'air dans un vaiffeau, ce qu'on exécute par le moyen d'une feringue, pour avoir le rapport de l'air condenfé à l'air primitif, il faut multiplier la capacité de la feringue par le nombre des coups de pifton donnez, à ce produit joindre la capacité du vafe, & comme cette fomme eft à la capacité du vafe, ainfi l'air condenfé eft à l'air primitif.*

Suppofons que la capacité de la feringue ou corps de pompe foit égale à celle du vafe que l'on fuppofe exprimée par 1, & que l'on ait donné trois coups de pifton, on aura introduit dans le vafe trois fois plus d'air qu'il n'y en avoit, & l'air condenfé fera à l'air primitif comme 4 eft à 1 ; or fi on multiplie la capacité du corps de pompe, fçavoir 1 par 3 qui eft le nombre des coups de pifton donnez, & qu'au produit 3 on ajoute la capacité du vafe exprimée par 1 ; la fomme fera 4, & elle fera à la capacité du vafe comme 4 eft à 1, donc l'air condenfé eft à l'air primitif comme la fomme dont il s'agit ici eft à la capacité du vafe.

Si la feringue ou corps de pompe étoit deux fois plus grande que le vafe, & le nombre de fois qu'elle auroit été vuidée encore 3, l'on auroit introduit dans le vafe fix fois plus d'air qu'il n'y en avoit, & l'air condenfé feroit à l'air primitif comme 7 eft à 1 : or le produit 6 qui réfulte de la capacité 2 du corps de pompe & de 3 qui eft le nombre des coups de pifton, étant ajoûté à 1 qui
eft

qui eſt la capacité du vaſe, le rapport de cette ſomme eſt auſſi égal à celui de 7 à 1 ; d'où l'on voit que le rapport de l'air condenſé à l'air primitif eſt égal à celui qui eſt entre cette ſomme & la capacité du vaſe, quelles que ſoient les grandeurs du vaſe & de la ſeringue.

172. On a dit plus haut de quelle maniere on pouvoit condenſer l'air d'un vaſe ou d'un tuyau en le plongeant dans l'eau, & l'on a déterminé la force de l'air condenſé à l'air dilaté ; on peut faire la même opération en plongeant le tuyau dans du mercure, ou bien faire l'expérience de M. Mariotte en ſe ſervant d'un tuyau recourbé dont l'une des branches ſoit fort longue & ouverte à ſon extrémité ſupérieure, & l'autre plus courte & fermée.

PROPOSITION XIII.

173. *Lorſqu'on rarefie l'air du récipient de la machine Pneumatique, on aura le rapport de l'air primitif à ce qui en reſte dedans, ſi après avoir fait une ſomme de la capacité du récipient & du corps de pompe, on éleve cette ſomme & la capacité du récipient au degré de puiſſance indiqué par le nombre des coups de piſton donnez ; car le rapport qui eſt entre l'air primitif & ce qui en eſt reſté dans le récipient, eſt égal au rapport de ces deux puiſſances.*

Suppoſons que la capacité du corps de pompe ſoit égale à celle du récipient, leur ſomme ſera à celle du récipient comme 2 eſt à 1, que l'on ait donné quatre coups de piſton ; il eſt certain qu'au premier coup de piſton il n'eſt reſté que la moitié de l'air primitif ; au ſecond coup il n'eſt reſté que la moitié du premier reſte ou le quart de l'air primitif ; au troiſiéme coup de piſton il n'eſt reſté dans le récipient que la moitié de ce ſecond reſte ou la huitiéme partie de l'air primitif ; au quatriéme coup de piſton il n'eſt reſté que la moitié de ce troiſiéme reſte, c'eſt-à-dire, la ſeiziéme partie de l'air primitif. Ainſi l'air primitif eſt à l'air dilaté comme 16 eſt à 1 ; mais la quatriéme puiſſance de 2 eſt à la quatriéme puiſſance de 1, comme 16 eſt à 1 ; donc l'air primitif & l'air dilaté ſont entr'eux comme la quatriéme puiſſance de 2 qui exprime les capacitez du récipient & du corps de pompe eſt à la quatriéme puiſſance de 1, qui eſt la capacité du récipient.

Si le corps de pompe étoit deux fois plus grand que le récipient, la ſomme des capacitez ſeroit 3 ; pour lors après le premier coup de piſton il y auroit dans le récipient ſeulement le tiers de l'air primitif ; après le ſecond coup de piſton il y reſteroit ſeulement le tiers du premier reſte ou la neuviéme partie de l'air primitif ; après le troiſiéme coup de piſton il reſteroit ſeulement le tiers du fecond refte, ou la vingt-feptiéme partie de l'air primitif; après le quatriéme coup de pifton il refteroit feulement le tiers du troifiéme refte, ou la 81me partie de l'air primitif; en forte que l'air primitif feroit à l'air dilaté comme 81 à 1, c'eft-à-dire, comme la quatriéme puiffance de 3 qui eft la fomme des capacitez du récipient & du corps de pompe, eft à la quatriéme puiffance de 1, qui eft la capacité du récipient.

174. Cette Propofition donne le moyen de dilater l'air du récipient dans tel rapport que l'on veut. On propofe, par éxemple, de faire que l'air qui refte dans le récipient foit 81 fois plus dilaté que l'air naturel que nous refpirons. On fuppofe que la grandeur du récipient eft à celle du corps de pompe comme 1 eft à 2. Il eft vifible qu'il s'agit de trouver le nombre des coups de pifton qu'il faut donner pour réduire l'air au degré de dilatation propofé; les capacitez du récipient & du corps de pompe prifes enfemble étant 3, & celle du récipient 1, fi l'on éleve ces deux nombres au degré de puiffance marqué par le nombre des coups de pifton qu'il faut donner, lequel eft inconnu, & que l'on peut exprimer par x, l'on aura la proportion, $3^x.1^x::81.1$, c'eft-à-dire, l'air primitif 81 & l'air dilaté 1 font entr'eux comme les puiffances $3^x.1^x$, dont l'expofant x indique le nombre des coups de pifton. Pour trouver le nombre inconnu x, il faut opérer fur les logarithmes des nombres 3, 1, 81, & 1, en fe fervant de la table des logarithmes. On fçait que fi on multiplie les logarithmes des nombres 3 & 1 par l'expofant commun x, on trouve les logarithmes des puiffances $3^x.1^x$. Le logarithme de 3 eft 4771213, celui de 1 eft o ou zero: ainfi les logarithmes des puiffances $3^x.1^x$. font $x \times 4771213$ & $x \times o$ ou o; les logarithmes de 81 & de 1 font, 1.9084850 & o. Or on fçait encore que lorfque quatre nombres font en proportion géométrique, leurs logarithmes font en proportion arithmétique; l'on aura donc la proportion arithmétique, $x \times 4771213 . x \times o : 1.9084850 . o$. La fomme des extrêmes étant égale à la fomme des moyens, (25 *Arith.*) l'on aura $x \times 4771213 + o = 1.9084850 + x \times o$, ou $x \times 4771213 = 1.9084850$; car $x \times o = o$, donc $x = \dfrac{1.9084850}{4771213} = 4$; donc l'expofant x des puiffances $3^x 1^x$ eft égal à 4, & parce que cet expofant eft égal au nombre des coups de pifton qu'il faut donner, il s'enfuit que fi l'on donne quatre coups de pifton, l'air du récipient fera 81 fois plus dilaté que l'air naturel. Cette propofition eft l'inverfe de la précédente, dans laquelle on a fuppofé que le nombre des coups de pifton étoit connu.

175. On peut aussi dilater l'air dans tel rapport que l'on veut sans la machine pneumatique , en faisant une expérience semblable à celle de Toricelli ; pour faire l'expérience de Toricelli on remplit tout-à-fait un tuyau de vif-argent , afin qu'il n'y reste point d'air (on suppose que le tuyau est fermé à un bout) on renverse ensuite le tuyau , & on fait tremper le bout ouvert dans du vif- Fig. 30. argent qu'on a mis dans un vase. Mais dans l'expérience qu'il s'agit de faire ici , on laisse une certaine quantité d'air dans le tuyau , c'est-à-dire , qu'on ne le remplit pas entierement de vif-argent , on renverse ensuite le tuyau , & on fait tremper le bout ouvert dans le vif-argent du vase ; pour lors l'air qui étoit à l'ouverture du tuyau , & qui occupoit une partie de sa longueur , monte au haut , parce que le vif-argent , qui est plus pesant , descend à l'endroit le plus bas du tuyau. Or lorsque l'air est ainsi monté , il est nécessaire qu'il se dilate , & qu'une partie du vif-argent qui est dans le tuyau se précipite dans le vase : car le poids du vif-argent qui est dans le tuyau & le ressort de l'air qui est aussi dans le tuyau composent une force qui doit faire équilibre avec le poids de l'atmosphere ou de l'air extérieur , c'est-à-dire , avec une colomne de vif-argent de 28 pouces ; or si l'air demeuroit au haut du tuyau dans le même degré de condensation qu'il a , il pourroit seul par son ressort contrepeser la colomne de 28 pouces de mercure , ou le poids de l'air extérieur , l'air extérieur n'a donc pas assez de force pour soutenir le vif-argent du tuyau , & pour empêcher l'air qui en occupe la partie supérieure de se dilater ; cet air se dilatera donc , & le vif-argent descendra en partie dans le vase : néanmoins il ne descendra pas tout , car pour lors le tuyau seroit seulement rempli d'un air dilaté , d'un air dont le ressort s'étant affoibli par la dilatation ne pourroit plus faire équilibre avec l'air extérieur.

176. Si l'on connoît la longueur du tuyau , & que l'on détermine l'espace que l'air dilaté doit y occuper , ou bien le rapport des étendues que l'air naturel & l'air dilaté doivent occuper dans le tuyau , on pourra aussi connoître la quantité d'air naturel qu'il faudra y introduire afin qu'il se dilate dans le rapport proposé. Supposons que l'on demande qu'après que le tuyau sera renversé & qu'il sera mis en expérience , l'air dilaté occupe les deux tiers de la longueur , que l'on suppose être en tout de 36 pouces ; le vif-argent occupera donc l'autre tiers , & sera par conséquent 12 pouces audessus du niveau de celui qui est dans le vase ; donc l'air dilaté qui occupera 24 pouces fera équilibre avec une partie du poids de l'atmosphere ou de l'air extérieur & le vif-argent qui se soutient à la

hauteur de 12 pouces, fera équilibre avec l'autre partie : or parce que le poids de l'atmofphere eft égal au poids d'une colomne de mercure de 28 pouces, & que felon l'hypothèfe le tuyau doit en contenir 12, les 12 pouces du tuyau en contrebalanceront un pareil nombre dans le poids de l'atmofphere ; donc les feize pouces reftans du même poids feront contrebalancez par l'air dilaté qui eft de 24 pouces. Cela pofé, 1°. l'air fe condenfe dans la proportion des poids, ou les efpaces qu'il occupe font entr'eux réciproquement comme ces poids. 2°. Les efforts ou preffions qu'il caufe par fon reffort font auffi réciproquement proportionnelles aux efpaces qu'il occupe ; donc puifque l'on connoît l'efpace que l'air dilaté occupe lorfqu'il eft chargé d'un poids égal à celui d'une colomne de mercure de feize pouces de haut, l'on connoîtra auffi l'efpace qu'il doit occuper lorfqu'il fera chargé du poids d'une colomne de 28 pouces, ou du poids de l'atmofphere, en faifant la propor-tion, 28. 16::24. $x = 13\frac{5}{7}$; c'eft-à-dire, les poids 28 & 16, & par conféquent les efforts que l'air du tuyau éxerce par fon reffort font entre eux réciproquement comme les efpaces 24 & $13\frac{5}{7}$ auxquels il eft réduit par ces poids ; treize pouces $\frac{5}{7}$ eft donc l'étendue que l'air doit avoir lorfqu'il eft dans fon état naturel, ou dans le degré de condenfation qu'il a à la furface de la terre ; c'eft pourquoi fi on verfe 22 pouces $\frac{2}{7}$ de vif-argent dans le tuyau, & que les treize pouces $\frac{5}{7}$ qui reftent foient occupez par l'air, lorfque le tuyau fera renverfé & qu'il trempera dans le vafe, il fe dilatera & remplira l'étendue de 24 pouces ; car dans ce degré de dilatation, il peut contrebalancer feize parties du poids de l'atmofphere & les douze pouces de mercure qui font dans le tuyau contrepefent les douze parties reftantes ; en forte que fi on vouloit fuppofer que le mercure fe tient plus bas ou plus haut lorfque le tuyau eft renverfé, il feroit aifé de faire voir qu'il n'y auroit point équilibre ; fi le mercure montoit au-deffus de 12 pouces l'air du tuyau pourroit contrepefer par fon reffort plus de feize parties du poids de l'atmofphere, comme il paroît par le calcul, le poids du vif-argent & le reffort de l'air compoferoient donc une force plus grande que le poids de l'atmofphere. Si le vif-argent du tuyau defcendoit au-deffous de 12 pouces, le reffort de l'air dilaté ne feroit plus affez fort pour contrepefer feize parties du poids de l'atmofphere, il n'y auroit donc point équilibre entre ce poids d'une part & le vif-argent joint au reffort de l'air dilaté de l'autre part.

177. En parlant de la longueur du tuyau, on n'a point eu égard à la partie qui doit tremper dans le vafe, il faut toujours la dé-

duire , & elle ne doit point entrer dans le calcul.

178. Si le rapport de l'air primatif à l'air dilaté étoit donné ; si on vouloit , par exemple , que l'air fût dilaté au triple, au quadruple de l'air naturel, on trouveroit de la même maniere la quantité d'air naturel qu'il devroit y avoir dans le tuyau lorsqu'on le renverse , pour qu'il pût se dilater dans le degré proposé. Supposons encore que le tuyau a 36 pouces de long , & que l'air qu'on y laisse doive être 4 fois plus dilaté que l'air extérieur ; l'air dilaté ne pourra donc contrepeser par son ressort que la quatriéme partie du poids de l'atmosphere , c'est-à-dire , 7 pouces de mercure ; donc le vif-argent du tuyau contrepesera les trois quarts restans, il sera donc 21 pouces au-dessus du niveau ; par conséquent l'air dilaté occupera les 15 pouces restans du tuyau , & l'on trouvera par une opération semblable à celle de l'exemple précedent qu'il faut verser dans le tuyau 32 pouces $\frac{1}{4}$ de vif-argent, & laisser occuper à l'air naturel les 3 $\frac{3}{4}$ pouces restants. Voici la proportion qu'il faut faire 28 . 7 :: 15 . $x = 3\frac{3}{4}$.

179. Dans les deux articles qui précedent on a supposé que la dilatation de l'air qui est dans le tuyau étoit connue , & l'on a cherché quelle étoit la quantité d'air naturel ou primitif qu'il falloit laisser dans le tuyau , afin que lorsqu'il seroit en expérience , il pût se dilater dans le degré proposé ; si la quantité d'air primitif est donnée , pour lors si on ne veut point s'en rapporter entierement à l'expérience , pour en apprendre quel doit être le degré de dilatation de cet air , si on veut prévoir & déterminer d'avance ce qui doit arriver , on le peut encore en raisonnant suivant les mêmes principes ; mais il faut avertir que le calcul conduit à une égalité qui est du second degré , c'est-à-dire , que la quantité inconnue que l'on cherche, est élevée au quarré, & que de plus elle se trouve multipliée par d'autres quantitez connues ; de là vient qu'on ne peut pas trouver cette quantité en multipliant seulement deux termes de la proportion , & en divisant le produit par le troisiéme. Cette égalité n'est pas cependant difficile à résoudre : voici de quelle maniere on peut y arriver , & trouver l'inconnue que l'on cherche.

Supposons que la longueur AB du tuyau est de 24 pouces (on néglige la partie qui trempe dans le vase BD). Avant que l'air qu'il contient se dilate, il y a 15 pouces de vif-argent qui montent jusqu'au point C , le reste AC qui est de 9 pouces est plein de l'air qui doit se dilater. On demande quelle est la quantité de cette extension ou dilatation qu'il doit recevoir. Avant d'entrer

Fig. 30.

dans la réfolution de la queftion , il faut donner des noms aux quantitez qui doivent entrer dans le calcul. Si on nomme x la quantité CE dont l'air fe dilate, AC étant de 9 pouces, AE fera exprimée par $9+x$, & BC étant de 15 pouces, BE fera égal à $15-x$.

Poids de l'atmofp. $=28$
AC $=9$ pouces.
CE $=x$
BC $=15$ pouces.
AE $=9+x$
BE $=15-x$

Cela pofé, il eft évident que l'air dilaté AE doit faire équilibre avec une partie du poids de l'atmofphere, & que le vif-argent BE qui refte dans le tuyau doit faire équilibre avec l'autre partie; il eft auffi certain que lorfque l'air occupe l'efpace AC, il peut par la force de fon reffort, contrepefer le poids de l'atmifphere ou faire équilibre avec une colomne de vif-argent de 28 pouces de haut, & que lorfqu'il eft dilaté & qu'il occupe la partie AE, fon reffort s'eft affoibli de maniere qu'il ne peut plus contrebalancer qu'une partie de ce poids, & que les efforts qu'il fait lorfqu'il eft réduit en AC, & qu'il eft dilaté en AE, font entr'ux comme les condenfations, ou réciproquement commme les volumes ou efpaces AC, AE; c'eft pourquoi fi on nomme 28 le poids de l'atmofphere ou la force du reffort que l'air exerce lorfqu'il eft réduit en AC, on peut avoir une expreffion de fa force lorfqu'il eft dilaté en AE en faifant cette proportion AE . AC $:: 28$. $\dfrac{AC \times 28}{AE}$

Ce quatriéme terme exprime la force de reffort de l'air dilaté en AE, car cette force & la force 28 doivent être entr'elles réciproquement comme les efpaces AE, AC conformément à la proportion qu'on vient de faire : or puifque l'air dilaté contrepefe par la force dont on vient de trouver l'expreffion, une partie du poids 28 de l'atmofphere ou d'une colomne de vif-argent de 28 pouces, & la colomne BE l'autre partie, il s'enfuit que la colomne BE & la force de l'air dilaté doivent compofer une force totale qui foit égale au poids d'une colomne de mercure de 28 pouces.

L'on aura donc cette égalité BE$+ \dfrac{AC \times 28}{AE} = 28$. Si au lieu des quantitez BE, AC, AE on met leurs valeurs, on aura cette expreffion $15-x+\dfrac{9\times 28}{9+x} = 28$. Si on ôte la fraction en multipliant $15-x$, & 28 par le dénominateur $9+x$, on aura cette nouvelle expreffion $15\times 9 - 9x + 15x - xx + 9\times 28 = 9\times 28 + 28x$. Si on retranche de part & d'autre 1°. 9×28. 2°. $15x$, l'égalité fera réduite à cette expreffion $15\times 9 - 9x - xx = 13x$,

& si on ajoute aux deux membres de l'égalité $+9x+xx$ ce qui ne trouble pas l'égalité, il est visible que dans le premier membre les quantitez ajoutées seront contraires aux quantitez $-9x-xx$; ainsi l'égalité sera réduite à cette expression $15 \times 9 = 9x+xx +13x$ ou $xx+22x = 15 \times 9$ qui est une équation du second degré. Si on ajoute aux deux membres le quarré de 11 moitié du nombre 22 qui multiplie x, on aura une nouvelle égalité dont le premier membre sera un quarré parfait & dont on pourra tirer la racine quarrée, ce qui servira à trouver la valeur de x. Voici cette nouvelle équation $xx+22x+121 = 15 \times 9+121$. Or la racine quarrée du premier membre est $x+11$, celle du second est indiquée par cette expression $\sqrt{15 \times 9+121}$; l'on aura donc $x+11 = \sqrt{15 \times 9+121}$, car les nombres égaux ont leur racines semblables égales; si après avoir multiplié 15 par 9 & avoir ajouté au produit 135, le nombre 121 on tire la racine quarrée de cettte somme qui est 256, on trouvera 16 pour cette racine; donc $x+11 = 16$, si on retranche de part & d'autre 11 on aura $x = 5$. Ainsi la dilatation que l'air recevra où l'espace CE est de 5 pouces & l'espace AE de 14 pouces, l'espace BE sera de 15 pouces moins 5, c'est-à-dire 10 pouces. Or il est aisé de démontrer que si le mercure se tient à la hauteur de 10 pouces & que l'air dilaté occupe 14 pouces, sa force de ressort & les 10 pouces de vif-argent doivent contrepeser le poids de l'atmosphere ou le poids d'une colomne de vif-argent de 28 pouces de haut. 1°. Le vif-argent du tuyau contrepesera 10 pouces de cette colomne. 2°. Il reste que l'air dilaté contrepese les 18 pouces restans, ce qui n'est pas difficile à appercevoir, car lorsque l'air occupe l'espace AC, il contrepese par la force de son ressort 28 pouces de mercure, & lorsqu'il occupe l'espace AE il doit contrepeser une colomne de vif-argent d'autant moindre que l'espace AE est plus grand que l'espace AC, & l'on doit avoir cette proportion; l'espace AE est à l'espace AC comme le poids 28 est au poids cherché X : or puisque l'antécedent AE qui est exprimé par 14 n'est que la moitié de l'antécedent 28, il faut que le conséquent AC qui est 9, ne soit que la moitié du conséquent X ; ce conséquent, c'est-à-dire le poids cherché, est donc exprimé par 18 ; donc l'air dilaté en AE peut soutenir par son ressort le poids d'une colomne de mercure de 18 pouces de hauteur, par conséquent l'air dilaté & le mercure du tuyau doivent faire équilibre avec le poids de l'atmosphere ; & l'on ne peut pas supposer que le mercure soit plus haut ni plus bas, car s'il étoit au-dessus de 10 pouces, son poids joint au ressort de l'air, feroit une force plus grande que le poids de l'atmosphere , & s'il se tenoit au-dessus de 10 pouces , cette force seroit moindre que celle de l'atmosphere , il n'y auroit donc point équilibre.

180. On peut appliquer la formule $BE + \dfrac{AC \times 28}{AE} = 28$ à tant d'exemples que l'on voudra : ainsi si l'on suppose que le tuyau AB a 30 pouces de long , & que AC soit de 8 pouces , BC sera de 22 pouces , AE sera égal à $8+x$, BE à $22 - x$; & après avoir substitué ces valeurs au lieu de BE , AC , AE , avoir ôté la fraction & avoir effacé les quantitez qui se détruisent , on arrive à cette équation $xx + 14x = 22 \times 8$, si on ajoute aux deux membres de l'égalité le quarré de la moitié de 14 qui multiplie x , on a $xx + 14x + 49 = 22 \times 8 + 49$, dont le premier membre est un quarré parfait qui a pour racine $x + 7$, la racine quarrée du second membre est 15 , ainsi $x + 7 = 15$, si on retranche de part & d'autre 7 , x sera égal à 8 , c'est-à-dire , que l'air dilaté AE occupera 16 pouces ou un espace double de AC , & le vif-argent du tuyau aura 14 pouces de haut ; & l'on prouvera encore que cet air dilaté & le poids de la colomne BE doivent faire équilibre avec le poids de l'atmosphere , car la colomne BE en contrebalance la moitié , il reste donc que l'air dilaté contrepese l'autre moitié , ce qui est évident , car l'air en AC contrepese par son ressort le poids entier de l'atmosphere ; donc lorsqu'il est dilaté au double il doit en contrebalancer seulement la moitié ; donc l'air dilaté & la colomne de vif-argent doivent faire équilibre avec le poids de l'atmosphere.

Du rapport des pressions que l'air condensé produit sur les parois intérieures des vaisseaux qui le contiennent.

181. Lorsque l'air est pressé la pression se communique également en tout sens , c'est là la propriété commune à tous les fluides , c'est pourquoi toutes les parties d'un air condensé sont dans le même degré de compression , tous les petits ressorts sont également bandez , & ils pressent sur les parois du vaisseau également en tout sens. Lorsque de l'air presse les parois intérieures de deux vaisseaux , la difference des pressions peut venir de trois causes , 1°. de l'inégalité des surfaces , 2°. de l'inégalité de densitez , 3°. de l'inégalité des chaleurs.

PROPOSITION XIV.

182. *Si deux vaisseaux que l'on suppose clos de tout côté comme un balon , une vessie , &c. contiennent de l'air , les pressions qu'il cause sur leurs parois intérieures , sont en raison composée des surfaces , des quarrez des densitez & des chaleurs.* D e m.

DEMONSTRATION. Puisque tous les petits ressorts d'un même air sont également bandez, si l'on suppose d'abord que les densitez & les chaleurs soient égales, les pressions seroient entr'elles comme les surfaces ; une surface double serviroit d'appui à un nombre de ressorts double, lesquels étant supposez également comprimez dans les deux vaisseaux, causeroient des pressions proportionnelles à leurs nombres, c'est-à-dire, aux surfaces sur lesquelles ils seroient appuyez ; une surface double supporteroit une pression double ; mais si l'air est, par exemple, trois fois plus dense, sur une même surface, il y aura un nombre de ressorts trois fois plus grand, d'ailleurs parce que chacun d'eux est trois fois plus comprimé, il éxercera une force triple ; donc pour avoir la pression de tous ceux qui s'appuient sur une même surface, il faudra multiplier leur nombre qui est triple par la force de l'un d'eux qui est aussi triple ; donc la pression causée sur cette surface sera 9 fois plus grande, en supposant que les parois des deux vaisseaux sont égales. Si de plus cette surface est double, comme on l'a d'abord supposé, la pression sera 18 fois plus grande ; d'où l'on voit que la chaleur étant supposée la même pour l'air des deux vaisseaux, les pressions seroient en raison composée des surfaces 2 & 1, & des quarrez 9 & 1 des densitez 3 & 1. Si enfin la chaleur est plus grande, elle augmentera le ressort de l'air à proportion de son intensité, un degré de chaleur quadruple augmentera quatre fois autant la force de chaque petit ressort, il faudra donc quadrupler la pression qui est déja 18 fois plus grande ; par conséquent les pressions des parois intérieures des deux vaisseaux, sont en raison composée des surfaces 2 & 1, des quarrez 9 & 1, des densitez 3 & 1, & des chaleurs 4 & 1, c'est-à-dire, que ces pressions sont entr'elles comme 72 & 1.

183. COROLLAIRES. 1º. *Les densitez de l'air sont entr'elles comme les produits qui résultent des quantitez & des capacitez des vaisseaux prises en raison inverse.* Car plus la quantité d'air contenue dans un vase est grande, plus la densité l'est aussi ; la densité est encore d'autant plus grande, que la capacité du vase qui contient cette quantité d'air, est plus petite. Les densitez sont donc entr'elles comme les produits des quantitez d'air & des capacitez des vaisseaux prises en raison inverse ; c'est pourquoi si dans le rapport que l'on vient d'établir dans la proposition, au lieu des densitez, on met les produits dont il s'agit ici, les pressions seront en raison composée des surfaces, des quarrez de ces produits, & des chaleurs de l'air.

*Yyy

184. 2°. Si deux poids font équilibre avec de l'air qu'ils condenfent dans deux vaiffeaux, ils font entr'eux en raifon compofée des ouvertures par où ils preffent, des quarrez des produits dont on vient de parler dans le Corollaire précedent, & des chaleurs de l'air; car ces poids font dans la raifon des preffions que l'air éxerce par fon reffort fur les parois des vaiffeaux; mais ces preffions font en raifon compofée des furfaces preffées, des quarrez des produits dont il s'agit dans le Corollaire précedent, & des chaleurs de l'air; donc les poids qui font équilibre avec ces preffions, font auffi dans cette même raifon compofée.

On pourroit déduire plufieurs Corollaires de ceux qui précedent & de la propofition felon que l'on fuppoferoit égales les quantitez femblables ou de même nom qui entrent dans les rapports que l'on vient d'établir; mais on ne s'y arrête point, parce qu'ils fe préfentent comme d'eux-mêmes & fans faire de longs raifonnemens.

DU RAPPORT DES PRESSIONS QUE LES PAROIS DES VAISSEAUX fupportent lorfqu'ils font remplis d'un fluide élaftique & enflammé.

185. On a remarqué plus haut que les fluides élaftiques tels que la flamme, & même la vapeur de l'eau bouillante étoient comparables à un air fortement échaufé, & dont les parties ou petits refforts font dans une grande agitation, (il n'y a que la flamme de la poudre à canon qui fouffre d'être comprimée pour quelque tems); or lorfqu'elle eft ferrée de tous côtez dans un vaiffeau, elle fait effort en tout fens pour fe dilater, de même qu'un air condenfé; on peut auffi concevoir que les particules de la flamme font comme autant de petits refforts qui tendent à fe développer & à s'étendre; donc leur force augmente à proportion qu'ils font plus comprimez; en effet la chaleur qui fait leur force, devient par la compreffion, plus intenfe, plus vive & d'un plus haut degré; fi la flamme en même quantité eft réduite à occcuper un efpace deux fois plus étroit, elle fera deux fois plus denfe, & le degré de chaleur deux fois plus grand; une même furface fervira donc d'appui à un nombre de refforts auffi deux fois plus grand: d'ailleurs chacun d'eux agira ou preffera avec deux fois plus de force; on peut donc conclure comme on a fait dans la propofition précedente pour un même air différemment condenfé, que les preffions que la flamme exerce fur les parois d'un même vaiffeau, font entr'elles comme les quarrez des denfitez; & fi les furfaces font inégales, que ces preffions font en raifon compofée des furfaces & des quarrez des

denſitez. (On ſuppoſe que la flamme dans ces divers degrez de condenſation vient de la même poudre , & que ce ſont préciſément les mêmes matieres qui lui ſervent d'aliment, & qu'elles ſont conditionnées de la même maniere ; mais ſi la compoſition de la poudre eſt différente, ou que les matieres ſe ſurpaſſent en vertu , pour lors il arrivera à la flamme ce qu'on obſerve dans deux airs inégalement échauffez; l'air qui eſt pénétré d'un plus grand degré de chaleur , a une force de reſſort plus grande, quoiqu'il ne ſoit pas plus denſe ou plus candenſé ; de même ſi la flamme eſt nourrie avec des matieres qui aient plus de vertu ou de force, elle ſera plus vive & ſon reſſort ſera plus puiſſant, quoiqu'elle ne ſoit pas plus denſe. C'eſt pourquoi pour lors les preſſions ſeront entr'elles en raiſon compoſée des ſurfaces , des quarrez des denſitez & des intenſitez des chaleurs. D'où l'on voit qu'il y a une certaine analogie entre les effets de la flamme en tant qu'elle preſſe par ſon reſſort , & ceux d'un air condenſé , & qu'on peut leur appliquer les mêmes raiſonnemens ; de ſorte que ſi pour la flamme comme pour l'air , on peut déterminer par une expérience la force de la poudre enflammée & avec quel poids elle peut faire équilibre lorſqu'elle eſt dans un certain degré de condenſation , on pourra ſçavoir auſſi avec quel poids elle peut faire équilibre , ſi on vient à lui donner un degré de condenſation différent , lors même que les matieres de la flamme ſont d'une vertu inégale.

M. Mariotte avertit dans ſon Traité du mouvement des eaux pag. 390, qu'il eſt difficile de faire des expériences de cet équilibre , parce que la flamme dure peu de tems. Il ajoute enſuite que pour s'en former une idée , on peut ſuppoſer qu'il y ait une certaine quantité de poudre allumée qui rempliſſe un tuyau aſſez large, ſitué perpendiculairement , & qu'un grand poids dont la largeur occupe & remplit préciſément celle du tuyau en preſſant la flamme de cette poudre , la faſſe reſſerrer juſqu'à ce qu'étant réduite à un petit eſpace il ſe faſſe équilibre entre ce poids & le reſſort de la flamme ſans qu'elle s'éteigne , en cet état le reſſort de la flamme feroit équilibre avec ce poids ; en ſorte que ſi le poids étoit augmenté , cette même flamme ſe réduiroit à un plus petit eſpace , ſuppoſé qu'elle ne s'éteignît point , & ſon reſſort qui ſeroit alors plus fort, feroit encore équilibre avec ce plus grand poids.

186. Comme l'expérience telle que M. Mariotte l'expoſe & la décrit feroit difficile à faire , on peut pratiquer la méthode que M. Bigot de Morogues Officier d'Artillerie dans la Marine propoſe pour éprouver la force de la poudre allumée. Voyez ſon eſſai

de l'application des forces centrales aux effts de la poudre à canon,
chez C.A. Jombert à Paris. On prendra une petite chambre A B
de deux pouces de largeur & qui aura pour bafe un cercle A D
d'un pouce quarré comme feroit une partie de canon de fufil ;
on la remplira de poudre fans boure & elle fera preffée de la façon dont on charge ordinairement les armes : on mettra fur la
bouche du petit canon un morceau de feutre un peu plus grand
qu'elle, & pardeffus un poids fphérique, & l'orifice de la chambre fera par ce moyen parfaitement fermé, le feu fera porté par
la lumiere A. Si la poudre a trop de force elle enlevera le globe ;
fi elle en a trop peu, le globe ne bougera pas ; on réiterera l'expérience ; enfin on prendra un terme moyen entre celui qui a vaincu
l'obftacle & celui qui ne l'a pas fait. Il faut que le globe foit creux,
on y laiffe tomber des grains de plomb autant qu'il eft néceffaire
pour réduire la flamme de la poudre en équilibre, & de cette forte
on fait que la direction du centre de gravité foit dans l'axe vertical du petit cylindre, ce qui arriveroit difficilement fi on augmentoit le poids autrement.

187. On remarquera 1°. que dans l'équilibre de la flamme avec
le globe, il importe peu que le canon AB foit long ou court ; fi la
flamme a le même degré de denfité, elle aura toujours la même
force, pourvu que l'ouverture par où elle preffe foit la même, car
la preffion eft proportionnelle au produit de la furface preffée &
du quarré de la denfité de la flamme : il n'en feroit pas de même,
fi le globe étoit mis en mouvement par la flamme, & qu'elle pût
fe conferver fans fe diffiper ; pour lors la quantité de poudre ou
de la flamme feroit une des caufes qui augmenteroit la viteffe du
globe. 2°. Il n'eft pas non plus néceffaire que la poudre s'allume
toute à la fois, parce qu'en quelque quantité qu'elle foit allumée
en même-tems, elle aura toujours la même denfité, & par conféquent la même force ; mais dans le mouvement actuel il ne faut
pas négliger le tems que la poudre eft à s'enflammer, car on conçoit bien que fi elle s'embrafe toute en un inftant, elle pouffera
le globe avec plus de force que fi elle ne s'allume que fucceffivement ; on fuppofe que le globe eft dans un long canon, & que
la flamme ne fe diffipe point.

Fin du cinquiéme Livre.

PRINCIPES

SUR

LE MOUVEMENT

ET L'EQUILIBRE,

POUR SERVIR D'INTRODUCTION
aux Méchaniques & à la Physique.

LIVRE SIXIE'ME.

DE L'HYDRAULIQUE.

1. **D**ANS l'hydraulique on considere le mouvement des fluides , & sur-tout le mouvement des eaux. Lorsqu'une liqueur n'est pas soutenue de tous côtez , elle coule ou j'aillit par l'action de la pesanteur ; une pression étrangere peut produire le même effet. Si les liqueurs dans leur écoulement rencontrent un obstacle qui s'oppose à leur passage , elles le choquent & font sur lui une certaine impression. On réduit tout ce que l'on a à dire dans ce Livre à quatre chefs. 1º. On examinera l'écoulement des liqueurs par des ouvertures horizontales. 2º. Leur écoulement par des ouvertures verticales. 3º. Leur écoulement en tant qu'il est l'effet d'une cause étrangere. 4º. Le choc ou la percussion des fluides.

CHAPITRE PREMIER.

DE L'ÉCOULEMENT DES LIQUEURS PAR DES OUVERTURES horizontales.

2. **D**ANS ce Chapitre on examinera premierement de quel endroit du réservoir la liqueur vient lorsqu'elle sort par une ouverture faite au bas du réservoir. 2°. On considerera les rapport des vitesses d'une liqueur lorsqu'elle sort de deux réservoirs qui ont des hauteurs inégales. 3°. On déterminera la vitesse réelle avec laquelle une liqueur sort d'un réservoir , & celle avec laquelle elle continue d'être mue après qu'elle est sortie. 4°. On traitera de l'écoulement d'une liqueur lorsqu'elle sort par une ouverture horizontale , & que le réservoir ou vaisseau se vuide entierement , l'on donnera en même-tems une idée des clepsidres ou horloges d'eau.

DE QUEL ENDROIT DU RÉSERVOIR LA LIQUEUR VIENT lorsqu'elle sort par une ouverture pratiquée au bas de ce réservoir.

3. Pour bien entendre ce qui arrive à une liqueur qui sort d'un vaisseau ou réservoir , il faut rappeller ici en peu de mots ce qui a été dit dans le Livre précedent , de la pression en tout sens qui se communique aux parties de la liqueur. Si on divise par la pensée la liqueur contenue dans un réservoir , en tranches ou couches horizontales , elles sont inégalement pressées ; plus elles sont proches du fond , plus elles sont chargées , & leur charge est égale au poids d'une colomne de cette liqueur qui auroit pour base la surface de la lame ou couche , & pour hauteur celle que la liqueur occupe au-dessus de la lame.

4. Si l'on fait une ouverture au fond du vaisseau la liqueur sortira ; car la lame qui est à l'ouverture est pressée en dessus & par les côtez , mais elle ne l'est point en dessous; donc par la propriété commune à tous les fluides , cette lame doit couler vers l'endroit où elle n'est point soutenue, & où elle ne trouve aucune résistance.

5. Lorsque la premiere lame est sortie , elle est aussi-tôt remplacée par une autre laquelle sort aussi à son tour puisqu'elle est pressée comme la premiere du dedans en dehors, & que d'ailleurs elle n'est point soutenue. La seconde lame & celles qui doivent la suivre , sont formées non-seulement de la liqueur qui est directement au-dessus de l'ouverture & qui fait partie de la colomne ver-

ticale DC , mais encore des parcelles qui font autour de l'ouver-   Fig. 1.
ture C ; en forte que ce n'eft pas feulement la colomne DC qui
en fe renouvellant à chaque inftant, fournit à la dépenfe ; mais
encore la liqueur qui environne cette colomme & qui eft proche
de l'ouverture C. Car toutes les parcelles qui font autour de l'ouverture font dans le même état de preffion, & elles font pouffées
non-feulement de haut en bas , mais auffi fuivant une infinité de
directions différentes vers l'ouverture ; elles y accourront donc de
tout côté pour former continuellement de nouvelles lames.

6. La liqueur qui fort du réfervoir n'eft donc pas celle que
l'on pourroit croire devoir couler le long de la colomne DC ,
& former une efpece de chute ; car la colomne DC confiderée en
entier & dans toute fa hauteur n'eft pas plus en mouvement que
les colomnes environnantes. Quoique cette colomne réponde
directement à l'ouverture , & qu'il femble qu'elle ne foit pas foutenue , elle l'eft néanmoins par les colomnes environnantes , parce qu'elles font autant d'effort pour defcendre que la colomne
DC , & que la liqueur qui eft au bas de ces colomnes vers le fond
du vaiffeau , a autant de force pour s'approcher de l'ouverture que
la liqueur qui eft au bas de la colomne DC. Il faut fuppofer pour
l'article qui précede que la liqueur du réfervoir eft affez haute par
rapport à l'ouverture C pour que les particules qui s'y amaffent
en reçoivent une viteffe qui les y faffe arriver promptement pour
la remplir , car fans cela la colomne DC defcendra , il fe formera
au-deffus de l'ouverture C un efpece d'entonnoir , & il faudra
que la liqueur qui fournit à l'écoulement vienne de la furface fupérieure.

On peut confidérer la viteffe d'une liqueur feulement pour le
moment auquel elle fort du réfervoir , ou la confidérer dans les momens fuivans.

Du rapport des vitesses d'une liqueur lorsqu'elle fort de deux réfervoirs qui ont des hauteurs inégales au moment de la fortie.

7. On peut penfer que la liqueur qui fort d'un réfervoir ne reçoit la viteffe avec laquelle elle fort qu'au moment de fa fortie ,
ou bien qu'elle la reçoit fucceffivement , & qu'elle eft accélerée
jufqu'à ce qu'elle foit fortie. La premiere de ces deux hypothèfes
peut avoir lieu pour les premieres petites gouttes qui fe trouvent
à l'ouverture C lorfque le flux commence , car on peut fuppofer la
premiere lame fi mince qu'elle forte au même inftant qu'elle re-

çoit fa viteffe ; mais à l'égard des lames fuivantes il y a tout lieu de croire qu'elles ont reçu une partie de leur viteffe avant d'arriver à l'ouverture C ; c'eft pourquoi les premieres gouttes doivent fortir avec une moindre viteffe que les fuivantes, ce qui eft conforme à des expériences faites par M. Daniel Bernoulli.

PROPOSITION I.

8. *Si une même liqueur , par exemple de l'eau , eft à des hauteurs inégales dans deux réfervoirs , les lames ou petits prifmes de liqueur qui fortent à chaque inftant par les ouvertures horizontales & égales C , c ont à leur fortie des quantitez de mouvement qui font entr'elles comme les hauteurs* H , h.

Fig. 1.3.   La propofition à deux cas, ou bien les lames ou petits prifmes qui fortent à chaque inftant par les ouvertures égales C , c , reçoivent leur mouvement à la fois & en un moment ou fucceffivement : or la propofition eft vraie dans l'une & l'autre hypothèfe.

1°. Si les petits prifmes de liqueur reçoivent en un moment toute leur viteffe, leurs quantitez de mouvement font entr'elles comme les forces qui les produifent (*Liv. I.* 118) Or ces forces font les preffions que la liqueur éxerce fur ces lames ; donc les quantitez de mouvement font entr'elles comme ces preffions, lefquelles font égales aux pefanteurs des colomnes qui répondent directement aux ouvertures C , c ; mais on fuppofe que les ouvertires C , c qui font les bafes de ces colomnes , font égales ; donc les colomnes dont il s'agit font entr'elles comme les hauteurs H , h. Leurs pefanteurs ou preffions & par conféquent les quantitez de mouvement qu'elles produifent , font donc entr'elles comme les hauteurs H , *h.*

2°. Si les lames ou petits prifmes ne reçoivent leur mouvement que par degrez, & fucceffivement, je dis que les quantitez de mouvement qu'ils ont à leur fortie font entr'elles comme les hauteurs H , *h*. On fuppofe que ces hauteurs demeurent les mêmes , & qu'il entre dans les réfervoirs autant de liqueur qu'il en fort.

9. Puifque les hauteurs H , *h* ne varient point , que la liqueur fe tient à la même hauteur dans les réfervoirs qui la contiennent , il s'enfuit que les forces qui preffent les petits prifmes ou cylindres de liqueur qui fortent par les ouvertures C , c , font dans un rapport conftant ; donc les quantitez de mouvement inftantanées qu'elles produifen , font auffi dans un rapport conftant, c'eft-à-dire, dans le rapport que ces forces ont entr'elles ; fi l'une des 2 forces eft double, elle produira dans le même tems une quantité de mouvement double ; donc les quantitez de mouvement totales , c'eft-
à-dire,

à-dire , les sommes des mouvemens instantanez produits en tems égaux par ces deux forces , sont aussi dans un rapport constant qui est le même que le rapport de ces forces : or les forces qui pressent les petits cylindres de liqueur qui sortent en même tems par les ouvertures C , c , sont entr'elles comme les hauteurs H , h, en supposant que ces ouvertures sont égales ; donc les quantitez de mouvement que les petits cylindres de liqueur qui sortent en même tems par les ouvertures C , c , sont aussi entr'elles commes les hauteurs H , h.

PROPOSITION II.

10. *Les vitesses que les lames ou cylindres de liqueur ont en sortant des réservoirs par les ouvertures horizontales* C , c , *sont entr'elles comme les racines quarrées des hauteurs* H , h.

DEMONSTRATION. Car soit que les lames ou petits cylindres Fig. 113. de liqueur qui sortent à chaque instant par les ouvertures C , c , reçoivent toute leur vitesse en un moment, soit qu'ils ne la reçoivent que successivement , les quantitez de mouvement qu'ils ont à leur sortie, sont entr'elles comme les hauteurs H , h. Cela posé si on nomme V la vitesse du cylindre L, v la vitesse du petit cylindre l , les quantitez de mouvement de ces cylindres à leur sortie, sont entr'elles comme les produits $L \times V$, $l \times v$, c'est-à-dire , comme les produits des masses par les vitesses : or on suppose que les ouvertures C , c sont égales , donc les petits cylindres L , l ayant même base , leurs masses sont entr'elles comme les longueurs , & si l'on suppose que ces longueurs soient réprésentées par L , l qui désignoient d'abord les soliditez , les quantitez de mouvement des petits cylindres, sont encore entr'elles comme les produits $L \times V$, $l \times v$; mais les longueurs L , l sont entr'elles comme les vitesses V , v , car puisque l'écoulement est continu & sans interruption , la longueur du cylindre de liqueur qui sort doit être d'autant plus grande que la vitesse est grande : si la vitesse V est double , la longueur L doit aussi être double ; donc si dans le rapport composé $L \times V$ à $l \times v$ au lieu du rapport simple L à l on met celui des vitesses , le rapport VV à vv sera encore égal au rapport $L \times V$ à $l \times v$; donc les quantitez de mouvement des petits cylindres L , l , sont entrelles comme les quarrez de leurs vitesses V , v , ou les quarrez VV , vv comme les quantitez de mouvement , ou encore comme les hauteurs H , h , l'on aura donc cette proportion $VV . vv :: H . h$. Si l'on tire la racine quarrée de ces quatre termes, l'on aura $V . v :: \sqrt{H} . \sqrt{h}$, c'est-à-dire , que les vitesses que les petits cylindres L , l ont à leur sortie des réservoirs , sont entr'elles comme les racines quarrées des hauteurs H , h.

                                        *Zzz .

11. COROLLAIRES. 1º. Puifque les viteffes de la liqueur qui fort par les ouvertures C, c font entr'elles comme les racines quarrées des hauteurs H, h, il s'enfuit que *les dépenfes ou les quantitez qu'il en fortira en même-tems des réfervoirs, font auffi entre elles comme les racines quarrées des hauteurs H, h*; car lorfque les ouvertures font égales, les quantitez de liqueur qui fortent en même-tems font comme les longueurs des cylindres qui paffent par ces ouvertures égales, c'eft-à-dire, comme les viteffes de la liqueur qui fort; or ces viteffes font entr'elles comme les racines quarrées des hauteurs H, h; donc les dépenfes en tems égal font auffi entr'elles comme les racines quarrées de ces hauteurs.

12. 2º. *Si les ouvertures C, c font inégales, les viteffes feront encore entr'elles comme les racines quarrées des hauteurs H, h.* Car les preffions qu'une liqueur éxerce à la même profondeur font proportionnelles aux furfaces; ainfi fi l'ouverture étant, par éxemple, double, il s'y préfente deux fois plus de parties, elles fortiront avec la même viteffe que fi l'ouverture étoit fimple; parce que la fomme des preffions étant deux fois plus grande, chaque particule ne fera ni plus ni moins preffée que fi elle paffoit par une ouverture plus petite.

13. 3º. *Si les hauteurs H, h font égales, les dépenfes en tems égaux feront entr'elles comme les ouvertures*, car puifque les hauteurs H, h font égales, les viteffes de la liqueur qui fort feront auffi égales, les cylindres de liqueur qui fortiront des réfervoirs en même-tems auront donc une même longueur, donc ils feront entr'eux comme les bafes ou les ouvertures; or les dépenfes font égales aux cylindres de liqueur qui fortent en même-tems; donc ces dépenfes font entr'elles comme les ouvertures.

14. 4º. *Les dépenfes font entr'elles comme les produits des ouvertures C, c par les racines quarrées des hauteurs*; car fi les ouvertures étoient égales, les dépenfes feroient entr'elles comme les racines quarrées des hauteurs; mais puifque les ouvertures font inégales, il paffera par la plus grande plus de liqueur à proportion qu'elle fera plus grande, la viteffe étant la même, ainfi fi l'ouverture eft double ou triple, il y paffera en même-tems deux, trois fois plus de liqueur; l'on voit donc que pour avoir le rapport des dépenfes, il faut multiplier les ouvertures par les viteffes ou par les racines quarrées des hauteurs H, h, & le rapport des produits fera égal à celui des dépenfes faites en même-tems.

On fuppofe que les hauteurs font tellement proportionnées aux ouvertures qu'il ne fe faffe point de creux ou d'entonnoir au haut de la liqueur directement au-deſſus de l'ouverture, comme cela arrive lorſque la liqueur n'eſt pas à une hauteur ſuffiſante, & que l'ouverture eſt fort grande.

15. 5°. Si la liqueur pour acquérir les viteſſes avec leſquelles elle ſort par les ouvertures C, c tomboit de deux hauteurs, les viteſſes acquiſes par ces hauteurs, & qu'on ſuppoſe être les mêmes que celles qu'elle a en ſortant des réſervoirs ; ſeroient entr'elles comme les racines quarrées de ces hauteurs, d'où l'on peut conclure que les hauteurs qui donneroient les viteſſes avec leſquelles la liqueur ſort des réſervoirs, ſont dans la même raiſon que les hauteurs H, h ; mais on ne peut pas conclure qu'elles n'en ſont point différentes, parce que deux rapports peuvent être égaux ſans que les termes du premier ſoient égaux aux termes du ſecond rapport.

16. 6°. Si l'on connoît la viteſſe avec laquelle une liqueur ſort d'un réſervoir, on peut connoître par une ſimple proportion la viteſſe avec laquelle elle ſortira d'un autre réſervoir, pourvû que la hauteur qu'elle y occupe ſoit connue.

17. 7°. Si l'on fait des ouvertures laterales à deux réſervoirs leſquelles ſoient petites, en ſorte que l'on puiſſe regarder comme nulle la différence des hauteurs, c'eſt-à-dire, que les diſtances qu'il y aura de la partie inférieure & de la partie ſupérieure d'une même ouverture à la ſurface de la liqueur, puiſſent être conſidérées ſans erreur ſenſible, comme une même diſtance ou hauteur, les parties de la liqueur qui ſortiront par cette ouverture, auront toutes une viteſſe ſenſiblement égale, comme ſi elles ſortoient par une ouverture horiſontale ; c'eſt pourquoi ſi la liqueur ſort par de petites ouvertures laterales à différentes profondeurs ou diſtances des ſurfaces, elle aura à ſa ſortie des viteſſes qui ſeront entr'elles comme les racines quarrées de ces hauteurs ou diſtances.

18. Mais ſi les ouvertures étoient grandes, qu'elles occupaſſent une partie conſidérable dans la hauteur, il eſt viſible que toutes les parcelles de la liqueur ne ſortiroient pas avec la même viteſſe, il n'y auroit que celles qui ſeroient ſur une même couche horiſontale qui auroient des viteſſes égales repréſentées par la racine quarrée de la hauteur ou diſtance qu'il y auroit de cette couche à la ſurface de la liqueur, les lames ou couches qui ſeroient plus hautes ou plus baſſes auroient à leur ſortie des viteſſes moindres ou plus grandes. On verra dans la ſuite de quelle maniere on peut calculer les dépenſes, lorſque les ouvertures laterales ſont grandes.

Zzz ij

DE LA VITESSE RÉELLE AVEC LAQUELLE UNE LIQUEUR sort d'un réservoir par une ouverture horifontale, & de celle avec laquelle elle continue d'être mue après qu'elle est sortie.

19. On peut déterminer cette vitesse par l'expérience ou la déduire de la loi de la pesanteur & d'une propriété qui est commune à toutes les liqueurs. Il faut rappeller ici ce qui a été dit dans le Livre précédent de l'adhérence ou cohésion des parties d'une liqueur, les parties d'une liqueur sont adhérentes les unes aux autres, & il faut une certaine force pour les séparer; or cette cohésion des parties paroît d'une maniere sensible dans l'écoulement de la liqueur, sur tout lorsqu'elle sort par une ouverture horifontale, suivant une direction perpendiculaire à l'horifon; car les premieres gouttes après leur sortie s'accelerent selon la loi des corps pesans, & vont plus vite que celles qui sortent ensuite, & cependant elles ne s'en détachent point; la liqueur forme une colomne continue depuis le haut jusqu'au bas; mais parce que les gouttes qui sont sorties les premieres vont plus vite que celles qui viennent après, il est nécessaire que la colomne soit plus mince vers le bas que vers le haut; ainsi une même portion de liqueur occupe suivant la longueur de la colomne un espace d'autant plus grand qu'elle se trouve à une plus grande distance du réservoir. Cela étant ainsi, on peut distinguer dans les gouttes qui composent la colomne deux mouvemens, l'un perpendiculaire à l'horifon, c'est la pesanteur qui le produit; l'autre mouvement est horifontal, & il rapproche les gouttes vers l'axe de la colomne à mesure qu'elle devient plus mince; le mouvement horifontal n'étant point contraire au mouvement de pesanteur, comme on l'a prouvé dans le IIe Livre (112) les parcelles doivent s'accélérer suivant la loi des corps pesans, de même que si elles n'étoient poussées que dans la direction perpendiculaire à l'horifon; on ne fait point d'attention à la petite résistance qui provient de la cohésion.

Fig. 2.

20. Supposons qu'une liqueur, par éxemple de l'eau, coule de sa source, qui est en AB suivant une direction DC perpendiculaire à l'horifon; selon ce qui vient d'être dit, il se formera une colomne AEFB plus large en AB qu'en EF. Que EF soit une ouverture faite sur le fond horifontal MN du vaisseau cylindrique AMNB, ce vaisseau ne changera rien au cours de la liqueur, & elle passera par l'ouverture EF, de même que si le vaisseau n'y étoit point, & en tombant sa vitesse s'accelerera de maniere que la lame ou petite tranche qui est en EF aura acquis une vitesse exprimée

par la racine quarrée de DC; c'eſt-à-dire , que cette viteſſe ſera égale à celle qu'un corps peſant acquerroit s'il tomboit de la hauteur DC. Si l'on imagine que l'eſpace vuide AMEFNB qui eſt autour de la colomne AEFB eſt rempli de glace , la liqueur continuera de couler comme auparavant, & ſa viteſſe ſera accélérée de même ; car la glace ne fait que toucher la colomne fluide & la liqueur coule dans cette eſpece d'entonnoir ſans trouver aucune réſiſtance.

21. Cela poſé , voici comme M. Newton prouve qu'*une liqueur qui ſort d'un réſervoir* AMNB *par l'ouverture horiſontale* EF *a à ſa ſortie une viteſſe égale à celle qu'un corps peſant acquerroit en tombant de la hauteur* CD. Que la glace AMEFNB ſe fonde , la colomne AEFB ne fera plus qu'un même corps avec la glace fondue , & l'on aura un réſervoir ordinaire qui reçoit de la ſource AB autant de liqueur qu'il en ſort par l'ouverture EF : or la lame en EF aura encore la même viteſſe qu'elle avoit lorſque la liqueur deſcendoit dans l'entonnoir de glace AMEFNB, puiſque l'écoulement ſera auſſi grand qu'auparavant. 1°. Il ne ſera pas moindre , parce que la glace fondue & réduite en liqueur fait effort pour couler , ainſi cet effort ne ſçauroit diminuer l'écoulement. 2°. L'écoulement ne ſera pas plus grand , parce que la glace fondue & réduite en liqueur ne peut couler par l'effort qu'elle fait ſans s'oppoſer en partie à l'écoulement de la colomne AEFB ; or ces efforts contraires doivent ſe compoſer de maniere que la quantité de liqueur qui s'écoule de la glace fondue empêche un pareil écoulement dans la colomne AEFB. C'eſt-là la nature des efforts contraires , de faire que l'effet produit par l'un diminue d'autant l'effet produit par l'autre ; la force qui produit l'écoulement étant encore la même , il faut conclure que la viteſſe avec laquelle la liqueur ſort par l'ouverture EF eſt encore égale à celle qu'un corps peſant acquerroit en tombant de la hauteur DC.

Voici une ſeconde preuve de la même Propoſition.

22. *La viteſſe avec laquelle l'eau ſort du réſervoir* a b *par l'ouverture* c , *eſt égale à celle qu'une goutte d'eau acquerroit en tombant librement depuis le niveau juſqu'à l'ouverture* c. On ſuppoſe que le vaiſſeau eſt entretenu plein.

Suppoſons que le tems étant diviſé en parties indéfiniment petites il ſorte à chaque fois une lame d'eau dont l'épaiſſeur ſoit *cf*, la preſſion de la liqueur repréſentée par le poids de la colomne *cd* fera parcourir dans chaque partie du tems aux lames qui ſortent des eſpaces égaux à *fc*. Suppoſons encore qu'une de ces lames parcoure ou puiſſe parcourir pendant le même tems l'eſpace *do* par le ſeul effort de ſa peſanteur ; il eſt certain que les peſanteurs de la colomne *dc* & de la lame d'eau étant deux forces conſtantes, communiquent à cette lame des viteſſes qui ſont entr'elles comme ces mêmes peſanteurs, c'eſt-à-dire, comme *dc* à *fc*, à cauſe que la colomne *dc* & la lame ont des baſes égales (*Liv.* I. 127). Ces mêmes forces communiquent auſſi des viteſſes qui ſont entr'elles comme les eſpaces qu'elles font parcourir en même-tems ou en tems égaux (*Liv.* I. 128), c'eſt-à-dire, que ces viteſſes ſont entr'elles comme *fc* & *do* : donc $dc.fc::fc.do$, puiſque ces deux rapports ſont égaux à celui des viteſſes que la lame d'eau reçoit en tems égaux de la peſanteur de la colomne *dc* & de ſon propre poids :

donc $dc \times do = \overline{fc}^2$. Cela poſé, ſi on nomme V la viteſſe de la lame d'eau après qu'elle eſt ſortie du réſervoir : v la viteſſe qu'elle acquiert en parcourant *do* : *v* la viteſſe qu'elle acquerroit en tombant de la hauteur *dc*,

$$V.v::fc.do.$$
$$v.v::\sqrt{do}.\sqrt{dc}.$$
$$V.v::fc\times\sqrt{do}.\,do\times\sqrt{dc}.$$
$$v^2.v^2::\overline{fc}^2\times do.\,\overline{do}^2\times dc.$$
$$V^2.v^2::\overline{fc}^2\,do\times dc.$$

l'on aura les deux proportions, $V.v::fc.do$, $v.v::\sqrt{do}.\sqrt{dc}$; ſi on multiplie par ordre, & qu'on diviſe les deux premiers termes par v, l'on aura la troiſiéme proportion $V.v::fc\times\sqrt{do}.\,do\times\sqrt{dc}$, & ſi on éleve tous ces termes au quarré, on aura encore la proportion $V^2.v^2::\overline{fc}^2\times do.\,\overline{do}^2\times dc$, & ſi on diviſe les deux derniers termes par *do*, l'on aura enfin $V^2.v^2::\overline{fc}^2\,do\times dc$; mais les deux derniers produits ſont égaux, donc les quarrez $V^2.v^2$ ſont auſſi égaux, & par conſéquent les racines V. *v*. ſont égales.

23. On peut encore prouver par l'expérience que ſi un vaiſſeau ou réſervoir eſt rempli d'une liqueur, elle a à ſa ſortie une viteſſe égale à celle qu'un corps peſant acquerroit en tombant d'une hauteur égale à la diſtance perpendiculaire qu'il y a de la ſurface à l'ouverture par où elle ſort. On ſuppoſe que l'ouverture eſt horiſontale, ou ſi elle eſt laterale, qu'elle eſt très-petite. L'expérience eſt de M. Newton, elle eſt rapportée & décrite au troiſiéme Cas de la propoſition 36. La hauteur CD de l'eau au-deſſus de l'ouverture laterale G étoit de vingt pouces & le plan horiſontal FI 20 pouces au-deſſous, c'eſt-à-dire, que GF perpendiculaire au plan horiſontal étoit égale à la hauteur CD ; or M. Newton trouva que l'eau qui jailliſſoit horiſontalement par l'ouverture G alloit rencontrer le plan FI à 37 pouces de la verticale GF.

Fig. 1.

24. Voici la preuve qu'on en peut déduire pour prouver la Proposition dont il s'agit. Les petites lames ou gouttes d'eau qui sortent à chaque instant par l'ouverture G ont à leur sortie une vitesse par laquelle elles parcourroient dans un tems donné un certain espace suivant la direction horisontale, qui est celle qu'elles reçoivent; mais parce que l'effort de la pesanteur se joint à la vitesse de chaque goutte, elles décrivent toutes une ligne courbe que l'on a démontré être une demi-parabole. Cela posé, si la vitesse d'impulsion, qui est celle que chaque goutte reçoit à sa sortie, est égale à celle qu'elle acquerroit en tombant de la hauteur DC, l'étendue FI de la demi-parabole GI décrite par chaque goutte doit avoir 40 pouces, c'est-à-dire, qu'elle doit être égale au double de CD ou de GF (Liv. II. 154), & si cette étendue est de 40 pouces, c'est-à-dire, qu'elle soit égale au double de la hauteur GF ou CD, la vitesse d'impulsion doit être égale à celle que chaque goutte acquerroit en tombant de la hauteur GF ou DC: or l'expérience montre que peu s'en faut que FI ne soit égale au double de GF ou de CD, puisqu'il ne s'en faut que de trois pouces ou environ sur 40; d'ailleurs on peut attribuer ce défaut à des causes qui empêchent que la vitesse d'impulsion n'ait son effet plein & entier, telles sont la résistance de l'air & celle que la liqueur éprouve en frottant contre les bords de l'ouverture; on peut donc conclure de l'expérience, que la vitesse avec laquelle une liqueur sort d'un réservoir, est égale à celle qu'une goutte de la liqueur acquerroit en tombant de la surface jusqu'au centre de l'ouverture par où elle sort.

Dans l'expérience de M. Newton le mouvement des premieres gouttes est indépendant de l'impulsion de celles qui les suivent, en sorte que chaque goutte qui précede décrit la demi-parabole GI, de même que si elle étoit seule sans être aucunement poussée par les gouttes qui viennent ensuite; car les premieres gouttes vont pendant tout leur mouvement, plus vîte que les suivantes, on est donc assuré que cette expérience est une preuve non équivoque de la Proposition qui en a été déduite.

25. Corollaires, *où l'on explique ce qui arrive à une liqueur lorsqu'elle est sortie du réservoir.* La vitesse avec laquelle l'eau ou toute autre liqueur sort d'un réservoir étant supposée égale à celle qu'un goutte acquerroit par sa pesanteur, si elle tomboit d'une hauteur égale à la distance perpendiculaire qu'il y a de l'ouverture où la liqueur sort, à la surface supérieure, on peut déduire les Corollaires suivans.

26. 1°. Sans avoir recours à la Propofition de l'art. 16, on peut trouver immédiatement la quantité d'eau qu'il fortira d'un réfervoir entretenu plein, & dont la hauteur eft connue, fi le tems de l'écoulement & l'ouverture par où la liqueur fort font auffi connus. Car puifque la hauteur du réfervoir eft connue, on pourra trouver par les regles du fecond Livre la viteffe qu'un corps ou une goutte de la liqueur acquerroit en tombant de cette hauteur, & ce fera la viteffe réelle de la liqueur qui fort, donc on connoîtra l'efpace qu'elle parcourt avec cette viteffe dans une feconde de tems; c'eft pourquoi fi on multiplie cet efpace par l'ouverture, on aura un cylindre dont la folidité eft égale à la quantité de liqueur qui s'écoule dans une feconde; fi enfin on multiplie ce cylindre par le tems donné, c'eft-à-dire, par le nombre de fecondes contenu dans le tems donné, on aura la dépenfe du réfervoir pendant ce tems, ou la quantité de liqueur qu'il en fort.

27. R**EMARQUE**. On remarquera à l'égard de ce premier Corollaire, que l'on fuppofe que toutes les gouttes ont à leur fortie des directions paralleles ou perpendiculaires à l'ouverture : or M. Newton a obfervé que la liqueur qui fort eft compofée de particules ou petites gouttes qui viennent de différens côtez du réfervoir, & qui ont des directions inclinées les unes aux autres & à l'ouverture. Si les directions des gouttes étoient paralleles entre elles, & perpendiculaires à l'ouverture, la liqueur fortiroit du réfervoir fous la forme d'un prifme ou d'un cylindre; mais parce que les directions font obliques à l'ouverture, la liqueur qui fort a la forme d'une pyramide ou d'un cone tronqué dont la grande bafe eft l'ouverture, & la moindre eft hors du réfervoir à une petite diftance de l'ouverture : or c'eft la moindre bafe qui à proprement parler doit être confiderée comme la vraie ouverture, puifqu'il ne paffe pas davantage de liqueur par la grande que par la petite, & la hauteur du réfervoir eft la diftance qu'il y a de cet endroit où la colomne eft retrécie à la furface de la liqueur. Cela pofé, M. Newton trouve que le rétreciffement du jet ou de la colomne jailliffante fe fait environ à un demi-pouce de l'ouverture, & que le diametre diminué eft au diametre de l'ouverture, comme 21 eft à 25, ou comme 5 eft à 6, à peu-près, l'ouverture circulaire du vaiffeau qui fervit à l'expérience avoit de diametre $\frac{5}{8}$ de pouce.

28. Lorfque dans l'expérience on a égard à cette diminution ou retréciffement de la colomne jailliffante, on trouve que la dépenfe d'un réfervoir eft proportionnée à la viteffe qu'une goutte d'eau acquerroit fi elle venoit à tomber par fon poids depuis la furface

29. 2°. *La force totale qui produit le mouvement d'une liqueur lorf-qu'elle fort d'un réfervoir eft égale au poids d'une colomne de la mé-liqueur qui auroit pour bafe l'ouverture ou orifice par lequel elle fort, & pour hautèur une hauteur double de celle que la liqueur occupe dans le refervoir au-deffus de l'orifice.*

Suppofons que la liqueur forte par l'ouverture pendant un tems égal à celui qu'une goutte emploîeroit à defcendre depuis la fur-face jufqu'à l'orifice, il fe formera un cylindre de liqueur qui au-ra pour bafe l'orifice, (on fait abftraction du retreciffement du jet dont on vient de parler) & pour hauteur, une hauteur double de celle qu'il a depuis la furface de la liqueur jufqu'à l'orifice, puif-que chaque lame a à fa fortie une viteffe égale à celle qu'elle ac-querroit en tombant depuis la furface jufqu'à l'orifice, & que d'ail-leurs avec cette viteffe la lame qui fort la premiere peut parcourir uniformement un efpace double de cette hauteur dans le tems qu'elle defcendroit par l'action de la pefanteur depuis la furface jufqu'à l'orifice. Suppofons que le même cylindre de liqueur ou un autre qui lui eft égal tombe auffi d'une hauteur égale à celle qu'il y a de l'orifice à la furface, il acquerra une viteffe égale à celle que la liqueur a en fortant du réfervoir; l'on aura donc deux cylindres égaux qui font mus avec des viteffes égales; donc leurs quantitez de mouvement font auffi égales. Cela pofé, les forces qui produifent ces mouvemens égaux font deux forces conftantes; d'un côté, c'eft la preffion de la liqueur contenue dans le refervoir; de l'autre, c'eft l'action de la pefanteur qui fait defcendre le cy-lindre, ce font donc deux forces conftantes qui en des tems égaux produifent des quantitez de mouvement égales : or puifque les quantitez totales de mouvement font égales, & que d'ailleurs les forces qui les ont produites en même-tems ou en tems égaux font conftantes, il s'enfuit que les quantitez inftantanées font auffi égales; mais deux forces conftantes font entr'elles comme les quan-titez de mouvement qu'elles produifent à chaque inftant; donc la force qui produit le mouvement d'une liqueur qui fort d'un refer-voir, & la pefanteur qui fait defcendre le cylindre de liqueur qui au-roit pour bafe l'orifice, & pour hauteur une hauteur double de cel-le qu'il y a de l'orifice à la furface font deux forces égales; donc, &c.

3°. Remarque. On a vû dans le livre précedent que la for-ce qui preffe chaque lame de liqueur eft égale au poids d'une co-lomne de la même liqueur qui auroit pour bafe cette lame, & pour hauteur celle qu'il y a depuis la lame jufqu'à la furface, & le co-rollaire précedent fait voir que la force qui produit le mouvement

* Aaaa

d'une liqueur lorfqu'elle fort du réfervoir, eft double du poids
de cette colomne ; il faut donc conclure que la force qui preffe
une lame de liqueur dans l'équilibre, eft moindre que la force qui
lui donne le mouvement lorfqu'elle fort du réfervoir : mais d'un
autre côté il eft certain que le mouvement de la liqueur lorfqu'elle
fort, n'eft que l'effet de la preffion des colomnes qui preffent la
lame qui fort ; comment peut-il donc fe faire que cette force foit
double de la pefanteur de la colomne qui eft au-deffus de la lame.

Pour répondre à la difficulté propofée, il faut remarquer que le
mouvement de chaque lame n'eft pas produit en un feul inftant &
au moment qu'elle fort ; la preffion des colomnes agit fucceffivement : or lofqu'on dit que la force qui produit le mouvement d'une
liqueur qui fort d'un réfervoir eft égale au poids d'une colomne
double de celle qui répond à l'orifice, par cette force il faut entendre la fomme des preffions caufées fur la lame ; ce n'eft pas la
preffion inftantanée caufée par le poids de la liqueur, cette preffion eft feulement égale au poids de la colomne qui répond à l'orifice, mais c'eft la totalité des efforts produits par cette colomne
& celles qui l'environnent, qu'il faut confiderer comme la force
qui produit le mouvement de chaque lame qui fort : or la fomme
de ces efforts que l'on regarde comme réunis en un feul inftant &
au moment que chaque lame fort, eft égale à la pefanteur d'une
colomne double de celle qui répond à l'orifice.

Il y a encore quelques remarques à faire fur cette force qui produit le mouvement de la liqueur lorfqu'elle fort du réfervoir, mais
elles fe préfenteront plus à propos dans le fecond traité.

31. 3°. Lorfque la liqueur eft fortie du réfervoir, fi elle continue d'être mue dans l'air, fon mouvement devient accéléré ou
retardé ; il eft accéleré fi la direction du jet eft horifontale, ou au-
deffous de l'horifon ; il eft retardé fi la liqueur eft dirigée au-deffus.

32. 4°. *Si la direction de la liqueur eft perpendiculaire à l'horifon le jet eft en ligne droite.* Car un corps qui eft pouffé fuivant la
direction verticale ne s'en écarte point. Cela pofé, fi la liqueur defcend, *la colomne va en diminuant vers fon extrémité inférieure à
mefure qu'elle eft plus éloignée de l'ouverture du réfervoir* ; or on peut
déterminer cette diminution dans toute la longueur, car fi on conçoit
que la colomne eft coupée en IK & en LP par deux plans paralleles à l'horifon, on pourra confiderer les fections IK, LP comme deux ouvertures par où la liqueur paffe, & il eft évident qu'en
tems égaux il en paffe la même quantité par LP & par IK, l'on
a donc deux cylindres de liqueur égaux en folidité ; donc les ba-

fes LP, IK font réciproquement proportionnelles aux longueurs, c'eft-à-dire aux viteffes avec lefquelles la liqueur paffe par ces ouvertures ; mais ces viteffes font auffi entr'elles comme les racines quarrées des hauteurs DS, DV, puifque ces viteffes font les mêmes que fi la liqueur defcendoit des hauteurs DS, DV. Donc les fections LP, IK font entr'elles réciproquement comme les racines quarrées de DS, DV.

33. D'où l'on voit que fi dans la longueur de la colomne on connoît la grandeur d'une des fections tranfverfales, on pourra trouver la grandeur des autres par le moyen des hauteurs correfpondantes que l'on fuppofe connues.

34. Ce corollaire donne un moyen de calculer la quantité d'eau que donne une chute perpendiculaire, lorfqu'on connoît la hauteur de la fource & le diametre d'une de fes fections tranfverfales ; car puifque la hauteur de la fource eft connue, on fçait auffi quelle eft la viteffe que l'eau a acquife jufqu'à la fection mefurée ; on connoît donc la longueur que l'eau parcourroit en une feconde avec la viteffe acquife depuis la fource jufqu'à la fection ; donc fi on multiplie cette fection par la longueur trouvée, on aura la quantité d'eau qui paffe dans une feconde par cette fection ; & fi on multiplie ce produit par le tems donné, c'eft-à-dire, par le nombre qui exprime combien de fois le tems donné contient une feconde, on aura la quantité de l'écoulement pendant ce tems.

35. 5°. *Si la liqueur monte perpendiculairement à l'horifon, le jet au lieu d'aller en diminuant, groffira vers fon extrémité fupérieure ;* car le mouvement des premieres lames ou gouttes fe ralentira, & celles qui viennent après étant mues plus vîte rencontreront celles qui les précedent ; de forte que pour obéir au mouvement vertical, il faudra que dans cette rencontre elles s'étendent tout au tour fuivant des directions horifontales, afin d'occuper moins de place dans la hauteur de la colomne. L'on déterminera encore la figure du jet de même que pour le cas du corollaire précedent.

36. 6°. *Le jet vertical doit atteindre à la hauteur du réfervoir ou à la furface de la liqueur.* Car chaque goutte a à fa fortie une viteffe égale à celle qu'elle acquerroit fi elle tomboit depuis la furface de la liqueur jufqu'à l'orifice ou ouverture par où elle fort : or une telle viteffe fuffit au jet pour s'élever à cette hauteur ; c'eft pourquoi il y atteindra s'il ne trouve aucun obftacle.

37 Ce corollaire eft conforme à l'expérience lorfque les jets font petits ou médiocres ; mais les grands jets s'écartent de la regle, parce que la réfiftance de l'air & d'autres obftacles les empê-

chent de s'élever jusqu'à la surface de la liqueur. *Voyez M. Ma-riotte 2ᵉ. partie 3ᵉ. discours 3ᵉ. regle.*

38. 7°. Si le jet est horisontal ou incliné à l'horison, il sera parabolique, c'est-à-dire que chaque goutte décrira une parabole ou une demie parabole, comme cela arrive lorsqu'on jette un corps en l'air suivant une direction horisontale, ou inclinée à l'hrizon.

L'on déterminera l'amplitude de la parabole ou l'étendue du jet de la même maniere, & par les mêmes regles qui ont été expliquées dans le second livre. Car puisque la hauteur du reservoir représente la force du jet ou la hauteur d'où toutes les gouttes venant à tomber acquerroient la vitesse avec laquelle elles font poussées en l'air, il s'ensuit que si on décrit un demi cercle vertical dont le diametre soit la hauteur du réservoir ou de la surface de la liqueur, & que la circonference rencontre la ligne de projection suivant laquelle les gouttes font poussées, que du point de rencontre on tire une perpendiculaire sur le diametre, le quadruple de cette ligne sera l'étendue du jet ou l'amplitude de la parabole. On trouvera aussi selon les principes établis, un second jet qui aura la même étendue que le premier, en sorte qu'ils rencontreront l'un & l'autre l'horison ou un plan horisontal au même point.

39. 8°. Les jets horisontaux & inclinez au-dessous de l'horizon diminuent en grosseur à mesure que le jet devient plus éloigné du réservoir ; mais les jets inclinez au-dessus de l'horison grossissent jusqu'au plus haut point de l'arc parabolique. C'est une suite évidente des corollaires troisiéme & quatriéme.

Fig. 1.

40. 9°. Si on perce un vaisseau ou réservoir en un point G, qu'on reçoive sur un plan horisontal FI le jet GI qu'on trouve une troisiéme proportionnelle à GF, FI, (dans le second livre on l'a appellée *ligne d'égalité*), le quart de la troisiéme proportionnelle est la hauteur de la surface de la liqueur au-dessus de l'ouverture G. Cette quatriéme partie a été appellée force du jet, c'est la hauteur par laquelle les gouttes de la liqueur acquerroient en tombant la vitesse avec laquelle elles sortent du réservoir ; or cette hauteur est celle de la liqueur au-dessus de l'ouverture G.

DE L'ECOULEMENT D'UNE LIQUEUR LORSQUE LES VAISSEAUX ou réservoir qui la contiennent se vuident entiérement. L'On donnne aussi une idée des clepsidres ou horloges d'eau.

41. *Préparation pour la proposition suivante :* On supposera qu'un vaisseau cylindrique ou qui a la figure d'un prisme, étant rempli d'une

ligueur, est percé à son fond d'une ouverture horisontale par où la liqueur s'écoule jusqu'à ce que le vaisseau soit entierement vuidé. Le rapport de la base ou fond du vaisseau à l'ouverture C est exprimé par $\frac{A}{C}$ si le fond est 100 fois plus grand que l'ouverture

C, le rapport ou quotient exprimé par $\frac{A}{C}$ sera 100 & on concevra aussi que la liqueur du vaisseau est divisée en tranches ou lames horisontales indefiniment minces de même épaisseur; & pour fixer l'imagination, on supposera aussi que les lames ou tranches s'écoulent successivement les unes après les autres, en sorte qu'il n'y a que la tranche qui touche immédiatement le fond qui fournit à l'écoulement actuel, & que toutes les parties d'une même tranche ou couche sortent par l'ouverture C avec une égale vitesse & égale à celle que la tranche acquerroit si elle tomboit depuis le niveau jusqu'à l'endroit où elle se trouve.

PROPOSITION III.

42. *Supposons qu'une tranche ou lame de la liqueur contenue dans le vaisseau descende depuis la surface jusques sur le fond. Je dis que si on multiplie le tems de la descente par le rapport* $\frac{A}{C}$ *supposé égal à* 100, *on aura le tems de l'écoulement entier, ou le tems que le vaisseau sera à se vuider.*

Demonst. Si la petite lame DE descendoit librement par l'action de la pesanteur, lorsqu'elle seroit arrivée à l'endroit d'une tranche, elle auroit acquis une vitesse égale à celle avec laquelle cette tranche doit sortir par l'ouverture C; ainsi lorsqu'elle seroit arrivée en O, elle auroit acquis une vitesse égale à celle avec laquelle la tranche BH doit sortir par l'ouverture C; lorsqu'elle seroit arrivée en N, R, elle auroit acquis des vitesses égales à celles que les tranches LM, PQ doivent avoir en C, de sorte que si les tranches de la liqueur étoient égales à lame DE, le tems de l'écoulement d'une tranche par l'ouverture C, par exemple, le tems de la tranche LM seroit égal au tems pendant lequel la lame DE avec la vitesse acquise depuis le niveau jusqu'à la tranche LM, passeroit par la section ou ouverture N qui répond à cette tranche; de même le tems de l'écoulement de la tranche PQ par l'ouverture C, seroit égal au tems pendant lequel la lame DE avec la vitesse acquise depuis le niveau jusqu'à la tranche PQ passeroit par la section R qui répond à cette tranche, puisque la vitesse & l'ouver-

Fig. 1.

ture d'une part, font égales à la viteffe & à l'ouverture de l'autre part, de même que les lames de liqueur qui pafferoient par ces ouvertures ; d'où l'on voit que le tems de l'écoulement de toutes les tranches par l'ouverture C feroit égal au tems pendant lequel la lame DE avec les différentes viteffes acquifes pafferoit par les fections correfpondantes de toutes ces tranches, ou égal au tems pendant lequel la lame DE defcendroit depuis le le niveau jufqu'au fond ; mais puifque felon l'hypothèfe les tranches PQ, LM, &c. font 100 fois plus grandes que la lame DE, & que d'ailleurs toutes les parties d'une même tranche fortent d'une égale viteffe, le tems de l'écoulement d'une tranche, par exemple, de la tranche PQ fera, 100 fois plus grand que le tems pendant lequel la lame DE avec la viteffe acquife depuis le niveau jufqu'à cette tranche, pafferoit par l'ouverture ou fection R ; donc pour avoir le tems de l'écoulement d'une tranche, par exemple de la tranche PQ ; il faut multiplier par 100 ou par le rapport $\frac{A}{C}$ le tems pendant lequel la lame DE avec la viteffe acquife depuis le niveau jufqu'en PQ pafferoit par la fection R : or tous ces produits particuliers ont pour multiplicateur commun le rapport $\frac{A}{C}$ donc pour avoir la fomme des mêmes produits, ou le tems de l'écoulement total il faut multiplier par le rapport $\frac{A}{C}$ le tems de la defcente de la lame DE depuis le niveau jufqu'au fond ; car ce tems de la defcente eft égal à la fomme des tems particuliers pendant lefquels la lame DE avec les différentes viteffes acquifes pafferoit par les fections N, R, &c. correfpondantes de toutes les tranches donc, &c.

43. COROLL. 1°. *Si deux vaiffeaux d'égale hauteur font remplis d'une même liqueur, les tems des écoulemens feront entr'eux comme les bafes ou fonds des vaiffeaux fi les ouvertures font égales.* Soit nommé (T) le tems que la lame DE emploieroit à defcendre jufques fur le fond GA, (t) celui de la defcente de la lame *de*; $\frac{A}{C}$, $\frac{a}{c}$ les rapports des bafes aux ouvertures, les tems des écoulemens feront exprimez par les produits T $\times \frac{A}{C}$, t $\times \frac{a}{c}$; or on fuppofe que les hauteurs DC, *dc* font égales ; donc les tems des defcentes des lames DE, *de* font égaux ; les ouvertures C, c font auffi égales ; donc ces produits font entr'eux comme les bafes repré-

fentées par A & *a* ; donc les tems des écoulements étant exprimez par ces produits , feront entr'eux comme les bafes.

44. 2º. *Si les hauteurs* DC, dc *font inégales , & que les ouvertures* C , c *foient encore égales , les tems des écoulemens entiers feront entr'eux comme les produits des racines quarrées des hauteurs* DC, dc , *& des bafes.* Car les tems T, *t* des defcentes des lames DE, *de* le long de DC, dc font entr'eux comme les racines quarrées des hauteurs ; d'ailleurs on fuppofe que les ouvertures C, *c* font égales ; donc les produits $T \times \frac{A}{C}$, $t \times \frac{a}{c}$, font entr'eux comme les produits des racines quarrées des hauteurs DC, dc , & des bafes réprésentées par A & *a* ; donc les tems des écoulemens font auffi entr'eux dans ce même rapport là.

45. 3º. *Si les bafes ou fonds font égaux , les tems des écoulemens font entr'eux en raifon compofée des racines quarrées des hauteurs* DC, dc, *& de la réciproque des ouvertures* C & c. Car fi dans les produits $T \times \frac{A}{C}$, $t \times \frac{a}{c}$ au lieu des tems T , *t* on met le rapport des racines quarrées des hauteurs DC , dc ; qu'on divife les deux produits par A & *a* qui réprésentent les bafes fuppofées égales; qu'enfin on multiplie les deux quotiens d'abord par C & enfuite par *c* , on aura deux nouveaux produits qui ont pour produifans les racines quarrées des hauteurs DC , dc , & les ouvertures C & *c* prifes en raifon inverfe : or ces produits font dans le même rapport que les produits $T \times \frac{A}{C}$, $t \times \frac{a}{c}$. (8. 14. *Arith.*) ; donc les tems des écoulemens exprimez par ces deux derniers produits , font auffi entr'eux en raifon compofée de celle des racines quarrées des hauteurs DC , dc , & de la réciproque des ouvertures C & c. Et fi les hauteurs font auffi égales , les tems des écoulemens font entr'eux réciproquement comme les ouvertures ; c'eft pourquoi fi un vaiffeau fe vuide par des ouvertures inégales faites fur le fond horizontal , les tems des écoulemens par ces ouvertures , font entr'eux réciproquement comme ces ouvertures.

46. 4º. *Si on laiffe vuider entierement un vaiffeau prifmatique plein de quelque liqueur , qu'on l'entretienne enfuite toujours plein de la même liqueur pendant qu'on la laiffe couler par la même ouverture qu'auparavant , la quantité qu'il en coulera pendant un tems égal à celui de l'écoulement total , fera double de celle qu'il contient étant plein.*

Le tems de l'écoulement total de la liqueur eft exprimé par le

Fig. 1. produit $T \times \dfrac{A}{C}$, en forte que fi le tems T eſt, par exemple, d'un

quart de feconde, que le rapport $\dfrac{A}{C}$ ſoit égal à 100, c'eſt-à-dire,

que la baſe contienne 100 fois l'ouverture C, le tems de l'écoulement total ſera de 25 ſecondes produit de $\frac{1}{4}$ de feconde par 100;
donc en 25 ſecondes il ſortira par l'ouverture C 100 colomnes
qui auront pour hauteur commune DC, & pour baſes l'ouverture C; mais ſi le vaiſſeau eſt entretenu plein, la liqueur ſortira
à chaque inſtant avec une viteſſe égale à celle qu'une goutte acquerroit en tombant de la hauteur DC, & avec cette viteſſe la
lame qui ſort la premiere parcourroit dans le tems T égal à un
quart de feconde, une hauteur double de DC; donc dans le
tems d'un quart de feconde il ſortira par l'ouverture C une colomne dont la hauteur ſera double de DC; donc en 25 ſecondes ou en 100 quarts de ſecondes, il ſortira 100 colomnes qui
auront une hauteur double de DC : or cette derniere quantité eſt
double de la précedente. Donc ſi un vaiſſeau priſmatique eſt entretenu plein, il en ſortira deux fois autant de liqueur qu'il en
contient ſi on la laiſſe couler pendant un tems égal au tems qu'il
ſeroit à ſe vuider totalement.

47. 5°. On a fait voir dans la preuve de la Propoſition que pour
avoir le tems de l'écoulement d'une tranche, il falloit multiplier

par le rapport $\dfrac{A}{C}$ le tems que la lame DE ſeroit à traverſer libre-

ment l'épaiſſeur de cette tranche après être deſcendue par l'action
de la peſanteur, de la ſurface de la liqueur juſqu'à l'endroit de
cette tranche; donc pour avoir le tems de l'écoulement de pluſieurs tranches de la liqueur, il faudra auſſi multiplier par le rap-

port $\dfrac{A}{C}$ le tems que la lame DE ſeroit à traverſer librement les

épaiſſeurs de toutes ces tranches après être deſcendue de la ſurface de la liqueur par l'action de la peſanteur juſqu'à l'endroit de
chacune de ces tranches.

48. 6°. *Si on ſuppoſe que la lame* DE *puiſſe parcourir en tems*
égaux les épaiſſeurs ou eſpaces EO, ON, NR, RC, *les tems des*
écoulemens, des portions de liqueur compriſes entre les plans IK, BH;
BH, LM; LM, PQ; PQ, GA ſont égaux entr'eux; car ils ſont tous
égaux aux tems que la lame DE emploieroit à parcourir les hau-

teurs EO, ON, NR, RC, multipliez par le rapport $\dfrac{A}{C}$; or les

tems

tems de la lame DE par les hauteurs EO, ON, &c. font égaux,
d'ailleurs le rapport $\frac{A}{C}$ eft multiplicateur commun de ces tems
égaux; donc les produits qui en réfultent font auffi égaux; donc
les tems des écoulemens qui font exprimez par ces produits font
égaux.

49. 7°. *Les portions de liqueur qui s'écoulent en tems égaux,
font entr'elles comme les nombres impairs 7, 5, 3, 1*, car les efpaces CR, RN, NO, OE, que la lame DE parcourroit en tems
égaux par le feul effort de la pefanteur, en tombant depuis la
furface de la liqueur jufqu'en C, font entr'eux comme les nombres 7, 5, 3, 1 : or par le Corollaire précédent les cylindres de
liqueur qui ont pour hauteurs CR, RN, NO, OE, s'écoulent en
tems égaux; de plus ces cylindres ayant des bafes égales, font
entr'eux comme les hauteurs; donc ils font entr'eux comme les
nombres impairs 7, 5, 3, 1 ; donc, &c.

50. 8°. *Si le tems dans lequel le vaiffeau AB doit fe vuider entierement, eft connu, on peut déterminer & marquer fur les côtez du
vaiffeau les quantitez qui doivent s'écouler dans chaque partie égale
du tems donné.* Suppofons que le vaiffeau fe vuide dans une heure,
fi on veut fçavoir combien il s'en écoulera dans le premier quart
d'heure, dansle 2, dans le 3 & le 4e quart d'heure, il faut divifer
la hauteur DC en quatre parties EO, ON, NR, RC qui foient
entr'elles comme les nombres impairs 1, 3, 5, 7, & les portions
de liqueur comprifes entre ces divifions, s'écouleront en tems
égaux, & par conféquent chacune dans un quart d'heure, puifque
toute la liqueur s'écoule dans une heure.

51. 9°. Si l'on a un vaiffeau rond ACB, c'eft-à-dire, dont   Fig. 4.
les fections AB, GK, NO, IR paralleles entr'elles foient circulaires,
& que les centres étant fur la perpendiculaire DC, il foit de telle
figure que ces mêmes cercles répréfentez par AB, GK, NO, IR
&c. foient entr'eux comme les racines quarrées des hauteurs correfpondantes CD, CH, CM, CL ; je dis que fi un tel vaiffeau eft
rempli d'une liqueur qui s'écoule par l'ouverture C, la furface de
la liqueur parcourra en defcendant des efpaces égaux fuivant la
perpendiculaire DC en tems égaux.

Pour démontrer la propofition il faut concevoir que la liqueur
eft partagée en tranches très-minces & de même épaiffeur, elles
feront entr'elles comme les racines quarrées des hauteurs correfpondantes, puifque les fections du vaiffeau qui répréfentent ces
tranches, font entr'elles dans cette raifon. Cela pofé, les viteffes

avec lesquelles la liqueur fort à chaque inftant par l'ouverture C, font entr'elles comme les racines quarrées des hauteurs de la liqueur ; donc les quantitez qui en fortent par l'ouverture C à chaque inftant, font entr'elles comme les racines quarrées des hauteurs,puifque les quantitez qui fortent en tems égaux par une même ouverture , font entr'elles comme les viteffes : or les tranches de la liqueur par la figure particuliere du vaiffeau,font entr'elles comme les racines quarrées des hauteurs correfpondantes ; donc elles font entr'elles côme les viteffes avec lefquelles la liqueur fort,& par conféquent entr'elles comme les quantitez qui fortent en tems égaux ; donc fi dans une partie du tems de l'écoulement, il fort une quantité égale à la tranche GK , il eft néceffaire que dans le tems qui fuit égal au précedent , il forte une quantité égale à la tranche fuivante NO ; donc puifque toutes les tranches ont la même épaiffeur, il faut que la furface parcoure fuivant DC des efpaces égaux en tems égaux.

52. Remarque. Les deux derniers Corollaires peuvent donner une idée des clepfidres ou horloges d'eau. Ce font des inftrumens qui fervent à mefurer la longueur du tems par l'écoulement d'une liqueur. Dans les montres & les autres horloges à roue , l'aiguille du cadran parcourt des efpaces égaux en tems égaux, ainfi la viteffe ou l'efpace qu'elle parcourt eft la mefure du tems qui s'eft écoulé. Les clepfidres mefurent auffi le tems,mais c'eft par la quantité de l'écoulement d'une liqueur ; cette quantité n'eft pas la même pour tous les tems , elle varie felon que la furface de la liqueur eft plus ou moins élevée au-deffus de l'orifice , & felon la figure du vaiffeau qui la contient , les deux derniers Corollaires peuvent faire comprendre qu'il y a autant de manieres de graduer les clepfidres,que l'on peut donner de figures différentes aux vaiffeaux que l'on fait fervir à cet ufage.

CHAPITRE SECOND.

De l'écoulement des liqueurs lorsque les orifices
des réfervoirs font verticaux.

53. ON a fuppofé jufqu'ici que les liqueurs s'écouloient par des ouvertures horizontales percées fur les fonds des vaiffeaux, lorfqu'elles font verticales & très petites , on peut encore les regarder comme fi elles étoient harizontales , fur-tout fi la furface de la liqueur eft beaucoup élevée au-deffus de l'ouverture ,

parce que toutes les gouttes ont fenfiblement une égale viteffe ,
de même que fi la liqueur fortoit par une ouverture horizontale ;
mais fi les ouvertures laterales font grandes , toutes les gouttes qui
fe préfentent enfemble & à la fois pour fortir n'ont pas la même
viteffe , parce que n'étant pas toutes à la même profondeur , elles
font inégalement preffées , il n'y a que les gouttes qui font fur une
même couche horizontale qui fortent avec des viteffes égales ,
les viteffes des gouttes qui font fur une même ligne verticale ,
augmentent depuis le bord fupérieur de lorifice jufqu'au bord inférieur. Or entre toutes ces viteffes croiffantes il y en a une qui tient
comme le milieu entre la plus grande & la plus petite , elle eft
appellée *moyenne*.

54. Pour avoir une idée bien diftincte de cette viteffe moyenne,
il faut fuppofer pour un moment que tous les filets de liqueur qui
fortent en même-tems par un orifice vertical, ont la même viteffe
que s'ils fortoient par une ouverture horizontale ; fi cette viteffe
eft telle que le réfervoir donne précifément la même quantité de
liqueur que lorfqu'ils fortent avec leurs viteffes réelles & inégales (les tems des écoulements étant fuppofez égaux), c'eft cette
viteffe qu'on nomme *moyenne* & qu'il faut connoître pour mefurer la quantité de liqueur qu'il peut fortir par un orifice vertical.
On aura cette viteffe fi on peut déterminer à quel endroit de l'o-
rifice elle répond. On avertit par avance que pour déterminer cette
viteffe , il faut fe fervir des proprietez de la parabole. La quadrature de l'efpace parabolique , c'eft-à-dire , de l'efpace enfermé par
la parabole , entre dans cette détermination & en eft comme le
fondement. On a donné une démonftration de cette quadrature à la
fin du Traité (14. *de la Parab.*) en fuppofant les proprietez les plus
ordinaires & très-connues de la parabole , lefquelles on a feulement ennoncées , afin que le lecteur puiffe voir fur quels principes cette démonftration roule fans être obligé de les chercher
ailleurs:

55. Une liqueur qui paffe par une ouverture verticale , fort d'un
réfervoir , ou bien elle coule dans un canal , comme l'eau d'un
aqueduc ou d'une riviere. Dans ce Chapitre on confiderera feulement les ouvertures verticales rectangulaires , foit que la liqueur
forte d'un réfervoir , foit qu'elle coule dans un canal ; & parce
que les ouvertures verticales par où une liqueur paffe , font pour
l'ordinaire rectangulaires lorfqu'elles font pratiquées au bas des réfervoirs ; dans ce Chapitre on n'en fuppofera point d'autres ; outre
cela la confidération des ouvertures verticales différentes de la

rectangulaire engage dans un examen qui n'eſt pas de ce Traité.
On finira le Chapitre en diſant un mot de la meſure des eaux.

DE L'ÉCOULEMENT D'UNE LIQUEUR LORSQU'ELLE SORT par une ouverture verticale rectangulaire.

Ce Chapitre regarde principalement les eaux qui par leur
abondance peuvent fournir à un long écoulement.

PROPOSITION IV.

*56. Si une liqueur ſort d'un réſervoir par une ouverture verticale
& rectangulaire EDCF , la viteſſe de chaque lame horizontale
qui ſe préſente à l'orifice pour ſortir , eſt exprimée par l'ordonnée
d'une parabole qui auroit ſon ſommet à la ſurface de la liqueur , &
pour coupée la diſtance du ſommet de la parabole à cette lame.*

Fig. 5. 6.   DEMONSTRATION. Si l'on conçoit que toute la liqueur qui
répond à l'ouverture EDCF eſt diviſée en couches horizontales
telles que IK , FE , &c. les viteſſes des parties d'une même cou‑
che ſeront égales , ce qui eſt évident : or je dis que les viteſſes des
lames IK , FS ſont répréſentées par les ordonnées IL , FG de la
demi parabole BLG qui auroit ſon ſommet au point B de la ſur‑
face de la liqueur , & pour coupées BI , BF perpendiculaires aux
lames IK , FE. Car les lames IK , FE ſont inégalement preſſées
par la liqueur qui eſt au‑deſſus de chacune d'elles , la lame
FE étant à une plus grande profondeur , porte une charge plus
grande que la lame IK ; ainſi la lame FE doit ſortir avec
une viteſſe plus grande que n'eſt celle de la lame IK ; je dis de
plus que les lames IK , FE reçoivent chacune la même viteſſe que
ſi tout lorifice EDCF étoit bouché, excepté la petite fente rectan‑
gulaire IK ou FE ; car quoique les lames ſupérieures ſoient en
mouvement , elles chargent néanmoins les couches inférieures de
même que ſi elles étoient en repos ; un corps qui eſt mu horizon‑
talement ſur un plan horizontal le preſſe avec autant de force que
s'il étoit en repos , puiſque la force qui meut le corps ayant ſa di‑
rection horizontale ou parallele au plan , ne ſoutient aucune par‑
tie de ſon poids ; donc les couches qui ſont au‑deſſus des lames
IK , FE étant mues horizontalement , cauſent ſur ces lames les
mêmes preſſions que ſi elles étoient en repos. On peut donc con‑
ſiderer les petites fentes IK , FE comme les ouvertures de deux
vaiſſeaux remplis d'une même liqueur ; or dans cette hipothèſe les
viteſſes des lames IK , FE ſeroient entr'elles comme les racines
quarrées des hauteurs BI , BF ; d'ailleurs les ordonnées IL , FG

de la demi parabole BLG font entr'elles comme les racines quarrées des mêmes hauteurs BI , BF qui font les coupées prifes fur
l'axe de la demi parabole ; donc les viteffes des lames IK , FE
font entr'elles comme les ordonnées IL , FG.

57. COROLLAIRES. 1°. Si l'on fuppofe que dans un certain
tems, par exemple, d'une feconde , la lame IK puiffe parcourir un
efpace égal à l'ordonnée IL , dans le même tems la lame FE pourra parcourir un efpace égal à l'ordonnée FG , & les autres lames
dans lefquelles on conçoit divifée la liqueur qui eft à l'ouverture ,
pourront parcourir un efpace égal à l'ordonnée qui leur répond.
Il fortira donc en même tems par l'ouverture EDCF autant de
lames qu'il y a de points dans la hauteur CF , lefquelles auront
pour la largeur commune une ligne égale à la largeur de l'ouverture , & dont les longueurs feront égales aux ordonnées FG ,
IL , &c. de la demi parabole BLG.

58. 2°. Puifque les lames qui fortent en même-tems font rectangulaires , & qu'elles ont toutes pour largeur commune la largeur
de l'ouverture , il s'enfuit que toutes enfemble elles forment un
prifme de liqueur dont les deux bafes paralleles font l'efpace parabolique AGFC.

59. 3°. Si l'on fuppofe que les ordonnées IL , FG , &c. font
l'efpace que les lames IK , FE , &c. peuvent parcourir dans un
certain tems , par exemple , d'une feconde, on aura la quantité de
liqueur qui paffe pendant le même tems par l'ouverture EDCF
en multipliant l'efpace parabolique AGFC par la largeur de l'ouverture qui eft égale à la hauteur du prifme. Il ne s'agit donc plus
que de trouver l'efpace parabolique AGFC.

60. Or 1°. *Lorfque le bord fupériur de l'orifice EDCF touche la
furface de la liqueur , le fecteur parabolique AGFC eft égal à un
rectangle qui a pour hauteur la coupée BF , & pour bafe les deux
tiers de l'ordonnée FG. (*14. de la Parab. & 40. Géom.)

La hauteur BF eft connue , l'ordonnée FG eft auffi connue , parce que la hauteur BF du réfervoir ou la diftance depuis la furface de la liqueur jufqu'au bord inférieur de l'orifice ,
peut faire trouver la viteffe de la lame FE , c'eft à-dire , l'efpace
qu'elle peut parcourir en une feconde , lequel eft égal à l'ordonnée FG ; c'eft pourquoi fi on multiplie BF par les deux tiers de
l'ordonnée FG , on aura un rectangle BN égal au fecteur parabolique AGFC. (*Voyez l'art. 14 de la parabole.*) Ainfi comme
le fecteur parabolique AGFC répréfente la fomme des efpaces que
parcourent avec leurs viteffes réelles les gouttes de liqueur qui fortent le long de la verticale CF ou DE ; pareillement le rectangle BN

réprésente la même somme dans l'hypothèse que les gouttes qui sortent le long de la verticale CF ou DE ont toutes des vitesses égales & réprésentées par FN ou IL ; donc puisqu'on auroit la dépense du réservoir pendant le tems que la goutte F parcourroit FG, en multipliant le secteur parabolique AGFC par la largeur FC ou CD de l'ouverture EDCF, on l'aura de même en multipliant le rectangle BN par la même largeur.

61. Il est visible que les élémens du rectangle BN tels que FN, IL, &c. réprésentent la vitesse moyenne dont on a donné la définition (53) puisque si chaque goutte avoit une vitesse exprimée par FN ou IL, la quantité de l'écoulement seroit la même que lorsqu'elles sortent avec leurs vitesses réelles.

62.2°. Lorsque l'orifice EDCF est au-dessous de la surface de la liqueur, on trouvera le segment parabolique AGFC en cette maniere. 1°. Les hauteurs BC, BF de la surface de la liqueur au-dessus des bords inférieur & supérieur de l'orifice étant connues, on pourra trouver les vitesses des lames CD, FE ; par conséquent les ordonnées CA, FG de la demi parabole BLG, ensemble les coupées BC, BF seront connues ; c'est pourquoi si on prend CM égale aux 2 tiers de CA, FN égale aux 2 tiers de FG, qu'on forme les rectangles BM, BN, ils seront égaux aux secteurs paraboliques BAC, BGF; donc si on retranche le rectangle BM du rectangle BN, c'est à-dire, le secteur BAC du secteur BGF, il restera du rectangle BN, un espece de gnomon ou d'équerre CFNPIM qui sera égal au segment parabolique AGFC. 2°. Il faut réduire ce Gnomon en un rectangle qui soit encore égal au segment AGFC ; ce rectangle doit avoir pour hauteur celle de l'orifice qui est la même que celle du secteur parabolique AGFC : or les deux côtez MO, OP du rectangle OI sont connus, MO est l'excez de CO ou FN sur CM, & OP est égal à BC, la hauteur CF est aussi connue ; c'est pourquoi si on cherche une quatriéme proportionnelle aux trois lignes CF, MO, OP, laquelle on suppose égale à NS prolongement de FN, on aura le rectangle OS égal au rectangle OI (12 *Arith.* 1. *Geom.*) par conséquent le rectangle CS sera égal au segment parabolique AGFC. Cela fait, il est visible que comme le segment parabolique est égal à la somme des espaces que parcourent en même-tems avec leurs vitesses réelles les gouttes qui sortent le long de la verticale CF ou DE, de même le rectangle CS est aussi égal à cette somme ; donc puisqu'on auroit la dépense du réservoir en multipliant le segment AGFC par la largeur CD ou FE, on l'aura également si on multiplie le rectangle CS par cette largeur.

63. Il est visible que les élémens du rectangle CS expriment la vitesse moyenne dont on a donné la définition.

64. 4°. L'on voit donc que pour trouver par le calcul la quantité de l'écoulement lorsqu'une liqueur sort par une ouverture verticale, il faut réduire le solide irrégulier de liqueur tel que l'ouverture le donne en un parallelipipede dont les trois dimensions soient les deux dimensions de l'ouverture, & la ligne qui exprime la vitesse moyenne. Les deux dimensions de l'ouverture sont connues par la mesure actuelle qu'on peut leur appliquer ; les opérations que l'on vient d'indiquer font trouver la troisième dimension ou la ligne qui représente la vitesse moyenne. Lorsque la vitesse moyenne est connue, on peut avoir le parallelipipede cherché en multipliant l'ouverture par la ligne qui exprime cette vitesse moyenne.

65. 5°. Lorsque la vitesse moyenne est connue, on peut trouver à quelle profondeur elle répond. 1°. Dans le cas où l'ouverture touche la surface de la liqueur par son bord supérieur, la vitesse moyenne FN ou IL est les deux tiers de la plus grande FG ; c'est-à-dire, que la plus grande vitesse FG est à la moyenne FN ou IL comme 3 est à 2 ; donc leurs quarrez sont entr'eux comme 9 & 4 : c'est pourquoi si on fait la proportion 9 . 4 :: CF . CI, ce quatrième terme sera la profondeur à laquelle répond la vitesse moyenne IL ; car les hauteurs CE , CI sont entr'elles comme les quarrés des vitesses correspondantes , puisque les racines quarrées des hauteurs sont comme les vitesses. 2°. Si l'ouverture est au dessous de la surface de la liqueur, on pourra aussi trouver à quel endroit de la hauteur BF la vitesse moyenne répond ; car la plus grande vitesse FG ou la moindre CA est connue & la hauteur BF ou BC qui lui répond , de même que la vitesse moyenne FS ou IL ; c'est pourquoi si on fait la proportion $\overline{FG}^2 . \overline{IL}^2 :: BF . BI$, ce quatrième terme est la hauteur à laquelle répond la vitesse moyenne FS ou IL , en sorte que si l'on perce le réservoir à l'endroit trouvé , la liqueur sortira avec une vitesse égale à la vitesse moyenne.

66. 6°. Lorsque l'ouverture EDCF est à une grande profondeur & qu'elle est petite , la vitesse moyenne répond sans aucune erreur sensible au centre de l'ouverture. C'est pourquoi dans ce cas la hauteur qui répond à ce centre étant connue , on pourra trouver immédiatement la vitesse moyenne sans recourir aux opérations précedentes.

67. 7°. *Si l'ouverture EDCF étoit sur un fond horizontal autant au-dessous de la surface de la liqueur que le bord inférieur FE, la quantité qui en sortiroit seroit à celle qui en sort lorsqu'elle est* Fig. 5.

verticale , & que le bord supérieur CD *touche à la surface , comme 3 est à 2.*

Car si l'ouverture EDCF étoit horisontale , chaque goutte auroit à sa sortie une vitesse exprimée par FG ; & lorsque la liqueur sort par l'ouverture verticale EDCF , la quantité de l'écoulement est la même que si toutes les gouttes avoient une vitesse moyenne exprimée par IL ; donc les quantitez que fourniroient les deux ouvertures EDCF , l'une horisontale , l'autre verticale , seroient entr'elles comme la plus grande vitesse FG est à la vitesse moyenne IL : or la vitesse moyenne IL n'est que les deux tiers de la plus grande FG ou la plus grande vitesse FG est à la vitesse moyenne , comme 3 est à 2 ; donc les quantitez de liqueur qui s'écouleroient en même-tems par les deux ouvertures EDCF , l'une horisontale , l'autre verticale , seroient entr'elles comme 3 à 2.

68. 8°. *Si une même liqueur coule de deux réservoirs par des ouvertures verticales rectangulaires de même largeur qui touchent à la surface de la liqueur , les quantitez qui passent en même-tems par ces ouvertures sont entr'elles en raison triplée des plus grandes vitesses , ou des vitesses moyennes.*

Car les quantitez de liqueur qui passent en même-tems par les ouvertures supposées , sont entr'elles comme les produits de ces ouvertures & des vitesses moyennes ; or les vitesses moyennes sont dans la même raison que les plus grandes vitesses , puisqu'elles en font les deux tiers , & les ouvertures ayant la même largeur sont entr'elles comme les hauteurs ; d'ailleurs les hauteurs sont entr'elles comme les quarrez des plus grandes vitesses ; donc si dans le rapport des produits on met celui des grandes vitesses , qui est le même que le rapport des vitesses moyennes , qu'au lieu du rapport des surfaces des ouvertures on mette celui des quarrez des plus grandes vitesses , on trouvera que les produits des ouvertures par les vitesses moyennes sont entr'eux comme les cubes des grandes vitesses , ou en raison triplée des grandes vitesses ; donc les quantitez de liqueur qui sortent en même-tems par les deux ouvertures rectangulaires supposées , sont entr'elles comme les cubes des plus grandes vitesses , ou en raison triplée des plus grandes.

69. Comme les vitesses moyennes sont dans la raison des plus grandes vitesses , puisqu'elles en font les deux tiers , il s'ensuit que les quantitez de liqueur qui passent en même - tems par les deux ouvertures rectangulaires sont entr'elles comme les cubes des vitesses moyennes , ou en raison triplée de ces vitesses.

70. 9°. *Si les ouvertures rectangulaires supposées sont inégales en largeur , les quantitez de liqueur qui en sortiront en même-tems sont*

entr'elles

entr'elles en raison composée des largeurs & des cubes des plus grandes vitesses, ou des cubes des moyennes. Ce Corollaire se prouve de la même maniere que le précédent. Si les largeurs étoient égales, les quantitez de liqueur qui s'écouleroient, seroient entr'elles comme les cubes des plus grandes vitesses ou des vitesses moyennes; mais puisque les largeurs des ouvertures sont inégales, il est visible que la plus grande largeur fournira en même-tems une plus grande quantité, & que l'augmentation sera proportionnée à cette plus grande largeur; si la largeur est double ou triple, il en passera en même-tems une quantité double ou triple, puisque l'ouverture sera double ou triple, la hauteur demeurant la même; donc pour avoir le rapport des quantitez qui s'écoulent en même-tems par ces ouvertures, il faut multiplier les cubes des plus grandes vitesses ou des vitesses moyennes par les largeurs; donc, &c.

71. 100. *Soit l'ouverture verticale EDCF, si on suppose qu'elle est continuée jusqu'à la surface de la liqueur en BR, je dis que la quantité qui s'écoulera par l'ouverture EDCF est à celle qui s'écouleroit en même-tems par l'ouverture BCDR, comme la différence des cubes des vitesses en F & en C, est au cube de la vitesse en C;* en sorte que si l'on nomme Q la quantité qui s'écouleroit par l'ouverture BFER, q la quantité qui s'écouleroit par l'ouverture BCDR, V la vitesse en F, v la vitesse C, l'on aura cette proportion, $Q - q. q :: V^3 - v^3. v^3$, qui est celle qui vient d'être énoncée; car $Q - q$. est la quantité qui s'écoule par l'ouverture EDCF, puisque Q est la quantité qui s'écouleroit par l'ouverture BFER, & q celle qui s'écouleroit par l'ouverture BCDR. Cela posé, l'on aura cette proportion, $Q. q :: V^3. v^3$. Or si on retranche les conséquens des antécédens, l'on aura encore $Q - q. q :: V^3 - v^3. v^3$; donc, &c.

72. Ce Corollaire donne le moyen de trouver la quantité de liqueur qui sort par l'ouverture EDCF sans avoir recours à la vitesse moyenne. Car on sçait que la quantité qui s'écouleroit par l'ouverture BCDR est les deux tiers de la quantité qui s'écouleroit en même-tems par cette même ouverture supposée horisontale, & autant au-dessous de la surface de la liqueur que l'est le bord supérieur CD de l'ouverture EDCF : or on peut toujours trouver la quantité que donneroit cette ouverture horisontale; donc la quantité q qui en est les deux tiers seroit connue, les vitesses V, v en F & en C sont aussi connues ; donc dans la proportion précédente les trois derniers termes seront connus; donc on pourra trouver par leur moyen le premier $Q - q$, qui est la quantité de liqueur qui sort par l'ouverture EDCF.

Fig. 6.

* Cccc

Du mouvement d'une liqueur qui court ou coule dans un canal.

73. Le sujet dont il s'agit ici ne peut gueres avoir son application qu'au mouvement des eaux & au cours des rivieres ; M. Gulielmini l'a expliqué en six Livres, auxquels il a joint un long Traité de la nature des fleuves. J'en ai détaché, sur-tout du quatriéme Livre ce qui m'a paru le plus nécessaire pour donner une idée du mouvement des eaux courantes. L'utilité de cette connoissance paroît sur-tout lorsqu'on veut mesurer la quantité d'eau qui coule dans un canal, que l'on veut diviser une riviere en plusieurs bras, ou en réunir plusieurs en un, & lorsqu'il faut mesurer la force d'un courant.

74. *Un canal horisontal* est celui dont le fond est parallele à l'horison. Un canal *incliné* celui dont le fond est incliné à l'horison.

75. L'eau coule dans un canal horisontal suivant la même loi que si elle sortoit d'un réservoir par une ouverture verticale faite à ses côtez, c'est-à-dire, que les couches inférieures y sont pressées par les supérieures dont elles reçoivent toute leur vitesse, laquelle est proportionnelle à la racine quarrée de la hauteur ou distance d'une couche à la surface de l'eau ; ainsi ce que l'on va dire des eaux courantes est principalement pour les eaux qui coulent dans un canal incliné.

76. *L'eau qui coule dans un canal incliné accélere sa vitesse comme feroit un corps qui glisseroit ou rouleroit sur un plan incliné ;* plus le canal a de pente, plus l'accélération est grande ; & lorsque l'eau est arrivée à l'extrémité inférieure, elle a la même vitesse que si elle étoit tombée du canal suivant la direction perpendiculaire. On suppose que le fond & les bords du canal sont parfaitement polis, en sorte que l'eau n'est aucunement retardée par le frottement.

Fig. 7. 77. On appelle la *tête* ou le *commencement* du canal incliné l'endroit où le fond du canal prolongé rencontre la surface de l'eau. Ainsi si AB est le fond d'un canal dans lequel court l'eau représentée par ADLB, qu'on prolonge AB jusqu'au point E où est la surface de l'eau, le point E est ce que l'on appelle ici la *tête*, la *source* ou le *commencement* du canal incliné.

78. *L'eau qui coule dans un canal incliné va plus vîte au fond qu'à la surface. Ainsi l'eau qui coule immédiatement sur AB va plus vîte que celle qui coule à la surface* DL. Car de quelque endroit que vienne l'eau qui coule en A, soit qu'elle y soit descendue de la sur-

face EK, soit qu'elle y soit allée en glissant sur la surface horisontale GA, soit qu'elle y soit venue d'un endroit situé entre la surface & le fond, il est certain qu'elle aura la même vitesse que si elle étoit tombée d'une hauteur égale à la perpendiculaire GE ou AM, puisque sa vitesse sera proportionnelle à la racine quarrée de la hauteur d'où elle sera descendue, ou de la profondeur d'où elle aura commencé à couler ; & si la même vitesse est en partie l'effet de la pression & en partie l'effet de la descente, elle sera encore proportionnelle à la racine quarrée de AM : or la vitesse de l'eau qui coule en D est seulement proportionnelle à la racine quarrée de DN ; donc la vitesse de l'eau qui coule auprès du fond AB, est plus grande que celle de l'eau qui coule à la surface.

79. A mesure que l'eau par l'écoulement s'éloigne du commencement du canal, le rapport des vitesses inégales avec lesquelles elle coule sur le fond & la surface, approche toujours davantage du rapport d'égalité : car lorsque deux quantitez inégales augmentent également, en sorte que leur différence est la même, le rapport d'inégalité diminue à proportion qu'elle deviennent plus grandes ; ainsi le rapport de 2 à 1 est bien plus grand que celui de 6 à 5, & encore plus grand que celui de 100 à 99 ; or lorsque l'eau a passé la perpendiculaire AD, la vitesse qu'elle acquiert en descendant le long du plan AB & le long de la surface DL, est la même, puisque les plans inclinez AB, DL sont paralleles ou presque paralleles ; la différence des vitesses qui augmentent continuellement est donc la même ; par conséquent le rapport d'inégalité va en diminuant à mesure qu'elles augmentent.

D'où l'on voit que lorsque le canal incliné a une longueur considérable, on peut regarder les vitesses de l'eau au fond & à la surface comme sensiblement égales.

80. Il y a des causes physiques qui concourent à rendre la vitesse de l'eau qui coule sur le fond AB égale à celle de l'eau qui coule à la surface, elles peuvent même la diminuer jusqu'au point qu'elle soit moindre que la vitesse de l'eau à la surface ; ces causes sont les frottemens & les divers obstacles que l'eau courante trouve dans son cours. M. Mariotte en a fait l'expérience, il a trouvé que si deux bales de cire étoient inégalement plongées dans un courant, que l'une nâgeât auprès de la surface, & que l'autre descendît près du fond, celle-ci alloit moins vîte & étoit précédée par celle qui étoit à la surface ; mais quant à présent on fait abstraction de toutes les causes qui peuvent empêcher que la pesanteur n'ait son effet plein & entier.

81. *Si la même quantité d'eau coule dans un canal incliné & qu'aucune cause n'en trouble le cours, le courant diminue en grosseur à mesure qu'il s'éloigne de l'origine ou de la source ; en sorte que si on le coupe à différens endroits de sa longueur , les sections seront d'autant moindres qu'elles seront plus éloignées de la tête ou commencement du canal , c'est-à-dire , que le solide de liqueur ira toujours en diminuant vers l'extrémité inférieure du canal.* Car chaque section peut être considerée comme une ouverture par laquelle il passe à chaque inftant la même quantité de liqueur, & parce que le courant demeure dans le même état, il en passe la même mesure par chacune d'elles : or la vitesse de l'eau est plus grande vers l'extrémité inférieure du canal que vers l'extrémité supérieure ; il faut donc que la section qui aura été faite vers le bas du canal soit moindre que celle qui est faite vers le haut, puisque si elles étoient égales, il passeroit plus d'eau par les sections inférieures à cause de la plus grande vitesse ; par conséquent le courant d'eau est plus mince vers le bas que vers le haut du canal. On déterminera cette diminution par les mêmes regles & la même méthode par lesquelles on a déterminé celle d'une liqueur qui descend perpendiculairement , & qui coule par une ouverture horifontale.

82. Quoique la diminution que le courant d'eau reçoit à mesure qu'il s'allonge vers l'extrémité inférieure du canal , se fasse suivant la même loi que lorsque la chute est perpendiculaire , elle est néanmoins moindre , parce que cette diminution est toute fondée sur la plus grande vitesse des lames d'eau qui précédent, il est visible que plus la différence des vitesses fera grande , plus la diminution du courant doit de même être grande : or lorsque la chute est perpendiculaire , la différence des vitesses est certaiment plus grande ; donc la diminution du courant doit être moindre lorsque l'eau court dans un canal incliné , que lorsqu'elle coule perpendiculairement à l'horifon. Il est aussi évident par une raison femblable que plus l'angle que le canal incliné fera avec l'horifon fera petit , plus la diminution dont on parle ici fera aussi petite , en forte que si le canal devient horifontal , le courant est également gros dans toute fa longueur.

PROPOSITION IV.

83. *Si l'eau d'un courant est mûe dans un canal incliné fans aucun obstacle , & avec toute la vitesse qu'elle doit avoir naturellement ; je dis que celle qui coule près du fond du canal , ne reçoit aucune impression de cel'e qui est au-dessus & vers la surface , c'est-à-dire , qu'elle n'en est aucunement pressée.*

Pour prouver cette Propofition, il faut concevoir que deux poids pofez l'un fur l'autre defcendent en même-tems fuivant leur direction naturelle, il eft vifible que les deux poids feront le même chemin fuivant leur commune direction; & parce que le poids fupérieur ne va pas plus vîte, il ne preffera ou ne pouffera aucunement le poids inférieur, quoiqu'il le touche; mais fi le poids inférieur defcendoit plus vîte, il feroit encore moins à portée d'être preffé par celui qui eft au-deffus. Cela pofé, il faut faire attention que l'eau qui coule près du fond, va plus vîte que celle qui eft près de la furface; or puifqu'elle parcourt un plus grand efpace fuivant la longueur du canal incliné, il eft néceffaire qu'elle en parcoure auffi un plus grand fuivant fa direction verticale; par conféquent l'eau inférieure n'eft aucunement preffée par l'eau qui eft au-deffus & vers la furface du courant; car ce n'eft que fuivant la direction perpendiculaire que l'eau de la furface peut preffer celle du fond.

84. COROLLAIRES. 1°. L'on peut appercevoir la différence qu'il y a entre le mouvement de l'eau qui court dans un canal horifontal, & de celle qui defcend dans un canal incliné; c'eft que dans un canal horifontal l'eau ne coule que par la preffion des colomnes fupérieures, mais dans un canal incliné chaque couche ne reçoit le mouvement que de fa pefanteur propre, puifque les couches fupérieures ne preffent aucunement les inférieures.

85. 2°. La Propofition fuppofe que l'eau qui defcend a toute la viteffe qu'elle peut recevoir de l'action de fa pefanteur propre; mais fi par quelque empêchement elle ne recevoit pas toute cette viteffe, pour lors l'eau du fond feroit preffée par l'eau qui eft vers la furface, comme il arriveroit dans l'éxemple des deux poids, fi celui qui eft au-deffous defcendoit moins vîte que celui qui eft au-deffus.

86. 3°. Si l'eau qui coule dans un canal incliné avoit toute la vi- Fig. 7. teffe qu'elle doit avoir naturellement, c'eft-à-dire, que celle qui coule fur AB eût en B toute la viteffe qu'elle auroit acquife en defcendant le long du plan inclinéEB, ou en tombant de la hauteur SB; & que celle qui coule à la furface eût en L toute la viteffe qu'elle auroit acquife en defcendant le long du plan incliné OL, ou en tombant de la hauteur perpendiculaire RL, on pourroit mefurer la quantité de liqueur qui pafferoit par la fection ou ouverture BL: car les viteffes en B & en L feroient entr'elles comme les racines quarrées des hauteurs BS, RL, ou de leurs proportionnelles BH, LH, perpendiculaires à OL, EB, c'eft-à-dire, comme les ordonnées BX, LV de la demi-parabole HVX qui auroit pour coupées BH, LH:

or les viteffes en B & en L, ou ce qui revient au même, les ordonnées BX, LV de la demi-parabole HVX étant connues, on pourroit trouver le fegment parabolique BLVX, enfemble la viteffe moyenne, laquelle étant multipliée par la fection ou ouverture BL, donneroit par conféquent la quantité de liqueur qui paffe par la même BL, & que le canal fournit pendant le tems que les gouttes B, L parcourroient avec leurs viteffes propres les ordonnées BX, LV.

87. 4°. Mais l'expérience de M. Mariotte, rapportée ci-deffus, apprend que les obftacles qui fe trouvent au fond du canal empêchent que l'eau n'ait toute la viteffe qu'elle devroit avoir : d'ailleurs l'eau d'une riviere coule avec une moindre viteffe aux bords que dans le milieu de la largeur de fon lit ; c'eft pourquoi pour avoir la quantité de l'écoulement, il faut avoir recours à une autre méthode, ou plutôt il faut écarter les obftacles qui peuvent troubler l'ordre établi. L'artifice confifte à conftruire avec du bois ou de la pierre une ouverture rectangulaire garnie d'une porte qui puiffe defcendre & monter, & fermer telle partie de l'ouverture que l'on jugera à propos. L'ouverture eft repréfentée par le cadre IEFK, & la porte ou fermeture par le rectangle MDCN. Si on oblige toute l'eau du canal de paffer par cette ouverture ou par plufieurs enfemble, fuppofé qu'une ne fuffife pas, fon cours deviendra régulier. Car fi on abbaiffe la porte ou cataracte DMNC jufqu'à ce qu'elle intercepte une partie du courant, l'eau s'amaffera & montera dabord, parce qu'elle ne pourra pas paffer toute par l'ouverture EDCF avec la viteffe qu'elle a ; or le raifonnement & l'expérience concourent à prouver qu'elle montera jufqu'à ce que toute celle que le canal fournit puiffe paffer par l'ouverture EDCF : tant que la quantité de l'écoulement fera moindre que ce qui vient de la fource, il eft néceffaire que le furplus s'amaffe au-deffus de l'ouverture EDCF, & que la hauteur augmente ; d'un autre côté à mefure que l'eau monte, la viteffe de celle qui paffe eft accélérée, & enfin lorfque toute celle qui coule le long du canal paffe, elle ceffe de monter & demeure dans cet état.

Si l'on fuppofe que l'eau fe foit arrêtée en PB, *je dis que la viteffe qu'elle a en paffant par l'ouverture EDCF eft la même que fi elle fortoit d'un réfervoir ordinaire qui auroit pour hauteur BF.*

1°. Puifque la viteffe que la pente du canal peut donner à l'eau eft moindre que celle qu'elle a lorfqu'elle paffe par l'ouverture EDCF, il eft vifible que cette derniere viteffe ne peut pas être l'effet de la feule pente ; la viteffe de l'eau à l'ouverture EDCF est donc l'effet & de la pente du canal & de la pression suivant la hauteur BF : or je dis en second lieu que cette vitesse n'est pas plus grande que si elle n'étoit produite que par la pression de la hauteur BF : car la force de la pente & la pression suivant BF sont deux causes qui tendent à produire un même effet, sçavoir la vitesse de l'eau qui coule, & c'est la pression suivant BF qui est supérieure à la force de la pente, puisque c'est cette pression qui produit l'augmentation de vitesse que l'eau reçoit ; mais ces deux causes s'empêchent également, l'effet produit par l'une retarde ou diminue de tout autant l'effet produit par l'autre ; si la force de la pente produit le tiers de l'effet total, il faut que la pression suivant BF soit diminuée ou affoiblie d'un tiers, & qu'elle ne produise que les deux tiers restans de l'effet ; ainsi la vitesse avec laquelle l'eau passe par l'ouverture EDCF est la même que si elle sortoit d'un réservoir ordinaire qui auroit la hauteur BF ; puisque sans la pente du canal cette vitesse seroit l'effet de la pression suivant BF.

88. Cela étant ainsi, si on décrit une demi-parabole BALG, dont les coupées soient BC, BF & les ordonnées correspondantes CA, FG qui expriment les vitesses de l'eau en C & en F, lesquelles sont connues, parce que les hauteurs BC, BF qui les produisent le sont aussi ; on aura l'espace parabolique CAGF qui représentera la somme des espaces parcourus ou des vitesses avec lesquelles l'eau sort dans la hauteur FC, & l'on trouvera comme ci-devant la vitesse moyenne OL, laquelle étant multipliée par l'ouverture EDCF, fera connoître la quantité de l'écoulement pendant le tems qu'une goutte d'eau seroit à parcourir CA avec la vitesse qu'elle a en C ou FG avec la vitesse qu'elle a en F.

89. On suppose que le côté horisontal EF du cadre EIKF est au-dessus de l'eau dormante, s'il y en a ; car si ce côté étoit enfoncé dans une profondeur où l'eau ne coulât point, le produit dont on vient de parler n'exprimeroit pas la vraie quantité de l'écoulement, il faut que le côté EF soit dans le fil même du courant. Il faut de plus que le plan EIKF soit perpendiculaire au même courant, sans quoi le produit de l'ouverture EDCF par la vitesse moyenne seroit trop grand, & n'exprimeroit pas la vraie quantité d'eau qui se seroit écoulée.

DE LA MESURE DES EAUX.

90. Lorsqu'on veut exprimer en mesures connues la quantité de liqueur qui passe par une ouverture, il ne suffit pas d'avoir égard à la grandeur de l'ouverture, à la hauteur de la surface ou du réservoir, & au tems de l'écoulement, il faut de plus fixer la signifi-

cation du terme qui exprime la mesure connue. On mesure ordinairement les liqueurs par lignes, pouces, pieds, &c. Or c'est pour ôter toute équivoque que M. Mariotte appelle *pouce d'eau* l'eau qui coulant pendant l'espace d'une minute donne quatorze pintes d'eau mesure de Paris, qui pesent deux livres chacune. (M. Mariotte suppose que la liqueur passe un peu le bord de la mesure pour qu'elle pese deux livres). Selon cette définition toute ouverture qui donne quatorze pintes d'eau en une minute, donnera aussi un pouce d'eau : ainsi parce que suivant les expériences de M. Mariotte l'ouverture d'un pouce circulaire donne 14 pintes en une minute lorsque la surface de l'eau est une ligne au-dessus de cette ouverture, & qu'une ouverture circulaire de 3 lignes de diametre fournit la même quantité dans un tems égal, si elle a son centre treize pieds au-dessous du niveau, on dira que ces deux eaux coulantes sont d'un pouce. Si une ouverture donnoit en une minute le double, le triple, &c. de 14 pintes, on diroit que cette eau coulante seroit de deux, de trois pouces, &c. S'il ne couloit en une minute que la douziéme partie de 14 pintes, on diroit que cette eau est d'une *ligne*.

91. Si on veut mesurer la quantité d'eau en pieds & pouces cubes, il faut diviser le nombre de pintes par 35 & l'on aura des pieds cubes, parce qu'un pied cube d'eau contient 35 pintes. Si on multiplie le nombre de pintes par $49\frac{1}{3}$, le produit exprimera des pouces cubiques, parce que la pinte contient $49\frac{1}{3}$ pouces cubiques. Si on divise le nombre de pintes par $27\frac{1}{2}$, on aura des pieds cylindriques, parce que le pied cylindrique contient 27 pintes $\frac{1}{2}$. Si on multiplie le nombre de pintes par $62\frac{5}{6}$, on aura des pouces cylindriques, parce que la pinte contient 62 pouces cylindriques $\frac{5}{6}$. Ces déterminations sont fondées sur ce que le pied cubique contient 35 pintes, & sur le rapport du cercle au quarré de son diametre, qui est égal à celui de 11 à 14.

CHAPITRE TROISIE'ME.

DU MOUVEMENT D'UNE LIQUEUR EN TANT QU'IL a pour principe l'action d'une cause étrangere.

92. **P**OUR assujettir les liqueurs à suivre un certain cours lorsque quelque force externe les presse ou les pousse, il faut qu'elles soient retenues de tous côtez, excepté à l'endroit de leur sortie. On appelle machines hydrauliques les vaisseaux qui servent

vent à diriger les liqueurs & à les conduire, les plus ordinaires
font les pompes : pour les faire jouer, on emploie la force de l'air,
celle d'un courant, les puiffances animées, par éxemple, des
hommes, des chevaux, &c. Comme dans le fujet des pompes il ne
s'agit pas tant d'expliquer de nouveaux principes que d'appliquer
ceux qui ont été établis, on renvoie cette matiere au Traité qui
doit fuivre celui-ci ; & afin de ne pas laiffer le Lecteur en fufpens
fur la notion qu'il doit prendre des pompes, on fe contentera d'en
donner une idée très-fuccinte. On fe borne quant à préfent à expliquer les mouvemens d'une liqueur dans des tuyaux droits ou recour-
bez qu'on nomme *fiphons* ces mouvemens font produits au moins en
partie par une force différente de la pefanteur propre de la liqueur,
par éxemple, par la preffion de l'air. M. Gullielmini a parlé des fiphons avec éxactitude dans deux lettres qui font à la fuite de fon
Traité de la mefure des eaux coulantes : on l'a fuivi dans fa maniere
de démontrer, elle eft fort fimple.

93. Dans ce Chapitre on confidérera 1°. la viteffe avec laquelle
une liqueur fort d'un fiphon. 2°. La viteffe avec laquelle elle eft
mûe dans un fiphon. 3°. Les balancemens qu'une liqueur fait dans
un fiphon lorfqu'une fois elle a été agitée par une caufe extérieure.
4°. En conféquence on donnera une explication des ondes qui fe
forment à la furface d'une liqueur, & fur-tout de l'eau. 5°. Le
mouvement d'une liqueur produit par la preffion d'un air condenfé. 6°. On donnera une notion abrégée des pompes.

DE LA VITESSE D'UNE LIQUEUR LORSQU'ELLE SORT d'un Siphon.

Quoique l'on ait déja dit quelque chofe des fiphons dans le Livre précédent, on reprend le même fujet, afin d'en donner ici une
explication fuivie.

94. On fçait que fi un tuyau droit ou recourbé eft plein de quelque liqueur, l'air la preffe aux deux ouvertures en des fens oppofez
avec des forces égales, en forte que fi la liqueur n'avoit d'autre principe de mouvement que la preffion des colomnes d'air qui répondent aux deux orifices du tuyau, elle ne couleroit point, parce
qu'un corps qui eft pouffé fuivant des directions oppofées par des
forces égales, eft en équilibre. Or afin d'aider l'imagination, l'on
demande ici qu'au lieu des colomnes d'air qui preffent aux deux
ouvertures, on puiffe fubftituer la preffion de deux colomnes de
liqueur de même pefanteur fpécifique que la liqueur contenue dans
le tuyau ; ainfi fi le fiphon CBA eft plein d'eau au lieu des co-

lomnes d'air qui répondent aux ouvertures C, A, on pourra supposer que ce sont deux colomnes d'eau CI, AM égales en pesanteur
aux colomnes d'air qui pressent aux ouvertures C, A, & parce que
la pression que l'air éxerce à chaque ouverture est égale à celle qu'y
causeroit une colomne d'eau de 3 2 pieds, on feindra aussi que
chacune de ces colomnes a 3 2 pieds de haut.

PROPOSITION V.

95. *Dans les siphons qui ont des branches égales, & dont la*
hauteur n'excéde pas 3 2 pieds lorsqu'ils sont pleins d'eau, il ne se
fait aucun flux, aucun écoulement de la liqueur contenue ; mais elle
demeure suspendue ; que si les deux branches supposées toujours égales
excedent 3 2 pieds, l'eau coulera de l'une & de l'autre branche
jusqu'à ce que sa hauteur perpendiculaire dans le siphon soit de
3 2 pieds.

 DEMONSTAT. DE LA I. PARTIE. Il faut concevoir qu'au
siphon ABC dont les branches AB, CB sont égales, c'est-à-dire,
dont les orifices A, C sont sur une même ligne horizontale AC,
on a attaché aux ouvertures A, C deux tuyaux AM, CI de 3 2
pieds de long remplis d'eau jusqu'à l'horizontale MI. Les deux
colomnes d'eau AM, CI causent aux ouvertures A, C des pressions
égales à celles que l'air y produit, & pressent aussi l'eau du siphon
dans le même sens que l'air la presse, c'est-à-dire, de bas en haut ;
donc l'effet, quant à l'écoulement doit être le même. Cela posé,
si on suppose que la pression de l'air cesse, & que celle des colomnes AM, CI lui succede, il faut démontrer que l'eau contenue
dans le siphon ABC doit être en repos. Le point B étant le plus
haut du siphon ABC, divise la liqueur contenue en deux colomnes BA, BC de même pesanteur, lesquelles agissent contre les colomnes AM, CI, & tendent à les surmonter ; les colomnes AM,
CI réagissent aussi contre les colomnes BA, BC & les repoussent
vers le haut du siphon ; il se fait donc au point B deux efforts contraires, la colomne AM tend à faire descendre la colomne AB le long
de la branche BC, & la colomne CI tend à faire descendre la colomne BC le long de la branche BA ; or ces deux efforts sont égaux,
c'est-à-dire, que les pressions contraires que les colomnes AM, CI
produisent en B sont égales. Cela étant 1°. si les colomnes BA, BC
ont chacune 3 2 pieds de haut, elles sont en équilibre avec les colomnes AM, CI ; il y a donc au point B égalité de pressions en sens
contraires. 2°. Si les colomnes BA, BC ont moins de 3 2 pieds de
haut, les colomnes AM, CI presseront la lame B en sens con-

traires avec des efforts égaux aux différences de leurs pesanteurs
à celles des colomnes BA , BC; mais ces différences sont égales ;
donc les pressions causées en B par les colomnes AM , BC étant
égales & directement opposées, la colomne BA ne pourra descendre dans la branche BC, ni la colomne BC dans la branche
BA ; par conséquent l'eau du siphon sera en repos.

DEMONST. DE LA II. PARTIE. La seconde partie de la Proposition se démontre facilement après ce qui vient d'être dit ; car si
les colomnes BA , BC encore supposées égales ont plus de 32
pieds de haut , elles excéderont en hauteur les colomnes AM , CI,
par conséquent elles en surmonteront les efforts ; donc elles couleront dans les branches BA , BC, ainsi l'équilibre ne pourra avoir
lieu tant qu'elles seront plus hautes; mais à l'instant que la colomne
BA se sera mise au niveau de la colomne AM , c'est-à-dire, aussi-
tôt que sa pesanteur égalera celle de la colomne d'air qui répond à
l'orifice A, il est évident qu'elle n'aura de force que pour contrepeser la colomne AM ; il faut dire la même chose de la colomne BC à
l'égard de la colomne CI : lors donc que les colomnes BA , BC
seront au niveau des colomnes AM , CI , c'est-à-dire , qu'elles auront précisément 32 pieds de haut , l'écoulement cessera de se faire,
& l'eau du siphon sera en repos.

96. COROLLAIRES. 1°. *Si les branches* BA *,* BC *sont inégales,*
il ne peut y avoir d'équilibre ; ainsi si c'est la branche BA *qui est la*   Fig. 10.
plus longue , l'eau coulera par l'ouverture A *, quoique les colomnes*
BA *,* BC *aient moins de 32 pieds de haut.* Car puisque la colomne
BA est plus longue que la colomne BC, elle détruit ou empêche
dans l'action de la colomne AM une partie de son effort plus grande que n'est l'effort que la colomne BC détruit ou empêche dans
l'action de la colomne CI ; donc la colomne CI presse plus fortement la lame ou tranche B , que ne fait la colomne AM, puisque les
pressions que les colomnes AM , CI éxercent en B sont égales aux
différences de leurs pesanteurs aux pesanteurs des colomnes BA,
BC ; donc la pression de la colomne CI prévaudra sur celle de la
colomne AM ; la liqueur passera donc de la branche BC dans la
branche BA , & elle coulera par l'orifice de cette branche.

97. 2°. *Si l'extrémité* C *de la branche* BC *trempe dans un vais-*
seau où il y ait de l'eau , la pression que la colomne CI *ou que la co-*
lomne d'air représentée par CI *éxerce en* B *continuant d'être plus*
grande , l'eau du vaisseau montera dans la branche BC*, & coulera dans*
la branche BA *, & le flux sera continuel ;* car la colomne d'air représentée par CI presse sur toute la surface de la liqueur du

Dddd ij

vaiſſeau excepté à l'orifice C qui trempe dans l'eau ; donc cette preſſion obligera l'eau du vaiſſeau de monter dans la branche CB , puiſque rien ne l'en empêche, le flux ſera donc continuel.

98. 3°. Si dans le Siphon ABC il n'y a que de l'air, & qu'en faiſant tremper ſon extrémité C dans l'eau, on ſuce à l'autre bout, l'air ſe rarefiera & perdra de ſa force, & l'air extérieur qui peſe ſur la ſurface de l'eau du vaſe conſervant toute celle qu'il a deviendra par-là plus fort que l'air intérieur, & obligera l'eau du vaſe d'entrer dans le ſiphon; de ſorte ſi l'on vient à bout de ſucer tout l'air qu'il contient, l'eau prendra ſa place & le remplira ; pour lors ſi les branches BA , BC ſont égales il y aura équilibre entre l'eau du ſiphon & l'air qui la preſſe aux orifices A, C ; mais ſi les branches BA , BC ſont inégales & la branche BA la plus grande , l'eau coulera par l'orifice A ; que ſi c'eſt la branche BC qui eſt la plus grande , l'eau redeſcendra dans le vaiſſeau.

99. Dans ce troiſiéme Corollaire on ſuppoſe que la branche BC n'excede pas 32 pieds, c'eſt-à-dire , qu'elle ne ſurpaſſe pas en longueur, la hauteur de la colomne d'eau que l'air peut ſoutenir par ſon poids ; car ſi la longueur BC étoit plus grande que celle d'une telle colomne, l'eau ne pourroit monter qu'à la hauteur de 32 pieds après avoir même ſucé ou pompé tout l'air du ſiphon.

100. 4°. On peut conclure de-là que ſi on a deſſein de conduire de l'eau par la preſſion de l'air naturel en quelqu'endroit, il faut 1°. qu'il ſoit plus bas que la ſource, 2°. que la hauteur à laquelle il faut élever l'eau pour l'y faire deſcendre n'excede pas 32 pieds, ſans ces deux conditions l'entrepriſe ne peut reuſſir ; ainſi ſi on vouloit ſe ſervir du ſiphon pour faire monter de l'eau du bas d'une montagne ſur le ſommet pour la conduire enſuite dans un lieu plus bas que la ſource on n'en viendroit pas à bout.

Fig. 11.   101. 5°. Si on a un ſiphon ABC à une ſeule branche qu'on en ſuce l'air en faiſant tremper ſon extrémité C dans l'eau elle y montera, & ſi enſuite on a ſoin de boucher avec le doigt l'orifice ſupérieur A , elle demeurera comme ſuſpendue d'elle-même dans le tuyau ; ſi après cela on le retire, & que l'ouverture ſoit tournée en bas, l'eau demeurera encore ſuſpendue. Cela eſt évident après ce qui précede & ce qu'on a dit dans le livre cinquiéme

PROPOSITION VI.

Fig: 10.   102. *La viteſſe avec laquelle l'eau ſort de la longue branche BA du ſiphon ABC eſt égale à celle qu'elle acquerroit par une chûte éga-*

le à DA qui eſt la différence des longueurs des deux branches.

Dem. Il faut mener les horiſontales CD , MO. Il eſt évident que DA eſt la différence des longueurs des deux branches , & parce que les colomnes AM , CI qui repréſentent les preſſions que l'air exerce aux ouvertures AC , ſont égales ; que d'ailleurs les parties LM , CO compriſes entre les horiſontales OM , CDL ſont auſſi égales , il s'enſuit que DA eſt égale à OI ; ainſi ſi on démontre que la viteſſe avec laquelle l'eau ſort de la branche BA eſt égale à celle qu'elle acquerroit en tombant de la hauteur IO , on aura auſſi démontré que cette viteſſe eſt la même que celle qu'elle acquerroit en tombant de la hauteur DA différence des longueurs des branches. Cela poſé puiſque l'air qui preſſe ſur la ſurface EF tient lieu d'une colomne d'eau de 32 pieds qui auroit pour baſe EF , il faut concevoir que c'eſt cette colomne qui preſſe au lieu de l'air , & que pour la ſoutenir , les côtez du vaiſſeau ſont continuez juſqu'à RN , & qu'à l'ouverture A répond un tuyau AM de 32 pieds plein d'eau laquelle preſſe à l'orifice A. Je dis donc que la viteſſe avec laquelle l'eau ſort par A eſt la même que ſi étant en A elle prenoit ſon cours vers le haut , & qu'elle ſortît par l'orifice M ; car ſuppoſons que la force qui pouſſe l'eau au dehors agit par repriſes , ſoit que l'eau ſorte par A ou par M , il faudra que la force mouvante ſurmonte à chaque impulſion la réſiſtance de la colomne AM , & qu'elle mette en mouvement la liqueur conte‑ nue dans le ſiphon ; donc ſoit que l'eau ſorte par A ou par M , la force mouvante a préciſément la même réſiſtance & le même poids à ſurmonter ; donc la viteſſe qu'elle imprime à l'eau qui ſort par A eſt la même que ſi elle ſe détournoit vers le haut , & qu'elle ſor‑ tît par M : or ſi l'eau ſortoit par M elle auroit une viteſſe égale à celle qu'elle acquerroit en tombant de la hauteur IO ; car lorſqu'une liqueur ſort d'un réſervoir tel que RGHN par l'ouverture M du tuyau CBAM , elle a la viteſſe qu'elle acquerroit ſi elle tomboit de la hauteur IO qui eſt au-deſſus de l'ouverture , la figure & la lon‑ gueur du tuyau ne changeant point cette viteſſe (car on fait ici abſtraction de toute réſiſtance , & l'on a ſeulement égard à la for‑ ce de la preſſion ;) donc la liqueur ſort par A avec une viteſſe égale à celle qu'elle acquerroit par une chute égale à IO ou à DA qui eſt la différence des longueurs des branches.

103. Corall. 1º. Plus la différence des branches CB , BA ſera grande , plus auſſi la viteſſe avec laquelle l'eau ſort par l'orifice A ſera grande.

Fig. 10.

104. 2°. Lorsqu'on dit que la vitesse de l'eau à sa sortie en A est égale à celle qu'elle acquerroit par une chute égale à DA différence des branches CB, BA, on suppose que la longue branche BA n'excede pas 3 2 pieds ; car comme le réservoir REFN n'a que 3 2 pieds de hauteur, si la branche BA a plus de 3 2 pieds de long, la vitesse de la liqueur lorsqu'elle sort en A, n'en sera pas pour cela plus grande, puisqu'elle ne peut être plus grande que celle qu'elle acquerroit de la hauteur IO.

105. 3°. La plus grande vitesse que la liqueur peut avoir lorsqu'elle sort de la branche AB est égale à celle qu'elle acquerroit en tombant de la hauteur de 3 2 pieds, ce qui arrive lorsque la branche CB est infiniment peu longue, & que la branche BA a 3 2 pieds de long, car pour lors la colomne qui a pour hauteur IO, & qui imprime à l'eau la vitesse avec laquelle elle sort par l'ouverture A a aussi 3 2 pieds qui est la plus grande hauteur qu'elle puisse avoir. La vitesse est donc pour lors la plus grande.

106. 4°. *Si l'eau sort de deux siphons, elle a des vitesses qui sont entr'elles comme les racines quarrées des différences des longues branches aux moins longues.* (On suppose toujours que les longues branches n'excedent pas 3 2 pieds) : car les vitesses avec lesquelles l'eau sort font égales à celles qu'elle acquerroit par des chûtes égales à ces différences ; or les vitesses acquises par deux hauteurs sont entr'elles comme les racines quarrées des mêmes hauteurs ; donc les vitesses avec lesquelles l'eau sort de deux siphons sont entr'elles comme les racines quarrées des différences des longues branches aux moins longues. Cette proposition est conforme à l'expérience, elle est de M. Guilielmini. Dans un des siphons la différence des branches étoit de 7 1 4 parties, & dans l'autre elle étoit de 5 4 2, le premier siphon donna 2 4 onces d'eau en 2 0 vibrations, l'autre siphon donna dans le même-tems 2 0 onces $\frac{1}{3}$; or si on tire les racines quarrées des différences 7 1 4, 5 4 2 elles sont assez exactement entr'elles comme les quantitez d'eau 2 4 & 2 0 $\frac{1}{3}$ qui expriment les vitesses, car les orifices des siphons étoient égaux ou plutôt c'étoit le même siphon dont il avoit raccourci l'une des jambes afin d'avoir des différences inégales.

107. 5°. *Si les orifices des siphons sont inégaux, les quantitez de liqueur qu'ils fournissent en même-tems sont entr'elles en raison composée de ces orifices & des racines quarrées des différences des longues branches aux moins longues.*

DE LA VITESSE AVEC LAQUELLE L'EAU COULE DANS LES
siphons.

108. Nous venons de voir dans la proposition précedente que la vitesse avec laquelle l'eau sort du siphon lorsqu'elle est arrivée en A, est égale à celle qu'elle acquerroit si elle venoit à tomber de la hauteur DA différence des longueurs BA, BC; mais l'eau coule-t-elle dans toute la longueur du siphon avec cette vitesse ou bien en a-t-elle de différentes dans les différens endroits de cette longueur ? Pour répondre à la question proposée nous ferons les refléxions suivantes. Fig. 10.

109 1°. Si l'on a seulement égard à la vitesse que l'eau reçoit en C en vertu de la pression causée par l'excès de la force de la colomne CI sur celle de la colomne AM, cette vitesse est égale à celle que la chûte IO ou DA donneroit ; or cette vitesse est continuellement retardée à mesure que l'eau monte dans la branche CB par l'effort de sa pesanteur propre, en sorte que si la branche CB étoit plus haute que IO ou DA, l'eau ne pourroit monter en B par la seule vitesse qu'elle reçoit en C ; afin donc qu'elle puisse monter jusqu'en B il faut que l'eau qui est entrée la derniere dans le tuyau pousse celle qui y est entrée la première, ainsi le mouvement de l'eau qui coule dans le siphon CBA est composé.

110. 2°. *Si de l'eau coule dans un vaisseau cylindrique vertical ou incliné avec les vitesses qu'elle peut acquerir à mesure qu'elle descend, il ne peut pas se faire qu'elle remplisse exactement le tuyau* ; car le solide de liqueur qui coule dans le tuyau devient de plus en plus mince à mesure que son extrémité inférieure s'éloigne de la source ou de l'orifice supérieur du tuyau (19), par conséquent, la liqueur ne remplit pas exactement le tuyau.

111. 3°. *Si une liqueur, par exemple, de l'eau coule dans un tuyau cylindrique vertical ou incliné d'une vitesse uniforme dans toute la longueur du tuyau, elle en remplit exactement la capacité.* Car puisque l'eau coule avec la même vitesse dans toute la longueur du tuyau, elle coule aussi à l'ouverture inférieure avec la même vitesse à chaque instant de sa sortie, ainsi le tuyau en fournit la même même quantité à chaque instant; donc il en passe la même quantité par toutes les sections que l'on peut imaginer dans la longueur du tuyau; donc les petits prismes de liqueur qui passent par ces différentes sections sont tous égaux entr'eux : de plus ils ont tous la même longueur laquelle représente la vitesse uniforme avec laquelle l'eau coule dans le tuyau ; par conséquent les bases des petits prismes sont égales : or ces bases mesurent la capacité du tuyau suivant

la largeur. Donc si de l'eau coule uniformement dans un tuyau cylindrique ou prifmatique, elle en remplit exactement la capacité.

112. 4°. *Si une liqueur, comme de l'eau, remplit un tuyau cylindrique vertical ou incliné dans lequel elle coule le tuyau étant toujours entretenu plein, elle y est mue d'une vitesse uniforme.* Car puisque le tuyau est entretenu plein, il en fort conftamment la même quantité: donc il en passe aussi la même quantité par toutes les sections que l'on peut imaginer dans la longueur du tuyau ; donc tous les petits prifmes qui passent en même-tems par ces sections sont tous égaux entr'eux ; d'ailleurs ils ont des bases égales, puisque la liqueur remplit exactement le tuyau ; donc les hauteurs font aussi égales : or ces mêmes hauteurs repréfentent les vitesses avec lesquelles ces petits prifmes ou cylindres font mus ; par conféquent la liqueur ou toutes les parties qui la compofent font mues dans le tuyau cylindrique d'une vitesse égale ou uniforme.

PROPOSITION VII.

113. *La vitesse avec laquelle de l'eau coule dans un tuyau cylindrique vertical ou incliné lorsqu'il est entretenu plein, est égale à la vitesse qu'elle acquerroit en tombant du haut du tuyau jufqu'au plan horizontal de la base.*

Fig. 12. DEMONST. Soit le tuyau AB vertical ou incliné fur le plan horizontal HE , je dis que si le tuyau AB est entretenu plein d'eau, elle coulera dans toute la longueur BA avec une vitesse égale à celle qu'elle acquerroit si elle tomboit de la hauteur CG. Pour le démontrer, il faut concevoir que le tuyau AB est dans un vaisseau EFDH plein d'eau, elle ne contribuera en rien à l'écoulement, puisque l'ouverture fupérieure touche la furface de la liqueur ; or puisque l'air presse aux orifices A , C au lieu de ces pressions, on peut fuppofer qu'il y a une colomne d'eau de 32 pieds, repréfentée par AM laquelle presse de bas en haut à l'ouverture A , & que le vaisseau EFDH étant prolongé jufqu'en RN, en forte que la hauteur ajoutée CI foit aussi de 32 pieds, est entretenu plein d'eau jufqu'en RN, il est certain que la force que le cylindre de liqueur FDRN imprimeroit à l'eau qui entre dans le tuyau n'est pas plus grande que celle que lui donne la colomne d'air dont elle tient la place; ce que le cylindre FDRN feroit de plus que la colomne d'air c'est qu'il fourniroit à l'écoulement en entretenant le tuyau AB toujours plein; ainsi la vitesse que l'eau auroit étant mue dans le tuyau si elle étoit pressée aux ouvertures A , B par deux colomnes d'eau

de

de 32 pieds, eſt la même que celle qu'elle a lorſqu'elle eſt preſſée Fig. 12.
par l'air qui leur repond. Soit enfin tirée l'horiſontale MOL,
puiſque OG & CI ſont égales à AM, il s'enſuit que CI$=$OG
& que IO$=$CG. Cela poſé l'on aura un réſervoir ENRAM où
l'eau ſortira par l'ouverture A avec la même viteſſe qu'elle ſorti-
roit par l'ouverture M, ainſi qu'on a fait voir dans la propoſition
précedente ; or ſi l'eau ſortoit par l'ouverture M elle auroit une
viteſſe égale à celle qu'elle acquerroit en tombant de la hauteur IO
ou CG ; donc la viteſſe de l'eau en A, c'eſt-à-dire, celle avec laquelle elle coule dans le tuyau AB eſt égale à celle qu'elle acquerroit en tombant de la hauteur IO ou CG.

On peut dire encore que ſi la liqueur qui eſt dans le tuyau ABC
deſcendoit ſeule le long de ce tuyau ſans qu'il lui en ſuccédât de
la nouvelle, le cylindre de liqueur ſeroit acceleré dans ſa deſcente,
de maniere que la lame C qui eſt la plus haute en arrivant au bas
du tuyau auroit une viteſſe égale à celle qu'elle acquerroit en tombant de la hauteur IO ou CG ; or puiſque la viteſſe de cette lame eſt indépendante de celles qui la ſuivent, il s'enſuit que cette
lame arrivant en A aura toute la viteſſe que peut donner la chûte
IO ou CG ; mais d'un autre côté le tuyau par l'hypothèſe demeure plein ; donc les lames qui ſuivent la lame C ont la même viteſſe que cette lame ; donc l'eau coule dans le tuyau avec une viteſſe égale à celle qu'elle acquerroit par la chûte CG.

113. Pour concevoir encore plus diſtinctement comment il
peut ſe faire que l'eau coule dans le tuyau BA avec une viteſſe
uniforme & égale à celle que donneroit la chûte perpendiculaire
CG ; il faut ſuppoſer d'abord que l'air n'agit point aux ouvertures
du tuyau, & qu'il y a de l'eau qui eſt toujours prête à entrer par
l'ouverture B tandis qu'elle ſort par l'ouverture A ; il eſt certain que ſuppoſant d'abord le tuyau plein, le cylindre de liqueur
deſcendra d'un mouvement accéléré comme ſur un plan incliné,
& parce que les lames d'eau qui ſuivent la lame C ou l'extremité
ſupérieure du cylindre CA n'ont aucune viteſſe lorſqu'elles entrent dans le tuyau, celle qu'elles auront en A ſera égale à celle
que peut donner la chûte perpendiculaire CG, le tuyau BA ne
ſera donc pas entretenu plein, puiſque l'eau y eſt continuellement
accelerée : préſentement que l'air agiſſe aux ouvertures du tuyau,
& qu'étant encore d'abord plein, le cylindre de liqueur CA commence à deſcendre, il eſt indubitable que la colomne d'air qui
agit en A ſera affoiblie ou contrebalancée en partie par le poids du
cylindre d'eau CA ; donc la colomne qui répond à l'ouverture B

* Eeee

deviendra plus forte de tout autant : or cette force est employée à donner aux lames d'eau qui suivent la lame C , toute la vitesse qu'elle peut avoir & avec laquelle elle est mue ; de cette maniere les lames ont toutes la même vitesse & le tuyau est entretenu plein ; & parce que la lame C étant arrivée en A , a la vitesse que peut donner la chûte CG , il s'ensuit qui les autres lames qui viennent après celle-là sont toutes mues avec cette même vitesse. D'où l'on voit que c'est l'air qui fait qu'une liqueur peut couler d'une vitesse uniforme dans un tuyau droit ou incliné , & qu'elle peut le remplir exactement.

115. Ceci s'accorde avec l'expérience , elle est de M. Gulielmini. Le tuyau BA étoit un peu incliné sur le fond HE du vaisseau EFDH , & son extrémité supérieure touchoit presque à la surface de l'eau contenue dans le vaisseau. Il laissa donc couler l'eau dans le tuyau BA ; mais parce que l'air s'insinuoit par l'ouverture B , il arriva que l'eau dans l'écoulement ne put remplir exactement la capacité du tuyau : pour ôter à l'air toute entrée dans le tuyau BA, il en retrancha une petite partie , ce qui n'empêcha pas l'air d'entrer encore dans le tuyau : lorsqu'il en eut ôté environ 2 pouces, l'eau coula à plein tuyau , il continua de diminuer peu à peu la longueur du tuyau jusqu'à l'ouverture A où l'eau coula enfin comme elle auroit fait d'un réservoir ordinaire , & à chaque fois qu'il accourcit le tuyau , il reçut l'eau qu'il laissa couler pendant des intervalles de tems toujours égaux , il pesa ces produits & il les trouva parfaitement égaux ; ainsi le tuyau dégorgera toujours la même quantité quoiqu'inégalement long , & chaque produit fut trouvé égal à celui que donnoit l'ouverture A toute simple & sans tuyau ; ce qui ne seroit pas arrivé si l'eau avoit coulé dans toutes ces differentes longueurs de tuyau avec une vitesse moindre qu'elle n'avoit lorsqu'elle sortit par l'ouverture A toute simple & sans tuyau.

116. COROLLAIRES. 1º. Après tout ce qui vient d'être dit, on peut conclure que l'eau qui coule dans un siphon y est mue d'une vitesse uniforme & qu'elle le remplit exactement. Mais il faut pour que cela soit que l'ouverture soit petite , car si elle étoit grande l'eau seroit obligée de venir de loin pour fournir à l'écoulement , & il se feroit à l'ouverture & même dans le siphon un vuide semblable à celui qui se forme au-dessus des ouvertures des réservoirs lorsqu'elles sont trop grandes.

117. 2º. Si une liqueur coule d'une vitesse uniforme dans un siphon , & que le vaisseau ou la courte branche trempe demeure toujours plein , on pourra sçavoir quelle quantité il en peut sortir

dans un tems donné en connoissant la différence des longueurs des branches & le diametre du siphon.

118. Si on veut épuiser la liqueur qui est dans un vaisseau & le vuider, on pourra déterminer la durée de l'écoulement & la quantité qu'il en passe en tems égaux en se servant de la proposition

DES BALANCEMENS QUI ARRIVENT A UNE LIQUEUR lorsqu'une puissance après l'avoir contrainte de monter au-dessus du niveau, la laisse retomber en l'abandonnant à elle-même.

119. Lorsqu'une liqueur est en repos dans un siphon, elle est Fig. 13. de niveau dans les deux branches, la surface supérieure est sur un même plan horizontal; mais si quelque puissance se joint à la pesanteur de la liqueur, elle lui fera perdre l'équilibre & la contraindra de monter dans l'une des branches en l'abbaissant dans l'autre. Soit le siphon ABC où la liqueur qu'il contient soit en équilibre, la surface DEFG est de niveau; que si quelque force pousse la liqueur de haut en bas dans la branche CH, elle la fera descendre comme de FG en IK, & la fera monter dans la branche AP aussi haut qu'elle est descendue comme en LM si le siphon est cylindrique : or si la puissance qui a agi sur la liqueur, la laisse ensuite à elle même, elle descendra dans la branche AP puisque les liqueurs tendent à se mettre de niveau; ainsi elle descendra en DE; mais l'expérience montre qu'elle ne s'y arrête pas, elle descend au-dessous du niveau BEFG dans la branche AP comme en ON, & elle monte au-dessus dans la branche CH comme en RS aussi haut qu'elle est descendue dans la branche AP; il est évident que la liqueur s'abbaissera ensuite dans la branche CH, & qu'elle montera dans la branche AP, mais elle ne s'arrêtera pas au niveau DEFG, elle montera au-dessus dans la branche AP, & elle descendra au-dessous dans la branche CH : la liqueur continuera à monter & à descendre de la sorte & à se balancer dans le siphon, par ces allées & ces retours alternatifs : or ce sont ces vibrations ou balancemens que l'on se propose d'expliquer ici; on va démontrer qu'ils sont reglez suivant une loi semblable à celle des pendules.

120. 1°. *Si après que la liqueur est descendue dans la branche CH au-dessous du niveau DEFG, & qu'elle est montée dans la branche AP en LM; elle est abandonnée à elle même, elle descendra par un mouvement acceleré jusqu'au repos DEFG;* car tant que la colomne LP sera plus haute que la colomne KH, elle pourra

imprimer par l'excès de son poids de nouveaux degrez de viteſſe ;
par conſéquent la liqueur deſcendra juſqu'au repos DEFG par
un mouvement acceleré.

121.2°.*Lorſque la liqueur ſera parvenue en*DE , *elle continuera
de deſcendre par un mouvement retardé autant au-deſſous du niveau
DEFG qu'elle étoit montée au-deſſus.*

1°. La liqueur deſcendra au-deſſous du niveau ou repos
DEFG, puiſqu'elle a toute la viteſſe qu'elle a acquiſe durant l'accéleration par LD. 2°. *Son mouvement ſera retardé* , car comme
elle ne peut deſcendre au-deſſous du niveau DEFG dans la branche AP qu'elle ne monte au-deſſus dans la branche CH , la colomne de cette branche ſera plus peſante que celle de la branche
AP ; donc la liqueur ceſſera d'être accelerée , puiſque la colomne
qui deſcend & qui tend à faire monter la liqueur eſt moins peſante
que la colomne qui monte & qui tend à la faire deſcendre : or
puiſque la liqueur ceſſe d'être accelerée , & que d'ailleurs elle
monte dans la branche CH contre l'effort de la peſanteur , il
s'enſuit qu'elle ſera retardée. 3°. *La liqueur deſcendra dans la
branche AP autant au-deſſous du repos DEFG qu'elle étoit montée
au-deſſus en* LM , c'eſt-à-dire , qu'après être deſcendue dans la
branche AP juſqu'au repos DEFG , elle montera au-deſſus dans
la branche CH & la hauteur GS à laquelle elle parviendra eſt
égale à la hauteur DL , d'où elle eſt deſcendue dans la branche
AP ; car comme un corps peut avec la viteſſe acquiſe par une certaine hauteur , remonter à l'endroit d'où il a commencé à deſcendre ; de même la liqueur contenue dans le ſiphon peut auſſi avec
la viteſſe acquiſe par la hauteur LD , remonter dans la branche
CH à la hauteur GS égale à LD ; la peſanteur ôte à la liqueur la
viteſſe acquiſe , par les mêmes degrez qu'elle les lui a donnés ,
& le retardement eſt tout ſemblable à l'accéleration : or cela ne
peut être ainſi que la liqueur ne monte en RS qui eſt au même
niveau que LM.

Fig. 14. 122. 3°. Si le poids *p* du pendule *c p* décrit des arcs de cycloïde
tels que *l d , d o* , il eſt accéleré en deſcendant , & retardé en montant de maniere que lorſqu'il eſt arrivé à quelque point *l* ou *o* , la
force qui l'accélere ou qui le retarde , eſt au poids comme l'arc
l d ou *d o* , compris entre le lieu du poids & le repos *d* , eſt à la
demi cycloïde *d b*. (*Liv. II.* 204.)

123. 4°. Si on ſuppoſe que la demi-cycloïde *d b* eſt égale à la
moitié de la longueur du cylindre de liqueur LBK ; que l'arc *l d*
que le pendule décrit en deſcendant eſt égal à la hauteur LD que

la liqueur parcourt auſſi en deſcendant juſqu'au repos D ; & que
l'arc *d o* que le pendule décrit depuis le repos *d* en montant en *o*,
eſt égal à la hauteur DO ou GS que la liqueur décrit en montant auſſi au-deſſus du niveau DEFG, il eſt évident que le pendule & la liqueur décriront des eſpaces égaux en deſcendant &
en montant.

PROPOSITION VIII.

125. *Si le pendule* cd *dont la longueur eſt ſuppoſée la moitié de*
celle du cylindre de liqueur LBK, & *la liqueur parcourent des eſ-*
paces égaux l d, LD *en deſcendant juſqu'au repos* d, DEFG &
depuis le ~~rapport~~ *les eſpaces auſſi égaux* do, DO *ou* GS *en montant,*
je dis que ces eſpaces ſeront décrits en même tems, c'eſt-à-dire, que
les balancemens de la liqueur ſe feront en même-tems que le pendule
fera ſes vibrations.

DEMONSTRATION. Les forces qui accélerent la liqueur lorſque la ſurface LM deſcend au repos DEFG ſont les petits cylindres OM, leſquels ayant tous des baſes égales & égales à celles
du cylindre entier LMBKI, il s'enſuit que ces petits cylindres
ſont entr'eux & au cylindre total, comme les hauteurs LO ſont
entr'elles & à la longueur LBK, ou bien comme leurs moitiez
LD & DB, ou encore comme leurs égales *l d*, *d b* ; donc les forces qui accélerent la liqueur, ſont au poids du cylindre total comme LD & DB, ou leurs égales *l d*, *d b* ; c'eſt-à-dire, comme les
diſtances au repos DEFG ou *d* à la longueur DB ou à ſon égale
d b ; pareillement les forces qui accélerent le poids *p* aux points *b*,
ſont entr'elles & au poids *p* comme les diſtances *l d* ſont entr'elles & à la demi cycloïde *b l d* ; c'eſt pourquoi ſi on nomme F une
des forces accéleratrices de la liqueur lorſque la ſurface LM eſt
à une certaine diſtance du repos DEFG, que l'on nomme *f* la
force accéleratrice du poids *p* lorſque ce poids eſt à la même diſtance du repos *d* ; que l'on nomme P le poids du cylindre de liqueur contenue dans le ſiphon, on aura F. P :: *l d . b l d* ; on aura
auſſi *f . p* :: *l d . b l d* ; donc F . P :: *f . p*, ou F . *f* :: P . *p*, c'eſt-
à-dire, que les forces qui à égales diſtances du repos DEFG & *d*
accélerent les maſſes P, *p*, ſont dans le rapport conſtant de ces
maſſes ; d'ailleurs les eſpaces LD, *l d*, DO ou GS & *d o* ſont égaux;
donc elles les font parcourir en tems égaux (*Liv.* I. 129); donc
les balancemens de la liqueur contenue dans le ſiphon, ſe font en
même-tems que les vibrations du pendule qui décrit des arcs de
cycloïde, & dont la longueur eſt égale à la moitié de celle de la
liqueur du ſiphon.

126. COROLLAIRES. 1°. *Tous les balancemens grands & petits d'une liqueur contenue dans un siphon , font isochrones ou d'égale durée ;* car leur durée est égale à celle des vibrations d'un pendule qui décrit des arcs de cycloïde : or ces arcs grands & petits sont décrits en tems égaux ; donc les balancemens d'une liqueur contenue dans un siphon , se font aussi en tems égaux , par conséquent ils sont isochrones.

127. *Si la liqueur contenue dans le siphon a 6 ½ pieds de long , ses vibrations ou balancemens seront d'une seconde , c'est-à-dire , que la liqueur sera une seconde à descendre dans une des branches du siphon , & une seconde à remonter dans la même branche.* Car un pendule de 3 pieds 8 lignes ½ qui font 3 pieds $\frac{1}{13}$ ou environ, fait ses vibrations en une seconde : or si la liqueur qui est contenue dans le siphon a une longueur double, c'est-à-dire, 6 pieds $\frac{1}{9}$, elle fait ses vibrations en même-tems que ce pendule ; donc elles les fera dans une seconde.

128. 3°. *Plus l'espace où l'étendue qu'une liqueur occupe dans un siphon est grande , plus le tems des vibrations ou balancemens est long.* Car plus un pendule est long , plus aussi le tems de chaque vibration est long ; en sorte que deux pendules de longueurs inégales achevent leurs vibrations en des tems qui sont entr'eux comme les racines quarrées de leurs longueurs : or si une liqueur occupe dans deux siphons des étendues qui soient doubles des longueurs de ces pendules , les tems des balancemens sont égaux aux tems des vibrations des pendules ; donc les tems qu'une liqueur est à faire ses balancemens dans deux siphons où elle occupe des étendues différentes , sont comme les racines quarrées des longueurs de ces pendules ou de celles que la liqueur occupe dans les siphons ; par conséquent plus l'étendue qu'une liqueur occupe dans un siphon est grande , plus le tems des balancemens est long.

DES ONDES QUI SE FORMENT A LA SURFACE D'UNE LIQUEUR & sur-tout de l'eau lorsqu'on la touche.

129. Une liqueur qui est tranquille à sa surface de niveau , aucune partie n'est plus haute que les autres ; mais si on la touche ou que l'on y jette quelque corps, la partie touchée s'enfonce , la partie environnante s'éleve & devient plus haute qu'elle n'étoit ; car le corps jetté ne s'enfonce qu'autant qu'il déplace un volume de liqueur égal à la partie enfoncée ; ce que l'on conçoit pouvoir se faire en deux manieres. 1°. En suppoſant que les par-

ties déplacées se meuvent horizontalement , & avec elles toutes celles qui sont sur le même plan horizontal , auquel cas il est nécessaire que le mouvement se transmette dans un instant depuis l'endroit du corps jetté , jusqu'aux extrémitez de la surface. 2º. Le volume de liqueur que le corps jetté déplace , peut monter audessus de la surface & y former une hauteur au lieu d'être mu suivant des directions horizontales : or l'observation apprend que c'est la seconde de ces hypotheses qui a lieu , ce qui est d'ailleurs conforme à la loi générale de la communication du mouvement , suivant laquelle lorsqu'un corps mou est choqué ou pressé , le mouvement ne se transmet pas dans un instant d'une extrémité du corps à l'autre extremité ; car il n'y a que les premieres parties qui sont d'abord déplacées. C'est pour obéir à cette loi qu'une liqueur qui est frappée ou pressée monte au-dessus du niveau : elle ne peut pas être mue suivant la direction de la force qui la presse , parce que les parties qui sont au-dessous s'y opposent , la loi établie ne permet pas non plus qu'elle soit mue horizontalement ; c'est pourquoi elle monte contre sa propre pesanteur au-dessus de la surface pour y former une petite éminence ; la liqueur ainsi amassée en l'air autour du corps qui s'enfonce , ne pouvant se soutenir d'elle même retombe bientôt par son poids , & parce qu'étant arrivée au niveau elle a acquis une vitesse qui la fait descendre au-dessous de tout autant qu'elle est descendue, elle déplace en s'abbaissant de la sorte, un volume de liqueur de même que le corps jetté en a déplacé un ; ce second volume après avoir été contraint de monter contre la direction de la pesanteur , retombe bientôt , & lorsqu'il est parvenu à la surface ou niveau , il descend aussi audessous par la vitesse acquise , & déplace un nouveau volume de liqueur , lequel monte aussi & retombe après : ce sont ces haussemens & abbaissemens alternatifs en tant qu'ils se propagent jusqu'aux extrémitez de la liqueur qu'on nomme *Ondes.* D'où l'on voit que les ondes imitent les balancemens qui se font dans le siphon. Pour donner une idée plus distincte des ondes & de leurs progrez , on observera.

130. 1º. Que les ondes se disposent en cercles ou cerceaux concentriques , ils ont tous leurs circonférences ou leurs bords paralleles à la surface de la liqueur ; ils la touchent par le bord inférieur , & ils la surmontent par le bord supérieur ; les ondes imitent la figure circulaire , parce que le mouvement du corps jetté se distribue aux parties qui l'environnent & se transmet comme du centre vers la circonférence.

131. 2°. Lorſque la partie haute d'une onde s'abbaiſſe , elle perd au-deſſus de la ſurface de la liqueur la figure ronde qu'elle avoit , & il ſe forme au-deſſous du niveau un ſillon circulaire de la même grandeur , & le volume abbaiſſé en ſouleve un autre , pour lors il paroît une nouvelle hauteur pareillement de figure circulaire. Si l'on imagine un plan perpendiculaire à la ſurface de la liqueur , & qui paſſe par le centre commun des ondes , il les coupera comme le diametre coupe le cercle & la circonférence ,

Fig. 15. & la ſection pourra être repréſentée par la figure ABCED : A, C, D, &c. repréſentent les parties hautes qui ſont au-deſſus de la ſurface ou niveau HO ; B, E, &c. repréſentent les parties baſſes qui ſont au-deſſous. Lorſque les parties hautes A, C, D s'abbaiſſent en F, I, L les parties baſſes B, E montent au-deſſus du niveau HO en G, K & deviennent les parties hautes des ondes : les parties hautes G , K redeſcendent enſuite , & les parties baſſes F, I, L remontent en A, C, D.

132. 3°. *Lorſque les parties hautes A, C, D s'abbaiſſent, leur viteſſe eſt accelerée juſqu'au niveau HO.* Car lorſque les parties hautes deſcendent , les parties baſſes B, E montent : or juſqu'à ce que les unes & les autres ſoient arrivées au niveau HO , les parties A, C, D étant plus élevées que les parties B, E , il eſt évident qu'elles ſeront accélerées par leur peſanteur ; mais lorſqu'elles ſeront arrivées au-deſſous du niveau HO , les parties B, E ſeront au-deſſus ; par conſéquent la viteſſe des parties A, C, D ſera retardée par les parties B, E devenues plus hautes.

D'où l'on voit que les ondes ſe font préciſément ſuivant la même loi que les balancemens d'une liqueur dans un ſiphon , & que ces mouvenmes ſont tout-à-fait ſemblables.

133. 4°. On nommera ici largeur d'une onde l'intervalle qui eſt entre deux parties hautes A , C , ou entre deux parties baſſes B, E , & l'on dira qu'une onde a parcouru ſa largeur lorſque le mouvement ſe ſera communiqué d'une partie haute A à l'autre partie haute C , ou d'une partie baſſe B à l'autre partie baſſe E.

PROPOSITION IX.

134. *Le tems qu'une onde eſt à parcourir ſa largeur eſt égal au tems qu'un pendule dont la longueur eſt égale à la largeur de l'onde , employe à faire une vibration.*

Fig. 15. DEMONSTRATION. Comme la courbe ABC ne differe pas ſenſiblement en longueur de la largeur AC, on prendra indifferemment l'une pour l'autre. Concevons que la partie haute A s'abbaiſſe juſqu'en F, la partie baſſe B montera juſqu'en G, & ſelon

ce

ce qui vient d'être dit le mouvement de la partie A sera accéleré jusqu'au niveau HO , & ensuite retardé jusqu'en F. On peut donc comparer le mouvement de A en F, & de B en G au mouvement d'une liqueur qui est dans un siphon & qui étant plus haute dans l'une des branches , si elle est laissée à elle-même , elle descend dans cette branche d'abord par un mouvement accéléré jusqu'au lieu du repos , ensuite par un mouvement retardé au-dessous du même repos ; donc si on fait un pendule dont la longueur soit égale à la moitié de AB ou au quart de ABC qui est la largeur de l'onde , dans le tems que le pendule fera une vibration, la liqueur descendra de A en F, & elle montera de B en G ; & dans le tems d'une seconde vibration la liqueur descendra de G en B , & elle montera de I en C ; de sorte que dans le tems de deux vibrations d'un pendule qui auroit pour longueur le quart de ABC , le mouvement se communique de A en C, c'est-à-dire , que pendant deux de ces vibrations l'onde parcourroit sa largeur; mais si l'on a un pendule dont la longueur soit égale à la largeur ABC de l'onde , il fera une vibration tandis que le pendule qui a pour longueur le quart de ABC en feroit deux , puisque les nombres de vibrations que ces deux pendules font en mêmetems , font entr'eux réciproquement comme les racines quarrées de 4 & de 1 , c'est-à-dire , entr'eux comme 1 & 2 qui font les racines quarrées de 1 & de 4 (*Liv. II.* 218). Par conséquent le tems qu'une onde est à parcourir sa largeur , lequel est égal au tems que le pendule qui a pour longueur le quart de cette largeur mettroit à faire deux vibrations , est aussi égal au tems pendant lequel un pendule qui auroit pour longueur la largeur entiere feroit une vibration.

135. Corollaires. 1°. *Les ondes qui ont une largeur de* 3 *pieds* 8 *lignes* $\frac{1}{2}$ *ou* 3 $\frac{1}{18}$ *pieds la parcourent en une seconde.* Car un pendule qui a cette longueur bat en une seconde ; ces ondes feront donc dans une minute 183 $\frac{2}{3}$ produit de 3 $\frac{1}{18}$ pieds par 60 & dans une heure elles feront 11000 pieds produit de 183 $\frac{2}{3}$ par 60.

136. 2°. *Les tems que deux ondes emploient à parcourir leurs largeurs font entr'eux comme les racines quarrées des mêmes largeurs.* Car ces tems font égaux à ceux qu'emploieroient deux pendules à faire leurs vibrations & dont les longueurs feroient égales aux largeurs des ondes : or les tems des vibrations font entr'eux comme les racines quarrées des longueurs des pendules. (*Liv. II.* 217) Donc, &c.

La propagation du son a une grande affinité avec le mouvement des ondes.   * Ffff

DE L'ÉCOULEMENT D'UNE LIQUEUR PRODUIT PAR LA condensation de l'air.

Nous venons de voir la part que l'air libre & tel que nous le respirons peut avoir dans l'écoulement d'une liqueur : nous allons voir en peu de mots quels effets l'air condensé peut produire en faisant jaillir une liqueur.

137. 1°. L'air se condense dans la proportion des poids ou des forces qui le compriment : pour condenser de l'air 2 , 3 fois plus qu'il n'est , il faut employer une force double , triple , &c. & parce que la condensation de l'air auprès de la terre répond au poids d'une colomne de vif-argent de 28 pouces ou d'une colomne d'eau de 3 2 pieds , il s'enfuit que pour condenser l'air que nous respirons au double , au triple , &c. il faudra le charger d'un poids égal à celui d'une colomne de mercure qui auroit une hauteur double , triple de 2 8 pouces , ou d'une colomne d'eau qui auroit une hauteur double , triple de 3 2 pieds.

138. Cela étant , si un air condensé presse sur la surface d'une liqueur , la pression sera proportionnelle au degré de condensation , car l'air fait effort par son ressort , & tend à se rétablir avec une force égale à celle qui le comprime & le tient assujetti ; s'il est deux fois plus condensé que l'air que nous respirons , il pressera sur la surface de la liqueur avec une force égale au poids d'une colomne d'eau de 64 pieds de haut ou d'une colomne de mercure de 5 6 pouces ; c'est pourquoi si dans le vaisseau où se trouve cet air condensé , il y a quelque liqueur , par exemple , de l'eau , qu'on le perce en quelque endroit , l'eau jailliroit à la hauteur de 64 pieds , de même que si elle sortoit d'un réservoir où la surface de l'eau seroit 64 pieds au-dessus de l'ouverture , puisque les pressions sont égales dans les deux suppositions ; mais parce que l'air extérieur résiste par son poids ou son ressort autant qu'une colomne d'eau de 3 2 pieds , la moitié de la force de cet air condensé se consumera à surmonter la résistance de l'air extérieur ; ainsi quoique l'eau enfermée dans le vaisseau soit autant chargée que si elle avoit au-dessus une colomne d'eau de 64 pieds , elle ne jaillira néanmoins qu'à la hauteur de 3 2 pieds.

139. En général pour avoir la hauteur du jet qu'un air condensé peut produire , il faut 1°. trouver la hauteur d'une colomne de la liqueur qui doit jaillir , laquelle puisse donner par son poids à l'air extérieur le degré de condensation qu'il a ; ainsi si c'est du vif-argent qui doit jaillir , la hauteur de la colomne de vif-argent

qui peut retenir l'air que nous respirons dans le degré de condensation qu'il a, est de 28 pouces ; si c'est de l'eau qui est pressée, la colomne dont il s'agit est de 32 pieds. 2°. Le rapport des
condensations de l'air extérieur & de l'air enfermé dans le vaisseau
étant connu, s'il est, par exemple, égal à celui de 1 à 3, & que
la liqueur jaillissante soit du vif-argent, il faut trouver la hauteur de la colomne de la même liqueur dont le poids peut donner à l'air auprès de la terre un degré de condensation trois fois
plus grand, par la proportion $1 . 3 :: 28 . x = 84$. Le quatriéme
terme qui est 84 pouces, est la hauteur cherchée. 3°. Si de 84 on
ôte 28 qui exprime la résistance que l'air extérieur fait au jet, le
reste qui est 56 pouces est la hauteur à laquelle le jet de vif-argent
peut monter par la pression d'un air 3 fois plus condensé que l'air
extérieur ; si la liqueur jaillissante étoit de l'eau, le troisiéme terme
de la proportion seroit 32 pieds, & la hauteur cherchée seroit 96
pieds, & 64 différence de 32 à 96 la hauteur à laquelle l'eau
peut monter lorsquelle est pressée par un air 3 fois plus condensé
que l'air libre auprès de la terre. On trouvera de la même maniere
la hauteur du jet pour toute autre liqueur dont la pesanteur spécifique sera connue, le degré de condensation de l'air comprimé
étant donné.

DES POMPES.

140. Les pompes sont de longs tuyaux dans lesquels l'eau
monte à une certaine hauteur par la pression de l'air extérieur ou
de quelque autre cause. Dans toutes les pompes il faut distinguer
trois parties principales, le tuyau, le piston, & les soupapes.
Dans le tuyau il y a encore deux parties remarquables, celle où le
piston joue en allant & en venant, on l'appelle *corps de pompe* ou
barillet ; & l'autre partie qui est destinée à contenir l'eau ou à la
conduire à la hauteur destinée.

141. Les pompes sont de deux ou trois sortes, *aspirantes, foulantes, aspirantes & foulantes* en même-tems.

La pompe aspirante est celle où l'eau monte par la seule pres- Fig. 16.
sion de l'air extérieur. Si le tuyau AB trempe dans l'eau par son
extrémité inférieure C, qu'on leve le piston EF depuis le bas jusqu'à la hauteur de 32 pieds, de maniere qu'il ne reste point d'air
dans le tuyau entre l'eau qui y monte & le piston, elle montera à
cette même hauteur de 32 pieds ; car l'air extérieur en pressant sur
la surface de l'eau presse aussi celle qui répond à l'ouverture C, &
l'oblige d'entrer dans le tuyau où elle ne trouve aucune résistance,

& de fuivre le pifton ; & parce que l'air extérieur peut faire équilibre par fon poids avec une colomne d'eau de 3 2 pieds , il s'enfuit que fi on leve le pifton à cette hauteur , le tuyau fe remplira ;
pour lors il y aura équilibre entre cette colomne d'eau & l'air extérieur : fi on leve le pifton à une plus grande hauteur, l'eau ne
montera pas pour cela plus haut , mais elle fe tiendra à la hauteur
de 3 2 pieds.

142. Si à l'ouverture C il y a un foupape G , & que le pifton
EF étant percé d'un trou dans fa bafe inférieure, il y ait auffi une
foupape H , on peut faire fortir l'eau du tuyau en abbaiffant le pifton ; car pour lors la foupape G que la preffion de l'air extérieur
tenoit ouverte, fe ferme parce que le pifton preffe de haut en bas,
& la foupape H qui étoit fermée parce que l'air la preffoit par
deffus s'ouvre & laiffe paffer l'eau qui eft preffée par le pifton,
lequel étant percé tranfverfalement , la laiffe auffi paffer dans la
partie du tuyau qui eft au-deffus du corps du pifton. Si on leve
une feconde fois le pifton , l'eau entrera auffi-tôt dans le tuyau ,
car en l'abbaiffant on a diminué la hauteur & le poids de la colomne d'eau , laquelle ne peut plus faire équilibre avec l'air
extérieur ; ainfi l'eau qui eft au dehors eft obligée d'entrer dans
le tuyau ; fi on abbaiffe de nouveau le pifton , elle fortira une
feconde fois par l'ouverture en H. Par ce mouvement non interrompu du pifton , l'eau entrera & fortira alternativement.

Fig. 17.   143. Dans les pompes foulantes le corps de pompe AB trempe
dans l'eau ; lorfqu'on leve le pifton , la foupape G s'ouvre parce
qu'il n'y a point d'air dans le corps de pompe l'eau qui l'environne
preffe la foupape G de bas en haut & l'oblige de s'ouvrir , & elle
entre dans le corps de pompe pour fe metre de niveau ; lorfqu'on
abbaiffe le pifton , la foupape G fe ferme , & l'eau qui eft dans le
corps de pompe étant preffée eft contrainte d'entrer dans le tuyau
montant NM & de le remplir ; fi on leve une feconde fois le pifton l'eau entre de nouveau dans le corps de pompe ; & pour empêcher l'eau qui eft dans le tuyau NM d'y defcendre , il y a une
foupape en H qui en ferme l'entrée : elle s'ouvre lorfqu'on abbaiffe
le pifton , & elle fe ferme lorfqu'on le leve.

Fig. 18.   144 Dans les pompes qui font afpirantes & foulantes , l'eau
entre d'abord dans le tuyau AB par afpiration , c'eft-à-dire , par
la feule preffion de l'air lorfqu'on leve le pifton , & lorfqu'on l'abbaiffe la foupape G fe ferme & l'eau eft contrainte de paffer dans
le tuyau montant NM & de le remplir ; & pour l'empêcher de re-
defcendre dans le corps de pompe lorfqu'on leve le pifton , il y a
une foupape en H qui en ferme l'entrée.

CHAPITRE QUATRIEME.

DE LA PERCUSSION OU CHOC DES FLUIDES.

145. LES fluides en mouvement font capables de faire impreffion fur les corps qu'ils rencontrent, ils les ébranlent, les entraînent, & les obligent de fuivre la détermination qu'ils ont dans leur écoulement. Les fluides peuvent choquer & preffer par leur maffe ou par leur reffort, & par cette double action non-feulement mouvoir les corps, mais les retarder, & même leur ôter toute la viteffe qu'ils ont. Dans ce Chapitre on confiderera 1º. le choc des fluides par leur maffe. 2º. L'impulfion des fluides par le reffort. 3º. La réfiftance qu'ils font aux corps en mouvement.

DU CHOC DES FLUIDES PAR LEUR MASSE.

146. Si les fluides fuivoient dans le choc les mêmes loix que les corps fermes, il ne feroit pas néceffaire d'en traiter à part, ce qu'on en a dit dans le troifiéme Livre fuffiroit ; mais les fluides n'agiffent pas dans leur choc tout-à-fait de la même maniere que les corps fermes : un corps ferme frappe, pour ainfi dire, à la fois par toute fa maffe, fes parties étant liées, & les unes ne pouvant avancer fans les autres, elles font effort toutes en même-tems ; il n'en eft pas ainfi des fluides, par éxemple, un courant d'eau ne peut pas choquer à la fois par tout fon volume, parce que les parties ne tiennent point les unes aux autres, il eft vrai qu'elles vont enfemble, & qu'elles s'entrefuivent, mais parce que chacune a fa viteffe propre & indépendante de celle des autres, il n'y a que les premieres qui faffent effort ; elles fe retirent enfuite pour faire place aux fuivantes ; de cette forte un fluide ne peut choquer à la fois que par quelques-unes de fes parties.

147. Il fuit de-là que la communication du mouvement eft bien plus lente dans le choc des fluides que dans le choc des folides. On peut remarquer cette lenteur dans les machines qui font mues par un courant, lorfqu'elles commencent à être mifes en branle.

Il eft évident qu'un corps qui fuit le courant d'un fluide ne peut en recevoir plus de viteffe que le courant n'en a ; & que s'il en a une moindre, il fera choqué à tous les inftans, & que fa viteffe fera accélérée jufqu'à ce qu'il aille auffi vîte que le fluide qui choque. On éxaminera 1º. la force du choc des fluides contre des furfaces qui font en repos ; 2º. contre des furfaces qui font en mouvement.

De la force du choc des Fluides contre des surfaces qui sont en repos.

148. L'impression qu'un même courant peut faire sur une surface varie selon que la surface est plane ou courbe, & suivant la courbure. Dans ce Chapitre nous n'éxaminerons que le choc contre des surfaces planes & contre des surfaces sphériques, lorsque nous en serons à la résistance des fluides.

149. Dans les Propositions suivantes on supposera que toutes les parties d'un fluide courant sont mûes d'une égale vitesse ; si elles avoient des vitesses différentes, il faudroit en déterminant la force du choc, y avoir égard.

Fig. 19.   Si un fluide représenté par ABF choque la surface DC suivant une direction perpendiculaire à cette surface, la force du choc est la plus grande qu'elle puisse être, c'est-à-dire, que si le courant rencontre la même surface suivant une direction oblique, la force du choc sera moindre. Cette Proposition est vraie non-seulement lorsqu'il s'agit des corps fermes, mais aussi à l'égard des fluides ; car si on considere chaque goutte ou parcelle du fluide comme un petit corps qui choque obliquement une surface, il est visible que l'impression qu'il fera sera d'autant moindre que sa direction sera plus oblique à la surface, & qu'au contraire la force du choc sera d'autant plus grande qu'il choquera plus directement, qu'enfin elle sera la plus grande qu'elle puisse être lorsque la direction sera perpendiculaire à la surface.

Fig. 20.   150. Si un fluide choque obliquement une surface, sa force est décomposée en deux efforts, l'un perpendiculaire à la surface, l'autre parallele à la même surface. Cette Proposition est aussi vraie à l'égard des fluides & des corps fermes. Car chaque corpuscule ne choque pas la surface autrement qu'un corps ferme ; or si un corps ferme choque une surface, sa force est décomposée en deux efforts, dont l'un est perpendiculaire & l'autre parallele à la surface (*Liv. III.* 49) ; donc &c.

PROPOSITION X.

Fig. 19. 21.   151. *Si deux courans représentez par* ABF, abf *choquent directement deux surfaces égales* DC *,* dc *, ils font des impressions qui font entr'elles comme les quarrez des vitesses , en'sorte que si le courant* ABF *va deux fois plus vîte , il fera sur la surface* DC *un effort quadruple.*

Démonst. On suppose que les deux courans font de même

pesanteur spécifique ; que c'est, par exemple, de l'eau, & que les petits corps ou globules du fluide sont mûs d'une égale vitesse dans un même courant. Cela posé, si l'on conçoit que l'un & l'autre courant est divisé en filets, il y en aura le même nombre dans les deux, puisque les surfaces DC, *dc* sont égales, & que le choc est direct ; & parce que tous les filets d'un même courant font des impressions égales sur la surface qu'ils choquent, il s'ensuit que les impressions totales sont entr'elles dans la même raison que celles qui sont produites par deux filets. Il suffit donc de considérer deux filets, par exemple, AF, *af*. Or je dis que les impressions que ces filets font en même-tems sont entr'elles comme les quarrez des vitesses ; en sorte que si la vitesse du filet AF est triple de celle du filet *af*, il fera une impression neuf fois plus grande sur la surface DC ; car les petits corps qui à chaque instant choquent les deux surfaces ayant même masse, leurs forces sont entr'elles comme les vitesses ; donc les impressions qu'ils font sont aussi entr'elles comme les vitesses ; si la vitesse du filet AF est triple de la vitesse du filet *af*, chaque petit corps du filet AF fera une impression trois fois plus grande ; en sorte que si dans le même tems il ne se détachoit pas plus de petits corps du filet AF qu'il ne s'en détache du filet *af*, les impressions que les surfaces DC, *dc* recevroient, seroient entr'elles comme les vitesses ; mais par l'hypotèse le filet AF est mû trois fois plus vîte ; donc en même-tems il s'en détache trois fois plus de corpuscules que du filet *af*. Donc l'impression qui n'auroit été que triple à raison de la vitesse triple, devient encore trois fois plus grande à raison du nombre de globules trois fois plus grands qui choquent en même-tems ; donc l'impression que le filet AF produit sur la surface DC est neuf fois plus grande que l'effort du filet *af* ; donc l'impression totale est aussi neuf fois plus grande ; par conséquent les impressions que les deux courans font sur les surfaces DC, *dc* sont entr'elles comme les quarrez 9 & 1 des vitesses 3 & 1.

152. COROLLAIRES. 1º. Dans la Proposition on a supposé que les surfaces DC, *dc* étoient choquées directement : si le choc étoit oblique, la Proposition seroit encore vraie, pourvû que les directions fussent également inclinées aux surfaces ; car pour lors les vitesses absolues seroient décomposées dans l'un & dans l'autre courant en deux vitesses, dont l'une seroit perpendiculaire & l'autre parallele à la surface : or les vitesses perpendiculaires seroient entr'elles dans la raison des vitesses absolues, c'est pourquoi on peut conclure que les impressions que les surfaces DC, *dc* suppo-

fées égales reçoivent dans le choc oblique, font entr'elles comme les quarrez de vitesses absolues, pourvû que l'obliquité des courans à l'égard des surfaces soit la même.

153. 2°. *Dans le choc direct si les vitesses sont égales & que les surfaces DC, dc soient inégales, les impressions qu'elles reçoivent sont dans la raison même des surfaces.*

Une surface double reçoit le choc d'un courant qui a une étendue double, ou qui contient un nombre de filets deux fois plus grand ; donc puisque la vitesse est la même dans les deux courans, les impressions produites ne peuvent différer qu'à raison du plus grand ou du moindre nombre de filets ; c'est pourquoi elles font entr'elles comme les surfaces choquées ; car les nombres de filets font dans la raison des surfaces.

154. 3°. *Si le choc est direct, ou s'il se fait avec la même obliquité, & que les surfaces DC, dc soient inégales, les impressions qu'elles reçoivent font entr'elles comme les produits des quarrez des vitesses, & des surfaces, ou en raison composée de ces quarrez & des surfaces ;* car si les surfaces DC, dc étoient égales, les impressions produites seroient entr'elles comme les quarrez des vitesses, mais si la surface DC est plus grande, qu'elle soit, par exemple, double, elle supportera le choc d'un courant deux fois plus grand, & qui contiendra un nombre de filets deux fois plus grand, la force du choc sera donc plus grande à raison du quarré de la vitesse, & à raison de la plus grande surface : donc, &c.

PROPOSITION XI.

Fig. 20. 155. *Si une même surface est exposée au choc d'un courant sous différens degrez d'obliquité, la force du choc direct est la force du choc oblique, comme le quarré du sinus total est au quarré du sinus de l'incidence oblique.*

DÉMONSTRATION. si les surfaces DE, DC égales en tout font exposées au même courant ; que la surface DE soit choquée directement, & la surface DC obliquement ; je dis que la force du choc direct est à la force du choc oblique, comme le quarré du sinus de l'angle droit est au quarré du sinus de l'angle BDC, qui est l'incidence oblique. Puisque tous les filets du courant font parallèles entr'eux, le filet ACF sera parallèle à BD ; ainsi l'angle DCF sera égal à l'angle BDC, c'est-à-dire, qu'il est égal à l'incidence oblique ; donc si on considere la largeur DC ou DE comme sinus total, DF sera le sinus de l'angle d'incidence. Or DE & DF mesurent les largeurs, ou plutôt les portions du courant, ou les nombres de filets qui font impression en même-tems sur les sur-

faces

faces DE, DC, de sorte que si les filets qui rencontrent la surface
DC la choquoient avec autant de force que ceux qui rencontrent
la surface DE, les impressions seroient entr'elles comme les nombres de filets qui choquent les deux surfaces, c'est-à-dire, comme
DE & DF, ou comme le sinus total est au sinus de l'incidence
oblique; mais les filets qui rencontrent directement la surface DE
font plus d'impression que ceux qui rencontrent obliquement la
surface DC, & ces impressions font entr'elles comme le sinus total
est au sinus de l'incidence oblique; donc la force du choc direct
qui étoit déja plus grande que la force du choc oblique dans la raison du sinus total au sinus de l'incidence oblique doit encore augmenter dans la même raison; par conséquent pour avoir la raison
des pressions, il faut multiplier la raison du sinus total au sinus de
l'incidence oblique par elle-même; donc la force du choc direct est
à la force du choc oblique, comme le quarré du sinus total est au
quarré du sinus de l'incidence oblique.

156. COROLLAIRES. 1º. *Si deux surfaces égales sont exposées à
un même courant qui les choque avec différentes obliquitez, elles en
reçoivent des impressions qui sont entr'elles comme les quarrez des
sinus des angles d'incidence:* car puisque les sinus des angles d'incidence mesurent les nombres de filets qui choquent les deux surfaces égales, si les filets d'une part choquoient avec la même force
que les filets de l'autre part, les impressions totales seroient entre
elles comme les sinus des incidences; mais les filets d'un courant
choquent avec plus de force que ceux de l'autre courant dans la raison des sinus des incidences; d'où l'on conclura que les impressions
causées font entr'elles comme les quarrez de ces sinus, ainsi qu'on
vient de faire voir dans la Proposition.

Si l'une des surfaces étoit parallele au courant, le sinus de l'angle d'incidence seroit nul; la surface ne recevroit donc le choc
d'aucun filet du courant, & la force du choc seroit nul. En effet,
pour lors le fluide courant étant mû parallelement à la surface, ne
feroit que glisser sans y causer aucune impression.

157. 2º. *Si deux surfaces inégales sont exposées à un même courant
qui les choque avec des obliquitez différentes, il y cause des impressions
qui sont entr'elles comme les produits des quarrez des sinus des incidences & des surfaces choquées.* Ce Corollaire se prouve de la même
maniere que le troisiéme Corollaire de la Proposition précédente.
Si les surfaces étoient égales, les impressions causées sur les surfaces
seroient entr'elles comme les quarrez des sinus des angles d'inci-

* Gggg

dence ; mais parce que les furfaces font inégales, la preffion caufée fur la grande augmente dans le rapport de la même furface à la moindre ; donc pour avoir le vrai rapport des preffions caufées, il faut multiplier les quarrez des finus des angles d'incidence par les furfaces ; donc &c.

158. 3°. *Si deux furfaces inégales font expofées à deux courans qui les choquent avec des obliquitez différentes, les preffions font entre elles comme les produits des quarrez des viteffes, des quarrez des finus des angles d'incidence, & des furfaces.* Si les courans choquoient avec la même obliquité, les impreffions feroient entr'elles comme les quarrez des viteffes, les furfaces étant fuppofées égales ; une viteffe double donneroit une preffion quadruple : mais fi le courant qui va avec une viteffe double choque plus directement, les furfaces fuppofées encore égales, que le finus d'incidence foit, par éxemple, triple, la furface recevra le choc d'un nombre de filets trois fois plus grand : d'ailleurs chaque filet à raifon de la moindre obliquité choquera avec une force trois fois plus grande, d'où l'on voit que le rapport des preffions qui étoit exprimé par celui des quarrez des viteffes, augmentera dans la raifon des quarrez des finus des incidences ; ainfi les preffions feroient entr'elles comme les produits des quarrez des viteffes, & des quarrez des finus des incidences, fuppofé que les furfaces fuffent égales ; mais fi le courant qui va plus vîte rencontre une furface plus grande, elle fera choquée par un courant d'une plus prande étendue ; c'eft pourquoi la raifon des preffions augmentera encore dans la raifon des furfaces. Par conféquent les preffions dont il s'agit dans ce Corollaire, font entr'elles comme le produit des quarrez des viteffes, des quarrez des finus des incidences, & des furfaces choquées.

Si les furfaces font égales, les preffions font entr'elles comme les produits des quarrez des viteffes & des quarrez des finus des angles d'incidence.

159. 4°. Dans les Corollaires qui précedent on a fuppofé que les courans qui choquent deux furfaces étoient de même pefanteur fpécifique ou de même denfité, *Si les pefanteurs étoient différentes, les preffions feroient entr'elles comme les produits des quarrez des viteffes, des quarrez des finus des angles d'incidence, des furfaces & des pefanteurs fpécifiques.* Ainfi le vif-argent étant 14 fois plus pefant que l'eau, doit caufer une preffion quatorze fois plus grande, toutes chofes étant fuppofées égales, viteffes, incidences & furfaces.

DU CHOC DES FLUIDES CONTRE DES SURFACES
en mouvement.

160. Lorsqu'un même courant choque deux surfaces égales
avec la même obliquité, il y cause des pressions inégales, si l'une
des surfaces est en mouvement, & l'autre en repos ; les fluides à
cet égard suivent des loix semblables à celles du choc des corps
fermes ; c'est-à-dire, que comme dans le choc des corps fermes, la
pression est proportionnelle à la vitesse respective lorsque les masses
font les mêmes, quelles que soient d'ailleurs les vitesses propres ;
ainsi dans la percussion des fluides la force du choc est proportionnelle au quarré de la vitesse respective, lorsque c'est la même surface
qui est choquée, & que l'incidence du courant sur la surface est
aussi la même, comme nous allons voir.

PROPOSITION XII.

161. *Si une même surface ou deux surfaces égales font mûes dans
un même courant, les impressions qu'elles en reçoivent font entr'elles
comme les produits des quarrez des vitesses respectives & des quarrez des finus d'incidence.*

PREPARATION POUR LA DEMONSTRATION.

Soit la surface DC mûe dans le courant LM suivant la di- Fig. 22,
rection DG avec une vitesse exprimée par DG, & le courant 23, 24,
LM avec une vitesse exprimée par AG. Du point G il faut mener 25, 26,
GH parallele à la surface DC & des points A, D tirer AE, DH 27.
perpendiculaires à GH ; du point G mener GF perpendiculaire
à DC prolongée en F s'il est nécessaire ; & du point A, AB perpendiculaire à GF prolongée en B, s'il est nécessaire. Cela fait,
1°. Puisque la vitesse de la surface DC est exprimée par DG, que
d'ailleurs tous les points de cette surface font mûs parallelement à
DG, il est visible que si rien ne s'oppose au mouvement de cette
surface, DG sera la route du point D, de même que AG est la
route du point ou globule A ; & parce que les vitesses de ces deux
points font exprimées par DG, AG, ils arriveront en même-tems
en G, & GH sera la situation de la surface DC, lorsque le point D
sera arrivé en G, puisque GH est parallele à DC. 2°. Lorsque les
points A, D se rencontreront en G, leurs vitesses propres feront
décomposées suivant deux directions, l'une parallele aux plan GH
ou DC, & l'autre perpendiculaire au même plan ; les vitesses paralleles font exprimées par GH, GE, & les vitesses perpendicu
laires par AE, DH, ou par GB, GF. 3°. Il est évident que les

Gggg ij

points D , A ne se choquent point par les vitesses paralleles , car par ces vitesses ils ne font que glisser l'un sur l'autre ; il reste donc qu'ils se choquent par les vitesses perpendiculaires GB , GF : or ces vitesses ne sont pas toujours employées entierement à produire le choc , ce n'est que dans le cas où la surface DC prévient le globule A , comme dans la fig. 22 , que la somme des vitesses GB , GF fait le choc des points A , D ; dans les autres cas le choc est seulement produit par la différence des vitesses perpendiculaires ; ainsi BF qui est la somme des vitesses perpendiculaires lorsque les points A , D vont à la rencontre l'un de l'autre , ou la différence des mêmes vitesses lorsqu'ils vont du même côté & qu'ils fuient l'un devant l'autre , exprime la vitesse respective avec laquelle les points A , D s'approchent.

DEMONSTRAT. Il faut donc démontrer que la force du choc est proportionnelle au quarré de la vitesse BF multiplié par le quarré du sinus de l'angle d'incidence AGH. Si la surface DC pouvoit décrire librement la ligne DG tandis que le point ou globule A décrit la ligne AG , la force du choc seroit proportionnelle à la vitesse respective BF. Cela posé , quoique la surface DC ne parvienne pas en G , cela n'empêche pas que les globules qui la touchent actuellement ne la frappent avec la même force que si le choc se faisoit en G , puisque tous les globules ont la même vitesse que le globule A , & que leurs directions sont aussi parallèles à celle du globule A ; donc tous les globules qui rencontrent la surface DC font contre elle le même effort que si cette surface étant en repos ils la choquoient directement avec la vitesse BF. Supposons pour un moment que la situation de la surface DC à l'égard du courant LM est la même pour toutes les figures , la vitesse respective BF étant différente , il est certain que l'effort que chaque globule fait contre la surface DC , est proportionnel à la vitesse BF ; mais il est évident que plus la vitesse respective est grande , plus il se détache de globules d'un même filet , tel que AG ; ainsi lorsque la surface DC va au-devant des globules , le nombre de ceux qui choquent en même-tems est bien plus grand , que lorsqu'elle fuit leur rencontre , & ce nombre est encore proportionnel à la vitesse respective BF , d'où l'on voit que la force du choc de chaque globule , laquelle est proportionnelle à la vitesse respective , augmente à raison du plus grand nombre , lequel est aussi proportionnel à la vitesse respective ; donc pour avoir l'effort produit par un filet contre la surface DC , il faut multiplier l'effort d'un globule , c'est-à-dire , la vitesse respective par le nombre de globules qui choquent , c'est-à-dire , par

a viteſſe reſpective ; donc ſi la ſituation de la ſurface DC étoit la
même, la force du choc ſeroit proportionnelle au quarré de la viteſſe reſpective ; mais ſi la ſituation de la ſurface DC eſt différente,
le ſinus d'incidence ne ſera pas le même ; or le nombre de filets qui
choquent la ſurface EC eſt proportionnel au ſinus d'incidence ;
donc la force du choc qui étoit proportiennelle au quarré de la viteſſe reſpective, augmentera à raiſon du plus grand nombre de filets, lequel eſt proportionnel au ſinus de l'angle d'incidence ;
d'ailleurs plus le ſinus de l'angle d'incidence eſt grand, toutes
choſes étant ſuppoſées égales, plus l'effort de chaque filet eſt
grand ; donc pour avoir l'effort total du courant contre la ſurface
DC, il faudra multiplier l'effort d'un filet, lequel eſt proportionnel au quarré de la viteſſe (en ſuppoſant que la ſituation de la ſurface
eſt la même), par le ſinus d'incidence à raiſon du plus grand nombre de filets, & encore ce produit par le même ſinus à raiſon de la
moindre obliquité avec laquelle chaque filet frappe la ſurface DC;
par conſéquent la force du choc eſt proportionnel au quarré de la
viteſſe reſpective multiplié par le quarré du ſinus de l'angle d'incidence.

162. COROLLAIRES. 1º. *Si les ſurfaces qui ſont expoſées à un
même courant étoient inégales, la force du choc ſeroit proportionnelle
au produit du quarré de la viteſſe reſpective, du quarré du ſinus de
l'angle d'incidence, & de la grandeur de la ſurface. Ce Corollaire
eſt évident après tout ce qui précede.*

163. 2º. Il eſt aiſé d'appercevoir que les viteſſes propres ni du courant ni de la ſurface ne déterminent la force du choc, mais la ſeule
viteſſe reſpective, eu égard à la ſituation de la ſurface DC & à ſa
grandeur ; qu'ainſi il peut ſe faire qu'un même courant choque une
même ſurface avec plus ou moins d'effort, quoiqu'elle conſerve
une ſituation ſemblable : il peut ſe faire que la force du choc ſoit
plus grande que tout l'effort que le courant eſt capable de faire
par ſa viteſſe propre, comme lorſque la ſurface DC prévient le
courant (fig. 22). Si la ſurface DC fuit le courant, quelque ſituation qu'on lui ſuppoſe, la force du choc ſera néceſſairement moindre que l'impreſſion qu'elle peut recevoir de toute la viteſſe du courant (fig. 23) ; il peut encore arriver que la ſurface DC évite tout
choc, comme lorſque ſa viteſſe perpendiculaire GF eſt égale à la
viteſſe perpendiculaire BG du courant (fig. 24) ; & ſi la viteſſe
GF eſt plus grande que la viteſſe BG, la ſurface DC, (fig. 25)
choquera elle-même le courant au lieu d'en être choque.

164. 3º. *Si tous les points qui ſont dans la longueur DC de la* Fig. 26.
27.

furface font mûs fur la même ligne DC *prolongée*, *la force du choc fera la même que fi la furface étoit en repos ;* car la viteffe perpendiculaire de cette furface ou des points qui la compofent, fera nulle ; donc la furface n'ira ni au-devant du courant, ni ne le fuira, & elle fera choquée par tout l'effort de la viteffe perpendiculaire du courant, de même que fi elle étoit en repos.

165. 4°. *Si la furface tourne autour d'un axe, comme les aîles d'un moulin, la viteffe refpective du courant ne fera pas la même pour toutes les parties de la furface ;* car comme elles vont plus ou moins vîte felon qu'elles font plus ou moins éloignées de l'axe qui eft le centre commun du mouvement, que d'ailleurs la viteffe abfolue du courant eft la même dans toutes fes parties, ainfi qu'on fuppofe, il eft néceffaire que la viteffe refpective du courant foit différente à l'égard des différentes parties de la furface.

DE L'IMPULSION DES FLUIDES PAR LE RESSORT.

166. On ne connoît gueres que l'air, la flamme & la vapeur de l'eau bouillante, qui foient capables de produire de grands effets par la force du reffort. La force du reffort eft comparable à celle de la pefanteur, elle ne produit pas tout fon effet en un inftant, ce n'eft que par degrez, & dans un certain tems qu'elle parvient à donner aux corps la viteffe qu'elle peut leur communiquer ; c'eft pour cela que l'on donne une certaine longueur aux canons où l'on condenfe l'air & où l'on allume de la poudre, afin que le reffort agiffe plus long-tems fur le corps qui eft en mouvement.

167. *Le reffort de l'air acquiert par la condenfation des degrez de force preportionnels aux poids qui le compriment ;* car l'air fe condenfe dans la proportion des poids ; donc la force du poids qui le comprime eft toute employée à le condenfer ; d'ailleurs fon reffort n'eft point affoibli pas la compreffion, puifqu'auffi-tôt qu'il eft libre il reprend fa premiere extenfion : d'où il fuit que l'air ne foutient les poids qui le compriment, que par la force de fon reffort ; il faut donc que cette force foit proportionnelle aux mêmes poids.

168. *Cette force eft encore proportionnelle aux degrez de condenfation, puifque l'air fe condenfe dans la proportion des poids. Lors donc que le reffort de l'air ou de la poudre enflammée, &c. fe débande & qu'il pouffe un même corps, il lui communique à chaque inftant des degrez de viteffes qui font proportionnels aux degrez de condenfation ;* car la force d'un reffort qui fe débande eft proportionnelle à la quantité de mouvement qu'il produit à mefure qu'il fe détend : Or dans l'hypothèfe préfente c'eft le même corps, la

même maffe qui reçoit tous les degrez de viteffe que le reffort produit ; donc les degrez de force font proportionnels aux degrez de viteffe ; mais la force du reffort eft proportionnelle au degré de condenfation ; donc la viteffe qu'il communique au corps qu'il pouffe en avant, eft proportionnelle au degré de condenfation.

169. *Les degrez de viteffe que le reffort de l'air communique à un corps, font entr'eux réciproquement comme les efpaces qu'il occupe ;* car les viteffes que ce reffort donne à un corps font entr'elles comme les degrez de condenfation qu'il a reçus : or les condenfations font entr'elles réciproquement comme les efpaces qu'il occupe ; fi l'efpace auquel l'air eft réduit n'eft, par éxemple, que le quart, la douziéme, la quinziéme partie de l'efpace qu'il occupe dans fon état naturel, il aura le double, le quadruple de force, cette force fera douze, quinze fois plus grande ; par conféquent les degrez de viteffe qu'il communique font entr'eux réciproquement comme les efpaces qu'il occupe.

D'où il fuit que fi les efpaces qu'un même air condenfé occupe dans un canon font connus, on aura auffi le rapport des viteffes qu'il peut communiquer, lorfqu'en fe rarefiant il occupe ces différens efpaces.

DE LA RÉSISTANCE QUE LES FLUIDES FONT AUX corps en mouvement.

170. Les fluides, comme l'air, l'eau, &c. font de vrais corps ; lors donc qu'un corps ferme eft mû dans l'air ou dans l'eau confiderez en repos, il les choque & communique de fon mouvement aux parties qu'il rencontre, fa viteffe fe rallentit peu à peu, & il rentre bien-tôt dans le repos ; c'eft cette perte ou diminution de viteffe que reçoit un corps qui eft mû dans un fluide, qu'on appelle *la réfiftance du fluide*, ou plutôt ce retardement eft l'effet de la réfiftance. On a dit dans le fecond Livre quelque chofe de la réfiftance de l'air ; mais c'eft ici le lieu de traiter cette matiere avec un peu plus d'étendue, & d'expofer dans un plus grand détail ce qui arrive aux corps qui font mûs dans un milieu qui réfifte, tels que l'air, l'eau, &c.

171. 1°. Plus un milieu eft denfe, plus il réfifte. Car un corps qui eft mû avec la même viteffe dans un milieu plus denfe, rencontre en même-tems un plus grand nombre de parties qui lui ôtent par conféquent une plus grande portion de fa viteffe.

Lorfqu'un corps eft mû dans un milieu, on peut faire deux hypothèfes fur la réfiftance du milieu ; on peut fuppofer que cette réfiftance eft proportionnelle à la viteffe actuelle du corps, ou au quarré de cette viteffe.

P R O P O S I T I O N XIII.

172. Lorfqu'un corps eft mû dans un milieu réfiftant, la réfiftance qu'il trouve à chaque inftant eft proportionnelle au quarré de la vitesse actuelle, laquelle eft égale à la différence de la viteffe initiale & de la viteffe perdue.

On fuppofe que la direction du corps fait toujours le même angle avec fa furface.

Demonstration. Pour décider laquelle de ces deux hypothèfes a lieu dans la nature, nous ferons le raifonnement fuivant. Suppofons qu'un corps en frappe un autre avec différens degrez de viteffe, il eft certain que le choqué recevra du choquant des viteffes qui feront entr'elles dans la même raifon que celles avec lefquelles le choquant l'approche. Si la viteffe du choquant eft double, triple, quadruple, la viteffe communiquée au choqué fera auffi double, triple, quadruple, &c. car les quantitez de mouvement du choquant font entr'elles comme les viteffes; d'ailleurs pour avoir la viteffe commune après le choc, c'eft-à-dire, la viteffe du choqué, il faut divifer ces différentes quantitez de mouvement par la fomme des maffes; donc les quotiens qui expriment les viteffes du choqué font entr'elles comme les dividendes qui font repréfentez par viteffes du choquant, puifque c'eft par le même divifeur qu'on divife ces différentes quantitez; donc les viteffes qu'un corps communique à un autre font entr'elles comme les différentes viteffes avec lefquelles le choquant l'approche : or lorfqu'un corps fe meut dans un milieu réfiftant, c'eft pour ainfi dire le même corps qu'il rencontre à chaque inftant, il paroîtroit donc d'abord que ce corps communiqueroit au fluide réfiftant des viteffes qui feroient entre elles dans la même raifon que celles avec lefquelles il choque : d'où il fuivroit que les réfiftances du milieu, lefquelles dans l'hypothèfe que c'eft le même corps qui eft choqué, font entr'elles comme les viteffes que le choquant lui communique, feroient auffi entr'elles dans la raifon des viteffes avec lefquelles ce corps eft mû dans le milieu réfiftant.

Mais il faut faire attention que lorfqu'un corps eft mû dans un milieu avec des viteffes inégales, ce n'eft pas le même corps ou la même maffe qu'il choque, cette maffe change ou eft différente à raifon de la viteffe; fi le corps eft mû avec une viteffe double, il eft néceffaire qu'il rencontre un volume double, ou un nombre de parties deux fois plus grand; il met donc en mouvement une portion

tion de fluide deux fois plus grande en lui communiquant une viteffe double; donc la quantité de mouvement que le fluide reçoit
& qu'il ôte au corps qui choque, eft quadruple, c'eft-à-dire, qu'elle
eft proportionnelle au quarré de la viteffe , mais la réfiftance du
fluide eft proportionnelle à la quantité de mouvement qu'elle détruit dans le corps qu'elle retarde ; donc elle eft proportionnelle
au quarré de la viteffe. D'où il faut conclure que la feconde des
deux hypothèfes que l'on vient de faire eft plus conforme aux voies
de la nature que la premiere.

On peut encore démontrer la Propofition en cette maniere. La
force du choc eft la même , foit que l'on fuppofe que c'eft le corps
qui choque le fluide , ou que c'eft le fluide qui choque le corps en
repos , pourvû que dans l'une & l'autre fuppofition la viteffe refpective foit la même. Or fi le fluide choquoit le corps en repos
avec des viteffes différentes , il feroit des impreffions qui feroient
entr'elles comme les quarrez des viteffes avec lefquelles il s'appro-
cheroit du corps ; donc fi le corps rencontre le fluide avec toutes
ces différentes viteffes , il y fait auffi des impreffions qui font entre
elles comme les quarrez des mêmes viteffes.

173. COROL. 1º. *Il femble qu'une furface plane qui eft mûe dans un
fluide dans la rigueur & felon les regles de la Mécanique , ne doit jamais perdre toute fa viteffe ;* car quoique le mouvement du mobile
diminue dans la raifon des quarrez des viteffes reftantes , & qu'il
femble qu'elle doive être enfin entierement détruite ; cependant felon les loix du choc un corps qui en choque un autre en repos , ne
lui communique jamais tout fon mouvement, quelque grand que
le choqué puiffe être ; il faut cependant convenir que cette viteffe
finale eft fi petite qu'elle eft équivalente au repos.

174. 2º. *Si plufieurs fpheres égales font mûes dans un milieu
avec des viteffes inégales , elles trouvent des réfiftances qui font
entr'elles comme les quarrez des viteffes actuelles ;* car la furface
de la fphere étant parfaitement uniforme, la direction de la force
ne peut être dirigée que d'une maniere à l'égard de cette furface ,
c'eft pourquoi la différence des réfiftances ne peut venir que de
la différence des viteffes ; donc felon la propofition ces réfiftances
font entr'elles comme les quarrez des viteffes actuelles ou reftantes. Ce corollaire eft vrai auffi à l'égard des autres corps femblables & égaux, pourvû que durant le mouvement ils confervent une fituation femblable à l'égard de la direction.

175. *Si plufieurs corps de figure fphérique inégaux font mûs dans
un fluide avec des viteffes inégales , ils trouvent des réfiftances qui*

font entr'elles comme les produits des quarrez des diametres & des quarrez des viteſſes reſtantes. Car les ſurfaces des Spheres étant ſemblables, & ſemblablement ſituées à l'égard des directions, ces corps doivent faire ſur le fluide des impreſſions qui ſoient entr'elles dans la raiſon de ces ſurfaces la même, c'eſt-à-dire, dans la raiſon des quarrez des diametres, (en ſuppoſant que les viteſſes des mobiles ſoient égales) puiſque ſi un fluide rencontre en repos des ſurfaces ſemblables, & ſemblablement ſituées, les impreſſions qu'il y fait ſont dans la raiſon des ſurfaces, & que d'ailleurs la force du choc eſt la même, ſoit que la ſurface ſe meuve contre le fluide ou que le fluide aille choquer la ſurface ; mais ſi les viteſſes ſont inégales les réſiſtances augmenteront ou diminueront dans la raiſon des quarrez des viteſſes ; donc pour avoir le rapport des réſiſtances il faudra multiplier les quarrez des diametre de ſpheres par les quarrez des viteſſes. Donc, &c.

Ce corollaire eſt vrai auſſi à l'égard des corps ſemblables pourvû qu'ils gardent toujours des ſituations ſemblables, c'eſt-à-dire, que leurs directions faſſent les mêmes angles avec leurs ſurfaces.

176. 4°. *Si des ſurfaces planes égales ſont mues dans un milieu, que les directions ſoient obliques aux mêmes ſurfaces, elles trouvent des réſiſtances qui ſont entr'elles comme les produits des quarrez des viteſſes & des quarrez des ſinus d'incidence.* Si les ſurfaces ſont inégales, les réſiſtances ſont entr'elles comme les produits des quarrez des viteſſes, des quarrez des ſinus, des angles d'incidence & des grandeurs des ſurfaces. Cette propoſition ſe prouve de la même maniere que le corollaire precedent.

177. 5°. L'on voit donc que trois choſes concourent de la part d'un mobile à former, ou â augmenter la réſiſtance qu'il éprouve lorſqu'il eſt mû dans un milieu, la viteſſe, la ſurface & la maniere dont il la préſente ; ce n'eſt pas préciſément la grandeur de la ſurface qui rend le mouvement plus difficile, car il peut ſe faire qu'une ſurface ſoit mue dans un milieu ſans en recevoir aucune impreſſion, comme lorſqu'elle avance parallelement à la direction du mobile ; ainſi ſi un cylindre eſt mu dans un eau tranquille ſuivant une direction perpendiculaire à ſa baſe, tout l'effort de l'eau tombe ſur cette baſe, & les côtez ne ſont aucunement choqués, puiſque l'eau ne fait que couler parallelement à la longueur du cylindre ; c'eſt donc le plus ou le moins d'obliquité avec laquelle une ſurface rencontre un milieu qui eſt cauſe de l'inégalité des réſiſtances qu'elle y trouve ; *c'eſt cette obliquité qui fait*

qu'un fluide résiste moins à la surface d'une sphere ou d'un hémisphere qu'à un de ses grands cercles qui est mû directement contre le fluide.

Car le cercle & l'hemisphere choquent en même-tems une égale quantité de fluide, puisqu'ils ont selon l'hypothèse la même vitesse, & que d'ailleurs la surface convexe de l'hémisphere ne reçoit pas un plus grand nombre de filets, ou une colomne de fluide de plus grande base que celle qui s'appuie sur le grand cercle, comme il est aisé de se le représenter, de sorte que si l'hemisphere choquoit directement toutes les parties du fluide comme le cercle, les résistances seroient égales de part & d'autre; mais parce que l'hemisphere rencontre les parties du fluide suivant des directions plus ou moins obliques, il est nécessaire que la force du choc soit moindre, & par conséquent la résistance que l'hémisphere trouve à être mû.

178. 6o. *On peut demontrer que la résistance de l'hemisphere n'est que la moitié de celle du grand cercle.*

L'hemisphere étant représenté par le demi cercle ADF & le Fig. 28. grand cercle par le diametre AF, nous ne considérerons d'abord que les résistances que les points correspondans D, E trouvent dans le fluide suivant la direction EDN perpendiculaire à AF.

Si l'on mene le rayon CD, la tangente DO, & la perpendiculaire NO; nous démontrerons en premier lieu *que les résistances des points D,E sont entr'elles comme les quarrez de* $\overline{ED}$ *& de* $\overline{CD}$, c'est-à-dire, comme $\overline{ED}^2$ est à $\overline{CD}^2$. La direction EDN étant oblique à la surface représentée par la tangente DO, la force du choc direct est à la force du choc oblique comme le sinus total est au sinus de l'angle d'incidence, c'est-à-dire, comme DN est à NO; & parce que les lignes NO, DC sont perpendiculaires à la tangente DO les angles DNO, EDC sont égaux & les triangles rectangles DON, CED semblables, & les angles ODN, ECD aussi égaux : c'est pourquoi les forces du choc direct & du choc oblique qui sont représentées par DN, ON seront aussi représentées par DC, DE; donc l'impulsion que le point D reçoit de la force du choc est dirigée suivant DC perpendiculaire à la surface DO, & elle est exprimée par DE, & la force du choc direct par DC; mais il est évident que l'impulsion que le point D reçoit suivant DC n'est pas directement contraire à la détermination qu'il a suivant EDN; ainsi l'effort exprimé par DE & dirigé suivant DC se décompose en deux efforts dont l'un est parallele à AF ou perpendiculaire à la direction EDN, lequel ne rétarde ni n'avance le point D; &

Hhhh ij

l'autre effort est dirigé suivant DE , & est entierement opposé à la détermination suivant EDN : DC étant la direction de l'effort qui est décomposé, & AF comme le plan d'incidence , la force suivant DC sera à l'effort suivant DE comme le sinus total & le sinus d'incidence DCE sont entr'eux , c'est-à-dire, comme DC est à DE. Si l'on nomme R la résistance du point E ou celle que le point D trouveroit s'il choquoit le fluide directement , r celle que le point D trouve suivant DC, r celle qui est directement opposée à sa détermination suivant DEN, selon ce qui vient d'être dit nous ferons les proportions $r.\ \text{R}\ ::\ \text{ED. CD.}$ $r.\ \text{R} :: \text{ED. CD.}$ & $\text{R. R} :: \text{ED. CD.}$ si on multiplie par $\text{R. R} :: \text{ED. CD.}$

ordre & que l'on divise les deux premiers $r.\ \text{R} :: \overline{\text{ED}}^2.\ \overline{\text{CD}}^2.$

produits par R il en résultera la proportion $r.\ \text{R} :: \overline{\text{DE}}^2.\ \overline{\text{CD}}^2.$ on démontrera de la même maniere que la résistance du point d est à celle du point e ou E comme $\overline{ed}^2$ est à $\overline{Cd}^2$ ou $\overline{\text{CD}}^2$, ensorte que les résistances des points D, d, &c. sont exprimées par les quarrez des perpendiculaires ED , ed; celles des points E , e l'étant par les quarrez de CD ou de Cd.

En second lieu, si l'on trouve une troisiéme proportionnelle à CD , ED telle que BG l'on aura la proportion CD. ED :: ED. BG; donc $\overline{\text{CD}}^2\ \overline{\text{ED}}^2 :: \text{CD. BG}$; par conséquent les deux derniers termes de cette proportion exprimeront les resistances des points E , D puisqu'elles sont proportionnelles aux deux premiers $\overline{\text{CD}}^2$, $\overline{\text{ED}}^2$; on trouvera par une opération semblable que CD ou Cd & bg expriment les résistances des points e , d, d'où l'on voit que par une opération réiterée l'on trouveroit toutes les lignes telles que BG , bg, &c. qui expriment les résistances des points du quart de cercle ADH. Or je dis que la ligne courbe CGP qui termine les lignes BG , bg représentatives des résistances des points D , d, &c. est une demie parabole dont le sommet est au point C. Car à cause de la proportion $\overline{\text{CD}}^2 . \overline{\text{ED}}^2 :: \text{CD . BG}$ l'on aura $\overline{\text{CD}}^2 - \overline{\text{ED}}^2 . \overline{\text{CD}}^2 :: \text{CD} - \text{BG . CD.}$ Sur quoi on remarquera que le quarré $\overline{\text{CD}}^2$ étant égal aux quarrez $\overline{\text{ED}}^2 + \overline{\text{CE}}^2$, si on en retranche le quarré $\overline{\text{ED}}^2$ le quarré $\overline{\text{CE}}^2$ ou $\overline{\text{GM}}^2$ sera égal à $\overline{\text{CD}}^2 - \overline{\text{ED}}^2$; & puisque EB est égale à CD , CD ——BG sera égale a EG ou à CM ; la proportion sera donc changée en celle-ci $\overline{\text{GM}}^2.\ \overline{\text{CD}}^2 :: \text{CM.}$

CD. & fi au lieu de $\overline{CD}^2$ on prend $\overline{PH}^2$ qui lui eft égal ; & au lieu de CD , CH , l'on aura encore cette proportion $\overline{GM}^2 . \overline{PH}^2 ::$ CM. CH , c'eft-à-dire que les quarrez des ordonnées GM , PH font entr'eux comme les coupées CM , CH ; donc la ligne courbe CGP eft une demie parabole , & par conféquent la ligne BG s'y termine ; on démontrera la même chofe pour les autres lignes *bg.*

En troifiéme lieu fi l'on conçoit que le rectangle ACHP tourne autour de l'axe CH avec le quart de cercle ADH , la demie parabole AGP & les lignes BG , *bg* , &c. qui rempliffent l'aire CGPH , le rectangle décrira un cylindre qui a pour bafe le grand cercle qui eft mû dans le fluide , l'efpace parabolique CGPH décrira un foli de que l'on nomme paraboloïde ; le quart de cercle tracera la furface de l'hémifphere , les points D , *d* décriront des circonférences ou zones paralleles à AF qui formeront la furface de l'hemifphere ; & puifque GB exprime la réfiftance du point D , l'efpace que GB tracera en tournant autour de CH repréfentera la fomme des réfiftances des points qui fe trouvent fur la circonférence ou zone décrite par le point D ; de même l'efpace décrit par *gb* repréfentera la fomme des réfiftances des points qui font fur la circonférence décrite par le point *d* ; & comme les efpaces décrits par les lignes GB , *gb* qui rempliffent l'aire CGPH compofent le paraboloïde décrit par la demie parabole , il s'enfuit que ce folide , exprime la réfiftance de l'hémifphere , & le cylindre décrit par le rectangle ACHP , la réfiftance du cercle.

En quatriéme lieu il ne refte donc plus qu'à faire voir que le paraboloïde eft la moitié du cylindre. Il faut concevoir que ces deux folides font divifez en tranches indefiniment minces paralléles à PS ; les tranches circulaires du paraboloïde font entr'elles comme les quarrez de leurs rayons ou comme les quarrez des ordonnées de la parabole lefquels font entr'eux comme les coupées ; or les coupées augmentent du fommet jufqu'à la bafe en progreffion arithmetique ; les tranches circulaires du cylindre font toutes égales entr'elles & à la plus grande du paraboloïde , d'où il fuit manifeftement que ce folide n'eft que la moitié du cylindre ; car comme il eft vrai de dire qu'un triangle eft la moitié d'un rectangle de même bafe & de même hauteur , de cela feul que les élémens du triangle augmentent en progreffion arihmetique du fommet à la bafe , & que ceux du rectangle font tous égaux entr'eux & au plus grand du triangle ; il faut auffi tirer la même conclufion du paraboloïde par rapport au cylindre de même bafe & de même hauteur.

Un vaiffeau qui en navigant fouffriroit la moindre réfiftancepoffi-
ble auroit certainement un avantage confidérable fur un autre qui en
éprouveroit un grande;or le dernier Corollaire fait entrevoir qu'une
grande furface par une conftruction particuliere peut trouver moins
de difficulté à fendre l'eau, qu'une autre qui feroit plus petite.

DE LA RESISTANCE DES PENDULES.

179. Lorfque dans le fecond livre on a dit que les vibrations
grandes & petites d'un pendule étoient ifochrones ou d'égale durée, on a fuppofé qu'il étoit mû dans un milieu non réfiftant ; il
eft cependant vrai que l'air réfifte, le pendule eft donc retardé,
& il décrit chaque arc en plus de tems que s'il ne trouvoit fur fon
paffage aucun obftacle : on fe propofe de déterminer jufqu'à quel
point l'Ifochronifme des vibrations d'un pendule eft troublé par la
réfiftance du milieu.

PROPOSITION XIV.

*180. 1°. Les vibrations grandes & petites d'un pendule qui dé-
crit des arcs de cycloïde dans un milieu réfiftant font ifochrones fi les
réfiftances qu'il trouve à chaque inftant font dans la raifon des viteffes actuelles. 2°. Si ces réfiftances font entr'elles comme les quarrez
des viteffes, les rétardemens caufez par la réfiftance du milieu font
entr'eux comme les arcs décrits.*

Fig. 29.   DEMONST. de la premiére partie. Il faut concevoir que les arcs
AD, BD que le pendule décrit font divifez l'un & l'autre en un
même nombre de parties égales. Puifque le milieu felon l'hypothèfe réfifte à proportion de la viteffe, il en faut fuppofer une au
pendule ; & parce que les parties femblables AG, Bg dans
lefquelles on conçoit les arcs AD, BD divifez, font très-petites,
on peut fuppofer auffi que le pendule décrit dans chaque arc la
premiére fans être retardé : or les viteffes que le pendule acquiert
par les parties correfpondantes AG, Bg font entr'elles comme les
forces qui les produifent lefquelles font entr'elles comme les arcs
AD,BD (*Liv.* II. 204) ; donc les viteffes initiales font entr'elles
comme les arcs AD,BD.Cela pofé les arcs GD, gD font dans la raifon des arcs AD,BD; donc les forces qui accélerent le pendule par les
fecondes parties correfpondantes étant entr'elles comme les arcs GD
gD, font auffientr'elles comme les arcs AD, BD; de plus les réfiftances que le milieu fait au pendule en G & g font comme les viteffes,
c'eft-à-dire, comme les arcs AD, BD ; donc les réfiftances font

entr'elles comme les forces qui accelerent le pendule en G & *g* ; donc les forces diminuées seront entr'elles côme les forces entieres (9. *Arit.*) ; donc elles produiront des vitesses qui seront entr'elles comme les arcs G D , *g* D , ou comme les arcs AD, BD ; donc les vitesses acquises par les deux premieres parties correspondantes des arcs AD , BD sont dans la raison de ces arcs : on prouvera de la même maniere que les vitesses acquises par les trois premieres , les quatre premieres parties correspondantes , &c. sont entr'elles comme les arcs AD , BD : les espaces parcourus étant entr'eux pendant tout le tems du mouvement dans le rapport des vitesses il s'ensuit qu'ils seront parcourus en tems égaux , par conséquent , les vibrations du pendule par les arcs doubles de AD & de BD seront isochrones.

DÉMONSTRATION DE LA SECONDE PARTIE. Dans cette seconde partie on suppose que les résistances sont comme les quarrez des vitesses : si les vitesses étoient entr'elles comme les arcs AD , BD , les quarrez des vitesses seroient entr'eux comme les quarrez des mêmes arcs ; par conséquent les résistances seroient entre elles comme les quarrez des arcs AD , BD : or quoique dans l'hypothese présente les vitesses ne soient pas dans la raison exacte des arcs AD, BD, cela n'empêche pas que les deux raisons précedentes ne soient sensiblement égales. Supposons que l'arc AD est double de l'arc BD , & que la vitesse acquise par une certaine partie de l'arc AD , si le milieu ne résistoit point , soit exprimée par 100 celle qui seroit acquise par la partie correspondante de l'arc DB seroit exprimée par 50 ; que la résistance du milieu detruise 1 degré de vitesse lorsque le pendule decrit dans l'arc AD la partie supposée , elle détruit $\frac{1}{4}$ de degré lorsque le pendule décrit la partie correspondante dans l'arc BD , ce qui n'empêche pas que les vitesses restantes ne soient sensiblement comme les arcs AD, BD ; donc les résistances qui sont entr'elles comme les quarrez des vitesses , sont aussi entr'elles comme les quarrez des arcs AD, BD. Cela posé , si la résistance par l'arc BD étoit à la résistance par l'arc AD comme le produit de l'arc BD par l'arc AD est au quarré de l'arc AD , c'est-à-dire, comme BD×AD est à AD×AD , ces produits seroient entr'eux comme BD & AD (8. *Arit.*) ; donc les résistances seroient aussi entr'elles comme ces arcs, de même que les vitesses ; donc les arcs BD & AD seroient décrits en tems égaux , selon ce qui vient d'être prouvé dans la premiere partie. Donc lorsqu'il ne s'agit que du retardement ou du plus long-tems , c'est la même chose

de fuppofer que le pendule décrit l'arc AD en y trouvant la réfiftance exprimée par AD×AD, ou qu'il décrive l'arc BD avec
la réfiftance exprimée par AD×BD ; cela étant ainfi les retardemens par l'arc BD produits par les réfiftances BD×AD & BD×BD
étant les effets de ces refiftances , font entr'eux comme ces produits , c'eft-à-dire, comme les arcs AD, BD en divifant les deux
produits par BD. Donc le retardement par l'arc AD , c'eft-à-
dire , le tems que le pendule met de plus à décrire l'arc AD dans
le milieu refiftant que dans le milieu non réfiftant , eft au retardement par l'arc BD , comme AD eft à BD.

181. COROL. 1°. *Si l'on connoît les tems qu'un pendule emploie*
à décrire deux arcs inégaux dans un milieu réfiftant, comme l'air ,
on pourra auffi connoître le tems par les mêmes arcs fi le milieu ne
réfiftoit point.

Soit nommé T le tems par le grand arc AD dans le milieu
réfiftant ; τ le tems par l'arc BD dans le même milieu ; t le
tems par l'arc AD ou BD fi le milieu ne réfiftoit point ; $\tau - t$
fera le retardement par le moindre arc BD dans le milieu réfiftant,
& $T - t$ le retardement par le grand arc AD. Donc felon la
propofition AD . BD :: $T - t$. $\tau - t$ & AD — BD . BD ::
$T - t - \tau + t$. $\tau - t$ ou AD — BD . BD :: $T - \tau$. $\tau - t$: or
dans cette proportion les trois premiers termes font connus ; donc
le dernier $\tau - t$ qui eft le retardement par le moindre arc BD
fera auffi connu : ainfi fi du tems par le moindre arc on retranche
le retardement connu , on aura le tems par le même arc dans le
milieu non réfiftant.

182. 2°. Puifque les retardemens font proportionnels aux arcs
AD , BD , il s'enfuit que plus l'arc BD fera petit , plus le retardement fera auffi petit ; donc les vibrations d'un pendule approchent
d'autant plus de l'ifochronifme qu'elles font plus petites ; & l'on
peut regarder les plus petites dans le milieu qui réfifte comme
étant de même durée que celles qui fe feroient dans le milieu
non-réfiftant.

183. 3°. Les petits arcs qu'un pendule décrit au bas d'une Cycloïde & auprès du repos ne differant pas des arcs du cercle qui auroit
pour rayon la longueur du pendule , il s'enfuit que les petites vibrations du pendule circulaire font de même durée à très peu de
chofe près que fi elles fe faifoient dans un milieu fans réfiftance.
La Propofition précedente eft de M. Newton, Liv. 2 *, des Prin-*
cipes , Propofition 29.

DE

DE LA DIRECTION D'UN CORPS QUI EST MU DANS UN MILIEU qui résiste.

Lorsqu'un corps est mu dans un milieu résistant d'une vitesse uniforme, il faut une force qui a chaque instant surmonte la résistance du milieu, autrement le corps perdroit à tout moment de sa vitesse, & seroit mu d'un mouvement retardé ; donc pour entretenir un corps dans sa vitesse uniforme, il est nécessaire qu'une force lui soit continuellement appliquée, & cette force doit être égale à la résistance du milieu, car si elle étoit moindre la résistance étant superieure, ralentiroit la vitesse du corps ; & si la force prévaloit, le corps en recevroit des nouveaux degrez de vitesse, & il seroit mu d'un mouvement acceleré : ainsi lorsqu'un vaisseau sur mer commence à faire voile, & qu'après un certain tems il a acquis toute sa vitesse s'il la conserve, il faut que le vent continue de souffler également, s'il se renforce, la vitesse du navire augmente de nouveau, s'il se relache, elle diminue : or quelle que soit la vitesse du corps, uniforme ou variable, il n'y a qu'un cas où il suit la direction de la force mouvante, c'est lorsque cette direction partage la résistance totale, de maniere que les résistances partielles qui sont des deux côtez de la direction sont égales, si l'un d'elles est plus grande que l'autre, il est nécessaire que le corps se jette vers le côté où est la moindre résistance. C'est ce détour qui en termes de marine est appellé *derive*.

La sphere est le seul corps qui à cause de sa parfaite uniformité n'est point sujet à la derive ; car dans quelque sens que la force mouvante dirige son action, la sphere presente toujours la même surface au milieu, & le milieu lui résiste toujours de la même maniere & avec la même obliquité ; mais il n'en est pas ainsi des autres corps. Ce que nous allons dire du mouvement d'un corps de figure rectangulaire pourra donner une idée de la derive ou détour que les corps prennent dans un milieu qui résiste.

Supposons que le corps rectangulaire ABDE est mu dans un milieu resistant, par exemple, dans l'eau la surface ABDE étant parallele à celle de l'eau. Si la direction de la force mouvante est suivant CM ou CN perpendiculaires aux côtez AB, AE, & que le point C par où passe la direction CM ou CN soit le centre de gravité du corps, il est visible que l'eau ne résistera qu'au côté AE ou au côté AB, & que la résistance de l'eau sur l'un ou l'autre côté étant également partagée par la direction CM ou CN, le corps ne se détournera ni a droite ni à gauche de cette direction, le centre C suivra donc la direction CM ou CN : mais si la direction de la force est suivant CG oblique aux deux côtez AB, AE,

Fig. 30.

Iiii

il pourra se faire que la résistance qui est d'un côté de cette direction soit plus grande que celle qui est de l'autre côté, pour lors
le centre C ne sera pas mu suivant CG, mais suivant une direction CL située entre CG & CM s'il y a plus de facilité de ce côté
de CG que de l'autre côté.

Lorsque le corps est mu d'une vitesse uniforme le centre C suit
la ligne droite, car le mouvement en ligne courbe est inégal,
lorsque la force mouvante pousse le corps constamment suivant la
même direction comme on suppose ici. Puisque c'est la force dirigée suivant CG qui surmonte la résistance de l'eau ou du milieu, il faut que la direction de cette résistance soit contraire &
diametralement opposée à celle de la force mouvante : or l'eau
résiste aux côtez AE & AB, ces deux résistances se compsfent
donc en une qui est dirigée suivant CO tandis que la force qui
la surmonte est dirigée suivant CG prolongement de CO ; de
plus on sçait qu'un corps ne presse un plan que suivant la perpendiculaire à ce plan ; c'est pourquoi si on conçoit que toutes les résistances du côté AE sont réunies au point M, & que toutes
les résistances partielles du côté AB sont réunies au point N,
l'eau réagira sur les côtez AE, AB suivant les perpendiculaires MCI, NCK ; & puisque ces résistances se composent en une
seule qui est dirigée suivant CO, il s'ensuit que les résistances suivant NK, MI sont exprimées par les côtez CK, CI du rectangle IK.

La direction CG *de la force mouvante étant connue, ou l'angle*
GCM, *on peut trouver la direction* CL *du mobile.* Car puisque le
corps est mû suivant CL, les angles LCM, LCN sont les angles
d'incidence sur les surfaces BA, EA ou leurs paralleles CM, CN :
or l'angle CLM est égal à l'angle LCN ; donc si on prend CL
pour sinus total, LM & CM seront les sinus des angles d'incidence LCM, LCN. Cela posé, les résistances CK, CI que les surfaces AB, AE trouvent dans l'eau, sont entr'elles comme les quar-
rez $\overline{LM}^2$, $\overline{CM}^2$ multipliez par ces surfaces, c'est-à-dire, par 2AN
ou 2CM, & par 2AM (157) l'on aura donc CK . CI :: $\overline{LM}^2$
×2CM. $\overline{CM}^2$ × 2AM ou CK . CI :: $\overline{LM}^2$. CM×AM en divisant
les deux derniers termes par 2CM : & parce que les côtez CK &
CI ou OK sont proportionnels aux côtés GM, CM, on aura
la proportion GM . CM :: $\overline{LM}^2$. CM×AM. Donc GM×CM×AM
=CM×$\overline{LM}^2$ ou GM×AM=$\overline{LM}^2$ en divisant par CM. Donc
AM . LM :: LM . GM, c'est à-dire, que pour avoir le point G
de la direction CG sur EALG, il faut trouver une troisiéme proportionnelle à AM & à ML. *Cette Proposition est tirée de la*
manœuvre des vaisseaux de M. Bernoulli.

Fin du sixiéme Livre le 1 Juillet 1741.

LIVRE CINQUIEME.
DE L'HYDROSTATIQUE.

L'ON nomme HYDROSTATIQUE la Science qui mefure & détermine les preffions que les fluides pefans éxercent les uns fur les autres , & contre les corps folides dans le cas de l'équilibre. On peut auffi rapporter à l'Hydroftatique la preffion que les fluides élaftiques caufent par leur reffort. On divife ce Livre en trois Chapitres : dans le premier, on explique l'Equilibre des liqueurs entr'elles : dans le fecond , l'Equilibre des liquides avec les folides : dans le troifiéme , l'Equilibre des fluides élaftiques (1).

CHAPITRE PREMIER.

DE L'EQUILIBRE DES LIQUEURS PAR LEUR PESANTEUR.

ON éxamine une propriété finguliere commune à tous les fluides , qui eft de fe comprimer également en tous fens. L'on tâche de déduire cette propriété d'un phénomene qui fe manifefte dans toutes les liqueurs ; & l'on confidere l'égalité de preffions en tous fens ; 1°. En fuppofant que les fluides font fans pefanteur. 2°. Dans les fluides pefans ; & l'on fait voir que les parties d'une même liqueur qui eft abandonnée à elle-même font en équilibre , & que fa furface eft de niveau (2, 3, 4, 5, &c. jufqu'à 23).

DE LA PRESSION QU'UNE LIQUEUR PRODUIT SUR LE FOND
& fur les parois du vaiffeau qui la contient.

La preffion qu'une liqueur éxerce fur le fond ou fur les parois du vaiffeau qui la contient , peut être plus ou moins grande que n'eft fon poids abfolu. Si le fond eft horizontal , cette preffion eft proportionnelle au produit de la bafe ou fond horizontal du vaiffeau , & de la hauteur perpendiculaire qu'il y a depuis la furface jufqu'à ce fond , quelle que foit d'ailleurs la figure du vaiffeau ; ainfi cette preffion eft égale au poids d'une colomne de la liqueur qui auroit pour bafe le fond horizontal , & pour hauteur celle dont on vient de parler ; foit que la liqueur contenue foit en plus grande ou en moindre quantité que n'eft la colomne (23, 24, jufqu'à 33). Si le fond n'eft pas horizontal , il faut le réduire en des élémens paralleles entr'eux & à l'horizon ; de même que les parois du vaiffeau après avoir tracé fur un plan horizontal fon dévelopement : or chaque élément péut être confidéré comme un fond horizontal , & l'on peut trouver la charge ou preffion qu'il fupporte : de cette maniere on forme des folides de la liqueur, lefquels repréfentent les charges ou preffions des fonds qui ne font point horifontaux , & des parois des vaiffeaux : or ces folides , & par conféquent les charges qu'ils repréfentent peuvent être évaluées par les regles de la Géométrie (33 , 34 , jufqu'à 47).

DE L'EQUILIBRE DES LIQUEURS DANS LES VAISSEAUX
qui communiquent.

Cet équilibre eft tout fondé fur la propriété que les liqueurs ont de fe mettre de niveau. Si un vaiffeau a deux branches inégalement larges , & qui communiquent , la liqueur s'y met de niveau , & la liqueur qui eft contenue dans la moindre branche fait équilibre avec celle qui eft contenue dans la grande ; l'expérience montre cependant que lorfque l'un des tuyaux eft capillaire, la liqueur fe tient au-deffus du niveau de celle qui eft contenue dans la grande branche, fi c'eft de l'eau : mais fi c'eft du vif-argent, le contraire arrive. On examine d'où peut procéder cette exception à la regle (47, 48, *jusqu'à* 52). Si les liqueurs font de différentes pesanteurs spécifiques, elles font en équilibre lorsque les hauteurs qu'elles occupent dans les deux branches au-dessus du niveau font réciproquement proportionnelles aux pesanteurs spécifiques (52 *jusqu'à* 56).

DE L'EQUILIBRE DES LIQUEURS DANS DES VAISSEAUX souples, & qui changent facilement de figure.

L'équilibre ne se fait pas autrement dans ces vaisseaux que dans les vaisseaux ordinaires. Cet équilibre peut avoir quelque rapport à l'action des muscles lorsqu'ils font équilibre avec les poids qu'ils soutiennent (56 *jusqu'à* 74).

DE LA PESANTEUR DE L'AIR.

On rapporte les expériences les plus célebres qui ont été faites sur la pesanteur de l'air (74 *jusqu'à* 91).

DES EFFETS DE LA PESANTEUR DE L'AIR.

Ces effets font tirez du Traité de la Pesanteur de l'Air de M. Pascal (91 *jusqu'à* 101).

DES VARIATIONS OU CHANGEMENS QUI ARRIVENT à la pesanteur de l'Air, & du Barometre.

On rapporte au long le sentiment de M. Daniel Bernoulli sur la maniere dont l'air pese sur les corps terrestres & sur la cause des variations de cette pesanteur (101 *jusqu'à* 112).

CHAPITRE SECOND.

DE L'EQUILIBRE DES LIQUIDES AVEC LES SOLIDES.

LEs liqueurs peuvent faire équilibre par leur pesanteur avec les corps fermes. Lorsqu'un corps ferme est plus pesant qu'un pareil volume de la liqueur sur laquelle on la met, il descend au fond : s'il est de même pesanteur spécifique, il s'enfonce entierement, & demeure dans l'endroit où l'on le met : S'il est plus leger, il surnâge & ne s'enfonce qu'en partie ; & dans tous ces cas la perte que le solide fait de sa pesanteur est égale au poids du volume de liqueur qu'il déplace : d'où l'on déduit des regles pour déterminer les pesanteurs spécifiques des liqueurs, & des solides : on peut s'assurer si les métaux sont altérez, & en quelle quantité. On propose pour cet effet le Problême fort connu de la couronne d'Hyeron : on peut aussi déterminer la charge d'un vaisseau, &c. (112 *jusqu'à* 147).

CHAPITRE III.

DE L'EQUILIBRE ET DE LA PRESSION DES FLUIDES par le ressort.

L'Air à une grande force de ressort, il peut faire équilibre par cette force avec de très grands poids, le ressort de l'air peut être affoibli par le froid, & la chaleur peut le fortifier. La rarefaction diminue la force du ressort de l'air, & la condensation l'augmente, si cet air conserve le même degré de chaleur (147 *jusqu'à* 157). Deux airs également échauffez se condensent dans la proportion des poids (157 *jusqu'à* 163).

DE LA COMPRESSION DE L'ATMOSPHERE.

On expose la regle que M. Mariotte donne pour déterminer la hauteur de l'Atmosphere, & l'on fait voir qu'elle ne s'accorde pas avec les expériences (163 *jusqu'à* 170).

DE LA CONDENSATION ET DE LA DILATATION DE L'AIR
dans les vaisseaux.

On peut condenser l'air dans un vaisseau en réduisant celui qu'il contient à occuper un moindre espace, ou bien en introduisant du nouvel air dans le vaisseau par le moyen d'une seringue. On peut le dilater dans telle proportion que l'on veut par le moyen de la machine Pneumatique, & en faisant l'expérience de Toricelli (170 *jusqu'à* 182). On détermine le rapport des poids qui pressent dans deux vaisseaux deux airs inégalement échauffez par des ouvertures inégales (182, 183, 184). On détermine aussi par la même méthode le rapport des poids que la poudre enflammée & inégalement condensée dans deux vaisseaux peut soutenir par la force de son ressort (185, 186, 187).

LIVRE SIXIE'ME.
DE L'HYDRAULIQUE.

DANS l'Hydraulique on considere le mouvement des fluides, & sur-tout le mouvement des eaux. Lorsqu'une liqueur n'est pas soutenue de tous côtez, elle coule ou jaillit par l'action de la pesanteur, ou par l'action d'une cause étrangere, & dans leur écoulement elles font impression sur les corps qu'elles rencontrent. Ce Livre est divisé en quatre Chapitres. Dans le premier on examine l'écoulement des liqueurs lorsqu'elles sortent de leurs réservoirs par des ouvertures horizontales. Dans le second, leur écoulement par des ouvertures verticales. Dans le troisiéme, leur mouvement en tant qu'il est l'effet d'une cause étrangere. Dans le quatriéme, le choc ou la percussion des fluides (1).

CHAPITRE PREMIER.
DE L'ÉCOULEMENT DES LIQUEURS PAR DES OUVERTURES
horizontales.

DE quel endroit du réservoir la liqueur vient lorsqu'elle sort par une ouverture pratiquée au bas de ce réservoir (2, 3, 4, 5, 6).

DU RAPPORT DES VITESSES D'UNE LIQUEUR
lorsqu'elle sort de deux réservoirs qui ont des hauteurs inégales,
au moment de leur sortie.

Ces vitesses font entr'elles comme les racines quarrées des hauteurs ou perpendiculaires abbaissées de la surface jusqu'à l'ouverture (7 *jusqu'à* 19).

DE LA VITESSE RÉELLE AVEC LAQUELLE UNE LIQUEUR
sort d'un réservoir par une ouverture horizontale, & de celle
avec laquelle elle continue d'être mûe après qu'elle est sortie.

Cette vitesse est égale à celle qu'une goutte de la liqueur acquerroit en tombant depuis le niveau de la liqueur jusqu'à l'ouverture (19 *jusqu'à* 41).

DE L'ÉCOULEMENT D'UNE LIQUEUR LORSQUE LES VAISSEAUX
ou réservoirs qui la contiennent se vuident entierement.

L'on donne aussi une idée des Clepsidres (41 *jusqu'à* 53).

CHAPITRE SECOND.

DE L'ÉCOULEMENT D'UNE LIQUEUR LORSQUE LES ORIFICES
des réservoirs font verticaux.

LORQU'UNE liqueur coule d'une réfervoir par une ouverture verticale, les lames horifontales qui fortent en même-tems par cette ouverture ont des viteffes inégales. Or parmi ces viteffes il y en a une que l'on peut appeller moyenne, laquelle étant multipliée par l'ouverture, donne la quantité de liqueur qui s'écoule (53 *jufqu'à* 73).

DU MOUVEMENT D'UNE LIQUEUR QUI COURT
dans un Canal.

Si le canal eft horizontal, l'eau y coule avec la même viteffe que lorfqu'elle fort d'un réfervoir par une ouverture verticale. Si le canal eft incliné, l'eau y coule comme fur un plan incliné, & elle acquiert fucceffivement fa viteffe ; celle qui eft près du fond du canal a plus de viteffe que celle qui coule proche de la furface, & celle-ci ne preffe aucunement par fon poids celle qui eft au-deffous : maniere dont on peut s'y prendre pour mefurer la quantité d'eau qui coule dans un canal incliné (73, *jufqu'à* 90).

DE LA MESURE DES EAUX (90, 91).

CHAPITRE III.

DU MOUVEMENT D'UNE LIQUEUR EN TANT QU'IL A POUR
principe l'action d'une caufe étrangere (92, 93).

DE LA VITESSE D'UNE LIQUEUR QUI SORT D'UN SIPHON.

Si les jambes du fiphon font égales, & qu'elles n'excedent pas 32 pieds, l'eau y demeure fufpendue fans s'écouler ; fi les jambes font égales & qu'elles excedent 32 pieds, la liqueur coule de l'une & de l'autre branche jufqu'à ce que la hauteur qu'elle y occupe foit de 32 pieds, enfuite elle s'arrête. Si les jambes font inégales, l'eau fort par la plus longue des deux branches, & la viteffe qu'elle a à fa fortie eft égale à celle qu'elle acquerroit fi elle tomboit d'une hauteur égale à la différence des deux jambes, pourvû que la longue branche n'excéde pas 32 pieds (94 *jufqu'à* 107).

DE LA VITESSE AVEC LAQUELLE L'EAU COULE
dans les Siphons.

Si l'eau remplit éxactement le fiphon, la viteffe avec laquelle elle coule dans toute la longueur eft égale à celle avec laquelle elle fort, mais fi elle ne remplit pas éxactement la capacité du tuyau, elle a différentes viteffes dans la longueur du fiphon (103 *jufqu'à* 119).

DES BALANCEMENS QUI ARRIVENT A UNE LIQUEUR
dans un Siphon.

Ces balancemens imitent les vibrations d'un pendule à cycloïde, & ils font reglez fuivant la même loi, c'eft-à-dire, qu'ils font ifochrones, & fe font en tems égaux (119 *jufqu'à* 129).

DES ONDES QUI SE FORMENT A LA SURFACE DE L'EAU.

Elles reffemblent aux balancemens d'une liqueur dans un fiphon, & l'on détermine leur viteffe ou l'efpace qu'elles parcourent (129 *jufqu'à* 137).

DE L'ÉCOULEMENT D'UNE LIQUEUR PAR LA CONDENSATION
de l'air (137, 138, 139).

DES POMPES.

Elles sont aspirantes, foulantes, & tout ensemble foulantes & aspirantes (140, 141, 142, 143, 144).

CHAPITRE IV.

DE LA PERCUSSION OU CHOC DES FLUIDES (145).

DU CHOC DES FLUIDES PAR LEUR MASSE.

1°. Contre des surfaces en repos. 2°. Contre des surfaces en mouvement (146 jusqu'à 166).

DE L'IMPULSION DES FLUIDES PAR LE RESSORT. (166, 167, 168, 169).

DE LA RÉSISTANCE QUE LES FLUIDES FONT AUX CORPS en mouvement.

La résistance d'un fluide est proportionnelle au quarré de la vitesse du mobile, supposé que la direction soit toujours semblablement située à l'égard de la surface qui choque. Il n'est pas nécessaire de faire cette exception pour la sphere, à cause de la parfaite uniformité de sa surface. Si des spheres égales sont mûes dans un milieu avec des vitesses inégales, elles trouvent des résistances qui sont entr'elles comme les quarrez des vitesses actuelles. Si elles sont inégales, les résistances sont entr'elles comme les quarrez des diametres multipliez par les quarrez des vitesses. Si des surfaces planes égales sont mûes en suivant des directions obliques, elles trouvent des résistances qui sont entr'elles comme les quarrez des vitesses & des sinus des angles d'incidence (174, 175, 176). La résistance qu'une sphere trouve dans un milieu qui lui résiste n'est que la moitié de celle que le milieu fait à un grand cercle de cette sphere lorsqu'il est mû directement contre le milieu résistant (178).

DE LA RÉSISTANCE DES PENDULES.

Les vibrations grandes & petites d'un pendule qui décrit des arcs de cycloïde dans un milieu résistant sont isochrones, si les résistances qu'il trouve à chaque instant sont dans la raison des vitesses actuelles: & si ces résistances sont entr'elles comme les quarrez de vitesses, les retardemens causez par la résistance du milieu sont entr'eux comme les arcs décrits (179, 180).

DE LA DIRECTION D'UN CORPS QUI EST MÛ DANS UN milieu qui résiste; & de la Derive (181, 182, 183).

Fin de la Table.

De l'Imprimerie de PHILIPPE-NICOLAS LOTTIN, rue S. Jacques, à la Vérité. 1741.

APPROBATION.

J'Ai lû par orde de Monseigneur le Chancelier un Manuscrit intitulé : *Principes sur le Mouvement & l'Equilibre pour servir d'introduction aux Mécaniques & à la Physique ;* dans lequel je n'ai rien trouvé qui en puisse empêcher l'impression. Fait à Paris ce 30 Juin 1740. BREMOND.

PRIVILEGE DU ROY.

LOUIS par la Grace de Dieu , Roi de France & de Navarre : A nos amés & feaux Conseillers les Gens tenans nos Cours de Parlement , Maîtres des Requêtes ordinaires de notre Hôtel , Grand-Conseil, Prevôt de Paris, Baillifs, Sénéchaux, leurs Lieutenans Civils, & autres nos Justiciers qu'il appartiendra , SALUT: Notre bien-amé le Sieur TRABAUD , Nous ayant fait remontrer qu'il souhaiteroit faire imprimer & donner au Public un Ouvrage qui a pour titre : *Principes sur le Mouvement & l'Equilibre pour servir d'introduction aux Mécaniques & à la Physique par ledit Sieur Trabaud ,* s'il nous plaisoit lui accorder nos Lettres de privilege sur ce nécessaires, offrant pour cet effet de le faire imprimer en bon papier & beaux caracteres suivant la feuille imprimée & attachée pour modele, sous le contrescel des présentes. A ces causes, voulant favorablement traiter ledit Exposant , Nous lui avons permis & permettons par ces Présentes de faire imprimer ledit Ouvrage ci-dessus spécifié , en un ou plusieurs volumes, conjointement ou séparement , & autant de fois que bon lui semblera , & de le faire vendre & debiter par tout notre Royaume pendant le tems de neuf années consécutives , à compter du jour de la date desdites Présentes. Faisons défenses à toutes sortes de personnes de quelque qualité & condition qu'elles soient , d'en introduire d'impression étrangere ; dans aucun lieu de notre obéïssance. Comme aussi à tous Libraires , Imprimeurs & autres , d'imprimer , faire imprimer , vendre, faire vendre ledit Ouvrage ci-dessus exposé en tout ni en partie , ni d'en faire aucuns extraits sous quelque prétexte que ce soit , d'augmentation, correction , changement de titre ou autrement , sans la permission expresse & par écrit dudit Exposant ou de ceux qui auront droit de lui , à peine de confiscation des exemplaires contrefaits , de trois mille livres d'amende contre chacun des contrevenans , dont un tiers à Nous , un tiers à l'Hôtel-Dieu de Paris , l'autre tiers audit sieur Exposant , & de tous dépens , dommages & intérêts , à la charge que ces Présentes seront enregistrées tout au long sur le Registre de la Communauté des Libraires & Imprimeurs de Paris, dans trois mois de la date d'icelles , que l'impression de cet Ouvrage sera faite dans notre Royaume & non ailleurs , & que l'impétrant se conformera en tout aux Reglemens de la Librairie ; & nottament à celui du dix Avril 1725 , & qu'avant que de l'exposer en vente , le Manuscrit ou imprimé qui aura servi de copie à l'impression dudit Ouvrage , sera remis dans le même état ou l'approbation y aura été donnée , ès mains de notre très-cher & féal Chevalier le sieur DAGUESSEAU Chancelier de France , Commandeur de nos Ordres ; & qu'il en sera ensuite remis deux Exemplaires dans notre Bibliothéque publique , un dans celle de notre Château du Louvre , & un dans celle de notre très-cher & féal Chevalier le sieur DAGUESSEAU , Chancelier de France , Commandeur de nos Ordres : le tout à peine de nullité des Présentes , du contenu desquelles vous mandons & enjoignons de faire jouir ledit sieur Exposant ou ses ayans-causes , pleinement & paisiblement sans souffrir qu'il leur soit fait aucun trouble ou empêchement ; Voulons que la copie desdites Présentes qui sera imprimée tout au long au commencement ou à la fin dudit Ouvrage , soit tenu pour duement signifiée , & qu'aux copies collationnées par l'un de nos amez & féaux Conseifters & Secretaires , foi soit ajoutée comme à l'Original ; Commandons au premier notre Huissier ou Sergent de faire pour l'exécution d'icelles tous Actes requis & necessaires , sans demander autre permission, & nonobstant clameur de Haro , Charte Normande , & Lettres à ce contraires ; CAR tel est notre plaisir. DONNE' à Compiegne le douziéme jour d'Août l'an de grace 1740 , & de notre Regne le vingt-cinquiéme. Par le Roi en son Conseil.

Signé , SAINSON.

Registré sur le Registre dixiéme de la Chambre Royale & Syndical des Libraires & Imprimeurs de Paris, No. 401. Fol. 389. conformiément au Reglement de 1723 , qui fait défense Art. IV. à toutes personnes de quelque qualité & condition qu'elles soient autres que les Libraires & Imprimeurs , de vendre , faire vendre, débiter & faire afficher aucuns Livres pour les vendre en leurs noms , soit qu'ils s'en disent e auteurs ou autrement , & à la charge de fournir à ladite Chambre Royale & Syndicale des Libraires & Imprimeurs de Paris , les huit Exemplaires prescrits par l'Art. CVIII. du même Reglement. A Paris le 15 Septembre 1740.

Signé SAUGRAIN, Syndic.

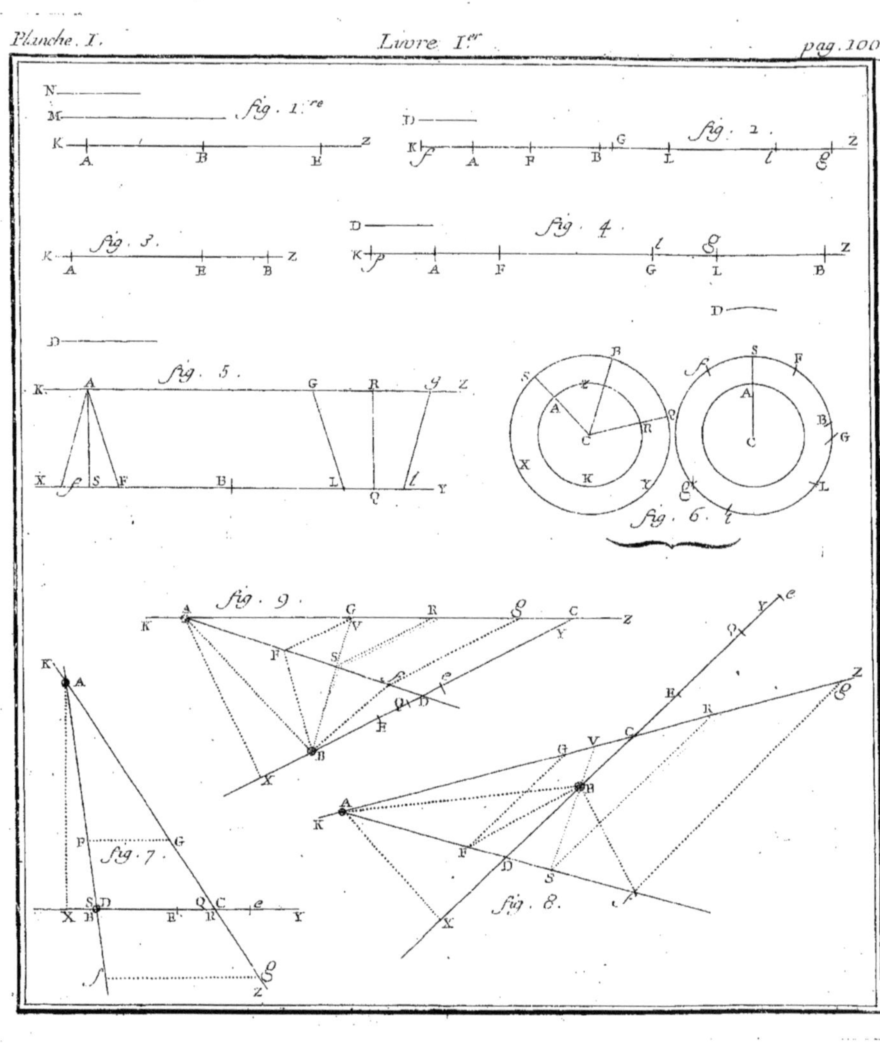
N
M
fig. 1.re
K A B E z
D
K F A F B L l E z
fig. 2.
fig. 3.
K A E B z
D
fig. 4.
K P A F G L B z
l G
D
D
fig. 5.
K A G R y z
X e S F B L l Y
Q
S B
A
C R Q
X K Y
S F
A
B G
C
Y Q L
fig. 6. l
fig. 9.
K A G R y C z
V Y
F S
e
Q D
E
y e
Q
K A
E R
Z
G V C
B g
P G
fig. 7.
F
S D Q C e
X B E R Y
A
K F
D S
X
fig. 8.
S g
z

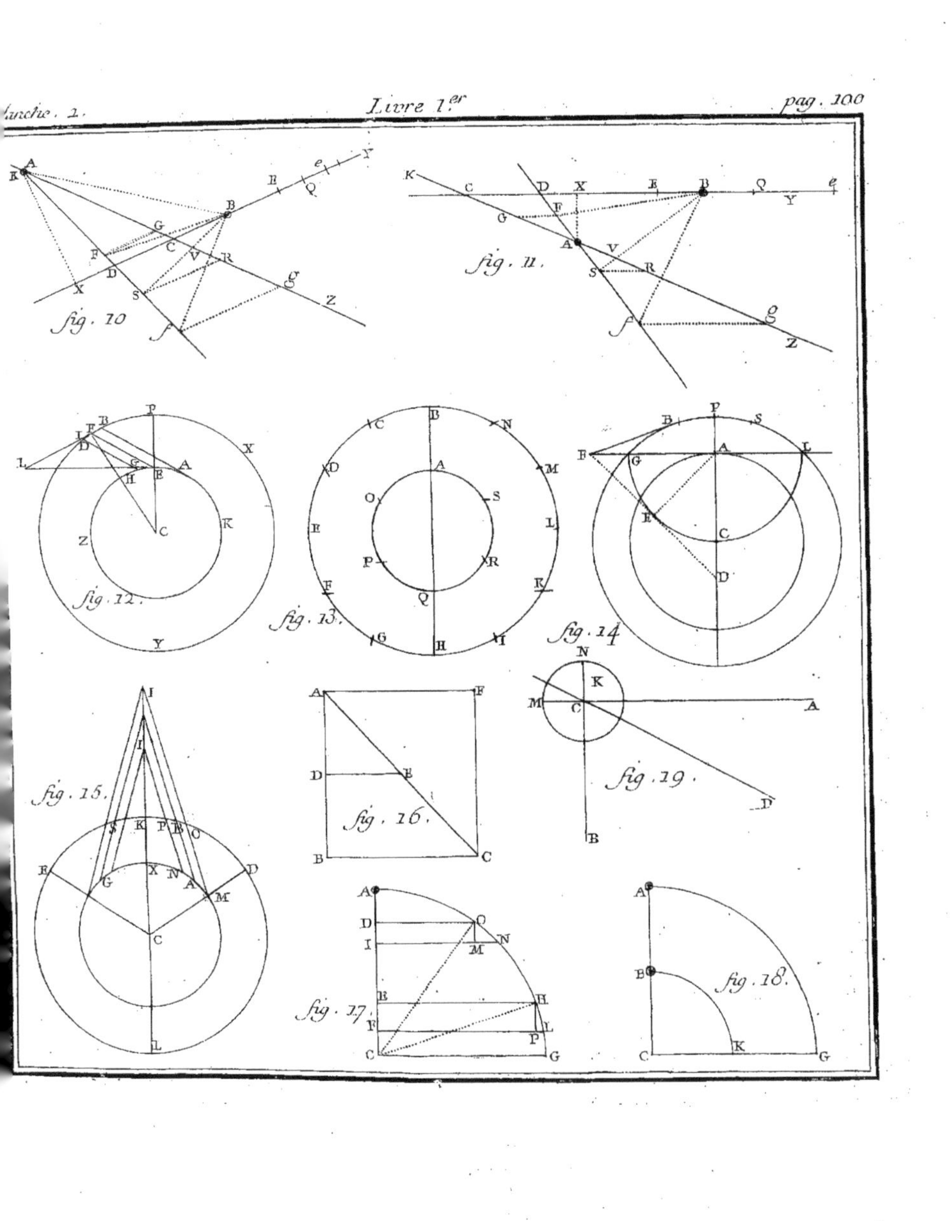
fig . 10
fig . 11 .
fig . 12 .
fig . 13 .
fig . 14
fig . 15 .
fig . 16 .
fig . 17 .
fig . 18 .
fig . 19 .

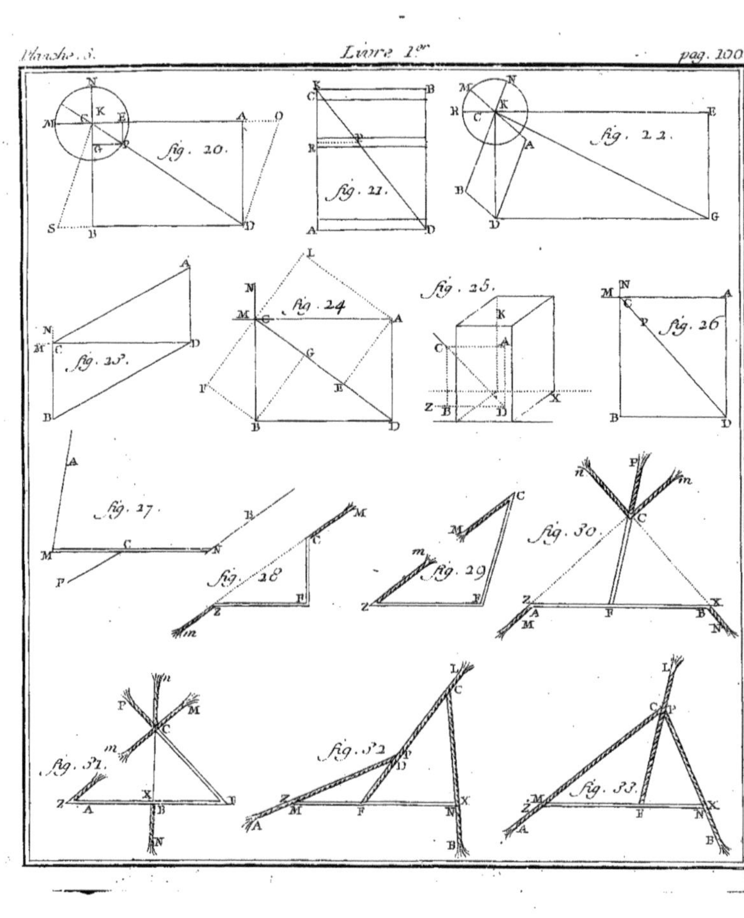
fig. 20.
fig. 21.
fig. 22.
fig. 23.
fig. 24.
fig. 25.
fig. 26.
fig. 27.
fig. 28.
fig. 29.
fig. 30.
fig. 31.
fig. 32.
fig. 33.

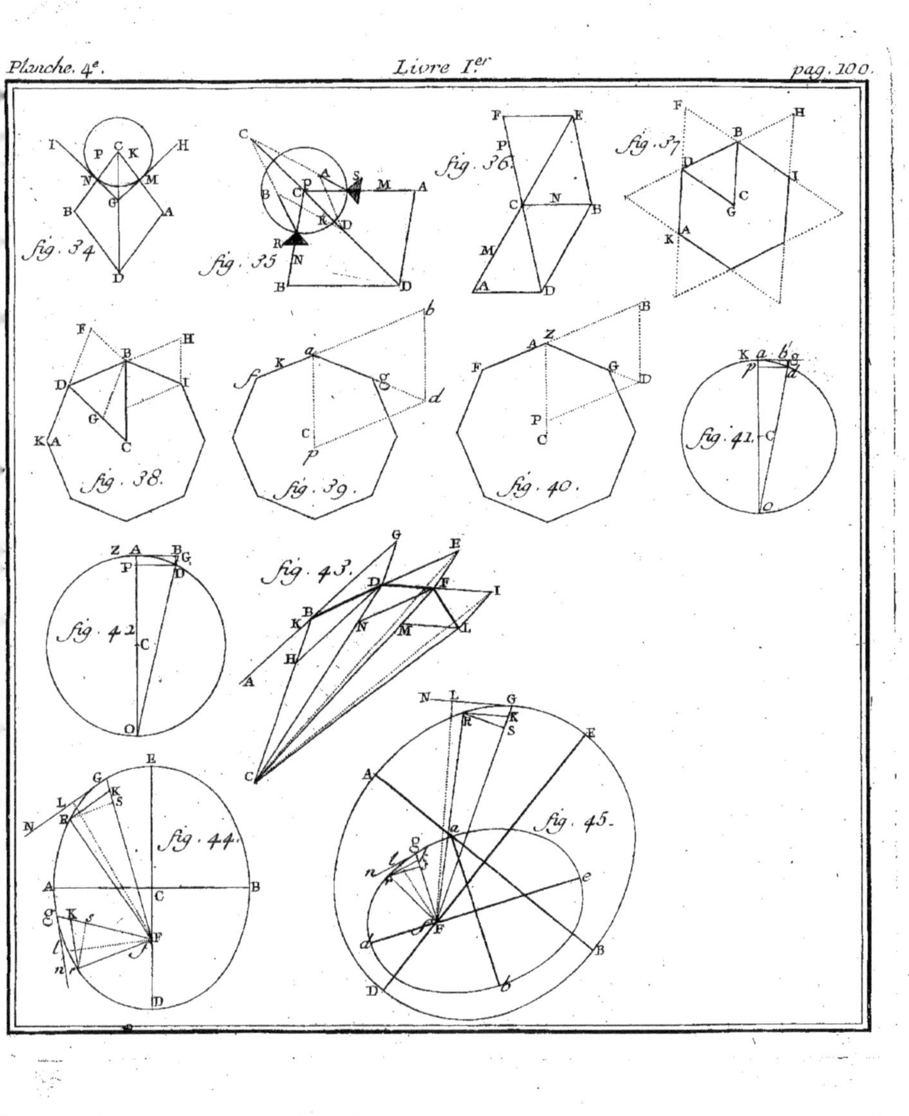
fig. 34.
fig. 35.
fig. 36.
fig. 37.
fig. 38.
fig. 39.
fig. 40.
fig. 41.
fig. 42.
fig. 43.
fig. 44.
fig. 45.

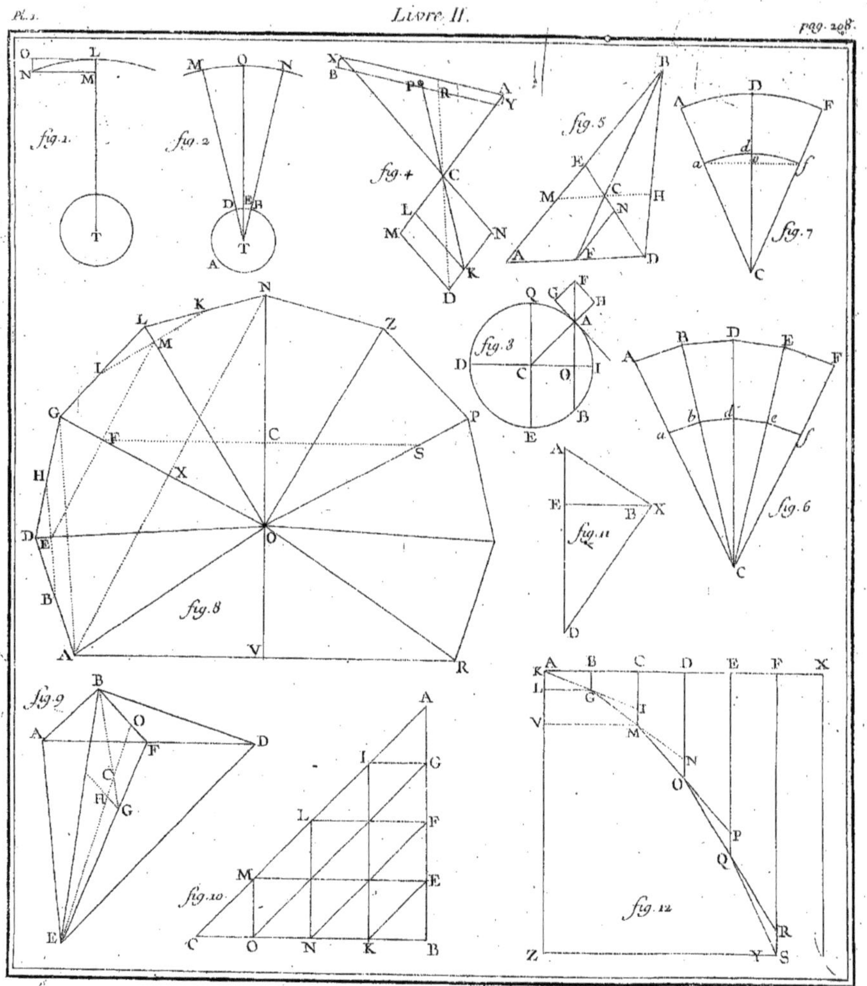

fig. 1
fig. 2
fig. 3
fig. 4
fig. 5
fig. 6
fig. 7
fig. 8
fig. 9
fig. 10
fig. 11
fig. 12

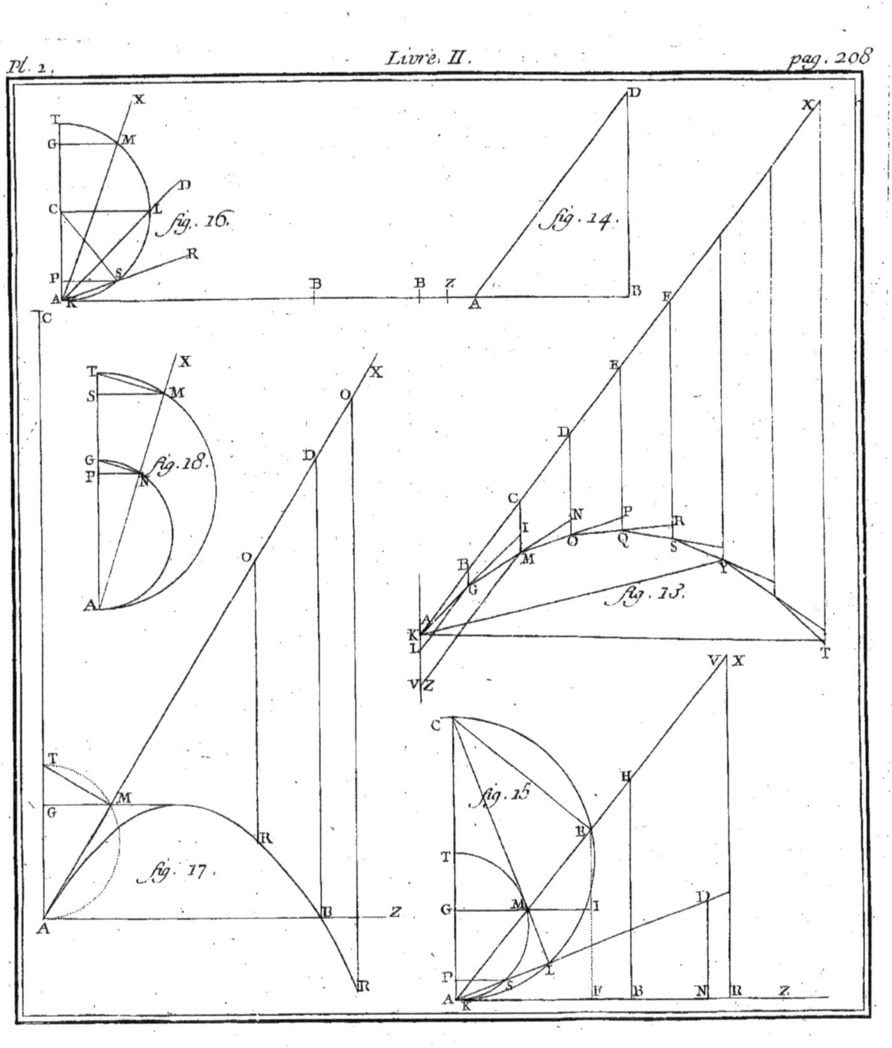
fig. 16.
fig. 14.
fig. 18.
fig. 13.
fig. 17.
fig. 15.

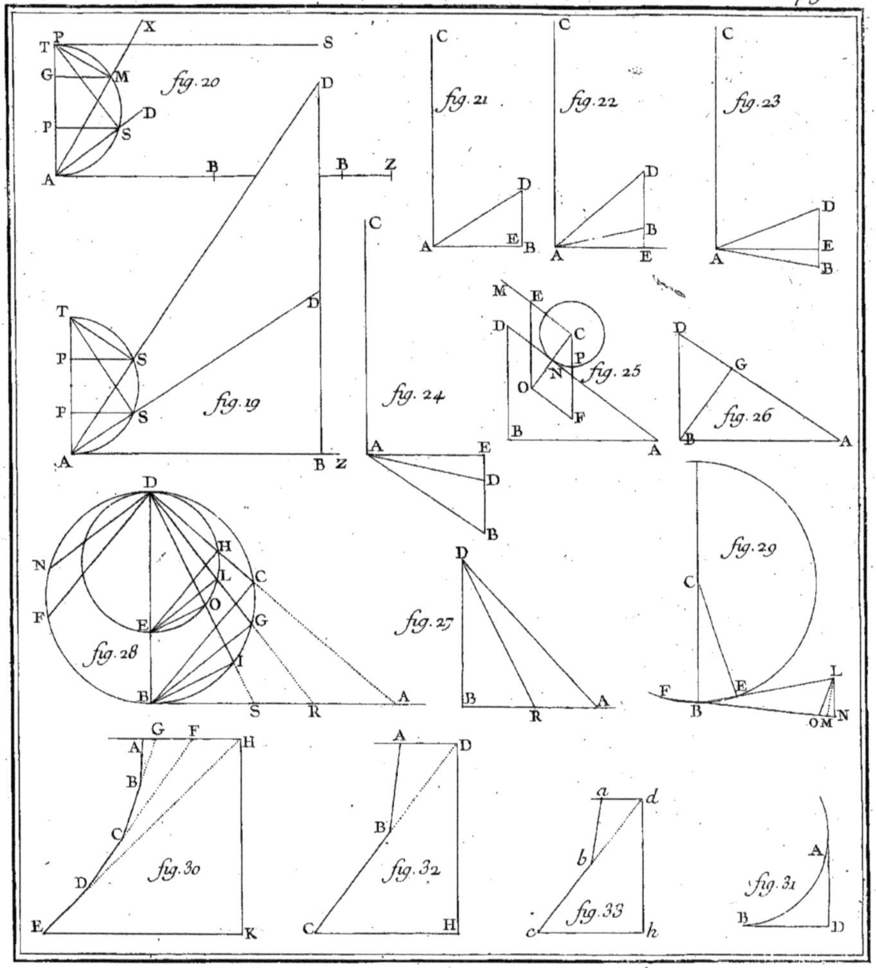

fig. 20
fig. 19
fig. 21
fig. 22
fig. 23
fig. 24
fig. 25
fig. 26
fig. 27
fig. 28
fig. 29
fig. 30
fig. 31
fig. 32
fig. 33

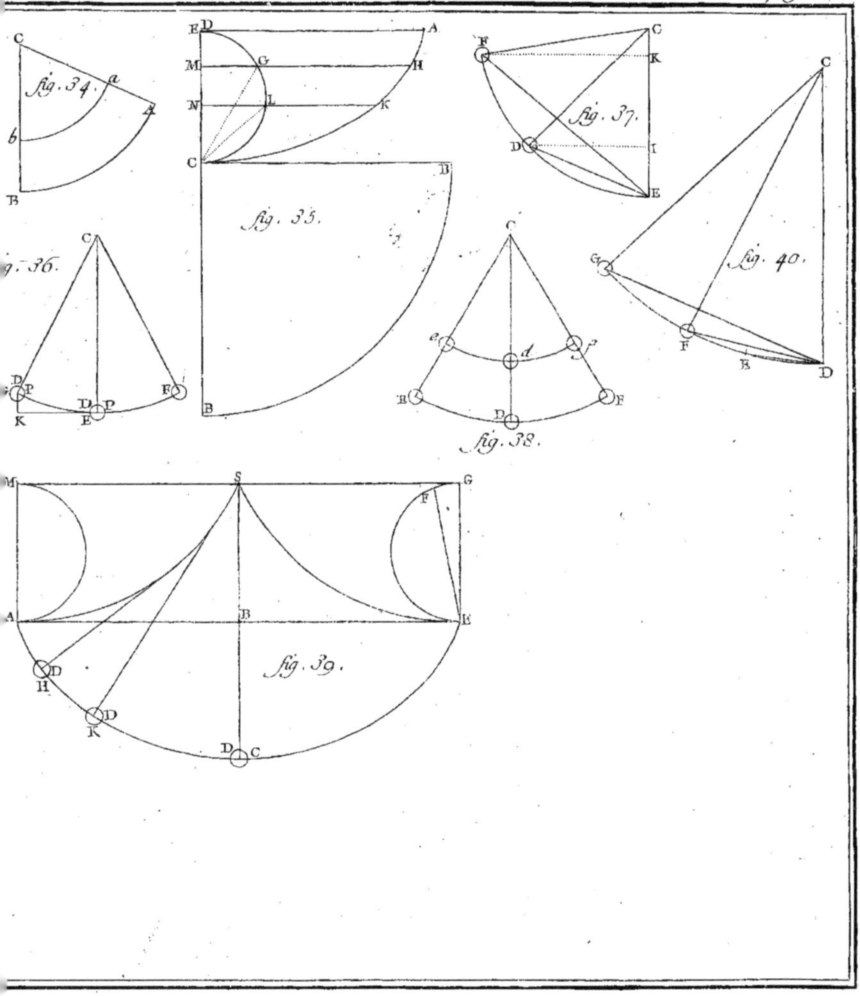

fig. 34.
fig. 35.
fig. 36.
fig. 37.
fig. 38.
fig. 39.
fig. 40.

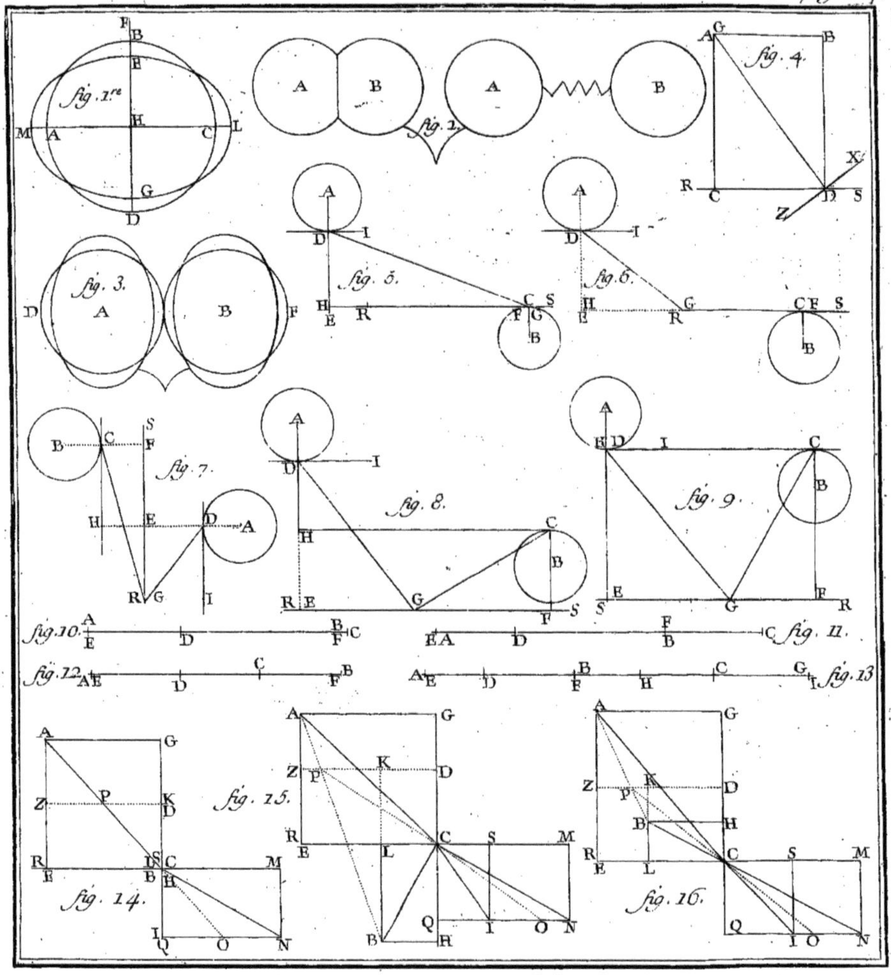

fig. 1.ʳᵉ
fig. 2.
fig. 3.
fig. 4.
fig. 5.
fig. 6.
fig. 7.
fig. 8.
fig. 9.
fig. 10.
fig. 11.
fig. 12.
fig. 13.
fig. 14.
fig. 15.
fig. 16.

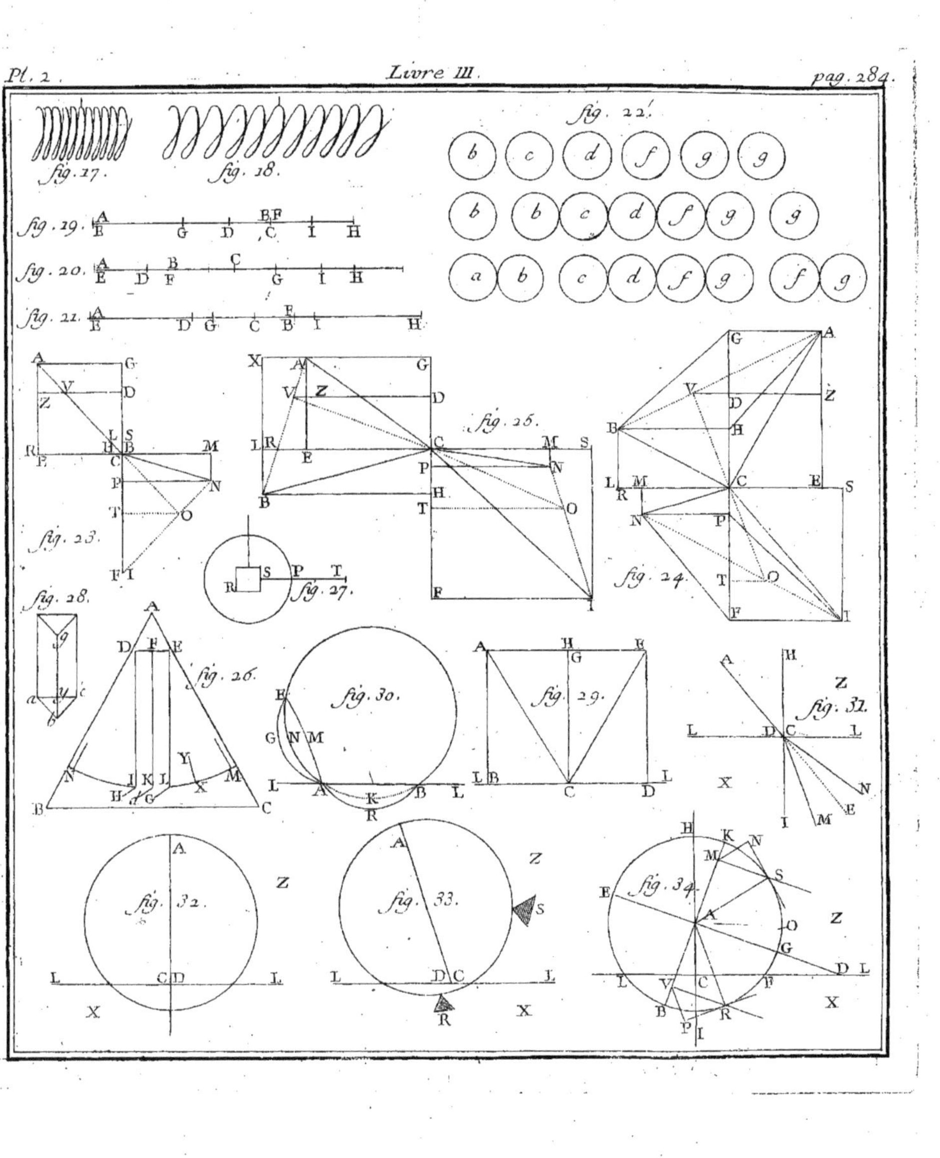
fig. 22.
fig. 17.   fig. 18.
fig. 19.
fig. 20.
fig. 21.
fig. 23.
fig. 24.
fig. 25.
fig. 27.
fig. 28.
fig. 26.
fig. 30.
fig. 29.
fig. 31.
fig. 32.
fig. 33.
fig. 34.

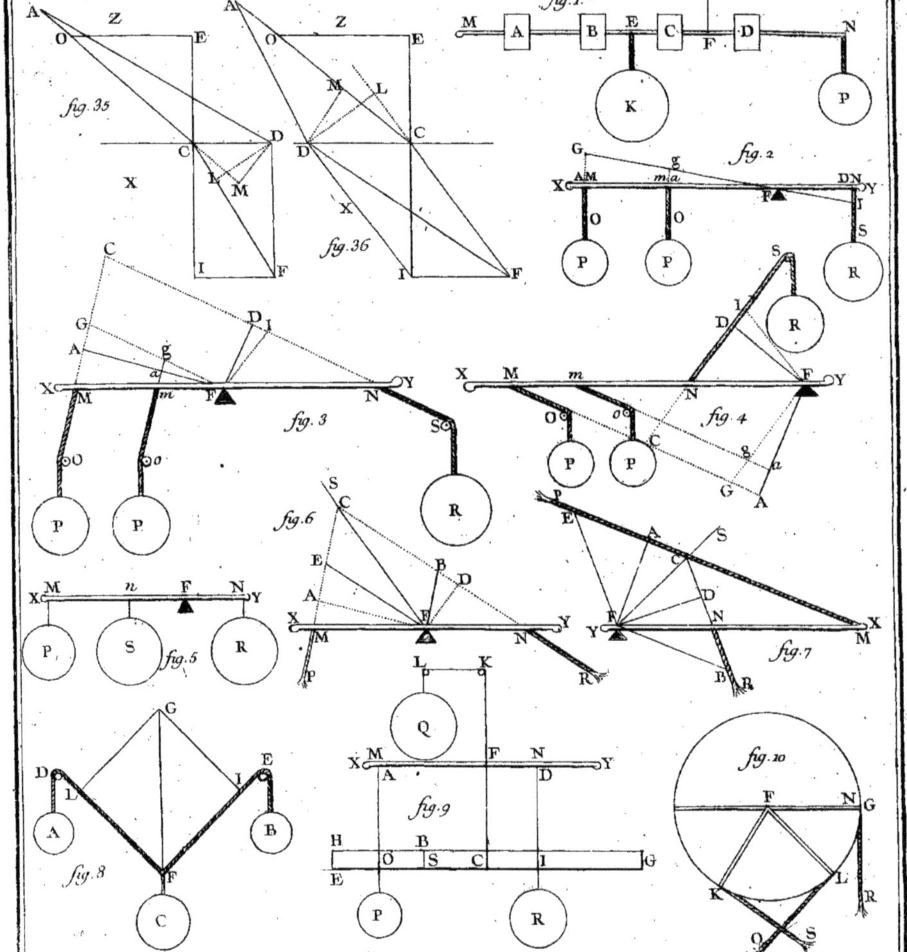
fig. 1.ra
fig. 35
fig. 36
fig. 2
fig. 3
fig. 4
fig. 5
fig. 6
fig. 7
fig. 8
fig. 9
fig. 10

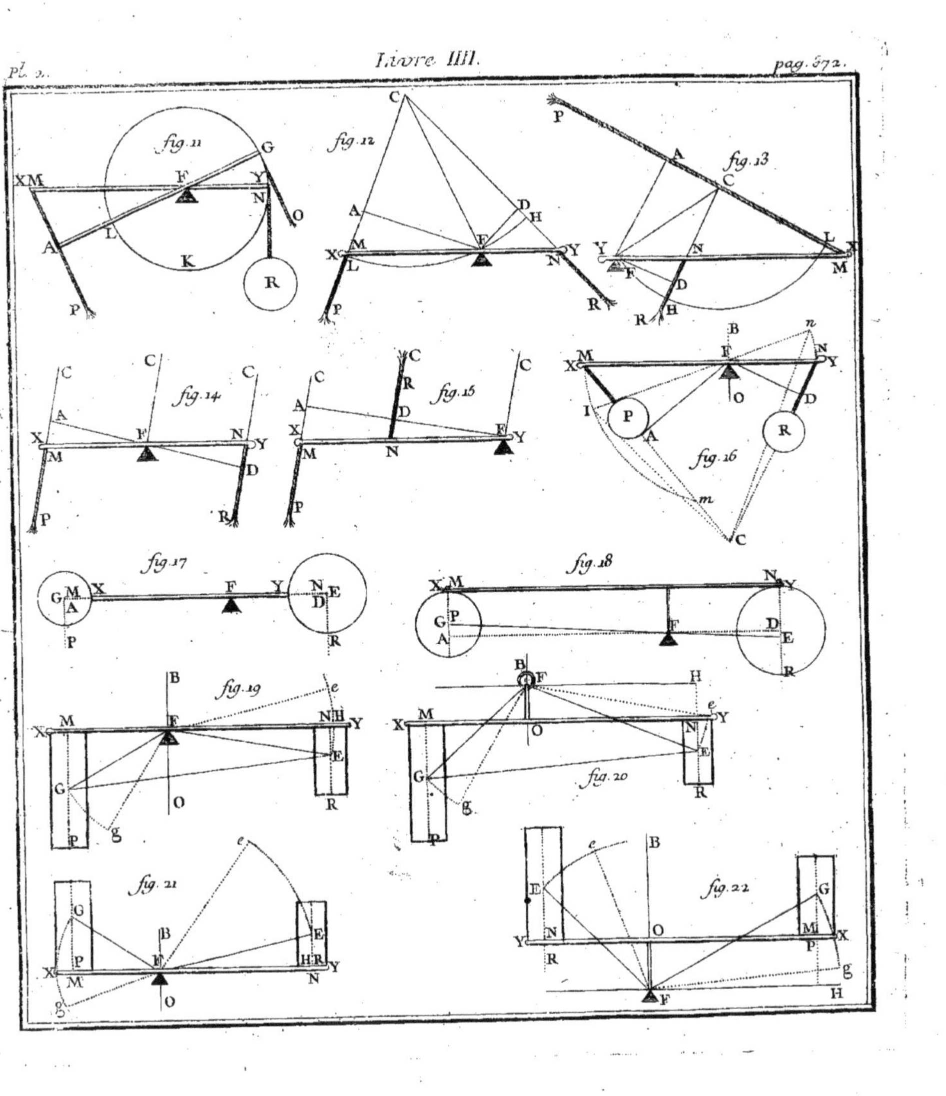
fig. 11
fig. 12
fig. 13
fig. 14
fig. 15
fig. 16
fig. 17
fig. 18
fig. 19
fig. 20
fig. 21
fig. 22

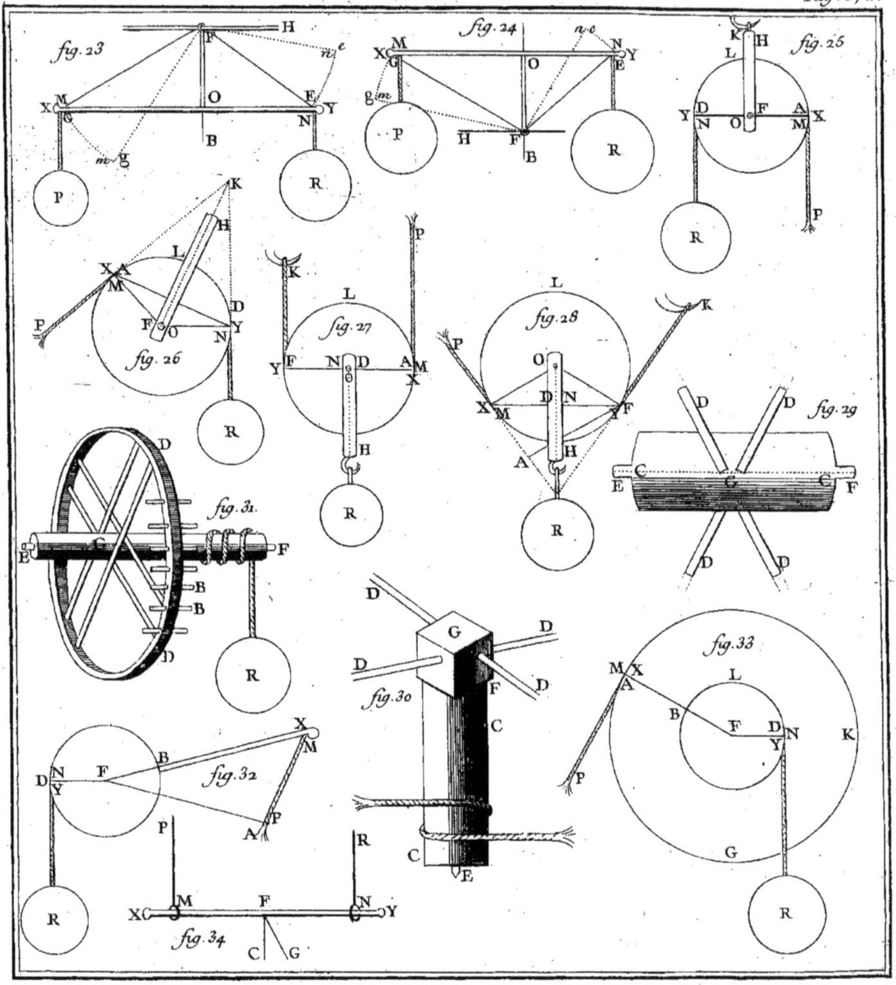

fig. 23
fig. 24
fig. 25
fig. 26
fig. 27
fig. 28
fig. 29
fig. 30
fig. 31
fig. 32
fig. 33
fig. 34

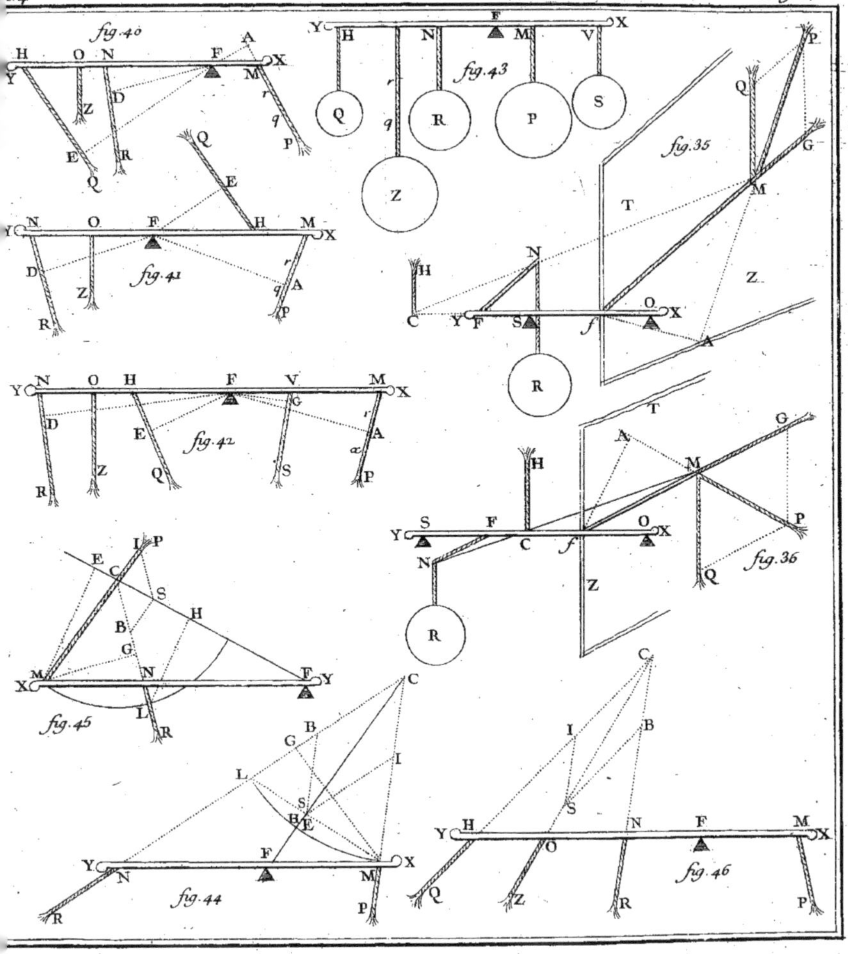

fig. 40
fig. 41
fig. 42
fig. 43
fig. 44
fig. 45
fig. 46
fig. 35
fig. 36

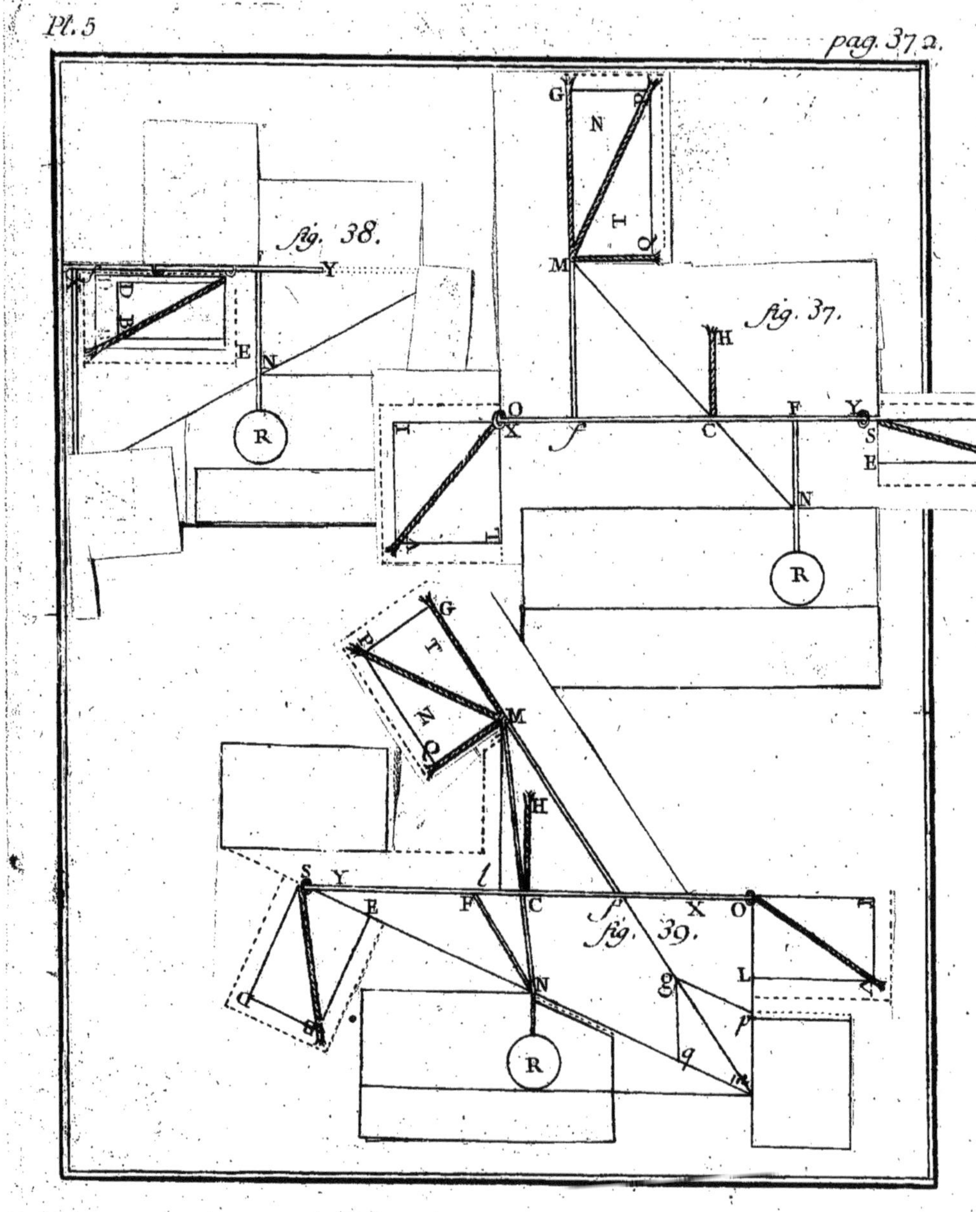
fig. 38.
fig. 37.
fig. 39.

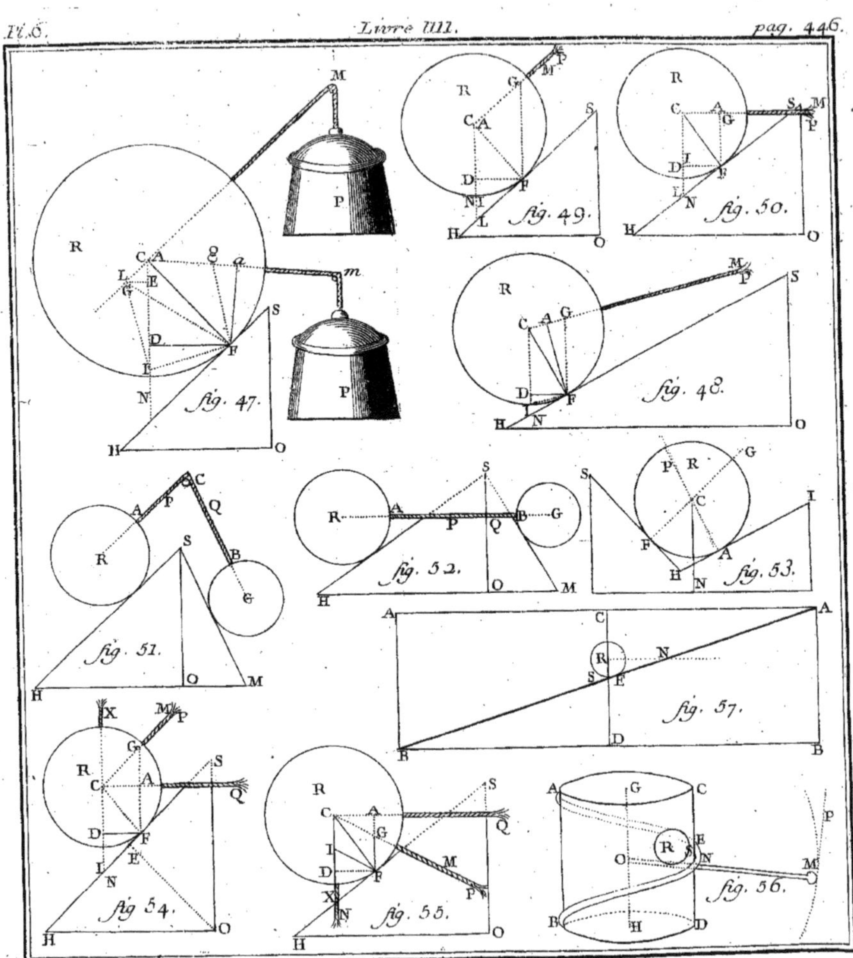
fig. 47.
fig. 48.
fig. 49.
fig. 50.
fig. 51.
fig. 52.
fig. 53.
fig. 54.
fig. 55.
fig. 56.
fig. 57.

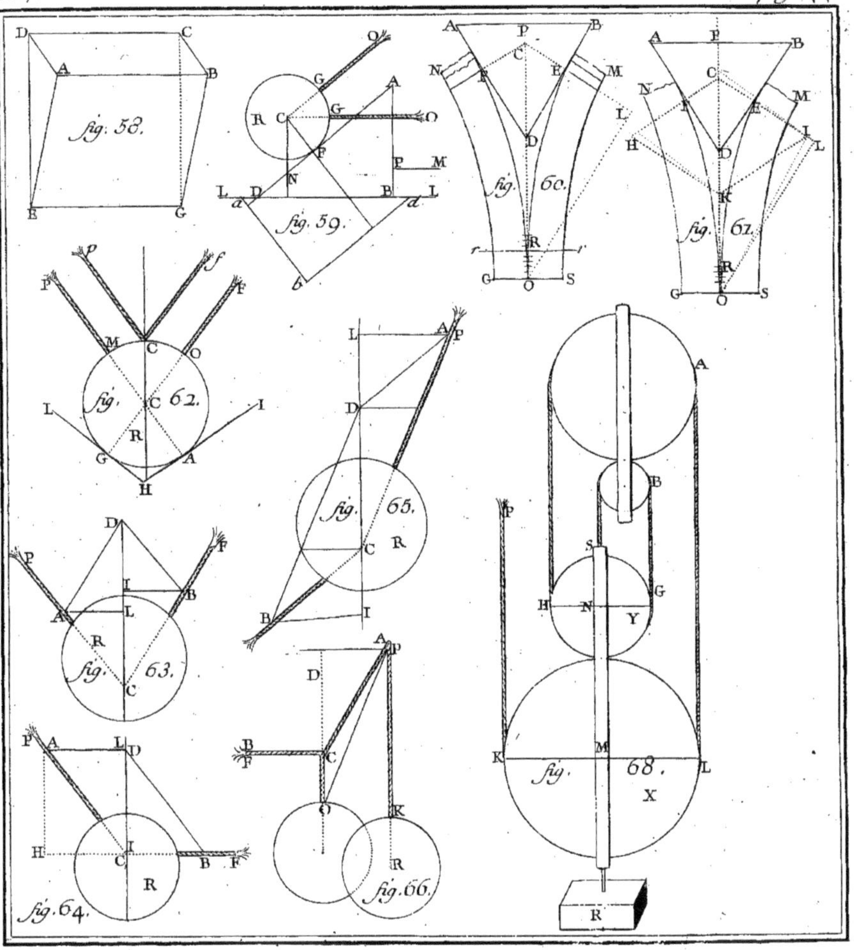

fig. 58.
fig. 59.
fig. 60.
fig. 61.
fig. 62.
fig. 63.
fig. 64.
fig. 65.
fig. 66.
fig. 68.

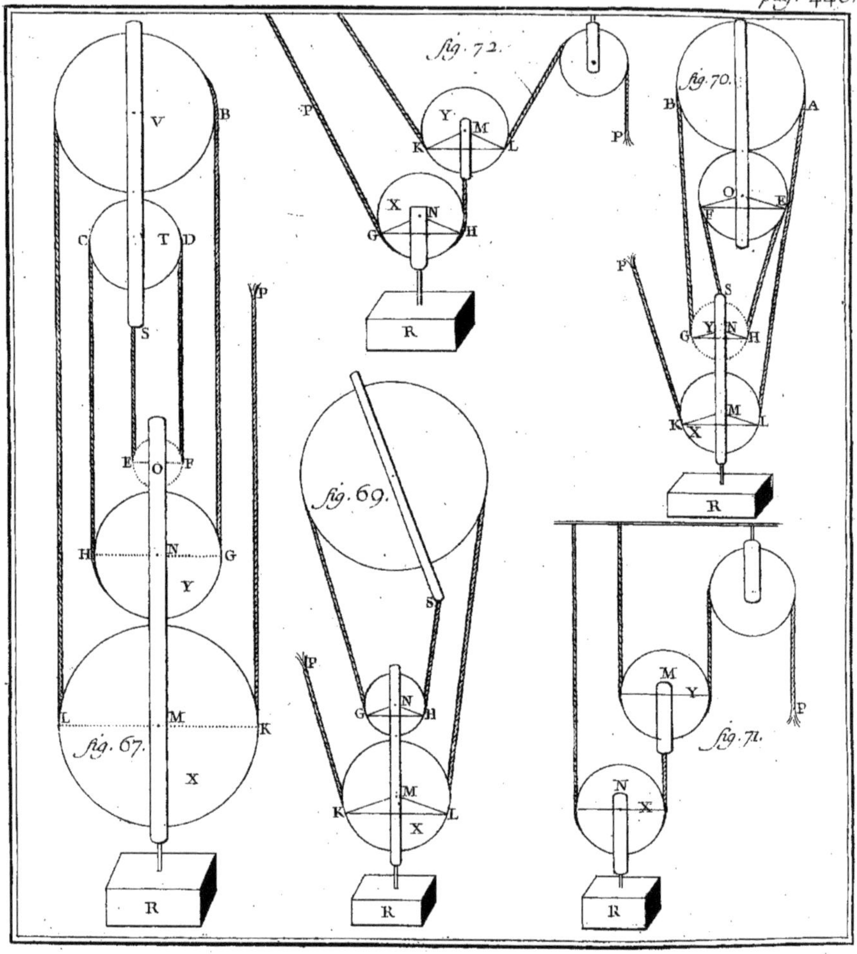

fig. 72.

fig. 70.

fig. 69.

fig. 67.

fig. 71.

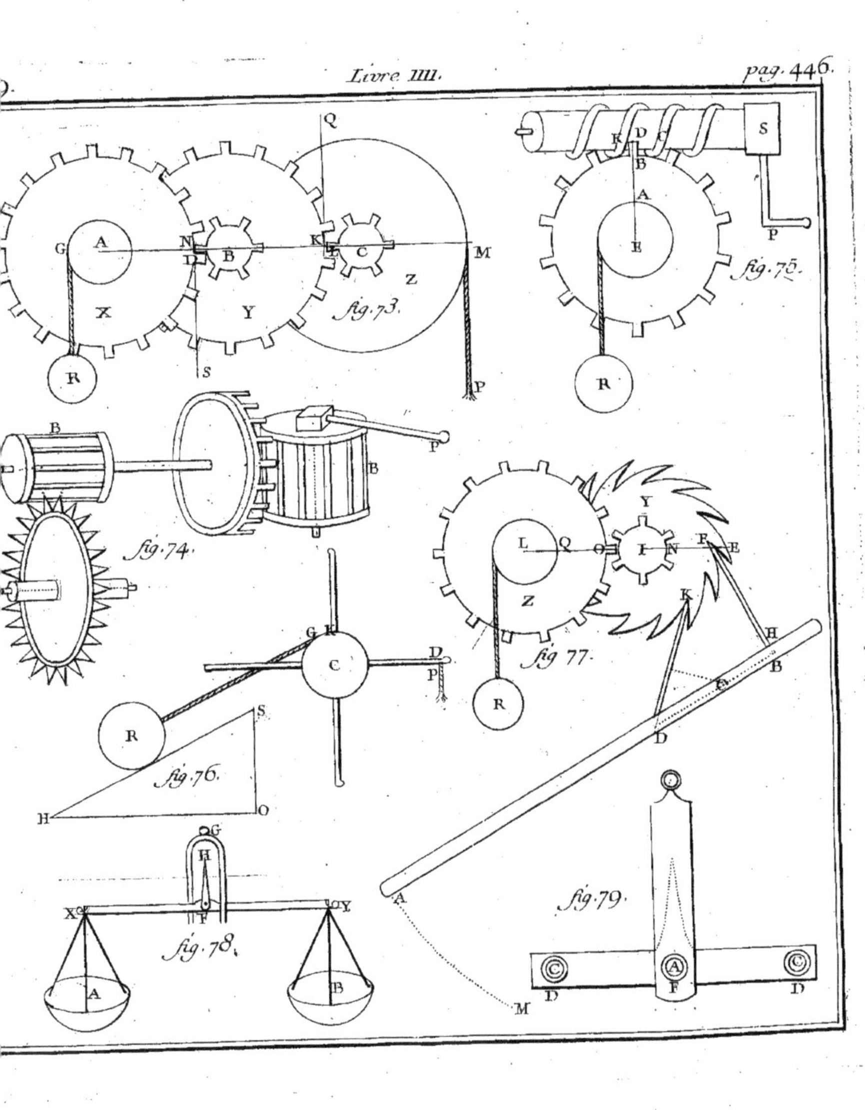

fig.73.
fig.74.
fig.75.
fig.76.
fig.77.
fig.78.
fig.79.

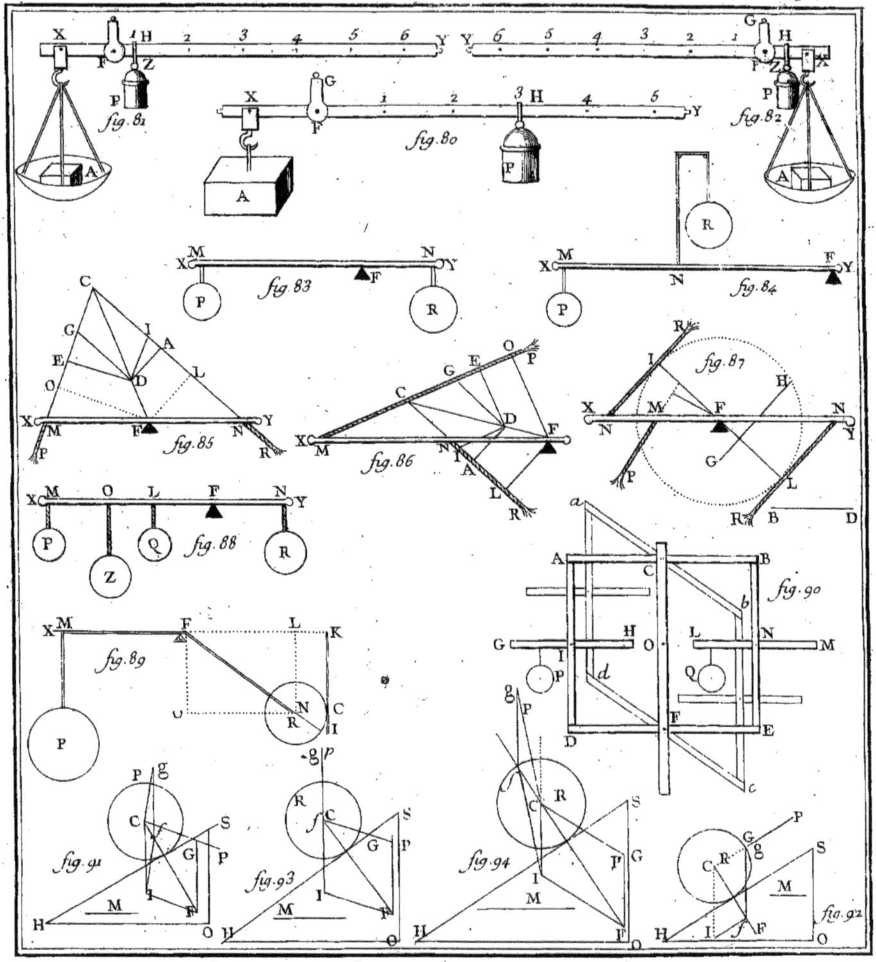

X H 2 3 4 5 6 Y
G H
F
Z
P
A
fig. 81
G
X F 1 2 3 H 4 5 Y
fig. 80
A
P
G H
F
Z
P
A
fig. 82
R
X M N Y
P F R
fig. 83
X M N F Y
P
fig. 84
C
G I A
E
O D L
X M F N Y
P R
fig. 85
O
G E P
C D
X M N F
I A L R
fig. 86
R
I H
X M F N Y
N G
P L
R B D
fig. 87
X M O L F N Y
P Q R
Z
fig. 88
a
A C B
b
G H L N M
I O
P d Q
g F E
P D c
fig. 90
X M F L K
fig. 89
O N C
R I
P
g p
P g
C f S
G P
fig. 91
H M I F O
R C S
f G P
I
fig. 93
H M F O
g p
P R
C S
I G
P G
fig. 94
H M I F O
G P
C R g S
M
H I f F O
fig. 92

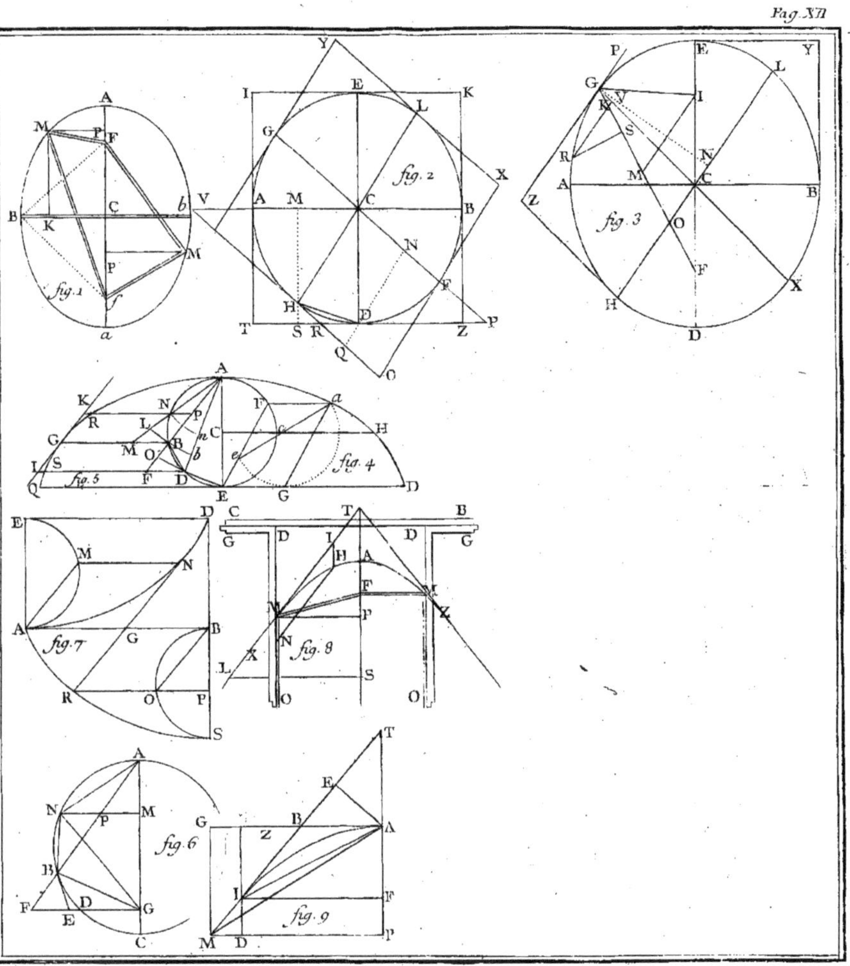
fig. 1
fig. 2
fig. 3
fig. 4
fig. 5
fig. 6
fig. 7
fig. 8
fig. 9

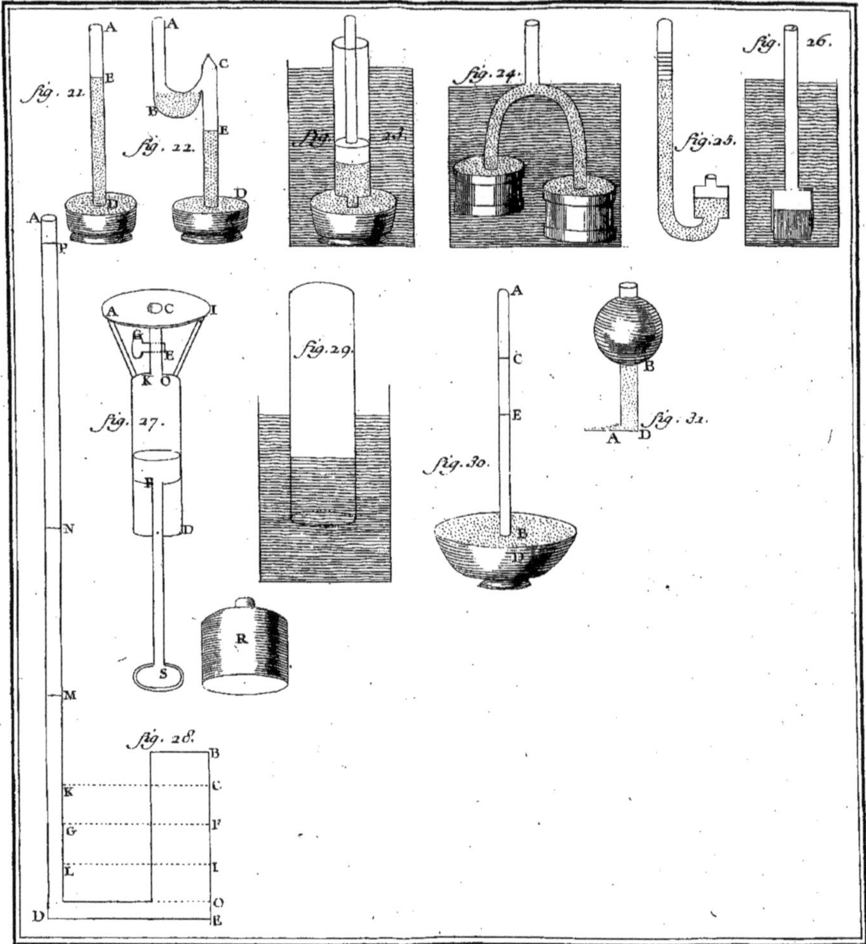
fig. 21.
fig. 22.
fig. 23.
fig. 24.
fig. 25.
fig. 26.
fig. 27.
fig. 28.
fig. 29.
fig. 30.
fig. 31.

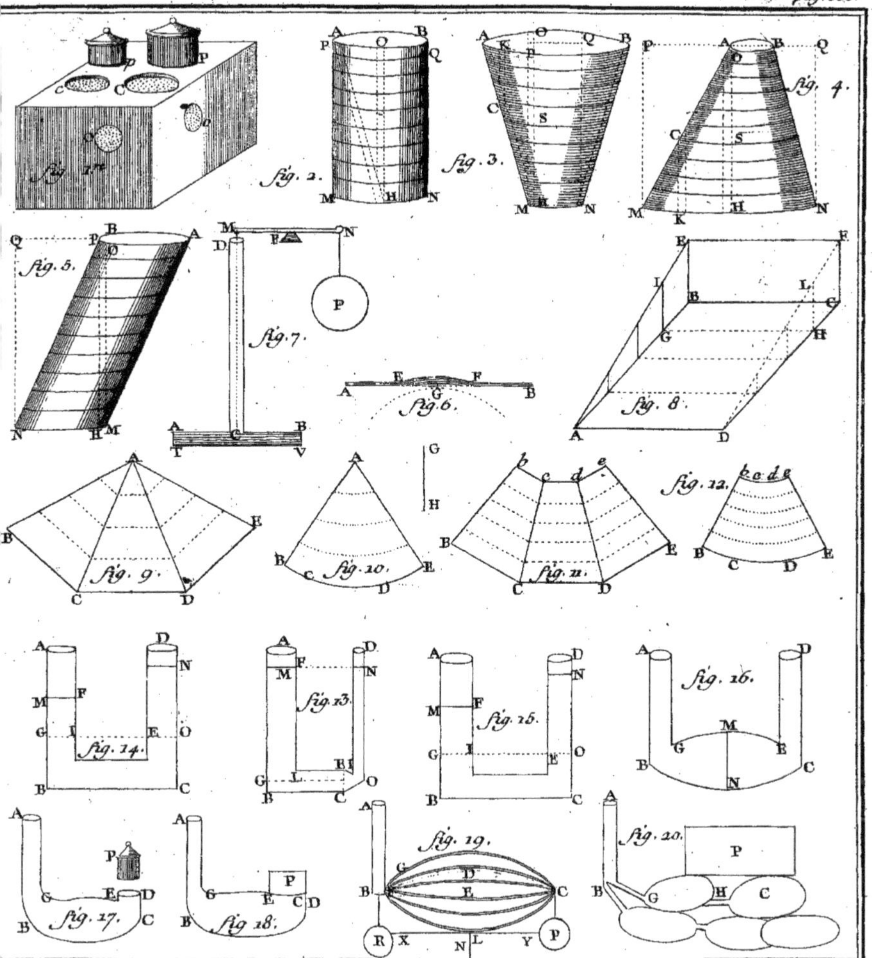
fig. 1.
fig. 2.
fig. 3.
fig. 4.
fig. 5.
fig. 6.
fig. 7.
fig. 8.
fig. 9.
fig. 10.
fig. 11.
fig. 12.
fig. 13.
fig. 14.
fig. 15.
fig. 16.
fig. 17.
fig. 18.
fig. 19.
fig. 20.

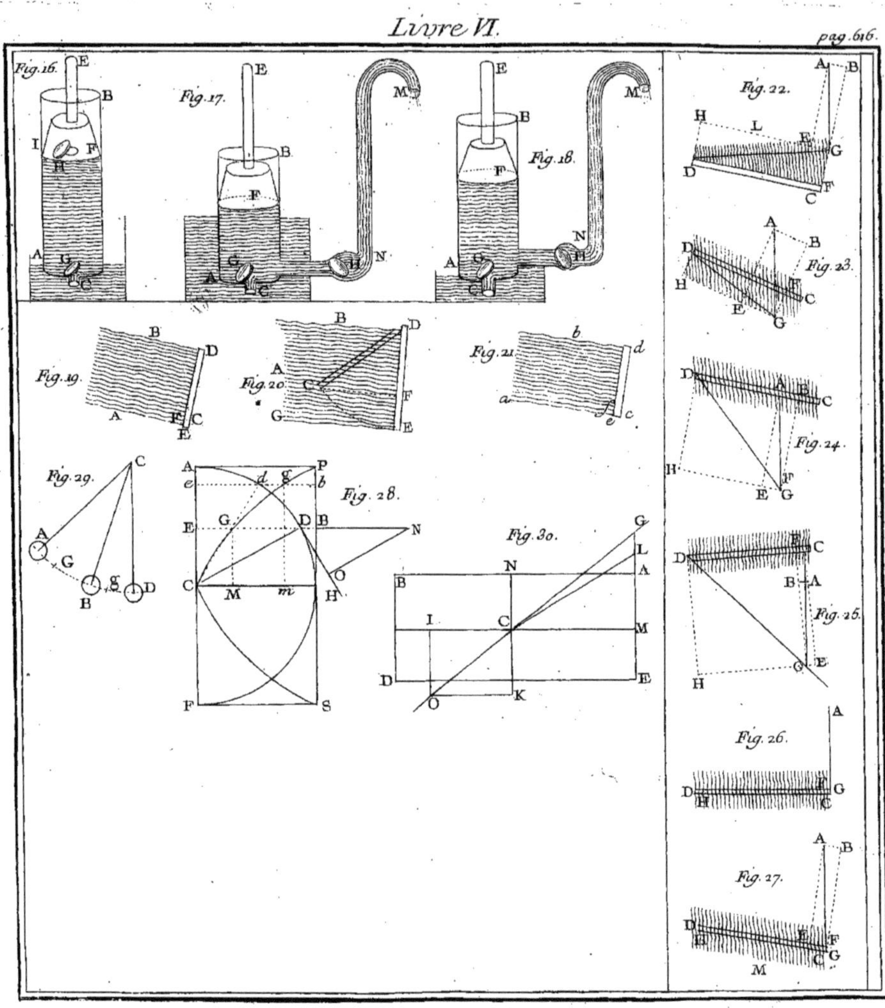
Fig. 16.
Fig. 17.
Fig. 18.
Fig. 19.
Fig. 20.
Fig. 21.
Fig. 22.
Fig. 23.
Fig. 24.
Fig. 25.
Fig. 26.
Fig. 27.
Fig. 28.
Fig. 29.
Fig. 30.

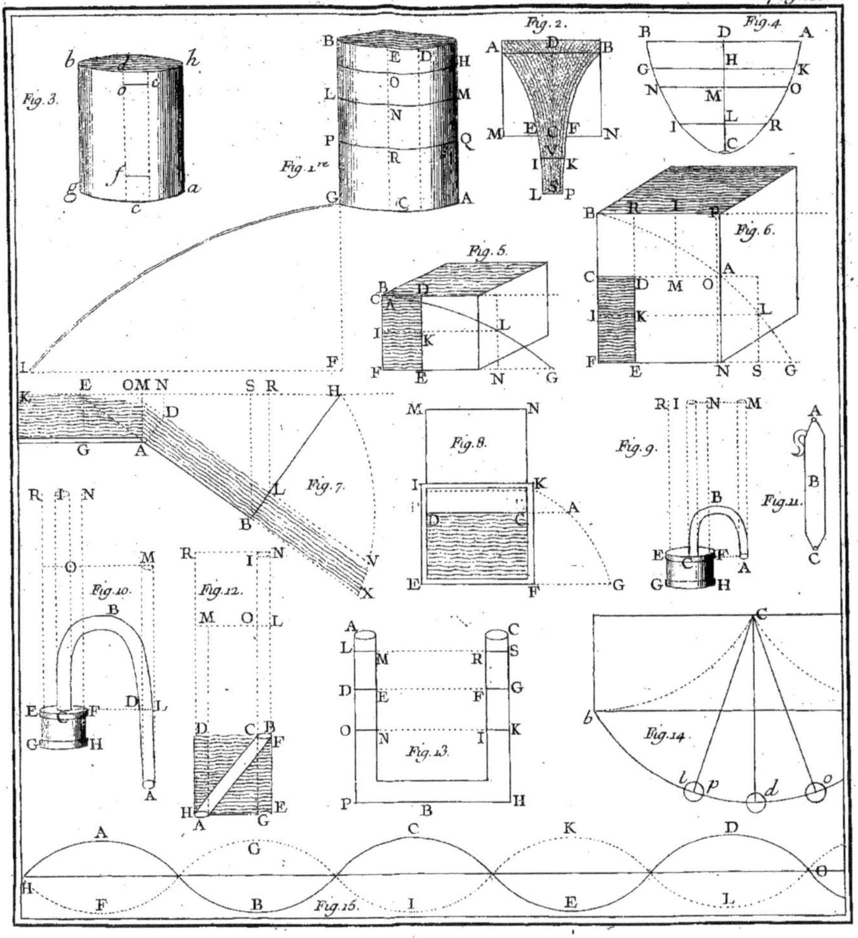

Fig. 3.

Fig. 1.re

Fig. 2.

Fig. 4.

Fig. 5.

Fig. 6.

Fig. 7.

Fig. 8.

Fig. 9.

Fig. 10.

Fig. 11.

Fig. 12.

Fig. 13.

Fig. 14.

Fig. 15.

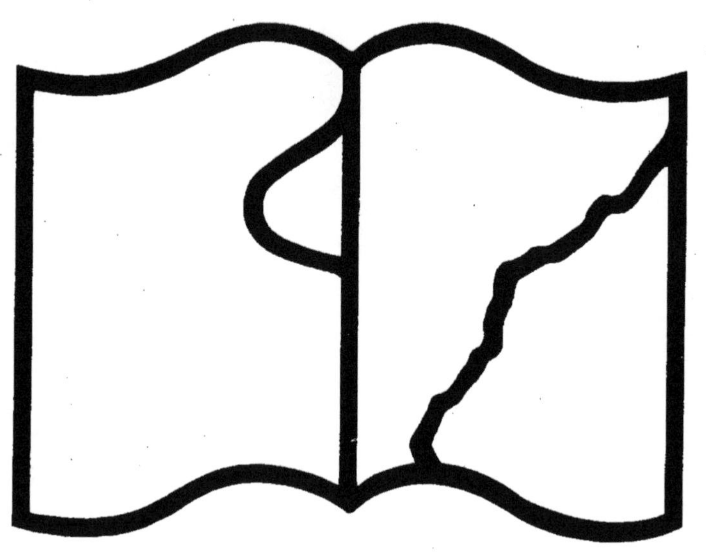

Texte détérioré — reliure défectueuse

NF Z 43-120-11

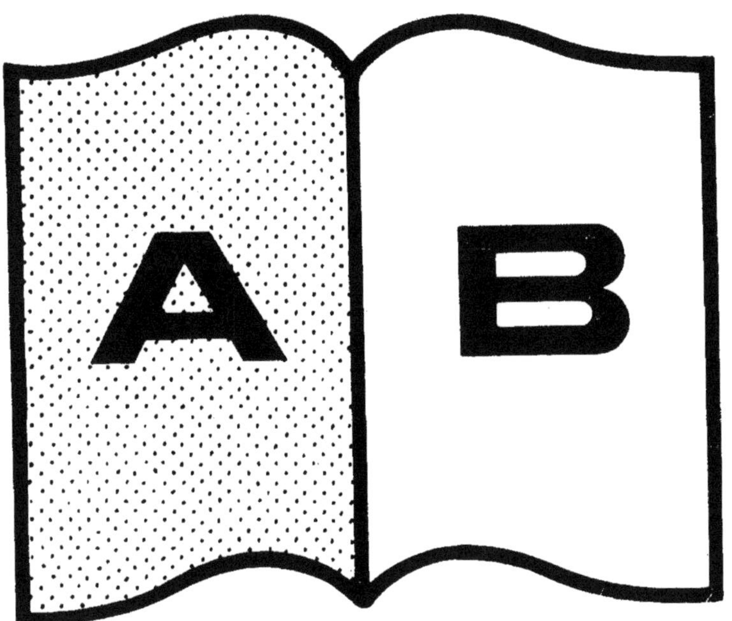

Contraste insuffisant

NF Z 43-120-14